"十二五"普通高等教育本科国家级规划教材
全国水利行业"十三五"规划教材
"十四五"时期水利类专业重点建设教材
"十三五"江苏省高等学校重点教材（编号：2020-1-116）

水工建筑物（第3版）

刘晓青　王润英　张继勋　沈长松　编著

中国水利水电出版社
www.waterpub.com.cn
·北京·

内 容 提 要

本书为“十二五”普通高等教育本科国家级规划教材、全国水利行业“十三五”规划教材、“十四五”时期水利类专业重点建设教材和“十三五”江苏省高等学校重点教材，是水利水电工程专业主要专业课“水工建筑物”教学用书。全书共十六章，包括：总论、水工结构上的作用、水工建筑物的水力设计、岩基上的重力坝、拱坝及支墩坝、土石坝、坝工技术及坝型发展、河岸溢洪道、水工隧洞、土基上的闸坝、水工闸（阀）门、过坝建筑物、渠首和渠系建筑物、水利枢纽设计阶段划分及其布置、水工建筑物的运行管理及安全监控、水工数字化设计理论与方法简介及附录——水工建筑物现代设计理论与方法。各章均附有复习思考题。

本书可作为水利类专业及相关专业的师生教学参考书，也可供有关工程技术人员参考。

图书在版编目（CIP）数据

水工建筑物 / 刘晓青等编著. -- 3版. -- 北京 : 中国水利水电出版社, 2023.11

“十二五”普通高等教育本科国家级规划教材 全国水利行业“十三五”规划教材 “十四五”时期水利类专业重点建设教材 “十三五”江苏省高等学校重点教材

ISBN 978-7-5226-1144-0

Ⅰ. ①水… Ⅱ. ①刘… Ⅲ. ①水工建筑物－高等学校－教材 Ⅳ. ①TV6

中国国家版本馆CIP数据核字(2023)第217134号

书　　名	“十二五”普通高等教育本科国家级规划教材 全国水利行业“十三五”规划教材 “十四五”时期水利类专业重点建设教材 “十三五”江苏省高等学校重点教材 **水工建筑物**（第3版） SHUIGONG JIANZHUWU
作　　者	刘晓青　王润英　张继勋　沈长松　编著
出版发行	中国水利水电出版社 （北京市海淀区玉渊潭南路1号D座　100038） 网址：www.waterpub.com.cn E-mail：sales@mwr.gov.cn 电话：（010）68545888（营销中心）
经　　售	北京科水图书销售有限公司 电话：（010）68545874、63202643 全国各地新华书店和相关出版物销售网点
排　　版	中国水利水电出版社微机排版中心
印　　刷	清淞永业（天津）印刷有限公司
规　　格	184mm×260mm　16开本　43.5印张　1059千字
版　　次	2008年3月第1版第1次印刷 2023年11月第3版　2023年11月第1次印刷
印　　数	0001—3000册
定　　价	**89.00**元

第3版前言

河海大学水利水电工程专业创建于1952年，是我国同类专业中建立最早、培养学生最多的专业，先后被评为河海大学品牌专业、江苏省品牌专业和国家级一流本科专业建设点，并于2011年和2017年先后两次通过工程教育专业认证。“水工建筑物”是该专业的主干专业课之一，现已建设成为国家级课程思政示范课程和国家级一流线上课程、国家级线上线下混合式一流课程。

我校历来重视本科教学改革和教材建设工作，为及时反映最新知识、技术和成果，先后出版过不同版本的《水工建筑物》。早在20世纪90年代，左东启、王世夏、林益才主编，董利川、沈长松、任旭华、张敬楼、金忠青、王德信、吕泰仁等在水工教研室多年来历届水工建筑物课程讲义、教材基础上，编写了《水工建筑物》（上、下册），由河海大学出版社出版；2008年3月沈长松、王世夏、林益才、刘晓青为反映水工教学改革和水工科技发展，编著了《水工建筑物》合订版（以下简称08版，已多次印刷），由中国水利水电出版社出版，并以此成功申报普通高等教育本科国家级规划教材（简称“十二五”规划教材）和全国水利行业规划教材。2016年9月，在成功申报全国水利行业“十三五”规划教材的基础上，由沈长松、刘晓青、王润英、张继勋编著了《水工建筑物》（第二版）（以下简称16版），已多次印刷，仍由中国水利水电出版社出版发行。本次在章节安排和内容介绍上进行了修订，具有如下特点：

(1) 本书在16版教材基本框架基础上，对章节内容进行了调整。通过对教材内容的增减，突出理论严谨的原则，强化研究性教学和工程性视角的结合，注重各建筑物之间的相互联系。在第一章总论中增加生态放水内容；在第二章水工结构上的作用中删除风荷载、雪荷载和地应力；在第三章水工建筑物的水力设计中增加拱坝坝身泄洪消能和新型消能工、压缩掺气减蚀内容，删除对弱水跃、扇形收缩水跃等的描述；在第七章坝工技术及坝型发展中增加复合土工膜防渗坝内容；在第十五章中增加了混凝土结构的老化及其防治（第三节）、土石结构的老化及其防治（第四节）、金属结构的老化及其防治

（第五节）；将第十六章替换为“水工数字化设计理论与方法简介”，原第十六章内容放入附录中。此外，在重要教学章节中增设了38个教学视频和5个典型工程技术信息视频。

（2）本书既系统介绍了各种水工建筑物的工作原理、体型设计理论和方法、构造特点和适用条件，又介绍了水利枢纽布置的原则、影响因素以及各种水工建筑物之间的关系。

（3）本书体现了我校教学一线的授课教师多年教学经验和科研成果。除满足水利水电工程专业本科教学用书外，也可供相关专业科技人员阅读参考。

本书第一、四、五、七、十四章及第十五章第三节和第五节由沈长松撰写，第六、八、十章及第十五章第四节由刘晓青撰写，第三、十一、十二章及第十五章第一、二、六节由王润英撰写，第二、九、十三章由张继勋撰写，第十六章由江苏省水利勘测设计研究院有限公司宦国胜、王海俊和吝江峰撰写，附录部分由刘晓青、王润英、张继勋、沈长松共同完成。此外，南京水利科学研究院教授级高工盛金保参与了本书视频录制工作。全部书稿经刘晓青、沈长松统稿、审定后付印。

在本书的编写过程中，参考的兄弟院校不同版本的水工建筑物教材和有关论著等已在参考文献中列出，作者在此一并致谢。

限于作者水平，敬请读者对本书的缺点和疏漏批评指正。意见请寄河海大学水电学院水工结构研究所，或发电子邮件至lxqhhu@163.com。

作　者

2022年11月于河海大学清凉山校区

第一版前言

本书为水利水电工程专业本科教学用书，也可供专业科技人员阅读参考。河海大学水利水电工程专业创建于1952年，是我国同类专业中建立最早、培养学生最多的专业之一，2002—2003年先后被评为河海大学品牌专业、江苏省品牌专业，“水工建筑物”是该专业的主干专业课之一。然而近十多年来，河海大学水工课程所用的教材仍是左东启、王世夏、林益才主编，河海大学出版社1995年7月出版的《水工建筑物》（上、下册），内容相对有过时之处；其次，原教材篇幅过大（分上、下两册），难以在计划课时内讲完；第三，作为水工建筑物教材编写人和现在或曾经在教学第一线的授课教师，深感从20世纪50年代起就一直沿用苏联水工教材按各种典型建筑物逐一论述的章节体系，似有必要予以适当调整和改进，以求更好地适应当今大学生水工建筑物课程教学的实际需要。基于上述原因，故撰写较为精练的新教材。

本书作为新教材得以编写成功，自然源于我们多年教学经验和科研成果的积累。在1995—2000年五年间先后出版的三部书，直接成为新撰写本书的引用素材。这三部书是：①左东启、王世夏、林益才三人主编，河海大学出版社1995—1996年出版的《水工建筑物》（水工专业教材），全书十六章，执笔编写者有王世夏、林益才、董利川、沈长松、任旭华、张敬楼、金忠青、王德信、吕泰仁九人；②林益才主编，中国水利水电出版社1997年出版，已多次印刷的《水工建筑物》（水利类非水工专业教材），全书十二章，执笔编写者有林益才、沈长松、任德林、王世夏、张敬楼、陶栋修六人；③王世夏编著，中国水利水电出版社2000年出版的《水工设计的理论和方法》（水工科技专著），全书共八章，内容和章节体系新颖，得到水利水电系统科技人员和高校师生的好评，获2002年度教育部科技进步二等奖。特别是第三本书，凝聚了王世夏教授几十年来在水工水力学研究领域的成果。

基于对上述三书的扬长避短、推陈出新、删繁就简和补漏拾遗，新完稿的本书共分十五章。与原教材相比，本书分章标题所含内容及顺序已作了很大的改进：①设计方法既能与GB 50199—94《水利水电工程结构可靠度设计统一标准》相衔接，又能兼容一些仍在执行中沿用安全系数法的水工结构设计规范；②将普遍性的设计理论和设计方法，包括结构可靠度设计、分项系数极限状态设计和结构优化设计等内容俱已充实到首章之中；③将水工结构上的作用（荷载）专列第二章论述；④考虑到水工建筑物设计都与水有关，而优良的水工设计通常首先要解决的也是体型布置的水力设计问题，为此将各种水头下各种泄水建筑物设计所应解决的问题以全书篇幅最大的第三章先行讨论；⑤有了前三章之后，第四至第十五章内容就可避免各章之间的重复而着重论述各章自有的特色问题，小到结构和细部构造的设计，大到建筑物和水利枢纽的整体布置与安全运行，尽在其中。以上新教材的内容安排顺序，不仅调整了沿用多年的原教材章节体系，而且新章节分别讨论的问题是按其科技属性划分的，避免了不必要的重复；按新体系组织教学，既大致符合水工设计工作中“先设后计”的顺序，也较符合人们从宏观考察到细节深入的认识规律。

本书各章分工负责撰写者如下：第一、二、三、八、九、十三章由王世夏撰写；第四、十二、十四章由林益才撰写；第五、六、七、十一、十五章由沈长松撰写；第十章由刘晓青撰写。全书经沈长松、王世夏、林益才统编审定。

本教材在组织撰写和审稿过程中得到唐洪武教授、胡明教授和水工教研组教师的大力支持与热情帮助，刘忆、张晓悦、呇江峰、陈建龙等也参加了本教材的文字录入与图片处理工作，特向他们深致谢意。

本教材在编写过程中，参考了兄弟院校不同版本的水工建筑物教材和有关论著等，已在参考文献中列出，作者在此一并致谢。

限于作者水平，本书不可避免地存在一些缺点和疏漏，敬请读者批评指正。

作　者

2007 年 10 月于河海大学

第二版前言

河海大学水利水电工程专业创建于1952年，是我国同类专业中建立最早、培养学生最多的专业，先后被评为河海大学品牌专业、江苏省品牌专业。“水工建筑物”是该专业的主干专业课之一，现已建设成为国家精品课程。

我校历来重视本科教学改革和教材建设工作，为及时反映最新知识、技术和成果，先后出版过不同版本的《水工建筑物》。早在20世纪90年代，左东启、王世夏、林益才、董利川、沈长松、任旭华、张敬楼、金忠青、王德信、吕泰仁等在水工教研室多年来历届水工建筑物课程讲义、教材基础上，编写了《水工建筑物》（上、下册）由河海大学出版社出版；2008年3月，沈长松、王世夏、林益才、刘晓青为反映水工教学改革和水工科技发展，编著了《水工建筑物》合订版（以下简称08版，已多次重印），由中国水利水电出版社出版，并以此成功申报普通高等教育本科国家级规划教材（简称“十二五”规划教材）和全国水利行业规划教材。本次在章节安排和内容介绍上进行了修订，具有如下特点。

(1) 本书在08版教材基本框架基础上，对章节内容进行了调整，将水工结构上的作用（荷载）专列第二章论述；水力设计与体型有关，列入第三章先行讨论；将拱坝和支墩坝合并为一章；在有了各种坝型的知识后，对各种坝工技术及坝型的最新发展单独列章阐述（第七章），最后介绍了水工建筑物的安全监控和运行管理以及水工建筑物现代设计理论与方法。

(2) 本书既系统介绍了各种水工建筑物的工作原理、体型设计理论和方法、构造特点和适用条件，又介绍了水利枢纽布置的原则、影响因素以及各种水工建筑物之间的关系（第十四章）。

(3) 本书结合水工建筑物相关新规范的内容和要求进行了内容更新和补充。

(4) 本书体现了我校教学一线的授课教师多年教学经验和科研成果。除满足水利水电工程专业本科教学用书外，也可供专业科技人员阅读参考。

以上新版教材的内容安排顺序，不仅调整了沿用多年的原教材章节体系，而且新章节分别讨论的问题是按其科技属性划分的，避免了不必要的重复；按新体系组织教学，既大致符合水工设计工作中“先设后计”的顺序，也较符合人们从宏观考察到细节深入的认识规律。

本书第一、四、五、七、十四章及第十六章的第三节由沈长松撰写；第二、九、十三章及第十六章的第一节由张继勋撰写；第三、十一、十二、十五章及第十六章的第四节由王润英撰写；第六、八、十章及第十六章的第五、六节由刘晓青撰写；第十六章的第二节由张继勋、王润英、刘晓青共同撰写。全部书稿经沈长松、刘晓青统稿审定后付印。

本书在编写过程中，参考了兄弟院校不同版本的水工建筑物教材和有关论著等，已在参考文献中列出，作者在此一并致谢。

限于作者水平，本书缺点和疏漏一定不少，敬请读者批评指正。意见请寄河海大学水电学院水工结构研究所，或发电子邮件至 hhuscs@126. com。

作　者

2015 年 12 月于河海大学清凉山校区

数 字 资 源 清 单

续表

目 录

第一章

总论

第一节　我国的水资源与水利建设

一、水资源

存在于大自然中的水是一种重要的资源，是生命和工农业生产的必需物质。它是发展航运交通以及水产事业必要的介质，还为改善环境和发展旅游事业创造了必要的条件。总而言之，水是基础性的自然资源和战略性的经济资源，是生命之源、生产之要和生态之基。在自然循环过程中，与煤炭、石油和森林等资源相比，水资源还是一种可再生的重要能源。

资源 1.1
水资源

地球上的总水量很大，约为 13.86 亿 km^3，绝大部分是海洋中的咸水，其中通过大气循环，以降水、径流方式在陆地运行的淡水相对较少，只占 2.5%。全球年径流总量为 4.7×10^5 亿 m^3，按全球人口计，人均约为 $9000m^3$，这是最重要的一部分水，但这部分水在时间和空间上的分布极不均匀。我国幅员辽阔，河流也不少（流域面积超过 $1000km^2$ 的大河有 2221 条），年径流总量约 2.78×10^4 亿 m^3，而按人口平均，不及全球平均数的 1/4。所以，从人均意义上说，我国的水资源并不丰富。而降水、径流在时间和地域上的分布也很不均衡。不同地区之间，南方一日雨量可远超过西北全年降水量，同一地区，一次暴雨可超过多年平均年降水量，这就导致我国各地历史上洪、涝、旱灾频发。由此可见，大力治水，根除水旱灾害，充分开发利用珍贵的水资源是何等重要！

虽然我国水的人均拥有量不多，但由于从青藏高原到海平面之间的巨大落差，我国可用于发电的水能资源却十分丰富。全国水能理论蕴藏量达 6.94 亿 kW，其中可开发的达 5.42 亿 kW，年发电量 17534 亿 kW·h 以上，我国水力资源技术可开发量居世界首位。积极发展水电，在提供电能的同时，对促进国家能源结构调整具有重要意义。

资源 1.2
水力资源

二、水利建设

远古以来，我国人民曾为治理水患、开发水利，进行过长期的英勇奋斗，取得了辉煌的业绩。至今还有一些纪元前修建的水利工程在为我们服务。如战国时期秦国蜀郡太守李冰主持修建的岷江都江堰分洪灌溉工程，一直是成都平原农业稳产高产的保证，堪称中华民族的骄傲之一。19 世纪中叶以来，半封建半殖民地的社会形态使人民群众的力量与智慧受到压抑，生产力低下，科学技术落后，水利设施失修，灾患频仍，水利事业处于停滞状态。例如 1928 年遍及全国的旱灾，灾民人数占当时全国人口的 1/4；1931 年、1933 年、1935 年、1939 年，长江、淮河、黄河、汉江及海河的洪灾，也都使人民生命财产蒙受了极大的损失。

中华人民共和国成立后，我国的水利建设有了较大的发展。经过70多年的努力，全国整修和兴建了约31.2万km的堤防；普遍疏浚整治了排水河道，开辟了海河和淮河的排洪通道；兴建了98002座水库，面积10000亩[1]以上的灌区7330多处；水电站装机容量从1949年的16.3万kW发展到2022年的3.91亿kW；灌溉面积从2.4亿亩增至10.3亿亩以上，3.4亿亩的易涝耕地中有2/3得到了初步治理，1.1亿亩盐碱地已改良1/2以上；为城市、工业供水及农牧区人、畜饮水提供了相当数量的水源；为工农业生产和人民生活提供了电能及其他综合利用效益。

尽管如此，水利建设尚不能满足现代化建设的要求。第一，我国大江大河的防洪问题还没有真正解决，许多中小河流也未根治，随着河流两岸经济建设的发展，一旦发生洪灾，造成的损失将越来越大。第二，我国农业目前仍在很大程度上受制于自然地理和气候条件，如不进一步大修水利以提高抗御自然灾害的能力，很难实现逐年增产。第三，工业和城市用水增长速度比农业更快，有些沿海城市已出现淡水供应困难，水利建设不加快，水源紧缺将日益成为限制我国生产和生活提高的重大障碍。第四，我国丰富的水能资源已开发量占可开发量的比例还较低，与世界上一些发达国家相比，仍有差距。由于水能资源是一种清洁的可再生能源，且未开发前又是不可蓄积的能源，故世界各工业化国家都优先开发水电，我国也理当如此。

值得指出的是，目前在某些水利大国出现了一些妨碍和阻止加强水利建设的非常片面的观点与论调，最突出的是以保护水环境为由来反对开发利用水能资源。这种论点的片面性是把水利建设和环境保护完全对立起来。实际上，水环境保护应是水利建设的组成部分，国内外由于水利建设事业的发展，合理开发利用水资源的同时大大改善了当地水环境的工程实例比比皆是。水利水电建设发挥的减碳和减贫作用不应被忽视。当然，大型水利工程的兴建确实也会对水环境产生不利影响（参见本章第四节），但对此应取科学的态度，将保护和改善水环境问题作为水利科学技术问题之一进行研究。

第二节　水工建筑物的概念、分类、特点及发展

一、水工建筑物的基本概念

水工建筑物就是在水的静力或动力作用下工作，并与水发生相互影响的建筑物，它是水利工程中各种建筑的总称。对于开发河川水资源来说，常须在河流适当地段集中修建几种不同类型与功能的水工建筑物，它们既能各自发挥作用又能相互协调，便于运行和管理，称这一多种水工建筑物组成的综合体为水利枢纽。

资源1.3
水利枢纽

水利枢纽的规划、设计、施工和运行管理应尽量遵循综合利用水资源的原则。为实现多种目标而兴建的水利枢纽，建成后能满足国民经济不同部门的需要，称为综合利用水利枢纽；以某一单项目标为主而兴建的水利枢纽，虽然同时可能还有其他综合利用效益，则常冠以主要目标之名，例如防洪枢纽、水力发电枢纽、航运枢纽、取水

[1] 1亩≈666.7m^2。

枢纽等。水利枢纽随修建地点的地理条件不同，有山区、丘陵区水利枢纽和平原、滨海地区水利枢纽之分；随枢纽上下游水位差的不同，有高、中、低水头之分，一般以水头 70m 以上者为高水头枢纽，30～70m 者为中水头枢纽，30m 以下者为低水头枢纽。

因自然因素、开发目标的不同，水利枢纽的组成建筑物可以是各式各样的。图 1-1 为黄河干流上以发电为主，兼有防洪、灌溉等综合利用效益的龙羊峡水利枢纽平面布置图。其主要建筑物包括：

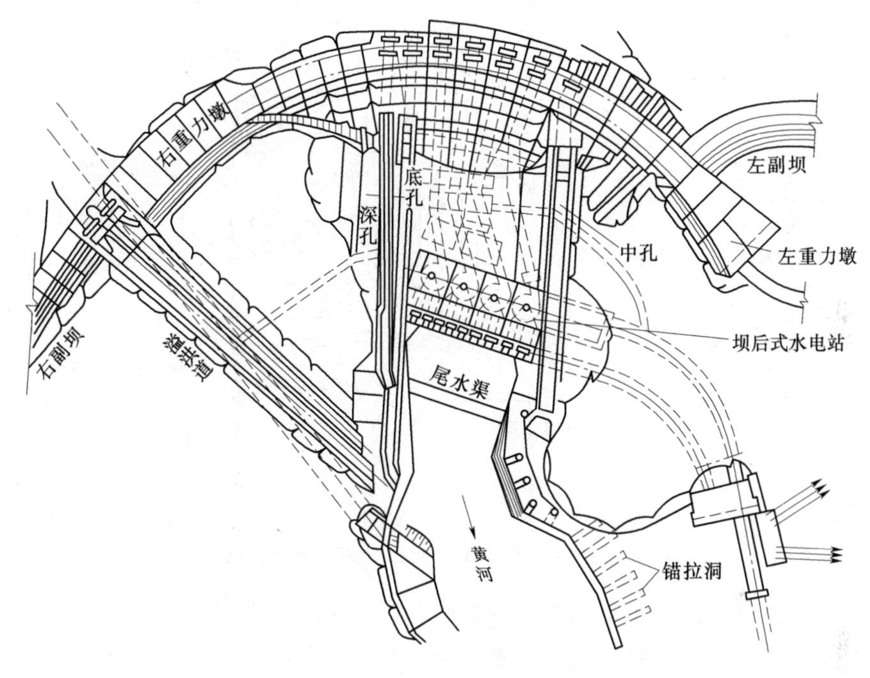

图 1-1 龙羊峡水利枢纽平面布置图

(1) 拦河坝。由重力拱坝（主坝）、左右重力墩（即重力坝）以及左右岸副坝组成，主坝从坝基最低开挖高程 2432m 至坝顶高程 2610m，最大坝高 178m，从而使上游可形成一个总库容达 247 亿 m^3 的水库。

(2) 溢洪道。位于右岸，溢流堰顶高程为 2585.5m，设 2 孔，每孔净宽 12m，弧形闸门控制。

(3) 左泄水中孔。穿过主坝 6 号坝段，进口底部高程 2540m，出口设 8m×9m 弧形闸门控制，与溢洪道共同承担主要泄洪任务。

(4) 右泄水深孔和底孔。分别穿过主坝 12 号和 11 号坝段，进口底部高程分别为 2505m 和 2480m，主要用于枢纽初期蓄水时向下游供水、泄洪以及后期必要时放空水库和排沙。

(5) 坝后式水电站。4 台单机容量 32 万 kW 的水轮发电机组，总装机容量 128 万 kW。

图 1-2 为甘肃省白龙江碧口水电站，其组成包括以下建筑物。

(1) 心墙土石坝。最大坝高 101m,用以拦河壅水、蓄水,形成库容 5.16 亿 m^3 的水库。

(2) 溢洪道。用以宣泄水库多余洪水。

(3) 泄洪隧洞。左右岸各有一条,可与溢洪道共同承担泄洪任务,而且可在库水位较低时提前泄洪,其中右岸泄洪洞施工期兼作导流洞。

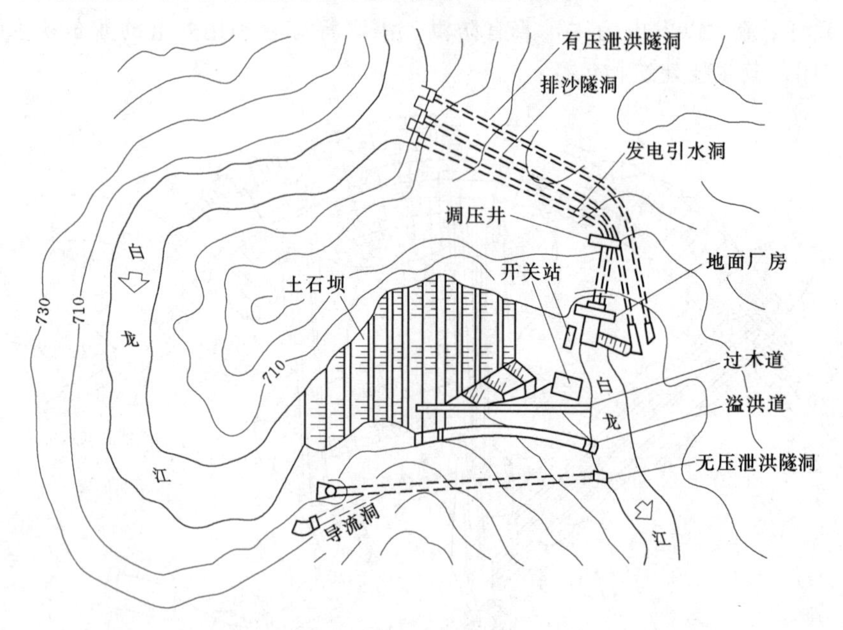

图 1-2 碧口水电站平面布置图(单位:m)

(4) 排沙隧洞。用以排除部分水库泥沙,延长水库寿命。

(5) 水电站引水建筑物。包括引水隧洞、调压井和压力钢管等。

(6) 水电站厂房。内装单机容量 10 万 kW 的水轮发电机组 3 台,总装机容量 30 万 kW。

此外,还有供木材过坝的过木道以及供右岸农田灌溉的引水管道(图 1-2 中未示出)等。

以上两例都是山区、丘陵区高水头枢纽,但拦河坝及相应各组成建筑物差别很大。

资源 1.4 葛洲坝水电站

图 1-3 为长江干流上著名的葛洲坝水利枢纽平面布置图。这是一座低水头大流量的枢纽,兼有径流发电、航运和为上游三峡枢纽进行反调节的综合效益。其主要建筑物包括:

(1) 二江泄水闸。是枢纽控制水流的主要建筑物,共 27 孔,每孔净宽 12m,高 24m,弧形闸门控制,闭门时拦截江流,稳定上游水位(库容 15.8 亿 m^3,无调洪性能),开门时泄水,排沙防淤,满足河势要求,最大泄流量为 $83900m^3/s$。

(2) 船闸。共有 3 座,以保证长江航运,1 号船闸位于大江,2 号、3 号船闸位于三江。1 号、2 号船闸的闸室有效长度均为 280m,净宽 34m,坎上最小水深 5m,是我国目前最大的船闸。3 号船闸闸室有效长度为 120m,净宽 18m,坎上最小水深

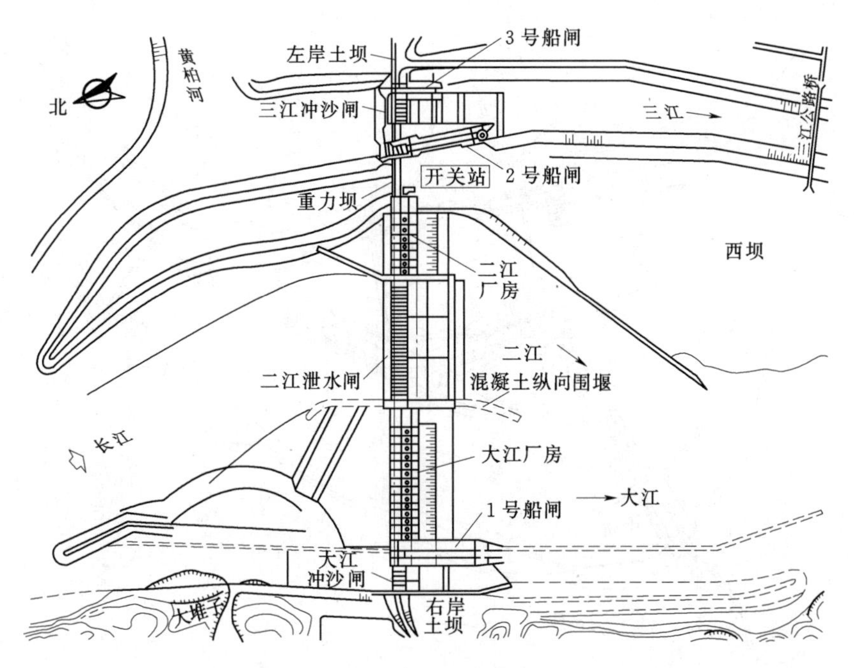

图1-3 葛洲坝水利枢纽平面布置图

3.5m。1号、2号船闸可通过1.2万~1.6万t船队，一次过闸时间51~57min；3号船闸可通过3000t以下船队，一次过闸时间40min。

(3) 河床式水电站。设计水头18.6m，分设于泄水闸两侧，其中二江电厂装有单机容量17万kW的水轮发电机组2台和单机容量12.5万kW的机组5台，大江电厂装有单机容量12.5万kW的机组14台，水电站总装机容量271.5万kW。厂房兼起挡水作用。

(4) 冲沙闸。分设于与主流分开后的两条独立人工航道上，其中三江航道设6孔，大江航道设9孔，采用"静水通航，动水冲沙"的运行方式，防止航道淤积。具体运行条件是：通航期间，航道内为静水；汛期、汛末及低水位期根据实际航道淤积情况，开闸拉沙、冲沙。实践表明效果良好。此外，在两个电厂的进水口前均设置了导沙坎，在厂房底部还设置了排沙底孔，进一步加强了防沙、排沙效果。

图1-4为当今世界最大的水利枢纽工程——三峡工程，该工程具有防洪、发电、航运等综合效益。

三峡工程坝址位于宜昌市三斗坪，在已建成的葛洲坝水利枢纽上游约40km。坝址基岩为坚硬完整的花岗岩。坝址处河谷较开阔，岸坡较平缓，江中有中堡岛顺江分布，这些条件有利于大流量泄洪坝段、大容量电站坝段和大尺寸通航建筑物沿坝轴线并列布置与运行，且便于施工和分期导流。事实上，便于施工是选用三斗坪坝址（而非选用地质条件亦佳但有陡岸狭谷的其他坝址，如太平溪坝址）的最主要因素。不过也有专家认为，三斗坪这样的枢纽布置使大坝挡水前缘较其上、下游天然河谷还宽，可能导致以后运行中泥沙问题的复杂化，这有待实践的检验。

三峡枢纽的主要建筑物由大坝、水电站、通航建筑物三大部分组成。拦河大坝为

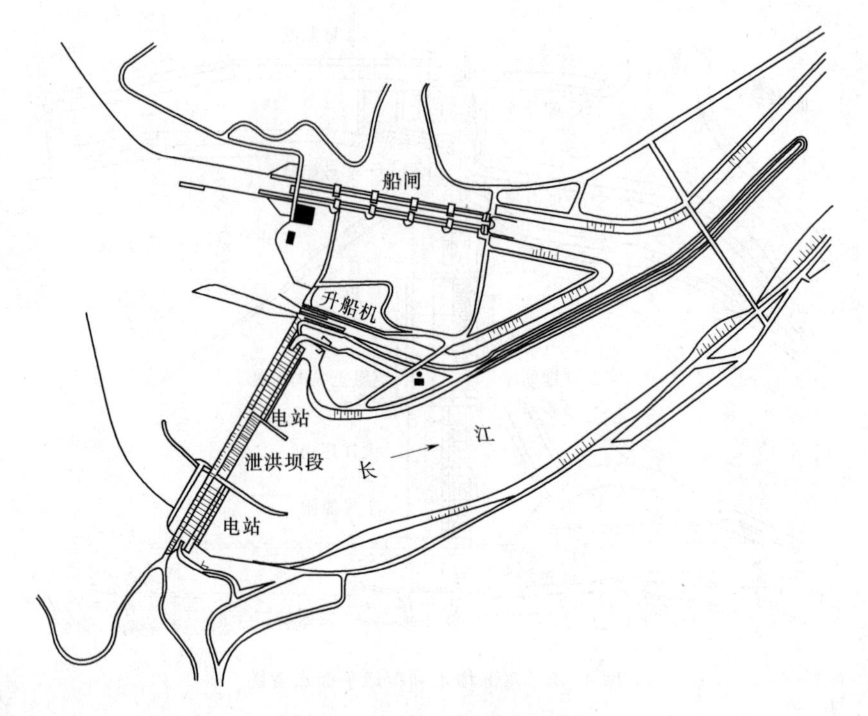

图 1-4　三峡工程枢纽布置图

混凝土重力坝，坝轴线全长2309.47m，坝顶高程185m，最大坝高181m。大坝的泄洪坝段居河床中部，前缘总长483m，共设有23个深孔和22个表孔。深孔每孔净宽7m，高9m，进口孔底高程90m；表孔每孔净宽8m，堰顶高程158m，即总净宽176m的溢流重力坝，溢流坝的闸墩厚达13m，因为深孔在其下部穿过。深孔在进口闸门控制段下游通过断面突扩成为无压孔，表孔和深孔都采用鼻坎挑流消能，全坝最大泄洪能力为11.6万m^3/s。

水电站采用坝后式，分设左、右两组厂房。左岸厂房全长643.6m，安装14台水轮发电机组；右岸厂房全长584.2m，安装12台水轮发电机组。坝后26台机组均为单机容量70万kW的混流式水轮发电机，装机容量为1820万kW，年平均发电量为846.8亿kW·h。在右岸还设有6台420万kW的地下厂房，总装机容量为2240万kW。

通航建筑物包括船闸和升船机。船闸为双线五级连续梯级船闸，单级闸室的有效尺寸为280m×34m×5m（长×宽×坎上水深），可通过万吨级船队。升船机为单线一级垂直提升式，承船厢有效尺寸为120m×18m×3.5m，一次可通过一条3000t级的客货轮。施工期设一级临时船闸通航，闸室有效尺寸为240m×24m×4m。

三峡枢纽的巨大效益首先是防洪。由于其地理位置优越，控制流域面积可达100万km^2；水库防洪库容为221.5亿m^3，可使荆江河段防洪标准从10年一遇提高到百年一遇；遇千年一遇或更大洪水时，配合分洪、蓄洪工程的运用，可防止荆江大堤溃决，减轻中下游洪灾损失和对武汉市的洪水威胁，并为洞庭湖区的根治创造条件。

其次，三峡水电站提供的可靠、廉价、清洁和可再生的能源，每年约可替代原煤

4000万～5000万t，对其供电地区的经济发展和减少环境污染起重大作用。

第三，三峡水库将显著改善宜昌至重庆的660km航道，万吨级船队可上达重庆港，航道单向通过能力可由1000万t提高到5000万t。经水库调节，宜昌下游枯水季最小流量可从3000m^3/s提高到5000m^3/s以上，显著改善了通航条件。

三峡水库也确有对环境、生态等不利影响和移民、淹没损失等问题。但权衡利弊，还是利远大于弊。

二、水工建筑物的分类

资源1.5 水工建筑物的类别

上面介绍的水利枢纽工程实例中，我们虽已提到了多种水工建筑物，但并未包括水工建筑物的全部。事实上，水利工程并不总是以集中兴建于一处的若干建筑物组成的水利枢纽来体现的，有时仅指一个单项水工建筑物，有时又可包括沿一条河流很长范围内或甚至很大面积区域内的许多水工建筑物。即使就河川水利枢纽而言，在不同河流以及河流不同部位所建的枢纽，其组成建筑物也千差万别。根据功用水工建筑物可分为挡水建筑物、泄水建筑物、输（引）水建筑物、取水建筑物、水电站建筑物、过坝建筑物和整治建筑物等，如图1－5所示。

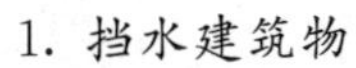
1. 挡水建筑物

拦截或约束水流，并可承受一定水头作用的建筑物，如蓄水或壅水的各种拦河坝，修筑于江河两岸以抗洪的堤防、施工围堰等。

2. 泄水建筑物

用以排泄水库、湖泊、河渠等多余水量，保证挡水建筑物和其他建筑物安全，或为必要时降低库水位乃至放空水库而设置的水工建筑物，如设于河床的溢流坝、泄水闸、泄水孔，设于河岸的溢洪道、泄水隧洞等。

3. 输（引）水建筑物

为灌溉、发电、城市或工业给水等需要，将水自水源或某处送至另一处或用户的建筑物，其中直接自水源输水的也称引水建筑物，如引水隧洞、引水涵管、渠道以及穿越河流、洼地、山谷的交叉建筑物（如渡槽、倒虹吸管、输水涵洞）等。

4. 取水建筑物

位于引水建筑物首部的建筑物，如取水口、进水闸、扬水站等。

5. 水电站建筑物

水力发电站中用于拦蓄河水、抬高水头、引水经水轮发电机组以及发电所需的机电设备等一系列建筑物的总称，包括：①挡水建筑物，用于拦蓄河水，集中落差；②泄水建筑物，用于下泄多余的洪水；③水电站进水口，将发电用水引入引水道；④水电站引水建筑物，将已引入的发电用水输送给水轮发电机组，如渠道、隧洞（见水工隧洞）和压力水管等；⑤平水建筑物，当水电站负荷变化时，用于平稳引水道中流量及压力的变化，如前池、调压室等；⑥尾水道，通过它将发电后的尾水自机组排向下游；⑦发电、变电和配电建筑物，包括安装水轮发电机组及其控制设备的水电站厂房、安放变压器及高压开关等设备的水电站升压开关站；⑧为水电站的运行管理而设置的必要的辅助性生产、管理及生活建筑设施。

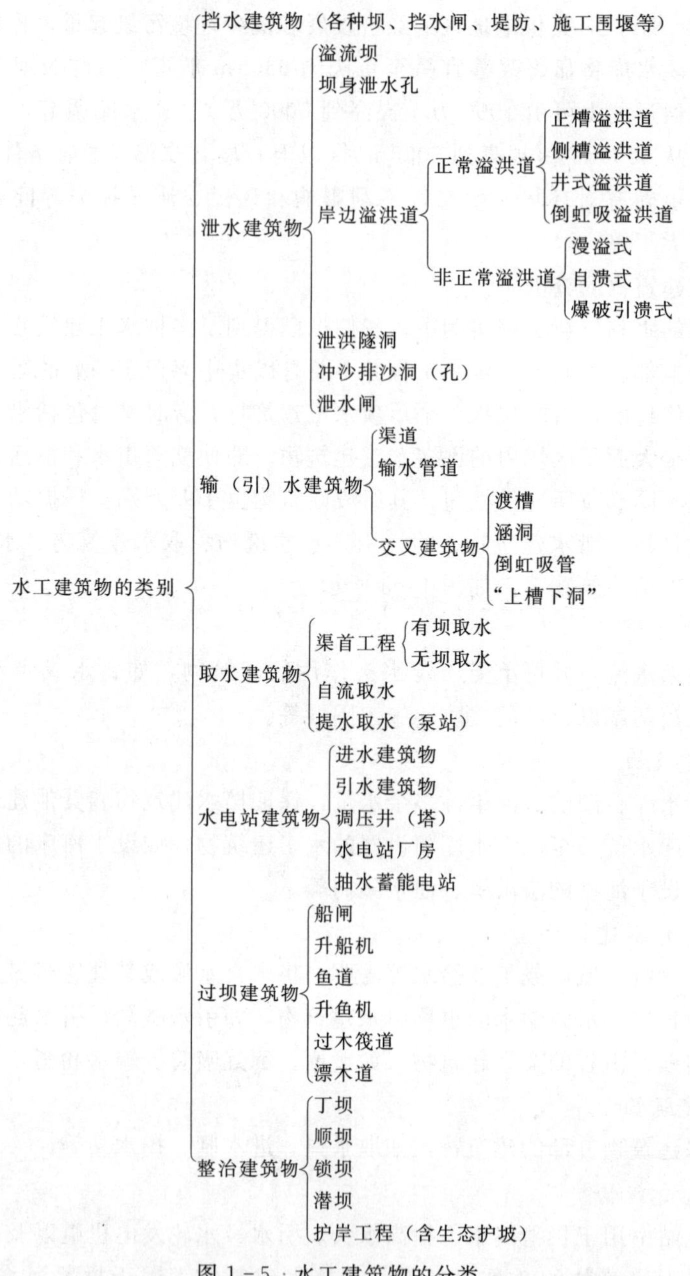

图 1-5　水工建筑物的分类

在多目标开发的综合利用水利工程中，坝、水闸等挡水建筑物及溢洪道、泄水孔等泄水建筑物为共用的水工建筑物。有时也只将从水电站进水口起到水电站厂房、水电站升压开关站等专供水电站发电使用的建筑物称为水电站建筑物。

抽水蓄能电站以水体为载能介质进行水能和电能往复转换，利用电力系统低谷负荷时的剩余电力抽水到高处蓄存，在高峰负荷时放水发电的水电站，它在电力系统中主要起调峰填谷作用。抽水蓄能电站按开发方式可分为纯抽水蓄能电站、混合式抽水蓄能电站和调水式抽水蓄能电站。纯抽水蓄能电站原理是上水库可以没有天然径流来源，其发电量全部来自抽水蓄存的水能。混合式抽水蓄能电站原理是厂内既设有抽水蓄能机组，也设有常规水轮发电机组，上水库有部分天然径流来源。调水式抽水蓄能电站是水泵站与水电站的某种组合，其原理是上水库建于分水岭高程较高的地方。在分水岭某一侧拦截河流建下水库，并设水泵站抽水到上水库，在分水岭另一侧的河流设常规水电站从上水库引水发电。

6. 过坝建筑物

为水利工程中某些特定的单项任务而设置的建筑物，如专用于通航过坝的船闸、升船机、鱼道、筏道等。

7. 整治建筑物

改善河道水流条件、调整河势、稳定河槽、维护航道和保护河岸的各种建筑物，如丁坝、顺坝、潜坝、导流堤、防波堤、护岸等。

取水建筑物、水电站建筑物、过坝建筑物及整治建筑物等水工建筑物是为水利工程中某些特定的单项任务而设置的，也称为专门性水工建筑物，相对专门性水工建筑物而言，挡水建筑物、泄水建筑物和输（引）水建筑物等水工建筑物也可称为一般性水工建筑物。实际上，不少水工建筑物的功用并非单一，而是具有双重功能，如溢流坝、泄水闸都兼具挡水与泄水功能，作为专门性水工建筑物的河床式水电站厂房也起挡水作用。

水工建筑物按使用期限还可分为永久性建筑物和临时性建筑物。永久性建筑物是指工程运行期间长期使用的建筑物，根据其重要性又分为主要建筑物和次要建筑物。前者指失事后将造成下游灾害或严重影响工程效益的建筑物，如拦河坝、溢洪道、引水建筑物、水电站厂房等；后者指失事后不致造成下游灾害，对工程效益影响不大并易于修复的建筑物，如挡土墙、导流墙、工作桥及护岸等。临时性建筑物是指工程施工期间使用的建筑物，如施工围堰等。

三、水工建筑物的特点

水工建筑物，特别是河川水利枢纽的主要水工建筑物，往往是效益大、工程量和造价大、对国民经济的影响也大。与一般土木工程建筑物相比，水工建筑物具有下列特点。

1. 工作条件的复杂性

水工建筑物工作条件的复杂性主要是由于水的作用。水对挡水建筑物有静水压力，其值随建筑物挡水高度的加大而剧增，为此建筑物必须有足够的水平抵抗力和稳定性。此外，水面有波浪，将给建筑物附加波浪压力；水面结冰时，将附加冰压力；发生地震时，将附加水的地震激荡力；水流经建筑物时，也会产生各种动水压力，都必须计及。

建筑物上下游的水头差，会导致建筑物及其地基内的渗流。渗流会引起对建筑物稳定不利的渗透压力；渗流也可能引起建筑物及地基的渗透变形破坏；过大的渗流量会造成水库的严重漏水。为此建造水工建筑物要妥善解决防渗和渗流控制问题。

高速水流通过泄水建筑物时可能出现自掺气、负压、空化、空蚀和冲击波等现象；强烈的紊流脉动会引起轻型结构的振动；挟沙水流对建筑物边壁还有磨蚀作用；

挑射水流在空中会导致对周围建筑物有严重影响的雾化；通过建筑物水流的多余动能对下游河床有冲刷作用，甚至影响建筑物本身的安全。为此，兴建泄水建筑物，特别是高水头泄水建筑物，要注意解决高速水流可能带来的一系列问题，并做好消能防冲设计。

除上述主要作用外，还要注意水的其他可能作用。例如，当水具有侵蚀性时，会使混凝土结构中的石灰质溶解，破坏材料的强度和耐久性；与水接触的水工钢结构易发生严重锈蚀；在寒冷地区的建筑物及地基将有一系列冰冻问题要解决。

2. 设计选型的独特性

水工建筑物的型式、构造和尺寸，与建筑物所在地的地形、地质、水文等条件密切相关。例如，规模和效益大致相仿的两座坝，由于地质条件优劣的不同，两者的型式、尺寸和造价都会迥然不同。由于自然条件千差万别，因而水工建筑物设计选型总是只能按各自的特征进行，除非规模特别小，一般不能采用定型设计，当然这不排除水工建筑物中某些结构部件的标准化。

3. 施工建造的艰巨性

在河川上建造水工建筑物，比陆地上的土木工程施工困难、复杂得多。主要困难是解决施工导流问题，即必须迫使河川水流按特定通道下泄，以截断河流，便于施工时不受水流的干扰，创造最好的施工空间；要进行很深的地基开挖和复杂的地基处理，有时还须水下施工；施工进度往往要和洪水“赛跑”，在特定的时间内完成巨大的工程量，将建筑物修筑到拦洪高程。

4. 失事后果的严重性

水工建筑物如失事会产生严重后果。特别是拦河坝，如失事溃决，则会给下游带来灾难性乃至毁灭性的后果，这在国内外都不乏惨重实例。据统计，大坝失事最主要的原因，一是洪水漫顶，二是坝基或结构出问题，两者各占失事总数的 1/3 左右。应当指出，有些水工建筑物的失事与某些自然因素或当时人们的认识能力与技术水平限制有关，也有些是不重视勘测、试验研究或施工质量欠佳所致，后者尤应杜绝。

四、现代水工建筑物的发展

资源 1.6 新安江水电站

由于流体力学、岩土力学、结构理论和计算技术的发展，以及新型材料、大型机械、设备制造能力的提高和施工技术的进步，因此有了以高坝为代表的现代水工建筑物的发展。

资源 1.7 乌江渡水电站

在混凝土坝方面，我国于 20 世纪 50 年代即全部依靠自己的力量，设计、施工、建造了装机容量为 66 万 kW 的新安江水电站宽缝重力坝，其最大坝高 105m，溢流坝与坝后厂房顶溢流式水电站结合，枢纽布置非常紧凑，为我国大型水利工程建设开创了良好的先例。随后，建成了多座坝高 100m 上下的各型混凝土坝。60 年代，在黄河干流强地震区建成了坝高 147m 的刘家峡水电站实体重力坝，在解决高坝技术以及相应高水头泄水建筑物高速水流问题方面取得了相当大的进展和宝贵的经验。70 年代，在石灰岩岩溶地区建成了坝高 165m 的乌江渡拱形重力坝，成功地处理了岩溶地基。80 年代，在著名的葛洲坝水利枢纽施工中，在长江流量 4400～4800m^3/s 情况下胜利实现了大江截流，保证了我国长江干流上大容量低水头水电站和最大通航船闸的顺利建成，标志着我国水利施工达到了新水平。80年代，我国建造的高坝工程以黄河“龙头”的龙羊峡重力拱坝为代表，其坝高为178m，上游可形成247亿m^3库容的水库。此坝设计、建造过程中成功地解决了坝肩稳定、泄洪消能布置等一系列结构与水流问题。此外，坝高150m以上的薄拱坝（双曲拱坝），如东江、东风等水电站的高坝建设，也都取得了成功。自改革开放加速水电开发建设起，我国的混凝土坝设计和建造逐渐向世界水电科技制高点迈进。目前，我国的三峡水电站为世界上最大的水电站，龙滩水电站为世界最高的碾压混凝土坝（坝高216.5m），锦屏一级水电站为世界最高的双曲拱坝（坝高305m），其他已建高坝还有二滩拱坝（坝高240m）、小湾拱坝（坝高293m）、溪洛渡拱坝（坝高285.5m）、白鹤滩拱坝（坝高289m）。我国正在建设的双江口水电站的堆石坝，高度将达到314m，建成后将成为世界第一高坝，刷新世界纪录。这些标志性工程的建设，表明我国水电正式迈入大电站、大机组、自动化、信息化的新时代。

在土石坝方面，我国是建造这种当地材料坝最多的国家，且型式和施工方法均多种多样。无论是常规的碾压式坝，还是水中倒土、水力冲填、定向爆破等特殊筑坝技术，都不乏成功的实例，并且还建成了很多小型的溢流土石坝。我国建成的高土石坝以甘肃碧口水电站和陕西石头河水库的两座心墙土石坝，以及黄河小浪底水利枢纽斜心墙堆石坝为代表，坝高分别为101m、105m和154m。与土石坝本身密切相关的深覆盖层地基处理技术也取得了很大的进展，例如小浪底坝基防渗墙深达80m，效果很好。2008年8月开始填筑坝体的糯扎渡心墙堆石坝，最大坝高261.5m，在大坝上、下游均采用了与围堰相结合的型式；两河口土石坝，坝高295m；建设中的双江口砾石土心墙堆石坝，坝高314m；已于2008年投产的水布垭混凝土面板堆石坝，坝高233m。

目前世界上100m以上的高坝超过400多座，差不多是1950年以前的10倍多，其中220m以上的高坝超过29座。高土石坝在高坝中所占比例越来越大，目前其数量大致相当于混凝土重力坝与混凝土拱坝数之和。这显然与高土石坝设计理论和施工技术的不断改进，以及大型施工机械的采用有关。坝高超过300m的除中国锦屏一级混凝土双曲拱坝305.00m外，均为土石坝，苏联努列克心墙土石坝，高达310m，是当时世界上的最高坝。我国正在建造的双江口心墙，坝高314m，是目前世界最高坝。高土石坝的建造技术不但表现在地面以上的坝高，还表现在地面以下的地基处理深度，在冲积层土基内已实现了170m深的深孔水泥灌浆和131m深的混凝土防渗墙施工。世界著名的高土石坝还有美国的奥洛维尔土石坝（坝高236m）、加拿大的买加堆石坝（坝高242m）以及印度的特里堆石坝（坝高261m，是目前世界最高的堆石坝）等。坝高名列世界首位的各种混凝土坝包括瑞士的大狄克逊重力坝（坝高285m）、格鲁吉亚共和国的英古里拱坝（坝高271.5m）、加拿大的丹尼尔·约翰逊连拱坝（坝高214m）等。

采用碾压混凝土的高重力坝和高拱坝及采用刚性面板防渗的碾压式堆石坝（非抛填式堆石坝）将是很有发展前途的新坝型。高坝成套技术中所涉及的难点包含水工新材料、大型设备的研制、高速水流、消能防冲、抗震、高边坡稳定性、安全监控等课题以及一系列设计、计算技术和施工技术，这些都要进行攻关研究，水工科技工作者任重而道远。

第三节　水利枢纽与水工建筑物的等级划分

资源 1.8 工程等别及水工建筑物的级别

一项水利枢纽工程的成败对国计民生有着直接的影响，但不同规模的工程影响程度也不同。为使工程的安全可靠性与其造价的经济合理性统一起来，水利枢纽及其组成建筑物要分等分级，即先按工程的规模、效益及其在国民经济中的重要性，将水利枢纽分等，水利水电工程分等指标见表 1-1；然后水工建筑物的分级按其所属枢纽等别、建筑物作用及重要性进行分级，见表 1-2。枢纽工程、建筑物的等、级不同，对其规划、设计、施工、运行管理的要求也不同，等级越高，要求也越高。这种分等分级、区别对待的方法，也是国家经济政策和技术政策的一种重要体现。

表 1-1　　　　**水利水电工程分等指标**

工程等别	工程规模	水库总库容/亿 m^3	防洪			治涝	灌溉	供水		发电
			保护人口/万人	保护农田面积/万亩	保护区当量经济规模/万人	治涝面积/万亩	灌溉面积/万亩	供水对象重要性	年引水量/亿 m^3	发电装机容量/MW
Ⅰ	大（1）型	≥10	≥150	≥500	≥300	≥200	≥150	特别重要	≥10	≥1200
Ⅱ	大（2）型	<10，≥1.0	<150，≥50	<500，≥100	<300，≥100	<200，≥60	<150，≥50	重要	<10，≥3	<1200，≥300
Ⅲ	中型	<1.0，≥0.10	<50，≥20	<100，≥30	<100，≥40	<60，≥15	<50，≥5	比较重要	<3，≥1	<300，≥50
Ⅳ	小（1）型	<0.1，≥0.01	<20，≥5	<30，≥5	<40，≥10	<15，≥3	<5，≥0.5	一般	<1，≥0.3	<50，≥10
Ⅴ	小（2）型	<0.01，≥0.001	<5	<5	<10	<3	<0.5		<0.3	<10

注　1. 水库总库容指水库最高水位以下的静库容；治涝面积指设计治涝面积；灌溉面积指设计灌溉面积；年引水量指供水工程渠首设计年均引（取）水量。
2. 保护区当量经济规模指标仅限于城市保护区；防洪、供水中的多项指标满足 1 项即可。
3. 按供水对象的重要性确定工程等别时，该工程应为供水对象的主要水源。

对于综合利用的工程，如按表 1-1 中指标分属几个不同等别时，整个枢纽的等别应以其中的最高等别为准。

按表 1-2 确定水工建筑物级别时，如该建筑物同时具有几种用途，应按最高等别考虑，仅有一种用途时，则按该项用途所属等别考虑。

对于Ⅱ～Ⅴ等工程，在下述情况下，经过论证可提高其主要建筑物级别：①水库大坝高度超过表 1-3 中数值者提高一级，但洪水标准不予提高；②建筑物的工程地质条件特别复杂，或采用缺少实践经验的新坝型、新结构时提高一级；③综合利用工程，如按库容和不同用途的分等指标有两项接近同一等别的上限时，其共用的主要建筑物提高一级。对于临时性水工建筑物，如其失事后将使下游城镇、工矿区或其他国

表 1-2　永久性水工建筑物级别

工程等别	主要建筑物	次要建筑物
Ⅰ	1	3
Ⅱ	2	3
Ⅲ	3	4
Ⅳ	4	5
Ⅴ	5	5

表 1-3　水库大坝提级指标

级别	坝型	坝高/m
2	土石坝	90
	混凝土坝、浆砌石坝	130
3	土石坝	70
	混凝土坝、浆砌石坝	100

民经济部门造成严重灾害或严重影响工程施工时，视其重要性或影响程度，应提高一级或两级。对于低水头工程或失事损失不大的工程，其水工建筑物级别经论证可适当降低。

不同级别水工建筑物的不同要求主要体现在以下方面：

（1）抗御洪水能力。如洪水标准、坝顶安全超高等。

（2）强度和稳定性。如建筑物的强度、稳定性可靠度、抗裂要求及限制变形要求等。

（3）建筑材料。如选用材料的品种、质量、标号及耐久性等。

（4）运行可靠性。如建筑物各部分尺寸裕度及是否设置专门设备等。

第四节　河川水利枢纽对环境的影响

水利水电工程建设是人类利用自然改造自然的重要途径。但一条河流、一个河段及其周围地区在天然状态下，一般处于某种相对平衡，进行水利工程建设时会破坏原有的平衡状态，特别是具有高坝大库的河川水利枢纽的建成运行，对周围的自然和社会环境都将产生重大的影响，如水库淹没、移民安置、工程施工和生态环境等。因此在规划、设计、建设水利枢纽时，注意其经济效益的同时，必须注意其对环境的物理、生态不利影响，并力求减小这种不利影响。

一、物理影响

河流中筑坝建库后，上下游水文状态将发生变化。如果水库不具有较大的径流调节性能，则变化只表现为上游有一壅水段；如果水库具有季、年或多年调节性能，则上游水位将有很大的变化幅度，这就会造成一片淹没、浸没区，居民要迁移，文物古迹可能被淹没，下游河流水位以及地下水位都可能下降，甚至带来干旱。

上游水库水深加大，流速降低，水流带入水库的泥沙会淤积下来，逐渐减少水库库容，这实际上最终决定水库的寿命。据美国、印度等国 130 多座水库的调查显示，每年淤积损失的库容在 2%～14.33%范围内。水库的“沉沙池”作用，使过坝调节下放的水流成为“清水”，冲刷能力加大，从而会使下游河床刷深，也可能影响到河势变化乃至河岸稳定。经水库再下泄的水，水质一般有改善，但随着库区条件的不同，也可能受某些盐分污染。深水库底孔下放的水，水温会较原天然状态有所变化。

大面积的水库还会引起小气候的变化，例如可能增加雾天的出现频率，大水库可能触发地震也是国内外广泛注意的问题。据调查，在已建的坝高超过 100m 和库容超过 10 亿 m^3 的水库中，发生水库触发地震的达 17%，但烈度不高。

二、生态影响

高坝大库对生态影响问题涉及范围很广。例如，较天然河流大大增加了的水库面积与容积可以养鱼，对渔业有利，但坝成为原河中鱼洄游的障碍，过鱼设施难以维持河道原状，某些鱼类品种因此消失；水库调蓄的水量增加了农作物灌溉的机会，但水温可能不如原来情况更适合作物生长；钉螺、疟蚊等传播疾病的媒介物可能得到新的有利的繁殖条件，从而增加血吸虫病、疟疾等的传染危险性。此外，库水化学成分改变、营养物质浓集导致水的异味或缺氧等，也会给生物带来不利影响。

上述无论物理影响还是生态影响，无疑都转移为对人类本身的影响。同时还要注意，水库蓄水后还可能出现一些规划设计阶段较难预见的影响。例如，库岸由于水的渗入，原本稳定的边坡可能失稳坍滑。意大利瓦依昂拱坝上游就曾发生过大滑坡，造成高 150m 的涌浪翻越坝顶，冲毁下游村镇，死亡 3000 人。因此修建水利枢纽，必须充分考虑前述对环境生态的影响，精心研究，慎重对待。

考虑生态环境用水通常是在水利枢纽中设置专门放水管道，称为生态放水管，亦称生态基流管。它是维持河流生态系统运转的基本用水，不能间断或少给。在水利枢纽设计中，为节省投资，通常将其与导流洞或其他输水建筑物结合起来考虑。生态基流是指河道最小流量所应满足的最低要求。因此，为协调河流水资源开发利用与生态保护之间的矛盾，需要寻找一种平衡，既能维持河流和河口生态系统健康，又能满足人类生存生活的需要。生态基流近年来已经成为一个热点科研课题，它不仅要研究水资源的总量问题，还要研究水资源的平衡问题；不仅要研究河流的最小生态流量，还要研究怎样以水的承载能力为基点，优化经济布局。如何把有限的水资源用到最需要的地方去，实行水的再分配，这已成为我国环保事业上的重大战略问题。

第五节　“水工建筑物”课程的特点和水工科技问题的研究途径

“水工建筑物”是水利水电工程等专业最重要的专业课程之一。它涉及知识范围广，理论性、实践性和综合性强。且水工建筑物的型式多，既有混凝土结构，也有土石结构，既有挡水结构，也有泄水结构，还有为满足某些功能的结构及构造等。本书以几种典型的水工建筑物为代表，讲授水工建筑物和水利枢纽设计的基本概念、基本理论和基本方法。再从典型到一般，不断加深对水工问题的讲解。鉴于水工问题的实践性和复杂性等特点，在本课程的教学环节可安排讲课、课堂讨论、习题课、课程实验、课程设计等教学活动。

水工科学技术水平在不断提高，但随着水工建筑物的规模日益加大，待解决的各种水工问题的难度也在不断提高。研究解决水工问题的途径可归结为以下几点：

(1) 理论分析与计算。理论分析是对实际工程问题的属性进行提高归纳，而成为某一物理力学问题，再对其普遍性规律进行演绎推断，得到公式化、函数化的分析解，可应用于所有同类问题的求解。这自然是基本的理想的途径，应首先考虑选取。

但由于工程问题往往涉及众多的影响因子和复杂的边界条件，能由这一途径走到底的一般已由前人走过并给出结论的；而更多的不断出现的问题却是无法经此途径解决的，即使已知其控制方程——数学物理方程，仍难得其分析解。所幸，随着计算数学和电子计算机的发展，将各种工程问题数学模型化，再引入具体起始条件和边界条件，运用适当的离散方法，使求问题的数值解有了可能，这方面的前景是广阔的。不过目前以及可预见的将来还无法做到单由数学模型、数值模型解决全部问题，而常需以下三者配合研究。

（2）试验研究。即通过水工水力学模型、水工结构模型等物理模型试验途径来解决理论分析计算尚不能解决的问题。它的优点是便于对三维复杂的建筑物或枢纽整体形态、水流边界以及地基情况进行模拟并取得直观的结果。物理模型还可结合数学模型，成为合交模型，以提高精度和效率。

（3）原型观测。对已建或在建的水工建筑物进行水流、结构或地基的各种观测，分析观测结果，找出一般规律，用以验证理论分析计算或物理模型试验成果，进而应用于其他工程。这也是解决水工问题的重要的、更可靠的途径。

（4）工程类比。通过调查研究，了解与本工程类似的已建且运行良好的工程的参数、尺寸，归纳总结其经验教训，从而参照进行本工程的设计。这也是水工设计中常用的方法。

显然，对兴建大型重要枢纽或其中主要建筑物而言，为解决一系列水工问题，上述诸途径往往是综合取用的。

复习思考题

1. 我国的水资源丰富吗？开发程度如何？解决能源问题是否应优先开发水电？为什么？

2. 什么是水利枢纽？什么是水工建筑物？与土木工程的建筑物相比，水工建筑物有哪些特点？

3. 水工建筑物分哪几类？各自的功用是什么？

4. 河川水利枢纽建成后对环境影响如何？人们应如何对待？

5. 水利枢纽、水工建筑物为何要分等分级？分等分级的依据是什么？

6. 水工问题的研究途径有哪些？

第二章

水工结构上的作用

第一节　作用分类和作用效应组合

水工结构上的作用（荷载），按其随时间的变异分为永久作用、可变作用、偶然作用。设计基准期内其量值不随时间而变化，或其变化值与平均值比较可忽略不计的作用称永久作用；设计基准期内其量值随时间变化，且其变化值与平均值比较不可忽略的作用称可变作用；设计基准期内出现的概率很小，一旦出现，其值很大且持续时间很短的作用称偶然作用。水工结构设计时对不同作用应采用不同的代表值，永久作用和可变作用的代表值采用作用的标准值。偶然作用的代表值参照规范等有关规定或根据观测资料结合工程经验综合分析确定。

永久作用包括：①结构自重和永久设备自重；②土压力；③淤沙压力（枢纽建筑物有排沙设施时可列为可变作用）；④地应力；⑤围岩压力；⑥预应力。

可变作用包括：①静水压力；②扬压力（包括渗透压力和浮托力）；③动水压力（包括水流离心力、水流冲击力、脉动压力等）；④水锤压力；⑤浪压力；⑥外水压力；⑦风荷载；⑧雪荷载；⑨冰压力（包括静冰压力和动冰压力）；⑩冻胀力；⑪楼面（平台）活荷载；⑫桥机、门机荷载；⑬温度作用；⑭土壤孔隙水压力；⑮灌浆压力。

偶然作用包括：①地震作用（含地震惯性力和动水激荡力）；②校核洪水位时的静水压力。

对于要进行设计计算的某一具体水工结构来说，上述诸多作用并不一定都会出现，更不可能同时出现，应根据该结构在不同设计状况下可能同时出现的作用，按两种极限状态分别进行作用效应组合，并采用各自最不利的组合进行设计。结构按承载能力极限状态设计时，应对持久状况、短暂状况采用基本组合，偶然状况采用偶然组合。可能同时出现的永久作用、可变作用效应组合为基本组合，基本组合与一种可能同时出现的偶然作用效应组合为偶然组合。

第二节　自 重 和 水 压 力

一、自重

水工建筑物的结构自重标准值，可按结构设计尺寸及其材料重度计算确定，关键是材料重度取值要合适。水工常用材料的重度一般可从有关规范及其附录中查得，参照采用即可。

重力式结构（如重力坝）的大体积混凝土重度是对技术经济影响巨大的重要量

值，应根据选定的混凝土配合比经试验确定。重度 γ_c 与骨料比重（一般为 2.60～2.75）、骨料最大粒径有关，随着两者由小到大，试验得 $\gamma_c=23.5\sim25.0\text{kN/m}^3$。初步设计无试验资料时，可用 $\gamma_c=23.5\sim24.0\text{kN/m}^3$，宜取用较小值。

土石坝填筑土体的材料重度，应根据设计计算内容和土体部位的不同，分别采用湿重度、饱和重度或浮重度，其数值可根据压实干重度、含水量和孔隙率换算得出。堆石坝的材料重度应根据堆石部位的不同，分别采用压实干重度或浮重度。上述土体和堆石体的压实干重度最终采用值都应由压实试验确定。

永久设备的自重标准值可直接采用该设备的铭牌重量。永久设备自重的作用分项系数当其作用效应对结构不利时应采用 1.05，有利时应采用 0.95。

自重这种永久作用由于一般易于较准确求得标准值，故将其换算为设计值所需乘的分项系数变幅很小。一般大体积混凝土结构的自重作用分项系数取 1.0，其他自重作用分项系数由有关规范确定。

二、静水压力

垂直作用于建筑物（结构）表面某点处的静水压强应按下式计算：

$$p=\gamma H \tag{2-1}$$

式中：p 为计算点处的静水压强，kPa；H 为计算点处的作用水头，即计算水位与计算点之间的铅直高差，m；γ 为水的重度，kN/m^3。

清水 $\gamma=9.81\text{kN/m}^3$，多泥沙及海水根据实际情况另定。

正确确定静水压力的关键在于确定计算水位。应注意区分水工建筑物不同的设计状况，分别按持久、短暂和偶然设计状况下的计算水位确定相应的静水压力代表值。例如，坝、水闸等永久性挡水建筑物在运用期，静水压力代表值的计算水位可确定如下：对持久设计状况，上游采用水库的正常蓄水位（或防洪高水位），下游采用可能出现的不利水位；对短暂设计状况，采用该建筑物检修时预定的上、下游水位；对偶然设计状况，上游采用水库的校核洪水位，下游采用水库在校核洪水位泄洪时导致的相应水位。临时性水工建筑物以及坝体在施工期度汛时静水压力代表值的计算水位，应根据有关设计规范规定的洪水标准计算确定。

水工地下洞室衬砌结构的外水压力也被看成一种特殊的静水压力，计算其标准值时所采用的设计地下水位线，应根据实测资料，结合水文地质条件和防渗排水效果，并考虑工程投入运用后可能引起的地下水位变化等因素，经综合分析确定。通常对作用于混凝土衬砌有压隧洞的外水压强标准值按下式计算：

$$p=\beta\gamma H \tag{2-2}$$

式中：p 为作用于衬砌上的外水压强的标准值，kPa；β 为外水压力折减系数，见表 2-1；H 为作用水头，即设计采用的地下水位线与隧洞中心线之间的铅直高差，m。

地下洞室，特别是当无压隧洞设置了排水措施时，可根据排水效果和排水可靠性对计算外水压力标准值所据的作用水头 H 再酌减，折减值可由工程类比或渗流分析确定。各种静水压力作用分项系数都为 1.0。

对于有钢板衬砌的压力隧洞，可按下列情况确定作用于钢管的外水压力标准值的作用水头：对于埋深较浅且未设排水措施的压力隧洞，其外水压力作用水头宜按设计

表 2-1　外水压力折减系数 β 值

围岩级别	地下水活动状态	地下水对围岩稳定的影响	β 值
1	洞壁干燥或潮湿	无影响	0.00～0.20
2	沿结构面有渗水或滴水	风化结构面充填物质，降低结构面抗剪强度，对软弱岩体有软化作用	0.10～0.40
3	沿裂隙或软弱结构面有大量滴水、线状流水或喷水	泥化软弱结构面充填物质，降低抗剪强度，对中硬岩体有软化作用	0.25～0.60
4	严重滴水，沿软弱结构有小量涌水	冲刷结构面充填物质，加速岩体风化，对断层等软弱带软化泥化，并使其膨胀崩解及产生机械管涌。有渗透压力，能鼓开较薄的软弱层	0.40～0.80
5	严重股状流水，断层等软弱带有大量涌水	冲刷携带结构面中的充填物质，分离岩体，有渗透压力，能鼓开一定厚度的断层等软弱带，能导致围岩塌方	0.65～1.00

地下水位与管道中心线之间的高差确定；当压力隧洞的顶部或外侧设置排水洞时，可在考虑岩层性能及排水效果的基础上，根据工程类比或渗流计算分析，对排水洞以上的外水压力作用水头作适当折减；当钢衬外围设置排水管时，可根据排水措施的长期有效性，采用工程类比法或渗流计算，综合分析确定外水压力作用水头。

混凝土坝坝内钢管放空时各计算断面的外水压力标准值可按以下规定确定：钢管起始断面的外水压力为 $\alpha\gamma H$，钢管与下游坝面相接处的外水压力为零，其间压力沿管轴线按直线规律分布；起始断面作用水头 H 的计算水位，宜采用正常蓄水位；折减系数 α 可根据钢管外围的防渗、排水及接触灌浆等情况采用 0.5～1.0。

三、动水压力

作用于水工建筑物过流面一定面积上的动水压力包括时均压力和脉动压力，并按该面积上分布的动水压强的合力计算。动水压强的脉动部分是由水流紊动所产生的脉动流速场对固壁的作用，是一个附加的动力荷载。动水压力一般可只计及时均压力，但当水流脉动影响结构安全或者会引起结构振动时，应考虑脉动压力的影响。由于脉动压力是随时间正负交替的随机变量（时均值为零），并随作用面积增加而有所均化，通常作为结构荷载而考虑渐变流动水压力时，往往只计时均压力即可。下面以溢流坝和坝下消能工为例，论述几种动水压力值的求取方法。

（一）渐变流时均压力

如图 2-1（a）所示之溢流坝，其坝面可分为坝顶曲线 ab 段、斜坡直线 bc 段和反弧曲线 cd 段。坝顶曲线段的动水压力与曲线堰型、定型水头和实际运行水头有关（参见本书第三章），可正可负，但作为结构荷载来说，常可忽略不计。斜坡直流时均动水压强则可用下式表示：

$$p=\gamma h\cos\alpha \tag{2-3}$$

式中：p 为垂直于过水面的动水压强，kPa；h 为垂直于过水面的水流厚度，m；α 为斜坡与水平面的夹角；γ 为水的重度。

渐变流时均压力作用分项系数为 1.05。

（二）反弧段水流离心力

反弧段 cd 上的动水压力亦即水流离心力，该离心力强度［图 2－1（b）］可由下式表示：

$$p=\frac{\gamma qv}{gR} \tag{2-4}$$

式中：p 为反弧段水流离心力压强，kPa；q 为单宽流量，$m^3/(s \cdot m)$；v 为流速，m/s；R 为反弧半径，m；g 为重力加速度，m/s^2；γ 为水的重度。

虽然严格说来沿反弧从 c 到 d 流速 v 是变化的，但假定全反弧段 v 是常量，并取为反弧最低点处断面的平均流速，对一般溢流坝而言误差不大，于是全反弧段水流离心力合力的水平分力和垂直分力可表示为

$$P_x=\frac{\gamma qv}{g}(\cos\varphi_2-\cos\varphi_1) \tag{2-5}$$

$$P_y=\frac{\gamma qv}{g}(\sin\varphi_2+\sin\varphi_1) \tag{2-6}$$

式中：φ_1、φ_2 为图 2－1 中所示角度；P_x、P_y 为水流离心力合力的水平分力和垂直分力（P_x、P_y 作用于反弧段中点），kN/m；其余符号含义同前。

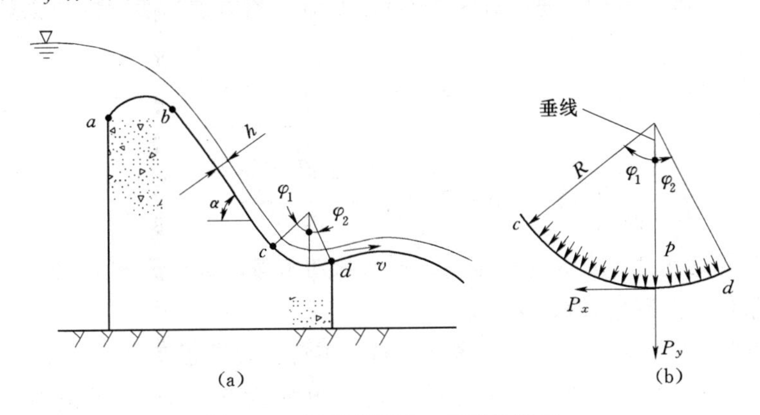

图 2－1　溢流坝面动水压强计算图

反弧段两侧的直墙（即溢流坝的导墙或溢洪道的边墙）也要受到水流离心力的作用。作用于平面上为平行直墙的反弧段边墙上的水流离心力压强，可假定沿铅直方向线性分布，在水面处压强为零，在墙底压强为式（2－4）给出之 p 值，并垂直作用于墙面。

反弧段水流离心力作用分项系数为 1.1。

（三）水流冲击力

水流冲击力的含义很广，例如，坝顶跌流或挑流对坝下护坦的冲击力，急流对消力池中消力墩、消力坎的冲击力等，研究尚不成熟。以往设计计算中涉及此力时都是根据具体情况取某一流速水头与某一经验系数之乘积作为所求冲击力强度的水头，《水工建筑物荷载标准》（GB/T 51394—2020）给出了水流对消力池尾坎冲击力代表值的算式：

$$P=K_d A_d \frac{\gamma v^2}{2g} \tag{2-7}$$

式中：P 为作用于消力池尾坎的水流冲击力代表值，N；A_d 为尾坎迎水面在垂直于水流方向上的投影面积，m^2；v 为水跃收缩断面的平均流速，m/s；K_d 为阻力系数。

对于消力池中未形成水跃、水流直接冲击尾坎的情况，可取 $K_d=0.6$，此种情况显然可推广到各种急流对各种墩、坎结构的冲击力计算；对于消力池中已形成水跃，且跃前弗劳德数 $Fr=3\sim10$ 的情况，可取 $K_d=0.1\sim0.5$，Fr 大者，K_d 取小值，反之取大值。

水流冲击力的作用分项系数为 1.1。

（四）脉动压力

水流脉动压强无论对于空间或时间都是随机的（随机场或随机过程），其统计特征包括脉动压强幅值（强度）、时间空间相关特征以及频谱密度与空间相关尺度等方面。作为荷载考虑时，通常用下式定义的脉动压强系数 K_p 来表征其幅值：

$$K_p=\frac{\sigma}{\gamma v^2/(2g)} \tag{2-8}$$

式中：v 为计算截面平均流速，m/s；σ 为标准差（均方差）表示的压强脉动幅值 p' 的统计特征值。

σ 也可写为

$$\sigma=\sqrt{\sum_1^n(\tilde{p}_i-\bar{p})^2 P_i}=\sqrt{\frac{\sum_1^n(\tilde{p}_i-\bar{p})^2}{n-1}}=\sqrt{\overline{(p')^2}} \tag{2-9}$$

式中：$\tilde{p}_i$ 为瞬时压强；$\bar{p}$ 为时均压强；p'为脉动压强，$p'=\tilde{p}_i-\bar{p}$；P_i 为p'的概率；n 为足够长的各态历经过程的采样数。

一般认为压强脉动幅值的概率密度分布基本符合高斯正态分布。在此前提下，p'不超过$|\sigma|$的概率为 0.682，p'不超过$|2\sigma|$的概率为 0.954，p'不超过$|3\sigma|$的概率为 0.997。

《水工建筑物荷载标准》（GB/T 51394—2020）规定脉动压强作用分项系数为 1.0，并认为脉动压强设计值应达到 3σ；进而规定脉动压强代表值为 3σ，使其与作用分项系数相乘后为所预期的设计值。所以脉动压强代表值计算公式为

$$p_f=2.31K_p \frac{\gamma v^2}{2g} \tag{2-10}$$

其中计算断面平均流速要根据具体条件确定。例如，消力池水流可取收缩断面平均流速，反弧鼻坎挑流可取反弧最低处的断面平均流速；脉动压强系数 K_p 应根据水流特征区别出急流区（$Fr\gg1$）平顺水流边界和突变水流边界而采用不同值，前者如溢流厂房顶、溢洪道泄槽底板和挑流鼻坎面等，属紊流边界层型（高频小振幅），后者如水跃消力池底板和突扩、突缩边壁等，属强分离流型（低频大振幅）。根据现有研究成果和工程经验，K_p 值可参照表 2-2、表 2-3 采用，重要工程宜由专门试验确定。

表 2-2　　脉动压强系数 K_p 值

结构部位	溢流厂房顶	溢洪道泄槽	鼻坎
K_p 值	0.010～0.015	0.010～0.025	0.010～0.020

有了脉动压强代表值后，作用于一定面积的脉动压力代表值就可按下式计算：

$$P_f = \pm\beta_m A p_f \tag{2-11}$$

式中：P_f 为脉动压力代表值，kN；p_f 为脉动压强代表值，kPa；A 为作用面积，m^2；β_m 为面积均化系数。

表 2-3　　平底消力池底板的脉动压强系数 K_p 值

计算断面与消力池起点距 x 相对消力池全长 L 的位置	以收缩断面水深 h_1 和流速 v_1 表示的 Fr_1 范围	
	$Fr_1>3.5$	$Fr_1\leqslant3.5$
$0.0<x/L\leqslant0.2$	0.03	0.03
$0.2<x/L\leqslant0.6$	0.05	0.07
$0.6<x/L\leqslant1.0$	0.02	0.04

β_m 与所考虑结构的类型、部位和尺寸有关，见表 2-4，表中 L_m 为结构顺流向长度，b 为结构垂直流向宽度，h_2 为第二共轭水深。

表 2-4　　面积均化系数 β_m 值

结构部位	溢流厂房顶、泄槽底、鼻坎		平底消力池底板									
结构尺寸	$L_m>5m$	$L_m\leqslant5m$	L_m/h_2	0.5			1.0			1.5		
			b/h_2	0.5	1.0	1.5	0.5	1.0	1.5	0.5	1.0	1.5
β_m	0.10	0.14		0.55	0.46	0.40	0.44	0.37	0.32	0.37	0.31	0.27

将脉动压力作为结构荷载考虑时，要注意其可正可负的交变特性，式（2-11）中的正、负号就是提醒工程设计人员应按不利设计条件决定选用正号或负号。

以上关于脉动压强、脉动压力的论述，主要着眼于其统计特征之一的幅值，某些情况下，例如研究水工轻型结构振动问题时，还应注意其另一统计特征值——频率。当水流脉动成为轻型结构强迫振动的振源，且水流脉动频率（主频率或优势频率）与结构自振频率很接近，就要发生共振，甚至使结构失稳。这类问题（例如闸下出流的钢闸门、泄洪钢管等结构的流激振动问题）一般宜通过专门试验研究来解决。但对于多数坝工结构来说，现有研究成果和工程实践都表明，水流脉动不会导致严重问题。例如，混凝土溢流坝的试验观测资料表明，水流脉动平均频率 $f\approx30\sim35$Hz，主频率 $f_k\approx20\sim30$Hz，高于坝的自振频率，不会发生共振。实际上，即使两者频率相当而“共振”，由于强大的阻尼作用，幅值有限的压力脉动也不致影响建筑物的安全。

（五）水击压力

具体计算可参阅《水工建筑物荷载标准》（GB/T 51394—2020）。

第三节　扬　压　力

资源 2.1
扬压力

各种混凝土坝、水闸等挡水建筑物由于其与地基接触面难免有孔隙，而地基和混凝土也都有一定的透水性，因而可认为在一定的上下游静水头作用下，终究要形成一个稳定渗流场。在此渗流场内，如取某计算截面（例如坝底面或坝体某水平截面）以上之坝体部分为讨论对象，则该部分坝体就承受渗流场导致的扬压力，而且工程上习惯地将其近似处理为垂直指向计算截面的分布面力。

实践经验和原型观测资料表明，不同型式的挡水建筑物，其坝底面上的扬压力分布图形是不同的；同一种坝型在不同的地基地质条件或不同的防渗排水措施情况下，扬压力分布图形也是不同的。故应根据水工结构的型式、地基地质条件及防渗排水措施的不同，分别确定扬压力分布图形。由于扬压力本质上是由挡水建筑物上下游静水头作用下的渗流场产生的，故其计算水位应与静水压力的计算水位一致。

当扬压力的计算截面低于下游水位时，工程上习惯于将扬压力分布图形中取决于下游计算水头的矩形部分的合力称浮托力，其余部分的合力称渗透压力；对于在坝基下游设置抽排系统的情况，主排水孔之前部分的合力称为主排水孔前扬压力，主排水孔之后的合力则称为残余扬压力。GB/T 51394—2020 在统计分析大量观测资料的基础上，取概率分布的恰当分位值，规定了各种情况下的扬压力分布以及相应各部分合力代表值算法，并规定了代表值换算为设计值时所应乘的作用分项系数。

一、岩基上混凝土坝的坝底扬压力

影响坝底扬压力分布和大小的因素很多，很难严格定量。因为坝底与岩基接触面的孔隙分布、岩基本身裂隙等很难弄清，加之帷幕灌浆和排水孔幕等设施，理论计算坝底扬压力目前几乎不可能。所以，水工设计中有关扬压力分布及其代表值的规定，是基于已建坝的原型观测数据的积累和便于设计应用的近似处理结果，并非十分精确。图 2-2 为岩基上各类混凝土坝坝底扬压力分布图。扬压力强度，可由水头乘以水的重度 γ 得到。现将这些分布图分三种情况加以说明。

（1）当坝基设有防渗帷幕和排水孔时，坝底面上游坝踵处扬压力作用水头为 H_1，排水孔中心线处为 $H_2+a(H_1-H_2)$，下游坝趾处为 H_2，其间各段依次以直线连接，如图 2-2（a）、（b）、（c）、（d）所示。

（2）当坝基设有防渗帷幕和上游主排水孔，并设有下游副排水孔及抽排系统时，坝踵处扬压力作用水头为 H_1，主、副排水孔中心线处分别为 $\alpha_1 H_1$、$\alpha_2 H_2$，坝趾处为 H_2，其间各段依次以直线连接，如图 2-2（e）所示。

（3）当坝基未设防渗帷幕和上游排水孔时，坝踵处扬压力作用水头为 H_1，坝趾处为 H_2，其间以直线连接，如图 2-2（f）所示。

上述（1）、（2）中的渗透压力强度系数 α、扬压力强度系数 α_1 及残余扬压力强度系数 α_2 可参照表 2-5 采用。应注意，对河床坝段和岸坡坝段，α 取值不同，后者计及三向渗流作用，α 取值应大些。

应当注意，还有两种坝底扬压力情况未在图 2-2 和表 2-5 中明确规定，其一是不设防渗帷幕但设有排水孔幕；其二是只设防渗帷幕而不设排水孔幕。两种情况尽管不常见，但却并非不重要。当岩基条件好，透水性极小时，人们自然会考虑省去防渗帷幕，而只设排水孔幕；当岩基裂隙充填物或软弱夹层有被渗透坡降大的渗流淘刷带走的可能时，人们也自然会考虑不用排水孔幕，而只设灌浆防渗帷幕，以保持较小的渗透坡降。不过这两种情况都缺乏足够的工程实践经验和原型观测资料，无法对其扬压力分布作出规定。坝工设计中，对这两者中任一情况扬压力代表值的确定须经专门论证。于是更多的工程人员又转而倾向于放弃这两种不完整防渗排水设施的采用，而按兼用防渗帷幕和排水孔幕的原则设计，只是对较完整岩基的第一种情况适当加大帷幕灌浆孔距，对第二种情况在排水孔内加置反滤料以抵抗可能的渗透变形。这样，两种情况的扬压力分布图就仍可归入图 2-2 中，且其渗透压力强度系数 α 也仍可参照表 2-5 取值。

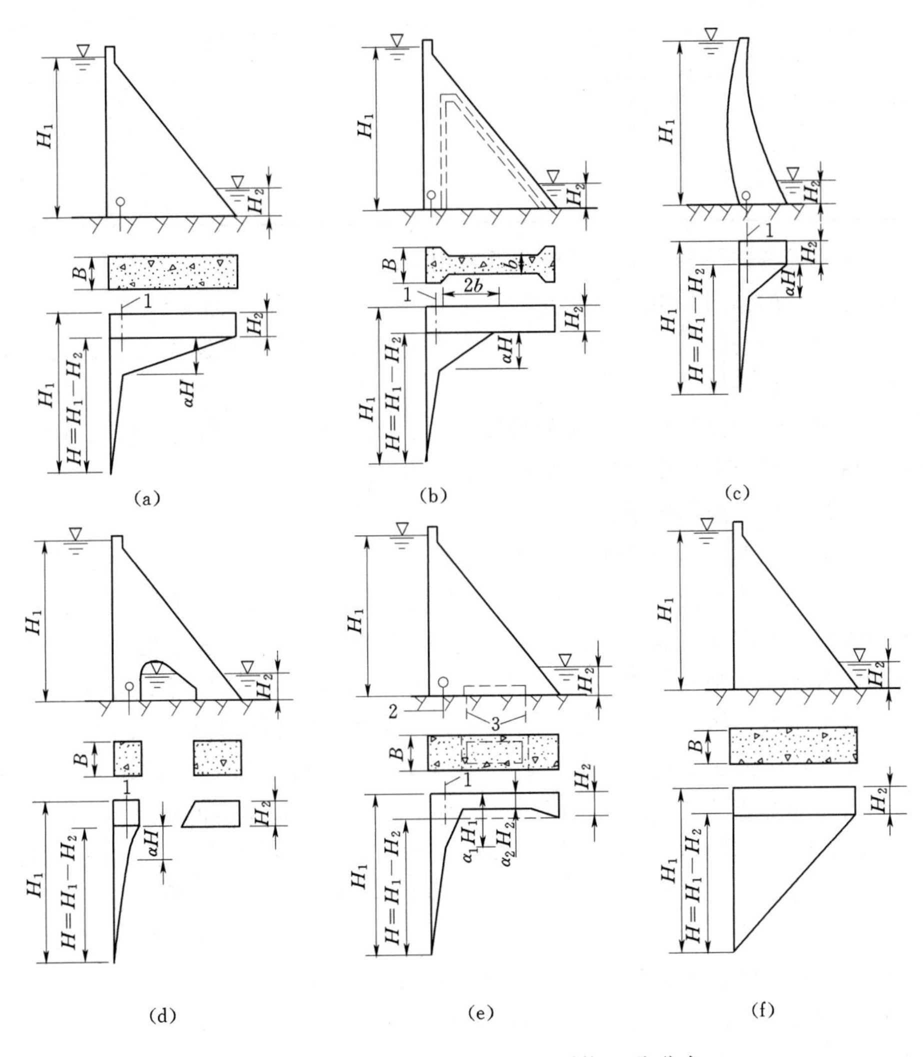

图 2-2　岩基上各类混凝土坝坝底扬压力分布

(a) 实体重力坝；(b) 宽缝重力坝及大头支墩坝；(c) 拱坝；
(d) 空腹重力坝；(e) 坝基设有抽排系统；(f) 未设帷幕及排水孔
1—排水孔中心线；2—主排水孔；3—副排水孔

表 2-5　混凝土坝坝底渗透压力和扬压力强度系数

坝型及部位		坝基处理情况		
		设置防渗帷幕及排水孔	设置防渗帷幕及主、副排水孔并抽排	
部位	坝型	渗透压力强度系数 α	主排水孔前扬压力强度系数 α_1	残余扬压力强度系数 α_2
河床段	实体重力坝	0.25	0.20	0.50
	宽缝重力坝	0.20	0.15	0.50
	大头支墩坝	0.20	0.15	0.50
	空腹重力坝	0.25	—	—
	拱坝	0.25	0.20	0.50
岸坡段	实体重力坝	0.35	—	—
	宽缝重力坝	0.30	—	—
	大头支墩坝	0.30	—	—
	空腹重力坝	0.35	—	—
	拱坝	0.35	—	—

坝底扬压力的作用分项系数可按如下采用：

（1）浮托力的作用分项系数为 1.0。

（2）渗透压力的作用分项系数，对实体重力坝为 1.2，对宽缝重力坝、大头支墩坝、空腹重力坝以及拱坝为 1.1。

（3）对坝基下游设置抽排系统的情况，主排水孔前扬压力作用分项系数为 1.1，主排水孔后残余扬压力作用分项系数为 1.2。

二、混凝土坝体内的扬压力

基于混凝土也有一定透水性的认识，混凝土坝体各水平截面也被视为承受一定的扬压力。为降低坝体内扬压力，一般在上游坝面部分浇筑抗渗标号高的混凝土，并在紧靠该防渗层的下游侧设排水管，从而也构成了坝体的防渗排水系统。从工程实践看，各种混凝土坝都是成层浇筑的，坝的透水性不均匀，沿水平施工缝的透水性较大，坝体水平截面上的扬压力实际上受水平施工缝面上的扬压力控制。遗憾的是，迄今关于坝体内扬压力还缺乏足够的已建坝的原型观测资料。GB/T 51394—2020 对坝体内扬压力分布和取值的规定，可理解为比照坝底扬压力规定的适当折减。GB/T 51394—2020 规定，坝体内计算截面的扬压力分布图形，可根据坝型及其坝内排水管的设置情况，按图 2-3 确定，其中排水管线处渗透压力强度系数 α_3 按下列情况采用：

（1）实体重力坝、拱坝及空腹重力坝的实体部位采用 $\alpha_3=0.2$。

（2）宽缝重力坝、大头支墩坝的宽缝部位采用 $\alpha_3=0.15$。

坝体内扬压力的作用分项系数值同前述坝底扬压力作用分项系数值的相应规定。

三、水闸的扬压力

水闸可建于岩基，也可建于土基，后者更多见。岩基上水闸作为挡水建筑物运行

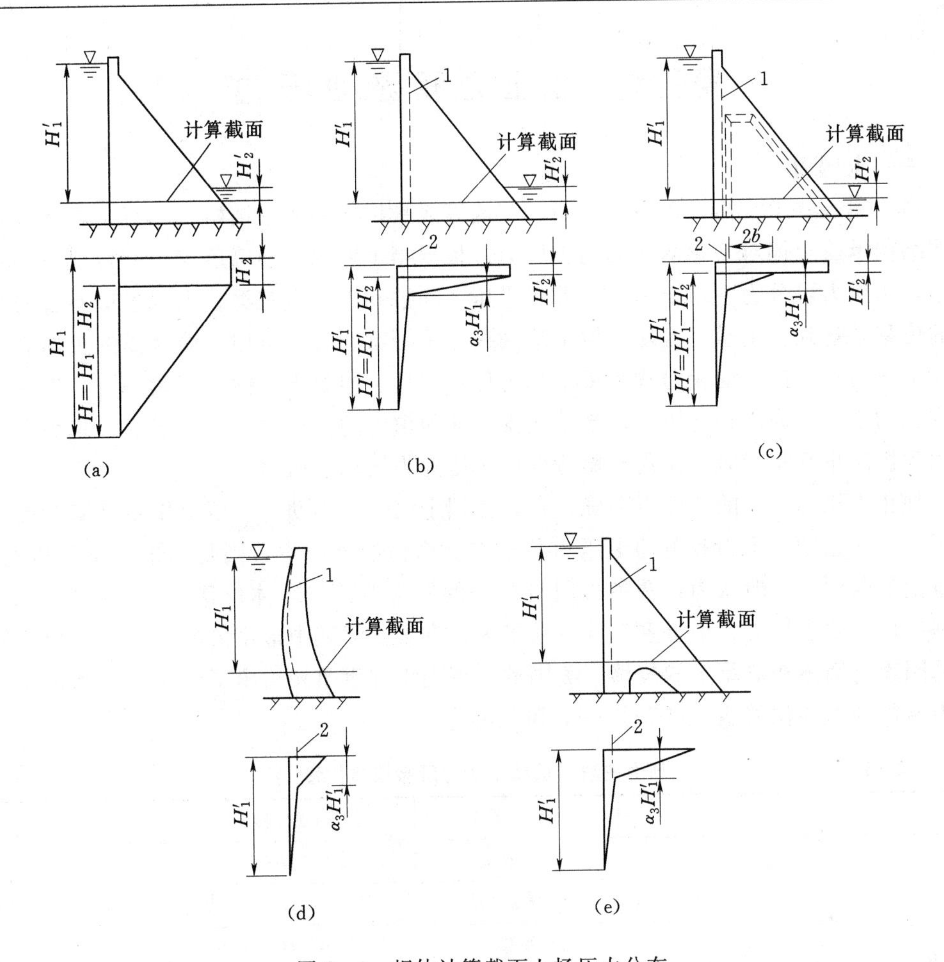

图 2-3 坝体计算截面上扬压力分布

(a) 实体重力坝未设排水孔；(b) 实体重力坝；(c) 宽缝重力坝；(d) 拱坝；(e) 空腹重力坝

1—排水孔中心线；2—主排水孔

时，闸底防渗排水工作原理同岩基上低矮的实体混凝土坝，故其底面扬压力分布图形可完全参照前述实体重力坝坝底扬压力分布的各种情况，按防渗排水设施对应确定。

土基上水闸底面的扬压力分布图形，宜根据上下游计算水位、闸底板地下轮廓线布置情况（亦即防渗排水布置情况）、地基土质分布及其渗透特性等条件，经渗流分析确定。一般情况下，确定渗透压力的渗流分析方法可采用改进阻力系数法或流网法，参见本书第十章。

土基上水闸两岸墩墙（岸墙、翼墙等）的侧向渗透压力分布图形可如下确定：

(1) 当墙后土层渗透系数不大于地基渗透系数时，可近似采用相应部位的闸底渗透压力分布图形。

(2) 当墙后土层渗透系数大于地基渗透系数时，应按侧向绕流计算确定。

(3) 对于重要工程的大型水闸，应经数值计算分析验证。

水闸的扬压力作用分项系数，对浮托力、渗透压力分别为 1.0 和 1.2。

第四节　土压力和淤沙压力

一、土压力

水工建筑物中常需设边墩、岸墙、翼墙等兼具挡土功能的结构（主要是挡土墙），这些结构承受土体对其背面施加的土压力。根据挡土墙相对于墙后填土的位移方向和大小，土压力可分为主动土压力、静止土压力和被动土压力三类。当挡土墙有背向填土的位移并达到一定量，且墙后填土达到极限平衡状态时，作用于墙背面的土压力为主动土压力；当挡土墙相对背后填土没有位移，且土体处于弹性平衡状态时，作用于墙背面的土压力为静止土压力；当挡土墙有朝向填土的位移并达到一定量，且墙后填土达到极限平衡状态时，作用于墙背面的土压力为被动土压力。

静止土压力产生的条件很明确，它是在挡土墙静止不动时，填土作用于墙背面的土压力；而主动土压力和被动土压力分别在什么情况下产生，则是尚未完全解决的、有争论的问题。一般认为，两种极限土压力的发生条件与墙体位移、墙体结构型式、地基条件、填土种类、填土密实度等众多因素有关，但其中最主要的且可适当定量表征的因素是墙体相对填土的位移。美国的《基础工程手册》给出了产生主动和被动土压力所需的墙顶位移值，见表2-6，可供参考。

表2-6　产生主动和被动土压力所需墙体位移

土类	应力状态	墙移动类型	所需墙顶位移	备　注
砂土	主动	平移	$0.001H$	H 为挡土墙的高度
		绕墙底转动	$0.001H$	
	被动	平移	$0.050H$	
		绕墙底转动	$0.100H$	
黏土	主动	平移	$0.004H$	
		绕墙底转动	$0.004H$	

表2-6中的数值显示，产生主动土压力所需位移量较小，而产生被动土压力所需的位移量大得多。对多数挡土墙来说，在墙后填土压力或其他荷载作用下，往往会产生背离填土方向的位移或偏转，其位移量常可达到形成主动土压力所需的数值，因而我国现行建筑物设计规范要求对挡土墙大多采用主动土压力进行设计。至于被动土压力，由于工程中很少遇到挡土结构向填土方向位移的情形，且被动土压力一般对建筑物的稳定有利，又不易准确计算，故工程设计中常不予考虑，而将其作为安全储备。

应注意的是，水工设计中采用静止土压力的情况不罕见。虽然严格说来，在土压力或其他荷载作用下，挡土结构完全静止不动的情况是不存在的，总会有点位移或偏转，只不过墙体位移较小或设计墙体位移较小时，墙背所受土压力接近静止土压力，可采用静止土压力来设计挡土墙。例如，我国水工设计中，对岩基上水闸的挡土墙土压力一般采用静止土压力。

土力学指出，主动土压力可按朗肯理论或库仑理论计算。由于库仑方法能考虑较多的影响因素，相对有较高的准确性，工程上多用此法计算黏聚力 $c=0$ 的砂土土压力。我国工程科技人员还基于库仑理论的平面破裂面假设，进一步导出了可考虑黏聚力作用的主动土压力计算公式，GB/T 51394—2020 也规定采用此完整公式计算单位长度挡土墙背上的主动土压力标准值［图 2－4（a）］。

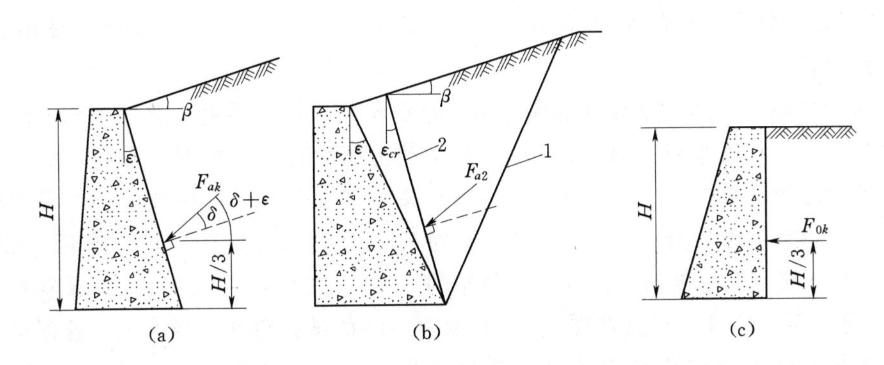

图 2－4　挡土墙的土压力计算图

1—第一破裂面；2—第二破裂面

$$F_{ak}=\frac{1}{2}\gamma_{0\omega}H^2K_a \tag{2-12}$$

$$\begin{aligned}K_a=&\frac{\cos(\varepsilon-\beta)}{\cos^2\varepsilon\cos^2(\varepsilon-\beta+\varphi+\delta)}\Big(\cos(\varepsilon-\beta)\cos(\varepsilon+\delta)+\sin(\varphi+\delta)\sin(\varphi-\beta)\\&+2\eta\cos\varepsilon\cos\varphi\sin(\varepsilon-\beta+\varphi+\delta)-2\{[\cos(\varepsilon-\beta)\sin(\varphi-\beta)+\eta\cos\varepsilon\cos\varphi]\\&\times[\cos(\varepsilon+\delta)\sin(\varphi+\delta)+\eta\cos\varepsilon\cos\varphi]\}^{1/2}\Big)\end{aligned} \tag{2-13}$$

$$\eta=\frac{2c}{\gamma_{0\omega}H} \tag{2-14}$$

$$\varphi=\mu_\varphi-1.645\sigma_\varphi \tag{2-15}$$

$$c=[\lambda+0.02(H-10)]\mu_c \tag{2-16}$$

式中：F_{ak} 为主动土压力标准值，kN/m，作用于距墙底 $H/3$ 墙背处，与水平面呈 $\delta+\varepsilon$ 夹角；$\gamma_{0\omega}$ 为挡土墙后填土重度，kN/m^3；H 为挡土墙高度，m；K_a 为主动土压力系数；ε 为挡土墙背面与铅垂面的夹角；β 为挡土墙后填土表面坡角；δ 为挡土墙后填土对挡土墙背的外摩擦角，可按表 2－7 采用；φ 为填土内摩擦角；c 为填土黏聚力，kPa；μ_φ 为填土内摩擦角平均值；σ_φ 为填土内摩擦角标准差；μ_c 为填土黏聚力平均值，kPa；λ 为计算系数，可据 φ、c 的均值 μ_φ、μ_c 及其变异系数 δ_φ、δ_c，由 GB/T 51394—2020 中表 G.0.1－2 查取。

表 2－7　　内摩擦角为 φ 的填土对挡土墙背的外摩擦角 δ

挡土墙情况	δ	挡土墙情况	δ
墙背光滑，排水不良	$(0.00\sim0.33)\varphi$	墙背很粗糙，排水良好	$(0.50\sim0.67)\varphi$
墙背粗糙，排水良好	$(0.33\sim0.50)\varphi$	墙背与填土间不可能滑动	$(0.67\sim1.00)\varphi$

式（2-12）显示，主动土压力与$\gamma_{0\omega}$、H和K_a有关，但实际工程中几何尺寸H变异性很小，可视为常量；$\gamma_{0\omega}$经统计分析，变异性也小，变异系数小于0.05，也可视为常量。故主动土压力的变异性实际上由K_a来体现。而式（2-13）又显示，K_a是φ、c、δ、ε、β的函数，其中几何形态参数ε、β可视为常量，经验算，δ在允许取值范围内取不同值对K_a的影响小，也可视为常量，于是K_a的变异性主要由φ、c的变异性决定。

考虑到主动土压力的变异性取决于K_a的变异性，并最终主要取决于填土内摩擦角φ和黏聚力c的变异性，且φ、c越小，主动土压力越大。根据《水利水电工程结构可靠性设计统一标准》（GB 50199—2013）关于"永久作用的标准值，可采用概率分布的较不利的某个分位值"的规定，对于主动土压力这一永久作用，GB/T 51394—2020规定其标准值F_{ak}为概率分布的0.95分位值，并依靠φ、c取概率分布的0.05分位值来实现。显然这样的φ、c取值应经由试验得到。当填土试验资料不足时，可根据实际工程试验结果统计分析所得的φ、c值（表2-8、表2-9）参照选用。

表2-8　砾类土G、砂类土S的φ值

土的类别	松散状态	中密状态	密实状态
砾类土G	30°～34°	34°～37°	37°～40°
砂类土S	25°～30°	30°～35°	35°～40°

表2-9　细粒土F的φ、c值

孔隙比		<0.5	0.5～0.6	0.6～0.7	0.7～0.8	0.8～0.9	>0.9
塑性指数I_p<10	φ/(°)	27	25	23	21	19	17
	c/kPa	10	8	6	4	3	2
塑性指数I_p=10～17	φ/(°)	21	19	17	15	14	13
	c/kPa	18	14	11	9	8	6
塑性指数I_p>17	φ/(°)	17	15	13	12	11	10
	c/kPa	35	28	22	17	13	10

当挡土墙墙背较平缓，坡角ε大于某一临界值ε_{cr}时，填土将产生第二破裂面［图2-4（b）］，这时主动土压力标准值应按作用于第二破裂面上的主动土压力F_{a2}和墙背与第二破裂面之间土重的合力计算。F_{a2}可用式（2-12）、式（2-13）计算，但取$\delta=\varphi$。ε_{cr}按下式计算：

$$\varepsilon_{cr}=45°-\frac{\varphi}{2}-\frac{\beta}{2}-\frac{1}{2}\left(\arcsin\frac{\sin\beta}{\sin\varphi}+\arcsin\frac{\sin\delta}{\sin\varphi}\right) \tag{2-17}$$

当填土表面有均布荷载时，可将荷载换算成等效的土层厚度，计算主动土压力标准值。

当挡土墙背面铅直，墙后填土具有与墙顶同高程的水平表面时，作用于墙背的土压力应视为静止土压力［图2-4（c）］，其标准值可按下式计算：

$$F_{0k}=\frac{1}{2}\gamma_{0\omega}H^2K_0 \tag{2-18}$$

式中：F_{0k} 为单位长度墙背的静止土压力标准值，kN/m，作用于距墙底 $H/3$ 处，水平指向墙背；K_0 为静止土压力系数，可由弹性理论公式计算：

$$K_0=\frac{\nu}{1-\nu} \tag{2-19}$$

式中：ν 为墙后填土泊松比，可取其概率分布的 0.05 分位值，使 K_0 及 F_{0k} 相当于概率分布的 0.95 分位值。

若墙后填土为正常固结黏土，亦可用 Jaky 公式计算静止土压力系数 K_0：

$$K_0=1-\sin\varphi' \tag{2-20}$$

其中 φ' 为墙后填土的有效内摩擦角，同样可取其概率分布的 0.05 分位值，利用 K_0 与 φ' 的单调递减关系，使 K_0 值相当于概率分布的 0.95 分位值。无论用泊松比 ν 还是用 φ' 定 K_0，ν 或 φ' 都应由试验得到。ν 或 φ' 的试验资料不足时，也可由填土种类和状态，根据表 2-10 选取 K_0 值。注意表 2-10 中对砾类土 G 和砂类土 S 所给 K_0 值有一定范围，应对密实状态的 K_0 取小值，反之取大值。

主动土压力和静止土压力的作用分项系数皆为 1.2。

表 2-10　静止土压力系数 K_0

土　类	土　状　态	K_0
砾类土 G		0.22～0.30
砂类土 S		0.30～0.50
低液限粉土 ML 及低液限黏土 CL	坚硬或硬塑	0.40
	可塑	0.52
	软塑或流塑	0.64
高液限黏土 CH	坚硬或硬塑	0.40
	可塑	0.64
	软塑或流塑	0.87

二、淤沙压力

淤沙压力是混凝土坝等挡水建筑物前由于河流泥沙淤积，而在淤积厚度范围内作用于坝面的一种土压力。对于多泥沙河流上的工程，淤沙压力是很重要的作用，它直接与坝的稳定有关；但并非所有的水工建筑物都承受淤沙压力，应根据河流水文泥沙资料、枢纽布置及运行情况，分析确定是否计入建筑物的淤沙压力。根据朗肯理论主动土压力公式，作用于单位长度挡水结构上的水平淤沙压力标准值可按下式计算：

$$\left.\begin{aligned}P_{sk}&=\frac{1}{2}\gamma_{sb}h_s^2\tan^2\left(45°-\frac{\varphi_s}{2}\right)\\ \gamma_{sb}&=\gamma_{sd}-(1-n)\gamma\end{aligned}\right\} \tag{2-21}$$

式中：P_{sk} 为淤沙压力标准值，kN/m；γ_{sb} 为淤沙的浮重度，kN/m³；γ_{sd} 为淤沙的干重度，kN/m³；γ 为水的重度，kN/m³；n 为淤沙孔隙率；φ_s 为淤沙内摩擦角；h_s

为坝前泥沙淤积厚度，m。

当淤积厚度范围内建筑物挡水面倾斜时，应计及竖向淤沙压力，其值应按淤沙浮重度与淤沙体积（即坝踵之铅直面与斜坡挡水面之间所夹的淤沙体积）之乘积求得。

显然，按式（2-21）确定淤沙压力的决定性数据是淤积厚度 h_s，亦即归结于坝前淤积高程的计算。进而又涉及确定淤积计算年限以及坝前淤沙的二维分布。后者须由二维数学模型计算或物理模型试验，并结合已建类似工程的实测资料，经综合分析确定。

淤沙压力的变异性显然取决于 h_s、γ_{sb} 和 φ_s 的取值与工程实际的差异。由于影响这三个参数的因素错综复杂，其取值与工程实际必然有较大的差异。但应注意，这三个参数的变异对淤沙压力的影响是相互制约的，故最终对淤沙压力 P_{sk} 的综合影响未必很大。例如，对刘家峡大坝复核淤沙压力发现，计算取值与实际值相差情况是：h_s 增加 22%，γ_{sb} 增加 12.5%，φ_s 增加 62.5%，而最终 P_s 仅增加了 13%。

淤沙压力的作用分项系数可采用 1.2。

第五节　波浪与浪压力

一、水库风成波的波浪设计标准

水库风成波对水工建筑物有重要的影响，它不但给闸坝等挡水结构直接施加浪压力，而且波峰所及高程也是决定坝高的重要依据。河川水利枢纽工程设计中，解决水库波浪及浪压力问题的关键是根据当地实测风速资料推求设计波浪的波高、波长等波浪要素。

设计波浪的标准包括两个方面：①设计波浪的重现期，亦即设计波浪的长期分布问题；②设计波浪的波列累积频率，亦即设计波浪的短期分布问题。当按风速资料推求设计波浪时，设计波浪的重现期问题即为计算风速的重现期问题。迄今各水工设计规范都采用“风速加成法”确定用于波浪要素计算的风速值，即在正常运用条件（正常蓄水位或设计洪水位）下，采用相应洪水期多年平均最大风速的 1.5～2.0 倍；在非常运用条件（校核洪水位）下，采用相应洪水期多年平均最大风速。统计分析表明，多年平均最大风速的 1.5～2.0 倍约相当于 50 年重现期的年最大风速。GB/T 51394—2020 规定，当浪压力参与作用基本组合时，采用 50 年重现期的年最大风速；当浪压力参与偶然组合时，采用年最大风速的多年平均值。

关于设计波浪的波列累积频率，迄今国内外各水工设计规范的规定虽有一定差异，但都在 1%～5%。《水闸设计规范》（SL 265—2016）中视水闸级别为 1、2、3 级而分别采用频率为 1%、2%、5%。考虑到按“分项系数极限状态设计”的规定，建筑物级别的差异还另有“结构重要性系数”反映，故 GB/T 51394—2020 规定，设计波浪的波列累积频率宜采用 1%。

工程设计中为求算设计波浪的波浪要素，除解决上述设计标准问题外，还必须先定出水库当地的年最大风速和风区长度（有效吹程）。年最大风速是指水面上空 10m 高度处的 10min 平均风速的年最大值。对于水面上空 z（m）处的风速，应乘以表 2-11 中的修正系数 K_z 后采用，陆地测站的风速还要另参照有关资料进行修正。

表 2-11　风速的高度修正系数

高度 z/m	2	5	10	15	20
修正系数	1.25	1.10	1.00	0.96	0.90

风区长度（有效吹程）D 可按下列可能情况，分别相应确定（图 2-5）。

（1）当沿风向两侧水域较宽广时，可采用计算点至对岸的直线距离。

（2）当沿风向有局部缩窄且缩窄处宽度 B 小于 12 倍计算波长时，可采用 $5B$ 为风区长度，同时不小于计算点至缩窄处的直线距离。

（3）当沿风向两侧水域较狭窄，或水域形状不规则，或有岛屿等障碍物时，可自计算点逆风向作主射线与水域边界相交，如图 2-5（c）所示，然后在主射线两侧每隔 7.5°作一射线，分别与水域边界相交。记 D_0 为计算点沿主射线方向至对岸的距离，D_i 为计算点沿第 i 条射线至对岸的距离，α_i 为第 i 条射线与主射线的夹角，则 $\alpha_i = i\times 7.5°$（一般取$i=\pm1$、±2、±3、±4、±5、±6），同时令 $\alpha_0=0$，于是，等效风区长度 D 即为

$$D=\frac{\sum D_i\cos^2\alpha_i}{\sum\cos\alpha_i}\quad(i=\pm1、\pm2、\pm3、\pm4、\pm5、\pm6)\tag{2-22}$$

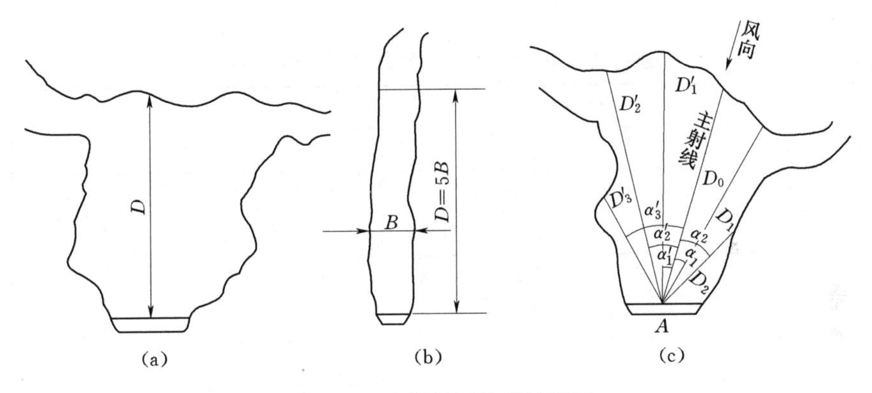

图 2-5　水域风区长度计算图

二、波浪要素计算

关于波浪要素的计算，一般都采用以一定实测或试验资料为基础的半理论半经验方法，因而都有一定的适用条件限制。平原、滨海地区水库宜采用莆田试验站公式，该公式是南京水利科学研究院在福建莆田海浪试验站经 6 年观测分析的结果，其公式为

$$\frac{gh_m}{V_0^2}=0.13\text{th}\left[0.7\left(\frac{gH_m}{V_0^2}\right)^{0.7}\right]\tanh\left\{\frac{0.0018\left(\frac{gD}{V_0^2}\right)^{0.45}}{0.13\tanh\left[0.7\left(\frac{gH_m}{V_0^2}\right)^{0.7}\right]}\right\}\tag{2-23}$$

$$\frac{gT_m}{V_0}=13.9\left(\frac{gh_m}{V_0^2}\right)^{0.5}\tag{2-24}$$

式中：h_m 为平均波高，m；V_0 为计算风速，m/s；D 为风区长度，m；g 为重力加速度，m/s²；H_m 为水域平均水深，m；T_m 为平均波周期，s。

由 H_m 和 T_m 可用理论公式算出平均波长 L_m。

$$L_m = \frac{gT_m^2}{2\pi}\tanh\frac{2\pi H_m}{L_m} \tag{2-25}$$

对于 $H_m \geqslant 0.5L_m$ 的深水波，式（2－25）还可简写为

$$L_m = \frac{gT_m^2}{2\pi} \tag{2-26}$$

内陆峡谷水库宜用官厅水库公式计算波高和波长（适用于 $V_0 < 20\text{m/s}$，$D < 20000\text{m}$）

$$\frac{gh}{V_0^2} = 0.0076V_0^{-1/12}\left(\frac{gD}{V_0^2}\right)^{1/3} \tag{2-27}$$

$$\frac{gL_m}{V_0^2} = 0.331V_0^{-1/2.15}\left(\frac{gD}{V_0^2}\right)^{1/3.75} \tag{2-28}$$

注意式中 h，当 $\frac{gD}{V_0^2}=20\sim250$ 时，为累积频率 5%的波高；当 $\frac{gD}{V_0^2}=250\sim1000$ 时，为累积频率 10%的波高。累积频率 P 的波高 h_P 与平均波高 h_m 的比值，可由 P 及水深 H_m 按表 2－12 查取。

表 2－12　　累积频率 P 的波高与平均波高的比值 h_P/h_m

$\frac{h_m}{H_m}$	P/%									
	0.1	1	2	3	4	5	10	13	20	50
0.0	2.97	2.42	2.23	2.11	2.02	1.95	1.71	1.61	1.43	0.94
0.1	2.70	2.26	2.09	2.00	1.92	1.87	1.65	1.56	1.41	0.96
0.2	2.46	2.09	1.96	1.88	1.81	1.76	1.59	1.51	1.37	0.98
0.3	2.23	1.93	1.82	1.76	1.70	1.66	1.52	1.45	1.34	1.00
0.4	2.01	1.78	1.68	1.64	1.60	1.56	1.44	1.39	1.30	1.01
0.5	1.80	1.63	1.56	1.52	1.49	1.46	1.37	1.33	1.25	1.01

由于空气阻力小于水的阻力，故波浪中心线高出计算静水位 h_z，如图 2－6 所示。该波浪要素在挡水建筑物设计时可按下式计算：

$$h_z = \frac{\pi h_{1\%}^2}{L_m}\coth\frac{2\pi H}{L_m} \tag{2-29}$$

式中：H 为水深，m；$h_{1\%}$ 为累积频率 1%的波高。

三、直墙式建筑物的浪压力

当波浪要素确定之后，便可根据挡水建筑物前不同的水深条件判定波态以确定其上的浪压力强度分布，然后计算波浪总压力。随着水深的不同，坝前有三种可能的波浪发生，如图 2－7 所示，即深水波、浅水波和破碎波的不同浪压力分布。

当坝前水深不小于半波长（即 $H \geqslant L_m/2$）时，为深水波，如图 2－7（a）所示。水域的底部对波浪运动没有影响，这时铅直坝面上的浪压力分布应按立波概念确定。单位长度上浪压力标准值 P_{wk}（kN/m）为

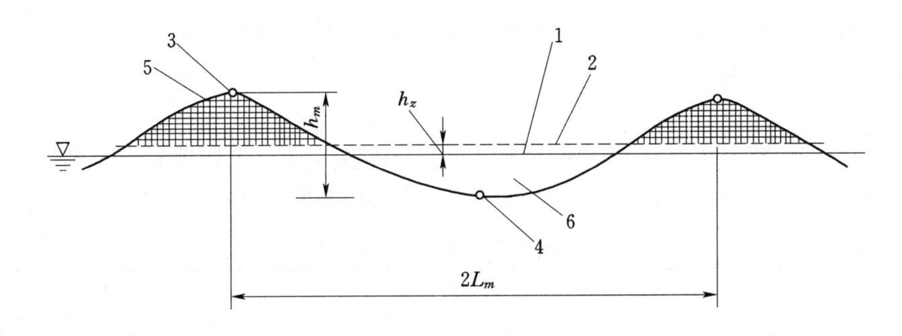

图 2-6 波浪要素

1—计算水位（静水水位）；2—平均波浪线；3—波顶；4—波底；5—波峰；6—波谷

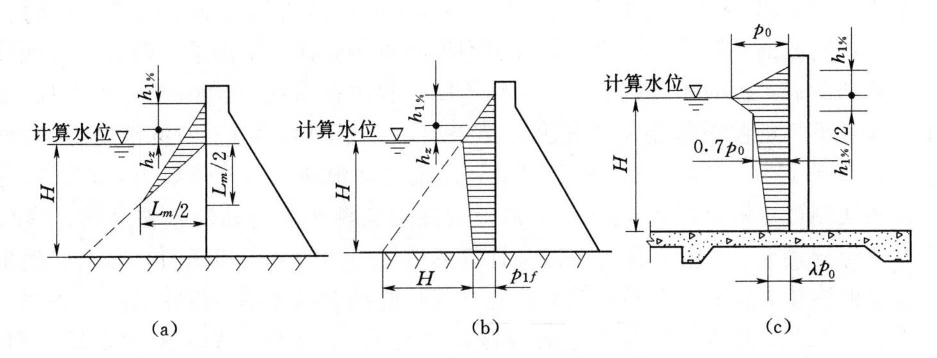

图 2-7 直墙式挡水面的浪压力分布

$$P_{wk}=\frac{1}{4}\gamma L_m(h_{1\%}+h_z) \tag{2-30}$$

当坝前水深小于半波长，但不小于使波浪破碎的临界水深 H_{cr}（即 $H_{cr}\leqslant H<L_m/2$）时，为浅水波，如图 2-7（b）所示。水域底部对波浪运动有影响，浪压力分布也到达底部，这时单位长度上浪压力标准值应按下式计算：

$$P_{wk}=\frac{1}{2}[(h_{1\%}+h_z)(\gamma H+p_{1f})+Hp_{1f}] \tag{2-31}$$

式中：p_{1f} 为坝基底面处剩余浪压力强度，kPa。

p_{1f} 可按下式计算：

$$p_{1f}=\gamma h_{1\%}\operatorname{sech}\frac{2\pi H}{L_m} \tag{2-32}$$

作为波态衡量指标之一的 H_{cr} 可由下式计算：

$$H_{cr}=\frac{L_m}{4\pi}\ln\frac{L_m+2\pi h_{1\%}}{L_m-2\pi h_{1\%}} \tag{2-33}$$

当坝前水深小于临界水深（即 $H<H_{cr}$）时，为破碎波浪压力分布，如图 2-7（c）所示。这时单位长度上浪压力标准值可按下式计算：

$$P_{wk}=\frac{1}{2}p_0[(1.5-0.5\lambda)h_{1\%}+(0.7+\lambda)H] \tag{2-34}$$

式中：λ 为建筑物基底处浪压力强度折减系数，当 $H<1.7h_{1\%}$ 时，λ 为 0.6，当 H

$>1.7h_{1\%}$时，λ 为 0.5；p_0 为计算水位处的浪压力强度，kPa。

p_0 可按下式计算：

$$p_0 = K_i \gamma h_{1\%} \tag{2-35}$$

式中：γ、$h_{1\%}$分别为水的重度和累积频率 1%的波高；K_i 为底坡影响系数。

K_i 可由表 2-13 取值，表中，i 为坝前一定距离库底纵坡平均值。

表 2-13　　底坡影响系数 K_i 取值表

底坡 i	1/10	1/20	1/30	1/40	1/50	1/60	1/80	1/100
K_i	1.89	1.61	1.48	1.41	1.36	1.33	1.29	1.25

四、斜坡挡水面的波浪爬高及浪压力

关于斜坡式建筑物上的波浪爬高及浪压力，1986 年苏联颁布的建筑法规的有关部分基于规则波的模型试验研究成果及原型实测资料验证，给出了比较系统的计算方法、公式和图表，但对不规则波的适用性不明。我国在编制 DL 5077—1997 过程中进行了单坡堤不规则波的模型试验研究，结果表明：累积频率 1%的波浪压力实测值，比用累积频率 1%的波高代入苏联公式得到的最大波浪压力计算值要大得多；而有效波浪压力实测值（即累积频率约 14%的波浪压力实测值）与用有效波高代入该公式的计算值十分接近。可见，用有效波高计算的浪压力即为有效浪压力，而用其他累积频率波高的浪压力计算值并不一定具有与波高相同的累积频率。研究结果还表明，累积频率为 1%的波浪压力约相当于有效波浪压力的 1.35 倍。基于上述背景，GB/T 51394—2020 给出的斜坡面上波浪爬高及浪压力算法如下述。

（一）斜坡面上的波浪爬高计算

挡水建筑物上游斜坡面累积频率 1%的波浪爬高 $R_{1\%}$(m)，可据同频率波高 $h_{1\%}$(m)，由下式计算：

$$R_{1\%} = K_\varphi K_\Delta K_V K_R h_{1\%} \tag{2-36}$$

式中：K_φ 为考虑波浪入射角的折减系数，可由表 2-14 查取，表中波浪入射角 β 指波峰线与堤坝轴线的夹角；K_Δ 为与斜坡护面结构型式有关的系数，整片光滑不透水护面采用 1.0，混凝土护面采用 0.9；K_V 为与计算风速 V_0、波速 C 有关的系数，可由表 2-15 查取；K_R 为 $K_\Delta=1$、$h_{1\%}=1$m 时的波浪爬高。

K_R 的表达式如下：

$$K_R = 1.24\tanh(0.432M) + (N - 1.029)Q \tag{2-37}$$

表 2-14　考虑波浪入射角的折减系数 K_φ 值

β/(°)	0	10	20	30	40	50	60
K_φ	1.00	0.98	0.96	0.92	0.87	0.82	0.86

表 2-15　　系数 K_V 值

V_0/C	≤1	2	3	4	≥5
K_V	1.00	1.10	1.18	1.24	1.28

$$M = \frac{1}{m}\left(\frac{L_m}{h_{1\%}}\right)^{1/2}\left(\tanh\frac{2\pi H_m}{L_m}\right)^{-1/2} \tag{2-38}$$

$$N = 2.49\tanh\frac{2\pi H_m}{L_m}\left(1 + \frac{\dfrac{4\pi H_m}{L_m}}{\sinh\dfrac{4\pi H_m}{L_m}}\right) \tag{2-39}$$

$$Q = 1.09M^{3.32}\exp(-1.25M) \tag{2-40}$$

式中：m 为斜坡面的坡度；H_m、L_m 为水域的平均水深、平均波长。

(二) 斜坡面上的浪压力计算

挡水建筑物上游面为 $1:m$ 的单坡面，而且 $1.5\leqslant m\leqslant 5$ 时，其浪压力标准值可采用如图 2-8 所示浪压力强度分布图的合力，图中有关参数可计算如下。

(1) 斜坡上最大受力点浪压力强度 p_m(kPa) 按下式计算：

$$p_m = K_p K_1 K_2 K_3 \gamma h_s \tag{2-41}$$

$$K_1 = 0.85 + 4.8\frac{h_s}{L_m} + m\left(0.028 - 1.15\frac{h_s}{L_m}\right) \tag{2-42}$$

式中：K_p 为频率换算系数，采用 1.35；K_1、K_2 为系数，K_2 按表 2-16 取值；K_3 为浪压力相对强度系数，按表 2-17 取值；γ 为水的重度，kN/m³；h_s 为有效波高，m，相当于累积频率 14%的波高。

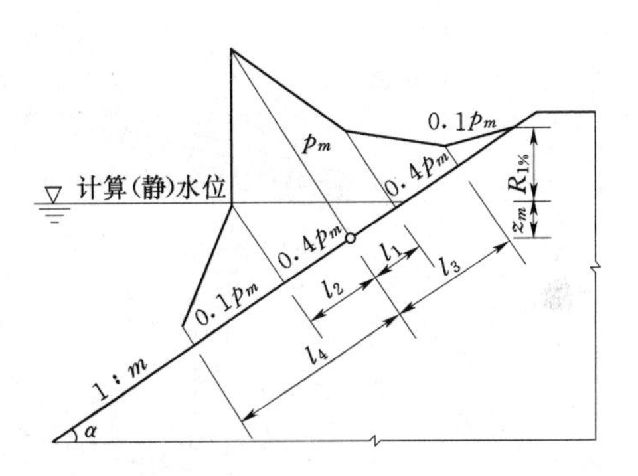

图 2-8　斜坡面上的浪压力分布

(2) 斜坡上最大浪压力强度作用点在计算水位下的垂直高度 z_m，按下式计算：

$$z_m = A + \frac{1}{m^2}\left(1 - \sqrt{2m^2+1}\right)(A+B) \tag{2-43}$$

$$A = h_s\left(0.47 + 0.023\frac{L_m}{h_s}\right)\frac{1+m^2}{m^2} \tag{2-44}$$

$$B = h_s\left[0.95 - (0.84m - 0.25)\frac{h_s}{L_m}\right] \tag{2-45}$$

注意，如求出 $z_m<0$，则取 $z_m=0$。

(3) 图 2-8 中 l_i ($i=1, 2, 3, 4$) 按下式确定：

$$\left.\begin{aligned} l_1 &= 0.0125L_\varphi \\ l_2 &= 0.0265L_\varphi \\ l_3 &= 0.0325L_\varphi \\ l_4 &= 0.0675L_\varphi \end{aligned}\right\} \tag{2-46}$$

其中

$$\left.\begin{aligned} L_\varphi &= \frac{mL_m}{\sqrt[4]{m^2-1}} \\ m &= \cot\alpha \end{aligned}\right\} \tag{2-47}$$

式中：m 为坡度值；L_m 为平均波长。

表 2-16　系数 K_2 值

L_m/h_s	10	15	20	25	35
K_2	1.00	1.15	1.30	1.35	1.48

表 2-17　浪压力相对强度系数 K_3

h_s/m	0.5	1.0	1.5	2.0	2.5	3.0	3.5	≥4.0
K_3	3.7	2.8	2.3	2.1	1.9	1.8	1.75	1.7

（三）装配式斜坡护面板上的波浪反压力

当斜坡式挡水建筑物（如土石坝）上游面采用装配式护面板时，相应临水面受浪压力，板的背面自然受到反压力。本质上为弹性地基板问题的这种反压力分布，在一块板的面积范围内近似简化为均布的情况下，如图 2-9 所示，反压力分布图形的合力即视为护面板波浪反压力标准值，其中波浪反压力强度 p_c(kPa) 按下式计算：

$$p_c = K_p K_1 K_2 K_c \gamma h_s \tag{2-48}$$

式中：K_p、K_1、K_2、γ、h_s 的含义同式（2-41）；K_c 为波浪反压力强度系数，可按图 2-9 查取，图中 b_f 为盖板沿斜坡的边长，L_m 为平均波长。

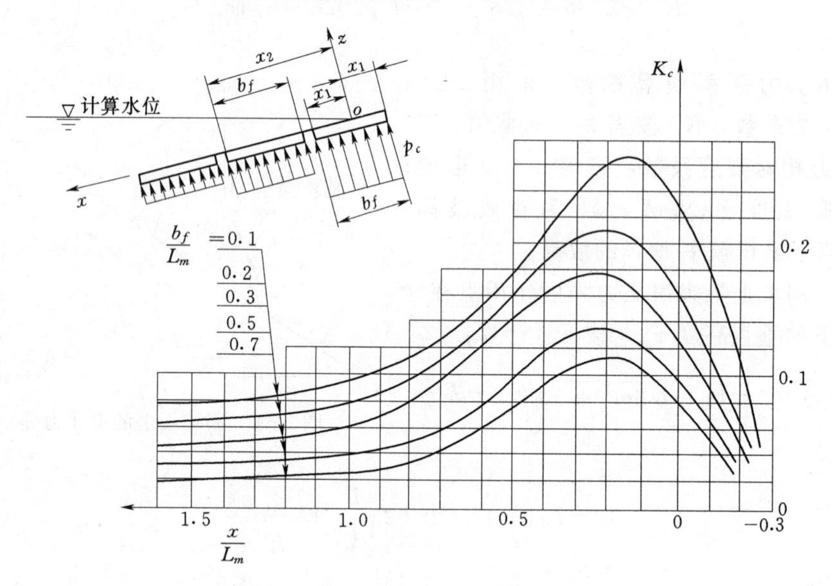

图 2-9　斜坡面上波浪反压力强度系数

（四）波浪压力的作用分项系数

在 GB/T 51394—2020 编制过程中，通过对由年最大风速系列推算的某一累积频率波高进行概率统计分析和浪压力作用分项系数研究，得到如下结论：

(1) 波高概率分布形式，以极值Ⅰ型为好。

(2) 按 50 年重现期年最大风速算出的波高相当于波高概率分布的 0.98 分位值，取之为波高标准值；按 200 年重现期年最大风速计算的波高相当于波高概率分布的 0.995 分位值，取之为波高的设计值。

(3) 分别按波高标准值和波高设计值确定浪压力分布，再计算波浪总压力，最后计算由设计波高求得的波浪总压力与由标准波高求得的波浪总压力的比值：直墙式挡水建筑物为 1.3 左右；对斜坡式挡水建筑物为 1.1 左右。为简便起见，无论斜坡式、直墙式挡水建筑物，浪压力作用分项系数一律为 1.2。

注意，对挡水面既非直墙又非单坡的其他浪压力问题，应经专门试验研究确定。

第六节 冰 压 力

一、静冰压力

水结冰时体积增加9%左右，但结冰过程中，由于气温和冰的温度下降，体积要收缩，因而作用到边界建筑物上的冰压力不大。但当温度回升时（当然仍低于0℃），冰盖膨胀，受到边界（库岸、坝面等）约束，就要对建筑物表面施加静冰压力。

我国北方地区的有关科研和设计单位，曾对冰压力进行过大量现场观测与调查，其中黑龙江胜利水库已有连续10年以上的观测资料，东北勘测设计研究院和天津市水利科学研究所提出了静冰压力计算公式。在此基础上，根据东北和华北地区10个水库观测资料的综合分析，进一步给出了静冰压力标准值的取值简表，见表2-18。考虑冰层升温膨胀时作用于坝面或其他宽长建筑物单位长度上的静冰压力标准值，即可由表2-18查取。表中冰层厚度应取多年平均年最大值；对于小型水库，静冰压力标准值乘以0.87后采用；对于库面开阔的大型平原水库，静冰压力值乘以1.25后采用。应注意，表2-18仅适用于结冰期内水库水位基本不变的情况，结冰期内水库水位变动情况的静冰压力应做专门研究。

表2-18　静冰压力标准值

冰层厚度/m	0.4	0.6	0.8	1.0	1.3
静冰压力标准值/(kN/m)	85	180	215	245	280

静冰压力沿冰厚方向的分布，基本上呈上大下小的倒三角形，故可认为静冰压力的合力作用点在冰面以下冰厚的1/3处。静冰压力的大小与建筑物形态以及冰本身的抗挤压强度有关，故对于作用在独立墩柱上的静冰压力强度最大值即抗挤压强度，可用与冰的抗挤压强度成正比的计算式计算（偏于安全）：

$$F_{p1}=mf_{ib}d_ib \tag{2-49}$$

$$f_{ib}=K_bf_{ic} \tag{2-50}$$

式中：F_{p1}为作用独立墩柱上的静冰压力，MN；m为与墩柱水平截面形状有关的系数，由表2-19查取；d_i为计算冰厚（取当地最大冰厚的7/10～4/5），m；b为建筑物（如闸墩）在冰作用高程处的前沿宽度，m；f_{ib}为冰的抗挤压强度，MPa；K_b为系数，由表2-20查取；f_{ic}为冰的抗压强度MPa，对于水库f_{ic}=0.3～0.4MPa，对于河流f_{ic}=0.4～0.5MPa。

表2-19　形状系数 *m* 值

平面形状	三角形夹角2γ/(°)					矩形	多边形或圆形
	45	60	75	90	120		
m	0.54	0.59	0.64	0.69	0.77	1	0.9

表 2-20　　系数 K_b 值

b/d_i	1	3	10	20	≥30
K_b	2.5	2.0	1.5	1.2	1.0

按表 2-18 或经验公式算得的静冰压力标准值与实测值比较，误差在 10%左右，故对静冰压力的作用分项系数采用 1.1。

二、动冰压力

冰盖解冻后，冰块随水流漂移，撞到建筑物上，将产生撞击力，称为动冰压力。苏联、加拿大、美国和中国对此曾进行了研究。规范 GB/T 51394—2020 主要沿用了苏联的算法，但其中有关计算冰厚的取值，则是根据国内有关观测资料提出的。

作用于铅直坝面或其他宽长建筑物（$b/d_i \geqslant 50$）的动冰压力与冰块抗压强度、冰块厚度、平面尺寸和运动速度有关。由于这些条件的不同，冰块碰到建筑物时可能发生破碎，也可能只有撞击而不破碎，故动冰压力标准值应由式（2-51）、式（2-52）分别计算，取其中小值：

$$F_{b1}=0.07Vd_i\sqrt{Af_{ic}} \tag{2-51}$$

$$F_{b2}=mf_{ic}bd_i \tag{2-52}$$

式中：F_{b1} 为冰块撞击时产生的动冰压力，MN；F_{b2} 为冰块破碎时产生的动冰压力，MN；V 为冰块流速（按实测资料确定，无实测资料时，对于河流可采用水流流速；对于水库则可取冰块运动期内重现期 100 年的风速的 3%，且不宜大于 0.6m/s），m/s；A 为冰块面积（由当地实测或调查资料确定），m^2；d_i 为当地最大冰厚乘以 0.7～0.8 的计算冰厚，m；b 为建筑物前沿在冰作用高程处的宽度，m；f_{ic} 为冰的抗压强度，MPa，对于水库流冰可取 0.3MPa，对于河流，流冰初期可取 0.45MPa，后期高水位时可取 0.3MPa，或参考类似工程经验确定；m 为平面形状系数，由表 2-19 查得。

作用于前沿铅直的三角形独立墩柱上的动冰压力应按冰块可能被切入、也可能撞击两种情况计算，并取其小值为标准值。对于前者可借用式（2-49），因为这时冰已耗用其抗挤压强度了；对于后者则可用下式计算：

$$F_{p2}=0.04Vd_i\sqrt{mAf_{ib}\tan\gamma} \tag{2-53}$$

式中：γ 为三角形夹角的一半，(°)；F_{p2} 为冰块撞击三角形墩柱时的动冰压力，MN；其余符号含义同前。

对于水平截面非三角形的铅直独立墩柱，仍要用式（2-49）计算冰块被切入情况的动冰压力 F_{p1}，但撞击情况尚缺乏基于专门研究成果的动冰压力算式。不过作者以为，墩柱截面非三角形者，或可近似视作三角形者，可按式（2-53）计算撞击力，或可近似按式（2-51）计算撞击力。

动冰压力的作用分项系数，可采用 1.1。

第七节　混凝土结构所受的温度作用

一、温度作用考虑原则

水工混凝土结构从施工到运行，都存在不同程度的温度作用。同时，混凝土是一种脆性材料，抗拉强度很低，在温度作用下很容易产生裂缝，危及结构的安全和影响正常使用。

温度作用是与结构本身密切关联的一种间接作用。而对于具体的某一结构，则取决于结构所出现的温度变化。温度变化包括温升和温降，分别可使混凝土材料膨胀或收缩，从而产生两种不同性质的温度作用效应。温度作用即指结构可能出现且对结构产生作用效应的温度变化。温度作用的发展过程一般有三个阶段：第一阶段自混凝土浇筑开始，至水泥水化热作用基本结束止，为早期；第二阶段自水泥水化热作用基本结束起，至混凝土冷却到稳定温度止，为中期；第三阶段为混凝土完全冷却后的运行期，即晚期。水工设计中对混凝土结构温度作用的考虑分为施工期和运行期。施工期温度作用即指早期混凝土的水化热温升和中期混凝土冷却的温降。运行期温度作用即指晚期混凝土冷却后，由外界环境温度变化产生的温度作用。施工期温度作用是一个复杂的温度变化过程，与具体的施工工艺（包括温控措施）密切相关，本书第四章还将讨论。本节主要介绍运行期温度变化的计算，因为它对超静定水工混凝土结构来说有特别重要的作用。

运行期温度作用计算起点与施工工艺有关。当采用分块浇筑，最后接缝灌浆形成整体结构的施工程序（一般混凝土拱坝常如此）时，运行期温度作用计算起点应取形成整体时的温度场；当采取通仓浇筑的施工方法时，则应取施工期最高温度场为运行期温度作用的计算起点。对于水工大体积混凝土结构，通常可仅考虑温度的年周期变化过程；而对处于空气中的杆件结构，必要时还应考虑温度的月变幅。

针对不同结构型式及不同的结构计算方法，可分下述三种情况计算结构的温度作用：

(1) 对于杆件结构，由于其截面尺寸较小，无论考虑温度的年周期变化或月变幅的影响，均可假定温度沿截面厚度方向线性分布，并以截面平均温度 T_m 和截面内外温差 T_d 表示：

$$T_m = \frac{1}{2}(T_e + T_i) \tag{2-54}$$

$$T_d = T_e - T_i \tag{2-55}$$

式中：T_i、T_e 为杆件内、外表面的计算温度。

结构的温度作用即指 T_m、T_d 的变化。

(2) 对于简化为杆件结构计算的平板结构，或厚度与曲率半径之比 $L/R<0.5$ 的某种壳体结构（此时坝面曲率对温度场的影响可以忽略），如图 2-10 所示，可将沿厚度方向呈非线性分布的计算温度 $T(x)$ 分解为三部分，即截面平均温度 T_m、等效线性温差 T_d 和非线性温差 T_n。

$$T_m = \frac{1}{L}\int_{-\frac{l}{2}}^{\frac{l}{2}} T(x)\mathrm{d}x \tag{2-56}$$

$$T_d = \frac{12}{L^2}\int_{-\frac{l}{2}}^{\frac{l}{2}} xT(x)\mathrm{d}x \tag{2-57}$$

$$T_n = T(x) - T_m - T_d\frac{x}{L} \tag{2-58}$$

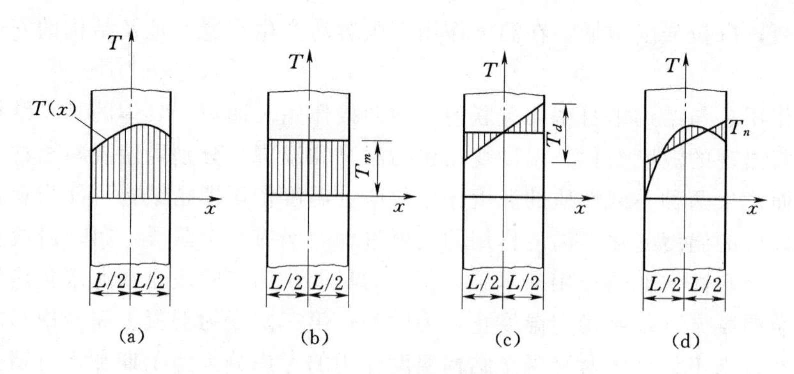

图 2-10　结构温度分布

(a) 截面实际温度；(b) 截面平均温度；(c) 等效线性温差；(d) 非线性温差

由式（2-57）表示的等效线性温差可使假定的线性温度分布对截面中心轴的面积矩与实际温度分布对同轴面积矩相等。作这样的处理是鉴于如拱坝计算的拱梁分载法等结构力学方法难以考虑非线性温度作用，结构计算可仅计及 T_m、T_d 的变化，而不考虑 T_n。非线性温差 T_n 虽是引起结构表面裂缝的重要原因，但其引起的应力具有自身平衡的性质，不影响结构整体的变位和内力，故可不计。

(3) 对于大体积混凝土结构和其他空间形状复杂的非杆件结构，则必须按连续介质热传导理论，根据其边值条件计算结构的温度场，两个不同计算时点的温度场的差值即为该结构的温度作用。

温度作用的大小及其在结构中的具体分布自然要取决于结构内部属性和结构外部条件两方面。前者包括结构形状、尺寸、材料热物理属性及内部热源等因素；后者包括气温、水温、基岩温度、太阳辐射等因素。前者涉及混凝土的热物理特性指标，它与水泥品种、混凝土配比、骨料性质有关，宜经试验研究确定；初步计算时可按表 2-21 取值，表中 V_0 为计算风速（m/s）。后者则在下文专门讨论。

表 2-21　　混凝土热学特性指标

序号	项目		符号	单　位	数值
1	导热系数		λ_c	kJ/(m·h·℃)	10.6
2	比热		C_c	kJ/(kg·℃)	0.96
3	导温系数		a_c	m^2/h	0.0045
4	表面放热系数	空气中	β_c	J/(m^2·s·℃)	$\beta_c=6.42+3.83V_0$
		流水中	β_c	J/(m^2·s·℃)	∞

二、边界温度条件

（一）气温

受地球公转和自转的影响，结构物外界气温存在年和日两个周期性变化过程，但一般水工结构设计中只关心其年变化。气温年周期变化过程可用以月均值函数表示的简谐波描述。

$$T_a = T_{am} + A_a \cos\omega(\tau - \tau_0) \tag{2-59}$$

$$\omega = 2\pi / P$$

式中：T_a 为多年月平均气温；τ 为时间变量，月；τ_0 为初始相位，月；ω 为圆频率；P 为温度变化周期，取 $P=12$ 月；T_{am} 为多年年平均气温；A_a 为多年平均气温年变幅。

式（2-59）中几个参数的具体值由统计分析确定。分析时以多年月平均温度为基本资料，根据最小二乘法原理，按式（2-59）进行曲线拟合，得到 T_{am}、A_a 及 τ_0，T_{am}、A_a 分别为

$$T_{am} = \frac{1}{12}\sum_{i=1}^{12} T_{ai} \tag{2-60}$$

$$A_a = \frac{1}{6}\sum_{i=1}^{12} T_{ai}\cos\omega(\tau_i - \tau_0) \tag{2-61}$$

式中：T_{ai} 为 i 月多年平均气温；τ_i 为 i 月计算点，$\tau_i = i - 0.5$（月）。

统计分析结果表明，式（2-59）与实测资料具有很高的拟合程度。其中 τ_0 自北向南在 6.4～6.8 月内变化，均值 6.6 月，变异系数 0.02。故可规定，纬度大于 30°地区，取 $\tau_0=6.5$ 月，纬度小于 30°地区，取 $\tau_0=6.7$ 月。这比统一取 $\tau_0=6.5$ 月更合理些。

顺便指出，《混凝土拱坝设计规范》（SL 282—2003）是用多年平均 7 月气温 T_{a7} 与 1 月气温 T_{a1} 之差的一半来计算 A_a，即

$$A_a = \frac{1}{2}(T_{a7} - T_{a1}) \tag{2-62}$$

此式虽然概念较模糊，但形式简单，且算得的 A_a 与式（2-61）结果误差不大，故可作为近似求 A_a 之用。

（二）水库坝前水温和坝下游水温

水库坝前水温随时间的变化及其在空间的分布，受到水库形状、容积、深度、调节性能，运行方式、地区气候条件、水库来水来沙情况等众多因素的影响。不同水库均有其自身属性，从而有其特殊的水温变化、分布规律。故水库坝前水温原则上应针对拟建水库的具体情况，经专门研究后确定。但统计分析的结果也表明，水库坝前水温沿水深的分布虽然影响因素复杂，却存在一定的统计规律。下文将介绍的坝前水温估算方法，即基于大量已建水库实测水温资料统计分析基础上提出的。不过应注意，该估算法及相应公式统计依据的实测分层水温资料，均测自坝前正常水深不超过 100m 的水库，水深超过 100m 的情况不宜引用该法。此外，坝前存在异重流的水库，该法也不适用。

统计分析结果表明，水库坝前水温的年周期变化过程，采用以月均值函数表示的简谐波来描述是可行的。

$$T_\omega(y,\tau) = T_{\omega m}(y) + A_\omega(y)\cos\omega[\tau - \tau_0 - \varepsilon(y)] \tag{2-63}$$

式中：$T_\omega(y,\tau)$ 为水深 y(m) 处、τ(月) 时刻的多年月平均水温；τ_0 为气温年周期变化过程的初始相位；$T_{\omega m}(y)$ 为水深 y(m) 处的多年年平均水温；$A_\omega(y)$ 为水深 y(m) 处的多年平均水温年变幅；$\varepsilon(y)$ 为水深 y(m) 处的水温年周期变化过程与气温年周期变化过程的相位差，月。

$T_{\omega m}(y)$、$A_\omega(y)$、$\varepsilon(y)$ 这三个函数不但与水深有关，还与水库调节性能有关。现依次介绍三者在不同水库特性情况下，经统计分析得出的具体拟合函数。

1. 拟建水库的多年平均水温 $T_{\omega m}(y)$

$T_{\omega m}(y)$ 的分布规律用指数函数描述是比较合理的，且具有较高的拟合度，分三种情况。

(1) $H_n \geqslant y_0$ 的多年调节水库。

$$\left.\begin{aligned} y < y_0,\ T_{\omega m}(y) = C_1 e^{-0.015y} \\ y \geqslant y_0,\ T_{\omega m}(y) = C_1 e^{-0.015y_0} \end{aligned}\right\} \tag{2-64}$$

(2) $H_n \geqslant y_0$ 的非多年调节水库。

$$T_{\omega m}(y) = C_1 e^{-0.010y} \tag{2-65}$$

(3) $H_n < y_0$ 的水库。

$$T_{\omega m}(y) = C_1 e^{-0.005y} \tag{2-66}$$

式中：H_n 为水库坝前正常水深，m；y_0 为多年调节水库的变化温度层深度，m，一般 $y_0 = 50 \sim 60\text{m}$；C_1 为拟合参数，与当地多年平均气温 T_{am} 有良好的线性相关关系，相关系数达 0.97，方程为

$$C_1 = 7.77 + 0.75T_{am} \tag{2-67}$$

2. 多年平均水温年变幅 $A_\omega(y)$

$A_\omega(y)$ 沿水深的分布规律，较之 $T_{\omega m}(y)$ 相对复杂些。水库属性不同，不仅使分布曲线中的拟合参数有差异，甚至分布曲线的性质也可能各不相同。但鉴于有关文献均采用指数函数描述其分布规律，缺乏足够依据改用其他函数，故仍沿用指数函数，并也分三种情况进行统计和拟合。

(1) $H_n \geqslant y_0$ 的多年调节水库。

$$\left.\begin{aligned} y < y_0,\ A_\omega(y) = C_2 e^{-0.055y} \\ y \geqslant y_0,\ A_\omega(y) = C_2 e^{-0.015y_0} \end{aligned}\right\} \tag{2-68}$$

(2) $H_n \geqslant y_0$ 的非多年调节水库。

$$A_\omega(y) = C_2 e^{-0.025y} \tag{2-69}$$

(3) $H_n < y_0$ 的水库。

$$A_\omega(y) = C_2 e^{-0.012y} \tag{2-70}$$

式中：拟合参数 C_2 是一个较难确定的量，故设法从物理概念出发，认为它与气温年变幅线性相关。

但注意到北方寒冷地区的水库表面冬季常处于结冰状态，气温年变幅应以某一合理的修正值 A'_a，取代由式（2-62）算出的值 A_a，才与 C_2 有良好的相关关系。按照这一思路处理和回归分析结果，C_2 应按下式定值：

$$C_2 = 0.77A'_a + 2.94 \tag{2-71}$$

式中：A'_a 为经过修正的气温年变幅。

A'_a 应按下式定值：

$$\left.\begin{aligned} T_{am} < 10℃,\ A'_a = \frac{T_{a7}}{2} + \Delta a \\ T_{am} \geqslant 10℃,\ A'_a = A_a \end{aligned}\right\} \tag{2-72}$$

式中：T_{a7} 为7月的多年平均气温，$T_{a7}=T_{am}+A_a$；Δa 为太阳辐射引起的增量，可取 $\Delta a=1\sim2$℃。

3. 水温、气温年周期变化过程相位差 $\varepsilon(y)$

$\varepsilon(y)$ 值与水深 y 有线性相关关系，取决于水库特性三种情况的具体函数式如下：

（1）$H_n \geqslant y_0$ 的多年调节水库。

$$\left.\begin{aligned} y<y_0,\ \varepsilon(y)&=0.53+0.059y \\ y\geqslant y_0,\ \varepsilon(y)&=0.53+0.059y_0 \end{aligned}\right\} \tag{2-73}$$

（2）$H_n \geqslant y_0$ 的非多年调节水库。

$$\varepsilon(y)=0.53+0.030y \tag{2-74}$$

（3）$H_n<y_0$ 的水库。

$$\varepsilon(y)=0.53+0.008y \tag{2-75}$$

以上所述皆指坝上游水库水温，至于坝下游水温主要对河床式水电站厂房、闸坝等结构有一定影响，对其他型式结构意义不大。已有的实测资料表明，下游水温沿水深基本上呈均匀分布。当尾水直接源于上游库水时，其水温年周期变化过程可参照与之相应的坝前水温确定；否则可参照当地气温确定。

（三）其他边界温度条件

暴露在空气中并受日光直接照射的结构，应考虑日光辐射热的影响。日照对结构温度作用的这种影响很复杂，它取决于日照强度、风速、天气阴晴情况，结构物周围的地形地貌、结构物朝向、结构物表面吸热特征等众多因素，难以从理论上推算。一般可考虑辐射热引起结构表面的多年平均温度增加2～4℃，多年平均温度年变幅增加1～2℃，对于大型工程，宜经专门研究后确定。

靠近建筑物基础面的岩石温度也是边界温度之一。基岩温度沿深度存在一个温度梯度，不同基岩的梯度值也有差异，一般每向下30m升温1℃左右。但作为坝基的基岩，温度实测资料极少，不足以作为统计分析的基础。仅有的资料只可供工程设计人员假定之用，坝基温度在年内不随时间变化，多年平均温度根据当地地温、库底水温及坝基渗流等条件分析确定。

三、温度作用标准值和分项系数

（一）杆件结构运行期的温度作用

水电站厂房、进水塔等建筑物的构架在运行期的温度作用标准值，可按下列公式计算：

$$T_{mk}=T_{m1}+T_{m2}-T_{m0} \tag{2-76}$$

$$T_{dk}=T_{d1}+T_{d2}-T_{d0} \tag{2-77}$$

其中

$$T_{m0}=\frac{1}{2}(T_{0c}+T_{0i}) \tag{2-78}$$

$$T_{d0}=T_{0c}-T_{0i} \tag{2-79}$$

$$T_{m1}=\frac{1}{2}(T_{mc}+T_{mi}) \tag{2-80}$$

$$T_{d1}=T_{mc}-T_{mi} \tag{2-81}$$

$$T_{m2}=\frac{1}{2}(A_c+A_i) \tag{2-82}$$

$$T_{d2}=A_c-A_i \tag{2-83}$$

式中：T_{mk}、T_{dk} 为截面平均温度变化标准值和截面等效线性温差标准值；T_{0i}、T_{0c} 为结构封闭时内、外表面温度；T_{mi}、T_{mc} 为结构运行期内、外表面多年年平均温度；A_i、A_c 为结构运行期内、外表面多年平均年变幅。

注意，T_{mi}、T_{mc}、A_i、A_c 作为边界温度参数，应根据结构所处的外部环境，按前文所述确定；对温度敏感的重要结构，其温度作用的确定，必要时可考虑气温月变幅的影响。

（二）拱坝运行期的温度作用

拱坝运行期温度作用标准值表达式形式上与式（2-76）、式（2-77）相同，而且其中 T_{m0}、T_{d0}、T_{m1}、T_{d1} 也仍可用式（2-78）～式（2-81）表达，但含义不同。对拱坝，T_{m0}、T_{d0} 指封拱时的截面平均温度和等效线性温差，由封拱时的实际温度分布给出 T_{0c}、T_{0i} 后，再按式（2-78）、式（2-79）得该二值；T_{m1}、T_{d1} 指由坝体多年年平均温度场确定的截面平均温度和等效线性温差，两者用式（2-80）、式（2-81）表示时，式中 T_{mi}、T_{mc} 乃指上、下游坝面多年年平均温度（亦即边界温度），根据外部环境，按前文所述确定；T_{m2}、T_{d2} 则指由坝体多年平均变化温度场确定的截面平均温度和等效线性温差，不能用式（2-82）、式（2-83）简单表达，而应用下列公式计算：

$$T_{m2}=\frac{\rho_1}{2}[A_c\cos\omega(\tau-\theta_1-\tau_0)+A_i\cos\omega(\tau-\theta_1-\varepsilon-\tau_0)] \tag{2-84}$$

$$T_{d2}=\rho_2[A_c\cos\omega(\tau-\theta_2-\tau_0)-A_i\cos\omega(\tau-\theta_2-\varepsilon-\tau_0)] \tag{2-85}$$

其中

$$\rho_1=\frac{1}{\eta}\sqrt{\frac{2(\cosh\eta-\cos\eta)}{\cosh\eta+\cos\eta}} \tag{2-86}$$

$$\rho_2=\sqrt{a_1^2+b_1^2} \tag{2-87}$$

$$\theta_1=\frac{1}{\omega}\left[\frac{\pi}{4}-\arctan\left(\frac{\sin\eta}{\sinh\eta}\right)\right] \tag{2-88}$$

$$\theta_2=\frac{1}{\omega}\arctan\left(\frac{b_1}{a_1}\right) \tag{2-89}$$

$$a_1=\frac{6}{\rho_1\eta^2}\sin(\omega\theta_1) \tag{2-90}$$

$$b_1=\frac{6}{\rho_1\eta^2}[\cos(\omega\theta_1)-\rho_1] \tag{2-91}$$

$$\eta=\sqrt{\frac{\pi}{a_cP}}L \tag{2-92}$$

$$\omega=\frac{2\pi}{P} \tag{2-93}$$

式中：P 为温度变化周期，$P=12$ 月；L 为坝体厚度，m；a_c 为混凝土导温系数，参见表2-21；τ_0 为气温年周期变化过程的初始相位，见前文关于式（2-61）的符号说明；ε 为上、下游坝面温度年周期变化过程的相位差，当上游为库水而下游为空气时，可根据水库特性从式（2-73）～式（2-75）三者中择一求算；A_i、A_c 为上、下游坝面多年平均温度年变幅，根据外部环境，按前文所述确定；τ 为温度作用最不利组合的计算点，通常可取 $\tau=7.5$ 或 8.0 计算与温升标准值相应的 T_{m2}、T_{d2}，然后改变符号作为温降标准值相应的 T_{m2}、T_{d2}。

（三）非拱混凝土坝及坝内埋管的温度作用

实体重力坝由于体积较大，坝内存在一个较大范围的稳定温度区，其环境温度变化对坝体应力的影响较小，故一般不考虑其运行期温度作用。但在分块浇筑并提高接缝灌浆温度的情况下，坝体应力计算时也可考虑温度作用。

宽缝重力坝、空腹坝及支墩坝，由于坝体比较单薄，坝体温度场主要取决于其环境温度的周期性变化。坝体内没有稳定温度场，温度作用对应力的影响较大，宜按连续介质理论或其他专门方法考虑其温度作用，并取运行期最高（或最低）温度场与其准稳定温度场的年平均温度差值作为温度作用标准值。

坝内管道运行期，在管内水温及坝体混凝土温度的内外影响下将产生温度作用。当管道处于坝体相对稳定的温度场而管内出现最低水温时，则会产生较不利的温度作用。故可取多年月平均最低水温所对应的温度场与坝体准稳定温度场之差值作为其温度作用标准值。初期充水时的温度作用，可根据充水时水温及环境温度条件分析确定。

（四）大体积混凝土结构施工期的温度作用

大体积混凝土结构的根本特征是施工期产生大量的水泥水化热且不易散发，混凝土强度增长远未完成，温降时极易产生裂缝。进行施工期的温度作用计算，主要是为温控设计提供依据。原则上说这种温度作用标准值取结构稳定温度场与施工期最高温度场之差值。

（五）温度作用分项系数

温度作用的分项系数显然主要取决于气温年变幅概率分布及变异性。统计分析表明，气温年变幅服从正态分布，变异系数为0.05。故按 $\mu+2\sigma$（均值加两倍标准差）取设计值，即其概率分布的0.97725分位值，可得温度作用分项系数为1.1。

第八节　地　震　作　用

一、地震设计烈度和相应地震加速度

地震会引起对水工建筑物的动力作用，包括地震惯性力、地震动水压力、地震动土压力等，其值首先取决于地震烈度。但对水工建筑物进行抗震设计时应在概念上区分基本烈度和设计烈度。前者指建筑所在地区，一般场地条件下，50年基准期内可能遭遇的地震事件中，超越概率10%所对应的烈度；后者指抗震设计时，根据场地和建筑物情况实际采用的烈度。《中国地震动参数区划图》（GB 18306—2015）给出的烈度就是一般场地基本烈度，也是一般工程抗震设防的依据；《水工建筑物抗震设计

标准》（GB 51247—2018）规定，对基本烈度为Ⅵ度或Ⅵ度以上地区、坝高超过200m或库容大于100亿m^3的大（1）型工程，以及基本烈度为Ⅶ度及Ⅶ度以上地区、坝高超过150m的大（1）型工程，其场地设计地震峰值加速度和其对应的设计烈度应依据专门的场地地震安全性评价成果确定。该规范还规定，水工建筑物应根据其重要性和工程场地地震基本烈度，确定其工程抗震设防类别，见表2-22。

表2-22　工程抗震设防类别

工程抗震设防类别	建筑物级别	场地基本烈度/度
甲	1（壅水和重要泄水）	≥Ⅵ
乙	1（非壅水）、2（壅水）	
丙	2（非壅水）、3	≥Ⅶ
丁	4、5	

各类水工建筑物的设计地震烈度或设计地震加速度代表值按如下原则确定：

（1）一般采用基本烈度作为设计烈度。

（2）工程抗震设防类别属于表2-22中甲类的水工建筑物，可根据其遭受强震影响的危害性，在基本烈度基础上提高1度作为设计烈度。

（3）凡如前文所述须作专门的地震危险性分析的工程，其设计地震加速度代表值，对于壅水建筑物，应按100年基准期内超越概率取0.02确定；对于非壅水建筑物，应按50年基准期内超越概率取0.05确定。

（4）除上条规定情况由专门的地震危险性分析来确定设计加速度外，其余情况下，水平向设计地震加速度代表值a_h应根据设计烈度，采用表2-23中以重力加速度g的倍数表示的值；竖向设计地震加速度代表值a_v取a_h的2/3。

（5）地面以下50m及更深的地下结构的水平向设计地震加速度代表值，可取表2-23中a_h值的1/2；地面下不足50m处的设计地震加速度代表值，可按深度线性插值确定。

表2-23　水平向设计地震加速代表值

设计烈度/度	Ⅶ	Ⅷ	Ⅸ
a_h	0.1g	0.2g	0.4g

（6）地震加速度设计反应谱$\beta(T)$，应根据场地类别和结构自振周期T，按图2-11采用。

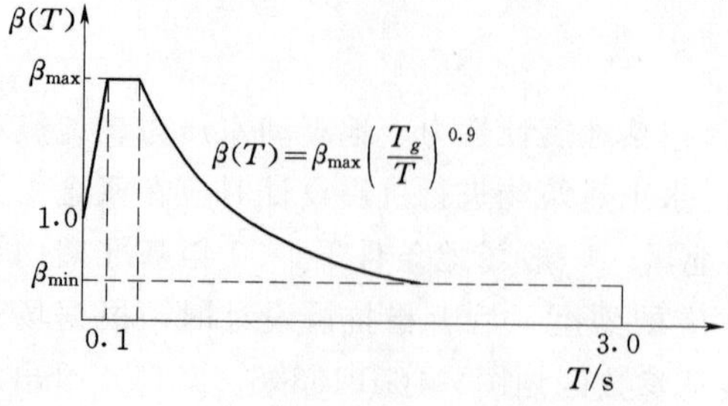

图2-11　地震加速度设计反应谱

设计反应谱最大值β_{max}按表2-24取值，最小值β_{min}应不小于最大值的20%；场地特征周期T_g应根据如表2-25所列场地类别按表2-26采用，对于基本周期大于1.0s的结构，宜延长0.1s。

表 2-24　　设计反应谱 β_{max} 代表值

建筑物类型	重力坝	拱坝	土石坝堆石坝	水闸进水塔
β_{max}	2.0	2.5	1.6	2.25

表 2-25　　场地类别的分类

<table>
<tr><th rowspan="2">场地土类型</th><th colspan="7">覆盖层厚度 d_0/m</th></tr>
<tr><th>0</th><th>$0<d_0\leqslant 3$</th><th>$3<d_0\leqslant 5$</th><th>$5<d_0\leqslant 15$</th><th>$15<d_0\leqslant 50$</th><th>$50<d_0\leqslant 80$</th><th>$d_0>80$</th></tr>
<tr><td>硬岩</td><td>I_0</td><td colspan="6">—</td></tr>
<tr><td>软岩、坚硬场地土</td><td>I_1</td><td colspan="6">—</td></tr>
<tr><td>中硬场地土</td><td>—</td><td colspan="2">I_1</td><td colspan="4">Ⅱ</td></tr>
<tr><td>中软场地土</td><td>—</td><td>I_1</td><td colspan="3">Ⅱ</td><td colspan="2">Ⅲ</td></tr>
<tr><td>软弱场地土</td><td>—</td><td>I_1</td><td colspan="2">Ⅱ</td><td colspan="2">Ⅲ</td><td>Ⅳ</td></tr>
</table>

GB 51247—2018 规定，工程抗震设防为甲类者，地震作用效应计算用动力法，对土石坝可用拟静力法；乙、丙类者用动力法或拟静力法；丁类者用拟静力法或着重采取抗震措施。上面有关设计反应谱的规定就是采用动力法计算的必要前提。反应谱中 $\beta(T)$ 称动力系数，其原始定义为单质点弹性体系在水平地震作用下水平反应绝对加速度最大值与地面最大水平加速度之比，所以设计加速度反应谱是重要的地震动参数，其形状及有关参数与所在场址的场地土类别，以及场址离地震震中的远近有关。研究表明，场地土越硬，地震震中越近，场地反应谱中的高频分量越多，反映地震卓越周期的特征周期值就越小。目前已有的统计资料尚不足以区分场地土和震中距对最大反应谱值的影响。因此，所确定的最大反应谱值只与结构阻尼比有关。结构阻尼又与诸多因素有关，例如，结构相邻介质的相互作用、能量逸散的影响、水位和地基土的特征、体系振动频率和地震动强弱程度等。结构阻尼还具有非线性特征，目前尚未从理论上搞清其复杂性。表 2-26 实际上是综合国内外各类水工结构的实测阻尼数据、强震时动力放大效应随阻尼增大而降低等资料后的经验性取值。

表 2-26　　设计反应谱的特征周期

场地类别	Ⅰ	Ⅱ	Ⅲ	Ⅳ
T_g/s	0.20	0.30	0.40	0.65

二、地震作用的计算

（一）地震动分量的考虑与组合

一般情况下，水工建筑物抗震设计只考虑水平向地震作用。但对设计烈度为Ⅷ度或Ⅸ度的1、2级土石坝、重力坝等壅水建筑物，长悬臂、大跨度和高耸的水工混凝土结构，应同时计入水平向和竖向地震作用。而对严重不对称、空腹等特殊型式的拱坝，以及设计烈度为Ⅷ、Ⅸ度的1、2级双曲拱坝，应专门研究其竖向地震作用效应。

一般情况下，土石坝、混凝土重力坝在抗震设计中可只计入顺河流方向的水平向地震作用。两岸陡坡上的重力坝段，宜计入垂直河流方向的水平向地震作用。重要的土石坝，宜专门研究垂直河流方向的水平向地震作用。混凝土拱坝应同时考虑顺河流方向和垂直河流方向的水平向地震作用。闸墩、进水塔以及其他两个主轴方向刚度接近的水工混凝土结构，应考虑结构的两个主轴方向的水平向地震作用。

当同时计算互相正交方向地震的作用效应时，总的地震作用效应可取各方向地震作用效应平方总和的方根值；当同时计算水平向和竖向地震作用效应时，也可将竖向地震作用效应乘以0.5的遇合系数后，与水平向地震作用效应直接相加。

（二）地震作用及相应水库计算水位

一般情况下，水工建筑物抗震设计应考虑的地震作用为：建筑物自重和其上荷重所产生的地震惯性力，地震动土压力和水平向地震作用的动水压力。后者直接与水库计算水位有关。

严格说来，一旦遭遇地震，水工建筑物所受的地震作用以及该建筑物原有作用所受的影响，几乎无所不在；但不同建筑物型式在不同情况下所受地震作用及其影响很不一样，不应同等考虑。土石坝一般有很缓的上游坡，地震动水压力影响很小，常可不计，但面板堆石坝除外。地震浪压力以及地震对扬压力的影响很小，也可不计。至于地震对淤沙压力的影响可这样考虑：将计算地震动水压力的水深取至库底（包含淤沙深度），放大地震动水压力，而不再另计地震淤沙压力。在淤沙厚度不大的情况下，这样做既可使计算简化，又略偏安全。但如淤沙厚度过大（如超过全水深的1/2），以至可能影响结构动态特征时，则应进行专题研究。

大地震和校核洪水发生的概率都很小，其相遇的概率则更小。因此，与地震组合的水库计算水位可采用正常蓄水位。对于多年调节水库，其正常蓄水位出现的概率比其他调节性能的水库低，且实际运行中，正常蓄水位出现的概率往往又低于设计拟定的概率，故可采用低于正常蓄水位的上游水位与地震作用组合。

考虑到土石坝上游坝坡的抗震稳定性并非受水库最高水位控制，故对这类坝的抗震计算应根据运用条件选用对坝坡抗震稳定最不利的常遇水位与地震组合。由于地震作用的短暂性、瞬时性，此时坝内渗流场将可按稳定渗流场考虑。对于抽水蓄能电站，水位骤降乃正常运行条件，因此对这类电站的土石坝，应考虑水位骤降与地震作用组合。

有些水工建筑物（如高拱坝、重要水闸）由于其结构特点，可能在低水位遇地震时也构成不利的稳定或应力问题，这种情况下，应补充常遇低水位的抗震计算。

（三）地震惯性力

水工建筑物抗震设计计算中采用拟静力法时，沿建筑物高度作用于质点i的水平向地震惯性力代表值可统一用下式表示：

$$F_i = \frac{a_h \xi G_{Ei} a_i}{g} \tag{2-94}$$

式中：F_i为作用在质点i的水平向地震惯性力代表值；a_h为水平向设计地震加速度代表值，见表2-23；g为重力加速度；ξ为地震作用的效应折减系数，一般取$\xi=0.25$；G_{Ei}为集中在质点i的重力作用标准值；a_i为质点i的动态分布系数。

不同建筑物，其a_i不同。对于重力坝，a_i按下式确定：

$$a_i = 1.4\frac{1+4(h_i/H)^4}{1+4\sum_{j=1}^{n}\frac{G_{Ej}}{G_E}(h_j/H)^4} \tag{2-95}$$

式中：n 为坝体计算质点总数；H 为坝高，溢流坝的 H 应算至闸墩顶；h_i、h_j 分别为质点 i、j 的高度；G_E 为产生地震惯性力的建筑物总重力作用的标准值；G_{Ej} 为质点 j 的重力作用标准值。

对于拱坝，采用拟静力法计算地震作用效应时，各层拱圈各质点水平向地震惯性力沿径向作用，其 a_i 在坝顶取 3.0，坝基取 1.0，沿高程按线性内插，沿拱圈均匀分布。

对于土石坝，采用拟静力法进行抗震稳定计算时，a_i 按图 2-12 所示取值。图中 a_m 在设计烈度为Ⅶ度、Ⅷ度、Ⅸ度时，分别为 3.0、2.5、2.0。

对于水闸，采用拟静力法计算地震作用效应时，a_i 按表 2-27 取值。

表 2-27　　　　水闸动态系数 a_i 分布

水闸闸墩		闸顶机架		岸墙、翼墙	
竖向及顺河流方向地震	2.0; a_i; H; h_i; 1.0	顺河流方向地震	4.0; a_i; H; h_i; 2.0	顺河流方向地震	2.0; a_i; H; h_i; 1.0
垂直河流方向地震	3.0; a_i; H; h_i; $H/2$; 1.0	垂直河流方向地震	6.0; a_i; H; h_i; 3.0	垂直河流方向地震	2.0; a_i; H; h_i; 1.0

注　1. 水闸闸墩底以下 a_1 取 1.0。
　　2. H 为建筑物高度。
　　3. 图中单位为 m。

（四）地震动水压力

采用拟静力法计算重力坝地震作用效应时水深 h 处的地震动水压强代表值按下式计算：

$$p(h)=a_h\xi\psi(h)\rho H_1 \qquad (2-96)$$

式中：$p(h)$ 为作用在直立迎水坝面水深 h 处的地震动水压强代表值；$\psi(h)$ 为水深 h 处的地震动水压力分布系数，由表 2-28 查取；ρ 为水体质量密度标准值；H_1 为水深；a_h、ξ 含义同式（2-94）。

单位宽度坝面总地震动水压力（合力）作用在水面以下 $0.54H_1$ 处，其代表值 F_0 为

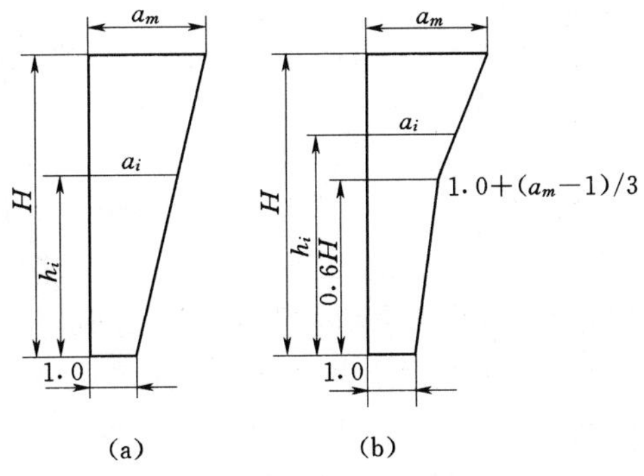

图 2-12　土石坝动态系数 a_i 分布
(a) 坝高≤40m；(b) 坝高>40m

表 2-28　地震动水压力分布系数 $\psi(h)$

h/H_1	$\psi(h)$	h/H_1	$\psi(h)$	h/H_1	$\psi(h)$
0.0	0.0	0.4	0.74	0.8	0.71
0.1	0.43	0.5	0.76	0.9	0.68
0.2	0.58	0.6	0.76	1.0	0.67
0.3	0.68	0.7	0.75		

$$F_0 = 0.65 a_h \xi \rho H_1^2 \tag{2-97}$$

当迎水坝面倾斜，且与水平面夹角为 θ 时，上述动水压力代表值应乘以折减系数 η_c：

$$\eta_c = \frac{\theta}{90} \tag{2-98}$$

重力坝的地震动水压力算法也适用于除拱坝外其他混凝土坝及水闸拟静力法的抗震计算，还可用于面板堆石坝。

采用拟静力法计算拱坝地震作用效应时，水平向地震作用的动水压强代表值为

$$p(h) = \frac{7}{8} a_h \xi a_i \rho \sqrt{H_1 h} \tag{2-99}$$

式中各符号含义同前。动态分布系数 a_i：坝顶取 3.0，坝基取 1.0，按线性分布。

（五）地震动土压力

坝、水闸等挡水建筑物一般没有土压力，也就不存在地震动土压力。只是水闸的岸墙、翼墙等结构以挡土墙状态工作，要承受土压力，遇地震时也就要承受地震动土压力。但地震动土压力问题十分复杂，国内外大多采用在土压力计算式中增加对滑动土楔的水平向和竖向地震作用，以此近似估算主动动土压力值，精度不高。由于近似计算的滑动平面假定，如再用于计算被动土压力，更与实际不符，故如有地震被动动土压力问题，须进行专门研究。

按照 GB 51247—2018 的规定，地震主动动土压力代表值可按式（2-100）计算。其中 C_e 取式（2-101）中按“+”“-”号计算结果的大值。

$$F_E = \left[q_0 \frac{\cos\varepsilon}{\cos(\varepsilon-\beta)} H + \frac{1}{2}\gamma_0 H^2\right]\left(1 - \frac{\zeta a_v}{g}\right) C_e \tag{2-100}$$

$$C_e = \frac{\cos^2(\varphi - \theta_e - \varepsilon)}{\cos\theta_e \cos^2\varepsilon \cos(\delta + \varepsilon + \theta_e)(1 \pm \sqrt{Z})^2} \tag{2-101}$$

$$Z = \frac{\sin(\delta + \varphi)\sin(\varphi - \theta_e - \beta)}{\cos(\delta + \varepsilon + \theta_e)\cos(\beta - \varepsilon)} \tag{2-102}$$

$$\tan\theta_e = \zeta a_h / (g - \zeta a_v) \tag{2-103}$$

式中：F_E 为地震主动动土压力代表值；q_0 为土表面单位长度荷重；ε 为挡土墙面与铅直面夹角；β 为土表面与水平面的夹角；H 为挡土墙高度；γ_0 为土的重度；φ 为土的内摩擦角；δ 为挡土墙面与土的外摩擦角；ζ 为计算系数，动力法计算时取 1.0，拟静力法计算时取 0.25，对钢筋混凝土结构取 0.35；θ_e 为地震系数角；a_h、a_v 分别为水平向、竖向设计地震加速度代表值；g 为重力加速度。

复习思考题

1. 水工结构上的作用（荷载）有哪些？如何分类？如何组合？

2. 结构自重对结构的安全性影响如何？与结构型式有无关系？

3. 静水压是哪些水工结构的主要荷载？动水压呢？

4. 脉动压力是什么性质的力？如何表示其幅值和频率？为何要关心它？

5. 扬压力是什么性质的力？对哪些结构影响特大？如何定量计其作用？

6. 土压力、淤沙压力有何不同？如何定量考虑其大小、方向？参数如何取值？

7. 水工设计中为何关心波浪？浪压力对高低不同结构的影响有何差异？

8. 冰压力有几种？如何定量？什么条件下才考虑它？

9. 地震作用包括几种作用力？各如何计量？地震作用大小与结构型式和尺寸有何关系？

10. 地应力大小如何确定？

第三章

水工建筑物的水力设计

水工建筑物的水力设计是指泄水建筑物的设计，与一般结构设计相比，除满足稳定和强度要求外还必须满足水流条件和消能防冲要求，涉及内容多且复杂。本章主要介绍溢流坝、坝身泄水孔、岸边溢洪道等建筑物的水力设计，以及泄水建筑物下游消能防冲设计、急流冲击波和高速水流边壁的蚀损和防蚀设计等高速水流问题。

第一节　堰坝水流和堰型

水利枢纽中的表孔溢洪、明流取水和输水，广泛使用各种溢流堰（坝）控制水流。本节以溢流坝和各种河岸溢洪道的控制堰为对象，讨论有关水力特性和堰型选择问题。

一、堰型及其水力特性

作为溢洪道的控制堰，其体型、尺寸和布置方式是溢洪道泄流能力的决定性因素。根据工程需要，堰可设计成各种不同的型式。在水力计算中，根据堰的体型特点，按堰壁厚度与水头的相对大小，将堰分为实用堰、宽顶堰和薄壁堰三类。不同体型的堰，其堰上水流的形态不同，过流能力也有差异。不同的泄流能力，洪水期可能出现的水库最高洪水位和相应要求的坝高不同，因此，控制堰的设计是否合理，直接关系到枢纽布置方案的优劣。这里仅从水力学观点分析一些主要堰型的水力特性。

控制堰在平面上可呈直线或曲线。一般大体积混凝土溢流坝、河岸正槽溢洪道都常将堰顶轴线布置为直线，溢流拱坝坝顶为曲线。河岸溢洪道也有采用曲线堰顶布置的，如墨西哥式溢洪道，主要用于山区小型水库无闸门控制的溢洪道。

控制堰的水力特性很大程度上取决于沿水流向垂直剖面的形态，剖面形态不同，其水力特性、适用条件也不同。对于实用堰，首先应确定是非真空堰还是真空堰，是高堰还是低堰。非真空堰与真空堰的区别在于是否依赖堰顶附近水流底部的适当负压（真空度）来保证运行工况的泄流能力；高堰与低堰的区别在于堰的上游堰高与堰顶运行水头之比是否足够大，从而使堰的泄流能力不再受此相对堰高的影响。大部分溢流坝或溢洪道，为减免负压可能导致的有害后果，常采用非真空剖面堰，溢流坝通常属高堰；河岸溢洪道的控制堰既可能是高堰，也可能是低堰。在实际工程中，适当控制堰顶负压值的真空剖面堰也不乏先例。宽顶堰多用于水闸等低水头的水工建筑物中。对于一些平底无坎的水闸，当水流绕过闸墩流入闸室时，由于侧收缩的影响，水流形态与宽顶堰上的水流十分相似，因此，其流量计算也采用宽顶堰的计算方法。

(一) 非真空实用剖面高堰

非真空实用堰的堰型选择原则，应以其能在较大的堰顶水头变化范围内有较大的流量系数，且堰面不产生危害性负压为标准。这使人易于想到，实用堰堰顶曲线可按薄壁堰自由溢流水舌下缘进行配制。早在1888年，巴赞（Bazin）首次用上述原则得到了巴赞实用堰剖面，认为沿该堰面溢流将不产生负压。实际上，由于堰面粗糙和摩阻的存在，仍易产生负压。近百年来，很多学者对巴赞剖面进行了修正，基本思想是：将堰面外形稍稍伸入薄壁堰溢流水舌下缘内，以免产生负压。克里格尔（Creager）剖面即其中之一。我国以往采用较广的克-奥剖面，则是奥非采洛夫由克里格尔剖面线与水舌下缘线折中而得，给出该线的 x、y 对应坐标值。克-奥堰适用于堰高 P 与堰顶水头 H 之比 $P/H\geqslant 3$ 的高堰溢流状态，以设计水头 H_d 运行时，其流量系数 $m=0.49$。

近年来，我国许多高溢流坝设计均采用美国陆军工程师团水道试验站基于大量试验研究所得的WES堰，见图3-1（a）。与克-奥堰相比，其主要优点是：流量系数较大；剖面较瘦，从而节省工程量；以设计水头运行时堰面无负压；堰面曲线以连续方程给出，便于设计施工。设计定型水头为 H_d 时，堰顶下游堰面曲线方程为

$$x^n=kH_d^{n-1}y \tag{3-1}$$

参数 k、n 可根据上游临水堰面是否倾斜，以及行近流速水头能否忽略，而有不同适应值和型号。表3-1为各型WES堰剖面曲线方程参数，各参数含义如图3-1（b）所示。

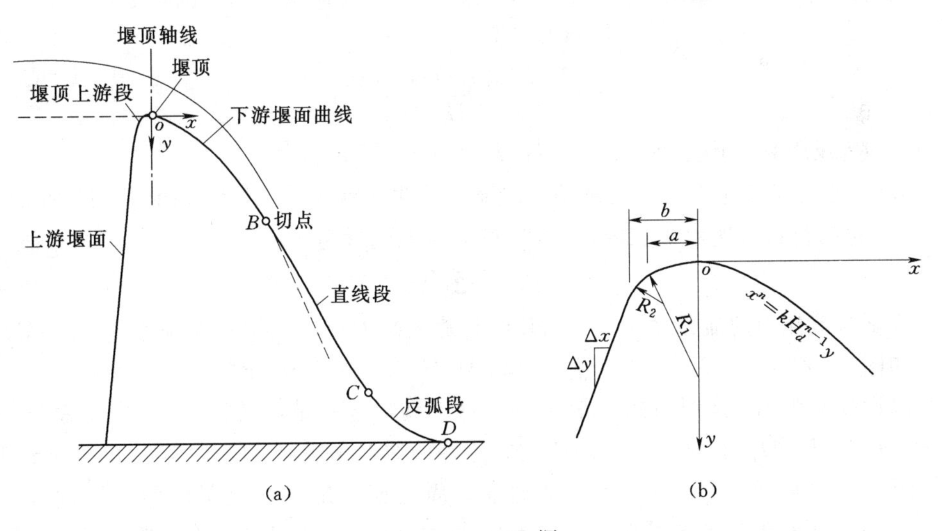

图3-1　WES堰

WES Ⅰ型堰具有铅直上游面，广泛用于高溢流坝。下游堰面曲线方程式（3-1）中 $k=2$，$n=1.85$；上游堰面与堰顶之间原为两段圆弧相连［图3-1（b）及表3-1］，1970年根据新的试验成果改为三段圆弧相连，半径依次为 $R_1=0.5H_d$、$R_2=0.2H_d$、$R_3=0.04H_d$，第三段圆弧直接和铅直上游面相切。

表 3-1　WES 剖面曲线方程参数表

上游面坡度 $\left(\frac{\Delta y}{\Delta x}\right)$	k	n	R_1	a	R_2	b	型号
3：0	2.000	1.850	$0.5H_d$	$0.175H_d$	$0.2H_d$	$0.282H_d$	Ⅰ、Ⅱ
3：1	1.936	1.836	$0.68H_d$	$0.139H_d$	$0.21H_d$	$0.237H_d$	Ⅲ
3：2	1.939	1.810	$0.48H_d$	$0.115H_d$	$0.22H_d$	$0.214H_d$	Ⅳ
3：3	1.873	1.776	$0.45H_d$	$0.119H_d$	—	—	Ⅴ

WES Ⅱ型堰具有倒悬堰顶，适用于溢流坝与非溢流坝基本剖面匹配时前者偏大的情况，可避免工程量的浪费，堰顶形态与设计水头 H_d 和悬顶高度 M 都有关。堰顶定位坐标 X_e、Y_e，以及上下游堰面曲线方程参数都要依据 M/H_d 值，用 WES 给出之图解确定（本书从略）。但为了使其与 WES Ⅰ型堰具有同等溢流特性，实际工程中常使 $M\geqslant 0.6H_d$，据试验研究表明，这时堰面曲线可完全沿用 WES Ⅰ型。

WES Ⅲ、Ⅳ、Ⅴ型堰分别具有 3：1、3：2、3：3 的倾斜上游面，前两者用于高堰工作状态；后者既可用于高堰，也可用于低堰。用于高堰时，下游堰面曲线仍用式（3-1），k、n 值按表 3-1 取值；堰顶上游曲线则用表 3-1 中各半径之圆弧与上游坡面相接。

以高堰状态工作的溢流堰（坝），除顶部曲线如上所述外，堰顶下游堰面线末端一般与某一已定斜坡的直线相切，如图 3-1 所示 BC 段，其下一般还要有一反弧段 CD，以便与坝下消能工（消力池护坦或挑流鼻坎等）衔接。为使水流平顺，反弧半径 R 不能太小，反弧处流速越大，R 也应越大，下列经验公式可供参考

$$\left.\begin{aligned} R &= 0.305\times 10^{x} \\ x &= \frac{3.28v+21H+16}{11.8H+64} \end{aligned}\right\} \tag{3-2}$$

式中：v 为反弧处平均流速，m/s；H 为堰顶水头，m。

WES 堰的泄流能力已有大量的试验研究成果。就 WES Ⅰ型堰而言，设堰顶水头为 H_0（包括行近流速水头在内），定义过堰单宽流量为

$$q=m\sqrt{2g}H_0^{3/2} \tag{3-3}$$

表征泄流能力的流量系数 m 与相对上游堰高 P/H_d、相对堰顶水头 H_0/H_d 有关。如图 3-2 所示，对于 $P/H_d\geqslant 1.33$ 且 $H_0/H_d=1.0$ 的情况，$m_d=0.502$，m_d 即为以设计水头 H_d 运行时的流量系数。对于其他运行情况，图 3-2 中汇总给出了据 P/H_d、H_0/H_d 求取 m/m_d 的曲线。这些曲线对于满足 $M\geqslant 0.6H_d$ 的 WES Ⅱ型堰也可应用。对于 WES Ⅲ、Ⅳ、Ⅴ型堰，周文德给出了取决于堰面上游面坡度和 P/H_d 的流量系数近似修正曲线，见图 3-2 左上角。按照 WES Ⅰ型堰，流量系数 m 乘以修正系数 c，即得相应上游面的流量系数值。

WES 堰的堰面压强分布规律已有较多试验研究成果。图 3-3 所示为 WES Ⅰ型堰面压力水柱高 h_p 与 H_d 之比沿 x/H_d 的分布规律，这里 x 为以堰顶为原点的水平坐标值。

通过上述分析，可得出以下几点结论。

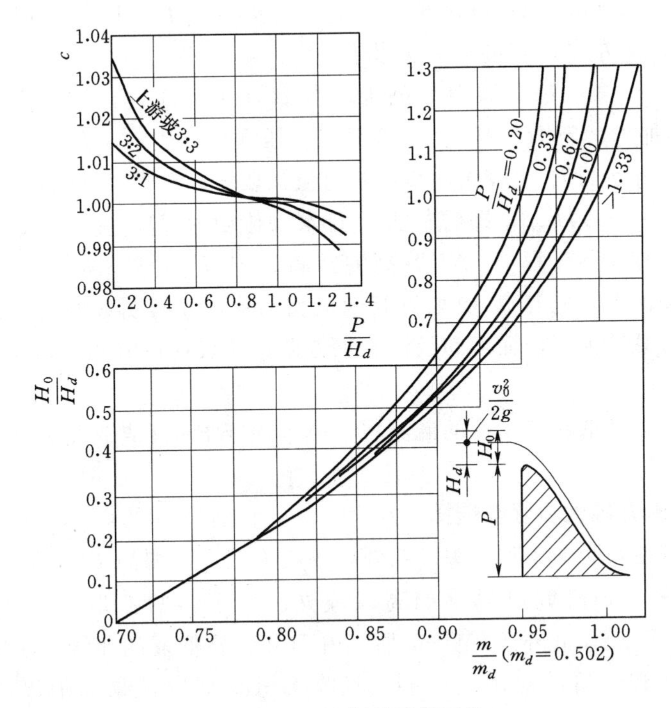

图 3-2　WES 堰的流量系数

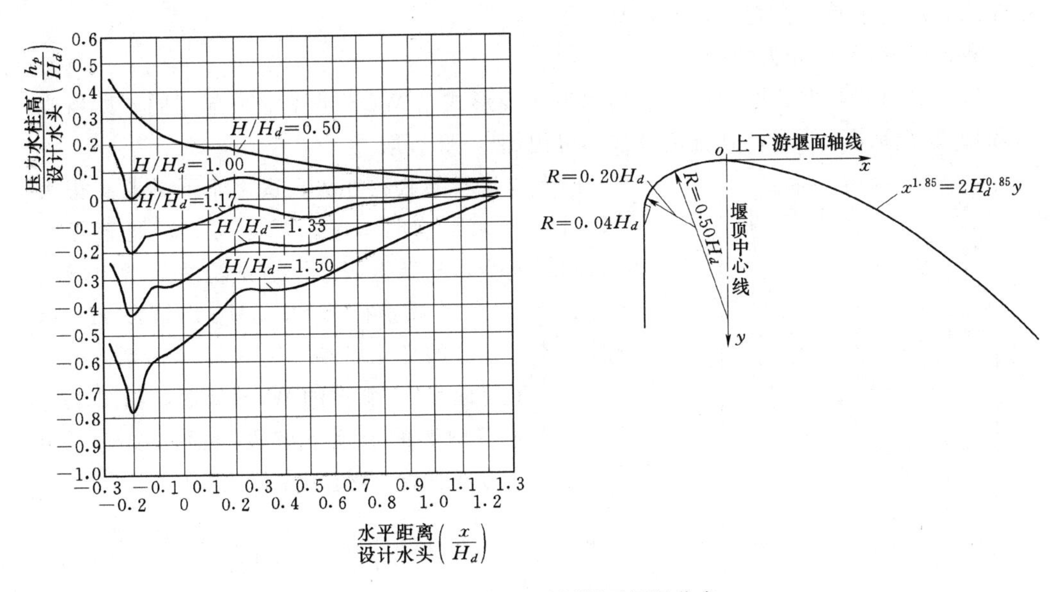

图 3-3　WES Ⅰ型堰堰面压强分布

（1）上游相对堰高 $P/H_d \geqslant 1.33$ 时，P 对流量系数已无太大影响，即 WES 堰的高、低堰界限大致为 $P/H_d=1.33$，这样并不严谨，但限于篇幅，这里不进一步讨论。

（2）对于既定堰型，流量系数 m 随相对堰顶水头 H_0/H_d 加大而加大。$H_0/$

$H_d=1$ 时，$m=m_d=0.502$；$H_0/H_d<1$ 时，$m<m_d$；$H_0/H_d>1$ 时，$m>m_d$。但当 H_0 达到 $1.3H_d$ 左右，m 的加大缓慢了。

(3) 当 $H_0/H_d\leqslant1$ 时，堰面无负压；当 $H_0/H_d>1$ 时，堰面出现负压，并随 H_0/H_d 加大而加剧，当 $H_0/H_d=1.33$ 时，负压水柱可达 $0.5H_d$ 左右。

(4) 为使实际运行时 m 较大而负压绝对值又较小，对于 WES 高堰剖面设计，常取 $H_d=(0.75\sim0.95)H_{max}$，即将最大运行水头限制在 $H_{max}=(1.33\sim1.05)H_d$ 之间。由此可知，在实际工程中，WES 高堰常满足 $P/H_d\geqslant1.33$，且 $H_0/H_d<1.33$。正是在这样的情况下，它与克-奥堰等其他堰型相比，才有明显的优越性。其优越性不但表现在流量系数大、剖面瘦和设计施工方便，还表现在由低堰到高堰所需 P/H_d 值不大。

综上所述，以高堰状态工作的溢流坝，可采用 WES 堰或在此基础上稍加演变的体形。

(二) 低堰水力特性和堰型选择

低堰水力特性除受堰型和水头影响外，还与上、下游堰高 P_1、P_2 有关，影响因素多，问题较复杂，研究成果不如高堰成熟。较著名的低堰主要出自美国垦务局（USBR）和 WES，此外还有克-奥堰。由于 USBR 低堰的曲线轮廓定型以及相应流量系数取值烦琐，目前应用已不多。吸收 USBR 研究成果而加以改进后提出的 WES 低堰是这里主要介绍和讨论的对象。至于克-奥型低堰，由于其体形直接移用高堰曲线，原有缺点照样存在，不再赘述了。

WES 低堰又可分为两种。

(1) 具有铅直上游面的堰型。其堰顶曲线形式与 WES Ⅰ型堰顶部相同，即将高堰堰顶直接移用于低堰，其流量系数仍可由图 3-2 查取。

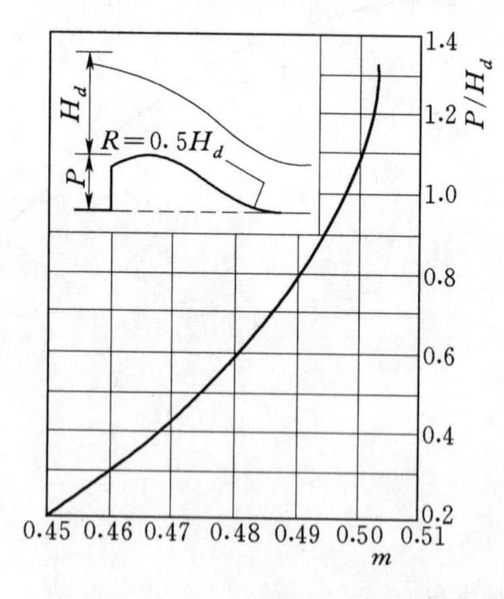

图 3-4　上游面铅直的 WES 低堰 m 与 P/H_d 关系

以上求流量系数的方法只适用于下游堰高很大以致对溢流无影响的情况。要计入下游堰高影响时，问题就变得复杂得多。水道试验站只给出堰高 $P_1=P_2=P$ 和反弧半径 $R=0.5H_d$ 的堰以 H_d 运行时，流量系数的变化规律，如图 3-4 所示。

(2) 上游面呈 45°斜坡的 WES 低堰，如图 3-5 所示。这种Ⅴ型堰的堰顶下游段堰面曲线仍采用式（3-1）的幂曲线，堰顶上游曲线为

$$\frac{y}{H_\omega}=k_1\left(\frac{x}{H_\omega}\right)^{n_1}-B\left(\frac{x}{H_\omega}\right)^{n} \tag{3-4}$$

其中 H_ω 的含义标于图 3-5；决定堰面曲线的另 5 个参数 k、n、k_1、B、n_1 以及堰顶定位坐标 X_e、Y_e，都须由行近流速水头 h_a 与定型设计水头 H_d 之比推求。h_a/H_d 取决于 P_1/H_d，如图 3-6 所示；k、n 由图 3-7 查取；X_e、Y_e 由图 3-8 查取；k_1、B、n_1 由图 3-9 查取。

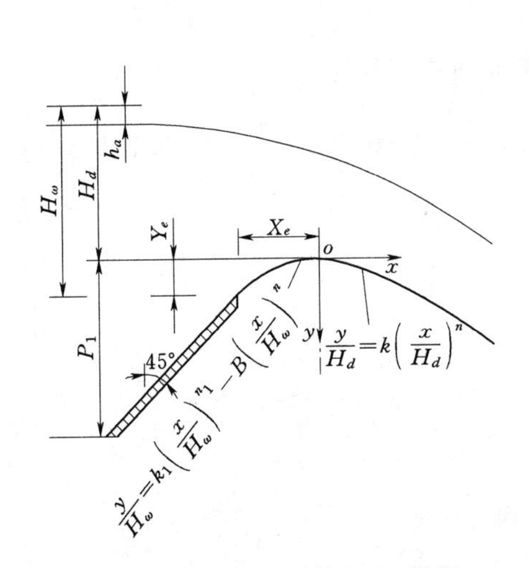

图 3-5　上游面 45°的 WES 低堰

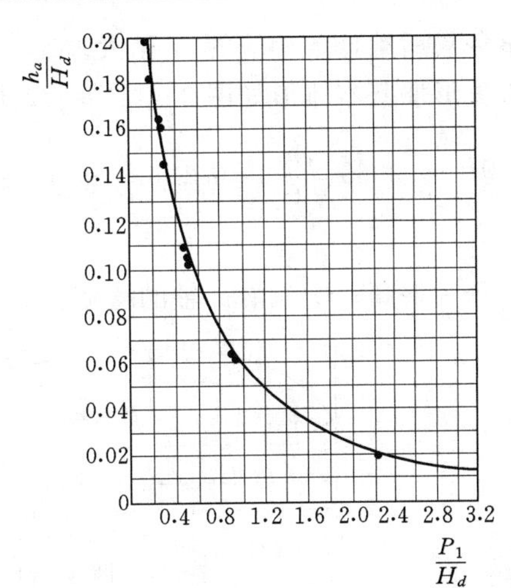

图 3-6　h_a/H_d 与 P_1/H_d 的关系

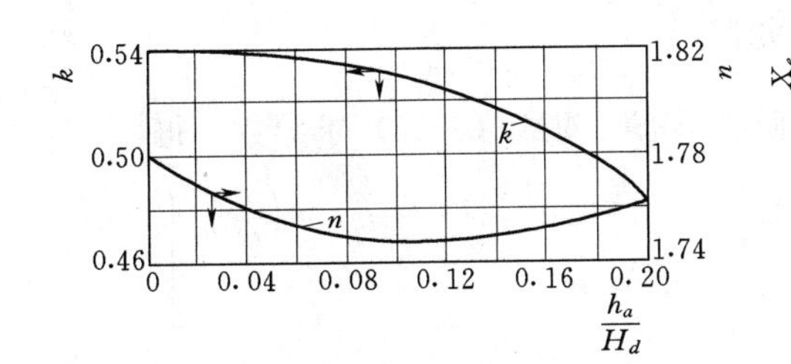

图 3-7　WES Ⅴ型堰面曲线方程的 k、n 值

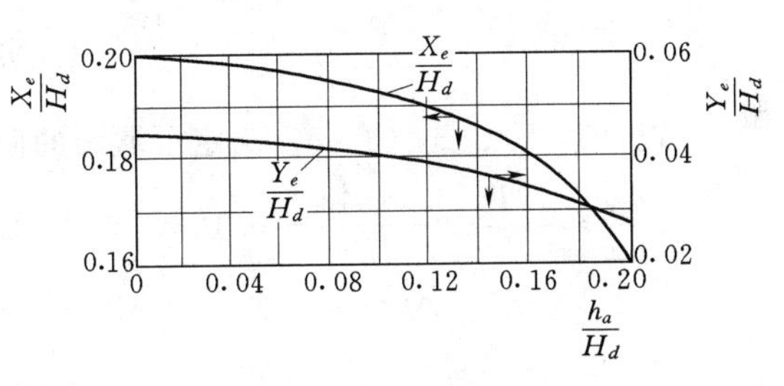

图 3-8　WES Ⅴ型堰堰顶坐标 X_e、Y_e

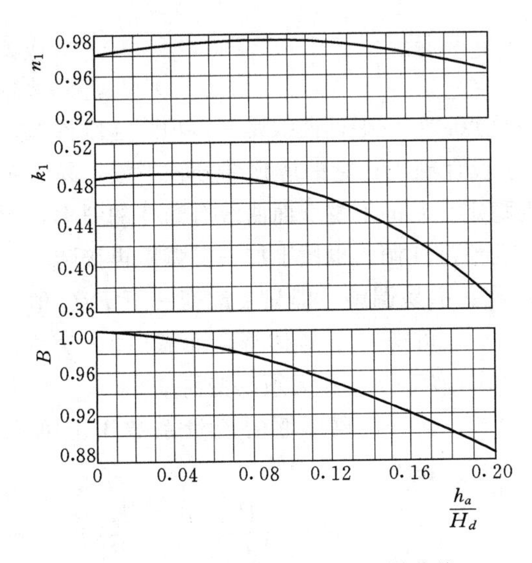

图 3-9　WES Ⅴ型堰堰顶上游曲线方程的 n_1、k_1、B 值

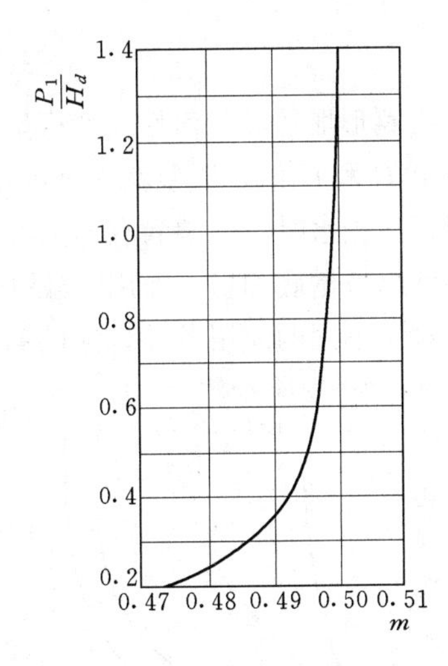

图 3-10　WES Ⅴ型堰流量系数 m 与 P_1/H_d 的关系

目前，对这种堰的全面研究还很不够，水道试验站只给出 $H_0/H_d=1$ 且下游堰高无影响时的流量系数，如图 3-10 所示。图中流量系数 m 的变化曲线表明，它比

美国垦务局所给低堰相应的 m 稍大。

机翼形堰基本体形如图 3-11 所示，堰面曲线方程为

$$y=10P\left[0.2969\sqrt{\frac{x}{C}}-0.126\frac{x}{C}-0.3516\left(\frac{x}{C}\right)^2+0.2843\left(\frac{x}{C}\right)^3-0.1015\left(\frac{x}{C}\right)^4\right] \tag{3-5}$$

式中：P 为堰高；C 为沿 x 轴的堰宽。

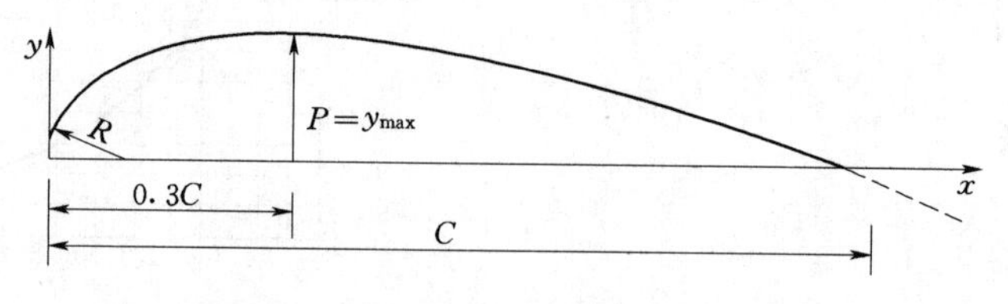

图 3-11　机翼形堰

堰前端与半径为 R 的圆弧相接，并有

$$\frac{R}{C}=4.408\left(\frac{P}{C}\right)^2 \tag{3-6}$$

式（3-5）、式（3-6）决定了堰面的曲线形态。对式（3-5）求导数可得

$$\frac{dy}{dx}=\frac{10P}{C}\left[\frac{0.14845}{\sqrt{\frac{x}{C}}}-0.126-0.7032\frac{x}{C}+0.8529\left(\frac{x}{C}\right)^2-0.406\left(\frac{x}{C}\right)^3\right] \tag{3-7}$$

用式（3-7）可求堰面曲线上各点的斜率。例如，当 $x=C$ 时：

$$\left.\frac{dy}{dx}\right|_{x=C}=-2.3385\left(\frac{P}{C}\right) \tag{3-8}$$

机翼形堰从其几何性质就可呈现不少优点：它的堰面曲线是一多项式连续函数，只要给出 P 和 C 值，堰型就完全确定，便于设计施工；它的堰顶部分较平缓，易于布置闸门，且挡水时，上游尚有不少水重可助稳定；它的下游堰面曲线有渐变的斜率，便于和各种纵坡槽底相切，而用于溢洪道或表孔泄洪隧洞，也便于加一反弧后再接陡槽或平段；对于不同的应用条件，它的高、低、宽、窄易调整，即只要改变一下 P/C 值，就可得一个新体形，而式（3-5）～式（3-8）却无须改变。

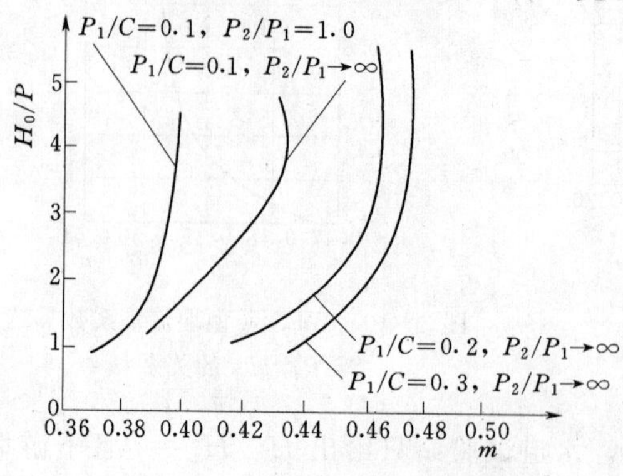

图 3-12　机翼形堰的流量系数

机翼形堰的流量系数用下列函数表示：

$$m=f\left(\frac{P_1}{C},\frac{P_2}{P_1},\frac{H_0}{P_1}\right) \tag{3-9}$$

图 3-12 显示的是对 4 种体形的机翼形堰（3 种下游堰面接陡坡，视 $P_2/P_1\to\infty$；一种下游堰面接平底，视 $P_2/P_1=1.0$）的流量系数 m 的计算结

果。与丁道扬对 WES 低堰在 $P_1/H_d=0.2$，且下游接陡坡情况下 m 的数模计算结果进行比较，可以得出：在堰高与堰宽之比相同的前提下，$P_1/C=0.3$ 的机翼形堰，其 m 全部大于 $P_1/H_d=0.2$ 的 WES 堰的 m，即使体形相对低平的 $P_1/C=0.2$ 的机翼形堰，其 m 在 $H_0/P\leqslant 3.5$ 的较大应用范围内，仍较 $P_1/H_d=0.2$ 的 WES 堰的 m 稍大。

机翼形堰的堰面压强水柱 h_p 的分布规律可用下列函数表示：

$$\frac{h_p}{P_1}=f\left(\frac{P_1}{C},\ \frac{P_2}{P_1},\ \frac{H_0}{P_1},\ \frac{x}{P_1}\right) \tag{3-10}$$

前述 4 种体形的 h_p/P_1 分布的计算结果显示，一般均不发生危害性负压。

王世夏教授在对岷江紫坪铺水电站溢洪道控制堰选型的工作中，就机翼形堰方案和同堰高的有 45°上游面的 WES 低堰方案，进行了水工物理模型和数学模型的综合研究。结果表明：WES Ⅴ型堰和机翼形堰都是适用于高水头溢洪道上以低堰状态工作的堰型，而以尽可能大的流量系数和尽可能小的负压绝对值作全面比较，机翼形堰还稍胜一筹。

关于低堰，还应提到我国工程实践中发展出的驼峰堰。它一般由堰顶凸圆弧和上、下游面凹圆弧连成（图 3-13），结构简单，底部应力分布均匀，能适应软弱地基，且堰前不易淤沙，泄流能力也较大，但尚无标准定型。岳城水库土基上溢洪道是采用这种堰型的著名实例。该堰堰高 $P=3\text{m}$，堰长 $L=28\text{m}$，$R_1=7.5\text{m}$，$R_2=18\text{m}$，$R_3=12\text{m}$，接 1/15 纵坡的陡槽下泄。1971 年泄洪原型观测，当堰顶水头 $H=5.3\text{m}$ 时，流量系数 $m=0.47$；$H=5.57\text{m}$ 时，$m=0.458$。而模型试验泄流量为 $8300\text{m}^3/\text{s}$，$H=11.8\text{m}$ 时，$m=0.425$。这也很符合一般低堰的特性。

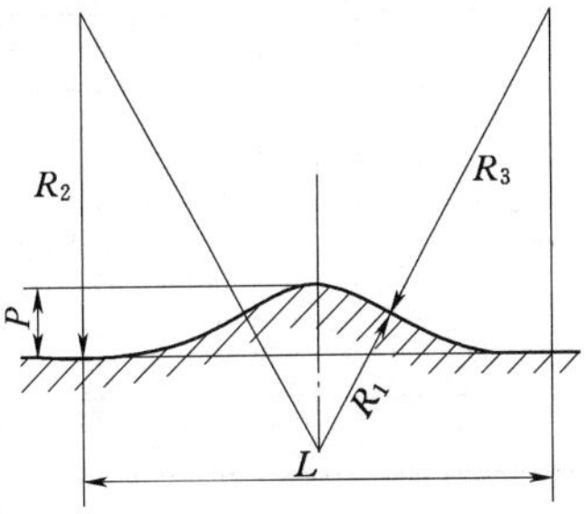

图 3-13　驼峰堰

（三）真空剖面堰

从前面讨论的非真空实用剖面堰的水力特性中已可看出，当溢流堰顶附近有负压时，流量系数有所加大。当然，作为非真空剖面堰设计，这种状态只是在超定型设计水头运行工况时才会发生。如果堰型设计时就有意使堰顶在设计泄洪工况下存在适当的真空度（负压），以达到加大流量系数和提高泄流能力的效果，这样设计的堰称为真空剖面堰或负压堰。

真空剖面堰要能安全而有效地工作，应该做到：在设计水头运行时，流量系数足够大；真空负压区域应限于堰顶小范围内，且在最大负压情况下也不致产生破坏性后果；水流下面不应有空气冲入导致的真空周期性破坏以及相应的不稳定流态；剖面上不应有很大的脉动压力，计及脉动压力后仍不应出现空化。

真空剖面堰的体形设计和相应的泄流能力一般依赖于试验成果，但也有人试图通过理论分析计算来求取。真空剖面堰一般有圆形堰顶和椭圆形堰顶两种体形（图 3-14）。在既定的容许真空度下，后者流量系数较大，应用较多。如图 3-14（a）所示，圆顶真空堰的几何特征是：AB、BC 和 CD 诸边之间的内接圆半径为 r。如图

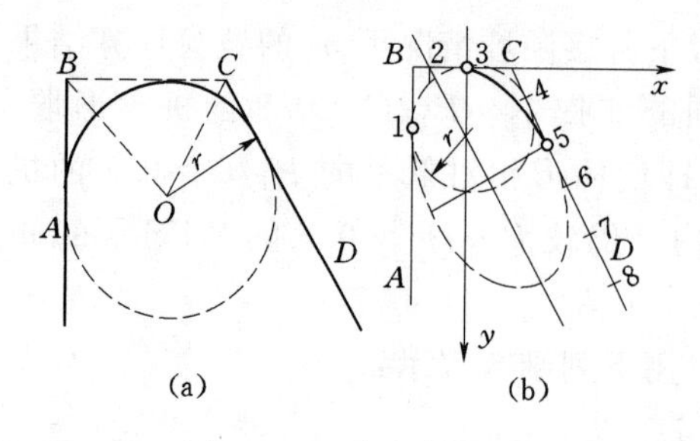

图 3-14　真空剖面堰

3-14（b）所示，椭圆顶真空堰的几何特征是：椭圆的长、短轴比值为 b/a，通过堰顶1、3、4诸点的虚拟圆的半径为 r。后者在工程实际中，通常取长轴平行于堰（坝）的下游面，坡度为2∶3，$b/a=2\sim3$，$r=(1/3\sim2/7)H_d$，H_d 为定型设计水头。

根据苏联学者的研究，以 $b/a=1$ 表示的圆顶真空堰和以 $b/a=2$、3表示的椭圆顶真空堰，其流量系数 m 和相对平均真空度 $\sigma_0=h_{vac}/H_0$，如表3-2所列。

表 3-2　m 和 σ_0 与 H_0/r 的关系

H_0/r	m			σ_0		
	$b/a=1$	$b/a=2$	$b/a=3$	$b/a=1$	$b/a=2$	$b/a=3$
1.0	0.486	0.487	0.495	0.474	—	—
1.2	0.497	0.500	0.609	0.571	0.000	0.059
1.4	0.506	0.512	0.520	0.647	0.162	0.211
1.6	0.513	0.521	0.530	0.675	0.311	0.351
1.8	0.521	0.531	0.537	0.859	0.454	0.490
2.0	0.526	0.540	0.544	0.962	0.597	0.831
2.2	0.533	0.548	0.551	1.057	0.734	0.789
2.4	0.538	0.554	0.557	1.138	0.887	0.928
2.6	0.543	0.560	0.562	1.224	1.018	1.060
2.8	0.549	0.565	0.566	1.309	1.147	1.197
3.0	0.553	0.569	0.570	1.338	1.274	1.470

二、闸墩对堰流的影响

闸墩对堰过流能力的影响，水力学上以往常将其归入降低泄流能力的侧收缩效应，而将有闸墩堰的泄流量视为净宽相同的无闸墩二维堰的泄流量乘以侧收缩系数。已有试验研究表明，闸墩对堰流的影响，并不能为侧收缩所概括，其影响甚至还有正有负，故目前所称的侧收缩系数应被理解为闸墩影响系数。设该系数为 ε，泄流能力公式仍可沿用下式：

$$Q=\varepsilon mB\sqrt{2g}H_0^{3/2} \tag{3-11}$$

式中：m 为无闸墩二维堰的流量系数；B 为闸孔总净宽；H_0 为堰顶水头；Q 为总流量。

闸墩侧收缩系数的 ε 试验资料很多，但不尽一致，这里列出WES的结果。按式（3-11）求 Q 时，WES建议

$$\varepsilon=1-\frac{2(nk_p+k_a)H_0}{B} \tag{3-12}$$

式中：n 为中闸墩个数；k_p 为中闸墩墩型系数；k_a 为边墩系数。

三、溢流前缘非直线的堰流

前面讨论的都是溢流前缘或堰顶轴线在平面上呈直线的溢流坝、溢洪道等一般实用堰，但水工实践中也有不少溢流前缘呈非直线布置。例如溢流拱坝、墨西哥式溢洪道多用拱向上游的圆弧曲线堰；还有些中小型工程溢洪道采用平面上呈 W 形折线的迷宫堰。在泄洪流量 Q 相同的情况下，与直线堰相比，它们的优点是：对于既定的溢洪道边墙间总跨度，可布置更长些的溢流前缘，并降低泄洪所需堰顶水头 H_0（包括行近流速水头）。

图 3-15 所示的堰面图中，圆弧堰顶轴线半径为 R，圆心角为 α，沿轴线堰长为 R_α，径向剖面可为直线堰所用的各型剖面。与剖面相同的直线堰对比，此曲线堰的泄流量 Q 及单宽流量 q_c 可写为

$$Q=q_c R_\alpha \tag{3-13}$$

$$q_c=\varepsilon_c q=\varepsilon_c m\sqrt{2g}H_0^{3/2} \tag{3-14}$$

式中：q 为剖面形式相同的直线堰单宽流量；m 为流量系数；ε_c 为该剖面堰堰顶轴线改为圆弧曲线后泄流能力修正系数。

由于剖面形态等其他影响都已体现于流量系数 m 之中，故修正系数 ε_c 应只是相对曲率 H_0/R 和圆心角 α 的函数，且当 $\alpha\to 0$ 或 $R\to\infty$ 时，应有 $\varepsilon_c\to 1$，从而可将 ε_c 表示为下列模式：

$$\varepsilon_c=f(H_0/R,\ \alpha)=1-a_0(H_0/R)^{b_1}\alpha^{b_2} \tag{3-15}$$

其中待定系数 a_0 和指数 b_1、b_2 可据试验资料分析确定。根据河海大学王世夏的试验研究，并吸收前人部分成果，经数据处理和回归分析，得 $a_0=0.107$、$b_1=0.695$、$b_2=0.568$，故得 ε_c 的实用公式为

$$\varepsilon_c=1-0.107(H_0/R)^{0.695}\alpha^{0.568} \tag{3-16}$$

以 α（rad）为参数的式（3-16）曲线族示于图 3-16，直观地显示出式（3-16）表达规律的合理性。将其试用于实际工程墨西哥式溢洪道泄洪能力计算，精度也是令人满意的。顺便指出，这种堰溢流时由于各水股都沿径向向心集中，堰面发生负压的可能性比同剖面直线堰小，故不再详论。

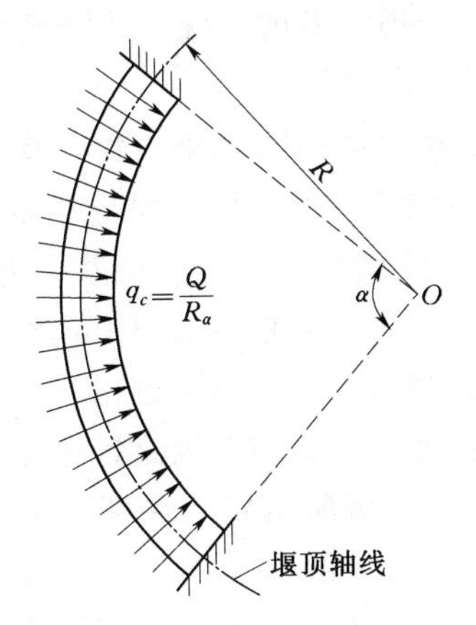

图 3-15 圆弧曲线堰面图

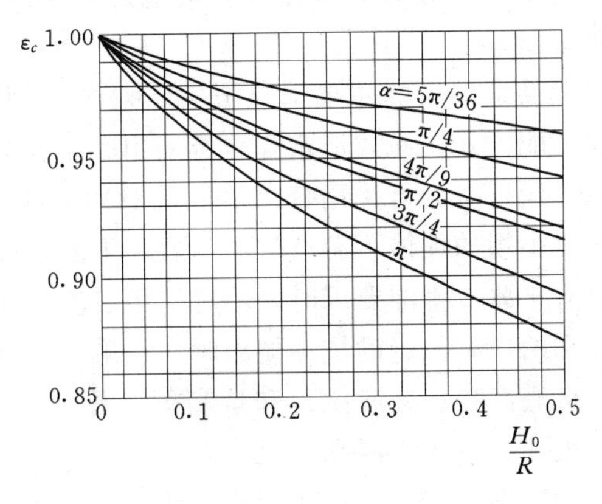

图 3-16 圆弧曲线堰溢流能力修正系数 ε_c 图

第二节　泄水建筑物下游消能防冲

泄水建筑物的下泄水流具有以动能为主的大量机械能，对河床会产生强烈的冲刷。消能防冲常是泄水建筑物（尤其是高水头、大流量泄水建筑物）设计要解决的主要问题。从物理概念的角度来说，能量不能“消”掉，实际上我们要做的只是设法使有危害的机械动能尽量转变为热能而散去，让水流在预计的空间，通过水与水、水与固体边界、水与空气等各种相互摩擦、混掺、冲击、碰撞等方式，实现这种能量转变。也可设法让带有剩余动能的水流与防冲保护对象（建筑物基底及其附近河床）远离或分隔，使冲刷不危及建筑物本身安全。

常用的消能方式有底流消能、挑流消能和面流消能三大类，消力戽消能具有底流和面流相结合的消能特点。但某些特殊水流条件下，要考虑采用特殊消能方式或兼用两种消能原理的联合消能方式。

重力坝的坝体泄洪消能防冲型式应根据坝体高度、泄洪流量、坝基及下游河床和两岸地形地质条件，下游河道水深变化情况，结合排冰、排漂浮物等要求合理选择。底流消能宜用于中坝、低坝或基岩较软弱的河道。高坝采用底流消能应经论证，但不宜用于排漂和排冰，消力池池底流速较大的可采用跌坎底流消能等型式，但应经水工模型试验验证。挑流消能宜用于坚硬岩石上的高坝、中坝，低坝应经论证才能选用。坝基有延伸至下游的缓倾角软弱结构面，可能被冲坑切断而形成临空面，危及坝基稳定或岸坡可能被冲刷破坏的，不宜采用挑流消能，应做专门的防护措施。面流消能宜用于水头较小的中坝、低坝，河道顺直，水位稳定，尾水较深，河床和两岸在一定范围内有较高抗冲能力，可排漂和排冰的情况。消力戽消能宜用于尾水较深且下游河床和两岸有一定抗冲能力的河道。坝面台阶消能宜用于设计单宽流量小于 $20m^3/(s \cdot m)$ 的中坝、低坝，单宽流量较大或高坝采用坝面台阶消能应进行专门论证或采用联合消能。联合消能宜用于高坝、中坝，且泄洪量大，河床相对狭窄，下游地质条件较差或采用单一消能形式时经济合理性差的情况。联合消能应经水工模型试验验证。

坝身泄洪是拱坝的主要泄洪方式。对于拱坝，其坝身式泄水建筑物，宜采用挑流、跌流消能方式，深式泄水孔也可采用底流、戽流消能方式。拱坝坝身多种坝身泄水孔口联合运行时，可采用分散消能或对冲消能。挑流消能适用于坚硬基岩上的高、中拱坝。对拱坝的坝体下游有软弱基岩、下游水位流量关系较稳定的河道，宜采用底流消能。有排冰或排漂要求时，不宜采用底流消能。当拱坝的坝体下游尾水较深，且下游河床和两岸有一定的抗冲能力时，宜采用戽流消能，应根据各级流量选择适当的戽半径、戽底高程、戽唇挑角和坎高等，并经水工模型试验确定。拱坝除了坝身泄洪（包括表孔、中孔、深孔）之外，也可设计为沿坝面或滑雪道泄流，还有坝外泄洪（包括岸边溢洪道、泄洪隧洞等）和联合泄洪（包括表孔＋岸边泄洪道、表孔＋中孔＋泄洪隧洞、中孔＋滑雪式泄洪道＋泄洪隧洞等）。在合适的地形、地质条件下，滑雪道也是一种较好的泄洪方式，其消能方式常采用挑流消能。

水闸消能防冲布置应根据闸基地质情况、水力条件以及闸门控制运用方式等因素，进行综合分析确定。水闸闸下宜采用底流消能。当水闸下尾水深度较深且变化较小，河床及岸坡抗冲能力较强时，可采用面流消能。当水闸承受水头较高，且闸下河床及岸坡为坚硬岩体时，可采用挑流消能。

一、底流水跃消能

（一）二元自由水跃基本理论

水跃消能是广泛适用于高、中、低水头各类泄水建筑物的消能方式。图 3-17 以溢流坝下平底二元自由水跃典型流态表明其动能的沿程消减。该图示出了水跃段 1-2 和跃后段 2-3，水跃段由跃首的垂线平均流速 v_1 和水深 h_1 至跃尾变为 v_2 和 h_2，即在跃长 L_j 范围内发生了流速和水深的急剧变化；跃后段水深基本不变，但流速分布有缓变，经 L_{bj} 后，在断面 3 趋于正常。图 3-17 还显示出总水头线的沿程变化，可以看出，以动能为主的机械能主要消耗于水跃段。

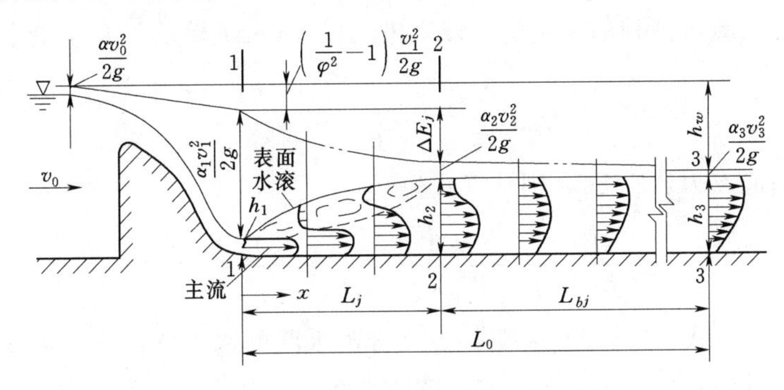

图 3-17 坝下二元自由水跃流态

二元自由水跃的基本计算，首先在于跃首收缩断面水深 h_1 的求出。设收缩断面水流底部以上的坝前总能头为 E，过坝流速系数为 φ，则包含 h_1 的能量方程可写为

$$E=h_1+\frac{q^2}{2g\varphi^2 h_1^2} \tag{3-17}$$

式中：q 为过坝单宽流量；g 为重力加速度。

式（3-17）实为关于 h_1 的三次代数方程，一般水力学书籍常建议用试算法或图解法求 h_1，其实不必要。用三角函数法可导得 h_1 的显式理论解：

$$h_1=\frac{E}{3}\left[1+2\cos\left(\frac{\beta}{3}+\frac{2n\pi}{3}\right)\right] \tag{3-18}$$

$$\beta=\arccos\left(1-\frac{27}{8}\frac{2q^2}{\varphi^2 gE^3}\right) \tag{3-19}$$

式（3-18）中取 $n=0$、1、2，可得满足方程式（3-17）所有根的表达式，但由于 h_1 为小于临界水深的急流收缩水深，故只取 $n=2$ 的最小正实数解：

$$h_1=\frac{E}{3}\left[1-2\cos\left(\frac{\pi+\beta}{3}\right)\right] \tag{3-20}$$

同时引用无因次参数 $\kappa=q/(\sqrt{g}E^{3/2})$（流能比），化简式（3-19）为

$$\beta = \arccos\left(1 - \frac{27}{4}\frac{\kappa^2}{\varphi^2}\right) \tag{3-21}$$

显然，用式（3-20）、式（3-21）求 h_1 十分容易，而精确性则取决于流速系数 φ 的取值得当与否。一般应据泄水建筑物流程边壁摩阻情况选用合适经验公式求出。例如，对一般溢流坝，苏联斯克列别考夫给出：

$$\varphi = 1 - 0.0155P/H_0 \tag{3-22}$$

式中：P 为上游堰（坝）高；H_0 为堰顶水头。

求得 h_1 后，假定跃首和跃尾的流速均匀分布，压力按静水压强直线分布，并忽略固体边壁摩阻，则由动量方程可得共轭水深公式（含收缩断面弗劳德数 $Fr_1 = v_1/\sqrt{gh_1}$）：

$$\frac{h_2}{h_1} = \frac{1}{2}(\sqrt{1+8Fr_1^2} - 1) \tag{3-23}$$

二元自由水跃可消减的机械能（转化热能）水头 $\Delta E = E_1 - E_2$，计算式为

$$\Delta E = \frac{(h_2 - h_1)^3}{4h_1h_2} = \frac{h_1(\sqrt{1+8Fr_1^2} - 3)^3}{16(\sqrt{1+8Fr_1^2} - 1)} \tag{3-24}$$

如定义消能率为 $\Delta E/E_1$，则计算式为

$$\frac{\Delta E}{E_1} = \frac{(\sqrt{1+8Fr_1^2} - 3)^3}{8(\sqrt{1+8Fr_1^2} - 1)(Fr_1^2 + 2)} \tag{3-25}$$

式（3-23）～式（3-25）表明，二元自由水跃的水力特性基本上取决于跃首弗劳德数 Fr_1。当 $Fr_1 = 1 \sim 1.7$ 时，发生波状水跃，没有旋滚，消能很少，部分动能转为波动能量，传至下游较长距离才衰减。从水工设计的角度看，来流弗劳德数较低的情况下，如采用底流消能方式，可用辅助消能工提高消能率。来流弗劳德数很低而又不得不用底流消能的泄水建筑物（如水闸），设计时要注意防止波状水跃。来流弗劳德数很大但也须采用底流消能方式时，要考虑适当的稳流措施。

泄水建筑物下游水跃根据发生的位置不同，可分为临界水跃、远离水跃和淹没水跃三种形式。以溢流坝下泄水流为例，讨论水跃发生的位置和水跃的形式，如图3-18所示，水流沿坝面下泄过程中，势能逐渐转换为动能，越往下则流速越大，到达坝趾某断面处，流速最大，水深最小。这个水深最小的断面称为收缩断面，用 $c—c$ 表示，该断面的水深称为收缩断面水深，以 h_{c0} 表示。判别水跃发生的位置和水跃的形式，假设下游水深 h_t 和收缩断面的水深 h_{c0} 为已知。先假设水跃的跃前断面发生在收缩断面，如图3-18（b）所示，这时收缩断面水深 h_{c0} 等于跃前水深 h_1，将这个水深写为 h_{c01}，通过水跃函数关系式，可求得一个相应于 h_{c01} 的跃后水深 h_{c02}。因为下游河道中的水深 h_t 是发生水跃时的实际跃后水深，因此可将 h_t 值与 h_{c02} 值相比较来判别水跃发生的位置和水跃的类型：

（1）当 $h_t = h_{c02}$ 时，如图3-18（b）所示，跃前断面正好在收缩断面，称这种水跃为临界水跃。

（2）当 $h_t < h_{c02}$ 时，如图3-18（a）所示，由共轭水深的关系可知，跃后水深较

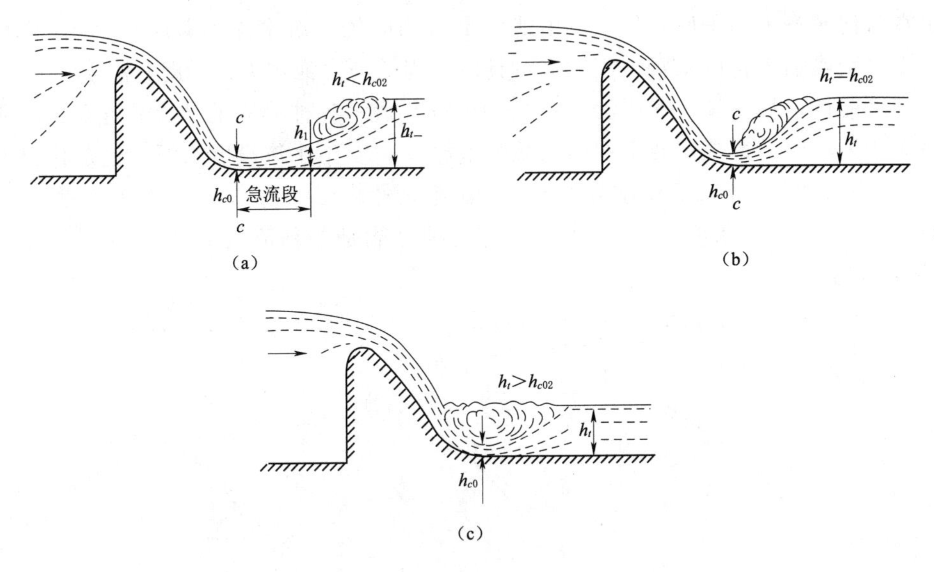

图 3-18 水跃的形式

(a) 远离水跃；(b) 临界水跃；(c) 淹没水跃

小时，对应的跃前水深较大，因此水流从收缩断面起要经过一段急流壅水后，使水深由 h_{c0} 增至 h_1 再发生水跃，称这种水跃为远离水跃。

(3) 当 $h_t>h_{c02}$ 时，如图 3-18 (c) 所示，下游水深 h_t 对应一个比 h_{c0} 更小的跃前水深 h_1，而建筑物下游的最小水深是收缩断面水深 h_{c0}，因而不能再找到一个比 h_{c0} 更小的水深，水跃只能淹没收缩断面，形成淹没水跃。

远离水跃的跃前断面和建筑物坝趾之间有一长段急流，对河床有很大冲刷作用，必须对这段河床进行加固，工程量大，很不经济，所以工程中需要避免远离式水跃。淹没水跃衔接，在淹没程度较大时，消能效率较低。对于临界水跃，不论其发生位置还是消能效果对工程都是有利的，但是这种水跃不稳定，如果下游水位稍有变动，将会转变为远离水跃或淹式水跃。因此，从水跃发生的位置、水跃的稳定性以及消能效果等方面综合考虑，采用稍有淹没的淹没水跃进行衔接与消能较为适宜，因为这种水跃既能保证有一定的消能效果，又不致因下游水位的变动而转变为远离水跃。

水跃的淹没程度常用水跃淹没系数 $\sigma'=h_t/h_{c02}$ 表示：对于临界水跃，$\sigma'=1$；对于远离水跃，$\sigma'<1$；对于淹没水跃，$\sigma'>1$。在进行泄水建筑物下游的消能设计时，一般要求 $\sigma'=1.05\sim1.10$。

水跃长度 L_j（由急流过渡到缓流的流段长度）是水跃特性的另一重要参数。计算水跃长度 L_j 迄今尚缺乏成熟的理论公式，只能采用基于试验观测所得的经验公式。苏联欧勒佛托斯基公式以跃高 h_j 表示，见式（3-26）：

$$L_j=6.9h_j=6.9(h_2-h_1) \tag{3-26}$$

式中：h_1、h_2 分别为跃前和跃后水深。

（二）二元底流消力池水力设计

前文有关水跃基本理论的介绍，是以水跃在预定范围发生为前提的，即假定水跃发生在与河底齐平的平底护坦上，由泄流量所相应的下游水深 t 满足 $t \geqslant h_2$，从而发生淹没水跃或临界自由水跃。实际进行具体工程的消力池水力设计时，t 与 h_2 的关系有多种可能性，如图 3－19 所示。图 3－19（a）表示各种泄流工况，下游水深 t 都正好略大于来流弗劳德数所要求的第二共轭水深 h_2，发生小淹没度水跃，这是相当理想的；图 3－19（b）表示流量小时 $t<h_2$，而流量大时 $t>h_2$；图 3－19（c）表示流量小时 $t>h_2$，而流量大时 $t<h_2$。当然还有一种可能是各种流量下都有 $t<h_2$（图 3－19 中未示出）。

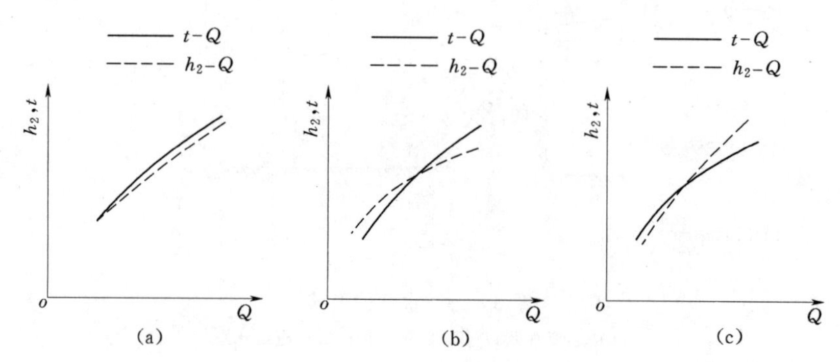

图 3－19　第二共轭水深与下游水深的关系曲线示意图

据上所述，消力池的形式和轮廓尺寸必须考虑 t 与 h_2 的适应情况进行选择和设计，当然还要考虑建筑物本身情况（体形、水头、流量）以及河床地质情况。水平护坦消力池是最常用的一种池型。例如，岩基上各种溢流坝的坝下消力池就是在坝趾下游河床上浇筑一段平底护坦。条件有利时，护坦面与下游河床面处于同高程。但即便如此，人们仍习惯称护坦范围内为消力池，如图 3－20 所示。类似这样的消力池，t 与 h_2 的关系满足下式即可：

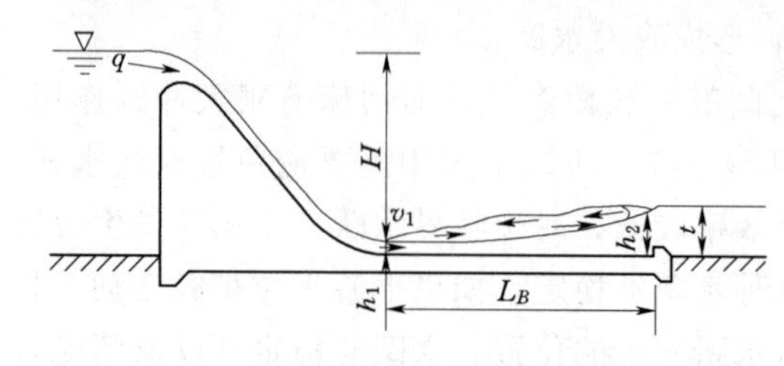

图 3－20　溢流重力坝下平底消力池消能示意图

$$t=(0.95 \sim 1.05)h_2 \tag{3-27}$$

坝下消力池的长度 L_B 考虑尾坎作用，可较自由水跃长度短些。我国有关规范建议，当 $Fr_1>4.5$，$v_1 \geqslant 16\text{m/s}$ 时，消力池内不设辅助消能工的护坦长度可取为

$$L_B=(3.2 \sim 4.3)h_2 \tag{3-28}$$

当 $Fr_1>4.5$，$v_1<16\text{m/s}$ 时，池内可设辅助消能工，则

$$L_B=(2.3 \sim 2.8)h_2 \tag{3-29}$$

研究成果表明，$v_1 \geqslant 16\text{m/s}$，在水跃区高速底流部位设置消力墩之类的辅助消能工，甚易导致护坦和消能工本身的严重空蚀破坏。

现在讨论 t 与 h_2 关系不利的情况下平底消力池的设置。当 $t<h_2$ 时，首选的方案是降低池底高程，如图 3－21（a）所示，但要增加开挖工程量。如开挖过深，会对坝的稳定不利。为此可考虑在护坦末端设高坎（或称消力墙），如图 3－21（b）所示。

但水流过坎后有跌落，又加大流速，可能要加设二级消力池，如图 3-21（c）所示。如 $t>h_2$ 过多，会产生淹没度过大的水跃，甚至产生潜流而无水跃，需抬高池底；抬高过多则增加混凝土工程量，这时宜改用斜坡消力池方案。

斜坡消力池的护坦面是由平底和其前端斜坡组成的折面，如图 3-22 所示，斜坡面与水平面夹角为 φ。这种消力池的水跃发生位置可适应不同的下游水深条件而在斜坡上调整，相应使所需共轭水深即为下游所实有值。以图 3-22（b）、（c）为例，在图（b）情况下，流量小时跃首可在斜坡底部，流量大时跃首可在斜坡顶部；在图（c）情况下反之。两者都能做到水跃既不远驱，也不高度淹没。工程实用斜坡 $i=\tan\varphi\leqslant 1/4$。

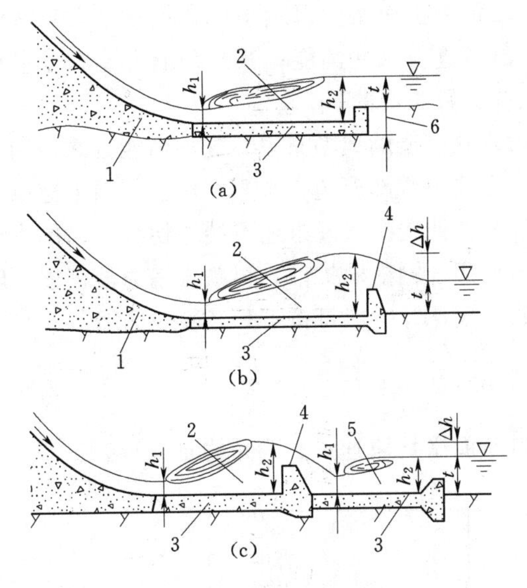

图 3-21　平底水跃消力池形式示意图
1—坝趾；2—一级消力池；3—护坦；4—高坎；5—二级消力池；6—消力池开挖深度

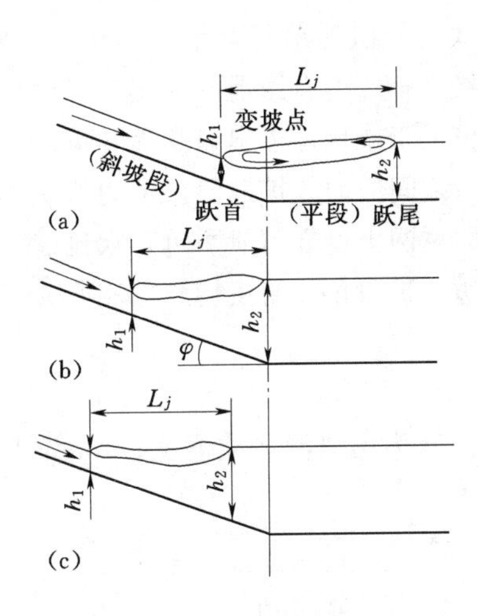

图 3-22　斜坡池三种水跃位置示意图

斜坡消力池上水跃按其跃首、跃尾和变坡点相对位置，可分三种情况：①跃首、跃尾分别位于斜坡和平段，如图 3-22（a）所示；②跃尾位于变坡点断面，如图 3-22（b）所示；③跃首、跃尾全位于斜坡，如图 3-22（c）所示。三种情况的第一共轭水深都为垂直于斜坡面的 h_1，跃首的铅直向深度为 $h_1/\cos\varphi$；第二共轭水深一般都取铅直向深度［图 3-22（a）、（b）中 $h_2=t$，图 3-22（c）中 $h_2<t$］。顺便指出，斜坡消力池上水跃也可能首尾全在平段，但那是平底自由水跃了。

对于图 3-22（b）、（c）两种情况，金德斯佛特（C. E. Kindsvater）引用动量方程，参照自由水跃的假定和推导方式，只是计入斜坡水重分量，得到下列共轭水深公式：

$$h_2=\frac{h_1}{2\cos\varphi}=\sqrt{1+8Fr_1^2\left(\frac{\cos^3\varphi}{1-2c_s\tan\varphi}\right)}-1 \tag{3-30}$$

式中：c_s 为考虑斜坡上水重分量时引入的形状系数，主要取决于 $\tan\varphi$，可由图 3-23 查取。

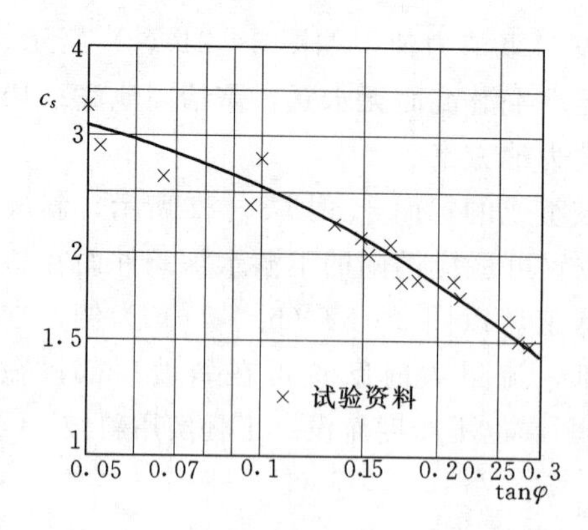

图 3-23　形状系数 c_s 与 $\tan\varphi$ 的关系

对于图 3-22（a）情况，尚无成熟公式，却有不少试验成果，但考虑这种情况常为水工消能设计的非控制情况，本书从略。

（三）平台扩散水跃消能与扩散式消力池

各种河岸泄水建筑物末端单宽流量十分集中，如底流消力池的宽度按其上游泄槽或隧洞底宽顺延成等宽矩形消力池，池长将很大。为此水工设计中有两种降低单宽流量的扩散措施可供选用：其一是在消力池前扩散，水流经一段距离扩散后，以较小单宽流量进入等宽消力池再进行水跃消能；其二是消力池本身呈梯形扩散式，使出池单宽流量减到较小。也有二者兼用的。

图 3-24 为有压泄水洞出口平台扩散水跃消能的典型布置。这种消能方式适用于下游水位低于或接近于出口高程的情况。其主要组成部分包括水平扩散段、消力池以及介于两者之间的曲线扩散段。消力池底较深时，曲线扩散段末还可接一切线方向的直线陡坡段。隧洞出口开门泄洪时，水流借平台作用加剧横向扩散，再跌入消力池消能。隧洞出口边墙扩散角 β 的正切与出流弗劳德数成反比，一般可按下列经验式选用：

$$\tan\beta = 0.4\frac{\sqrt{gD}}{v_D} \tag{3-31}$$

式中：D 为出口洞径或洞宽；v_D 为出口断面平均流速；g 为重力加速度。

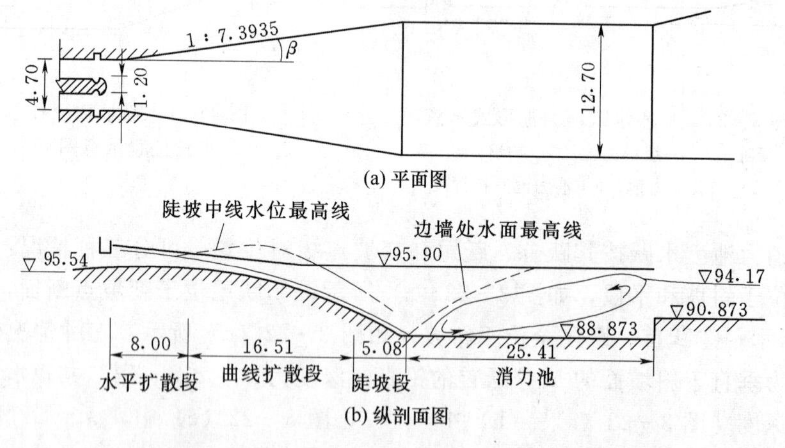

图 3-24　某工程有压泄水洞出口平台扩散水跃消能布置图（单位：m）

可以看出，由于 v_D 较大，故 β 计算值很小，扩散段需相当长，一般要在曲线下降段继续扩散。为避免负压，曲线扩散段下降曲线可采用下列抛物线：

$$y = \frac{1}{2}g\left(\frac{x}{v_x}\right)^2 \tag{3-32}$$

式中：x、y 为以曲线扩散段起点槽底为原点的水平及铅直坐标；v_x 为 x 处流速；g 为重力加速度。

无压泄水洞出口采用平台扩散水跃消能的布置也可与图 3-24 类似。

消力池本身在平面上如呈梯形扩散式，则池中将发生空间三元水跃。但水工中实用的扩散式消力池如图 3-25（a）所示，直立边墙的平面扩散角 α 不会很大，为防入池急流与边墙脱离而产生立轴回流，一般仍按来流弗劳德数取：

$$\tan\alpha \leqslant \frac{\sqrt{gh_1}}{K_d v_1} \tag{3-33}$$

式中：$K_d=1.5\sim3.0$（来流底坡陡者取大值）。在这种小扩散角的情况下，水跃共轭水深的关系仍可近似仿照二元水跃所据的动量方程推求，只是要计入边墙反力的纵向分量。这样做的近似性主要表现在：将辐射向流动看成统一纵向流动；将弧形过水断面看成平面。因 α 确实不大（如 $\alpha\approx5°$），这样简化还是能满足水工设计需要的。

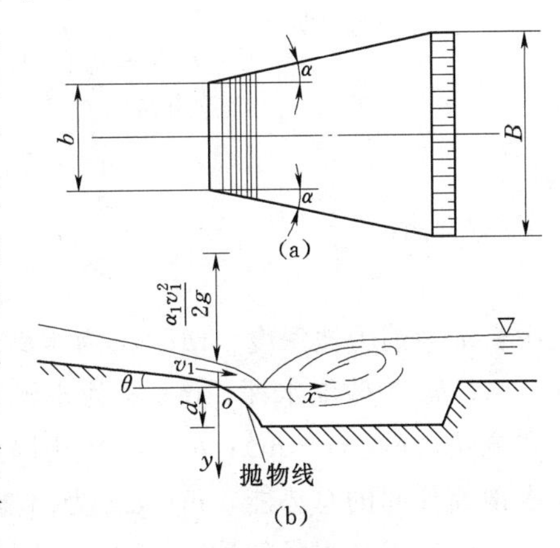

图 3-25　扩散消力池

对于从跃前底宽 b 扩散到跃后底宽 B 的扩散消力池，应用沿纵向（视为流向）的动量方程，在跃首、跃尾和边墙水压力竖向按静水压力分布，且边墙水面线从跃首水深 h_1 到跃尾水深 h_2 也按直线变化的前提下，可得共轭水深方程：

$$4Fr_1^2\left(1-\frac{b}{B}\frac{h_1}{h_2}\right)=\left(\frac{B}{b}+1\right)\left(\frac{h_2^2}{h_1^2}-1\right) \tag{3-34}$$

式（3-34）所确定的共轭水深 h_2 将小于同样来流弗劳德数 Fr_1 情况下具有底宽 b 的矩形消力池中的 h_2。

扩散消力池中水跃长度估计公式为

当 $3<Fr_1^2<6$ 时　　$L_j=(1+0.6Fr_1^2)h_2$　　(3-35)

当 $6\leqslant Fr_1^2<17$ 时　　$L_j=4.6h_2$　　(3-36)

如果消力池底与泄槽末端存在跌差 d，池底与槽底应连以抛物线，如图 3-26（b）所示取坐标，则抛物线方程为

$$x=0.45v_1\cos\theta\sqrt{y} \tag{3-37}$$

式中：v_1 为抛物线起点流速；θ 为槽底纵坡角。

应注意，此时收缩断面单位能量应改用下式计算：

$$E_1=h_1+\frac{\alpha_1 v_1^2}{2g}+d \tag{3-38}$$

其中流速分布不均匀系数 $\alpha_1=1.0\sim1.1$。

（四）土基上闸坝的消能防冲

土基上的低水头闸坝，通常过闸的水流绝对动能并不算高，但由于弗劳德数低，水跃消能率低，且下游河床抗冲能力又很低，做好消能防冲设计也就显得十分重要。典型的闸下消能防冲设施常延伸很长，包括消力池、海漫及防冲槽等。

1. 闸下消力池

闸下消力池一般由连接闸室底板的斜坡段和带尾坎的水平护坦组成，如图 3-26 所示，斜坡段的坡度常用 1∶4～1∶5。池底（护坦面）高程，以不利泄流工况下产生 $s=0.05\sim0.10$ 的小淹没度二元水跃设计，以图 3-26（a）所示向下挖的消力池为例，其消力池池深可根据下列各式联合求解：

$$d=\sigma_0 h_c''-h_s'-\Delta Z \tag{3-39}$$

$$h_c''=\frac{h_c}{2}\left(\sqrt{1+\frac{8\alpha q^2}{g h_c^3}}-1\right)\left(\frac{b_1}{b_2}\right)^{0.25} \tag{3-40}$$

$$h_c^3-T_0 h_c^2+\frac{\alpha q^2}{2g\varphi^2}=0 \tag{3-41}$$

$$\Delta z=\frac{q^2}{2g\varphi^2 h_s'^2}-\frac{\alpha q^2}{2g h_c''^2} \tag{3-42}$$

式中：d 为消力池深度，m；σ_0 为水跃淹没系数，可采用 1.05～1.10；h_c''为跃后水深，m；h_c 为收缩水深，m；α 为水流动能校正系数，可采用 1.0～1.05；q 为过闸单宽流量，$m^3/(s\cdot m)$；b_1、b_2 分别为消力池首端、末端宽度，m；T_0 为由消力池底板顶面算起的总势能，m；Δz 为出池落差，m；h_s'为出池河床水深，m。

由于护坦高程降低后，T_0 也有所增大，因此各参数之间存在复杂的隐函数关系，通常需要采用试算法或图解法进行求解。

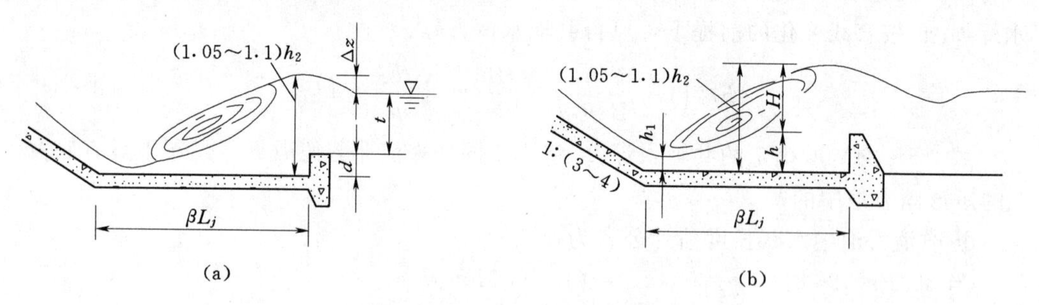

图 3-26　闸下消力池计算图

(a) 向下挖的消力池；(b) 有消力坎的消力池

当地基开挖困难，或冬季要求防冰冻而便于放空池内积水时，也可用消力墙抬高水位成池，如图 3-26（b）所示，存在下列关系：

$$(1.05\sim1.10)h_2=H+h \tag{3-43}$$

式中：h 为消力墙高度；H 为墙顶溢流水头。

H 取决于

$$q=m\sqrt{2g}\left(H+\frac{q^2}{2g h_2^2}\right)^{3/2} \tag{3-44}$$

式中：q 为单宽流量；m 为流量系数，$m\approx0.42$。

当消力池计算所需挖深太大，或墙身太高、墙后又需进一步消能时，也可采用浅开挖与低消力墙相结合的消力池。无论采用何种消力池，护坦长均可按跃长 L_j 的 0.7～0.8 考虑。引用跃长公式（3-26），消力池长度 L_{sj} 为

$$L_{sj}=L_S+(0.7\sim0.8)L_j \tag{3-45}$$

式中：L_S 为消力池斜坡段水平投影长度；L_j 为水跃长度。

当消力池的入流弗劳德数 $Fr_1\leqslant1.7$ 时，将发生延伸很远的波状水跃，对防冲不利。对此，水工设计中常用的措施是在消力池前端与闸室底板衔接处加设平台小坎，如图 3－27 所示，通过扩散和挑起水流，增大池内消能比重，削弱波状水跃。缺点是对泄流能力稍有影响，小坎高度一般不超过 $h_2/4$。

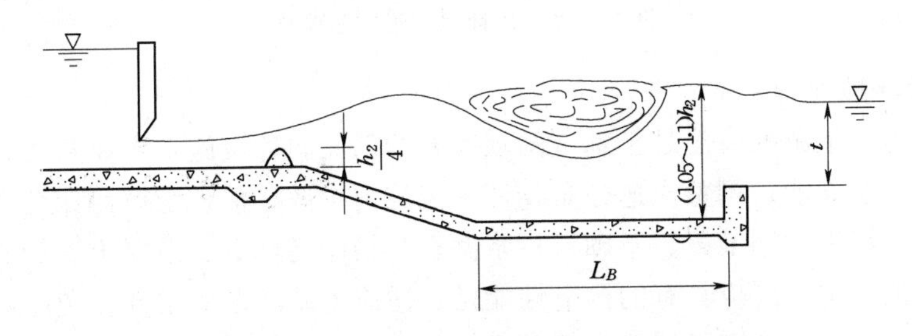

图 3－27 减弱波状水跃的消力池体形

闸下消力池由于底流流速有限，池内可设趾墩、前墩、后墩、齿坎等各种辅助消能工。

（1）设于水跃前部的消力墩（前墩）对急流的反力大，辅助消能作用高，可促使强迫水跃形成，缩短消力池长度的作用很明显。梯形或矩形断面均可，2～3 排交错排列（图 3－28），墩高应不超过 $h_2/5$。

（2）设于水跃后部的消力墩（后墩）或齿形尾坎等主要起调整和改善流态的作用，辅助消能作用小。后墩形态、排列与前墩类似（图 3－28），但墩高可达 $h_2/4\sim h_2/3$。

（3）设置于底流消力池末端的尾坎，可发挥的辅助消能作用，包括控制出塘水流的底部流速，坎后可产生小的底部横轴回流，防止在尾坎下游发生深的贴壁冲刷；调整下游的流速分布，使下游的局部冲刷有所减轻；适当降低所需的尾水深度（作用较小）。尾坎可分为连续实体坎和齿坎两大类。后一类中的雷白克（Rehbock）齿坎，常用于软基消力池，在分散水流、改进流速分布、防止贴壁冲刷等方面，作用显著。尾坎的形式较多，如图 3－29 所示。

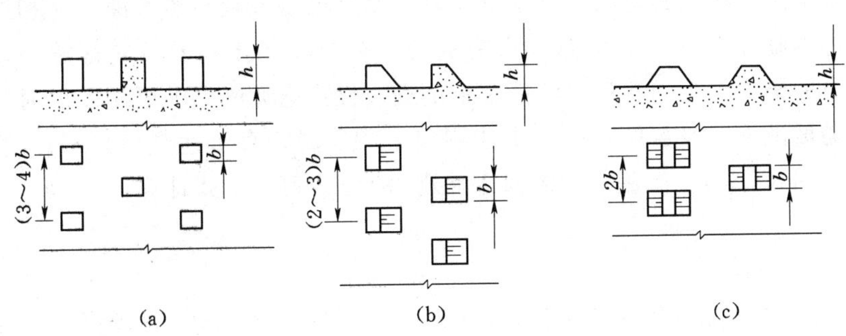

图 3－28 消力墩布置形式示意图

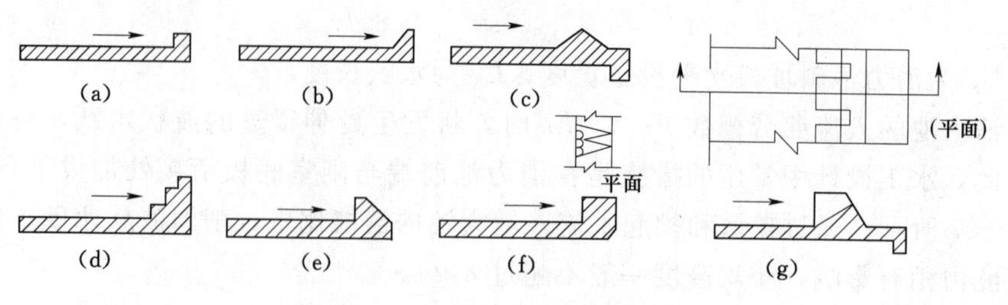

图 3-29　几种尾坎形式示意图

2. 海漫和防冲槽

设于消力池下游的海漫是土基上闸坝特有的消能防冲设施，主要功用是继续消减出池水流的剩余动能；调整流速分布，使水流均匀扩散；保护土质河床免受冲刷。根据当地条件，海漫可用堆石、干砌石、浆砌石、铅丝笼填石、混凝土、钢筋混凝土等各种材料建造，但共同应具有的构造性能是：适应土基变形的柔性；免除扬压力的强透水性；有利于对水流摩阻消能的粗糙度。图 3-30 为浆砌石、干砌石海漫连同前端消力池尾坎和末端抛石防冲槽的纵剖面的示例。紧接消力池的浆砌石水平段是由有排水孔的浆砌石层及其下的反滤层构成，抗冲流速为 3～6m/s；干砌石缓坡段由干砌石层及其下反滤层构成，宜采用小于 1∶10 的纵坡下延，抗冲流速为 2.5～4.0m/s。

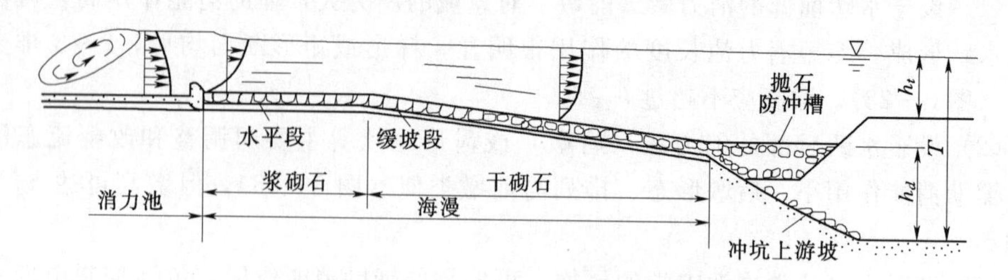

图 3-30　海漫布置及防冲槽构造

从水跃消能理论观点看，海漫处于跃后段，如功能要求限于把出池流速分布调整至明渠均匀流正常流速分布；但由于要计及河床不同土质抗冲能力的显著差异，我国工程界在水闸设计中也常用经验公式估计海漫长度，参见本书第十章。

海漫末端防冲槽应到达的深度最好是其上水深已是极限平衡水深 T，相应平均流速已是不冲的临界流速 v_k。但这样做有时会导致过大的工程量而只好放弃，放弃的根据在于防冲槽中储存的石料对河床变形的适应性。当冲刷向下更深发展时，石料将沿冲坑上游坡滚下，并盖护坡面以防冲刷向上游发展，直至达到平衡水深 T 而不再冲刷为止（图 3-30）。海漫末端的河床冲刷深度 d_m 可按下式计算：

$$d_m = 1.1\frac{q_m}{v_k} - h_m \tag{3-46}$$

式中：q_m 为海漫末端的最大单宽流量，$m^3/(s \cdot m)$；h_m 为该流量情况下海漫末端河床水深，m。

防冲槽存石量以足够满足 d_m 深度内防冲护坡即可。

二、挑流消能

(一) 挑流消能的基本理论

挑流消能是高水头泄水建筑物最常用的消能方式，它借助设于泄水流程边界末端（溢流坝趾、泄槽末、孔洞出口等）较低部位的挑流鼻坎，使已获得足够流速的急流以仰角斜射向空中，掺气扩散，而后落入与鼻坎相距较远的下游水垫，再经紊动扩散与下游水流衔接，如图 3-31 所示。既定的来流条件和河床地质条件相应需要一定的水垫深度，但此水深不一定要预先设计安排，可部分或全部由射流水舌冲刷河床岩石而形成，直至冲坑稳定平衡。只要最终冲坑深度不危及建筑物安全，即可认为挑流消能设计基本满意。这正是这种方式造价经济和应用广泛的原因所在。国内外工程实践经验已使工程界对挑流消能的认识更趋全面，人们在继续发挥这种消能方式经济优越性的同时，不但注意到了局部冲刷的严重，还注意到了峡谷陡岸坡的抗冲稳定问题和射流空间雾化问题，都应有防护措施。

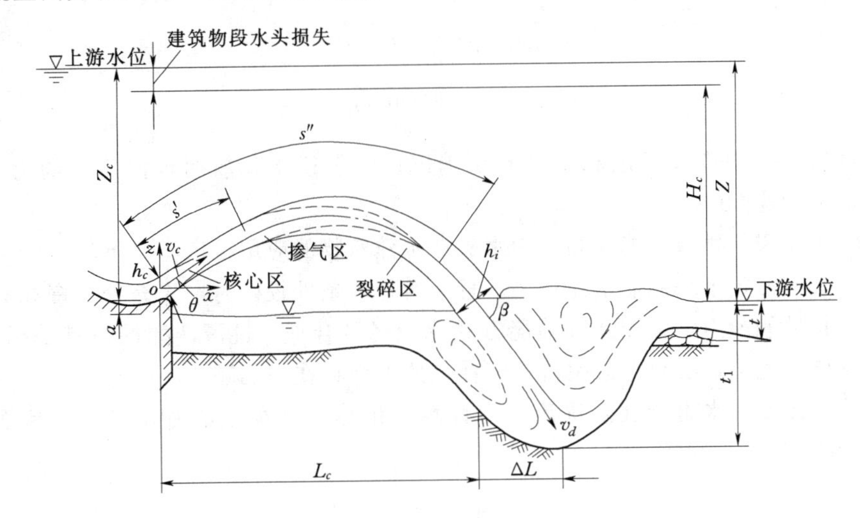

图 3-31 挑流消能示意图

滑雪道式泄洪是拱坝特有的一种泄洪方式，其溢流面由溢流坝顶和与之相连接的泄槽组成，而泄槽为坝体轮廓以外的结构部分。水流过坝以后，流经泄槽，由槽尾端的挑流鼻坎挑出，使水流在空中扩散，下落到距坝较远的地点。挑流坎一般都比堰顶低很多，落差较大，因而挑距较远，是其优点，但滑雪道各部分的形状、尺寸必须适应水流条件，否则容易产生空蚀破坏，所以滑雪道溢流面的曲线形状、反弧半径和鼻坎尺寸等都需经过试验研究来确定。滑雪道的底板可设置于水电站厂房的顶部或专门的支承结构上，前者的溢流段和水电站厂房等主要建筑物集中布置，对于泄洪量大而河谷狭窄的枢纽是比较有利的。滑雪道也可设在岸边，一般多采用两岸对称布置，也有只布置在一岸的。滑雪道式适用于泄洪量大、较薄的拱坝。我国泉水双曲薄拱坝采用岸坡滑雪道，左右岸对称布置，平面对冲消能，如图 3-32 所示。左右岸各设两孔，每孔宽 9m、高 6.5m，鼻坎挑流，泄洪量约 1500m^3/s，落水点距坝脚约 110m。

挑流消能的全流程分三段：泄水建筑物边壁的摩阻消能，射流水股空中扩散掺气

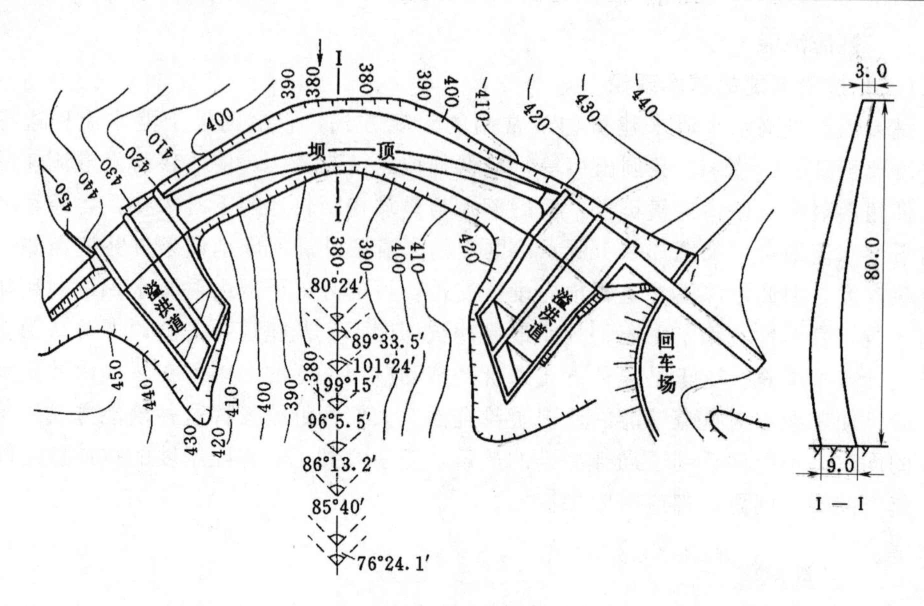

图 3－32　泉水薄拱坝（单位：m）

消能，冲坑水垫中淹没扩散和紊动剪切消能。一般说来，前两者消能率约为 20%，后者消能率约为 50%。

近几十年来，挑流消能在高、中水头泄水建筑物的应用很广泛。挑流消能工结构简单，对具有一定水头的泄水建筑物，且下游地质条件较好时，为充分发挥和利用下游河道的抗冲刷能力，采用此种消能方式比较经济合理。挑流消能的缺点是雾化大，因此在整体布置上，必须考虑挑流消能在这些方面存在的问题。

鼻坎出流断面水力特性是挑流水力计算的依据，单宽流量为 q 时，该断面水深 h_c 和平均流速 v_c 可简单写为

$$h_c=\frac{q}{v_c} \tag{3-47}$$

$$v_c=\varphi\sqrt{2gZ_c} \tag{3-48}$$

式中：Z_c 为上游水位至鼻坎的高差。

算得的 v_c 准确与否取决于流速系数 φ 取值是否得当。本书前文曾推荐过简单的斯克列别考夫公式［式（3－22)］，这里再介绍一个考虑因素较多的夏毓常公式：

$$\varphi=\sqrt{1-0.21\left(\frac{g^{1/4}l^{3/8}Z_c^{1/4}k_s^{1/8}}{\sqrt{q}}\right)} \tag{3-49}$$

式中：l 为自上游算起的建筑物泄水边界流程长度；Z_c 为上游水位至鼻坎的高差；k_s 为水流边界绝对粗糙度，如混凝土坝面 $k_s=0.00061$m；q 为鼻坎断面单宽流量；g 为重力加速度。

φ 值不但影响挑射出流初速度大小，而且可反映建筑物泄流边界全程摩阻导致的水头损失，即消减的能头 Δe_1：

$$\Delta e_1=\left(\frac{1}{\varphi^2}-1\right)\frac{v_c^2}{2g} \tag{3-50}$$

挑流消能水力计算的主要任务有：根据水力条件，针对所选的挑坎体形，计算水舌的挑距、估算冲刷深度。

1. 水舌挑距

等宽连续挑坎水舌挑距计算的主要目的是确定冲刷坑最深点的位置，试验和原型观测表明，最深点大致位于水舌外缘在水中的延长线上，如图 3－33 所示。水舌外缘的总挑距 L 分为空中和水中两段，总挑距 L 等于挑坎至下游水面的挑距 L_1 与下游水面至冲坑最深点的挑距 L_2 之和。

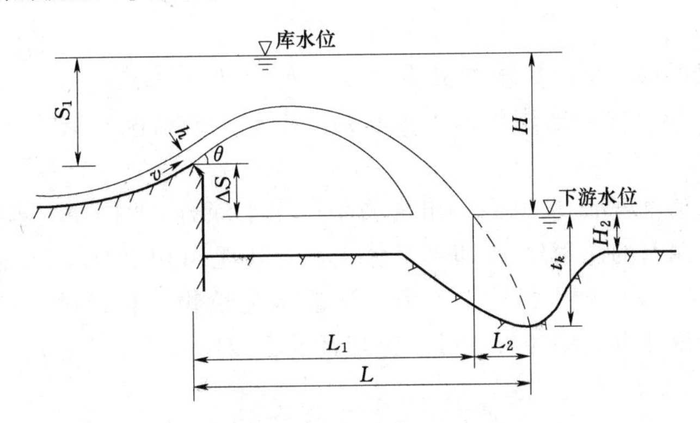

图 3－33　等宽连续挑坎水舌外缘挑距计算模型示意图

如图 3－33 所示，挑坎至下游水面的挑距 L_1 可按下式计算：

$$L_1=\frac{v^2\sin\theta\cos\theta+v\cos\theta\sqrt{v^2\sin^2\theta+2g(\Delta S+h\cos\theta)}}{g} \tag{3-51}$$

式中：h、v 为挑坎出口断面的水深和流速，v 可由式 $v=\varphi\sqrt{2gS_1}$ 近似计算；θ 为水舌出射角；ΔS 为挑坎顶点与下游水面的高差；g 为重力加速度；S_1 为上游水位至挑坎顶点的高差；φ 为流速系数，可按经验公式计算。

水面以下的水舌长度的水平投影 L_2 为

$$L_2=\frac{t_k}{\tan\beta} \tag{3-52}$$

式中：t_k 为从下游水位起算的冲刷坑深度；β 为水舌外缘与下游水面的夹角，可由下式计算：

$$\tan\beta=\sqrt{\tan^2\theta_s+\frac{2g(\Delta S+h\cos\theta_s)}{v^2\cos^2\theta_s}} \tag{3-53}$$

计算挑距与原型实测水舌挑距之间往往存在一定差异，其原因除了挑流水舌的表面和底面挑射仰角不同外，最重要的复杂因素是挑流水舌在空气中的掺气扩散作用，水舌挑离挑坎时已经掺气，抛射到空气中后又进行掺气扩散，情况极为复杂。

2. 冲坑深度估计

挑射水流作用下岩石河床一般都要受强烈的局部冲刷而形成明显冲坑，直至坑内有足够的消能水深和水体积为止。大量原型观测和试验研究资料的积累，使人们对挑流冲刷机理的认识趋于一致：基岩总是由各向缝隙节理切割成块，岩块在上下不平衡动水压力（包括脉动压力）作用下丧失稳定而被掀离河床。

岩石河床挑流冲刷问题涉及水流冲刷能力和岩石抗冲能力两个方面的因素，由理论分析求取冲刷坑尺寸十分困难。现有的众多估计公式都是半推理、半经验乃至纯经验的结果。

我国现行规范建议的冲坑深度算法认为，冲坑水垫内单位水体积消能率与射流入水流速成正比，而二维水垫的体积与水深 H 的平方成正比。如图 3－33 所示，最大冲坑水垫厚度 t_k 按下式估算：

$$t_k = kq^{0.5}H^{0.25} \tag{3-54}$$

式中：t_k 为水垫厚度，m，自水面算至坑底；k 为冲刷系数，与基岩的地质条件有关，可参考表 3－3（该表适用于水舌入水角 30°～70°的情况）取值；q 为单宽流量，$m^3/(s \cdot m)$。

冲坑最大水垫厚度 t_k 求出后，扣减去原河床水深 t，即得冲坑本身最大深度 t_s，挑流算至冲坑最深点的总射距 L 即可具体求出，于是可用 L/t_s，作为评价挑流消能设计的条件之一，L/t_s 越大越安全。为保证泄水建筑物（包括挑流鼻坎）不受冲坑影响，挑流消能设计方案的冲坑最低点距坝趾的距离应大于 2.5 倍坑深，即

$$\frac{L}{t_s} = \frac{L}{T-t} > 2.5 \tag{3-55}$$

表 3－3　　基岩冲刷系数 k 值

可冲性类别		难　冲	可　冲	较易冲	易　冲
节理裂隙	间距/cm	＞150	50～150	20～50	＜20
岩基构造特征	发育程度	不发育，节理（裂隙）1～2 组，规则	较发育，节理（裂隙）1～3 组，呈 X 形，较规则	发育，节理（裂隙）3 组以上，不规则呈 X 形或“米”字形	很发育，节理（裂隙）3 组以上，杂乱，岩体被切割呈碎石状
	完整程度	巨块状	大块状	块石、碎石状	碎石状
	结构类型	整体结构	砌体结构	镶嵌结构	碎裂结构
	裂隙性质	多为原生型或构造型，多密闭，延展不长	以构造型为主，多密闭，部分微张，少有充填，胶结好	以构造或风化型为主，大部分微张，部分张开，部分为黏性土充填，胶结较差	以风化型或构造型为主，裂隙微张或张开，部分为黏土充填，胶结很差
k	范围	0.6～0.9	0.9～1.2	1.2～1.6	1.6～2.0
	平均	0.8	1.1	1.4	1.8

注　适用范围为水舌入水角 $30° < \beta < 70°$。

（二）挑流鼻坎

1. 挑流鼻坎的类型

挑流消能工包括导流墙、隔墙、折流墙、分流墩、挑流鼻坎（简称挑坎）等。挑流鼻坎是挑流消能的主要消能工，广泛用于高、中水头的各种泄水建筑物中，包括溢流坝、溢洪道、泄洪孔洞、溢流厂房顶等。

挑流鼻坎按设置高程分，有设于坝顶附近的高鼻坎、坝身中部的中鼻坎、接近尾水位的低鼻坎以及尾水位下的淹没鼻坎。按体形与布置分，有顺来流方向挑射的正鼻坎，斜交于流向的斜鼻坎，设于弯道末端而有外侧超高的扭曲鼻坎；有带扩张边墙的扩散鼻坎，带收敛边墙的收缩鼻坎，出口收缩得很窄的窄缝鼻坎；有剖面形态均一的连续鼻坎，齿槽相间的差动鼻坎，中间隆起的分流鼻坎。对于多孔泄水建筑物或全枢纽相邻多种泄水建筑物，按其挑流消能的空间分布，还有分别设置于不同高程的高低鼻坎，平面上左右对称布置促使射流空中相撞的对冲鼻坎，以较大高程差分层布置的射流上下相冲式多层鼻坎等。挑坎的平面型式可采用等宽式、扩散式和收缩式。

挑坎类型的选择，应视工程情况而定，一般情况下可用连续式挑坎，但为了减少冲深，改善冲刷状况，亦可用差动式挑坎。为了避免复杂的流态引起空蚀破坏和使挑流水舌的入水位置远离挑坎末端，一般把挑坎设置在下游最高尾水位高程之上，称为自由式挑坎。

这里主要介绍连续式鼻坎、差动式鼻坎、扩散式鼻坎和窄缝式鼻坎等。

2. 连续式鼻坎

高速水流条件下广泛实用的连续式鼻坎如图 3-34 所示，其体形为半径 R 的反圆弧，反弧的末端即为仰角是 θ 的挑坎，因此其基本体形参数只有反弧半径 R 和出射角 θ。有时在反弧底和挑坎之间设置一段水平段或较坦的反坡段，则挑坎的仰角 θ 和高度 a 可以和反弧半径 R 分开来进行选择。

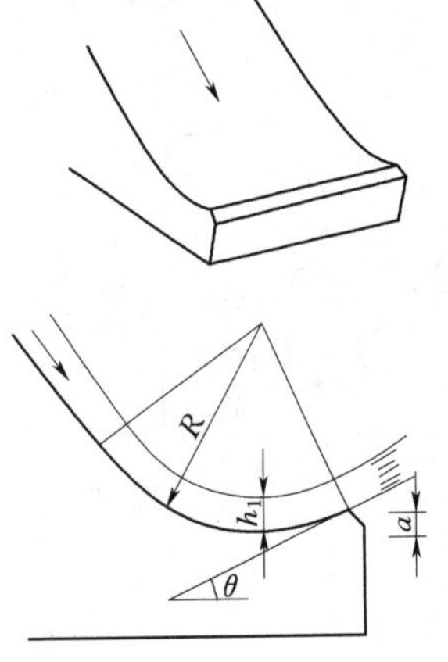

图 3-34　连续式鼻坎

挑坎挑角 θ 的大小，应通过比较选定。按前文已指出的水力设计原则，应以射距 L 与冲坑深 t_s 的比值 L/t_s 越大越好，经验显示，符合此原则的 $\theta=15°\sim35°$。

挑坎的反弧段如为单圆弧，挑坎的反弧半径应结合泄槽的底坡、反弧段的流速和单宽流量、挑坎挑角等综合考虑。半径 R 常按反弧底急流收缩水深 h 的倍数选用，通常可采用 $R=(4\sim10)h_1$，相应坎高（出射坎顶与反弧底之高差）$a=R(1-\cos\theta)$，这里 h_1 指坎上水深，采用校核洪水位闸门全开时反弧段最低处的水深，流速越大，R/h_1 也宜选用较大的值。

挑流鼻坎参数 R、θ、a 的选择，有时还要考虑与坎高 a 有关的起挑流量 Q_i（或终挑流量 Q_s）是否合适。坎高 a 越大，射流水股能自由挑离鼻坎的起挑流量 Q_i 也越大，即开始泄流过程中不能自由挑射而溢流过坎顶（即跌落）的流量幅度加大。这对于水电站厂房设于鼻坎下方（如乌江渡水电站的“挑越式厂房”）情况的坎高 a 取值应重点注意。

挑越式厂房前溢流坝鼻坎的起挑流量 Q_i 一般可这样估算：设鼻坎高为 a、宽为 B，反弧底急流水深为 h_1，假定某一流量 Q_i，相应有弗劳德数 Fr_i 并据以求出 h_1 的共轭水深 h_2；又设此 Q_i 过坎即跌落，则据 B 可知坎顶溢流水头 h。于是比较 h_2 和 $(h+a)$，当 $h_2>(h+a)$ 时，鼻坎已能挑射自由；当 $h_2\leqslant(h+a)$ 时，水流溢过坎顶跌落。对于前一种情况，可重新假定一稍小的 Q_i；对于后一种情况，可重新假定一稍大的 Q_i，直至试得所求 Q_i 值。

应指出的是，起挑流量 Q_i 或终挑流量 Q_s 按上法试算必为同一值，而实际运行时，这种小流量只能由闸门局部启闭来控制，闸门从全关逐步开启过程中出现的起挑单宽流量 q_i（相应总流量 Q_i），以及闸门从全开逐步关闭过程中出现的终挑单宽流量 q_s（相应总流量 Q_s）两者并不相等，常有 $q_i>q_s$（相应 $Q_i>Q_s$）。这一差异根源于惯性影响。

3. *差动式鼻坎*

差动式鼻坎是由两种挑射角的一系列高坎（齿）、低坎（槽）间隔布置构成，如图 3-35 所示，也称齿槽式鼻坎。射流离开这种鼻坎时上、下分散，加大各股水舌与空气接触面积，增强紊动、掺气和扩散，提高消能效果，减小冲刷深度。差动式鼻坎的缺点是高速水流作用下较易发生空蚀，特别是矩形差动式的齿坎侧面易蚀。梯形差动式就是改进抗蚀性能的另一型式。新安江水电站溢流厂房顶用了矩形差动式鼻坎；猫跳河修文水电站滑雪道溢流厂房顶用了梯形差动式鼻坎；柘溪水电站溢流大头坝先用的是矩形差动式，后因空蚀问题而改用梯形差动式鼻坎。三者的运行情况都良好。

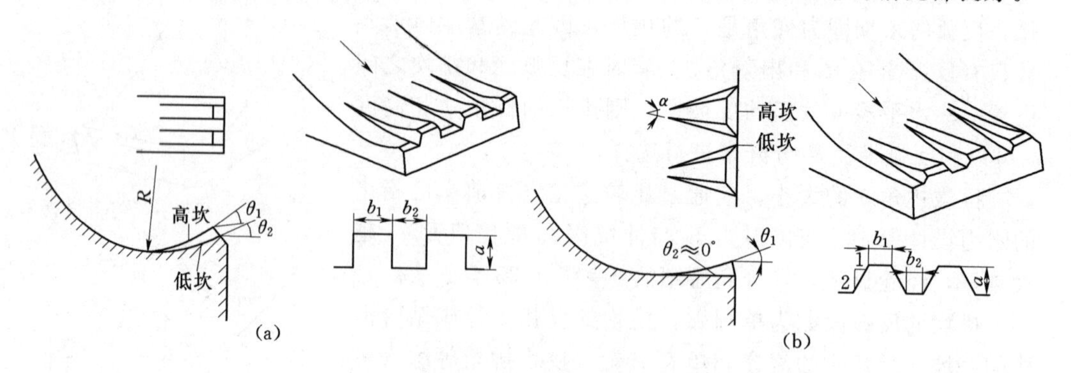

图 3-35　差动式鼻坎

(a) 矩形差动式；(b) 梯形差动式

矩形差动式鼻坎的齿、槽分别为宽 b_1、b_2 和高差 a 的矩形，a 是由反弧底下游有两列不同曲率的弧面渐变至末端形成的最大高差。反弧底上游为半径 R 的单一圆弧面，R 的取值原则与连续式鼻坎相同。高坎的挑射角 $\theta_1=25°\sim35°$，低坎的挑射角 $\theta_2<\theta_1$，且 $\theta_1-\theta_2\leqslant10°$，以减免空蚀。高、低坎高差 $a\approx(0.75\sim1.0)h_1$，坎宽 $b_1\approx h_1$，并应有 $b_1/b_2\approx1.5$。高坎侧壁宜设通气孔防蚀。如来流空化数 $\sigma<0.2$，则宜放弃采用矩形差动式鼻坎，改用连续式或梯形差动式鼻坎。

梯形差动式鼻坎的高坎侧面为斜坡而构成梯形［图 3-35 (b)］，可提高抗空蚀性能。高坎挑射角 $\theta_1\approx25°$，低坎挑射角 $\theta_2\approx0°$。高、低坎的高差 $a=h_1$（a 也是渐变至末端的最大高差），高、低坎的宽度也是渐变的，高坎上游窄、下游宽，低坎（即槽底面）反之，如此有利于提高高坎侧面压力，改善抗蚀性能。高坎下游端宽度 $b_1=(2.5\sim2.7)h_1$，低坎下游端宽度 b_2 较小，也宜有 $b_1/b_2\approx1.5$。以上所用到的参数 h_1 均指反弧底水深。这样布置后，高坎水平面上投影的扩张角约为 25°。

4. 扩散式鼻坎

当泄水建筑物出口较窄，而下游河床却相当宽阔时，可考虑采用扩散式鼻坎，使出坎单宽流量减小，射流水股在空中更充分扩散掺气，更多地消能，并减轻局部冲刷。对于岸边溢洪道或泄洪隧洞的出口，平面扩散的同时，结合斜鼻坎或扭曲鼻坎，可以使射流转向扩散，落入水垫较深的河床中部。例如，三门峡水库左岸两条泄洪洞出口外边墙一侧扩散和斜鼻坎布置。该两洞出口以 8m×8m 弧形工作门控制，外边墙扩散转向 45°，至鼻坎端，宽度已超过洞口宽的 3.5 倍，坎顶内外侧有 3m 高差，见图 3－36。

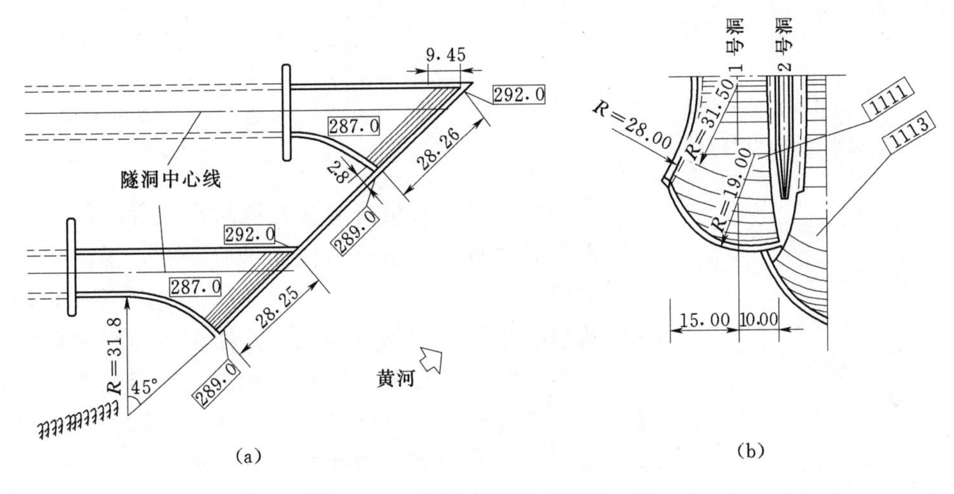

图 3－36　扩散式鼻坎（单位：m）

(a) 扭曲扩散式鼻坎；(b) 圆弧扩散式鼻坎

5. 窄缝式挑坎

窄缝式挑坎适用于狭窄的河谷，在泄水建筑物中被广泛采用。1954 年，葡萄牙高 134m 的卡勃利尔（Cabril）拱坝的泄洪洞首次采用这种收缩式鼻坎；20 世纪 60—70 年代，伊朗、西班牙、法国等国家的很多高水头溢洪道相继采用；80 年代，我国在东江、东风、龙羊峡等高拱坝枢纽也成功地采用了这种消能工。典型的实例如图 3－37 所示，是西班牙高 202m 的阿尔门德拉（Almendra）拱坝左岸溢洪道所用的窄缝式挑坎布置。该挑坎上作用水头 119m，2 条泄槽在长约 150m 范围内底宽先由 15m 沿程收缩至 5m，最后 10 余米内又急剧收缩至宽仅 2.5m 为坎顶，且偏转 20°和 29°30′。挑坎边墙呈曲线形，出口断面呈 V 形，出口单宽流量达 $600m^3/(s \cdot m)$，流速超过 40m/s。该工程建成运行后，1976 年曾进行原型观测，并与室内模型试验对比，结果两者吻合，消能效果很好。

窄缝式挑坎射流消能机理（图 3－38）说明如下：急流通过收缩边壁时，形成冲击波，沿水深方向各质点的速度具有不同的倾角，越近自由表面倾角越大。水流出收缩段时，各质点沿不同方向在竖向立面中运动，导致射流在竖向立面中扩展，进而纵向扩散下落。显然，这种扩散是基于改变各质点的纵向速度分量，并由于流速的纵向分量远大于其横向分量，且纵向可利用的空间一般也远大于横向，故纵向扩散常比横向扩散充分。

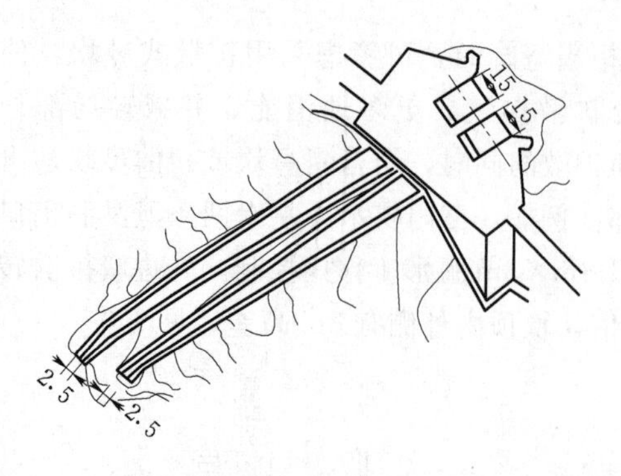

图 3-37 阿尔门德拉拱坝左岸溢洪道平面图（单位：m）

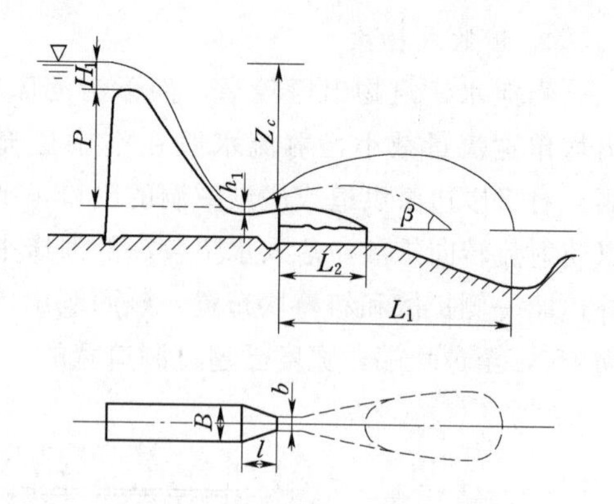

图 3-38 窄缝式挑坎水流示意图

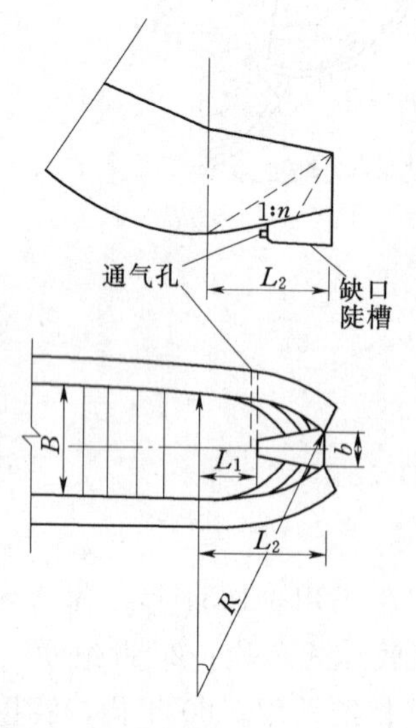

图 3-39 对称曲面贴角

我国水工设计人员将窄缝式挑坎用于龙羊峡拱坝溢洪道消能时，对体形进行了模型试验研究，采用了一种对称曲面贴角窄缝坎，如图 3-39 所示。这种鼻坎由两个相同曲面贴角斜鼻坎对拼而成，并加设缺口突跌陡槽及通气孔等掺气减蚀设备，使水流越出边墙后在空中交汇相撞，下缘水股受缺口陡槽导向也能对冲散开，大小流量都能形成良好流态，曲面贴角兼起加强边墙作用。与平底直墙的窄缝坎比较，这种坎的射流纵向拉开长度净增 40%，冲刷深度亦减小约 40%，且边墙高度减少近 2/3，当然这都是试验结果。

（三）挑流冲刷与雾化问题

前文已指出，挑流消能的设计原则包括其局部冲刷不危及建筑物安全，而下游河床不需要专门的防冲设施正是挑流设计方案常被选用的重要原因。但应注意，有时由于工程的地形地质条件不如预期的好，水垫能提供保护的深度和范围没有预期的大，往往在下游河床加做一些防冲设施。高水头泄水建筑物采用挑流消能方式时，防冲措施主要包括护岸、护坦、壅高尾水的二道坝工程等，它们主要是混凝土工程。也可考虑采用喷锚技术或预应力锚索技术加强河床岩石的抗冲能力或使断层破碎带得到层间联结和加固。

高水头挑流消能除较严重的局部冲刷问题外，还有雾化问题。它是指高速挑射水流在空中扩散掺气和下落过程中下游局部出现高强度降雨区和大范围雾气区的一种现象。

挑流泄洪雾化带来的危害或不利影响有以下几个方面。

（1）威胁电厂正常运行。雾化降雨区形成暴雨径流，如厂房排水不畅，将造成厂房积水。

（2）影响机电设备正常运行。雾化降雨可引起变压器跳闸，迫使机组停机。寒冷季节输电线路会出现结冰，迫使线路断电。

（3）冲蚀地表，破坏植被，影响岸坡稳定。

（4）影响两岸交通和正常工作。

（5）射流溶解超量氮气入水，下游超氮现象危及鱼类生存。

上述五方面的危害程度取决于建筑物布置、下游地形、泄洪水力参数、消能方式、库区水文气象条件及运行情况等因素。设计合理的水电站也完全可能基本上不受雾化危害。

挑射水流的雾化源有三个：水股空中掺气扩散；水股空中相撞；水股入水后引起的水体喷溅。后者被认为是主要雾化源。

为了有区别地防护雾化危害，刘宣烈等建议按雾化浓度和降雨强度分区：①水舌裂散及激溅区；②浓雾暴雨区；③薄雾区；④淡雾水汽飘散区。其中①、②区不宜布置任何工程设备，③区布置工程时应有防护和排水设施，交通线路也应避开①、②区，无法避开时，可修建交通隧洞或廊道。

三、跌坎和戽斗面流消能

（一）面流消能的特点与应用

面流消能是利用泄水建筑物末端的跌坎或戽斗，将下泄急流的主流挑至水面，通过主流在表面扩散及底部旋滚（底滚）和表面旋滚以消除余能的消能方式。面流消能也是坝下消能的基本方式。面流消能可分两类：跌坎面流和戽斗面流，如图 3-40 所示。

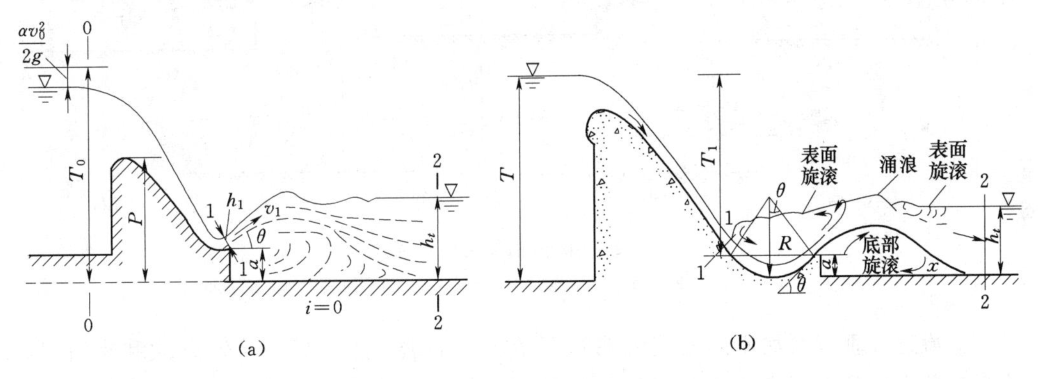

图 3-40 面流消能方式

（a）面流流态图；（b）单圆弧消力戽流态图

跌坎面流和戽斗面流消能的共同点在于：来水急流离开跌坎或戽斗后，高速水股在下游水面；底部有顺时针横轴旋滚；表面可能有 1～2 个逆时针横轴旋滚，取决于下游水深条件，也可能没有表面旋滚（下游水深不太大时，出现跌坎自由面流）；曲率显著的主流水股夹在底部、表面旋滚之间紊动扩散，尾部缓流水面的波浪较大，并延续较长距离；主流水股与旋滚间的紊动剪切面以及旋滚本身是消散动能的主要部位。两者的主要区别在于：跌坎位置较高，坎顶水平或只有小挑角，主流水股的曲率较小，横轴旋滚的强度较小，坎附近集中消能有限，下游波浪延伸较远；戽斗位置低而挑角大（常用 45°），有较大的斗内空间，出戽斗的高速水股必形成明显涌浪，水股和涌浪的曲率都较大，表面横轴旋滚（特别是戽斗内旋滚）强度较大，消能率较高，下游也有波浪问题，但相对不如跌坎面流突出。

面流消能方式适用的条件较底流、挑流消能苛刻，主要有：下游尾水较丰，且水位变幅不大；单宽流量可较大，但上下游水位差不大；下游较长距离内对波浪的限制不严；岸坡稳定性和抗冲能力较好；坝趾附近河床覆盖层清除量或其他清渣量很少。将这些条件具体化，即丰水河流上岩基中水头低弗劳德数溢流坝且下游通航要求不高者，才可考虑用面流消能。我国早期建造的七里垅、西津水电站都采用了坝下面流消能方式，但以后的运行表明，下游波浪问题较严重，当初设计估计不足。较晚建造的石泉水电站溢流坝，经过多家的试验研究和较充分的论证，最后采用了45°挑角的单圆弧大戽斗面流消能，建成后运行情况还是相当良好的。

应注意的是，跌坎面流有一个独特的优点是其他消能方式所不及的，即当它以无表面旋滚的自由面流流态运行时，有利于上游漂木过坝，也可排冰或排漂浮物。龚嘴水电站溢流坝采用面流消能的重要原因就是便于汛期大量漂木集中过坝。

（二）跌坎面流

1. 基本流态

跌坎面流消能的基本流态，有自由面流、混合流、淹没混合流、淹没面流、回复底流五种，见图3-41。

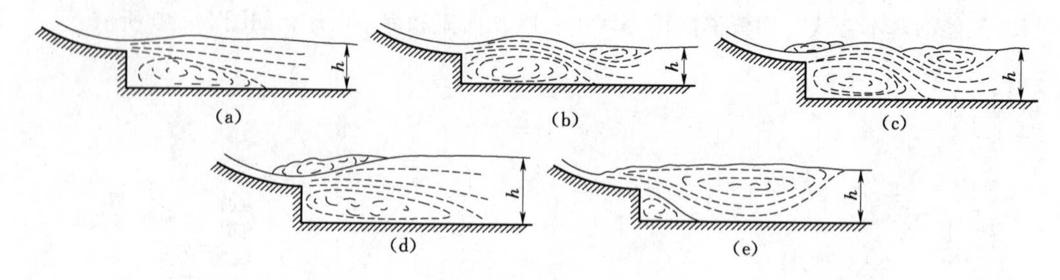

图3-41 跌坎面流消能方式的基本流态

(a) 自由面流；(b) 混合流；(c) 淹没混合流；(d) 淹没面流；(e) 回复底流

急流通过垂直跌坎所形成的流态对下游水位的涨落很敏感。给定跌坎和来流量，随着下游水位从低到高变化，可依次出现多种流态。当下游水深 h_t（指与坎高 a 同一参考水平底面以上之水深）很小时，坎顶射流受重力作用，水股弯曲向下跌落而与下游以底流衔接。当下游水深 h_t 超出坎高 a 一定值时，就可形成自由面流，如图3-41 (a) 所示，水面稍有隆起但无旋滚，只坎下有一底滚。主流水股的扩散与底滚有机结合而进行消能，其后伴随成串的波浪。当 h_t 继续增大到另一定值，就可出现混合流，如图3-41 (b) 所示，这时出坎急流的表面隆起曲率加大，局部隆起的下游表面有横轴旋滚，亦称表面后滚，主流与跌坎间底滚仍存在，但长度减短。当 h_t 再加大时，局部水面隆起的曲率继续增加，直至坎顶水面出现横轴旋滚，亦称前滚，这就成为淹没混合流，如图3-41 (c) 所示，这时主流夹在前滚、底滚、后滚之间曲折扩散，具有“三滚一浪”的特色。当 h_t 进一步加大，可导致后滚消失，主流夹在前滚与底滚间向下游扩散，这就是淹没面流，如图3-41 (d) 所示，这时前滚较大，其下游表面只有成串波浪。当 h_t 过于加大到又一值时，坎顶前滚演变蜕化为坎顶下游的大旋滚，主流重新被迫贴底潜行（需经较长距离才漂浮到表面），坎下底滚也被压缩到很小，这就是潜流，或称淹没底流，亦称回复底流，如图 3-41（e）所示。从面流消能设计角度说，下游水位过低时的底流或水位过高时的回复底流都是不容许出现的流态。

2. 界限水深计算

跌坎面流水力计算要求确定区别流态的界限水深。

水工中常用的跌坎面流流态是自由面流、混合流，但为扩大适应下游水深的范围，有时一直用到淹没面流，但须避免底流和潜流。所以有三个临界情况的界限水深特别重要：①能发生自由面流的最小下游水深 h_{t1}；②能从自由面流转变为混合流的最小下游水深 h_{t2}；③保持淹没面流而不致回复底流的最大下游水深 h_{t3}。对于既定的来流条件和初选的跌坎体形参数（坎高 a 和坎顶挑角 θ），水力设计的任务首先在于验算形成预期流态所需的下游水深值是否为实有下游水深所适应。界限水深可采用以下由试验资料得到的经验公式计算：

$$\frac{h_{t1}}{h_k}=0.84\frac{a}{h_k}-1.48\frac{a}{P}+2.24 \tag{3-56}$$

$$\frac{h_{t2}}{h_k}=1.16\frac{a}{h_k}-1.81\frac{a}{P}+2.38 \tag{3-57}$$

$$\frac{h_{t3}}{h_k}=\left(4.33-4\frac{a}{P}\right)\frac{a}{h_k}+0.9 \tag{3-58}$$

式中：a 为跌坎高度；P 为坝高，可取用 $P=H+a-1.5h_k$，其中 H 为上游水位到跌坎顶的泄洪落差。

由于 $h_t<h_{t3}$ 的试验资料较少，式（3-58）的精度也较低，如取用与式（3-56）、式（3-57）相同的表达方式，则可近似地改为

$$\frac{h_{t3}}{h_k}\approx 2.7\frac{a}{h_k}-2.5\frac{a}{P}+1.7 \tag{3-59}$$

根据已知条件求得界限水深 h_{t1}、h_{t2}、h_{t3} 值后，考虑常用的跌坎面流流态为自由面流或混合流，控制下游水深为 $h_{t1}<h_t<h_{t2}$；有时也可用淹没混合流或淹没面流，控制下游水深为 $h_{t2}<h_t<h_{t3}$。

3. 跌坎体形设计

跌坎体形参数包括坎高 a、挑角 θ、反弧半径 R 及坎长 l 等。跌坎面流消能体形设计的目的是确定坎台尺寸，使设计的各级流量均能发生需要的面流流态。从消能防冲和水流衔接来看，一般认为淹没面流最有利；如有排冰和过木要求，则以自由面流为佳。

设计时，一般按 $q_{\min}\sim q_{\max}$ 处于所需要的面流流态区间设计坎台尺寸。当上、下游水位与流量关系曲线、最大及最小单宽流量已经确定时，设计步骤如下：

（1）按坎高 $a=0$ 判别是否能产生面流。按坎高 $a=0$，求得底流衔接时跃后水深 h_c''，若下游水深 $h_t<h_c''$，则不能产生面流；若 $h_t>h_c''$，则可能产生面流。

(2) 选择坎台高度 a。选择坎台高度 a 的步骤为：①按式 (3-60)、式 (3-61) 计算相应于各级流量的 a_1、a_4 值；②按式 (3-62) 计算相应各级流量的 a_{min} 值；③按设计要求的流态区间确定坎台高度，若按自由面流至淹没面流区间设计，则 a 值按 $0.93a_1 \geqslant a \geqslant a_4$，$a \geqslant a_{min}$ 范围选择；若按淹没面流区间设计，则 a 值按 $a \leqslant 0.95a_4$，$a \geqslant a_{min}$ 范围选择。

$$\left.\begin{aligned} a_1 &= h_{ocp} - 2h_1 - h_t + 2\sqrt{h_t - A} \\ A &= 2Fr_1^2 h_1^3 \left(\frac{\alpha_1}{h_1} - \frac{\alpha_t}{t_2}\right) \end{aligned}\right\} \tag{3-60}$$

$$a_4 = -h_{ocp} + \sqrt{(h_{ocp} - h_t)h_{ocp} + h_t^2 - A} \tag{3-61}$$

$$\left.\begin{aligned} a_{min} &= (4.05\sqrt[3]{Fr_1{}^2} - \eta)h_1 \\ \eta &= -0.4\theta + 8.4 \end{aligned}\right\} \tag{3-62}$$

式中：h_{ocp} 为临界水头增值，$h_{ocp} = \dfrac{1}{3}(1+\sqrt{6Fr_1^2+1})\ h_1$；$Fr_1$ 为坎上弗劳德数，$Fr_1 = v/\sqrt{gh_1}$；α_1、α_t 为动量修正系数，一般可取值为 1.0，$t_2 = a + h_1$；v 为坎上流速；h_1 为坎上水深；θ 为挑角。

式 (3-62) 适用于 $15 < Fr_1{}^2 < 50$。

(3) 对上述选择的坎台高度 a，进行流态复核：①按式 (3-60)～式 (3-62) 计算各级流量下的界限水深值；②进行流态复核，通过流态复核，可以进一步检查坎台尺寸的选择是否相当，从而根据工程的具体情况，通过优选或方案比较，确定合适的坎台尺寸值。

(三) 戽斗面流

戽斗面流是水流在戽斗内形成水跃后，再在戽斗后形成面流，是兼有底流、面流特点的混合型消能方式。

1. 基本流态

典型的单圆弧消力戽常用 $\theta = 45°$ 的连续式戽斗，全戽的圆心角为 $2\theta = 90°$，戽底与戽坎下底部同高程，圆弧半径为 R 时，坎高 $a = R(1-\cos\theta)$。下面以这样的戽斗为对象，介绍戽斗面流的基本流态。试验表明，对于某一单宽流量 q，如使下游水位从很低向很高逐步调升，会出现多种流态，其中包括下游水深过小时的挑流，以及下游水深过大时的淹没底流（或称潜流、回复底流），这两者是戽流消能设计中应予避免的。这样，戽斗面流的基本流态一般只有如图 3-42 所示的三种，即临界戽流、稳定戽流、淹没戽流。

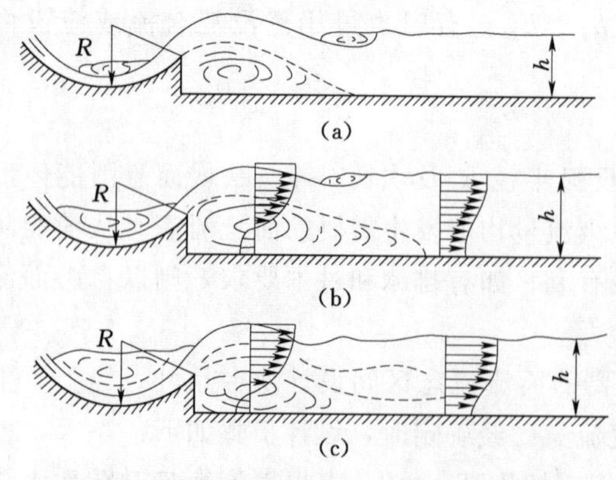

图 3-42　戽斗面流消能的基本流态示意图
(a) 临界戽流；(b) 稳定戽流；(c) 淹没戽流

二元戽斗通过 q 情况下，当下游

水位逐步升高到使流态恰可由挑流（包括自由挑流和水股下无空腔的贴附挑流或淹没挑流）向戽流转变的临界流态，称临界戽流［图3-42（a)]，其特点是：戽坎下有顺时针横轴底滚；戽坎挑起的射流涌浪受下游尾水顶托而有足够的高度和曲率；坎顶水股上缘射角达到最大（戽坎本身45°时水股上缘射角达55°左右)；水面出现浪花或微小前滚；紧靠涌浪下游有逆时针横轴后滚。当下游水位较此临界状态再稍有升高，水股上游表面就向戽斗倾泻，而在斗内水面有明显的逆时针横轴前滚，底滚与后滚继续存在，且底滚增长，形成较稳定的“三滚一浪”流态，称稳定戽流［图3-42（b)］。这一流态的改变要有幅度较大的下游水位升降，故以“稳定”称之。当下游水位超过稳定戽流上限时，就会出现淹没戽流［图3-42（c)]，其特点是：前滚和底滚继续加大，后滚趋于消失而成为成串波浪。

临界戽流常用作戽流消能分析计算的依据，稳定戽流或有不大淹没度的淹没戽流则是实用流态。有些淹没度可使汹涌的涌浪有所缓和，有利于河床防冲，但波浪对岸坡的冲刷力及延续距离有所增加。一定的淹没度对保持流态的稳定是有利的。

2. 水力设计

水工设计中为论证确定戽斗消能的体形参数，首要的水力计算是各个临界状态界限水深的求值。最重要的界限水深有三个，不妨这样定义：保证流态能从挑流变为戽流的最小水深或下限水深 h_{t1}；维持稳定戽流不淹没的最大水深或上限水深 h_{t2}；维持淹没戽流而不致回复底流的最大水深或极限水深 h_{t3}。三者都是指以戽底高程水平面向上计的下游水深。

由于流态的复杂性，用严谨的理论分析求界限水深是困难的。现有各家提出的理论计算方法多为试验帮助下动量方程的应用，多数以临界戽流为对象，少数着眼稳定戽流。计算流段的上游断面有三种取法：①取于戽斗上游端；②取于戽底铅直面；③取于戽斗下游端（坎顶）。计算流段的下游断面取水深 h_t 的下游渐变流断面。这里只简介吴持恭以挑流向戽流转变的临界流态为对象、用动量方程（辅以试验）求下限水深 h_{t1} 的方法。取坎顶断面为上游计算断面，如图3-43中1—1断面所示，下游断面为2—2断面。根据试验，吴持恭认为挑流向戽流过渡的临界状态相应有临界出射角 θ_c，戽坎本身 $\theta=35°\sim50°$时，$\theta_c=52°\sim56°$；$\theta=45°$时，$\theta_c=55°$。于是按如图3-43所标示的两个断面平均流速 v_1、v_2，压力 P_1、P_2，戽坎下游面压力 P_3 以及过坎单宽流量 q，可写动量方程：

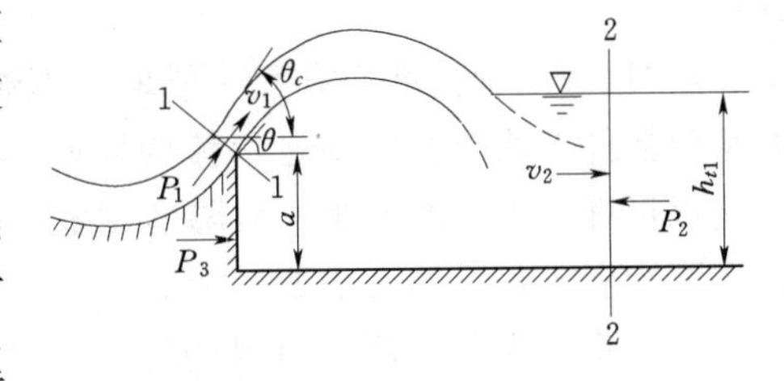

图3-43　挑流向戽流变化的临界状态

$$\frac{\gamma a_0 q}{g}(v_2 - v_1\cos\theta_c) = P_1\cos\theta_c + P_3 - P_2 \tag{3-63}$$

假设1—1、2—2断面上压强近似按三角形直线分布，戽坎下游面压强按梯形直线分布，则当坎顶水舌厚 h_1、下游水深 h_{t1} 和坎高 a 情况下，三个压力 P_1、P_2、P_3 表达式代入上式，并近似取动量修正系数 $a_0=1$，经整理得到：

$$\frac{2q^2}{g}\left(\frac{1}{h_{t1}}-\frac{\cos\theta_c}{h_1}\right)=(h_{t1}-a)(h_1\cos\theta_c+2a)+a^2-h_{t1}^2 \tag{3-64}$$

式（3-64）即为关于 h_{t1} 的三次代数方程。对于给定的溢流坝及来流量和拟定的戽斗尺寸，可先求出坎顶水舌厚度 h_1，并按相应 θ 选用 θ_c，即可用方程解出 h_1，如果下游水深 $h_t>h_{t1}$，且 h_t 不是太大，则大致可保证戽流流态出现。方程的另一用法是根据实有下游水深条件给出 h_{t1}，求适用的坎高 a。

3. 消力戽体形及戽式消力池

（1）连续式消力戽。连续戽斗体形设计主要是选定挑角、反弧半径、戽唇高度和戽底高程。

1）挑角。目前兴建的工程，大多数采用挑角 $\theta=45°$，少数采用 $\theta=30°\sim40°$。θ 的选择应根据具体情况而定。试验表明，认为 $\theta=45°$为最优挑角是不完全恰当的。虽然挑角大，下游水位适应产生稳定戽流的范围增大；但是大的挑角将造成高的涌浪，使下游产生过大的水面波动和对两岸的冲刷，同时过大的挑角，也造成过深的冲刷坑。但 θ 角过小，则戽内表面旋滚易“冲出”戽外，并易出现潜底戽流。

2）反弧半径 R。一般来讲，消能戽戽底反弧半径 R 愈大，坎上水流的出流条件愈好，同时增加戽内旋滚水体，对消能也有利；但当 R 大于某一值时，R 的增大对出流状况的影响并不大。R 值的选择，与流能比 $K=q/\sqrt{gE^3}$ 有关，一般选择范围为 $E/R=2.1\sim8.4$，E 为从戽底起算的上游水头。

3）戽唇高度。为了防止泥沙入戽，戽唇应高于河床，对于戽端无切线延长时，有 $a=R(1-\cos\theta)$，戽唇高度一般约取尾水深度的 1/6，高度不够的可用切线延长加高。

4）戽底高程。戽底高程一般取与下游河床同高，其设置标准是以保证在各级下游水位条件下均能发生稳定戽流为原则。戽底太高，容易发生挑流流态；戽底降低，虽能保证戽流流态的产生，但降低过多，挖方量增大。因此，戽底高程的确定，需将流态要求和工程量的大小统一考虑。

下面将常用单圆弧消力戽的轮廓尺寸简单概括一下：戽斗为圆心角 90°的圆弧，戽坎挑角 $\theta=45°$，戽底与下游河床平，从而坎高 $a=(1-\cos\theta)R=0.293R$。圆弧半径 R 应据水流条件选择。原则上说，单宽流量愈大、水头愈大，R 也应较大。经验取值可以考虑 $R=1.75h_k=1.75\sqrt[3]{q^2/g}$，而且宜在 $R=(0.15\sim0.35)Z$ 及 $R=(0.3\sim0.7)h_{t2}$ 范围内，其中 Z 为上下游水位差，h_{t2} 为稳定戽流的上限水深。

为适应实际水流条件或提高消能率，戽斗形态可在上述单圆弧基础上加以改进。一种最简单的改进方法是在戽端加 1∶1 斜坡切线段，这样坎高 a 加大，坎顶挑角 $\theta=45°$不变，如图 3-44（a）所示。a 值较大，戽流界限水深值提高，能适应下游水深较大的情况，还使戽斗内用于消能的水体积有所加大。美国大古里（Grand Colee）溢流坝就用了这样的戽斗。

（2）差动式消力戽。戽斗端部采用挑角不同的高、低坎间隔布置，则构成差动式（或称齿槽式）消力戽，如图 3-44（b）所示。由于槽齿的差动，与实体戽相比，可降低涌浪，缓和戽外底部旋滚，起到减浪的作用。因此这种戽的出流较实体戽均

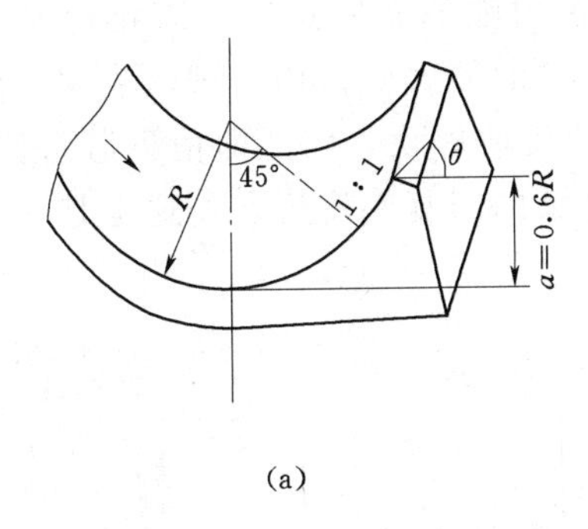

(a)

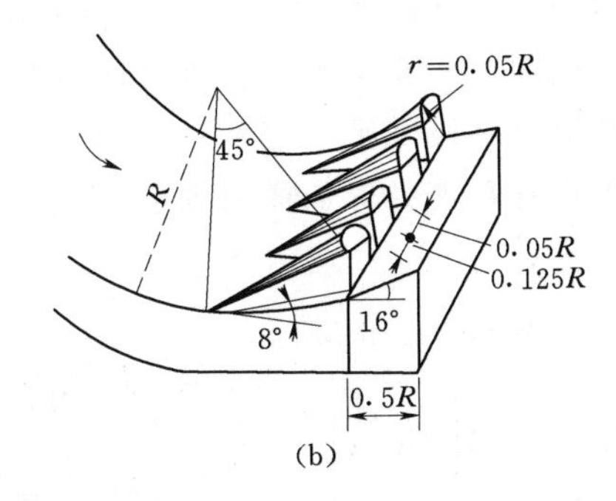

(b)

图 3-44 消力戽形式的改进

(a) 连续式消力戽；(b) 差动式消力戽

匀，流速分布的变化也比较和缓，对尾水深度范围较小时更为适用；但结构较复杂，齿坎可能产生空蚀破坏。当连续式消能戽的流态和消能防冲情况不能满足要求时，可考虑采用此种形式。美国垦务局对这种戽斗也曾进行过试验研究，并对其与河床衔接关系有两种考虑：①当河床较高时，将其与戽斗低坎面的延伸反坡相接；②当河床较低时，使戽底在河床面之上的高差为 $0.05R$。

差动式消力戽尺寸的确定及水力计算是复杂的，目前大都用模型验证确定。

单圆弧连续式消力戽和差动式消力戽都不宜用于高水头大流量的坝下消能，因为前者消能率不适应，后者还有齿坎易空蚀的问题。

（3）戽式消力池。当下泄单宽流量过大时，为了加大库内旋滚体积，增加消能效果，从戽体最低断面开始，设置一段水平池底、使戽体形似消力池，但却保持戽流的特点，故称为“戽式消力池”。为使戽流消能用于高坝大流量情况，如不计差动式，从消能、尾水波动和下游局部冲深等指标衡量，应数戽底有水平段并带反坡尾坎的戽式消力池最佳，并在好几座著名的高坝大流量工程中获得实用。

戽式消力池基本戽流流态有如图 3-45 所示的两种，即临界戽流和淹没戽流。当下游水位从低到高逐步升涨而出现贴附挑流后，水位再升达某一界限，挑流水舌上缘峰顶向戽池塌落，坎上出现跨越坎内外的斜向横轴旋滚，坎下出现横轴底滚，这就是临界戽流［图 3-45 (a)］，其表面斜向旋滚尾部达最高，也就是涌浪峰顶，涌浪下游水面有跌落，戽坎挑角较大时，还可能出现二次残余表面旋滚。使贴附挑流刚变为临界戽流所必需的最小下游水深可称为戽流发生水深。值得注意的是，戽式消力池具有下述特性，即戽流一旦出现，除非下游水位大幅度下降，否则就不会重新回到挑流状态；它与淹没戽流没有严格的分界线。实际上，贴附挑流的峰顶一塌落，不需明显提高下游水位，就很快变为淹没戽流。这一单向稳定性对水工设计而言是一优点，它有利于提高设计可靠度。淹没戽流以戽内旋滚淹没、坎下逆溯底滚加长、戽内外水面

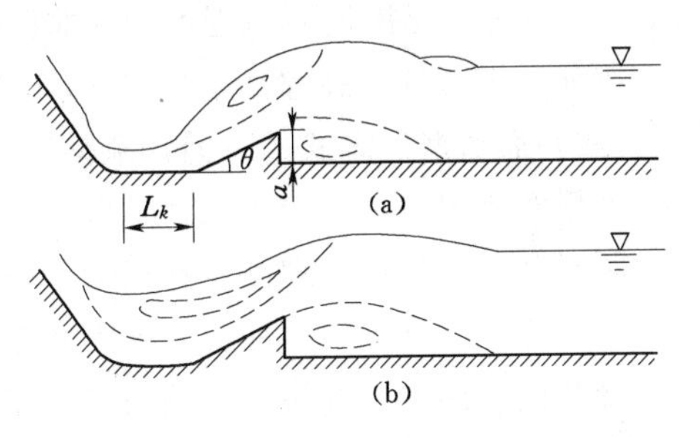

图 3-45 戽式消力池基本戽流流态

趋于平缓为标志［图3-45（b）］。坝下戽式消力池的实际运行流态都应是这种淹没戽流，如图3-46所示，它可出现在下游水位的较大变幅内。试验表明，由于戽式消力池具有一段水平池底和一个挑角较小的反坡戽坎，因此即使下游水位很高，也不致如单圆弧消力戽那样出现主流向坎后坠落的回复底流流态，这也是这种消能工的又一优点。

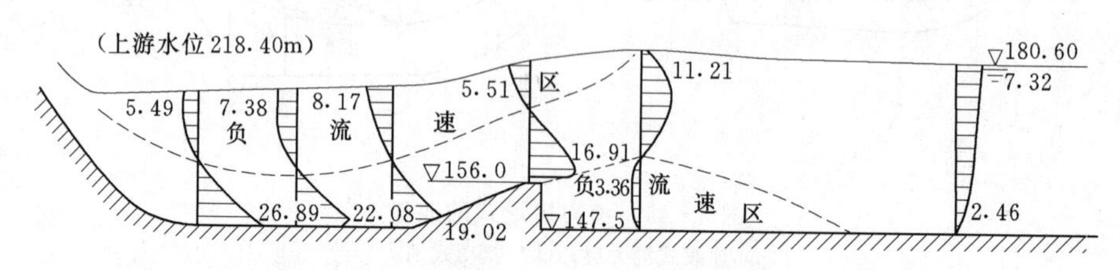

图3-46　岩滩坝下戽式消力池淹没戽流运行流态实测结果
（单位：高程以m计；流速以m/s计）

在淹没戽流已存在的情况下，如下游水位再由高向低逐步降落，流态将倒序演变。但戽流再变为贴附挑流的界限水深将较前述戽流发生水深为小，这一水深可另命名为戽流消失水深。两种界限水深的差异随单宽流量的加大和戽坎高度的降低而减小。

基于多方面研究与考虑而建议的戽式消力池尺寸简述如下：

（1）戽池底高程选定的原则是使各运行工况产生戽流，并力求经济。试验和计算表明，发生戽流所需池底高程以上最小水深，一般不超过同高程无坎池底自由水跃所需第二共轭水深的1.2倍。

（2）戽池底水平段长度L_B与自由水跃第二共轭水深大致相等即可，过短则消能不充分，过长则不经济。

（3）关于戽坎挑角θ，研究表明，对于同一坎高a，加大θ虽有减小戽流界限水深的作用，但同时也使涌浪增高和冲刷加剧，坎下逆溯旋滚也增强，并增加了砂石卷入戽内的可能。当然，太小的θ也不好，流态稳定性减弱，戽流流态区的范围也减小。综合利弊考虑，宜取$\theta=\arctan(1/3\sim1/2)$，即戽坎坡度宜取1：3～1：2。

（4）关于戽坎高度a，计算表明，当θ确定后，坎高a对戽流发生水深的影响较弱。但a越大，戽流发生水深h_2与戽流消失水深h_2'的差异也越大，即a大些有利于增加戽流的稳定性。实际上，a值拟定往往会受其他因素的控制，例如，从检修方便考虑，a值可能要按坎顶高程不低于非汛期电厂尾水位拟定。另外还要考虑坝的经济性，例如，坝脚开挖高程确定后，a越大，则坝的造价也要相应增加。

（四）面流消能方式的下游冲刷问题

采用面流消能，由于主流在上层，坎下底滚又向坝趾逆溯，从道理上说，局部冲刷问题不会太严重，特别是岩石河床，一般不需要为此采取专门的防护措施。不过要注意，伴随不严重的局部冲坑，横轴底滚逆溯卷起的砂石可能要使跌坎或戽斗、戽池受冲击磨损，甚至还可能有空蚀问题。差动式戽坎在这些方面的抵抗能力尤其弱，故工程上很少实用。与底流水跃消能、挑流消能相比，面流消能工最突出的冲刷问题是波浪导致的下游较长范围的岸坡冲刷问题。不过岸坡冲刷的定量计算目前尚缺乏可资引用的研究成果，河床局部冲刷坑也只有些基于视河床为散粒体构成而进行水工模型试验所得的经验估算公式。这里从略。

四、跌流消能

对于比较薄的双曲拱坝或小型拱坝，常采用坝顶跌流消能的方式。拱坝跌流消能是指水流经拱坝坝顶溢流后，直接跌落到下游河床，利用下游水垫消能。跌流消能的水舌入水点距坝趾很近，一般跌流消能只适用于单宽流量小且建在坚硬完整岩基上的高、中拱坝。跌流消能水力设计包括估算各级泄流量时水舌射距及水舌冲击区水垫深度等水力要素，如果拱坝跌流消能由于下游河床岩基坚硬完整，不设置护坦，则将产生冲刷坑，此时还应估算冲刷坑的深度并验算冲刷坑上游坡是否会危及坝基和拱座下游岸坡。

跌流消能的射距可按下式估算：

$$L_d = 2.3q^{0.54}z^{0.19} \tag{3-65}$$

式中：L_d 为射距，m，如图 3－47 所示；z 为鼻坎至河床高差，m。

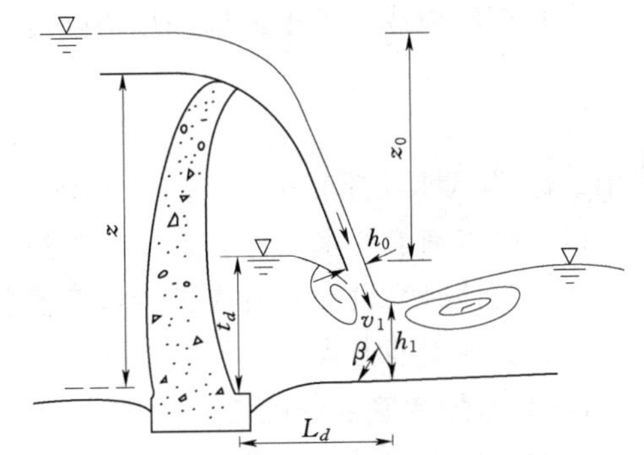

图 3－47　跌流消能水力要素

跌流消能最大冲坑处水垫厚度的射距可按下式估算：

$$t_d = 0.6q^{0.44}z^{0.34} \tag{3-66}$$

式中：t_d 为水垫塘底板或护坦上内侧的水垫深度，m。

当下游不设护坦时，最大冲坑处水垫厚度可按式（3－67）或式（3－68）进行估算。跌流消能最大冲坑处水垫厚度的射距可按式（3－65）估算。

$$t_k = \alpha_1 q^{0.5} H^{0.25} \tag{3-67}$$

$$t_k = \alpha_1 \alpha_2 q_1^{0.5} H^{0.25} \tag{3-68}$$

式中：t_k 为最大冲坑水垫厚度，m，由水面算至坑底，若换算为最大冲坑深度，则应由河床面算至坑底；q 为泄水建筑物出口断面的单宽流量，$m^3/(s \cdot m)$；q_1 为平均入水单宽流量，$m^3/(s \cdot m)$；H 为上、下游水位差，m；α_1 为基岩特性影响系数，坚硬完整的基岩 $\alpha_1 = 0.7 \sim 1.1$，坚硬但完整性较差的基岩 $\alpha_1 = 1.1 \sim 1.4$，裂隙发育的基岩 $\alpha_1 = 1.4 \sim 1.8$；α_2 为水流分散程度影响系数，分散充分时 $\alpha_2 = 0.8 \sim 1.1$，分散较好时 $\alpha_2 = 1.1 \sim 1.4$，分散欠佳时 $\alpha_2 = 1.4 \sim 1.7$，水流集中时 $\alpha_2 = 1.7 \sim 2.0$。

因跌落水流离坝趾很近，对河床要求采用水垫塘底板或护坦保护，以免产生冲刷坑，危及坝基。水垫塘底板或护坦上的冲击流速 v_1(m/s)，当水舌落点上、下游有水位差时，按式（3－69）估算，当水舌落点上、下游无明显水位差时，按式（3－70）估算。

$$v_1 = 4.88q^{0.15}H^{0.275} \tag{3-69}$$

$$v_1=\frac{2.5v_0}{\sqrt{\dfrac{t_d}{h_0\sin\beta}}} \tag{3-70}$$

$$v_0=\varphi\sqrt{2gz_0} \tag{3-71}$$

$$\beta=\arccos\left(\frac{2v_1}{v_0}-1\right) \tag{3-72}$$

式中：h_0 为水舌落至水面时的厚度，m，$h_0=q/v_0$；v_0 为水舌落至水面时的平均流速，m/s；β 为水舌入射角，(°)；z_0 为上、下游落差，m；φ 为流速系数，m/s^2。

水垫塘底板或护坦上的动水压力强度 P_d(kPa)，可按下式估算：

$$P_d=\frac{\gamma_w(v_1\sin\beta)^2}{2g} \tag{3-73}$$

式中：γ_w 为水的重度，kN/m^3。

水垫塘底板或护坦上的脉动压力强度 P_m(kPa)，可按下式估算：

$$P_m=\pm\alpha_m\frac{v_0^2}{2g}\gamma_w \tag{3-74}$$

式中：v_0 为入水流速，m/s；α_m 为脉动压力系数，取 0.05～0.2。

以上跌流消能的水力计算是很粗略的，可供初选设计方案时采用。对于重要的工程，在可行性研究设计阶段应进行水工模型试验加以验证。

五、其他消能方式

（一）宽尾墩联合消能工

宽尾墩是指墩尾加宽成尾翼状的闸墩，如图 3-48 所示，是我国首创的墩型。泄水建筑物出口两边的闸墩，在 20 世纪 70 年代初期，常采用平尾或流线形等收缩式尾墩，以利于出闸孔水流的横向扩散，但工程实践证明，这种闸墩会带来闸墩下游坝面空蚀。宽尾墩本身不独立工作，但一系列宽尾墩作为溢流坝闸墩而与底流或挑流或戽流消能工组成联合消能工运行后就会产生极佳的水力特性和消能效果。水流通过相邻宽尾墩分隔成的闸室时，由于过水宽度沿程收缩，墩壁转折对急流的干扰交汇，形成冲击波和水翅，坝面水深增加 2～3 倍，有如一道窄而高的“水墙”，与空气接触面增加，掺气量相应大增。水流跌入反弧段时，由于弧面影响，横向扩散加强，并与邻孔

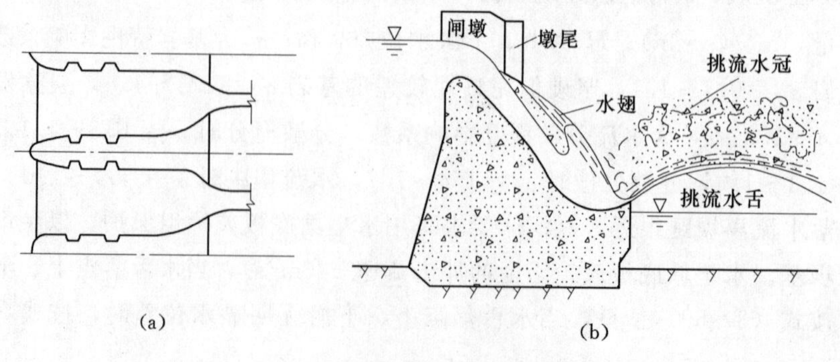

图 3-48　宽尾墩挑流式溢流坝水流流态

(a) 平面；(b) 剖面

水流相互碰撞顶托而向上壅起，形成很高的水冠挑射出去。在宽尾墩作用下，包括水冠在内的挑流水股总厚度达到常规闸墩下挑射水股厚度的4～5倍，纵向扩散长度也增大，加上大量掺气，使下游水垫单位面积入水动能减小，从而可减轻河床冲刷。宽尾墩附带的优点是坝面水流掺气抗蚀，而墩下部分无水区又可降低不平整度控制要求。

根据中国水利水电科学研究院试验成果，宽尾墩轮廓尺寸可按图3-49所标符号，按如下范围取值：闸孔收缩比 ε 宜取 $\varepsilon=B'/B=1-(b'-b)/B=0.5\sim0.3$；闸孔收缩率 η 宜取 $\eta=1-\varepsilon=(B-B')/B=0.5\sim0.7$；收缩角 α 宜取 $\alpha=15^\circ\sim25^\circ$。选定 ε、α 后，由墩厚 b 可推知墩尾所需长度 l' 及尾宽 b' 的具体值。至于 b 和闸墩总长（$l+l'$），则与溢流坝上常规闸墩布置所考虑因素类同。但应注意考查宽尾部分是否已坐落在明显低于坝顶的高流速坝面范围，墩尾在此范围内才不致影响泄流能力，也才可有明显的急流冲击波。

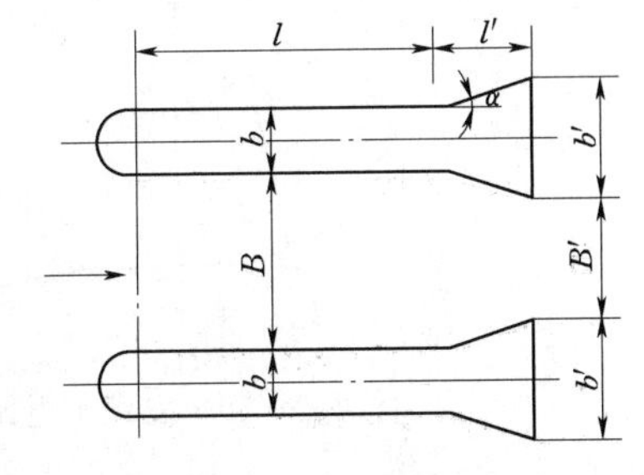

图3-49　宽尾墩平面图

潘家口水电站是我国第一个采用宽尾墩的工程，其与挑流消能相结合，收到了很好的效果。至今，宽尾墩与挑流、底流、戽流等消能工相结合已成功应用于多项工程。

宽尾墩与底流消力池联合消能技术在安康水电站、隔河岩水电站、岩滩水电站、五强溪水电站和大藤峡水电站中得到了运用。对于单宽流量较大的底流消能工程，即便是高水头工程，底流消力池的来流 Fr 数也是比较小的。当 Fr 数较低时，底流消力池的消能效率明显不足，因而往往需要更长的底流消力池，从而大大增加了工程造价。而宽尾墩消力池联合消能工中的宽尾墩将溢流坝闸墩尾部加宽，使墩后水流在纵向收缩，形成窄而高的堰顶收缩射流，然后沿溢流面下泄并在反弧段横向扩散，直至进入消力池内，形成斜坡上的三元水跃，从而取得较为满意的消能效果。20世纪80年代中期，这种新型消能工率先应用于安康水电站。汉江安康工程坝高128m，建于较软弱的千枚岩上，最大泄洪流量达35430m^3/s，泄洪消能成为枢纽布置中最困难的问题。经过多年多方案的试验研究和比较，最后选用了在表孔坝段设宽尾墩与坝下消力池结合方案（图3-50），结果表明，这种联合消能工明显优于之前所进行的宽尾墩与挑流或戽式消力池相结合的各种比选方案，它不仅明显提高了消力池的消能效率，而且并使消力池长度缩短了1/3左右。湖南五强溪水电站最大坝高85.83m，在校核洪水与设计洪水工况下最大下泄流量分别高达57900m^3/s、49566m^3/s，入水单宽流量达226.5$m^3/(s\cdot m)$，由于底流消力池入池水流的 Fr 数只有2.72～4.09，消能效率不高，该工程最后采用了“宽尾墩＋底孔挑流＋底流消力池”的联合消能工，较好地解决了该工程大流量、深尾水的泄洪消能布置难题。五强溪电站运行中曾出现过的严重的消力池冲毁，是由水库超高、池内水垫不足及运行管理不妥所致。

“宽尾墩＋台阶式坝面＋消力池”消能首先用于福建水东水电站，随后，云南大朝山水电站也采用了这种消能工。大朝山水电站为碾压混凝土重力坝，最大坝高

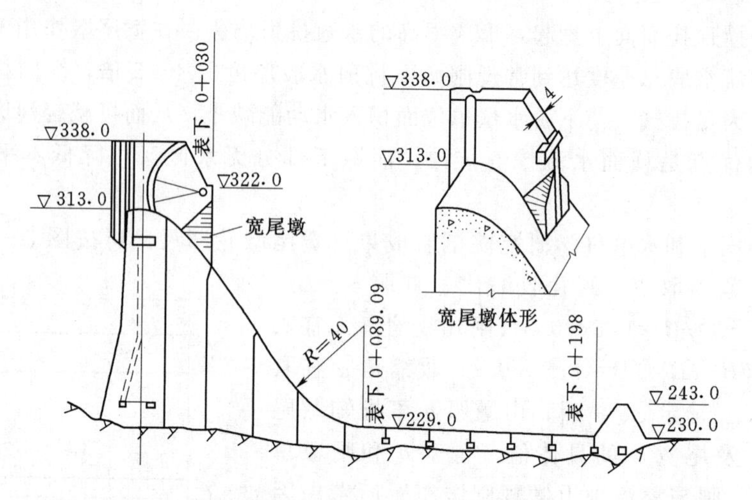

图 3-50　安康水电站宽尾墩和消力池联合消能工（单位：m）

111.0m，泄洪单宽流量为 193.6m³/(s·m)。

（二）有压泄水隧洞洞内孔板消能

高水头大流量水利枢纽（尤其土石坝枢纽）多设河岸泄洪隧洞，特别是利用导流隧洞改建的永久性有压泄洪洞，由于洞身高程低，洞内水头大、流速高，宜考虑在洞身靠上游段设法进行洞内消能，以减免其后长段洞身的空蚀、磨蚀和冲蚀破坏。洞内消能可有多种布置形式，但从原理上说，大都利用过水断面的改变，使高速水流通过突然收缩和突然扩散，产生回流旋滚，借主流与回流间的紊动剪切消能。

有必要指出，对于既定断面的隧洞，加设这类消能结构后，过水能力必有所降低。当将高流速、高能头的消减视为首要解决的问题时，过水能力问题就在次要地位了。

黄河小浪底水利枢纽是一座坝高 154m 的土石坝枢纽，因泄洪流量大，在左岸布置 9 条泄洪排沙隧洞和 1 座溢洪道，其中 3 条由导流洞改建的泄洪洞有压段就采用了洞内多级孔板消能。导流洞原内径 $D=14.5$m，孔板内径 $d=10$m，孔板共 4 级，详细布置及构造如图 3-51 所示。

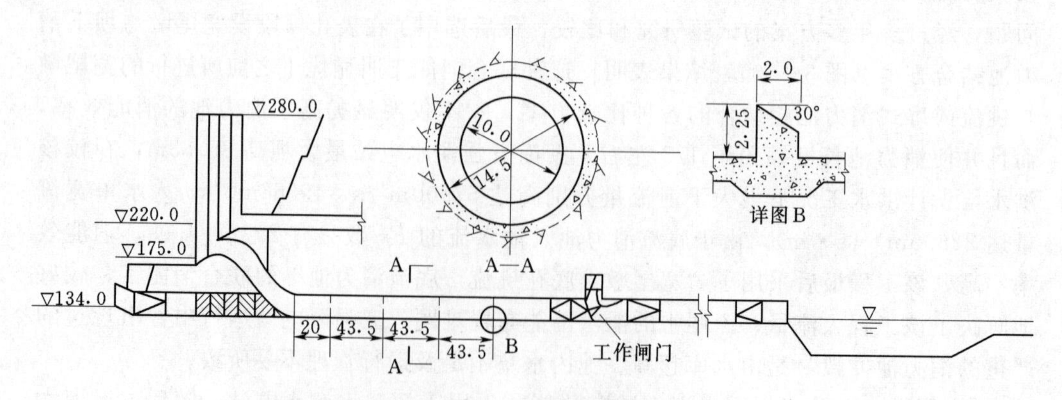

图 3-51　小浪底水库多级孔板泄洪隧洞（单位：m）

由于孔板消能用于高水头大型工程尚属首创，加之泄洪运行时通过的是含沙高速水流，未知因素很多，故不少单位对此进行了模型试验研究，特别是还利用已建碧口水电站排沙洞专门增建2级孔板，作为小浪底孔板泄洪洞的大比尺中间试验，进行了观测研究。

多级孔板消能效果是显著的。如图3-52所示布置方案可消耗水头约80m，相当于闸室前总水头的65%。碧口水电站二级孔板消能占总水头的30%～45%。就单级孔板而言，以小浪底孔板尺寸（锐缘$\theta=30°$，板厚与洞径之比$t/D=0.14$）做试验，清华大学丁则裕等给出了消能系数$\eta=\Delta h/[v_0^2/(2g)]$与孔径比$\beta=d/D$的经验关系：

$$\eta=(1-\beta^2)(2.427-0.948\beta^2) \tag{3-75}$$

式（3-75）适用于$\beta=d/D=0.30\sim0.75$。显然β越小，则η越大，即消能率越高。孔板多级布置情况下，孔板间距L与洞径D之比也对η有影响，但$L/D\geqslant4.5\sim5.0$后，η趋于常数。

如图3-52所示相邻两孔板之间洞内流速分布的变化可帮助解释洞内孔板消能的规律。由图3-52还可看出，设孔板后大大降低了近洞壁的流速，从而保护了衬砌。但应注意，孔板锐缘本身的抗蚀抗磨问题突出了，尤其末级孔板。改善措施有：压缩隧洞出口面积；加大末级孔板孔径比（小浪底末级$d=10.5$m）等。

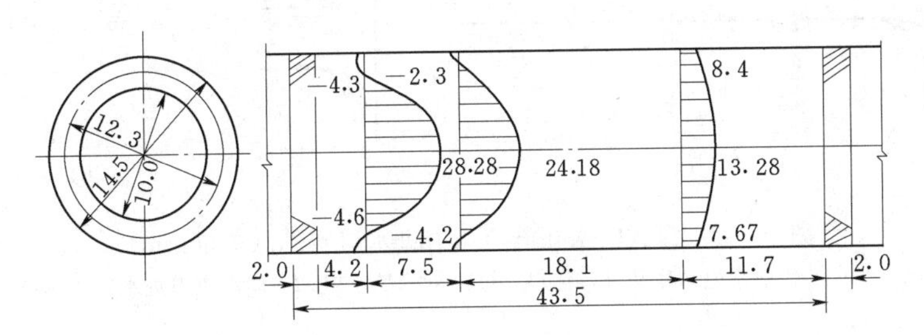

图3-52　相邻孔板间流速分布（单位：流速以m/s计；尺寸以m计）

第三节　深式泄水孔洞的水力设计

水力设计是泄水孔洞设计的基础，泄水孔洞水力设计主要包括：泄流能力的计算，进水口淹没深度计算；沿程水面线、压力计算，水流空化数、掺气水深计算等内容。

一、短压力进水口式无压泄水孔洞

作为高水头水利枢纽深式泄水建筑物的无压泄水隧洞或坝身无压泄水孔，在我国应用很广。这类泄水孔洞多具有短压力进水口，并装备控制闸门，通过闸孔下游断面高度突扩，实现洞身的无压流态。这类泄水建筑物水力特性的优劣，主要取决于进水口段的体形、轮廓尺寸设计的合理性。至于其后的无压孔洞，则很大程度上与明流陡槽相似。

（一）进水口体形

坝身底孔和河岸隧洞采用短压力进水口的典型布置示例如图3-53所示，一般由

进口段 AE、检修门槽段 EF 和压板段 FG 等三部分组成，压板段末端常用弧形工作门控制。整个进水口的总长度很短，一般在末端孔高的2倍以内。很高的水头在如此短距离内降落，压坡线必定很陡。如果体形不好，会在过流边界的某些局部产生较大的负压，甚至引起空蚀破坏，因此，合理设计体形十分必要。

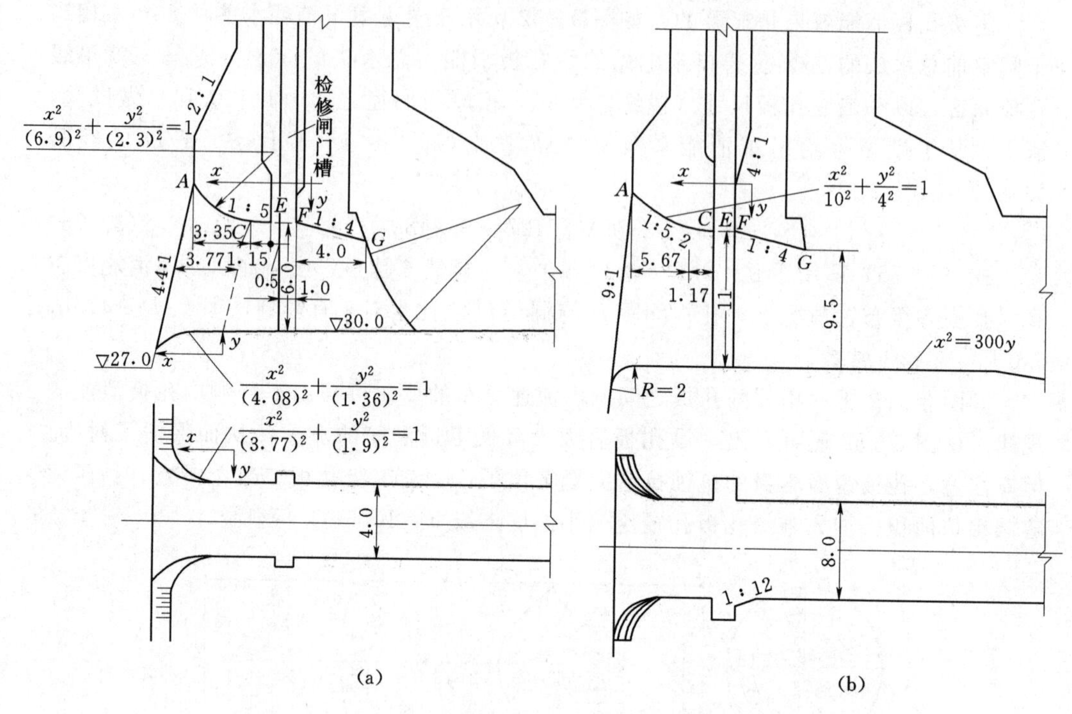

图3-53　深式泄水孔洞短压力进水口实例（单位：m）

(a) 伐乌一代耶水电站底孔进口体形；(b) 刘家峡水电站右岸泄洪道进水口的体形

进口段顶部 AE 宜由椭圆曲线 AC 和其后切线 CE 两部分组成。椭圆的长轴半径约等于进口段末端孔高 D，短轴半径为长轴半径的1/3左右较好。这种顶部曲线可使压力分布平顺且压力值也较高。据章福仪的试验研究，椭圆曲线 AE 的方程可统写为

$$\frac{x^2}{(KD)^2}+\frac{y^2}{\left(\frac{KD}{3}\right)^2}=1 \tag{3-76}$$

K 一般取为1，但也可稍大于或稍小于1，而使长、短轴半径在数值上取整。切线 CE 的坡度宜采用1：5～1：6。

试验表明，压板段 FG 的压力分布规律显示，末端上角隅处压力最低。故在选择顶坡以及 F、G 两处过水断面面积收缩比 A_2/A_1 时，应以该角隅处不产生负压为准。试验结果指出，压板段顶坡宜采用1：4～1：5，并使 $A_2/A_1=0.83\sim0.92$。顶坡及 A_2/A_1 确定后，压板段长度即可定出。结合泄流量所需过水断面，F、G 的高程也可确定。而 E、F 为检修闸门槽的上、下游点，应取相同高程。在 E 点高程及 CE 段顶坡（设为 s）已定的情况下，表征切点 C 位置的 x、y 坐标可由下列两式联立解出：

$$\left.\begin{aligned}&\frac{x}{3\sqrt{(KD)^2-x^2}}=s\\&\frac{x^2}{(KD)^2}+\frac{y^2}{(KD/3)^2}=1\end{aligned}\right\}\tag{3-77}$$

由此，C、A 两点高程亦随之确定。

进口两侧面也宜用椭圆曲线：

$$\frac{x^2}{l^2}+\frac{y^2}{(l/3)^2}=1\tag{3-78}$$

式中：l 为进口段水平长度，可取 $l=0.5D$。

进口底部形态要求不必太严，是否需用曲线，主要视水流能否平顺进入而定（图3-53）。

（二）泄流能力

短压力进水口泄流能力的计算公式可写为

$$Q=\mu A_2\sqrt{2g(H-d)}\tag{3-79}$$

式中：μ 为流量系数；A_2 为压板末端 G 处的控制断面积；d 为该断面孔口高度；H 为底部高程以上总水头。

按前述基本布置方式，一般 $\mu\approx0.89$，并有下列求 μ 的经验公式：

$$\mu=0.957(A_2/A_1)^{0.047}(1-s_2)^{0.227}\tag{3-80}$$

式中：s_2 为压板段顶坡。

（三）压力分布

短压力进水口顶面压力分布可用无因次的压力降落系数来表示。仍如图3-53所示，进口顶面分为进口段 AE 和压板段 FG，两者的压力降落系数可分别表示为

$$(C_{d1})_i=\frac{H-(p/\gamma+z)_i}{v_1^2/(2g)}\tag{3-81}$$

$$(C_{d2})_i=\frac{H-(p/\gamma+z)_i}{v_2^2/(2g)}\tag{3-82}$$

式中：$(C_{d1})_i$、$(C_{d2})_i$ 分别为进口段顶面和压板段顶面上 i 点的压力降落系数；$(p/\gamma+z)_i$ 为 i 点的测压管水头；H 为以进口底部为基准的水头；v_1 为进口段末端断面平均流速；v_2 为压板段末端断面平均流速。

两系数都随 A_2/A_1 的加大而加大。

（四）检修门槽段和闸门井的水力特性

设计短压力进水口时，对检修门槽及其上闸门井的水力特性也应关心。

设 H_0 为进水口前行近流速，$H_0=H+v_0^2/(2g)$，一般进水口前行近流速 v_0 很小，可用 H 代替 H_0；H_ω 为检修闸门井以底部高程为基准的水深。

试验表明，$(H-H_\omega)/(H-d)=f(A_2/A_1)$，其经验拟合式可写为

$$\frac{H-H_\omega}{H-d}=\left(\frac{A_2}{A_1}\right)^2-0.02\tag{3-83}$$

由于检修门槽附近边界变化复杂，水流极易在此产生空化，设压板段正是为了提

高检修门槽段的压力分布，防止空化，以免空蚀。合理的压板顶坡以及门槽型式是从体形设计方面减免空蚀的主要途径。

（五）无压泄水孔洞的洞身段

短压力进水口以下的无压泄水孔洞洞身断面可为矩形、门洞形或马蹄形，纵坡一般用陡坡，在水力学上与溢洪道陡槽类似。但须注意，孔洞为封闭断面，自由水面以上应有足够的净空以满足通气要求。高流速隧洞中，水面线本身要附加掺气的影响，掺气水面以上净空面积应不小于洞身断面积的15%～25%。通气的净空条件不足，高速水流带来的影响和后果较明槽情况严重，参见本章第五节。

二、有压泄水孔洞

有压泄水孔洞泄水运行时洞内没有自由水面，自进口至出口全程都保持满流状态；洞内流态平稳，测压管水头处处大于零，因而，一般不存在空化、空蚀问题。但进、出口段附近设计不当时，也有局部负压、空化和空蚀的可能。另外，过水断面一样的情况下，有压孔洞的沿程阻力和局部阻力较无压孔洞大。故为减小摩阻损失、提高泄流能力和防止局部空蚀，有压泄水孔洞也应有良好的体形设计。

（一）进水口

有压泄水孔洞进水口一般也采用平底、三向收缩的矩形断面孔口。上唇和侧墙仍采用椭圆曲线，曲线方程见式（3-76）、式（3-78）。

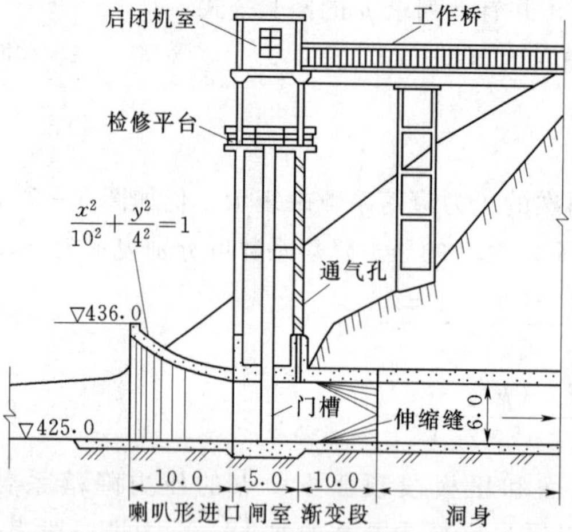

有压泄水孔洞一般将检修闸门设于进口，工作闸门设于出口。如图3-54所示的密云水库走马庄有压泄水隧洞塔式进水口，即为此种布置的一例。有些重要工程虽设工作闸门于出口，但进口仍设两道闸门，分别为检修门和事故门。图3-55所示的龙羊峡水电站重力拱坝坝身泄水底孔，即为这种布置的一例。

图3-54 走马庄有压泄水隧洞塔式进水口（单位：m）

试验研究表明，有压泄水孔洞进水口体形设计应参考下述经验。

（1）进水口上游面一般是垂直的，如果上游面稍有倾斜，但与垂线夹角小于10°，则对压力分布不致有明显影响。

（2）进水口上唇前额宜有垂直墙（图3-55），且垂直面高度在1倍洞高以上。如上唇呈外伸形（图3-55），则其上可能形成静水区，或使流线弯折过剧，甚至产生立轴漩涡，影响泄流量及流态的稳定性。

（3）检修门槽应设于进口1/4椭圆曲线结束点的下游，以免门槽处局部压力恶化而导致空化、空蚀。

（4）应防止上游水库的水由闸门井及门槽串入孔洞内，应设胸墙等结构将水库与

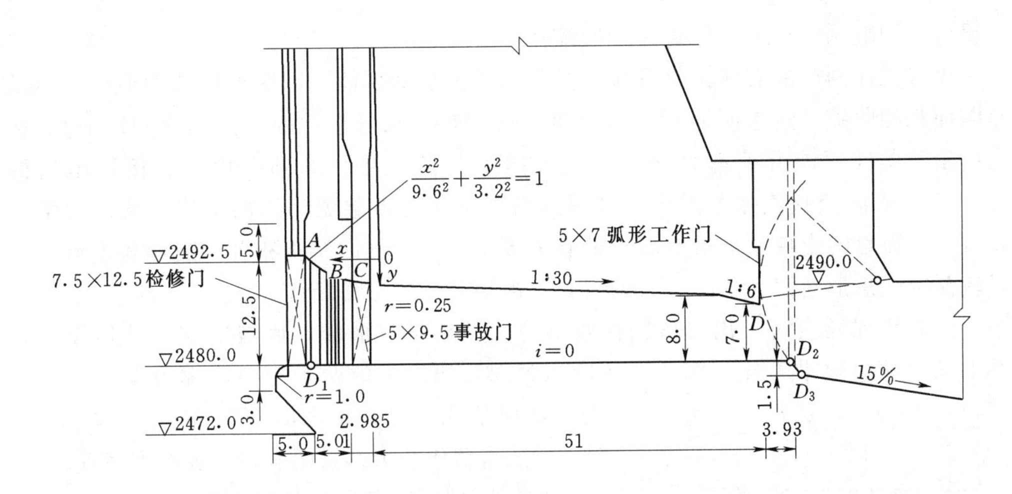

图 3-55　龙羊峡拱坝坝身泄水孔（单位：m）

闸门井隔开，以免串水而恶化局部流态。

（二）洞身、渐变段

有压泄水隧洞的洞身常用圆形断面。从矩形进口到圆形洞身，或从圆形洞身到矩形出口，都需有渐变段过渡，以减少水头损失和防止空蚀。置于混凝土坝身的泄水孔，因长度短，从进口到出口常全部采用矩形断面。

渐变段边界应尽量采用平缓曲线。渐变段的长度反映边界对洞轴线的收缩或扩散程度，可用收缩角 α_1 或扩散角 α_2 表示，其采用值与洞内水流弗劳德数有关，美国工程界建议

$$\tan\alpha_1 \leqslant \frac{1}{Fr} = \frac{\sqrt{gD}}{v} \tag{3-84}$$

$$\tan\alpha_2 \leqslant \frac{1}{2Fr} = \frac{\sqrt{gD}}{2v} \tag{3-85}$$

式中：v 为渐变段两端断面最大平均流速的平均值；D 为洞径平均值。

为保证安全，渐变段的边界上任一处相对洞轴线的夹角均应小于 7°。为简便起见，我国工程界一般采用按直线规律变化的渐变段，其长度取洞径或洞高的 1.5～2 倍。局部水头损失系数为 0.03～0.05，运用情况良好。

（三）出口段

有压泄水孔洞的工作闸门设于出口，出口段的轮廓形态影响着整个洞内的压力状况。为提高洞内各点压力，防止某些敏感部位，如渐变段角隅、弯段内侧等处出现负压、空化，工程上通常将出口断面适当收缩（图 3-56）。但出口断面收缩将直接影响泄流能力，故选择经济、合理的出口断面收缩比是出口段设计的关键问题。原则上说，出口断面收缩比（即出口断面积与洞身断面积之比）应使洞内体形不连续处或有变化处的水流空化数大于该处的初生空化数，并留有安全系数。现有经验表明，泄水洞沿程体形无急剧变化情况下，收缩比可取 0.85～0.90，有充分论证时，甚至也可稍大于 0.90；如果沿程体形变化较多，洞内水流条件差，则宜取 0.80～0.85；运行

工况特殊的隧洞，还应采用更小的收缩比。

设有工作闸门的有压泄水孔洞，其出口常为矩形断面。因此出口收缩渐变段不只是断面积的收缩，还是断面形状的过渡（特别是泄水隧洞，要由圆形变到矩形）。在自由出流条件下，由于重力作用，主流向下跌落，并影响到洞内，在接近出口的1.2～1.5倍洞径的长度范围内，洞顶易出现负压。为避免负压的出现，从水力学观点看，宽而扁的出口断面具有较好的收缩效果；但从闸门结构布置和运用角度看，又以较深窄的矩形断面为佳。综合两者，一般用近于方形的断面。

试验研究还表明，出口段断面收缩应由洞顶压坡形成，底坡则应保持连续。底部上翘收缩，效果不佳。图3-56所示为同一泄水洞的两个出口收缩方案，试验表明，兼用底部上翘和洞顶压坡的方案［图3-56（a）］有负压产生；只用洞顶压坡的方案［图3-56（b）］不但消除负压，且收缩比达0.955。

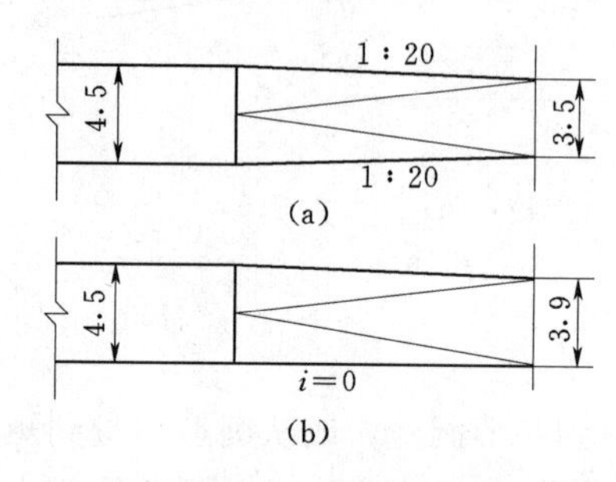

图3-56 有压隧洞出口收缩形态比较（单位：m）

三、泄水孔洞内流态问题与过流能力

泄水孔洞内的流态取决于其上下游水位。下游水位不影响泄流能力的出流为自由出流；下游水位较高，以致泄流能力降低的出流为淹没出流；下游水位高于出口洞顶，且发生淹没水跃，则发生全洞有压流的淹没出流。自由出流情况下，洞内仍可能发生多种流态，主要取决于上游水位、洞底纵坡、进口形式和洞长等因素。视洞身纵坡为缓坡（$i<i_k$）或陡坡（$i>i_k$），分两类阐述。

如图3-57所示为缓坡隧洞自由出流的流态演变。当上游水位较低，水头与洞高的比值H/a小于某一略大于1的常数点k_1时，洞内为无压流，如图3-57（a）所示；当H/a稍大于k_1，但小于另一常数点k_{2m}时，对进口上部为锐缘且洞长较短的隧洞，将发生水流封闭进口而洞内无压的流态，如图3-57（b）所示；而对洞身较长的情况，进口无论为锐缘或为曲线形顶部，洞内都将出现前一段有压而后一段无压的半有压流态，如图3-57（c）所示；当$H/a>k_{2m}$时，则无论洞长或洞短，也无论洞顶形态如何，全洞都将为有压流态，如图3-57（d）所示。

图3-58为陡坡隧洞自由出流的流态演变。当上游水位较低，$H/a<k_1$时，为无压流，如图3-58（a）所示；当上游水位增加至$k_1<H/a<k_{2s}$，对进口顶部为锐缘，正常水深$h_0>a$，但洞较短，或$h_0<a$，但洞较长时，都将出现水流封闭进口而洞内为无压流的流态，如图3-58（b）所示；对于长洞，当$k_1<H/a<k_{2s}$，且$h_0>a$时，洞内将出现时而无压，时而有压，并伴随不稳定气囊的周期性明满流交替流态，如图3-58（c）所示；当$H/a>k_{2s}$，则全洞为有压流，如图3-58（d）所示。

上述流态演变的几个界限判别常数原则上有赖于试验决定。判别孔洞进口是否淹没封闭的界限值k_1主要取决于进口边墙的形式，一般情况下，$k_1=1.1$～1.3。当边墙局部阻力损失大时，k_1取较小值，反之取较大值。通常以$k_1=1.2$作为界限值，即当$H/a<1.2$时，进口可不淹没而全洞为完全无压流。判别缓坡洞洞内是否为有压流的k_{2m}值可表示为

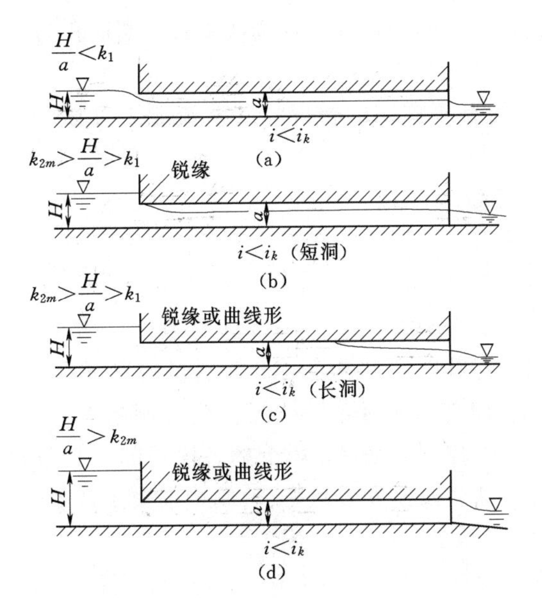

图 3－57　缓坡隧洞自由流的流态

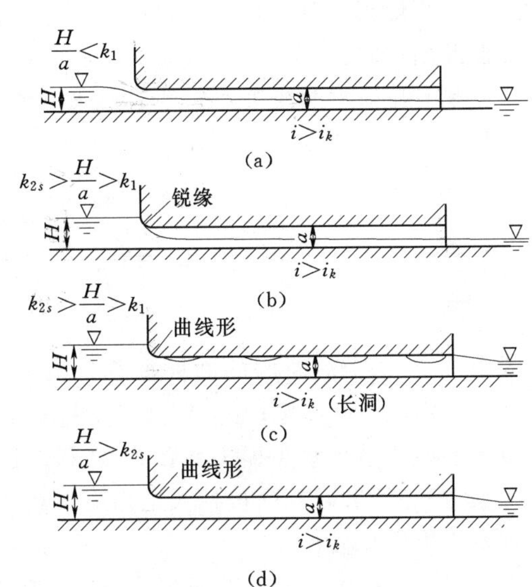

图 3－58　陡坡隧洞自由出流的流态

$$k_{2m}=1+\frac{1}{2}\left(1+\sum\xi+\frac{2gL}{C^2R}\right)\frac{v^2}{ga}-i\frac{L}{a} \tag{3-86}$$

式中：$\sum\xi$ 为自进口断面至出口断面的全洞各局部水头损失系数之和；C 为谢才系数；L 为洞长；R 为满流时的水力半径；i 为洞底纵坡；a 为洞高；$v^2/(ga)$ 为出口水流弗劳德数的平方，当出口断面周边为大气时，$v^2/(ga)=1.62$，当出口断面下游有底板时，界限状态下出口断面水深为临界水深 h_K，即 $a=h_K$，从而 $v^2/(ga)=1$。

于是，当 $H/a>k_{2m}$ 时，为有压流；当 $k_{2m}>H/a>1.2$ 为半有压流。

判别陡坡孔洞洞内是否为有压流的 k_{2s} 值，经验给出为 1.5。故当 $H/a>1.5$ 时，为有压流，$1.5>H/a>1.2$ 时，则为不稳定的明满流交替流态。

上述流态判别涉及的短洞或长洞问题可按下法鉴定：对于自由出流的缓坡洞，进口顶部无论是锐缘或曲线形，当 $k_{2m}>H/a>1.2$，且 $L<l_{km}$ 时，属于进口淹没而洞内无压的短洞，如图 3－57（b）所示；而当 $k_{2m}>H/a>1.2$，且 $L>l_{km}$ 时，为半有压长洞，如图 3－57（c）所示。界限值 l_{km} 可按下式确定：

$$l_{km}=l_i+l_s+l_0 \tag{3-87}$$

l_i、l_s、l_0 的含义示于图 3－59，一般取 $l_i=1.4a$，$l_0=1.3a$，l_s 可由洞内 c_1 型水面线计算确定。图 3－59 中，$K-K$ 线为临界水深线；h_c 为收缩水深，由式（3－88）计算：

$$\frac{h_c}{a}=0.037\frac{H}{a}+0.573\mu+0.182 \tag{3-88}$$

式中：μ 为流量系数，矩形断面进口段半有压洞的 μ 一般取 0.576～0.670，η 一般取 0.715～0.740。

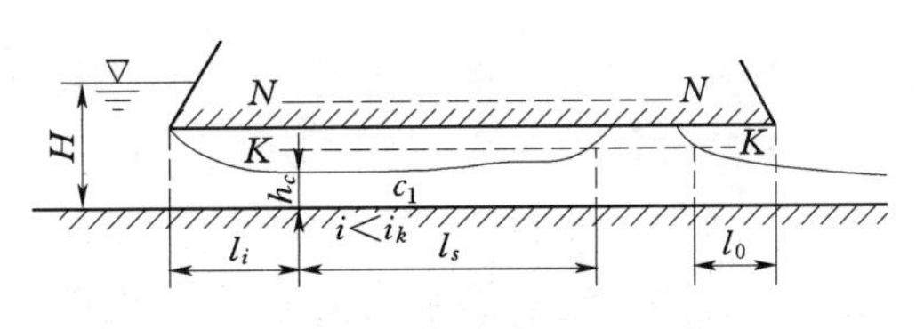

图 3－59　缓坡洞的长、短界限

非矩形断面时，式（3-88）中 h_c/a 应以 ω_c/ω 代替，ω_c/ω 为收缩过水断面积与孔洞断面积之比。

长有压泄洪洞或进水口后连接长度较大的有压隧洞的情况，其泄流能力可如下计算：

$$Q=\mu_C A_C\sqrt{2gH_\pi} \tag{3-89}$$

$$\mu_C=\frac{1}{\sqrt{1+(\sum\zeta_l+\sum\zeta_M)\left(\frac{A_C}{A_i}\right)^2}} \tag{3-90}$$

式中：A_C 为控制断面的断面面积，m^2；H_π 为对应控制断面 A_C 而言的有效水头，视不同出流条件而定；μ_C 为对应控制断面 A_C 而言的流量系数；$\sum\zeta_l$ 为控制断面 A_C 以上的各段沿程水头损失系数 ζ_l 之和；$\sum\zeta_M$ 为控制断面 A_C 以上的各段局部水头损失系数 ζ_M 之和，其中包括入口损失系数 ζ_{in}、渐变段损失系数 ζ_{gr}、闸槽损失系数 ζ_{sl} 和弯道损失系数 ζ_b 等。

对于自由出流的陡坡隧洞，如进口顶部为锐缘，当 $k_{2s}>H/a>1.2$，且正常水深 $h_0>a$ 时，若 $L<l_{km}$ 则属于进口淹没，但洞内无压的短洞，如图 3-58（b）所示；若 $L>l_{km}$ 则为半有压长洞，如图 3-58（c）所示，即发生不稳定流态。界限长度可由下式确定：

$$l_{ks}=l_i+l_s+l_0 \tag{3-91}$$

l_i、l_s、l_0 的含义如图 3-60（a）所示。一般 $l_i\approx1.4a$，l_s 可由洞内 c_2 型水面线计算确定，$l_0=0\sim0.5$，可以忽略不计，h_c 仍可用式（3-88）求出。

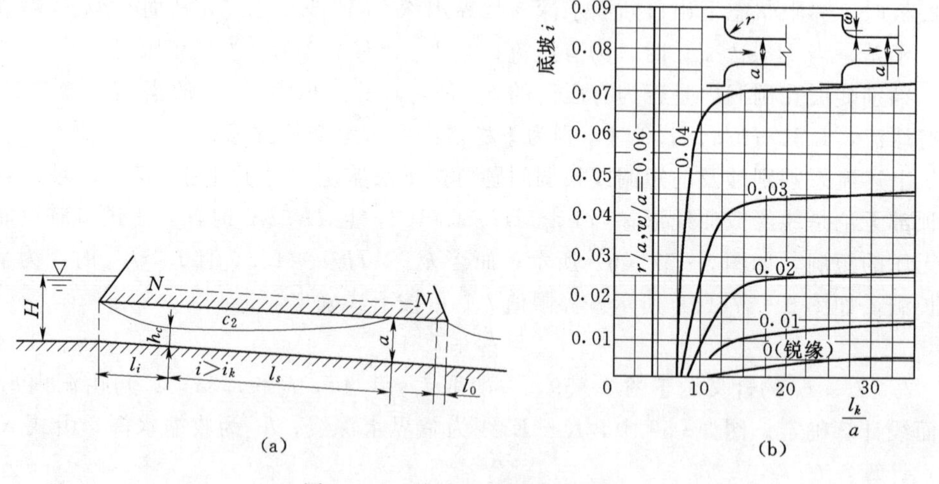

图 3-60　陡坡洞的长、短界限

具有垂直洞脸、锐缘洞顶、圆角或斜角边墙的进口，无论断面为矩形或圆形，无论缓坡或陡坡，均可统一参考图 3-60（b）的曲线估计 l_k。

应当指出，如图 3-58（c）所示的明满流交替的不稳定流态可导致过洞水流的动水压力、流速和流量等水力要素都呈周期性波动变化，对洞壁的受力状态、泄流能力、出口消能衔接等都有一系列十分不利的影响，故原则上不应使其发生。我国有关设计规范规定，除施工导流洞经论证在设计过流条件下水流流态不致造成洞身破坏时可采用明满流交替运行方式外，对流速超过 16～20m/s 的高流速隧洞，在同一段内严禁采用明满流交替的运行方式；只是正常情况下按明流方式运行的低流速泄水隧洞发生校核洪水的非常情况下允许发生明满流过渡。

从工程设计角度而言，对于既定的泄流量要求和相应上、下游水位条件，不允许孔洞发生明满流交替流态。因此，除有赖于对发生的可能性正确判别外，还应有相应的工程措施，设计无压洞时，应确保其无压；设计有压洞时，应保证其有压。

为保证处于陡坡长洞情况下的导流洞、放空洞等洞内为无压流态，基本措施为采用锐缘进口和使正常水深 h_0 远小于洞高 a。对于高水头无压泄水洞来说，这里所谓的锐缘进口，其实就是前面已多次提到的工作门闸下出流，配合门后扩大的断面，即可保证无压。

为保证陡坡长洞的有压流态，最有效的措施是使出口断面过流能力小于其上游各断面过流能力；进口为平顺喇叭形，并淹没于水下，不使水流与洞壁发生分离。

第四节　冲击波和陡槽水力特性

河岸溢洪道的控制堰下一般接陡坡泄槽。为使陡槽内水流平顺，平面上陡槽以等宽直线布置为佳，但在实际工程中，由于地形、地质条件的限制或工程上的需要，常须在泄水建筑物上布置一些扩散段、收缩段、弯段以及闸墩等，如果处于其中的水流为急流，则由于边界的变化将使水流产生扰动，在下游形成一系列呈菱形的扰动波，这种波动称为急流冲击波。

就水工设计角度而言，冲击波如果难以完全免除的话，也应以尽量好的边墙转折形态来削减冲击波的不利影响。本节先介绍急流冲击波的基本理论，而后再将有关结论用到陡槽收缩、扩散和弯曲的合理布置上。

一、冲击波的基本理论

冲击波发生的条件是陡槽边墙转向。现以如图 3-61 所示边墙转向水流内部的情况来讨论。沿一定方向前进的急流遇到边墙偏折的障碍，一方面水流冲击边墙，另一方面边墙同时对水流施加反作用力，而迫使其转向。这一扰动引起动量变化，造成水面壅高。由于急流的流速大于波速，这种扰动只影响其下游的流动。当扰动横向传播时，水流正以大于波速的流速向前运动，扰动到达时，水流已前进了一段距离，因此，扰动影响范围必在起始扰动点的下游，且随着距边墙越远而越靠近下游。这样，在平面上便形成如图 3-61 所示的以边墙

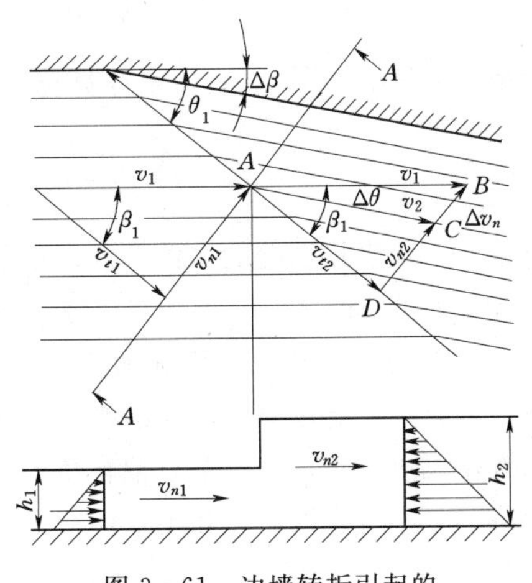

图 3-61　边墙转折引起的急流冲击波计算

转折点为起点而划分扰动区域的斜线，称为波前。波前与扰动前流向的夹角 β_1 称为波角。当边墙向内偏转时，波前线以下水面壅高；反之，当边墙向外偏转时，也有负扰动的波前，波前线以下水面降低。

发生冲击波后，水深、流速的变化以及波角的大小，显然与来流特性及造成扰动的外在条件有关，前者以扰动前弗劳德数 Fr_1 表示，后者以边墙偏折角 $\Delta\theta$ 反映。假定忽略水流的竖向分速，沿铅垂线各点的压力视为遵循静水压力分布，且不计阻力，断面比能 $E_s=h+v^2/(2g)=\text{const}$，则可用动量定律分析问题。

如图 3-61 所示，令 h_1、h_2 及 v_1、v_2 分别为波前线前后的水深和流速，沿波前的分速为 v_{t1}、v_{t2}，正交于波前的分速为 v_{n1}、v_{n2}。由于水深只在波前的前后有变化，沿波前水流不受干扰，即有

$$v_{t1}=v_{t2} \tag{3-92}$$

而连续方程给出：

$$q=h_1v_{n1}=h_2v_{n2} \tag{3-93}$$

故

$$\sin\beta_1=\frac{\sqrt{gh_1}}{v_1}\sqrt{\frac{1}{2}\frac{h_2}{h_1}\left(\frac{h_2}{h_1}+1\right)} \tag{3-94}$$

或写为

$$\sin\beta_1=\frac{1}{Fr_1}\sqrt{\frac{1}{2}\frac{h_2}{h_1}\left(\frac{h_2}{h_1}+1\right)} \tag{3-95}$$

式（3-95）表示出波角、水深变化与来流特性的基本关系。

当边墙转折角很小，波高很小，$h_2\approx h_1$，则有

$$\sin\beta_1=\frac{1}{Fr_1} \tag{3-96}$$

冯·卡门（Von Karman）根据边墙微小偏折 $\mathrm{d}\theta$ 引起水深变化 $\mathrm{d}h$ 的微分方程进行积分，最后导得关于总偏折角 θ 与水流要素 h、v 的相应关系：

$$\theta=\sqrt{3}\arctan\sqrt{\frac{3}{Fr^2-1}}-\arctan\frac{1}{\sqrt{Fr^2-1}}-\theta_1 \tag{3-97}$$

式中：$Fr=v/\sqrt{gh}$；θ_1为积分常数。据 $\theta=0$ 时，$h=h_1$、$v=v_1$ 的初始条件可求出：

$$\theta_1=\sqrt{3}\arctan\sqrt{\frac{3}{Fr_1^2-1}}-\arctan\frac{1}{\sqrt{Fr_1^2-1}} \tag{3-98}$$

可见，θ_1代表扰动前的水流要素。根据来流 Fr_1、θ，可用式（3-97）和式（3-98）求扰动后的 Fr_2。

如果波前陡峻，h_2 明显大于 h_1，波角 β_1 就不能按简化式（3-97）计算，且波前线上有一定能量损失，不能视 $E_s=\text{const}$。这种波高显著的冲击波，可由直线边墙偏折较大角引起，也可由总偏转角较大的弯曲边墙引起的一连串小扰动会聚而成。这种情况下，由连续原理和动量定律可得出：

$$\frac{h_2}{h_1}=\frac{v_{n1}}{v_{n2}}=\frac{\tan\beta_1}{\tan(\beta_1-\theta)} \tag{3-99}$$

$$\tan\theta=\frac{\tan\beta_1\left(\frac{h_2}{h_1}-1\right)}{\frac{h_2}{h_1}+\tan^2\beta_1} \tag{3-100}$$

由式（3-95）可得

$$\frac{h_2}{h_1}=\frac{1}{2}(\sqrt{1+8Fr_1^2\sin^2\beta_1}-1) \tag{3-101}$$

将式（3-101）引入式（3-100），可得

$$\tan\theta=\frac{\tan\beta_1(\sqrt{1+8Fr_1^2\sin^2\beta_1}-3)}{2\tan^2\beta_1+\sqrt{1+8Fr_1^2\sin^2\beta_1}-1} \tag{3-102}$$

考虑到 $v_{t1}=v_1\cos\beta_1=v_{t2}=v_2\cos(\beta_1-\theta)$，可得

$$v_2=v_1\frac{\cos\beta_1}{\cos(\beta_1-\theta)} \tag{3-103}$$

据 v_2、h_2 还可得出 Fr_2 的表达式：

$$Fr_2^2=\frac{h_1}{h_2}\left[Fr_1^2-\frac{1}{2}\frac{h_1}{h_2}\left(\frac{h_2}{h_1}-1\right)\left(\frac{h_2}{h_1}+1\right)^2\right] \tag{3-104}$$

用式（3-101）～式（3-104）可进行较大扰动引起的陡冲击波的水力要素计算。

二、陡槽收缩段冲击波问题与边墙的合理布置

陡槽收缩段冲击波问题的研究有两方面的内容：①收缩段形状尺寸初定情况下，具有一定水力要素的急流，经收缩段将产生多大的冲击波；②当陡槽有必要从既定宽度 b_1 收缩到 b_2 时，采用怎样的收缩段形状和尺寸，才能尽可能消除冲击波的产生和影响。对于前者，已有初步的理论依据，收缩段边墙的偏转，导致水流要素发生变化，可通过理论公式进行计算；对于后者，首先讨论边墙的平面形状。

人们曾对两种边墙形状进行过试验研究。一种是两个反圆弧连成的反曲线，其两端与直线段边墙相切的渐变收缩段，如图 3-62（a）所示；另一种是简单的直线连接渐变收缩段，如图 3-62（b）所示。试验表明，在 b_1、b_2、L 相同的情况下，反曲线收缩段发生的冲击波要比直线收缩段大得多，如图 3-62（c）所示。这很容易解释，由图 3-62 可见，曲线边墙中部的总收缩角 θ' 比直线边墙的收缩角 θ 大得多。前述理论公式表明，冲击波波高恰恰由总收缩角决定，而和边墙曲率无关。其实，不但反曲线连接情况如此，任何曲线连接都将有一处收缩角超过直线连接的收缩角。由此可知，从减小冲击波波高的观点来说，陡槽边墙渐变收缩段宜用直线。

在直线收缩段中，如图 3-63 所示，从收缩起点 A 点和 A' 点发生正冲击波，涌高的波前在 B 点交汇后传播至 C 点和 C' 点，再发生反射。从收缩段末端 D 点和 D' 起，因边墙向外折转，而发生水面降低的负扰动，其扰动线也向下游传播，如图 3-63 中虚线所示。这些作用相叠加，会在下游形成不规则波动的复杂流态。显然，B 点、D 点、D' 点等的相对位置对下游槽内波高很有影响。例如，当 B 点与 D 点、D' 点在同一断面，将会造成最大的扰动；当交汇后的强冲击波恰好在 D 点、D' 点与边墙相遇，亦即 C 点与 D 点、C' 点与 D' 点分别重合，则正负扰动将互相抵消，从理论

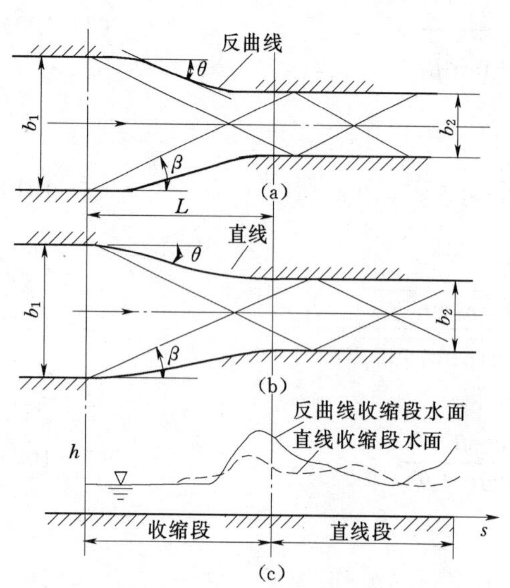
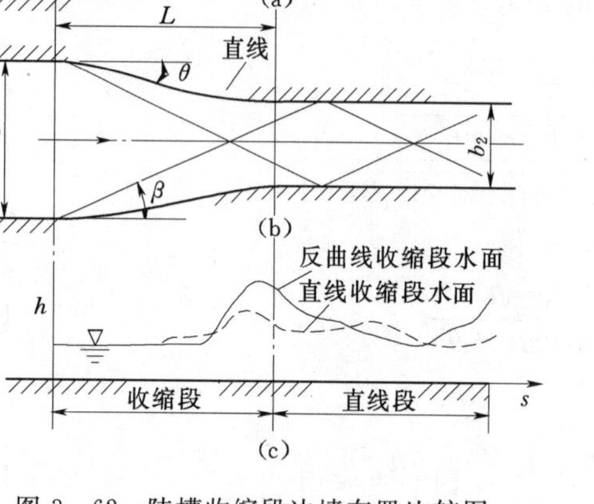

图 3-62　陡槽收缩段边墙布置比较图

图 3-63　陡槽收缩段的合理长度

上讲，下游将不再有扰动。实际上因理论分析基于不少假定，下游仍不免有扰动，但扰动大为减小。按照前述冲击波理论，陡槽收缩段实现图 3-63（b）、（c）的理想布置，应满足下列条件：

（1）斜水跃共轭条件。

$$\left.\begin{aligned}\frac{h_2}{h_1}&=\frac{1}{2}\left(\sqrt{1+8Fr_1^2\sin^2\beta_1}-1\right)\\\frac{h_3}{h_2}&=\frac{1}{2}\left(\sqrt{1+8Fr_2^2\sin^2\beta_2}-1\right)\end{aligned}\right\}\tag{3-105}$$

（2）沿波前方向动量守恒（$v_{t1}=v_{t2}=v_{t3}$）。

$$\left.\begin{aligned}\frac{h_2}{h_1}&=\frac{\tan\beta_1}{\tan(\beta_1-\theta)}\\\frac{h_3}{h_2}&=\frac{\tan\beta_2}{\tan(\beta_2-\theta)}\end{aligned}\right\}\tag{3-106}$$

（3）入口与出口连续条件（$Q=b_1h_1v_1=b_3h_3v_3$）。

$$\frac{b_1}{b_3}=\left(\frac{h_3}{h_1}\right)^{3/2}\frac{Fr_3}{Fr_1}\tag{3-107}$$

（4）几何关系。

$$L=\frac{b_1-b_3}{2\tan\theta}\tag{3-108}$$

三、陡槽弯段水流

当由于地形、地质条件限制，泄槽不得不设有弯段时，仍应力争将其置于流速相对较低段，并采用较大的转弯半径 R_c（图 3-64）。弯段急流流态复杂，连续转折的边墙，不仅因受离心力作用导致断面外侧水深加大，内侧水深减小，而且因边墙迫使水流转向，产生冲击波，从而无论沿纵向或横向都有水深的剧烈起伏。

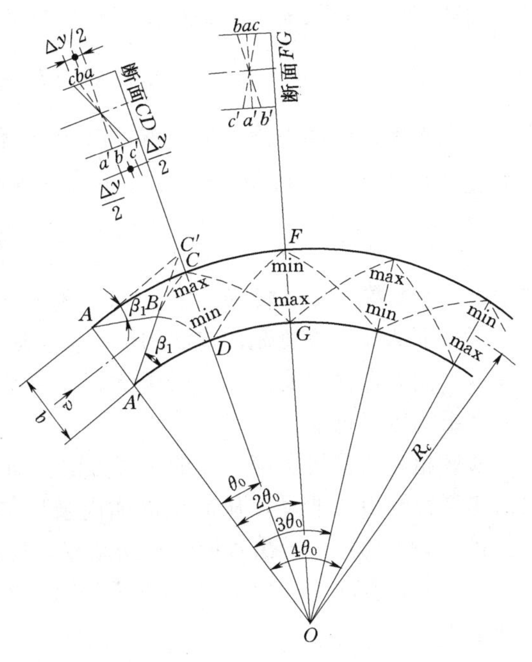

图 3-64　简单圆弧弯道

现以如图 3-64 所示的圆弧曲线等宽矩形槽为对象进行分析。流速为 v 的急流从直段进入弯段后，由于外墙向内偏转，从 A 点开始发生冲击波，使水面壅高，正扰动线沿 AB 方向；同时由于内墙向外偏转，从 A'点开始水面降落，负扰动线沿 $A'B$ 方向，两线汇交于 B 点。B 点以下两墙的扰动便互相影响，扰动将不再沿直线传播，而分别沿 BD 和 BC 曲线传播。结果 ABC 区只受外墙影响的范围，水面沿程增高，至 C 点达到最高；$A'BD$ 区只受内墙影响的范围，水面沿程降低，至 D 点达到最低；CBD 以下受两墙交互影响，不断发生波的干涉和反射并传向下游。

为得到从起点（A、A'）开始，沿边墙水深变化的规律，原则上可按前述边墙微小转折引起的冲击波理论分段逐步计算，但较烦琐。引用下列近似公式，可使计算简便得多。

$$h=\frac{v^2}{g}\sin^2\left(\beta_1+\frac{\theta}{2}\right) \tag{3-109}$$

式中：h 为沿边墙的水深；θ 为该水深处计算点相对起点的偏转角；β_1 为相应于上游原来水深 h_1 的波角。

人们最关心的自然是 h 为最大值或最小值（即图 3-64 中标有“max”或“min”点）时，相应点的 θ。通常认为第一个最大和最小水深的位置发生在 OC'与外墙、内墙的交点 C、D 上，表征这一位置的 θ_0 就是扰动图形的半波长。由图 3-64 中几何关系可知：

$$\theta_0=\arctan\frac{b}{\left(R_c+\dfrac{b}{2}\right)\tan\beta_1} \tag{3-110}$$

既然 θ_0 是半波长，则此后水深最大值将依次发生在沿外墙的 $3\theta_0$、$5\theta_0$…处，沿内墙的 $2\theta_0$、$4\theta_0$…处；而水深最小值则发生在沿外墙的 $2\theta_0$、$4\theta_0$…处，沿内墙的 $3\theta_0$、$5\theta_0$…处。由于连续渐变弯段导致的冲击波属于缓冲击波，故其波角应为

$$\beta_1=\arcsin\frac{1}{Fr_1}=\frac{\sqrt{gh}}{v} \tag{3-111}$$

如要削弱弯道水流的波动形态，则仅为平衡离心力而需的内外墙水深之差就有

$$\Delta h = b\,\frac{v^2}{gR_c} \tag{3-112}$$

而在发生急流冲击波的情况下，以 $\theta=\theta_0$ 代入式（3-109），所得内外墙水深之差接近式（3-112）所定 Δh 的 2 倍，故内外墙水面差 Δz 可统一写为

$$\frac{\Delta z}{b} = a\,\frac{v^2}{gR_c} \tag{3-113}$$

式中：a 为系数，对于缓流，取 $a=1$，对于急流，取 $a=2$。

工程上消减弯段急流冲击波的措施，从原理上说主要有两类：①给槽内所有流线施加一个侧力，使水流平衡不受干扰；②在弯段曲线的起点和终点引入另一种干扰，使原受干扰得以抵消。

槽底超高法是属于第一类的主要方法。如图 3-65（a）所示，该法使槽底具有与水面相平行的横向坡降，从而使沿横向坡度的重力分量与离心力等值反向而达到平衡。式（3-113）已示出水面的横向斜率，应注意，该式是以中心线曲率半径 R_c 表达的平均值，实际上 R 不同处斜率也不同，故内外墙总超高值 Δz 最好用下式所示的积分结果：

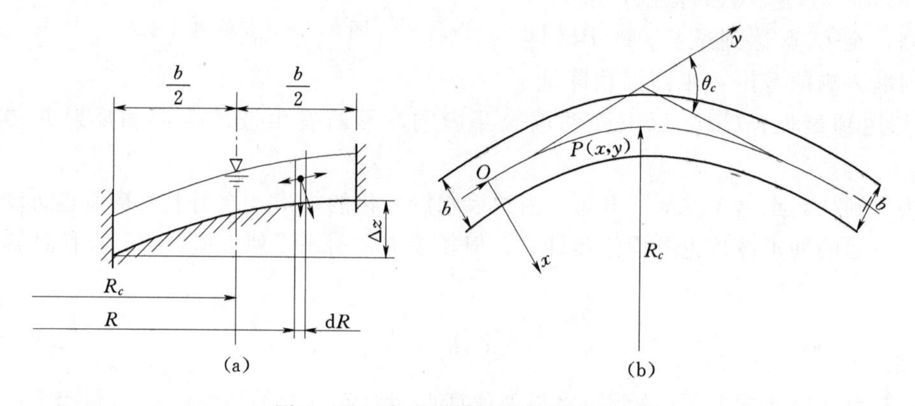

图 3-65　弯段陡槽槽底超高法布置图

$$\Delta z = \int_{R_c-\frac{b}{2}}^{R_c+\frac{b}{2}} \frac{av^2}{gR}\mathrm{d}R = \frac{av^2}{g}\ln\frac{R_c+\dfrac{b}{2}}{R_c-\dfrac{b}{2}} \tag{3-114}$$

如欲求槽底其他点相对内边墙槽底的超高值 $\Delta z'$，则由该点曲率半径 R' 可知

$$\Delta z' = \frac{av^2}{g}\ln\frac{R'}{R_c-\dfrac{b}{2}} \tag{3-115}$$

采用这种方法时，槽底超高在曲线两端要渐变引入，以免由水平槽底突变成超高槽底，或由超高槽底突变为水平槽底时引起强干扰。渐变引入超高时，平面上也应加渐变曲线，其曲率半径从直段末的∞逐渐变小到有限值 R_c，然后又从 R_c 变到下一直段起点的∞。为此，可考虑用铁路渐变线布置。按如图 3-65（b）所示取坐标系，原

点位于直段末端、弯段起点，x 轴垂直于槽底中心线，y 轴在原点切于弯段中心线，于是渐变段中心线任一点 $P(x, y)$ 的坐标为

$$\left.\begin{aligned} x &= \frac{L_x^3}{6R_c L_c} \\ y &= L_x - \frac{L_x^5}{40R_c^2 L_c^2} \\ L_c &= R_c \theta_c \end{aligned}\right\} \tag{3-116}$$

式中：L_x 为 OP 的曲线长，每给一个 L_x 可确定一对坐标值；θ_c 为前后两直段中心线的总偏折角，以弧度计。

应用槽底超高法时，常以降低内侧槽底来获得外侧槽底的相对超高 Δz；也可通过内侧降 $0.5\Delta z$，而外侧升 $0.5\Delta z$ 来实现。它适用于泄槽流量经常等于或接近设计流量的情况，可做到完全免除冲击波引起的水面升高。其缺点是：当实泄流量与设计流量相差很大时，不能保持弯道水流平衡。不过，当实泄流量小于设计流量时，所生扰动可保持在设计水面线之下。

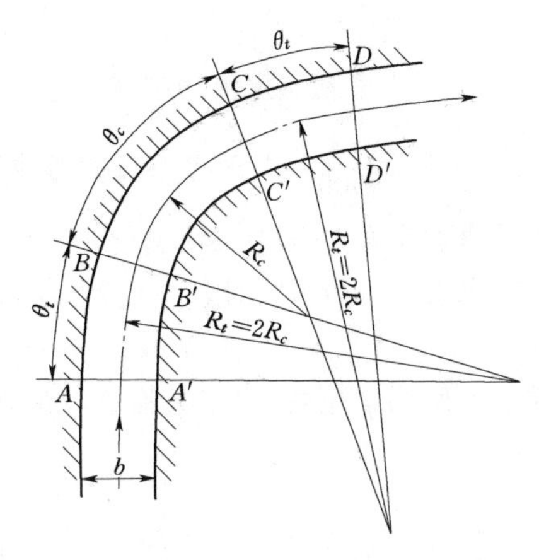

图 3-66　陡槽弯段的复曲线布置

弯段用复曲线布置属于第二类干扰处理方法。如图 3-66 所示，弯段由 3 段曲线组成，中间段半径为 R_c、中心角为 θ_c(可视需要取任何值)，为主曲线段，其前后各接半径为 R_t、中心角为 θ_t 的辅曲线段。由前述冲击波理论可知，为使从 A' 点出发的反干扰最有效地抵消从主曲线段起点 B 出发的正干扰，所需 R_t、θ_t 为

$$\left.\begin{aligned} R_t &= 2R_c \\ \theta_t &= \arctan \frac{b}{\left(R_t + \frac{b}{2}\right)\tan\beta_1} \end{aligned}\right\} \tag{3-117}$$

有了从 AA' 到 BB' 的前辅曲线段后，水流从直段进入此段，水面内外侧高差将逐渐加大到仅由离心力决定的平衡值，并在主曲线段全程保持这种状态。然而，如主曲线段在 CC' 结束时，突然让水流进入下游直段，则一新的扰动又将发生，而影响下游。可以证明，从 CC' 到 DD' 再加一段具有同样 R_t、θ_t 的后辅曲线段，则将消除下游直段扰动。经验表明，高流速泄槽弯段按复曲线布置，能较好地消除波动，但不消除离心力的影响。

第五节　高速水流边壁的蚀损和防蚀设计

一、空化与空蚀的基本概念

在给定温度下，液流局部地区的压强降低到一定程度时，液体内部的气核发育成

蒸汽型空泡（简称汽泡）或气体型空泡（简称气泡），汽泡或气泡被水流带到压强较高区域时，由于蒸汽的凝结或气体的溶解而迅速崩溃，并产生极大的压强，这种现象称为空化。高水头泄水建筑物某些部位的高速低压流中会发生空化现象，形成带空泡的空穴流。当空化发生在固体边界附近时，空泡的瞬间破灭就会使边界面受到强烈的、反复的压力冲击，引起材料的断裂或疲劳破坏而发生剥蚀，这种现象称为空蚀。空蚀是泄水建筑物遭受破坏的最常见现象，设计时应力求减免其危害。

水工设计中高速水流问题的解决，常用空化数 K 作为评估建筑物各部位各点水流空化特性乃至附近边壁空蚀可能性的主要指标。水工中更常用下式表达 K：

$$K=\frac{h_0+h_a-h_v}{v_0^2/(2g)} \tag{3-118}$$

式中：h_0 为考察点水流边界压强水头；h_a 为考察点处的大气压强水头，与高程有关，$h_a=10.33-\frac{\Delta}{900}$，$\Delta$ 为考察点的海拔高程；h_v 为相应水温下的水的汽化压强水头；g 为重力加速度；v_0 为来流速度。

水工建筑物运行时，空化发生的条件是

$$K\leqslant K_i \tag{3-119}$$

式中：K 为空化数；K_i 为临界空化数或初生空化数。

$$K_i=\frac{h_{0i}+h_a-h_v}{\dfrac{v_{0i}^2}{2g}} \tag{3-120}$$

式中：h_{0i}、v_{0i} 分别为发生初生空化时考察点的临界压力水头和流速；其余参数含义与式（3-118）相同。

反之，不发生空化条件（当然也是更不会空蚀的条件）是保持 $K>K_i$。

显然，据具体过流建筑物某处水流实有流速和绝对压强等水力要素算得的 K 越小，水流空化乃至边壁空蚀的可能性越大；反之，该处水流实有 K 越大，则表示抗蚀安全度越大。应指出的是，空化的发生不意味着附近边壁空蚀的必然发生。由于空化数所含参变量之外的其他因素的影响，何种表面形态的边界条件、何等强度的边壁材料在何等程度的水流空化状态下空蚀，严格说来也须具体问题具体研究。但可以肯定的是，导致空蚀的水流空化数将小于 K_i。影响空化产生与发展的主要变量有过流边界形态、绝对压强分布和流速等，还有流体黏性、表面张力、汽化特性、水中杂质、边壁表面条件以及压强梯度等。

二、泄水建筑物空蚀问题与防蚀

高水头泄水建筑物过流边壁附近流速达到 15～20m/s 以上者，就要十分关心空蚀破坏的可能性。实践经验表明，高速水流条件下易发生空蚀的部位如图 3-67 所示，主要有：各种混凝土溢流坝的门槽底坎和下游侧、闸墩下游端附近、溢流面上不平整处和流速最高处、坝面与反弧段切点附近、反弧与护坦（或挑流坎）相接处、消力墩或差动鼻坎的侧面等；河岸溢洪道的进口、门槽、闸墩、弯道、收缩和扩散段、陡坡曲线段和反弧段等；深式泄水孔洞的进口、门槽附近孔洞壁面、壁面不平整处、

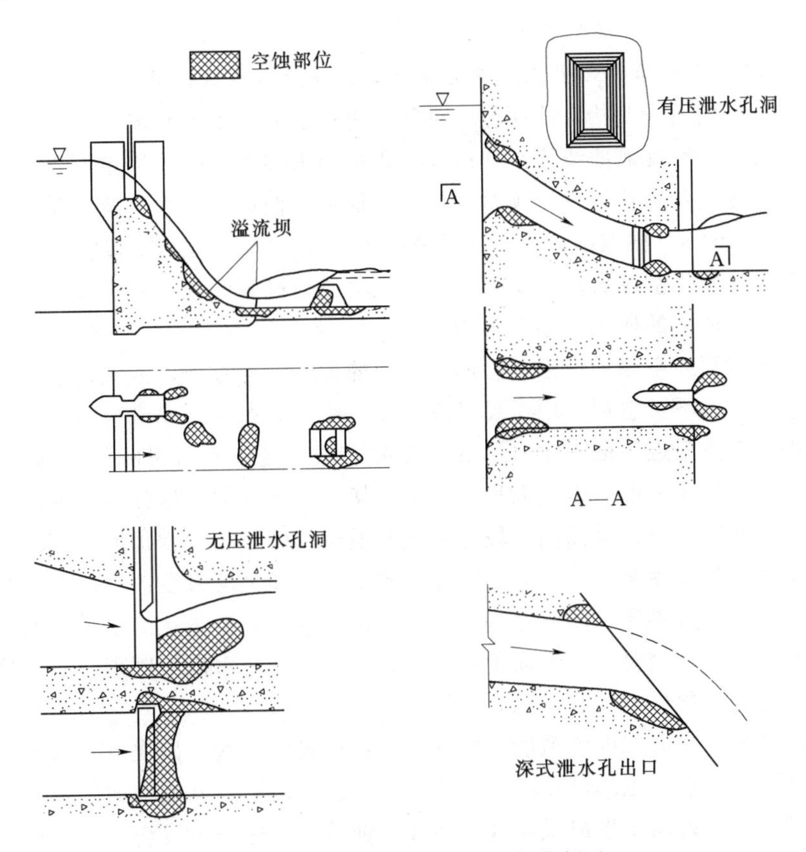

图 3-67　泄水建筑物易空蚀部位例示

流速最高处、弯段凸壁、出口上唇与下唇等。

深式泄水孔洞启门运行时，从进口到出口全程都是高流速区，如在其中设隔墩，则墩面、顶板和底板等处也极易发生空蚀。所以一般不宜在深式泄水孔洞内设隔墙或闸墩。

重要工程高水头泄水建筑物的水力设计，最好结合水工模型试验进行研究。在常压水工模型上可以观测到全流程的流态、流速分布、动水压强（包括脉动压强）分布，并相应可找到各可能运行工况中实有最小水流空化数 K 的大小与发生部位，再同已建类似工程已知初生空化数（实测值或经验值）K_i 对比，可基本上判断设计方案实际运行时空化特性及空蚀可能性。必要时最好也进行减压水工模型试验，从而直接找到设计方案各部位的 K_i。研究表明，确有空蚀问题时就应采取必要的措施防蚀。下面将分述各种防空蚀的工程措施。

（一）改进泄水建筑物体形

为防止泄水建筑物过流边壁发生空蚀，最根本的措施是改进边界的轮廓形态，使泄水运行时各部位 $K>K_i$，亦即满足不发生空化的水流条件。显然从防空蚀角度看，泄水建筑物各部位的 K_i 越小越好，而运行时实有 K 越大越好。注意到压强在组成 K 时的关键作用，所以在泄水建筑物选型和水力设计时，工程师特别关心沿流程动水压强的分布，限制负压（测压管水头为负值）的范围和绝对值，以求间接限制过小

的 K。

1. 溢流坝面及龙抬头式明流泄洪隧洞进口斜井段防空蚀设计

为了使溢流坝面或龙抬头式明流泄洪隧洞进口斜井段下泄水流向水平方向转折并流向下游，必须设置反弧曲线段。在已建工程中绝大多数反弧采用单圆弧曲线，圆弧半径应随其上流速及表孔进口堰顶水头加大而加大，但如果总水头及反弧段流速 v 过高，例如 $v>35\text{m/s}$，根据国内外工程实例，对于高水头、大流量溢流坝面，采用单圆弧的反弧段易发生空蚀破坏。反弧段采用抛物线、椭圆曲线、悬链线等曲线比单圆反弧优越，过流面上的压强分布较为均匀。

关于反弧末端易空蚀的原因，除用空化数的大小来考查外，紊流边界层的沿程发展和变化的影响也不可忽视。由于反弧段的动水压强分布是：水流自直线斜坡段到达反弧段始端上切点附近，曲率半径从无穷变到有限，受离心力影响的压强急剧增加，使反弧前半段有逆压梯度，水流向反弧末端下切点泄出过程中压强逐渐减小，使反弧后半段有顺压梯度，所以反弧前半段边界层受逆压梯度影响急剧加厚，而后半段边界层受顺压梯度影响又逐渐减薄，并在末端达到最薄。加之反弧段边界层外的紊动程度又很高，因而反弧边界层内的流速梯度最大，按牛顿公式所表达的水流临底剪切力也最大。在此情况下，只要边壁表面稍有不平，都会给高速水流以剧烈扰动，造成局部压强降低，乃至空化、空蚀。

常见的挑流、底流和面流消能是借助于各种形式的挑坎、齿坎及辅助消能工来实现的。各种形式的消能工均可使高速水流在平面或立面上急剧改变或扩散，有可能在这些坎、墩、齿的表面上形成低压区，造成空蚀破坏，这样不仅会降低它们的消能效果，有时还会影响到泄水建筑物的正常运用。因此，选择能减免空蚀的体形是非常重要的。

2. 平板闸门门槽防空蚀设计

深式泄水孔洞，无论有压孔洞还是具有短压力进水口的无压孔洞，常要设平板门（即使工作门用弧形门，检修门仍要用平板门），平板门的门槽附近就成了易空蚀的部位。

表 3-4　规范推荐的平板闸门门槽型式

槽型	门槽图形	门槽几何形状的参数	门槽适用范围
Ⅰ	水流→ D W	（1）较优宽深比 $W/D=1.6\sim1.8$； （2）合宜宽深比 $W/D=1.4\sim2.5$； （3）门槽初生空化数经验公式为 $K_i=0.38(W/D)$ （适用范围：$W/D=1.4\sim3.5$）	（1）泄水孔事故闸门门槽和检修闸门门槽； （2）水头低于 12m 的溢流坝堰顶工作门门槽； （3）电站进水口事故闸门、快速闸门门槽； （4）泄水孔工作门门槽，当水流空化数 $K>1.0$（约相当于水头低于 30m 或流速小于 20m/s）时

槽型	门槽图形	门槽几何形状的参数	门槽适用范围
Ⅱ	水流 X Δ D R W	（1）合宜宽深比 $W/D=1.5\sim2.0$； （2）较优错距比 $\Delta/W=0.05\sim0.08$； （3）较优斜坡 $\Delta/X=1/10\sim1/12$； （4）较优圆角半径 $R=30\sim50$mm 或圆角比 $R/D=0.10$； （5）门槽初生空化数 $K_i=0.4\sim0.6$（可根据已有科研成果及工程实例类比选用）	（1）泄水孔工作闸门门槽，其水流空化数 $K>0.6$（相当水头为 30～50m，或流速为 20～25m/s）时； （2）高水头、短管道事故闸门门槽，其水流空化数 $K>0.4$ 且小于 1.0 时； （3）要求经常部分开启，其水流空化数 $K>0.8$ 的工作闸门门槽； （4）水头高于 12m，其水流空化数 $K>0.8$ 的溢流坝堰顶工作闸门门槽

我国现行的《水利水电工程钢闸门设计规范》（SL 74—2019）所建议的门槽体形及其初生空化数 K_i 值见表 3-4，其水流空化数按式（3-121）计算：

$$K=\frac{(P_1+P_a-P_V)\gamma}{v^2/2g} \tag{3-121}$$

式中：P_1 和 v 分别为紧靠门槽上游附近断面的平均压力（kPa）和平均流速（m/s）；P_a 为大气压力，kPa；P_V 为水的饱和蒸汽压，kPa；γ 为水的容重，kN/m^3。

SL 74—2019 建议取

$$K>(1.2\sim1.5)K_i \tag{3-122}$$

（二）控制过流壁面不平整度

由混凝土、钢筋混凝土建造的泄水建筑物过流壁面，即使有良好的体形设计，但如果施工中不能保证壁面光滑平整（如模板变形、错位，模板拼缝不紧密，混凝土残渣未清除或有钢筋头露出等），则高速水流经过不平整体时，由于绕流分离和压强下降而极易空化，并随之引起壁面空蚀。图 3-68 示出升坎、跌坎、急弯、转折、沟槽、凹陷、凸起以及兼有凸凹的粗糙面等不平整体典型情况下水流分离及空蚀发生的

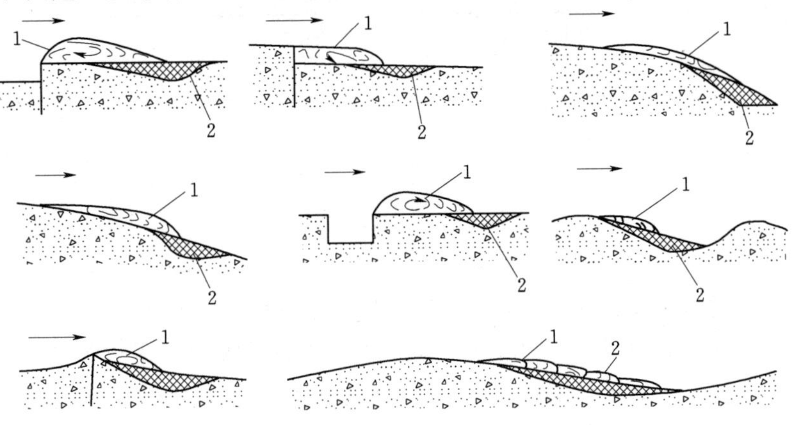

图 3-68　不平整体后水流分离情况示意图

1—分离区；2—空蚀区

大致位置，据此可类推其他不平整体后水流空化情况。

根据苏联和美国的试验资料，有人以升坎为典型不平整突体，研究减小其初生空化数的措施（即将升坎突体的直立迎水面改为斜坡面的措施）。

研究表明，高速水流情况下，对过流壁面局部不平整度（以 Δ/L 表示）提出控制要求是十分必要的。事实上，我国许多著名工程对高水头溢流坝、深式泄水孔洞等建筑物的关键过流壁面都有控制不平整度的具体要求。

《水工隧洞设计规范》（SL 279—2016）规定了隧洞过流表面的不平整度控制和处理要求应根据水流空化数的大小确定，见表 3-5。

表 3-5　隧洞过流表面不平整度控制标准

水流空化数		>1.70	1.70～0.61	0.60～0.36	0.35～0.31	0.30～0.21		0.20～0.16		0.15～0.10		<0.10
掺气设施		—	—	—	—	不设	设	不设	设	不设	设	修改设计
突体高度控制/mm		≤30	≤25	≤12	≤8	<6	<25	<3	<10	修改设计	<6	—
磨成坡度	正面坡	不处理	1/5	1/10	1/15	1/30	1/5	1/50	1/8	—	1/10	—
	侧面坡	不处理	1/4	1/5	1/10	1/20	1/4	1/30	1/5	—	1/8	—

（三）边壁保护

在高速水流过流边壁采用强度高、有柔性、致密的材料，以提高边壁抵抗空穴溃灭时的冲击力，降低初生空化数，这在工程实践中是有成效的防蚀措施。

水工常用材料是混凝土，影响混凝土抗空蚀性能的因素很多，如强度、水灰比、骨料种类及配比、拌和稠度以及表面处理工艺等，不过大致可用强度等级作为主要因素。一般认为强度等级为 C25（立方体抗压强度 25MPa）以上的高强度等级混凝土才有一定的抗空蚀性能。美国垦务局认为，当流速大于 30m/s 时，应采用 C40 以上的混凝土。事实上，苏联水工科学研究院曾在 $v=30$m/s 设备中测试过多种强度混凝土试件，空蚀率 i_{30} 以每小时蚀深计，如表 3-6 所示。

表 3-6　$v=30$m/s 时混凝土试件空蚀率 i_{30}

混凝土 28d 龄期的强度/MPa		i_{30}/(cm/h)
抗　压	抗　拉	
25.0	2.35	0.054
29.0	3.05	0.021
40.3	3.90	0.013
45.4	4.14	0.006

表 3-6 表明，抗压强度达 40MPa 以上的普通高标号混凝土在流速 $v=30$m/s 情况下也难免空蚀。顺便指出，同样抗压强度的水泥砂浆要比混凝土抗蚀能力稍强些。这大概是由于砂浆内部结构较均匀，水泥与细骨料的胶黏总面积大，从而对高频外力的抵抗性能较强。

水工混凝土不足以抗蚀时，采用钢板衬护是高水头泄水孔洞可供选择的措施。钢板本身具有强度高、表面平滑、致密等优点，抗空蚀性能自然胜过混凝土；但缺点是造价昂贵，与混凝土的紧密连接也是施工难点。采用这种衬护时要注意钢板、混凝土间不留空隙，因为如有空隙，动力冲击下可能发生振动，使钢板进一步脱开、材质逐渐疲劳，最后甚至被撕落。故钢板必须紧密锚系于混凝土，其后做好排水以减免可能的扬压力。

需要抗蚀的部位采用特殊混凝土（纤维混凝土、聚合物混凝土或砂浆）也是现代水工中一种有效措施。纤维混凝土是指普通混凝土中拌入抗拉强度高的纤维状材料（钢纤维、玻璃纤维、石棉纤维、塑料纤维等），经浇筑、固结成形。目前常用的钢纤维为长 25～75mm，长径比 30～150 的钢针，含量不超过混凝土体积的 2%。钢纤维混凝土的抗空蚀性能约可提高 30%。

聚合物混凝土是指普通混凝土的胶结材料（水泥）由各种高分子聚合物（如橡胶浆、树脂乳液、聚乙烯醇、环氧树脂、呋喃树脂等）部分或全部取代而构成的材料；如不用粗骨料，则为聚合物砂浆。这些材料大致可分三种：

（1）聚合物水泥混凝土（或砂浆），即兼含水泥与聚合物的材料。聚合物与水泥的质量比通常为 1∶5～1∶20。硬化后的抗压强度可提高 1～2 倍，抗空蚀性能可提高 9 倍。

（2）聚合物树脂混凝土（或砂浆），即胶结材料只用聚合物的混凝土（或砂浆）。实践表明，树脂混凝土的强度很高，并有很强的耐酸性，但缺点是造价高，工艺复杂，很难大规模使用。应用树脂砂浆（如环氧砂浆）修补泄水建筑物边壁缺陷和蚀损处，效果很显著。

（3）聚合物浸渍混凝土（或砂浆），即在普通混凝土干燥表面加上组成聚合物的单体液，并使其浸入混凝土 1～3cm，再经加热或其他方法使其聚合成护面材料。美国利贝（Libby）坝和德沃歇克（Dworshak）坝均曾用这种材料于混凝土修复。我国葛洲坝二江泄水闸底板及尾坎等部位也曾用聚合物浸渍混凝土抗冲蚀。各种标号的混凝土经浸渍后抗空蚀性能提高 50%～250%，抗压强度可提高 1.5～2.8 倍。

（四）人工掺气减蚀

实践表明，流速超过 35m/s 的高水头泄水建筑物边壁，仅靠改进过流边界体形、控制边壁施工不平整度以及提高材料强度等措施来抗空蚀仍是困难的，也是被动的或代价十分昂贵的。近 50 多年来（20 世纪国外 60 年代起，我国 70 年代起），采用在水流边界附近掺气的减蚀措施逐渐得到应用、发展和推广。大量原型观测资料已经证明，这是十分有效的积极措施。本节最后将对此进一步介绍。

三、含沙高速水流的磨蚀与抗蚀材料

兼有排沙任务的高水头泄水建筑物泄水时含沙水流除如前述可导致边壁空蚀破坏外，还有很强的磨蚀作用。国内外都有磨蚀破坏的工程实例：我国黄河三门峡水利枢纽 1980 年底检查发现，由于黄河前 11 年内汛期平均含沙量达 68.3kg/m^3，致使 2 号底孔工作闸门后大面积冲磨破坏，平均磨蚀深度 14cm，并使直径 40mm 的钢筋外露、冲弯、磨扁；刘家峡水电站泄洪洞 1972 年改建后也曾遭受泥沙的严重磨损，在 450m 范围内冲成一条宽 0.5～1.0m、深 0.4～1.0m 的沟，底板钢筋切断，混凝土骨料裸露；美国胡佛坝（Hoover Dam）的泄洪隧洞和印度巴克拉坝（Bhakra Dam）的消力池也都有过泥沙磨蚀严重破坏的记录。

泥沙运动本有推移质和悬移质之分，推移质沿水流底部滑动、滚动或短距离跳跃，移动速度滞后于流速；悬移质则完全挟带于水流中，在各个深度随水流同步运动。不过就导致高水头泄洪排沙建筑物边壁磨蚀破坏的泥沙运动而言，实际上很少可能有真正的推移运动，即使在上游属于推移质的较粗颗粒泥沙，进入高流速、高紊动度的泄水建筑物水流后也不能作推移运动了。当然，低水头排沙建筑物受卵石推移质磨损（如都江堰枢纽的飞沙堰每年磨蚀深度达20～30cm）是另一回事。

通过混凝土试件的磨蚀试验，可以观察到磨蚀过程：开始时，试件表面相对软弱的水泥先被挟沙水流磨掉而露出细骨料；随后，裸露的细骨料（砂粒）失去稳定而被水流带走，致使粗骨料裸露；最后，粗骨料也会被冲走。如此层层剥蚀而形成不平整的表面。磨蚀的壁面有顺流向的擦痕，这种特征与呈麻点、凹坑的空蚀破坏有明显区别。但泄水建筑物的有些部位磨蚀与空蚀也会相伴发生，难以截然区分。

（一）泥沙做悬移质运动时的磨蚀作用

含沙高速水流对边壁材料的磨蚀作用，与流速、含沙浓度及泥沙颗粒特性、材料强度及硬度等众多因素有关。流速是首要因素，按照河海大学王世夏的研究，在其他因素既定情况下，磨蚀率与流速的平方成正比。三门峡枢纽底孔磨蚀的原型观测数据也大致能证明这一点，但低流速情况未必如此。事实上，三门峡枢纽的运行经验还表明，不产生明显磨蚀的界限流速为10～12m/s。

对于一定的材料，磨蚀率随水流含沙量加大而加大，但增加率稍低于线性一次幂。材料不同，受同样挟沙水流磨蚀，磨蚀率是不同的，材料越强、越硬、越均匀致密，磨蚀率越小。事实上，强度、硬度和均匀致密程度都高的环氧砂浆试件磨蚀率最小。

应当指出的是，由于含沙高速水流对边壁磨蚀问题的复杂性，已有的一些试验研究成果还不很全面。另外还应指出的是，含沙水流对边壁材料的磨蚀能力还与水流在边壁附近是否掺气，以及掺气浓度大小有关。对牛顿流体的含沙高速水流，也可实施有效的人工掺气；掺气不但有减免水流空化与空蚀的作用，而且有消减浑水高速流磨蚀的能力，即可协助边壁材料抗磨。

（二）抗磨材料

目前国内外采用的抗磨蚀材料主要有高标号混凝土、钢纤维混凝土（或砂浆）、聚合物混凝土（或砂浆）、硅粉混凝土（或砂浆）、环氧砂浆、辉绿岩铸石板、钢板等。大致可以说抗空蚀性能好的材料抗磨蚀也好。但要注意硬度对抗磨蚀的重要性。处于抗磨蚀部位的混凝土应采用硬度大的粗骨料。据现有资料，大致可认为：普通混凝土的抗磨能力很低；辉绿岩铸石板、环氧砂浆抗磨蚀能力好，但如与基面黏结不牢则易被整块掀起，不宜大面积使用；高强聚合物混凝土（砂浆）抗磨性能相当好，虽然工艺较复杂，也较贵，但从长远考虑还是属于较经济、耐磨的材料。刘家峡水电站泄水道补蚀试用的聚合物硅粉砂浆，抗磨性能相当好。

高铝陶瓷是国外新的抗磨蚀材料（主要成分为氧化铝、氧化硅和氧化镁），其莫氏硬度为9，抗压强度197MPa，抗拉强度155MPa，弹性模量2.25×10^{5}MPa。不过价格相当昂贵，只有高水头建筑物的某些细部构造可供选用。

四、高速水流掺气和掺气减蚀抗磨

空气进入水流中运动的过程统称为水流掺气。掺气水流是水和空气的混合流体。

按照掺气条件可分为自然掺气和强迫掺气。自掺气是水流呈均匀缓变流动，沿程固体边界无突然变化，没有水流交汇，也无水跃或冲击波等流态突变，只由于流速足够大而发生的空气从自由水面进入的现象；强迫掺气是有上述原因的干扰而使水流呈急变流时，在自掺气外要增加空气掺入量的掺气现象。

水流掺气使水深增加，在溢洪道导墙高度和明流泄洪洞洞顶余幅的设计计算中，需要考虑掺气对水深的影响。水流掺气可以提高消能效果。台阶溢流坝面可以增强水流紊动，促使水流表面掺气发生，在溢流坝面上消耗水流部分能量。对于高速水流，贴近泄水建筑物过流边界的水流掺气可以减免空蚀破坏。在水流边界人为设置局部槽、坎，或采用突扩、突跌等措施，而使空气从水流底部或侧边掺入的情况，也属强迫掺气，其目的是减免边壁空蚀或协助抗磨。

（一）陡坡明槽水流自掺气

进入泄槽的水流，一般为缓流向急流转变，且都是加速流。随着流速的增加，边界层发展，水面开始波动并发生水面掺气现象，其过程如图3-69所示。水流通过溢流堰进入泄槽，从溢流堰顶附近A点开始的边界层逐渐发展，在B点发展到达水面后，水面开始波动；若B点流速小于水面开始掺气的临界流速v_k，B点不会发生掺气，只有当流速进一步增加，到C点时流速达到v_k水面才会开始掺气，C点称为掺气发生点。此后水流表面掺气量沿程增加，水深也不断增大，CD为非均匀掺气段。但已掺入水流的气泡还会逸出，到达D点后掺入量与逸出量平衡，掺气浓度趋于稳定，此后水深不变，故D点以下为掺气的均匀流段。

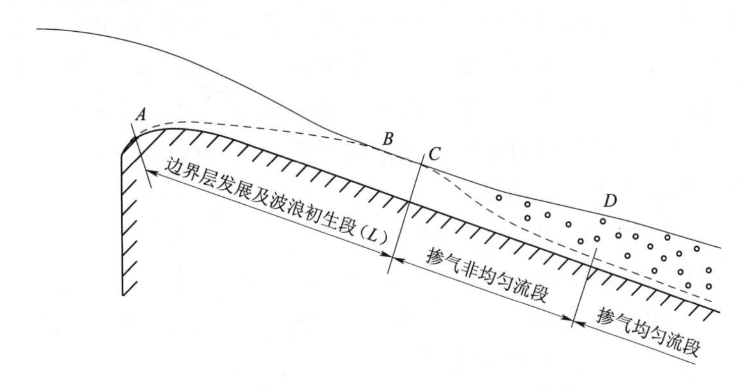

图3-69　水流结构沿泄槽长度的变化

1. 水流掺气的临界流速

影响水流掺气的临界流速的因素包括水质、温度，以及水流和泄槽的水力特性等。

一般认为水流掺气的临界流速范围为6.0～7.5m/s。水流掺气的临界流速经验公式可采用式（3-123）。

$$v_k=6.7(gR)^{0.5}\left(1-\frac{\Delta}{R}\right)^7 \tag{3-123}$$

式中：g 为重力加速度，取 $9.81\mathrm{m/s^2}$；R 为未掺气水流水力半径，m；Δ 为水力糙度。

2．水流掺气起始点位置

可根据经验公式计算出水流掺气的临界流速 v_k，在 $v \geqslant v_k$ 处，即发生掺气。

还可以按经验公式估算图 3-69 中所示的距离 L：

$$L=cq^m \tag{3-124}$$

式中：L 为距离，m；q 为单宽流量，$\mathrm{m^3/(s \cdot m)}$；c、m 为经验系数。

一般的计算公式为

$$L=13.8q^{2/3} \tag{3-125}$$

3．掺气水深的计算

式（3-126）和式（3-127）都是计算掺气水深 h_a 的经验公式。

$$h_a=\left(1+\frac{\zeta v}{100}\right)h \tag{3-126}$$

式中：h_a 为计入波动和掺气的水深，m；h 为不计波动和掺气的水深，m；v 为不计入波动和掺气的计算断面平均流速，m/s；ζ 为修正系数，一般为 1.0～1.4，依流速和断面收缩情况而定，当 $v>20\mathrm{m/s}$ 时，宜采用较大值。

$$h_a=(1+c)h \tag{3-127}$$

式中：c 为掺气水流断面平均所含空气体积与水的体积比值，与槽壁的粗糙度和水流的弗劳德数有关。

（二）封闭式孔洞内水流自掺气与供气

具有封闭式断面的泄水建筑物，如坝身底孔、管道、河岸隧洞等，可能以各种流态过水，包括有压流、无压缓流、无压急流和明满流交替等。后两种流态情况下，孔洞内需强烈进气，这种进气需要是由于自由水面与空气界面上切应力作用、水流自掺气作用和明流通过水跃或不通过水跃转变为有压流时旋滚的挟气作用。因此，为保持水流稳定，必须使水流上部空间通气。

1．封闭式孔洞内水流流态和气流流态

高水头泄水孔洞内可能出现的各种流态如图 3-70 所示。先考查闸下出流情况：闸门以 10%左右小开度运行时，闸下出流水舌破碎，形成空气与水滴混合的喷溅流，如图 3-70（a）所示；闸门开度稍大后，底部形成水-气层，其余空间也因强烈掺气而充满喷溅的水滴，如图 3-70（b）所示；再增大闸门开度，流态将随起始断面流速、水深的不同而有不同结构，如图 3-70（c）所示；如果孔洞内发生水跃，跃后既可能如图 3-70（d）所示为无压流，也可能如图 3-70（e）所示为有压流；当壅水曲线不通过临界水深而逐渐上升到达洞顶时，还可能形成无水跃过渡的有压流。如果闸门后面设有足够供气能力的通气管，上述各种情况的流态都可能是稳定的，被水流带动的气流也是稳定的。

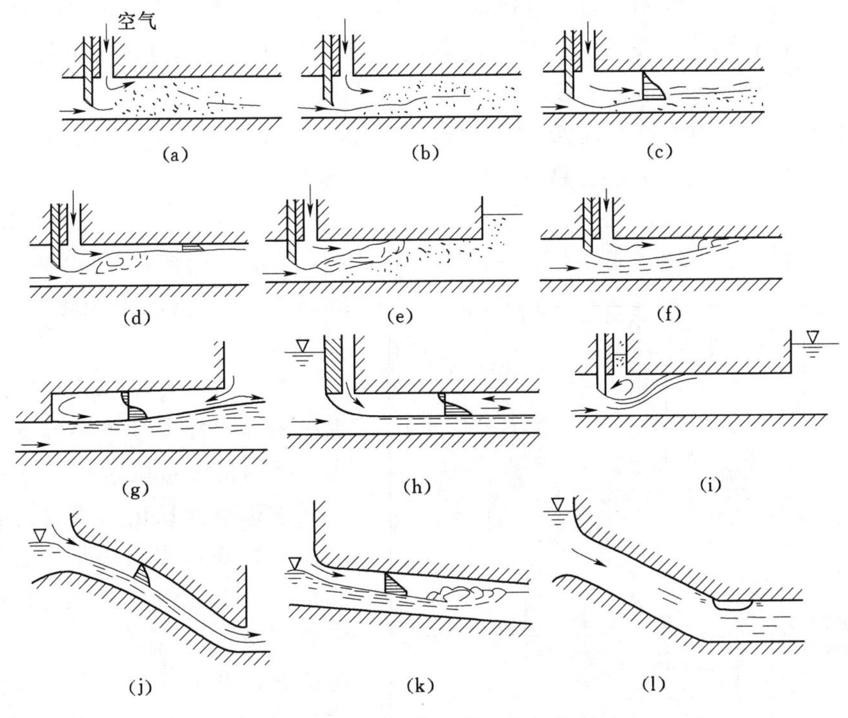

图 3－70　封闭式孔洞中水流与气流的流态

当孔洞很短且自由水面以上净空高度较大时，可由孔洞出口进气，此时，洞内水面以上气流方向与水流方向相反而出现倒流现象，如图 3－70（g）所示；当通气管供气能力不足时，也会发生倒流现象，如图 3－70（h）所示；在明满流转换情况下，如无通气管，或供气能力不足，或气流通道淹没受阻，闸门后就会形成淹没旋滚，如图 3－70（i）所示，漩涡从闸门底缘发生，并可能导致闸门振动。

如果孔洞进口不淹没，则不须通气，如出口也不淹没，空气由洞内水面上流过，如图 3－70（j）、（k）所示，流速较大时就会自掺气；当有水跃时，水跃也能卷入空气，如跃后为无压流，空气会逸出。

应当注意，设计无压泄水孔洞时，明满流转换流态，特别是水跃衔接［图 3－70（d）、（e）、（f）］，实际上是不应容许发生的；设计有压泄水孔洞时，闸门底缘附近发生淹没旋滚，图 3－70（i）的不良流态也是应当避免的。还应注意，有压泄水孔洞由于体形不善而导致的有气囊积聚的不良流态［图 3－70（l）］，也是设计时应予避免的。

2. 封闭式孔洞内各种流态的自掺气与供气

闸门局部开启或洞内发生水跃等情况的掺气量估算公式介绍如下。

沙尔马（H. R. Sharma）根据矩形断面管道模型试验研究，得到闸门小开度水舌喷溅流挟气流量与水流量之比：

$$\overline{\beta}=0.2Fr_1=0.2v_1/\sqrt{gh_1} \tag{3-128}$$

式中：v_1、h_1 为闸后收缩断面的流速与水深，并组成弗劳德数 Fr_1。

式（3-128）是在闸孔宽与管道宽之比为1、0.7、0.35的情况下 $Fr_1=20\sim100$ 试验范围内得到的。应指出，这样大的弗劳德数只在开度很小时才有可能。一般认为，$Fr_1<20$ 时，水舌不会喷溅。

闸门后孔洞内有水跃，而跃后为有压流态情况［图3-70（e）］，水跃挟气流量与水流量之比可一般地写为跃前弗劳德数 Fr 的下列函数：

$$\bar{\beta}=\psi(Fr-1)^{1.4} \tag{3-129}$$

众多试验资料证明，式（3-129）中指数1.4较可靠；而系数 ψ 在 $\psi=0.002\sim0.04$ 的较大范围内变化，如图3-71所示。

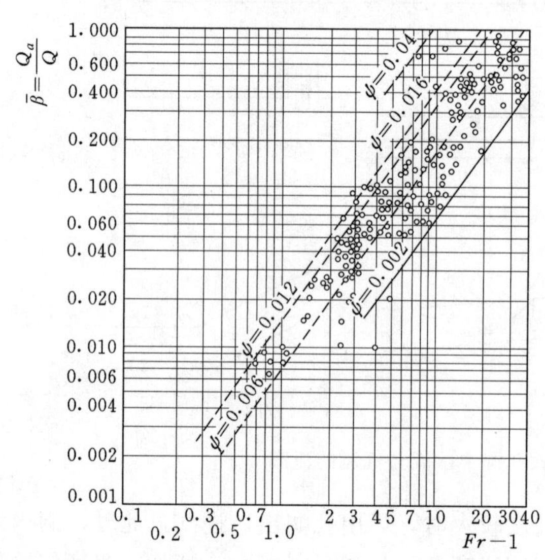

图3-71　封闭式孔洞中水跃的挟气能力

图3-71表明，$\psi>0.012$ 的点据已不多，故紊动程度高的近于临界水跃的情况可取 $\psi=0.012$。淹没水跃或远驱水跃的旋滚部分，其挟气能力较临界水跃为小。如远驱水跃水流自由表面足有发生自掺气所需的流速，可取 $\psi=0.02$。不论哪种情况，有了 $\bar{\beta}$ 后，全洞水流挟气流量 Q_a 即为水流量 Q 与 $\bar{\beta}$ 之乘积：

$$Q_a=\bar{\beta}Q \tag{3-130}$$

进行泄水孔洞的水工设计时，对于闸门后通气管供气能力的考虑，显然应由各可能工况，选取最大 Q_a 来计算通气管所需断面积 a：

$$a=Q_a/[v_a] \tag{3-131}$$

式中：$[v_a]$ 为通气管设计允许风速，一般重要大型工程可取 $[v_a]=40\text{m/s}$，小型工程可取 $[v_a]=50\text{m/s}$。

工程上还常用式（3-132）估算 Q_a：

$$Q_a=0.09v_wA \tag{3-132}$$

式中：v_w 为闸门孔口处水流断面的平均流速；A 为闸门后孔洞断面积。

对于高水头大型工程的长距离无压泄水洞也可用式（3-133）估算 Q_a：

$$Q_a=\frac{[v_a]A_a}{1+21.2\dfrac{A_a^2}{\phi_a aBv_w}\left(\dfrac{g}{L}\right)^{1/2}} \tag{3-133}$$

式中：a 为通气管断面积；A_a 为闸后水面以上净空断面积；ϕ_a 为通气管流速系数，一般取 $\phi_a=0.6$；B 为闸门孔口宽度；v_w 为闸门孔口断面平均流速；L 为洞长；g 为重力加速度。

（三）泄水道掺气减蚀设施

1. 高速水流掺气的减蚀作用

如何防止或减免高速水流可能导致的泄水道边壁空蚀破坏，曾是高水头泄水建筑物设计的棘手问题之一。过去只能从改善体形设计、控制边壁不平整度，以及提高边壁材料强度等方面考虑，缺乏十分有效的积极措施。

1960年起，以美国大古里坝泄水孔蚀损面修复为标志，人工掺气措施首先在工程中应用成功，泄水孔修复后运行1万h以上未再蚀损。其后，美国格林峡坝、黄尾坝以及加拿大麦加坝等，也都成功地采用了掺气减蚀措施。我国人工掺气的工程实用始于冯家山水库泄洪洞，而后，石头河水库、乌江渡水电站、东江水电站等工程中也相继采用。掺气减蚀的有效性已由多项工程的高速水流原型观测结果所证明。目前，在建和拟建的高水头泄水建筑物，人工掺气减蚀差不多已成了必备措施。这类措施主要是在易于空蚀部位的上游水流底部边界上，设置掺气槽、掺气坎或其组合结构，利用急流越过槽坎时的局部脱离，形成空腔负压，于是，空气被吸入并掺进水流。只要槽内或坎下有通气孔连通大气，能充分供气即可。在泄水建筑物高压闸门后，采用底部突跌或侧墙突扩等设施，也有类似的掺气作用和功效。

水流掺气的减蚀作用在于：①掺气后水流的局部负压绝对值减小，空化数加大，空化强度减弱；②掺气水流与空泡流混合，气泡与空泡合并为含气空泡，降低了空泡溃灭时释放的能量；③空泡为气泡群所包围，形成气垫，空泡溃灭时释放的能量部分地被气泡吸收。

应当指出，除人工掺气外，自掺气有时也可起到减蚀作用。例如，自由溢流的泄水建筑物过水时，由水面紊动形成的自掺气水流如一直扩展到水流底部，且有适当的掺气浓度，则该处溢流面将受到保护而免蚀。

2. 掺气减蚀的应用原则

一般当泄水建筑物中流速超过15m/s时，就具备了发生空化的条件，但流速小于20m/s时，一般不设置掺气减蚀设施；流速超过30m/s时，宜设置掺气减蚀设施；流速超过35m/s时，应布置掺气减蚀设施。

掺气减蚀设施的布置应遵循的原则有：①在运行水位和各种流量条件下，挑坎水舌下方应保证形成稳定的空腔，并防止通气孔和掺气槽堵塞；②通气孔有足够的通气量，保证水流掺气和形成稳定空腔，最大单宽通气量宜为12～15$m^3/(s \cdot m)$，通气管平均风速宜小于60m/s，最大风速宜小于80m/s；③水流边壁、挑坎空腔内不出现过大的负压，空腔压力以保证空腔顺利进气选择，一般在－2～－14kPa之间；④对水流流态无明显不利影响；⑤设施结构安全可靠；⑥掺气减蚀设施应布置在易发生空蚀破坏部位的上游；⑦对于泄槽段较长的泄水建筑物，可设置多道掺气设施，掺气设施的保护长度，反弧段为70～100m，直线段为100～200m。

3. 掺气减蚀设施的型式

掺气减蚀设施的主要型式见表3-7。

掺气减蚀设施可采用挑坎、跌坎、通气槽、侧扩及其各种组合型式。其体型、尺寸可先初步拟定，再经水工模型试验验证和优化。初步拟定其体型、尺寸应考虑满足

表 3-7　　掺气减蚀设施的主要型式

序号	型式	示意图	说明
1	挑坎式	Δ	挑坎高度 Δ 可取 0.5～0.85m
2	跌坎式	d	坎高 d 可取 0.6～2.7m
3	跌槽式	e　d	跌槽高度 e 根据通气管直径并考虑一定安全余度（0.1～0.2m）选择；上下溢流面高差可取 0.1～0.3m
4	挑跌坎式	d　Δ	挑坎高度 Δ 可取 0.1～0.3m，挑角 5°～7°；跌坎高 d 可比单纯跌坎高略小
5	槽坎式	Δ　e	挑坎高度 Δ 可取 0.1～0.3m，跌槽高度 e 可根据通气管直径、挑坎高度和安全余度选取
6	平面突扩式	B　b　侧扩坎	一般侧扩与槽宽比 $b/B=0.10$～0.16，侧向突扩尺寸最大有 1.5m，附加侧扩坎一般在 0.1～0.2m，挑角 5°～7°
7	突扩跌坎式		突扩宽度一般 0.5m，最大有 1.5m；跌坎高参照单纯跌坎高选取

下列规定：①通气槽尺寸以能满足布置通气孔出口的要求而定，槽下游底坡宜水平布置；②掺气减蚀设施下游水舌跌落处泄槽底坡应采用较大坡度；③通气管系统布置宜

简单、可靠，可采用两侧墙埋管，引至挑坎或跌坎底部进气。

4. 掺气减蚀设施的水力计算

从掺气减蚀的原理看，明流泄水道水流底部掺气设施，除供气构造上的不同考虑外，都可概化为图 3-72 所示的槽坎式布置。

过坎急流单宽挟气流量 q_a 可采用下式计算：

$$q_a = K_a vL \tag{3-134}$$

式中：v 为过坎急流的特征流速，一般取坎前断面平均流速；L 为空腔长度；K_a 为经验系数，一些室内试验资料给出 $K_a=0.022$，原型观测资料给出 $K_a=0.033$。

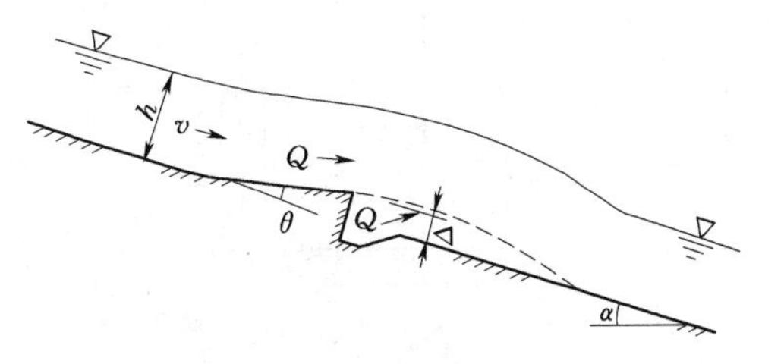

图 3-72　底部掺气减蚀设施

根据试验资料得到的掺气槽坎的单宽挟气流量 q_a 和空腔长度 L 计算的经验公式为

$$q_a = 0.0231vL\sqrt{\cos\alpha} \tag{3-135}$$

$$\frac{L}{h} = -0.0996X_1^2 + 3.5326X_1 - 1.3523 \tag{3-136}$$

$$X_1 = \frac{v}{\sqrt{gh}}\sqrt{\frac{\Delta}{h}\frac{1}{\cos\alpha\cos\theta}} \tag{3-137}$$

式中：v、h、Δ、α、θ 的定义如图 3-72 所示。

5. 掺气减蚀设施的保护长度和尺寸布置

掺气设施的体型、尺寸选择如下：

(1) 跌坎高度 δ。已有工程的跌坎尺寸多在 0.5～2.75m 之间，即一般坎高与水深之比 $\frac{\delta}{h}=0.1 \sim 0.5$，最大 $\frac{\delta}{h}=1.4$。

(2) 挑坎高度。已有工程常用单纯挑坎与槽组合，挑坎高度最低为 5cm，最高为 85cm，具体挑坎高度应根据过坎的单宽流量大小而定。坎面坡度一般为 1∶5～1∶15，溢流坝上坎面坡度多采用 1∶5～1∶6，泄洪洞坎面多采用 1∶8～1∶10。

(3) 掺气槽。掺气槽的主要作用是在形成微小空腔的情况下，保证通气管布置及顺利通气。掺气槽的尺寸应能满足布置通气孔出口的要求。

(4) 侧向突扩。侧向突扩是通过侧向向底部供气的一种方式。大多数突扩与槽宽之比在 0.10～0.16 之间，一般为 0.5m 左右，也有的侧向突扩尺寸达到 1.5m。采用的附加侧扩坎一般均较小，在 0.05～0.20m 之间。

(5) 突扩跌坎。对于结合弧门止水要求设置的突扩跌坎掺气设施，突扩为曲线形式，突扩的宽度设置一般为 0.4～0.6m，跌坎高度一般在 2m。挑坎宜设成微小挑坎，高度在 0.05～0.20m 之间；侧向挑坎宜设为渐变形式，即从上至下逐渐增大，一般为 0～0.5m。

图 3-73 示出乌江渡水电站左岸泄洪洞反弧段掺气槽的具体构造。该洞最大泄流

能力 $2160m^3/s$，最大单宽流量 $240m^3/(s \cdot m)$，最高水头 104m，反弧段最大流速可达 43.1m/s。

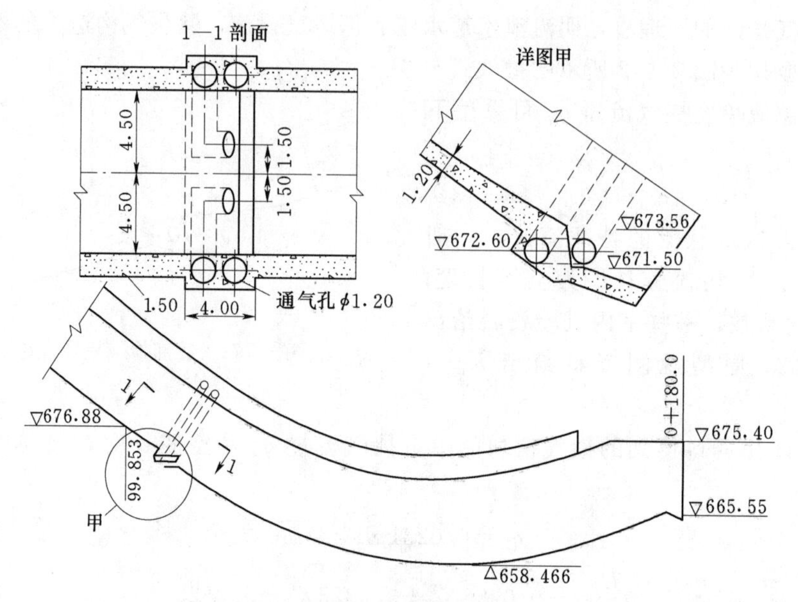

图 3-73　乌江渡水电站左岸泄洪洞反弧段掺气槽（单位：m）

复习思考题

1. 非真空实用剖面堰如何按水力特征分为高堰和低堰的？
2. 溢流坝坝顶常用什么堰型？为什么？
3. 低堰有些什么堰型？其水力特征如何？用于什么水工建筑物？
4. 陡槽急流段如边墙收缩将出现什么水力现象？如何减免其影响？
5. 陡槽收缩段边墙宜直线布置还是某种曲线布置？为什么？
6. 深式泄水孔洞进口采用什么曲线形？目的如何？
7. 进口为深孔有压，而洞身段也可为无压流，这是如何实现的？
8. 有压泄水孔的出口段应是何形态？为什么？
9. 深式泄水孔洞应力求消减明满流交替的不利影响，为什么？
10. 什么是高速水流的空化？高速水流边壁发生空蚀的机理为何？
11. 泄水建筑物的防空蚀的措施为何？什么措施有效？
12. 明槽或孔洞无压流自掺气现象有何利弊？怎样对待？
13. 对高速水流如何进行人工掺气？掺气的目的何在？
14. 含沙高速水流对边壁有何作用？如何减免其不利影响？
15. 底流水跃消能的消能机理是什么？
16. 曲线堰下扇形收缩水跃消能可用于哪些情况？有何优点？
17. 土基闸下冲刷定量估算方法（尤其黏土情况）基本思路为何？
18. 鼻坎挑流消能适用于什么情况？为何鼻坎既有扩散式又有收缩式？

19. 挑流消能会给下游河床带来哪些问题？怎么解决？
20. 面流消能有几种型式？适用于什么场合？给下游带来什么问题？
21. 拱坝跌流消能适用于什么情况？其主要设计内容是什么？
22. 宽尾墩联合消能工有何创新特色？
23. 有压泄水隧洞设置洞内孔板以消能的原理是什么？有无缺点？

第四章 岩基上的重力坝

第一节 概 述

资源 4.1 重力坝

重力坝是一种古老而迄今应用仍很广的坝型，因主要依靠自重维持稳定而得名。19 世纪以前，重力坝基本上都采用毛石砌体修建，19 世纪后期由于新材料出现才逐渐采用混凝土筑坝。在筑坝实践和科学试验的基础上，设计理论也不断提高。进入 20 世纪，由于混凝土工艺和施工机械的迅速发展，逐渐形成了现代的重力坝，特点是采用有效的防渗排水措施，减小扬压力，以及施工中分缝、灌浆和温度控制技术，为加大坝高扫除了障碍。20 世纪 30 年代以后，高重力坝日益增多，混凝土浇筑工艺日臻完善，同时也出现了一些新坝型。据统计，自 1860 年至 1959 年，世界上修建高度在 30m 以上的重力坝始终占建坝总数的 50%左右。从 20 世纪 60 年代开始，由于土石坝设计理论和施工机械的发展及地质条件的限制，国外重力坝修建数量的相对比例虽减少，但在技术上却继续进展。如瑞士修建了目前世界上最高的大狄克逊 (Grand Dixence) 重力坝，坝高达 285m，并发展了分期加高的筑坝技术；意大利修建了阿尔卑吉拉（Aipa Gera）坝，应用低热水泥，取消分块浇筑，采用自卸卡车入仓卸料，推土机平仓，连续通仓浇筑，振动刀片切成伸缩缝等施工新工艺；罗马尼亚建成了 127m 高的山泉（Izvroul Muntelui）坝，发展一种分层错接、斜缝不灌浆的混凝土施工方法。20 世纪 70 年代以来，由于碾压混凝土筑坝技术的发展，进一步降低重力坝的造价和缩短施工工期，从而提高重力坝在坝型选择中的竞争力，促进了重力坝的发展。

新中国成立以后，随着水利水电事业蓬勃发展，重力坝也大量兴建。通过建坝实践和研究，在坝体结构型式、建筑材料、枢纽布置、泄洪消能、地基处理、施工技术和设计理论等方面都有较大的发展。据不完全统计，截至 2016 年，我国已建、在建的装机容量在 15MW 以上的水电站中，混凝土重力坝达 165 座（含碾压混凝土重力坝），其中坝高 70m 以上的混凝土重力坝有 50 座，100m 以上的有 33 座。在装机容量大于 250MW 的已建和在建的 70 余座大型水电站中（不含抽水蓄能电站），49 座是混凝土重力坝，其中坝高在 100m 以上的有 31 座。值得特别注意的是，经过 40 多年的准备和前期工作，1994 年开工的举世瞩目的三峡工程，重力坝最大坝高 181m，坝轴线全长 2309.5m，装机容量达 22400MW（18200MW＋右岸地下厂房装机 4200MW)，是世界上最大的水电站，首批机组于 2003 年投产，标志着中国大坝建设技术的巨大进步。与此同时，全国各地还修建了大量的砌石重力坝，已建砌石重力坝坝高在 15m 以上、库容 10 万 m^3 以上的有 416 座。20 多年来，碾压混凝土重力坝在我国发展很快，已建成和在建的碾压混凝土坝数量居世界首位。

重力坝研究工作的发展趋向于用现代的设计理论和分析方法解决一些专门的问题。例如用有限单元法分析坝体及坝基的应力状态，用断裂力学研究坝体裂缝的发展和稳定，重力坝在地震活动时的精确分析，复杂地基对坝体工作性态的影响，重力坝的可靠度分析，坝基渗流场与应力场相互作用的探讨，重力坝的最优化设计和各种新的泄洪消能措施的采用，在施工技术上则研究温度控制的新理论和综合措施，更大型施工机械设备的研制与发展，碾压混凝土筑坝技术以及整个施工过程的计算机调度管理等。

一、重力坝的工作原理及特点

重力坝的工作原理可以概括为两点：一是依靠坝体自重在坝基面上产生摩阻力来抵抗水平水压力以达到稳定的要求；二是利用坝体自重在水平截面上产生的压应力来抵消由于水压力所引起的拉应力以满足强度的要求。因此重力坝的剖面较大，一般做成上游坝面近于垂直的三角形剖面，且垂直坝轴线方向常设有永久伸缩缝，将坝体沿坝轴线分成若干个独立的坝段，如图 4-1 所示。

资源 4.2 重力坝工作原理

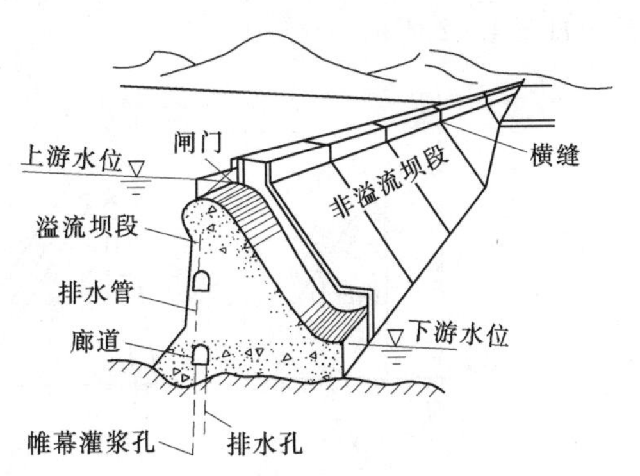

图 4-1　混凝土重力坝示意图

重力坝与其他坝型相比较具有以下的主要特点：

(1) 重力坝断面尺寸大，安全可靠。由于断面尺寸大，材料强度高、耐久性能好，因而对抵抗水的渗透、特大洪水的漫顶、地震和战争破坏能力都比较强，安全性较高。据统计，在各种坝型中，重力坝的失事率较低。

(2) 重力坝各坝段分开，结构作用明确。坝体沿坝轴线用横缝分开，各坝段独立工作，结构作用明确，稳定和应力计算相对简单。

(3) 重力坝的抗冲能力强，枢纽的泄洪问题容易解决。重力坝的坝体断面形态适于在坝顶布置溢流坝，在坝身设置泄水孔，可节省在河岸设置溢洪道或泄洪隧洞的费用。施工期可以利用较低的坝块或底孔导流。在坝址河谷狭窄而洪水流量大的情况下，重力坝可以较好地适应这种自然条件。

(4) 对地形地质条件适应性较好，几乎任何形状的河谷都可以修建重力坝。对地基要求高于土石坝，低于拱坝及支墩坝。一般来说，具有足够强度的岩基均可满足要求，因为重力坝常沿坝轴线分成若干独立的坝段，所以能较好地适应岩石物理力学特性的变化和各种非均质的地质。但仍应重视地基处理，确保大坝的安全。

(5) 重力坝体积大，可分期浇筑，便于机械化施工。在高坝建设中，有时由于淹没太大，一次移民及投资过多，或为提前发电而采用分期施工方式。混凝土施工技术已很成熟且比较容易掌握，放样、立模和浇捣都比较方便，有利于机械化施工。

(6) 坝体与地基的接触面积大，受扬压力的影响也大。扬压力的作用会抵消部分坝体重量的有效压力，对坝的稳定和应力情况不利，故需采取各种有效的防渗排水措施，以削减扬压力，节省工程量。

（7）重力坝的剖面尺寸较大，坝体内部的压应力一般不大，因此材料的强度不能充分发挥。以高度50m的重力坝为例，其坝内最大压应力只有1.4MPa左右，且仅发生在坝趾局部区域，所以坝体大部分区域可适当采用较低强度等级的混凝土，以降低工程造价。

（8）坝体体积大，水泥用量多，混凝土凝固时水化热高，散热条件差，且各部分浇筑顺序有先有后，因而同一时间内冷热不均，热胀冷缩，相互制约，往往容易形成裂缝，从而削弱坝体的整体性，所以混凝土重力坝施工期需有严格的温度控制和散热措施。

二、重力坝的类型

重力坝按结构型式可分为实体重力坝、宽缝重力坝、空腹重力坝、预应力重力坝等，如图4-2所示。

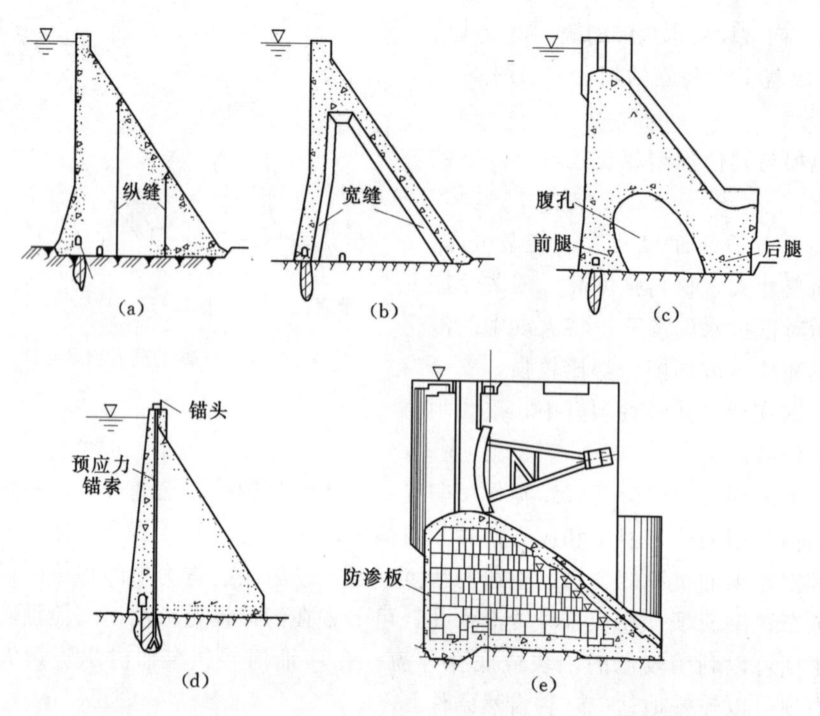

图4-2　重力坝的型式

(a) 实体重力坝；(b) 宽缝重力坝；(c) 空腹重力坝；(d) 预应力重力坝；(e) 装配式重力坝

实体重力坝是最简单的型式。其优点是设计和施工均方便，应力分布也较明确；但缺点是扬压力大和材料的强度不能充分发挥，工程量较大。与实体坝相比，宽缝重力坝具有降低扬压力、较好利用材料强度、节省工程量和便于坝内检查及维护等优点，宽缝重力坝在我国得到迅速发展和广泛应用；缺点是施工较为复杂，模板用量较多。空腹重力坝不但可以进一步降低扬压力，而且可以利用坝内空腔布置水电站厂房，坝顶溢流宣泄洪水，以解决在狭窄河谷中布置发电厂房和泄水建筑物的困难，如坝高为68m的上犹江空腹重力坝和广东枫树坝都是在坝内布置发电厂房的；空腹重力坝的缺点是腹孔附近可能存在一定的拉应力，局部需要配置较多的钢筋，应力分析及施工工艺也比较复杂（宽缝重力坝和空腹重力坝详见本章第七节）。预应力重力坝的特点是利用预加应力措施来增加坝体上游部分的压应力，提高抗滑稳定性，从而可以削减坝体剖面，但目前仅在小型工程和旧坝加固工程中采用。装配式重力坝是采用预制混凝土块安装筑成的坝，可改善混凝土施工质量和降低坝体的温度升高，但要求施工工艺精确，以使接缝有足够的强度和防水性能，现较少采用。湖北省陆水工程就采用此种坝型，坝高为49m。

除上述的分类外，按照重力坝的顶部是否泄放水流的条件，可分为溢流坝和非溢流坝。坝体内设有深式泄水孔的坝段和溢流坝段可统称为泄水重力坝，完全不泄水的坝段，可称为挡水坝。按筑坝材料还可分混凝土重力坝、碾压混凝土重力坝（详见本章第八节）和浆砌石重力坝（图4-50）。前两者常用于重要的和较高的重力坝；后者可就地取材，节省水泥用量，且砌石技术易于掌握，在我国的中小型工程中仍然被广泛采用。

三、重力坝的布置

重力坝通常由溢流坝段、非溢流坝段和两者之间的连接边墩、导墙以及坝顶建筑物等组成。如图4-3所示为一座典型重力坝的总体布置平面图和坝段横剖面图。它包括左、右岸非溢流的挡水坝段和河床中部的溢流坝段。左岸挡水坝段还布置了坝后式水电站及坝内输水管道。

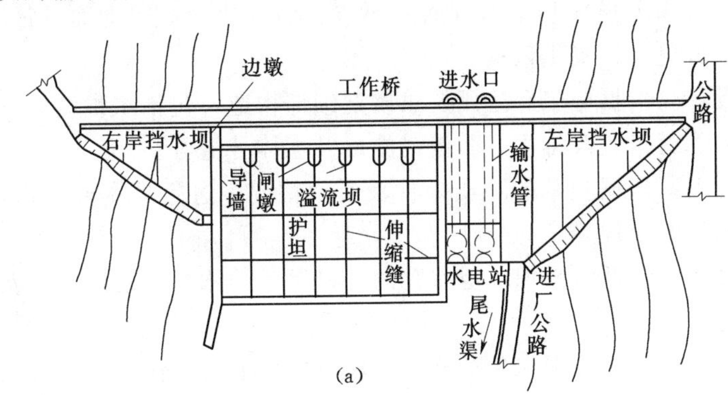

(a)

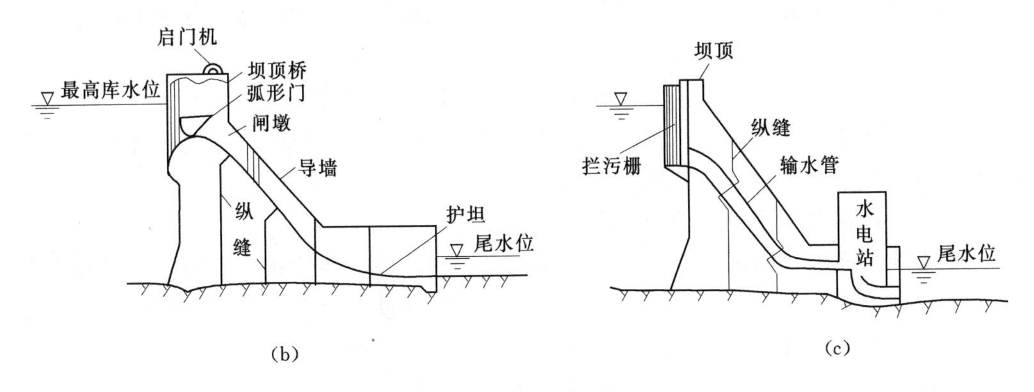

(b)　(c)

图4-3　重力坝的布置

(a) 平面布置；(b) 溢流坝剖面；(c) 非溢流坝剖面

重力坝总体布置应根据地形地质条件，结合枢纽其他建筑物综合考虑。坝轴线一般布置成直线，必要时也可布置成折线或稍带拱形的曲线，后者称为拱形重力坝。总体布置还应注意各坝段外形的协调一致，尤其上游坝面要保持齐平。但若地形地质及运用条件有明显差别时，也可按照不同情况，分别采用不同的下游坝坡，使各坝段达到既安全又经济的目的。

在河谷较窄而洪水流量较大，且拦河坝前缘宽度不足以并列布置溢流坝段和厂房坝段时，常可采用重叠布置方式，例如在泄洪坝段上同时设置溢流表孔及泄水中孔，将电站厂房设在溢流坝内或采用坝后厂房顶溢流的布置方式。

资源 4.3
重力坝设计内容

四、重力坝的设计内容

重力坝设计包括以下几方面内容：

（1）总体布置。选择坝址、坝轴线和坝的结构型式，决定坝体与两岸其他建筑物的连接方式，确定坝体在枢纽中的布置。

（2）剖面设计。根据安全、经济和运用等条件，参照已建成类似工程的经验，通过必要分析计算，确定坝的剖面形态和轮廓尺寸。

（3）稳定分析验算。计算坝体在荷载作用下沿坝基面或地基中软弱结构面抗滑稳定的安全度，为剖面设计、地基处理和正常运行提供依据。

（4）应力分析计算。计算坝体和坝基在荷载作用下的应力和变形，判定大坝在施工期及运用期是否满足强度和变形方面的要求。为其他设计（剖面设计、地基处理、结构布置、施工分缝等）提供依据。

（5）构造设计。根据施工和运用要求确定细部构造，包括坝顶结构、坝体材料选择及分区，坝内廊道布置及排水、防渗措施以及坝体分缝等。

（6）地基处理。根据坝基的地质条件及受力情况，进行地基开挖、防渗、排水、加固及断层软弱带的处理等。

（7）泄水设计。包括溢流坝或泄水孔的孔口尺寸、体形、消能防冲及运行控制设计等。

（8）监测设计。研究大坝在各种荷载和环境影响下的工作状态，对工程质量和建筑物的安全条件作出判断，以便采取相应的措施，保证运行安全可靠和提高经济效益。包括坝的内部和外部的观测设计，制定大坝的运行、维护和监视等方面的要求及规则。

最后还要进行大坝的施工方法和施工组织设计。

以上所述的设计内容，除了施工设计有施工课程专门介绍外，其他设计内容将在本章各节及本书有关章节中分别介绍。

五、设计状况和作用（荷载）组合

重力坝断面设计原则上应由持久设计状况控制，并以偶然状况复核。后者允许考虑一些合理的安全潜力（如坝体的空间作用、短期振动情况下材料强度的提高等）及其他适当措施，不宜由偶然状况及其相应作用组合控制设计。

各种设计状况均应按承载能力极限状态进行设计，持久状况尚应进行正常使用极限状态设计，偶然状况不要进行正常使用极限状态设计。持久、偶然状况的设计状况系数分别为1.0、0.85。

按承载能力极限状态作用（荷载）基本组合设计时要考虑以下基本作用：

（1）坝体及其上永久设备自重。

（2）静水压力。以发电为主的水库，上游正常蓄水位和建筑物泄放最小流量的下游水位相应的上、下游水压力；以防洪为主的水库，上游防洪高水位和相应下游水位构成的上、下游水压力。

（3）相应正常蓄水位或防洪高水位时的扬压力（且坝的防渗排水设备正常工作）。

（4）淤沙压力。

（5）相应正常蓄水位或防洪高水位的重现期为50年一遇风速引起的浪压力。

（6）冰压力（与浪压力不并列）。

（7）相应于防洪高水位时的动水压力。

偶然作用对重力坝而言通常只考虑发生校核洪水时的作用以及发生地震时的作用，一般包括：

（8）校核洪水位时上、下游静水压力。

（9）相应校核洪水位时的扬压力。

（10）相应校核洪水位时的浪压力，可取多年平均最大风速引起的浪压力。

（11）相应校核洪水位时的动水压力。

（12）地震作用（包括地震惯性力和地震动水压力）。

上述12种作用对位于寒冷、地震地区的重力坝溢流坝段而言，在不同运行时期，的确都可能受到并相应产生作用效应，图4-4示出这12种作用的方向和分布。但应注意，这些作用并不可能同时都出现，必须根据同时作用的实际可能性合理组合，才能据此进行设计计算。

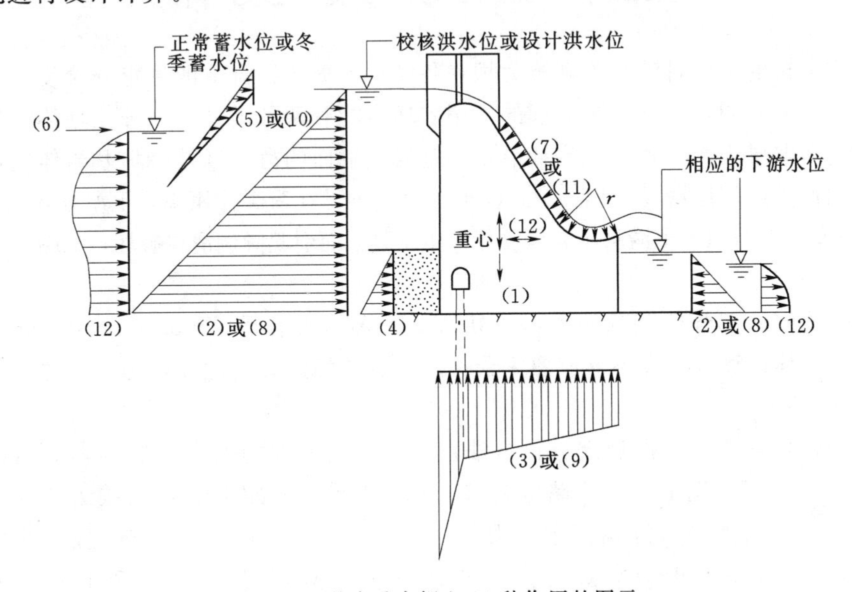

图4-4 溢流重力坝上12种作用的图示

就上述诸作用而言，大致要搭配成三种基本组合和两种偶然组合。

基本组合1：正常蓄水位情况，作用包括（1）、（2）、（3）、（4）、（5）。

基本组合2：防洪高水位情况，作用包括（1）、（2）、（3）、（4）、（5）、（7）。

基本组合3：冰冻情况，作用包括（1）、（2）、（3）、（4）、（6）。注意静水压力和扬压力按相应冬季库水位计算，冰压力作用在水面。

偶然组合1：校核洪水位情况，作用包括（1）、（4）、（8）、（9）、（10）、（11）。

偶然组合2：地震情况，作用包括（1）、（2）、（3）、（4）、（5）、（12）。注意静水压力、扬压力、浪压力按正常蓄水位计算，有专门论证者可另定。

重力坝按极限状态设计时，一般要考虑四种承载能力极限状态，即坝趾抗压强度极限状态、坝体与坝基面的抗滑稳定极限状态、坝体混凝土层面的抗滑稳定极限状态、基岩有薄弱层时坝体连同部分坝基的深层抗滑稳定极限状态；还要考虑几种正常使用极限状态，其中包括计入扬压力影响的坝踵不出现拉应力极限状态、计入扬压力影响的上游坝面有不小于零的垂直正压应力极限状态等。

必须指出，上述的作用效应组合是根据概率极限状态设计原则和分项系数极限状态设计方法而编制的。当采用定值安全系数法设计时，应按《混凝土重力坝设计规范》（SL 319—2018）的规定考虑。该规范把荷载组合分为基本组合（设计情况）和特殊组合（校核情况）两大类。基本组合由同时出现的几种基本荷载组成。正常蓄水位情况、设计洪水位情况和冰冻情况都属于基本组合。特殊组合由同时出现的几种基本荷载和一种特殊荷载组成。校核洪水情况、地震情况和施工情况都属于特殊组合。在重力坝结构设计时，不同的荷载组合应采用不同的安全系数，以妥善解决安全与经济的矛盾。

第二节　重力坝的稳定分析

资源4.4
重力坝稳定分析概念

稳定分析的主要目的是验算重力坝在各种可能荷载组合下的稳定安全度。工程实践和试验研究表明，岩基上重力坝的失稳破坏可能有两种类型：一种是坝体沿抗剪能力不足的薄弱层面产生滑动，包括沿坝与基岩接触面的滑动以及沿坝基岩体内连续软弱结构面产生的深层滑动［图4-5（a）］；另一种是在荷载作用下，上游坝踵以下岩体受拉产生倾斜裂缝以及下游坝趾岩体受压发生压碎区而引起倾倒滑移破坏，如图4-5（b）所示。

坝体连同一部分地基的倾倒破坏机理是由苏联费什曼（Yu. A. Fishman）提出的。虽然具体计算方法尚不够成熟完善，但拓宽了稳定分析途径，是一个值得深入研究的课题。

下面仍着重介绍抗滑稳定分析方法。为保证重力坝的安全可靠性，在结构设计的标准中，要明确规定出安全储备要求。其表达形式有定值安全系数法和分项系数极限状态法。前者是《混凝土重力坝设计规范》（SL 319—2018）中规定的分析方法和控制标准；后者是《混凝土重力坝设计规范》（NB/T 35026—2014）在可靠度理论基础上规定的标准和表达式。为便于学习和分析比较，本章对两种方法都作了介绍。

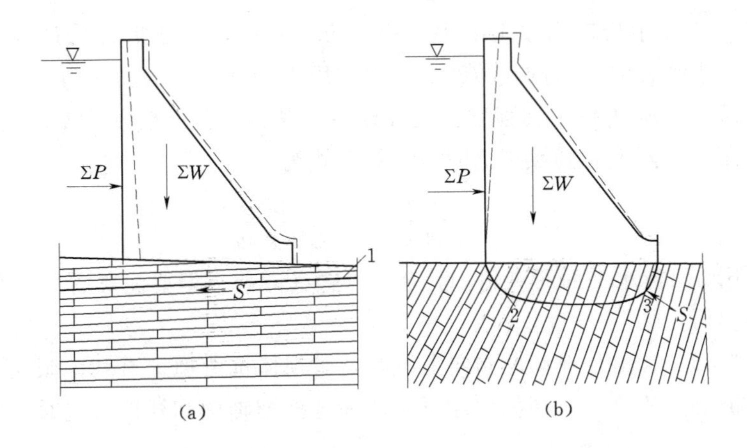

图 4-5 重力坝失稳破坏示意图

(a) 沿软弱面深层滑动示意图；(b) 倾倒破坏示意图

1—滑动面；2—拉伸裂缝；3—压碎带；S—抗力

一、定值安全系数计算法

(一) 沿坝基面的抗滑稳定分析

由于坝体和岩体的接触面是两种材料的结合面，而且受施工条件限制，其抗剪强度往往较低，坝体所受的水平推力也较大。因此，在重力坝设计中，要验算沿坝基面的抗滑稳定性，并必须满足规范中关于抗滑稳定安全度的要求。

1. 抗滑稳定计算公式

目前常用的有以下两种计算公式。

(1) 抗剪强度公式。此法认为坝体与基岩胶结较差，滑动面上的阻滑力只计摩擦力，不计黏聚力。实际工程中的坝基面可能是水平面，也可能是倾斜面［图 4-6 (b)］。

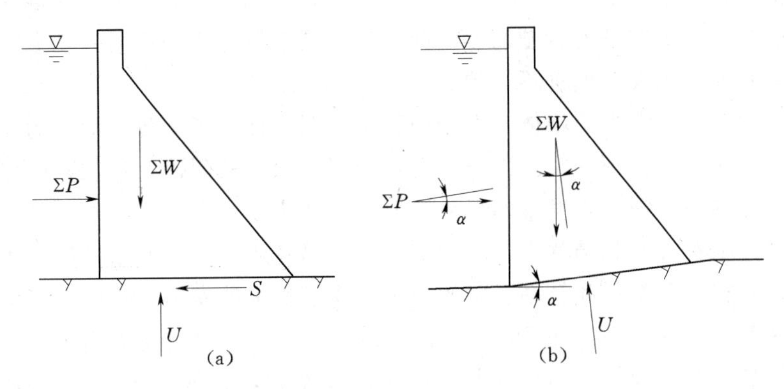

图 4-6 重力坝沿坝基面抗滑稳定计算示意图

(a) 沿水平坝基面抗滑稳定；(b) 沿倾斜坝基面抗滑稳定

当滑动面为水平面时，其抗滑稳定安全系数 K 可按下式计算：

$$K=\frac{\text{阻滑力}}{\text{滑动力}}=\frac{f(\sum W-U)}{\sum P} \tag{4-1}$$

式中：$\sum W$ 为作用于滑动面以上的力在铅直方向投影的代数和；$\sum P$ 为作用于滑动面以上的力在水平方向投影的代数和；U 为作用于滑动面上的扬压力；f 为滑动面上的抗剪摩擦系数；K 为按抗剪强度公式计算的抗滑稳定安全系数，按表 4－1 采用。

当滑动面为倾向上游的倾斜面时，计算公式为

$$K=\frac{f(\sum W\cos\alpha-U+\sum P\sin\alpha)}{\sum P\cos\alpha-\sum W\sin\alpha} \tag{4-2}$$

式中：α 为滑动面与水平面的夹角；其余符号含义同前。但要注意扬压力 U 应垂直于所计算的滑动面。

由式（4－2）看出，滑动面倾向上游时，对坝体抗滑稳定有利；倾向下游时，滑动力增大，抗滑力减小，对坝的稳定不利。在选择坝轴线和开挖基坑时，应尽可能考虑这一影响。

（2）抗剪断强度公式。此法认为坝体与基岩胶结良好，滑动面上的阻滑力包括摩擦力和黏聚力。并直接通过胶结面的抗剪断试验确定抗剪断强度的参数 f' 和 c'。其抗滑稳定安全系数由下式计算：

$$K'=\frac{f'(\sum W-U)+c'A}{\sum P} \tag{4-3}$$

式中：f'为坝体与坝基连接面的抗剪断摩擦系数；c'为坝体与坝基连接面的抗剪断黏聚力；A 为坝体与坝基连接面的面积；K'为按抗剪断公式计算的抗滑稳定安全系数，按表 4－1 采用。

以上介绍的两种抗滑稳定计算公式虽然理论上还不够完善，但都有长期的使用经验，而且也在不断地改进和发展。

抗剪强度公式不考虑黏聚力的抗滑作用，所以取用较低的安全系数。但该法公式简单、概念明确、使用方便，在国内外得到广泛应用。必须指出，利用抗剪强度公式验算抗滑稳定，黏聚力仅作为一种安全储备。基岩越完整坚固，坝基面混凝土与岩石胶结情况越好，安全储备度就越高。因此，对不同工程尽管采用同一安全系数 K，但各工程所具有的真正安全度是不同的。

抗剪断强度公式考虑了坝体与基岩的胶结作用，计入了全部抗滑潜力，包括摩擦力和黏聚力，比较符合坝的实际工作状态，物理概念也较明确。将抗剪断强度参数引入抗滑稳定计算中是国内外发展的趋势。但试验证明，在多数情况下 c'的现场测值不很稳定，试件制备时的黏结状态与坝的实际情况仍有所出入，所以采用较大的安全系数。随着试验技术的发展和筑坝经验的积累，规范要求的安全系数已在逐渐降低。因此，对地基条件良好的坝，并经过详细勘测试验，取得可靠的抗剪断参数，采用抗剪断公式计算是比较合理的。但当坝基岩体条件较差时，如软岩或存在软弱结构面时，采用抗剪强度公式也是可行的。设计时应根据工程地质条件选取适当的计算公式。

随着岩体强度和变形理论的发展，有限单元法的应用，可靠度分析以及地质力学模型试验的进展为抗滑稳定分析计算和试验研究提供了新的途径。由于重力坝失稳破坏包括断裂、剪切滑移和压碎等复杂的过程，实质上是一个混凝土和岩体的强度问题。因此，可采用非线性有限单元法即可同时验算坝体和坝基的稳定及应力问题。

表 4-1 抗滑稳定安全系数 K、K'

安全系数	荷载组合	坝的级别		
		1	2	3
K	基本组合	1.10	1.05	1.05
	特殊组合Ⅰ	1.05	1.00	1.00
	特殊组合Ⅱ（拟静力法）	1.00	1.00	1.00
K'	基本组合	3.0		
	特殊组合Ⅰ	2.5		
	特殊组合Ⅱ（拟静力法）	2.3		

注 特殊组合Ⅰ：校核洪水位情况，荷载包括（1）、（4）、（8）、（9）、（10）、（11）。
特殊组合Ⅱ：地震情况，荷载包括（1）、（2）、（3）、（4）、（5）、（12）。

2. 计算参数的确定

从上述抗滑稳定计算公式中可以看出，抗剪断摩擦系数 f'、黏聚力 c' 和抗剪摩擦系数 f 的大小，对抗滑稳定的影响很大。如果选取数值偏大，则坝体或坝基抗滑稳定性就没有保证；反之，则偏于保守，造成浪费。因此，f'、c' 和 f 值均应通过野外或室内试验确定。

f' 及 c' 值系指野外现场试验测定峰值的小值平均值。选取时应以此值为基础。考虑室内试验成果，结合现场实际情况，参照地质条件类似的工程经验并考虑坝基处理效果，由地质、试验和设计人员共同分析研究加以适当调整后确定。

f 值的选取，应参考野外试验成果的屈服极限值（塑性破坏型）或比例极限值（脆性破坏型）以及室内试验成果，如图 4-7 所示，由前述三方面人员结合有关因素研究确定。

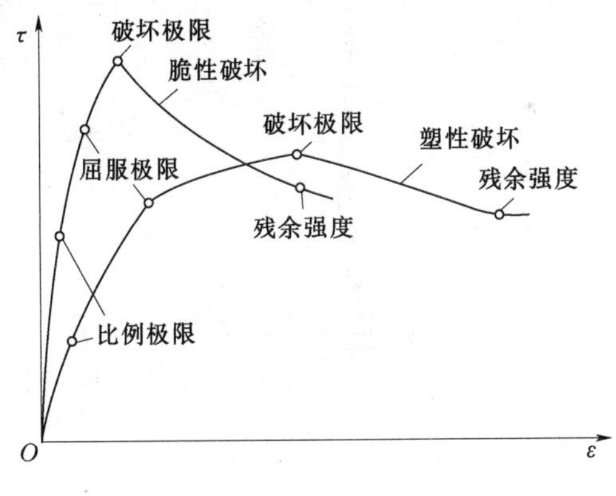

图 4-7 岩体破坏类型图

国内外已建工程的资料统计，混凝土与基岩间的 f 值常在 0.5～0.8 之间。f' 和 c' 与基岩性质密切相关。f' 的变化范围在 0.7～1.5 之间，c' 在 0.3～1.5MPa 之间。

（二）沿坝基深层的抗滑稳定分析

深层抗滑稳定分析是十分复杂的问题，要获得比较符合实际情况的安全系数，首先要查明坝基地质情况，确定控制性软弱结构面的产状，并通过试验测定这些结合面上的抗剪指标，然后拟定计算原则和方法，并采取必要的工程措施，以确保大坝的安全。

目前重力坝坝基深层抗滑稳定分析方法大致有三种：刚体极限平衡法、有限单元法和地质力学模型试验法。刚体极限平衡法概念清楚，计算简便，任何规模的工程均可采用。缺点是不能考虑岩体受力后所产生变形的影响，极限状态与允许的工作状态也有较大的出入。有限单元法可以算出地基受力后的应力场和位移场，可用以研究地基破坏的发展情况。对于地基软弱夹层破坏的安全度标准，目前常用的也有三种：①超载法，将作用坝体上的外荷载分级逐渐加大，直至滑动面的抗滑稳定处于临界状态，外荷载增大倍数即视为抗滑稳定安全系数；②强度储备法，降低软弱夹层和尾岩抗力体的抗剪参数值，直至沿滑动面的抗滑稳定处于临界状态，抗剪参数值的降低倍数即为安全系数；③剪力比例法，根据有限单元法计算在设计荷载作用下滑动面上的正应力和剪应力分布，求出滑动面上总的抗滑力和滑动力，两者的比值视为安全系数。地质力学模型试验能够较好地模拟基岩的结构、强度和变形特性，以及自重、静水压力等荷载，能够形象地显示滑移破坏的过程。但由于模拟的内容还不够全面和完善，目前还不能完全依靠它来定量地解决问题。以下仅介绍《混凝土重力坝设计规范》(SL 319—2018) 规定的基于刚体极限平衡原理的等安全系数法。

图 4-8 所示为具有 AB 和 BC 两个软弱面的双斜面滑动，按 ABD 块和 BCD 块具有相等的抗滑稳定安全系数来计算，分别列出沿 AB 和 BC 面上的抗滑稳定安全系数的计算公式如下。

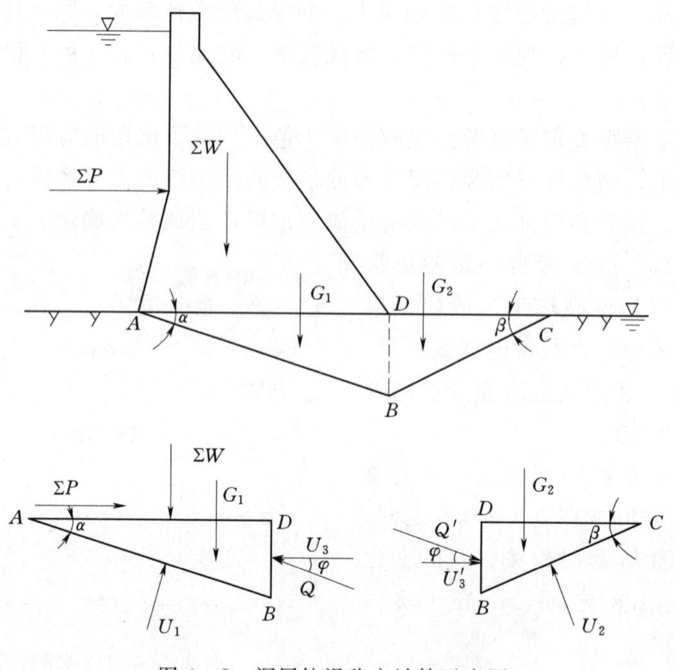

图 4-8　深层抗滑稳定计算示意图

对 ABD 块：

$$K_1'=\frac{f_1'[(\sum W+G_1)\cos\alpha-\sum P\sin\alpha-Q\sin(\varphi-\alpha)-U_1+U_3\sin\alpha]+c_1'A_1}{(\sum W+G_1)\sin\alpha+\sum P\cos\alpha-U_3\cos\alpha-Q\cos(\varphi-\alpha)} \tag{4-4}$$

对 BCD 块：

$$K_2'=\frac{f_2'[G_2\cos\beta+Q'\sin(\varphi+\beta)-U_2+U_3'\sin\beta]+c_2'A_2}{Q'\cos(\varphi+\beta)-G_2\sin\beta+U_3'\cos\beta} \tag{4-5}$$

式中：K_1'、K_2' 分别为 ABD 块和 BCD 块按抗剪断强度计算的抗滑稳定安全系数；

f'_1、f'_2，c'_1、c'_2分别为 AB 和 BC 滑裂面的抗剪断摩擦系数和黏聚力；A_1、A_2 为 AB 和 BC 滑裂面的面积；U_1、U_2、U_3 分别为 AB、BC、BD 面上的扬压力 $U_3=U'_3$；$\sum W$、G_1、G_2 为坝体和岩体重量的垂直作用力；φ 为抗力 Q 与水平面的夹角，φ 值需经论证后选用，从偏于安全考虑，φ 可取为 0°；Q、Q'为抗力，$Q'=Q$。

令 $K'_1=K'_2=K'$，用试算法或迭代法联立求解以上两方程式，可以求得整个滑动体的抗滑稳定安全系数 K'及抗力 Q 值。

由于坝基滑动面、抗裂面的阻滑力受岩石性质、产状等因素的影响。计算结果的精度比坝体与坝基接触面的阻滑力计算要差，因此坝基抗滑稳定安全系数指标应经论证后确定。当采用抗剪断强度公式计算时，其安全系数仍可按表 4-1 的 K'值采用。若不能满足要求而采用抗剪强度公式计算，则可选用表 4-2 的 K 值。

表 4-2　　坝基深层抗滑稳定安全系数 K

荷载组合	坝的级别		
	1	2	3
基本组合	1.35	1.30	1.25
特殊组合Ⅰ	1.20	1.15	1.10
特殊组合Ⅱ	1.10	1.05	1.05

必须指出，上述方法是将双斜面滑动岩体 ABC 分为两块进行深层抗滑稳定计算的，其中 ABD 及 BCD 两块的分界面 BD 可以是实际存在的构造面，也可以是假设的破裂面。对于后一种情况，必然使计算的安全系数偏低。因此，如滑动岩体比较完整坚固，BD 面上的抗剪强度足以承担其剪力，则应按整体深层抗滑稳定验算。

（三）岸坡坝段的抗滑稳定分析

重力坝岸坡坝段的坝基面是一个倾向河床的斜面或折面。除在水压力作用下有向下游的滑动趋势外，在自重作用下还有向河床滑动的趋势，如图 4-9 所示。在三向荷载共同作用下，岸坡坝段的稳定条件比河床坝段差，国外已有岸坡坝段在施工过程中失稳的实例。

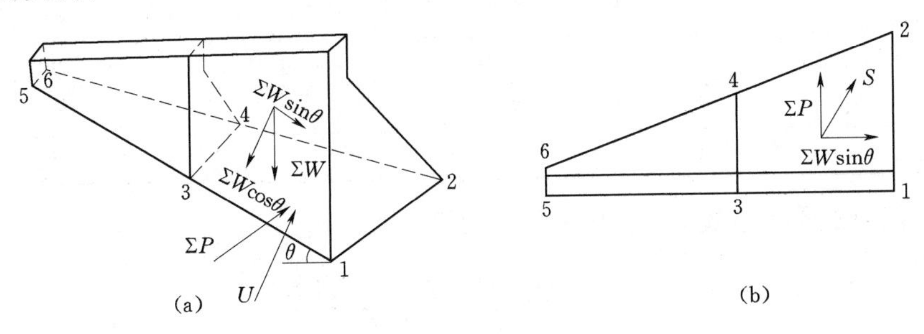

图 4-9　岸坡坝段抗滑稳定分析示意图

(a) 空间图；(b) 平面图

设岸坡坝段坝基倾斜面与水平面的夹角为 θ，垂直坝基面的扬压力为 U，指向下游的水平水压力为$\sum P$。坝体自重$\sum W$ 可分解为垂直于倾斜面的法向力$\sum W\cos\theta$ 和平行于倾斜面的切向力$\sum W\sin\theta$。该切向分力和水压力合成为滑动力 S，如图 4-9 所

示，有

$$S=\sqrt{(\sum P)^2+(\sum W\sin\theta)^2}$$

故

$$K=\frac{f(\sum W\cos\theta-U)}{\sqrt{(\sum P)^2+(\sum W\sin\theta)^2}} \tag{4-6}$$

或

$$K'=\frac{f'(\sum W\cos\theta-U)+c'A}{\sqrt{(\sum P)^2+(\sum W\sin\theta)^2}} \tag{4-7}$$

二、分项系数极限状态计算法

重力坝按承载能力极限状态设计，对基本组合和偶然组合可分别用式（4-8）和式（4-10）计算，式中诸系数的取值，要根据所设计的岩基上重力坝的级别、设计状况、作用组合、材料性能等实际情况具体确定。重力坝结构系数可参见表4-3，与混凝土及基岩有关的材料性能分项系数见表4-4。诸系数定值后，重力坝设计计算工作就归结为作用效应函数和抗力函数的计算求值与比较了。

表4-3　　重力坝结构系数

序号	项　　目	结构系数	备　　注
1	抗滑稳定极限状态设计式	1.5	包括建基面、层面、深层滑动面
2	混凝土抗压、抗拉极限状态设计式	1.8	
3	混凝土温度应力极限状态设计式	1.5	

表4-4　　材料性能分项系数

材料性能			分项系数	备　　注
抗剪断强度	混凝土/基岩	摩擦系数 f'_R	1.7	
		黏聚力 c'_R	2.0	
	混凝土/混凝土	摩擦系数 f'_c	1.7	包括常态混凝土和碾压混凝土层面
		黏聚力 c'_c	2.0	
	基岩/基岩	摩擦系数 f'_d	1.7	
		黏聚力 c'_d	2.0	
	结构面	摩擦系数 f'_d	1.2	
		黏聚力 c'_d	4.3	
混凝土抗压强度 f_c			1.5	

承载能力极限状态基本组合应采用下列设计表达式：

$$\gamma_0\psi S(\gamma_G G_k,\ \gamma_Q Q_k,\ a_k)\leqslant\frac{1}{\gamma_d}R\left(\frac{f_k}{\gamma_m},\ a_k\right) \tag{4-8}$$

$$\eta=\frac{1}{\gamma_d}R\left(\frac{f_k}{\gamma_m},a_k\right)\Big/\gamma_0\psi S(\gamma_G G_k,\gamma_Q Q_k,a_k)\geqslant 1 \tag{4-9}$$

式中：γ_0 为结构重要性系数；ψ 为设计状况系数；$S(*)$ 为作用效应函数；$R(*)$ 为结构抗力函数；G_k 为永久作用标准值；γ_G 为永久作用分项系数；Q_k 为可变作用标准值；γ_Q 为可变作用分项系数；γ_d 为结构系数；f_k 为材料性能标准值；γ_m 为材

料性能分项系数；a_k 为几何参数标准值；η 为抗力作用比系数。

承载能力极限状态偶然组合应采用下列设计表达式：

$$\gamma_0 \psi S(\gamma_G G_k, A_k, \gamma_Q Q_k, a_k) \leqslant \frac{1}{\gamma_d} R\left(\frac{f_k}{\gamma_m}, a_k\right) \tag{4-10}$$

式中：A_k 为偶然作用代表值；其余符号含义同前。

对正常使用极限状态作用效应的短期组合，设计状况系数、作用分项系数、材料性能分项系数都取为1.0，并采用下列设计表达式：

$$\gamma_0 S(G_k, Q_k, f_k, a_k) \leqslant C \tag{4-11}$$

式中：C 为结构的功能限值；其余符号含义同前。

重力坝的抗滑稳定按承载能力极限状态进行计算时，把滑动力作为作用效应函数，阻滑力（包括摩擦力和黏聚力）作为抗滑稳定抗力函数，并认为承载能力达到极限状态时刚体处于极限平衡状态。此时阻滑力［结构抗力函数 $R(*)$］与滑动力［作用效应函数 $S(*)$］相平衡。

1. 坝基面抗滑稳定的极限状态

按式（4-8）和式（4-9）计算时，作用效应函数 $S(*)$ 和结构抗力函数 $R(*)$ 可分别简写为

$$S(*) = \sum P_R \tag{4-12}$$

$$R(*) = f'_R \sum W_R + C'_R A_R \tag{4-13}$$

式中：$\sum P_R$、$\sum W_R$ 分别为坝基上全部切向作用和法向作用的设计值；f'_R、C'_R 分别为坝基面上的抗剪断摩擦系数和抗剪断黏聚力；A_R 为坝基面面积。

其中，$\sum P_R$ 和 $\sum W_R$ 的设计值为分项系数乘标准值，f'_R、C'_R 的设计值则为标准值除以分项系数。按基本组合和偶然组合分别算出 $S(*)$ 和 $R(*)$，然后代入式（4-8）和式（4-10），并按《混凝土重力坝设计规范》（NB/T 35026—2014）的规定，对 γ_0、φ 和 γ_d 取值，即可核算基本组合和偶然组合情况下，坝体沿坝基面抗滑稳定极限状态。

2. 坝基深层抗滑稳定的极限状态

核算深层抗滑稳定时，仍应按承载能力极限状态分别计算基本组合和偶然组合两种情况。仍以图4-8双斜滑动面为例，可采用刚体极限平衡的被动抗力法计算。即将滑动岩体分为 ABD 和 DBC 两块，先假定 DBC 处于极限平衡状态，求出阻滑力 Q（即两块相互作用力）的表达式，再将 Q 施加于滑动体 ABD 上，考虑坝体连同滑动块体沿 AB 的深层抗滑稳定的极限平衡，即可算出作用效应函数 $S(*)$（滑动力）、抗力函数 $R(*)$ 和抗力 Q。然后按式（4-8）和式（4-10）核算坝基深层抗滑稳定极限状态，以衡量稳定与否。

$$Q = \frac{f'_2(G_2\cos\beta + U_3\sin\beta - U_2) + G_2\sin\beta - U_3\cos\beta + C'_2 A_2}{\cos(\varphi+\beta) - f'_2\sin(\varphi+\beta)} \tag{4-14}$$

$$S(*) = \sum P_d \tag{4-15}$$

$$R(*)=\frac{(\sum W+G_1)(f_1'\cos\alpha-\sin\alpha)+Q[\cos(\varphi-\alpha)-f_1'\sin(\varphi-\alpha)]-f_1'U_1+C_1'A_1}{f_1'\sin\alpha+\cos\alpha}+U_3 \tag{4-16}$$

式中：$\sum W$ 为不计入扬压力的坝体垂直力之和；Q、φ 分别为 BD 面上的抗力或不平衡剩余推力及剩余推力作用方向与水平面的夹角；作用效应函数 $\sum P_d$ 为作用在深层滑动面 AB 上的全部切向作用之和（包括滑动面以上的岩体和坝体），对于图 4-8：

$$\sum P_d=(\sum W+G_1)\sin\alpha+\sum P\cos\alpha \tag{4-17}$$

式中：$\sum P$ 为坝体所受全部水平作用之和，以指向下游为正；其余符号的含义与式（4-4）、式（4-5）相同，计算时需考虑相应的分项系数。

三、提高抗滑稳定性的工程措施

从上述抗滑稳定分析可以看出，要提高重力坝的稳定性关键在于增加抗滑力。为此可根据不同情况采用如下的一些工程措施：

（1）将坝的迎水面做成倾斜或折坡形，利用坝面上的水重来增加坝体的抗滑稳定［图 4-10（a）］。但上游坝面的坡度宜控制在 1∶0.1～1∶0.2 的范围内，过缓的坡度容易导致坝体上游面出现拉应力。适用于坝基摩擦系数较小的情况。

（2）将坝基面开挖成倾向上游的斜面［图 4-6（a）］，借以增加抗滑力，提高稳

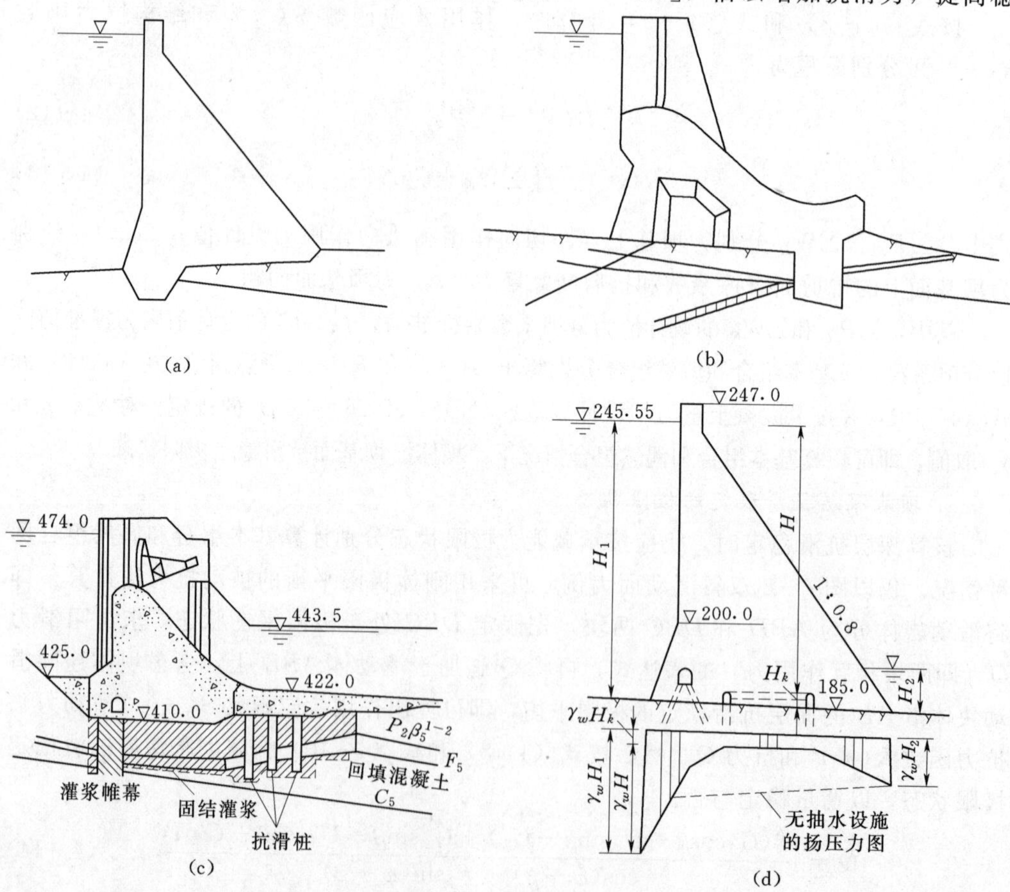

图 4-10（一）　提高抗滑稳定性的几种工程措施（单位：m）

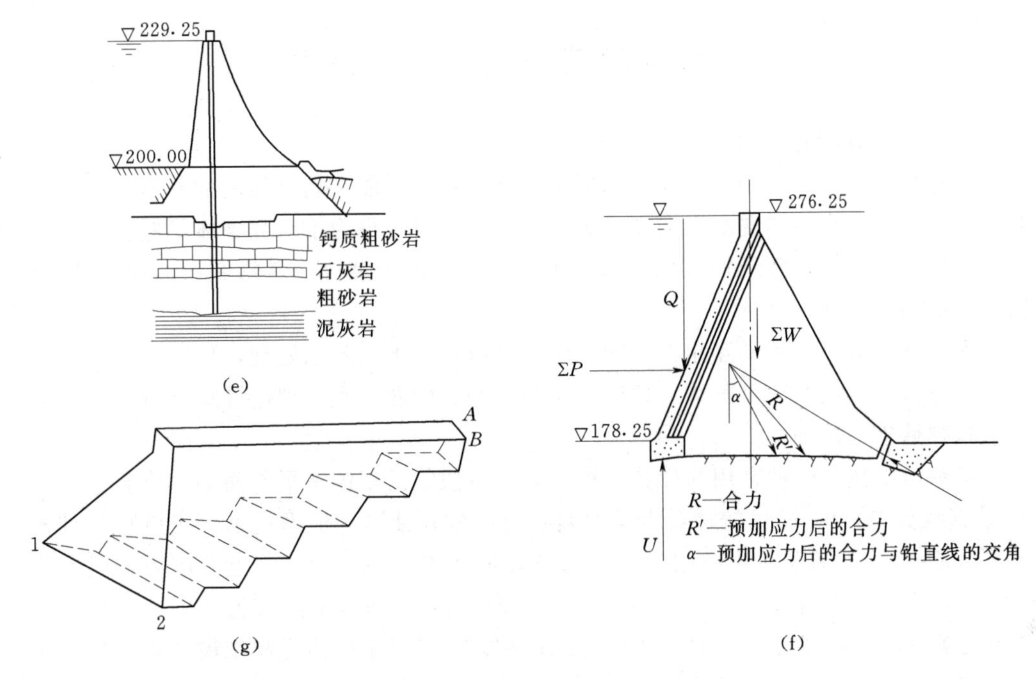

图 4-10（二）　提高抗滑稳定性的几种工程措施（单位：m）

定性。当基岩为水平层状构造时，此措施对增强坝的抗滑稳定更为有效，但这种做法会增加坝基开挖量和坝体混凝土浇筑量。若基岩较为坚硬，也可将坝基面开挖成若干段倾向上游的斜面，形成锯齿状，以提高坝基面的抗剪能力。

（3）利用地形地质特点，在坝踵或坝趾设置深入基岩的齿墙，用以增加抗力提高稳定性，如图 4-10（a）、（b）所示。为了阻止坝体连同坝基沿软弱夹层滑动，有的工程则采用大型钢筋混凝土抗滑桩［图 4-10（c）］。

（4）采用有效的防渗排水或抽水措施，降低扬压力。当下游水位较高，坝基面承受的浮托力较大时，可在灌浆帷幕后的主排水孔下游，增设几道辅助排水孔，并设有专门的排水廊道，形成坝基排水系统，利用水泵定时抽水排入下游，以减小扬压力，如图 4-10（d）所示。

（5）利用预加应力提高抗滑稳定性。如采用预应力锚索加固，在坝顶钻孔至基岩深部，孔内放置钢索。其下端锚固在夹层以下的完整岩石中，而在坝顶锚索的另一端施加拉力，使坝体受压，既可提高坝体的抗滑稳定性，又可改善坝踵的应力状态。再如采用扁千斤顶在坝趾处施加预应力，如图 4-10（e）、（f）所示，预应力改变了合力 R 的方向，使铅直向分力增大，从而提高了坝体的抗滑稳定性。此外，为了改善岸坡坝段的稳定条件，必要时还可采用灌浆封闭横缝，以限制其侧向位移。若地形地质条件允许，可将岸坡开挖成若干高差不大且有足够宽度的平台，如图 4-10（g）所示，这样可加大侧向抗滑力，提高岸坡坝段的稳定性。

一个工程究竟应采取哪些措施，要根据具体的地形、地质、建筑材料、施工条件，并结合建筑物的重要性来确定。

第三节　重力坝的应力分析

资源 4.5
重力坝应力
分析概念

一、应力分析的目的与方法

应力分析的目的在于检查坝体和坝基在计算情况下能否满足强度的要求，并根据应力分布情况进行坝体混凝土强度等级的分区；同时，也为了研究坝体某些部位的局部应力集中和某些特殊结构（如坝内孔道、溢流坝闸墩和挑流鼻坎等）的应力状态，以便采取加强措施。

重力坝一般分成若干互相独立的坝段。可以作为平面问题处理，使应力分析得到简化。应力分析的方法可归纳为理论计算和模型试验两大类。理论计算又分为材料力学法和弹性理论法等。

材料力学法是一种常用的计算方法，其基本假定是坝体水平截面上的垂直正应力 σ_y 呈直线分布，即 σ_y 可按材料力学的偏心受压公式计算。根据这个假定就可从计算水平截面上的 σ_y 着手，再应用静力平衡条件依次求出坝体内任一点的应力分量和主应力。这个方法的计算结果，在坝体上部 2/3～3/4 坝高范围内较为准确，但靠近坝基部分则不能反映地基变形对坝体应力的影响。对较复杂的边界和坝坡转折部位也不能准确反映其应力状态。但此法计算简便，且有长期的工程实践经验，所以至今仍得到广泛应用。

弹性理论法是一种严格而精确的计算方法，它将坝体视为弹性的连续体，根据应力必须满足力的平衡条件、变形相容和坝体边界条件，经过严格的数学推导求得应力。但目前只有少数边界条件简单的典型结构才有精确的解答。对于实际的坝体和荷载情况寻求理论解是非常困难的，所以在重力坝设计中较少采用。近 30 年来随着电子计算机的发展，国内外广泛采用弹性理论的有限单元法来计算坝体应力。这种方法是把弹性的连续体离散化为有限数目单元的组合体，并考虑组合体内单元之间的位移连续条件。它对各种复杂的边界条件和坝体、坝基材料不均匀性都能给以反映，并能考虑坝体材料的应力应变非线性关系和坝基有软弱破碎带对坝体应力的影响，还可求解温度应力和地震动应力等，是一种综合功能较强的计算方法。但是如何用有限单元法直接进行重力坝的剖面和地基设计，尤其是如何选择控制坝体、坝基内的应力和变形指标，以及如何确定坝的安全度等问题，目前尚未完全解决，有待于继续研究。

实践证明，对于一般中等高度或较低的坝，应力问题往往不是设计中的控制条件，用材料力学法已能得出安全和合理的设计。因此，对于地质条件较为简单的中、低坝，可只按材料力学法计算坝体的应力；对于高坝或地质条件复杂的坝，除用材料力学法计算外，宜同时进行结构模型试验或采用有限单元法进行验算。本章主要介绍应力分析的材料力学法，简要介绍有限单元法。

二、应力分析的材料力学法

用材料力学法计算坝体应力时，一般沿坝轴线切取单宽的坝体作为固接于地基上的变截面悬臂梁。按平面问题进行计算。图 4 - 11 表示非溢流坝横断面的计算简图，并规定坐标方向。作用力及应力的正向如图 4 - 11 中所示，取水平外力以指向上游为正，铅直外力以向下为正。力矩以反时针方向为正，正应力以压为正，剪应力以微分体的拉伸对角线在一、三象限为正。为便于区别上下游边缘应力分别用“′”和“″”加以标注。

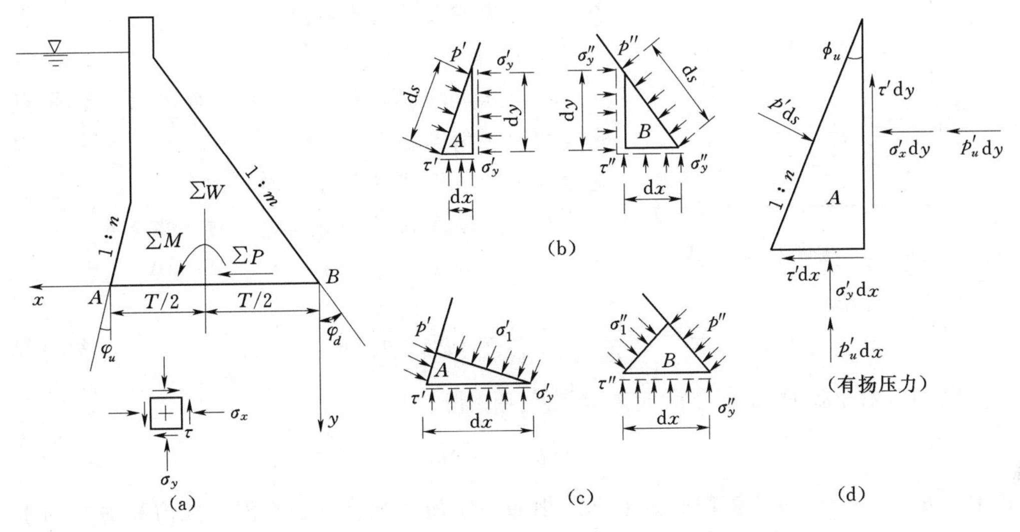

图 4-11　坝体边缘应力计算图

(一) 边缘应力的计算

坝体的最大和最小主应力一般都出现在上下游边缘，而且要计算坝体内部应力也需要以边缘应力作为边界条件。因此，了解边缘应力是重力坝应力分析的基本内容。计算时，应根据工程规模和具体情况，沿坝高方向每隔一定高度（或断面轮廓有突变处）切取水平截面作为计算截面。

1. 水平截面上的边缘正应力 σ_y' 和 σ_y''

假定任一水平截面上的垂直正应力 σ_y 呈直线分布，可用材料力学偏心受压公式计算。

$$\left.\begin{aligned}\sigma_y' &= \frac{\sum W}{T}+\frac{6\sum M}{T^2}\\ \sigma_y'' &= \frac{\sum W}{T}-\frac{6\sum M}{T^2}\end{aligned}\right\} \tag{4-18}$$

式中：$\sum W$ 为作用在计算截面以上全部荷载的铅直分力总和；$\sum M$ 为作用在计算截面以上全部荷载对截面形心的力矩总和；T 为计算截面沿上下游方向的宽度。

从图 4-12 可知，$\sum M=e\sum W$，以此代入式（4-18），甚易看出：$e>\frac{T}{6}$时，$\sigma_y''<0$；$e=\frac{T}{6}$时，$\sigma_y''=0$；$e<\frac{T}{6}$时，$\sigma_y''>0$；$e<-\frac{T}{6}$时，$\sigma_y'<0$；$e=-\frac{T}{6}$时，$\sigma_y'=0$；$e>-\frac{T}{6}$时，$\sigma_y'>0$。这些关系式说明水平截面的宽度 T 的中间 1/3 是“截面核心”，当合力 R 作用线交于“截面核心”以内时，上下游边缘的垂直正应力 σ_y'、σ_y''均为正值，

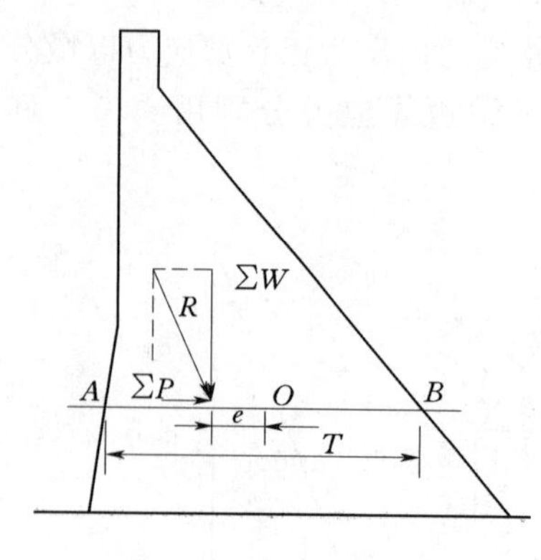

图 4-12 截面核心计算图

即压应力；当合力 R 作用线交于“截面核心”以外时，靠近交点一侧的边缘上垂直正应力为压应力。远离交点一侧边缘的垂直正应力为拉应力，这个概念对重力坝的设计尤为重要。

2. 边缘剪应力 τ' 和 τ''

求出 σ'_y 和 σ''_y 以后，可在上下游边缘 A、B 点分别切取三角形微元体，如图 4-11（b）所示。根据力的平衡条件即可求得 τ' 和 τ''。

对上游坝面 A 点三角形微元体，取 $\sum F_y=0$ 得

$$p'\mathrm{d}s\sin\varphi_u-\tau'\mathrm{d}y-\sigma'_y\mathrm{d}x=0$$

$$\tau'=p'\frac{\mathrm{d}x}{\mathrm{d}y}-\sigma'_y\frac{\mathrm{d}x}{\mathrm{d}y}=(p'-\sigma'_y)n \tag{4-19}$$

同理，对下游坝面 B 点微元体取 $\sum F_y=0$ 得

$$\tau''=(\sigma''_y-p'')m \tag{4-20}$$

式中：p'、p'' 分别为计算截面处上下游坝面的水压力强度（如有泥沙压力和地震动水压力时也应计算在内）；n、m 分别为上下游坝面坡率，$n=\tan\varphi_u$，$m=\tan\varphi_d$，φ_u 和 φ_d 为上、下游坝面与铅直面的交角。

3. 铅直截面上的边缘正应力 σ'_x 和 σ''_x

求得 τ' 和 τ'' 以后，由上下游坝面微元体的平衡条件 $\sum F_x=0$ 可求得 σ'_x 和 σ''_x。

对于上游坝面 A 的微元体，取 $\sum F_x=0$ 得

$$\sigma'_x\mathrm{d}y+\tau'\mathrm{d}x-p'\mathrm{d}s\cos\varphi_u=0$$

$$\sigma'_x=p'-\tau'\frac{\mathrm{d}x}{\mathrm{d}y}$$

$$=p'-(p'-\sigma'_y)n^2 \tag{4-21}$$

同理，对下游面 B 的微元体取 $\sum F_x=0$ 得

$$\sigma''_x=p''+(\sigma''_y-p'')m^2 \tag{4-22}$$

4. 边缘主应力 σ' 和 σ''

由材料力学知主应力作用面上无剪应力，故上下游坝面即为主应力面之一，而另一主应力面必然与坝面垂直。为求边缘主应力，取如图 4-11（c）所示的三角形微元体，由作用在上游坝面微元体上力的平衡条件 $\sum F_y=0$ 可得

$$\sigma'_1\mathrm{d}x\cos\varphi_u\cos\varphi_u+p'\mathrm{d}x\sin\varphi_u\sin\varphi_u-\sigma'_y\mathrm{d}x=0$$

$$\sigma'_1=\frac{\sigma'_y-p'\sin^2\varphi_u}{\cos^2\varphi_u}=(1+\tan^2\varphi_u)\sigma'_y-p'\tan^2\varphi_u$$

$$=(1+n^2)\sigma'_y-p'n^2 \tag{4-23}$$

同理，由下游坝面微元体取 $\sum F_y=0$ 得

$$\sigma''_1=(1+m^2)\sigma''_y-p''m^2 \tag{4-24}$$

显然另一主应力即为作用在坝面上的压力强度，分别为

$$\sigma'_2 = p' \tag{4-25}$$

$$\sigma''_2 = p'' \tag{4-26}$$

由式（4-23）可以看出，当上游坝面倾斜时，$n>0$，即使 $\sigma'_y \geqslant 0$，但如 $\sigma'_y < p'\sin^2\varphi_u$，上游面主应力 σ'_1 仍会出现拉应力。因此重力坝的上游坝面坡率 n 一般很小乃至为零，以防上游坝面出现主拉应力。

5. 有扬压力时边缘应力的计算

以上所列边缘应力的计算公式均未计入扬压力的影响，对于刚建成的或刚开始蓄水的坝，在坝体内或坝基中尚未形成稳定渗流场时，若要考虑坝踵和坝趾的应力状态则可利用上述公式计算。

当水库正常蓄水且运行较长时间后，通过坝体和坝基的渗透水流，已逐渐形成稳定的渗流场，需要考虑扬压力的作用时，水平截面上的边缘正应力 σ'_y、σ''_y 仍可由式（4-18）计算。只要把扬压力作为一种荷载计入 $\sum W$ 和 $\sum M$ 中即可。但必须注意到考虑扬压力所求得的正应力 σ_y 是作用在材料骨架上的有效应力，而截面上的总应力则等于有效应力加扬压力（若扬压力强度在截面上呈线性分布）。求出边缘正应力 σ'_y 及 σ''_y 之后，其他边缘应力仍可根据坝面微元体的平衡条件求得，以上游边缘应力为例［图 4-11（d）］，令 p'_u 为上游边缘的扬压力强度，由 $\sum F_y=0$ 和 $\sum F_x=0$ 的平衡条件可得

$$\tau' = (p' - p'_u - \sigma'_y)n \tag{4-27}$$

$$\sigma'_x = (p' - p'_u) - (p' - p'_u - \sigma'_y)n^2 \tag{4-28}$$

令 p''_u 为下游边缘的扬压力强度。同理可得

$$\tau'' = (\sigma''_y + p''_u - p'')m \tag{4-29}$$

$$\sigma''_x = (p'' - p''_u) + (\sigma''_y + p''_u - p'')m^2 \tag{4-30}$$

上游边缘主应力为

$$\left.\begin{aligned} \sigma'_1 &= (1+n^2)\sigma'_y - (p' - p'_u)n^2 \\ \sigma'_2 &= p' - p'_u \end{aligned}\right\} \tag{4-31}$$

下游边缘主应力为

$$\left.\begin{aligned} \sigma''_1 &= (1+m^2)\sigma''_y - (p'' - p''_u)m^2 \\ \sigma''_2 &= p'' - p''_u \end{aligned}\right\} \tag{4-32}$$

当无泥沙压力和地震动水压力时，p'、p'' 即为作用在坝面上的静水压力强度，且即等于 p'_u、p''_u，上述公式中的（$p'-p'_u$）和（$p''-p''_u$）均为零。

（二）内部应力的计算

在边缘应力求得以后，即可根据平衡条件推算坝体内部应力。

1. 坝体内部应力的平衡条件

在坝体内部取单位厚度的微元体，按平面问题考虑。当坝内不计扬压力时，微元

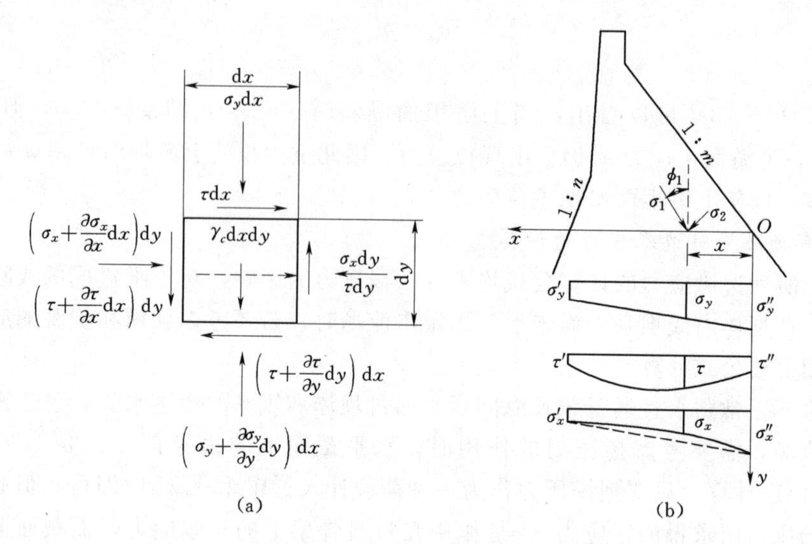

图 4-13 坝内应力计算

(a) 坝内应力计算微分体；(b) 坝内应力分布

体上所受的力如图 4-13 (a) 所示。根据$\sum F_x=0$和$\sum F_y=0$可得微元体的平衡方程为

$$\left.\begin{aligned}\frac{\partial\sigma_x}{\partial x}-\frac{\partial\tau}{\partial y}=0\\ \frac{\partial\sigma_y}{\partial y}-\frac{\partial\tau}{\partial x}-\gamma_c=0\end{aligned}\right\}\tag{4-33}$$

式中：γ_c 为坝体材料的容重。

2. 坝内水平截面上的正应力 σ_y

根据 σ_y 在水平截面上呈直线分布的假定，可得距下游面 x 的 σ_y 为

$$\sigma_y=a+bx\tag{4-34}$$

式中系数 a、b 可由边界条件和偏心受压公式确定。采用的坐标 x、y 如图 4-13 (b) 所示。

当 $x=0$ 时，$\sigma_y=\sigma''_y$，故有

$$a=\sigma''_y=\frac{\sum W}{T}-\frac{6\sum M}{T^2}\tag{4-35}$$

当 $x=T$ 时，$\sigma_y=\sigma'_y$，故有

$$b=\frac{\sigma'_y-\sigma''_y}{T}=\frac{12\sum M}{T^3}\tag{4-36}$$

3. 坝内剪应力 τ

将 $\sigma_y=a+bx$ 代入式 (4-33)，经积分并利用边界条件确定积分常数，可得剪应力 τ 沿 x 轴呈二次抛物线分布（图 4-13），写成通式为

$$\tau=a_1+b_1x+c_1x^2\tag{4-37}$$

式中：a_1、b_1、c_1 为三个待定常数，可根据下面三个条件确定：

(1) 当 $x=0$（下游面），$\tau=\tau''$，即 $a_1=\tau''$。

(2) 当 $x=T$（上游面），$\tau=\tau'$，即 $a_1+b_1T+c_1T^2=\tau'$。

(3) 整个水平截面上剪应力的总和，应与截面以上水平荷载总和 $\sum P$ 平衡，即

$$\int_0^T (a_1+b_1x+c_1x^2)\mathrm{d}x=-\sum P$$

得

$$a_1T+\frac{b_1}{2}T^2+\frac{c_1}{3}T^3=-\sum P$$

将以上三个方程联立求解，可以得出

$$\left.\begin{aligned}a_1&=\tau''\\ b_1&=-\frac{1}{T}\left(\frac{6\sum P}{T}+2\tau'+4\tau''\right)\\ c_1&=\frac{1}{T^2}\left(\frac{6\sum P}{T}+3\tau'+3\tau''\right)\end{aligned}\right\}\tag{4-38}$$

4. 坝内水平正应力 σ_x

将 $\tau=a_1+b_1x+c_1x^2$ 代入平衡方程式（4-33），对 x 进行积分。由边界条件确定积分常数。可得水平正应力 σ_x 为三次曲线分布［图 4-13（b）］，其表达式为

$$\sigma_x=a_2+b_2x+c_2x^2+d_2x^3\tag{4-39}$$

对于特定的水平截面，a_2、b_2、c_2、d_2 均为常数，可由边界条件和平衡条件求得，但计算较为复杂。实际上，σ_x 的三次分布曲线与直线相当接近。所以对中等高度以下的坝，可近似地作为直线分布，即只取上式的前两项计算：

$$\sigma_x=a_3+b_3x\tag{4-40}$$

$$a_3=\sigma''_x$$

$$b_3=\frac{\sigma'_x-\sigma''_x}{T}\tag{4-41}$$

5. 坝内主应力 σ_1、σ_2

求得坝内各点的三个应力分量 σ_y、τ 和 σ_x 后（图 4-13），即可利用材料力学公式求相应各点的主应力 σ_1、σ_2 和第一主应力方向 φ_1。

$$\begin{matrix}\sigma_1\\ \sigma_2\end{matrix}=\frac{\sigma_x+\sigma_y}{2}\pm\sqrt{\left(\frac{\sigma_y-\sigma_x}{2}\right)^2+\tau^2}\tag{4-42}$$

$$\varphi_1=\frac{1}{2}\arctan\left(-\frac{2\tau}{\sigma_y-\sigma_x}\right)\tag{4-43}$$

式中 φ_1 以顺时针方向为正，当 $\sigma_y>\sigma_x$ 时，自铅直线量取；$\sigma_y<\sigma_x$ 时，自水平线量取。

求出坝内各点的主应力后，即可在计算点上绘出以矢量表示其大小和作用方向的主应力图，将主应力数值相等的点连以曲线构成主应力等值线。图 4-14 为坝体在满库及空库情况下的两组主应力等值线。若将这两种情况的主应力等值线合为一图，就

可看出某一范围内坝体的主应力值，如图4-14（c）所示的阴影线部分即为主应力在1.0～1.5MPa的范围内。按主应力方向可绘出两组互相垂直的主应力轨迹线，如图4-15所示。主应力等值线和轨迹线表示坝内应力大小和方向的变化规律，为坝体混凝土标号分区和结构布置提供依据。

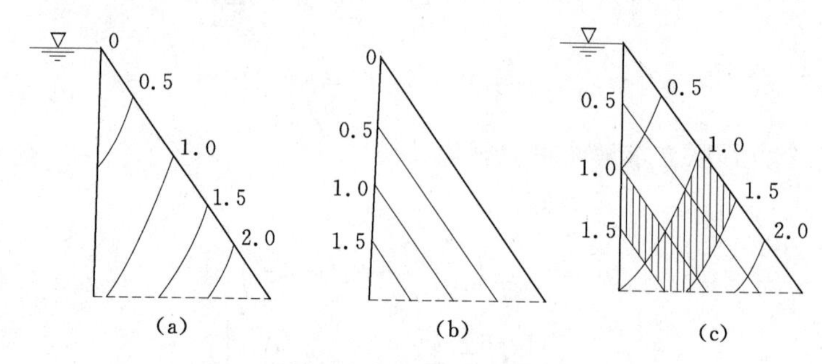

图4-14　主应力等值线（单位：MPa）

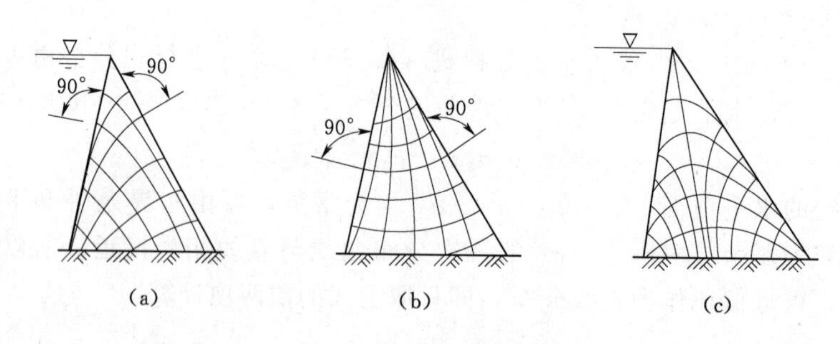

图4-15　主应力轨迹线

（a）满库主应力轨迹线；（b）空库主应力轨迹线；（c）主剪应力轨迹线

6. *有扬压力的坝内应力*

以上所列出坝内的剪应力 τ 和正应力 σ_y、σ_x 的计算公式适用于无扬压力作用的情况。对于有扬压力作用的情况，当扬压力沿全截面为直线分布时，可不必专门计算，只需将所得的垂直正应力 σ_y 和水平正应力 σ_x 减去该点的扬压力强度 p_u 即可，剪应力 τ 的值不变。

实际上，由于坝体及坝基的防渗、排水等作用，水平截面上的扬压力一般呈折线分布。计算时，可将扬压力分解为一个在全截面呈梯形或三角形分布和一个在上游部分呈局部三角形分布的图形。沿全截面呈直线分布的扬压力对坝体应力的影响已如上述。对于呈局部三角形分布的扬压力（渗透压力部分）引起坝体的应力，可先求出在局部扬压力作用下产生的坝体应力，然后在其作用的局部截面上对 τ、σ_x 进行修正。将以上两部分扬压力所引起的坝内应力叠加，即可求得折线分布的扬压力所产生的坝内应力。

三、应力分析的有限单元法

在有限元法计算中，一般把坝体作为平面应力问题，坝基作为平面应变问题进行分析。坝基应包括主要的地质构造，要取足够大的范围，在所取范围的边缘位移应已很小，可以忽略，可假定为固支或铰支边界。所取地基范围，一般在坝踵和坝趾分别向上、下游取 1 倍坝高，坝基深度也取 1 倍坝高。先把坝体和地基平面离散化，得到有限个离散单元，在单元角点或边线某些选定点作为铰接，称之为节点。整个系统单元划分得愈细、单元的数目愈多，则应力计算成果的精度愈高，但是相应的计算工作量也会增大，计算机时和费用也会提高，所以划分多少个单元为宜，有个精度要求和经济的优化问题。一般在应力较高的重要部位或关键的应力部位单元划分得较细，如坝踵和坝趾附近或坝体下部等；在应力值较低或应力梯度较小的次要部位单元可划分得较粗，如坝基的边远处或坝体上部等。此外，单元的节点数增多，计算的精度也会相应提高，所以为了达到同样的计算精度，节点数较多的单元可以比节点数较少的单元划分得大些，相应的单元总数就可以减少，计算工作量也可以减小。如图 4-16 所示为一非溢流实体重力坝和地基的有限单元离散化图形。单元一般取三角形或四边形，如图 4-17 所示。

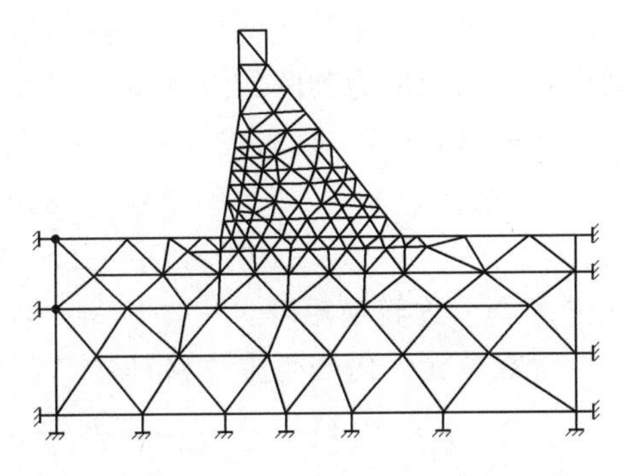

图 4-16 重力坝和地基的有限单元离散化

以取平面问题的三角形单元为例，如图 4-17（a）所示，它有 6 个节点位移分量，即

$$\{\delta\}^e = [u_i \quad v_i \quad u_j \quad v_j \quad u_m \quad v_m]^T \tag{4-44}$$

同时，三角形的 3 个节点上存在着节点力

$$\{F\}^e = [U_i \quad V_i \quad U_j \quad V_j \quad U_m \quad V_m]^T \tag{4-45}$$

在单元内部任意一点的水平位移 u 和垂直位移 v 的一般表达式为

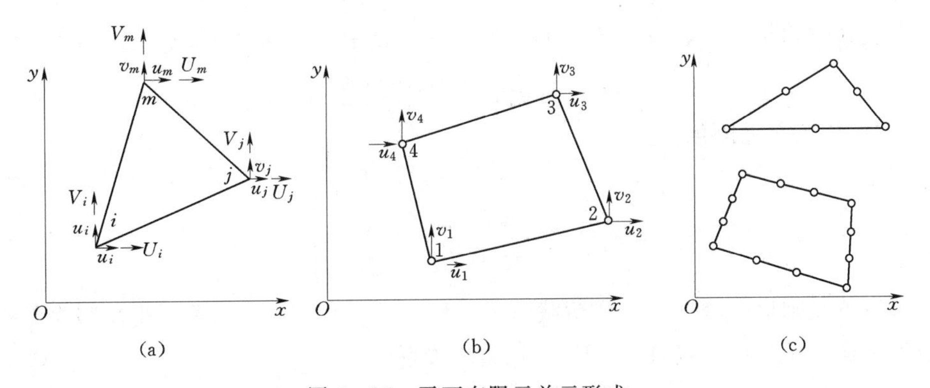

图 4-17 平面有限元单元形式

$$\begin{Bmatrix} u \\ v \end{Bmatrix} = [N]\{\delta\}^e \tag{4-46}$$

式中：$\{\delta\}^e$ 为单元节点的位移列向量；$[N]$ 为形函数矩阵，是坐标 x、y 的函数。

根据几何方程式可以得出关系式

$$\{\varepsilon\}=[B]\{\delta\}^{e} \tag{4-47}$$

式中：$[B]$ 为单元的应变矩阵。

据弹性理论中的广义虎克定律，可以得出单元应力与应变的关系式。

$$\begin{aligned}\{\sigma\}&=[D]\{\varepsilon\}\\ \{\sigma\}&=[\sigma_x \quad \sigma_y \quad \tau_{xy}]^{\mathrm{T}}\end{aligned} \tag{4-48}$$

式中：$\{\sigma\}$ 为应力列阵；$[D]$ 为弹性矩阵。

将式（4-47）代入式（4-48），得

$$\{\sigma\}=[S]\{\delta\}^{e} \tag{4-49}$$

$$[S]=[D][B] \tag{4-50}$$

式中：$[S]$ 为转换矩阵。

设在单元 e 内产生虚位移 $\{\delta^*\}^e$，相应的虚应变为 $\{\varepsilon^*\}$，根据虚功原理

$$(\{\delta^*\}^e)^{\mathrm{T}}\{F\}^e=\iint\{\varepsilon^*\}^{\mathrm{T}}\{\sigma\}\mathrm{d}x\mathrm{d}y \tag{4-51}$$

令

$$\{\varepsilon^*\}=[B]\{\delta^*\}^e$$

$$\{\varepsilon^*\}^{\mathrm{T}}=(\{\sigma^*\}^e)^{\mathrm{T}}[B]^{\mathrm{T}}$$

$$\{\sigma^*\}=[D][B]\{\delta^e\}$$

代入式（4-51），得到

$$(\{\delta^*\}^e)^{\mathrm{T}}\{F\}^e=\iint(\{\delta^*\}^e)^{\mathrm{T}}[B]^{\mathrm{T}}[D][B]\{\delta^e\}\mathrm{d}x\mathrm{d}y$$

取虚位移 $\{\delta^*\}^e$ 为单位矩阵，则$(\{\delta^*\}^e)^{\mathrm{T}}$ 和$\{\delta^e\}$是常量，移到积分号外面，可得

$$\{F\}^e=[K]^e\{\delta^e\} \tag{4-52}$$

$$[K]^e=\iint[B]^{\mathrm{T}}[D]^e[B]\mathrm{d}x\mathrm{d}y \tag{4-53}$$

在线性位移情况下，$[B]$ 和 $[D]$ 的元素都是常量，而$\iint\mathrm{d}x\mathrm{d}y=\Delta$，故

$$[K]^e=[B]^{\mathrm{T}}[D][B]\Delta \tag{4-54}$$

式中：$[K]^e$ 为单元刚度矩阵。

$$[K]^e=\begin{bmatrix}K_{ii} & K_{ij} & K_{im}\\ K_{ji} & K_{jj} & K_{jm}\\ K_{mi} & K_{mj} & K_{mm}\end{bmatrix} \tag{4-55}$$

求得单元刚度矩阵 $[K]^e$ 和荷载向量 $\{F\}^e$ 后，利用叠加原理可得出整个结构物的刚度矩阵 $[K]$ 和荷载向量 $\{R\}$，且满足关系

$$[K]\{\delta\}=\{R\} \tag{4-56}$$

解得节点位移后，代入式（4-49）即可求出应力。

在坝面上的外荷载可以按静力等效的原理分配到坝面单元的相应节点上。单元的重力，作为体积力也可按静力等效原理分配到单元的各节点上。对于坝体内的扬压力，可以根据扬压力在坝内各水平截面上的分布形式求出坝内任一点的扬压力，由此

可求出单元各节点上的扬压力值；假定扬压力在单元边线各节点间呈直线分布，则可算出单元每一边线上的扬压力合力，作为体积力再按静力等效的原理分配到单元各节点上。对于地基内的扬压力，可考虑按防渗帷幕、排水孔幕以及坝底扬压力的分布图形，在地基中绘制流网，从而可粗略地确定地基内各点的扬压力值。

在电子计算机上用有限元法解弹性力学问题的一般步骤是：将计算对象划分成单元后，确定单元的信息和节点坐标等有关数据，将这些信息和数据输入电子计算机；然后由计算机根据这些信息和数据形成刚度矩阵 $[K]$ 和荷载列阵 $\{R\}$；求解线性方程组 $[K]\{\delta\}=\{R\}$，得出节点位移 $\{\delta\}$；再根据节点位移算出单元内的应力及主应力等。计算中，重力坝坝体混凝土一般均被视为各向同性的弹性体，但混凝土材料的应力应变关系实际上是非线性的，在某些重要的高混凝土重力坝设计中，考虑材料特性进行非线性有限元计算，则求得的应力分布更加符合实际。

四、坝体强度验算

（一）定值法的坝体强度控制标准

《混凝土重力坝设计规范》（SL 319—2018）规定的定值法应力控制标准，即作用荷载采用一定条件下的固定值，并用前述材料力学法计算坝体边缘的各应力分量，再与规定的允许应力值进行比较，校核是否满足强度要求。具体应力控制标准分述如下。

1. 坝基面坝踵、坝趾应力的控制标准

（1）运行期：①在各种荷载组合下（地震荷载除外），坝踵垂直应力不应出现拉应力，坝趾垂直应力应小于坝基容许压应力；②在地震荷载作用下，坝踵、坝趾的垂直应力应符合水工建筑物抗震设计规范的要求。

（2）施工期：坝趾垂直应力允许小于 0.1MPa 的拉应力。

2. 坝体应力的控制标准

（1）运用期：①坝体上游面的垂直应力不出现拉应力（计入扬压力）；②坝体最大主压力，不应大于混凝土的允许压应力值；③在地震荷载作用下，坝体上游面的应力控制标准符合《水工建筑物抗震设计标准》（GB 51247—2018）、《水电工程水工建筑物抗震设计规范》（NB 35047—2015）的要求；④宽缝重力坝离上游面较远的局部区域，允许出现拉应力，但不得超过混凝土的允许拉应力；溢流堰顶、廊道及底孔洞周边出现拉应力时，宜配置钢筋。

（2）施工期：①坝体任何截面上的主压应力不应大于混凝土的允许压应力；②在坝体的下游面，允许不大于 0.2MPa 的主拉应力。

上述混凝土的允许应力应按混凝土的极限强度除以相应的安全系数确定。坝体混凝土安全系数，基本组合不应小于 4；特殊组合（不含地震情况）不应小于 3.5。当局部混凝土有抗拉要求时，抗拉安全系数不应小于 4。在地震情况下，坝体的结构安全应符合水工建筑物抗震设计规范的要求。

（二）分项系数极限状态坝体强度验算

《混凝土重力坝设计规范》（NB/T 35026—2022）采用分项系数极限状态设计方法，即荷载计算时，考虑了各种作用（荷载）都有变异性或随机性，并给出了各种作用的分项系数，从而计算出相应的设计值，然后用材料力学法计算各应力分量并用极限状态设计原则进行强度验算。

1. 承载能力极限状态坝趾的抗压强度验算

验算坝趾抗压强度时，应按承载能力极限状态，按式（4-8）和式（4-10）分别计算基本组合和偶然组合两种情况，计算时按公式要求采用材料的标准值和作用的标准值或代表值。作用效应函数 $S(*)$ 和抗压强度极限状态抗力函数 $R(*)$ 分别为

$$S(*)=\left(\frac{\sum W_R}{A_R}-\frac{\sum M_R T_R}{J_R}\right) \tag{4-57}$$

$$R(*)=\frac{f_C}{\gamma_m} \text{或} R(*)=f_R \tag{4-58}$$

式中：$\sum W_R$ 为坝基面上全部法向作用之和，kN，以向下为正；$\sum M_R$ 为坝基面上全部作用对形心的力矩之和，kN·m，以逆时针为正；A_R 为坝基面的面积，m^2；J_R 为坝基面对形心轴的惯性矩，m^4；T_R 为坝基面形心轴到下游面的距离，m；f_C、f_R 分别为混凝土抗压强度和基岩抗压强度，kPa。

2. 承载能力极限状态坝体选定截面下游端点的抗压强度验算

验算坝体选定截面下游端点的抗压强度时，同样应按承载能力极限状态，按式（4-8）和式（4-10）分别计算基本组合和偶然组合两种情况，计算时按公式要求采用材料的标准值和作用的标准值或代表值。作用效应函数 $S(*)$ 和抗压强度极限状态抗力函数 $R(*)$ 分别为

$$S(*)=\left(\frac{\sum W_C}{A_C}-\frac{\sum M_C T_C}{J_C}\right) \tag{4-59}$$

$$R(*)=f_C \tag{4-60}$$

式中：$\sum W_C$ 为计算截面上全部法向作用之和，kN，以向下为正；$\sum M_C$ 为计算截面上全部作用对形心的力矩之和，kN·m，以逆时针为正；A_C 为计算截面的面积，m^2；J_C 为计算截面对形心轴的惯性矩，m^4；T_C 为计算截面形心轴到下游面的距离，m；其余符号含义同式（4-57）和式（4-58）。

坝体最大主压应力应符合规范《混凝土重力坝设计规范》（NB/T 35026—2022）的规定。

3. 正常使用极限状态坝体上、下游面拉应力验算

（1）运行期坝体上游面拉应力验算。规范要求运用期按正常使用极限状态验算坝体上游面拉应力，应满足分项系数极限状态表达式（4-11），并按作用的标准值计算。要求坝踵垂直应力不出现拉应力（计扬压力），核算坝踵拉应力的计算公式为

$$\frac{\sum W_R}{A_R}+\frac{\sum M_R T_R}{J_R}\geqslant 0 \tag{4-61}$$

式中：T_R 为坝基面形心轴到上游面的距离，m；其余符号含义同式（4-57）。

核算坝体上游面拉应力的计算公式为

$$\frac{\sum W_C}{A_C}+\frac{\sum M_C T_C}{J_C}\geqslant 0 \tag{4-62}$$

式中：T_C 为计算截面形心轴到上游面的距离，m；其余符号含义同式（4－59）。

（2）施工期坝体下游面拉应力验算。施工期属短暂状况，规范规定按正常使用极限状态作用的标准值计算作用的短期组合。坝体下游面垂直拉应力应不大于 100kPa。计算公式为

$$\frac{\sum W_C}{A_C}-\frac{\sum M_C T_C}{J_C}\geqslant -0.1\ \text{(MPa)} \tag{4-63}$$

应力控制标准与采用的分析方法有关，应力分析方法不同，控制标准也不一样，目前我国重力坝设计规范规定了按材料力学法计算的应力控制标准，还提出了有限元法计算坝体应力时的应力控制标准。

用有限元法计算坝体应力时，作用（荷载）取标准值，材料、地基性能应根据试验结合工程类比取定值计算。有限元法计算混凝土重力坝上游垂直应力时，控制标准为：

1）坝基上游面：计入扬压力时，拉应力区宽度宜小于坝底宽度的 0.07 或坝踵至帷幕中心线的距离。

2）坝体上游面：计入扬压力时，拉应力区宽度宜小于计算截面宽度的 0.07 或计算截面上游面至排水孔（管）中心线的距离。

五、各种非荷载因素对坝体应力的影响

用材料力学法计算坝体应力除考虑一般作用荷载和扬压力外，尚有许多影响坝体应力分布的因素未加考虑。以下仅就地基变形、地基不均匀性、施工纵缝等因素的影响作简要介绍。

（一）地基变形对坝体应力的影响

材料力学法中假定任何水平截面的 σ_y 呈直线分布，即任何水平截面在变形后仍保持为平面。实际上坝基受到坝体传给的力和库水的压力作用，必然要发生变形，如图 4－18（a）所示。这就使得与地基相连接的坝底面不可能仍然保持平面状态。由于坝体和地基的接触面要协调变形，所以沿坝基面和坝体都将发生明显的应力重分布。

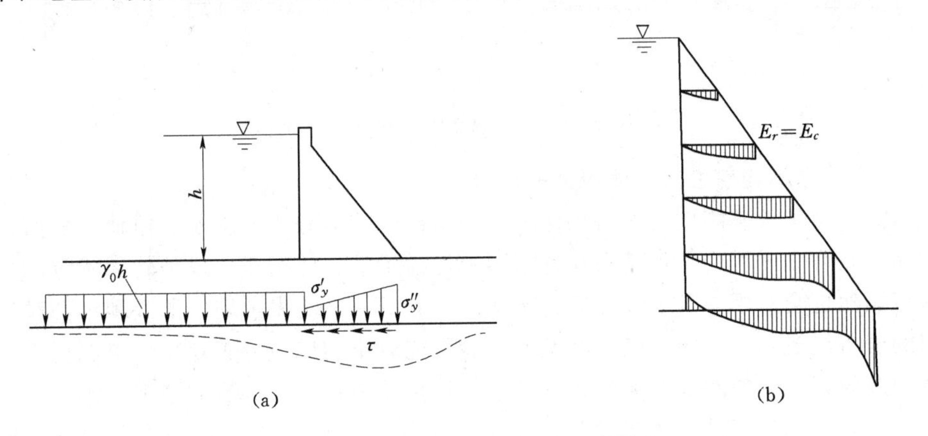

图 4－18　坝基变形对坝体应力的影响

（a）坝基变形示意图；（b）应力影响示意图

用弹性理论分析和模型试验所得结果表明，地基变形使坝底面以上（1/3～1/4）坝高范围内的应力分布与材料力学法的计算结果有较大的差别，其中以坝底面的差别最大。在这个范围内的应力分布状况与坝体材料的弹性模量 E_c 和地基弹性模量 E_r 的比值有关。图 4－18（b）表示 $E_c=E_r$ 时沿坝高不同水平截面的垂直正应力 σ_y 分布。可见地基变形对坝体应力分布的影响只限于坝体下部，而坝体的中、上部分基本上符合直线变化的假定。图 4－19 给出空库和满库时不同 E_c/E_r 值的坝底应力分布规律。由图可见，空库时，E_c/E_r 愈大则坝踵处的 σ_y 及 τ 应力集中愈显著；满库时，当 E_c/E_r 趋于很小时，即地基非常坚硬，在坝踵及坝趾的 σ_y 均为拉应力，而截面中部的压应力比材料力学法的计算成果（图中虚线表示）有较大的增加：当 $E_c/E_r\approx1$ 时，下游坝趾的 σ_y 有应力集中的趋势；而当 E_c/E_r 趋于很大时，即地基弹性模量很低时，σ_y 不仅在坝趾出现显著的压应力集中，且坝踵也有一定程度的应力集中现象。由以上分析可知，地基刚度过大，对上游坝踵的应力情况反而不利。当然也不能过于软弱，以免发生其他不利的后果。从应力分布方面来看，若能使 E_c/E_r 在 1～2 的范围内是有利的。

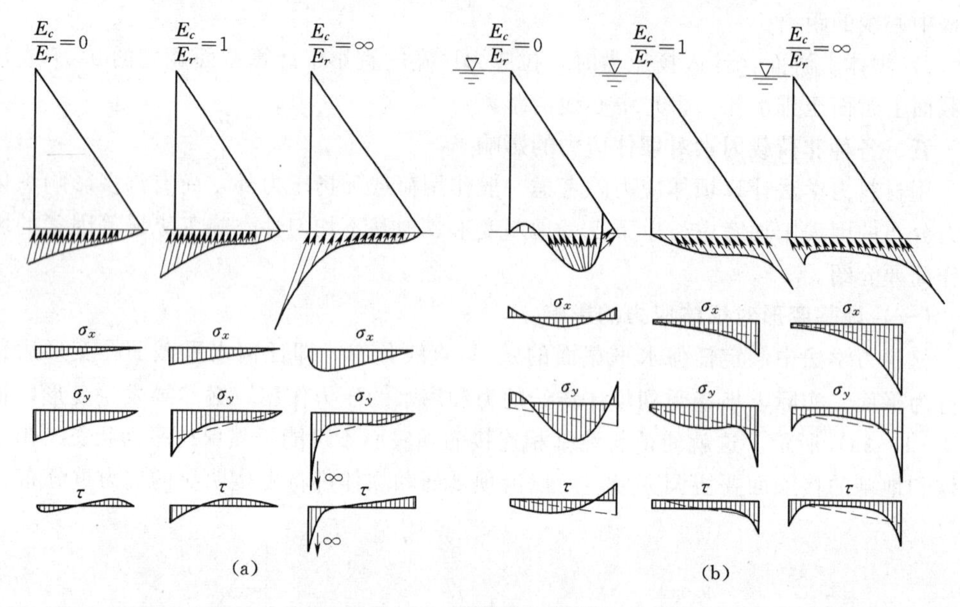

图 4－19　坝基应力分布图

（二）地基不均匀性对坝体应力的影响

以上讨论了地基刚度变化对坝体靠近基础部位应力分布的影响，但地基仍假定为均匀体。在许多工程中，地基由几种不同弹性模量的岩体组成。这种软硬不等的非均匀地基当然也会对坝体及坝基面应力产生影响。图 4－20 表示均匀地基和由两种软硬不同的岩石组成的非均匀地基，经模型试验研究得出的应力分布规律。由图可见，当上游坝踵附近地基的刚度较大时，有可能产生拉应力；相反，当上游坝踵附近地基的刚度较小，而靠近坝趾的地基刚度较大时，上游坝踵的应力状态较均匀地基有所改善，增加了压应力，而下游坝趾的压应力有所减小。因此，若坝体必须跨在两种不同刚度的地基上，宜将下游坝体布置在较坚硬的岩基上，这样可避免或降低坝踵处的拉应力。若下游基岩较软弱时，则可采用必要的工程措施加以改善。

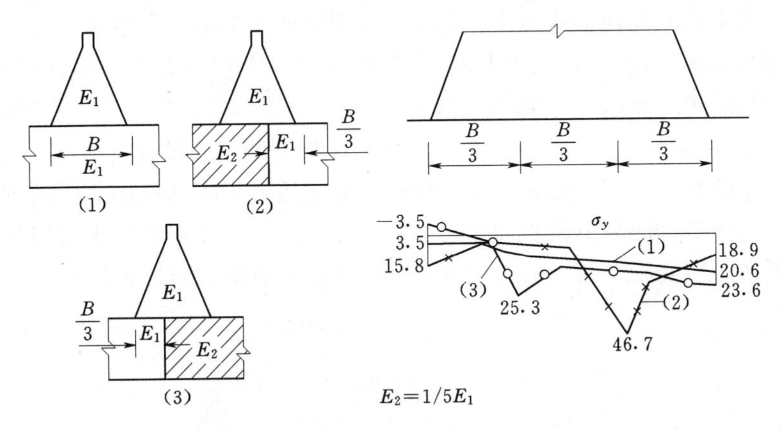

图 4-20　非均匀地基对应力的影响

(三) 施工纵缝对坝体应力的影响

重力坝断面较大，施工时由于受到混凝土浇筑能力的限制和温度控制的要求，常须设置平行坝轴线方向的纵缝将坝段分成若干坝块浇筑。并在适宜的时间进行纵缝灌浆使坝成为整体，然后水库才开始蓄水。在这种情况下，水压力、扬压力等均由整个坝体承担。而坝体自重应力则是由灌浆前的独立坝块所引起的。图 4-21 表示坝体上游坡度 $n=0$、$n>0$、$n<0$ 三种情况，不考虑和考虑纵缝影响的自重应力分布规律。由图可见，当 $n=0$ 时，即上游为铅直坝面，不考虑纵缝与考虑纵缝的自重应力基本相同；当 $n>0$ 时，即上游坝面为正坡，考虑纵缝时上游坝踵的自重应力减小了，与水压力引起的应力叠加，坝踵处的应力状况明显恶化，可能发生拉应力，因此上游坝坡不宜过缓；当 $n<0$ 时，即上游坝面形成倒坡时，考虑纵缝影响时上游坝踵的自重应力增大了，与水压引起的应力叠加，对坝踵处的应力却很有利。

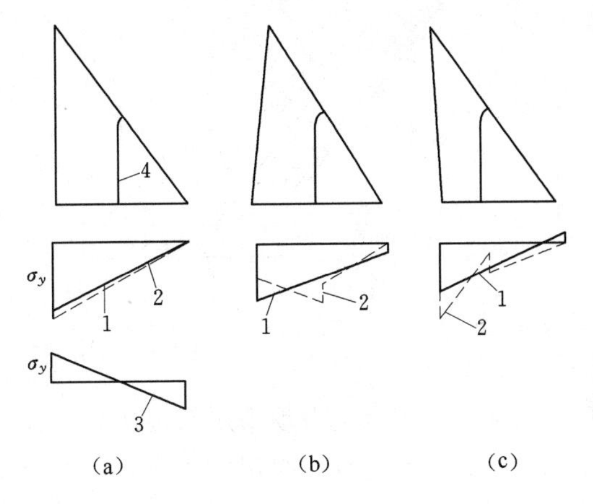

图 4-21　纵缝对坝体应力的影响
(a) $n=0$；(b) $n>0$；(c) $n<0$
1—无纵缝自重应力；2—有纵缝自重应力；
3—水压力引起的应力；4—施工纵缝

我国石泉大坝和瑞士的大狄克逊坝为改善坝踵应力状况，上游坝面均采用倒坡。但为避免施工上的困难和防止施工期坝趾出现过大的拉应力，倒坡不宜过大。国内有些坝将纵缝做到适当的高程后即行冷却并灌浆形成整体，或在某一适当的高程实行并缝，然后再继续全断面浇筑，这样也有助于改善坝踵的应力状态。

(四) 分期施工对坝体应力的影响

在某些高坝建设中，有时为了合理使用资金，减少初期投资或资金积压，或因库区淹没太大，搬迁问题一时不能解决，为了提早发挥效益，使工程建设和国民经济发展相适应，而采用分期建设的方式。即先修建坝体的一部分，并蓄水运行，以后再将坝体加宽加高为最终设计断面。例如，我国的丹江口大坝和龚嘴大坝即分两期修建，印度柯依那坝采用斜板法分两期加高修建［图 4-22（a)］，瑞士大狄克桑斯坝采用阶梯法分四期加高修建［图 4-22（b)］。阶梯法是将下游坝面做成阶梯形，加高时在阶梯上浇筑独立的柱体，待新混凝土的柱块降温收缩后，再将两柱体之间的宽缝回填形成整体。斜板法是采用与下游坝面平行加高的方法，并在新老混凝土之间设置摩擦系数较小的可使二期混凝土收缩的临时缝，待新混凝土收缩稳定后再进行回填。

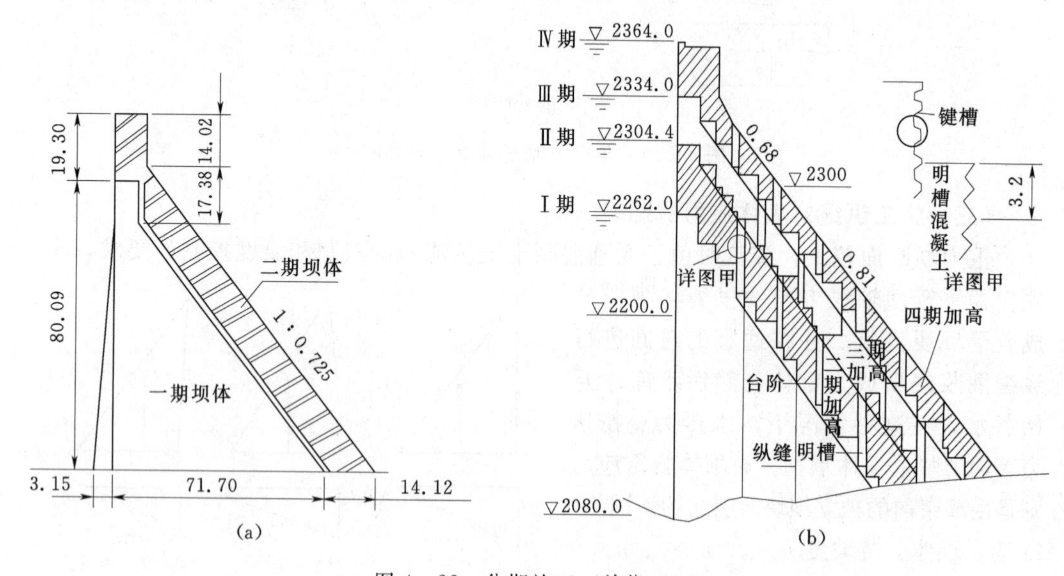

图 4-22 分期施工（单位：m）

图 4-23 表示重力坝采用斜板法分期施工的应力情况。由图可见，考虑与不考虑施工过程和蓄水过程，得出的垂直正应力分布情况有较大的差别。其中图 4-23（a）是不考虑分期施工和蓄水过程，按最终断面用材料力学法计算所得的应力，σ_y 呈直线分布；图 4-23（b）是按初期断面和初期蓄水计算所得的应力分布；图 4-23（c）是二期断面增加的坝重和增加的水压力所引起的应力；图 4-23（d）是第一、二期两种情况的合成应力，即考虑施工分期和蓄水过程的最终应力分布，σ_y 呈折线变化，且在坝踵处出现拉应力。因此，考虑分期施工对坝踵应力的影响是趋于不利的。若分期施工使坝踵产生过大的拉应力，就应修改分期的设计，采取必要的措施以改善坝踵应力，如妥善解决新、老混凝土结合面条件及温度控制问题；在可能而又不至于造成过大经济损失的前提下，降低二期施工时的蓄水位，对改善坝踵应力是有利的。

以上所述的用材料力学法分析施工分缝、分期对坝体应力的影响，是一种近似和定性的研究。如果要做更详细的研究，可采用有限单元法或做结构模型试验。有限单元法可按接触问题计算有缝坝体的应力，也可完全按照大坝的实际施工过程和运行条件计算分期施工的坝体应力。

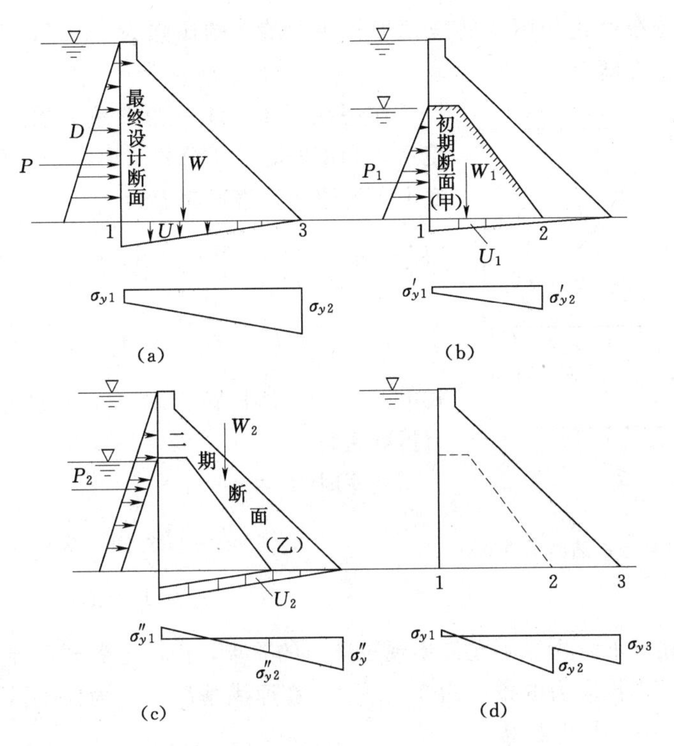

图 4-23　分期施工对坝体应力的影响

(a) 按整体计算的应力 σ_y；(b) 初期应力 σ'_y；(c) 二期应力 σ''_y；(d) 合成应力 $\sigma'_y+\sigma''_y$

第四节　重力坝的剖面设计与结构布置

一、非溢流重力坝的剖面设计与结构布置

重力坝剖面设计的任务在于选择一个既满足稳定和强度要求，又使体积最小和施工简单运行方便的剖面。精确的方法，应以整个工程的经济指标作为目标函数，在满足上述设计要求和其他必要的约束条件下，用数学规划和优化设计方法求得最优的剖面（见本书附录中水工建筑物的优化设计）。工程中，常将问题做些简化，先考虑坝体主要荷载，按安全和经济要求，拟定基本剖面，再根据运用及其他要求，将基本剖面修改成为实用剖面，最后对实用剖面在全部荷载作用下进行应力分析和稳定验算，经过反复修改和计算，确定合理的坝体剖面。

（一）重力坝基本剖面

重力坝的基本剖面，一般是指在主要荷载作用下满足坝基面稳定和应力控制条件的最小三角形剖面。因此，基本剖面分析的任务是在满足稳定和强度要求下，根据给定的坝高 H 求得一个最小的坝底宽度 T，也就是确定三角形的上下游坡度。为分析方便，沿坝轴线方向取单位长度的坝体进行研究，如图 4-24 所示。其上下游面的水平投影长度分别为 λT 和 $(1-\lambda)T$。假定上游库水位与三角形顶点齐平，水深即为 H，下游无水；坝的荷载只考虑上游水平水压力 P、水重 Q 和坝体自重 G 以及扬压

力 U（扬压力分布简化如图中的三角形，在上游端的压强为 $\alpha\gamma_0 H$，下游端为零，α 值视防渗排水条件确定）。

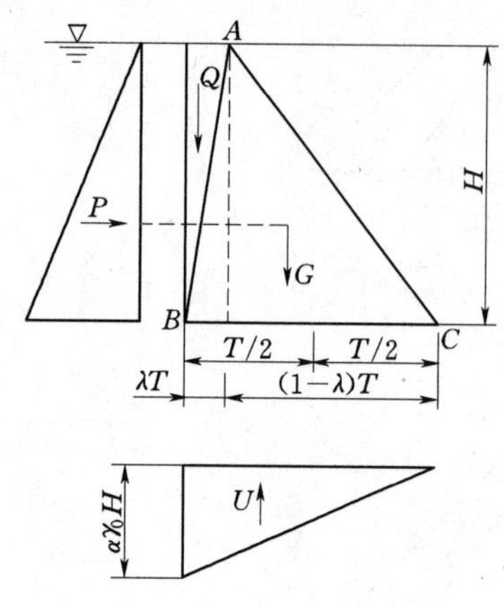

图 4-24　重力坝基本剖面示意图

作用在图 4-24 三角形重力坝上的主要荷载确定后，利用偏心受压公式（4-18）可求得满库时坝底上下游边缘垂直正应力为

$$\sigma'_y = H\left[\gamma_c(1-\lambda)+\gamma_0\lambda(2-\lambda)-\alpha\gamma_0-\gamma_0\frac{H^2}{T^2}\right]$$

$$\sigma''_y = H\lambda(\gamma_c-\gamma_0+\lambda\gamma_0)+\frac{\gamma_0 H^3}{T^2}$$

式中：γ_c 为坝体材料容重；γ_0 为水容重；α 为扬压力折减系数。

空库时为

$$\sigma'_y = H\gamma_c(1-\lambda)$$

$$\sigma''_y = H\gamma_c\lambda$$

按重力坝在上下游边缘不允许出现拉应力的要求，由以上各式不难看出，空库时上下游边缘不出现拉应力的条件为 $0\leqslant\lambda\leqslant1$；在库满情况下，为使上游边缘不出现拉应力，可令 $\sigma'_y=0$，由此求得

$$\frac{T}{H}=\frac{1}{\sqrt{\dfrac{\gamma_c}{\gamma_0}(1-\lambda)+\lambda(2-\lambda)-\alpha}} \tag{4-64}$$

欲使 $\dfrac{T}{H}$ 为最小值，应使式（4-64）右边分母的数值为极大值。取其一次导数并令其等于零，即

$$\frac{\mathrm{d}\left[\dfrac{\gamma_c}{\gamma_0}(1-\lambda)+\lambda(2-\lambda)-\alpha\right]}{\mathrm{d}\lambda}=0$$

得

$$\lambda=1-\frac{\gamma_c}{2\gamma_0} \tag{4-65}$$

式（4-65）给出了坝底最小宽度 T 的 λ 值。若取 $\gamma_c=24\text{kN/m}^3$，$\gamma_0=10\text{kN/m}^3$，则 $\lambda=-0.2$，即坝的上游面要做成有倒悬的倒坡，这样不仅对施工不利，而且空库时，由于自重作用线向上游侧偏移，坝的下游边缘可能产生较大的拉应力。故一般取 $\lambda=0$，即设计成上游面铅直的三角形剖面。以 $\lambda=0$ 代入式（4-64）可得出满足应力控制条件且便于施工的坝底最小宽度的计算公式：

$$T=\frac{H}{\sqrt{\dfrac{\gamma_c}{\gamma_0}-\alpha}} \tag{4-66}$$

由式（4-66）可以看出，α 值愈小则坝底宽也愈小，可见采取有效防渗排水措施减小扬压力，对重力坝经济意义很明显。

根据图 4-24 所示作用力，可算出总水平水压力$\sum P=\frac{1}{2}\gamma_0 H^2$，总铅直力$\sum W=G+Q-U=\frac{1}{2}TH(\gamma_c+\gamma_0\lambda-\gamma_0\alpha)$，代入抗滑稳定分析的摩擦公式（4-1），可得出满足稳定条件的最小坝底宽度为

$$T=\frac{KH}{f\left(\frac{\gamma_c}{\gamma_0}+\lambda-\alpha\right)} \tag{4-67}$$

当摩擦系数较大时，坝底宽度应由应力条件控制；当 f 较小时，则坝底宽度由稳定条件控制，由式（4-67）可知，加大 λ 值，可以利用上游倾斜坝面上的水重增加坝体稳定，从而减小坝体宽度 T。但由于应力条件的限制，λ 值不能随意加大，要想得到同时满足稳定和应力条件的经济剖面，需由式（4-64）和式（4-67）两式联立求解 λ 与 T 值。根据工程经验，岩基上重力坝一般上游坡 $n=\lambda T/H=0\sim0.2$，下游坡 $m=(1-\lambda)T/H=0.6\sim0.8$，坝底宽为坝高的 0.7～0.9。

（二）非溢流坝的实用剖面

重力坝的基本剖面，是在荷载和剖面形态都作了简化之后求得的。实用剖面当然不能是顶点与上游水位齐平的简单三角形。因此，还要考虑其他荷载和运用条件，故需对基本剖面进行修改，使其成为符合实际需要的实用剖面。

1. 坝顶宽度

坝顶需要有一定的宽度，以满足设备布置、运行、交通及施工的需要。非溢流坝的坝顶宽度一般可取坝高的 8%～10%，并不宜小于 3m。如作交通要道或有移动式启闭机设施时，应根据实际需要确定。当有较大的冰压力或漂浮物撞击力时，坝顶最小宽度还应满足强度要求。

2. 坝顶高程

坝顶或坝顶上游防浪墙顶应超出水库静水位的高度，用 Δh 表示，由下式计算：

$$\Delta h=h_{1\%}+h_z+h_c \tag{4-68}$$

式中：$h_{1\%}$为累积频率为 1%的波浪高度，m，按式（2-27）计算；h_z 为波浪中心线高出静水位的高度，m，按式（2-29）计算；h_c 为取决于坝的级别和计算情况的安全超高，查表 4-5。正常蓄水位或校核情况坝顶高程（或坝顶上游防浪墙顶高程）按下式计算，并选用其中的较大值。

表 4-5 安全超高 h_c 单位：m

相应水位	坝的级别		
	1	2	3
正常蓄水位	0.7	0.5	0.4
校核洪水位	0.5	0.4	0.3

$$\left.\begin{aligned}\text{坝顶高程}&=\text{设计洪水位}+\Delta h_{\text{设}}\\ \text{坝顶高程}&=\text{校核洪水位}+\Delta h_{\text{校}}\end{aligned}\right\} \tag{4-69}$$

式中：$\Delta h_{\text{设}}$ 和 $\Delta h_{\text{校}}$ 分别按式（4-68）的要求考虑。对于 1、2 级的坝，如果按照可

能最大洪水校核时，坝顶高程不得低于相应静水位，防浪墙顶高程不得低于波浪顶高程。防浪墙高度一般为 1.2m，应与坝体在结构上连成整体，墙身应有足够的厚度，以抵挡波浪及漂浮物的冲击。

3. 剖面形态

图 4-25 为三种常用的实体重力坝剖面形态。图 4-25 中（a）采用铅直的上游坝面，这种型式适用于坝基摩擦系数较大，由应力条件控制坝体剖面的情况，铅直的上游坝面具有便于布置和操作坝身管道进口控制设备的优点。但由于在上游面为铅直的基本三角形剖面上增加了坝顶重量，空库时下游坝面可能产生拉应力，设计时应控制在容许的范围内。图 4-25（b）是工程上经常采用的一种实用剖面，其特点是上游坝面上部铅直，而下部呈倾斜，既可利用部分水重来增强坝的稳定性，又可保留铅直的上部便于管道进口布置设备和操作的优点。上游折坡的起坡点位置应结合应力控制条件和引水、泄水建筑物的进口高程来选定，一般在坝高的 1/3～2/3 的范围内。图 4-25 中（c）是由上游面略呈倾斜的基本三角修改而成，适用于坝基摩擦系数较小的情况，倾斜的上游坝面可以增加坝体自重和利用一部分水重，以满足抗滑稳定的要求。修建在地震区的重力坝，为避免空库时下游坝面产生过大的拉应力，也可采用此种剖面。

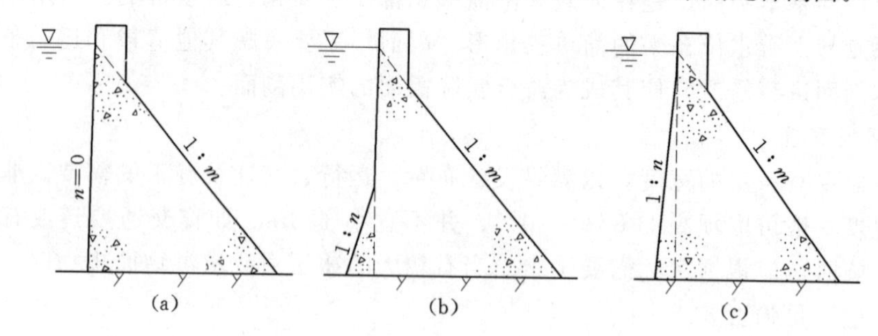

图 4-25　非溢流坝剖面形态示意图

二、溢流重力坝和坝身泄水孔设计与结构布置

（一）溢流重力坝

溢流重力坝既是挡水建筑物，又是泄水建筑物；既要满足稳定和强度的要求，又要满足水力条件的要求。例如，要有足够的泄流能力，应使水流平顺地通过坝面，避免产生振动和空蚀，应使下泄水流对河床不产生危及坝体安全的局部冲刷，不影响枢纽中其他建筑物的正常运行，等等。所以溢流坝剖面设计涉及孔口尺寸、溢流堰形态以及消能方式等的合理选定。

1. 溢流坝孔口尺寸的拟定

（1）孔口形式。溢流坝孔口形式有坝顶溢流式和设有胸墙的大孔口溢流式两种，如图 4-26 所示。坝顶溢流式当闸门全开时，其泄流能力与水头 $H^{3/2}$ 成正比，随着库水位的升高，泄流量也迅速加大，所以当遭遇意外洪水时，超泄能力较大，且有利于排除冰凌和其他漂浮物。闸门启闭操作方便，易于检修，安全可靠，所以在重力坝枢纽中得到广泛采用。

大孔口溢流式是将堰顶高程降低，利用胸墙遮挡部分孔口以减小闸门的高度，可

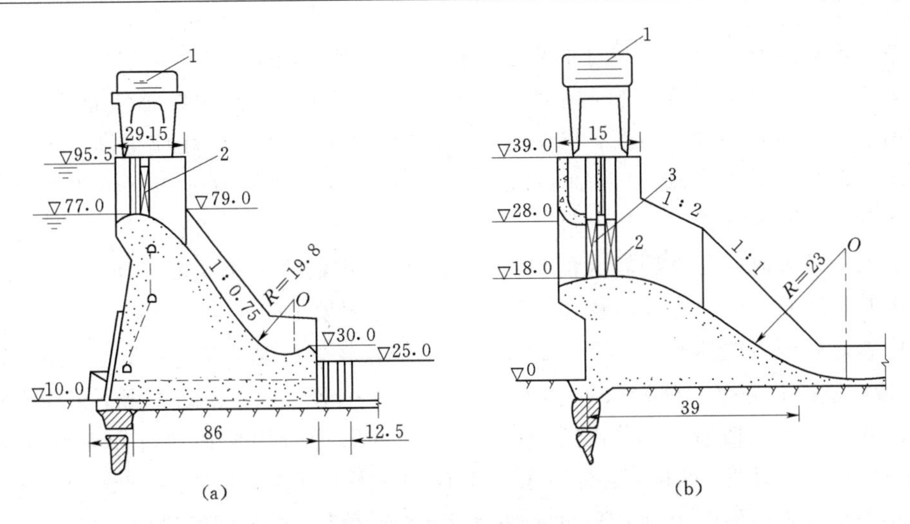

图 4-26　溢流坝泄水方式示意图（单位：m）

（a）坝顶溢流式；（b）大孔口溢流式

1—移动式启闭机；2—工作闸门；3—检修闸门

以利用洪水预报提前放水腾出较大的防洪库容，从而提高水库调洪能力。当库水位低于胸墙时，泄流状态与坝顶溢流相同；而当库水位高出胸墙底缘一定高度时，就呈大孔口泄流状态，此时下泄流量与水头 $H^{1/2}$ 成正比，超泄能力不如坝顶溢流式大，也不利于排泄漂浮物。

（2）孔口尺寸。溢流坝孔口尺寸的拟定包括过水前缘总宽度、堰顶高程、孔口的数目和尺寸，应根据洪水流量和容许单宽流量、闸门形式以及运用要求等因素，通过水库的调洪演算，水力计算和方案的技术经济比较确定。

溢流前缘总净宽 L 可表示为

$$L=\frac{Q}{q} \tag{4-70}$$

式中：Q 和 q 分别为通过溢流堰（孔）的下泄流量和容许的单宽流量。

根据建筑物等级所确定的洪水设防标准（表 4-6）和洪水过程线，通过调洪演算确定枢纽下泄流量 Q_s。当有泄水孔或其他泄水建筑物分担部分泄洪任务时，则通过溢流堰（孔）的 Q 为

$$Q=Q_s-\alpha Q_0 \tag{4-71}$$

式中：Q_s 为通过枢纽的总下泄流量；Q_0 为通过泄水孔、水电站及其他泄水建筑物的下泄流量；α 为系数，正常运用时取 0.75～0.9，校核情况取为 1.0。

表 4-6　永久性建筑物洪水标准

运用情况 \ 洪水重现期/年 \ 建筑物级别	1	2	3	4	5
正常运用（设计）	1000～500	500～100	100～50	50～30	30～20
非常运用（校核）	5000～2000	2000～1000	1000～500	500～200	200～100

单宽流量 q 是决定孔口尺寸的重要指标，在 Q 既定的条件下，q 越大，溢流前缘宽度 L 越小，交通桥、工作桥等造价也越低，对山区狭窄河道上的枢纽布置越方便；但却增加了闸门和闸墩的高度，同时对下游消能防冲的要求也要相应提高。若选用过小的单宽流量，虽可降低消能工的费用，但会增加溢流坝的造价和枢纽布置上的困难。因此，q 的选择是一个技术经济比较问题。一般来说，当河谷狭窄、基岩坚硬，且下游水深较大时，可选用较大的单宽流量，以减小溢流前缘宽度，便于枢纽布置；当河床基岩较软弱或存在地质构造等缺陷时，宜选用较小的 q 值。以往国内外的工程实践中，对软弱基岩常取 $q=20\sim50m^3/(s\cdot m)$，较好的基岩取 $q=50\sim70m^3/(s\cdot m)$，特别坚硬、完整的基岩取 $q=100\sim150m^3/(s\cdot m)$。近年来随着坝下消能措施的不断改善，$q$ 的取值有加大趋势。我国乌江渡拱形重力坝校核情况单宽流量超过 $200m^3/(s\cdot m)$。国外如西班牙、葡萄牙等国有的工程采用单宽流量高达 $300m^3/(s\cdot m)$。

对于装设闸门的溢流坝，当过水净宽 L 确定之后，常需用闸墩将溢流段分隔成若干等宽的溢流孔，设每孔净宽为 b，孔数为 n，闸墩厚度为 d，则溢流段总宽度为

$$L_0=L+(n-1)d=nb+(n-1)d \tag{4-72}$$

选择 n 和 b 时，要考虑闸门的形式和制造能力、闸门跨度与高度的合理比例、运用要求和坝段分缝等因素。若每孔宽度过小，则闸门、闸墩数增多，溢流段加宽；若孔宽过大，则闸门尺寸加大，启闭设备加大，相应的制造和安装均较复杂。我国目前大、中型混凝土坝一般常用 $b=8\sim16m$，有排泄漂浮物要求时，可加大到 $18\sim20m$，闸门宽高比为 $1.5\sim2.0$，应尽量采用闸门规范中推荐的标准尺寸。

在确定溢流孔口宽度的同时，也应确定溢流坝的堰顶高程。这是因为由溢流前缘总净宽 L 和堰顶水头 H_0 所决定的溢流能力，应与要求达到的下泄流量 Q 相当。对于采用坝顶溢流的堰顶水头 H_0 可利用式（3-3）计算。

当采用有胸墙的大孔口泄流时，按下式计算：

$$\left.\begin{aligned}Q&=\mu A\sqrt{2gH_0}\\H_0&=H+\frac{v_0^2}{2g}\end{aligned}\right\} \tag{4-73}$$

式中：A 为孔口面积；μ 为孔口流量系数，当 $H_0/D=2.0\sim2.4$ 时，$\mu=0.74\sim0.82$，D 为孔口高度；H_0 为作用水头，自由出流时 H 为库水位与孔口中心高程之差，在淹没出流时 H 为上下游水位差；v_0 为行近流速。

（3）溢流孔口布置。溢流孔的划分应与坝段宽度（横缝间距）相适应，一般单孔宽 b 加闸墩厚 d 即为一个坝段。工程上常有两种布置方式：一种是横缝设于闸墩中间，如图 4-27（a）所示，各坝段若产生不均匀沉陷可不影响闸门启闭，工作比较可靠，但闸墩厚度较大，溢流前缘总宽增加；另一种是横缝布置在闸孔中间，如图 4-27（b）所示，闸墩受力条件较好，可以做得较薄，溢流前缘总宽减小。但当相邻坝段发生不均匀沉降时，闸孔的变形影响闸门的启闭，适用于基岩较坚硬完整的情况。

2. 溢流坝的实用剖面

溢流坝基本剖面的确定原则与非溢流坝完全相同。为满足泄水的要求，其实用剖

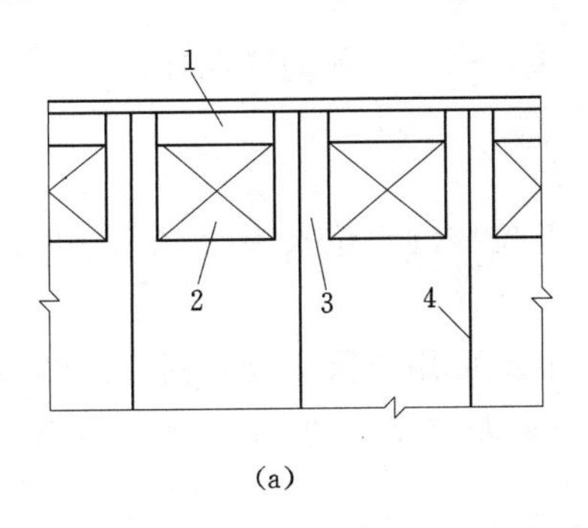

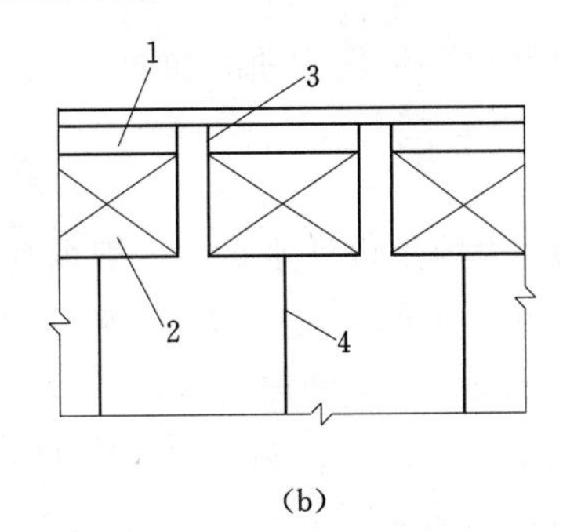

图 4-27　溢流孔布置方式示意图

1—溢流孔；2—闸门；3—闸墩；4—横缝

面是将坝体下游斜面修改成溢流面。溢流面形状应具有较大的流量系数，泄流顺畅，坝面不发生空蚀。对重要工程一般在初拟形状和尺寸之后，用水工模型试验加以验证和修改。

(1) 溢流面曲线。溢流坝面由顶部曲线段、中间直线段和下部反弧段三部分组成，如图 4-28 所示。

顶部曲线段（溢流堰）的形状对泄流能力和流态有很大的影响。根据在设计水头下堰面是否允许出现真空（负压），分为真空实用堰和非真空实用堰两种类型。虽然真空实用堰流量系数较大，但出现负压容易引起坝体振动和堰面空蚀，因此应用不多。对于坝顶溢流式孔口，工程中常采用的非真空实用堰为克-奥曲线和幂曲线（WES 曲线）两种。用前者给出的曲线坐标所确定的剖面较宽厚，常超过稳定和强度的要求，且施工放样不方便，国内目前已较少采用。后者是由美国陆军工程师兵团水道实验站提供的，故称 WES 曲线。它具有流量系数较大，剖面较小和便于施工放样的优点，目前国内外广泛采用。如图 3-1 所示的溢流面幂曲线方程以通式表示，WES 剖面曲线方程参数见表 3-1。

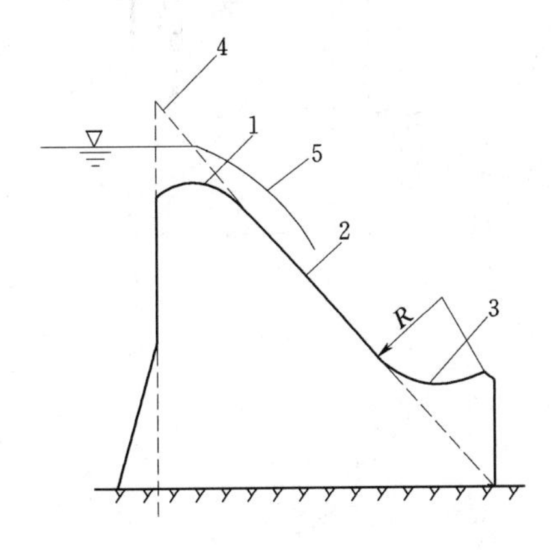

图 4-28　溢流坝面

1—顶部曲线段；2—直线段；3—反弧段；4—基本剖面；5—溢流水舌

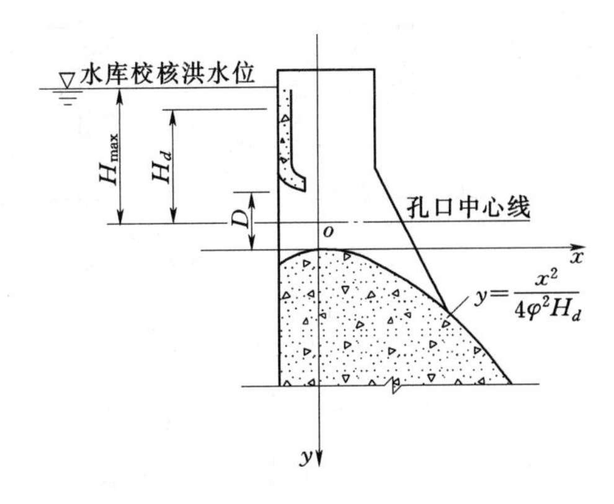

图 4-29　有胸墙大孔口堰面曲线

设有胸墙的溢流面曲线如图 4－29 所示，可按孔口射流曲线设计：

$$y=\frac{x^2}{4\varphi^2 H_d} \tag{4-74}$$

式中：H_d 为定型设计水头，一般取孔口中心至校核洪水位水头的 75%～95%；φ 为孔口收缩断面上的流速系数，一般 φ＝0.95～0.96。

曲线坐标 x、y 的原点取在堰最高点，其上游可用单圆、复式圆或椭圆曲线与胸墙底缘综合考虑拟定。当堰顶水头 H 与孔口高度 D 的比值在 1.2～1.5 范围时，堰面曲线应通过试验确定。

上述两种堰面曲线都是根据定型设计水头确定的，当宣泄校核洪水时，堰面出现的负压值应不超过 6m 水柱。

下部反弧段的作用是使经过溢流坝面下泄的高速水流平顺地与下游消能设施相衔接，要求沿程压力分布均匀，不产生负压和不致引起有害的脉动。通常采用圆弧曲线，反弧半径 $R=(4\sim10)h_c$，h_c 为校核洪水位闸门全开时反弧处的水深。反弧处流速越大，要求的转弯半径也越大，流速小于 16m/s 时，取式中的下限，流速大时宜采用较大值。当采用底流消能，反弧段与护坦相连时，宜采用上限值。底流消能和挑流消能见第三章。

中间直线段与顶部曲线段和下部反弧段相切，其坡度由重力坝基本剖面决定。

（2）溢流坝剖面布置。溢流坝实用剖面是将溢流面曲线与坝体基本剖面拟合修改而成。图 4－30（a）是直接以基本三角形上、下游坡与溢流面曲线相切而成的实用剖面；当地基较差，孔口较大，基本三角形剖面在堰顶以上部分去掉较多，稳定不够时，可考虑将基本剖面下游坡略为放缓［图 4－30（b）］，或将三角形顶点略为抬高，保持原有坡度［图 4－30（c）］；当按水力条件拟定的溢流坝剖面超出三角形基本剖面时，为节省工程量并满足泄水条件，可考虑下游溢流面与基本三角形下游坡一致，而将上游面顶部做成悬臂状［图 4－30（d）］；对于有挑流鼻坎的溢流坝，当鼻坎超出基

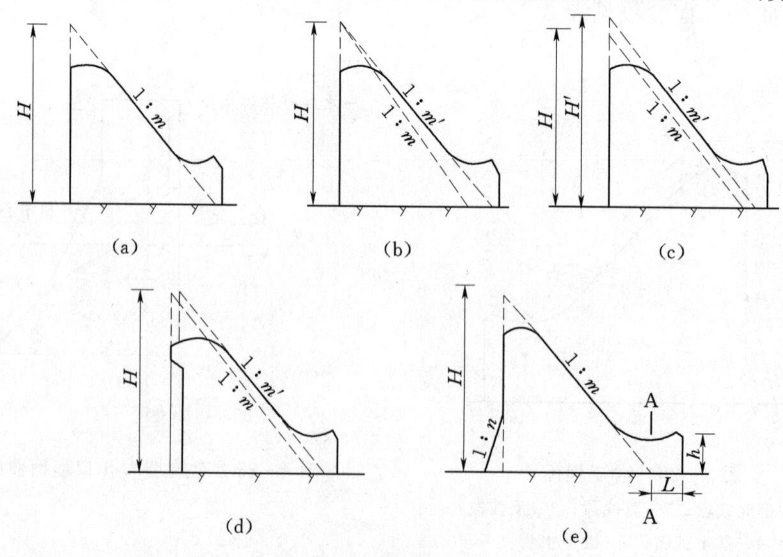

图 4－30　溢流坝实用剖面示意图

本剖面且 $L/h>0.5$ 时，应验算 A—A 截面［图 4-30（e）］的应力，如应力较大，可在坝体与鼻坎之间用缝分开，我国石泉溢流重力坝就采用这种结构型式。

（3）溢流坝的结构布置。大中型工程的溢流坝，为了满足运用要求，在溢流坝顶常设有闸门、闸墩、启闭机、工作桥等结构和设备。在溢流段与非溢流段的连接处还设有边墩、导墙等。有闸门的溢流坝顶布置形式如图 4-31 所示。

1）闸门布置。闸门有工作闸门和检修闸门。工作闸门常用平面门和弧形门，一般布置在溢流堰顶点，以减小闸门的高度。闸门顶应高出水库正常挡水位。弧形闸门的支承铰应高于溢流水面，以防漂浮物堵塞。检修闸门位于工作闸门之前，全部溢流孔通常只备有 1～2 个检修闸门，供检修工作闸门时交替使用，常用平面门或叠梁门。检修闸门与工作闸门之间应留有 1～3m 的净距，以便于检修。若库水位每年有较长连续时间在溢流坝顶以下，也可以不设检修闸门。

2）闸墩。闸墩的作用是将溢流前缘分隔为若干孔口，并支承闸门、启闭机和桥梁等传来的荷载。闸墩的平面形状应尽量减小孔口水流的侧收缩，使水流平顺地通过闸孔。闸墩的头部常采用半圆形、椭圆形或流线形；墩尾形状一般逐渐收缩成流线形，以利水流在坝面上的扩散，如图 4-31 所示。近年来我国也采用一种宽尾墩的形式，即将闸墩下游部位的宽度逐渐加宽，束窄过流宽度，促使水流向立面上扩散，增强了消能的作用。

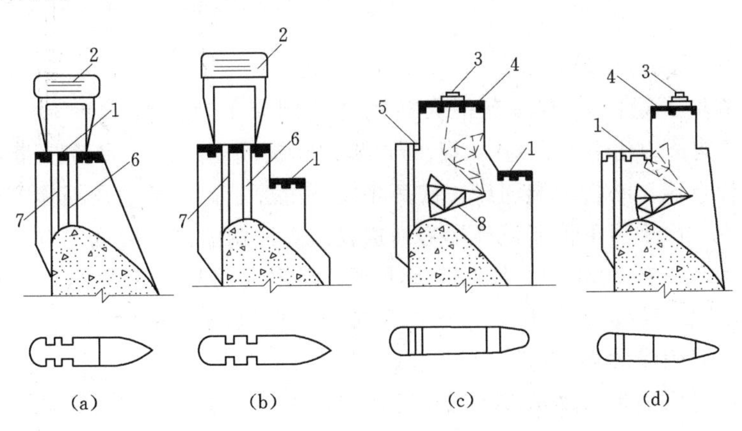

图 4-31　有闸门的溢流坝顶布置示意图

1—公路桥；2—移动式启门机；3—固定式启门机；4—工作桥；5—便桥；6—工作门槽；7—检修门槽；8—弧门

闸墩的长度应满足工作桥、交通桥及启闭机等布置的要求。闸墩的高度取决于闸门和启闭机形式，应保证开启后闸门的底缘高出水库最高洪水位，并留有一定安全超高。闸墩的厚度应满足强度和布置门槽的要求。大型平面工作闸门的门槽深一般为 0.5～2.0m，在门槽处闸墩缩窄后的厚度不小于 1～1.5m，因此平面闸门的闸墩厚为 2.5～4.0m，最大可达 4.5～5.0m。弧形闸门的闸墩厚一般为 1.5～2.0m，当闸门尺寸较大时，可增加到 3～3.5m。闸墩受水压荷载较大，常需配置受力钢筋及构造钢筋，并将拉力钢筋伸入坝体受压区。

3）边墩、导水墙。边墩是溢流坝与相邻非溢流坝段或其他水工建筑物的连接结构，也是溢流坝两端闸墩，用以支承边跨坝顶桥梁和闸门。边墩向下游延伸成为导水墙（图 4－32），以防溢流坝面上的水流向两侧非溢流坝漫溢。导墙长度应根据下游水面衔接和消能方式而定，当采用底流消能时，导水墙长度一般延伸至消力池末端；采用挑流消能时，导墙至少延伸到挑坎末端；如有坝后式电站，导墙可考虑延伸到厂房范围以外一定距离，以减小泄水时下游水面波动对电站运行的影响。导墙顶应高出泄水时掺气水面以上 1～1.5m，导墙的厚度应根据结构计算确定，墙顶厚一般为 0.5～2.0m。

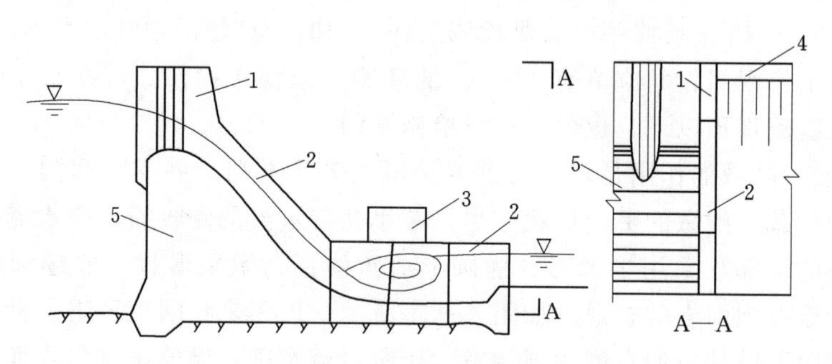

图 4－32　溢流坝的边墩和导水墙布置示意图

1—边墩；2—导水墙；3—水电站厂房；4—非溢流坝；5—溢流坝

3. 溢流坝下游消能措施

经由溢流坝下泄的水流具有很大的动能，例如下泄流量 $Q=1000m^3/s$，落差 $H=50m$，其能量约达 50 万 kW，Q、H 越大，能量也越大。水流挟带这么大的能量，如果放任自流，必将冲刷河床，破坏坝趾下游地基，甚至危及坝体安全。在国内外坝工实践中，由于坝下消能设施不善而遭受严重冲刷的例子屡见不鲜，如美国怀尔桑溢流坝，坝高只有 20m，因消能措施不当，泄洪时将坝趾下游的坚硬石灰岩冲深 4m，冲走的岩块有的重达 200t，造成严重事故。所以溢流重力坝必须采取妥善的消能防冲措施，以确保大坝运行安全。

消能设计的原则是：尽量使下泄水流的动能消耗于水流内部的紊动中，以及与空气的摩擦上，使下泄水流对河床的冲刷不致危及坝体安全。消能设计包括了两方面的内容：一是建立某种边界条件，对水流起消散、反击和导流作用，促成符合上述要求的理想水流状态，这就是消能的水力学问题；二是要分析研究这种水流状态对固体边界的反作用，妥善地设计消能建筑物和防冲措施，这就是消能的结构问题。岩基上溢流重力坝常用的消能方式有挑流式、底流式、面流式和戽流式等四种，设计时应根据水流条件和河床地质情况进行技术经济比较而选定，详见第三章第二节中的泄水建筑物下游消能防冲设计。

（二）坝身泄水孔的布置

1. 泄水孔的用途和类型

在水利枢纽中，为配合溢流坝泄洪或放空水库、排泄泥沙、施工导流，以及向下游放水供发电、航运、灌溉、城市给水等用途，常在非溢流坝或溢流坝的坝体内设置各种泄水孔。一般都布置在设计水位以下较深的部位，故又称深式泄水孔。为了简化结构布置，方便施工，节省工程量，在互不影响正常运用条件下，可尽量考虑一孔多用，如放空水库与排沙相结合，或放空与导流相结合等。

泄水孔分类，按孔内水流状态分为有压泄水孔和无压泄水孔两种类型。前者指高水位闸门全开泄水时整个管道都处于满流承压状态（图 4-33）；后者指泄水时除进口附近一段为有压外，其余部分都处于明流无压状态（图 4-34）。设计时应避免在同一段泄水孔中出现有压流和无压流交替流态。因为明满流交替容易引起振动和空蚀，且对泄流能力也有不利的影响。

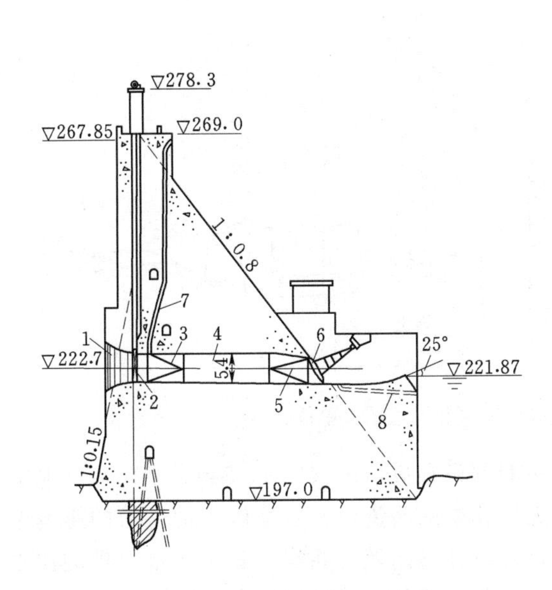

图 4-33　有压泄水孔示意图（单位：m）
1—喇叭口；2—检修闸门；3—进口渐变段；4—管身段；5—出口渐变段；6—弧形工作闸门；7—通气孔；8—排水管

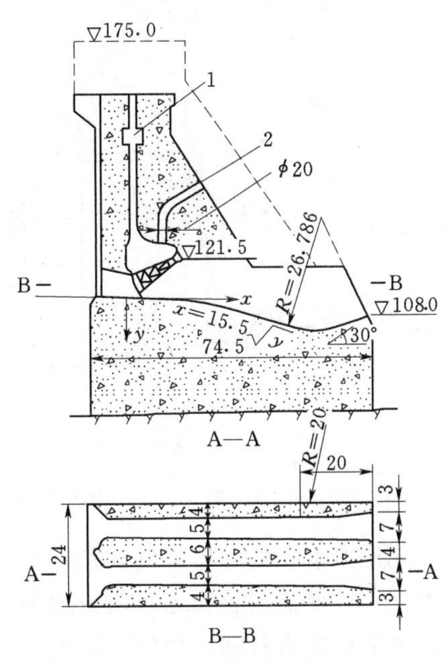

图 4-34　无压泄水孔示意图（单位：m）
1—弧形闸门启闭机廊道；2—通气孔

2. 泄水孔的结构布置

泄水孔道一般由进口段、闸门控制系统、孔身段和出口消能段所组成。

泄水孔的进口高程一般应在水库最低工作水位以下，根据泄水孔的用途和水库的运用条件而定，在满足运用要求的前提下宜定得高一些，以减小作用在闸门上的水压力。不论是有压泄水孔还是无压泄水孔，其进口段都是有压段，为使水流平顺，减小水头损失，避免孔壁空蚀破坏，进口形状应尽可能符合水流的流动轨迹。工程中常采用椭圆曲线或圆弧曲线的三面收缩矩形进水口。

进口过水断面由大逐渐变小，其始末两断面积之比常在 1.7～2.0，两断面之间的距离为 0.8～1.0 的末端孔高。由于进口段为有压段，因此应进行水头压力坡线的计算，不得出现负压。进水口的体形布置详见第三章的深式泄水孔水力设计。有压泄水孔的工作闸门常设在下游出口处，可避免闸门局部开启时振动，便于操作和检修（图 4-33）。但闸门关闭时，孔道内承受较大的内水压力，对坝体应力和防渗都有不利的影响，常需用钢板衬砌。为克服这一缺点，常在进口设置事故检修闸门，平时兼作挡水之用。当有压泄水孔设在溢流坝段，则因下游为溢流坝面，常需把工作闸门（阀门）布置在靠上游的坝内，将坝内一段廊道扩大成为闸门的操作室，高坝中的小断面泄水孔常采用这种布置方式，如图 4-35 所示。

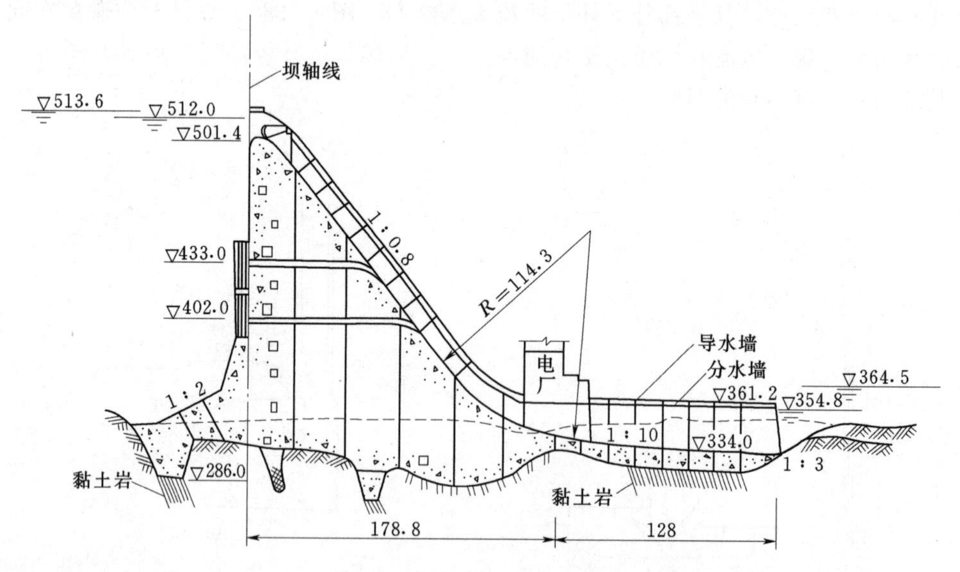

图 4-35　溢流坝内的有压泄水孔示意图（单位：m）

无压泄水孔的工作闸门和检修闸门一般都设在进口段（图 4-34），闸门后孔洞突然扩大，以保证门后为无压明流状态。无压孔中的明流段，对坝体渗透压力的影响不大，不需要钢板衬砌，故施工简便，如丹江口、三门峡、龚嘴、安康等重力坝的泄水孔都采用这种布置形式。

深式泄水孔最常用的门型为平面闸门和弧形闸门。前者构造简单，布置紧凑，启闭设备可布置在坝顶，坝内开孔较小，但启门力较大，闸门不能局部开启，门槽水流不平顺，易产生空蚀和振动；后者不需要设置门槽，水流条件较好，可以局部开启，且启门力较小，但结构较复杂，闸门操作室所占空间较大，对坝体结构削弱较多。对于断面较小的泄水孔，也可采用平面滑动阀门。有压泄水孔的孔身断面一般为圆形，因为圆形断面过水能力较大，受力条件较好。无压泄水孔的断面通常采用矩形或城门洞形，为保证形成稳定的无压明流，洞顶在水面以上应有一定的余幅，以满足掺气和通气的要求。矩形孔身的顶板距水面高度可取为最大流量时不掺气水深的 30%～50%；孔顶为圆形时，拱脚距水面的高度可取不掺气水深的 20%～30%。

有压泄水孔临近出口断面时，水流从有压突然转为无压，造成出口附近孔身压力突然降低，甚至在断面顶部产生负压，所以常将出口段顶部适当下压，形成压坡段，以增加孔内压力。孔顶压坡比采用 1：5～1：10，使出口断面积与孔身断面积之比为 1：1.2～1：1.5，两断面之间用渐变段过渡，渐变段的长度一般取为孔身直径的 1.5～2.0 倍，如图 4-36（b）所示。无压孔明流段的末端，有采用扩散段（图 4-

34）以减小出口单宽流量，减轻对下游的冲刷，但扩散角不宜过大，以防高速水流脱离边壁发生空蚀。有压泄水孔的进水口段由于布置闸门的需要，一般采用矩形断面，而洞身段通常采用圆形。为使水流平顺过渡，中间应采用渐变段。

由进口矩形断面向圆形断面过渡时可采用在矩形四角加圆弧的形式［图4-36（a）］。

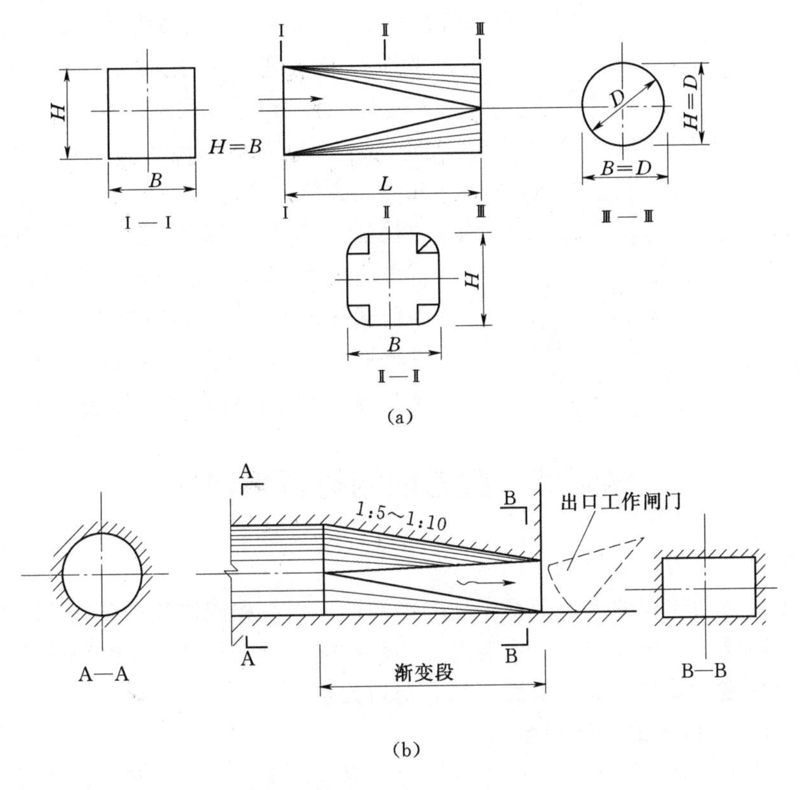

图4-36　深式泄水孔渐变段

（a）进口渐变段；（b）出口渐变段

泄水孔的出口段还要与所选用的消能方式结合起来考虑，常根据其具体条件采用挑流消能或底流消能。

在高速水流的条件下，应防止深孔产生负压与空蚀，工作闸门后都要设置通气孔，平面闸门的门槽应尽量减少棱角，弯曲段、渐变段以及水流边界突变处等部位的形状、尺寸从设计到施工都应严格要求。坝内泄水孔削弱了坝体结构，孔边也容易产生应力集中，设计时除在孔道周边布置钢筋加强外，还要根据受力条件、流速及泥沙等情况综合考虑是否需要衬砌。无论是否衬砌，孔壁混凝土除满足强度要求外，还应有抗冲耐磨的性能，尽可能采用等级较高的混凝土。当采用钢板或其他材料衬护时，应与混凝土锚接牢固。

3. 泄水孔的应力分析

泄水孔在一定程度上削弱了坝体断面，会引起应力集中，可能在其周围产生局部拉应力，设计时必须计算孔边附近的应力，以作为配置钢筋的依据。泄水孔周边附近的应力状态比较复杂，属于三维的应力状态，可采用三维有限单元法按整体结构进行计算。如果孔口尺寸远小于坝体尺寸，且孔口形心至坝体边界的距离大于三倍孔口尺寸，可近似按弹性力学无限域中的小孔口计算。通常先不考虑孔口的存在，计算坝体在孔口形心处的应力状态，作为小孔口计算的荷载。然后垂直于泄水孔轴线切取计算截面，如图 4-37 所示。若泄水孔轴线为水平或接近于水平［图 4-37 (a)］，则以孔口形心处的垂直正应力 σ_y 作为垂直向荷载，即图中 $\sigma=\sigma_y$；如果孔口轴线是倾斜的，且平行或接近于第一主应力的方向［图 4-37 (b)］，则以第二主应力作为垂直荷载，即图中 $\sigma=\sigma_2$；若为其他情况，则以第一主应力和第二主应力在垂直于泄水孔轴线方向的分力代数和作为计算荷载。在荷载确定之后，就可应用弹性力学的公式计算泄水孔由于坝体荷载和内水压力引起的应力。对于距离边界较近的矩形或其他形状的孔口，则主要依靠结构模型试验或有限单元法求解。

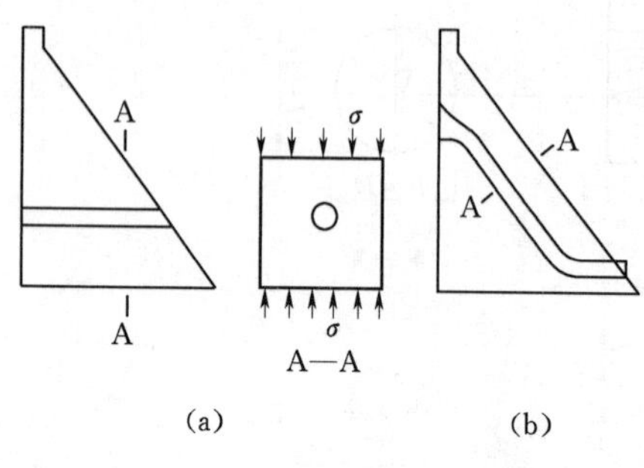

图 4-37　泄水孔的应力计算

第五节　重力坝的材料和构造

一、混凝土重力坝的材料

混凝土重力坝体积的大小表征了坝的经济性，而在相同体积的条件下，根据坝体各部位的不同要求，合理规定不同混凝土特性指标，对于保证建筑物的安全、加快施工进度和提高施工质量、节省水泥等都有密切关系。

（一）水工混凝土的特性指标

用于建造重力坝的混凝土，除应有足够的强度以保证其安全承受荷载外，还应要求在周围天然环境和使用条件下具有经久耐用的性能，即耐久性。耐久性包括强度、抗渗性、抗冻性、抗磨性和抗侵蚀性等。

1. 强度

混凝土按标准立方体试块抗压极限强度分为 12 种强度等级。重力坝常用的是 C10、C15、C20、C25 等级别。混凝土的强度是随龄期增加的，对坝体提出强度要求时，必须指明相应龄期。坝体混凝土抗压设计龄期一般采用 90 天，最多不宜超过 180 天。同时规定相应 28 天龄期的强度作为早期强度的控制。考虑到某些部位的混凝土早期就要承受局部荷载以及温度应力和收缩应力，所以规定混凝土 28 天龄期的抗压强度不得低于 7.5MPa。抗拉强度一般不用后期强度，而采用 28 天龄期的强度。

大坝常态混凝土 90 天龄期保证率 80%的强度标准值，按表 4-7 采用。

2. 抗渗性

大坝防渗部位如上游面、基础层和下游水位以下的坝面，其混凝土应具有抵抗压力水渗透的能力。抗渗性的指标通常用抗渗等级来表示，抗渗可根据允许的渗透坡降按表 4-8 选用。

表 4-7　大坝常态混凝土强度标准值［《混凝土重力坝设计规范》(NB/T 35026—2022)］

强度种类	符号	大坝混凝土强度等级							
		$C_{dd}10$	$C_{dd}15$	$C_{dd}20$	$C_{dd}25$	$C_{dd}30$	$C_{dd}35$	$C_{dd}40$	$C_{dd}45$
轴心抗压/MPa	f_{ck}	6.7	10.0	13.4	16.7	20.1	23.4	26.8	29.6
轴心抗拉/MPa	f_{tk}	0.90	1.27	1.54	1.78	2.01	2.20	2.39	2.51

注　1. dd 为大坝混凝土设计龄期，采用 90 天或 180 天。
2. 本表适用于大坝常态混凝土和大坝碾压混凝土。
3. 大坝混凝土强度等级和标准值可内插使用。

表 4-8　大坝混凝土抗渗等级的最小允许值

项次	部　位	水力坡降	抗渗等级
1	坝体内部		W2
2	坝体其他部位按水力坡降考虑时	$i<10$	W4
		$10\leqslant i<30$	W6
		$30\leqslant i<50$	W8
		$i\geqslant 50$	W10

注　1. i 为水力坡降。
2. 承受腐蚀水作用的建筑物、其抗渗等级应进行专门的试验研究，但不应低于 W4。
3. 混凝土的抗渗等级应按《水工混凝土试验规程》(DL/T 5150—2017) 规定的试验方法确定。根据坝体承受水压力作用的时间，也可采用 90 天龄期的试件测定抗渗等级。

3. 抗冻性

混凝土的抗冻性系指在饱和状态下能经受多次冻融循环作用而不破坏、不严重降低强度的性能。通常以抗冻等级表示，根据混凝土试件在 28 天龄期所能承受的最大冻融循环次数分为 F50、F100、F150、F200、F250 及 F300 六种等级。大坝混凝土的抗冻等级应根据气候分区、冻融循环次数、表面局部小气候条件、水分饱和程度、结构构件重要性和检修的难易程度等因素来确定，可参见重力坝设计规范。

4. 抗磨性

抗磨性系指混凝土抵抗高速水流或挟沙水流的冲刷和磨损的性能，以抗冲磨强度或损失率表示。前者指每平方米试件表面被磨损 1kg 所需小时数；后者为试件每平方米受磨面积上，每小时被磨损的量（以 kg 计）。目前正在试验研究中，尚未制定明确的设计标准，根据我国的经验，对于有抗磨要求的混凝土，采用高标号硅酸盐水泥或硅酸盐大坝水泥所拌制的混凝土，其抗压强度等级不应低于 C20 号，且要求骨料质地坚硬，施工振捣密实以提高混凝土的耐磨性能。

5. 抗侵蚀性

大坝混凝土可能遭受环境水中某些物质的化学作用，引起侵蚀破坏。首先应对环境水作水质分析，如有抗侵蚀性要求时，应选择恰当的水泥品种，并尽量提高混凝土的密实性。

此外，水泥硬化过程所产生的水化热是引起温度裂缝的一个重要原因，所以大坝混凝土应具有低热性。可采用发热量较低的水泥，如大坝水泥、矿渣水泥等，并尽量减少水泥用量。为使混凝土具有小干缩性，避免收缩应力引起的裂缝，除尽量减少水量外，应加强混凝土的养护。

为节约水泥用量，改善混凝土性能，加快施工速度，降低工程造价，在混凝土中可适当掺入粉煤灰或外加剂。国内水工混凝土应用较广的有五类外加剂，即加气剂、减水剂、早强剂、促凝剂和缓凝剂。外加剂在混凝土中的适宜掺量应根据工程要求经试验确定。

（二）坝体混凝土的分区

坝体各部位的工作条件不同，对上述混凝土材料性能指标的要求也不同。为满足坝体各部分的要求，节省水泥用量及工程费用。通常将坝体混凝土按不同工作条件分区，如图 4－38 所示：Ⅰ区——上、下游水位以上坝体外部表面混凝土；Ⅱ区——上、下游水位变化区的坝体外部表面混凝土；Ⅲ区——上、下游最低水位以下坝体外部表面混凝土；Ⅳ区——基础混凝土；Ⅴ区——坝体内部混凝土；Ⅵ区——抗冲刷部位的混凝土（如溢流面、泄水孔、导墙和闸墩等）。

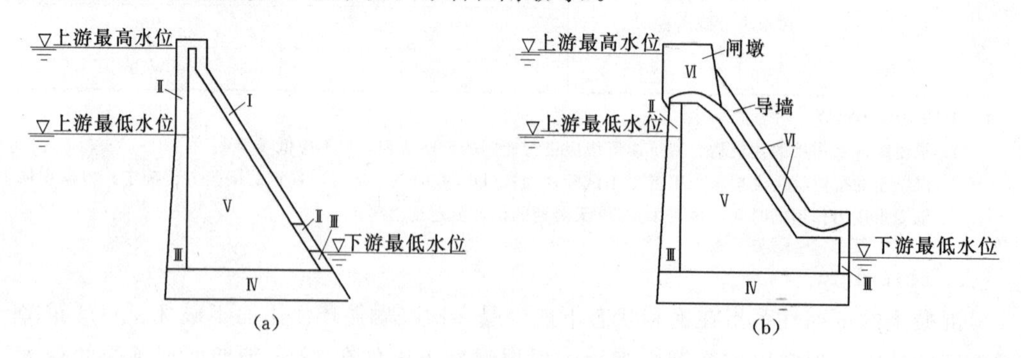

图 4－38　坝体混凝土分区图

(a) 非溢流坝；(b) 溢流坝

各区混凝土的性能应符合表 4－9 的要求。

表 4－9　混凝土分区的性能

分区	强度	抗渗	抗冻	抗冲刷	抗侵蚀	低热	最大水灰比		选择各区厚度的主要因素
							严寒和寒冷地区	温和区	
Ⅰ	＋	－	＋＋	－	－	＋	0.60	0.65	施工和冰冻深度
Ⅱ	＋	＋	＋＋	－	＋	＋	0.50	0.55	冰冻深度、抗渗和施工
Ⅲ	＋＋	＋＋	＋	－	＋	＋	0.55	0.60	抗渗、抗裂和施工
Ⅳ	＋＋	＋	＋	－	＋	＋＋	0.55	0.60	抗裂
Ⅴ	＋＋	＋	＋	－	－	＋＋	0.70	0.70	
Ⅵ	＋＋	－	＋＋	＋＋	＋＋	＋	0.50	0.50	抗冲耐磨

注　表中有“＋＋”的项目为选择各区混凝土强度等级的主要控制因素，有“＋”的项目为需要提出要求的，有“－”的项目为不需提出要求的。

选定各区混凝土时，应尽量减少整个枢纽中不同混凝土强度等级的类别，以便于施工。为避免产生应力集中或产生温度裂缝，相邻区的强度等级相差不宜超过两级。

同一浇筑块中混凝土的强度等级也不得超过两种。分区厚度尺寸一般不小于2～3m。

二、混凝土的温度裂缝及防裂措施

（一）坝体混凝土的温度变化

为了理解大坝混凝土产生温度裂缝的原因，首先要了解坝体混凝土的温度变化规律。混凝土入仓后的温度变化过程大致如图4－39所示。横轴t表示时间，纵轴T表示温度，开始浇筑时混凝土的温度为入仓温度T_p。其后由于水泥硬化，产生水化热，使温度增高T_r，T_r称为水化热最高温升。温度从T_p到T_p+T_r这一段时间称为上升期，通常时间不长。因为水化热主要发生在混凝土28天龄期以内。此后，由于热量不断散失，温度呈下降趋势，这一段时间称为冷却期，在天然散热的条件下，这段历时较长。冷却到最后，即达稳定温度T_f，此时温度仅随外界气温而变化，呈平缓和微小的波动，称为稳定期。例如刘家峡大坝某混凝土块，最高温升达48℃，在天然散热条件下，冷却期长达2年，坝体底部才降到稳定温度8～10℃。

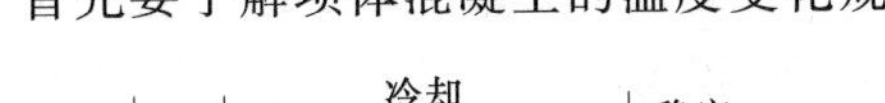

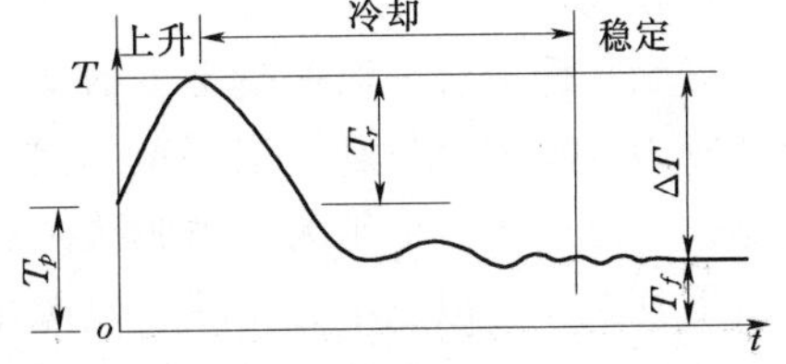

图4－39　坝体混凝土温度变化过程线

坝体混凝土内各处的稳定温度，取决于边界上的温度。边界上的气温、水温、地温等均有周期性的波动，在表层波动较为显著，稍入内部即不显著。例如，日气温变化的影响范围为0.4～0.8m，半月气温变化的影响范围为1.5m左右，所以常以各点的年平均温度作为稳定温度，实质上相当于坝体边界温度均为年平均温度（气温、水温、地温）所形成的稳定温度场。坝体混凝土的稳定温度是温度控制的重要依据。

（二）温度裂缝的成因

混凝土温度发生变化，其体积亦随温度的升降而胀缩，即所谓温度变形。当混凝土块体不能自由伸缩而受到约束时，就要产生温度应力，而当拉应力超过混凝土的抗裂能力时，则要产生温度裂缝。因此，如何控制温度应力以防止裂缝产生是混凝土重力坝设计、施工的重要问题之一。施工期浇筑块温差、应力和裂缝的产生，一般分为以下两类。

1. *基础温差引起的应力及裂缝*

如图4－40（a）所示为坝基面的混凝土浇筑块。混凝土入仓温度为T_p，其后的温度上升期（图4－39）混凝土体积就要膨胀，由于受到基岩的约束作用，不能自由膨胀，此时块体产生一定的压应力，底部变形受到的约束最大，压应力也最大。但由于混凝土在温度上升期，水泥尚在硬化过程中，混凝土处在半塑性状态，所以压应力不大。当混凝土到达最高温度T_p+T_r后温度开始下降，从T_p+T_r逐渐降低到稳定温度T_f，块体就要产生收缩，同样由于受到基岩的约束，不能自由收缩［图4－40（b）］。此时坝体产

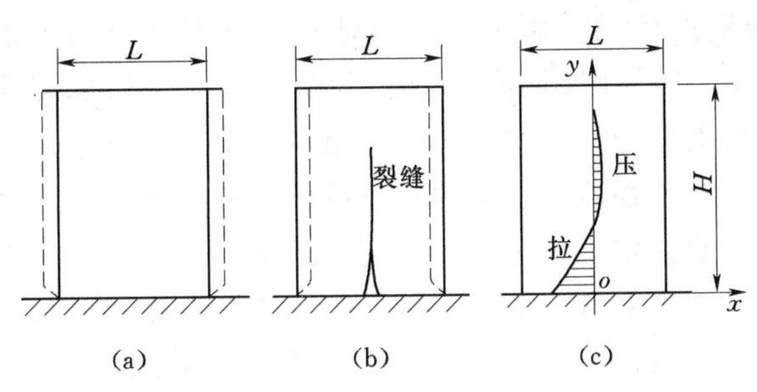

图4－40　基础温差应力及裂缝示意图

生一定的拉应力，按理论分析及试验测定，其应力分布如图 4-40（c）所示，底部变形受到的约束最大，拉应力也最大。在降温过程混凝土的弹性模量已逐渐增大，故拉应力大于温升阶段的压应力。两者之差若超过混凝土的抗拉强度，坝块就要发生裂缝。通常裂缝从基岩接触面开始，向上延伸，可能贯穿整个坝块，成为贯穿性裂缝，危害性较大。

对于直接浇筑在老混凝土上的新混凝土块，由于受老混凝土块的约束作用而产生温度应力，其大小与新、老混凝土弹性模量比值有关。老混凝土的 E 越大，约束系数越大，温度应力也越大。因此从减小温度应力的观点出发，上下两块混凝土的间歇时间不宜太长，但也不宜太短，以免由于新混凝土覆盖而影响下层混凝土继续散热，而且在老混凝土尚未达到足够强度时，在其顶面施工操作，容易引起破损。所以，施工中对上、下层混凝土浇筑间歇时间要加以限制。

2. 坝块内外温差引起的应力和裂缝

混凝土块体在温度变化过程中，其温度分布实际上是不均匀的。混凝土浇筑之后，内部水化热通过表面散发，表面与周围环境进行热交换。因其温度与边界气温相近，所以块体的内部温度常高于表面温度，引起内外体积变化不一致，内部混凝土膨胀较快，表层（外部）膨胀较慢，有时反而要收缩（例如受到寒潮袭击的时候）。内部混凝土的膨胀受到外部混凝土的约束，产生压应力，与此同时外部混凝土则受内部混凝土的约束，产生拉应力，如图 4-41 所示。如果拉应力超过混凝土的抗拉强度，就要产生裂缝。这种裂缝一般只发生在混凝土块体的表层，称为表面裂缝。这类裂缝若不与其他裂缝贯通，其危害性不及贯穿性裂缝严重。

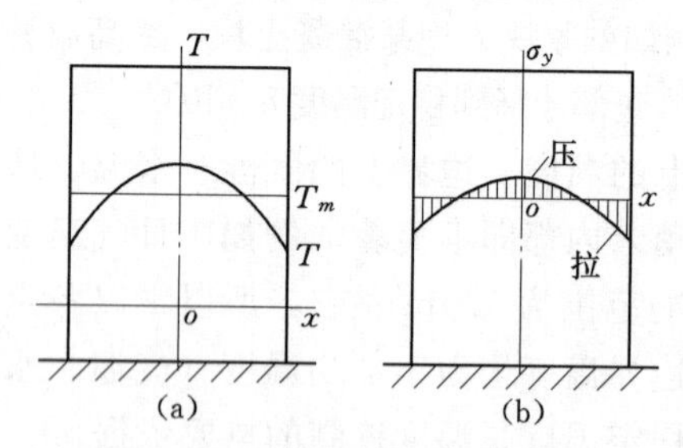

图 4-41　内外温差应力示意图

（a）温度分布；（b）应力分布

（三）防止温度裂缝的措施

温度裂缝对坝体的危害性视其发展深度和出现的位置而不同。平行于坝轴线的贯穿性裂缝，使坝的整体性遭到严重破坏；在上游面出现的裂缝会加剧渗漏，使混凝土遭受溶蚀，且扬压力增大，对坝的应力和稳定不利；溢流坝面的裂缝将降低抵抗高速水流冲刷的能力；较深的表面裂缝也在一定程度上降低坝的整体性和耐久性。温度裂缝是由于温度拉应力超过材料抗拉强度产生的，而温度应力则取决于温差及约束条件。因此，防止坝体温度裂缝的措施，主要有加强温度控制、提高混凝土的抗裂强度、保证混凝土的施工质量和采用合理的分缝、分块等方面。国内外学者在总结筑坝的实践经验中得出结论，认为在混凝土抗裂性能和块体约束条件已定的情况下，严格控制混凝土坝在施工期的温度变幅，正确规定温差标准，从而控制温度应力，是防止大坝温度裂缝的重要途径。温度控制措施主要有：减少混凝土的发热量、降低混凝土的入仓温度、加速混凝土热量散发、防止气温不利影响、进行混凝土块表面保护等。

三、混凝土重力坝的构造

重力坝的构造设计包括坝顶结构、坝体分缝、止水、排水、廊道布置等内容。这些构造的合理选型和布置，可以改善重力坝工作性态，提高坝体抗滑稳定性及减小坝体应力，满足运用和施工上的要求，保证大坝正常工作。

（一）坝顶结构

坝顶的宽度和高程的确定，已在本章第四节中讲述。根据已定的尺寸，一般采用实体结构［图 4-42（a）］，顶面按路面设计，在坝顶上布置排水系统和照明设备；少数情况，也可采用某种轻型结构［图 4-42（b）］，后者较适用于地震地区。

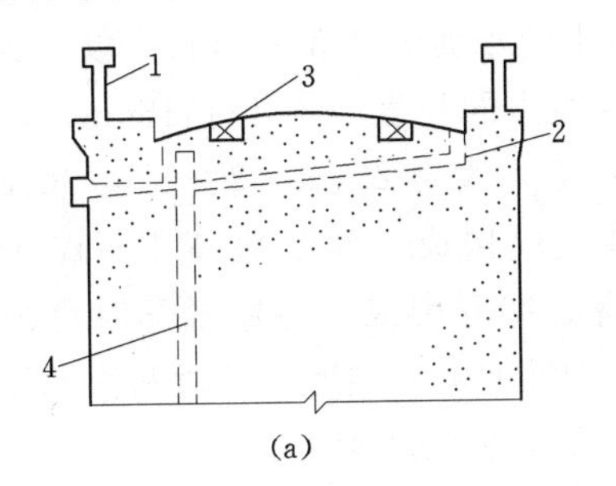

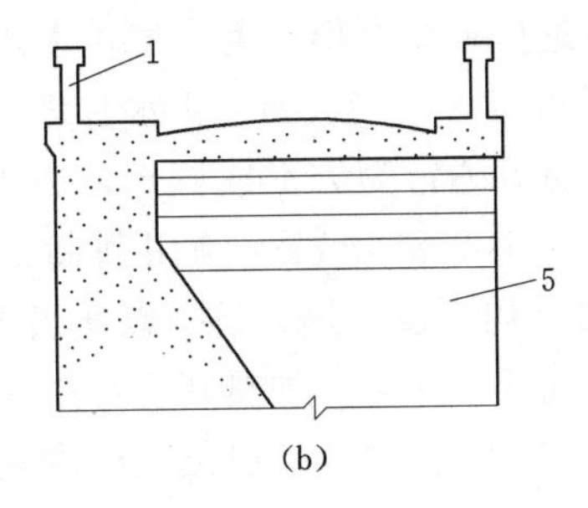

图 4-42 坝顶结构布置

1—挡浪墙；2—坝顶排水管；3—起重机轨道；4—坝身排水；5—拱桥结构

（二）坝体分缝

混凝土重力坝为防止在运用期由于温度变化发生伸缩变形和地基可能产生不均匀沉陷而引起裂缝，以及为了适应施工期混凝土的浇筑能力和温度控制等，常需设置垂直于坝轴线的横缝和平行于坝轴线的纵缝。横缝一般是永久缝，纵缝则属于临时缝。此外，坝体混凝土分层浇筑的层面也是一种临时性的水平施工缝。重力坝的分缝如图 4-43 所示。

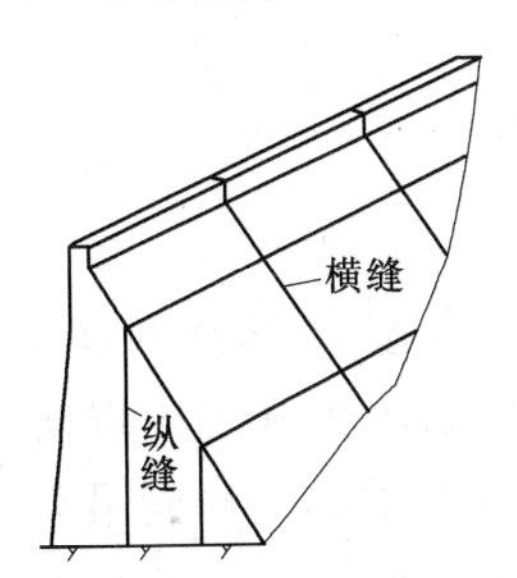

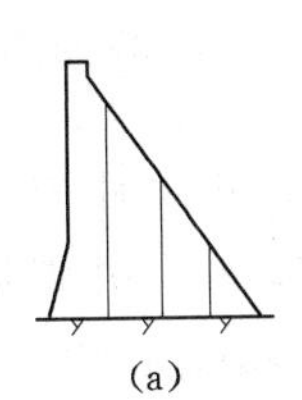

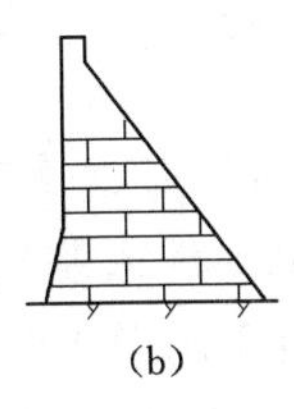

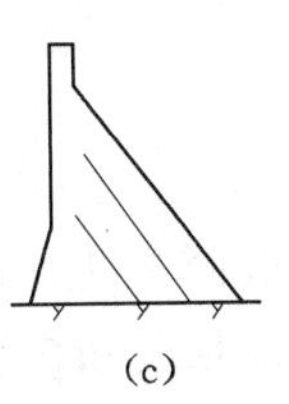

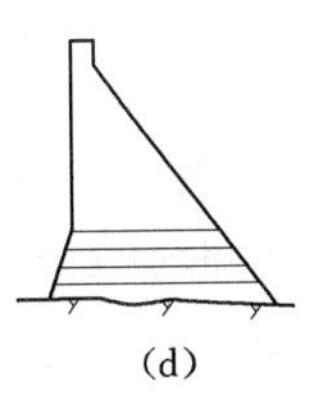

图 4-43 重力坝的横缝及纵缝

（a）竖直纵缝；（b）错缝；（c）斜缝；（d）通仓浇筑

1. 横缝及止水

永久性横缝将坝体沿坝轴线分成若干坝段，其缝面常为平面，不设键槽，不进行灌浆，使各坝段独立工作。缝的宽度取决于地基条件和温度变化情况，一般取为 1～2cm，缝内常用沥青油毛毡或沥青玛琋脂填充。横缝的间距，即坝段长度取决于地形、地质和气温条件，以及混凝土材料的温度收缩特性、施工时混凝土的浇筑能力和冷却措施等因素，一般为15～20m。当坝内设有泄水孔或电站引水管道时，还应考虑泄水孔和电站机组间距；对于溢流坝段还要结合溢流孔口尺寸进行布置。

为防止水流沿横缝渗漏，缝内需有止水设备。对止水设备要求能适应横缝张开或闭合的伸缩性，保证长期工作的耐久性以及日后补强的可能性。根据坝的高度和工程的重要性，止水设备的构造和布置可以有不同的形式。高坝的横缝止水常采用两道金属止水片（紫铜片或不锈钢片）和一道防渗沥青井，如图4-44所示。对于中低坝的止水可适当简化，例如中坝的第二道止水片可采用橡胶或塑料片等，低坝经论证后也可仅用一道止水片。金属止水片的厚度一般为1.0～1.6mm，在缝中常弯折成U形，以便更好地适应伸缩变形。第一道止水片距上游坝面为0.5～2.0m。以后各道止水设备之间的距离为0.5～1.0m。止水片埋入混凝土的长度应不小于15cm，以保证足够握裹力。沥青井通常为方形或圆形，方形尺寸大致为20cm×20cm至30cm×30cm，为便于施工，其后浇坝段一侧用预制混凝土块构成，预制块高1～1.5m，厚5～10cm。沥青井内应设加热设备，以便当沥青收缩开裂或与井壁脱开时可加热恢复其流动性，提高止水性能。加热装置可用预埋钢筋通电或预埋管道通蒸汽的方法。有时在井底部加设沥青排出管，以便排除老化沥青并更换填料。

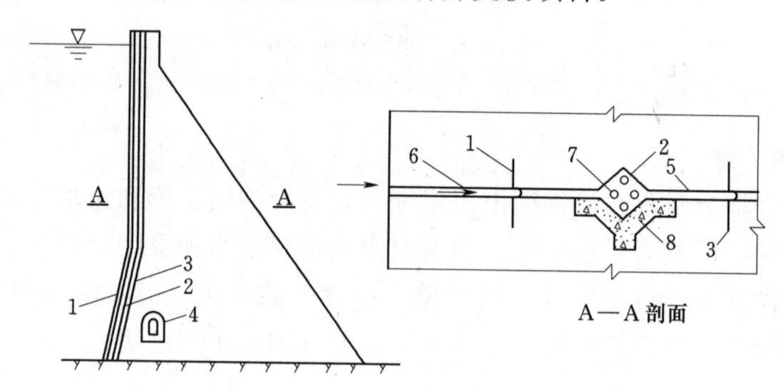

图4-44　横缝止水构造

1—第一道止水铜片；2—沥青井；3—第二道止水片；4—廊道止水；5—横缝；6—沥青麻片；7—电加热器；8—预制混凝土块

横缝中的止水设备必须与坝基妥善连接，止水片的下端应伸入基岩30～50cm，并用混凝土紧密嵌固；沥青井也须埋入基岩30cm，并将加热设备锚固于基岩中以防拔出。对于非溢流坝段和横缝设于闸墩中间的溢流坝段，止水片的上端必须伸到最高水位以上，沥青井的上端则须伸至坝顶，并在顶部设盖板保护。若横缝设于溢流坝孔口中间，则第一道止水片须与闸门底部止水接触。第二道止水片伸到溢流坝顶后，顺溢流坝面伸向下游面，沥青井伸到溢流坝顶，其盖板须与溢流面外形一致，并保证牢固，以免被溢流水舌冲毁。

横缝止水设备的下游宜设排水孔，以排除渗水，孔径一般为15cm。必要时也可将排水孔扩大改为检查井，其截面为1.2m×0.8m，井内设置爬梯、休息或检查平台，并与检查廊道相通，见图4-45。横缝通过廊道时，也须在廊道周围设止水。

在特殊情况下，横缝也可做成临时缝。例如当位于陡坡上的坝段或坝体承受较大的侧向地震荷载时，其侧向稳定和应力不满足要求，需将相邻坝段连接起来；或河谷狭窄需利用两岸支承作用，并经技术经济比较认为选用整体式重力坝有利时，可在施工期用横缝将坝体沿轴线分段浇筑以利温度控制，然后经灌浆将坝连成整体。此时，横缝只需设置止浆片（上游面止浆片兼作止水片用）和灌浆系统，不再设置沥青井等止水措施。

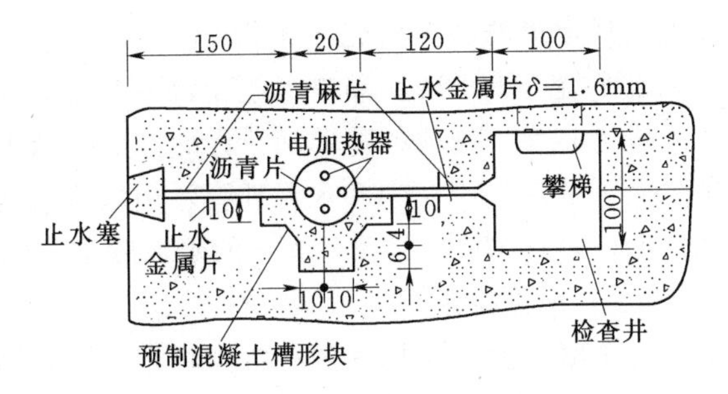

图 4-45　设有检查井的横缝止水实例（单位：cm）

2. 纵缝和水平缝

纵缝是为适应混凝土浇筑能力和减小施工期温度应力而设置的临时缝。纵缝的布置形式有三种：竖直纵缝、斜缝和错缝，如图 4-43 所示。

竖直纵缝将坝体分成柱状块，混凝土浇筑施工时干扰少，是应用最多的一种施工缝。其缝的间距取决于混凝土浇筑能力和施工期的温度控制，一般为 15～30m。纵缝必须在水库蓄水运行前，混凝土充分冷却收缩，坝体达到稳定温度的条件下进行灌浆填实，使坝段成为整体。因此在纵缝内应预埋止浆片和灌浆管、出浆盒等灌浆设备。为加强坝体的整体性。缝面一般都设置键槽（图 4-46），槽的短边和长边大致与第一及第二主应力正交，使槽面基本承受正应力，且键与槽互相咬合，可提高纵缝的抗剪强度。

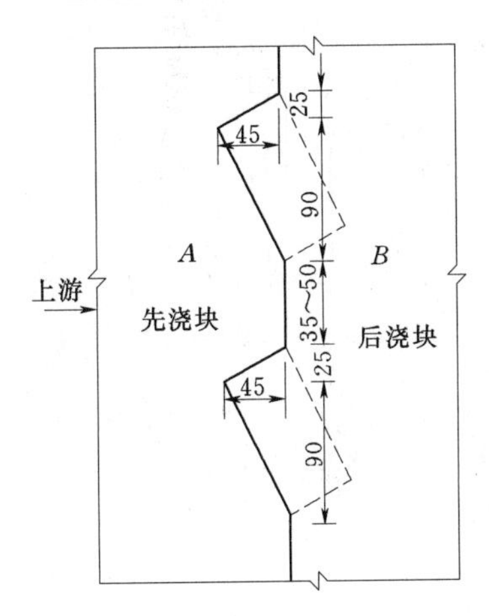

图 4-46　纵缝键槽（单位：cm）

斜缝可大致沿主应力方向设置。由于缝面的剪应力很小，可只在缝面上凿毛、加设键槽，而不必进行水泥灌浆。斜缝不应直通上游坝面，须在离上游坝面一定距离处终止，为防止沿斜纵缝顶发生裂缝，必须在终止处布置并缝钢筋或并缝廊道。斜缝上下游相邻浇筑块要尽可能均匀上升，如间歇时间过长，下游侧后浇块将受上游侧先浇块的约束，容易产生温度裂缝。斜缝虽然可以省去缝面水泥灌浆，但对施工程序要求严格，缝面应力传递也不够明确，应用较少。

错缝浇筑是采用小块分缝，交错地向上浇筑，类似砌砖方式。错缝间距一般为 10～15m，浇筑块的高度一般为 3～4m，在受基岩约束区内则减薄为 1.5～2m。错缝浇筑在坝段内没有直通到顶的纵缝，结构整体性较好，可不进行灌浆；但施工中各浇筑块相互牵制干扰大，温度应力较复杂。此法可在低坝上使用，苏联的德聂伯水电站重力坝就是采用错缝法浇筑的。

当坝较低，底宽较小或有足够的浇筑能力和充分的混凝土冷却措施时，可不设纵缝而采用通仓浇筑方法，使坝体有更好的整体性，并可简化施工程序，节省模板用量。由于温度控制和施工技术水平不断提高，国外有些高坝也采用通仓浇筑方法，如美国已经建成的德沃夏克坝和利贝坝。

水平缝是上下两层新老混凝土浇筑块之间的施工接缝。水平施工缝如处理不好，可能成为防渗、抗剪的薄弱面。因此，必须认真处理，在新混凝土浇筑前，应清除施工缝面上的浮渣、灰尘和水泥乳膜，用风枪或压力水冲洗，使老混凝土表面成为干净的麻面，再均匀铺一层2～3cm的水泥砂浆。然后再行浇筑，以保持层面良好结合。

（三）坝体排水

为了减小渗水对坝体的有害影响，降低坝体中的渗透压力，在靠近上游坝面处应设置排水管，将坝体渗水由排水管排入廊道，再由廊道汇集于集水井，用水泵排向下游。当下游水位较低时，也可以通过集水沟或集水管自流排向下游。排水管至上游坝面的距离为水头的1/15～1/25，且不小于2m。排水管间距为2～3m，常用预制多孔混凝土做成，管内径为15～25cm。上下层廊道之间的排水管应布置成垂直或接近垂直方向，不宜有弯头，以便于检修。排水管施工时必须防止水泥浆漏入，并防止被其他杂物堵塞。排水管与廊道的连接如图4-47所示。

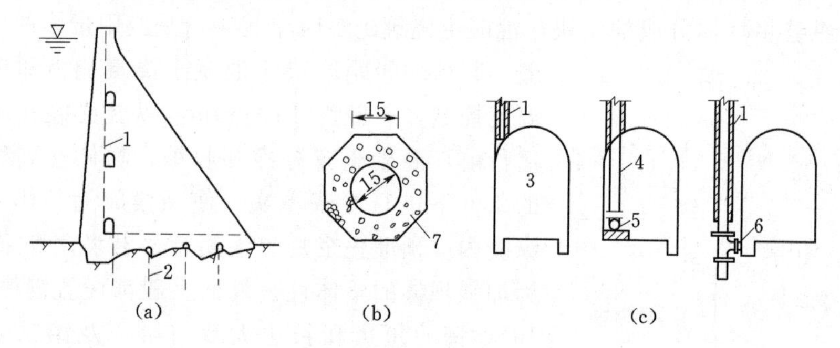

图4-47　坝体排水管（单位：cm）

1—排水管；2—排水孔；3—廊道；4—铸铁管；5—集水管；
6—出水口；7—多孔混凝土管

（四）坝内廊道

在混凝土重力坝内，为了下列需要常须设置各种廊道：进行帷幕灌浆；集中与排除坝体和坝基渗水；安装观测设备以监视坝体的运行情况；操作闸门或铺设风、水、电线路；施工中坝体冷却及纵（横）缝灌浆；坝内交通运输以及检查维修等。坝内廊道根据需要可沿纵向、横向及竖向进行布置，并互相连通，构成廊道系统，如图4-48所示。各种廊道常互相结合，力求一道多用。

基础帷幕灌浆廊道沿纵向布设在坝踵附近，以便有效地降低渗透压力。但廊道上游壁到上游坝面的距离应不小于水头的0.05～0.1，且不小于4～5m，以免渗透坡降过大使混凝土受到破坏，也不致恶化廊道周边的应力状态。廊道底面至基岩面的距离，宜不小于1.5倍底宽，以防廊道底板被灌浆压力掀动开裂。廊道断面一般采用上圆下方的城门洞形（图4-49），断面尺寸应根据灌浆机具大小和工作空间确定，宽度为2.5～3m，高度为3.0～3.5m。

基础灌浆廊道轴线沿地形向两岸逐渐升高，纵向坡度一般不宜陡于40°～45°，以便于钻孔灌浆和机具搬运。对坡度较陡的长廊道，应分段设置安全平台及扶手。廊道

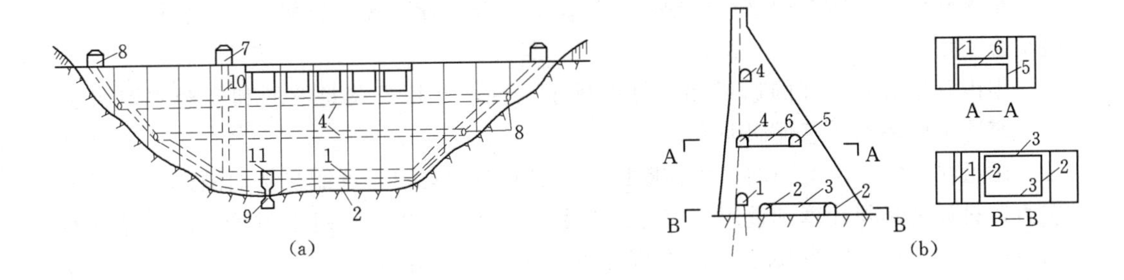

图 4-48　坝内廊道布置示意图

(a) 立面；(b) 剖面

1—基础灌浆排水廊道；2—基础纵向排水廊道；3—基础横向排水廊道；4—纵向排水检查廊道；5—纵向检查廊道；6—横向检查廊道；7—电梯房；8—廊道出口；9—集水井；10—电梯井；11—水泵室

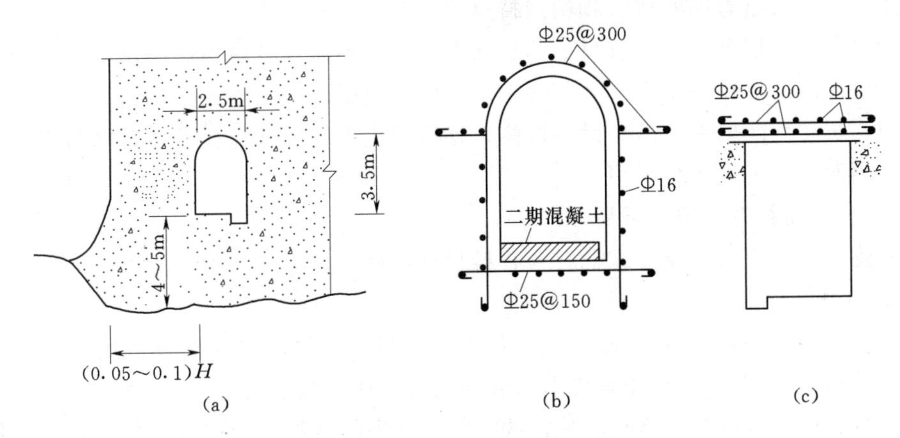

图 4-49　廊道断面形式及配筋

必须设置排水沟，排除灌浆时施工用水和运行中来自坝基和坝体排水管的渗水，下游侧设排水孔及扬压力观测孔。当下游尾水位较高采用人工抽排措施降低扬压力时，也可在下游坝趾内布置基础灌浆排水廊道。

基础排水廊道可沿纵横两个方向布置，且直接设在坝底基岩面上。低坝通常只在基础附近设置一条纵向廊道，兼作灌浆、排水及检查之用。廊道一般宽度为 1.5～2.5m，高度为 2.2～2.5m。当廊道的高程低于尾水位或采用坝基抽水方式降低扬压力时，需设置集水井用水泵排水。

坝体纵向排水检查廊道一般靠近坝的上游侧每隔 15～30m 高差设置一层，其上游壁离上游坝面的距离，应不小于坝面作用水头的 0.05～0.1，且不得小于 3.0m。寒冷地区应适当加厚。各层廊道相互连通，并与电梯或便梯相连，在两岸均有进出口通道。如廊道较长，沿坝长每隔 200～300m，应设置竖井作为上下层廊道间的交通或运输通道。检查排水廊道一般也采用上圆下方的城门洞形。近年来国外也有许多坝采用矩形断面。廊道最小宽度为 1.2m，最小高度 2.2m。对于高坝，除靠近上游面的检查廊道外，尚需布设其他纵横两个方向的检查廊道，以便对坝体做更全面的检查。

观测廊道及某些专用廊道应根据具体需要进行布置，常与灌浆、排水、检查等廊道结合使用。

坝内廊道应有适宜的通风和良好的排水条件，并须安装足够的和安全的照明设备，寒冷地区还要注意保暖防寒。

廊道在一定程度上削弱了坝体断面，会引起应力集中，可能在其周围产生局部拉应力，设计时必须计算廊道周边应力，作为配置钢筋的依据。对于距离坝体边界较远的圆形、椭圆形和矩形廊道，通常可先不考虑廊道的存在，计算其形心处的应力分量（σ_x、σ_y、τ_{xy}），然后根据弹性理论，按无限域内均匀应力场中小孔口应力集中问题计算，求出廊道周边的应力。对于靠近坝体边界，上圆下方的城门洞形廊道（标准廊道），其周边应力主要依靠结构试验或有限单元法求解，也可查现成表格计算。近年来的研究和实践表明，坝内廊道周边的裂缝多数是由于施工期表层混凝土温降而引起的。因此应采用合理的施工方法和温度控制措施，以防止廊道周边产生温度裂缝。

四、浆砌石重力坝的材料和构造特点

浆砌石重力坝具有就地取材、节省水泥用量、不需要散热措施、施工技术比较简单等显著优点，故在中小型水利工程中得到广泛应用。但由于人工砌筑，砌体质量不易均匀，防渗性能较差，需另设防渗体；且机械化程度较低，耗费劳动力较多，工期较长，因而大型工程较少采用。

（一）浆砌石重力坝的材料

浆砌石重力坝的主要建筑材料为石料和胶结材料。

1. 石料

砌筑坝体的石料要求质地均匀、无裂缝、不易风化、饱和极限抗压强度应不小于（3～4）$\times 10^4$kPa。石料按其外形可分为毛石、块石和条石等。

毛石是料场岩石经过爆破后采得的形状不规则的石料。用这种石料砌筑的坝体受力条件差、胶结材料用量大、质量不易保证，一般仅用于次要部位。

块石是选择各方尺寸相差不太大、外形稍加修整便可成为两个大致平行砌筑面的石料。其砌体强度较高，但胶结材料用量也较多。我国修建的浆砌石重力坝，多数是用块石砌筑的。

条石是经过加工修整成为外形大致平整的长方体石料。用条石砌筑坝体可以节省胶结材料，质量易得到保证，砌体强度高且砌筑速度快，但费工较多。条石一般用于砌筑上、下游坝面及溢流面等部位，在料石丰富、取料较方便的地区（如四川的砂页岩、砂岩地区等）也用条石砌筑全部坝体。

石料体积越大，节省胶结材料越多，砌体强度也越高，但应以搬运上坝的运输能力和施工条件而定。一般毛石的厚度不应小于15cm，块石和条石厚度不应小于25～30cm，长度不应超过厚度的3倍。过长或过薄的石料，在施工和运用过程中都易压碎或断裂，影响砌体强度。

2. 胶结材料

胶结材料的作用是将石料胶结成整体，以承受坝体将受到的各种荷载和减少坝体渗漏。常用的胶结材料有水泥砂浆、小石子砂浆和混合砂浆等。

水泥砂浆是由水泥、砂和水拌和而成的，要求砂的级配良好，最大粒径一般不超过5mm，黏土质含量不得超过5%；水泥标号一般在425号以内，选用的水泥标号既要满足砌体强度要求，又要减小渗透性。为了提高水泥砂浆的和易性和抗渗性，有的工程（如湖南的水府庙浆砌石重力坝）采用了掺加剂的水泥砂浆，既可节省水泥，又能提高砌体的质量。

小石子水泥砂浆是目前广泛应用的一种胶结材料，用于块石砌筑坝体，不仅可节约水泥，而且还可改善砂料的级配，从而提高砌体的密实度和强度。但不能在砌条石的细缝中使用。

为了节省水泥，中小型浆砌石重力坝内部常采用混合砂浆砌筑。混合砂浆是在水泥砂浆中掺入一定比例的石灰或黏土等掺和料制成。这种胶结材料一般只用于坝体次要部位，在坝体的上下游面和靠近坝基处仍须用水泥砂浆或小石子砂浆砌筑。

3. 材料分区

浆砌石重力坝也需要将坝体进行分区。在坝的上下游面、溢流面及坝底等较重要和有特殊要求的部位常用混凝土或条石砌筑。坝体各部位砌体强度和胶结材料标号可根据受力情况和防渗要求等选取。对坝体受力较大或有防渗、防冲等要求的重要部位应采用较高标号的胶结材料砌筑；一些次要部位如坝体的上部和腹部等处，则可采用较低标号，但任何部位砌体的砂浆标号应不低于该处应力的5倍。我国修建的浆砌石重力坝胶结材料，一般为M5～M7.5标号，条石砌体一般用M7.5～M10号水泥砂浆砌筑，勾缝则用M10～M15号水泥砂浆。

（二）砌石重力坝的构造特点

浆砌石重力坝在构造上与混凝土重力坝大致相同，但在坝体防渗、溢流坝面衬护、坝体分缝等方面有它的特点和要求。

1. 坝体防渗

工程中常采用以下两种类型的坝体防渗设施。

(1) 混凝土防渗面板。在坝体迎水面设置混凝土防渗面板（图4-50），其厚度一般为上游水深的1/20～1/25或更薄，但不得小于0.3m。面板需嵌入完整的基岩内1.0～1.5m，并与坝基防渗帷幕连成整体。为防止因温度变化及混凝土干缩而引起破坏，可沿坝轴线方向每隔15～20m设一道伸缩缝，缝内设止水。防渗面板一般采用C15、C20混凝土，并适当布置纵横向温度钢筋。为使面板与砌石体牢固连接，应在砌体内预埋锚筋并与面板的温度钢筋连接起来。这种防渗面板的优点是防渗效果好，便于检修；缺点是易受气温变化影响而产生裂缝，施工时增加模板工程量。有的工程将混凝土面板设在距迎水面1～2m的坝体内，上游坝面可用浆砌石或预制混凝土块砌筑，这样可省去模板。但防渗体位于坝内不易检修，因此要特别注意施工质量。

(2) 浆砌条石防渗层。在坝体上游面用水泥砂浆砌筑一层质地良好的条石作为防渗层。厚度为水头的1/10～1/20，砌缝宽度控制在1～2cm，用M7.5～M10号水泥砂浆作为胶结材料，表面用M10～M15号水泥砂浆仔细勾缝。为了增强防渗效果，有的工程采取凿槽填缝防渗，即在迎水面沿砌缝凿成宽度不小于砌缝宽，深度为宽度2倍的矩形或梯形槽，再用M10～M15号水泥砂浆压填密实，勾成平缝或突缝，如能

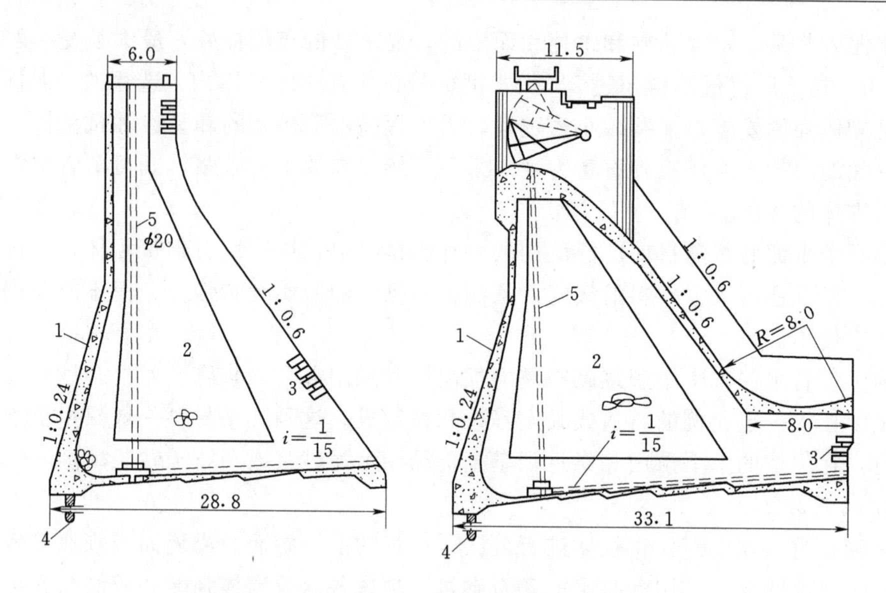

图4-50　砌石重力坝剖面示意图（单位：m）

1—混凝土防渗面板；2—M5号水泥砂浆砌块石；

3—M7.5号水泥砂浆砌块石；4—帷幕灌浆；5—竖向排水管

使用膨胀水泥则对防渗抗裂更为有利。适用于中低水头的浆砌石重力坝。

除上述两种防渗设施外，还可在坝的迎水面用钢丝网水泥喷浆护面或沥青混凝土层进行防渗。

2. 溢流坝面衬护

浆砌石坝的溢流面一般采用混凝土衬护。护面厚度为0.6～1.5m，最薄不小于0.3m。混凝土强度等级为C15、C20，并设温度钢筋，用锚筋与砌体锚固。有的砌石坝为节省水泥和钢筋，只在溢流堰顶和反弧段用混凝土衬护，而直线段则用条石砌筑衬护。对于溢流单宽流量较小的工程，除了坝顶采用混凝土护面外，其他部位可全部用条石衬护。

3. 坝体分缝

浆砌石重力坝由于水泥用量少，水化热低，砌体受温度变化及收缩应力影响小，因此一般不需设纵向施工缝，横缝间距也可增大，一般可根据地形地质条件沿坝轴方向每30～40m设一道横缝。

第六节　重力坝的地基处理

重力坝承受较大的荷载，对地基要求较高。然而天然基岩经受长期地质构造运动及外界因素的作用，多少存在着风化、节理、裂隙、破碎带等缺陷，在不同程度上破坏了基岩的整体性和均匀性，降低了基岩的强度和抗渗能力。因此，必须对地基进行适当的处理，以满足重力坝对地基的下列要求：具有足够的强度，以承受坝体的压力；具有足够的整体性和均匀性，以满足坝基抗滑稳定和减少不均匀沉陷的要求；具有足够的抗渗性，以满足坝基渗透稳定和减少渗漏的要求；具有足够的耐久性，以防止在水的长期作用下基岩性质发生恶化。地基处理一般包括坝基开挖清理，对基岩进行固结灌浆和防渗帷幕灌浆，设置基础排水系统，对特殊软弱带如断层、破碎带和溶洞等进行专门的处理。

一、坝基的开挖与清理

坝基开挖就是把覆盖层及风化破碎的岩石挖除，使大坝直接建在坚硬完整的基岩上。坝基开挖的深度，应根据坝基应力情况，岩石强度及其完整性，结合上部结构对基础的要求研究确定。对于高坝应挖到新鲜或微风化下部的基岩；中低高度的坝宜挖到微风化或弱风化下部的基岩；对两岸地形较高部位的坝段，其开挖基岩的标准可比河床部位适当放宽。

坝基开挖的边坡必须保持稳定；在顺河方向，为保持坝体的抗滑稳定，不宜开挖成向下游倾斜的斜面，必要时可挖成分级平台或向上游倾斜；两岸岸坡应开挖成台阶形，以利于坝块的侧向稳定；基坑开挖轮廓应尽量平顺，避免有高差悬殊的突变，以免应力集中造成坝体裂缝；当地基中有软弱夹层存在，且用其他措施无法解决时，也应挖除。

为保持基岩完整性，避免开挖爆破震裂，基岩应分层开挖。当开挖到距设计高程0.5～1.0m的岩层时，宜用手风钻造孔，小药量爆破。如岩石较软弱，也可用人工借助风镐清除。

基岩开挖后，在浇筑混凝土前，需进行彻底的清理和冲洗，清除一切松动的岩块，打掉突出的尖角。基坑中原有的勘探钻孔、井、洞等均应回填封堵。

二、坝基的固结灌浆

混凝土坝工程中，采用浅孔低压灌注水泥浆的方法对坝基进行加固处理，称为固结灌浆。

固结灌浆的目的是：提高基岩的整体性和弹性模量，减少基岩受力后的变形，并提高基岩的抗压、抗剪强度；降低坝基的渗透性，减少渗漏量；在帷幕灌浆旁的固结灌浆还可以提高帷幕的灌浆压力。

固结灌浆的设计除确定范围外，还要确定灌浆孔深、孔距和孔的布置方式。图4-51为重力坝坝基固结灌浆孔布置图。

固结灌浆的范围根据大坝基础的地质条件，基岩的受力条件和岩石的破碎情况等而定。当基础岩石比较良好时，有的工程仅在坝基内的上游和下游应力较大的地区进行固结灌浆。在裂隙多、岩石破碎等地区，要着重进行固结灌浆。在坝基岩石普遍较差，而坝又较高的情况下，则多进行坝基全面积固结灌浆。有的工程甚至在坝基以外的一定范围内，也进行固结灌浆，如印度的巴克拉重力坝，坝高226m，在全基础面积和坝踵上游15m、坝趾下游18m的范围内均进行了固结灌浆。

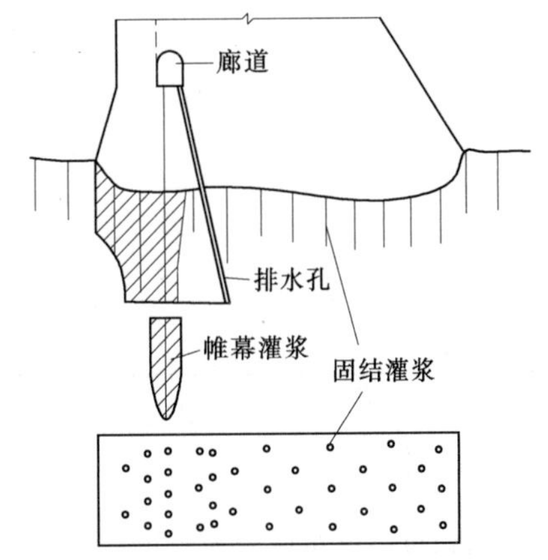

图4-51　重力坝坝基固结灌浆孔布置图

固结灌浆孔的布设常采用方格形或梅花形的排列。孔距和排距应根据地质条件并参照灌浆试验确定，一般为3～6m，孔深一般5～8m。局部地区及坝基应力较大的高坝基础，必要时可适当加深，帷幕上游区宜配合帷幕深度确定，一般采用8～15m。为了提高灌浆效果，尽可能使钻孔方向与主要裂隙面相正交。

灌浆压力是决定灌浆效果的重要因素，应根据岩石裂隙发育程度、浆液的浓度以及孔深等因素确定。在不掀动基础岩层的前提下，以取较大的压力为好，一般无混凝土盖重时采用200～400kPa，有混凝土盖重时为400～700kPa。

三、坝基帷幕灌浆

帷幕灌浆是在靠近上游坝基布设一排或几排钻孔，利用高压灌浆填塞基岩内的裂缝和孔隙等渗水通道，在基岩中形成一道相对密实的阻水帷幕。其作用是：降低坝基的渗透压力，减少渗透流量；防止坝基内产生机械或化学管涌，即防止基岩裂隙中的充填物被带走或溶滤。帷幕灌浆材料目前最常用的是水泥浆，该材料具有结石体强度高、材料价廉和施工较方便等优点。在基岩裂隙细密、水泥浆灌注困难的地方，可考虑采用化学灌浆材料。化学灌浆具有很好的灌注性能，能够灌入细小的裂隙，不仅抗渗性好，而且耐化学侵蚀性强，但价格昂贵，又易造成污染，使用时需慎重。帷幕灌浆的设计主要是确定帷幕深度、帷幕厚度、灌浆孔布置、灌浆压力等。

防渗帷幕的深度应根据基岩的透水性、坝体承受的水头和降低坝底渗透压力的要求来确定。当坝基下不深处存在明显的相对不透水层时，防渗帷幕应伸入相对不透水层内3～5m［图4-52（b）］，形成理论上的封闭阻水幕。不同坝高所要求的相对不透水层的单位吸水率ω值标准（ω为1m长的钻孔在0.1MPa压力作用下，在1min内的吸水量），见表4-10。对于特高的坝或有特殊情况的地基，相对不透水层的标准应专门研究。

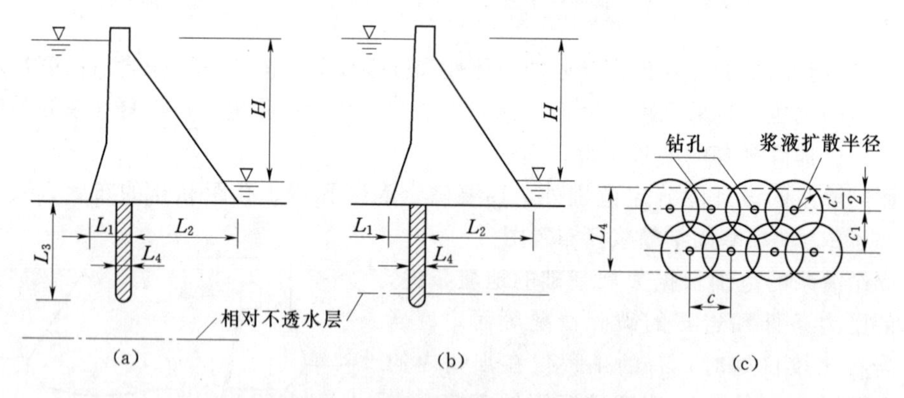

图4-52　防渗帷幕的深度和厚度计算图

（a）、（b）帷幕深度；（c）帷幕厚度

表4-10　**帷幕伸入相对不透水层要求**

坝高/m	>70	70～30	<30
相对不透水层的ω/[L/(min·m)]	<0.01	0.01～0.03	0.03～0.05

当相对不透水层埋藏较深，帷幕伸到相对不透水层有困难或不经济时，可将帷幕伸到一定深度成为“悬挂式帷幕”，如图4-52（a）所示。此时，帷幕深度可根据降低渗透压

力和防止渗透变形等设计要求来确定，一般可在坝高的0.3～0.7范围内选取。若设计采用的渗透压力系数为α，近似假定水头沿渗径均匀削减，则其平均坡降为

$$J=\frac{H}{L}=\frac{\alpha H}{L_2}$$

或

$$\alpha=\frac{L_2}{L}$$

$$L=L_1+2L_3+L_2$$

式中：L为渗径全长。

因此，要符合设计采用的α，帷幕深度L_3应为

$$L_3=\frac{1}{2}\left[\frac{L_2}{\alpha}-(L_1+L_2)\right] \tag{4-75}$$

为了保证不发生渗透变形，要求渗透坡降J应小于容许渗透坡降J_a，否则要加深帷幕L_3。

帷幕的设计厚度应根据帷幕灌浆允许的渗透坡降确定，可按下式计算：

$$L_4=\frac{(1-\alpha)H}{J_a} \tag{4-76}$$

式中：α为渗透压力系数；H为上下游水位差；J_a为帷幕的允许渗透坡降，其值与帷幕灌浆区的单位吸水率ω或渗透系数有关，可按表4-11选用；$(1-\alpha)H$为作用于帷幕上下游面的水头差。

表4-11　防渗帷幕的容许坡降

帷幕区的单位吸水率ω/[L/(min·m)]	帷幕区的渗透系数k/(cm/s)	容许渗透坡降J_a
<0.05	$<1\times10^{-4}$	10
<0.03	$<6\times10^{-5}$	15
0.01	$<2\times10^{-5}$	20

帷幕的实际厚度取决于灌浆孔的排数，可用下列公式估算：

一排灌浆孔时：

$$L_4=(0.7\sim0.8)c \tag{4-77a}$$

n排灌浆孔时：

$$\left.\begin{aligned}L_4&=(n-1)c_1+c'\\c'&=(0.6\sim0.7)c\end{aligned}\right\} \tag{4-77b}$$

式中：c为孔距；c_1为排距，见图4-52（c）。

用式（4-77）确定的帷幕实际厚度应大于或等于按式（4-76）求得的设计帷幕厚度L_4，以满足帷幕渗透稳定的要求。一般情况下，高坝可设两排帷幕灌浆孔，中低坝则设一排，对地质条件较差的地段还可适当增加。由于最大的渗透坡降仅发生在帷幕的顶部，所以当帷幕由数排灌浆孔组成时，一般只需要将其中的一排孔钻灌至设计深度，其余各排的孔深可取设计深度的1/2～2/3。帷幕灌浆孔距一般为1.5～4.0m，具体数值需经现场试验确定。排距略小于孔距。钻孔方向尽可能做成垂直的，以利于施工。必要时也可使钻孔有一定倾斜度，以求穿过更多的裂隙，但倾角不宜过大，一般应在10°以下。

为了减少两岸绕坝渗流的不利影响，帷幕灌浆需要从河床向两岸延伸一定的范

围，形成一道从左到右的防渗帷幕。当相对不透水层距地面较近时，帷幕可伸入岸坡与相对不透水层相衔接。当相对不透水层深入岸坡较远时，帷幕可以伸到原地下水位线与最高库水位相交点附近，如图 4－53 所示。在最高库水位以上的岸坡可设置排水孔以降低地下水位，增加岸坡的稳定性。

帷幕灌浆必须在浇筑一定厚度的坝体混凝土作为盖重后施工。灌浆压力由试验确定，通常在帷幕顶段不宜小于 1.0～1.5 倍坝前静水头，在孔底段不宜小于 2～3 倍坝前静水头，但应以不破坏岩体为原则。水泥灌浆的水灰比常用 10∶1～1∶1，在灌浆过程中，由稀浆逐渐加浓。

四、坝基排水设施

坝基虽已进行帷幕灌浆，但并不能完全截断渗流。为了收集并排走由地基渗透来的水，进一步降低坝底扬压力，需在防渗帷幕后设置排水系统，如图 4－54 所示。

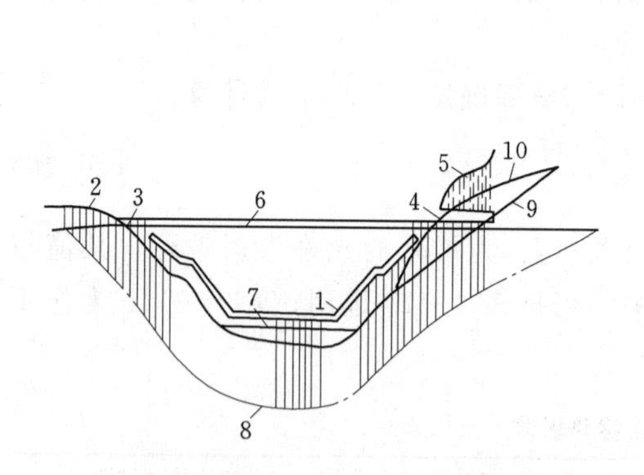

图 4－53　防渗帷幕沿坝轴线布置示意图

1—灌浆廊道；2—山坡钻进；3—坝顶钻进；4—灌浆平洞；5—排水孔；6—最高库水位；7—原河水位；8—防渗帷幕底线；9—地下水位线；10—蓄水后地下水位线

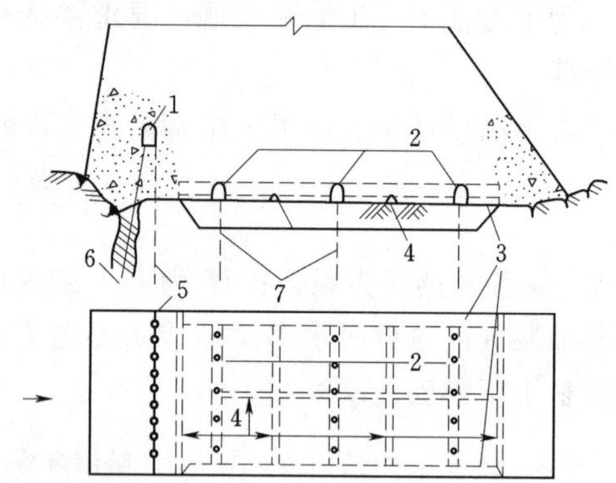

图 4－54　坝基排水系统示意图

1—灌浆排水廊道；2—纵向排水廊道；3—横向排水廊道；4—纵横排水管；5—主排水孔；6—灌浆帷幕；7—辅助排水孔

坝基排水系统一般包括排水孔幕和基面排水。主排水孔一般设在基础灌浆廊道的下游侧，在帷幕灌浆完成后钻孔，以免被浆液堵塞。排水孔孔距 2～3m，孔径 15～20cm，孔深常采用帷幕深度的 1/2～1/3，方向则略倾向下游。如地质条件允许，为了充分利用排水的作用，对于高坝，除主排水孔外，还可设辅助排水孔 2～3 排，中坝 1～2 排，孔距一般为 3～5m，孔深为 6～12m。当排水孔的孔壁有坍塌危险或穿过软弱夹层、夹泥裂隙时，为防止渗流冲刷，恶化坝基工作条件，防止排水孔淤堵失效，应采取相应的反滤保护措施。

如基岩裂隙发育，还可在基岩表面设置排水廊道或排水沟、管作为辅助排水。排水沟、管纵横相连形成坝基排水网，但常因施工不慎而被堵塞，难以清理，不如排水廊道有效。纵向排水廊道在一定间距还设有横向排水廊道，以便相互沟通，并在坝基上选择最低处布置集水井，渗水汇入集水井后，用水泵抽水排向下游。

五、坝基软弱破碎带的处理

当坝基中存在较大的软弱破碎带时，如断层破碎带、软弱夹层、泥化层、裂隙密集带则需要进行专门的处理。其目的是：提高软弱带的力学性能，以防止坝基承受荷载时因局部承载能力低而使坝体产生应力集中、不均匀沉陷或滑动失稳；提高软弱带的抗渗能力以防止库水沿软弱带发生大量渗漏、管涌或增加坝基扬压力。其处理方式应根据软弱坝基中的位置、倾角的陡缓以及对强度和防渗的影响程度而定。

对于倾角较大或与基面接近垂直的软弱破碎带，常采用混凝土梁（塞）或混凝土拱加固，如图4-55所示。混凝土塞是将软弱破碎带挖除至一定深度后，回填混凝土，以提高局部地区的承载能力。当软弱带的宽度小于2～3m时，混凝土塞的高度（即开挖深度）一般可采用软弱带宽度的1～2倍，且不得小于1m。塞的两侧可挖成1∶1～1∶0.5的斜坡，以便将坝体的压力经混凝土塞（或拱）传到两侧完整的基岩上。若软弱破碎带延伸至坝体上下游边界线以外，为使坝体传来的荷载向上下游均匀扩散，则混凝土塞也应向上下延伸一定的范围，其延伸长度可取为1.5～2.0倍混凝土塞的深度。若软弱破碎带与上游水库连通，还必须做好防渗处理，常用的方法有钻孔灌浆或用大口径钻机钻成套孔，内填混凝土形成连续防渗墙；沿较大的软弱破碎带开挖竖井或斜井并回填混凝土，以截断渗流通道。

对倾角较小的软弱破碎带，如图4-56所示，由于在 ABC 范围内形成一个楔形

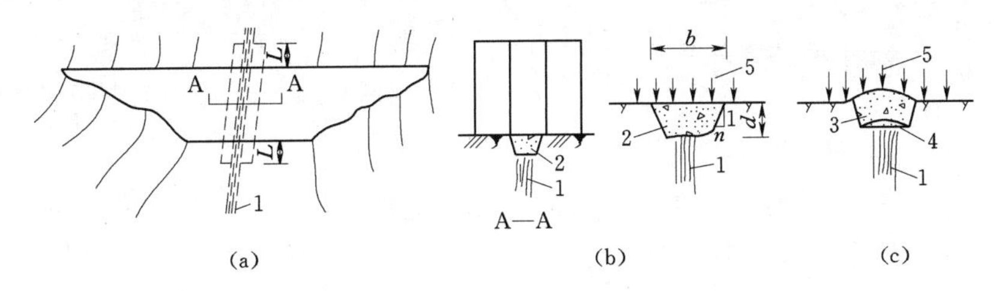

图4-55　破碎带处理示意图

1—破碎带；2—混凝土梁或混凝土塞；3—混凝土拱；4—回填混凝土；5—坝体荷载

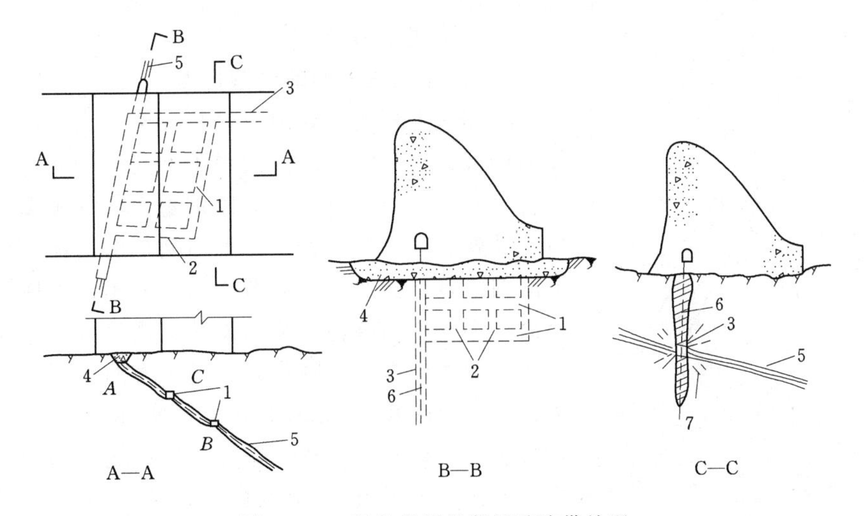

图4-56　倾角较缓的断层破碎带处理

1—平洞回填；2—斜井回填；3—阻水斜塞；4—表面混凝土梁（塞）；
5—破碎带；6—帷幕灌浆孔；7—阻水斜塞井壁固结灌浆

体，其下为斜卧的软弱层，在强度、沉陷和抗渗等方面都存在问题，特别是当有节理裂隙穿过这个地段时，问题就更加严重。为此，除适当加深表层混凝土塞外，还要在较深的部位沿破碎带开挖若干个斜井和平洞，然后用混凝土回填密实，形成由混凝土斜塞和水平塞所组成的刚性支架，用以封闭该范围内的破碎充填物，限制其挤压变形，减少地下水对破碎带的有害作用。

当坝基面以下存在一层抗剪强度很低的软弱夹层，且无法进行明挖处理时，可采用抗滑混凝土洞塞［图4-57（a）］；如有两层以上的缓倾角软弱夹层时，也可采用混凝土抗滑桩或预应力锚索加固［图4-57（b）］，以提高坝体和坝基的抗滑稳定性。

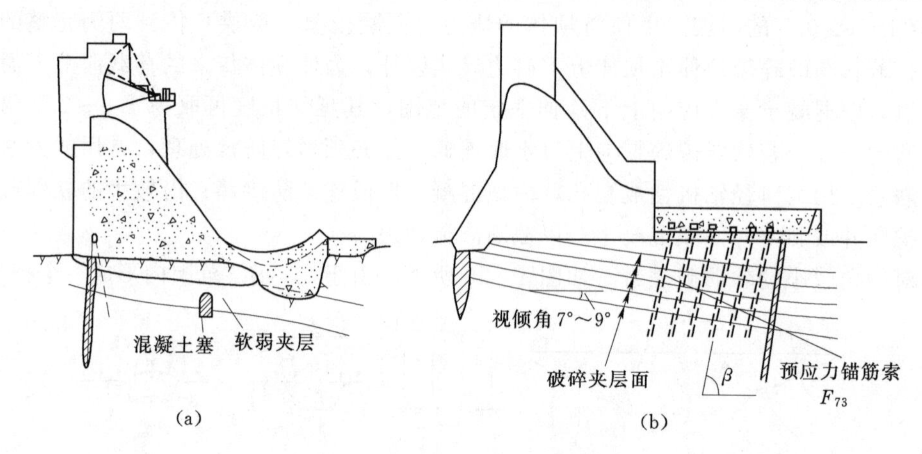

图4-57　软弱夹层的处理两例

第七节　宽缝重力坝与空腹重力坝

一、宽缝重力坝

（一）宽缝重力坝的构造特点

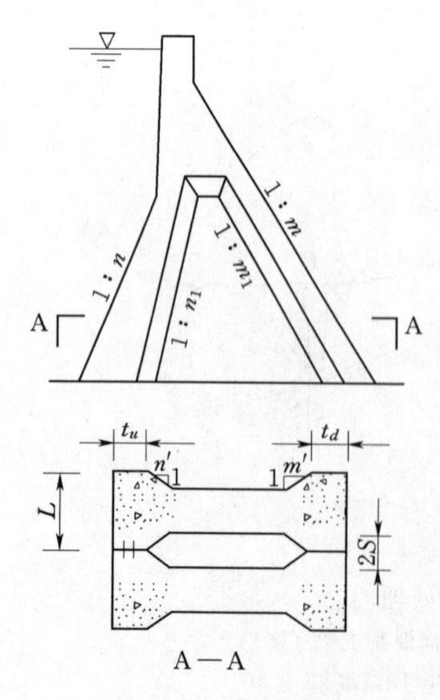

图4-58　宽缝重力坝

实体重力坝的主要缺点是坝体断面大，作用的扬压力较大、材料的抗压强度得不到充分的利用。为了改善这些缺点，发展了一些改进重力坝的坝型，宽缝重力坝就是其中的一种。这种坝型是由实体重力坝坝段间的横缝加宽而成，如图4-58所示。坝体设置宽缝后，坝基中的渗透水流可以从宽缝处排出，作用于坝底的渗透压力显著降低，且扬压力的作用面积也大为减小，因而坝体混凝土方量比实体重力坝可节省10%～20%。此外，宽缝增加了坝块侧向的天然散热面，加快了坝体混凝土的散热过程，有利于温度控制；坝段内部厚度减薄，材料的强度能得到较好的利用；坝内有了宽缝，可以方便地进行观测和检查；设计时，还可以根据各坝段地质条件的不同，通过改变宽缝尺寸来调节坝体重量，使各坝段均能满足稳定和应力要求，而上下游坝面坡度仍能保持一致，达到节省混凝土的目的。但是由于设置宽缝后，施工模板的数量和种类将有所增加，倒悬模板的装、拆比较麻烦，因而施工复杂；在气温变化剧烈地区修建时，容易产生表面裂缝。为此，在严寒地区，宽缝常需采取必要的保温措施。

宽缝重力坝在适当的条件下，确是一种合理的坝型，国内外已广泛采用。我国修建的新安江、丹江口、潘家口（图 4-59）、古田四级、黄龙滩等都是大中型的宽缝重力坝，因而在设计和施工方面都有丰富的经验。

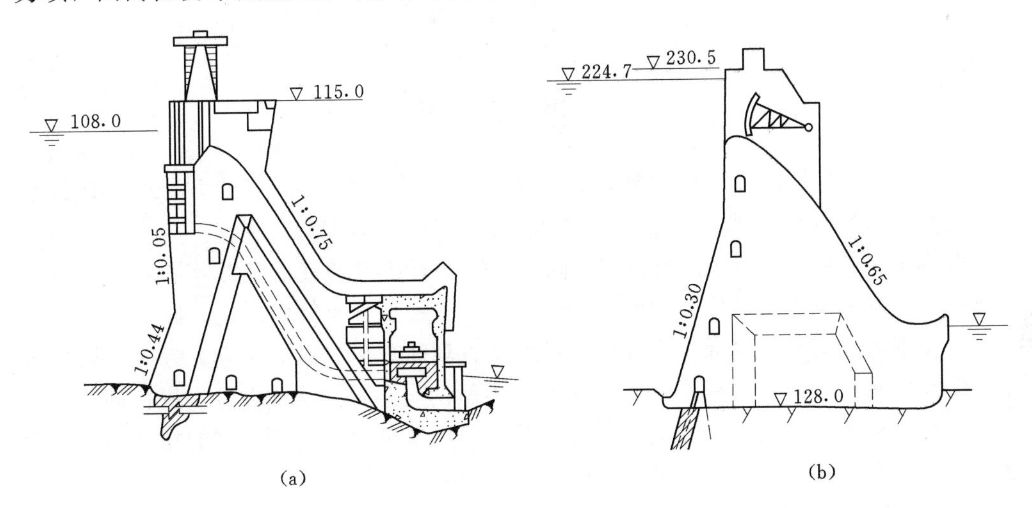

图 4-59　宽缝重力坝实例（单位：m）

(a) 新安江（H=105m，宽缝重力坝厂房顶溢流）；(b) 潘家口（H=107.5m，宽缝重力坝）

（二）宽缝重力坝的剖面尺寸

宽缝重力坝的剖面形状如图 4-58 所示。其主要剖面尺寸有：坝段宽度 L，一般采用 16～24m，可根据坝的高度、施工条件、泄水道布置和坝后厂房机组间距等因素选定；缝宽 $2S$ 一般为坝段宽的 20%～40%，如缝宽过小，宽缝坝的优点就不显著，但如缝宽过大，又可能在坝体腹部产生较大的主拉应力；上下游坡度 n、m 的选择与实体重力坝一样，也是在满足稳定和应力条件下力求经济，上游坡比实体重力坝略缓，一般 n 在 0.15～0.35 之间采用，下游坡 m 则一般在 0.5～0.7 之间；上游头部厚度 t_u 与坝面作用水头的比值一般为 0.08～0.12，且不小于 3m；下游尾部的厚度 t_d 由应力条件及施工条件确定，一般采用 3～5m，不宜小于 2m，寒冷地区应适当加厚。宽缝的上下游及顶部与实体部分的连接处，应有足够的渐变段长度，以减小断面变化处的应力集中，在变厚处采用斜坡连接，其坡度 n' 和 m' 一般为 1～2。

（三）宽缝重力坝的稳定和应力分析

宽缝重力坝的稳定计算方法与实体重力坝相同，但应以整个坝段进行分析。由于宽缝的存在，渗流可从宽缝排出，所以坝底部扬压力的分布与实体重力坝略有不同。宽缝重力坝的应力状态是一个三维问题，严格来说，应采用三维有限单元法进行应力分析。但经验证明，宽缝重力坝的应力分布情况基本上接近平面状态，只是局部应力分布较为复杂。为此，通常仍以平面分析为基础，加上一定的局部应力分析复核，这种计算方法虽然不能精确地反映实际应力分布情况，但其成果已能满足设计要求。所以，宽缝重力坝的应力计算，可分为两种问题进行，首先把坝段的整体作为变厚度的平面问题分析，称为整体应力分析；然后对坝段的上游头部进行应力分析，称为局部应力分析。

宽缝重力坝的整体应力分析，仍可用材料力学法计算。由于宽缝重力坝的实际水平截面形状比较复杂，计算时简化为工字形截面，并假定坝体应力沿坝轴线的厚度方向均匀分布，水平截面上的垂直正应力 σ_y 仍为直线分布。

用偏心受压公式计算上下游边缘正应力 σ_y：

$$\left.\begin{aligned}\sigma_y'&=\frac{\sum W}{A}+\frac{T_u\sum M}{I}\\ \sigma_y''&=\frac{\sum W}{A}-\frac{T_d\sum M}{I}\end{aligned}\right\}\tag{4-78}$$

式中：T_u、T_d 为坝段计算水平截面形心到上下游坝面的距离；A、I 为坝段计算水平截面面积和对其形心轴的惯性矩；其他符号同实体重力坝的计算。

求得 σ_y'、σ_y''后，用与实体重力坝相同的方法计算边缘的其他应力分量 τ'、τ''、σ_x'、σ_x''。然后根据上下游头部段及中间宽缝段三段的平衡条件推算内部应力。

宽缝重力坝头部的局部应力分析，可沿垂直坝面方向（或沿主应力方向）切取截面，作为平面问题处理（图 4-60），用弹性力学的有限单元法或差分法进行计算。主要推求沿坝轴线方向的应力分量 σ_z 和 τ_{xz} 等，研究头部是否产生不利的拉应力，考察宽缝的形状和尺寸是否合适，必要时可做出相应的修正。

二、空腹重力坝

在重力坝内部沿坝轴线方向设有大孔洞或在坝内布置发电厂房的称为空腹重力坝。这种坝型的主要优点是：由于纵向大孔洞的存在，渗流从孔洞排出，可有效地降低坝底的扬压力，节省坝体工程量；在河谷狭窄，洪水流量大，洪枯水位变幅悬殊的河流上兴建水电站，地面厂房布置有困难时，将厂房设于空腹内，可省去地下厂房工程，减免洞挖石方，加快施工进度；空腹重力坝的上下游坝体（称前后腿）可以分别浇筑，不必设置纵缝，而且增加散热面，有利于混凝土降温；空腹坝的前后腿可槽挖嵌固在基础内，增加了大坝稳定的潜在安全度；在运行期，可利用空腹对坝体和基础进行安全监测和维修；坝内不设厂房的空腹坝，还可以减少前期土石方开挖量和坝体混凝土施工的工程量，有利于降低上游围堰挡水标准，加快前期施工进度。主要缺点是：施工技术复杂，结构较为复杂，设计难度和工作量较大；需用钢筋和模板较多。

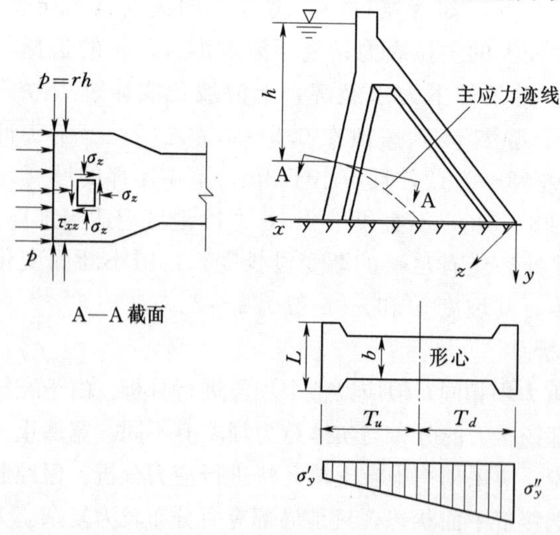

图 4-60　宽缝重力坝应力计算图

空腹重力坝的剖面设计，可先按实体重力坝拟定剖面，然后再设置空腹。为了保持稳定，设置空腹所节约的混凝土量大体上可与扬压力的减少幅度相适应。最后，再对拟定的剖面进行应力和稳定分析，并根据需要适当调整。在拟定空腹的体形时，可参考以下的经验：按照坝体应力的要求，空腹形状以近似半个椭圆形为宜，椭圆的长轴与水平面约呈60°的夹角，即大致接近于实体坝的主应力方向，空腹的高度应小于1/3坝高；在坝剖面的水平方向，前腿、空腹、后腿的宽度约各占坝底总宽的1/3，由于前腿底部剪力较大，故前腿所占的比例略大一些更为有利；对于空腹内设电站厂房的坝，空腹的形状和尺寸应同时满足厂房布置的要求，空腹顶部常做成两心圆弧形，空腹上游面则多做成铅直的。

空腹重力坝的坝段分缝、止水、排水系统等与实体重力坝类似，廊道系统可适当简化。为了保持利用空腹降低扬压力的优点，当空腹布置电站厂房因而设有底板时，应配置可靠的排水系统，以便有效地降低底板下的扬压力。

空腹重力坝的应力情况比较复杂，材料力学法已不再适用。应力分析可采用有限单元法，并借助结构模型试验，互相验证。计算和试验研究表明：由于空腹顶坝体重心偏于上游，故空腹坝的前腿承担了约占86.7%的坝体重量，这对前腿的应力是有利的；空腹顶高程以上，水压力基本上与后腿剪力平衡，故前腿顶部剪力小而后腿顶部剪力大；空腹顶高程以下的水压力则基本上与前腿剪力平衡，所以前腿底部剪应力较大，从提高前腿抗剪能力减小主拉应力角度出发，应适当加强前腿；空腹周边应力分布与空腹形状关系密切，对于不设厂房的空腹坝，空腹形状调整余地大，有可能做到在水压和自重荷载作用下空腹周边拉应力很小，甚至不出现拉应力；由于空腹的存在，靠近坝踵的前腿内部容易产生主拉应力，因此在前腿内部布置灌浆廊道时，要注意这种现象，适当将廊道靠后布置以免帷幕遭到拉裂破坏。

据1982年统计，我国已建成的空腹重力坝共有8座，其中广东枫树坝的最大坝高为93.3m，空腹高31.25m，宽25.5m，电站厂房布置在溢流坝的空腹内（图4-61）。图4-62为石泉空腹溢流重力坝，空腹不设底板，坝体所受的荷载直接由前、后腿传到坝基，且上游坝面为倒坡，有利于改善满库时坝踵的应力。

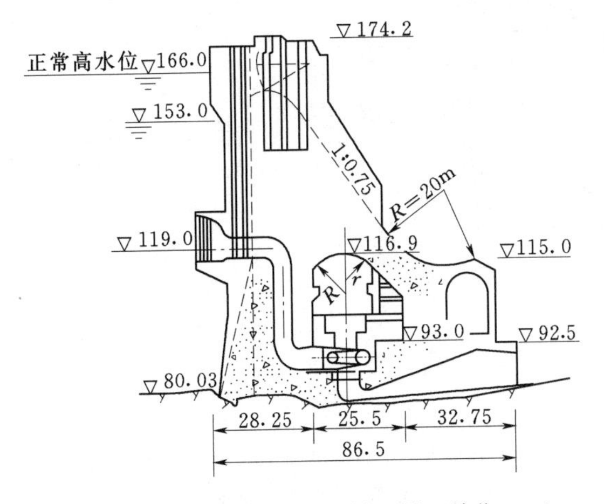

图4-61　枫树空腹重力坝剖面图（单位：m）

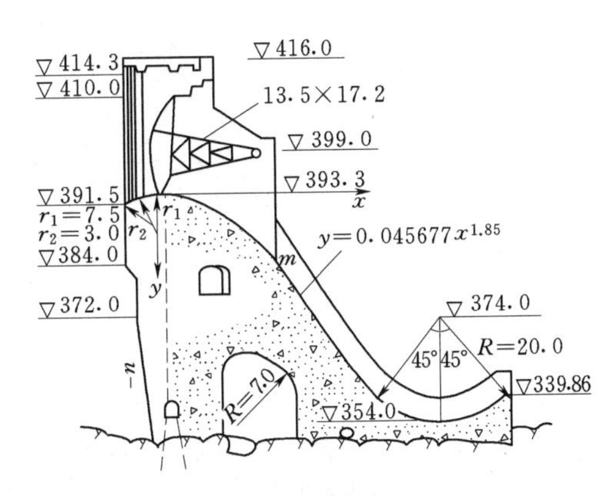

图4-62　石泉空腹溢流重力坝剖面（单位：m）

第八节　碾压混凝土重力坝

常态混凝土重力坝是采用拌和机拌制、吊罐运输入仓，然后平仓、振捣的方式施工。如坝体剖面较大，常须沿纵向分块浇筑，进行冷却和接缝灌浆。碾压混凝土坝是改革常态混凝土坝传统的施工技术，采用无坍落度的干硬性贫混凝土，用土石坝施工机械运输、摊铺和碾压的方法分层填筑压实成坝。近30多年来，碾压混凝土筑坝技术迅速发展，应用亦较广泛。1974年巴基斯坦的塔贝拉坝修复工程，首次使用碾压混凝土并获得成功。1980年在日本建成岛地川坝（坝高89m）成为世界上第一座碾压混凝土重力坝。据不完全统计，目前世界上已建成和在建的碾压混凝土坝200余座。

我国1979年开始研究推广碾压混凝土，近几年来发展很快，继坑口水库大坝（图4-63）建成后，又有铜街子、沙溪口、隔河岩、天生桥、观音阁（坝高82m）、龙门滩、大朝山（坝高111m）、江垭（坝高131m）及岩滩等工程的大坝或围堰采用了碾压混凝土。这些工程都做了大量的室内及现场试验研究，取得了许多科研成果，总结了不少经验，推进了碾压混凝土筑坝技术的发展。至2022年底，我国已建成和在建的碾压混凝土坝共60多座，其中龙滩重力坝第一期坝高192m，后期坝高

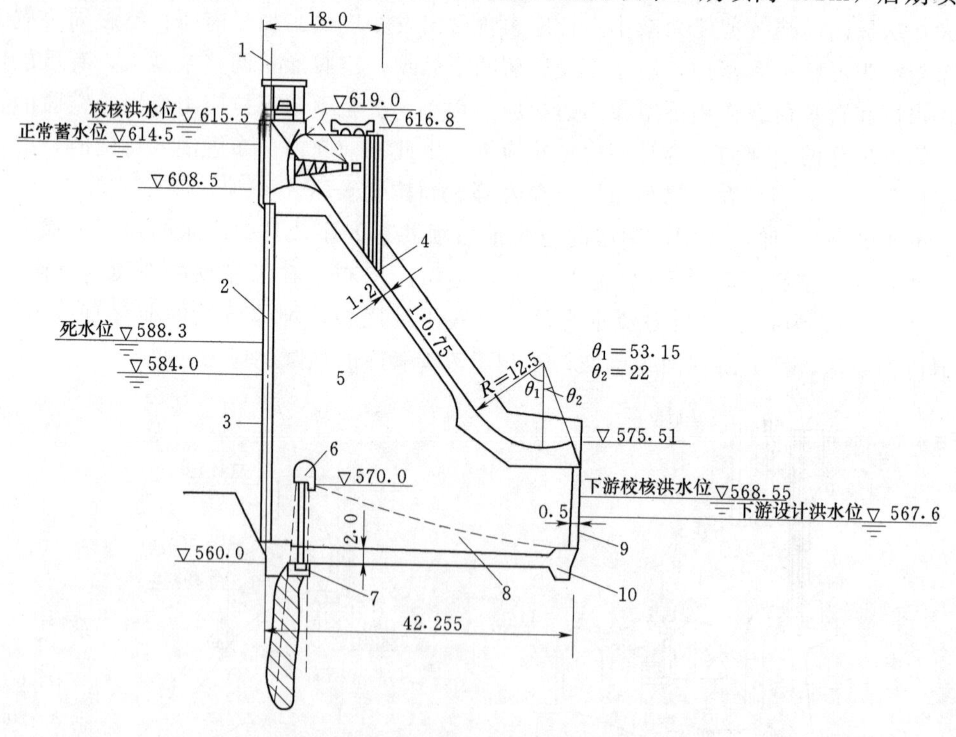

图4-63　坑口碾压混凝土坝溢流坝段剖面图（单位：m）

1—坝轴线；2—沥青砂浆防渗层；3—钢筋混凝土预制板；4—钢筋混凝土防冲层；5—坝内碾压混凝土；6—灌浆排水廊道；7—集水井；8—原地面线；9—混凝土预制板；10—常态混凝土

216.5m，为目前世界上最高的碾压混凝土坝。

一、碾压混凝土的原材料

1. 水泥

碾压混凝土的原材料与常态混凝土无本质区别。因此，凡适用于水工混凝土使用的水泥品种均可采用，包括硅酸盐水泥、普通硅酸盐水泥、中热硅酸盐水泥、低热矿渣硅酸盐水泥和粉煤灰硅酸盐水泥。为降低混凝土温升，应尽可能减少碾压混凝土硬化初期的水化热，在选用水泥时应同时考虑掺用混合材料。

2. 混合材料

由于碾压混凝土的含水量和水泥用量均少，一般都要加入粉煤灰或火山灰等混合材料，以增加微细颗粒的绝对体积，利于压实和防止材料分离。其掺量一般为胶凝材料总量的30%～60%，甚至更多，有的高达70%。研究表明，增加掺量不但能更好地填充骨料间的空隙，降低水化热，同时粉煤灰能与水泥的游离石灰起化学反应，还可在某种程度上提高混凝土的后期强度。

3. 细骨料

砂的含水量的变化对碾压混凝土拌和物稠度的影响比常态混凝土敏感，因此控制砂的含水量十分重要。另外，对细骨料中微细颗粒含量的限制一般可以放宽些，它有类似粉煤灰的部分作用，目前我国控制在7%～15%（常态混凝土为6%～12%）。

4. 粗骨料

石子最大粒径和级配，对碾压混凝土的分离、压实和胶凝材料用量，以及水化热温升都有显著的影响，必须选择适当。通常采用连续级配，最大粒径一般为80mm，也有采用150mm的，这主要取决于建筑物的结构型式，施工工艺与设备，以及管理水平等。我国目前一般选用最大粒径为80mm，当最大粒径小于80mm时，拌合物的分离现象可以减少，但含砂率将增大，水泥用量也随之增加，对大坝混凝土的温控不利。

5. 外加剂

由于碾压混凝土的铺筑仓面面积大，为了提高混凝土拌和物的和易性，推迟初凝时间，使大体积混凝土的碾压层保持“活态”，从而充分保证整体性，防止产生冷缝，一般必须使用缓凝型的减水剂。如工程有特殊要求，还需掺用相应的外加剂。

6. 配合比

配合比的选择宜通过试验确定。一般要进行砂浆容重试验，强度试验，振动台干硬度试验，以及砂率的试验等，确定合适的单位体积用水量，水泥用量，砂率和各级骨料比，并通过现场试验验证。一般坝工碾压混凝土的水胶比在0.45～0.75之间较适宜。关于胶凝材料的用量，对于大体积碾压混凝土，我国规定一般不宜低于130kg/m^3，包括水泥、粉煤灰及其他活性混合材料总量。近年来为改善碾压混凝土的密实度和层间的结合，胶凝材料有增加的趋势。如美国1987年建成的上静水坝，高90m，总胶凝材料用量竟达252kg/m^3。实践证明，加大胶凝材料对改善层间结合及防渗是有效的，同时也提高了碾压混凝土强度和抗渗性能。

二、碾压混凝土坝的特点

碾压混凝土和常态坝工混凝土相比，除前述需要通过分层填筑碾压成坝外，最基本的特点之一是单位体积胶凝材料用量少。一般为混凝土总重量的5%～7%，扣除粉煤灰等活性混合材料，每立方米碾压混凝土的水泥用量一般仅为60～90kg，但各项物理力学性能（抗压强度、抗拉强度、弹性模量等）均可满足工程要求。不难理解，降低单位体积水泥用量不仅涉及工程造价，更重要的是可以减小水化热温升，降低施工期温度应力，简化温控措施。

基本特点之二是单位体积用水量少。一般比常态混凝土少40%左右，以便于振动碾通过混凝土表面碾压密实。因此，碾压混凝土是一种无坍落度的干贫性混凝土。由于这一特征，才有可能使碾压混凝土筑坝技术得以实现，使之突破了传统的柱状间断浇筑，发展成不设纵缝、通仓、薄层、连续均匀铺筑，大大简化分缝分块、温控措施和水平施工缝的处理，节省接缝灌浆和模板等工程量，使得在降低造价，缩短工期以及施工管理等方面，显示出明显的经济效益。碾压混凝土的单价一般比常态混凝土可降低15%～30%，如我国坑口碾压混凝土坝坝体的总投资比同等条件下常态混凝土坝可降低16.45%，节省水泥44%。

基本特点之三是抗冻、抗冲、抗磨和抗渗等耐久性能比常态混凝土差。特别是在层面或材料分离严重部位，抗渗性更差。因此，很多碾压混凝土坝在坝基、上下游坝面2～3m的范围内及坝顶部位都另浇常态混凝土或用预制板加以保护。同时对水平层面也进行适当处理，例如日本常在水平层面浇后24～36h先用压力水喷射，形成糙面，间隔3～4天，再铺一层1.5～2.0cm厚水泥砂浆，然后再铺筑碾压混凝土。这样可加强层面之间的结合，提高抗渗和抗剪性能。

三、坝体剖面设计及细部构造

（一）剖面设计

碾压混凝土重力坝的剖面形态与常态混凝土重力坝基本相同，可做成非溢流坝，也可做成溢流坝。但因筑坝材料和施工方法的不同，坝体剖面设计也具有其特点。为了满足坝面机械化作业的要求，碾压混凝土重力坝一般应尽量减少坝内管道的设置，坝体体型应力求简单，便于施工，坝顶最小宽度应不小于5m，上游坝面宜采用铅直面或斜面，尽量避免折面。碾压混凝土采用分层碾压方式施工，极易造成隐伏层状结构，在坝体剖面设计中应根据工程等级考虑设置上游坝面防渗层、下游坝面保护以及溢流面的抗冲耐磨层，以弥补碾压混凝土施工过程中所带来的缺陷。

碾压混凝土重力坝仍可按《混凝土重力坝设计规范》（NB/T 35026—2022）（SL 319—2018）的抗滑稳定和应力等要求进行设计，但必须核算沿最不利层面的抗滑稳定安全度，特别是对高坝应论证施工层面剪应力对坝体结构安全的影响。碾压混凝土本身的抗剪断强度一般可达抗压强度的20%～25%，但设计中采用c'值常只用到10%的抗压强度，f'可用1.0。如施工不妥，层面上的c值会大为降低，必须加以注意。由于内部混凝土与常态混凝土的力学性能相近，所以碾压混凝土重力坝的应力分析与常态混凝土重力坝基本相同。

(二) 细部构造

1. 坝体分缝

碾压混凝土坝由于水泥用量减少，水化热减少，采用薄层通仓浇筑，自然散热，因而取消纵缝，可少设或不设置横缝。但不设横缝的碾压混凝土坝必须对坝址河谷断面地形、地质及基础，进行深入细致的分析研究，判断是否有产生不均匀沉陷的可能性。对基础变形必须在设计中考虑，采取适当的工程措施，避免产生应力集中和开裂。横缝常由切缝机切割而成，也有利用手工打（钻）连续孔，初凝前以人工或风镐打孔，或在初凝后风钻钻孔，或预埋分缝板，预留软弱带成缝。横缝不一定要从基础开始，也不一定要全部通到坝顶。横缝止水一般应设两道。

2. 坝体防渗

碾压混凝土坝上游面的防渗措施有以下几种。

(1) 在坝的上游面采用常态混凝土作防渗层，其最小有效厚度一般为坝面水头的1/30～1/15，但不宜小于1.0m，我国多采用1.5～3.5m。其优点是可在较厚的防渗层内设置横缝，缝内布置止水，防渗效果较好；缺点是增加坝体施工程序，影响施工速度，增加工程投资。

(2) 在上游坝面附近，采用高胶凝碾压混凝土形成防渗层，起加强防渗作用。

(3) 在坝的上游面用6cm厚的沥青砂浆作防渗层，沥青砂层的外表面用6cm厚的钢筋混凝土预制板保护。预制板与坝体之间用钢筋连接，兼作沥青砂灌注的模板，如我国坑口坝。

(4) 在上游面采用预制混凝土板，预制板背面加设防水土工合成材料（如高密度聚氯乙烯薄膜），如美国的温切斯特坝。

(5) 在坝的上游面喷涂2mm合成橡胶防渗薄膜于混凝土面上，如美国的盖尔斯维尔坝。

(6) 坝体碾压混凝土防渗，常态混凝土只用来作模板兼坝面防护层。图4-64为美国上静水坝剖面及用滑模施工的坝面结构型式，由于在坝体内部采用高胶凝材料的碾压混凝土，并采取有效的施工措施，使碾压层间结合良好，因此在坝体上游面没有设置专门的防渗设备。

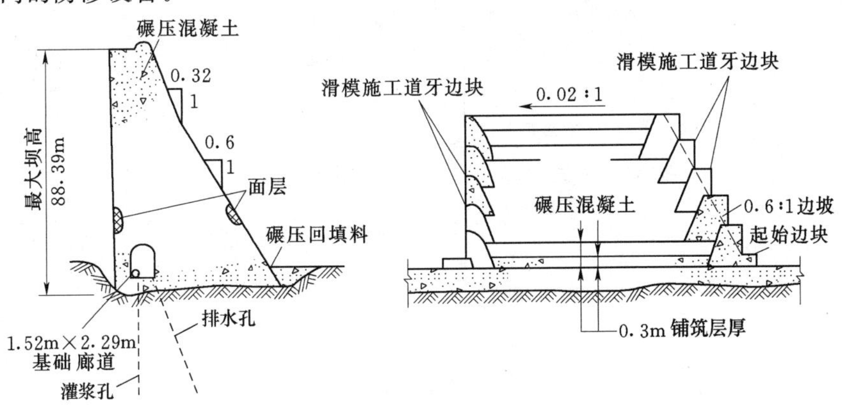

图4-64 美国上静水坝施工剖面示意图

(7) 变态混凝土防渗，即在坝体的防渗部位，用变态混凝土代替碾压混凝土。所谓变态混凝土以二级配防渗混凝土为基础、加浆、振捣而成。即在碾压混凝土拌合物中加入适量的水泥灰浆（一般为变态混凝土总量的4%～7%）使其具有可振性，再用插入式振捣器振动密实，形成一种具有常规混凝土特征的混凝土。

3. 坝内排水及廊道

碾压混凝土重力坝也需在坝体上游部位和坝基布置排水系统，以降低扬压力。坝内排水系统的布置与坝面防渗层的抗渗性能和厚度有关；基础及岸坡接头排水布置与坝址地质条件有关。坝内竖向排水管一般为预制的无砂混凝土管，管距2.0～3.0m，内径为7～15cm，亦可用钻孔或逐层拔管等方法形成。图4-65为美国莫克斯维尔溢流坝坝内排水布置。

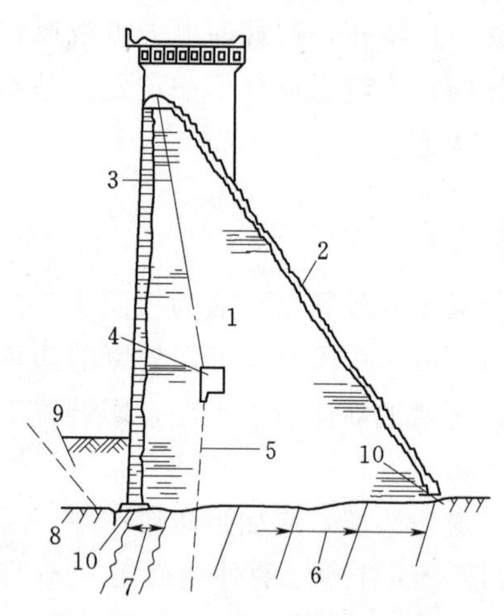

图4-65　美国莫克斯维尔溢流坝坝内排水布置示意图

1—碾压混凝土；2—梯级跌水的面层混凝土；3—坝内排水管；4—廊道；5—基础排水管；6—基础固结灌浆；7—基础帷幕灌浆；8—岩石基线；9—回填土；10—混凝土校平垫板

为减少施工干扰，加大施工作业面，坝内最好不设廊道或少设廊道，尽量做到一个廊道兼起多种用途。一般中等高度的坝常只设基础灌浆廊道，兼起排水、检查及交通之用，如图4-63所示的坑口重力坝，只设两道基础廊道。对于较高的坝，如日本玉川坝，坝高100m，也只有在坝体上游部分设置两层纵向廊道，如图4-66所示。

碾压混凝土坝的施工要点是：①混凝土是在强制式拌和机中拌和制成；②用自卸汽车直接入仓散料；③用推土机将混凝土推铺摊平，每层铺筑厚度一般为20～50cm；④用重力为80～150kN的振动碾碾压密实，碾压次数由试验确定，一般振动碾压为6～8遍；⑤有横缝的常用振动切缝机切割成缝；⑥在浇筑新一层混凝土前，用钢丝刷将老混凝土面刷毛、清洗，或用压力水冲刷，以加强层间结合；⑦喷雾养护。

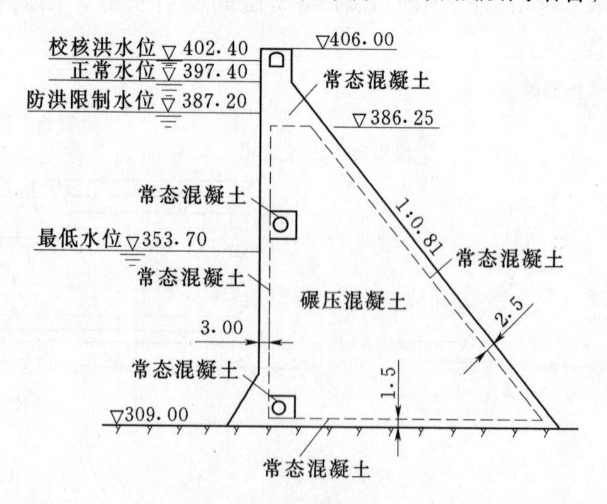

图4-66　日本玉川坝标准剖面混凝分区示意图（单位：m）

复习思考题

1. 重力坝的工作原理和工作特点是什么？

2. 重力坝剖面比较宽厚的原因是什么？为什么说重力坝的材料强度不能得到充分利用？

3. 作用在重力坝上的荷载有哪些？其计算方法是什么？为什么要进行荷载组合？设计重力坝时需考虑哪几种荷载组合？

4. 重力坝失稳破坏形式是什么？稳定验算的定值安全系数计算法和分项系数极限状态计算法主要区别在哪里？有哪些计算公式？提高重力坝稳定性的工程措施有哪些？

5. 重力坝应力分析的目的是什么？目前应力分析的方法有哪几种？材料力学法的基本假定是什么？如何应用材料力学法计算坝体的边缘应力和内部应力？

6. 拟定重力坝剖面的主要原则是什么？何谓重力坝的基本剖面？如何从基本剖面修改成实用剖面？

7. 溢流坝的溢流面由哪几部分组成？各部分的形态应如何确定？

8. 坝身泄水孔由哪几部分组成？各部分的结构体形应如何设计？

9. 溢流坝和坝身泄水孔消能的基本方式有哪几种？

10. 重力坝为什么要分缝？缝有哪几种类型？横缝如何处理？止水如何布置？纵缝有哪几种布置方式？为什么斜纵缝可以不进行水泥灌浆？

11. 重力坝各部位对混凝土性能有哪些要求？如何进行坝体混凝土强度等级分区？

12. 重力坝的坝身和坝基排水的目的是什么？各应如何布置？

13. 坝内廊道的作用有哪些？不同用途的廊道设置部位和尺寸如何确定？廊道系统的布置原则是什么？

14. 混凝土重力坝施工期产生裂缝的原因为何？防止裂缝的主要措施是什么？

15. 重力坝对地基有哪些要求？为什么有这些要求？帷幕灌浆和固结灌浆的作用是什么？断层破碎带的处理方式有哪些？

16. 宽缝重力坝和空腹重力坝的结构特点是什么？它们各自有哪些优缺点？宽缝重力坝与实体重力坝相比在稳定分析和应力计算方面有何异同？

17. 浆砌石重力坝对材料有哪些要求？它与混凝土重力坝相比有哪些构造上的特点？

18. 什么是碾压混凝土重力坝？与常态混凝土重力坝相比有哪些特点？

第五章 拱坝及支墩坝

第一节 概 述

一、拱坝的工作原理及其适应的地形地质条件

横缝设键槽并灌浆胶接的重力坝，其受力分析不再是平面问题，而应按空间问题来处理。即作用在重力坝上游面的水压力、淤沙压力等荷载一部分靠倒置的变截面悬臂梁直接传给地基，还有一部分则沿水平梁作用传至两岸。显然两端固定的水平梁，跨中弯矩很大，下游侧的拉应力也很大。为满足材料强度要求，尺寸仍需很大。若将水平梁做成向上游凸起的拱，则受力状态将大大改善。因此拱坝是平面上凸向上游三向固定的空间高次超静定结构。它可以看成由一根根悬臂梁和一层层水平拱构成，它能把上游坝面水压力、风浪压力等荷载相当大的部分通过拱的作用传给两岸岩体，而将另一部分荷载通过悬臂梁的作用传至坝底基岩。拱和梁各承担多少荷载由拱梁交点处变位一致的条件决定。它不像重力坝那样全靠自重维持稳定，而是利用筑坝材料强度承担以轴向压力为主的拱内力，并由两岸拱端岩体来支承拱端推力，地形、地质条件较好时它是一种经济性和安全性相对优越的坝型。与其他坝型比较，拱坝具有如下一些特点：

（1）利用拱结构特点，充分发挥利用材料强度。拱坝是一种推力结构，在外荷载作用下，只要设计得当，拱圈截面上主要承受轴向压应力，弯矩较小，有利于充分发挥坝体混凝土或浆砌石材料的抗压强度。拱作用愈大，材料的抗压强度愈能充分发挥，坝体的厚度也愈可减薄。对适宜修建拱坝和重力坝的同一坝址，相同坝高的拱坝与重力坝相比，拱坝体积可节省1/3～2/3，因而拱坝是一种比较经济的坝型。

（2）利用两岸岩体维持稳定。与重力坝由自重在岩基产生摩阻力维持稳定的特点不同，拱坝将外荷载的大部分通过拱作用传至两岸岩体，主要依靠两岸坝肩岩体维持稳定，坝体自重对拱坝的稳定性影响不占主导作用。因此，拱坝对坝址地形地质条件要求较高，对地基处理的要求也较为严格。尽管目前对修建拱坝的坝址条件有所放宽，但充分查清坝基地质情况以及认真进行地基处理则是必要的。

（3）超载能力强，安全度高。可视为由拱和梁组成的拱坝结构，当外荷载增大或某一部位因拉应力过大而发生局部开裂时，能调整拱和梁的荷载分配，改变应力分布状态，而不致使坝全部丧失承载能力。局部因拉应力增大引起的水平裂缝会降低坝体悬臂梁的作用，竖直裂缝会使拱圈未开裂部分应力增加。梁作用减弱，部分荷载“转移”给拱，致使拱荷载增加，未开裂部分拱的应力再增加，使原来的拱圈变成曲率半径更小的拱圈，从而使坝内应力重新分布，成为无拉力的有效拱或有小于允许拉应力的有效拱。所以按结构特点，拱坝坝面允许局部开裂。在两岸有坚固岩体支承的条件

下，坝的破坏主要取决于压应力是否超过筑坝材料的强度极限。一般混凝土均有一定的塑性和徐变特性，在局部应力特大的部位，变形受限制的情况下，经过一段时间，混凝土的徐变变形增大，使特大应力有所降低。由于上述原因，使拱坝在合适的地形地质条件下具有很强的超载能力。例如意大利的瓦依昂（Vajont）双曲拱坝，1961年建成，坝高261.6m，是当时世界上最高的双曲拱坝，1963年10月9日晚，由于水库左岸大面积滑坡，使2.7亿m^3的滑坡体以28m/s的速度滑入水库（水库库容1.7亿m^3），掀起150m高的涌浪，涌浪溢过坝顶，致使1925人丧生，水库被填满，但拱坝坝体并未失事，仅在两岸坝肩附近的坝体内发生两三条裂缝，据估算，拱坝当时已承受住相当于8倍设计荷载的作用，由此可见拱坝的超载能力是较大的。

（4）抗震性能好。由于拱坝是整体性空间结构，厚度薄，富有弹性，因而其抗震能力较强。例如意大利的柯尔弗落拱坝，坝高40m，曾遭受破坏性地震，附近市镇的建筑物大都被毁，但该坝却没有发生裂缝和任何破坏。又如我国河北省邢台地区峡沟水库浆砌石拱坝，坝高78m，在满库情况下遭受1966年3月的强烈地震，震后检查坝体未发现裂缝和损坏。再如2008年5月我国汶川地震，130m高的沙牌拱坝，经受了8级地震的考验，大坝安然无恙。

（5）荷载特点。拱坝坝体不设永久性伸缩缝，其周边通常固接于基岩上，因而温度变化、地基变形等对坝体应力有显著影响。此外，坝体自重和扬压力对拱坝应力的影响较小，坝体越薄，这一特点越明显。

（6）坝身泄流布置复杂。坝体单薄情况下坝身开孔或坝顶溢流会削弱水平拱和顶拱作用，并使孔口应力复杂化；坝身下泄水流的向心收聚易造成河床及岸坡冲刷。但随着修建拱坝技术水平的不断提高，合理的布置，坝身不仅能安全泄流，而且能开设大孔口泄洪。

由于拱坝的上述特点，拱坝的地形条件往往是决定坝体结构型式、工程布置和经济性的主要因素。所谓地形条件是针对开挖后的基岩面而言的，常用坝顶高程处的河谷宽度L和坝高H之比（称L/H为宽高比）及河谷断面形状两个指标表示。

河谷的宽高比愈小，说明河谷愈窄深。此时拱坝水平拱圈跨度相对较短，悬臂梁高度相对较大，即拱的刚度大，拱作用容易发挥，可将荷载大部分通过拱作用传给两岸，坝体可设计得薄些。反之，L/H值愈大，河谷愈宽浅，拱作用愈不易发挥，荷载大部分通过梁的作用传给地基，坝断面必须设计得厚些。根据经验，当$L/H<1.5$时，可修建薄拱坝；$L/H=1.5\sim3.0$，可修建中厚拱坝；$L/H=3.0\sim4.5$，可修建厚拱坝。L/H更大的条件下，一般认为修建拱坝已趋于不利。但随着拱坝筑坝技术水平的不断提高，上述界限已被突破。如我国的陈村重力拱坝，坝高76.3m，$L/H=5.6$，$T_B/H=0.7$；美国的奥本（Auburn）三圆心拱坝坝高210m，$L/H=6.0$，$T_B/H=0.29$。目前河谷宽高比最大的拱坝是法国的穆瓦林·里保实验坝（高13.8m），L/H已达12。

河谷的断面形状是影响拱坝体形及其经济性更为重要的因素。不同河谷即使具有同一宽高比，断面形状也可能相差很大。图5-1示出了宽高比相同、河谷形状不同（V形和U形）时，在水压荷载作用下拱梁间的荷载分配以及对拱坝体形的影响。

对于两岸对称的V形河谷，拱圈跨度自上而下逐渐减小，拱的刚度逐渐增强，尽管水荷载自上而下逐渐加大，因拱作用得以充分发挥坝厚仍可做得薄些；对于U形河谷，由于拱圈跨度自上而下几乎不变，拱刚度不增加，为抵挡随深度而增加的水压力，需增加梁的刚度（即增加坝体厚度），故坝体需做得厚些。梯形河谷介于V形和U形两者之间。

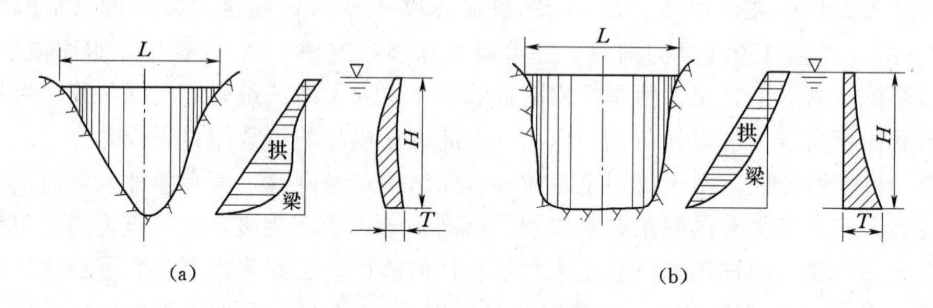

图5-1　河谷形状对荷载分配和坝体剖面的影响
(a) V形河谷；(b) U形河谷

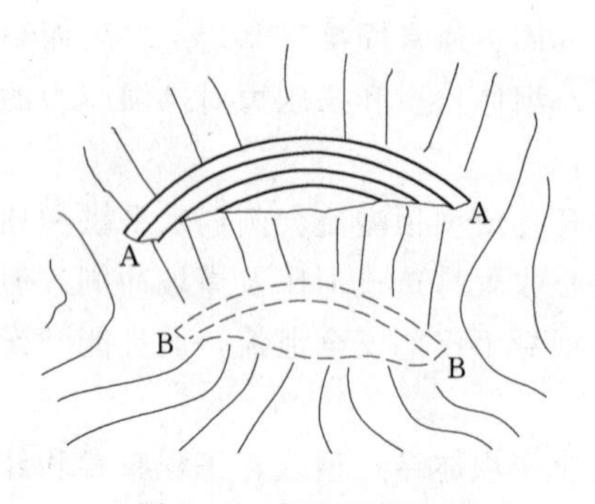

图5-2　坝址地形比较

河谷在平面上的形状应呈喇叭口，以使两岸拱座下游有足够厚的岩体来维持坝体的稳定。图5-2示出了A—A和B—B两个坝址，B—B坝址虽然河谷比较狭窄，但位于向下游扩散的喇叭口处，两岸拱座单薄，对稳定不利；而A—A坝址两岸拱座厚实，拱轴线与等高线接近垂直，故宜选A—A坝址。形状复杂的河谷断面对修建拱坝是不利的。拱跨沿高程急剧变化将引起坝体应力集中，需采取适宜的工程措施来改善河谷的断面形状。图5-3列出了几种复杂河谷形状时建造拱坝的方案。

地质条件好坏直接影响拱坝的修建，这是因为拱坝是高次超静定整体结构，地基的过大变形对坝体应力有显著影响，甚至会引起坝体破坏。因此，拱坝对地质条件的要求比其他混凝土坝更严格。较理想的地质条件是岩石均匀单一，有足够的强度，透水性小，耐久性好，两岸拱座基岩坚固完整，边坡稳定，无大的断裂构造和软弱夹层，能承受由拱端传来的巨大推力而不致产生过大的变形，尤其要避免两岸边坡存在向河床倾斜的节理裂隙或构造。

实际工程中，理想的地质条件是较少见的，天然坝址或多或少会存在某些地质缺陷。建坝前须弄清坝基地质情况，采取相应合理有效的工程措施进行严格处理。随着拱坝技术水平的提高和基础处理方法的改进，目前国内外已有不少拱坝成功地修建在坝基岩石强度较低或断层夹层较多或风化破碎较深的不理想坝址上。如我国黄河上游位于青海省境内的龙羊峡重力拱坝，高178m，坝址区的岩体经多次的构造运动，断裂极为发育，坝区被较大断层或软弱带所切割，经过认真严格的基础处理，于1987

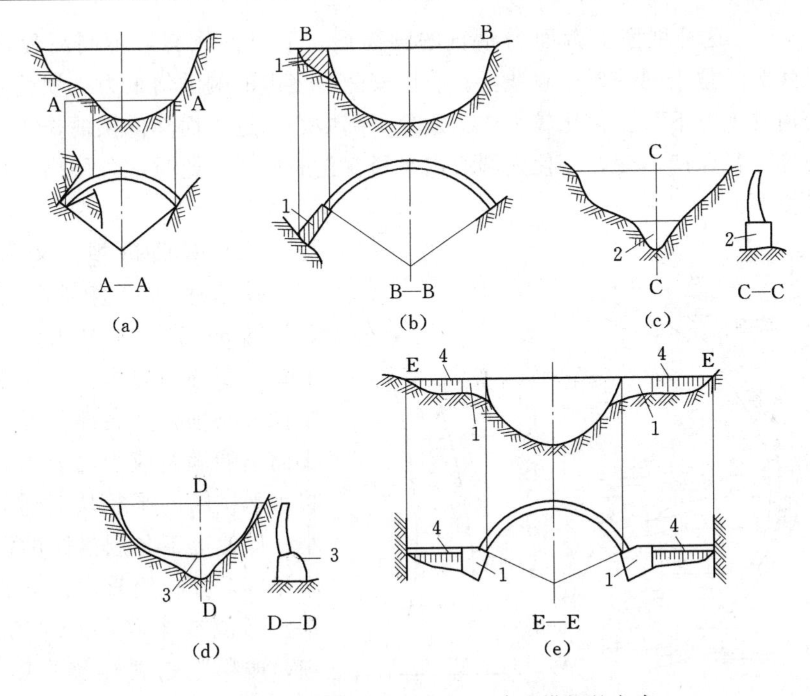

图 5-3　河谷断面形状复杂时，建造拱坝的方案

(a) 挖除岸边凸出部分；(b) 设置岸墩；(c) 采用混凝土塞；(d) 采用周边缝；(e) 采用岸墩和翼墙

1—岸墩；2—塞子；3—周边缝；4—岸边翼墙

年 9 月开始发电，运行良好。又如坝高 220m 的瑞士康特拉双曲拱坝，坝址处有一条顺河断层，宽 3～4m，错距 10m，基岩本身褶皱，挤压破碎严重，建造中采取了谨慎的地基处理措施。

二、拱坝体形差异性及其布置实例

拱坝的体形可视河谷形状不同设计成单曲或双曲形。

(1) 单曲拱坝。只在水平截面上呈拱形，而悬臂梁断面不弯曲或曲率很小的拱坝称其为单曲拱坝。在接近矩形或较宽的梯形断面河谷，由于河谷宽度从上到下相差不大，各高程拱圈中心角都比较接近，上游坝面拱弧半径在整个高度内可以保持不变，仅改变下游拱弧的半径以适应坝厚变化的需要，这样就形成了定外半径定中心角拱

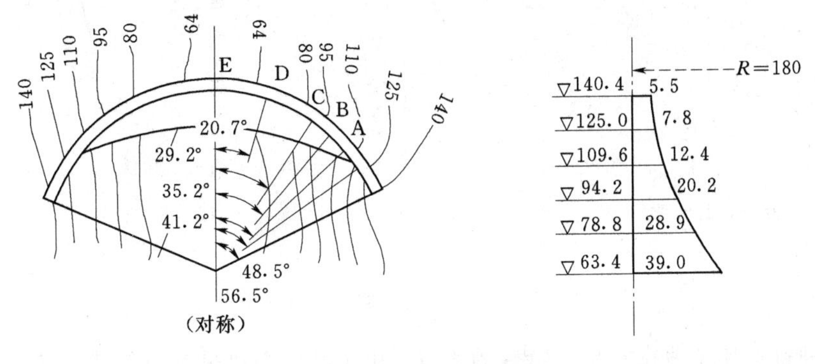

图 5-4　响洪甸重力拱坝（单位：m）

坝（图5-4）。这种坝型上游面为铅直的圆筒形，下游面倾斜，不同高程各拱圈的内、外拱弧圆心位于同一条铅直线上。我国安徽省境内的响洪甸重力拱坝就采用这种型式。若河谷上宽下窄变化比较大，为避免下部中心角过小而降低拱的作用，可设计成外圆心外半径保持不变，而使内圆心内半径变化的形式，此时，各层拱圈自拱冠向拱端逐渐变厚。

（2）双曲拱坝。又称穹形拱坝，在水平和铅直截面内都呈拱形（图5-5）。在V形河谷或其他上宽下窄的河谷中，若采用上述定半径式拱坝，其底部会因中心角过小而不能满足应力的要求，此时宜将水平拱圈的半径从上到下逐渐减小，以使上下各层拱圈的中心角基本相等，并在铅直向设计成一定曲率，形成变半径等中心角双曲拱坝，或称定角式拱坝（图5-6），它较适宜于对称的V形河谷。

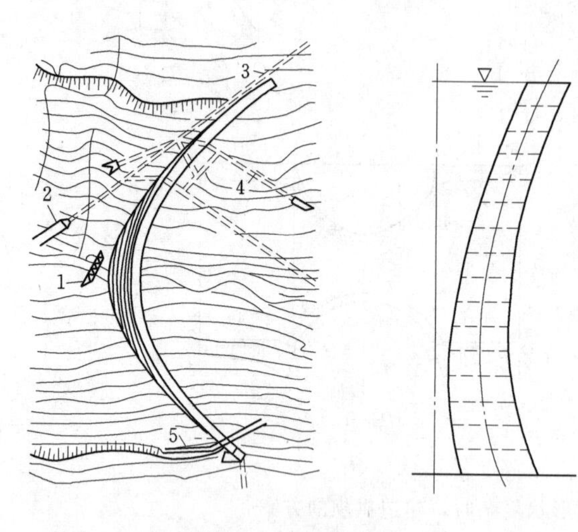

图5-5　双曲拱坝

1—上游围堰；2—施工导流洞进口；3—发电引水洞；4—导流洞；5—侧槽溢流道

对于大多数河谷，由于很难做到上下层拱圈的中心角相等，为此广泛采用变半径变中心角的双曲拱坝，或称变半径式拱坝（图5-7）。这种拱坝各层拱圈的中心角、外弧面和内弧面的半径从上到下都是变化的，而各层拱圈内、外弧的圆心连线均为光滑的曲线。变半径变中心角双曲拱坝更能适应河谷形状的变化。

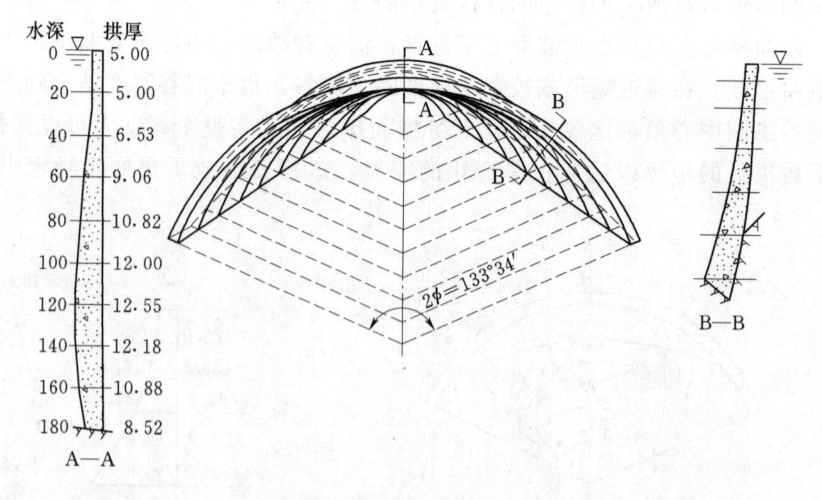

图5-6　定中心角拱坝（单位：m）

双曲拱坝比单曲拱坝更具特殊的优点。由于其梁系也呈弯曲形状，兼有垂直拱的

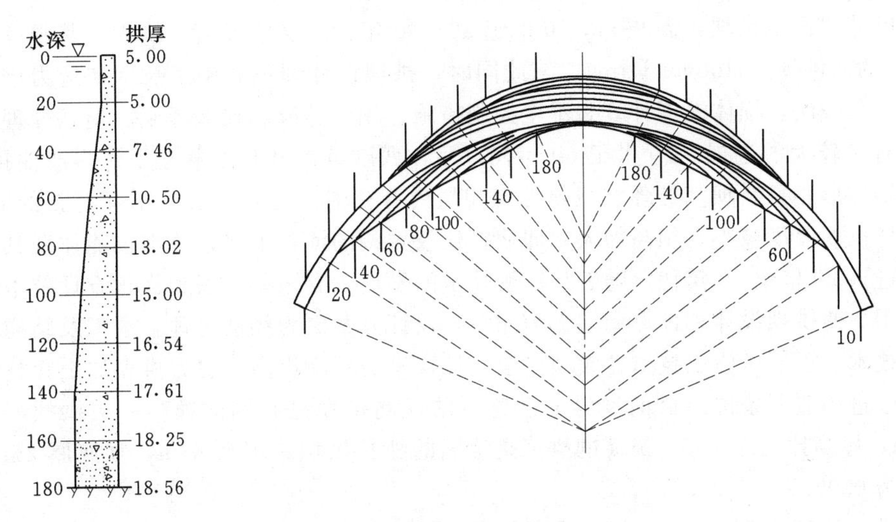

图 5-7 变半径变中心角拱坝（单位：m）

作用，它在承受水平向荷载后，在产生水平位移的同时还有向上位移的倾向，使梁的弯矩有所减少，而轴向力加大，对降低坝体拉应力有利。另一方面，在反向荷载作用下，双曲拱坝中部以上的垂直梁应力是上游面受压而下游面受拉，这同自重产生的梁应力正好相反，这也是双曲拱坝的优点之一。目前世界上最高的锦屏一级拱坝、最薄的托拉拱坝（图 5-8）均采用双曲体形。

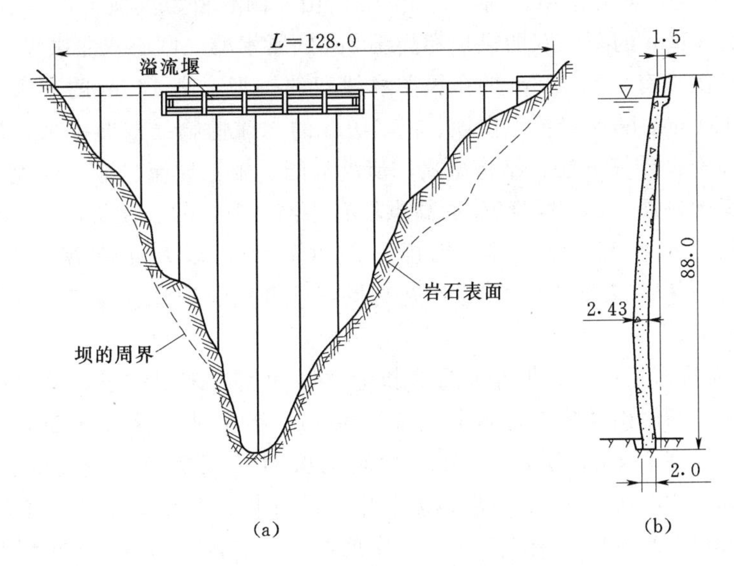

图 5-8 法国托拉拱坝（单位：m）
(a) 纵剖面图；(b) 横剖面图

三、高拱坝筑坝技术发展

人类修建拱坝具有悠久的历史，早在一两千年以前，人们就已意识到拱结构有较强的拦蓄水流的能力，开始修建高 10 余米的圆筒形圬工拱坝。13 世纪末，伊朗修建了一座高 60m 的砌石拱坝。到 20 世纪初，美国开始修建较高的拱坝，如 1910 年建成的巴菲罗比尔拱坝，高 99m。20 世纪 20—40 年代，又建成若干拱坝，其中有高达 221m 的胡佛坝（Hoover Dam）。与此同时，拱坝设计理论和施工技术如应力分析的拱梁试荷载法、坝体温度计算和温度控制措施、坝体分缝和接缝灌浆、地基处理技术等都有了较大的进展。20 世纪 50 年代以后，西欧各国和日本修建了许多双曲拱坝，在拱坝体形、复杂坝基处理、坝顶溢流和坝内开孔泄洪等重大技术上又有新的突破，从而使拱坝厚度减小，坝高加大，即使在比较宽阔的河谷上修建拱坝也能体现其经济性。进入 20 世纪 70 年代，随着计算机技术的发展，有限单元法和优化设计技术的逐步采用，使拱坝设计和计算周期大为缩短，设计方案更为经济合理。水工及结构模型试验技术、混凝土施工技术、大坝安全监控技术的不断提高，也为拱坝的工程技术发展和改进创造了条件。目前世界上已建成的最高拱坝是我国的锦屏一级拱坝，坝高 305m，厚高比为 0.207。最薄的拱坝是法国的托拉拱坝，坝高 88m，坝底厚 2m，厚高比为 0.0227。

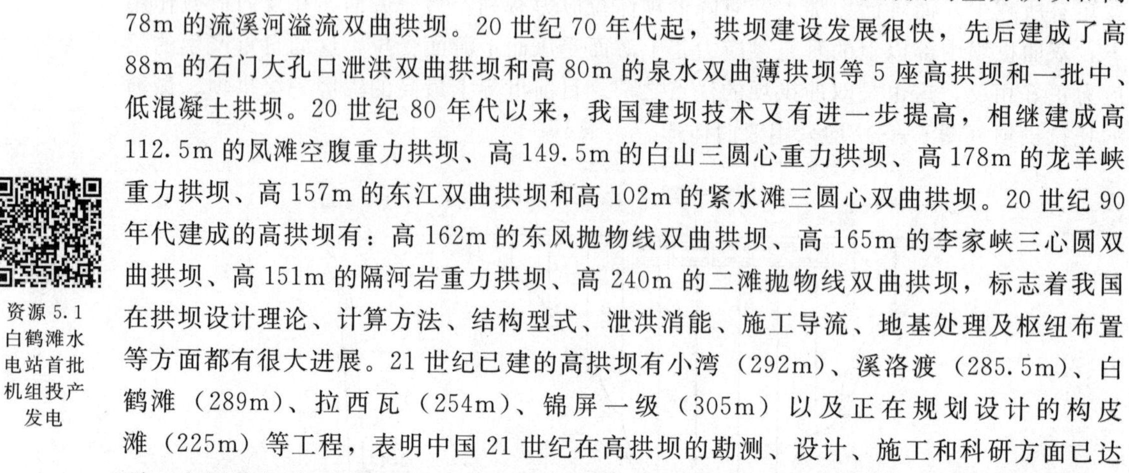

我国自新中国成立以来修建了许多拱坝。据不完全统计，至 1985 年底，全国（不包括台湾省）已建坝高 15m 以上的各种拱坝总数达 800 余座，超过全世界已建拱坝总数的 1/4。如我国首批建成的高拱坝就有高 87.5m 的响洪甸重力拱坝和高 78m 的流溪河溢流双曲拱坝。20 世纪 70 年代起，拱坝建设发展很快，先后建成了高 88m 的石门大孔口泄洪双曲拱坝和高 80m 的泉水双曲薄拱坝等 5 座高拱坝和一批中、低混凝土拱坝。20 世纪 80 年代以来，我国建坝技术又有进一步提高，相继建成高 112.5m 的凤滩空腹重力拱坝、高 149.5m 的白山三圆心重力拱坝、高 178m 的龙羊峡重力拱坝、高 157m 的东江双曲拱坝和高 102m 的紧水滩三圆心双曲拱坝。20 世纪 90 年代建成的高拱坝有：高 162m 的东风抛物线双曲拱坝、高 165m 的李家峡三心圆双曲拱坝、高 151m 的隔河岩重力拱坝、高 240m 的二滩抛物线双曲拱坝，标志着我国在拱坝设计理论、计算方法、结构型式、泄洪消能、施工导流、地基处理及枢纽布置等方面都有很大进展。21 世纪已建的高拱坝有小湾（292m）、溪洛渡（285.5m）、白鹤滩（289m）、拉西瓦（254m）、锦屏一级（305m）以及正在规划设计的构皮滩（225m）等工程，表明中国 21 世纪在高拱坝的勘测、设计、施工和科研方面已达到一个新的水平。

资源 5.1
白鹤滩水电站首批机组投产发电

图 5-9 为拉西瓦高拱坝枢纽布置和拱冠梁断面图，该坝位于黄河干流龙羊峡水电站下游，坝址两岸山体雄厚，高出河床约 800m，河谷水面宽 40～50m。大坝采用对数螺旋线，坝高 254m，坝底宽 45m，厚高比 0.219。坝址区地震基本烈度为Ⅷ度。枢纽最大泄流量 6000m^3/s，采用坝体表、中、底孔挑流泄洪，下游二道坝水垫塘消能。电站厂房和引水发电系统均布设在右岸地下，厂房内装有 6 台 620MW 机组。出线电压计划为 330kV 或 750kV，与广东省电网联接。左岸两条大直径导流洞导流，断面为 16m×19m 和 18m×19m，上下游采用土石围堰，塑性混凝土防渗墙防渗。二期导流采用在坝体设 6 孔导流底孔。大坝混凝土采用大吨位缆机浇筑。枢纽布置为典型的拱坝坝体泄洪、地下式厂房布置形式。

图 5-10 为溪洛渡高拱坝枢纽布置和拱冠梁断面图，该坝位于四川省境内长江上游金沙江上，总装机容量 12000MW。电力输向华中和华东地区，输电电压计划为

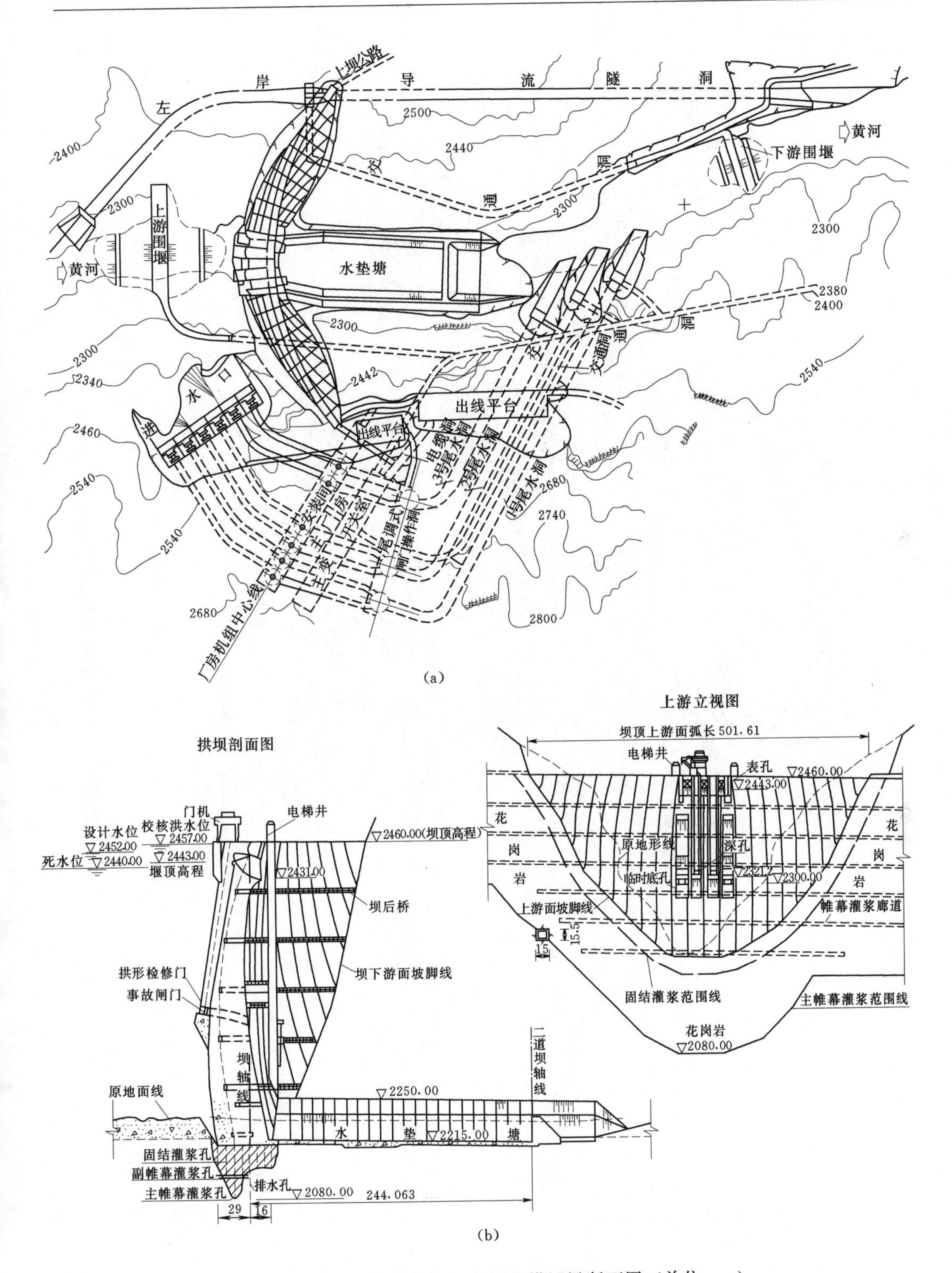

图 5-9　拉西瓦高拱坝枢纽布置和拱冠梁断面图（单位：m）

(a) 拉西瓦高拱坝枢纽布置；(b) 上游立视及拱冠梁断面图

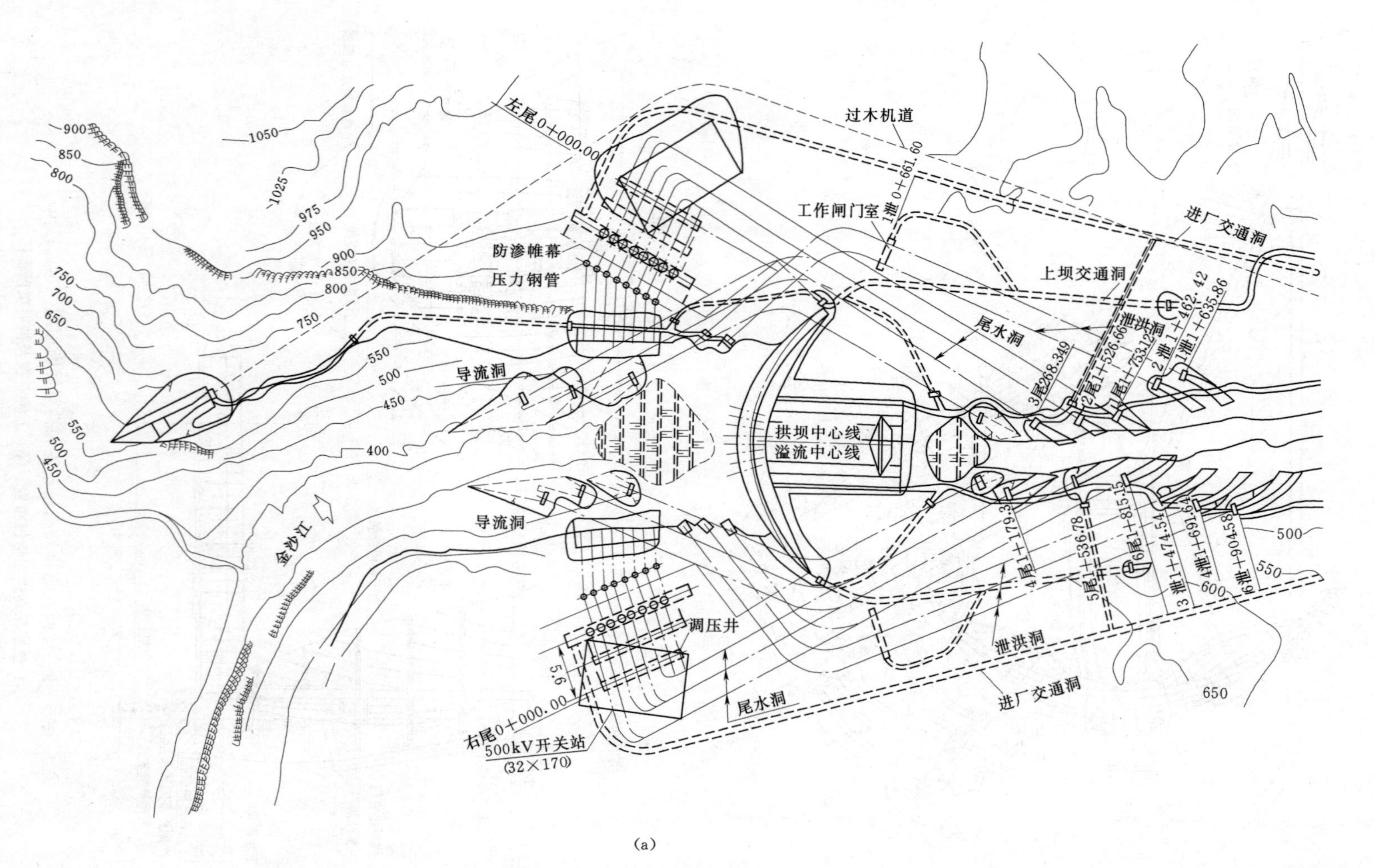

(a)

图 5-10（一）　溪洛渡高拱坝枢纽布置和拱冠梁断面图（单位：m）

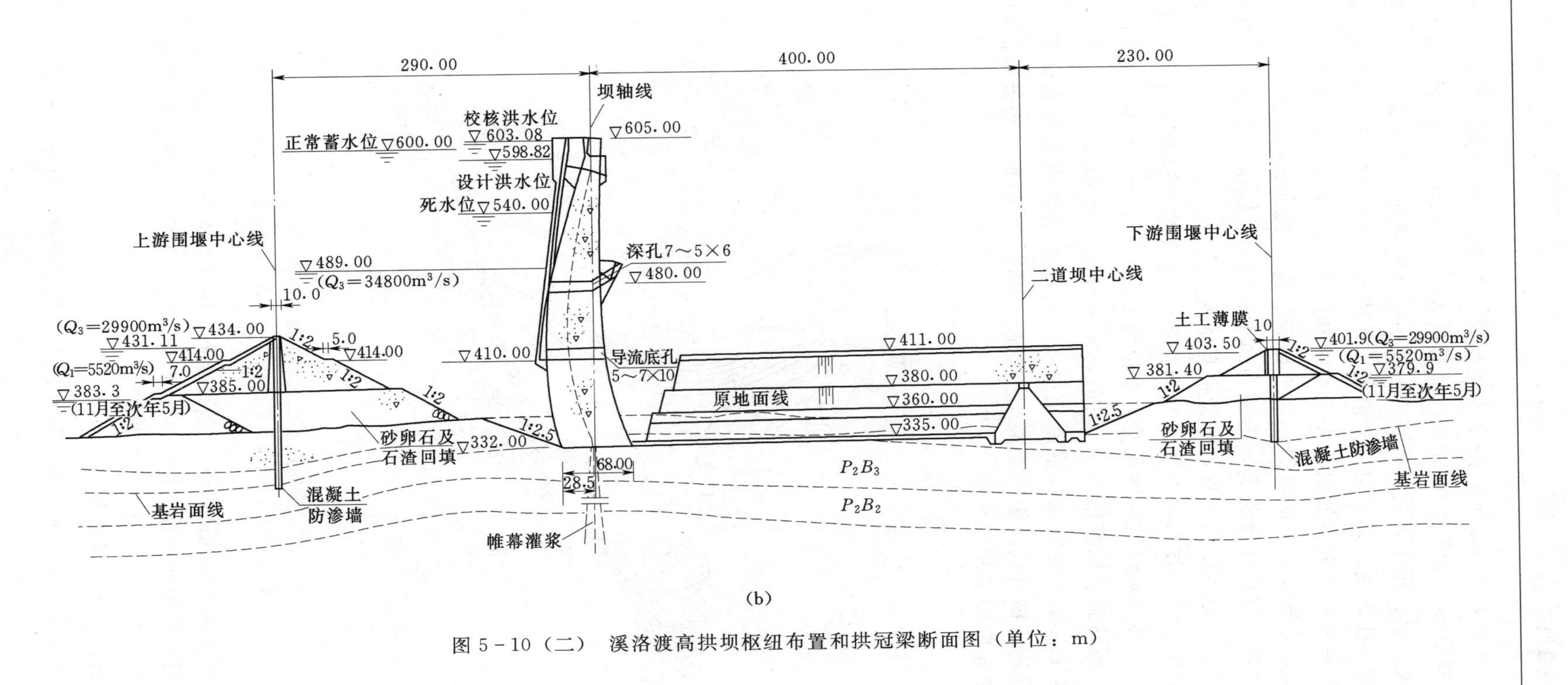

(b)

图 5-10（二）　溪洛渡高拱坝枢纽布置和拱冠梁断面图（单位：m）

750～1150kV。坝址为峡谷地形，两岸山体雄厚。双曲拱坝实际坝高 285.5m，坝顶长 714m，坝底厚 70m，厚高比 0.245m。枢纽最大（P=0.01%）泄流量 52300m³/s，除坝体大孔径表、中、底孔泄洪、下游二道坝水垫塘消能外，尚有 4 条（由导流洞改建）大直径隧洞深孔泄洪，并采用挑流消能。在峡谷坝址泄洪流量和泄洪建筑物规模之大，是国内外所少见。电站的引水发电系统和厂房分设在左右两岸坝轴线上游侧，左右岸厂房各装有 8 台 750MW 机组。由于导流量高达 32000m³/s（50 年一遇），在左右岸各设有 3 条大直径导流隧洞，上游为高土石围堰。枢纽布置中，除高拱坝外，左右岸布满了庞大的地下结构工程，布置很有特色。

随着碾压混凝土筑坝技术的发展，我国在 2003 年年底还建成了沙牌三心圆单曲碾压混凝土拱坝。沙牌水电站水库正常蓄水位为 1866.0m，死水位为 1825.0m，总库容 0.18 亿 m³。电站总装机容量 3.6 万 kW，年发电量 1.79 亿 kW・h，年利用小时数为 4791h。枢纽工程主要由碾压混凝土拱坝、右岸 2 条泄洪洞及右岸发电引水隧洞、发电厂房等建筑物组成。碾压混凝土拱坝高 130m，是目前国内外最高的碾压混凝土拱坝，枢纽布置如图 5-11 所示。

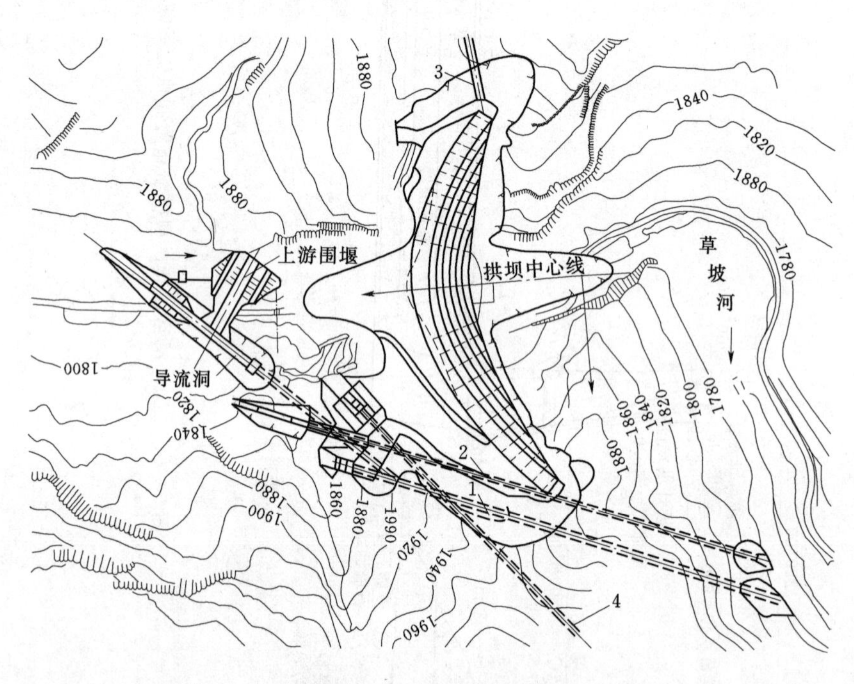

图 5-11　沙牌碾压混凝土拱坝枢纽布置图（单位：m）
1、2—泄洪洞；3—公路交通洞；4—电站引水发电隧洞

由于碾压混凝土的防渗性能低于常态混凝土，用常态混凝土做成的“金包银”形式或用其他防渗材料作为防渗体。因其工艺复杂、施工干扰较大等，故采用了变态混凝土防渗技术，大大提高了混凝土的抗渗性。

四、拱坝荷载的特点及荷载组合

作用在拱坝上的荷载有静水压力、动水压力、温度荷载、自重、扬压力、泥沙压力、浪压力、冰压力和地震荷载等。一般荷载的计算方法与重力坝基本相同，参见第二章。这里只着重讨论拱坝某些荷载的特点及计算方法。

(一) 荷载及其特点

1. 自重

自重对重力坝十分重要，对拱坝因其受力特点不同，是由梁承担还是由拱梁共同承担需视封拱程序而定。拱坝施工时常采用分坝块浇筑，最后进行封拱灌浆，形成整体。在这种条件下，自重应力在施工过程中就已形成，全部由梁承担。若施工至一定高程（不到坝顶）就先灌浆封拱，封拱后再继续浇筑，则自重由拱梁共同承担，需用有限元法模拟施工过程进行计算。

当自重全部由梁承担时，坝块的水平截面均呈扇形，上下游坝面为曲面，如图 5-12 所示，截面 A_1 与 A_2 间的坝块自重 G 按辛普森公式计算：

$$G=\frac{1}{6}\gamma_c\Delta Z(A_1+4A_m+A_2) \tag{5-1}$$

或写作

$$G=\frac{1}{2}\gamma_c\Delta Z(A_1+A_2) \tag{5-2}$$

式中：γ_c 为混凝土重度；ΔZ 为计算坝块的垂直高度；A_1、A_2、A_m 分别为上、下两端截面和中间截面的面积。

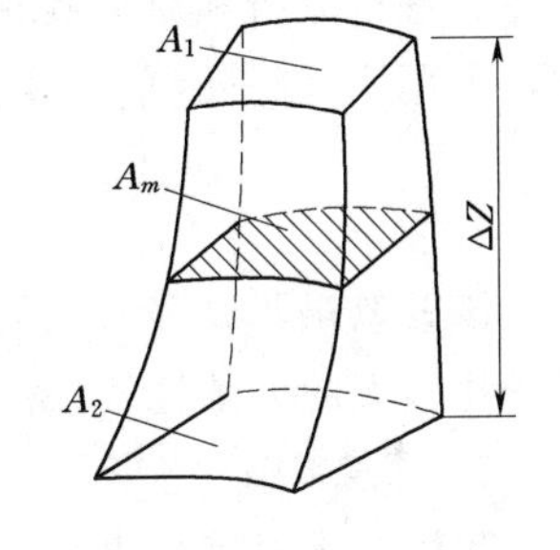

图 5-12 坝块自重计算图

2. 水平径向荷载

水平径向荷载是拱坝的主要荷载之一，以静水压力为主，还有泥沙压力、浪压力和冰压力等，由拱梁共同承担，两者分担的比例通过荷载分配确定。

3. 扬压力

拱坝坝体一般较薄，作用在坝底的扬压力一般较小，坝体渗透压力的影响也不显著，故对薄拱坝通常可不计扬压力的影响。对厚拱坝或中厚拱坝宜考虑扬压力的作用。在进行拱座及地基稳定分析时需计入渗透水压力对坝肩岩体稳定的不利影响。

4. 水重

水重对梁、拱应力均有影响，但在拱梁法计算中，一般都近似假定由梁承担，将梁的变位计入变形协调方程。

5. 温度荷载

拱坝是高次超静定结构，温度变化对坝体变形和应力都有较大影响。因此，温度荷载是拱坝设计中的主要荷载之一。温度荷载的大小与封拱温度有关，它是指拱坝在运行过程中坝体温度相对于封拱温度的变化值。因此，封拱温度的高低对温度荷载的影响很大。封拱温度越低，建成后越有利于降低坝体拉应力。封拱前拱坝的温度应力问题属于单独浇筑块的混凝土温度应力问题，与重力坝相同；封拱后，拱坝形成整体，当坝体温度高于封拱温度时，即温度升高，拱圈伸长并向上游位移，由此产生的弯矩、剪力的方向与库水位产生的相反，但轴力方向相同。当坝体温度低于封拱温度

资源 5.2 拱坝的温度荷载（封拱）

时，即温度降低，拱圈收缩并向下游位移，由此产生的弯矩、剪力的方向与库水位产生的相同，但轴力方向相反。因此一般情况下，温降对坝体应力不利，温升对坝肩稳定不利。

由以上分析可知，当封拱温度较低时，此后坝体温度升高，拱轴线伸长，变位方向与水压引起的相反，则有利于部分抵消拱端上游面由水压引起的拉应力；此后当坝体温度降低时，也会因封拱温度低而减少温降值。所以封拱温度对坝体应力而言是越低越好。但如果追求过低的封拱温度就要有很强的降温措施，从而增加工程投资。相反，如果封拱时混凝土温度过高，则以后温降时拱轴线收缩对应力不利，因此应确定合理的封拱温度。

确定封拱温度时，可选用下游的年平均气温，上游的年平均水温作为边界条件，求出其坝体温度场作为稳定温度场，据此定出坝体各区的封拱温度。实际工程中，一般选在年平均气温或略低于年平均气温时进行封拱。

温度变化对拱坝结构影响的分析计算见第二章第七节。我国《混凝土拱坝设计规范》（SL 282—2018）介绍了温度荷载计算的一般计算方法，即将坝内温度分解为三部分，沿截面厚度的平均温度 t_m，等效线性温差 t_d 和非线性温度变化 t_n，这里不再赘述。理论分析和原型观测资料表明，对混凝土拱坝结构的影响主要是平均温度变化，可用式（2-84）计算，也可参考美国垦务局修正后的经验公式：

$$t_m=\frac{47}{T+3.39}\quad (℃) \tag{5-3}$$

该式忽略了许多影响因素，致使计算值在坝顶部偏小，在中下部又偏大，故在气温变化较大的大陆性气候区不宜套用该式。

6. 地震荷载

我国《水电工程水工建筑物抗震设计规范》（NB 35047—2015）规定：拱坝抗震计算可采用动力法或拟静力法。工程抗震设防类别为乙、丙类但设计烈度Ⅷ度及以上的或坝高大于 70m 的拱坝的地震作用效应应采用动力法计算。坝高大于 70m 的，拱坝强度安全应在以动、静力的拱梁分载法进行计算的同时，采用有限元法分析。对于工程抗震设防类别为甲类，或结构复杂、或地质条件复杂的拱坝，在进行有限元法分析时应考虑材料的非线性。用拟静力法计算地震作用效应的具体内容见第二章第八节。

（二）作用组合

拱坝设计的作用组合应根据不同设计状况下可能同时出现的作用，采用最不利组合，分基本组合和偶然组合两类。持久设计状况和短暂设计状况采用基本组合，偶然设计状况采用偶然组合。但温度荷载应作为基本荷载。国内以往设计的拱坝基本组合一般为正常高水位＋温降等。偶然组合为校核洪水位＋温升等。但对于以灌溉为主的水库，水库死水位（或运行最低水位）＋温升等组合往往起控制作用，也应列入作用组合。

计算作用效应时，直接采用作用标准值进行计算。拱坝的作用包括：

（1）自重。

（2）水压力。

a）正常蓄水位时的上、下游静水压力及相应的扬压力。

b）校核洪水位时的上、下游静水压力及相应的扬压力以及动水压力。

c）水库死水位（或运行最低水位）时的上、下游静水压力及相应的扬压力（或不计）。

d）施工期遭遇施工洪水时的静水压力。

（3）泥沙压力。

（4）浪压力。

（5）冰压力。

（6）温度荷载。

a）设计正常温降。

b）设计正常温升。

c）接缝灌浆部分坝体设计正常温降。

d）接缝灌浆部分坝体设计正常温升。

（7）地震力。

我国现行混凝土拱坝设计规范，能源行业 NB/T 10870—2021 和水利行业 SL 282—2018 均分别对作用组合作了规定，表 5-1 为规范 NB/T 10870—2021 推荐的作用组合。

表 5-1　　拱坝设计作用组合表

设计状况	作用组合	设计情况	作用类别								
			自重	静水压力	温度作用	扬压力	泥沙压力	浪压力	动水压力	冰压力	地震作用
持久状况	基本组合	①正常蓄水位＋正常温升	√	√	√	√	√	√	—	—	—
		②正常蓄水位＋正常温降	√	√	√	√	√	√	—	—	—
		③设计洪水位＋正常温升	√	√	√	√	√	√	√	—	—
		④死水位＋正常温升	√	√	√	√	√	√	—	—	—
		⑤死水位＋正常温降	√	√	√	√	√	√	—	—	—
		⑥冰冻情况＋正常温降	√	√	√	√	√	—	—	√	—
短暂状况	基本组合	★横缝部分灌浆	√	—	√	—	—	—	—	—	—
		★横缝部分灌浆坝体挡水	√	√	√	√	—	—	—	—	—
偶然状况	偶然组合	校核洪水位＋正常温升	√	√	√	√	√	√	√	—	—
		地震情况　正常蓄水位	√	√	√	√	√	—	√	—	√
		地震情况　常遇低水位	√	√	√	√	√	—	√	—	√

注　带★号的温度作用，指施工期温度场与封拱温度之差。

资源 5.3
拱坝的布置
与优化

第二节　拱坝的布置

根据拱坝在枢纽中的任务及组成建筑物，研究坝身建筑物相互之间的关系（如坝身泄水孔的位置、坝后厂房的布置等），并结合坝址地形、地质、气候和施工条件等选择最合适的坝型；按初步拟定的拱坝断面尺寸进行平面布置，确定各高程拱圈的中心角、半径、圆心位置和厚度等参数，然后按拟订的方案进行应力和稳定分析，通过检查分析，对设计形状作适当修改以改善应力分布，再给出修改后的布置图。重复以上步骤直至使坝体应力分布均匀合理，各点的压应力大小尽可能接近规定的容许值。坝肩稳定性要好，坝体混凝土方量较省，施工方便，并满足泄洪、发电等运用的要求。

一、圆弧拱圈中心角、半径、厚度与应力的关系

拱坝的水平拱圈以圆弧形最为常用，设拱圈的外半径为 R_u，拱圈中心线半径为 R，中心角为 $2\varphi_A$，如图 5-13 所示。在沿外弧均布水压力 p 作用下，拱圈厚度为 T 的截面平均应力 σ，可由静力平衡条件求得，即由圆筒公式计算得到

$$\sigma = pR_u/T \tag{5-4}$$

其中 R_u 可表示为 $R_u=R+\dfrac{T}{2}=\dfrac{l}{\sin\varphi_A}+\dfrac{T}{2}$，代入上式并移项得

$$T=\frac{2pl}{(2\sigma-p)\sin\varphi_A} \tag{5-5}$$

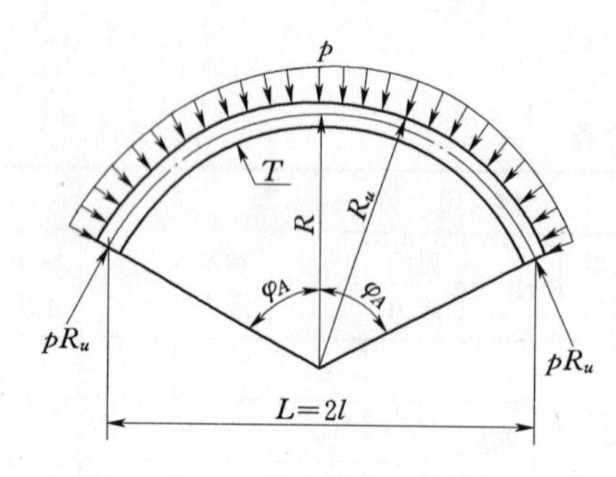

图 5-13　等厚圆拱应力与中心角、半径及厚度关系示意图

对于一定的河谷，L 为两岸已开挖到新鲜基岩后拱端之间的直线距离，由式（5-5）知，φ_A 越大，拱圈厚度 T 越小，说明中心角越大，材料强度可得到充分利用，对应力有利。反之，拱圈中心角减小，半径越大，拱作用减弱，要求加大拱圈厚度。因此适当加大中心角是有利的。但加大中心角使拱圈弧长增加，在一定程度上会抵消一部分由减小拱厚所节省的工程量。所以从节省工程量角度存在一个经济中心角。即单位高度拱圈的工程量最小时所对应的中心角。设单位高度拱圈工程量为 V，则

$$V=2\varphi_A RT=\frac{4pl^2\varphi_A}{(2\sigma-p)\sin^2\varphi_A} \tag{5-6}$$

当 $\dfrac{\partial V}{\partial\varphi_A}=0$ 时，φ_A 有极大值，解得 $2\varphi_A=133°34'$，此即经济中心角。需要注意，这是按圆筒公式推得的，若按与工程实际更为接近的固端拱计算，中心角 $2\varphi_A>120°$ 时拱截面将不出现拉应力。因此，从经济和应力角度考虑，采用较大中心角比较有利，但中心角越大，拱端轴力方向将向顺岩坡等高线方向偏转，对坝肩稳定不利，设计时需综合考虑。

二、拱圈的形式选择

合理的拱圈形式应当是压力线接近拱轴线，使拱截面的压应力分布趋于均匀。由

工程力学知，拱圈在匀布荷载作用下，其合理拱轴线为一圆弧。

对拱坝而言，因常将其看成由水平拱和垂直梁组成，故外荷载由拱梁系统共同承担。在某一高程上水压力强度是相同的，但每根垂直梁在该高程所“表现”的刚度不同，所承受的荷载也不一样，两岸刚度大、承受荷载的能力也大，河床部位刚度小，承受荷载的能力也小。因此分配给拱的荷载沿拱轴线也不相同，即拱所承受的水压力沿拱轴线是非均匀分布的，通常是从拱冠向拱端逐渐减小。

因此最合理的拱圈不一定是圆弧，还可能有其他形式，如三圆心拱、椭圆拱及抛物线拱等，见图 5-14。实际采用时需综合考虑经济、施工等因素，选择合理的拱圈形式。

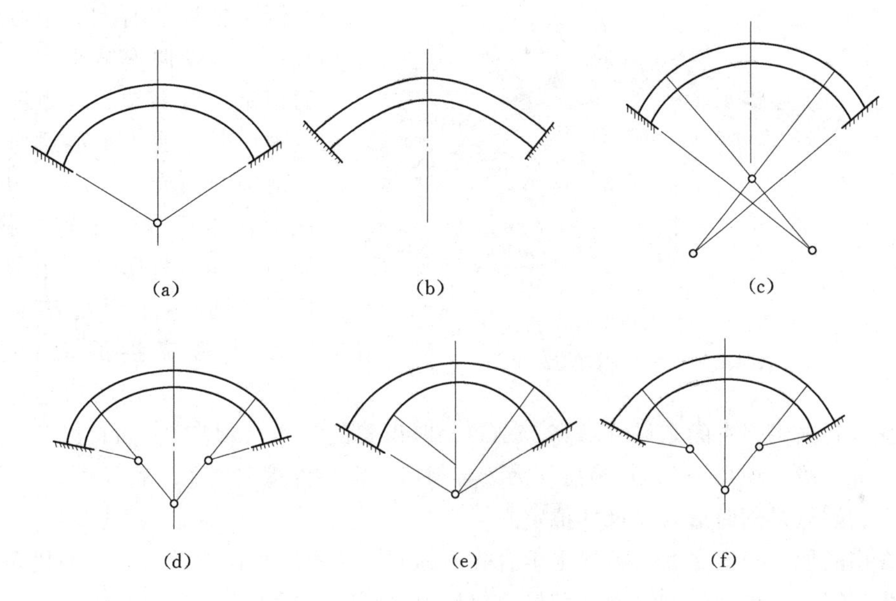

图 5-14 拱圈形状图

(a) 等厚度圆拱；(b) 抛物线拱；(c) 三圆心拱；
(d) 椭圆拱；(e) 变厚圆拱；(f) 变厚非圆拱

单圆心拱因其设计和施工均较方便，故在实际工程中采用较多。特别是在河谷狭窄且对称的坝址处水压荷载基本上全靠拱的作用传至两岸，梁作用相对较小，故狭窄的 V 形河谷大多采用单圆心拱。圆弧拱在水压力作用下，一方面拱内轴力由拱冠向拱端逐渐增大；另一方面拱结构在较大荷载作用下局部会拉裂而自行调整为二次拱，以致拱端应力控制拱圈厚度，或者是基岩的抗压能力不足，希望将拱端局部加厚。所以实际工程中有在拱端下游侧采用贴角加厚的方法或采用从拱冠向拱端逐渐加厚的变厚度拱圈来改善拱圈应力。

三圆心拱是由三段不同半径的圆弧组成的水平拱圈。两侧圆弧的半径可以比中间圆弧半径大，也可以小。两侧半径大时，改变了拱端推力方向，对稳定有利。中间弧段曲率加大，中心角增加，有利于减小中间弧段截面弯矩，这种布置还可以减小坝体倒悬度，有利于施工。我国白山重力拱坝采用三圆心拱应力情况比单圆心拱普遍减小约 10%。紧水滩三心双曲变厚拱坝比原单心等厚拱坝方案节省混凝土 4.0 万 m^3。两侧半径小时，有利于改善拱端应力，适用于喇叭口明显，坝肩下游侧有较厚岩体维持稳定的情况。

椭圆拱类似于一种三心拱，取椭圆短轴一侧的弧线构成的水平拱与三圆心拱的两侧半径大的情形类似。取椭圆长轴一侧的弧线构成的水平拱与三圆心拱两侧半径小的情形相类似。以前者用得较多。目前采用椭圆拱圈的拱坝，以瑞士 1956 年建成的康特拉（Contra）双曲拱坝为最高，坝高 222m。

抛物线拱是一种更为扁平的变曲率拱，当河谷较宽，在水压力作用下拱冠附近接近中心受压状态，对拱冠应力及倒悬情况均有利。中心角也较小，两端曲率减小有利于坝肩稳定，但拱端的弯矩和应力较大。抛物线拱更能适应不对称河谷或两岸开挖较多的特殊地形。如日本的集览寺拱坝，坝高 82m，两岸山头单薄，采用了拱最大中心角在 75°以下的抛物线形扁拱的双曲拱坝后（图 5-15），坝肩稳定得到了改善。我国贵州省的东风（坝高 166m）、四川省的二滩（坝高 240m）以及世界最高的锦屏一级（坝高 305m）等拱坝为改善坝肩稳定条件都采用了抛物线拱。

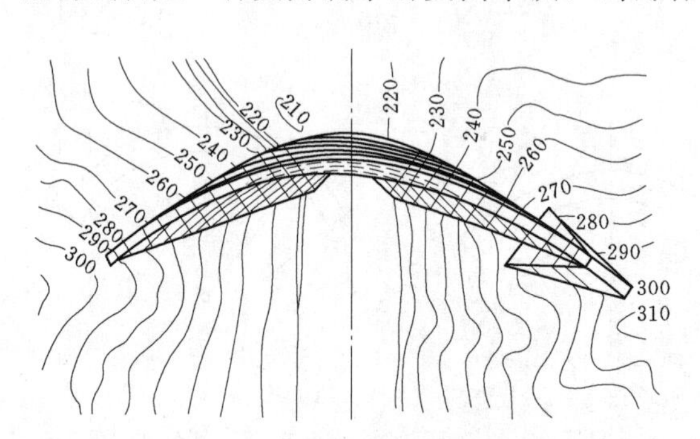

图 5-15　日本集览寺抛物线形双曲拱坝平面图（单位：m）

三、拱冠梁剖面形式和尺寸拟定

在拱圈形式确定之后，需确定垂直梁的剖面形式和尺寸，并以拱冠梁为代表，进行初步拟定，拱冠梁的剖面形式和尺寸包括坝顶厚度、坝底厚度和剖面形状（或上游面曲线），现分述如下。

1. 坝顶厚度 T_c

坝顶厚度 T_c 基本上代表了顶拱的刚度，加大坝顶厚度不仅能改善坝体上部下游面的应力状态，还能改善梁底上游面应力，有利于降低坝踵拉应力。坝顶厚度应根据剖面设计确定，并满足运行交通要求，一般不小于 3m，初拟时，可先按下列经验公式估算：

$$T_c = 0.0145(2R_{轴} + H) \tag{5-7}$$

或

$$T_c = 0.01H + (0.012 \sim 0.024)L_1 \tag{5-8}$$

式中：H 为坝高，m；L_1 为坝顶高程处两拱端新鲜基岩之间的直线距离，m；$R_{轴}$ 为顶拱轴线的半径，m，初估时可取 $R_{轴} = 0.6L_1$，此时相当于顶拱中心角为 113°。

对浆砌石拱坝，坝顶厚度 T_c 可按下列经验公式估算：

$$T_c = 0.4 + 0.01(L_1 + 3H) \tag{5-9}$$

式中 L_1、H 的含义同式（5-8）。式（5-9）的适用范围为：$H = 10 \sim 100$m，$L_1 = 10 \sim 200$m。

在实际工程中常以顶拱外弧作为拱坝的轴线。

2. 坝底厚度 T_B

坝底厚度 T_B 是表征拱坝厚薄的一项指标，主要取决于坝高、坝型、河谷形状等。设计时可参考已建成的坝高和河谷形状大致相近的拱坝来初步拟定，再通过计算和修改布置定出合适的尺寸。作为拱坝优化的初始方案，坝底厚度可用下式估算：

$$T_B = \frac{K(L_1 + L_{n-1})H}{[\sigma]} \tag{5-10}$$

式中：K 为经验系数，一般可取 $K=0.0035$；L_1、L_{n-1} 分别为第一层及倒数第二层拱圈所对应的拱端新鲜基岩面之间的直线距离，m；$[\sigma]$ 为拱的允许压应力，MPa；H 为坝高。该式由朱伯芳等人提出。

对砌石拱坝，可按下列经验公式初估：

$$T_B/H = 0.0132\left(\frac{L_1}{H}\right)^{0.269} + \frac{2H}{1000} \tag{5-11}$$

式中 L_1、H 的含义同前，适用于 $H=10\sim60\text{m}$、$L_1/H=1\sim6$ 的情况。

美国垦务局根据不同河谷形状的拱坝尺寸进行分析，提出了初估坝底厚度 T_B 的经验公式为

$$T_B = \sqrt[3]{0.0012HL_1L_2(H/122)^{H/122}} \tag{5-12}$$

式中：L_2 为坝底以上 $0.15H$ 处两拱端新鲜基岩表面之间的直线距离，m；其余符号含义同前。

3. 拱冠梁剖面的形状和尺寸

拱冠梁剖面形状多种多样，对于单曲拱坝，多采用上游面近乎铅直，下游面为倾斜或曲线形式；对于双曲拱坝，因拱冠梁剖面的曲率对坝体应力和两岸坝体倒悬度的影响较为敏感，设计时应使坝体应力和倒悬度不超过许可范围。美国垦务局推荐用表5-2数据和图5-16形态作为初估时的拱冠梁剖面，其中 T_c、T_B 用前面介绍的公式计算，三个控制性厚度定出后，用光滑曲线绘制拱冠梁剖面图。

表5-2　　拱冠梁剖面参考尺寸表

高程	偏距	
	上游偏距	下游偏距
坝顶	0	T_c
$0.45H$	$0.95T_B$	0
坝底	$0.67T_B$	$0.33T_B$

对于一般的双曲拱坝，为近似确定上游面曲线，可建立如图5-17所示的坐标系。设

$$Z = -x_1\frac{y}{H} + x_2\left(\frac{y}{H}\right)^2 \tag{5-13}$$

$$x_1 = 2\beta_1 x_2$$

$$x_2 = \frac{\beta_2 T_B}{2\beta_1 - 1}$$

并满足：

当 $y=0$ 时　　　　　　　$Z=0$

当 $y=H$ 时　　　　　　　$Z=-x_1+x_2=-\beta_2 T_B$

当 $\frac{dZ}{dy}=0$ 时　　　　　　$y=\beta_1 H$

式中：β_1、β_2 为经验系数，通常可取 $\beta_1=0.60\sim0.65$，$\beta_2=0.3\sim0.6$。

x_1、x_2 算出后，便可求出各高度的上游面曲线坐标。

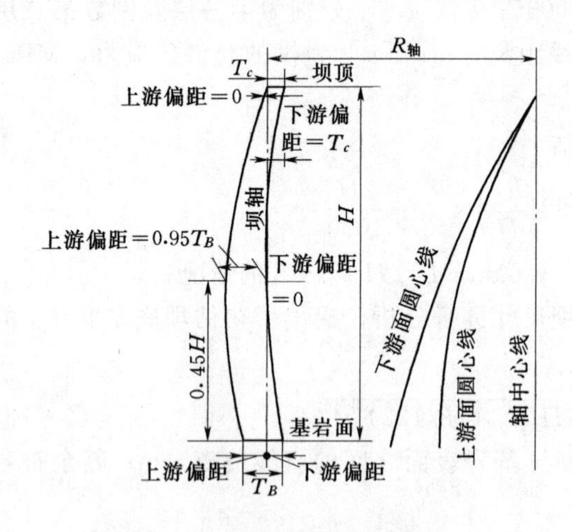

图 5-16　拱冠梁尺寸示意图

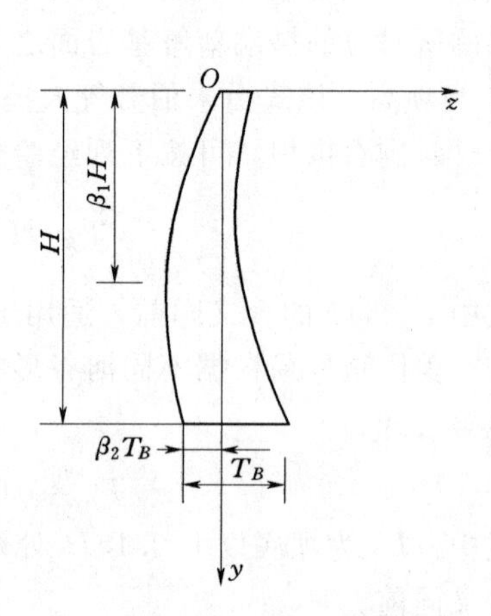

图 5-17　双曲拱坝上游面曲线

四、拱坝布置的原则和一般步骤

1. 拱坝布置的原则

拱坝布置应根据坝址处地形、地质等自然条件以及枢纽综合利用要求统筹进行。在满足稳定和建筑物运用要求条件下，通过调整拱坝的外形尺寸，使坝体材料的强度得到充分发挥，将拉应力控制在允许范围内，使坝体的总工程量最省。对形状复杂的河谷断面，可采用工程措施来改善河谷形状。

2. 拱坝布置的一般步骤

拱坝布置复杂，无一成不变的程序，其一般步骤如下。

（1）根据坝址地形地质资料，绘出坝址新鲜基岩面等高线图，综合考虑地形、地质、水文、施工及运用条件选择适宜的拱坝坝型，并拟定出拱冠梁剖面。

（2）利用新鲜基岩等高线，综合考虑应力和坝肩稳定两方面的要求，定出拱圈形式，试定顶拱轴线的位置。尽量使拱轴线与等高线在拱端处的夹角不小于 35°，同时应使顶拱对称中心线尽可能对称于河谷两岸，左半中心角与右半中心角之差 $|\varphi_左-\varphi_右|<5°$，并使两端夹角大致相近，按适当的中心角和坝顶厚度画出顶拱内外缘弧线。

（3）根据初拟的拱冠梁剖面尺寸，选取 5～10 层拱圈，绘制各层拱圈平面图，各层拱圈的圆心在平面上的连线尽可能对称于河谷可利用基岩面等高线，在立面上，这种圆心连线应是光滑的曲线，每层拱圈的 $|\varphi_左-\varphi_右|\leqslant5°$。

（4）每层拱圈的两拱端与岩基的接触原则上应做成全径向拱座，使拱端推力接近垂直于拱座面，以减小向下游滑动的剪力。但当采用全径向拱座使上游侧可利用岩体开挖过多时，此时可采用1/2径向拱座（图5-18）。靠上游侧的1/2拱座面与基准面的交角应大于等于10°［图5-18（a）］。当采用全径向拱座使下游侧可利用岩体开挖过多时，可采用非径向拱座［图5-18（b）］，此时拱座面与基准面的夹角应不大于80°。

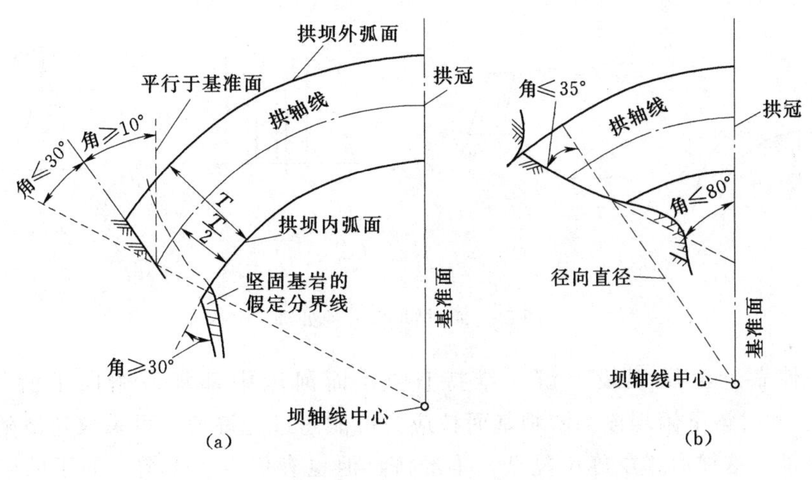

图5-18　拱座类型
（a）半径向拱座；（b）非径向拱座

（5）自对称中心线向两岸切取若干个垂直梁剖面，检查各剖面轮廓是否连续光滑，倒悬度是否满足要求，若不满足要求，应适当修改拱圈的半径、中心角及圆心位置，直至满足要求为止。

（6）按上述初拟的坝体形状和尺寸，进行坝体应力分析和坝肩稳定核算，如不满足要求，应重复上述步骤修改尺寸并布置。

（7）将拱坝沿拱的轴线展开，绘成高程图，显示基岩面的起伏变化，对突变处采取削平或填塞措施。

（8）计算坝体工程量，作为不同方案比较的依据。

由于拱坝布置需反复修改，并做多方案的比较，目前已利用计算机进行设计。先由设计人员根据地形、地质条件，初绘拱坝轮廓，由计算机计算控制点坐标，再画出坝体透视图、展开图，在展开图上画好二维网格后，计算机自动形成三维网格，并用有限元计算出应力，然后再根据应力状态，修改坝体形状，重复几次至满足要求为止，采用该法，坝体上下游形状由坐标定点，改变形状方便，适用于任何复杂形状的拱坝。

定角式、变半径式等双曲拱坝，因上下层拱圈半径或中心角的变化，容易形成上层坝面突出下层坝面，即产生倒悬，以两岸最为明显。通常将上下游的错动距离与其高差之比称为倒悬度。这给施工立模增加了困难，而且在封拱前，因受自重的影响使与倒悬相对的另一侧面产生拉应力，甚至开裂。对此，在拱坝布置时，可采取如下措施（图5-19）。

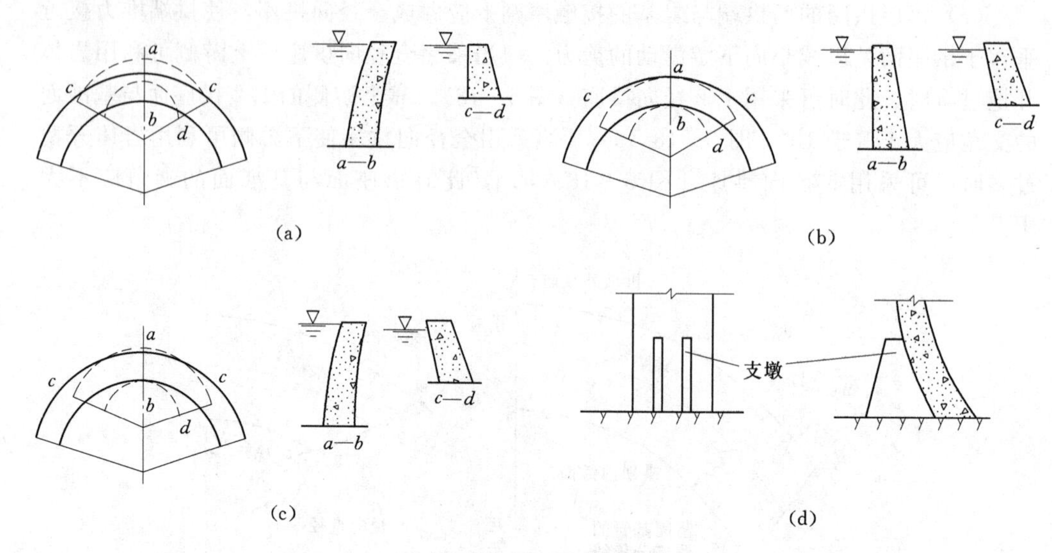

图 5-19 拱坝倒悬的处理

(1) 使靠近河岸坝段上游面维持直立，而河床中部坝段俯向下游［图 5-19 (a)］。此时该下俯坝段上游坝基面拉应力可能超过允许值，可采取随浇随灌的方式提前封拱。这种形式虽施工复杂，不经济，但也有优点：①增加向下的竖向水压力，坝体主应力轨迹线倾斜向下，有助于坝体稳定；②如沿主应力倾斜方向截取拱圈，其中心角将比水平拱圈大，应力情况要比不下俯倾斜的拱坝好一些；③采用坝顶溢流时，可使下泄水流的冲刷坑远离坝脚。

(2) 使河床中部坝段直立，而河岸坝段向上游倒悬［图 5-19 (b)］，此时在上游侧加设临时的混凝土"支撑"或通过开挖做成"基础支撑"［图 5-19 (d)］。

(3) 协调前两种方案，使河床坝段稍俯向下游，河岸坝段稍向上游倒悬，如图 5-19 (c) 所示。

设计时可根据情况进行布置，以第三种方案较为适宜。

第三节 拱坝的应力分析

一、拱坝应力分析方法

资源 5.4 拱坝应力分析方法（纯拱法、拱冠梁法）

拱坝是一个空间弹性壳体，其几何形状和边界条件都很复杂，难以用严格的理论计算坝体的应力状态。在工程设计中，根据问题的侧重点常做一些假定和简化，使计算成果能满足工程需要。拱坝应力分析的常用方法有圆筒法、纯拱法、拱梁分载法（包括拱梁法和拱冠梁法）、有限单元法和模型试验法等。

圆筒法是把拱坝当作是铅直圆筒的一部分，采用圆筒公式（亦称锅炉公式）进行计算。它是拱坝计算中使用最早、最简单的方法，适用于承受均匀外水压力的等截面圆弧拱圈。但只能用于粗略求解径向截面上的均匀应力。它不考虑拱在两岸的嵌固条件，不能计入温度及地基变形的影响，因而不能反映拱坝的真实工作情况。

纯拱法假定拱坝由一系列各自独立互不影响的水平拱圈叠合而成，每层拱圈简化为两端固结的平面拱，用结构力学方法求解拱的应力。该方法虽然可以计入每层拱圈的基础变位、温度、水压力等的作用，但忽略了拱坝的整体作用，求得的拱应力在坝高中下部偏大，上部偏小，也不符合拱坝的真实工作情况。但该法计算简便，概念明确，对于在狭窄河谷中修建的拱坝，不失为一种简单实用的计算方法，同时纯拱法也是拱梁分载法的重要组成部分，在拱梁分载法中，分配给拱的荷载需要用它来计算水平拱圈的应力。

拱梁分载法是当前用于拱坝应力分析的基本方法，它把拱坝看成由一系列水平拱圈和铅直梁所组成，荷载由拱和梁共同承担，各承担多少荷载由拱梁交点处变位一致的条件决定。荷载分配后，梁按静定结构计算应力，拱按纯拱法计算应力。确定拱梁荷载分配的方法可以用试荷载法，也可以用求解联立方程组来代替试算。

拱梁分载法包括多拱梁法和拱冠梁法两种。前者将拱坝看成由一系列水平拱和一系列铅直梁组成，拱梁荷载分配时需考虑拱梁每个交点处的变位协调。而后者只取拱冠处一根悬臂梁，根据各层拱圈与拱冠梁交点处径向变位一致的条件求得拱梁荷载分配，且拱圈所分配到的径向荷载从拱冠到拱端为均匀分布，认为拱冠梁两侧梁系的受力情况与拱冠梁一样。由此可见，多拱梁法可较好反映拱坝的受力情况，但计算工作量较大，而拱冠梁法因仅考虑一根梁，计算工作量较多拱梁法大大减少，故适用于河谷狭窄和对称的中小型工程，精度也相对低些。对大型工程在可研和初步设计阶段的坝型选择时，可用此法计算以减少计算工作量。

有限单元法是将拱坝连同地基完整的空间结构离散为有限个单元构件，以节点互相连接，通过建立节点位移和节点力之间的平衡方程，求得节点位移进而求出单元应力。有限单元法可通过不同的单元形式解决复杂的边界条件和坝体坝基材料不均匀性问题，是一种较为实用且有效的方法，该法的计算工作量大，需由计算机来完成。

模型试验法就是用石膏加硅藻土组成脆性材料，制作成拱坝整体模型，用应变仪量测加荷后模型各点应变值的变化从而求得坝体的应力；也可以用环氧树脂制作模型，用偏振光弹性力学试验方法进行量测并求得拱坝的应力。结构模型试验的工作量较大，如改变方案则必须从模型制作开始从头做起，另外模型材料、自重作用和温度荷载的模拟以及量测技术、坝体的破坏机理都需要进一步研究。不仅要研究拱坝在弹性阶段的工作状态，还要研究拱坝材料的非线性影响及破坏条件。

总之，拱坝作为空间壳体结构，其边界条件和作用荷载都很复杂，尤其是当坝基、坝肩存在极为复杂的地质构造时，用现有的方法计算，求解应力难免存在一定的近似性，因此我国的《混凝土拱坝设计规范》（SL 282—2018）规定：拱坝的应力分析一般以拱梁分载法的计算结果作为衡量强度安全的指标。对于 1、2 级建筑物或比较复杂的拱坝当用拱梁分载法计算不能取得可靠的应力成果时，应进行线性或非线性有限元法计算以及结构模型试验加以验证，必要时两者同时进行验证。

对用有限单元法计算得到的拱坝应力，因存在角点应力集中现象，且应力集中随单元剖分大小而变，即在数值上没有稳定的解，无法针对有限元法制定一个应力控制的标准。因此，我国一些学者针对应力集中问题提出了“有限元等效应力”的概念，即对有限元法分析所得的坝体有关应力分量，沿坝体厚度方向进行积分，求出截面相应内力，再用材料力学方法求出坝体应力。以此坝体应力作为有限元法的计算结果，再用控制标准进行控制。

二、拱坝变位计算

拱坝蓄水后地基将承受坝体传输的各种力（法向力、剪力、弯矩等）而产生变位。由于拱坝是超静定结构，这些变位又对拱坝应力产生影响，在设计中必须予以考虑。拱坝坝体与基岩的接触面既是梁的基础又是拱的基础，是一个不规则的形状，其变位计算也是一个复杂的课题，至今还没有十分精确而简便的计算公式（不包括有限元法）。目前，国内外在用拱梁分载法求解拱坝应力时，仍大多采用挪威伏格特（F. Vogt）的近似计算方法，有时也采用粗略的延长坝高法。

1. 延长坝高法

延长坝高法是设想坝体向基础延伸一定距离后，认为想象中的坝底固结在刚性地基上，利用坝体延长段的变位来近似地反映原来的弹性地基的变位。经过上述延长处理后的拱坝，可以按刚性地基上的拱坝进行分析，从而使分析工作大为简化，如图5-20所示。

设坝体向基岩延伸长度为 h，用下式计算：

$$h = CT\frac{E_c}{E_f} \tag{5-14}$$

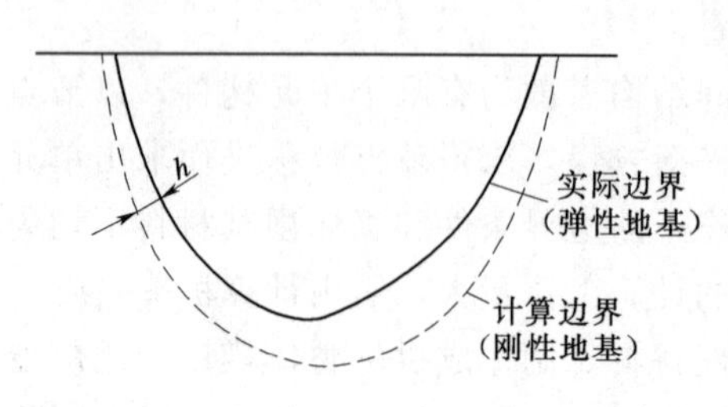

图5-20　坝体向基岩延伸长度 h 示意图

式中：h 为坝体基面各点延伸长度，与 T 的单位一致；T 为各基面计算点坝体实际厚度；E_c、E_f 分别为坝体与基岩的弹性模量；C 为延伸系数，一般在0.45～0.55范围内，对于厚拱坝可采用较大值；对中厚拱坝，建议取 $C=0.47$。

由图5-20可见，T 值一般沿河谷周边变化，故 h 也相应变化。为计算方便，可以在延长部分也作用着水荷载等，用该法考虑基础变位的影响比用下面介绍的伏格特法简便，特别适用于采用拱冠梁法等简易方法进行拱坝应力分析的情况。

2. 伏格特法

用伏格特法计算基础变位有如下几个基本假定：

(1) 将坝体与基岩的接触面（建基面）沿弧线展开摊平后的不规则平面用一个当量矩形 $a\times b$ 来代替，且假定 $a\times b$ 为均质各向同性半无限体的表面，如图5-21所示。

(2) 不考虑地基各处作用力不等、各点变位互有影响的因素。假定坝基某一单元面积（$T\times1$）在坝底力系 P（广义荷载）的作用下所产生的位移与矩形 $a'\times b'$ 面积上作用的均布荷载 p'（广义荷载）所产生的平均位移值相等，并认为 $b'/a'=b/a$，其中 a' 即为所取计算单元处的坝体厚度 T，如图5-21所示。

(3) 不计库水压力对坝基变位的影响。

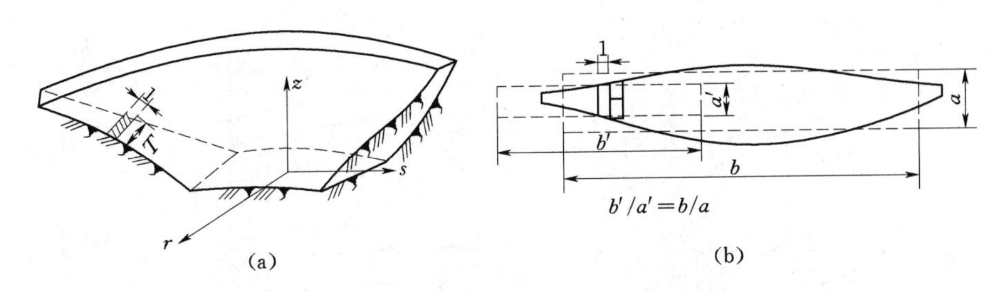

图 5-21　计算拱坝地基变形的力系及当量矩形图

根据上述基本假定，伏格特推导出半无限弹性地基在 $a \times b$ 范围内均匀作用单位力时的平均位移公式，即相当于在 $a \times b$ 范围内，单位坝长地基上作用一单位力时，地基面所产生的位移，称其为地基位移系数，如图 5-22 所示，计算公式如下：

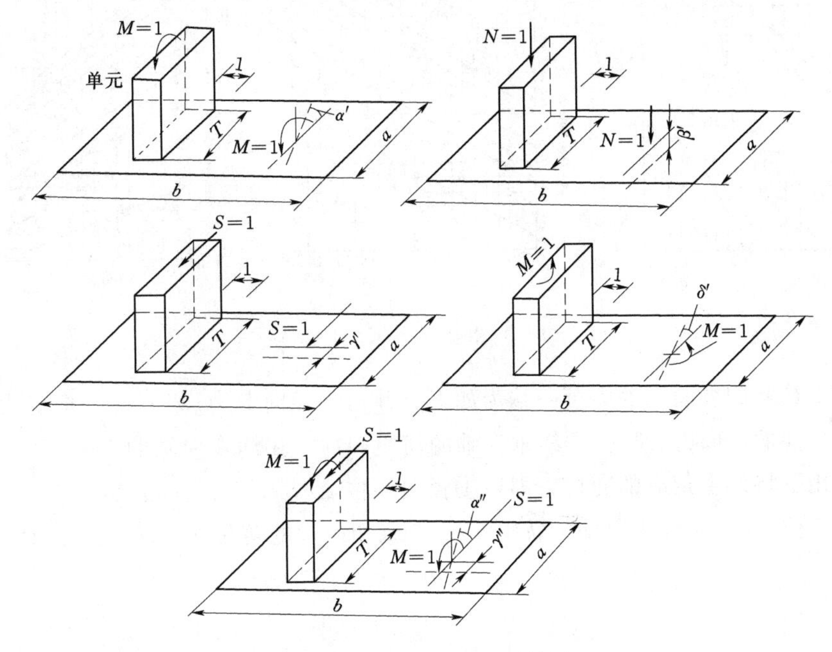

图 5-22　地基位移系数图

$$
\left.
\begin{array}{l}
\alpha' = \dfrac{K_1}{E_f T^2}; \quad \beta' = \dfrac{K_2}{E_f}; \quad \gamma' = \dfrac{K_3}{E_f} \\
{}_{\perp}\gamma' = \dfrac{{}_{\perp}K_3}{E_f}; \quad \delta' = \dfrac{K_4}{E_f T^2}; \quad \alpha'' = \gamma'' = \dfrac{K_5}{E_f T}
\end{array}
\right\} \tag{5-15}
$$

式中：α'、β'、γ'、δ'分别为单位弯矩、单位法向力、单位径向剪力、单位扭矩作用于基岩面上所产生的平均角变位、平均法向变位、平均径向剪切变位、平均扭转角变位；${}_{\perp}\gamma'$为单位切向剪力作用在基岩面上所产生的平均切向剪变位，${}_{\perp}\gamma'$的方向与γ'相互垂直；α''、γ''分别为单位剪力、单位弯矩作用于基岩面上所产生的平均角变位、平均剪变位；E_f 为基础的弹性模量；T 为坝底厚度；$K_1 \sim K_5$ 为当量矩形边长比 b/a 及基岩泊松比的函数，可由图 5-23 曲线查得。

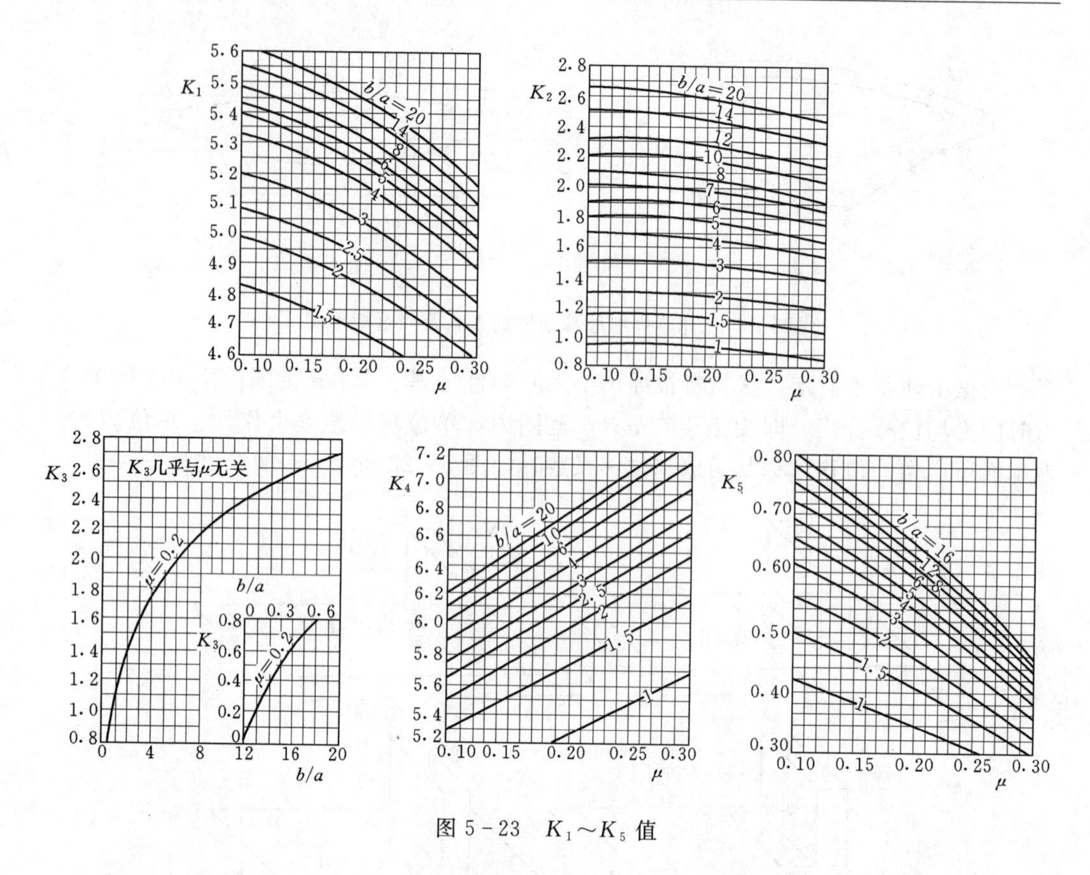

图 5-23　$K_1 \sim K_5$ 值

拱坝传给基础表面上的力可归纳为如下五种：①径向剪力$_AV_r$；②切向剪力$_AV_S$；③垂直基岩面的法向力$_AN_Z$；④绕垂直轴的扭矩$_AM_Z$；⑤绕切向轴的力矩$_AM_S$。上述五种力作用下将发生相应的变位，即：①径向变位 Δr；②切向变位 Δs；③垂直基岩面的法向变位 Δz；④绕垂直轴的转角 θ_Z；⑤绕切向轴的转角 θ_S。可用下式计算：

$$\begin{Bmatrix}\Delta r\\ \Delta s\\ \Delta z\\ \theta_Z\\ \theta_S\end{Bmatrix}=\begin{bmatrix}\gamma' & 0 & 0 & 0 & \gamma''\\ 0 & {}_{\perp}\gamma' & 0 & 0 & 0\\ 0 & 0 & \beta' & 0 & 0\\ 0 & 0 & 0 & \delta' & 0\\ \alpha'' & 0 & 0 & 0 & \alpha'\end{bmatrix}\begin{Bmatrix}{}_AV_r\\ {}_AV_S\\ {}_AN_Z\\ {}_AM_Z\\ {}_AM_S\end{Bmatrix} \tag{5-16}$$

或简写为

$$\{\Delta\}=[F]\{X\}$$

式中 $[F]$ 代表基础柔度，由式（5-16）中的α'、β'、γ'、δ'、$_{\perp}\gamma'$、α''、γ''组成，由式（5-16）即可求得拱坝的基础变位，但它仅适用于岸壁铅直的情况，而实际上拱坝的坝基面常为倾斜，水平拱圈的两端和悬臂梁的底面均与岩基面斜交，如图 5-24 所示。在拱端和梁底力系作用下，基岩面的变位需在式（5-16）的基础上进行换算。

在拱端力系（径向剪力$_AV_r$，拱推力$_AH$，弯矩$_AM_Z$）的作用下的岩基面的变位公式为

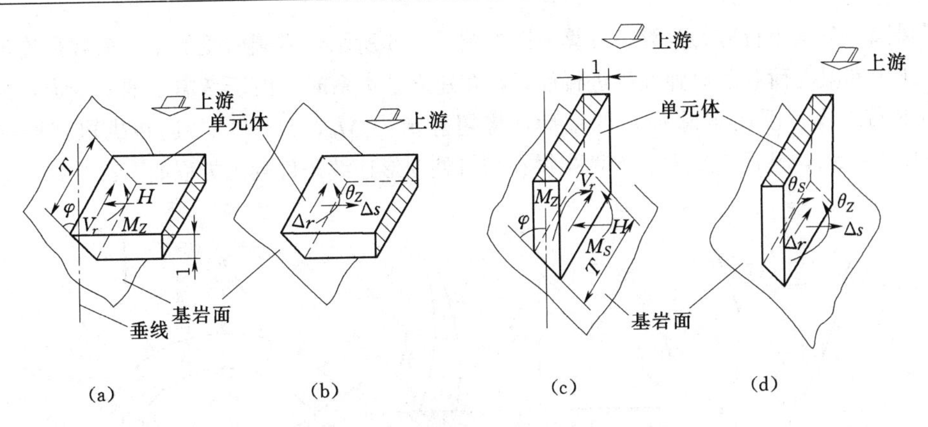

图 5-24　拱端和梁底力系及基岩变位图

(a) 拱端作用力；(b) 拱端基岩变位；(c) 梁底作用力；(d) 梁底基岩变位

$$\left.\begin{aligned}\theta_Z &= {}_AM_Z\alpha + {}_AV_r\alpha_2 \\ \Delta r &= {}_AV_r\gamma + {}_AM_Z\alpha_2 \\ \Delta s &= -{}_AH\beta\end{aligned}\right\} \tag{5-17}$$

其中

$$\left.\begin{aligned}\alpha &= \alpha'\cos^3\varphi + \delta'\sin^2\varphi\cos\varphi \\ \alpha_2 &= \alpha''\cos^2\varphi \\ \gamma &= \gamma'\cos\varphi \\ \beta &= \beta'\cos^3\varphi + {}_\perp\gamma'\sin^2\psi\cos\varphi\end{aligned}\right\} \tag{5-18}$$

在梁底力系（径向剪力${}_AV_r$，弯矩${}_AM_S$）和由拱端传来的扭矩${}_AM_Z$、切向力${}_AH$等作用下的岩基面的变位公式为

$$\left.\begin{aligned}\theta_S &= {}_AM_S\alpha + {}_AV_r\alpha_2 \\ \Delta r &= {}_AV_r\gamma + {}_AM_S\alpha_2 \\ \theta_Z &= {}_AM_Z\delta \\ \Delta s &= -{}_AH{}_\perp\gamma'\end{aligned}\right\} \tag{5-19}$$

其中

$$\left.\begin{aligned}\alpha &= \alpha'\sin^3\varphi + \delta'\sin\varphi\cos^2\varphi \\ \alpha_2 &= \alpha''\sin^2\varphi \\ \gamma &= \gamma'\sin\varphi \\ \delta &= \delta'\sin^3\varphi + \alpha'\sin\varphi\cos^2\varphi \\ {}_\perp\gamma &= {}_\perp\gamma'\sin^3\varphi + \beta'\sin\varphi\cos^2\varphi\end{aligned}\right\} \tag{5-20}$$

上述诸式中 φ 为基岩面与铅直线的交角，如图 5-24 所示。

三、应力分析的纯拱法

纯拱法将拱坝视为由一系列各自独立，互不影响的水平拱圈所组成。它们承担作用在拱坝上的全部荷载，并将每层拱圈均简化为结构力学中的弹性固端拱进行计算。因此，用纯拱法计算每层拱圈的内力时，除考虑弹性固端拱的一般假定外，还需要考虑由于轴向力和剪力所产生的位移和拱座位移的影响。通常沿坝高取 5～7 个单位高度的水平拱圈，分别进行应力计算，计算简图如图5-25所示，拱圈所受的主要荷载是均匀径向水压力和温度荷载。对弹性拱进行计算，在建立基本系时，由于考虑了地基变形，弹性中心不易求得，因而解除多余约束后，将超静定力 M_0、H_0 和 V_0 选在拱冠截面中心处（图5-26），然后根据左、右两半拱在切口处变形连续条件列出方程如下：

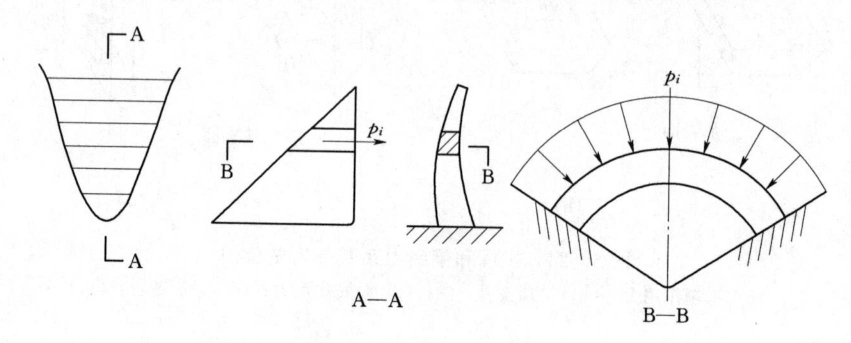

图5-25　纯拱法计算简图

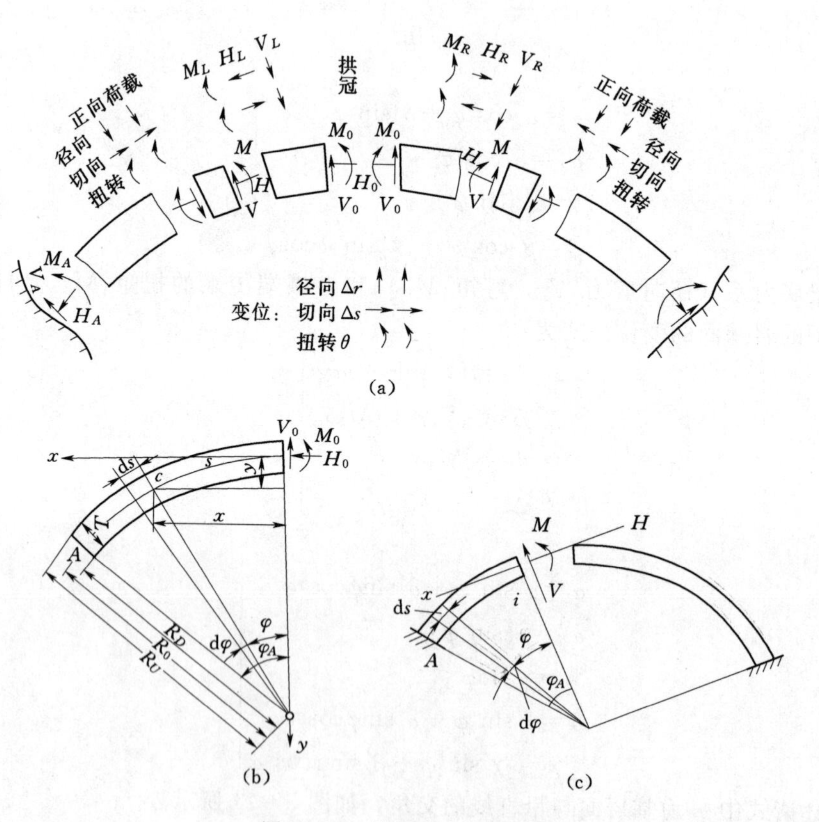

图5-26　拱圈应力分析图

$$\left.\begin{bmatrix} A_1 & B_1 & C_1 \\ C_1 & B_2 & C_2 \\ B_1 & B_3 & B_2 \end{bmatrix}\begin{Bmatrix} M_0 \\ H_0 \\ V_0 \end{Bmatrix}=\begin{Bmatrix} D_1 \\ D_2 \\ D_3 \end{Bmatrix}\begin{matrix} \text{（转动连续条件）} \\ \text{（径向位移连续条件）} \\ \text{（切向位移连续条件）} \end{matrix}\right\} \tag{5-21}$$

$$\left.\begin{array}{lll} A_1={}_LA_1+{}_RA_1 & B_2={}_LB_2-{}_RB_2 & D_1={}_LD_1+{}_RD_1 \\ B_1={}_LB_1+{}_RB_1 & C_2={}_LC_2+{}_RC_2 & D_2={}_LD_2-{}_RD_2 \\ C_1={}_LC_1-{}_RC_1 & B_3={}_LB_3+{}_RB_3 & D_3={}_LD_3+{}_RD_3 \end{array}\right\} \tag{5-22}$$

式中：A_1、B_1、C_1、B_2、B_3 和 C_2 只与拱圈尺寸及地基变形有关，称为形常数；D_1、D_2、D_3 除与拱圈尺寸及地基变形有关外，还与荷载有关，称为载常数；左下角脚标 L 表示左半拱；左下角脚标 R 表示右半拱。欲求解式（5-21）中的 M_0、H_0 和 V_0 需先求解形常数和载常数。

形常数和载常数的计算见表 5-3。表中的 α、β、γ、α_2 为拱端位移系数，x_A、y_A 为拱端坐标值。

表 5-3　　　　左半拱拱圈形常数及载常数表

<table>
<tr><th>形常数</th><th>拱　圈</th><th>基　础</th><th>载常数</th><th>拱　圈</th><th>基　础</th><th>均匀温变 t</th></tr>
<tr><td>${}_LA_1$</td><td>$\int_0^s \frac{ds}{EI}$</td><td>$+\alpha$</td><td rowspan="2">${}_LD_1$</td><td rowspan="2">$\int_0^s \frac{M_L ds}{EI}$</td><td rowspan="2">$+{}_AM_L\alpha$
$+{}_AV_L\alpha_2$</td><td rowspan="2">0</td></tr>
<tr><td>${}_LB_1$</td><td>$\int_0^s \frac{y ds}{EI}$</td><td>$+\alpha y_A$
$+\alpha_2\sin\varphi$</td></tr>
<tr><td>${}_LC_1$</td><td>$\int_0^s \frac{x ds}{EI}$</td><td>$+\alpha x_A$
$+\alpha_2\cos\varphi_A$</td><td rowspan="2">${}_LD_2$</td><td rowspan="2">$\int_0^s \frac{M_L x ds}{EI}$
$+\int_0^s \frac{H_L\sin\varphi ds}{EA}$
$+3\int_0^s \frac{V_L\cos\varphi ds}{EA}$</td><td rowspan="2">$+{}_AM_L\alpha x_A$
$+{}_AH_L\beta\sin\varphi_A$
$+{}_AV_L\gamma\cos\varphi_A$
$+{}_AM_L\alpha_2\cos\varphi_A$
$+{}_AV_L\alpha_2 x_A$</td><td rowspan="2">$-cty_A$</td></tr>
<tr><td>${}_LB_2$</td><td>$\int_0^s \frac{xy ds}{EI}$
$-\int_0^s \frac{\sin\varphi\cos\varphi ds}{EA}$
$+3\int_0^s \frac{\sin\varphi\cos\varphi ds}{EA}$</td><td>$+\alpha x_A y_A$
$+\alpha_2 x_A\sin\varphi_A$
$+\alpha_2 y_A\cos\varphi_A$
$-\beta\sin\varphi_A\cos\varphi_A$
$+\gamma\sin\varphi_A\cos\varphi_A$</td></tr>
<tr><td>${}_LC_2$</td><td>$\int_0^s \frac{x^2 ds}{EI}$
$+\int_0^s \frac{\sin^2\varphi ds}{EA}$
$+3\int_0^s \frac{\cos^2\varphi ds}{EA}$</td><td>$+\alpha x_A^2$
$+2\alpha_2 x_A\cos\varphi_A$
$+\beta\sin^2\varphi_A$
$+\gamma\cos^2\varphi_A$</td><td rowspan="2">${}_LD_3$</td><td rowspan="2">$\int_0^s \frac{M_L y ds}{EI}$
$-\int_0^s \frac{H_L\cos\varphi ds}{EA}$
$+3\int_0^s \frac{V_L\sin\varphi ds}{EA}$</td><td rowspan="2">$+{}_AM_L\alpha y_A$
$-{}_AH_L\beta\cos\varphi_A$
$+{}_AV_L\gamma\sin\varphi_A$
$+{}_AM_L\alpha_2\sin\varphi_A$
$+{}_AV_L\alpha_2 y_A$</td><td rowspan="2">$+ctx_A$</td></tr>
<tr><td>${}_LB_3$</td><td>$\int_0^s \frac{y^2 ds}{EI}$
$+\int_0^s \frac{\cos^2\varphi ds}{EA}$
$+3\int_0^s \frac{\sin^2\varphi ds}{EA}$</td><td>$+\alpha y_A^2$
$+2\alpha_2 y_A\sin\varphi_A$
$+\beta\cos^2\varphi_A$
$+\gamma\sin^2\varphi_A$</td></tr>
</table>

注　右半拱圈的形常数、载常数公式相同，但 ${}_RC_1$、${}_RB_2$ 及 ${}_RD_2$ 各项符号与左半拱相反，所有脚标 L 都相应改为 R。

求得拱冠内力 M_0、H_0 和 V_0 后，拱圈任一截面的内力 M、H、V 可用式（5-

23）和式（5－24）计算。

对于左半拱圈，外荷载产生的任一截面的静定力为 M_L、H_L、V_L，则中心角为 φ 的任一截面的内力为

$$\begin{Bmatrix} M \\ H \\ V \end{Bmatrix} = \begin{bmatrix} 1 & y & x \\ 0 & \cos\varphi & -\sin\varphi \\ 0 & \sin\varphi & \cos\varphi \end{bmatrix} \begin{Bmatrix} M_0 \\ H_0 \\ V_0 \end{Bmatrix} + \begin{Bmatrix} -M_L \\ H_L \\ -V_L \end{Bmatrix} \tag{5-23}$$

对于右半拱圈同样有

$$\begin{Bmatrix} M \\ H \\ V \end{Bmatrix} = \begin{bmatrix} 1 & y & -x \\ 0 & \cos\varphi & \sin\varphi \\ 0 & \sin\varphi & -\cos\varphi \end{bmatrix} \begin{Bmatrix} M_0 \\ H_0 \\ V_0 \end{Bmatrix} + \begin{Bmatrix} -M_R \\ H_R \\ -V_R \end{Bmatrix} \tag{5-24}$$

求得拱圈任一截面的内力 M、H、V 及拱端内力 M_A、H_A、V_A 后，该截面的变位即可求得。

根据变形连续条件，左右半拱在拱冠截面的转角、径向位移、切向位移均应满足式（5－25）。

$$\left.\begin{aligned} {}_L\theta_0 &= {}_R\theta_0 \\ {}_L\Delta r_0 &= {}_R\Delta r_0 \\ {}_L\Delta S_0 &= {}_R\Delta S_0 \end{aligned}\right\} \tag{5-25}$$

经计算可得

$$\left.\begin{aligned} A_1M_0 + B_1H_0 + C_1V_0 &= D_1 \\ C_1M_0 + B_2H_0 + C_2V_0 &= D_2 \\ B_1M_0 + B_3H_0 + B_2V_0 &= D_3 \end{aligned}\right\} \tag{5-26}$$

式（5－26）即为弹性拱基本方程式（5－21）。

求得内力后，可按下列偏心受压公式计算拱圈上下游面的边缘应力：

$$\begin{matrix}\sigma_u \\ \sigma_d\end{matrix} = \frac{H}{T} \pm \frac{6M}{T^2} \tag{5-27}$$

式中：σ_u、σ_d 分别为上、下游面的应力，以压为正。

当拱厚 T 与拱圈平均半径之比 $T/R > 1/3$ 时，应计入拱圈曲率的影响，按厚拱计算，其上下游面边缘应力计算式为

$$\begin{matrix}\sigma_u \\ \sigma_d\end{matrix} = \frac{H}{T} \pm \frac{M}{I_n}(0.5T \pm \varepsilon)\frac{R-\varepsilon}{R \pm 0.5T} \tag{5-28}$$

式中：I_n 为拱圈截面对于中性轴的惯性矩，可近似按 $T^3/12$ 计算，因为即使令 $T/R=1$，其误差也不超过 2%；ε 为中性轴的偏心矩。

ε 按下式计算：

$$\varepsilon = R - \frac{T}{\ln\dfrac{R+0.5T}{R-0.5T}} \tag{5-29}$$

由上述通过计算形常数和载常数来计算拱圈应力和变位的方法，精度较高故称为拱圈计算的“精确法”，但计算工作量很大。当拱圈为左右对称的单心等厚圆拱时，

形常数以及不同荷载作用下的载常数计算，可借助一些计算表格直接查得在均匀水压力和均匀变温作用下拱圈的内力、变位和应力，较为简便，故称为“简约法”。编制“简约法”计算表格的基本假定是：两岸基岩面坡角 $\phi=45°$，坝底当量矩形的边长比 $b/a=40$，基岩泊松比 $\mu=0.2$，拱端基岩的变位系数为

$$\alpha'=\frac{4.16}{E_fT^2},\ \beta'=\frac{1.59}{E_f},\ \gamma'=\frac{2.35}{E_f},\ \alpha'=\frac{4.16}{E_fT^2},\ \alpha''=\frac{0.37}{E_fT} \tag{5-30}$$

根据坝体材料与基岩弹性模量不同，比值 $n=E_c/E_f$（n 由 1 到 5），半中心角 φ_A，以及拱圈的 T/R 的值，可从表查得在均匀水压力和均匀变温作用下拱冠和拱端的应力系数，从而求出应力。参见《水工设计手册》（第 2 版，第 5 卷，水电水利规划设计总院主编，中国水利水电出版社，2011 年），这里不再赘述。

四、应力分析的拱梁分载法

1. 多拱梁法

由拱梁分载法的原理可知，拱系统和梁系统各承担多少荷载是根据拱梁交点处变位一致的条件进行调整的。坝体内任一点的空间变位有 6 个，即 3 个线变位和 3 个角变位。建立拱坝变位坐标系，取 z、r 和 s 三坐标轴分别沿铅直向、拱弧半径向和切向。3 个线变位分别是沿 z 轴的铅直线变位 Δz、沿径向 r 轴的径向变位 Δr 和沿切向 s 轴的切向变位 Δs；3 个角变位分别为绕 z、r 和 s 轴转动的角变位 θ_z、θ_r 和 θ_s，如图 5-27 所示。

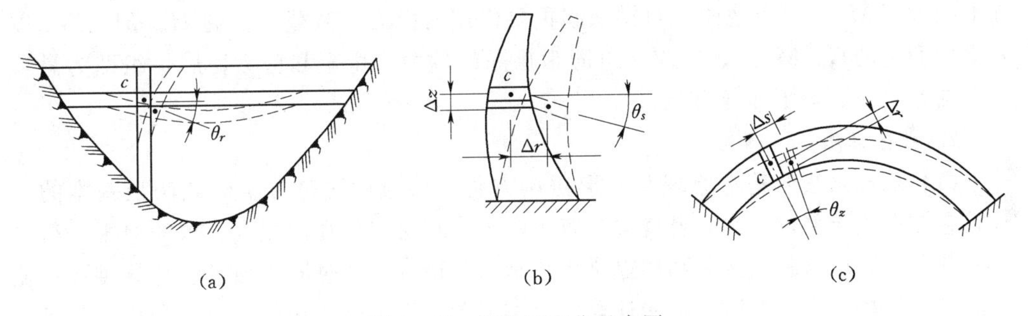

图 5-27　拱和梁变位示意图

上述 6 个变位，求解时需建立变形协调方程进行 6 项全调整，工作量巨大，且各项变位中，有的占主要地位，有的占次要地位。起主导作用的变位调整一致了，其他变位也相一致。如起主导作用的变位有 3 项，就进行 3 项调整，如有 4 项，就进行 4 项调整。河谷对称，结构对称，荷载对称情况下，θ_r 一般不出现，Δz 数值也较小，可以忽略，θ_s 和 θ_r 不独立。因此，通常将 Δr、Δs 和 θ_z 3 个变位作为主要变位进行调整，即 3 项调整，满足拱梁交点上变位一致的条件，就可以决定荷载分配。这 3 项调整分别称为径向调整、切向调整和扭转调整。

上述各个变位的调整并不是彼此独立的，它们相互影响，例如在调整径向变位时，会引起切向变位和扭转变位。因此必须采取依序进行、陆续循环修正的方式。一般是径向变位最大，在应用试荷载法调整变位时，首先调整拱梁荷载分配，使拱梁交点处的径向变位 Δr 接近一致，其次调整至切向变位 Δs 基本一致，再进行扭转 θ_z 的

调整，使各共轭点的转角变位一致。经过径向、切向和扭转等变位调整后，原来的径向调整结果又会不一致，因此，要进行径向再调整、切向再调整和扭转再调整，直到变位一致为止。所以变位调整的计算工作量往往很大。现在应用计算机计算，可以通过求解变位一致的代数方程组来分配荷载。

在坝体上任意切取一个微元体，上下游方向的厚度取坝体厚，如图 5－28 所示，在垂直截面（即拱截面）和水平截面（即梁截面）上各有 6 种内力，共 12 个内力。在拱截面上有：①轴向力 H；②绕 z 轴的水平力矩 M_z；③绕 r 轴的垂直力矩 M_r；④绕 s 轴的扭矩 M_s；⑤径向剪力 V_r；⑥铅直剪力 V_z。在梁截面上有：①铅直法向力 G；②绕 s 轴的垂直力矩 M_s；③绕 r 轴的垂直力矩 M_r；④绕 z 轴扭矩 M_z；⑤径向剪力 Q_r；⑥切向剪力 Q_s。

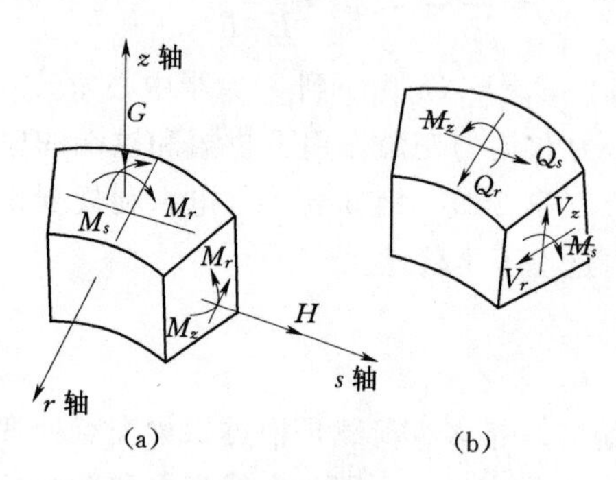

图 5－28　拱坝微元体拱、梁截面受力示意图

就拱梁分载法的原理而言，能同时考虑上述 12 个内力。但根据拱坝拱梁系统的实际工作状态，有些内力可以合并，如绕 z 轴扭矩 M_z 和绕 s 轴扭矩 M_s 可分别并入绕 z 轴的水平力矩 M_z 和绕 s 轴的垂直力矩 M_s；有的内力影响较小，如剪力 V_z 和两个截面上的力矩 M_r 均可以忽略。对拱坝起重要作用的内力是拱截面上的 H、M_z、V_r 以及梁截面上的 G、M_s、Q_r。前一组即为拱圈的轴力、弯矩和剪力，后一组即为悬臂梁上的铅直力、弯矩和剪力。

2. 拱冠梁法

(1) 拱冠梁法的基本原理及变形协调方程。拱冠梁法是拱梁分载法最基本的一种，它按照拱冠部位的中央悬臂梁和若干水平拱在交点处径向变位一致的原则进行拱梁荷载分配。求得各层拱圈和拱冠梁各自承担的荷载后，拱圈用纯拱法计算拱圈各截面的应力，拱冠梁按悬臂梁结构计算应力。因此，用拱冠梁法进行应力分析，关键是荷载分配。

拱冠梁法假定：参加拱梁分配的荷载是水压力和泥沙压力等水平径向荷载，因该法仅计入径向变位，故温度荷载引起的拱圈变形由拱圈单独承担，但该变形能影响水平荷载的分配；坝上游倾斜面上的水重和泥沙重等铅直荷载由梁单独承担，它也能通过拱冠梁各断面在其作用下所产生的径向位移来影响水平荷载的分配；坝体自重对荷载分配的影响与施工方法有关，对于分块浇筑的混凝土拱坝，由于封拱前各坝段在自重作用下的变形和应力业已形成，因而坝体自重由梁单独承担。对整体砌筑的浆砌石拱坝或边浇筑边封拱的混凝土拱坝，自重将同水重、泥沙重等水平荷载一样影响水平荷载的分配。

按拱冠梁与各层拱圈相交处径向位移一致的条件，可建立拱梁径向位移一致协调方程组。通常将拱坝从坝顶到坝底等距截取 5～7 层，拱圈各高 1m，各划分点的序号自坝顶$i=1$ 至坝底 $i=n$，各层拱圈之间取相等的距离 Δh，假设拱梁分载图已求出，

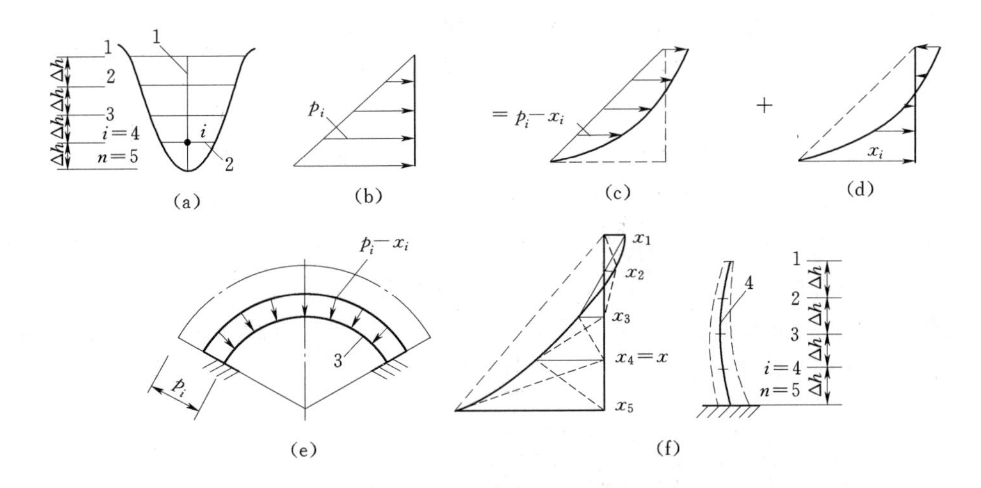

图 5-29 拱冠梁法计算简图

(a) 拱坝中面；(b) 总水平径向荷载；(c) 各层拱圈分配到的荷载；(d) 拱冠梁分配到的荷载；(e) i 层拱圈计算简图；(f) 拱冠梁计算简图

1—拱冠梁；2—i 层拱圈；3—i 层拱圈中面；4—拱冠梁中面

如图 5-29 所示。作用在 i 层水平截面中面上的总水平径向荷载强度为 p_i，通过拱梁荷载分配，拱冠梁在 i 点分配到的水平径向荷载强度为 x_i（作用在梁的中面上），则 i 层拱圈分配到的水平径向荷载强度为 p_i-x_i，它作用在拱圈中面上。按照拱梁荷载分配的原则：

$$\Delta_c=\Delta_a \tag{5-31}$$

式中：Δ_c 为梁的变位；Δ_a 为拱的变位。

根据上述分析 Δ_c 等于水平荷载与铅直荷载引起的径向位移之和，Δ_a 等于剩余水平荷载和温度荷载引起的位移之和，即

$$\Delta_c=\sum_{j=1}^{n}a_{ij}x_j+\delta_i^w \tag{5-32}$$

$$\Delta_a=(p_i-x_i)\delta_i+c_i\Delta t_i \tag{5-33}$$

式中：a_{ij} 为拱冠梁 j 点作用一个"单位三角形荷载"引起 i 点的水平径向变位，称为梁的单位径向位移系数；x_j 为分配给拱冠梁 j 点处的荷载强度，j 为"单位三角形荷载"作用点序号；δ_i^w 为拱冠梁在铅直荷载作用下，在 i 点产生的水平径向位移；δ_i 为 i 层拱圈在单位径向均布荷载作用下，拱冠处的径向位移，称为拱的单位径向位移系数；c_i 为 i 层拱圈由于均匀温度变化 $\Delta t_i=1$℃时，拱的径向位移；Δt_i 为 i 层拱圈均匀温度变化值，即式（5-3）中的 t_m，以温升为正。

将式（5-32）和式（5-33）代入式（5-31）得

$$\sum_{j=1}^{n}a_{ij}x_j+\delta_i^w=(p_i-x_i)\delta_i+c_i\Delta t_i \tag{5-34}$$

式（5-34）即为拱梁变位一致协调方程组，展开有

$$\left.\begin{aligned} a_{11}x_1+a_{12}x_2+\cdots+\delta_1^w&=(p_1-x_1)\delta_1+c_1\Delta t_1\\ a_{21}x_1+a_{22}x_2+\cdots+\delta_2^w&=(p_2-x_2)\delta_2+c_2\Delta t_2\\ &\vdots\\ a_{n1}x_1+a_{n2}x_2+\cdots+\delta_n^w&=(p_n-x_n)\delta_n+c_n\Delta t_n \end{aligned}\right\}\tag{5-35}$$

上述单位三角形荷载是从拱冠梁上的单位矩形荷载中刻意划分出来的，之所以采用三角形是因为分配给拱冠梁的实际荷载图形也可以划分成若干个三角形分布荷载，其作用范围两者相对应，可以是 $2\Delta h$（如单位荷载Ⅱ、Ⅲ、Ⅳ），也可以是 Δh（如单位荷载Ⅰ、Ⅴ），如图 5-30 所示。两种三角形高度比即为荷载面积之比，这有利于用结构力学中所学的方法建立荷载变位的倍比关系。

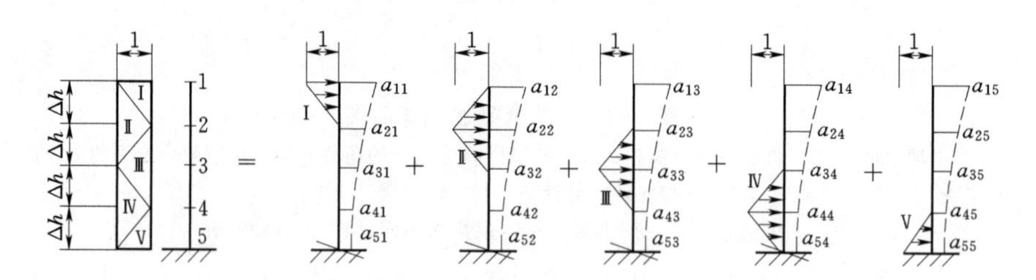

图 5-30　拱冠梁单位三角形荷载及单位径向位移系数

式（5-35）只含未知数的一次项，为线性代数方程，可用主元消去法求解，由此求得分配给梁的水平径向荷载 x_i 及分配给拱上的水平径向荷载 p_i-x_i，绘制拱梁荷载分配图。由梁上的水平径向荷载 x_i 连同自重、水重等可求得梁的各截面内力和边缘应力，拱各截面的应力则由拱的水平径向荷载 p_i-x_i 及均匀温度变化 t_m 产生的应力相叠加。

（2）梁的径向变位系数 a_{ij} 的计算。计算梁的径向变位 Δr 的基本公式为

$$\Delta r=\Sigma\left(\theta_f+\Sigma\frac{M}{EI}\Delta h\right)\Delta h+\Delta r_f+\Sigma\frac{KV}{AG}\Delta h\tag{5-36}$$

式中：M、V 分别为计算截面在外荷载作用下的弯矩和剪力；E、G 分别为材料的拉压和剪切弹性模量；I、A 分别为梁截面的惯性矩和截面面积；K 为剪应力分布系数；Δh 为梁的分层高度；θ_f 为基础角变位；Δr_f 为基础剪力产生的径向变位；$\Sigma\frac{M}{EI}\Delta h$ 为由于弯矩产生的角变位；$\Sigma\frac{KV}{AG}\Delta h$ 为由于剪力产生的径向变位。

计算基础变位时，假定基岩与坝体弹性模量相同，两岸岩壁坡角 $\phi=0$，略去次要项，基础变位算式可简化为

$$\left.\begin{aligned} \theta_f&=\frac{5.075}{E_fT^2}{}_AM_s\\ \Delta r_f&=\frac{1.785}{E_f}{}_AV_r \end{aligned}\right\}\tag{5-37}$$

引入$\frac{K}{G}=\frac{3}{E}$，假设梁的水平截面近似按矩形计算，$A=T\times1$（T 为梁厚），截面

惯性矩$I=\dfrac{T^3}{12}$，于是式（5-36）可写成：

$$a_{ij}=\frac{1}{E}\left\{\Sigma\left[\left(\frac{5.075}{T^2}{}_AM_s+\Sigma\frac{12M}{T^3}\Delta h\right)\Delta h\right]+1.785{}_AV_r+\Sigma\frac{3V}{T}\Delta h\right\} \quad (5-38)$$

当拱冠梁分为四个等分段Δh，即$n=5$时，以单位荷载I作用在1点（实际上是单位三角形荷载作用在1～2之间，图5-30），并令$E=1$，由式（5-38），a_{11}可写成：

$$a_{11}=4\frac{(\Delta h)^4}{T_2^3}+20\frac{(\Delta h)^4}{T_3^3}+48\frac{(\Delta h)^4}{T_4^3}+38.5\frac{(\Delta h)^4}{T_5^3}+37.2\frac{(\Delta h)^3}{T_5^2}+1.5\frac{(\Delta h)^2}{T_2}+$$

$$1.5\frac{(\Delta h)^2}{T_3}+1.5\frac{(\Delta h)^2}{T_4}+0.75\frac{(\Delta h)^2}{T_2}+0.8925(\Delta h)$$

同理可求得其余的径向变位值。

拱冠梁的i截面在垂直荷载作用下产生的水平径向变位δ_i^w的算式（图5-31）为

$$\delta_i^w=(\theta_f h_i+\Delta r_f)+\int_0^{h_i}\frac{Mh}{EI}\mathrm{d}h \quad (5-39)$$

由上式可见，δ_i^w为地基变位和内力矩M产生的变位之和。由于拱冠梁在垂直荷载作用之下不产生径向剪力，故$\theta_f={}_AM_S\alpha$，$\Delta r_f={}_AM_S\alpha_2$，但由于$\alpha_2$一般较小，可以忽略不计，将$\delta_i^w$写成分段累计形式，得

$$\delta_i^w=\frac{5.075}{ET^2}{}_AM_Sh_i+\sum_0^{h_i}\left(\sum_0^{h}\frac{M}{EI}\Delta h\right)\Delta h \quad (5-40)$$

如按式（5-39）直接计算，$\int_0^{h_i}\frac{Mh}{EI}\mathrm{d}h$可用图乘求得，即以梁在$i$截面以下的$\frac{M}{EI}$图面积乘以$\frac{M}{EI}$图形心至$i$截面的距离，如图5-31所示。

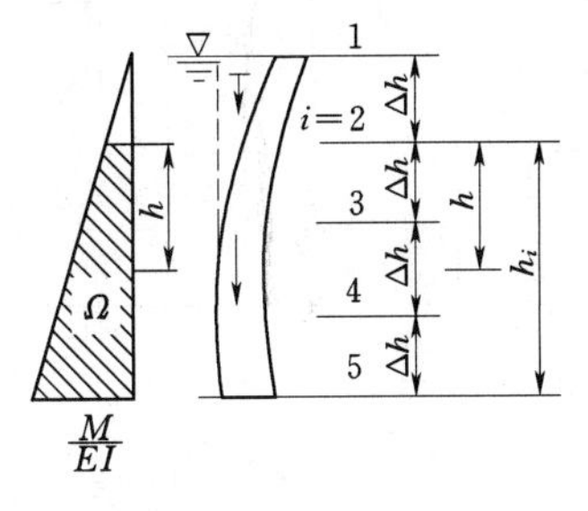

图5-31　δ_i^w计算图

（3）拱圈拱冠处的径向变位系数δ_i和c_i的计算。δ_i可参照“纯拱法”中的基本公式进行计算，对左右对称的单心等厚拱圈δ_i和c_i可采用下式计算：

$$\left.\begin{aligned}\delta_i&=\overline{\delta_i}\times\frac{1}{1000}\frac{R}{E}\\ c_i&=\overline{c_i}\times1\times R\alpha_m\end{aligned}\right\} \quad (5-41)$$

式中：$\overline{\delta_i}$、$\overline{c_i}$为《水工设计手册》（第1版，第5卷，华东水利学院（现河海大学）主编，水利电力出版社，1987年）中现成数表中的系数；α_m为混凝土线膨胀系数；其他符号含义同前。

五、应力分析的有限单元法

拱坝应力的有限单元法是将坝体连同地基划分为许多单元，各相邻单元间以节点相连，在节点处三维力系平衡和三维变位共容基础上求得全坝各部位各点的应力与变形。计算所需精度由单元划分的粗细疏密控制，划分越细越密者计算结果精度越高，但所费计算机时也越多。

有限单元法较上述结构力学法有较大进步。结构力学法假定坝体混凝土是均质的；用悬臂梁和水平拱体系模拟空间坝体是一种近似的处理；拱梁的变位仅考虑 $\Delta\gamma$、Δs、θ_z 三者在拱梁交点相协调；拱和梁各截面正应力分布假定为直线；地基变位计算则基于伏格特公式。所有这些就决定了计算结果的近似性。而在有限单元法中，各单元材料特性可以不同，能适应坝体实际混凝土的等级分区和坝基岩层分布；划分单元能足够精确地适应坝体几何形态；对每一节点要求的单元间力系的平衡和变位相容能更好地符合坝体内力和变位共容原则，拱梁截面应力将不是直线；计算区域可以包括一定范围的坝下及左右岸岩基，在该范围内岩体可以是各向异性体，也可计及地质构造的影响，在该范围以外的岩体才假定是刚性的；坝底与岩基以节点相连，由此计算得到的坝体坝基应力应变状态较结构力学法更接近实际。

拱坝应力分析中常用的单元有三维实体单元和壳体单元两大类。前者适用于坝体连同坝基，节点数多，精度高，计算工作量也大，其类型见表 5-4，单元形状如图 5-32 所示。后者适用于薄拱坝，壳体有薄壳、厚壳之分，其类型见表 5-5，单元形状如图 5-33 所示。

表 5-4　　三维实体单元类型表

序号	单元类型				单元节点数	单元自由度数	棱边中间节点数	备　注
1	三维等参单元	二次曲棱六面体			20	60	1	见图 5-32 (a)
2		直棱六面体			8	24	0	见图 5-32 (b)
3		五面体	直棱		6	18	0	见图 5-32 (c)
4			曲棱	二次	15	45	1	见图 5-32 (d)
5				三次	24	72	2	见图 5-32 (e)
6		变节点数六面体			8～21		0～1	见图 5-32 (f)
7	四面体单元	直棱			4	12	0	见图 5-32 (g)
8		曲棱			10	30	1	见图 5-32 (h)

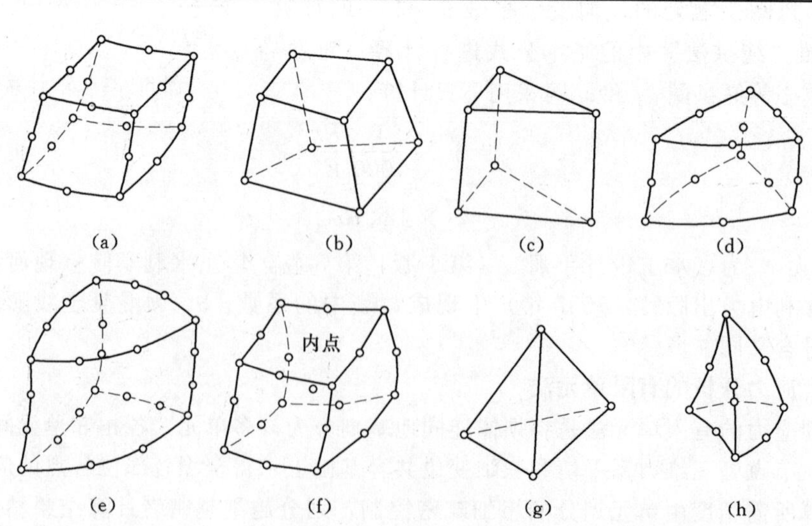

图 5-32　实体三维单元图

表 5-5　　壳体单元类型表

序号	单元类型		单元节点数	单元自由度数	棱边中间节点数	备　注
1	薄壳单元		3	18	0	见图 5-33 (a)
2	3～32 可变节点数单元	薄壳单元	3～16		0～2	见图 5-33 (b)
3		厚壳单元	8～32		0～2	见图 5-33 (c)
4	二次曲面厚壳单元		8	40	1	见图 5-33 (d)
5	三次曲面厚壳单元		12	60	2	见图 5-33 (e)
6	三维等参厚壳单元		16	48	1	见图 5-33 (f)

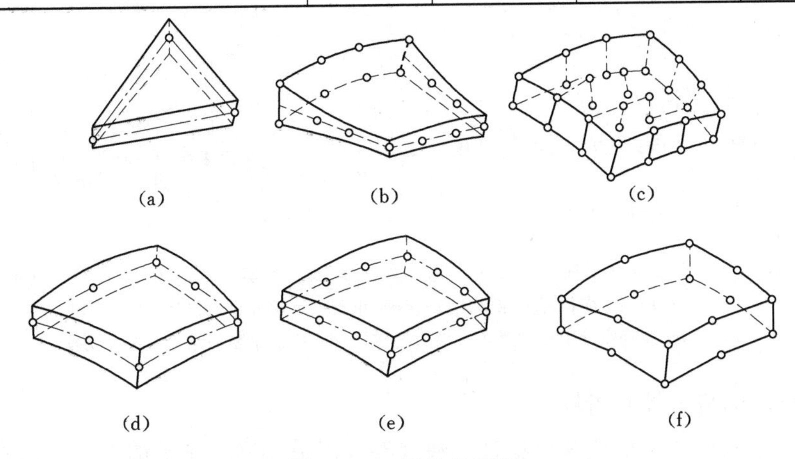

图 5-33　壳体单元图

划分单元时应注意：①在坝体与岩基接触面附近应力较高，应力分布也较为复杂，宜采用较小较密的单元或单元较大而单元节点较多，应力不复杂的部位，单元可大些，节点可少一些；②坝基截取的计算范围大致可以最大坝高处坝底面上下游方向的中点为圆心，1.0～1.5 倍坝高为半径，在此范围内划分单元，并假定岩基在半圆形边界上的节点是固定的，没有变形，这样能较好地计及岩基变形的影响。

图 5-34 为二滩拱坝右半坝连同地基的单元网格图，坝体中上部采用二次曲面厚壳单元，邻近地基的部位采用三维等参厚壳单元过渡到地基三维等参六面体单元，岩基截取范围为一倍坝高。清华大学在移植并开发美国 ADAP（Arch Dam Analysis Program）程序基础上，编制了 ADAP-TH86 拱坝静动力分析专用程序，用该程序对我国二滩、紧水滩等十多座拱坝进行了三维有限元分析，有的还将计算结果与模型试验相比较。图 5-35 为坝高 102m 的浙江紧水滩三心双曲拱坝在水压作用下位移、主应力的有限元计算结果与石膏地质力学模型试验结果的对比，两者的吻合令人满意。

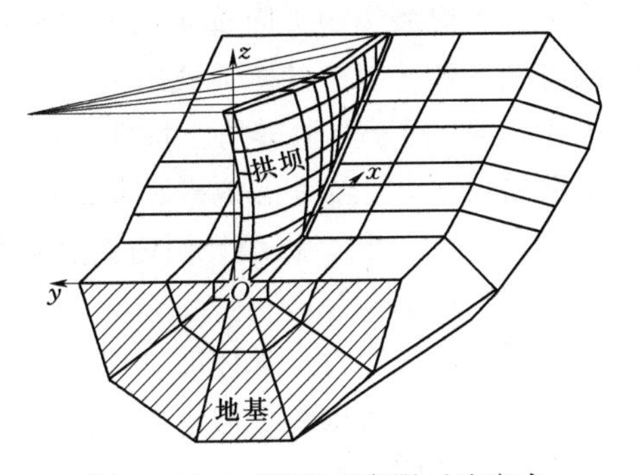

图 5-34　二滩拱坝有限元法应力分析单元网格示意图

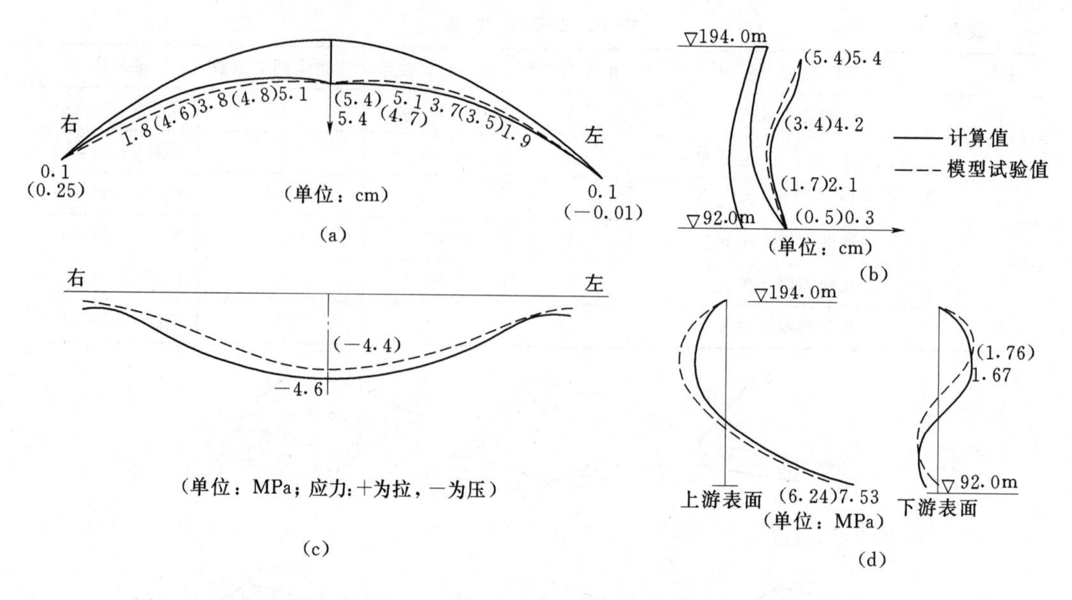

图5-35　紧水滩拱坝在190m库水位作用下有限元计算与模型试验结果比较图
(a) 坝顶上游面径向位移比较；(b) 拱冠梁下游面径向位移比较；
(c) 170m高程拱圈上游面最小主应力比较；(d) 拱冠梁断面最大主应力比较

六、拱坝的应力控制指标

拱坝的应力控制指标涉及筑坝材料强度的极限值和安全系数的取值。前者需由试验确定，如混凝土的极限抗压强度一般是指90天龄期的15cm立方体强度；后者则是坝体材料强度的极限值与允许应力的比值。它们是控制坝体尺寸、保证工程安全和经济性的一项重要指标。

应力控制指标还与计算方法有关，我国《混凝土拱坝设计规范》(SL 282—2018)规定：拱梁分载法是拱坝应力分析的基本方法。对高拱坝或情况比较复杂的拱坝，还应采用有限单元法进行应力分析。必要时，应进行结构模型试验加以验证。

《混凝土拱坝设计规范》(SL 282—2018) 规定：用拱梁分载法计算时，坝内的主压应力和主拉应力应符合以下要求：

(1) 容许压应力。坝体的主压应力不应大于混凝土的容许压应力。混凝土的容许压应力等于混凝土的极限抗压强度（90天龄期15cm，立方体强度，保证率为80%）除以安全系数，对于基本荷载组合，1、2级坝的安全系数为4.0，3级拱坝的安全系数采用3.5；对于非地震情况特殊组合，1、2级坝的安全系数为3.5，3级拱坝的安全系数采用3.0。当考虑地震荷载时，混凝土的容许压应力可比静荷载情况适当提高，但不超过30%。据统计国内混凝土拱坝的容许压应力一般采用4～7MPa，但个别的曾用到过9.0 MPa。

(2) 容许拉应力。坝体的主拉应力不应大于混凝土的容许拉应力。在保持拱座稳定的条件下，通过调整坝的体形来减少坝体拉应力的作用范围和数值。对于基本荷载组合，容许拉应力不得大于1.2MPa，对于非地震情况特殊荷载组合，容许拉应力不得大于1.5MPa。当考虑地震荷载时，其处理原则同容许压应力。

拱坝属于高次超静定结构，且混凝土的抗压强度较高，拱坝断面设计常受拉应力控制，拉应力较大的部位常在拱冠梁的坝底上游面，实际上这个部位的梁向拉应力并非最危险，因为当梁向拉应力大时可自行调整给拱结构。因此，一般认为可适当提高上游面的允许拉应力，国内多数拱坝设计允许拉应力值大多控制在 0.5～1.5MPa 范围内。

《混凝土拱坝设计规范》(SL 282—2018) 还规定：用有限元法计算时，应补充计算“有限元等效应力”。按“有限元等效应力”求得坝体的主拉应力和主压应力，并符合下列规定：

(1) 容许压应力：同拱梁分载法。

(2) 容许拉应力：对于基本荷载组合，容许拉应力不得大于 1.5MPa；对于非地震情况特殊荷载组合，容许拉应力不得大于 2.0MPa。

《混凝土拱坝设计规范》(NB/T 10870—2021) 规定：拱坝应力控制指标，应根据其建筑物的等级，按不同的水工建筑物结构安全级别确定。拱坝应力按分项系数极限状态表达式 (5-42) 进行控制。

$$\left.\begin{aligned}\gamma_0\psi S(\cdot) &\leqslant \frac{1}{\gamma_d}R(\cdot)\\ R(\cdot) &= f_k/\gamma_m\end{aligned}\right\}\tag{5-42}$$

式中：γ_0 为结构重要性系数，对应于安全级别为 1、2、3 级的建筑物分别取 1.1、1.0、0.9；ψ 为设计状况系数，对应于持久状况、短暂状况、偶然状况分别取 1.00、0.95、0.85；$S(\cdot)$ 为作用效应函数，为由拱梁分载法或弹性有限元法算出的主应力；$R(\cdot)$ 为结构抗力函数；f_k 为坝体混凝土强度，用混凝土强度标准值表示；γ_m 为材料性能的分项系数，取 1.5；γ_d 为结构系数，按表 5-6 采用。

表 5-6　　拱坝应力分析结构系数 γ_d 表

计算方法	受力状况	基本组合 偶然组合
拱梁分载法	抗压	1.80
	抗拉	0.70
有限元法	抗压	1.45
	抗拉	0.55

注　地震情况下的结构分项系数应按《水电工程水工建筑物抗震设计规范》(NB 35047—2015) 规定执行。

拱坝应力的控制标准，无论是拱梁分载法或有限元法，都应满足式 (5-42) 的要求。持久状况、基本组合情况下，采用拱梁分载法计算时，坝体最大拉应力不得大于 1.2MPa；采用有限元法计算时，经等效处理后的坝体最大拉应力不得大于 1.5MPa。短暂状况、基本组合情况下，未封拱坝段最大拉应力不宜大于 0.5MPa。

所谓等效处理系指对有限元法分析所得的坝体应力进行面积分求出其截面内力，再用材料力学法求出截面应力，转化为有限元等效应力，这样得出的上、下游面应力，可以消除局部应力集中问题。

第四节　拱座的稳定分析

拱坝结构本身的安全度很高，但必须保证两岸坝肩基岩的稳定。按照现代设计理论修建的拱坝，只要两岸坝肩基岩稳定，拱坝一般不会从坝内或坝基接触面上发生滑动破坏。因此，在完成拱坝平面布置和应力计算之后，需对坝肩两岸岩体进行抗滑稳定分析。坝肩稳定与地形地质构造等因素有关，一般可分为两种情况，即：①存在明显的滑裂面的滑动问题；②不具备滑动条件，但下游存在较大软弱破碎带或断层，受力后产生变形问题。对于第①种情况，其滑动体的边界常由若干个滑裂面和临空面组成，滑裂面一般为岩体内的各种结构面，尤其是软弱结构面，临空面则为天然地表面。滑裂面必须在工程地质查勘的基础上经初步研究得出最可能滑动的形式后确定，然后据此进行滑动稳定分析。对于第②种情况，即拱座下游存在较大断层或软弱破碎带时的变形问题，必要时需采取加固措施以控制其变形，加固的必要性和加固方案可通过有限元分析，比较论证后确定。这里主要介绍第①种情况下的计算方法和步骤。

在拱坝坝肩稳定分析前，应先进行以下几项工作：①深入了解两岸岩体的工程地质和水文地质勘探资料；②了解岩体结构面及其充填物的岩石力学特性等试验条件和试验参数；③研究和确定作用在拱座上的空间力系；④研究选择合理的分析方法。

资源 5.5
拱坝坝肩可能滑动面分析

一、拱座岩体可能滑动面的勘查分析

1. 滑动体的上游边界

理论计算和实践经验表明：在大坝的上游面基础内，存在着一个水平拉应力区，有产生铅直裂缝的可能，因此滑动体的上游边界，一般都假定从拱座的上游面开始。

2. 可能滑动面的位置

常见的滑移体形式由两个或三个滑裂面组成，其中一个较缓，构成底裂面；一个较陡，构成侧裂面；另一个可能是上游的开裂面。滑裂面可以是平面，也可以是折面或曲面。滑移体可沿两个滑裂面的交线滑移，也可能沿单一滑裂面滑移。由于滑裂面的产状、规模和性质的不同，可能出现下列组合形式：

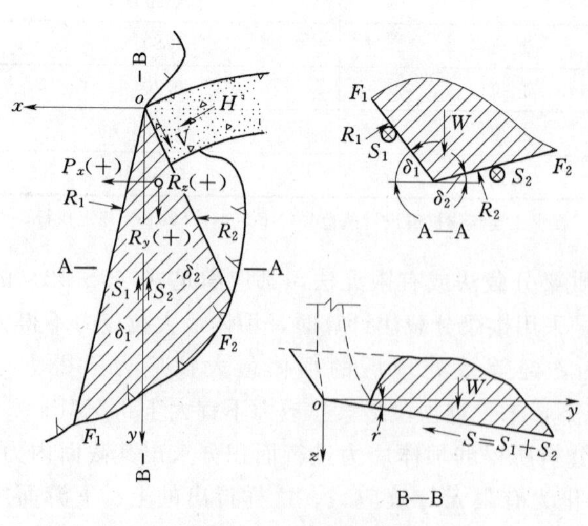

图 5-36　单一的破裂面

(1) 具有单独的陡倾角结构面 F_1 和缓倾角结构面 F_2 组合成滑移体。这些软弱结构面大都属于比较明显的连续的断层破碎带、大裂隙、软弱夹层等，如图 5-36 所示。

(2) 具有成组的陡倾角和成组的缓倾角结构面组合成滑移体。这些软弱结构面大多属于成组的裂隙汇集带与节理等相互切割，构成很多可能的滑移体，其中有一组抗力最小，需通过试算求得。如果各软弱结构面上的抗剪强度指标 f、c 大致相近，显然，紧靠坝基开挖面的那一组，即为最有可能滑动的，因为沿这一组结构面滑动时，下游的山体重力最小，如图 5-37 所示。

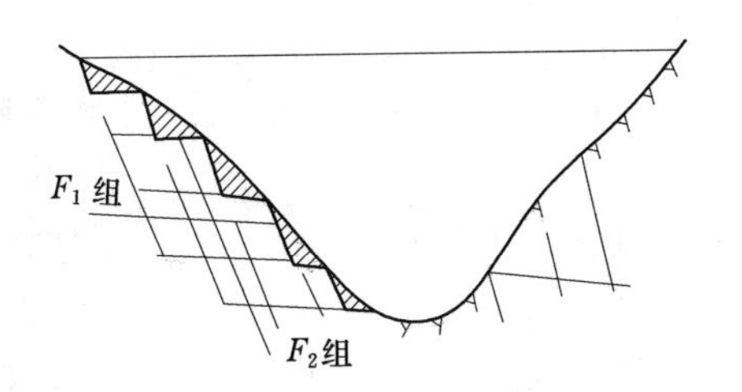

图 5-37　成组的破裂面

(3) 易产生滑动的节理走向及倾角。一般来讲，走向顺河流方向及下游斜入河床中去的成组节理，对稳定不利，而下游斜入山内的节理，则对稳定影响不大。在岸坡较陡的狭谷中，除考虑节理的走向外，尤需研究节理的倾角，如图 5-38 所示。如果节理走向既向下游斜入河床，而倾角又大致平行于山坡，则对稳定极为不利，拱坝极易沿这组节理滑动。

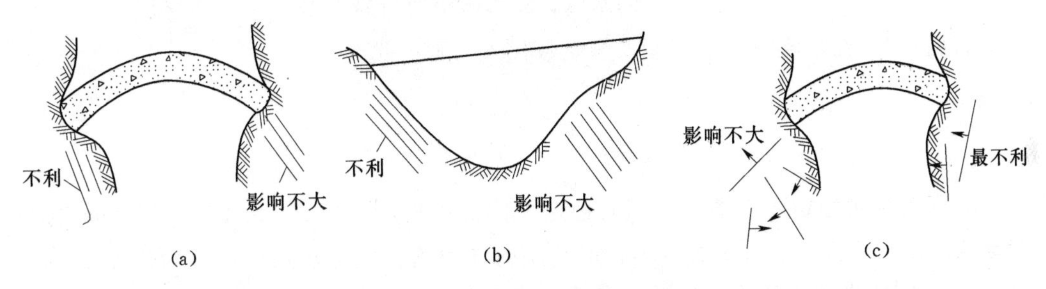

图 5-38　基岩节理对拱坝稳定的影响

(4) 坝基无明显断夹层和节理裂隙或节理裂隙不连续、分布又较均匀时，可能滑动面存在于 AE、AO 之间，如图 5-39 所示。分别假定一系列滑裂面 AC、AD、…（θ 角每隔 5°～10°计算一个断面），分别进行抗滑稳定计算。其中抗滑稳定安全系数最小的滑动面就是最危险和最可能的滑动面。AE 大致平行于下游岸坡边线，AO 线为通过拱端面的径向线。

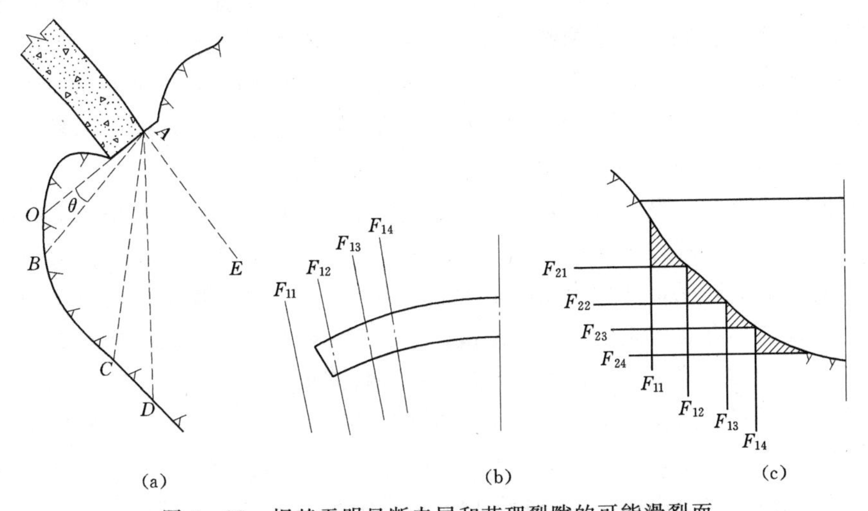

图 5-39　坝基无明显断夹层和节理裂隙的可能滑裂面

(a) 可能滑裂面位置的范围；(b) 成组的铅直和水平软弱面平面图；(c) 下游立视图

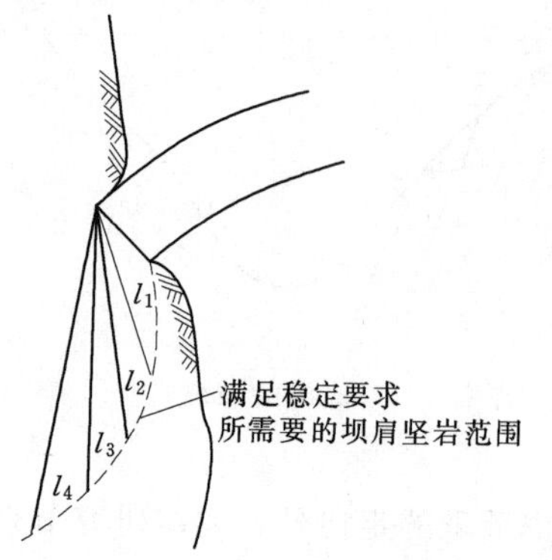

图 5-40　坝肩基岩稳定范围图

计算时从坝肩取任意水平截面，设任意滑动线从水平截面的上游端开始，其长度为 l_i，如图 5-40 所示，作用于该滑体上的荷载有拱端推力、扬压力和地震力等，其合力为 R_i，将其分解为垂直和平行于滑动线方向的两个分力 N_i 和 Q_i，则该滑体的安全系数为

$$K=\frac{f_i\left(N_i-\frac{1}{2}\gamma\alpha h_i l_i\right)+c_i l_i}{Q_i} \tag{5-43}$$

式中：f_i、c_i 分别为坝肩岩体抗剪断强度的摩擦系数和黏聚力；γ 为水的重度；h_i 为所取水平截面处的水深；α 为扬压力折减系数。

若将 K 用满足要求的抗剪断安全系数代入，则上式变为

$$l_i=\frac{[K]Q_i-f_i N_i}{c_i-\frac{1}{2}\gamma\alpha h_i f_i} \tag{5-44}$$

l_i 即为满足稳定要求的所需坝肩稳定岩体最小长度，在 AE、AO 范围内再假定滑动线 l_{i+1}、…若每次所求的最小长度端点的连线均在实际坝肩岩体线内，如图 5-40 所示，则该坝肩岩体满足抗滑稳定要求。反之，坝肩岩体太小，不满足稳定要求，需采取措施或重新布置。

资源 5.6 拱坝的稳定分析（含拱坝的增稳措施）

二、拱座稳定分析方法的选用

评价坝肩稳定的方法有两类：一类是数值计算法，它包括刚体极限平衡法（如刚性块法、分块法、赤平投影法等）和有限元法；另一类是模型试验法，它包括线弹性结构应力模型试验和地质力学模型试验。

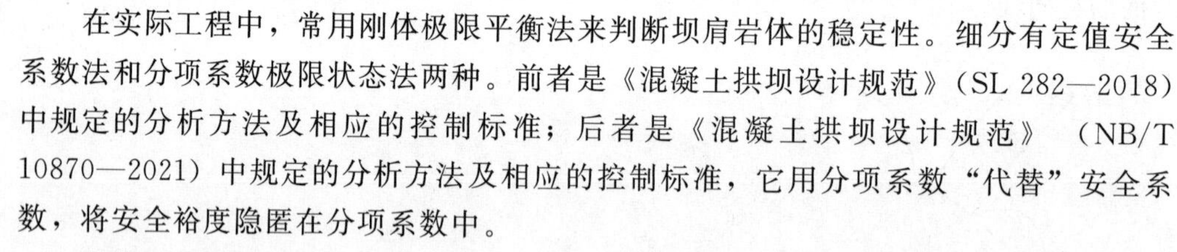

在实际工程中，常用刚体极限平衡法来判断坝肩岩体的稳定性。细分有定值安全系数法和分项系数极限状态法两种。前者是《混凝土拱坝设计规范》（SL 282—2018）中规定的分析方法及相应的控制标准；后者是《混凝土拱坝设计规范》（NB/T 10870—2021）中规定的分析方法及相应的控制标准，它用分项系数“代替”安全系数，将安全裕度隐匿在分项系数中。

刚体极限平衡法的基本假定是：①将滑移体视为刚体，不考虑其中各部分间的相对位移；②只考虑滑移体上力的平衡，不考虑力矩的平衡，认为后者可由力的分布自行调整满足，因此在拱端作用力系中不考虑弯矩的影响；③忽略拱坝内力重分布的影响，认为拱端作用在岩体上的力系为定值；④达到极限平衡状态时，滑裂面上的剪力方向将与滑移的方向平行，指向相反，数值达到极限值。

由上假设可见，刚体极限平衡法比较粗略，然而概念明确，方法简便易掌握，已有长期的工程实践经验，和目前勘测试验所得到的原始数据的精度相比较也是相当的。目前，国内外仍沿用它作为判断坝肩岩体稳定的主要手段。当然对于大型重要工程或复杂的地质情况，应辅以结构模型试验和有限元分析。

线弹性结构应力模型试验是通过量测坝体和地基的变形和应力来判断其稳定性。地质力学模型可以模拟不连续岩体的构造及软弱结构面和断层破碎带等自然条件，以及岩体自重、强度、变形模量、抗剪指标等岩石力学的性质，因此地质力学模型反映情况全面、真实。通过试验可了解拱座从加荷开始直至破坏的整个过程和破坏机理、拱坝的超载能力、变形特性、裂缝分布规律、需要加固的部位和地基处理效果等，但试验工作量大，费用高，不便于改变尺寸和参数，也难以做到与原形完全相似。因此，目前尚不能将其作为单独的设计手段，重要的大型工程，需辅以其他方法，相互验证，以掌握拱坝的整体安全度。

有限元法是通过对坝体及基岩的应力、应变分析，进而计算拱座岩体及坝体结构的稳定性。它将应力、变形和稳定统一起来，通过对破坏过程和机理的研究，最后确定安全全度，是合理分析拱座稳定的有效途径。但因空间计算的工作量和所需的计算机容量较大，仅用于重要的大中型工程中的坝肩稳定分析。

三、定值安全系数法分析拱座稳定性

1. 平面分层稳定分析

校核拱座抗滑稳定，原则上应作空间分析，滑动体边界常由若干个滑裂面和临空面组成。滑裂面一般应是岩体内的各种结构面，尤其是软弱结构面，而临空面则为天然地表面。在地质条件简单而无特定的滑裂面时，或初步估计时，可按平面分层核算。下面介绍如何使用刚体极限平衡法进行平面分层核算。

取高度为1m的水平拱圈及相应的拱座岩体作为计算对象，如滑裂体的滑裂面为铅直面，平面上的滑裂长度为$\overline{AB}$，如图5－41（a）所示。由拱端及梁底传给滑裂体的力（包括法向力和剪力）分别为H、V_a及G、V_b，其中G直接传给滑裂体底面，而H、V(即V_a+V_b）传给铅直侧面AB。这样垂直于滑裂面的力$N=H\sin\theta-V\cos\theta$，而平行于$AB$面的力$Q=H\cos\theta+V\sin\theta$，式中$H$、$V$均为拱梁分载法的计算成果。考虑以上诸力后便可计算抗滑稳定安全系数。

抗剪断公式：
$$K_1=[(N-U)f_1+(G+W)f_2+c_1l]/Q \tag{5-45}$$

摩擦公式：
$$K_2=[(N-U)f'_1+(G+W)f'_2]/Q \tag{5-46}$$

式中：K_1、K_2分别为考虑黏聚力c和不考虑黏聚力c的抗滑稳定安全系数；f_1、f'_1为沿滑动面AB的抗剪断摩擦系数和抗剪摩擦系数；f_2、f'_2为水平岩层的抗剪断摩擦系数和抗剪摩擦系数；U为滑动面AB上的渗透压力；G为拱端斜面上所对应的悬臂梁自重（宽度为$1\tan\phi$）；W为拱座下游滑动岩体的重量，即图5－41（a）中的ABC(高度为1m）包围的面积；c_1为滑动面AB上的黏聚力强度；l为滑动面AB的长度。

以上两式中的f_1、f_2及c_1值，应按材料的峰值强度采用。f'_1、f'_2值，对脆性破坏材料，采用比例极限；对塑性或脆塑性破坏的材料，采用屈服强度；对已经剪切错断过的材料，采用残余强度。

对1、2级拱坝及高拱坝，应采用式（5－45）计算，其他的拱坝则可采用式（5－45）或式（5－46）进行计算。上述K_1及K_2均应分别满足允许的抗滑稳定安全系数的要求，见表5－7。

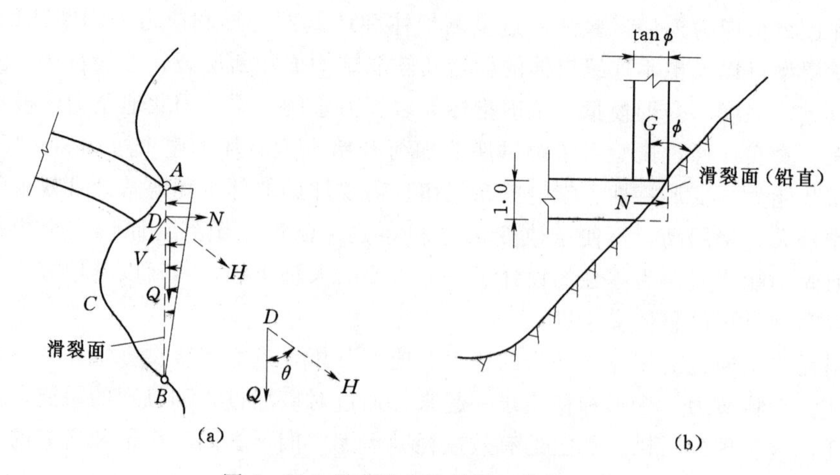

图 5-41　拱座稳定计算图（单位：m）

表 5-7　　　　拱坝拱座抗滑稳定安全系数允许值

计算公式	荷载组合		建筑物级别			
			1	2	3	4、5
式（5-45）	基本组合	持久工况	3.50	3.25	3.25	3.00
		短暂工况	3.35	3.10	3.10	2.85
	特殊组合	偶然工况	3.00	2.75	2.75	2.50
式（5-46）	基本组合	持久工况	—	—	1.30	1.25
		短暂工况	—	—	1.25	1.20
	特殊组合	偶然工况	—	—	1.15	1.10

上述分层计算比较简单，不过，由于忽略了拱圈上下层面的一些力，致使计算成果偏于安全。分层计算所得的安全系数若不满足表 5-7 所列数值，并不意味着该层拱圈失稳。但是，可以大致判断各高程在失稳问题上的安全度，便于发现薄弱部位，为进一步分析或专门处理提供依据，也可以分析几层拱圈联合在一起的稳定性或某一层拱圈以上的整体稳定性。另外，必须注意滑裂面的形状，上述分析中仅指铅直面和水平面的情况，实际上还有倾斜的平面，也可能是曲面或其他形状。

2. 整体稳定计算

拱坝整体稳定须考虑两种情况：一是拱座整体沿滑动面向下游滑动；二是坝体绕一岸旋转滑动。

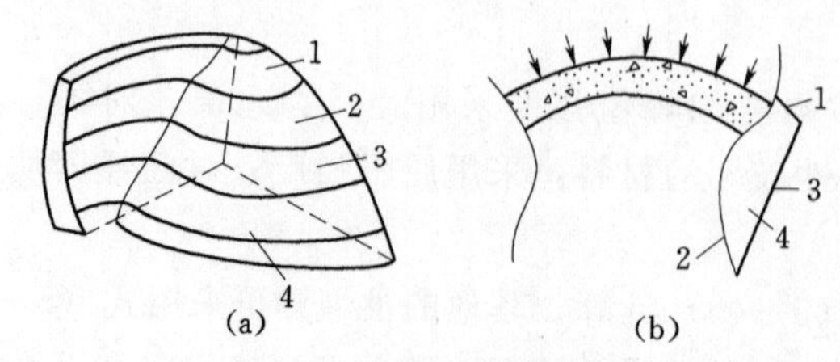

图 5-42　拱座失稳形式

1—上游开裂面；2—临空面；3—侧裂面；4—底裂面

（1）拱座整体滑动。图 5-42 所示为拱座岩体被一些构造面所切割，连同临空面组成一个容易失稳的“楔体”。在拱坝推力和其他荷载（地震惯性力、渗透压力、重力等）作用下，若该“楔体”沿下游某一方向变位直至滑移，这种失稳可称为整体滑动。构成失稳岩体的界面（或称破裂面）至少是一个，更常见的是两个或三个。其中一个较平缓，构成底裂面；一个较陡，构成侧裂面；另一个可以是上游开裂面。

图 5-43 所示为被两个破裂面 F_1 和 F_2 切割出的楔体。作用在该楔体上的荷载有：块体自重 W，坝体作用力（由坝体应力分析求得），作用在破裂面上的渗透压力 U_1、U_2 以及其他已知外力（如地震惯性力等）。为了平衡这些荷载，在块体的破裂面上必有反力，包括作用在 F_1 面上的法向反力 R_1-U_1，切向力 S_1 和作用在 F_2 面上的法向反力 R_2-U_2、切向力 S_2。当楔体达到极限平衡时，S_1 和 S_2 为滑动力，方向平行，都指向反抗滑移的方向，故取其代数和 $S=S_1+S_2$。破裂面上的阻滑力则为 $f_1(R_1-U_1)+f_2(R_2-U_2)+c_1A_1+c_2A_2$。于是，抗滑稳定安全系数为

$$K_c=\frac{f_1(R_1-U_1)+f_2(R_2-U_2)+c_1A_1+c_2A_2}{S} \tag{5-47}$$

式（5-47）为验算拱座整体稳定的基本公式。若求出的 R_1-U_1 和 R_2-U_2 均大于零，表示两个破裂面上的净法向反力均为压力，此时滑移体沿破裂面 F_1 和 F_2 的交线（即棱线）滑动，可用该基本公式计算抗滑稳定安全系数。若作用在侧裂面 F_1 上的 $R_1-U_1<0$，由于通常假定基岩结构面不能受拉，$R_1-U_1<0$ 即意味着 F_1 面已拉裂，滑移体将沿底裂面 F_2 作单面滑动，此时就有

$$K_c=\frac{f_2(R_2-U_2)+c_2A}{S} \tag{5-48}$$

式中：R_2、S 要按单面滑动情况重新计算，滑移方向也不沿棱线方向。

当侧裂面 F_1 上 $R_1-U_1=0$ 时，可根据情况作不同处理；若侧裂面是由连通率小的裂隙组成，裂隙间为完整岩体，则仍可认为沿交线滑移，用式（5-47）核算，只需置 $R_1-U_1=0$ 即可；若侧裂面为疏松的贯穿性破碎带等，则宜用式（5-48）核算。实际上很少有这样简单的情况，但上述公式可作为处理各种复杂情况的基础。

(2) 绕一岸旋转滑动。当河谷两岸地质情况差异较大时，如一岸的节理发育或拱座岩体单薄，或基岩有软弱夹层，则坝体可能绕另一岸旋转滑动。如图 5-44 所示，设坝体绕 α 点旋转，即以 α 点为圆心，以 α 点至另一岸各滑动面的距离为半径作圆弧面。以各弧面以上的岩体重和坝体自重乘以相应的摩擦系数，求得抗滑力。各抗滑力乘以相应的半径求得抗滑力矩 M_1'、M_2'、…设拱坝外荷载如水压力等对 α 点的滑动力矩为 M，则稳定条件要求：

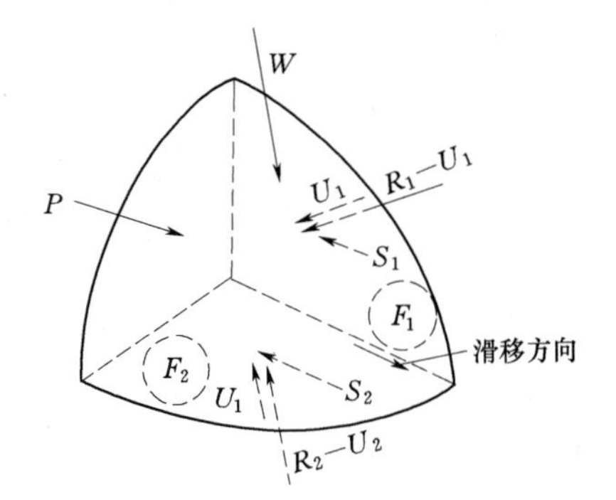

图 5-43　滑移体受力图

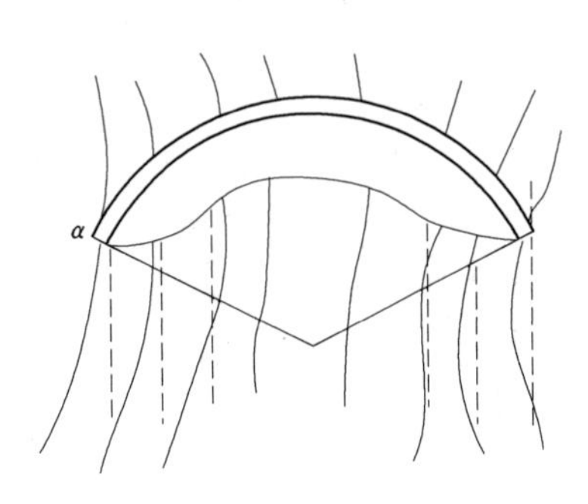

图 5-44　拱坝的整体滑动

$$M'_1+M'_2+\cdots \geqslant M \tag{5-49}$$

对于具体工程尚应根据局部稳定和整体稳定的计算结果，结合具体的地质条件估计拱坝的抗滑稳定性。同时，对于岩体的抗渗性能还应予以足够的重视。

例如，当拱座岩体靠上游部分渗透系数小而靠下游部分渗透系数大时，对稳定有利，反之则不利；又如有些基岩受压时，其渗透性能会发生显著变化，对拱座稳定也可能会有显著影响。

3. 重力墩稳定分析

拱坝河谷断面往往是不规则的，如图 5-45 所示，当河岸基岩面高程低于坝顶或河谷形状不对称时必须加设人工支座，即重力墩。重力墩承受拱端传来的力和上游水压力，应满足稳定和强度的要求。因重力墩的断面较大，一般讲主要是稳定问题。重力墩的可能滑裂面为重力墩与基岩的交界面，如图 5-46 所示。该面上有两组滑动力，其合力即为总滑动力 F，F 的方向即为重力墩滑动方向。滑裂面上的抗滑力为 $f(N_a\cos\varphi+W\sin\varphi-P_u)$，因此重力墩抗滑稳定安全系数为

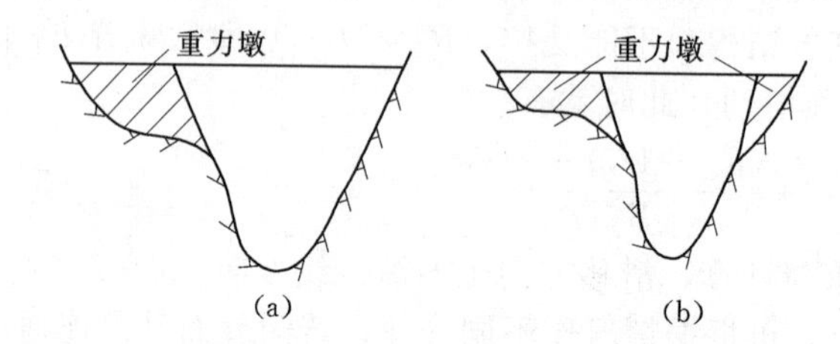

图 5-45　重力墩位置示意图

$$K=\frac{f(N_a\cos\varphi+W\sin\varphi-P_u)}{\sqrt{(V_a+P)^2+(N_a\sin\varphi-W\cos\varphi)^2}} \tag{5-50}$$

式中：N_a、V_a 分别为拱端轴力和剪力；P、P_u 分别为上游面的水平水压力和墩底扬压力；W 为墩重；φ 为岩坡与铅直线夹角。

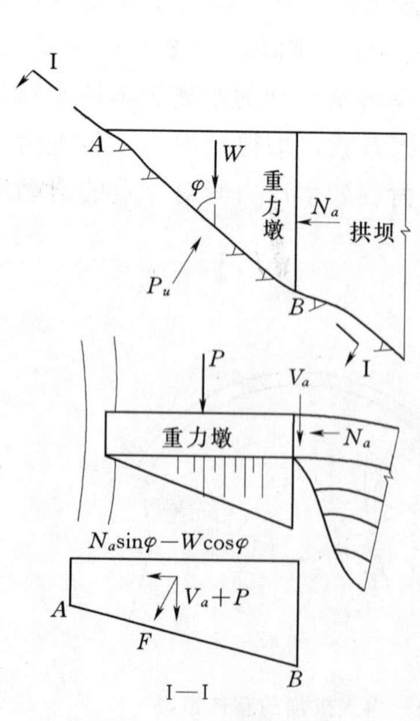

图 5-46　重力墩的作用力

四、分项系数极限状态法分析拱座稳定性

用分项系数极限状态法分析拱座稳定性的思路与前相同，对应于式（5-45）、式（5-46）满足承载能力极限状态下的设计表达式为

$$\gamma_0\psi T\leqslant\frac{1}{\gamma_{d1}}\left(\frac{f_1N}{\gamma_{m1f}}+\frac{C_1A}{\gamma_{m1c}}\right) \tag{5-51}$$

$$\gamma_0\psi T\leqslant\frac{1}{\gamma_{d2}}\frac{f_2N}{\gamma_{m2f}} \tag{5-52}$$

式中：γ_0、ψ 分别为结构重要性系数和设计状况系数，取值同应力分析；T 为沿滑动方向的滑动力；N 为垂直于滑动面的法向力；f_1、f_2 分别为抗剪断摩擦系数和抗剪摩擦系数，对脆性破坏的材料，

采用比例极限；对塑性或脆塑性破坏的材料，采用屈服强度；对已经剪切错断过的材料，采用残余强度；C_1 为抗剪断黏聚力；γ_{d1}、γ_{d2} 分别为两种计算情况的结构系数；γ_{m1f}、γ_{m1c}、γ_{m2f} 分别为两种材料性能分项系数，计算情况结构系数和材料性能分项系数取值见表 5－8。

表 5－8　　拱坝稳定分析计算情况结构系数和材料性能分项系数

式（5－51）	γ_{m1f}	2.4
	γ_{m1c}	3.0
	γ_{d1}	1.15
式（5－52）	γ_{m2f}	1.2
	γ_{d2}	1.05

注　有关地震组合情况下的各分项系数应按《水电工程水工建筑物抗震设计规范》（NB 35047—2015）规定执行。

五、改善拱座稳定性的措施

通过拱座稳定分析，如发现不能满足要求，可采取以下改善措施。

（1）加强地基处理，对不利的节理等进行有效的冲洗和固结灌浆，以提高其抗剪强度。

（2）加强坝肩岩体的灌浆和排水措施，减少岩体的渗透压力。

（3）将拱端向岸壁深挖嵌进，以扩大下游的抗滑岩体，也可避开不利的滑裂面。这种做法对增加拱座的稳定性较为有效。

（4）改进拱圈设计，如采用三心拱、抛物线拱等形式，使拱端推力尽可能趋向正交于岸坡。

（5）如拱端基岩承载能力较差，可局部扩大拱端或设置推力墩。

此外，拱座稳定分析时，其安全系数还与拱坝应力分析方法有关。拱端传给岩体的力视拱所分配到的荷载而定，因纯拱法未考虑拱坝的整体作用，故用纯拱法的拱端推力计算坝肩抗滑稳定时，顶部（对应拱梁法反向荷载为零的高程以上部分）求得安全系数偏大，而中下部求得安全系数偏小，综合评价坝肩稳定性时应予注意。

第五节　拱坝的材料、构造及地基处理

一、拱坝的材料

拱坝材料有混凝土、碾压混凝土、浆砌块石和浆砌条石等，中小型工程中多采用浆砌石，高坝中则多用混凝土或碾压混凝土。拱坝对材料的要求比重力坝高。

建筑拱坝的混凝土应严格保证设计准则所要求的强度、抗渗、抗冻、抗冲刷、抗侵蚀及低热等性能要求。抗压强度取决于混凝土的设计标号，一般采用 90 天或 180 天龄期的抗压强度，即 20～25MPa（200～250kg/cm^2），而抗拉强度一般为抗压强度的 3%～6%。此外，还应注意混凝土的早期强度，控制表层混凝土 7 天龄期的强度等级不低于 C10，以确保早期的抗裂性。在高坝中，接近地基部分的混凝土，其 90 天龄期强度等级不得低于 C25，内部混凝土 90 天龄期强度等级不低于 C20。

为了保证混凝土的材料性能，必须严格控制水灰比。对于较高的拱坝，坝体表层

混凝土的水灰比应限制在0.45～0.50的范围内，内部可用0.60～0.65。实践证明，水灰比大于0.55的混凝土，抗冲刷的性能常不能满足要求。

坝体混凝土强度等级的分区，在上游面应检验混凝土的抗渗性能；在寒冷地区，拱坝上下游水位变动区及所有暴露面应检验抗冻性能；坝体厚度小于20m时，混凝土强度等级尽量不分区；对于高坝，如坝体中部和两侧拱端的应力相差较大，可分设不同强度等级区。另外，对于同一层混凝土强度等级分区的最小宽度不小于2m。

与第四章中介绍的碾压混凝土重力坝相同，也可采用碾压混凝土修建拱坝或拱围堰。碾压混凝土材料的性能特点见第四章第八节，这里不再赘述。

二、坝顶

拱坝坝顶的结构型式和尺寸应按运用要求确定。当无交通要求时，非溢流坝顶宽度一般应不小于3m。坝顶路面应有横向坡度和排水系统。在坝顶部位一般不配钢筋，但在严寒地区，有的拱坝顶部配有钢筋，以防渗水冻胀而开裂；在地震区由于坝顶易开裂，可穿过坝体横缝布置钢筋，以增强坝的整体性。在溢流坝段应结合溢流方式，布置坝顶工作桥、交通桥，其尺寸必须满足泄流启闭设备布置、运行操作、交通和观测检修等要求。对于地震区的坝顶工作桥、交通桥等结构，应尽量减轻自重，并提高结构的抗震稳定性。

三、坝内廊道及排水

为满足拱坝基础灌浆、排水、观测、检修和坝内交通等要求，应在坝内设置廊道。考虑到拱坝厚度较薄，应尽可能少设廊道，以免对坝体削弱过多。对于中低高度的薄拱坝，可以减免坝内廊道，考虑分层设置坝后桥，作为坝体交通、封拱灌浆和观测检修之用，但坝后桥应该与坝体整体连接。

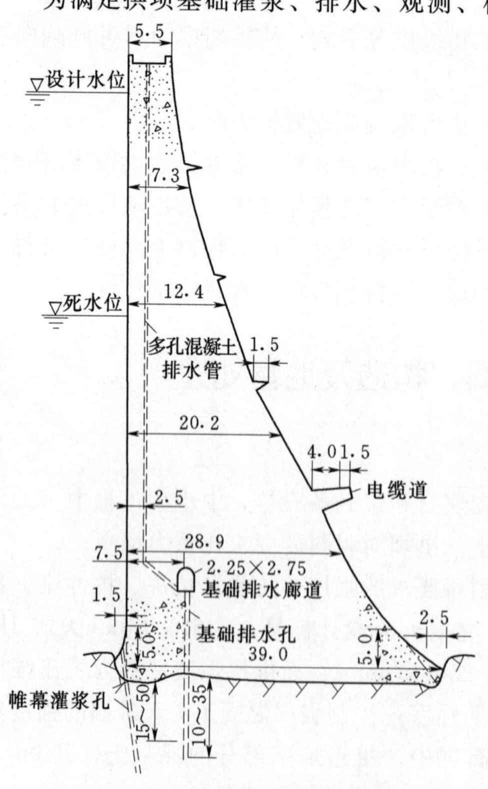

图5-47　厚拱坝的廊道及排水管道布置图（单位：m）

廊道之间均应相互连通，采用电梯、坝后桥及两岸坡道连通。

廊道与坝内其他孔洞的净距离不宜小于3m，以防止应力集中，该净距也可通过应力分析确定。纵向廊道的上游壁离上游坝面的距离一般为坝面作用水头的0.05～0.1倍，且不小于3m。

坝基一般设置基础灌浆廊道，其底部高程约在坝基面以上3～5m，其断面尺寸应根据灌浆机具尺寸和工作空间的要求进行设计。

图5-47为安徽省响洪甸厚拱坝最大剖面的廊道及排水管道布置图。拱坝的防渗和排水与重力坝相似。对于浆砌

石拱坝，一般在坝体上游面1～2m范围内采用混凝土作为防渗体，也可采用钢丝网喷浆防渗护面。坝身一般设置竖向排水管，管距一般为2.5～3.5m，内径一般为15～20cm。对于无冰冻地区的薄拱坝，坝身可以不设排水管。

四、坝体分缝

由于散热和施工的需要，像重力坝那样，拱坝也是分层分块地进行浇筑或砌筑，而且在施工过程中设置伸缩缝（属于施工缝），即横缝和纵缝（图5-48和图5-49）。当坝体混凝土冷却到稳定温度或低于稳定温度2～3℃以后，再用水泥浆将伸缩缝封填，以保证坝体的整体性。

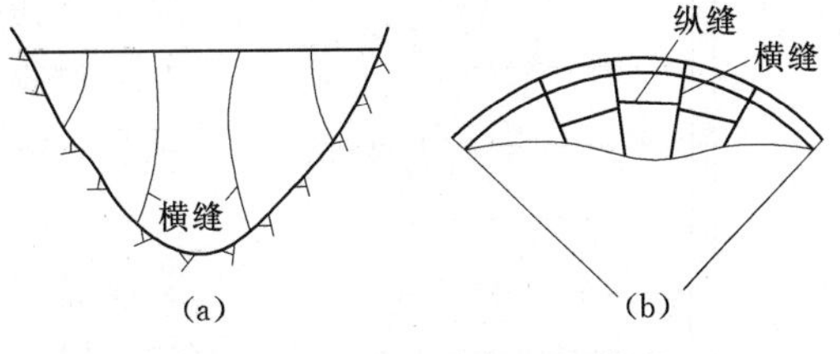

图5-48　拱坝的横缝和纵缝

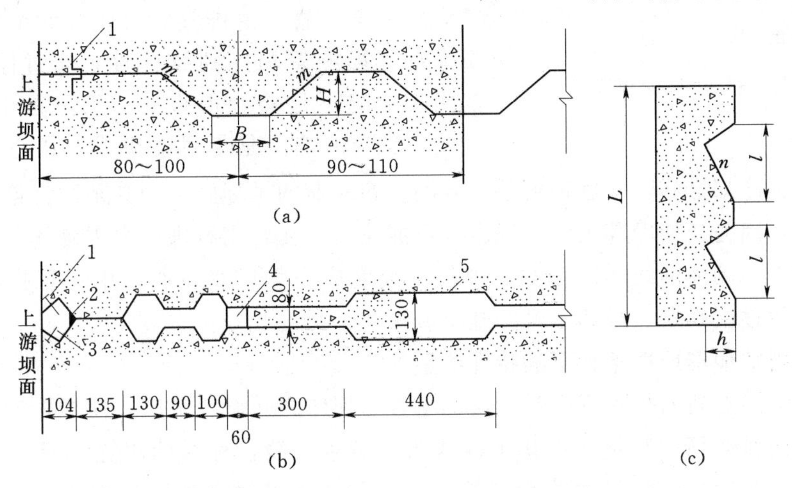

图5-49　拱坝纵横缝键槽及宽缝（单位：m）

（a）横（窄）缝键槽；（b）宽缝；（c）纵缝键槽

H=15～20cm；B的尺寸以能安装灌浆盒为宜；m=1：1.5～1：2.0；L=300cm；$l\geqslant$100cm；h=30～40cm；n应结合主应力方向考虑，可为1：1.2～1：1.5，不陡于1：1；

1—金属止水片；2—沥青止水体；3—钢筋混凝土塞；4—排水井；5—回填混凝土

横缝是沿半径向设置的收缩缝，确定其位置和间距时除应考虑混凝土可能产生裂缝的有关因素（如坝基条件、温度控制和坝体应力分布状态等）外，还应考虑结构布置（如坝身泄洪孔尺寸、坝内孔洞等）和混凝土浇筑能力等因素。横缝间距（指上游坝面的弧长）一般为15～20m。在变半径的拱坝中，为了使横缝与半径向一致，必然要成为扭曲面，有时为了简化施工，对不太高的拱坝也可以中间高程处的半径向为准，仍用铅直平面来分缝。横缝底部缝面与地基面的夹角不得小于60°，尽可能接近正交。缝内一般要设置键槽，以提高坝体的抗剪强度。

厚度大于40m的拱坝，可考虑设置纵缝，相邻坝体之间的纵缝应错开。纵缝间距一般为20～40m，为了施工方便一般采用铅直纵缝，但在下游坝面附近应逐渐过渡到正交于坝面，避免浇筑块出现尖角。

收缩缝又可分为宽缝与窄缝两种。宽缝的宽度为 0.7～1.2m，直接用混凝土填塞，缝内设有键槽，并在上游面设有钢筋混凝土塞。宽缝散热较好，但在回填混凝土冷却后还会产生缝隙。因此，对于较高的拱坝，需在填缝后再进行灌浆。该缝多用于浆砌石拱坝。在较高拱坝中多采用窄缝，这是相邻坝段自行收缩而形成的缝，缝的表面一般也是做成键槽接合。

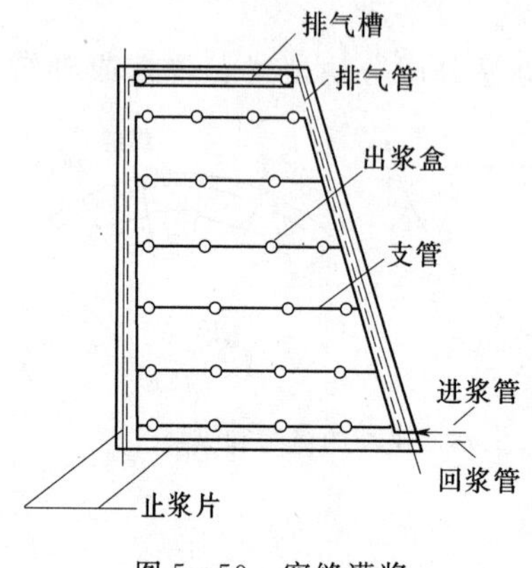

图 5-50　窄缝灌浆

对收缩缝进行灌浆是一项重要的工作，可沿坝高每隔 9～15m 分成一个灌浆区。该区四周设有止浆片（图 5-50），灌浆时从灌浆区底部的进浆管压进水泥浆，经过灌浆支管到出浆盒，再进入缝中以充填缝隙并进入回浆管。灌浆时缝中的空气将通过排气槽，由排气管排出。收缩缝的施工质量直接影响着坝体的整体性，通过原型观测，证明收缩缝不是接合得很好，仍然是个薄弱面。因此，当今的趋向是尽可能少设收缩缝，而是在施工时加强冷却措施，实践证明是有效的。在较薄的拱坝施工中必须注意第一期冷却不宜过短，因为初期冷却太快，混凝土可能拉裂。在浆砌石拱坝中因砌体单位体积水泥用量较少，砌体的线膨胀系数、弹模、温度应力均较小，所以中小型拱坝常不分缝，而采用逐层砌筑、整体上升的施工方法。

五、特殊地形地质条件下的特殊构造

当坝址河谷断面很不规则时，可在基岩与坝体之间设置垫座，使坝体变为有规则的形状，同时使坝体与垫座的接触面成为一条永久缝，称为周边缝（图 5-51）。这样，坝体与其边界的接触方式为铰接，这与前述常见拱坝的固接方式有所不同，自然，坝体应力分析方法也不同。

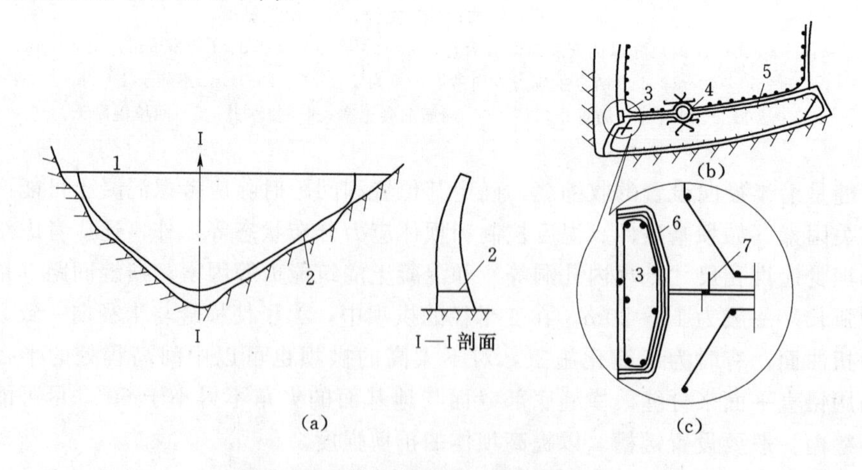

图 5-51　拱坝垫座图（坝高 136.3m）

（a）立视及剖面图；（b）周边缝；（c）缝的防渗止水大样

1—坝面；2—周边缝；3—钢筋混凝土止水板；4—集水管；5—钢筋；6—防渗材料；7—止水铜片

周边缝（铰接拱）能够改善坝体边界弯曲应力，能使坝断面减薄。设置周边缝后，坝体即使有裂缝，延伸到缝边就会停止发展，若垫座有开裂，也不致影响到坝体。周边缝在拱坝的径向剖面上多为圆弧曲线。图5-52为英古里拱坝周边缝径向剖面图，周边缝圆弧的半径取该处坝厚的一半，缝面略向上游倾斜，使与坝体径向剖面上的压力线成正交。沿拱坝坝轴线剖面上，周边缝的轮廓一般为二次曲线或卵形曲线。

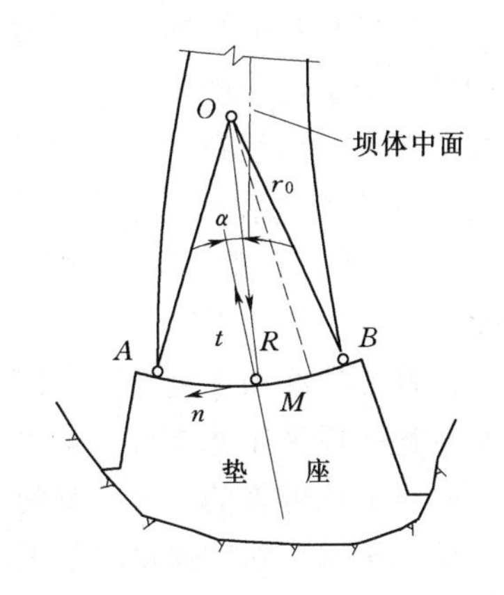

图5-52　英古里拱坝周边缝径向剖面图
O、r_0—圆弧 AMB 的曲率中心和半径；n—过 M 点与坝体中面垂直的单位矢量；t—过 M 点与坝体中面相切的单位矢量；R—坝体合力（通过 O 点传至底座）；α—矢量 t 与$\overline{OM}$的夹角

垫座混凝土浇筑后表面不做冲毛处理，在上面直接浇筑坝体混凝土，缝的上游端布置钢筋混凝土防渗塞，周围填以沥青防水材料，防渗塞下游侧埋设止水铜片，并设置排水孔道。缝面用钢筋网加强。有的拱坝将河床周边缝做成滑动底缝，在垫座面上涂以沥青或铺设其他摩擦系数较低的材料。滑动底缝可有效地减小坝体底部的竖向拉应力，但设置滑动底缝或周边缝将不同程度地削弱拱坝的整体刚度。而且坝体和垫座间的抗滑稳定安全度将比一般浇筑缝低，因此拱坝设置周边缝，特别是滑动底缝，应经过充分的论证。

六、拱坝的地基处理

拱坝的地基处理主要是为了加强地基的整体性、抗渗性和耐久性，提高地基的强度和刚度，使坝体和地基接触面形状适宜，避免出现不利的应力分布。坝基处理包括两岸拱座处理和河床段的地基处理，而前者尤为重要。

处理措施通常有以下几种。

（1）坝基开挖。一般都要求开挖到新鲜基岩，根据坝高及重要性的不同，可有所差异。高坝应尽量开挖到新鲜或微风化的下部基岩，中坝应尽量开挖到微风化的中下部基岩。两岸拱端处内弧面的切线方向与利用岩面等高线的交角不小于30°，并使拱端传来的推力尽量垂直于接触面［图5-18（a）］。如拱端厚度较大而使开挖量过多时，也可采用非径向面［图5-18（b）］，其中径向部分的厚度要大于或等于拱端厚度的一半。如两岸岩体比较单薄，可将基岩开成深槽，使拱端较深地嵌入岩体内。

（2）固结灌浆和接触灌浆。固结灌浆的范围和孔深主要根据基岩的裂隙情况、受力情况、坝基和拱座的变形控制、稳定要求等加以确定。孔深一般为5～15m，孔距一般为3～6m。为了提高坝基接触面上的抗剪强度和抗压强度，以及减少沿基础接触面渗漏，应对下列部位进行接触灌浆：①坡角大于50°～60°的陡壁面；②上游坝基接触面；③在基岩中开挖的槽、井、洞等回填混凝土的顶部。

（3）防渗帷幕。防渗帷幕一般布置在压应力区，并尽可能地靠近上游面，帷幕轴线的方向要延伸到岸坡内一定距离（约为坝高的0.5倍），以减小两岸绕渗引起的渗透压力。防渗帷幕孔的深度应根据坝高、基岩地质条件、岩体的单位吸水量等因素结合拱坝的稳定要求给予确定，原则上应深入到相对隔水层，若相对隔水层埋藏较深，帷幕孔深一般可采用坝高的0.3～0.7倍。帷幕孔一般布置成一排至三排，视坝高和地基情况而定，其中第一排是主帷幕，应满足设计深度要求，其余各排孔深可取主孔深的0.5～0.7倍。孔距是逐步加密的，开始约为6m，最终为1.5～3.0m，排距宜略小于孔距。

防渗帷幕必须在坝体浇筑到一定厚度后进行，该厚度的坝体重量即作为灌浆的盖重。灌浆材料一般采用水泥灌浆，如达不到设计防渗要求时可采用化学材料补充灌浆，但应防止由此带来的环境污染问题。

（4）坝基排水。在防渗帷幕的下游应设置排水，排水孔与帷幕下游侧的距离应不小于防渗帷幕孔中心距的1～2倍，且不得小于2～4m。排水孔一般设一排，其孔深为帷幕孔深的40%～75%，但不应小于固结灌浆孔的深度。排水孔距一般采用3m。对于高坝以及两岸地形较陡，地质条件复杂的中坝，宜在两岸设置多层排水平洞，在平洞内钻设排水孔，以便充分降低两岸岩体内的地下水位和扬压力。

（5）断层破碎带处理。对于坝基范围内的断层破碎带，应分析其对坝体和坝基的应力、变形、稳定和渗漏的影响，采用适当的处理方法。对于深度不大的断层破碎带，可挖除破碎岩石，直至新鲜或弱风化基岩，然后回填混凝土。对于深度较大的断层，则挖除破碎带到一定程度后，即可回填混凝土塞。对于拱座处宽度较大、延伸较深的断层，必须把传力部分的断层破碎带挖除并回填混凝土，进行固结灌浆和接触灌浆。

（6）河岸岩基锚固。当河岸有剪切裂隙使岸坡不够稳定时，可采用锚固法，即在岩基内钻孔并放入钢锚杆，然后用水泥砂浆填紧。锚杆深度必须伸入完整稳定的岩层。

第六节　支　墩　坝

一、支墩坝的类型、特点及其发展

资源5.7
支墩坝的工作原理及类型

支墩坝是由一系列支墩和支承其上的上游挡水盖板所组成。库水压力、泥沙压力等由盖板传给支墩，再由支墩传至地基。

1. 支墩坝的类型

按挡水盖板形式支墩坝可分为平板坝、连拱坝和大头坝，如图5-53所示。

平板坝是支墩坝最简单的形式，其盖板为一钢筋混凝土板，并常以简支的形式与支墩连接。因而平板的迎水面不发生拉应力，受温度变化和地基变形的影响也不大。但面板的跨中弯矩较大，其经济性往往受水头的限制。坝高一般在40m以下，只有当面板采用预应力结构时，才能加大坝高。

连拱坝由拱形的挡水面板（拱筒）承受水压力，受力条件较优，能较充分地利用建筑材料的强度。由于连拱坝为超静定结构，温度变化、地基变形对支墩和面板的应力均有影响，因而连拱坝对地基的要求较高。

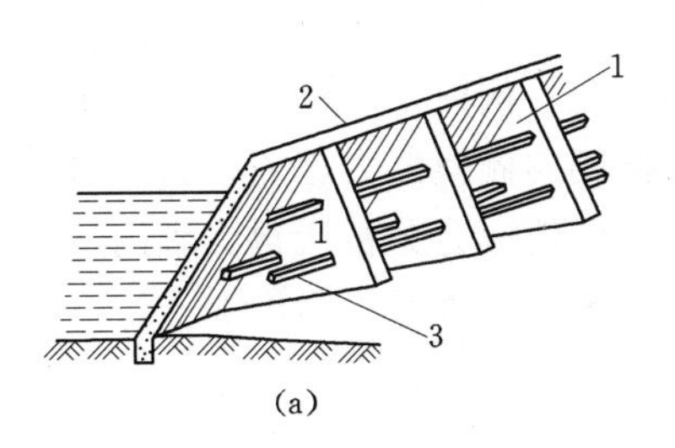

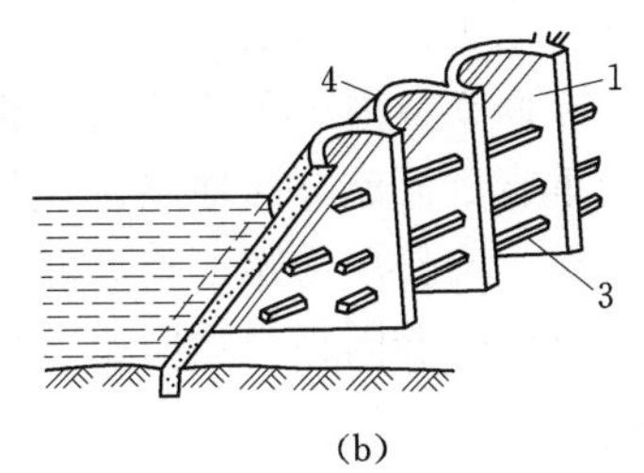

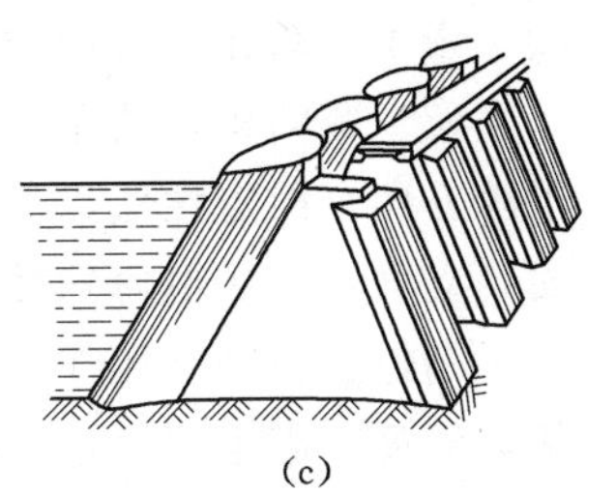

图 5-53　支墩坝的类型

(a) 平板坝；(b) 连拱坝；(c) 大头坝

1—支墩；2—平面盖板；3—刚性梁；4—拱形盖板

大头坝是通过扩大支墩头部而起挡水作用的。其体积较平板坝、连拱坝大，也称为大体积支墩坝。它能较充分地利用材料强度，坝体一般不用钢筋，大头和支墩共同组成单独的受力单元，对地基的适应性较好，受气候条件限制较小，因此，大头坝的适用范围广泛，我国已建有单支墩和双支墩的高大头坝多座。

支墩坝的支墩形式也有多种，如单支墩、双支墩、框格式支墩和空腹支墩等。

2. 支墩坝的特点

与其他混凝土坝相比支墩坝有如下一些特点：

(1) 混凝土用量省。支墩坝有向上游倾斜的挡水面。可利用上游的水重增加坝的抗滑稳定性，支墩间留有空隙便于坝基排水，减小作用在坝底面上的扬压力，从而大大节省混凝土方量。与实体重力坝相比，大头坝可节省 20%～40%，连拱坝可节省 30%～60%。

(2) 能充分利用材料强度。由于支墩可随受力情况调整厚度，因而可较充分利用坝工材料的抗压强度。连拱坝则可进一步将盖板做成拱形结构，使材料的强度更能充分地发挥。但对上游面板混凝土的抗裂和抗渗性能有较高的要求。

(3) 坝身可以溢流。大头坝接近宽缝重力坝，坝身可以溢流，单宽流量可以较大。已建的溢流大头坝单宽流量达 $100m^3/(s \cdot m)$ 以上，平板坝因结构单薄，单宽流量不宜过大以防坝体振动，而连拱坝坝身一般不做溢流设施。

(4) 坝身钢筋含量较大。平板坝和连拱坝钢筋用量较大，一般情况下每方混凝土可达 0.3～0.4kN，而大头坝一般不用钢筋，仅在大头局部和孔洞周边布置部分钢筋，每方混凝土为 0.02～0.03kN，与宽缝重力坝相近。

(5) 对坝基地质条件要求随不同面板形式而异。因支墩应力较高，所以对地基的要求较重力坝严格，尤其是连拱坝对地基要求则更为严格。平板坝因面板与支墩常设成简支连接，对地基的要求有所降低，在非岩石或软弱岩基上亦可修建较低的平板坝。

(6) 施工条件有所改善。一方面因支墩间存在空腔减少了基坑开挖清理等工作量，便于在一个枯水期将坝体抢修出水面，支墩间的空腔还可布置底孔，便于施工导流；另一方面因坝体施工散热面增加，故混凝土温度应力、收缩应力较小，温控措施简易，可以加快大坝上升速度。但模板也相应复杂且用量大（尤以连拱坝为甚），混凝土强度等级比重力坝的高，故单位方量造价较高。

（7）侧向稳定性差。一方面支墩因本身单薄又互相分立，侧向稳定性比纵向（上下游方向）稳定性低，如受垂直于河流方向地震时，其抗侧向倾覆能力就差；另一方面，支墩是一块单薄的受压板，当作用力超过临界值时，即使应力分析所得支墩内应力未超过材料的破坏强度，支墩也会因丧失纵向稳定性而破坏。因此，为增加支墩的侧向刚度，需采取一定的措施。

3. *支墩坝的发展*

"古典"的大体积混凝土坝（实体重力坝）因承受很大的扬压力，不得不加大体积来维持稳定。宽缝重力坝为克服这一缺点，将坝底做成空腔使扬压力减小，从而节省10%～20%的混凝土方量；支墩坝则将空腔进一步扩大，扬压力进一步减小，并利用上游斜面上的水重，节省混凝土方量。尤其是连拱坝和大头坝，其建筑高度有了较大的突破。我国20世纪50年代修建了佛子岭、梅山、磨子潭、柘溪、桓仁等多座支墩坝，其中柘溪大头坝坝高104m，梅山连拱坝高88.24m。目前世界上最高的大头坝是巴西、巴拉圭共建的伊泰普（Itaipu）坝，坝高196m；最高的连拱坝是加拿大丹尼尔·约翰逊（Daniel Johnson）坝，坝高214m，如图5-60所示。

随着科学技术的发展，计算机技术、应力分析方法、结构模型试验技术以及施工工艺水平等的不断提高，支墩坝这一坝型在适宜场合下仍将会被采用。

二、平板坝

1. *平板坝的体形和构造*

平板坝由支墩和面板所组成。面板支撑于支墩，其连接方式有简支式和连续式两种，如图5-54所示。一般采用简支式，这样可避免面板上游产生拉应力，并可适应地基变形。

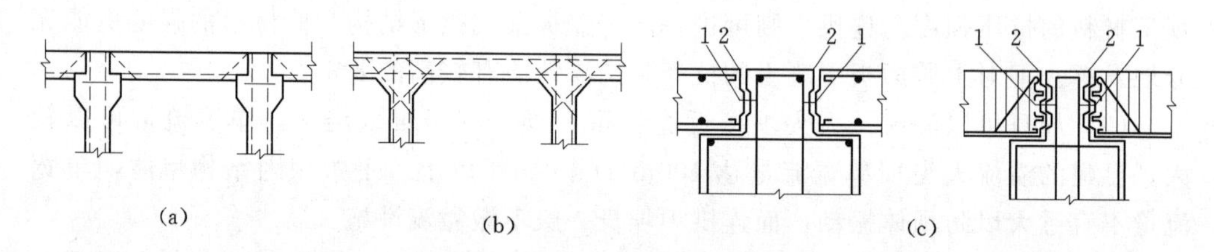

图5-54　面板与支墩的连接方式

(a) 简支式；(b) 连续式；(c) 平板与支墩连接大样

1—止水；2—伸缩缝（缝内填注沥青）

面板的顶部厚度必须满足气候、构造和施工要求，一般不小于0.2～0.5m，底部厚度由结构计算确定，并保证受拉区不发生裂缝。

支墩间距一般为5～10m，支墩厚0.3～0.6m，从上向下逐渐加厚。基本剖面的上下游坡及支墩厚度由抗滑稳定和支墩上游面的拉应力条件决定。在支墩体积相同的前提下，上游坡愈缓，对抗滑稳定愈有利，但上游坡愈缓，愈易产生拉应力。为了利用水重增加坝的抗滑稳定性，往往将上游坝面做成一定的倾斜度，其倾角常为40°～60°，下游坡角为60°～80°。为增加其侧向稳定性，在支墩之间用刚性梁加强（图5-

53)。支墩的水平截面基本上呈矩形，但为支撑面板，在上游面需加厚成悬臂式的墩肩，其宽度一般为面板厚的 1/2～1，轮廓尺寸参阅图 5-55。墩肩断面一般为折线形。墩肩与支墩连接处，为了避免应力集中，亦可做成圆弧形，半径 $r=1.0\sim2.0$m。

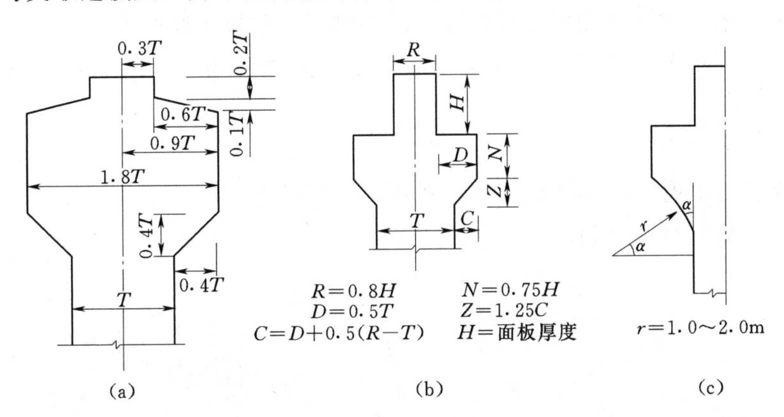

图 5-55　墩肩轮廓尺寸示意图

平板坝适用于气候温和地区、中低水头枢纽。如我国在 20 世纪 70 年代建成的古田二级（龙亭）水电站，大坝采用平板坝，其最大坝高 43.5m。目前世界上最高的平板坝是墨西哥 1941 年建造的罗德里格兹（Rodriguze）坝，坝高 73m，支墩中心距 6.7m，支墩厚度顶部 0.48m、底部 1.68m，平板厚度顶部 0.63m、底部 1.68m。平板坝在 20 世纪初用得较多，近年来采用较少，主要是考虑钢筋用量多，侧向稳定性及耐久性差等。

2. 平板坝结构设计与计算要点

平板坝的结构计算包括平板内力计算、墩肩应力计算、支墩应力计算以及配筋计算等。

平板坝的面板常简支于支墩，可截取水平单宽板条，按简支梁计算。板条上的均布静水压力 $p=\gamma h$，其中 γ 为水的重度，h 为计算板条中心处水头。板条的均布自重法向分力 $W=\gamma_c t\cos\varphi$，其中 γ_c 为混凝土重度，t 为板条厚度，φ 为面板坡角，如图 5-56 所示。按不同的作用组合，还可能有其他作用荷载。板条的计算跨度可取为

$$l_1=l_0+\frac{2}{3}b \tag{5-53}$$

式中：l_0 为面板在支墩间的净跨；b 为墩肩宽度。

一般假定墩肩对板条的反力呈三角形分布（图 5-57），如荷载只有静水压力及自重，则板条的最大弯矩和最大剪力为

$$M_{max}=\frac{1}{8}(\gamma h+\gamma_c t\cos\varphi)l_1^2 \tag{5-54}$$

$$Q_{max}=\frac{1}{2}(\gamma h+\gamma_c t\cos\varphi)l_1 \tag{5-55}$$

墩肩反力的合力与板条压力 R 等值反向（图 5-58），故

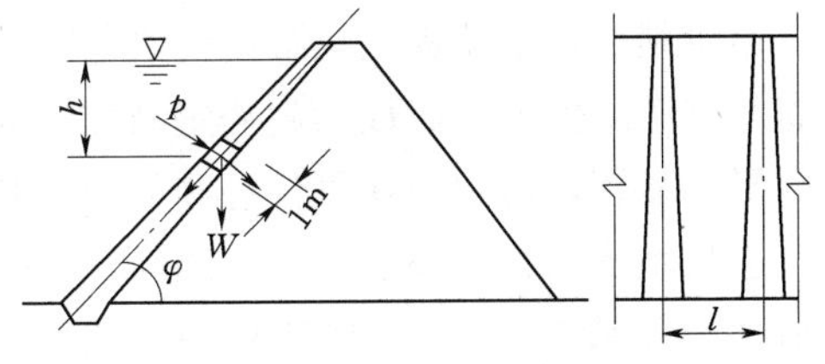

图 5-56　平板坝面板

$$R=\frac{1}{2}(\gamma h+\gamma_c t\cos\varphi)l_1 \tag{5-56}$$

求得最大弯矩和剪力后，可对面板配筋。由于对面板的抗渗、抗冻要求高，配筋满足强度要求的同时还要校核面板抗裂，必要时可修改板的厚度 t。

降温情况下板条将收缩，但板条与墩肩之间有摩阻力 F，不能自由收缩，摩阻力为

$$F=Rf \tag{5-57}$$

式中：f 为板与墩肩之间的摩擦系数，其间若敷有沥青，可取 $f=0.1\sim0.3$，温度高时取小值，温度低时取大值。

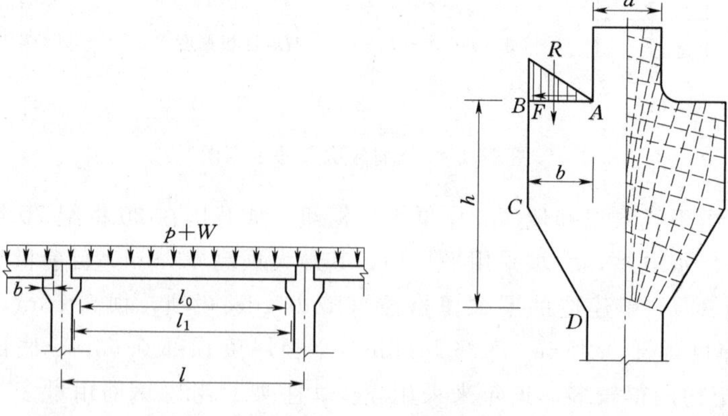

图 5-57　平板坝墩头计算图　　图 5-58　平板坝墩肩受力图

板条中产生的最大温度拉力即为 F，可据此配置温度钢筋。

简支式平板坝面板的底部实际上用齿墙与地基相嵌固，以增强坝的防渗与抗滑能力。故作较精确的分析时，可考虑按底边固接而两侧简支的三边支承板计算其内力。

对于连续式平板坝面板的内力分析，可垂直上游坝面截取单宽连续梁或多跨框架进行计算。当连续平板搁置于支墩时，按连续梁计算；当连续平板与支墩刚性连接时，按多跨框架计算。

对支墩头部应力的精细分析可用有限单元法计算或偏光弹性试验求得主应力后配筋。支墩应力的计算有材料力学法、有限单元法等。设计时可参考有关文献，这里不再赘述。

三、连拱坝

1. 连拱坝的体形和特点

连拱坝是挡水盖板呈拱形的一种轻型支墩坝，这种倾向上游的拱状盖板称拱筒。拱筒与支墩刚性连接而成为超静定结构。因此，温度变化和地基不均匀变形对坝体应力的影响显著，适宜建在气候温和的地区和良好的岩基上。

连拱坝支墩的基本剖面为三角形，其尺寸主要受抗滑稳定与支墩上游面的拉应力值两个因素控制。一般经验是：连拱坝上游边坡 $\varphi=45°\sim60°$，下游坡角 $\psi=70°\sim80°$。

连拱坝能充分利用材料强度，拱壳可以做得较薄，支墩间距也可大一些，所以在支墩坝中，以连拱坝的混凝土方量最小。但施工复杂，钢筋用量也多。

由于坝身比较单薄，施工、温度及运行期的不利荷载作用都会引起混凝土开裂并有可能进一步扩展。因此要求拱壳混凝土有较高的抗拉防渗强度等级。在严寒地区，坝体还受冰冻和风化的影响，修建连拱坝时，一定要在下游面设防寒隔墙。

连拱坝的拱筒一般采用圆弧形。支墩有单支墩和双支墩两种，后者侧向刚度较大，多用在高连拱坝中。例如我国 1956 年修建的梅山连拱坝，拱圈采用 180°中心角的等厚半圆拱，顶拱圈厚 0.60m，底拱圈厚 2.30m，内半径为 6.75m，支墩间距 20m，采用空腹双支墩式（图 5－59）。又如加拿大 1968 年建造的丹尼尔·约翰逊连拱坝，坝长 1220m，河谷中间一跨最大，跨距达 162m，顶拱圈厚 6.7m，底拱圈 25.3m，两侧等跨距布置（图 5－60）。

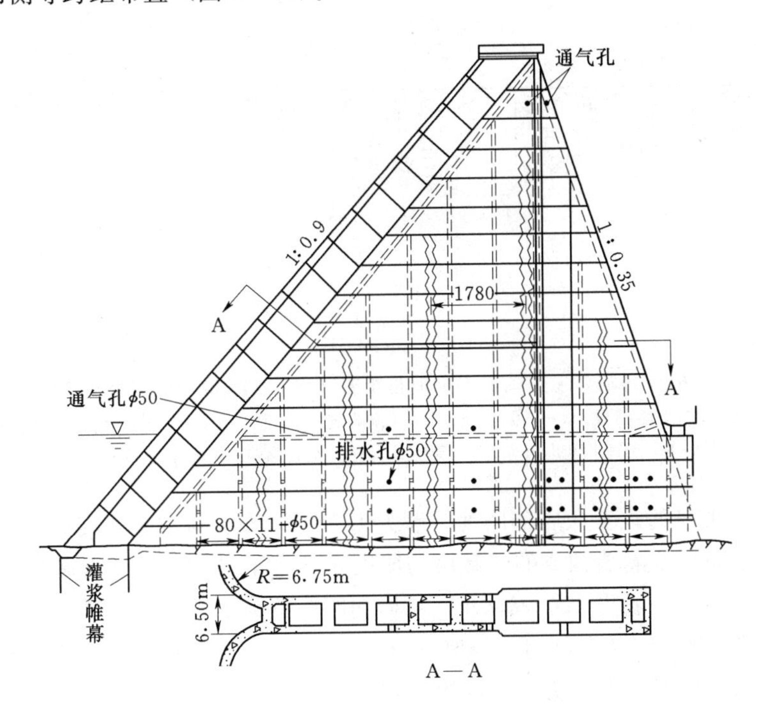

图 5－59 梅山连拱坝（坝高 88.24m；单位为 cm）

早期连拱坝多为钢筋混凝土结构。但近年来建造的连拱坝，拱及支墩有的已采用素混凝土建造。我国在中小型工程中还修建了不少砌石连拱坝，如自贡市老蛮桥砌石连拱坝，坝高 21m，拱跨 43m。

2. 连拱坝基本尺寸的拟定

连拱坝的基本尺寸包括：支墩间距、墩厚、上下游边坡、拱中心角和厚度等。

支墩间距 l 随坝高而变，根据经验：当坝高 $H \leqslant 30$m 时，$l=10\sim18$m；当坝高 $H=30\sim50$m 时，$l=15\sim25$m；当坝高 $H=50\sim120$m 时，$l=20\sim40$m。近年来，连拱坝的支墩间距在逐渐加大。由于拱的特性，间距适当加大是有利的。

支墩的厚度，对实体式支墩，顶部一般为 0.4～2.0m，也有将支墩顶部加厚至

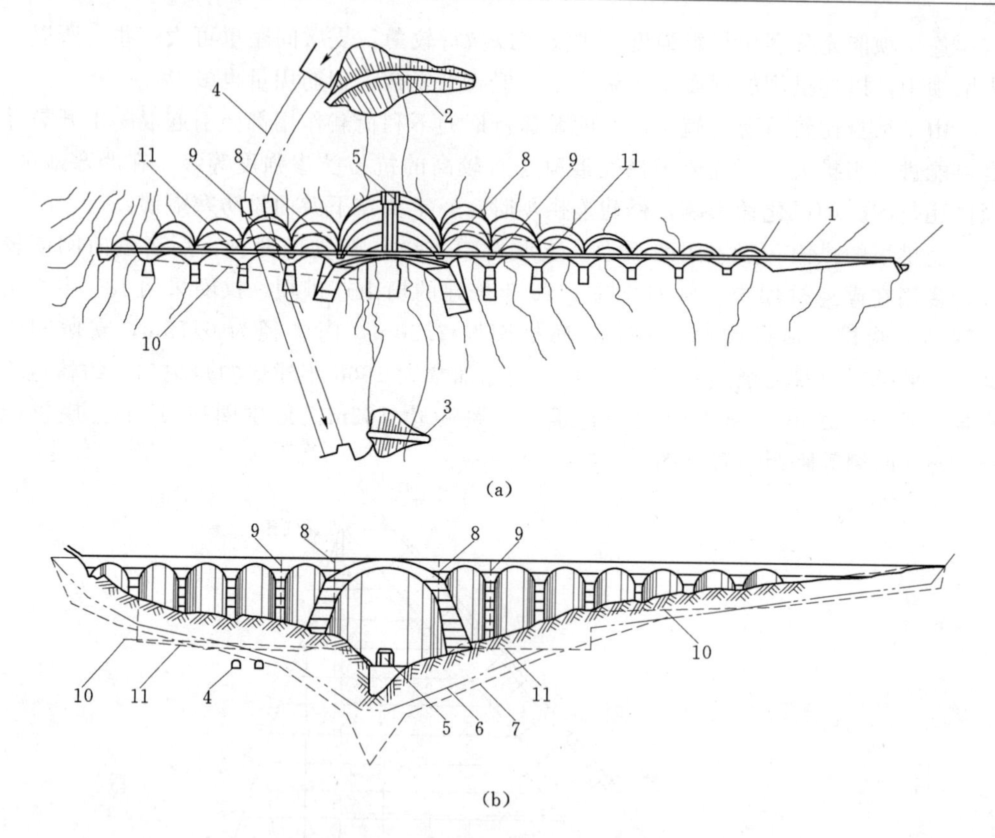

图 5-60　丹尼尔·约翰逊连拱坝布置图（坝高 214m，最大拱跨 162m）
1—坝轴线；2—上游围堰；3—下游围堰；4—导流隧洞；5—泄水孔；6—排水孔；7—防渗齿墙；8—测锤井和电梯井；9—测锤井；10—检查廊道；11—排水廊道

2.5～3.0m 或更厚的；支墩底部厚度一般为 1.5～7.0m。对空腹式支墩，它是由两片墩墙和上下游面板及隔墙构成的，墩墙的厚度大致等于拱的厚度，支墩的厚度（两片墩墙的外缘距离）一般为 4.0～8.0m，隔墙间距一般为 5.0～12.0m。

上游坡度一般为 1∶0.9～1∶0.5(n=0.9～0.5)，下游坡度 m=(1.1～1.3)－n。设计时可由支墩的稳定和应力条件求得。

拱中心角一般在 135°～180°之间，也有采用 90°～120°的。拱中心角愈大受温度变化及地震时支墩的相对位移的影响就愈小，拱座处的剪力亦较小，故常用 180°。

拱的厚度沿高度是变化的。顶部一般为 0.5～0.6m，底部厚度取决于坝高、支墩间距和拱内含筋率，应由结构计算确定。为便于施工采用标准模板和支承桁架，一般将内拱做成圆柱形。

3. 连拱坝结构设计与计算要点

由于连拱坝的上游面是倾斜的，一般以垂直上游坝面截取单宽拱圈进行计算（图 5-61）。这实际上是计算全高拱筒的中间部分，因为在靠近坝顶和接近坝基的部位各有一段范围有较大的边界影响，影响长度可用下式估计：

$$L=2\sqrt{rT} \tag{5-58}$$

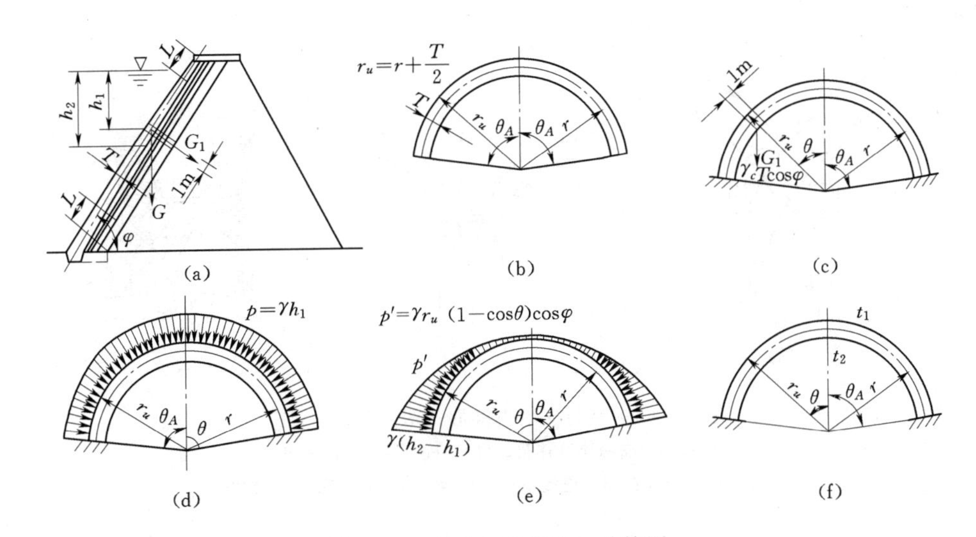

图 5-61　连拱坝拱筒应力计算图

(a) 断面；(b) 拱圈；(c) 自重；(d) 均布水压力；(e) 渐变水压力；(f) 温度荷载

式中：T 为拱壁厚度；r 为拱壁中心线半径。

拱圈所受荷载主要有自重、均布水压力、渐变水压力以及温度作用（内外温差）等。由于拱圈的拱冠和拱座高程不同，水压力强度自拱冠向拱座递增，将其分解为均布水压力和渐变水压力两部分，前者压强对拱圈任一点都为 $p=\gamma h_1$，h_1 为拱冠处于库水面以下的深度；后者压强沿拱圈变化，以渐变函数表示为

$$p'=\gamma r_u(1-\cos\theta)\cos\varphi \tag{5-59}$$

式中：γ 为水的重度；r_u 为拱圈外半径；θ 为拱圈任一计算截面径向与拱冠截面径向的夹角；φ 为坝面坡角。

拱圈任一点单位长度自重作用于拱圈断面的分量为 $G_1=\gamma_c T\cos\varphi$，只是自重 G 的一部分。

如拱圈迎水面的温升或温降为 t_1，背水面的温升或温降为 t_2，则作用于拱圈的内外温差为 t_1-t_2。

当拱圈的形状、尺寸及作用荷载确定后，可按照结构力学公式计算拱圈内力和应力。连拱坝拱圈的结构力学计算如图 5-62 所示。由于拱筒薄，且中心角大，加之左右对称，计算可作较多简化：忽略拱圈压缩和剪切变形影响；只计弯曲变形影响；计算只对半拱进行；由于对称，拱冠截面未知力只有弯矩 M_0 和轴力 N_0，剪力 $Q_0=0$。按无铰拱考虑。

4. 连拱坝构造及与地基的连接

连拱坝的支墩和拱筒一般采用混凝土结构，支墩与拱座之间多用刚性连接，如图 5-63（a）所示。为了减小温度应力和防止由于支墩沉陷引起拱坝开裂，也有采用脱开的布置形式，如图 5-63（b）、（c）

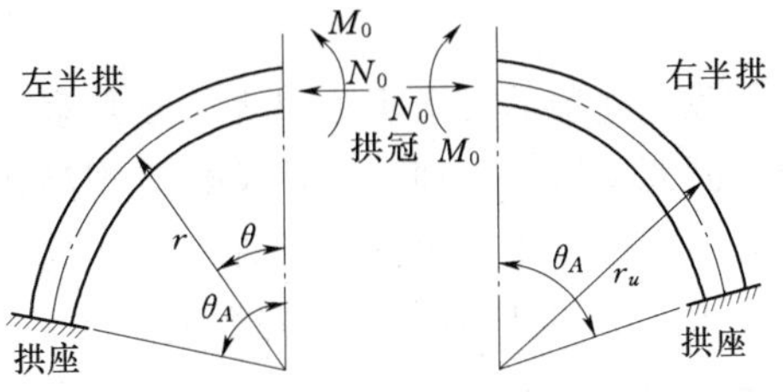

图 5-62　拱圈结构力学计算图

所示。

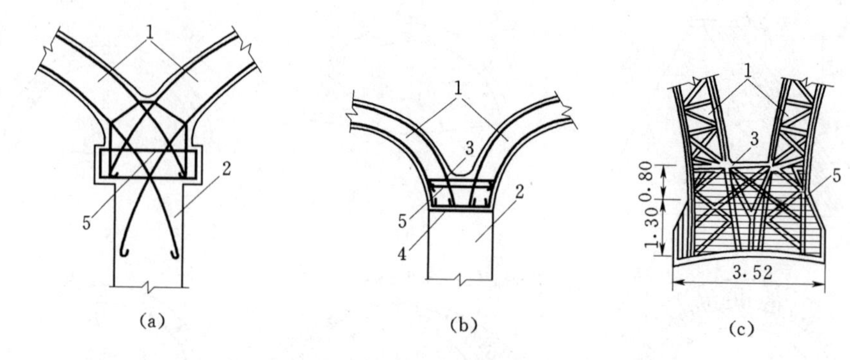

图 5-63　拱与支墩连接形式图（单位：m）

(a) 拱与支墩刚性连接；(b)、(c) 拱与支墩脱开

1—拱；2—支墩；3—连接平板；4—缝（内填沥青）；5—钢筋

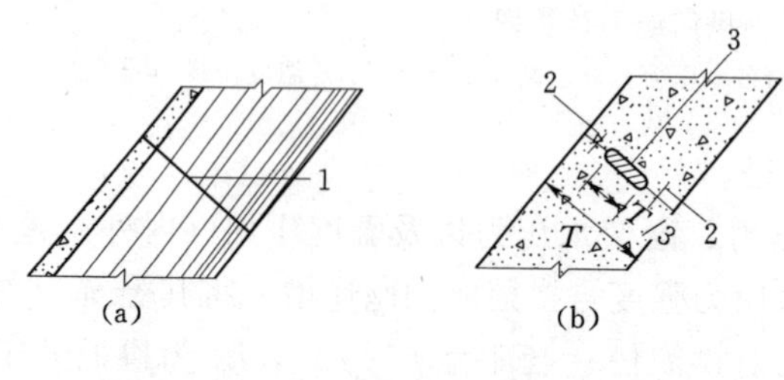

图 5-64　拱筒伸缩缝图

(a) 拱筒伸缩缝；(b) 伸缩缝放大

1—伸缩缝；2—止水片；3—沥青油毛毡（厚约 2cm）

当连拱坝较高时，拱筒可沿高度方向每 20m 设一道永久性伸缩缝，缝的上下游侧都须设止水片（图 5-64）。

拱与地基的连接一般设有齿墙，连接形式见图 5-65。

为增强侧向稳定性，在单支墩上，可设加劲梁或加劲肋；对空腹支墩，可在其间做隔墙。

四、大头坝

大头坝介于宽缝重力坝和轻型支墩坝（平板坝、连拱坝）之间，属于大体积混凝土结构。为增加大头坝的侧向刚度，可在支墩之间设加劲肋或建双支墩大头坝。大头坝的溢流性能接近宽缝重力坝。

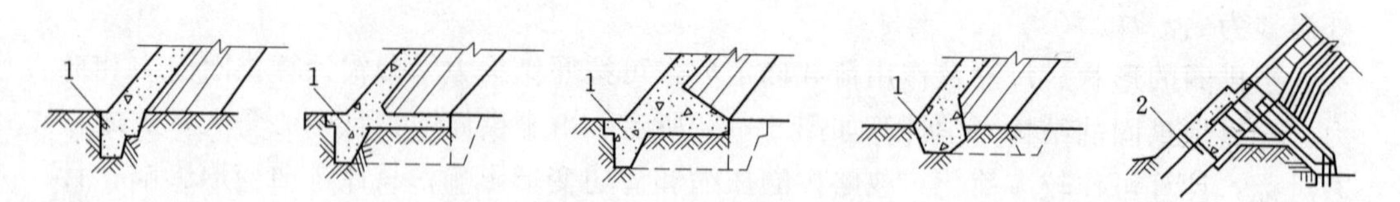

图 5-65　连拱坝拱与基础连接形式图

1—齿墙；2—锚筋

我国建造的支墩坝中以大头坝最多，如 1957 年在淮河支流上修建了 82.4m 高的磨子潭双支墩大头坝，以后又建有坝高在百米以上的湖南柘溪大头坝和辽宁桓仁大头坝等。中小型工程也修筑了许多这样的坝型。

大头坝的基本剖面和宽缝重力坝接近，但水平剖面较为复杂。因此在设计理论、方法以及结构简化方面与宽缝重力坝有些不同，介绍如下。

1. 大头坝的体形选择和尺寸拟定

(1) 头部形式。头部形式主要有平头形、圆弧形和钻石形三种，如图5-66所示。平头形施工简便，但应力情况不好，挡水面常有拉应力，易产生劈头裂缝，故在工程中很少采用。圆弧形所受水压力沿弧径向汇聚，应力情况好，但立模较复杂。钻石形介于前两者之间，应力情况接近圆弧形，施工又较方便，我国所建大头坝中都采用这种形式。

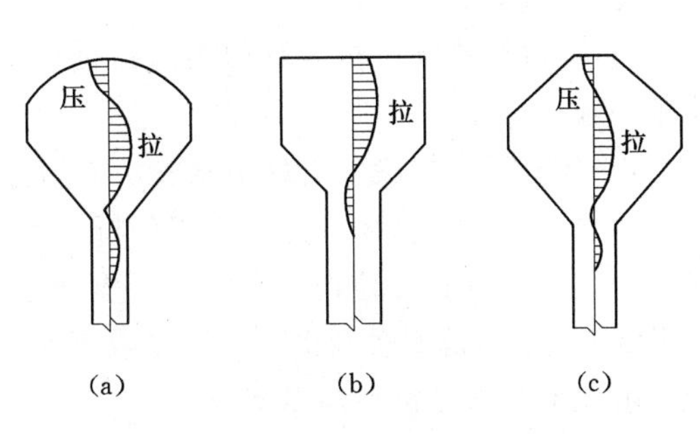

图5-66　大头坝的头部形式

(a) 圆弧形；(b) 平头形；(c) 钻石形

资源5.8
大头坝的头部形式及支墩形式

(2) 支墩形式。大头坝的支墩通常有四种形式见图5-67。

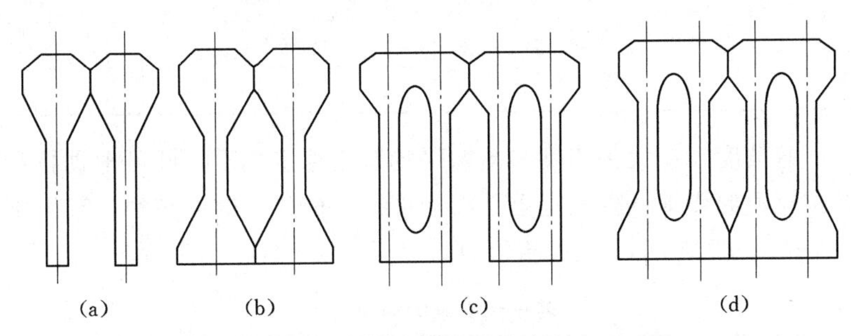

图5-67　大头坝不同类型支墩的水平剖面

(a) 开敞式单支墩；(b) 封闭式单支墩；(c) 开敞式双支墩；(d) 封闭式双支墩

1) 开敞式单支墩。其优点是结构简单，施工方便，便于观察检修等；主要缺点是侧向刚度低，寒冷地区保温条件差。高大头坝较少采用。

2) 封闭式单支墩。将开敞式单支墩的下游面扩大后互相紧贴，使侧向刚度提高；墩间空腔被封闭，保温条件好；且便于布置坝顶溢流，采用最广泛。

3) 开敞式双支墩。侧向刚度高，支墩内设空腔，可改变头部应力状态，导流底孔或坝身引水管可从空腔穿过；缺点是施工较复杂，多用于高坝。

4) 封闭式双支墩。与前三种形式相比侧向刚度最高，但施工也最复杂，较少采用。

(3) 大头跨度。影响大头跨度的主要因素有地形、地质、坝高、施工、地震以及经济性等。对同一河谷，跨度大，则支墩数目减少，墩厚加大，一般情况下减少支墩数目节省的混凝土方量与增加支墩厚度的混凝土方量相当。所以跨度大小对坝体混凝土总量影响不大。但支墩厚度加大可提高侧向刚度，便于机械化施工，是其优点；不足之处是：支墩加厚，相应大头面积加大，混凝土方量增加，要求提高混凝土浇筑能力，施工散热亦相对困难，温度应力大。因此要综合考虑各种因素选定。对单支墩大头坝的常用跨度可参考选用表5-9中的数值。

对双支墩大头坝，坝高在50m以上时，$L=18\sim27$m。

此外在确定大头跨度时还需考虑：

1）溢流大头坝可把支墩伸出溢流面作为闸墩，此时大头跨度必须与溢流孔口尺寸相一致。

2）如有厂房坝段，电站引水管由支墩穿出，大头跨度必须与机组间距相协调。

（4）支墩平均厚度。为了便于分析，令 S 为大头跨度 L 与支墩平均厚度 B 之比，即 $S=L/B$。当 L 一定时，S 越大，支墩越薄，反之支墩越厚。过于单薄的支墩，侧向刚度不足，抗冻耐久性也差，故支墩厚度应满足一定的要求，S 的常用范围见表 5-10，由此可算出支墩平均厚度。

表 5-9　不同坝高常用的大头跨度

坝高 H/m	大头跨度 L/m
＜45	9～12
45～50	12～16
＞50	15～18

表 5-10　S 的常用范围

坝高 H/m	$S=L/B$
40	1.4～1.6
60	1.6～1.8
60～100	1.8～2.0
＞100	2.0～2.4

（5）上下游坡度。在大头跨度和支墩平均厚度拟定之后，即可根据抗滑稳定和上游面不出现拉应力的要求试算确定上下游边坡。目前建造的大头坝，其上下游边坡大多在 1∶0.4～1∶0.5 之间，参见表 5-11。

表 5-11　若干大头坝的剖面尺寸

工程名称	支墩形式	坝高/m	上游坡率 n	下游坡率 m	大头跨度/m
伊泰普	双支墩	196	0.58	0.46	34
阿尔贝培拉	双支墩	130	0.45	0.45	22
柘　溪	单支墩	104	0.45	0.55	16
桓　仁	单支墩	100	0.40	0.55	16
磨子潭	双支墩	82	0.50	0.40	18
双　牌	双支墩	58.8	0.60	0.50	18，23
涔天河	双支墩	43	0.50	0.50	18，23

需要指出：当 L 一定时，S 值愈大，B 愈小，混凝土方量也愈省。但为了维持坝体稳定，需放缓上游边坡 n，利用部分水重，并稍许降低下游边坡 m 的值，使 $m+n$ 增加，但上游坡过缓，对应力不利。此外，底宽加大，开挖量也将随之增加。设计时需综合考虑。

基本尺寸确定后，即可进一步拟定大头和支墩的形式及尺寸，最后对拟定的剖面进行稳定和强度核算。

2. 大头坝的稳定分析和结构设计

大头坝设计和其他坝型一样，首先用工程类比法，参照已建工程，拟定基本轮廓尺寸，然后对拟定的剖面进行稳定和强度校核，并不断修改，直至满足要求为止。

大头坝稳定分析的计算简图如图 5-68 所示。根据稳定条件：

$$K=\frac{f_c\sum W}{\sum H}\geqslant K_c \tag{5-60}$$

式中：$\sum W$ 为垂直向下的合力；$\sum H$ 为水平向合力；f_c 为混凝土与基岩摩擦系数；K_c 为按规范定出的设计安全系数。

将各作用力代入式（5-60）得

$$K=f\left(n+\frac{m+n}{S}\gamma_c\right)\geqslant K_c \tag{5-61}$$

式中：γ_c 为混凝土容重；其余符号含义如图 5-68 所示。

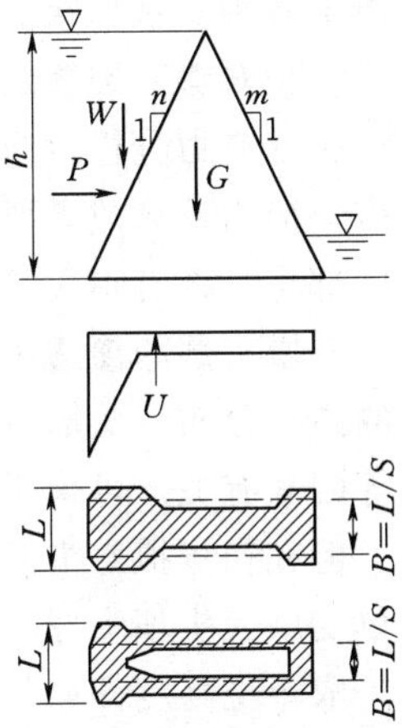

图 5-68　大头坝稳定分析计算简图

根据应力条件，按材料力学法计算，可求得上游面主应力 σ'_{1u}。令其为零，有

$$m^2\left[\frac{\gamma_c(1+n^2)}{S}-n^2\right]+m\left[\frac{\gamma_c(1+n^2)n}{S}+2n\right]-1=0 \tag{5-62}$$

在式（5-61）和式（5-62）中选择不同的 K_c、n、S 可绘制两组曲线（图 5-69）。

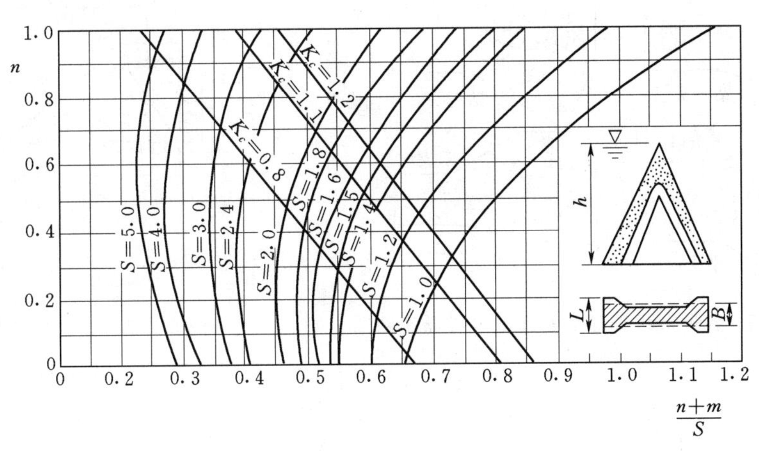

图 5-69　不同 K_c、n、S 曲线图

设计时，可以选择几组不同的 S、L 及相应的满足抗滑稳定及应力条件的 n、m 值，同时考虑到混凝土的强度等级、施工及抗震等条件，进行技术经济比较，最后确定其基本尺寸。

大头坝的结构计算包括头部应力分析、支墩应力分析、支墩纵向弯曲稳定验算和大头坝的抗震计算等。

（1）头部应力分析。大头坝的头部本应与支墩整体浇筑，它是支墩的一部分，但因其处于挡水要害部位，以及工程实践中又已出现过的“劈头裂缝”问题，对头部单独进行应力分析日益受到重视。研究成果表明：沿支墩对称中心面，从上游迎水面一直深入坝体支墩内部的劈头裂缝，通常是在运行过程中，渗透力和温度荷载共同作用，由施工期留下的表面裂缝发展而成的（内部裂缝也可能发展成劈头裂缝）。其中渗透力起关键作用，温度荷载亦不可忽视，两者叠加存在最不利荷载组合。图 5-70

示出了各种支墩形状头部平面稳定渗流场流网图，由图可知，不同形状的支墩头部，其渗流力对劈头裂缝的影响也不一样，以设有空腔的单支墩和双支墩形式较为有利。

头部应力分析时应将渗透压力与水压力、泥沙压力、自重一起作为基本作用组合考虑。应力计算成果要求上游迎水面不出现拉应力（无论基本组合或偶然组合），墩头内部也只许有不大的拉应力。温度作用下的头部应力还要另行分析。

支墩头部的渗透压力可通过绘制流网求得，或近似地直接以折线表示头部计算截面的渗压分布。头部应力与其几何尺寸、迎水面和背水面的轮廓、止水位置及头部厚度等因素有关。可采用有限单元法和光弹试验法分析确定。

但在初步拟定头部尺寸时，也可按材料力学中的偏心受压公式估算。图 5－71 为一单支墩大头坝头部尺寸示意图。以长度为 E 的头部悬臂水平截面为控制性计算截面，取单位高度计算荷载，即：上游水压力 $P=\gamma hd$，侧向水压力 $Q=\gamma hB$（止水片上游），1—1 截面上的渗透压力假定为三角形分布，为使迎水面不出现拉应力必须保证：

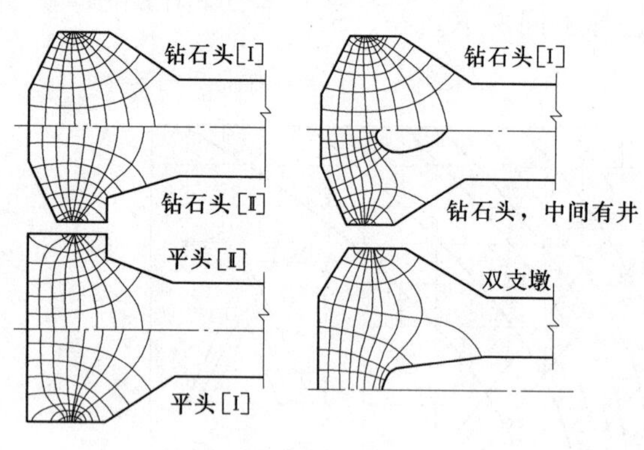

图 5－70　各种形状头部平面稳定渗流场流网图

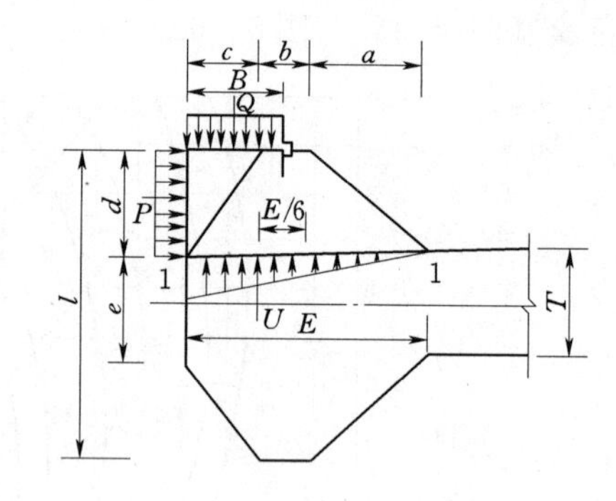

图 5－71　头部尺寸估算

$$\sigma=\frac{Q-U}{E}-\frac{6M}{E^2}\geqslant 0 \tag{5-63}$$

其中

$$Q=\gamma hB$$

$$U=\frac{1}{2}\gamma hE$$

$$M=\frac{\gamma h}{2}d^2-Q\left(\frac{E}{2}-\frac{B}{2}\right)+\gamma h\frac{E^2}{12}$$

式中：h 为计算截面在水下的深度。

将 Q、U、M 代入式（5－63），解得

$$\left.\begin{aligned}E&\geqslant 2B-\sqrt{B^2-3d^2}\\B&\geqslant\sqrt{3}d\end{aligned}\right\}\tag{5-64}$$

大头坝头部应力的较精确分析，可在垂直于上游坝坡方向截取，按平面应变问题用有限元法计算求解；或借助于结构模型（如偏光弹性模型）试验观测。

大头坝设计时，一方面应合理选择支墩形式和头部轮廓尺寸，采取有效措施改善头部应力状态；另一方面对荷载分析，应把水引起的渗透影响按体力计算，这样更符合坝体运行期的实际情况。

（2）支墩应力分析。支墩坝支墩应力计算常用的方法有材料力学法、斜柱法和有限元法。材料力学法和斜柱法不考虑地基变形的影响，计算所得靠近墩底的应力只是近似的；对重要支墩坝的支墩应采用有限元法计算，考虑地基变形的影响。

（3）支墩纵向弯曲稳定验算。支墩高而薄的情况下，作为受压构件，在压力过大时，有可能丧失弹性稳定性而破坏，故须进行支墩纵向弯曲稳定验算。由于结构边界条件的复杂性，弹性失稳临界状态的精确分析是困难的，工程设计中常用简化的近似分析法。

鉴于支墩内第一主应力轨迹线大致平行于下游墩面，一般平行于下游面截取一高度最大的单宽条柱，按欧拉法求其压杆稳定临界荷载，并与实际可能最大荷载相比较，以判定其弹性稳定性。现根据支墩的几种不同情况，论述其结构简化图及相应临界荷载。

图 5－72 所示为一开敞式单支墩非溢流坝。取平行下游面的单宽条柱，柱顶及柱底大致各有两种可能的边界条件供选取：相邻支墩顶部横缝如填有油毛毡，可视柱顶为自由端；如相邻顶部相互紧靠则可视柱顶简支。支墩底部嵌入基岩，可视为固支；墩底简单浇筑于基岩面则应视为简支。上述两端各种支承情况的条柱如都作为在柱顶受集中力作用的受压杆看待，则使这些柱达到即将失稳临界状态的最大荷载可用欧拉统一公式表达：

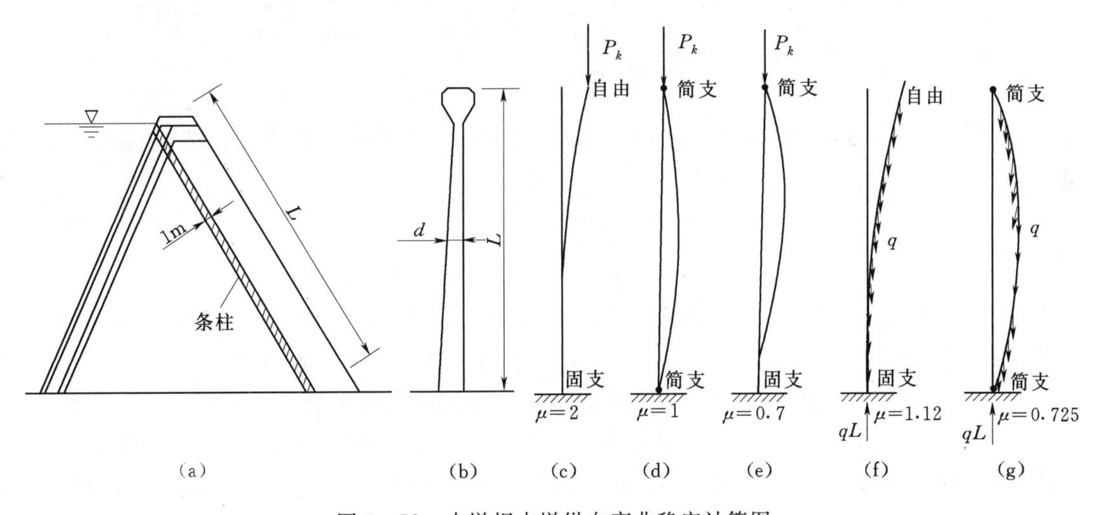

图 5－72　支墩坝支墩纵向弯曲稳定计算图

$$P_k = \frac{\pi^2 EI}{(\mu L)^2} \tag{5-65}$$

$$I = d^3/12 \tag{5-66}$$

式中：E 为条柱材料弹模；I 为条柱截面惯性矩；L 为柱长；μ 为取决于支承情况的柔度系数，如图 5－72（c）～（g）所示；d 为条柱平均厚度。

如果条柱底部第一主应力实际可能最大值为 σ_1，则按以往支墩纵向弯曲稳定验算的惯用准则，可写安全系数为

$$K=\frac{P_k}{\sigma_1 d} \tag{5-67}$$

一般要求 $K\geqslant 2\sim 3$。

上述欧拉法所求之临界荷载 P_k 是以集中力压于柱顶顶端为前提的，柱条自重也设想如此施加，故偏离真实较多（尽管对设计而言偏于安全）。如简化为单位长度柱重 q，可比照集中力定义临界荷载 $P_k=qL$（实际上作用于柱底），故对于图 5-72（f）、（g）中的支承情况，仍用式（5-65）的统一形式，μ 值也标于图 5-72 中。

对于既有柱顶集中荷载 P，又有均布荷载 q，且 $P/(qL)=\beta$ 的等厚条柱，若底端固支、顶端自由，则用式（5-65）求 P_k 的 μ 值按图 5-73 查取。然后再用式（5-67）校核稳定安全度，此时 σ_1 应当是受 P 及 q 共同作用的柱底第一主应力。

以上计算实际上暗含条柱自顶至底是等截面、等厚度的假定，而支墩一般是变厚度的，变厚支墩兼计顶部集中力及自重分布力时，要用能量法才能得到临界荷载，如图 5-74 所示，这时临界荷载为

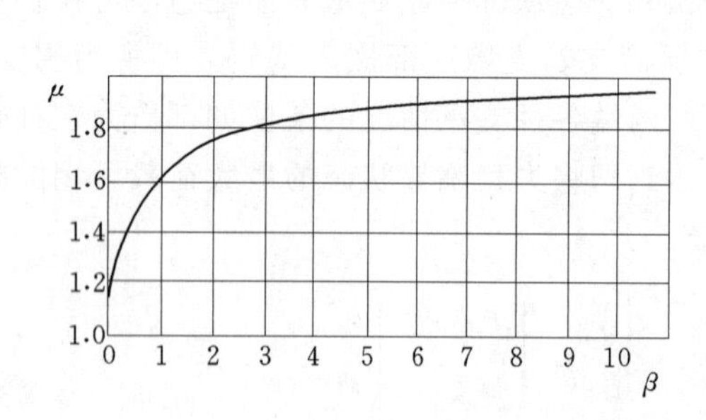

图 5-73　对于等厚条柱的 $\beta-\mu$ 关系曲线

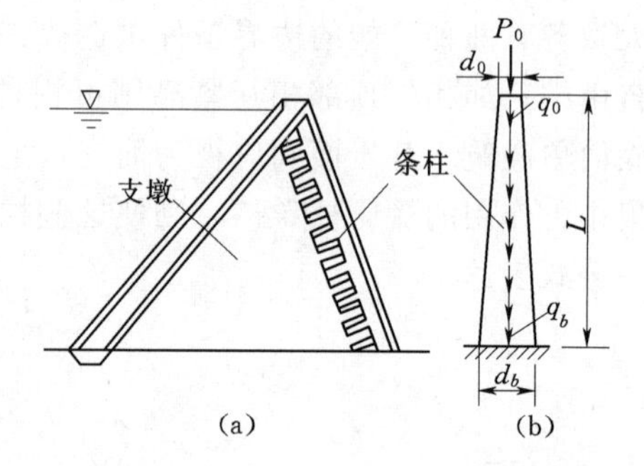

图 5-74　支墩纵向弯曲稳定计算（能量法）

$$P_k=\varphi\frac{EI_m}{L^2} \tag{5-68}$$

$$I_m=d_m^3/12$$

式中：E、L 的含义同前；I_m 为条柱平均厚度 d_m 处的截面惯矩；φ 为系数，取值详见《水工设计手册》（第 2 版）第 5 卷（中国水利水电出版社 2011 年版）。

（4）大头坝的抗震计算。大头坝虽然属于大体积的混凝土结构，但其抗震能力仍不及重力坝。当在设计烈度Ⅶ度以上地区建坝时，需要对垂直河流方向和顺河流方向的水平地震分别计算其地震效应，然后按最不利的情况与其他荷载进行组合。设计时可参考有关文献，这里不再赘述。

当计算结果不满足要求时，需修改剖面尺寸，重新计算直至满足要求为止。具体实施时可编制计算机程序，以坝体工程量或造价为目标函数进行优化设计。

五、支墩坝坝身过水设施

1. 平板坝的溢流设施

平板坝可以做成非溢流坝或溢流坝。溢流面板的厚度根据板上静水、动水压力及自重等荷载计算确定，一般不小于 0.8m。溢流堰面一般采用非真空实用堰，可使溢流时坝面不产生负压和振动。

2. 连拱坝坝身泄水设施

连拱坝不宜从坝顶溢流，多另设溢洪道，但当泄流量不大时，可将溢流堰或底孔设在支墩内，或在支墩上建造陡槽。泄水管或引水钢管可穿过拱筒。支墩之间可布置水电站厂房。

3. 大头坝坝顶溢流及坝身泄水布置

大头坝可直接由坝顶泄洪，或在坝身设置泄水管等，其单宽流量可达 $100m^3/(s \cdot m)$ 以上。对坝顶式泄洪，在结构上应采用封闭式支墩。我国长江支流资水上的柘溪溢流坝就是这样布置的，如图 5-75 所示。

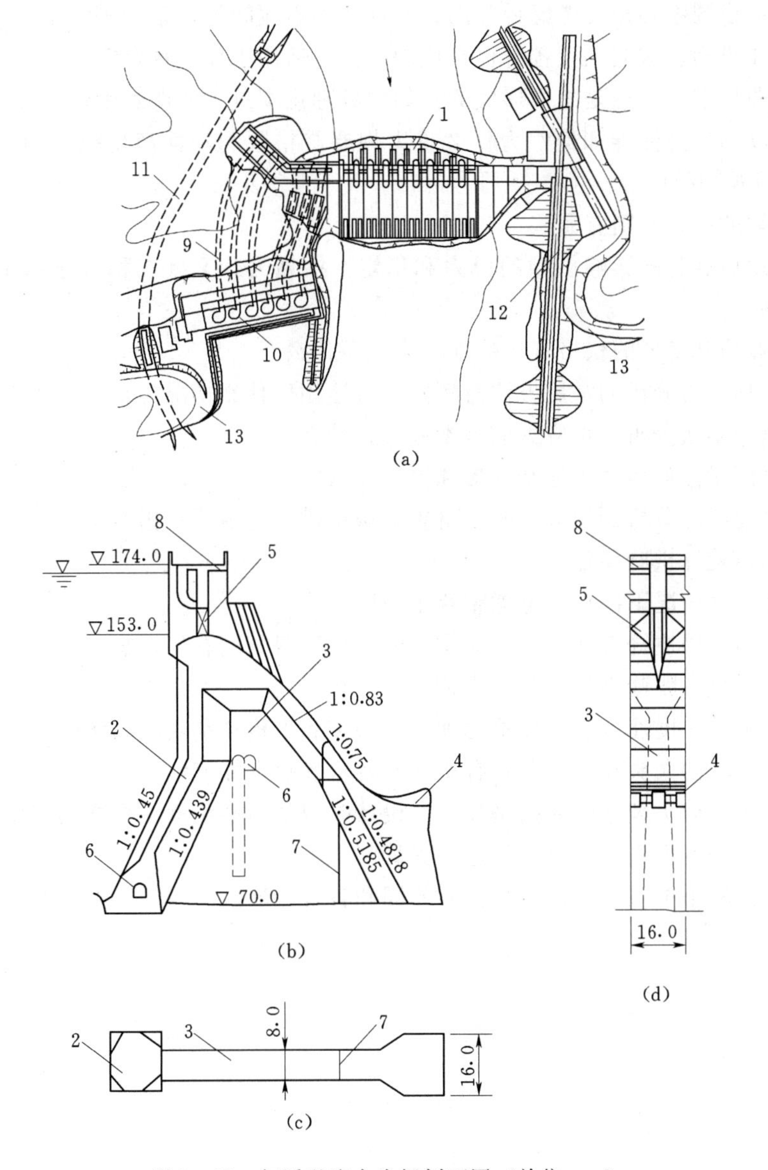

图 5-75　柘溪溢流大头坝剖面图（单位：m）

1—大头坝；2—大头；3—支墩；4—差动鼻坎；5—溢洪道平板闸门；6—廊道；7—纵缝；8—坝顶桥；9—引水隧洞；10—水电站；11—导流隧洞；12—船滑道；13—公路

对泄水管或输水管，当采用双支墩时可从双支墩内空腔穿过大头坝坝体；当采用单支墩时，则需在支墩内设埋藏式管而在穿管处支墩局部加厚。如前面提到的巴西、巴拉圭的伊泰普坝，河床段为双支墩大头坝，大头跨度 34m（系由电站厂房布置而定），电站引水管直径 10.5m，就是从双支墩内空腔穿过的。

复习思考题

1. 拱坝和重力坝的工作原理有何不同？

2. 拱坝对地形、地质条件有何要求？河谷形状对拱坝剖面和荷载分配有何影响？

3. 选取拱圈中心角要考虑哪些因素？这些因素之间的关系如何？

4. 单曲拱坝、双曲拱坝各有什么优缺点？各适用于什么场合？

5. 双曲拱坝的倒悬是怎样形成的？如何处理拱坝过大的倒悬度？

6. 拱坝的应力标准如何？为什么重力坝要严格限制坝面产生拉应力，而拱坝常允许相当可观的拉应力？

7. 拱端的布置原则有哪些？

8. 温度荷载怎样影响拱坝的应力和稳定？拱坝为什么要在稍低于年平均温度时进行封拱？

9. 计算地基变形的伏格特法的基本思路是什么？

10. 拱坝应力分析的常用方法有哪些？各适用于什么情况？

11. 拱冠梁法分析拱坝应力的基本原理是什么？

12. 拱冠梁法如何考虑地基变形和温度荷载？

13. 拱冠梁法分析拱坝应力时，自重荷载由拱还是由梁承担？

14. 如何验算拱座稳定？

15. 在什么情况下拱坝可考虑布置重力墩或垫座？

16. 拱坝的周边缝有何作用？对拱坝的拱梁荷载分配有何影响？

17. 支墩坝有哪些类型？其工作特点是什么？

18. 就上游坡度而言，实体重力坝、大头坝和平板坝是由陡到缓的，为什么？

19. 大头坝的大头和支墩形式有哪些？各自优缺点如何？

20. 大头坝劈头裂缝的成因是什么？设计时应如何避免劈头裂缝的产生？

21. 如何进行大头坝的应力和稳定验算？

22. 试比较平板坝和连拱坝结构的异同和各自优缺点。

第六章 土石坝

第一节 概　　述

资源 6.1
土石坝

土石坝是土坝、堆石坝和土石混合坝的总称，是人类最早建造的坝型，具有悠久的发展历史，在世界范围内使用极为普遍。由于土石坝是利用坝址附近土料、石料及砂砾料填筑而成，筑坝材料基本来源于当地，故又称为"当地材料坝"。

土石坝根据坝高（从清基后的基面算起）可分为低坝、中坝和高坝，低坝的高度为 30m 以下，中坝的高度为 30～70m，高坝的高度为 70m 以上。

一、土石坝的特点及发展概况

土石坝在实践中之所以能被广泛采用并得到不断发展，与其自身的优越性是密不可分的。同混凝土坝相比，它的优点主要体现在以下几方面：

(1) 筑坝材料能就地取材，材料运输成本低，还能节省大量"三材"（钢材、水泥、木材）。

(2) 适应地基变形的能力强。筑坝用的散粒体材料能较好地适应地基的变形，对地基的要求在各种坝型中是最低的。

(3) 构造简单，施工技术容易掌握，便于机械化施工。

(4) 运用管理方便，工作可靠，寿命长，维修加固和扩建均较容易。

同其他的坝型类似，土石坝自身也有其不足的一面：

(1) 施工导流不如混凝土坝方便，因而相应地增加了工程造价。

(2) 坝顶不能溢流。受散粒体材料整体强度的限制，土石坝坝身通常不允许过流，因此需在坝外单独设置泄水建筑物。

(3) 坝体填筑工程量大，土料填筑质量受气候条件的影响较大。

土石坝是一种古老的坝型，全球所建造的众多的挡水坝中大多为土石坝。根据土石坝的发展进程，大致可将其分为三个阶段，即：古代土石坝阶段（19 世纪中期以前）、近代土石坝阶段（19 世纪中期至 20 世纪初期）和现代土石坝阶段（20 世纪初期以后）。

1. 古代土石坝阶段

人类筑坝的历史很长，早在 5000 年前古埃及就曾建造土坝用来灌溉、防洪。我国人民也大约在公元前 600 年就开始填筑土堤防御洪水，并创造了多种不同型式的土石坝，如堰、埭、陂、圩、埝等。

受技术条件的限制，古代土石坝多数仅是凭经验建造，在坝体断面形状、筑坝材料以及坝体构造等方面都存在很大的任意性。坝坡一般为 1∶6～1∶7，有的甚至更缓，坝顶也较宽；在筑坝材料和坝体构造方面，各地往往都是根据当地材料来源及筑坝经验而定。另外，土料的开采和运输全靠人力，土料的压实也靠人力或畜力，建坝方法极为原始。

2. 近代土石坝阶段

在近代土石坝阶段，土石坝的设计理论一直落后于其他坝型。设计人员在总结建坝经验和失事教训的基础上，积累了一些应遵守的施工规则和合理的断面尺寸。同时土石坝在坝高方面发展加快。

从坝体断面形状来看，近代土石坝的上下游坝坡有所变陡。但基本上还是凭借经验而定，仍带有一定任意性。如 1850 年法国工程师科林曾提出，应该在土料强度的试验成果基础上确定土坝边坡和一种类似于现在使用的稳定分析方法，但并未引起当时人们的重视和应用。在坝体构造方面，1820 年苏格兰的土木工程师特尔福德提出了用夯实黏土作土石坝的防渗心墙。继黏土心墙之后，又出现了砌石心墙土石坝，到 20 世纪初这种砌石心墙坝被混凝土心墙取代。此后，便逐渐形成了土石坝的三大基本坝型——均质坝、心墙坝和斜墙坝。

3. 现代土石坝阶段

在近代土石坝阶段，虽然土石坝的某些基本理论已经被设计人员考虑，但由于受技术条件的限制，并未能对这些复杂问题进行深入研究。1925 年太沙基的《土力学》专著问世，使得“土力学”成为一门独立的学科，并逐渐被应用于土石坝工程中。之后，随着岩土力学、动力分析、施工技术和计算机的发展，土石坝技术出现了较快的发展。特别是有限元分析方法的应用，使得对土石坝的应力、变形、稳定等问题的分析逐步深入，并取得了满意的结果。

从现代土石坝的发展情况来看，有以下几个主要特点：

(1) 坝高迅速发展，土石坝在高坝中所占比例逐渐增大。自 20 世纪 30 年代美国建成高度 100m 以上的盐泉坝之后，高土石坝便不断被设计采用。资料统计表明：全世界 100m 以上的高坝中，土石坝所占的比重随年代的增长在逐步增大，20 世纪 50 年代以前为 31％，60 年代为 38％，70 年代为 56％，80 年代为 65％。目前世界上已建成高度超过 300m 的土石坝为苏联 1980 年建成的努列克坝，高 300m。相继有哥斯达黎加于 1990 年建成高 267.0m 的博鲁卡堆石坝，印度 2006 年建成高 260.0m 的特里土石坝，中国在 2014 年建成高 261.5m 的糯扎渡心墙堆石坝。出现这一趋势的原因，首先是由于土石坝能充分利用当地材料、降低工程造价；其次，由于坝工技术的发展，使建造高土石坝更加安全可靠；再次，土石坝对地质条件要求相对较低，而具有良好地质条件的高混凝土坝坝址逐渐减少，建造土石坝则更加合理。

(2) 对筑坝材料的要求有所放宽。由于设计和施工技术的发展，现在几乎所有的土料包括砾石料、风化料等，只要其不含大量的有机物和水溶性盐类，都可用于筑坝。在防渗料方面，以往各国多用黏土筑心墙，现在除了用细粒料作防渗体外，不少工程还采用粗粒料作防渗体（如砾石土），在缺乏砾石料的地区，甚至还有用人工掺和的砾石料，如我国援建的阿尔巴尼亚菲尔泽心墙堆石坝，心墙就是用砂砾石和红黏土掺和而成。

(3) 坝型不断发展。20 世纪 30 年代，美国和南美一些地区曾一度盛行水力冲填坝，40年代苏联在平原河道筑坝也盛行这种坝。到50年代后，由于大型运输车辆和碾压设备的出现，使得碾压式土石坝单价降低，加上水力冲填坝筑坝速度慢、施工期易发生滑坡等原因，除填筑尾矿坝外，水力冲填技术已不再采用。对早期较高的抛投式面板堆石坝，因堆石体挡水后变形量大，当坝高较大时混凝土面板常因变形太大发生裂缝漏水，所以改用土心墙作为防渗体。60年代，将重型振动碾应用于压实堆石和砂卵石，有效地减小了堆石体变形，解决了混凝土面板开裂漏水问题，而且坝体填筑单价降低，于是混凝土面板堆石坝又被采用，并得到迅速发展。

随着化学工业的发展，土工薄膜的物理力学性质和抗老化能力得到提高，并被应用于低坝防渗，目前应用土工膜防渗的土石坝坝高已达百米级。另外，苏联曾采用爆破技术修筑定向爆破堆石坝，但一般坝高较低，我国也积累了丰富的修筑定向爆破堆石坝的经验。

现代土石坝中还采用大流量高流速泄洪洞和溢洪道以及施工期堆石坝坝面过水等新技术，既能有效解决枢纽布置和施工导流问题，同时还可大量节省泄洪建筑物和施工导流工程的造价，充分体现了高土石坝的优越性，详见第七章。

二、土石坝的工作条件

资源6.2
土石坝工作条件

1. 渗流影响

由于散粒土石料颗粒间孔隙率大，坝体挡水后，在上下游水位差作用下，库水会经过坝身、坝基和岸坡及其结合面处向下游渗漏。在渗流影响下，浸润线以下土体全部处于饱和状态，使得土体有效重量降低，且内摩擦角和黏聚力减小；同时，渗透水流也对坝体颗粒产生拖曳力，增加了坝坡滑动的可能性，进而对坝体稳定造成不利影响。若渗透坡降大于材料允许坡降，还会引起坝体和坝基的渗透破坏，严重时会导致大坝失事。

2. 冲刷影响

降雨时，雨水自坡面流至坡脚，会对坝坡造成冲刷，甚至发生坍塌现象，雨水还可能渗入坝身内部，降低坝体的稳定性。另外，库内风浪对坝面也将产生冲击和淘刷作用，使坝坡面易造成破坏。

3. 沉陷影响

由于坝体孔隙率较大，在自重和外荷载作用下，坝体和坝基因压缩产生一定量的沉陷。如沉陷量过大会造成坝顶高程不足而影响大坝的正常工作，同时过大的不均匀沉陷会导致坝体开裂或使防渗体结构遭到破坏，形成坝内渗水通道而威胁大坝的安全。

4. 其他影响

除了上面提及的影响外，还有其他一些不利因素危及土石坝的安全运行。如在严寒地区，当气温低于零度时库水结冰形成冰盖，对坝坡产生较大的冰压力，易破坏护坡结构；位于水位以上的黏土，在反复冻融作用下会形成裂缝；在夏季高温作用下，坝体土料也可能干裂引起集中渗流。

对于修建在地震区的大坝，在地震动作用下也会增加坝坡滑动的可能性；对于粉砂地基，在强地震动作用下还容易引起液化破坏。

另外，动物（如白蚁、獾子等）在坝身内筑造洞穴，形成集中渗流通道，也严重威胁大坝的安全，需采取积极有效的防御措施。

三、设计和建造土石坝的原则要求

在正常和非常荷载组合情况下，必须保证土石坝能长期安全运用并充分发挥经济效益。与重力坝不同，土石坝是由散粒土石料填筑而成，颗粒间孔隙率大、黏聚力小，而且散粒体材料的整体抗剪强度小。正是由于筑坝材料的这一特殊性，决定了土石坝在设计、施工和运用中有其自身的特点。例如，为了维持坝体稳定，常需要设置较缓的上下游边坡；在水位差的作用下水流易通过坝身孔隙向下游渗透，需采取有效的坝身防渗措施等。因此土石坝的设计需满足如下要求。

（1）坝体和坝基在施工期及各种运行条件下都应当是稳定的。设计时需要拟定合理的坝体基本剖面尺寸和施工填筑质量要求，采取有效的地基处理措施等。

（2）土石坝是由散粒材料填筑而成，颗粒之间黏聚力小，通常设计时不允许坝顶过流。若设计时对洪水估计不足，导致坝顶高程偏低，或泄洪建筑物泄洪能力不足，或水库控制运用不当，都会造成土石坝漫顶事故，严重时可能发生溃坝灾难。因此在设计时，首先应保证泄水建筑物具有足够的泄洪能力，能满足规定的运用条件和要求；另外需合理确定波浪要素，充分估计坝体沉陷量（对大型工程需经计算确定），并预留足够的超高。

（3）土石坝挡水后，在坝体、坝基、岸坡内部及其结合面处会产生渗流。渗流对大坝的运行会造成许多不利影响：水库水量损失、坝体稳定性降低、发生渗透变形及溃坝事故。为此，设计时应根据“上堵下排”的原则，确定合理的防渗体型式，加强坝体与坝基、岸坡及其他建筑物连接处的防渗效果，布置有效的排水及反滤设施，确保工程施工质量，避免大坝发生渗流破坏。

（4）对坝顶和边坡采取适当的防护措施，防止波浪、冰冻、暴雨及气温变化等不利自然因素对坝体的破坏作用。

（5）进行大坝安全监控系统设计，布置观测设备，监控大坝的安全运行。

四、土石坝的类型

按施工方法的不同，土石坝可分为碾压式土石坝、抛填式堆石坝、水力冲填坝、水中倒土坝和定向爆破坝，其中应用最广的是碾压式土石坝。

1. 碾压式土石坝

碾压式土石坝按坝体横断面的防渗材料及其结构，可划分为以下几种主要类型：

（1）均质坝。坝体绝大部分由一种抗渗性能较好的土料（如壤土）筑成，如图6-1（a）所示。坝体整个断面起防渗和稳定作用，不再设专门的防渗体。

均质坝结构简单，施工方便，当坝址附近有合适的土料且坝高不大时可优先采用。值得注意的是：对于抗渗性能好的土料（如黏土），因其抗剪强度低，且施工碾压困难，在多雨地区受含水量影响则更难压实，因而高坝中一般不采用此种类型。

（2）分区坝。与均质坝不同，在坝体中设置专门起防渗作用的防渗体，采用透水性较大的砂石料作坝壳，防渗体多采用防渗性能好的黏性土，其位置可设在坝体中间（称为心墙坝）或稍向上游倾斜（称为斜心墙坝），如图 6－1（b）、（c）、（d）所示；或将防渗体设在坝体上游面或接近上游面（称为斜墙坝），如图 6－1（e）、（f）、（g）所示。

心墙坝由于心墙设在坝体中部，施工时就要求心墙与坝体大体同步上升，因而两者相互干扰大，影响施工进度。又由于心墙料与坝壳料的固结速度不同（砂砾石比黏土固结快），心墙内易产生“拱效应”而形成裂缝；斜墙坝的斜墙支承在坝体上游面，两者相互干扰小，但斜墙的抗震性能和适应不均匀沉陷的能力不如心墙。斜心墙坝可不同程度克服心墙坝和斜墙坝的缺点，故我国 154m 高的小浪底水利枢纽即采用斜心墙。

（3）人工防渗材料坝。防渗体采用混凝土、沥青混凝土、钢筋混凝土、土工膜或其他人工材料制成，其余部分用土石料填筑而成。防渗体设在上游面的称为斜墙坝（或面板坝），防渗体设在坝体中央的称为心墙坝，如图 6－1（h）、（i）所示。

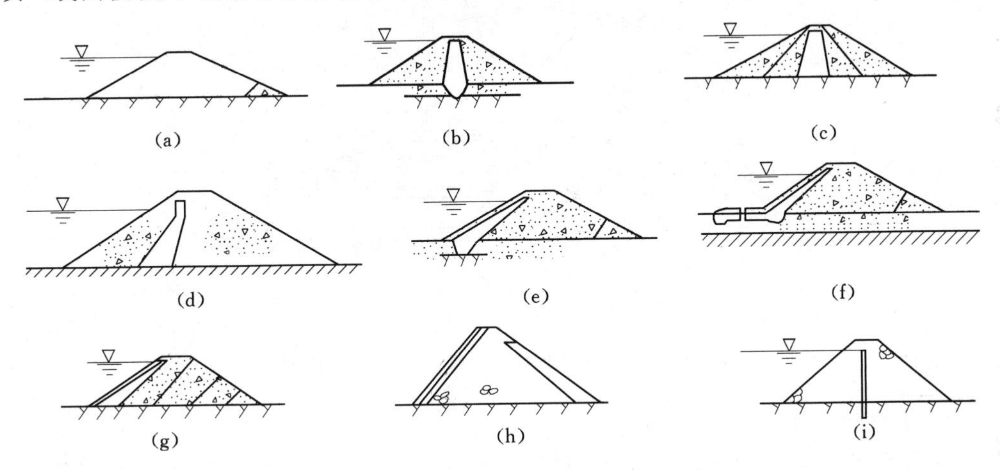

图 6－1 碾压式土石坝的类型

（a）均质坝；（b）、（c）土质心墙坝；（d）土质斜心墙坝；
（e）、（f）、（g）土质斜墙坝；（h）混凝土（或土工膜）面板坝；（i）人工防渗材料坝

采用复合土工膜防渗的土石坝，坝坡可以设计得较陡，使土石工程量减少，从而降低工程造价；且施工方便、工期短、受气候因素影响小，是一种很有发展前景的新坝型。如 1984 年西班牙建成的波扎捷洛斯拉莫斯（Poza de Los Ramos）复合土工膜防渗坝，高 97m，后用复合土工膜防渗加高至 134m，至今运行良好。1991 年我国在浙江鄞县修建的坝高 36m 的小岭头复合土工膜防渗堆石坝，防渗效果较好，下游坝面无渗水。

2. 抛填式堆石坝

抛填式堆石坝施工时一般先建栈桥，将石块从栈桥上距填筑面 10～30m 高处抛掷下来，靠石块的自重将石料压实，同时用高压水枪冲射，把细颗粒碎石充填到石块间孔隙中去。采用抛填式填筑成的堆石体孔隙率较大，所以在承受水压力后变形量大，石块尖角容易被压裂或剪裂，抗剪强度较低，在发生地震时沉降量更大。随着重

型碾压机械的出现，目前此种坝型已很少采用。

3. 水力冲填坝

借助水力完成土料的开采、运输和填筑全部工序而建成的坝。典型的冲填坝是用高压水枪在料场冲击土料使之成为泥浆，然后用泥浆泵将泥浆经输泥管输送上坝，分层淤填，经排水固结成为密实的坝体。这种筑坝方法不需运输机械和碾压机械，工效高，成本低；缺点是土料的干容重较小，抗剪强度较低，需要平缓的坝坡，坝体土方量较大。图 6-2 为自流式水力冲填坝施工布置示意图。我国西北地区建造的一种小型水坠坝实际上也是一种冲填坝。它与典型水力冲填坝的区别仅在于泥浆的输送不是借助水力机械，而是利用天然有利地形开挖成输泥渠，使泥浆在重力作用下自流输送上坝。其土料开采可用水枪冲击，也可用人工挖土配合爆破松土进行。

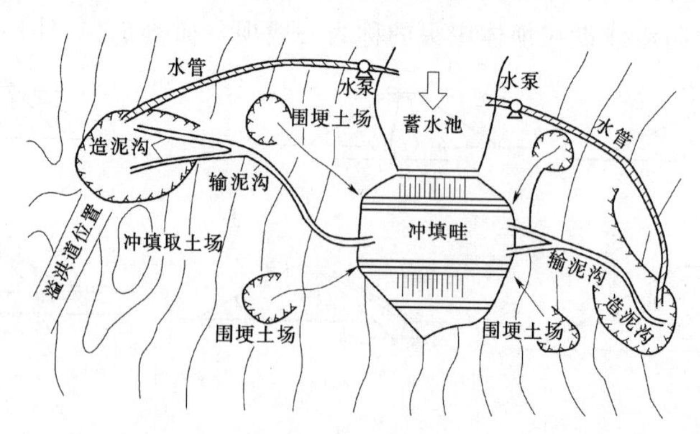

图 6-2 自流式水力冲填坝施工布置示意图

4. 水中倒土坝

这种坝施工时一般在填土面内修筑围埂分成畦格，在畦格内灌水并分层填土，依靠土的自重和运输工具压实及排水固结而成的坝。这种筑坝方法不需要有专门的重型碾压设备，只要有充足的水源和易于崩解的土料就可采用。但由于坝体填土的干容重较低，孔隙水压力较高，抗剪强度较小，故要求坝坡平缓，使得坝体工程量增大。

5. 定向爆破坝

在河谷陡峻、山体厚实、岩性简单、交通运输条件极为不便的地区修筑堆石坝时，可在河谷两岸或一岸对岩体进行定向爆破，将石块抛掷到河谷坝址，堆筑起大部分坝体，然后修整坝坡，并在抛填堆石体上加高碾压堆石体，直至坝顶，最后在上游坝坡填筑反滤层、斜墙防渗体、保护层和护坡等，故得名定向爆破坝。

我国广东南水堆石坝，坝高 81.8m，坝顶长 215m，两岸坡度 45°～65°，采用定向爆破施工，抛投至设计断面内的堆石量共 100 万 m^3，形成的堆石体平均高度 65m，上下游坡度约 1：3，顶部宽 40m，平均孔隙率小于 30%，并用岸坡上爆破漏斗中的剩余石料将坝加高到 81.8m，然后在坝体上游面填筑黏土斜墙防渗体，斜墙上面设护坡、下面设反滤层。该堆石坝断面如图 6-3 所示。

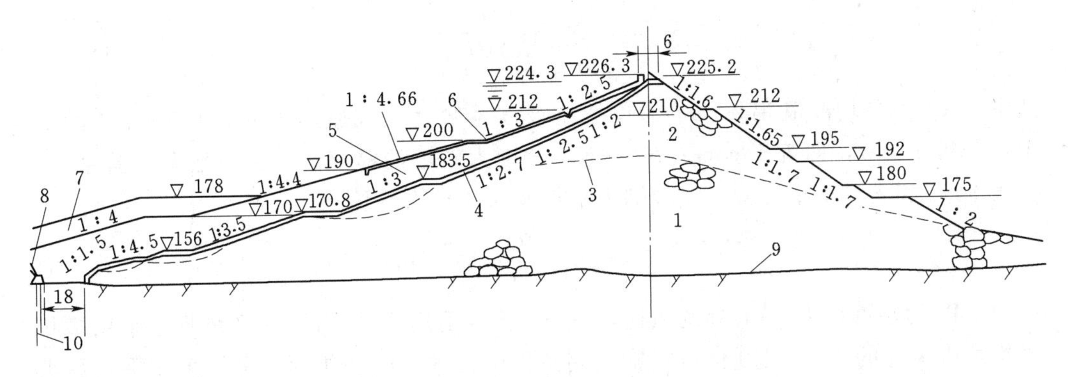

图 6-3　南水定向爆破堆石坝断面（单位：m）

1—定向爆破堆石；2—人工加高堆石；3—定向爆破堆石面；4—反滤层；5—黏土斜墙；6—混凝土护坡；7—堆渣；8—围堰；9—原地面线；10—灌浆帷幕

第二节　土石坝的剖面和基本构造

一、土石坝剖面的基本尺寸

土石坝基本剖面尺寸主要包括坝顶高程、坝顶宽度、上下游边坡、防渗体和排水设备的基本尺寸等。

1. 坝顶高程

坝顶高程由水库静水位加风浪壅高、坝面波浪爬高及安全超高等决定，见图 6-4。坝顶超出静水位以上的超高按下式计算：

$$Y=R+e+A \tag{6-1}$$

式中：Y 为坝顶在水库静水位以上的超高，m，如图 6-4 所示；R 为最大波浪在坝坡上的爬高，m，可按式（2-36）计算，也可按《碾压式土石坝设计规范》（SL 274—2020）附录 A 计算；e 为最大风浪壅高，m；A 为安全加高，m，根据坝的等级及运用情况按表 6-1 确定。

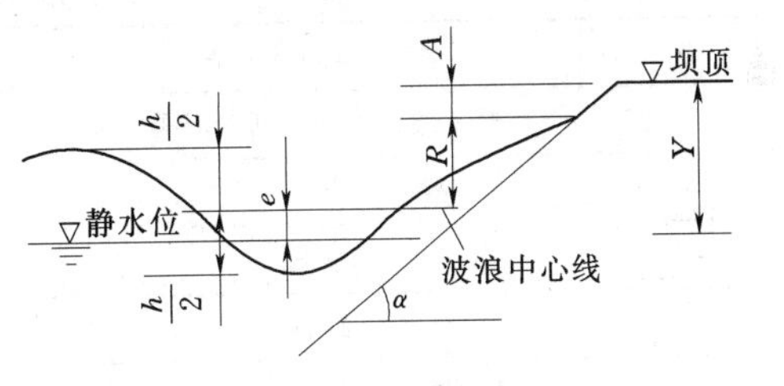

图 6-4　坝顶超高计算图

表 6-1　土石坝坝顶安全加高值　单位：m

运用情况		坝的级别			
		1	2	3	4、5
正常运用条件		1.50	1.00	0.70	0.50
非常运用条件	山区、丘陵区	0.70	0.50	0.40	0.30
	平原、滨海区	1.00	0.70	0.50	0.30

平均波浪爬高 R_m 和 e 值也可按下列经验公式计算：

$$R_m = \frac{K_\Delta K_w}{\sqrt{1+m^2}}\sqrt{h_m L_m} \tag{6-2}$$

式中：R_m 为平均波浪爬高；m 为单坡的坡度系数，该式适用于 $m=1.5\sim5.0$ 的情况，若坡角为 α，即等于 $\cot\alpha$；K_Δ、K_w 分别为斜坡的糙率渗透性系数和经验系数，见表 6-2 和表 6-3；h_m、L_m 分别为平均波高和平均波长。

$$e = 0.0036\frac{W^2 D}{2gH}\cos\beta \quad (\text{m}) \tag{6-3}$$

式中：W 为水面以上 10m 处的风速，m/s；正常运用条件下的 1、2 级坝，采用多年平均最大风速的 1.5～2.0 倍；正常运用条件下的 3、4、5 级坝，采用多年平均最大风速的 1.5 倍；非常运用条件下的各级土石坝，采用多年平均最大风速；D 为风区长度（吹程），km；β 为计算风向与坝轴线法线的夹角；H 为坝前水深，m。

坝顶高程的计算，应同时考虑以下四种情况：①正常蓄水位加正常运用条件的坝顶超高；②设计洪水位加正常运用情况的坝顶超高；③校核洪水位加非常运用情况的坝顶超高；④正常高水位加非常运用情况的坝顶超高值再加地震区安全超高。最后取其中最大值作为坝顶高程。

以上坝顶高程指的是坝体沉降稳定后的数值，竣工时的坝顶高程应有足够的预留沉降值。坝顶竣工后的预留沉降超高，应根据沉降计算、数值分析、施工期监测和工程类比等综合分析确定。对施工质量良好的土石坝，坝体沉降值约占坝高的 0.2%～0.4%。

当坝顶设防浪墙时，以上计算高程作为防浪墙顶高程，同时还要求：正常运用条件下坝顶应高出静水位 0.5m，在非常运用条件下，坝顶不得低于静水位。

表 6-2　　糙率渗透性系数 K_Δ

护面类型	K_Δ
光滑不透水护面（沥青混凝土）	1.00
混凝土或混凝土板	0.90
草皮	0.85～0.90
砌石	0.75～0.80
抛填两层块石（不透水基础）	0.60～0.65
抛填两层块石（透水基础）	0.50～0.55

表 6-3　　经验系数 K_w

$\frac{W}{\sqrt{gH}}$	≤1	1.5	2	2.5	3	3.5	4	≥5
K_w	1.00	1.02	1.08	1.16	1.22	1.25	1.28	1.30

注　表中 W 和 H 分别为计算风速和坝前水深。

2. 坝顶宽度

坝顶宽度主要取决于交通、运行、施工、构造、抗震、防汛及其他特殊要求。

一般情况下，坝越高坝顶宽度取值也越大。当无特殊要求时，对高坝坝顶最小宽度可选用10～15m，对中低坝可选用5～10m。当坝顶有交通要求时，其宽度应按照道路等级要求遵照交通部门的有关规定来确定。对心墙坝、斜墙坝或其他分区坝，还应考虑各分区施工碾压及反滤过渡层布置等要求，此时坝顶宽度应适当加大。

3. 坝坡

土石坝坝坡的陡缓直接影响着工程的安全性与经济性，因而在选择时应特别重视。坝坡的确定，常需综合考虑坝型、坝高、坝的等级、坝体及坝基材料的性质、所承受的荷载、施工和运用条件等因素。设计时一般可先参照已建成坝的实践经验或用近似方法初拟坝坡，然后经稳定计算来确定经济的坝体断面。

土石坝上游坝坡长期浸泡于水中，土的抗剪强度下降，会降低坝体的稳定性。所以，当材料相同时，上游坡常比下游坡缓，对于同一侧的坝坡，水下部分常比水上部分缓。另外，因各坝型所用的材料性质及其布置位置不同，土质斜墙坝的上游坝坡通常比心墙坝缓，而下游坡则比心墙坝陡些；砂壤土、壤土的均质坝比砂或砂砾料坝体的坝坡缓些；黏性土均质坝的坝坡还与坝高有一定关系，坝高越大坝坡也越缓。初步拟定坝坡时，可参考表6-4所列数据，对于砂性土采用较陡值，黏性土采用较缓值。

表6-4　土坝坝坡参考值

坝高/m	上游坝坡	下游坝坡
<10	1∶2.0～1∶2.5	1∶1.5～1∶2.0
10～20	1∶2.25～1∶2.75	1∶2.0～1∶2.5
20～30	1∶2.5～1∶3.0	1∶2.25～1∶2.75
>30	1∶3.0～1∶3.5	1∶2.5～1∶3.0

土石坝的下游坝坡，一般可沿高程每隔10～30m设置宽度不小于1.5～2.0m的马道，用于观测、检修及交通等，并可沿马道设置排水沟汇集坝面雨水以防冲刷；有时结合施工上坝道路的需要，也可设置斜马道。

碾压式堆石坝的坝坡比土坝陡。黏土斜墙堆石坝的下游坝坡，可采用堆石体的自然边坡，一般为1∶1.3～1∶1.4；上游坝坡则由斜墙稳定条件确定，一般为1∶2～1∶3。心墙堆石坝的上下游一般为1∶1.5～1∶2。钢筋混凝土面板堆石坝其上游坝坡一般为1∶1.4～1∶1.5；下游坝坡一般为1∶1.3～1∶1.4，也有采用1∶1.25和1∶1.6的。对于沥青混凝土面板堆石坝，为便于摊铺和防止沥青在高温下流动，上游坝坡一般为1∶1.6～1∶2.0，常采用1∶1.7。位于地震区的堆石坝，其坝坡应适当放缓，以满足抗震稳定的要求。

二、防渗体

防渗体是土石坝的重要组成部分，其作用是防渗，因此必须满足降低坝体浸润线、降低渗透坡降和控制渗流量的要求，另外还需满足结构和施工上的要求。

土石坝的防渗体包括：土质防渗体和人工材料防渗体（沥青混凝土、钢筋混凝土、复合土工膜），其中已建工程中以土质防渗体居多。

1. 土质防渗体

(1) 土质心墙。心墙一般布置在坝体中部，如图6-5所示。有时稍偏向上游并

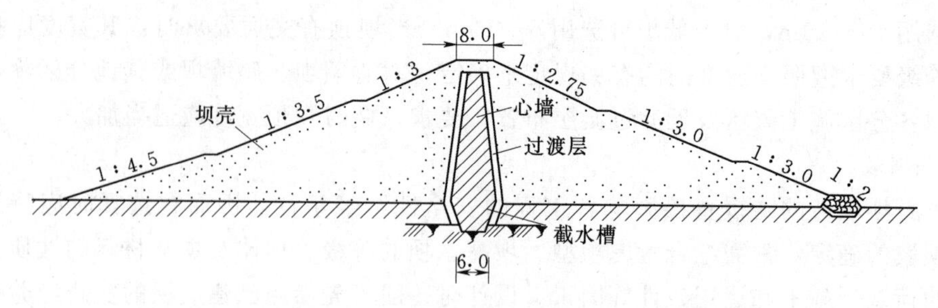

图 6-5　黏土心墙坝（单位：m）

略倾斜，以便于和防浪墙相连接，通常采用透水性很小的黏性土筑成。

心墙顶部高程应高于正常运用情况下的静水位 0.3～0.6m，且不低于非常运用情况下的静水位。为了防止心墙冻裂，顶部应设砂性土保护层，厚度按冰冻深度确定，且不小于 1.0m。心墙自上而下逐渐加厚，两侧边坡一般为 1∶0.15～1∶0.30，顶部厚度按构造和施工要求常不小于 2.0m，底部厚度根据土料的允许渗透坡降来定，应不小于 3m。心墙与上下游坝体之间，应设置反滤层，以起反滤和排水作用。

（2）土质斜墙。斜墙位于坝体上游面，如图 6-6 所示。对土料的要求及尺寸确定原则与心墙相同。斜墙顶部高程应高于正常运用情况下静水位 0.6～0.8m，且不低于非常运用情况下的静水位。斜墙底部的水平厚度应满足抗渗稳定的要求，一般不宜小于水头的 1/5。

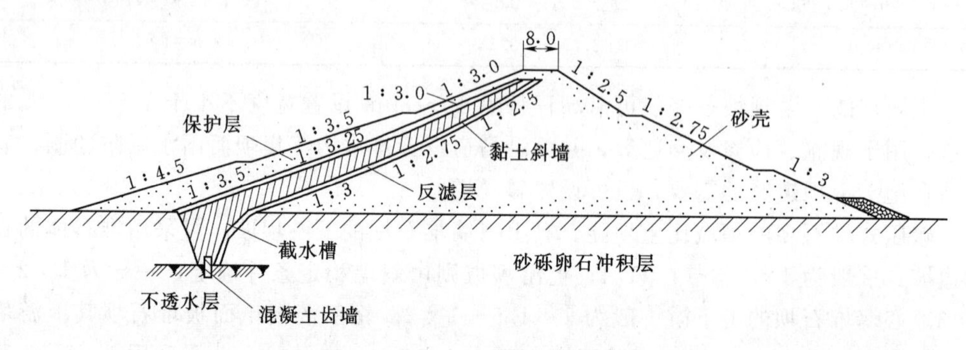

图 6-6　黏土斜墙坝（单位：m）

斜墙上游坡应满足稳定要求，其内坡一般不陡于 1∶2，以维持斜墙填筑前坝体的稳定。为了防止斜墙遭受冲刷、冰冻和干裂影响，上游面应设置保护层，且需碾压达到坝体相同标准。保护层可采用砂砾、卵石或块石，其厚度应不小于冰冻深度且不小于 1.0m，一般取 1.5～2.5m。斜墙下游面应设置反滤层。

同心墙相比，斜墙防渗体在施工时与坝体的相互干扰小，坝体上升速度快；但斜墙上游坡缓，填筑工程量比心墙大，此外，斜墙斜“躺”在坝体上，对坝体沉陷变形的影响较敏感，易产生裂缝，抗震性能亦不如心墙。

（3）土质斜心墙。为了克服心墙坝可能产生的拱效应和斜墙坝对变形敏感等问题，有时将心墙设在坝体中央偏上游的位置，成为斜心墙，如图 6-7 所示。

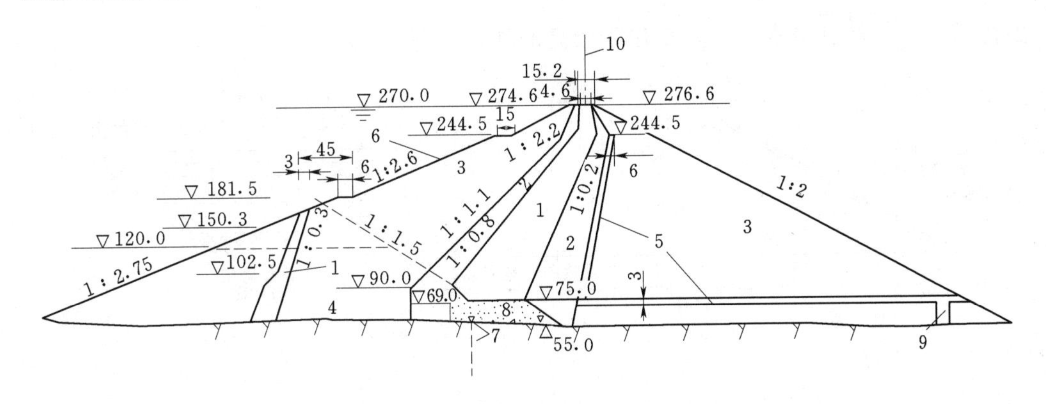

图 6-7　黏土斜心墙坝（单位：m）

1—斜心墙；2—过渡段；3—透水坝壳；4—围堰；5—透水料，做排水用；6—抛石护坡；7—灌浆帷幕；8—混凝土垫块；9—渗漏量测堰；10—坝轴线

2. 人工材料防渗体

(1) 沥青混凝土。用混凝土作防渗体，其抗渗性能较好，但由于其刚度较大，常因与坝体及坝基间变形不协调而发生裂缝。为降低混凝土的弹性模量，在骨料中加入沥青，成为沥青混凝土，可有效地改善混凝土的性能，使之具有较好的柔性和塑性，又可降低防渗体造价，且施工简单。1937 年德国首先修建了高 12m 的阿梅克沥青混凝土斜墙坝，其后这种坝型得到了推广应用。

沥青混凝土斜墙常用的结构型式有单式（单层）和复式（双层）两种。前者施工方便，造价较低，但必须保证其防渗性，并要求在面板下游侧有良好的排水性能，常用于较低的坝。图 6-8 所示为无排水单层沥青混凝土斜墙坝断面；后者在面板中间设有排水层，其上下层都是级配良好的密实沥青混凝土，中间排水层为级配不连续的

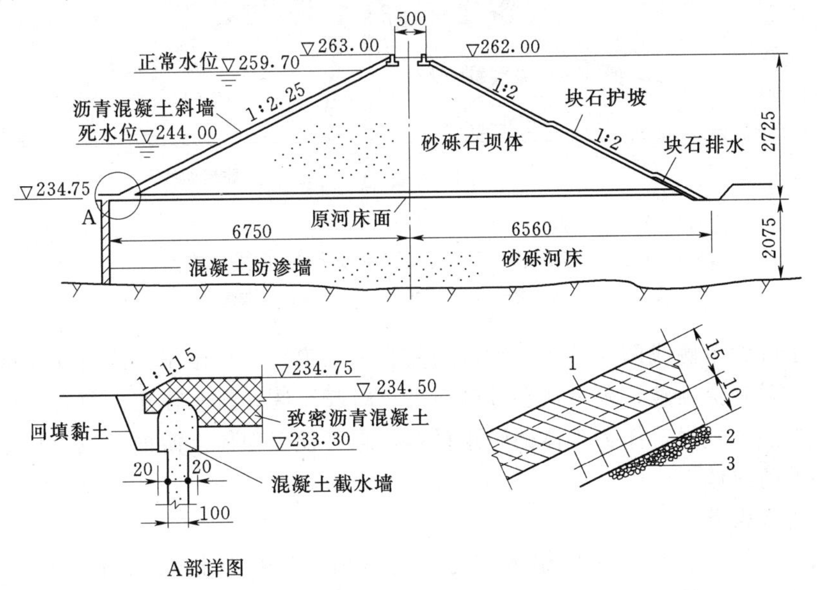

图 6-8　无排水单层沥青混凝土斜墙坝（单位：高程以 m 计；其余尺寸以 cm 计）

1—密实的沥青混凝土防渗层；2—整平层；3—碎石垫层

多孔混凝土，具有透水性能，多用于较高的坝，如图 6－9 所示。

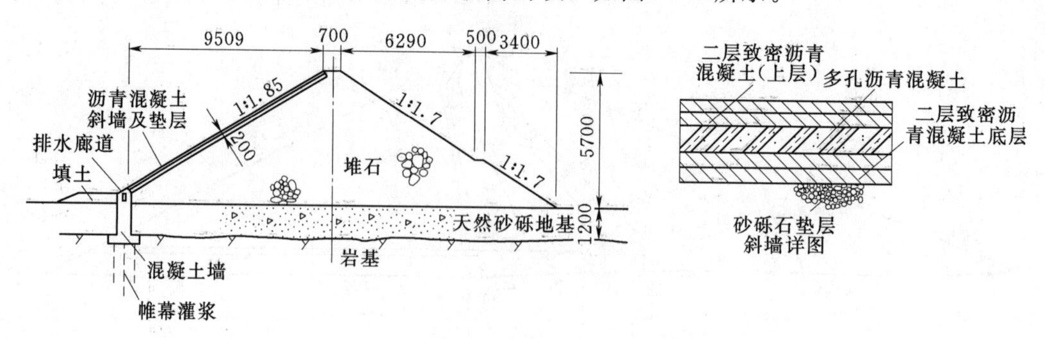

图 6－9　有中间排水双层沥青混凝土斜墙坝（单位：cm）

（2）复合土工膜。土工膜是土工合成材料的一种，包括聚乙烯、聚氯乙烯、氯化聚乙烯等。土工膜具有很好的物理、力学和水力学特性，其渗透系数一般为 10^{-12}～10^{-11}cm/s，高密度聚乙烯薄板的渗透系数可以小于 10^{-13}cm/s，具有很好的防渗性。对条件适宜的坝，经论证可采用土工膜代替黏土、混凝土或沥青等，作为坝体的防渗体材料。

利用土工膜作为坝体防渗材料，可以降低工程造价，而且施工方便快速，不受气候影响。如云南楚雄州塘房庙堆石坝，坝高 50m，采用复合土工膜作防渗材料，布置在坝体断面中间，现已竣工运行多年，效果良好，如图 6－10 所示。也可将复合土工膜设置在上游侧，工作原理与斜墙坝相同。

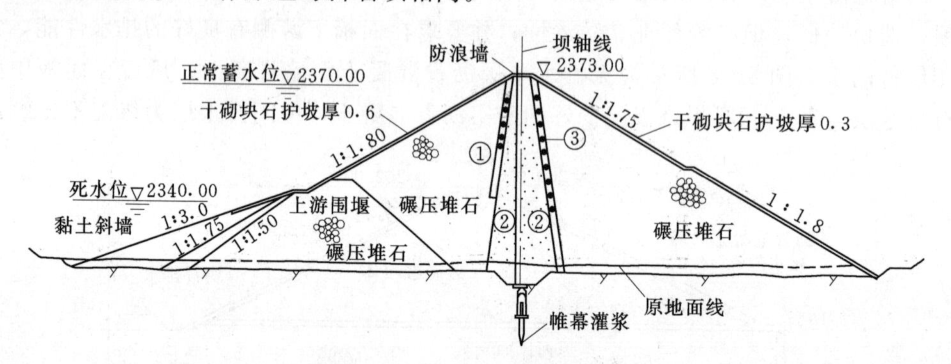

图 6－10　塘房庙堆石坝土工膜心墙防渗断面图（单位：m）

①—土工膜；②—风化砂；③—碎石过渡层

在土工膜的单侧或两侧热合织物成为复合土工膜。复合土工膜既可防止膜在受力时被石块棱角刺穿顶破，也可代替砂砾石等材料起反滤和排水作用。复合土工膜适应坝体变形的能力较强，作为坝体的防渗材料，它可设于坝体上游面，也可设在坝体中央充当坝的防渗体。

三、排水设备

排水设备是土石坝的重要组成部分。土石坝设置坝身排水的目的主要是为了：①降低坝体浸润线及孔隙压力，改变渗流方向，增加坝体稳定；②防止渗流逸出处的渗透变形，保护坝坡和坝基；③防止下游波浪对坝坡的冲刷及冻胀破坏，起到保护下游坝坡的作用。

因此坝体排水设备应具有足够的排水能力，同时应按反滤原则设计，保证坝体和地基土不发生渗透破坏，设备自身不被淤堵，且便于观测和检修。常见的排水设备有棱体排水、贴坡排水、褥垫排水和综合型排水以及网状排水带、排水管和竖式排水体等型式。设计时需综合考虑坝型、坝基地质、下游水位、材料供应和施工条件等因素，通过技术经济比较确定。

资源 6.3
坝体排水设备主要型式

1. 棱体排水

在坝趾处用块石填筑成堆石棱体，如图 6-11（a）所示。这种型式排水效果好，除了能降低坝体浸润线防止渗透变形外，还可支撑坝体、增加坝体的稳定性和保护下游坝脚免遭淘刷。多用于下游有水和石料丰富的情况。

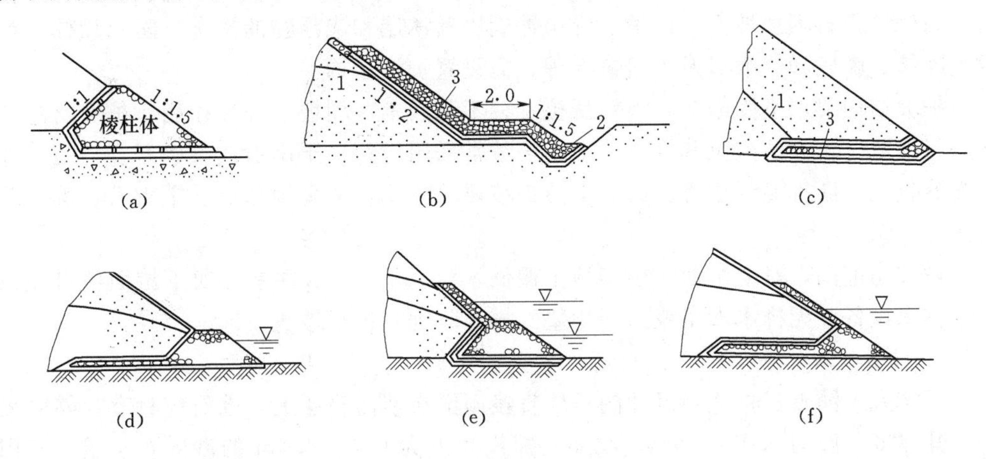

图 6-11　土石坝坝体排水设施主要型式（单位：m）

(a) 棱体排水；(b) 贴坡排水；(c) 褥垫排水；(d)、(e)、(f) 综合型排水

1—浸润线；2—排水沟；3—反滤层

堆石棱体顶宽应根据施工条件及检查观测需要确定，通常不小于 1.0m，其内坡一般为 1∶1～1∶1.5，外坡为 1∶1.5～1∶2.0。棱体顶部高程应保证坝体浸润线距坝坡面的距离大于该地区的冰冻深度，并保证超出下游最高水位，超出的高度，对 1、2 级坝不小于 1.0m，对 3、4、5 级坝不小于 0.5m。

在排水棱体与坝体及坝基之间需设反滤层。

2. 贴坡排水

在坝体下游坝坡一定范围内沿坡设置 1～2 层堆石，如图 6-11（b）所示。贴坡排水又称表层排水，它不能降低浸润线，但能提高坝坡的抗渗稳定性和抗冲刷能力。这种排水结构简单，便于维修。

贴坡排水的厚度（包括反滤层）应大于冰冻深度。顶部应高于浸润线的逸出点 0.5～1.0m，并高于下游最高水位 1.5～2.0m。

贴坡排水底脚处需设置排水沟或排水体，其深度应能满足在水面结冰后，排水沟（或排水体）的下部仍具有足够的排水断面的要求。

3. 褥垫排水

排水伸入坝体内部，如图 6-11（c）所示，能有效地降低坝体浸润线，但对增加下游坝坡的稳定性不明显，常用于下游水位较低或无水的情况。

褥垫排水伸入坝体的长度由渗透坡降确定，一般不超过 1/3～1/4 坝底宽度，向下游可做成 0.005～0.01 的坡度以利排水。褥垫厚度为 0.4～0.5m，使用较均匀的块石筑成，四周需设置反滤层，满足排水反滤要求。

4. 综合型排水

在实际工程中，常根据具体情况将上述几种排水型式组合在一起，兼有各种单一排水型式的优点，如图 6-11（d）、（e）、（f）所示。

四、坝面护坡

为保护土石坝坝坡免受波浪、降雨冲刷以及冰层和漂浮物的损害，防止坝体土料发生冻结、膨胀和收缩以及人畜破坏等，需设置护坡结构。

护坡结构要求坚固耐久，能够抵抗各种不利因素对坝坡的破坏作用，护坡材料应尽量就地取材，方便施工和维修。上游护坡常采用堆石、干砌石或浆砌石、混凝土或钢筋混凝土、沥青混凝土等型式。下游护坡要求略低，可采用草皮、干砌石、堆石等型式。

护坡的范围，对上游面应由坝顶至最低水位以下 2.5m 左右；对下游面应自坝顶护至排水设备，无排水设备或采用褥垫式排水时则需护至坡脚。

1. 堆石护坡

不需人工铺砌，将适当尺寸的石块直接倾倒在坝面垫层上。堆石应具有足够的强度，其厚度一般为 0.5～0.9m，底部还需设厚度为 0.4～0.5m 的砂砾石垫层。多用于石料丰富的地区。

2. 砌石护坡

砌石护坡要求石料比较坚硬并耐风化，可采用干砌或浆砌两种，由人工铺砌，如图 6-12 所示。

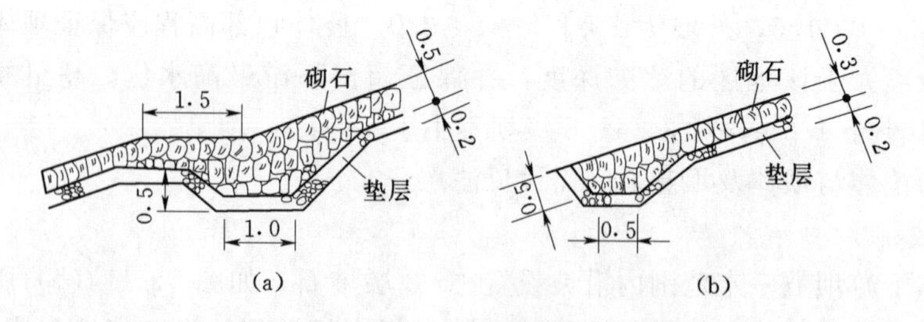

图 6-12　砌石护坡构造（单位：m）

（a）马道；（b）护坡坡脚

砌石应力求嵌紧，石块大小和铺砌厚度应根据风浪大小计算确定。通常干砌石厚度为 0.2～0.6m，底部设 0.15～0.25m 厚的垫层，当有反滤要求时，垫层应适当加厚并按反滤要求设计。浆砌石护坡厚度一般为 0.25～0.4m，另需预留一定数量的排水孔，并每隔 2～4m 设置变形缝以防止发生裂缝。

3. 其他型式的护坡

当筑坝地区缺乏石料时，可采用混凝土或钢筋混凝土护坡。混凝土板厚为0.15～0.2m，可采用现浇或预制方式，板下设砂砾石、砾石或土工织物垫层。

将粗砂、中砂、细砂掺入7%～15%的水泥（质量比），做成水泥土护坡，其防冲能力和柔性较好。水泥土护坡需设置排水孔，底部与土体之间也应设置垫层。

土石坝的下游坡一般可用0.1～0.15m厚的碎石和砾石护坡。当气候条件适宜时还可采用草皮护坡。

五、坝顶构造

坝顶需设路面，当有交通要求时应按道路要求设计，如无交通要求，则可用单层砌石或砾石护面以保护坝体。

为便于排除坝顶雨水，坝顶路面常设直线或折线形横坡，坡度宜采用2%～3%，当坝顶上游设防浪墙时，直线形横坡倾向下游，并在坝顶下游侧沿坝轴线布置集水沟，汇集雨水经坝面排水沟排至下游，以防雨水冲刷坝面和坡脚。

坝顶设防浪墙可降低坝顶路面高程，防浪墙高度约为1.2m，可用浆砌石或混凝土筑成。防浪墙必须与防渗体结合紧密，还应满足稳定和强度要求，并设置伸缩缝。图6-13为典型坝顶构造图。

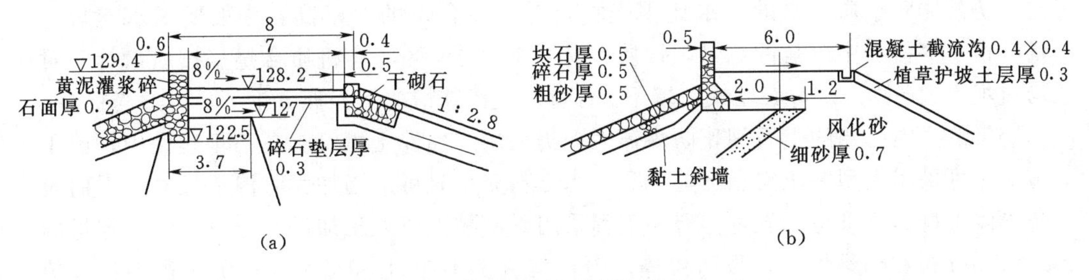

图6-13　典型坝顶构造图（单位：m）
(a) 南湾土坝；(b) 临城土坝

第三节　土石坝的筑坝材料

一、筑坝材料的选择

土石坝筑坝材料来源于当地，就地取材是土石坝的一个突出优点。坝址附近各种天然土石料，除了沼泽土、斑脱土、地表土及含有未完全分解的有机质土料以外，原则上均可用作筑坝材料，或经适当处理后用于坝的不同部位。因此各种天然土石料的种类、性质、储量和分布以及枢纽中其他建筑物开挖渣料的性质和可利用数量等，都是在选择土石坝筑坝材料时应考虑的因素。在选择土石料料场时，应遵守下列原则：①具有或经加工处理后具有与其使用目的相适应的工程性质，并具有长期的稳定性；②就地、就近取材，减少弃料，少占或不占农田，并优先考虑建筑物开挖料的利用；③便于开采、运输和压实。以靠近坝址为宜，以减少运输费用。但从工程布置考虑也不宜太近，一般距坝脚300～500m范围内的材料不容许开采，以免危及坝身安全。

材料储量应充足，在初设阶段不得少于工程设计需要量的2～3倍。

填筑标准对施工质量影响很大，应根据材料的性质合理设计，即因材设计，而不是根据设计指标去寻找材料。因此，填筑标准应当在技术条件许可的情况下，根据材料的性质和施工条件合理确定。

1. 防渗体土料的选择

防渗体是土石坝的重要组成部分，其作用是利用低透水性的材料将渗流控制在允许范围内。除具有防渗性能外，还应具有一定的抗剪强度和低压缩性。因此，对防渗体土料的要求是：渗透性低；较高的抗剪强度；良好的压实性能，压缩性小，且要有一定的塑性，以能适应坝壳和坝基变形而不致产生裂缝；有良好的抗冲蚀能力，以免发生渗透破坏等。

用作心墙、斜墙和铺盖的防渗土料，要求渗透系数 $k \leqslant 10^{-5}$cm/s。用作均质坝的土料渗透系数 k 应小于 10^{-4}cm/s。黏粒含量为15%～30%或塑性指数为10～17的中壤土、重壤土及黏粒含量30%～40%或塑性指数为17～20的黏土都较适宜。黏粒含量大于40%的黏土最好不用，因为它易于干裂且难压实。对于塑性指数大于20和液限大于40%的冲积黏土、浸水后膨胀软化较大的黏土、开挖压实困难的干硬性黏土、分散性土和冻土应尽量不用。

防渗体对杂质含量的要求比坝壳材料对杂质含量的要求高。一般要求水溶盐含量（指易溶盐和中溶盐的总量，按质量计）不大于3%；有机质含量（按质量计）对均质坝不大于5%，对心墙或斜墙不大于2%，特殊情况下经充分论证后可适当提高。

目前国内已建的土石坝，防渗体大多仍采用纯黏性土填筑。在高坝建设中，由于施工时可采用大型的压实和运输工具，当土料充足时可适当加大防渗体尺寸，因而对防渗体土料的要求有所放宽。有些工程采用砾质黏土或人工加砾黏土（含有一定量的 $d>5$mm 粗粒的黏性土）作防渗体。当粗粒含量不超过50%，其孔隙全被细粒所填充，且有足够的抗渗性和抗渗稳定性时，也是良好的防渗材料。由于含有粗粒，压缩性小，与坝壳的变形比较协调，因而用于高坝心墙的下部较为合适。但其组成常是不均匀的，施工时要注意粗粒不能集中，以免形成渗漏通道。粗粒最大粒径不宜大于150mm或铺土厚的2/3，0.075mm以下的颗粒含量不应小于15%，填筑时不得发生粗料集中架空现象。

我国南方地区的棕、黄、红色残积、坡积土，虽然黏粒含量高、天然容重低、压实性差，但在填筑干容重较低和填筑含水量较高的条件下，仍具有较高的强度、较低的压缩性和较小的渗透性，可用于填筑均质坝和多种土质坝的防渗体。西北地区的湿陷性黄土及黄土类土也是填筑均质坝和防渗体的良好材料，但要注意控制适当的填筑含水量与压实度。

图6-14为国内外一些土石坝不透水料的颗粒级配曲线。有人建议土石坝防渗料可以图中的 a、b 线作为界限（图中 a 线为心墙、斜墙土料的细限，b 线为均质坝及心墙、斜墙土料的粗限）。碧口土石坝心墙的黏粒含量约为35%，颗粒级配都在 a、b 范围内，比较理想。但云南毛家村土坝心墙的黏粒含量高达50%～56%，也成功地填筑了80m高的薄心墙。又如南湾、大伙房及墨西哥的莫菲尔尼罗心墙坝的不透水

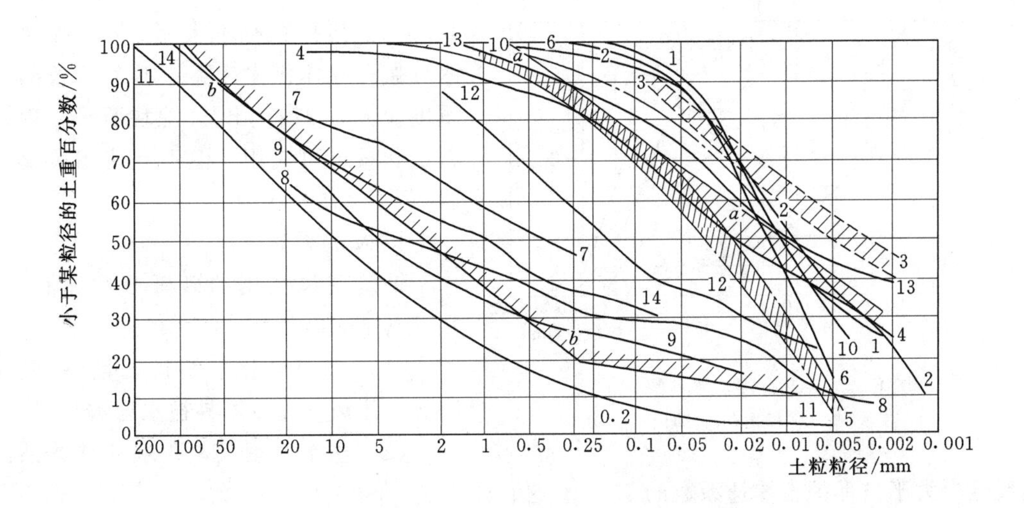

图 6-14　国内外土石坝不透水料颗粒级配曲线

1—南湾；2—大伙房；3—毛家村；4—碧口；5—官厅；6—努列克；7—麦加；8—奥洛维尔；9—格帕奇；10—英菲尔尼罗；11—泥山；12—安布克劳；13—福尔纳斯；14—塔尔百拉；*a*—心墙或斜墙土料的细限；*b*—均质坝及心墙、斜墙土料的粗限

料颗粒级配大部分都在 a 线以外。所以，筑坝材料也不一定要受图中 a、b 线的限制。

风化料几乎每个坝址都有，有的数量还较大。为减少取土和弃土工程量，提高经济效益，可利用风化料做防渗体。如中国鲁布革土石坝即用风化料做防渗体。但应注意风化料性能差异很大，其强度不如一般砂卵石均衡稳定。有些风化料（特别是母岩软弱或棱角尖锐的风化石渣等）浸水后其强度可能有明显的变化；有的会产生较大的湿陷；有的则因粒径不均匀、级配不连续，较易发生渗透破坏等。因此为用好风化料，应尽可能将风化料配置在坝的干燥区域；或适当提高填筑标准或降低采用的计算强度指标；加强反滤排水等。对重要的工程采用风化料时，应进行专门的研究论证。

2. 坝壳土石料的选择

土石坝的坝壳材料主要起保护、支撑防渗体，并保持坝坡的稳定。因此对材料的强度有一定的要求。坝壳材料在压实后，应具有较高的强度和一定的抗风化能力，对于下游坝壳水下部位及上游坝壳水位变动区内的材料还应有良好的透水性。

粒径级配良好的无黏性土（包括砂、砂砾、卵石、漂石、碎石等）以及料场开采出来的石料和由枢纽建筑物所开挖的石渣料，均可作为坝壳材料，并根据其性质用于坝壳的不同部位。均匀的中、细砂及粉砂一般只能用于坝壳的干燥区，否则应对渗透变形和振动液化进行专门论证，必要时采取工程措施，以防液化。设计时，应优先选用均匀和连续级配的砂石料。一般认为颗粒不均匀系数 $\eta=d_{60}/d_{10}=30\sim100$ 时较易压实，而当不均匀系数 $\eta<5\sim10$ 时则级配不好，不易压实。图 6-15 是我国几个工程采用的坝壳透水料的级配曲线。

3. 排水设备、护坡料的选择

排水设备和砌石护坡所用石料，应具有足够的强度，且不易被溶蚀，还应具有较高的抗水性和抗风化性。同时还要能抗冻融和风化。块石料的饱和抗压强度不小于

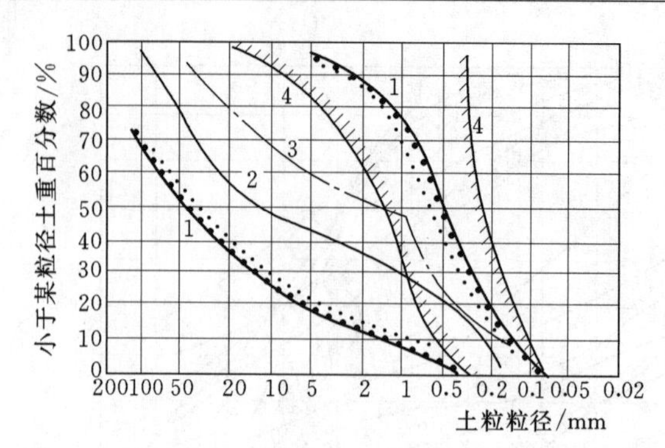

图 6-15 土石坝透水料级配曲线

1—大伙房；2—横山；3—薄山；4—南湾

40MPa，其孔隙率不大于3%，吸水率（按孔隙体积比计算）不大于0.8，重度应大于22kN/m³。除块石外，碎石、卵石也可应用，但不宜使用风化岩石。

4. 反滤料的选择

铺筑反滤层用的砂砾石和卵石，须具备下列条件：

（1）未经风化与溶蚀，且坚硬、密实、耐风化以及不易被水溶解。

（2）透水性很大，要求其渗透系数至少大于被保护土渗透系数的50～100倍。

（3）具有一定的抗剪强度。

（4）没有塑性。

（5）反滤层用的砂砾石、卵石中有机混合物含量的限度与坝体土料的要求相同。

（6）砾石、卵石应具有高度的抗水性和抗冻性，故希望砾石的孔隙率不超过4%，最好采用岩浆岩石料。

（7）反滤层所用的砂及砾石中，粒径小于0.075mm的（即含泥量）不应大于5%（按质量计），亦不应含有大量粒径小于0.05mm的粉土和黏土颗粒。对于心墙两侧的过渡层，经过充分的试验论证，其含泥量可以适当放宽。

亦可用角砾及碎石代替砂砾石和卵石。但角砾及碎石有棱角，在施工时由于碰擦容易产生石粉，从而淤塞反滤层。故对高坝或重要性很高的中、低坝的滤水坝趾反滤料最好不采用角砾和碎石。对坝面护坡的反滤料要求较低，可以采用角砾和碎石。

二、土石料填筑标准设计

对土石料来说，填筑压实得越密实，其整体抗剪强度、抗渗性、抗压缩等性能就越好，产生由不均匀沉陷引起裂缝的可能性就越小，坝体的稳定性和安全性也越高。但需要较大的压实功能，耗费较多的人力和物力。因此，结合筑坝材料的性质、筑坝地区的气候条件、施工条件以及坝体不同部位的具体要求，规定适宜的土石料填筑压实标准，既可获得设计期望的稳定性和安全性，又可使工程造价较低。

为达到设计的填筑标准，对1、2级坝和各级高坝应通过专门的工地碾压试验进行校核，并确定碾压参数；对3、4、5级坝可在施工初期，结合施工质量控制进行校核。

1. 黏性土料填筑标准

对不含砾或含少量砾的黏性土料的填筑标准，常以压实度和最优含水率作为设计控制指标。设计干重度以击实试验最大干重度乘以压实度确定，即

$$P=\gamma_d/\gamma_{d\max} \tag{6-4}$$

式中：P 为填土的压实度；γ_d 为设计填筑干重度，一般为16～17kN/m³；$\gamma_{d\max}$ 为标准击实试验最大干重度。

1级坝、2级坝和3级以下高坝的压实度不应低于98%；3级中坝、低坝及3级以下中坝压实度不应低于96%。

图6-16为黏性土的击实曲线，从该曲线可知：黏性土的干重度、含水量与压实功能之间存在着密切关系。因此，在确定填筑标准时，可以首先确定一个适宜的含水量，使土料在一定的击实功能下具有较好的力学性质。在一定压实功能下，对应于最大干重度的含水量称为最优含水量。从图中曲线还可看出：压实功能越大，黏性土最优含水量越低。当实际含水量小于最优含水量时，增加压实功能对提高密实度效果较明显；而当实际含水量大于最优含水量时，则增加压实功能的效果并不明显。因此，一般应控制黏性土含水量等于或略小于最优含水量。

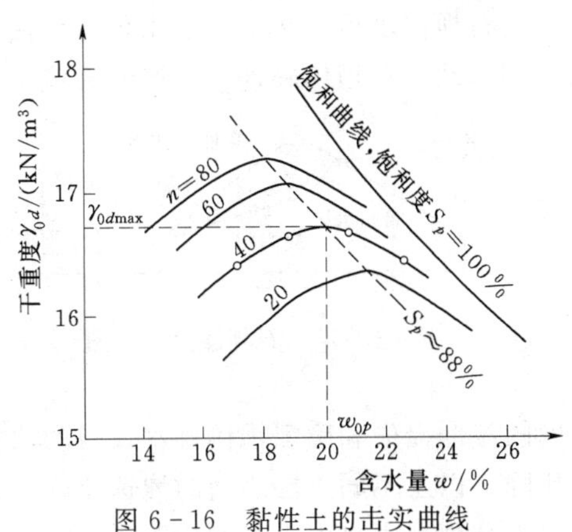

图6-16　黏性土的击实曲线

2. 非黏性土料填筑标准

为了提高材料的抗剪强度和变形模量，增加坝体的稳定、减少坝的变形，防止砂料液化，对坝体的砂、砂砾、石料等同样要求进行填筑压实。非黏性土的压实特性与含水量关系不大，主要与粒径级配和压实功能有密切关系，常用相对紧密度D_r表示：

$$D_r=\frac{e_{\max}-e}{e_{\max}-e_{\min}} \tag{6-5}$$

式中：$e_{\max}$、$e_{\min}$分别为砂砾料最大、最小孔隙比；e为设计孔隙比。

已知相对紧密度D_r，可换算成干重度γ_d，作为施工控制指标：

$$\gamma_d=\frac{\gamma_{d\max}\gamma_{d\min}}{(1-D_r)\gamma_{d\max}+D_r\gamma_{d\min}} \tag{6-6}$$

式中：$\gamma_{d\max}$、$\gamma_{d\min}$分别为砂砾料的最大、最小干重度，由实验得出。

对于砂砾料，可先筛除粗粒（即$d>5$mm的砾石），再按砂土的要求定出相对紧密度，并由式（6-6）计算相应的干重度，然后按下式计算不同含砾量的砂砾料的填筑干重度γ'_d：

$$\gamma'_d=\frac{\gamma_d\gamma'_S}{(1-P)\gamma'_S+P\gamma_d}-A \tag{6-7}$$

式中：γ_d为筛除粗粒后的砂土干重度；γ'_S为粗粒的重度；P为砂砾量中$d>5$mm的粗粒含量百分数；A为干重度降低值，当$P<30\%$时，取$A=0$，当$P>30\%$时，应根据大型击实试验确定。

非黏性土料的填筑标准要求达到的密实状态，砂砾石的相对密度不应低于0.75，砂的相对密度应不低于0.70，反滤料宜为0.70。在地震情况下，浸润线以上不低于0.7，浸润线以下按设计烈度大小而定，一般不低于0.75～0.85。当非黏性土中粗粒含量小于50%时，应保证细粒（$d<5$mm的颗粒）的相对密实度满足以上要求。

第四节　土石坝的渗流分析

一、土石坝渗流分析的目的及其方法

土石坝挡水后，在上下游水位差作用下，水流将通过坝体和坝基自高水位侧向低水位侧运动，在坝体和地基内产生渗流，如图 6-17 所示。坝体内渗透水流的自由水面称为浸润面，浸润面与坝体剖面的交线称为浸润线。

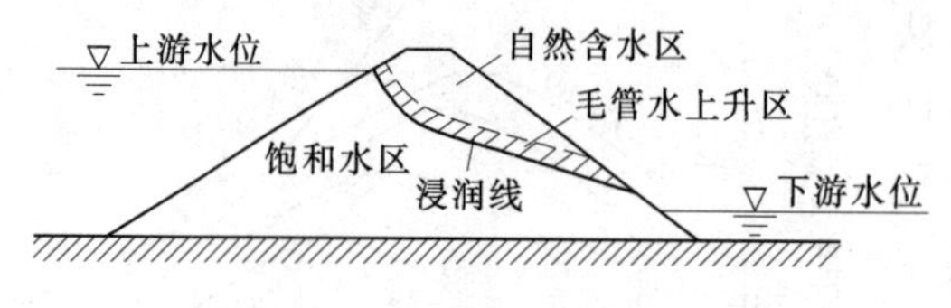

图 6-17　土石坝渗流示意图

土石坝渗流分析的目的是：①确定坝体浸润线和下游溢出点位置，绘制坝体及地基内的等势线或流网图；②计算坝体和坝基渗流量，以便估算水库的渗漏损失和确定坝体排水设备的尺寸；③确定坝坡出逸段和下游地基表面的出逸比降，以及不同土层之间的渗透比降，以判断该处的渗透稳定性；④确定库水位降落时上游坝壳内自由水面的位置，估算孔隙压力，供上游坝坡稳定分析之用。

土石坝渗流是个复杂的空间问题，在对河谷较宽、坝轴线较长的河床部位，常简化为平面问题来分析。其分析方法主要有：流体力学法、水力学法、流网法、试验法和数值解法。

流体力学法只有在边界条件简单的情况下才有解，且计算较繁。

水力学法是在一些假定条件基础上的近似解法，计算简单，能满足工程精度要求，所以在实践中被广泛采用。

流网法是一种简单方法，能够求解渗流场内任一点渗流要素，但对不同土质和渗透系数相差较大的情况难以采用。

试验法需要一定的设备，且费时较长。

近年来，随着计算机的快速发展，数值解法在渗流分析中得到了广泛的应用，对于复杂和重要的工程，多采用数值计算方法来分析。本节主要介绍几种常见坝型渗流计算的水力学法。

二、土石坝渗流分析的水力学法

用水力学法进行土石坝渗流分析时，常作如下一些假定：①坝体土是均质的，坝内各点在各方向的渗透系数相同；②渗透水流为二元稳定层流状态，符合达西定律；③渗透水流是渐变的，任一铅直过水断面内各点的渗透坡降和流速相等。

进行渗流计算时，应考虑水库运行中可能出现的不利情况，常需计算以下几种水位组合情况：①上游正常高水位与下游相应的最低水位；②上游设计洪水位与下游相应的最高水位；③上游校核洪水位与下游相应的最高水位；④库水位降落时对上游坝坡稳定最不利的情况。

采用水力学法进行渗流分析时，需对某些较复杂的条件作适当简化，例如：将渗透系数较接近的相邻土层作为一层，采用渗透系数的加权平均值来计算；当渗水地基的深度大于建筑物底部长度的 1.5 倍以上时，可按无限深透水地基情况进行计算，等等。

1. 渗流基本公式

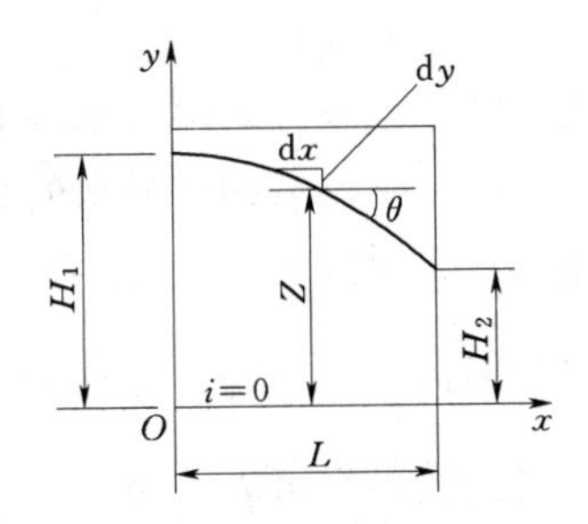

图 6-18　不透水地基上矩形土体渗流计算图

图 6-18 表示一不透水地基上的矩形土体，土体渗透系数为 k，应用达西定律，全断面内的平均流速为

$$v=-k\frac{dy}{dx} \tag{6-8}$$

设单宽渗流量为 q，则

$$q=vy=-ky\frac{dy}{dx} \tag{6-9}$$

将上式分离变量后，自上游面（$x=0$，$y=H_1$）至下游面（$x=L$，$y=H_2$）积分，得

$$H_1^2-H_2^2=\frac{2q}{k}L$$

即

$$q=\frac{k(H_1^2-H_2^2)}{2L} \tag{6-10}$$

若将式（6-9）积分限改为：x 由 0 至 x，y 由 H_1 至 y，则得浸润线方程为

$$q=\frac{k\ (H_1^2-y^2)}{2x}$$

即

$$y=\sqrt{H_1^2-\frac{2q}{k}x} \tag{6-11}$$

2. 不透水地基上均质坝的渗流计算

（1）下游有水而无排水设备或有贴坡排水的情况。如图 6-19 所示，可将土石坝断面分为三段，即：上游三角形段 AMF、中间段 $AFB''B'$ 以及下游三角形 $B''B'N$。根据流体力学原理和电模拟试验结果，可将上游三角形段 AMF 用高为 H_1、宽为 ΔL 的矩形来代替，这一矩形 $EAFO$ 和三角形 AMF 渗过同样的流量 q，消耗同样的水头。ΔL 值可用下式计算：

$$\Delta L=\frac{m_1}{1+2m_1}H_1 \tag{6-12}$$

式中：m_1 为上游边坡系数，如为变坡可采用平均值。

于是可将上游三角形和中间段合成一段 $EOB''B'$，根据式（6-10），可求出通过坝身段的渗流量为

$$q_1=\frac{k[H_1^2-(a_0+H_2)^2]}{2L'} \tag{6-13}$$

式中：a_0 为浸润线逸出点距离下游水面的高度；H_2 为下游水深；L'为 $EOB''B'$的底宽，见图 6-19。

通过下游段三角形 $B'B''N$ 的渗流量，可以分为水上和水下两部分计算。应用达西定律可得其渗流量为

$$q_2=\frac{ka_0}{m_2}\left(1+\ln\frac{a_0+H_2}{a_0}\right) \tag{6-14}$$

然后，根据水流连续条件 $q=q_1=q_2$，联立方程式（6-13）、式（6-14）即可求

得 a_0 和 q 值，浸润线方程可由式（6-11）求得。

求出浸润线后，还应对渗流进口部分进行修正：过 A 点作与坝坡正交的平滑曲线，其下端与计算求得的浸润线相切于点 A'。

（2）下游有褥垫排水的情况。根据流体力学的分析，如图 6-20 所示的浸润线可用通过 E 点并以排水起点 D 为焦点的抛物线表示。若 B 点高度为 h_0，则 C 点距 D 点的距离为 $l_1=\dfrac{h_0}{2}$。由于浸润线过点 $B(x=L',\ y=h_0)$ 和 $C\left(x=L'+\dfrac{h_0}{2},\ y=0\right)$，故浸润线方程可表示为

$$L'=\frac{y^2-h_0^2}{2h_0}+x \tag{6-15}$$

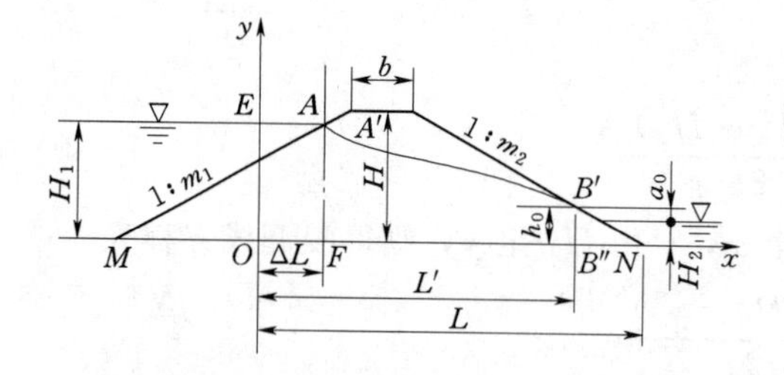

图 6-19　不透水地基上均质坝渗流计算图

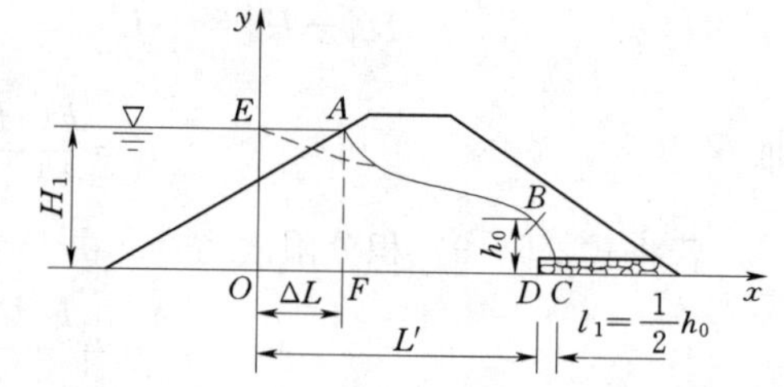

图 6-20　有褥垫排水时渗流计算图

又因浸润线通过点 $E(x=0,\ y=H_1)$，故

$$h_0=\sqrt{L'^2+H_1^2}-L' \tag{6-16}$$

再根据式（6-10）得通过坝身的单宽渗流量 q 为

$$q=\frac{k(H_1^2-h_0^2)}{2L'} \tag{6-17}$$

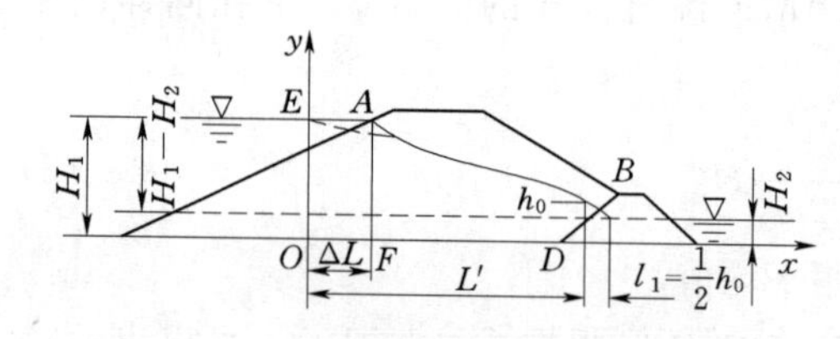

图 6-21　有棱体排水时渗流计算图

（3）下游有堆石棱体排水的情况。当下游无水时，按上述褥垫排水情况计算。当下游有水时，如图 6-21 所示，可将下游水面以上部分按照下游无水情况处理，即褥垫式排水情况处理，此时 h_0 为

$$h_0=\sqrt{L'^2+(H_1-H_2)^2}-L' \tag{6-18}$$

单宽渗流量可按下式求得

$$q=\frac{k}{2L'}[H_1^2-(H_2+h_0)^2] \tag{6-19}$$

浸润线仍按式（6-11）计算。

3. 有限深透水地基上土石坝的渗流计算

（1）均质坝渗流计算。假设一均质坝，坝体的渗透系数为 k，透水地基的深度为 T，地基渗透系数为 k_T，如图 6-22 所示。渗流量计算方法是将坝体和坝基渗流量分开考虑。首先按不透水地基上均质坝的计算方法，决定坝体的渗流量和浸润线的位

置，再假定坝体不透水，按式（6-20）计算地基的渗流量 q'。

$$q'=\frac{k_T H_1 T}{nL_0} \tag{6-20}$$

式中：n 为由于流线弯曲对渗流途径的修正系数，与渗流区的几何形状有关，见表 6-5。

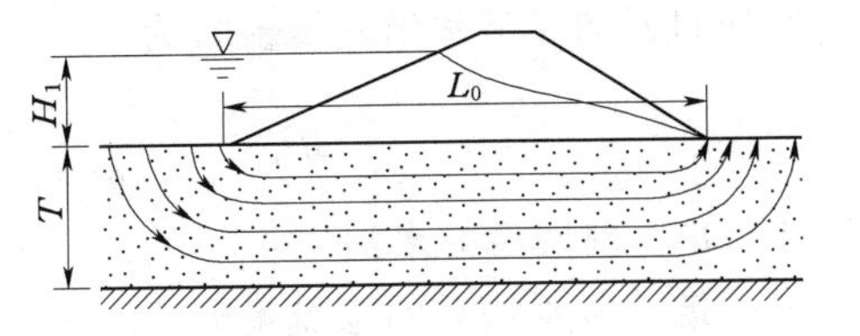

图 6-22　透水地基上均质坝渗流计算

表 6-5　　**渗径修正系数**

L_0/T	20	5	4	3	2	1
n	1.05	1.18	1.23	1.30	1.44	1.87

总单宽流量 q 为两者之和。

坝体浸润线方程可按下式计算：

$$\frac{2q}{k}x=H_1^2+\frac{2k_T T H_1}{k}-y^2-\frac{2k_T T}{k}y \tag{6-21}$$

（2）心墙坝渗流计算。图 6-23 所示为一带截水槽的心墙坝。设心墙和截水槽的渗透系数为 k_0，忽略心墙前坝壳内的水位降落，可将渗流计算分为防渗体段和墙后段两部分，计算时取心墙平均厚度 δ。

通过防渗心墙和地基截水槽的单宽渗流量为

$$q_1=k_0\frac{(H_1+T)^2-(h+T)^2}{2\delta} \tag{6-22}$$

墙后段的流量为

$$q_2=\frac{k(h^2-H_2^2)}{2(L-m_2H_2)}+k_T\frac{h-H_2}{L+0.44T}T \tag{6-23}$$

式中：$0.44T$ 为对流线弯曲渗径的修正；其余符号含义如图 6-23 所示。

根据水流连续条件，$q_1=q_2=q$，联立等式（6-22）和式（6-23），可求得墙后水深 h 和 q。心墙内的浸润线按式（6-11）计算，墙后浸润线可按式（6-21）计算。

（3）带截水槽的斜墙坝渗流计算。如图 6-24 所示为有截水槽的斜墙坝，计算分为斜墙截水槽和其后坝体及地基段，并分别用平均厚度 δ 和 δ_1 代替变厚度的斜墙和截水槽。

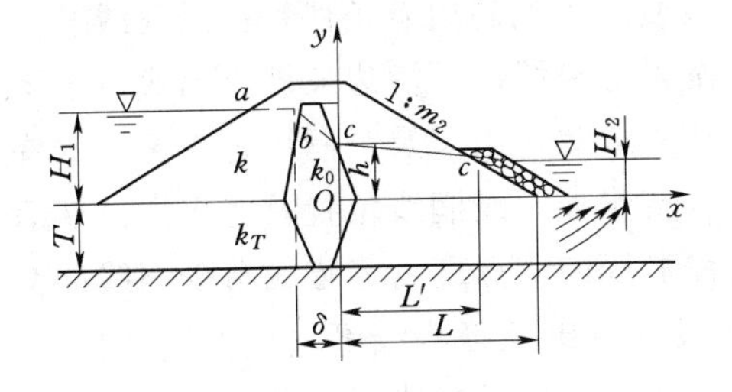

图 6-23　透水地基上带截水槽的心墙坝的渗流计算图

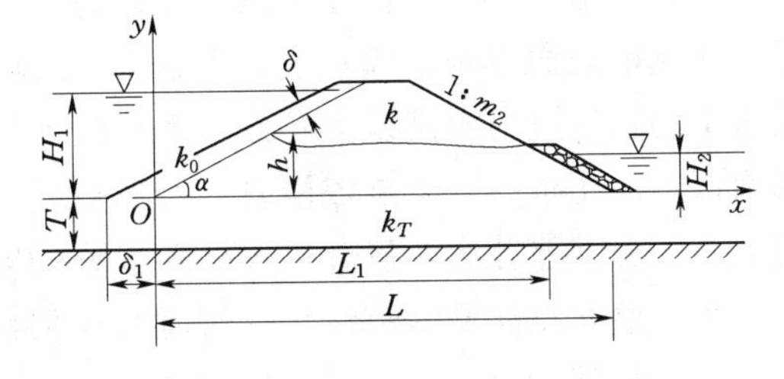

图 6-24　透水地基上带截水槽的斜墙坝的渗流计算图

通过斜墙及截水槽的渗流量为

$$q_1=\frac{k_0(H_1^2-h^2)}{2\delta\sin\alpha}+k_0\frac{H_1-h}{\delta_1}T \tag{6-24}$$

式中：h 为斜墙后的水深。

斜墙及截水槽后的渗流量为

$$q_2=\frac{k(h^2-H_2^2)}{2(L-m_2H_2)}+k_T\frac{h-H_2}{L+0.44T}T \tag{6-25}$$

根据水流连续条件，$q_1=q_2=q$，联立等式（6-24）和式（6-25），可求得墙后水深 h 和 q。

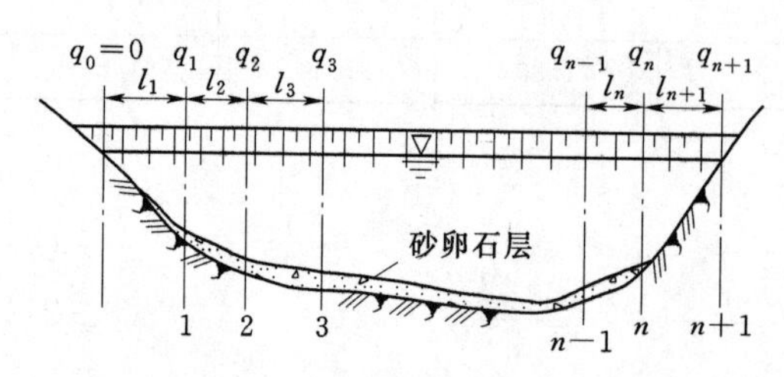

图 6-25　土坝总渗透流量计算示意图

4. 总渗流量的计算

前面所述的方法是计算通过坝体和坝基的单宽渗流量。由于沿坝轴线的各断面形状及地基地质条件并不相同，因此计算通过坝体的总渗流量时，可根据具体情况将坝体沿坝轴线划分为若干段（图 6-25），分别计算出每个断面的单宽流量，然后按下式计算全坝的总渗流量。

$$Q=\frac{1}{2}[q_1l_1+(q_1+q_2)l_2+\cdots+(q_{n-1}+q_n)l_n+q_nl_{n+1}] \tag{6-26}$$

式中：q_1、q_2、…、q_n 为断面 1、2、…、n 的单宽渗流量；l_1、l_2、…、l_n、l_{n+1} 为相邻两断面之间的距离。

三、流网法

对于复杂的土石坝剖面和边界形状，用水力学方法难以求其精确解时，可采用绘制流网的方法求解渗流区任一点的渗透压力、渗透坡降、渗透流速以及坝的渗流量。流网法是一种图解法，流网由流线和等势线组成，其基本特性是：①等势线和流线相互正交；②流网各个网格的长宽比保持为常数时，相邻等势线间的水头差相等，各相邻流线间通过的渗流量相等；③在两种渗透系数不同的土层交界面上，流线间的夹角有如下关系：$\tan\alpha_1/\tan\alpha_2=k_1/k_2$。

土石坝渗流是无压渗流，浸润线即为自由表面。渗流的边界条件是：浸润线和不透水地基的表面都是流线；上、下游水下边坡都是等势线；下游边坡渗流出逸点至下游水位的逸出段与浸润线上各点压力均为大气压力，故逸出段及浸润线各点位置水头即为该点的总水头。绘制流网时，可先根据经验初步拟定浸润线位置及逸出点。然后将上、下游落差分为几等分，等分的水平线与浸润线的交点即为等势线与浸润线的交点。由这些交点绘制等势线，一端垂直于浸润线（逸出段等势线不垂直于坝坡），一端垂直于地基表面线，然后绘制与等势线正交的流线。经反复修正，最后得出互相正交，长宽相等的网格，即流网，如图 6-26 所示。

等势线上任一点的渗压即为该等势线的水头减去该点的位置水头（以下游水面为

基线)，任一点的渗透坡降即为等势线水头除以该处网格的边长，由此可以求出渗透流速、坡降和流量等。图6-27为几种不同类型土石坝的流网图。

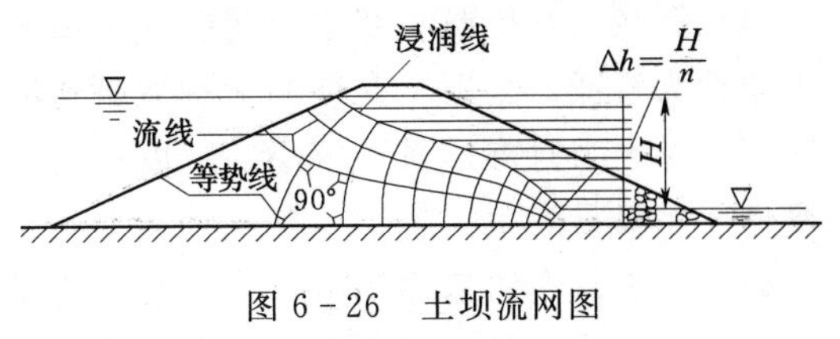

图6-26　土坝流网图

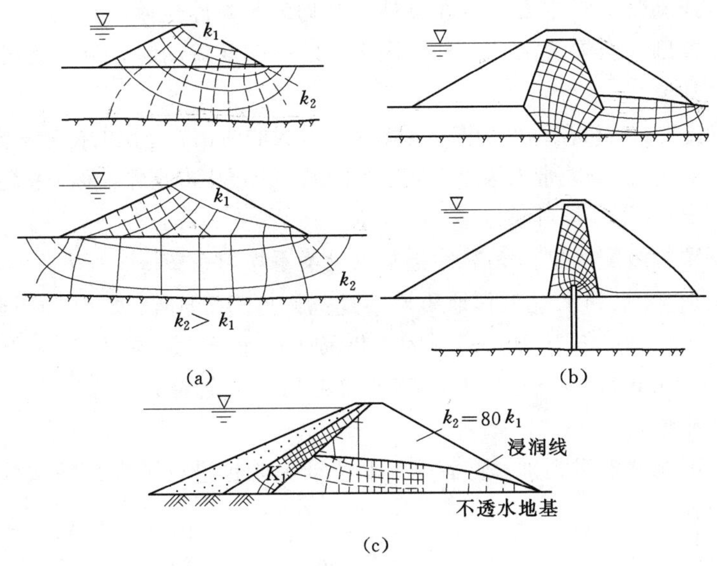

图6-27　流网图

(a) 均质坝；(b) 黏土心墙坝；(c) 黏土斜墙坝

四、渗透变形及其渗透稳定性判别

土石坝坝身及坝基中的渗流，由于物理或化学的作用，导致土体颗粒流失，土壤发生局部破坏，称为渗透变形。据统计国内土石坝由于渗透变形造成的失事约占失事总数的45%。

1. 渗透变形的形式

渗透变形的形式及其发生发展过程，与土料性质、土粒级配、水流条件以及防渗、排水措施等因素有关，一般有管涌、流土、接触冲刷和接触流失等类型，见图6-28。工程中以管涌和流土最为常见。

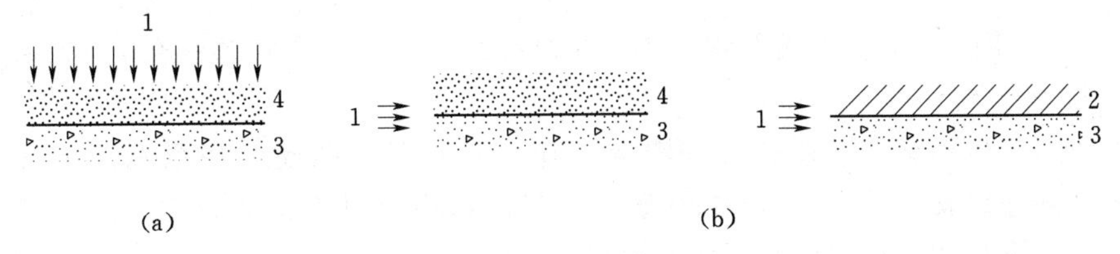

图6-28　土层接触面处的渗透变形

(a) 接触流失；(b) 接触冲刷

1—渗流方向；2—黏性土；3—砂砾；4—砂土

（1）管涌。坝体或坝基中的无黏性土细颗粒被渗透水流带走并逐步形成渗流通道的现象称为管涌，多发生在坝的下游坡或闸坝下游地基面渗流逸出处。黏性土因颗粒之间存在黏聚力且渗透系数较小，所以一般不易发生管涌破坏，而在缺乏中间粒径的非黏性土中极易发生。

（2）流土。在渗流作用下，产生的土体浮动或流失现象。发生流土时土体表面发生隆起、断裂或剥落。它主要发生在黏性土及均匀非黏性土体的渗流出口处。

（3）接触冲刷。当渗流沿着两种不同土层的接触面流动时，沿层面带走细颗粒的现象称为接触冲刷。

（4）接触流失。当渗流垂直于渗透系数相差较大的两相邻土层的接触面流动时，把渗透系数较小土层中的细颗粒带入渗透系数较大的另一土层中的现象，称为接触流失。

2. 渗透变形形式的判别

（1）根据颗粒级配判别。无黏性土常以土壤不均匀系数 $\eta(\eta=d_{60}/d_{10})$ 作为判别渗透变形的依据。《水利水电工程地质勘察规范》（GB 50487—2008）明确规定：$\eta\leqslant 5$ 的土易产生流土；$\eta>5$ 且 $P\geqslant 35\%$ 的土仍易于产生流土，其中 P 为土体中细颗粒含量（粒径 $d<2\text{mm}$）；$\eta>5$ 且 $P<25\%$ 的土易产生管涌；当 $\eta>5$ 且 $25\%\leqslant P<35\%$ 时，为过渡型。

（2）根据细颗粒含量判别。南京水利科学研究院也进行了大量的试验研究，提出如下的判别公式：

$$P_z=a\frac{\sqrt{n}}{1+\sqrt{n}} \tag{6-27}$$

式中：a 为修正系数，取 0.95～1.0；n 为土体孔隙率；P_z 为粒径小于或等于 2mm 的细粒临界含量，%。

当土体的细粒含量大于 P_z 时可能产生流土，当土体的细粒含量小于或等于 P_z 时，则可能产生管涌。此法应用方便，适合于各种土壤。

3. 渗透变形的临界坡降

（1）产生管涌的临界坡降。管涌的发生与渗透系数和渗透坡降有关。到目前为止，试验和分析临界坡降的成果虽然很多，但没有形成完全成熟的结论。一般管涌按下式计算：

$$J_c=\frac{42d_3}{\sqrt{k/n^3}} \tag{6-28}$$

式中：d_3 为相应于粒径曲线上含量为 3% 的粒径，cm；k 为渗透系数，cm/s；n 为土壤孔隙率。

对于易产生管涌破坏处的容许渗透坡降 $[J]$，可根据建筑物级别和土壤类型，用临界坡降除以安全系数 1.5～2.0 确定。当渗透稳定对水工建筑物的危害较大时，取 2.0 的安全系数；对于特别重要的工程也可取 2.5 的安全系数。

对大中型工程，应通过管涌试验求出实际发生管涌的临界坡降。

（2）产生流土的临界坡降。当渗流自下向上发生时，常采用由极限平衡理论所得的太沙基公式计算，即

$$J_c=(G-1)(1-n) \tag{6-29}$$

式中：G 为土粒比重；n 为土粒孔隙率；J_c 值一般在 0.8～1.2 之间变化。

容许渗透坡降 $[J]$ 也需要有一定的安全系数，对于黏性土可采用 1.5，对于非黏性土可用 2.0～2.5。为防止流土的产生，必须使渗流逸出处的水力坡降小于容许坡降。

五、防止渗透变形的工程措施

资源 6.4
防止土石坝渗透变形的工程措施

土体发生渗透变形的原因，除与土料性质有关外，主要是由于渗透坡降过大造成的。因此，设计中应尽量降低渗透坡降，增加渗流出口处土体抵抗渗透变形的能力。常用的工程包括以下措施。

（1）采取水平或垂直防渗措施，以便尽可能地延长渗径，达到降低渗透坡降的目的。

（2）采取排水减压措施，以降低坝体浸润线和下游渗流出口处的渗透压力。对可能发生管涌的部位，需设置反滤层，拦截可能被渗流带走的细颗粒；对下游可能产生流土的部位，可以设置盖重以增加土体抵抗渗透变形的能力。

设置反滤层是提高土体抵抗渗透破坏能力的一项有效措施，它可起到滤土、排水的作用。通常，在土质防渗体（包括心墙、斜墙、铺盖、截水槽等）与坝壳或坝基透水层之间，以及下游渗流逸出处需设置反滤层；当坝壳或坝基为砂性土且与防渗体之间的层间关系满足反滤要求时，可不设置专门的反滤层；对防渗体上游处反滤层的要求可以适当降低。

反滤层应满足下列要求：①透水性大于被保护土体，能顺畅地排除渗透水；②使被保护土不发生渗透变形；③不致被细粒土淤堵失效；④在防渗体出现裂缝的情况下，土颗粒不会被带出反滤层，能使裂缝自行愈合。

反滤层一般由 2～3 层不同粒径的砂石料组成，石料采用耐久的、抗风化的材料，层的设置大体与渗流方向正交，且顺渗流方向粒径应由小到大，如图 6－29 所示。

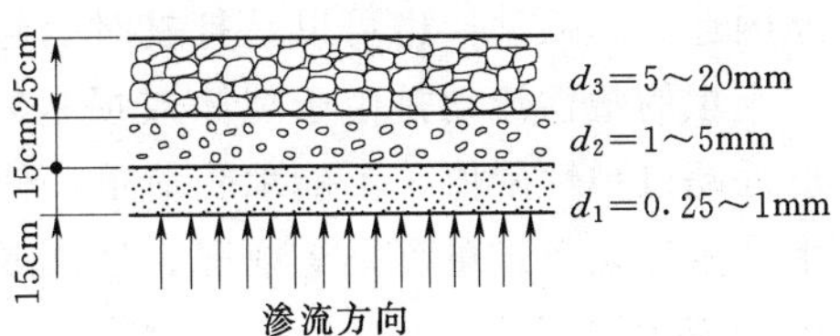

图 6－29　反滤层构造示意图

反滤设计中，对于含有大于 5mm 颗粒的被保护土，宜选取粒径小于等于 5mm 部分的颗粒级配进行反滤设计。若小于等于 5mm 部分的颗粒级配为不连续级配，宜选取“台阶”起点的粒径以下部分的颗粒级配。

对于含有大于 5mm 颗粒、小于 0.075mm 颗粒的含量不大于 15%的被保护土，当被保护土为连续级配，同时被保护土不均匀系数小于等于 6，且曲率系数不在 1～3 范围内时，可采用原始级配。

对于紧邻被保护土的第一层反滤料的设计可参考《碾压式土石坝设计规范》（SL 274—2020）附录 B。

当选择第二、第三层反滤料时，可按同样方法确定。通常水平反滤层的最小层厚可采用 30cm，垂直或倾斜反滤层的最小层厚可采用 50cm。当采用推土机平料时，反滤层的最小水平宽度应不小于 3.0m。

采用土工织物反滤，具有施工简单、速度快和造价低等优点，近年来在工程中得到广泛应用。如辽宁柴河铅锌矿新建尾矿库工程，初期坝坝高11m，坝长85m，坝的内外坡均为1∶1.7，后期坝用尾矿砂填筑，最终坝高40m，在堆石坝与尾矿砂之间，用无纺土工织物代替原设计的1.6m厚的砂砾料反滤层进行反滤，节约工程投资约44万元，取得了良好的效果。

用作反滤料的土工织物，应具有下列功能：①保土性，防止被保护土颗粒随水流流失；②透水性，保证渗流水通畅排走；③防堵性，防止材料被细土粒堵塞失效。关于土工织物反滤层设计的具体要求可参阅《土工合成材料应用技术规范》（GB/T 50290—2014）。

第五节　土石坝的稳定分析

资源6.5
土石坝稳定性破坏状态

一、土石坝稳定性破坏的状态及稳定分析方法

土石坝稳定性破坏有滑动、液化及塑性流动三种状态。

坝坡的滑动是由于坝体的边坡太陡，坝体填料的抗剪强度太小，致使边坡的滑动力矩超过抗滑力矩，因而发生坍滑；或由于坝基土的抗剪强度不足，坝体连同坝基一起发生滑动，尤其是当坝基存在软弱土层时，滑动往往是沿着该软弱层发生。坝坡的滑动面可能是圆柱面、折面、平面或更加复杂的曲面。

土体的液化常发生在用细砂或均匀的不够紧密的砂料建成的坝体或坝基中。液化的原因是饱和的松砂受振动或剪切而发生体积收缩，这时砂土孔隙中的水分不能立即排出，部分或全部有效应力即转变为孔隙水压力，砂土的抗剪强度亦即减小或变为零，砂粒也就随水流动而“液化”。促使饱和松砂液化的客观因素可以是地震、爆炸等原因造成的振动，也可以是打桩时引起的振动等。

土坝的塑性流动是由于坝体或坝基内的剪应力超过了土料实际具有的抗剪强度，变形远超过弹性限值，不能承受荷重，使坝坡或坝脚土被压出或隆起，或坝体和坝基发生严重裂缝、过量沉陷等情况。坝体或坝基为软黏土时，若设计处理不当，极易产生这种破坏。

进行坝坡稳定计算时，应该杜绝以上三种失稳破坏现象，尤其是前两种，必须进行稳定性验算。对于大型土坝或1、2级土坝，建议进行塑性流动计算，限于篇幅，本章重点介绍坝坡抗滑稳定验算的方法和原理，土坝的液化验算、塑性分析可参见有关文献。

坝坡稳定分析的方法大体上可分为数值解析法和实验分析法。数值解析法又可分为滑动面法和应力应变分析法。

1. 滑动面法

滑动面法包括圆弧滑动法（如条分法、毕肖普法等）、折线滑动面法、复合滑动面法、楔形体法和摩根斯顿-普赖斯（Morgenstern - Price）法等。这些方法都是通过假定滑动面，计算作用在该滑动面上的抗滑力和滑动力，以滑动力除抗滑力，或以滑动力矩除抗滑力矩，即得稳定安全系数。若安全系数大于等于规范容许值，则认为不会滑动，反之则可能滑动。因此需假定若干滑动面，计算每一种工况下各滑动面的安全系数，以判别坝坡的稳定性。

滑动面法受力明确，计算方便，经多年使用已积累了丰富的经验。现行规范关于最小抗滑稳定安全系数的定量规定都是根据滑动面法给出的。缺点是假定的滑动面形状与实际未必相符，有限个滑动面的计算结果未必能找出最小安全度的滑动面所在位置，此外滑动体基本上是按刚体考虑的，与实际情况也有差距。

2. 应力应变分析法

应用弹性理论和塑性理论，以坝体连同坝基为计算对象，可算出坝体及坝基内部各点的应力和应变。按应力应变的非线性本构关系建立数学模型，借助非线性有限元等现代计算方法，可求得各点的应力和位移，将各点应力与强度相比，方可知道安全与否。

但是土、砂砾及堆石等材料容易产生变形，且应力应变关系复杂，近年来随着岩土力学的发展，考虑土的非线性特性的有限单元法，模拟筑坝过程等分析方法都已有不少的研究成果，但由于土体的弹塑性本构关系的数学模型不唯一，因此用数值分析法研究土体的应力应变和稳定问题既是发展方向，也有不少问题有待深入探讨。现行规范虽然要求对1级、2级高坝及建于复杂和软弱地基上的坝进行应力应变计算，但未给出用应力应变法验算稳定安全度的定量判据。

二、土石坝滑动破坏形式

土石坝坝坡较缓，在外荷载及自重作用下，不会产生整体水平滑动。如果剖面尺寸设计不当或坝体、坝基材料的抗剪强度不足，在一些不利荷载组合下有可能发生坝体或坝体连同部分坝基一起局部滑动的现象，造成失稳；另外，当坝基内有软弱夹层时，也可能发生塑性流动，影响坝的稳定。

进行土石坝稳定计算的目的是保证坝体在自重、孔隙压力和外荷载作用下，具有足够的稳定性，不致发生通过坝体或坝体连同地基的剪切破坏。

进行稳定计算时，应先假定滑动面的形状。土石坝滑坡的形式与坝体结构、筑坝材料、地基性质以及坝的工作条件等密切相关，常见的滑动破坏形式有：圆弧滑动面、折线滑动面和复合滑动面，见图6-30。

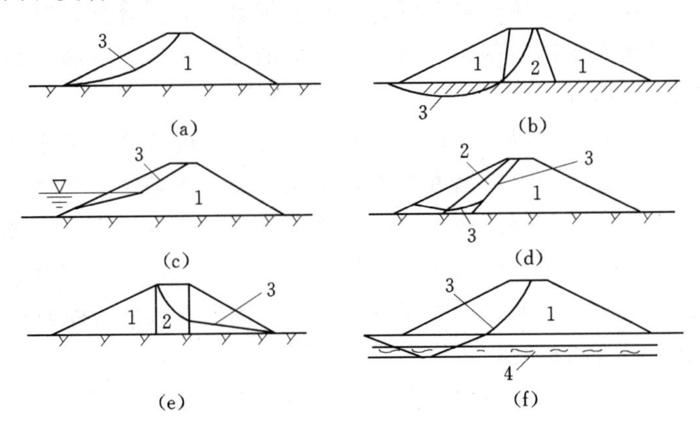

图6-30 土石坝滑动破坏形式

(a)、(b) 圆弧滑动面；(c)、(d) 折线滑动面；(e)、(f) 复合滑动面

1—坝壳；2—防渗体；3—滑动面；4—软弱层

1. 圆弧滑动面

当滑动面通过黏性土部位时，其形状通常为一顶部陡而底部渐缓的曲面，如图6-30（a）、（b）所示，稳定分析中多以圆弧代替。

2. 折线滑动面

折线滑动面多发生在非黏性土的坝坡中，如薄心墙坝，斜墙坝等，如图6-30（c）、（d）所示。当坝坡部分浸水，则常为图6-30（c）中近于折线的滑动面，折点一般在水面附近。

3. 复合滑动面

厚心墙或由黏土及非黏性土构成的多种土质坝形成复合滑动面，如图6-30（e）、（f）所示。当坝基内有软弱夹层时，因其抗剪强度低，滑动面不再往下深切，而是沿该夹层形成曲、直面组合的复合滑动面。

三、土石坝的坝坡稳定分析

1. 荷载

土石坝稳定计算考虑的荷载主要有自重、渗透力、孔隙水压力和地震荷载等。

（1）自重。对于坝体自重，一般在浸润线以上的土体按湿重度计算，浸润线以下、下游水位以上按饱和重度计算，下游水位以下按浮重度计算。

（2）渗透力。渗透力是渗透水流通过坝体时作用于土体的体积力。其方向为各点的渗流方向，单位土体所受到的渗透力大小为γJ，γ为水的重度，J为该处的渗透坡降。

（3）孔隙水压力。黏性土在外荷载作用下产生压缩时，由于孔隙内空气和水不能及时排出，外荷载便由土粒、孔隙中的水和空气共同承担。若土体饱和，外荷载将全部由水承担。随着孔隙水因受压而逐渐排出，所加的外荷载逐渐向土料骨架上转移。土料骨架承担的应力称为有效应力，它在土体滑动时能产生摩擦力抵抗滑动；孔隙水承担的应力称为孔隙应力（或称孔隙水压力），它不能产生摩擦力；土壤中的有效应力与孔隙水压力之和称为总应力。

孔隙压力的存在使土的抗剪强度降低，也使坝坡稳定性降低。对于黏性土坝体或坝基，在施工期和水库水位降落期必须计算相应的孔隙水压力，必要时还要考虑施工末期孔隙压力的消散情况。

孔隙压力的大小一般难以准确计算，它不仅与土料的性质、填土含水量、填筑速度、坝内各点荷载和排水条件等因素有密切关系，而且还随时间变化。目前孔隙水压力常按两种方法考虑：一种是总应力法，即采用不排水剪的总强度指标φ_u、c_u来确定土体的抗剪强度，$\tau_u = c_u + \sigma \tan\varphi_u$；另一种是有效应力法，即先计算孔隙压力，再把它当作一组作用在滑弧上的外力来考虑，此时采用与有效应力相对应的排水剪或固结快剪试验的有效强度指标φ'、c'。

（4）地震荷载。地震荷载中的地震惯性力可按拟静力法计算。沿坝高作用于质点i处的水平向地震惯性力代表值F_i的计算见第二章。

2. 荷载组合

（1）正常运用条件包括以下几种情况：

1）水库水位处于正常蓄水位和设计洪水位与死水位之间的各种水位的稳定渗流期。

2）水库水位在上述范围内经常性的正常降落。

3）抽水蓄能电站的水库水位的经常性变化和降落。

（2）非常运用条件Ⅰ包括下列内容：

1）施工期。

2）校核洪水位有可能形成稳定渗流的情况。

3）水库水位的非常降落，如自校核洪水位降落、降落至死水位以下，以及大流量快速泄空等。

（3）非常运用条件Ⅱ包括正常运用条件遇地震。

根据《碾压式土石坝设计规范》（SL 274—2020）的要求，采用计及条块间作用力方法时，坝坡抗滑稳定安全系数应不小于表6-6所规定的数值。

表6-6　　坝坡抗滑稳定最小安全系数

运用条件	工程等级			
	1	2	3	4、5
正常运用条件	1.50	1.35	1.30	1.25
非常运用条件Ⅰ	1.30	1.25	1.20	1.15
非常运用条件Ⅱ	1.20	1.15	1.15	1.10

3．土石料抗剪强度指标

土石料的抗剪强度指标选用关系到工程的安全和经济性。选用的指标需与坝的工作性态相符合，表6-7列出了不同时期选用不同计算方法时抗剪强度指标的测定和应用。如稳定渗流期坝体已经固结，应用有效应力法时，用固结排水剪（CD）指标；施工期或库水位降落期，应同时用有效应力法和总应力法，并以较小的安全系数作为坝坡抗滑稳定安全系数，强度指标则分别采用固结排水剪和固结不排水剪指标。

表6-7　　抗剪强度指标的测定和应用

<table>
<tr><th>计算工况</th><th>计算方法</th><th colspan="2">土类</th><th>使用仪器</th><th>试验方法与代号</th><th>强度指标</th><th>试样起始状态</th></tr>
<tr><td rowspan="8">施工期</td><td rowspan="6">有效应力法</td><td colspan="2" rowspan="2">无黏性土</td><td>直剪仪</td><td>慢剪（S）</td><td rowspan="6">c'，φ'</td><td rowspan="8">填土用填筑含水率和填筑容重的土，坝基用原状土</td></tr>
<tr><td>三轴仪</td><td>固结排水剪（CD）</td></tr>
<tr><td rowspan="4">黏性土</td><td rowspan="2">饱和度小于80%</td><td>直剪仪</td><td>慢剪（S）</td></tr>
<tr><td>三轴仪</td><td>不排水剪测孔隙压力（UU）</td></tr>
<tr><td rowspan="2">饱和度大于80%</td><td>直剪仪</td><td>慢剪（S）</td></tr>
<tr><td>三轴仪</td><td>固结不排水剪测孔隙压力（CU）</td></tr>
<tr><td rowspan="2">总应力法</td><td rowspan="2">黏性土</td><td>渗透系数小于10^{-7}cm/s</td><td>直剪仪</td><td>快剪（Q）</td><td rowspan="2">c_u，φ_u</td></tr>
<tr><td>任何渗透系数</td><td>三轴仪</td><td>不排水剪（UU）</td></tr>
</table>

续表

计算工况	计算方法	土类		使用仪器	试验方法与代号	强度指标	试样起始状态
稳定渗流期和水库水位降落期	有效应力法	无黏性土		直剪仪	慢剪（S）	c'，φ'	填土用填筑含水率和填筑容重的土，坝基用原状土，但要预先饱和，而浸润线以上的土不需饱和
				三轴仪	固结排水剪（CD）		
		黏性土		直剪仪	慢剪（S）		
				三轴仪	固结不排水剪测孔隙力（CU）或固结排水剪（CU）		
水库水位降落期	总应力法	黏性土	渗透系数小于10^{-7}cm/s	直剪仪	固结快剪（R）	c_{CU}，φ_{CU}	
			任何渗透系数	三轴仪	固结不排水剪（CD）		

注　表内施工期总应力法抗剪强度为坝体填土非饱和土，对于坝基饱和土，抗剪强度指标应改为c_{CU}，φ_{CU}。

目前，土石坝的稳定分析仍基于极限平衡理论，采用假定滑动面的方法。依据滑弧的不同形式，可分为圆弧滑动法、折线滑动法和复合滑动法。

4. 土石坝的坝坡稳定分析

（1）圆弧滑动法。对于均质坝、厚斜墙坝和厚心墙坝来说，滑动面往往接近于圆弧，故采用圆弧滑动法进行坝坡稳定分析。为了简化计算和得到较为准确的结果，实践中常采用条分法。规范采用的圆弧滑动静力计算公式有两种：一种是不考虑条块间作用力的瑞典圆弧法，另一种是考虑条块间作用力的毕肖普法。由于瑞典圆弧法不考虑相邻土条间的作用力，因而计算结果偏于保守。计算时若假定相邻土条界面上切向力为零，即只考虑条块间的水平作用力，就是简化毕肖普法。下面以瑞典法为例介绍圆弧滑动法。

如图6－31所示，假定滑动面为圆柱面，将滑动面内土体视为刚体，边坡失稳时该土体绕滑弧圆心O作转动，计算时常沿坝轴线取单宽坝体按平面问题进行分析。采用条分法，将滑动土体按一定的宽度分为若干个铅直土条，不计相邻土条间的作用力，分别计算出各土条对圆心O的抗滑力矩M_r和滑动力矩M_s，再分别求其总和。当土体绕O点的抗滑力矩M_r大于滑动力矩M_s，坝坡保持稳定；反之，坝坡丧失稳定。

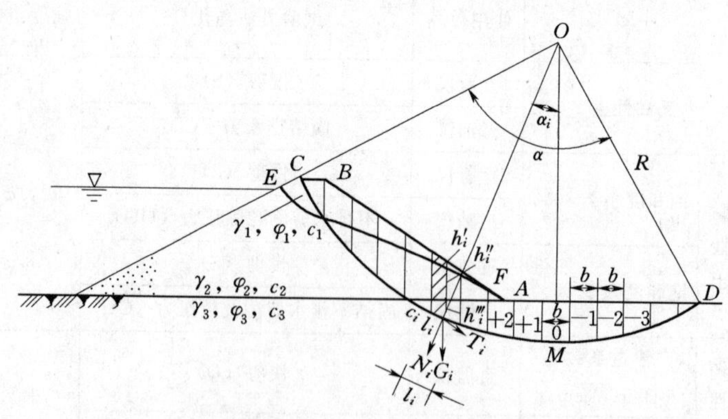

图6－31　圆弧滑动法稳定计算

将滑弧 CMD 内土体用铅直线分成若干条块，为方便计算，取各土条宽度 $b=R/m$，m 一般取为 10～20。对各土条进行编号，以圆心正下方的一条编号 $i=0$，并依次向上游为 $i=1, 2, 3, \cdots$，向下游为 $i=-1, -2, -3, \cdots$，见图 6-31。

不计相邻条块间的作用力，任取第 i 条为例进行分析，作用在该条块上的作用力有：

1）土条自重 G_i，方向竖直向下，其值为 $G_i=(\gamma_1 h_i'+\gamma_2 h_i''+\gamma_3 h_i''')b$，其中 γ_1、γ_2、γ_3 分别表示该土条中对应土层的重度，h'、h''、h'''表示相应的土层高度，b 为土条宽度。可以将 G_i 沿滑弧面法向和径向进行分解，得法向分力 $N_i=G_i\cos\alpha_i$，切向分力 $T_i=G_i\sin\alpha_i$。

2）作用于该土条底面上的法向反力 $\overline{N_i}$，与 N_i 大小相等、方向相反。

3）作用于土条底面上的抗剪力，其可能发挥的最大值等于土条底面上土体的抗剪强度 c_i 与滑弧长度 l_i 的乘积 $c_i l_i$，方向与滑动方向相反。

根据以上作用力，可求得边坡稳定安全系数为

$$K_c=\frac{M_r}{M_s}=\frac{\sum G_i\cos\alpha_i\tan\varphi_i+\sum c_i l_i}{\sum G_i\sin\alpha_i} \tag{6-30}$$

由于 $\sin\alpha_i=\frac{nb}{R}=\frac{n}{m}$，$\cos\alpha_i=\sqrt{1-\frac{n^2}{m^2}}$，因此上式也可写成

$$K_c=\frac{\sum G_i\left(\sqrt{1-\frac{n^2}{m^2}}\right)\tan\varphi_i+\sum c_i l_i}{\sum G_i\frac{n}{m}} \tag{6-31}$$

若考虑渗透力 F_i 作用时，可按 $F_i=\gamma_0 J_i A_i$ 计算渗透力，其中 J_i 为该土条渗流区的平均渗透坡降，A_i 为渗流区的面积。由于平均渗透坡降计算较复杂，实际计算时常采用重度替代法，即对浸润线以下与下游水位以上的土料重度 γ_2，在计算滑动力矩时用饱和重度，在计算抗滑力矩时用浮重度；下游水位以下的土料重度 γ_3 仍按浮重度计。

若计算时考虑孔隙水压力作用，可采用总应力法或有效应力法。总应力法计算抗滑力时采用快剪或三轴不排水剪强度指标；有效应力法计算滑动面的抗滑力时，采用有效应力指标 φ'和 c'，此时坝坡稳定安全系数为

$$K_c=\frac{\sum(G_i\cos\alpha_i-u_i l_i)\tan\varphi_i'+\sum c_i' l_i}{\sum G_i\sin\alpha_i} \tag{6-32}$$

按式（6-32）计算坝坡抗滑稳定安全系数时，若考虑地震作用，可采用拟静力法。进行受力分析时，假定每一土条重心处受到一水平地震惯性力，对于设计烈度为Ⅷ、Ⅸ度的 1、2 级坝，同时还需计入竖向地震惯性力，此时的稳定安全系数为

$$K_c=\frac{\sum[(G_i\pm F_{vi})\cos\alpha_i-F_{hi}\sin\alpha_i-u_i l_i]\tan\varphi_i+\sum c_i l_i}{\sum[(G_i\pm F_{vi})\sin\alpha_i+M_c/R]} \tag{6-33}$$

式中：F_{hi}、F_{vi} 分别为水平向、竖直向地震惯性力代表值；M_c 为水平向地震惯性力 F_{hi} 对圆心的力矩；c_i、φ_i为土石料在地震作用下的黏聚力和摩擦角；其余符号含义

同前。

上述稳定分析中的滑弧圆心和半径都是任意选取的，因此计算所得的 K_c 值只能代表该滑动面的稳定安全度。而稳定计算则要求找出最小安全系数以及相应的滑动面，为此需要经过多次试算才能确定。

(2) 折线滑动面法。对于非黏性土的坝坡，如心墙坝坝坡、斜墙坝的下游坝坡以及斜墙上游保护层连同斜墙一起滑动时，常形成折线滑动面。稳定分析可采用折线滑动静力计算法或滑楔法进行计算。

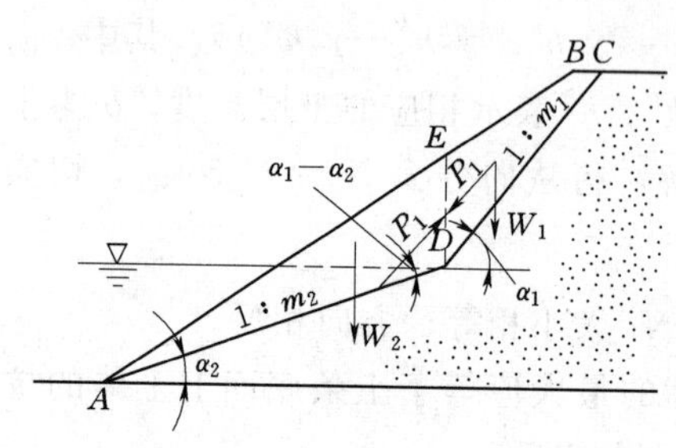

图 6-32　非黏性土坝坡稳定计算图

以下对非黏性土坡滑动的情况进行分析。

以如图 6-32 所示心墙坝的上游坝坡为例，假定任一滑动面 $ADCD$ 点在上游水位延长线上。将滑动土体分为 $DEBC$ 和 ADE 两块，各块重量分别计为 W_1、W_2，两块土体底面的抗剪强度分别为 φ_1、φ_2。采用折线滑动静力计算法，假定条块间作用力为 P_1，其方向平行于 DC 面，则 $DEBC$ 土块的平衡式为

$$P_1 - W_1\sin\alpha_1 + \frac{1}{K_c}W_1\cos\alpha_1\tan\varphi_1 = 0 \tag{6-34}$$

ADE 土块的平衡式为

$$\frac{1}{K_c}W_2\cos\alpha_2\tan\varphi_2 + \frac{1}{K_c}P_1\sin(\alpha_1-\alpha_2)\tan\varphi_2 W_2\sin\alpha_2 - P_1\cos(\alpha_1-\alpha_2) = 0 \tag{6-35}$$

式中：α_1、α_2含义如图 6-32 所示。

考虑各滑动面上抗剪强度发挥程度一样，两式中安全系数 K_c 应相等，因此可联立方程求解 K_c。

为求得坝坡的实际稳定安全系数，需假定不同的 α_1、α_2和上游水位。计算时可先求出在某一水位和 α_2下不同 α_1值对应的最小稳定安全系数，然后在同一水位下再假定不同的 α_2值，重复上述计算可求出在这种水位下的最小安全系数。一般还必须再假定两个水位，才能最后确定坝坡的最小稳定安全系数。

(3) 复合滑动面法。当滑动面通过不同土料时，还会出现直线与圆弧组合的复合滑动面形式。如坝基内有软弱夹层时，也可能产生如图 6-33 所示的滑动面。

计算时，可将滑动土体分为 3 个区，取 $BCEF$ 为隔离体，其左侧受到土体 AFB 的主动土压力 P_a（假定方向水平），右侧受到 ECD 的被动土压力 P_n（也假定方向水平），同时在脱离体底部 BC 面上有抗滑力 S。

当土体处于极限平衡时，BC 面上的最大抗滑力为

$$S = G\tan\phi + cL \tag{6-36}$$

式中：G 为脱离体 $BCEF$ 的重量；ϕ、c 为软

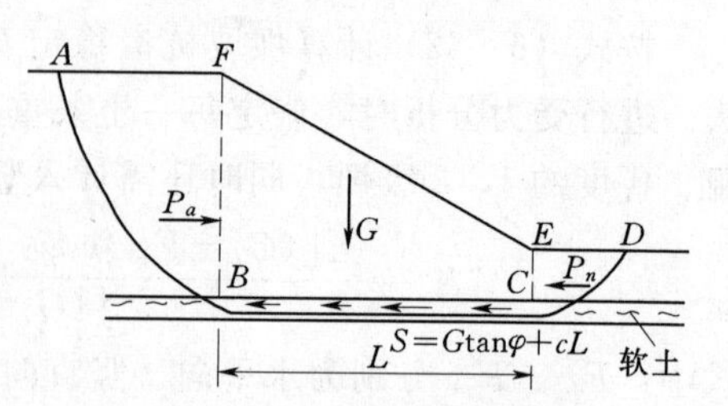

图 6-33　复合滑动面稳定计算

弱夹层的强度指标。

此时坝体连同坝基夹层的稳定安全系数为

$$K_c=\frac{P_n+s}{P_a}=\frac{p_n+G\tan\phi+cL}{P_a} \tag{6-37}$$

式中：P_a 和 P_n 可用条分法计算，也可按朗肯或库仑土压力公式计算。最危险滑动面需通过试算确定。

土工膜防渗土石坝抗滑稳定分析详见第七章。

四、提高土石坝稳定性的工程措施

土石坝产生滑坡的原因往往是由于坝体抗剪强度太小，坝坡偏陡，滑动土体的滑动力超过抗滑力，或由于坝基土的抗剪强度不足因而会连同坝体一起发生滑动。滑动力大小主要与坝坡的陡缓有关，坝坡越陡，滑动力越大。抗滑力大小主要与填土性质、压实程度以及渗透压力有关。因此，在拟定坝体断面时，如稳定复核安全性不能满足设计要求，可考虑从以下几个方面来提高坝坡抗滑稳定安全系数。

1. 提高填土的填筑标准

较高的填筑标准可以提高填筑料的密实性，使之具有较高的抗剪强度。因此，在压实功能允许的条件下，提高填土的填筑标准可提高坝体的稳定性。

2. 坝脚加压重

坝脚设置压重后既可增加滑动体的重量，同时也可增加原滑动土体的抗滑力，因而有利于提高坝坡稳定性。

3. 加强防渗排水措施

通过采取合理的防渗、排水措施可进一步降低坝体浸润线和坝基渗透压力，从而降低滑动力，增加其抗滑稳定性。

4. 加固地基

对于由地基引起的稳定问题，可对地基采取加固措施，以增加地基的稳定性，从而达到增加坝体稳定的目的。

第六节　土石坝应力应变分析

一、土石坝应力和变形计算的目的和用途

土石坝虽有最悠久的历史，但应力应变的计算却远滞后于混凝土坝，直到20世纪60年代以后，人们才从实验室里得到土石料的非线性关系（即本构关系），并利用这一关系用有限单元法计算土石坝的应力和变形。在这之前，人们则将注意力放在渗流控制和坝坡稳定分析方面，沉降变形计算只考虑土体受单向压缩，用分层总和法近似计算。随着土工理论的快速发展和计算机技术在土工计算中的应用，土石坝应力变形计算发展迅速，利用有限元应力变形计算成果，分析坝体稳定和受力状态，主要有如下目的和用途。

（1）控制坝体裂缝。根据应力和变形计算结果，确定拉力区和剪切破坏区，判断可能形成裂缝的位置。对设计中的土石坝，可采取裂缝控制措施，对病害工程，可及

时进行有效的处理。

（2）分析坝体稳定性。土石坝的稳定大多表现为坝坡坍滑，根据应力和变形计算结果可直接分析坝体失稳的可能性，也可配合圆弧滑动法进行坝坡稳定分析。

（3）确定坝顶高程预留沉降值。按有效应力法分别计算出坝顶的最终竖向变位和竣工期的竖向变位，其差值即为预留沉降值。

（4）为刚性防渗结构设计提供依据。这里所指刚性防渗结构系指面板坝中的钢筋混凝土面板和其他埋设于土石坝坝内及地基中的混凝土结构物。

下面主要介绍土石体非线性双曲线应力应变关系和土石坝的应力变形计算要点。

二、土石料非线性应力应变的本构关系

土体的应力应变关系也叫本构关系，是非线性的。根据三轴压缩试验得到的应力应变关系，可被近似地认为是双曲线，即在试样的周围压力 σ_3 不变时，其表达式为

$$\sigma_1-\sigma_3=\frac{\varepsilon_a}{a+b\varepsilon_a} \tag{6-38}$$

式中：a 为初始切线模量 E_i 的倒数；b 为主应力差渐近值 $(\sigma_1-\sigma_3)_{ult}$ 的倒数；ε_a 为轴向应变。

图 6-34（a）示出了土石体的非线性应力应变关系，如果将图 6-34（a）的纵轴改为 $\varepsilon_a/(\sigma_1-\sigma_3)$，则双曲线变为直线，如图 6-34（b）所示，从该直线上很容易确定 a 和 b 的数值，从而得到当 σ_3 为某一值时的 E_i 和 $(\sigma_1-\sigma_3)_{ult}$。$(\sigma_1-\sigma_3)_{ult}$ 为该双曲线的渐近值。

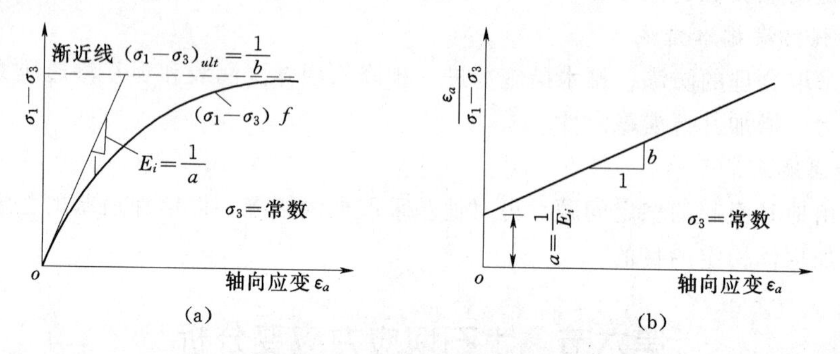

图 6-34　双曲线应力应变关系

式（6-38）可改写为

$$\sigma_1-\sigma_3=\frac{\varepsilon_a}{\dfrac{1}{E_i}+\dfrac{\varepsilon_a R_f}{(\sigma_1-\sigma_3)_f}} \tag{6-39}$$

式中：$(\sigma_1-\sigma_3)_f$ 为试样破坏时的主应力差；R_f 为破坏比，其值小于 1.0。

R_f 定义如下：

$$R_f=\frac{(\sigma_1-\sigma_3)_f}{(\sigma_1-\sigma_3)_{ult}} \tag{6-40}$$

黏土的破坏比为 0.7～0.9；砂为 0.60～0.85；砂卵石为 0.65～0.85。

根据变形模量的定义，对式（6-39）的轴向应变 ε_a 求一阶导数，得到在曲线上

任一点的切线模量为

$$E_t=\frac{\partial(\sigma_1-\sigma_3)}{\partial\varepsilon_a}=\frac{\dfrac{1}{E_i}}{\left[\dfrac{1}{E_i}+\dfrac{R_f\varepsilon_a}{(\sigma_1-\sigma_3)_f}\right]^2}$$

将式（6-39）改写为

$$\varepsilon_a=\frac{\sigma_1-\sigma_3}{E_i\left[1-\dfrac{R_f(\sigma_1-\sigma_3)}{(\sigma_1-\sigma_3)_f}\right]}$$

由以上两式得到

$$E_t=[1-R_fS]^2E_i \tag{6-41}$$

式中：S 为剪应力比，亦称应力水平，$S=(\sigma_1-\sigma_3)/(\sigma_1-\sigma_3)_f$，即实际主应力差和破坏时主应力差的比值。

根据压缩试验研究，初始切线模量与固结压力 σ_3 的关系可表示如下：

$$E_i=KP_a\left(\frac{\sigma_3}{P_a}\right)^n \tag{6-42}$$

式中：P_a 为大气压力，单位与 E_i 相同，为使 K 值为无因次的数，可取其近似值为 0.1MPa；K、n 是由试验确定的参数，可由 E_i 与 σ_3 的关系求得，如图 6-35 所示。

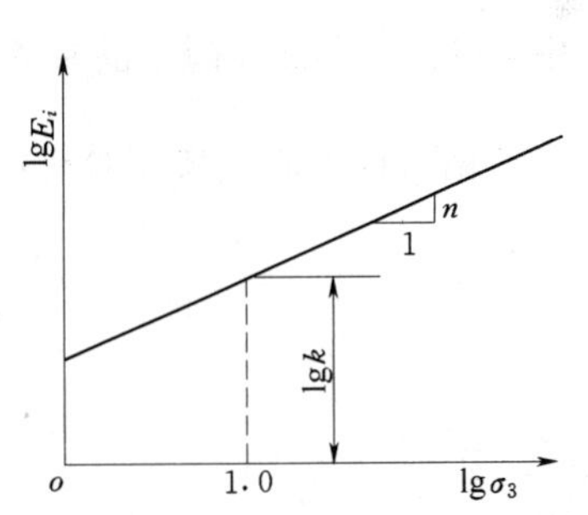

图 6-35　初始切线模量与固结压力

K 值反映土料的可压缩性。根据实际土料三轴压缩试验统计，黏土高值可达 350～700，低值仅为 100～200；砂卵石稍有规律为 300～2000；砂最为分散，最小值为 100，最大值为 1600；计算时对 K 值的取用应慎重。

对某一具体工程，除了从现场取样进行试验外，还可通过已建工程的变形观测资料通过反演分析得到 K 值，为待建工程的计算提供依据。

根据莫尔-库仑破坏准则有

$$(\sigma_1-\sigma_3)_f=\frac{2c\cos\varphi+2\sigma_3\sin\varphi}{1-\sin\varphi} \tag{6-43}$$

式中：c、φ 为土的黏聚力与内摩擦角。

将式（6-42）、式（6-43）代入式（6-41），得切线模量表达式为

$$E_t=KP_a\left(\frac{\sigma_3}{P_a}\right)^n\left[1-\frac{R_f(1-\sin\varphi)(\sigma_1-\sigma_3)}{2c\cos\varphi+2\sigma_3\sin\varphi}\right]^2 \tag{6-44}$$

切线泊松比也要根据试验资料来确定，可采用与推导切线模量相似的方法，假设轴向应变 ε_a 与侧向应变 ε_r 之间的关系也是双曲线关系，可表示成下式：

$$\varepsilon_a=\frac{\varepsilon_r}{\nu_i+D\varepsilon_r} \tag{6-45}$$

式中：ν_i 为初始切线泊松比；D 为假设的轴向应变 ε_a 渐近值的倒数。

若将图 6－36（a）的纵轴改为 $\varepsilon_r/\varepsilon_a$，则双曲线变为直线，如图 6－36（b）所示，从该线上很容易确定 ν_i、D 的数值。

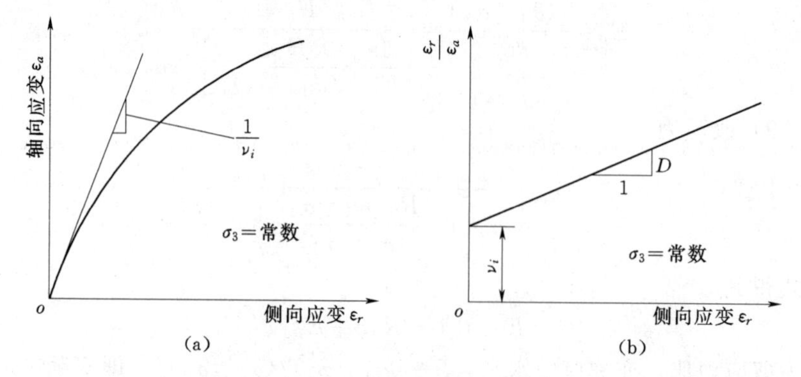

图 6－36　轴向应变与侧向应变

根据不同 σ_3 作用下的 ν_i，绘制 $\nu_i-\lg(\sigma_3/P_a)$ 关系图，可得

$$\nu_i = G - F\lg\left(\frac{\sigma_3}{P_a}\right) \tag{6-46}$$

式中：G、F 为试验确定的参数，可从图上直接求得。

根据泊松比的定义，对式（6－45）求一阶导数 $\frac{\partial\varepsilon_r}{\partial\varepsilon_a}$，可得到曲线上任一点的切线泊松比。

$$\nu_t = \frac{G - F\lg\left(\frac{\sigma_3}{P_a}\right)}{(1-A)^2} \tag{6-47}$$

其中

$$A = \frac{(\sigma_1-\sigma_3)D}{KP_a\left(\frac{\sigma_3}{P_a}\right)^n\left[1-\frac{R_f(1-\sin\varphi)(\sigma_1-\sigma_3)}{2c\cos\varphi+2\sigma_3\sin\varphi}\right]}$$

式（6－44）和式（6－47）共有 8 个参数，即 K、n、R_f、c、φ、F、G、D，都是由三轴试验确定的。用式（6－47）确定切线泊松比与试验实测值有时不太符合，于是旦尼尔提出了一种较简单的假定，认为 ν_i 随应力呈水平直线变化，即

$$\nu_t = \nu_i + (\nu_{tf}-\nu_i)S \tag{6-48}$$

式中：ν_{tf} 为破坏时切线泊松比；其余符号含义同前。

邓肯等认为，式（6－44）和式（6－47）既可用于有效应力分析，也可用于总应力分析。用于有效应力分析时，采用有效周围压力 σ_3' 保持不变的排水剪试验确定上述参数；用于总应力分析时，采用总的周围压力 σ_3 保持不变的固结不排水剪试验确定上述参数，不排水试验得到的参数只能用于分析不排水变形。用排水试验的参数进行有效应力分析，可以计算各种排水情况的变形。

为了使用方便，1980 年邓肯把切线泊松比 ν_t 的表达式（6－47）用切线体积模量 K_t 替代，即

$$K_t = K_b P_a \left(\frac{\sigma_3}{P_a}\right)^m \tag{6-49}$$

式中：K_b、m 为参数，可由 $\lg(k_t/P_a)-\lg(\sigma_3/P_a)$ 关系曲线得到；K_b 为截距；m 为斜率。

对于常规三轴压缩试验，在固结压力 σ_3 不变的情况下，轴向压力增量为 $\sigma_1-\sigma_3$，在三个方向的压应力中，仅有轴向压力增量一项，其他两个方向的压力增量均为零，所以平均压力增量为 $(\sigma_1-\sigma_3)/3$。体积模量 K 应为平均压力增量与体积应变 ε_v 的比值，即按 $(\sigma_1-\sigma_3)/(3\varepsilon_v)$ 计算各级周围压力 σ_3 下的 K_t 值。然后按幂函数关系求得 K_b、m。三轴压缩试验测得的是 ε_v，而不是 ε_r，因此由试验结果推算 K，比求 ν 更直接。但是这一过程的关键是体积应变 ε_v 的选取。邓肯认为：当体积应变曲线在剪应力比 $S=0.7$ 之前出现顺直段时，取顺直段的 ε_v 及其相应的 $\sigma_1-\sigma_3$；否则取 $S=0.7$ 时的 ε_v 及其相应的 $\sigma_1-\sigma_3$ 作为计算值。

在土工有限元计算中，采用 E_t、ν_t 模式时，ν_t 应为正值，即应等于或大于零，但要小于 0.5。若 $\nu=0.5$，则 $K_t=E_t/[3(1-2\nu_t)]$ 等于无穷大，显然不合理。当 $\nu_t=0$ 时，$K_t=E_t/3$；$\nu_t=0.49$ 时，$K_t=17E_t$，因此采用 E_t、K_t 模式时，K_t 值应在 $E_t/3\sim17E_t$ 范围内。

如前所述，双曲线模型的各个参数是根据三轴压缩试验求出的，常规的三轴压缩试验是轴对称问题，周围压力为常量，即 $\sigma_2=\sigma_3$，而土石坝的工作条件 $\sigma_2\neq\sigma_3$，因此用常规三轴压缩试验所得到的土料特性参数计算土石坝的应力和应变，存在一定的近似性。

对卸荷与再加荷情况，应力与应变接近直线关系，这时的弹性模量取决于周围压力 σ_3，而与 $\sigma_1-\sigma_3$ 无关，其数值按下式计算：

$$E_{ur} = K_{ur} P_a \left(\frac{\sigma_3}{P_a}\right)^{n_{ur}} \tag{6-50}$$

式中：K_{ur}、n_{ur} 为卸荷再加荷试验确定的参数，与式（6-42）中 K、n 的意义相同，但 K_{ur} 与 K 的数值不同，$K_{ur}=(1.2\sim3.0)K$。对于密砂或硬黏土，$K_{ur}=1.2K$；对于松砂和软土 $K_{ur}=3.0K$；一般土介于其间，n_{ur} 与加荷时基本一致。

三、非线性问题有限元分析方法简介

众所周知，非线性问题可分为两大类：一类是由材料非线性特性引起的，称为材料非线性；另一类是结构的大变形所引起的，称为几何非线性。对材料非线性问题，单元的几何关系和平衡条件仍然成立。所谓几何非线性，就是由于结构大变形，应变与位移之间不是线性关系，因而导出的 $[K]$ 矩阵也是位移的函数。

在土工结构上，这两种非线性问题都存在，但主要是材料非线性。故这里仅介绍材料非线性分析方法中的迭代法和增量法。

1. 迭代法

迭代法是当结构承受荷载后，在应力应变关系上用一系列直线来逼近实际曲线，逐步修正 E、ν，使最后解得的各单元应力、应变与试验测得的曲线一致。迭代的每一步相当于结构进行一次线弹性分析。

迭代法可分为割线变劲度迭代法、切线变劲度迭代法和切线常劲度迭代法，因前两种方法在每次迭代时需要重新计算弹性常数 E、ν。重新形成劲度矩阵［K］，其计算时间较长。为节省时间，在切线迭代法基础上发展了切线常劲度迭代法，常劲度迭代法在每次迭代中，不需要重新形成劲度矩阵，在解线性方程组时，一般采用将系数矩阵分解为三角阵的直接解法。由于［K］不变，分解为三角阵的计算不需重复，解方程的速度加快了。在迭代过程中，对于一切由非线性材料所构成的单元，整体劲度矩阵［K］保持不变，因而称为切线常劲度迭代法。如果把线弹性应力与非线性应力之差值作为初应力进行迭代，那么整个迭代过程相当于调整所有非线性单元的初应力过程，一旦调整到合适的初应力 $\{\sigma_0\}$，这个具有初应力场 $\{\sigma_0\}$ 的线弹性解，就是原来的非线性问题的解答了。所以切线常劲度法也称为初应力法。应变硬化材料用初应力法迭代在理论上证明是收敛的。在实际计算中，采取2%的允许相对误差，迭代不超过6～7次。

2. 增量法

增量法是将全部荷载分为若干级荷载增量，在每级荷载增量下，假定材料是线弹性的，从而解得位移、应变和应力的增量。将它们累加起来就是全荷载作用下总的位移、应变和应力。这种方法是以分段的直线来逼近曲线，当荷载划分较小时，能得到接近于真实的解。

增量法在建立基本方程式中的劲度矩阵时各单元的弹性常数按每级的初始应力或平均应力的不同选用方式，可分为基本增量法和中点增量法。

（1）基本增量法。对每级荷载增量，用其初始应力（或应变）状态所对应的弹性常数进行计算。也就是用前级荷载终了时的应力状态，从关系曲线上求得切线斜率 E_t、ν_t，用于本级计算。由图 6-37 可见，这种解法是从原点出发的折线，最后的应力和应变如 N'点所示，位移如 M'点所示。显然它们与实际曲线上的点有较大的距离，但随着荷载分级的增多，它们能接近曲线。

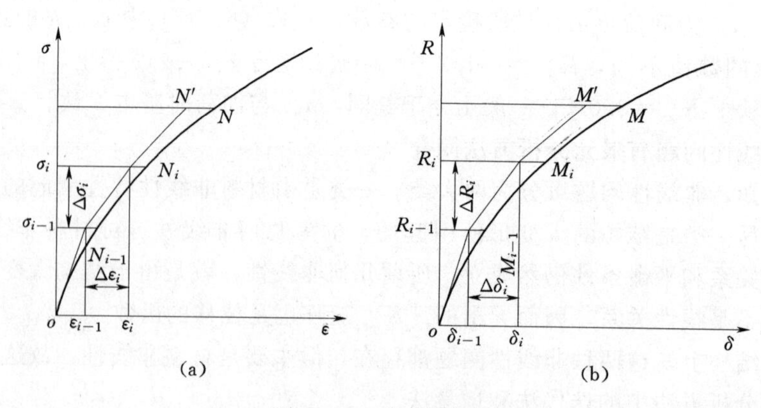

图 6-37　基本增量法

（2）中点增量法。基本增量法的每级荷载采用其初始应力状态所对应的弹性常数，使解得的结果与实际曲线有相当大的偏离。事实上，对某一级荷载来讲，应力（或应变）从初始状态变化到加上本级荷载后的终了状态，其弹性常数也是变化的。如果采用该级荷载前后的平均应力所对应的弹性常数，则解答的精度将会提高。但平均（中点）应力值要通过试算。试算的方法有两种：一是将该级荷载增量的全部施加于结构，求出该级终了状态的应力，将其与初始应力平均；二是施加荷载增量的一半，解得的应力就是平均应力。求出平均应力后，以其所对应的切线斜率作为弹性常数，对该级荷载重新做一次计算，作为该级解答，如图 6－38 所示。两种方法其实一样，只是第二种在计算上略简单一些。

为了便于比较，图 6－38 中还表示了基本增量法的相应解答，如图中的 M_i'' 和 N_i''。由于它用的是该级的初始弹性常数，而使其结果偏离曲线较大。中点增量法用的是该级平均应力相应的弹性常数，偏离就较小。由于加半荷载时用的仍是初始弹性常数，算出的平均应力仍存在一定的误差，因此也会影响到结果的精度，但这种影响相对是小的。

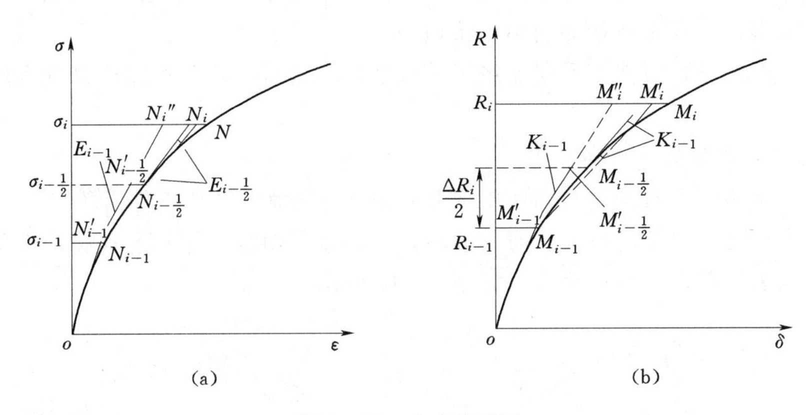

图 6－38　中点增量法

四、土石坝应力和变形计算的几个技术问题

有限元法的详细内容参见有关文献，这里介绍用有限元法计算土石坝应力变形的几个技术问题。

1. 施工逐级加载

增量法的一个突出的优点就是可以考虑逐级地施加荷载。这不仅能反映出施工过程中各阶段的应力和变形情况，而且能体现结构本身随施工过程的变化，更好地体现材料的非线性，因而更符合实际。图 6－39 示出了土坝的单元划分，模拟施工过程分三层进行计算。第一层竣工时，结构只是第一层，荷载是该层自重，如图 6－39（a）所示；第二层竣工时，结构为第一和第二两层，荷载增量为第二层自重，如图 6－39（b）所示；第三层竣工时，结构才是全坝体，荷载增量为第三层自重，如图 6－39（c）所示。这样，计算结构的网格随着施工加载而增加，模拟了施工的分层过程。

在土坝逐级加载计算中，每级新填筑层的各单元的初始应力状态是 $\{\sigma\}=0$。如果以此代入邓肯-张公式（6－46），则 $E_t=0$，就无法进行计算。克拉夫等人将新填土层作为重液体处理，即令 $\sigma_x=\sigma_y=\gamma h$（$h$ 为单元形心在土层表面以下的深度，γ 为填土容重）来确定新填筑层的 E_i、ν_i 值。但有时填筑层厚度不均或层面高程不一致时，计算各单元的 h，在程序中处理比较麻烦。此时可取周围压力 σ_3 为预估压

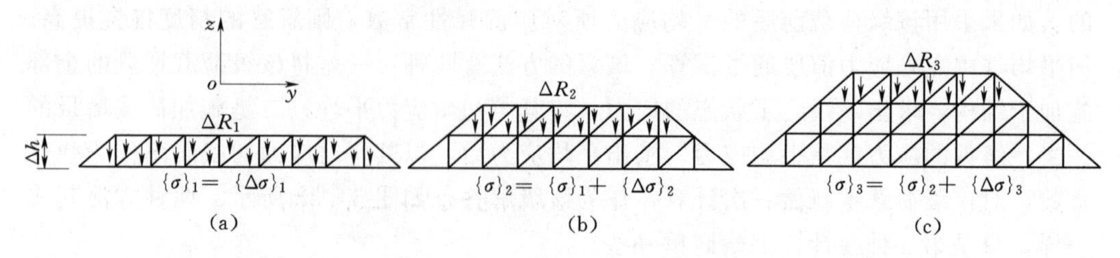

图 6－39　分期填筑（荷载增量）

力（填土碾压时的压力，根据碾的轻重可取 0.02～0.1MPa）来计算 E_i、ν_i。

为了更好地反映非线性特性，荷载增量宜取得小一些。但如果层数太多划分网格不便时，也可以将每级荷载再分成若干（n）段施加，即新填土层的网格是一次放上去的，而其荷载每段增加自重的 n 分之一。加荷 n 段后，才完成这一级的计算，显然分级分段增多，计算工作量和费用也将增加。

逐级加载的分析方法，不仅能用于填筑加荷，也可模拟开挖卸荷以及水库分期蓄水的水压力。

2. 蓄水期坝体的应力和变形

水库蓄水后，土石坝受水的作用主要有以下三方面。

（1）水压力。对于薄心墙、薄斜墙坝，把心墙、斜墙当作不透水层，水压力作用在心墙或斜墙上游面并与之垂直，如图 6－40 所示。

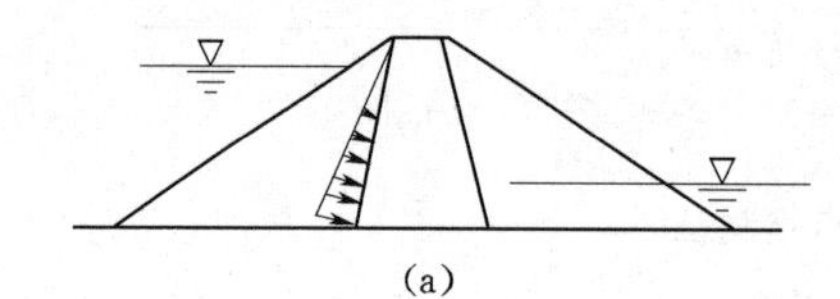

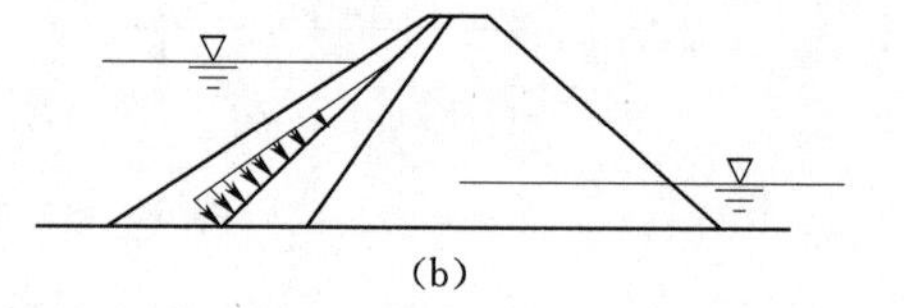

图 6－40　水压力

（2）浮力和渗透压力。心墙和斜墙的上游坝壳在库水位以下部分以及下游坝壳在下游水位以下部分，也同样按土体的浮容重计算。均质坝或厚心墙坝不计算其上游面的水压力，而应计算坝体的渗透压力。渗透压力用流网确定（图 6－41）。例如，某点的渗透压力，在下游水位以下的单元，渗透压力为 $u_w-\gamma_w z$（z 为该点在下游水位以下的深度）；在下游水位以上的单元，渗透压力为 u_w（u_w 为该点等势线的水头压力），如图 6－41 所示。渗透压力作用在单元的边线，方向垂直于边线。在计算单元自重时，在浸润线以下与下游水位以上的区间，土体按饱和容重计。

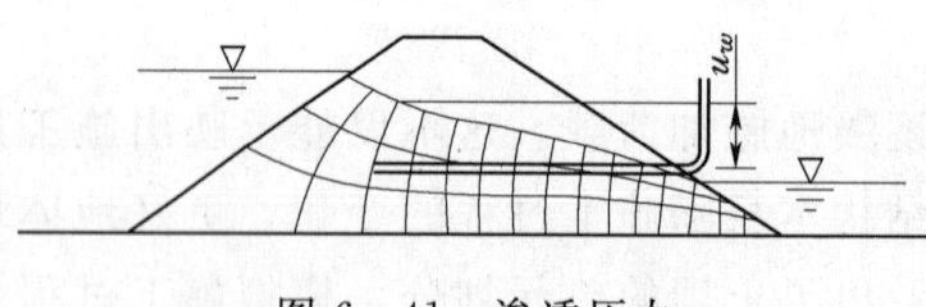

图 6－41　渗透压力

（3）浸水湿化变形。一般填土，即使碾压密实，也不会达到完全饱和，故浸水以后，都或多或少有些湿化变形。填土愈密实，则湿化变形愈小。湿化变形与应力状态有关，可通过试验来确定这种关系。先用填土的原状样或制备样在三轴仪内加应力 σ_1、σ_3，得到 ε_a、ε_r，然后浸水饱和，测出湿化应变 $\Delta\varepsilon_a$ 和 $\Delta\varepsilon_r$，与未浸水饱和前的 ε_a、

ε_r 相加，得到湿化应变状态。取多组相同土样在各种 σ_1、σ_3 组合下作上述试验，从而得到未浸水时的三轴试验应力-应变关系曲线族。同时，亦得到湿化后的应力-应变曲线族。两者之差，即为湿化之影响。

第七节　土石坝的裂缝及其控制

土石坝由土石等散粒体材料填筑而成。由于土石料的抗拉强度很低，砂石料几乎没有拉伸能力。在自重、水荷载等作用下，若发生不均匀沉降等变形时土石坝就会产生裂缝。国内外有些土石坝，由于出现裂缝，使得大坝不能正常运行或需长年修补，影响枢纽发挥效益。由于裂缝的存在，破坏了坝的整体性。严重的是使渗流冲刷及水力劈裂找到途径，导致裂缝渗水酿成失事，因此必须严格控制裂缝的产生。

一、土石坝裂缝的类型及其成因

按产生裂缝的成因，土石坝的裂缝可分为变形裂缝、干缩和冻融裂缝、水力劈裂缝、滑坡裂缝等。

(一) 变形裂缝

这类裂缝主要由不均匀沉降所引起。由于不均匀变形，在坝的某些部位产生较大的拉应变和剪应变，因而产生裂缝。这种裂缝一般规模较大，并深入坝体，是破坏坝体完整性的主要裂缝。特别是防渗体的拉伸缝，对坝的安全威胁很大，应尽量避免。

1. 纵向裂缝

缝的走向平行于坝轴线。多出现在坝顶，有时也出现于坝坡，甚至还可能在坝内。缝的宽度往往较大。这种缝是由横向不均匀变形引起的。

黏土心墙坝，由于坝壳的沉降速度比心墙快，沉降过程中受到心墙的约束，使顶部出现拉伸区，造成坝顶附近出现纵缝。这种情形多出现于坝壳有较大沉降时期。因而常发生在坝的施工后期、竣工初期以及水库初次蓄水坝壳发生较大湿陷的时期。这种缝与筑坝土料的变形性能有密切的关系，通常是突发性的，裂缝形成则应力释放，很快达到新的平衡，一般很少继续发展，较快稳定，如图 6－42（a）所示。

黏土斜墙坝，如坝体沉降过大，黏土斜墙有可能发生折断和剪裂，导致如图 6－42（b）所示的纵缝。这种缝的存在直接威胁着坝的安全。

压缩性较大的软黏土地基，在坝体自重作用下会发生较大的不均匀沉陷，引起如图 6－42（c）所示的裂缝。

在湿陷性黄土地基上建坝，由于坝的中间荷载大、沉陷大，蓄水后沉陷相对较小；而上、下游侧由于荷载小，沉陷小，蓄水后湿陷反而大。这样就可能导致如图 6－42（d）所示的裂缝。

2. 横向裂缝

裂缝的走向垂直于坝轴线。这种缝是由于坝体在坝轴线方向不均匀沉降而引起的拉伸缝，在地形局部变化处，如岸坡陡峭以及坝体埋有刚性建筑物的区域，易产生局部的拉伸区而出现横缝，如图 6－43 所示。横缝常贯穿防渗体，对坝的危害最大。

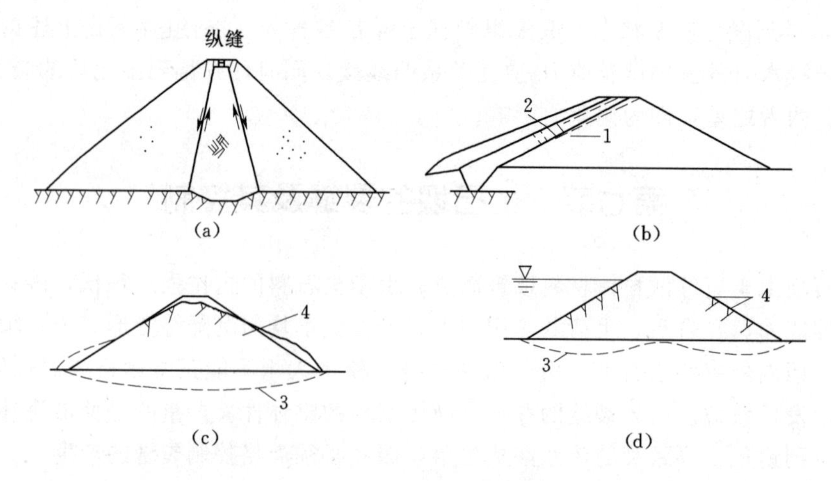

图 6-42　土石坝纵向裂缝

(a) 心墙坝纵向裂缝；(b) 斜墙纵缝；(c) 软土地基不均匀沉陷引起的纵缝；(d) 黄土地基不均匀湿陷引起的纵缝
1—斜墙沉降；2—纵缝；3—地基沉陷；4—裂缝

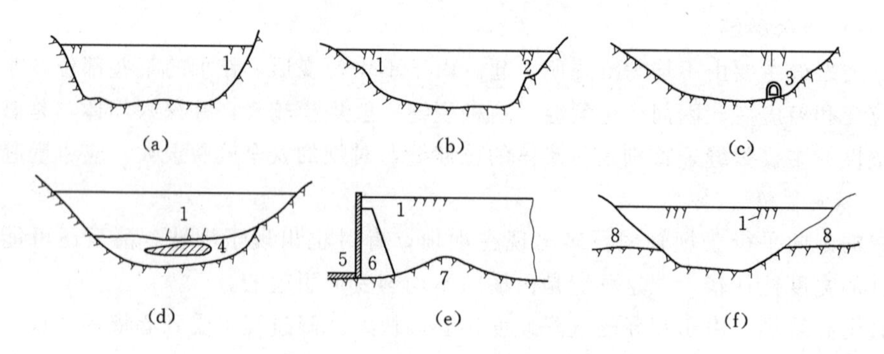

图 6-43　可能发生横缝的各种情况示意图

1—横缝；2—台阶；3—埋管；4—高压缩性土；5—溢洪道导墙；6—刺墙；7—岩面突起；8—湿陷性黄土

3. 水平裂缝

水平裂缝多发生于窄心墙坝中。它是由坝体坝基不均匀沉降引起的，是一种内部裂缝。有时贯通上下游，形成集中渗水通道。这种缝不易发现，往往出现事故后才知道，因此它的危害性很大。如图 6-44 (a) 所示心墙坝，由于坝壳非黏性土沉降速度快，较早达到稳定。而黏土心墙则由于固结速度慢，坝壳与心墙接触面的摩擦力作用阻止心墙沉降，形成心墙的拱效应。拱效应使心墙的垂直应力减小。如拱效应明显，使铅直应力由压变拉，就会产生水平裂缝。

(二) 干缩和冻融裂缝

干缩缝是由于土体表面失去水分而产生的，而土体内部水分不易散发则不收缩或收缩甚微，故内部不产生裂缝。表层土体受到约束，产生拉应力，形成裂缝。这种缝常见于含水量较高、薄膜水较厚的细粒土体。冻融裂缝也容易发生在含水量较高的细粒土体中。当土体冻结后，气温再骤降，表层冻土发生收缩，受到内部未降温土体的约束，在表层发生裂缝。

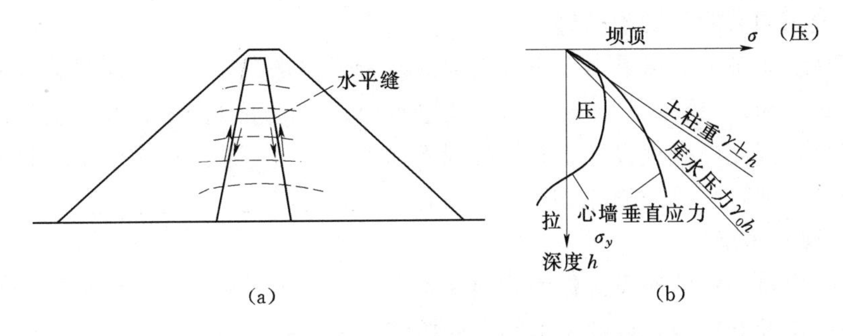

图 6-44　拱效应及心墙垂直应力示意图

(a) 心墙水平裂缝；(b) 心墙垂直应力

干缩和冻融裂缝仅限于表层土体，一般不致威胁大坝的安全。

(三) 水力劈裂缝

水力劈裂缝是在孔隙水压力作用下，土体局部有效压应力减小至零或小于零时，拉伸破坏所形成的裂缝。而在水压减退后张开裂缝又可自行闭合。如上述的拱效应使心墙的垂直压力降低到小于该处的孔隙水压力时，会因水力劈裂而产生水平裂缝。因其他原因而产生的水平裂缝也可能因水力劈裂作用而扩展。有时对防渗体进行钻孔灌浆时，在灌浆压力的作用下也可能出现水力劈裂。水力劈裂缝多发生于水库初次蓄水时，是一种危害性很大的裂缝。

除了上述在土石坝纵、横剖面上的拱效应外，在防渗体与基岩表面局部不平整面处也会产生拱效应，如图 6-45 所示。拱效应使防渗体与基岩的接触压力降低，当小于孔隙水压力时造成水力劈裂。

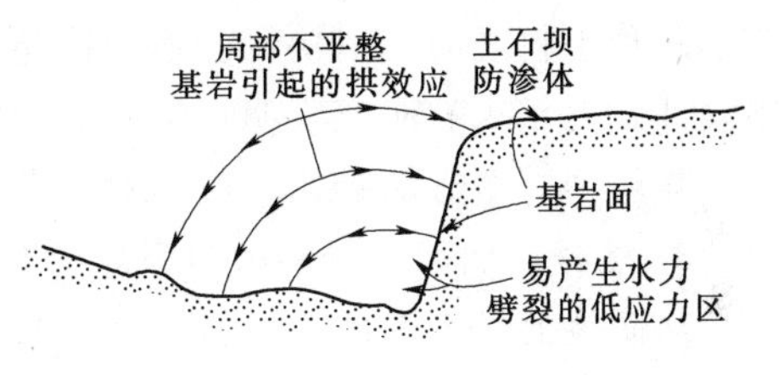

图 6-45　不平整基岩上填土引起的拱效应

美国提堂（Teton）坝失事的一个重要原因是深入基岩的截水槽槽壁坡度较陡（达60°～65°），引起槽内填土起拱作用，计算出的槽内竖向应力仅为土覆重的 60%。水库初期蓄水时，导致该处发生水力劈裂，是引起大坝失事原因之一。

(四) 滑坡裂缝

滑坡常引起裂缝，在顶部呈张开缝、底部隆起处产生许多细小裂缝，如图 6-46 所示。这种缝延伸较长较深，有较大的错距，也较宽。这是坝失稳前，滑动土体开始发生位移而在周界上出现的缝，是滑坡的前兆。

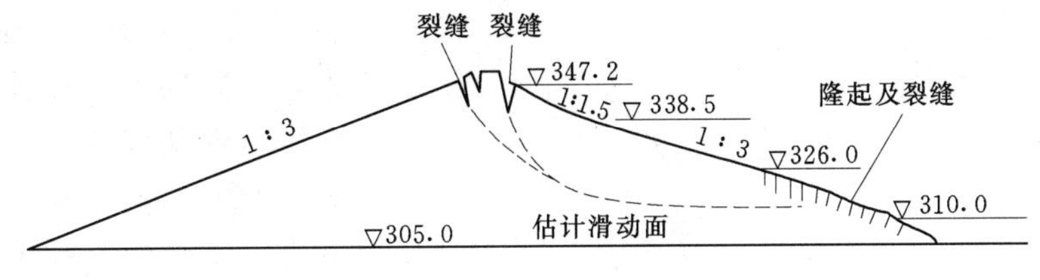

图 6-46　滑坡裂缝（单位：m）

二、土石坝裂缝的防治措施

土石坝发生破坏大多是由于裂缝引起的。为了防止破坏事故，应尽力避免裂缝的产生。实践表明，只要设计正确，施工质量有保证，即使是高土石坝，也可以减少甚至避免裂缝。因此应合理设计土石坝的剖面和细部结构，选择适宜的筑坝材料并采用合理的设计参数，严格控制施工质量、精心施工。

（一）设计方面

设计时应将坝的防裂设计作为一项基本内容来考虑。分析和估计坝体可能产生裂缝的危险部位及其成因，以便采取相应的措施。

1. 选择合适的地形和有利的地质条件并进行必要的处理

地形上应尽可能避开显著不对称的河谷断面形状。岸坡尽可能平顺，斜率应基本一致，必要时应开挖成适宜形状或采用混凝土垫，以改善凹凸不平和折曲突出的不规则形状。坝体，特别是防渗体应尽量避开明显的地质构造断裂带。防渗体最好与基岩直接接触。

因此，应认真做好清基工作，以保证连接良好。高压缩性土层及基础弃渣应尽可能彻底清除；岩石地基中有明显裂隙时，宜进行灌浆处理。对湿陷性地基应特别注意，必要时需用预先浸湿或挖除处理。

2. 合理设计土石坝的剖面和细部

对坝的剖面，土石料分区必须合理布置。不应将粒径悬殊的两种土料相邻布置。以免变形差别太大。防渗体与坝体粗料之间应设置过渡层。过渡层土料的变形性能应介于两种土料之间，以协调变形和传递荷载。过渡层可与反滤层合二为一，按反滤原则设计。近年来有研究表明，斜心墙坝的抗裂能力要好于心墙和斜墙，因为斜心墙能大大减弱坝壳对心墙的拱效应，对下游支承体的变形远不如斜墙那样敏感。

3. 选择适宜的土料和采用合理的参数

从防裂的角度考虑，土料设计除必须满足强度与渗透性能以外，还应考虑土料的变形性能。理想的材料受荷后变形小，同时适应变形的能力强。而在实际工程中，两方面的要求难以同时满足，因此可以根据坝体防渗体对变形性能的不同要求来布置。斜墙对不均匀沉降特别敏感，对土料适应变形的能力要求较高，但由于其承受荷载小，因而压缩性不太重要。心墙由于承受荷载大，如中、下部的压缩性较大，会引起过大的变形，不利防裂。但中下部心墙无论其内部或与坝壳之间的不均匀变形相对较小，因而这部分土料的适应变形能力可差一些；而中、上部心墙的情况则相反。

砂砾含量较高、塑性指数较低的黏性土，充分压实后其压缩性较小，但适应变形的能力也较低。相反，黏粒含量多，塑性指数高的黏性土，其适应变形的能力强而压缩性却较高。填筑含水量对土的变形性能影响也较大，含水量稍高于最优含水量的黏性土，压实后土体适应变形的能力较强，如图 6-47 所示；反之，填筑含水量略低于最优

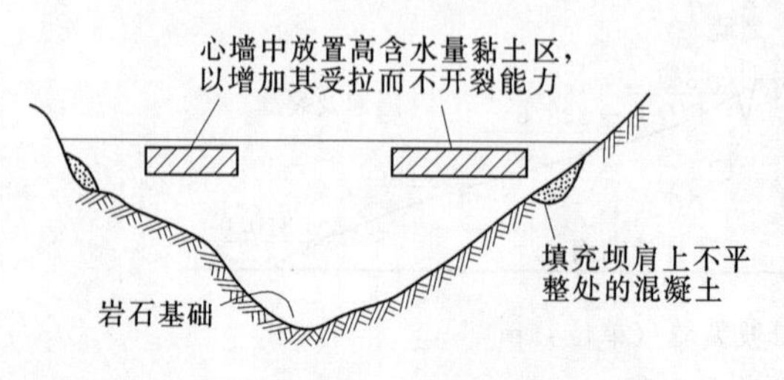

图 6-47 斯克洛普坝心墙纵剖面图

含水量的压实土体，其压缩性较小而适应变形的能力也较差。

近年来，有些心墙或斜心墙在中、下部采用干压的低塑性黏土填筑以减小总沉降量；而在不均匀沉降较大，易发生拉伸或较大剪切变形的区域采用湿压的高塑性黏土，收到较好的防裂效果。有的工程还在防渗墙顶部周围填以高塑性黏土，以适应较大的塑性变形。

（二）施工方面

施工中应严格控制土料的颗粒组成、含水量和密实度，精心碎土、精心压实，以免坝体竣工后产生较大的沉降和变形。特别是两种材料的接触面及坝与岸坡的接触面附近，要注意防止漏压，必要时用人工或小型机具认真地补充填压。

心墙和斜墙填筑到一定高度时，可适当放缓上升速度，待下部坝体的沉降大致完成后再填筑上部，或经过初次蓄水后才填筑到顶部。在易于开裂的部位，宜留到最后填筑，有时也可用非黏性土作为预压荷载加上去，待沉降一段时间后再卸去，换成黏性土继续填筑。有深厚软土夹层的地基，可采取砂井预压等方法加速地基固结，并提高地基强度。同时还应控制土石坝的填筑速率以适应地基强度的增长速率。

上游坝壳易产生湿陷，宜在整个施工期中边填筑边蓄水。在有垂直心墙的土石坝施工中，心墙、过渡层和坝壳三者上升高度不宜过分悬殊。反之，在斜心墙和斜墙坝施工中则应尽量使下游坝壳棱体上升高度领先，以期该部分坝体沉陷早些完成。

施工间歇期间应妥善保护坝面，防止干缩、冻融裂缝的发生，以保证防渗体的整体性。一旦发现裂缝，应将已裂土层清除重新填筑，并应注意新老土的紧密结合。

坝内刚性建筑物周围的填土，常因不便使用重型碾压设备而使施工质量达不到规定的要求，宜用小型夯实机械严加压实。涵管下游尾部应做好排渗体和反滤层，以防管身周围及渗流出逸处产生渗透变形。

土石坝合龙段的施工，应充分考虑到该段填土的后期沉降量会比先期填筑段大。除加强碾压保证压实质量外，还应注意在下游做好防渗排水措施，特别是反滤层，以控制可能出现裂缝后的集中渗流。

（三）运行管理方面

土石坝的开裂渗漏事故有许多与水库操作方式有关。水库水位的突升、突降、易导致坝的开裂。故初次蓄水时，要求水位上升速率不能过快，使坝体内应力和应变状态借助于土体本身的蠕变性能逐步缓慢地重新分布，不致因突然加荷和湿陷而开裂。同样，水库水位突降也会改变坝内的应力状态，使坝身发生不均匀变形，也应尽量避免。

无论在施工期还是运行期，必须定期观测坝体变形和内部的应力应变状态，以及渗透动水压力、渗流量和渗水的性质和状态。监视任何可能的破坏以及裂缝的开展。对观测到的资料应及时进行分析，以便进一步指导运行管理工作。对已发现的裂缝应加强监测，分析原因并及时进行处理。

（四）裂缝的处理

土石坝一旦出现裂缝，应及时查明性状，进行处理。

对一般表面干缩缝可用砂土填塞，表面再以低塑黏土封填、夯实以防雨水渗入冲蚀。深度不大的裂缝，可按表面干缩缝处理，也可开挖重填。挖除裂缝部位的土体，应重填稍高于最优含水量的土料，严格分层夯实，并采取洒水刨毛等措施保证新老土体的良好结合。

当裂缝位于深部或延伸至深部时，可采取灌浆处理。灌浆材料常用含量较多的粉砂，甚至含少量中、细砂，塑性指数在10左右的粉质壤土或黄土作为浆材，以减少缝的固结收缩。浅层缝可采用低压灌浆，并应注意不引起水力劈裂。

在裂缝严重不能用其他方法处理时，可采用从坝顶开始穿过坝身而直达基岩的混凝土或黏土防渗墙。这种防渗墙与基础处理中的防渗墙类似，其施工时间长且费用较高，故采用不多。

第八节　土石坝的地基处理

土石坝是由散粒材料填筑而成，对地基变形的适应性比混凝土坝好。合理进行地基处理的目的主要是为了满足渗流控制（包括渗透稳定和控制渗流量）、稳定控制以及变形控制等方面的要求，以保证坝的安全运行。

土石坝既可建在岩基上，也可建在土基上。总的说来，土石坝进行地基处理在强度和变形方面的要求比混凝土坝低，而在防渗方面则与混凝土坝基本相同。《碾压式土石坝设计规范》（SL 274—2020）要求，当坝基中遇有下列情况，应慎重研究和处理：①深厚砂砾石层；②软土；③湿陷性黄土；④疏松砂土少黏性土；⑤岩溶；⑥有断层、破碎带、透水性强或有软弱夹层的基岩；⑦含有大量可溶盐类的基岩和土；⑧透水坝基下游坝脚处有连续的透水性较差的覆盖层；⑨矿区井、洞。坝基防渗和排水处理措施应分别与坝体防渗和排水形成完整的体系，并宜与两坝肩其他建筑物地基防渗措施统一考虑。

一、砂砾石地基的处理

土石坝修建在砂卵石地基上时，地基的承载力通常是足够的，而且地基因压缩产生的沉降量一般也不大。因此，对砂卵石地基的处理主要是解决防渗问题，通过采取“上堵”“下排”相结合的措施，达到控制地基渗流的目的。

土石坝渗流控制的基本方式有垂直防渗、水平防渗和排水减压等。前两者体现了“上堵”的基本原则，后者则体现了“下排”的基本原则。垂直防渗可采取黏性土截水槽、混凝土截水墙、混凝土防渗墙、水泥黏土灌浆帷幕、高压喷射灌浆等措施，水平防渗常用防渗铺盖。

坝基垂直防渗设施宜设在坝体防渗体底部位置，对均质坝来说，则可设于距上游坝脚1/3～1/2坝底宽度处。垂直防渗设施能可靠而有效地截断坝基渗透水流，解决坝基防渗问题，在技术条件可能而又经济合理时，应优先采用。

1. 黏性土截水槽

黏性土截水槽是均质坝部分坝体或斜墙或心墙向下延伸至不透水层而成的一种坝基垂直防渗措施，如图6-48所示。适合透水砂卵石覆盖层深度在10～15m范围内、最多不超过20m时使用。由于其结构简单、工作可靠、防渗效果好，在我国得到广泛的应用。

截水槽开挖边坡约为1∶1.5，当开挖深度较大时，在渗流作用下边坡不易稳定，可采用井点法排水，以降低浸润线、维持边坡稳定。截水槽顶宽应尽量和防渗心墙厚度相协调；其底部宽度应根据回填土料的允许渗透坡降而定，一般对砂壤土允许渗透坡降可取用3，壤土取用3～5，黏土取用5～10；另外，为便于施工，槽底宽还应不小于3.0m。槽底部与基岩连接时应把风化岩层挖除，并要求截水槽深入相对不透水的微风化或弱风化岩层0.5～1.0m。

在截水槽两侧边坡应铺设反滤层，以免槽内回填土颗粒被渗透水流带出。为保证截水槽与底部不透水基岩完整结合，应在槽底浇筑混凝土底板与齿墙，填土与底部混凝土接触面的长度也应根据允许渗透坡降确定；当基岩节理裂隙发育或有其他渗水通道时，还需在混凝土底板下进行灌浆处理，如图6-49所示。

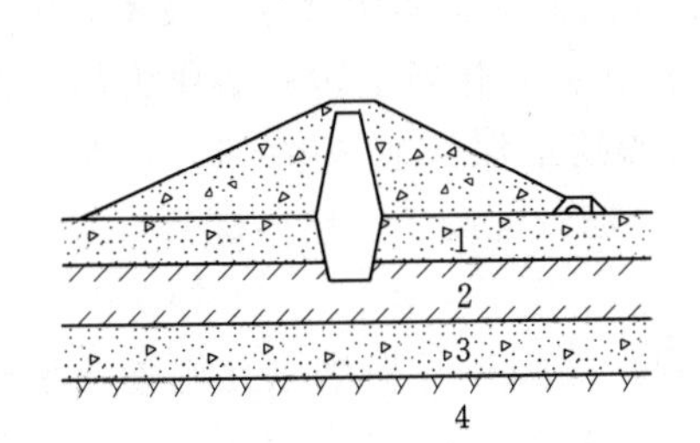

图6-48　黏性土截水墙
1—砂砾层；2—黏土层；3—细砂层；4—岩石

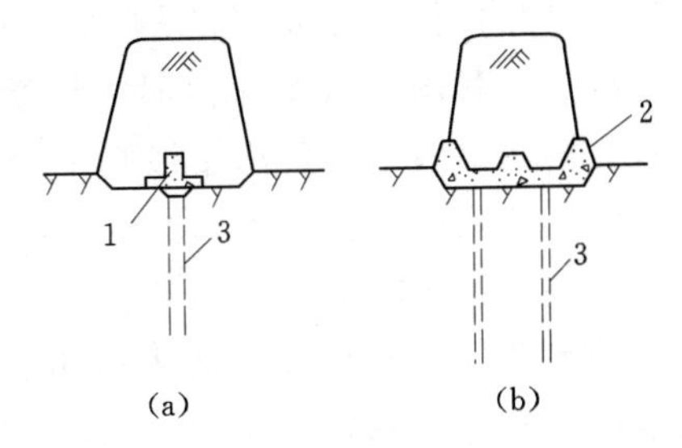

图6-49　黏性土截水槽与基岩的连接
1—混凝土齿墙；2—混凝土座垫；3—灌浆孔

2. 混凝土截水墙

当砂卵石层深度在15m以上30m以下时，如果采用黏性土截水槽，则开挖工程量太大，施工排水比较困难；或由于砂卵石层中夹有细砂层，边坡难以保持稳定。此时可采用人工或机械方法开挖直槽浇筑混凝土截水墙，或是将上部的12～15m厚的透水层进行敞口明槽开挖，填筑黏土截水墙，往下再开挖直槽，浇筑混凝土截水墙。

混凝土截水墙的厚度应由施工需要确定，一般为2～4m，顶部伸入土截水墙的齿墙高度和黏土截水墙的底部混凝土垫的宽度应根据接触面的允许渗透坡降确定。

图6-50为一混凝土截水墙实例，土坝坝高105m，坝基透水砂卵石层厚约30m，粒径大，含量多，大于100mm的占50%～70%，开挖排水量为0.47m^3/s，上部13m开挖截水槽，在槽底先浇筑直槽开口的混凝土锁口，以下用预制钢筋混凝土梁和木梁及木板支撑槽壁逐步向下开挖直槽达弱风化岩层。直槽深约15m，宽3.4m，然后由下往上逐层拆除支撑，浇筑混凝土截水墙。

3. 混凝土防渗墙

当坝基砂卵石层深度大于30m、小于100m时，如果仍采用混凝土截水墙，则施工困难，工期较长，造价也相应增加。此时可采用机械造孔的方法，浇筑混凝土防渗墙，以控制坝基渗流。

混凝土防渗墙可利用冲击钻机，在透水地基中建造槽孔直达基岩，并以泥浆固

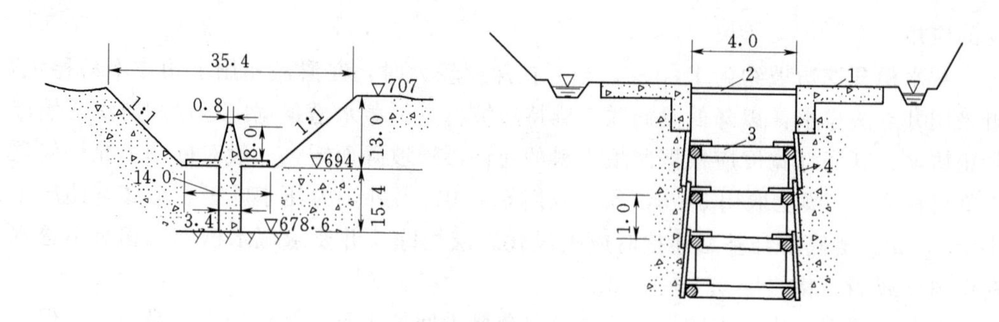

图 6-50　混凝土截水墙实例（单位：m）

1—混凝土锁口；2—预制钢筋混凝土撑梁，间距 3m；3—木支撑，ϕ180mm；4—木挡板，厚 5cm

壁，采用直升导管，向槽孔内浇注混凝土，形成连续的混凝土墙，起到防渗的目的。早在 20 世纪 50 年代初，意大利和法国即开始采用混凝土防渗墙这一技术，随后各国相继引进和推广。我国密云水库白河土坝断面中采用混凝土防渗墙作为坝基防渗措施，取得很好的防渗效果；黄河小浪底工程覆盖层最深处达 80 多米，坝基采用混凝土防渗墙防渗；我国西藏旁多水利枢纽为碾压式沥青混凝土心墙砂砾石坝，坝基采用的混凝土防渗墙深达 150m。

混凝土防渗墙顶部与坝体的防渗体相连接，接触渗径应满足允许渗透坡降的要求；防渗墙底部宜嵌入基岩 0.5～1.0m，若底下基岩是透水的，还需要对基岩做灌浆帷幕。防渗墙厚度选择应考虑以下几点：①满足渗透稳定要求，这主要取决于允许水力坡降，而允许水力坡降又随混凝土抗渗标号的提高而增强；②要考虑到机械施工条件；③考虑混凝土在渗水作用下的溶蚀速度；④按应力分析确定墙厚及是否配筋。我国已建混凝土防渗墙厚度均在 0.6～1.3m 范围内，一般厚度为 0.8m。

防渗墙混凝土要求其抗渗性达到 W8 以上。为防止发生裂缝，实际采用时常在混凝土中加入一定数量的黏土、膨润土、粉煤灰或其他外加剂以降低其弹性模量，使之与地基弹模相近，同时也可减少水泥用量，降低防渗墙造价。

4. 水泥黏土灌浆帷幕

当砂卵石层很深时，用上述处理方法都较困难或不够经济，可采用帷幕灌浆防渗，或在深层采用帷幕灌浆，上层采用明挖回填黏土截水槽或混凝土防渗墙等措施。

帷幕灌浆最常用的灌浆材料为水泥黏土浆和水泥浆，特殊情况下还可采用化学灌浆或超细水泥浆。如，当地下水具有侵蚀性时，应选择抗侵蚀性水泥或采用化学灌浆。

帷幕灌浆常设一排或几排平行于坝轴线的灌浆孔，布置于防渗体底部中心线偏上游部位。多排灌浆时，灌浆孔一般按梅花形布置，孔距、排距和灌浆压力可由现场试验成果或参照类似工程经验确定。

灌浆帷幕的渗透系数为 10^{-5}～10^{-4}cm/s，允许渗透坡降一般为 3～4。帷幕厚度应根据其所承受的最大水头及其允许的水力坡降由计算确定，对深度较大的帷幕，可沿深度采用不同厚度，做成上厚下薄的形式。

帷幕深度应根据建筑物的重要性、水头大小、地基的地质条件、渗透特性等确定，一般应灌至相对不透水层内一定深度。当相对不透水层埋藏深度不大时，帷幕应深入相对不透水层不小于5m；当坝基相对不透水层埋藏较深或分布无规律时，应根据防渗要求、经济流分析，并结合类似工程经验，综合研究确定。

帷幕灌浆的优点是灌浆深度大（可达100m以上），当覆盖层内有大孤石时，可以不受限制；缺点是对于粉砂、细砂地基不易灌进，对透水性太大的地基又因耗浆量过大而不经济。到目前为止，在砂砾石地基用灌浆帷幕进行防渗处理深度最深是阿斯旺高坝，其坝高111m，水泥黏土灌浆帷幕深达174m，如图6-51所示。

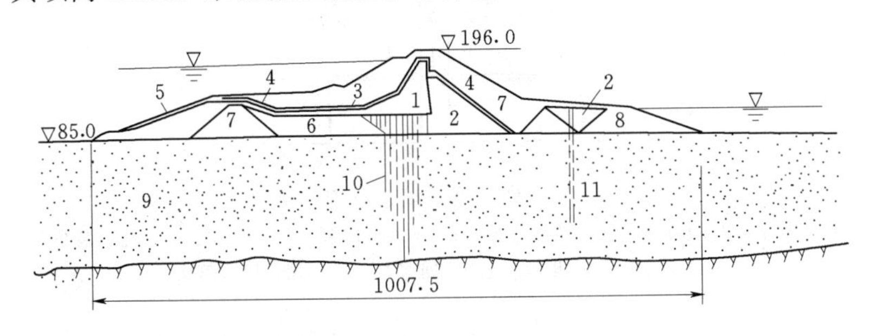

图6-51　阿斯旺高坝（单位：m）

1—黏土心墙；2—粗砂；3—黏土混凝土铺盖；4—反滤层；5—块石护坡；6—风积沙；7—堆石；8—碎屑堆石；9—透水地基；10—灌浆帷幕；11—排水孔（30m一个）

5. 高压喷射灌浆

高压喷射灌浆是先利用机械在地基内造孔，然后把带有喷头的灌浆管下至土层的预定位置，用高压设备把水以30MPa（或更高）的高压射流从喷嘴中喷射出来，用该射流冲击和破坏地基土体，当能量大、速度高、呈脉动状态的射流动压超过土体强度时，土粒便从土体剥落下来，一部分细小的土粒随着浆液冒出地面，其余土粒在喷射流的冲击力、离心力和重力等作用下，与灌入浆液掺搅混合，并按一定的浆土比例和质量大小有规律地重新排列，在土体中形成连续的凝结体。凝结体的形状与喷射形式和喷嘴移动的方向及持续时间密切相关，如图6-52所示。喷嘴形式一般有旋（旋转喷射）、定（定向喷射）、摆（摆动喷射）三种。喷射时，若一面提升，一面旋转，则形成柱状体；若一面提升，一面摆动，则形成似哑铃体；当喷嘴一面提升一面喷射，喷射方向始终固定不变时，则形成板状体，如图6-53所示。

高压喷射灌浆可以在不破坏地面已有设施的情况下施工，灌浆帷幕自身及与地下建筑体或基岩可实现良好连接和结合，适用于各种天然松散地层，人工填筑土层，如砂层、砂砾层、砂卵石层、夹含漂石的超粒径地层及各类黏性土细颗粒地层。对存在异常渗漏情况的地基，如出现集中漏水通道，漏水性特大的地层，在施工过程中，可先进行静压灌浆或采取冲砂措施，形成反滤条件，然后再进行高喷灌浆施工。在喷浆过程中当某一孔段发生异常浆液损耗，冒浆量减少时，则应停止提升，加灌稠浆或粗颗粒浆，以形成连续的板墙。

高压喷射灌浆与静压充填灌浆相比，两者的作用原理有根本区别。静压充填灌浆是借助于压力使浆液沿孔洞进入被灌地层，当被灌地层孔隙或裂缝较小或不连续时，

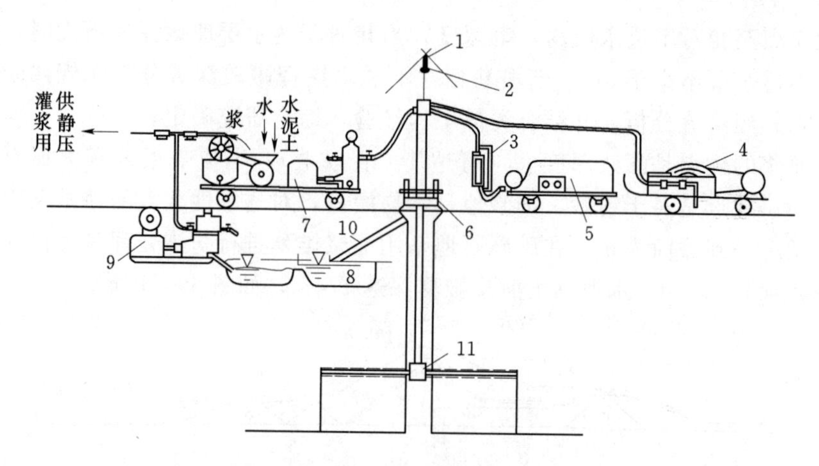

图 6-52　高压喷射灌浆原理示意图

1—三脚架；2—卷扬机；3—转子流量计；4—高压水泵；5—空压机；6—孔口装置；7—搅灌机；8—贮浆池；9—回浆泵；10—筛；11—喷头

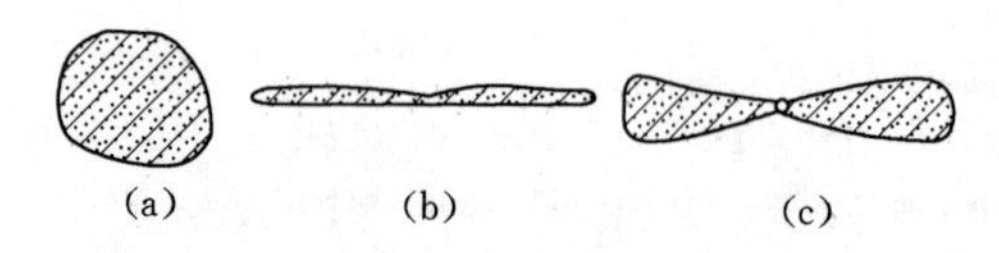

图 6-53　旋、定、摆凝结体示意图

(a) 旋喷体（桩）；(b) 定喷体（板墙）；(c) 摆喷体（板墙）

则呈不可灌或可灌性不好，当孔隙裂隙和孔洞较大时，可灌性虽好，但往往是浆液在压力作用下，扩散很远，难于控制；高压喷射灌浆则是借助于高压射流冲切掺搅地层，浆液只是在高压射流作用范围内扩散充填，有较好的可灌性和可控性。

工程实践证明，高压喷射灌浆防渗技术防渗效果好，适应性强，设备简单，施工速度快，比较经济，有很广阔的应用前景。

6. 防渗铺盖

铺盖是一种由黏性土等防渗材料做成的水平防渗设施，其防渗效果不如垂直防渗好，多用于透水层厚、采用垂直防渗措施有困难的场合（图 6-54），常与下游排水减压设施联合作用，以有效地控制渗流，保证渗透稳定。

用于铺盖的黏土，其渗透系数应小于 1×10^{-5}cm/s，地基与铺盖的渗透系数比应在 100 倍以上，最好达 1000 倍。铺盖长度和厚度应根据地基特性和抗渗要求通过计算确定，其长度一般不超过 6～8 倍水头；其厚度从上游向下游应逐渐增大，应满足构造和施工要求。前端最小厚度可取 0.5～1.0m，末端与坝身或防渗斜墙连接厚度应由计算确定，以避免由于坝体或防渗体与铺盖间的不均匀沉陷而导致连接处的断裂。另外，还常将铺盖两端做成小槽伸入地基内。

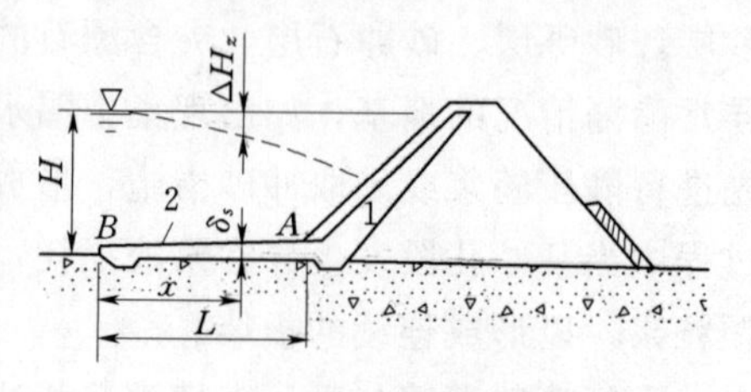

图 6-54　防渗铺盖示意图

1—斜墙；2—铺盖

铺盖与地基接触面应大体平整，底部应设置反滤层或垫层，以防止发生渗透破坏。另外，铺盖上面应设置保护层，以防发生干裂或冲刷破坏。铺盖两边与岸坡不透水层连接处必须密封良好。在连接处铺盖应局部加厚，以满足接触面的容许渗透坡降要求。当铺盖与岩石接触时，可加做混凝土齿墙；若岩层表面有裂隙透水，应事先用水泥砂浆封堵，然后再填筑铺盖。

亦可用土工膜做铺盖，并应按《土工合成材料应用技术规范》（GB/T 50290）设计。

7. 坝基排水设施

根据渗流计算，如坝基中有较大渗透压力存在，则有可能引起坝基发生渗透破坏，影响坝体的稳定，可在下游坝基设置排水设施。坝基排水设施有水平排水层、反滤排水沟、排水减压井和透水盖重等型式。图6-55为我国黄壁庄水库土坝减压井的构造。图6-56为太平湖土坝采用减压井与透水盖重相结合的措施，减压井的作用促使地下水的剩余水头由0.25H降低到0.18H（H为上下游水头差），而透水盖重又平衡了剩余水头产生的上托力，从而解决了坝址下游的管涌流土等问题。

排水减压井多用于不透水层较厚的情况，以将深层承压水导出水面，然后从排水沟排走。在钻孔中插入带孔眼的井管，井管的直径一般为20～30cm，井距一般为20～30m。井管周围需包上反滤料。反滤料应满足以下要求：①坝基土料不被渗透水流带入井内；②应具有良好的透水性，使得渗流经过反滤料不产生过大的水头损失；③反滤料颗粒不会被带入花管内，保证减压井能在最大工作水头下正常工作。反滤料的粒径不应大于反滤层厚的1/5，不均匀系数不大于5，必要时可采用多层反滤。为了简化反滤层结构，也可用土工织物作为反滤料。

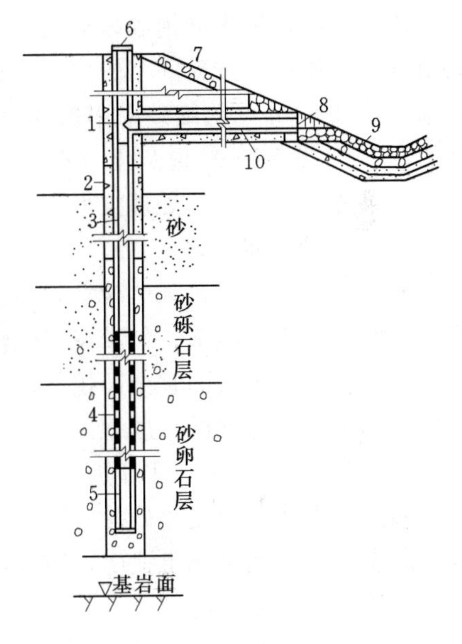

图6-55　排水减压井构造

1—混凝土三通；2—回填土；3—升水管；4—滤水管；5—沉淀管；6—混凝土井帽；7—碎石护坡；8—出水口；9—反滤排水沟；10—混凝土出水管

二、细砂及淤泥地基的处理

1. 细砂地基处理

均匀饱和的细砂坝基在地震等动力荷载作用下极易发生液化，失去抗剪强度而导致工程失事。对此可供选用的加固处理措施如下：

（1）当细砂层较薄且接近地表面时可将其全部挖除，而下移坝基面于坚实地层。

（2）若细砂层较厚，可用上下游截水墙或板桩将其封闭，割断其液化流失的途径。

（3）在坝址附近设置砂井排水，及时消散地震可能引起的超孔隙水压力，防止发生液化，但要注意砂井本身不被淤塞。

（4）选用新技术措施对松砂进行人工加密，如强夯法、爆炸振密法、振动水冲法等。强夯法是用8～30t的重锤从6～40m的高处落下以夯实地基，加固地基深度可达

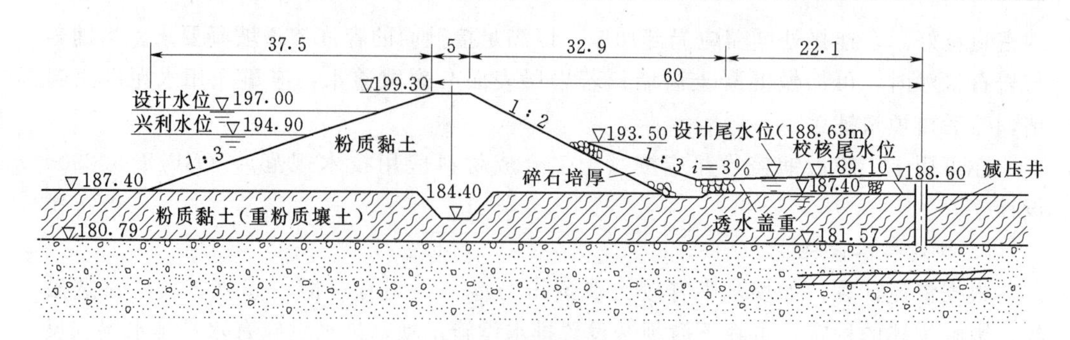

图 6-56 太平湖土坝浅井和透水盖重（单位：m）

10m 以上，比较经济有效。爆炸振密法是在钻孔中放置炸药，借爆炸振动而使松砂致密，使用于比较纯净的饱和松砂地基。振动水冲法是在振动器不断振动射水过程中，利用振挤、浮振、重新固结的作用来提高砂土紧密度。我国官厅水库曾对其土坝下游坝基表层 2～4m 厚的细砂采用振动水冲法加固，取得显著效果；砂层相对密度由原来的 0.53，提高到 0.80 以上。振冲法加固地基深度可达 20m，是一种速度快、工效高、效果好的细砂地基处理技术。

2. 淤泥地基的处理

地基中的淤泥层，天然含水量高、重度小、抗剪强度低、承载力小，影响坝的稳定，一般不宜用作坝基；如淤泥层较薄，能在短时间内固结的，可不必清除；对分布范围不大、埋藏较浅的宜全部挖除。

软黏土抗剪强度低，压缩性高，当土层较薄时一般应予以清除。当厚度较大和分布较广，难以挖除时，可以进行预压以提高强度和承载力，或者通过铺垫透水材料（如土工织物）和设置砂井、插塑料排水带等加速土体排水固结，使大部分沉降在施工期发生，并调整施工速度，结合坝脚压重，使荷载的增长与地基土强度的增长相适应，以保证地基的稳定。

用于处理软黏土地基的砂井，直径一般为 30～40cm，呈梅花形网格布置，常用的井距与井径之比为 6～8。砂井中填粗砂砾石作为排水料，砂井顶部地基面上铺粗砂垫层，厚度约 1m，与坝趾排水棱体相连接。

三、软黏土和黄土地基的处理

1. 软黏土地基处理

软黏土的特点是天然水含量大，压缩性高，透水性差，抗剪强度低，承载能力小，影响坝的稳定性。当软土层分布范围不大，埋藏较浅且层厚较薄时，一般应全部挖除；当软土层埋藏较深，厚度较大或分布较广，挖除及换土又有困难时，可在坝基中设置排水砂井（图 6-57），以加速地基排水固结，并控制填土进度，使其有足够的时间固结。

砂井的直径、间距和深度，可根据土层厚度、渗透和压缩性、天然排水条件、预压荷载及工期等因素来确定。砂井深度以穿过软土层为宜，但软土层较厚，则应穿过潜在最危险的滑动面或超过可能的塑流区。砂井直径为 30～40cm，常用井距与井径比为 6～8，在平面上采用梅花形布置。砂井顶面必须铺设砂垫层，其厚度为 1m 左

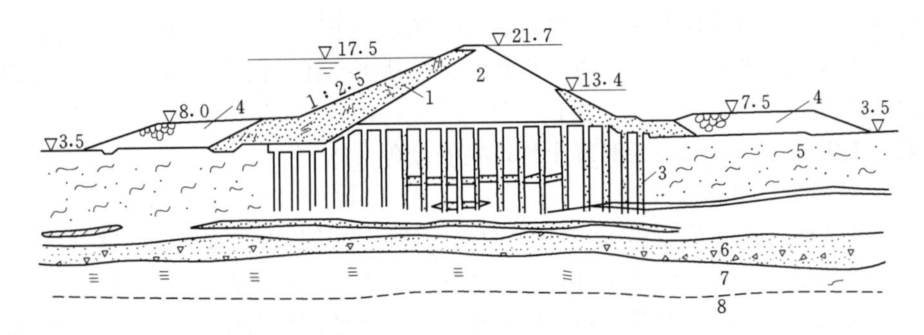

图 6-57　杜湖土坝砂井加固地基（高程单位：m）

1—黏土斜墙；2—壤土坝体；3—砂井；4—镇压层；5—淤泥质黏土；6—中粗砂混少量碎石；7—硬可塑粉质黏土；8—碎石混少量砂

右，以便排走井中渗水。砂井中的砂料宜选用良好级配的中粗砂，含泥量不得超过 5%，以保证有较高的透水性和稳定性。

2. 黄土地基处理

黄土地基在我国西北地区分布甚广，其主要问题是湿陷大，可能引起坝的开裂和失稳。处理的办法是：预先浸水使之湿陷；将表层较松软土层挖除，换土、压实；夯实表层土，破坏黄土的天然结构，使其密实。

四、岩石地基处理

土石坝修建在岩石地基上时，应进行清基，将表面覆盖层挖除。对 1、2 级坝坝基应把表面的风化岩层及松散石块挖除，把坝体建在弱风化层或微风化层上，防渗体应建在微风化或新鲜岩石上；对于 3、4、5 级坝也可建在较好的强风化层或弱风化层上，防渗体可建在较完整的弱风化基岩上。

进行坝基开挖时，应尽量使得坝头岸坡基岩开挖平顺，坡度不宜过陡，不应挖成台阶状。开挖坡度过陡坝体会脱开岸坡，还易造成坝体裂缝。岸坡开挖坡度一般不陡于 1：（0.5～0.7），局部坡度不陡于 1：0.3；在防渗体部位，岸坡一般不陡于 1：0.75，局部坡度不陡于 1：0.5。岸坡应开挖成顺坡，不宜有凸坡，也不允许有倒坡和陡壁。

当岩石坝基范围内有断层、破碎带、张开裂隙等不利地质构造时，应根据其产状、宽度、组成物性质、延伸深度和所在部位等研究其在渗漏、管涌、溶蚀等方面对坝体和坝基的影响。当岩石地基有较大透水性，以致通过地层的渗漏量影响水库效益，影响坝体及坝基的稳定或渗透稳定，或有化学溶蚀的可能性时，需要进行防渗处理。

岩基下断层的处理主要是考虑渗流、管涌及溶蚀的影响，在帷幕通过断层、破碎带等不利构造时，应适当加大帷幕厚度，或加做铺盖，必要时做混凝土防渗墙或进行高压喷射灌浆。处理方法可采用混凝土塞、铺盖、灌浆、扩大防渗体底面等措施以延长渗径，将断层与坝的防渗体隔开，以防止接触冲刷。在下游面断层出露处及与坝壳材料接触处，要设置反滤排水层，防止管涌破坏。

对处于地表或浅层的溶洞，可挖除洞内的破碎岩石和充填物，并用混凝土堵塞以达到防渗目的；如溶洞埋藏很深，挖除充填物有一定困难时，可采用灌浆方法处理。如灌浆有困难或效果不明显时，也可采用大口径钻机钻孔，回填混凝土，做成混凝土截水墙防渗。

五、土坝与坝基、岸坡及混凝土建筑物的接合

1. 土坝坝体与坝基的接合

在有防渗结构如心墙或斜墙等土坝中，坝体防渗结构与坝基的防渗结构应相连接。而坝体与坝基其余部分的接合，只要清除坝基表面腐殖土以及工程性质不良的土便可。如为均质土坝，坝与基岩相接时，通常修建数道混凝土齿墙（图 6－58）。黏性土坝体与黏性土坝基相接时，通常在坝基开挖几道顺坝轴线的浅沟，回填坝体土料（图 6－59）。齿墙与浅沟的尺寸按使沿接合面的渗流速度不超过靠近接合面的坝体和坝基土的渗流速度来确定。沿接合面所增加的渗径，可采用为坝底总宽度的5%～10%。

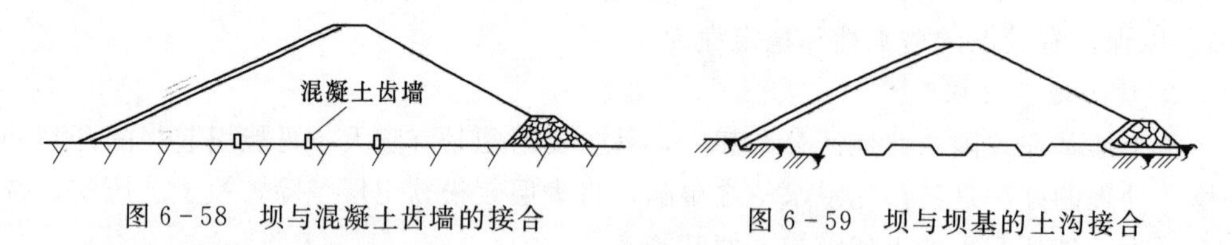

图 6－58　坝与混凝土齿墙的接合　　图 6－59　坝与坝基的土沟接合

2. 土坝与岸坡的接合

土坝与岸坡的接合面是工程中较软弱的环节，应妥善处理，避免沿接合面发生集中渗流、土坝裂缝等现象。岸坡应削成倾斜面或倾斜折面［图 6－60（a）］，不应做成垂直台阶面［图 6－60（b）］。

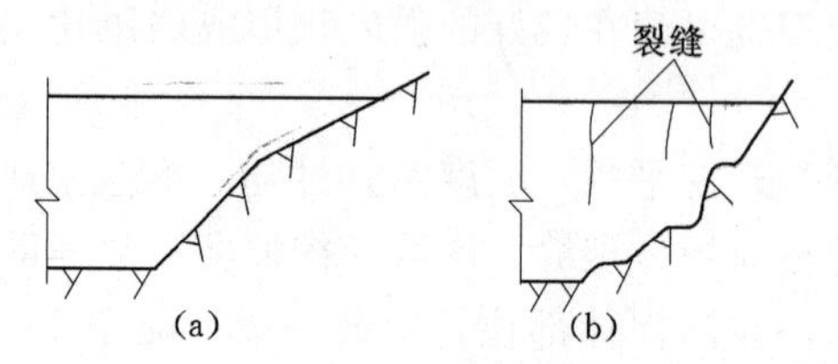

图 6－60　土坝与岸坡的接合

岸坡倾斜面的坡度通常应缓于 1：0.75，在特殊情况下也不要陡于 1：0.5。特别是在岸坡上部因为填土压力小，容易发生裂缝，所以岸坡坡度还应更缓一些。一般情况下，过陡的接合坡度是应避免的，尤其是对于高坝。施工中应严格按照要求处理，切实做好土与岩基的接合，且填土要保证压实。对于较陡的岩石岸坡，尚应先在岩石面上涂刷黏土或水泥浆，以期回填黏土时能更紧密地接合。必要时，可用混凝土将岸坡陡岩镶填成较缓的斜坡，然后填土。

黏土心墙或斜墙与岸坡接合时，通常应将心墙或斜墙加宽，在岸坡上修建混凝土齿墙更是必要的。

3. 土坝与混凝土建筑物的接合

土坝与混凝土建筑物的接合有两种类型：第一种类型是使土坝与混凝土翼墙式连接；第二种类型是混凝土坝插入土坝坝身中。

（1）翼墙式连接。翼墙式连接常用在较低的土石坝与溢流坝或泄洪闸的连接，见图 6－61。由于土与混凝土接触部分的空隙一般比土体内部的孔隙大，且土与翼墙面贴得不紧，故容易沿此接触面发生集中渗流。为了防止集中渗流的发生，通常在翼墙

背面设置一至数道刺墙（图 6-61 中的 4）。刺墙厚度可以很小（小于 60cm）。翼墙后的填土应仔细压实，翼墙背面的坡度不得陡于 10∶1，以便得到更紧密的接合。塑性心墙和斜墙与翼墙相接时往往都要加大断面，即使是均质土坝，其与翼墙相接处的断面也往往是加宽的。刚性心墙与翼墙的接合处应有不透水的伸缩缝。

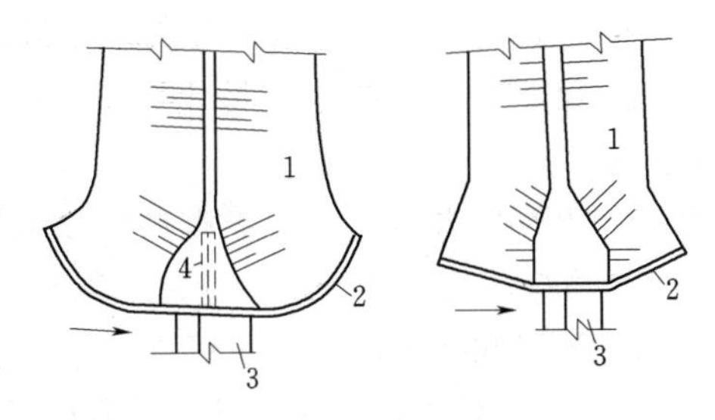

图 6-61 翼墙式连接建筑物
1—土坝；2—翼墙；3—溢流坝；4—刺墙

由于混凝土溢流坝在溢流时发生振动，使翼墙与坝体土容易分离，故对高水头的土坝，用翼墙使土坝与混凝土溢流坝连接不十分可靠。

(2) 插入式连接。插入式连接较翼墙式连接可靠，因此高坝常采用这种连接方式。其做法便是将混凝土坝插入土坝中（图 6-62）。这种连接方式简单，并且在很多情况下比翼墙式接合造价低。实践中，具有这种接合的土坝坝高达 120m 以上。

插入部分的混凝土应建筑在坝体填方上。为了减少插入部分混凝土坝的断面，应考虑土坝上下游侧的土压力对刺墙的作用。

黏土心墙与插入混凝土坝的连接可以参考如图 6-63 所示的结构，在混凝土坝末端伸出一个刺墙插入心墙中。刚性心墙与混凝土坝的连接处必须有一不透水的伸缩缝，最好在接缝的下游侧设置视察廊道。

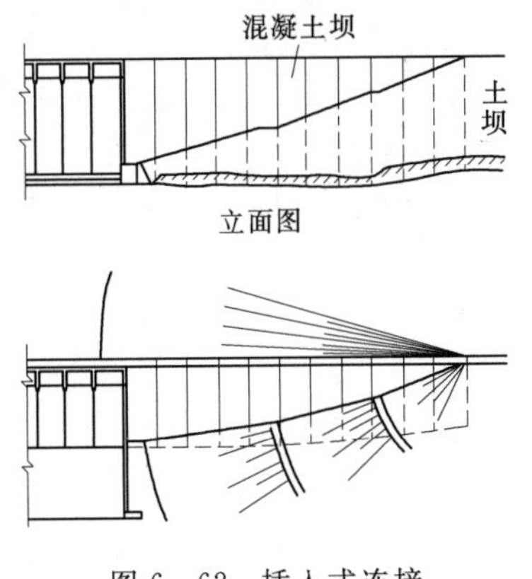

图 6-62 插入式连接

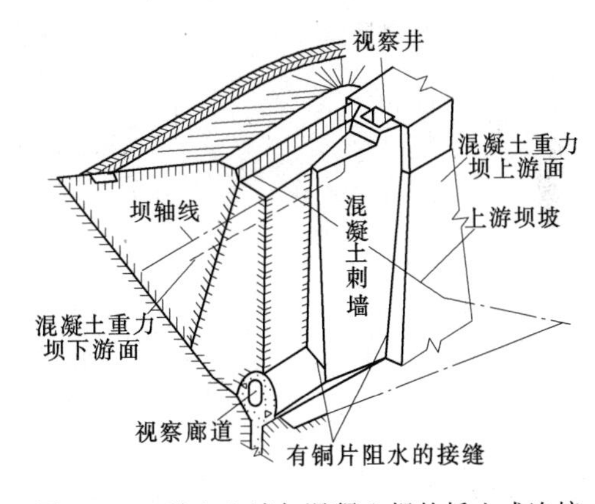

图 6-63 黏土心墙与混凝土坝的插入式连接

复 习 思 考 题

1. 设计和建造土石坝的基本要求有哪些？

2. 土石坝有哪些基本类型？各自的优缺点及适用场合如何？

3. 影响土石坝坝坡的因素有哪些？如何影响？土石坝剖面如何拟定？

4. 如何根据土石坝的工作性态和土石料的性质来进行坝各部位的土料设计？

5. 渗流分析中，浸润线的基本方程是如何推导出来的？如何根据这个方程对各种坝型、各种坝基进行渗流分析？

6. 渗透变形有哪几种？如何防止渗透变形？

7. 反滤层的主要作用是什么？在坝的哪些部位要设置反滤层？如何设计和布置反滤层？

8. 土石坝失稳的形式有哪些？坝坡坍滑有哪几种类型？为什么土石坝只进行局部稳定验算，而不进行整体稳定验算？

9. 渗流和孔隙压力对土石坝的稳定有何影响？计算中如何考虑？

10. 设置排水的目的是什么？坝体排水设备有哪些形式？各自的优缺点及适用场合如何？

11. 为什么上下游坝面要设置护坡？护坡的型式有哪些？各自的优缺点及适用场合如何？

12. 砂砾石地基处理有哪些工程措施？各种措施的设计要求是什么？

13. 土石坝产生裂缝的原因是什么？裂缝的形式有哪些？如何防止？

第七章

坝工技术及坝型发展

通过前几章内容的阐述，我们已将拦河坝的各种基本型式及其设计理论进行了介绍。可以看出，各种坝型的产生、类属、特点及适用场合，实际上受以下因素支配：其一是大坝的主体材料，是当地天然土石料还是人工建筑材料？其二是挡水防渗结构型式，是大体积重力式还是厚度较薄的拱式或盖板支墩式？是均质坝还是心墙坝或斜墙坝或混合式坝？其三是工作适应性能，坝身是否既能挡水，又能泄水？是否既可建于岩基，也能建于土基？其四是基本施工方法，材料如何运输上坝？如何致密成形？筑坝工艺是否简单？进度是否迅速？显然，这 4 个因素就是同时影响坝的运用安全和造价经济的决定性因素，坝型的改进、发展乃至新型坝的问世也就离不开坝工设计者对这些因素的不断考虑。

资源 7.1 大坝的发展方向

就筑坝材料而言，历史上土、石、木材、钢材、混凝土和钢筋混凝土都曾作为主要筑坝材料，并分别以材料命坝名，但现代大坝大都可分属于混凝土坝和土石坝这两大类。下面介绍这两类坝的发展。

第一节　混凝土坝坝工技术及坝型发展

一、重力坝的发展

各种混凝土坝中重力坝一直是最主要的坝型，因其结构型式简单，大体积混凝土既富耐久性又便于机械化施工，对地形地质条件适应性相对较宽（甚至土基上也可建不高的重力坝），又便于布置坝身溢洪道或各种泄水、输水孔洞，使水利枢纽中的组成建筑物简化，也易于解决施工导流问题。因此，我国许多洪水峰高量大河流上的峡谷枢纽常选用这一坝型。

重力坝坝轴线在平面上常呈直线，沿线坝身并常以永久横缝分为若干悬臂式结构的坝段，各段独立挡水工作，全靠坝体自身铅直重力维持稳定和满足应力条件，还要抵抗扬压力的不利作用，所以实体重力坝的一个固有缺点是混凝土方量大、材料强度不能充分发挥、大量水泥水化热形成温度应力和施工温控问题。

坝址河谷宽深比不大时，实体重力坝设计可适当补救上述缺点，如不留永久横缝而使坝兼有铅直梁和水平梁的结构整体作用；或甚至将坝轴线布置成向上游弯曲的曲线，而使坝的结构起一些拱的作用。我国 1969 年建成的高 147m 的刘家峡重力坝就采用了前一种改进。该坝在横缝上设键槽，并于蓄水后进行横缝灌浆，形成直线形整体重力坝。1982 年建成的高 165m 的乌江渡重力坝就是后一种实例，该坝坝轴线布置成弧形，坝体下部分缝灌浆成整体，起部分拱作用，上部则仍为分段式悬臂重力坝，成为拱形重力坝。

应当指出，类似刘家峡、乌江渡这样的重力坝结构，只应被理解为特定情况下对结构型式做特殊处理的结果，不宜推广。要从结构上对重力坝作显著改进以减轻扬压力和降低工程量，有效的途径是改实体重力坝为宽缝重力坝或空腹重力坝（参见第四章第七节）。

宽缝重力坝在我国采用较多，从20世纪50年代末至80年代初，先后建成了古田一级、新安江、云峰、丹江口、安砂、潘家口、池潭等多座这种型式的坝。各坝设计的最大缝宽达坝段宽度的40%。在同一时期，我国还建成多座空腹重力坝，如上犹江、枫树、牛路岭等坝。空腹在上下游水平方向的尺寸可达坝底全尺寸的1/3，是布置水力发电厂房的适宜场所，这成了空腹重力坝的主要优点之一。不设水电站厂房的空腹内还可考虑分层填渣，以进一步削减维持重力所需之混凝土量，形成空腹填渣重力坝，1971年在广西建成的拉浪坝即为这样的坝例。

宽缝重力坝和空腹重力坝虽有减小混凝土方量的优点，但毕竟结构复杂、施工不便，特别是混凝土浇筑要用大量的倒悬模板，增加了难度（相应提高了混凝土单价）。所以这两种重力坝国外采用不多，国内近年来也很少再用。

当前重力坝坝型发展的一个新趋势，不在结构型式上做复杂的探究，而在简单的实体重力坝体形基础上。从筑坝材料和施工技术上革新，大力改变混凝土配合比和水灰比，降低水泥水化热，变液态混凝土浇捣工艺为超干硬性混凝土的碾压成形，简化分缝分块和坝的细部结构，从而形成了一种新型坝——碾压混凝土重力坝（第四章第八节）。

此外，在坝型、枢纽布置及施工导流与布置方面也取得较大的发展并形成了如下的特色：

1. 高重力坝坝型趋向实体型

在地质条件较好，河谷较窄，两岸边坡较高地形条件下建造重力坝，首先要解决的是泄洪问题，当泄洪流量大，一般均在18000m^3/s以上，长江三峡更高达86000～98800m^3/s，往往给泄水建筑物的布置带来难度，采用实体型重力坝，充分利用混凝土坝坝身能过水的特点布置泄水建筑物，采用坝顶溢流、坝身开孔。实体型成为首选，它比宽缝坝、空腹坝更容易满足稳定和应力要求。

实体型重力坝还便于布置排沙孔。由于流域内水土流失，对含沙量较大河流，建坝后泥沙淤积在水库内。不仅是多泥沙的黄河，长江水系以及南方江河的含沙量也较大。需要有一定规模的排沙底孔，进行泄洪、排沙，以保持水库的有效库容和电站进水口的“门前清”。实体重力坝可在坝体内布设高程较低、孔口较大的排沙底孔，较好地满足这一要求。

实体型重力坝对施工导流方案选择也较为灵活，适应施工导流流量较大的情况。我国的江河在每年枯水季末均有春汛，南方河流即使在非汛期，也有较大洪水。在实体重力坝内灵活地布置坝内引水管的坝后厂房（也可布设为坝内厂房，甚至机组进水口可设在表孔闸墩内），为方便施工导流缩短建设周期，实体重力坝采用明渠导流，并在大坝底部布设大孔径的导流底孔。

此外，高坝的下游往往有大、中城市或广大农村，不仅有防洪要求，而且必须考虑大坝对下游安全的影响。在遇各种险情时应主要以放空水库、降低库水位为对策。除坝顶表孔泄洪、放水外，必须设置相应的中孔和底孔，力求较灵活地控制库水位。实体重力坝可充分适应这一要求。

随着科技发展和进步，坝体内各种大孔径的孔口结构，以及高水头、大容量的闸门、启闭机等从前难以解决的关键技术，现在都可以较好地实现，重力坝的实体化成为必然的趋向。

2. 实体型重力坝有利于枢纽布置的创新

随着实践经验的积累，高速水流、高水头大流量泄洪消能、水力学测试和原型监测以及金属结构设计、制造技术的快速发展，实体型重力坝促进了重力坝枢纽布置上的创新和发展。

峡谷重力坝的表孔泄洪，由厂房顶溢流发展为跨越厂房顶挑流。厂房顶溢流对坝后厂房结构会有一定的影响。而采用跨越厂房顶挑流，可避免泄洪水射对厂房顶的冲击力影响。20 世纪 90 年代初建成的漫湾水电站，在前人实践经验的基础上，枢纽布置考虑了如下一些因素。

（1）采用大孔口表孔，增大单宽泄量和超泄能力，减少了闸墩数，增大了溢流前沿长度。为使泄洪水射跨越坝后厂房顶，采取大差动挑坎挑流，下游设水垫塘消能。

（2）大坝横缝及止水结构设在溢流坝段中部表孔间，采用整体闸墩，墩内布设引水钢管和泄水孔。闸墩的加厚有利于表孔大孔口弧门支座结构的加强。

（3）汛期下游尾水位高达副厂房顶部，主副厂房采取封闭墙体结构。

（4）坝体挑流鼻坎下部合理布置主变室及副厂房。

（5）机组进水口两侧分别设置 2 孔 5m×8m 的泄洪双底孔和 3.5m×3.5m 冲沙底孔。设计水头高达 69～98m。

3. 实体型重力坝有利于施工导流与布置

高重力坝在采用明渠或隧洞导流的同时，广泛采用在坝体底部设置大孔径的导流底孔。根据导流标准和泄量规模，采用较多数量和较大孔径的导流底孔。

高重力坝水利枢纽一般多修建在山区河道。其特点是河谷狭窄、施工场地小，拦河坝高，在施工布置上，广泛采用大容量缆机浇筑混凝土。缆机型式及其平台高程的优选，特别是进料线道的布置，与两岸坝肩开挖、坝体结构等紧密结合。缆机除浇筑混凝土外，还承担了引水钢管、闸门启闭机等金属结构的吊运和安装的任务，特别是坝顶大容量门机以及高架施工塔机的安装，通过在两岸坝肩设置高、低缆机平台或采用相应的高架缆机来完成。

高实体重力坝枢纽还广泛采取边蓄水、边施工的措施。为提前发挥发电、防洪、供水、灌溉等综合利用效益，尽量缩短建设周期。

二、拱坝的发展

在狭窄河谷和优良岩基的地形地质条件下，拱坝是既经济又安全的坝型。我国幅员辽阔，适宜建拱坝的坝址也多，自然成为人们常选用的一种坝型。

拱坝特点之一是其多样性，结构形态和断面尺寸可以有很大的变化，以适应各种坝址条件和运用要求。正如第五章所述，以坝的空间形态分可分为单曲拱坝和双曲拱坝；以坝的水平截面拱圈形态分，可分为圆弧拱、二心拱、三心拱、抛物线拱、椭圆拱和对数螺线拱等；以径向铅直截面尺寸分，可分为薄拱坝、拱坝和重力拱坝等。此外，对某些特殊的地形和地质条件，还可以采用特殊构造的拱坝，如设重力墩、垫座或周边缝而成的边铰拱坝等。选用各种结构与构造型式的目的是改善坝的应力状态，减小拱端或拱冠可能出现的拉应力，或是为了增加坝肩稳定性。几乎每一座拱坝都有其独特的形态。我国拱坝建设的发展情况也是如此，已建的160多座拱坝（包括砌石拱坝）中包括了各色各样的结构型式。高坝如青海省龙羊峡重力拱坝，坝高178m；湖南省东江双曲拱坝，坝高157m；吉林省白山三心重力拱坝，坝高149.5m；浙江省紧水滩三心双曲拱坝，坝高102m；广东省泉水双曲拱坝，坝高80m，坝底厚9m，厚高比0.112，可称我国最薄的拱坝，四川省锦屏一级双曲拱坝，高达305m，是我国也是全世界上最高的拱坝。

我国在中等高度拱坝建造方面还成功地采用了一些特殊结构。如广西白云江双铰拱坝，以周边铰支承代替一般弹性固端支承，这样减小了拱端弯矩和剪力，改善了坝内应力状态。该坝坝高35.1m，坝顶长92m，坝顶厚2.1m，坝底厚6m。再如广西火甲双层拱坝，全坝由两层圆筒壳体组成，前层高27m，厚1.2m，后层高17m，厚1m，两层之间充水，使每层壳体单独承受均匀静水压力。该坝1979年建成后至今运行良好。这种坝型具有设计简单、工程量少和可用滑模快速施工的优点，坝高更大时还可相应用多层高度递减的圆筒壳体并在层间充水来适应。又如贵州猫跳河窄巷口拱坝，为减省坝基27m厚的覆盖层开挖量，基础拱桥跨越河床，桥上再建坝，成为“拱上拱坝”，覆盖层渗漏则另加混凝土防渗墙解决。该坝的基础拱桥净跨40m，矢高11m，顶厚5m，宽14m，桥顶距基岩约32.5m；桥上的双曲拱坝高39.5m，坝顶长152m，坝底厚8.7m。

早期人们对于既定坝址条件，将拱坝与其他大体积混凝土坝进行坝型比较和枢纽布置，方案选择时，拱坝的泄洪和引水发电布置问题常被视为明显不利的弱点。但近60年的国内外工程实践已使人们的这种看法大有变化，关键是设置坝身溢洪道或穿过坝身设置泄水、引水的孔洞和管道，都不致对坝的整体结构造成不能容许的危害。事实上无论是坝顶溢流或是坝身孔口泄流，拱坝布置大流量泄水道的成功实例比比皆是，无论是坝后式厂房或其他型式的厂房，拱坝引水发电系统的布置也并不特别困难。尤其值得指出的是，国内外不少工程成功地采取了坝身多孔泄洪与引水发电厂房上下重叠交叉的布置方式。例如土耳其卡拉卡耶拱坝，坝高180m，采用坝后式水电站、厂房顶溢流高度集中布置的枢纽，厂房顶5道泄槽的总泄流量可达22000m^3/s，超过了我国具有宽缝重力坝的新安江水电站的厂房顶泄洪规模。我国猫跳河修文拱坝采用了厂房顶滑雪道泄洪的类似布置，设计规模虽不大，但却实际泄过流量1660m^3/s，远超过设计标准，事后检查，下游河床虽冲深8.53m，而工程却安然无恙。再如我国凤滩重力拱坝更直接采用空腹结构，设置坝内厂房；坝顶泄洪，配合高低挑坎，实现大差动交叉挑流消能，运行情况表明，设计是成功的。该坝坝高112.5m，设计最大泄洪流量达23300m^3/s，泄量之大也可算世界水平了。

由上可知，狭窄河谷大流量枢纽布置问题，对拱坝坝型的选用已不构成障碍；随着优良坝址的依次开发，今后限制建造拱坝的因素，可能就是不易选到河谷宽高比较小而地质条件又好的坝址了。事实上即以河谷宽高比这一因素而言，我国已建大型拱坝中最大宽高比未超过5.5。例如，陈村重力拱坝坝高76.3m，坝顶弧长419m，弧高比也不过5.49（宽高比自然还小于此值）；而与之相应的该坝厚高比已达0.714，剖面接近重力坝。这就是说，河谷较宽情况下建造拱坝没有经济优越性，坝本身同样是一座大体积混凝土坝。与重力坝相同，拱坝在坝型、枢纽布置及施工导流与布置方面也取得较大的发展并形成了如下的特色。

1. 高拱坝坝体泄洪布置的发展

与20世纪60—70年代以前不同，高拱坝已广泛地采用在坝体布置表、中、底孔组合泄洪，或辅以岸边泄洪洞和溢洪道泄洪。在高拱坝中，为尽可能保持坝顶拱圈的完整，适当减少表孔数量，增加中孔的数量；或不设表孔，而采用大孔口尺寸的中、底孔泄洪。

150～200m高拱坝枢纽广泛采用挑流，在河床直接消能。即使是坝后式电站，也采取滑雪道或岸坡泄流槽型式，在坝后厂房的下游挑流消能。200m以上高拱坝枢纽，如高为240m的二滩拱坝、285.5m的溪洛渡拱坝、289m的白鹤滩拱坝、293m的小湾拱坝以及世界最高的305m的锦屏一级拱坝，由于水头高，坝体泄洪能量大，下游消能区采用水垫塘消能方式。

2. 拱坝结构型式的变化，促进拱坝的创新和发展

高拱坝结构型式的改变，使拱坝体型已不是想象中的“完整”单拱或变曲率拱坝实体，而是根据枢纽布置需要，进行了相应的调整：

（1）在坝体内设置有相当数量的大孔口结构。使用现代先进的计算理论和工具，采取孔口钢衬和加强孔口配筋等方法，以保持坝体的完整性。同时充分注意到调整孔口结构的部位，适当分散和在高程上错开，以利于坝体的拱向传力，调整坝体应力过度集中。

（2）将电站厂房布置在坝后，缩短引水管长度，进水口、坝后背管、拦污栅等结构尺寸与坝体组成的结构形状，使拱坝体形已不再是标准的变曲率拱断面。如李家峡、龙羊峡、东江等工程，虽然在结构和施工条件上相对复杂些，但枢纽布置紧凑，具有特色。

（3）“下拱上重”的复合拱坝，使拱坝能适应不同的地形条件。如隔河岩拱坝由于受坝址地形及地质条件的制约，采取坝体下部为拱坝、上部为重力坝的结构型式，丰富了拱坝建设的经验，在枢纽布置上颇具特色。还有拱坝坝肩因地形、地质条件限制，不满足V形河谷时，常采用重力墩结构。如龙羊峡重力拱坝由于左右岸缺少基岩地形，两岸坝肩约有35m高的坝体，由重力墩结构传力支撑，约占最大坝高的1/5，是国内高拱坝中少见的。

（4）拱坝坝后厂房采用双排机结构布置。如李家峡拱坝枢纽，原将3台400MW的机组布置在河床，另2台布置在右岸地下。为使右坝肩岩体不受削弱，将右岸2台机组全布设在坝后，组成双排机结构。将2000MW的机组全布置在坝后，十分紧凑，

是国内高拱坝枢纽一大特色，如图 7-1 所示。此外，坝后厂房水平段引水钢管为一整体的钢筋混凝土结构，又占满整个峡谷河床，厚度 20 余米，相当于河床坝高的 1/6，对拱坝结构的整体稳定有利。

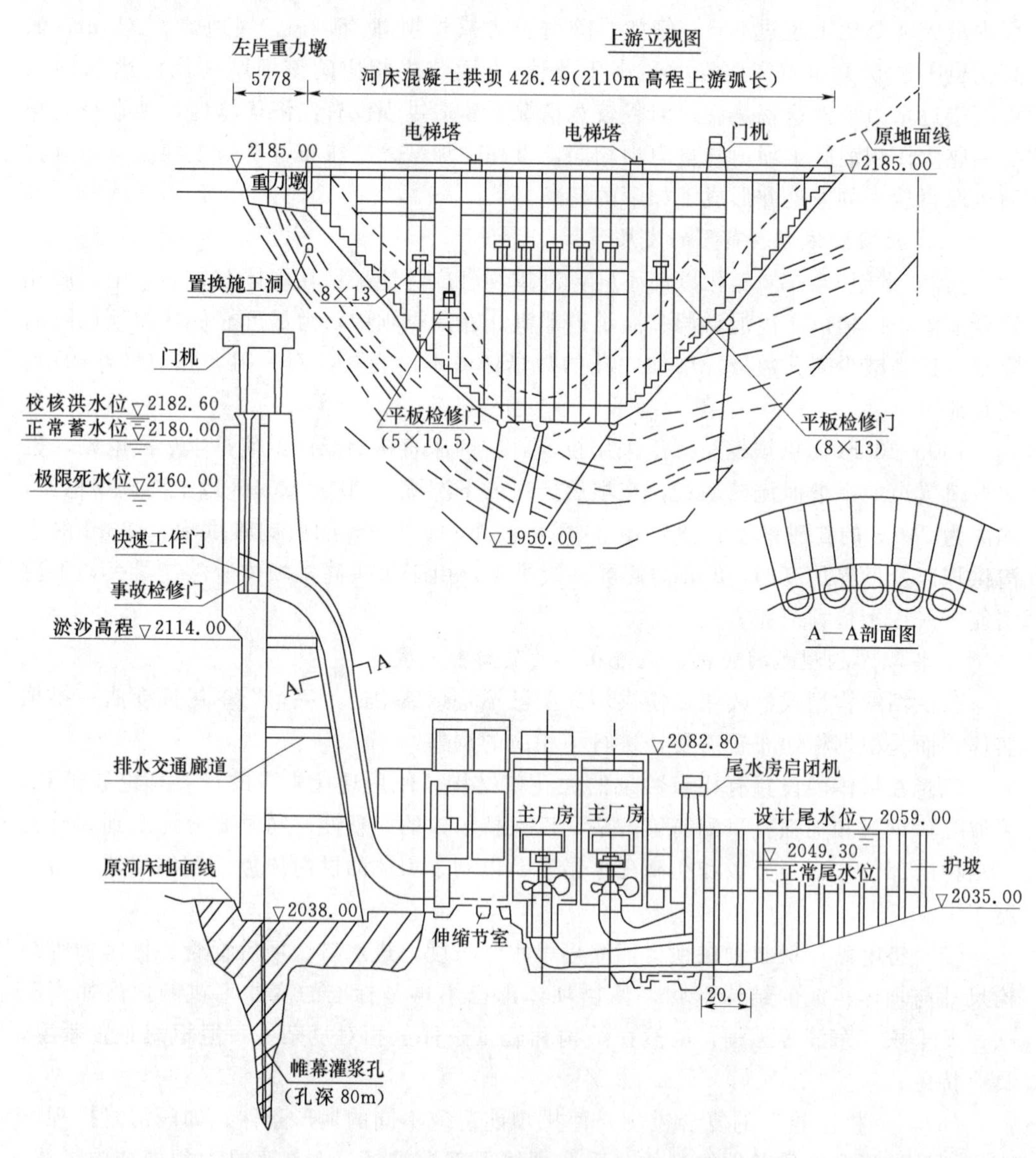

图 7-1　李家峡拱坝双排机结构布置图（单位：m）

（5）利用水垫塘消能结构，解决了高拱坝泄洪消能的难题。如二滩拱坝最大坝高 240m，枢纽泄洪流量达 $23900m^3/s$，为世界坝高超过 200m 的已建工程之最。其中坝体上部采用大孔径的表、中孔泄洪，下游采用水垫塘消能结构，这在峪谷有高地应力坝址中，是颇具特色的消能方式。

3. 科学的施工技术和工艺促进了高拱坝的发展

高拱坝只设横缝，不设纵缝，即使坝基最大宽度在 40m 以上，也不设纵缝。为减少水化热影响，采取相应温控措施。如二滩拱坝坝基最大底宽55.74m，李家峡最大底宽45m，坝身均不留纵缝。为争取高拱坝、大电站提前发挥蓄水发电效益，以及库区移民工程的需要，高拱坝在设计、施工中，普遍采取分期封拱、分期蓄水的措施。

在施工过程中，广泛采用大吨位缆机浇筑拱坝及其坝后厂房的混凝土，缆机吨位较大（20t），台数在3台以上，有的还设有高架缆机，以便于坝顶门机和闸门等金属结构的安装。对于拱坝坝后厂房枢纽，土建、安装等均可发挥缆机在空间上的作用。

高拱坝常采用大直径导流洞导流，尽可能扩大下游基坑，采用下游泄洪消能区的防护工程、水垫塘及其二道坝等均布置在下游基坑内，如二滩、李家峡等，在高拱坝的建设中积累了丰富的经验。

三、支墩坝的发展

支墩坝包括平板坝、连拱坝、大头坝等坝型，以其结构形态使坝体维持稳定性所利用的水重多，承受扬压力小，材料强度可充分发挥，工程量省，确是有明显经济优越性的坝型。如果稍细分类，还可将挡水板壳与三角形支墩构成的平板坝、连拱坝称为轻型支墩坝，而将大头坝称为大体积支墩坝，后者在一定程度上接近宽缝重力坝。

轻型支墩坝结构单薄，具有一定经济优点，但安全耐久性差。加之平板坝钢筋用量大，连拱坝坝身泄洪不便，故国内外建造都不多。我国几座轻型支墩坝主要建于20世纪50年代，其中1958年建成的金江平板坝高54m，已属我国最高的平板坝；1956年建成的梅山连拱坝高88.24m，在当时是世界最高连拱坝。这些坝的支墩间距都不大，金江坝的支墩间距为9m，梅山坝的空腹支墩中心距也只20m。其后国外的经验表明，加大连拱坝的支墩间距，有可能取得更大的经济效益。例如加拿大1968年建成的丹尼尔·约翰逊（Daniel Johnson）连拱坝，全长1220m，由14跨连拱构成，中间一跨的两墩间距达165m，正好跨过河谷深槽部分，从而大大节省了坝基开挖和混凝土浇筑方量。该坝高达214m，是世界最高的支墩坝；其特大跨距的两墩不与坝顶轴线垂直，而是顺拱的推力方向倾斜布置，也是设计独特之处；并由于结构体形合理，该坝还实现了不用钢筋而以素混凝土浇筑的理想。应该说，像丹尼尔·约翰逊这样的连拱坝还是有发展前景的。不过，我国自梅山坝之后再未建较高的混凝土连拱坝，只造了一些中低砌石连拱坝。如四川自贡的老蛮桥砌石连拱坝，坝高21m，由3跨组成，中间大跨的两斜墩间距达43m，可说是丹尼尔·约翰逊坝设计思想在某种程度上的发扬。

我国建造最多的支墩坝是大头坝，但具有钻石形头部的高70m以上的4座典型高坝都建于20世纪60年代以前，它们是1958年建成的高82m的磨子潭双支墩大头坝，1960年建成的高105m的新丰江大头坝，1961年建成的高104m的柘溪大头坝以及1967年在东北寒冷地区建成的高78.5m的桓仁大头坝。高度70m以下的混凝土或砌石大头坝为数更多些。在一段时期内，我国大头坝建得较多的理由，自然是因其一定程度上保持了大体积坝便于布置泄水、引水设施的优点，又克服了实体重力坝扬压力大和混凝土工程量大的缺点。国外采用大头坝的重要工程实例，首推伊泰普（Itapu）水电站（巴西、巴拉圭合建，装机容量1260万kW），该电站的拦河坝为双支墩大头坝，最大坝高 196m，在大头坝中也是最高的。

从 20 世纪 70 年代起，我国没有再建 70m 以上的典型大头坝，其原因与前述宽缝重力坝相同；结构复杂，模板（特别是倒悬模板）用量多，施工不便。正是在这一背景下，我国 20 世纪 70 年代为改进典型大头坝头部与支墩之间的连接条件，改善坝体应力，避免倒悬模板以利施工，故在湖南镇水电站采用了一种新型大体积支墩坝——梯形坝。该坝最大坝高 129m，各坝段水平截面都呈上游宽下游窄的梯形。可以看出，这种坝的受力情况及工程量大致与宽缝重力坝相近，但却大大减少倒悬模板用量，有利于采用大面积模板，简化施工工艺。

尽管支墩坝有结构受力条件好，节省材料等方面的优点，但由于其施工较为复杂，不适应大型施工机械快速施工要求，故近些年来已很少采用支墩坝坝型。

第二节 土石坝坝工技术及坝型发展

一、碾压式土石坝的发展

几乎任何地形地质条件的坝址都能建土石坝，而且筑坝材料主要为当地天然土石料，这是国内外坝工建设中土石坝应用最多的根本原因。时至今日，即使就高坝而论，土石坝也后来居上。目前全球高度超过 300m 的坝，除我国四川锦屏一级拱坝（305m）外，都是土石坝。当然，这样的发展还与土石坝施工机械、施工技术以及坝基处理技术的高度发展有关。

土石坝平面上一般都直线布置，但现代高土石坝中有近一半坝轴线呈曲率不大的圆弧形，曲率半径一般为 500～6000m，拱向上游。据认为这样可减小防渗体拉应力，防裂，并易与陡岸连接，工程量也增加很少。可以肯定，狭谷条件下拱形布置是有好处的，但如河谷很宽，明显增加坝长，坝轴线弯曲未必经济合理。要按具体地形地质条件因地制宜。

就断面形式而言，已建当地材料高坝绝大部分为具有各种黏性土防渗体的碾压式土石混合坝或堆石坝，高于 100m 的均质土坝全球仅 1 座。20 世纪 60 年代以前，因为防渗体和支承体施工时相互干扰少，且稳定性较好，黏土斜墙坝曾盛行一时。但由于这种坝上游坡缓、工程量大，60 年代以来，斜墙土石坝应用渐少，但斜墙堆石坝仍继续沿用。最高斜墙坝为巴基斯坦的塔贝拉堆石坝，坝高也只有 143m，如图 7-2 所示。

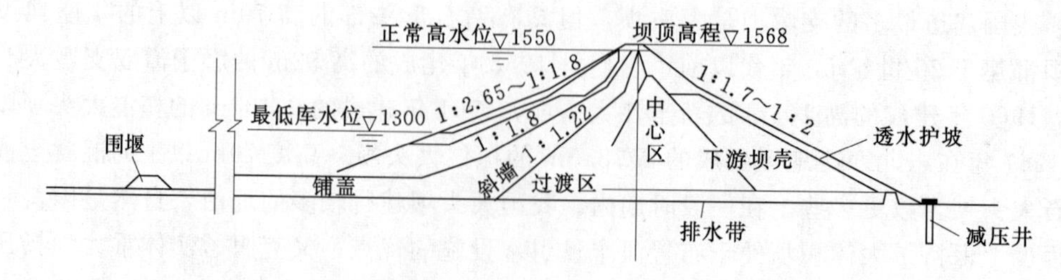

图 7-2 巴基斯坦塔贝拉土石坝（坝高 143m）（单位：m）

黏土心墙坝是当地材料高坝的主要坝型，如努列克心墙土石混合坝，高 300m；我国云南糯扎渡心墙堆石坝，高 261.5m；土耳其凯班心墙堆石坝，高 207m。值得注意的是，心墙的厚薄可随所用土料的不同而以不同尺寸适应，变幅颇大，心墙也可适当倾斜布置，而成斜心墙（图 7-3）。事实上世界最高 325m 的罗贡坝（1991 年苏联解体，至今未建成，但其设计思想得到推广应用），以及高 242m 的加拿大买加坝、高 230m 的美国澳洛维尔坝、我国黄河小浪底坝都是斜心墙土石坝。

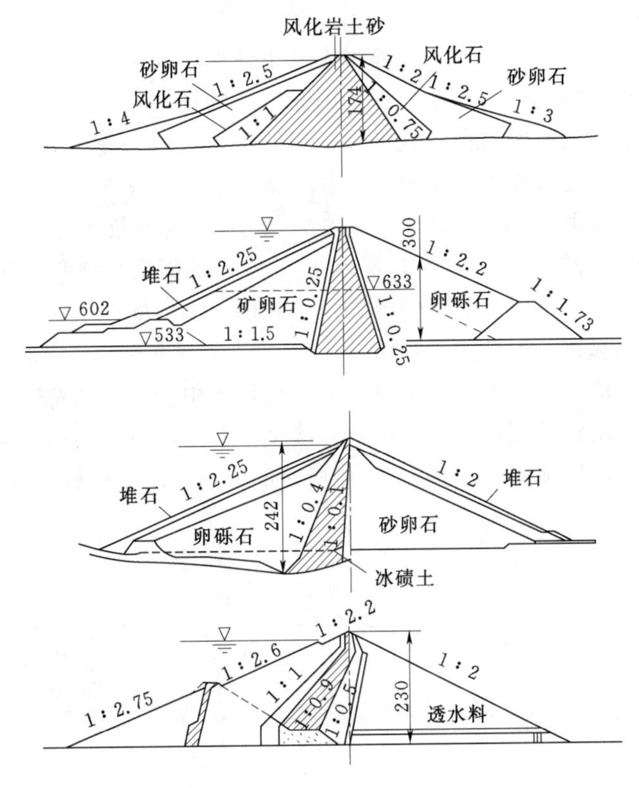

图 7-3　土心墙在坝体中的不同位置（单位：m）

斜心墙坝既保留了斜墙坝的某些优点，又保持了心墙坝较陡的上游坡，并增加下游非黏性土体的断面，提高下游坝体的稳定性。某些研究指出，采用斜心墙可使坝基应力分布均匀；最优上游坡为 1.66∶1～2∶1，按这样的坡度布置，不会影响上游坝壳的稳定性；在地震区，斜心墙的抗震性能优于斜墙；在防渗体产生裂缝时，斜心墙所受的水压力有利于水平缝的闭合。

我国已建有百米的高土石坝多座，如 1976 年建成的高 101.8m 的甘肃碧口土石混合坝，1982 年建成的高 105m 的陕西石头河堆石坝，2014 年投产的高 261.5m 的糯扎渡心墙堆石坝，2010 年投产的高 186.0m 的瀑布沟砾质土心墙堆石坝，还有 2000 年投产的高 160.0m 的小浪底壤土斜心墙堆石坝等。

土石坝坝型发展过程中，人们曾从两方面试图变革：其一是改革筑坝技术，变传统碾压式为非碾压式；其二是设法坝顶溢流，使其可承担坝顶泄洪任务。与前者相应，成功地出现过不少非碾压式土石坝；与后者相应，也出现过不少小型溢流土石坝。但应指出，当今另一更重要坝型趋势是：在振动碾压密技术高度发展基础上，刚性防渗体重新受到青睐，并出现迅速推广的钢筋混凝土面板堆石坝，它是迄今工程量最省、施工最快的碾压式土石坝，本书第六章有专门论述，本章后面也略做介绍（现代面板堆石坝的发展）。这里先对曾经采用过的一些非碾压式填筑技术建造的土石坝和我国一些颇具创造性的小型溢流土石坝作简介，以反映该坝型的发展历史。

二、非碾压式土石坝的发展

1. 水中倒土坝

水中倒土坝是将团状土分层倒入静水中使土体崩解软化，利用上层土料及运输工具压重以及排水过程渗流压力作用而逐步固结致密的坝。

土块在水中湿化崩解的快慢是这种坝土料的重要指标。适宜的土料有黄土和类黄土、砾质风化土、风化砂砾土、壤土等。在有适宜土料前提下，坝的施工顺序是：将坝基平面分成若干畦块，每块面积 40～100m²，畦块四周筑围埂；然后向畦块内灌水，水深为倒土厚度的 25%～40%；浸水一定时间后倒土、整平、筑围埂；其上再灌水，坝体逐渐升高。每层倒土厚度取决于施工能力和土的性质，人力倒土时厚度一般 0.4～0.5m，机械倒土厚度则一般为 1～2m。

水中倒土坝属均质坝，可全坝填筑，也可仅用水中倒土法填筑防渗体，配合坝壳用较透水的材料碾压修筑而建成心墙坝或斜墙坝。我国广东、山西等省建成的 770 多座水中倒土坝中以均质坝为多。如图 7-4 所示的汾河水库水中倒土均质坝高达 60m，基础为基岩。

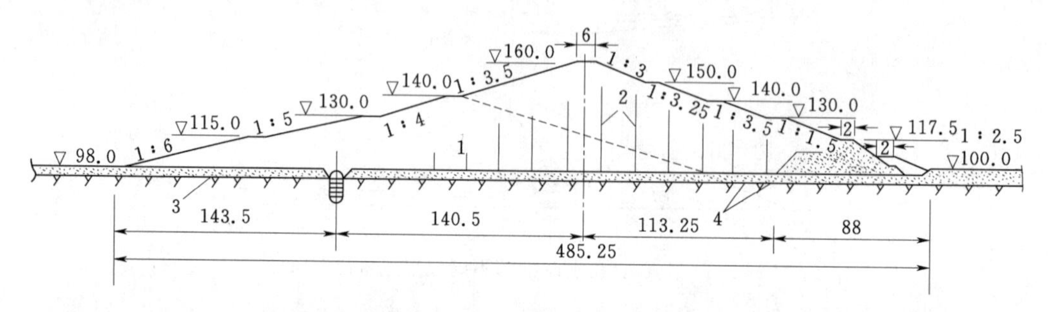

图 7-4 汾河坝剖面图（单位：m）

1—拦洪剖面；2—砂井；3—基岩；4—砂砾

水中倒土坝的两种坝身排水设备都很重要：其一是设置专用排水设备，施工过程中可排出坝体多余水分，使下面土层在上层土料自重作用下易于固结，并减少坝体孔隙水压力，增加坝坡稳定；其二是设置普通排水设备，排除运行期渗漏水，降低坝体浸润线。专用排水设备的型式有垂直砂井、水平砂沟、水平砂垫层等，砂井用得较多（图 7-4）。

与碾压式土石坝相比，水中倒土坝的优点是土方单价低，节约劳力；节省碾压机械，受气候影响小；对天然土料含水量要求不严。特别是由于施工过程中，坝身土体已经处于最湿状态，只要施工期不发生严重坍滑，运用期能更加安全。缺点是施工工序多，坝坡平缓，工程量较大，施工时需要大量供水；对土料种类有一定限制，工程质量较难控制。

2. 水力冲填坝和水坠坝

水力冲填坝是借助水力完成土料的开采、运输和填筑等工序而修成的土坝。早期典型的冲填坝是用高压水枪在料场冲击土体，使之成为泥浆，再由泥浆泵经输泥管送上坝面，泥浆中土料颗粒沉淀下来，经排水固结形成预定型式的土坝。适宜水力冲填的土料是含少量砾质的砂土或砂质壤土。冲填方法有两面冲填法、单面冲填法、端进冲填法和嵌填冲填法等。随所用土料颗粒级配及冲填方法的不同，可冲填成均质坝、心墙坝、斜墙坝等各种坝型。

20 世纪 30—50 年代，水力冲填坝由于可综合使用机械连续作业，高速施工，节省劳动力，并较少受气候影响，在美国、苏联等国都曾将其用作大型著名工程的拦河坝，如美国福特派克坝、苏联古比雪夫和斯大林格勒两座枢纽的大坝都是水力冲填坝。我国淮河寿县大堤的填筑、荆江大堤的加固，以及许多尾矿坝也使用了水力冲填法。但水力冲填坝的坝坡缓、方量大，而且坝坡稳定性较差，福特派克坝就曾发生大滑坡事故。随着现代土石方施工碾压机械的发展，碾压土石方单价降低和速度加快，目前除尾矿坝外，典型的水力冲填法筑坝已很少采用。但是我国西北地区人民在水利建设中首创的并推广到其他地区的一种自流式水力冲填坝——水坠坝，却为我国 5000 多座中小水库的建成运行发挥出巨大效益。

水坠坝与典型水力冲填坝的主要区别在于泥浆不是以泥浆泵通过封闭管路压力输送，而是利用天然有利地形条件，从位置较高的料场至坝面之间修输泥渠，使泥浆在重力作用下自流输送上坝。泥浆具有土水体积比 2～3 的高浓度，由坝端冲填，一般只形成粗细颗粒不严格分开的均质坝。

水坠坝适应坝轴线短的狭窄河谷坝址，宽高比在 6 以内；坝址附近要具备充足的水源料场，位置应高于坝顶 15～20m；土料储量应不小于坝体总方量的 2 倍，且最好分布于坝两岸。适于水坠坝用的土料应当是湿化崩解速度快、泥浆脱水固结快，固结后土体又有较好防渗性能的土类，黄土、类黄土和风化砾质土等都适用。

水坠坝的施工要点是：在坝面修筑与坝轴线平行的围埂，将坝面分成面积 2000～4000m^2 的畦块，向畦块内自流冲填泥浆，逐渐固结后再向上填筑直至成坝。具体冲填方法还可有一岸（单向）或两岸（双向）冲填，间隙或连续冲填，一坝一畦或一坝两畦或一坝多畦冲填之分，如图 7-5 所示。输泥渠多采用斜交等高线布置，纵坡可为 1/6 左右，断面为深窄式。一般冲填上升速度可为 0.1～0.3m/d。为提高冲填速度，当坝高超过 30m，土料含黏量又较多时宜加设砂沟、砂井等坝体排水，如图 7-6 所示。但固结慢，上升速度受限制，只适于高土场短坝线，仍是这种坝的弱点，而优点则是节省劳力、设备和能源。陕西吴起县长城水库建有全国最高的一座水坠坝，高达 70m，土方 202 万 m^3。

3. 定向爆破堆石坝

在坝址河谷狭窄，岸坡陡峻高耸，新鲜岩石裸露的有利地形地质条件下，可以考虑用定向爆破法修筑抛填式堆石坝。这种筑坝方法如图 7-7 所示，借助布置在河岸一侧或两侧的炸药包（BB），一次或数次进行大爆破，基于爆破岩石必沿最小抵抗线

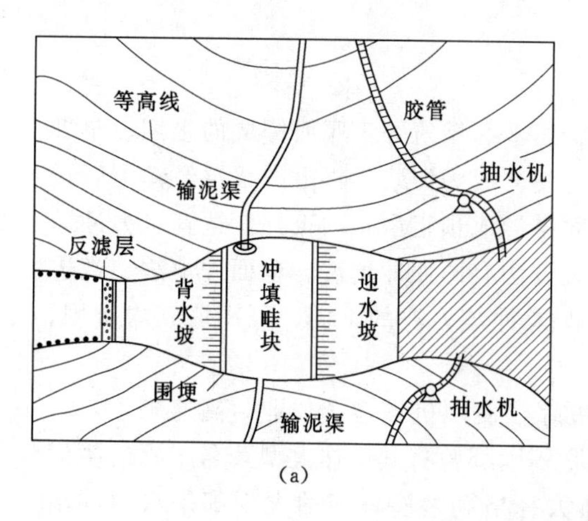

(a)

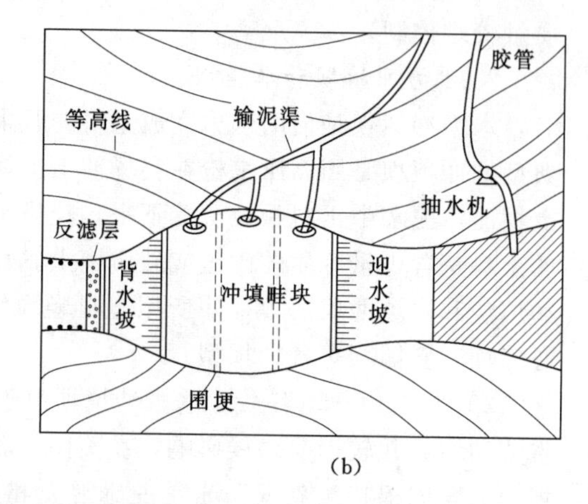

(b)

图 7-5 水坠坝冲填示意图

(a) 一坝一畦冲填；(b) 一坝多畦冲填

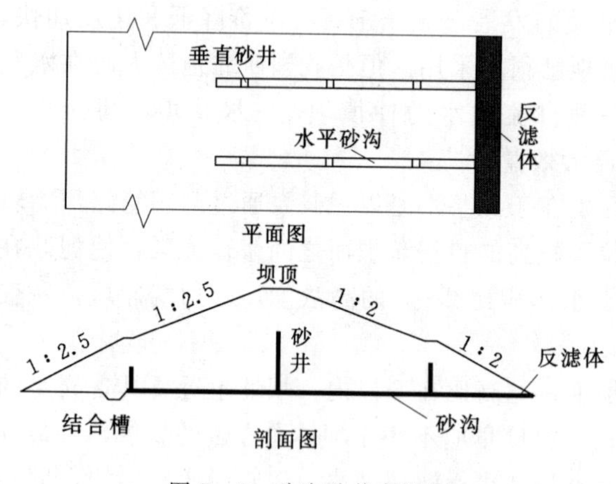

图 7-6 砂沟砂井布设图

飞出的原理，在专门设计指导下，使石块按预定方向抛填于河床内，而基本形成坝的堆石体。由于数以万计的石块同时自高空抛落的撞击夯填作用，堆石密度高于栈桥抛填的密度，一般容重可达 2～2.2t/m³，渗透系数约为 0.01cm/s。爆破后堆石体经后续加工填补，最终可成如图 7-8 所示的各坝型之一。坝体积 V_D 与所需施爆岩石密实体积 V_B 之比 V_D/V_B＝1.15～1.5。

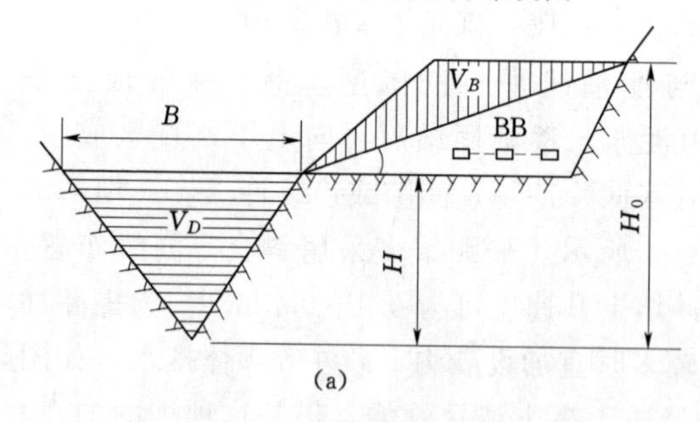

(a)

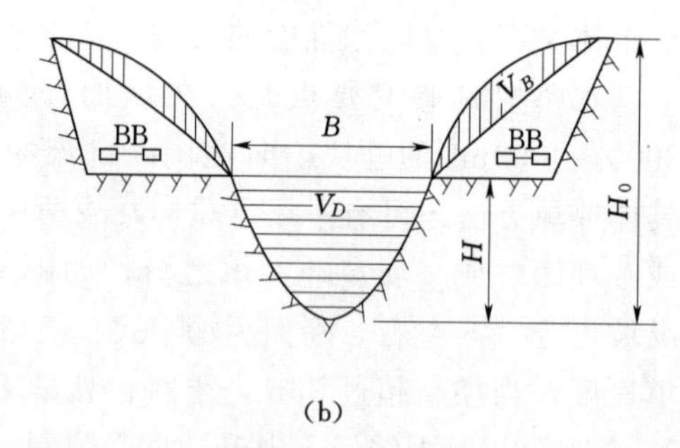

(b)

图 7-7 峡谷的断面和采用单侧和双侧爆破方法时炸药（BB）布置示意图

(a) 单侧爆破；(b) 双侧爆破

图 7-8（a）所示为爆破堆石体仅经填平补齐而得的均质堆石坝，一般透水性较大。蓄水后天然泥沙预期可在坝前淤积而起防渗作用，或有意使其成为透水堆石坝时也可采用。

图 7-8（b）、（c）所示为爆破后还加修上游防渗体的斜墙坝或斜墙铺盖坝，分别

适应岩基或有限深透水地基。当坝址附近缺乏黏性土时，斜墙可考虑用沥青混凝土建造。

图 7-8（d）所示为以定向爆破建上下游支承棱体，再以水力冲填法修筑坝腹弱透水防渗体的爆破冲填土石坝。

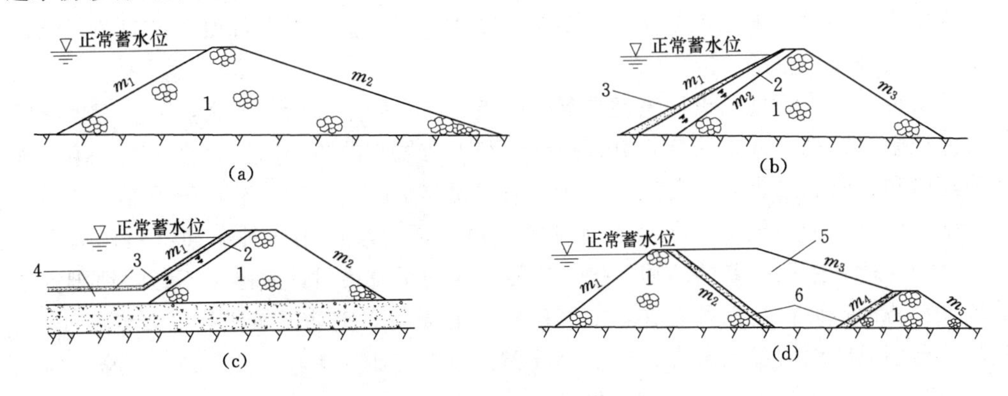

图 7-8　爆破堆石坝的型式

(a) 均质坝；(b) 斜墙坝；(c) 设有斜墙和铺盖的坝；(d) 爆破冲填坝

1—爆破形成的抛石体；2—斜墙；3—保护土层；4—铺盖；

5—用冲填方法填筑的弱透水性黏性土；6—过渡区

自 20 世纪 50 年代末以来，我国已成功地建造不少座定向爆破堆石坝，坝型多为斜墙式。图 7-9 所示为南水水电站的大坝爆破抛填一例。据地形条件，大爆破以右岸为主、左岸为辅进行的。右岸布置 3 排 12 个药包，装药 1350t；左岸一排 6 个药包，装药 45t。爆破于 1960 年 12 月进行，炸落总方量 167 万 m^3，抛投上坝方量 100 万 m^3，爆破堆石体平均高度为 65m，孔隙率小于 30%，上下游边坡接近设计值 1：3。爆破后用岸坡上散落石料将堆石体加高至 81.8m，并筑上游黏土斜墙。爆破前左岸已开挖成直径 6m 的导流隧洞，洞身与药包最短距离 124m，爆后检查未受损害。1973 年我国还建成了高 85m 的陕西石砭峪定向爆破堆石坝，有效上坝方量为 60%，上坝方量的单位用药量为 1.1kg/m^3，堆石体孔隙率为 24.5%，防渗体为沥青混凝土

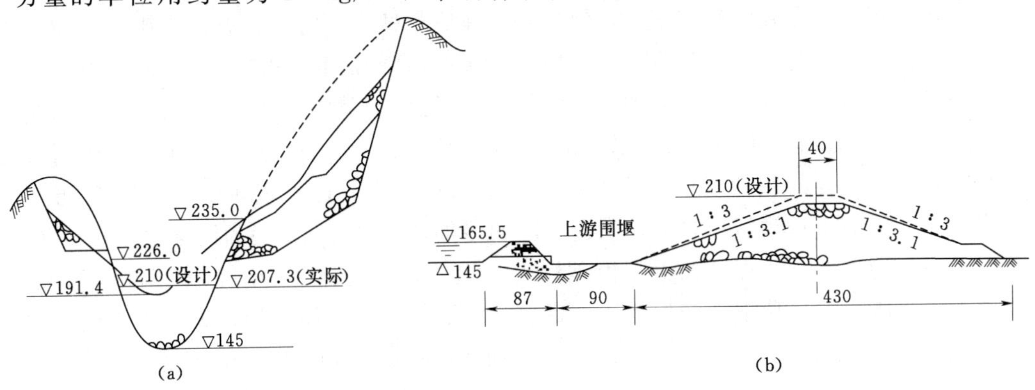

图 7-9　南水定向爆破坝剖面（单位：m）

(a) 堆积纵剖面；(b) 堆积横剖面

设计—爆破的设计高程；实际—爆破后真实高程

斜墙。

三、小型溢流土石坝的发展

土石坝一般是不容许坝顶过水的，因为土石料难以承受水流的冲刷。所以土石坝虽具有可充分利用当地材料的优点，但在不少情况下，由于坝外泄水建筑物布置困难（或太贵）不得不采用混凝土坝（或浆砌石坝）。若能解决土石坝溢流问题，无疑将扩大土石坝应用范围。

如果说普通土石坝的设计关键是解决防渗、稳定问题的话，那么溢流土石坝除同样要保证防渗、稳定外，还要着重解决坝身和下游坝脚的防冲问题。多年来，国内外实践经验和科研成果表明，溢流土石坝的关键无非是解决防冲问题及所采取的各种工程措施。已有的措施包括；在水流通过的坝顶和下游坝面用各种耐冲材料作人工护面，对坝脚地基施以必要的防冲保护，或使下溢的水流挑射，跌落到不影响坝脚安全的地方。防冲护面材料多种多样，如浆砌石、混凝土、钢筋混凝土、沥青混凝土等，我国甚至还成功地用过干砌石、灰土（石灰、黏土之比为 1：1～1：3)、三合土（黏土、石灰、砂之比为 1：1：1～1：2：3)。

尽管溢流土石坝已不乏成功的经验，但是坝高和单宽溢流量较大时，许多复杂的结构和水力学问题难以解决，或技术上虽可解决，但经济优越性和安全程度却下降，因此，难以推广应用。但是小型溢流土石坝在我国水利建设史上却不断出现，型式多样，就地取材，结构简单，造价低廉，富有一定创造性。

四川的蓑衣坝是在土基上修建的低溢流土石坝的古老坝型，创建于我国明代天顺年间（1457—1464 年)。坝顶和下游坡用一层层向上游倾斜搭接的条石砌成，呈台阶面，内部堆块石或卵石，迎水面用黏土斜墙铺盖防渗，经下游条石砌体溢流时形如蓑衣沥水。图 7-10 (a) 所示为中江县高岩头坝，坝高 3m，坝顶溢流量 1000m^3/s，运用至今。20 世纪 60 年代在沱江上修建的猫猫寺堆石坝，如图 7-10 (b) 所示，坝高 47m，溢流水深 32m；还有硐村坝高 5.3m，溢流水深 4m，运行情况也都良好。

坝上、下游坡铺砌的条石必须保持稳定，一般上游坡 1：3.0～1：4.0，下游坡 1：2 左右。为防止坝顶冲刷，坝顶条石相互接缝处开凿与缝垂直的横向槽，槽内插入长扁形卵石，并以水泥砂浆塞满，使各条石连成整体。下游面条石的干砌要注意维持倾向上游的斜度，下游河床应以条石护坦、块石海漫和消力坎作消能防冲保护。

浙江的照谷社型坝是另一种砌石护面的小型溢流土石坝，适宜建于岩基上。这是 20 世纪 50 年代温岭县照谷农业合作社根据当地河谷狭窄，溢洪道开挖困难，土料又不足的特点而始创的一种坝型，其后共修建了 100 多座。这种坝多建于山区 V 形河谷岩基上，平面上坝轴线布置成稍拱向上游的弓形，起拱矢高一般为河谷宽度的 1/10，这样对坝的稳定有利。在断面上坝由黏性土防渗体、堆石体和干砌石体三部分组成，如图 7-11 所示。这种坝区别于其他土石坝的特征是干砌石体结构，无此则不能实现坝身稳定和坝顶溢流。坝高 10～20m 时干砌石墙的底部厚 2～5m，顶部厚 1.5～2.0m，下游面呈 1：0.1～1：0.2 的陡坡（不用于溢流的坝则可缓至 1：0.5)。堆石体的上游边坡取决于黏土斜墙，不陡于 1：1。溢流坝顶可用条石浆砌成平顶并略挑出 20～30cm，也有用混凝土浇筑至浆砌块石顶盖上的。

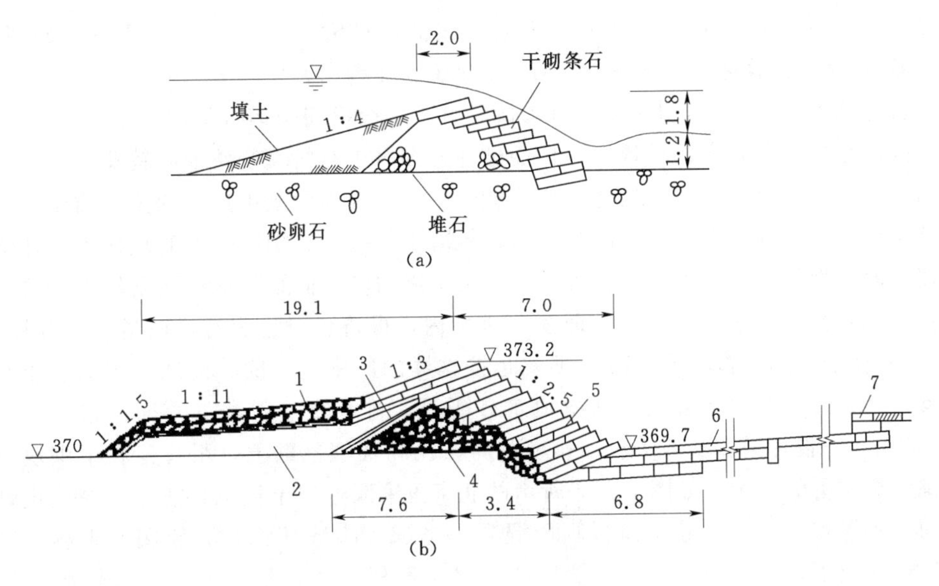

图 7-10　蓑衣坝示意图（单位：m）

(a) 高岩头坝；(b) 猫猫寺堆石坝

1—大块石保护层；2—黏土铺盖；3—反滤层；4—块石；5—毛条石砌体；6—护坦；7—消力坎蓑衣

如图 7-11 所示磖下坝高 20m，溢流水深不超过 1m，下游未设消能工，多年运行情况良好。照谷社型坝有以下的优点：①合理地解决了河床纵坡大、土料少地区修建中小型水库的困难，据统计这种坝的总方量中砌石占 30%，堆石占 40%，填土仅占 30%；②运用期不但可以发挥坝体过水能力，冬春季施工期也不存在难以克服的施工导流困难，而且也可在雨季施工；③砌石和堆石体具有强透水性，使其有效容重较大，从而能以坝坡很陡的断面获得稳定；而且坝顶不须考虑风浪高度和安全超高，又可使坝高降低 1.5～2.0m，比普通土石坝方量可节省 30%～50%；④在陡峻山区免去建水库必须开溢洪道的困难，而且全坝顶溢流，单宽流量很小，一般也不须设专门消能工，确是一种十分经济合理的小型溢流土石坝型。

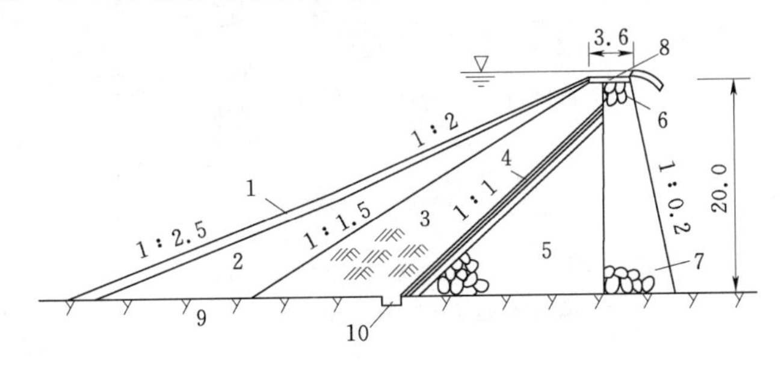

图 7-11　磖下坝示意图（单位：m）

1—干砌石护坡；2—砂壤土；3—黏土；4—反滤层；5—堆石；6—浆砌石；7—干砌石；8—混凝土板；9—基岩；10—齿槽

蓑衣坝与照谷社型坝以坝体石料所占比例大为共同点；在我国其他一些地区，特别是石料或石工缺乏地区，以土料为主建成的各种溢流土坝也不胜枚举。如图7-12（a）所示的赵家闸过水灰土坝1874年建于湖北荆门，坝高8.3m、长120m，溢流水深曾达2.5m，在经常得到良好维修的条件下迄今已安全运行了120年。

为防止坝身沉陷变形导致溢流护面破坏，坝身土石料填筑质量应较非溢流土石坝为高，护面本身也应有一定的适应变形能力。赵家闸坝的灰土护面和重粉质土填筑坝身就符合这一原则。当护面采用浆砌石、混凝土等强度、刚度较大的现代人工建筑材料建造时，坝身内应设置排水；宜采用上游斜墙防渗，而坝身填筑强度较大和透水性较好的无黏性土。这样万一溢流面漏水进坝内，可避免对稳定造成的危害。如图7-12（b）所示的辽宁鞍子河溢流土坝就是按这样的原则建造的。该坝上游为黏土斜墙防渗，浆砌石下游护面溢流，坝身填筑砂砾石，排水直达斜墙下游面；坝高7.4m，坝长102m，设计溢流量537m^3/s；坝基为淤泥和灰红色黏土，用石笼和干砌块石保护挑流鼻坎下的河床。如图7-13所示的北京王家园过水土坝也是按这一原则设计建造的，不过坝高得多，溢流面板则用混凝土浇筑。1975年以来，我国在吉林、安徽等省还建成了多座以沥青混凝土护面的过水土石坝，坝高10～20m，单宽流量10～25m^3/(s·m)，流速达15～20m/s。所有这些坝的共同点是其坝坡形态都各与相应的非溢流坝坝坡相同或十分接近。

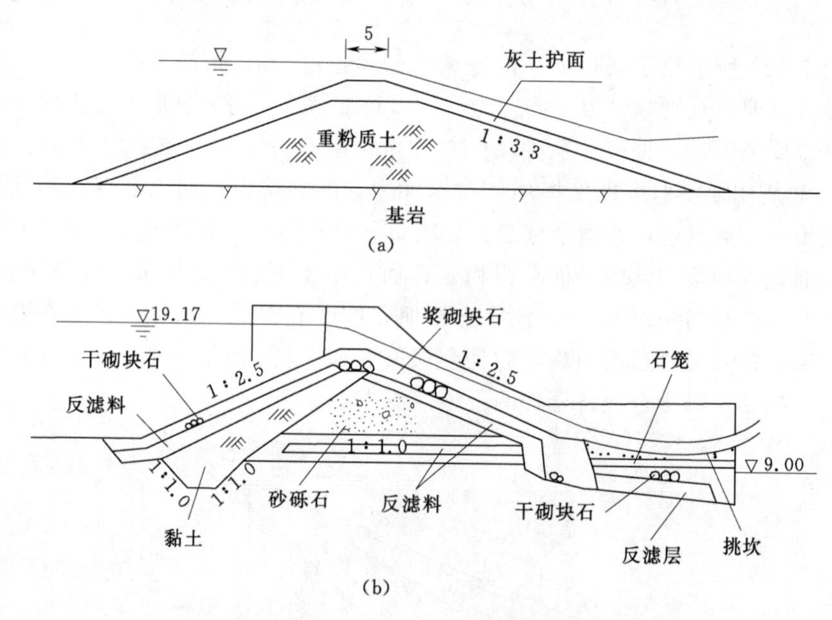

图7-12　过水土坝（单位：m）

（a）赵家闸过水灰土坝；（b）鞍子河土坝

四、高土石坝的发展

土石坝对地形地质条件的适应性较大，对于不良的地基或覆盖层深厚的坝址，经过工程处理一般均可修建高土石坝。其中堆石坝可以在严寒低温或炎热暴雨的地区建造，能适应各种气候条件。随着施工机械和施工技术的快速发展，土石坝工程的导流和泄洪问题已得到较好的解决；地下建筑物综合技术的发展，对高土石坝的采用也起

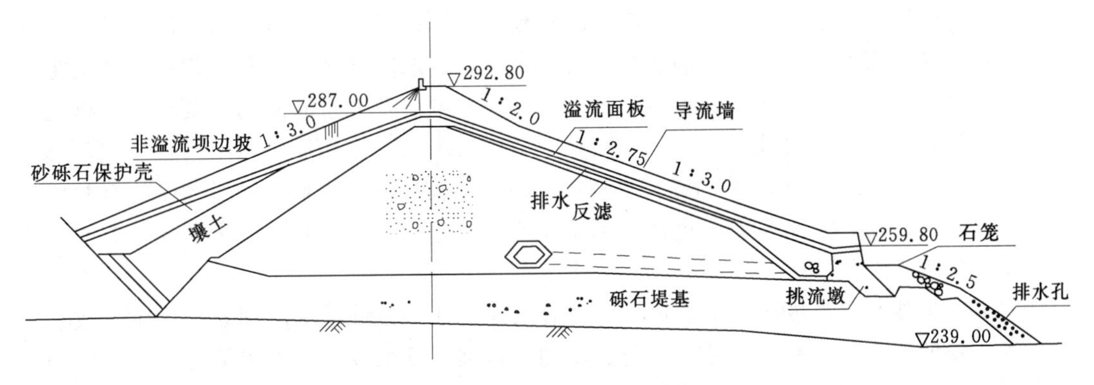

图 7-13　王家园过水土坝（单位：m）

到积极促进作用。

现代混凝土面板堆石坝，复合土工膜防渗堆石坝，由于不使用土料防渗，更具有很多优点，如：坝体体积小、投资省、综合经济效益好；坝基适应能力强；坝体可以全年施工，枢纽施工工期较短；安全可靠，抗震性能好，具有较高的稳定性及潜在的安全度；较易解决导流和度汛问题；除混凝土面板下的垫层和过渡层有一定选料要求外，坝身可广泛应用开挖的石方或砾石；坝体耐久性好，也便于检查维修。具体地说有如下一些发展。

1. 充分利用开挖方量填筑坝体和围堰

资源 7.2
天生桥面板堆石坝

已建的天生桥一级 178m 高的面板堆石坝，采用大开挖的溢洪道，将开挖的灰岩 86%计 1764 万 m^3 用于大坝的填筑，其余用于混凝土人工骨料，取得石方开挖、填筑的总体平衡。水布垭、糯扎渡、碛口、公伯峡等水电站，溢洪道和引水发电系统的进口引渠、出口尾渠，均采用大明渠开挖方式，将开挖的土石方用于坝体和临时围堰的填筑，取得土石方的总体平衡，是使工程具有造价低、工期短、经济效益好的重要环节，是枢纽布置的显著特点。尤其是在坝址区缺乏心墙土料，两岸又是基岩裸露的坝址，采用混凝土面板堆石坝，更具有优势。

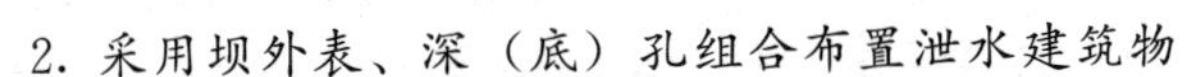

2. 采用坝外表、深（底）孔组合布置泄水建筑物

表孔溢洪道因具有较大的超泄能力，高土石坝大水库一般都设表孔溢洪道，大部分洪水由表孔宣泄，部分洪水由深（底）孔宣泄。年调节或多年调节水库，以及有防洪任务的水库，虽然入库洪水较大，但经水库调节后，最大泄洪量有显著减少，由表孔溢洪道可以满足泄洪要求，但一般仍需设深（底）孔泄洪建筑物，采用表孔、深（底）孔组合，便于泄洪排沙。黄河是著名的多沙河流，大量泥沙来自汛期洪水，为保持水库有效库容以及排泄水电站进水口前淤积的泥沙，需要设置泄洪排沙底孔。全国各地除少数江河支流泥沙含量较少外，大多数河流的含沙量均很可观，水库的“蓄清排浑”运用方式有赖于底孔的设置。

坝高在 150m 以上的枢纽，为确保施工期度汛要求，除一条低高程导流洞外，往往还需要有高程相对较高的导流洞或专设底孔配合度汛。这些导流洞经改建后就成为永久泄洪底孔，大大节省了工程投资。

对于库容较大的水库，有长达数月的较长蓄水时段需要向下游放水，以满足灌溉或工业、城镇用水。对于多年调节性能的大水库，蓄水时间更长，利用初期投产机组的发电尾水向下游供水往往还不能满足下游梯级发电以及大量灌溉用水要求时，枢纽中需要设置泄洪放水底孔。

对于库容相对较小，坝高在100～150m的水库工程，为充分利用水库的有效库容，以满足供水、灌溉需要，也往往利用导流洞改建为“龙抬头”泄洪底孔，兼作放低库水位用。

水库排沙、导流度汛、下游供水等综合功能的泄水设施，为大坝安全提供了放空水库、降低库水位的有利条件。高土石坝和面板堆石坝的发展已不再需要为上游坝面的维修而专设底孔以放空水库。

3. 采用最短的引水管道系统

由于高土石坝广泛采用大型施工机械，大坝的施工工期往往不成为枢纽工程的控制环节，而引水系统和地下厂房则往往成为控制工期的关键。已建、在建和待建的高土石坝枢纽，几乎普遍采用大容量机组，地下厂房或紧挨坝趾的地面厂房布置要求最短的引水管道系统，这不仅有利于形成大坝和引水发电两个各有特色的施工系统，便于分标和招标，更有利于整个枢纽工期的协调和提前。

对于地质条件良好的坝址，坝高在150m以上的枢纽，很多采用紧靠坝肩的地下厂房布置形式，尤其是机组台数较多的大型电站，这种布置很具特色。进口引水渠和尾水明渠采取大开挖，开挖的石方用来填筑坝体；尾水洞则往往采用大型的无压洞，从而缩短引水道长度，力求取消调压井系统，减少引水道系统的水头损失。大型的无压引水洞，又作为地下厂房系统的开挖出渣洞，开挖的石渣又可作为大坝的填筑料。

坝高在100～150m的坝址，较多地采用紧挨下游坝趾的地面厂房。除进口引水明渠采取大开挖外，地面厂房山体边坡及尾水明渠也是大开挖，开挖的石渣可就近上坝，总体布置的目标是力求缩短引水管道系统，减少沿程水头损失，并尽可能取消调压井系统。

以上这种颇具特色的地下或地面厂房枢纽，并不在于进出口明渠大开挖方量的多少，而是着眼于开挖石渣就近上坝，取得石方量的总体平衡；经过大开挖，减短引水管道系统，缩短工期争取第一批机组提前投产，以取得最大的经济效益。

4. 重视施工组织设计，使枢纽布置科学合理

已建、在建和待建的高土石坝枢纽十分重视施工组织设计。根据导流标准和导流流量，选用1～2条大直径的导流隧洞。施工组织设计的关键是合理选用坝体填料，严密组织开挖和填筑的有机衔接，尽量减少石渣的临时堆存和二次倒运。为此，大开挖的溢洪道和引水、尾水明渠都尽可能靠近坝体，布设在坝肩的两岸。

整个枢纽工程，力求实现大坝边升高、边蓄水、边发电，是施工组织设计中的又一重要课题。已建和在建的高土石坝枢纽都为实现这一目标，采取了各种有效的措施。实践证明，高土石坝枢纽建设周期越短，投资效益越高，和混凝土坝型比较，具有很强的竞争力。

五、现代面板堆石坝的发展

尽管混凝土面板堆石坝的问世可追溯到19世纪中叶（其修建于美国加利福尼亚州金矿地区），但它仍是土石坝大家族中相对年轻的一种坝型。它的发展经历了三个不寻常的阶段：第一阶段（1850—1940年），为抛填堆石阶段；第二阶段（1940—1965年），是由抛填堆石向碾压堆石发展的过渡阶段；第三阶段（1965年至今），主要是以碾压堆石为特征，将大型振动碾运用于坝体堆石碾压，使堆石体的密实度更高，从而大幅度降低了堆石体变形，再配合接缝止水设施和改进的钢筋混凝土面板防渗。同时在坝体结构、施工技术上有很大的进步，所筑坝也越来越高，成为现代的新型面板堆石坝。

混凝土面板堆石坝以堆石体为支承结构，采用混凝土面板作为坝的防渗体，并将其设置在堆石体上游面，如图7-14所示。它由防渗系统、垫层、过渡层、主堆石体、次堆石体等组成。

资源7.3
现代混凝土
面板堆石坝
剖面组成

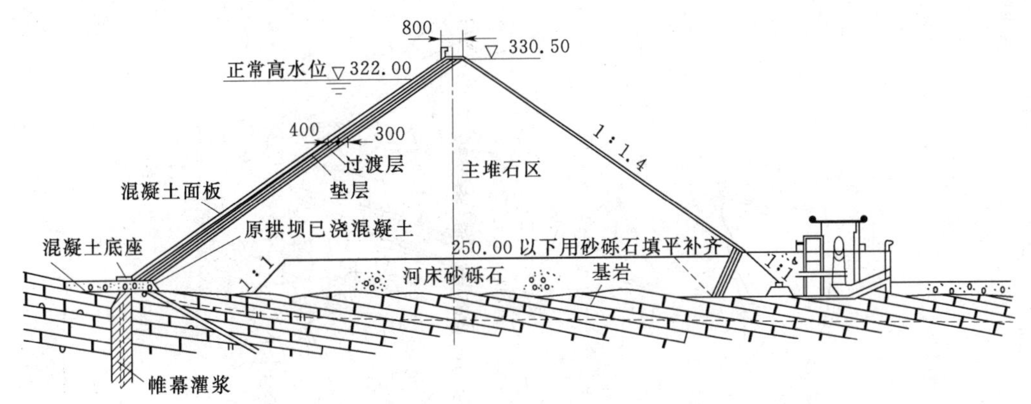

图7-14　西北口混凝土面板堆石坝断面（单位：m）

与一般土石坝相比，现代混凝土面板堆石坝具有如下几个显著特点：

（1）混凝土面板堆石坝具有良好的抗滑稳定性。水荷载的水平推力大致为堆石体及水重的1/7左右，而且水荷载的合力在坝轴线的上游即可传到地基，如图7-15所示。

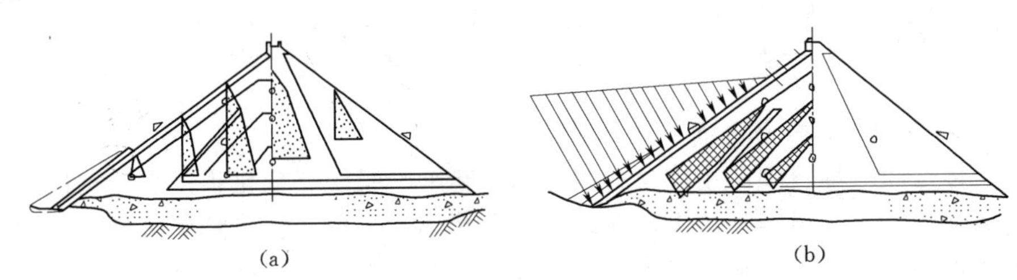

图7-15　萨尔瓦兴娜坝堆石体内垂直应力分布图
(a) 竣工时；(b) 蓄水期（水压力引起的垂直应力）

（2）面板堆石坝还具有很好的抗渗稳定性。堆石一般都有棱角，随着填筑高程的增加，即使下部的堆石会有一部分被压碎，也是有棱角的，所以一般不会发生渗透变形。因不受渗透压力的影响所以混凝土面板堆石坝具有良好的抗震性能。

（3）防渗面板与堆石施工没有干扰，且不受雨季影响。

（4）由于坝坡陡，坝底宽度小于其他土石坝，故导流洞、泄洪洞、溢洪道、发电引水洞或尾水洞均比其他土石坝的短。

（5）施工速度快、造价省、工期短。面板堆石坝的上游坡较陡（一般为1：1.3～1：1.4），可比土斜墙堆石坝节省较多的工程量，在缺少土料的地区，这种坝的优点更为突出。

（6）面板堆石坝在面板浇筑前对堆石坝坡进行适当保护后，可宣泄部分施工期的洪水。

正因为混凝土面板堆石坝有上述这些特点，所以在现代坝工设计中，几乎所有的高坝枢纽都将钢筋混凝土面板堆石坝与土心墙土斜墙堆石坝及拱坝作方案比较。图7-16所示为天生桥一级混凝土面板堆石坝枢纽布置图。

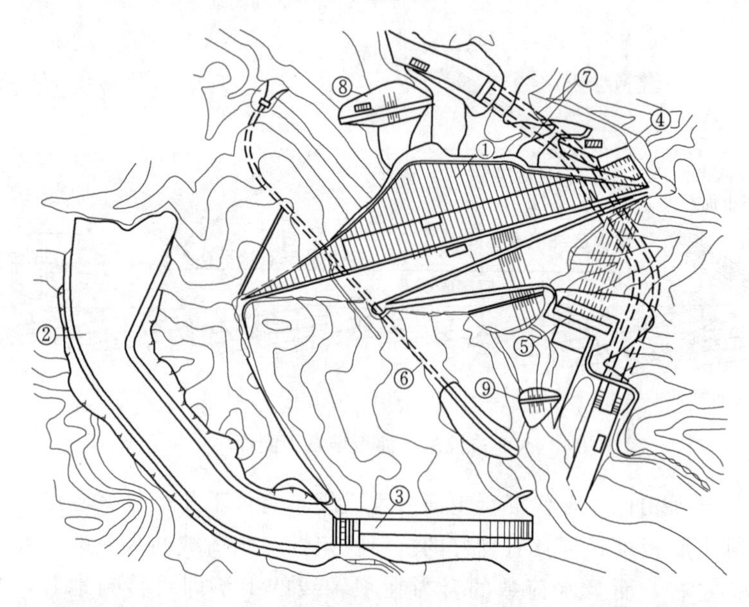

图7-16　天生桥一级混凝土面板堆石坝枢纽布置图

①—大坝；②—引水渠；③—溢洪道泄槽；④—电站进水塔；⑤—厂房；⑥—放空隧洞；⑦—导流洞；⑧—上游围堰；⑨—下游围堰

1. 堆石体的材料分区及排水带设计

堆石体是面板堆石坝的主体材料，应选用新鲜、坚硬、软化系数小、抗侵蚀和抗风化能力强的岩石。由于坝体大，各部位受力大小不一样，为了降低造价，方便施工和缩短工期，在能满足变形模量、抗剪强度、耐久性和渗透系数等要求的前提下，堆石体的石料应尽可能采用从坝基、溢洪道和水工地下洞室开挖所得的石料。但由于从上述各处开挖出来的石料在岩性与物理力学特性等方面常各不相同，开挖工艺又有差异，因而各部分石料在强度、粒径级配和耐久性等方面也各不相同；又因各部位施工开挖有前有后，往往不能与堆石体施工进度相配合；这就需要对堆石体进行石料分区布置和各区石料要求进行研究，选出最佳分区方案，使开挖料尽可能随即上坝，减少石料临时储存和二次转运的工序，降低工程造价。图 7－17 示出了堆石坝体的一般分区情况。即分为上游铺盖区（1A）、压重区（1B）、垫层区（2）、过渡区（3A）、主堆石区（3B）、下游堆石区（3C）、主堆石区和下游堆石区的可变界限（4）、下游护坡（5）、混凝土面板（6）等。

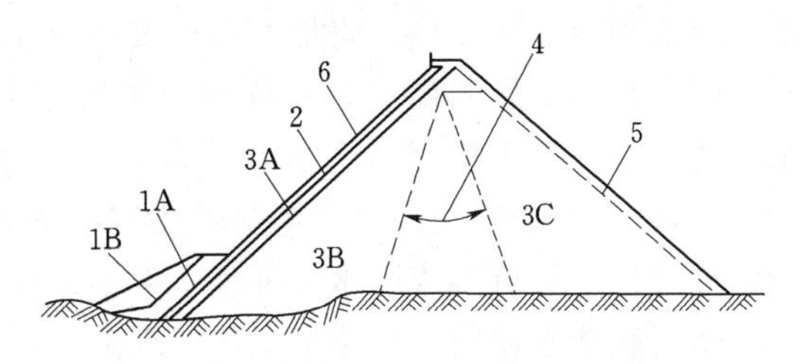

图 7－17　混凝土面板堆石坝堆石体通用分区示意图

1A—上游铺盖区；1B—压重区；2—垫层区；3A—过渡区；3B—主堆石区；3C—下游堆石区；4—主堆石区和下游堆石区的可变界限；5—下游护坡；6—混凝土面板

由如图 7－15 所示的受力特点可以看出：各区（从上游至下游）石料受水荷载影响逐渐减小，故对石料变形模量的要求逐渐降低，而对渗透系数则要求逐渐加大，以便快速排走坝体渗水。在排除渗水过程中为防止渗透破坏，故要求各区石料之间具有“反滤”作用。

随着筑坝材料采用砂卵石筑坝和施工机械压实功能的增强，保证坝体排水通畅是必要的。前者属管涌性料，级配不良的砂卵石面板坝，有可能因面板竖缝、周边缝、坝顶 L 形挡墙底部与面板接缝漏水而导致管涌失事；后者使次堆石区石料更易被压碎，压碎后细颗粒含量增加，一定程度上影响到坝体的排水，不仅不能保证反滤作用，排水功能也受到影响，使坝体内饱和区域加大；故近年来在坝内垫层下游侧与垫层平行以及坝基以上一定范围设置倾斜和水平排水带，以保证排水通畅。图 7－18 示出了贵州两岔河面板堆石坝剖面，剖面中设置了倾斜和水平排水体。

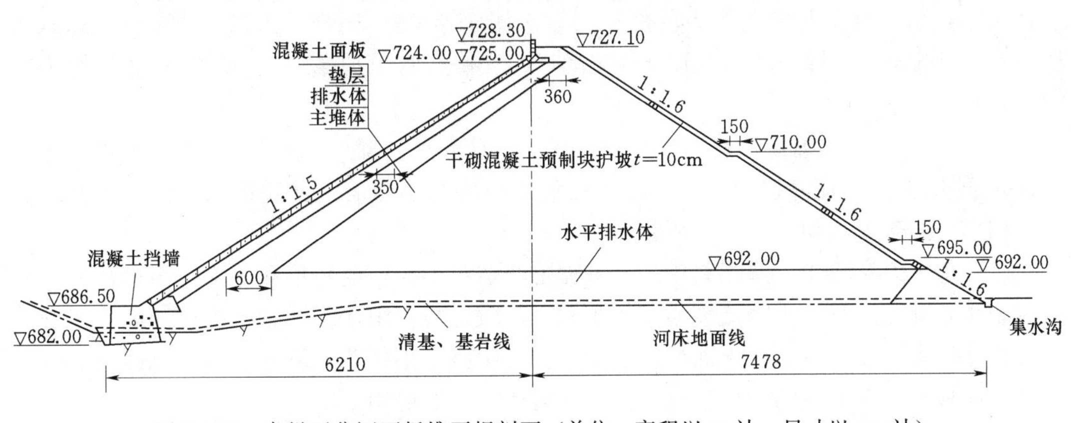

图 7－18　贵州两岔河面板堆石坝剖面（单位：高程以 m 计；尺寸以 cm 计）

2. 垫层设计及挤压式边墙

（1）垫层的作用及设计要求。

1）垫层对面板起柔性支承作用。将作用于面板上的库水压力较均匀地传递给下游的过渡区和堆石区，同时又缓和下游堆石体变形对面板的影响，改善面板应力状态。为此垫层应为高密实度而又具有一定塑性的堆石层，同时要注意垫层与面板直接接触，垫层本身在水压力作用下产生的变形对面板影响更大，故垫层应具有尽可能大的变形模量。

2）垫层起临时挡水作用。高度大的面板堆石坝通常难以将全部堆石体在一个枯水季填筑到顶，而往往要将堆石体先按某一临时断面加快填筑至预定高度，用以度汛拦洪，满足施工导流要求；这样就要求垫层有一定程度的临时挡水作用，挡汛期洪水。为此，垫层应具有低透水性。根据工程经验，垫层的渗透系数一般控制在 $k=10^{-4}\sim10^{-3}$cm/s 为宜。设计垫层时还宜考虑万一面板遭受破坏而漏水，垫层应能承受水库最大水头所形成的水力梯度，而不致被冲蚀破坏，保证坝的安全。

垫层起挡水作用，则要求垫层料级配良好具有一定的细料含量，而细料含量的增加，会增加压实难度，出现弹簧土、裂缝、面板背后脱空等问题。因此垫层料中细料含量的多寡，可通过试验确定，以达到渗透稳定性、低压缩性和高抗剪强度的要求，并具有良好的施工条件。建议垫层料粒径小于 5mm 的含量为 20%～40%。

（2）挤压式边墙的设计与施工。1998 年以前，垫层的施工普遍采用每层厚 40～60cm，用 10t 以下振动碾压 4～8 遍，周边缝附近的特殊垫层小区每层厚 20cm，用 10t 以下振动碾压 6～8 遍，边角部位则用振动夯板夯击 6～8 遍，每填筑高 3～5m，由行走在填筑面顶部的反向索铲铲除斜坡超填料；然后用斜坡振动碾静压 2 遍再上下行振动压 6～8 遍；再在斜坡面上喷射混凝土或沥青乳剂保护，以防雨水侵蚀。1998 年巴西埃塔（Ita）面板堆石坝在施工时进行了以下创新：

1）将垫层铺平，其上游边缘用测量定线或激光定线。在边缘布置混凝土滑模挤压成型机。垫层料小于 5mm 细粒含量减少为 25%。

2）混凝土搅拌车将混凝土倾倒入滑模挤压成形机。以 40～60m/h 速度滑行，建成高 40cm，上游面 1∶1.3 或 1∶1.4，下游面 1∶0.125～1∶0.1，顶宽 10～12cm 的连接小挡墙。每立方米混凝土的配比为：水泥 75kg，4.8mm～2.0cm 卵石 1173kg，小于 4.8mm 砂 1173kg，水 125L。成形为透水混凝土路缘小挡墙，渗透系数为 $10^{-3}\sim10^{-2}$cm/s。

3）1～2h 后，铺垫层料与混凝土路缘小墙顶齐平，宽 3～4m。然后用 10t 以上振动碾压 4～8 遍。压好以后，再在这一级混凝土路缘小挡墙上面建第二级混凝土路缘小挡墙。施工过程如图 7-19 所示。

此施工方法简化了垫层料施工，坡面上垫层料不再需要超填和铲除，不再需要斜坡碾压，混凝土路缘小挡墙坡面平整坚实，有效地防止雨水侵蚀，更可保证施工期安全拦洪挡水。在浇筑混凝土面板以前，可在连续路缘小挡墙的表面涂刷乳化沥青，以减小面板与小挡墙间的约束。目前该法已得到广泛的应用。

3. 混凝土面板的脱空现象及其治理措施

200m 级高面板堆石坝因施工工期长、分期数多，加之筑坝材料本身的受力特性以及混凝土面板与垫层料变形不一致等原因，使得面板堆石坝坝体应力变形极为复杂，面板与垫层之间出现脱开现象，即工程上常说的“面板脱空”，直接影响到面板的受力变形。如天生桥一级水电站混凝土面板堆石坝，各期面板均存在脱空现象，影响了水库的正常运行；又如国内的第一座现代面板堆石坝——西北口混凝土面板堆石坝，最大坝高 95m，施工时面板一次浇筑到顶，面板在水库蓄水前后均出现了大量裂缝，对坝体进一步检查时发现面板与垫层在局部地方出现了较大的脱空。一些中低高度的混凝土面板堆石坝也存在面板脱空的问题。面板发生脱空后，对面板坝的受力状态影响较大。

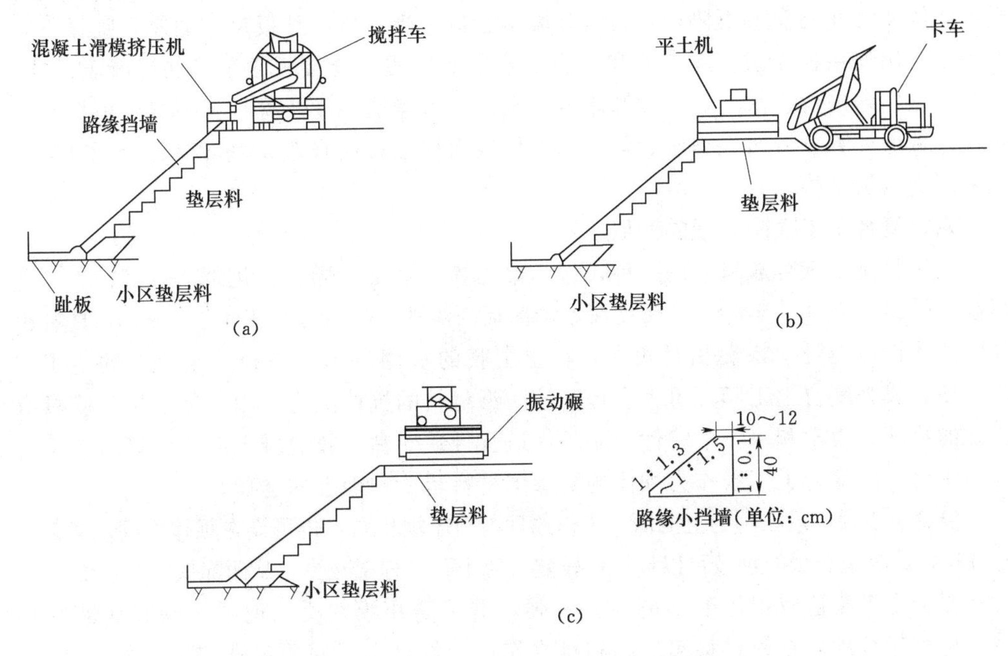

图 7-19　滑模挤压混凝土路缘小挡墙施工程序

(a) 阶段 1 路缘挡墙施工；(b) 阶段 2 垫层料铺填；(c) 阶段 3 垫层料碾压

产生混凝土面板脱空的因素较为复杂，有施工分期的影响，也有蓄水过程、堆石压实质量、筑坝材料蠕变特性的影响等。这些影响因素对面板脱空的权重目前尚未研究清楚，用数值模拟方法研究的，认为产生面板脱空问题的直接原因是支撑面板的老堆石体在上部新填堆石体自重荷载和振动碾压荷载作用下所产生的变形所致；通过结构计算分析的认为，分期填筑是高面板堆石坝面板在局部与垫层产生的脱空重要因素；还有学者认为堆石体的蠕变变形对面板脱空的影响较大，其影响程度超过垫层料。总之影响面板脱空的因素复杂，抓住主要因素减少脱空量及其范围是保证面板正常工作的关键。目前常用以下方法和措施：

(1) 面板坝在浇筑各期面板时应将面板浇筑高程与坝体的顶部填筑高程保持一定的高差，有利于减小面板脱空的范围及脱空值，同时可以观察到坝体上游面上部的亏坡情况。

(2) 选用低压缩性、高抗剪强度的垫层料和主堆石材料，以减小面板脱空量。

(3) 选择合适的碾压设备，保证碾压质量，减小受力后的变形。

(4) 对易脱空部位灌注水泥粉煤灰浆液，减少面板脱空，保证大坝安全。

4. 高趾板挡墙及连接板的应用

为适应不规则的地形条件或窄深峡谷河床以及深厚覆盖层地基，面板堆石坝可采用高趾板挡墙及连接板结构，以解决堆石坝面板与岸坡及地基的连接和变形协调问题。如黄河上的公伯峡水电站在枢纽平面布置时，遇到面板与电站进水口引水渠段的连接难题，结果采用了高 50m 的高趾墙予以解决。

对深厚覆盖层基础，用防渗墙解决深厚覆盖层的渗漏问题，为解决面板堆石坝趾板与防渗墙之间的变形不协调，将防渗墙与趾板适当分离，趾板尺寸加厚，趾板与防渗墙之间用连接板连接，起防渗和适应地基变形作用。连接板常用钢筋混凝土结构，两端设缝，缝内设止水。其长度和厚度与水头、覆盖层厚度及材料有关，可根据经验或通过数值计算分析研究确定。如我国九甸峡面板堆石坝修建 50 多米深的覆盖层上，就采用连接板结构。

六、复合土工膜防渗坝的发展

土工膜是土工合成材料的一种，包括聚乙烯、聚氯乙烯、氯化聚乙烯等。其渗透系数一般都小于 10^{-9}cm/s，高密度聚乙烯薄板的渗透系数可以小于 10^{-13}cm/s，具有很好的防渗性。但受拉特性相对较差，在土工膜的双侧或单侧热合一定克重的土工织物，使其成为复合土工膜，可大大提高该防渗材料的抗拉能力。因此复合土工膜具有良好的物理、力学和水力学特性，对条件适宜且缺少黏土或混凝土或沥青等材料不合适的场合，用复合土工膜作为坝体的防渗体材料是一种理想的选择。

复合土工膜可设在坝的上游面，工作原理与斜墙坝相同。也可设在坝体中间，类似于心墙坝，此时土石坝的坝坡可以设计得较陡，使土石工程量减少，从而降低工程造价。

复合土工膜适应坝体变形的能力较强，既可防止膜在受力时被石块棱角刺穿顶破，也可代替砂砾石等材料起反滤和排水作用。复合土工膜防渗坝施工方便工期短、受气候因素影响小，是一种很有发展前景的新坝型。

利用复合土工膜作为坝体防渗材料已有不少的工程实例。如 1984 年西班牙建成的波扎捷洛斯拉莫斯（Poza de Los Ramos）坝，高 97m，后用复合土工膜在上游防渗加高至 134m，如图 7-20 所示，至今运行良好。又如云南楚雄州塘房庙堆石坝，坝高 50m，采用复合土工膜作防渗材料，布置在坝体断面中间，现已正常运行多年，如图 7-21 所示。

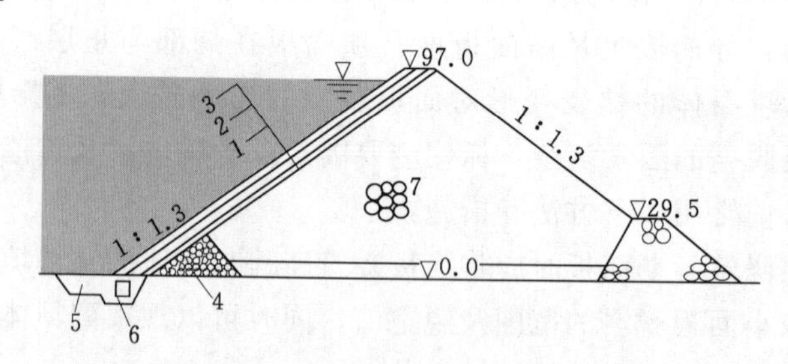

图 7-20　波扎捷洛斯拉莫斯坝（单位：m）
1—上部厚 1mm，下部厚 2mm 聚氯乙烯膜；2—沥青；3—钢筋网喷混凝土护坡；
4—砌石；5—混凝土；6—廊道；7—堆石

还有黄河小浪底下游的西霞院反调节水库，大坝采用混凝土防渗墙土工膜联合防渗；汉江王甫洲工程在防渗方面进行了较大胆的尝试，采用水平土工膜铺盖和土工膜斜墙防渗，膜总面积达 120 万 m^2；泰安抽水蓄能电站上库坝亦采用混凝土面板与土工膜联合防

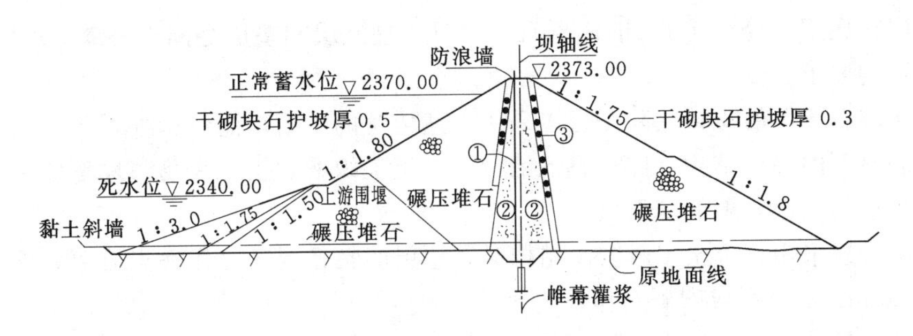

图7-21　塘房庙堆石坝土工膜心墙防渗断面图（单位：m）
①—土工膜；②—风化砂；③—碎石过渡层

渗。这些工程今后的运行将为更深入探索土工膜的使用提供重要的参考价值。

目前我国成功应用复合土工膜防渗工程中，坝高最高的石砭峪定向爆破堆石坝加固工程，坝高85m，自2000年运行以来效果很好。

由于土工膜良好的防渗功能在过去主要应用于渠道的防渗或临时性水利工程，如水口电站枢纽的围堰。对应用在永久性水利工程和较为重要的建筑物的挡水工程尚存在较多的顾虑，主要原因不仅仅只是强度问题，还有接触处理的质量和老化问题。土工膜的老化和使用寿命备受工程界所关注。大量的室内和现场试验研究成果表明：直接暴露在阳光下，受紫外线影响明显，若埋设于坝内或加以保护，与温度、紫外线、大气等老化因素隔离，加上应用抗老化剂，可以认为，老化不会严重。苏联在有关规程中规定：聚乙烯薄膜可用于使用年限不超过50年的建筑。从实验室加速老化试验结果推算，埋在坝内的聚乙烯薄膜可使用100年。欧美国家也有类似的经验。

下面从复合土工膜防渗结构、细部构造、稳定分析诸方面阐述其发展概况。

1. 土工膜防渗结构

在土工膜防渗堆石坝中，土工膜防渗结构通常由薄膜层、支持层和保护层三部分组成。

土工膜是防渗结构的主体，为确保其有良好的防渗效果，土工膜除应具有可靠的防渗性能外，还应能满足施工和运行期间承受一定拉力的要求。其受力大小与支持层的材料性质和颗粒形状有关。

支持层位于防渗层的下方，其作用是使防渗层受力均匀，避免应力集中。堆石坝采用土工膜防渗体系时，膜下应铺筑由过渡层和垫层组成的支持层。首先将堆石体的上游面整平，然后铺设碎石过渡层，过渡层最大粒径应保持在150mm左右，最小粒径保持在50mm左右，堆石体与过渡层的层间系数（D_{15}/d_{85}）应满足下式要求：

$$\frac{D_{15}}{d_{85}} \leqslant 7 \sim 10 \tag{7-1}$$

式中：D_{15}为堆石料的计算粒径，小于该粒径的料按重量计占堆石料总量的15%；d_{85}为过渡料的计算粒径，小于该粒径的料按重量计占过渡料总量的85%。

垫层料的粒径一般根据土工膜的厚度来确定：当膜厚在1mm左右时，常用粒径小于10mm的小碎石或粒径小于20mm的砾卵石作为垫层料；当膜厚在0.6mm左右时，垫层料选用粒径小于 5mm 的砾石。同时，过渡层和垫层之间也要满足式（7-1）层间系数的要求。

位于堆石体上的支持层除了可以采用上述传统的砂石反滤结构外，还可以采用土工织物和砂石的混合结构，即在膜下铺设一层土工织物，土工织物与堆石体之间铺筑一层满足层间系数要求的碎石层。

当堆石坝采用复合土工膜防渗结构时，垫层的粒径要求可作适当放宽处理，用粒径小于 40mm 的碎石或卵砾石作垫层料。

保护层的作用是保护土工膜免受波浪淘刷、风沙侵蚀、人畜破坏、冰冻损坏、紫外线辐射以及膜下水压力造成的顶托浮起等自然因素和人为因素的破坏。同时，膜上保护层还可增加上游坝坡膜的稳定性。

膜上保护层一般由面层和垫层组成。常用的面层类型主要有预制或现浇混凝土板、钢丝网或钢筋网混凝土板、干砌块石和浆砌块石等，垫层应根据面层和土工膜的类型来选定。

2. 复合土工膜的细部构造

复合土工膜的底部与周边通常用锚固的方式与不透水地基和岸坡紧密结合，能否保证复合土工膜安全发挥其防渗作用，锚固的设计极为重要。根据地基和岸坡条件的不同，锚固槽有两种类型，即黏土锚固槽和混凝土锚固槽。为防止复合土工膜受拉，一般采用包裹式连接，如图 7-22 所示。

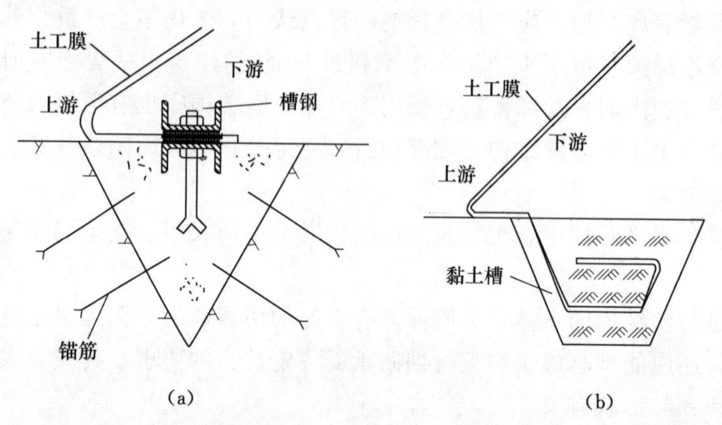

图 7-22　复合土工膜与地基的连接

(a) 混凝土锚固槽；(b) 黏土锚固槽

复合土工膜与混凝土结构（如溢洪道边墙）的连接，由于混凝土结构与坝体之间存在不均匀沉陷，为使坝坡复合土工膜与混凝土之间可靠连接，可用如图 7-23 所示的锚固方式。这样复合土工膜在坝体上游面变形及水压力的作用下，不易受拉，不存在破坏的危险。

3. 复合土工膜防渗土石坝坝坡抗滑稳定分析

近年来，随着土工合成材料在水利工程中逐步推广应用，以土工膜防渗的土石坝相继出现。由于土工膜或外层的土工织物与土、砂、卵石间的摩擦系数小于土石料内摩擦系数，因而，对这类土石坝，需首先按圆弧滑动面或折线滑动面进行抗滑稳定分析，然后还要计算斜铺的土工膜与其邻接土石料接触面的抗滑稳定，即土工膜与其上面的保护层、土工膜与其下面的垫层之间的平面滑动稳定性。

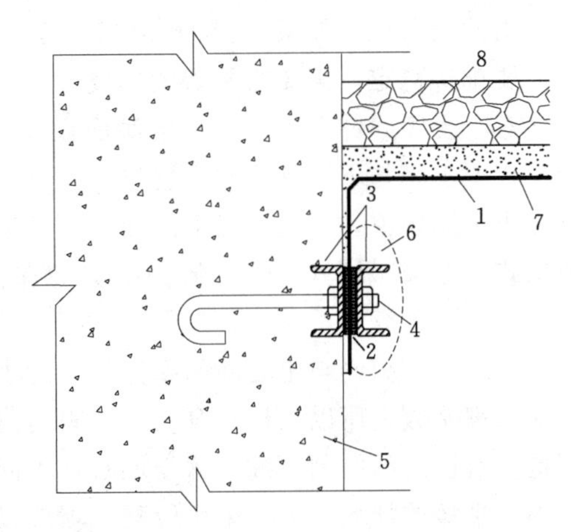

图 7-23　复合土工膜与混凝土结构的连接

1—复合土工膜；2—氯丁橡胶垫片；3—槽钢；4—锚栓；5—混凝土结构；6—保护块；7—垫层；8—保护层

在黏性土坝坡铺设土工膜防渗，如果土工膜与土体接触面未设置排水，则由于降雨入渗或两岸山体地下水渗入或土工膜接头渗水等原因，可能在接触面存在滞留水。当库水位降落时，滞留水会反压土工膜，使土工膜发生隆起和滑动。因而，在土工膜下与黏土接触面必需设置排水，土工膜上游面不宜用黏土做保护层。

如图 7-24 所示，水库水位由设计水位降落到某水位，水位差 h，土工膜背水面浸润线高程与降落水位之差 h_1，块石护坡和保护层的断面积（坝顶至降后水位之间）为 A，重度为 γ_w，土工膜的断面积（坝顶至降后水位之间）为 A_g，重度为 γ_g。

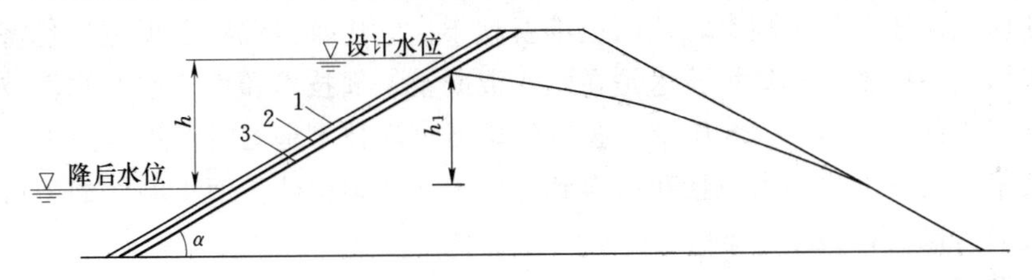

图 7-24　土坡上土工膜（接触面不设排水）稳定计算示意图

1—护坡；2—保护层；3—土工膜

若护坡块石和保护层透水性良好，水库水位降落时，块石和保护层内水位与库水位同步下降，则块石和保护层处于潮湿状态，其重度为湿重度 γ_w，则抗滑稳定安全系数为

$$K_c=\frac{\left[(\gamma_w A+\gamma_g A_g)\cos\alpha-\dfrac{1}{2}\gamma h_1^2/\sin\alpha\right]f}{(\gamma_w A+\gamma_g A_g)\sin\alpha} \tag{7-2}$$

式中：f 为土工膜与土的摩擦系数；其余符号含义同前。

若护坡块石和保护层透水性不良，水库水位降落时，护坡块石和保护层内水位不下降，则抗滑稳定安全系数为

$$K_c=\frac{\left[(\gamma_w A+\gamma_g A_g)\cos\alpha-\dfrac{1}{2}\gamma(h^2 m_0-h_1^2)/\sin\alpha\right]f}{(\gamma_w A+\gamma_g A_g)\sin\alpha} \tag{7-3}$$

式中：m_0 为考虑有些保护层碎石与土工膜紧密接触不产生水压力，使得总水压力减小的系数；其余符号含义同前。

由此式可见，如果 h_1 与 h 值相接近，则分子第 2 项将是负值，因此安全系数很小，要维持稳定，需要很平缓的坝坡。

对于土工膜铺在土坡上，接触面设土工织物排水时，应根据其具体情况进行分析。在土工膜与下游黏土间设置排水层以后，接触面的滞留水被排出，不存在滞留水反压土工膜现象。若土工膜上游面块石护坡和保护层透水性良好，则抗滑稳定安全系数用式（7-2）计算；若上游面护坡和保护层透水性不良，则抗滑稳定安全系数用式（7-3）计算。

由于土工织物与土之间的摩擦系数远小于其与碎石保护层或无砂混凝土保护层之间的摩擦系数，所以采用复合式土工膜防渗的土坝，复合式土工膜与土坡之间的接触面是抗滑稳定的控制情况，这与堆石坝不同。因此，采用铺设土工膜防渗的土坝常常需要较平缓的坝坡。为了采用较陡的坝坡以节省工程造价，可将土工膜折成直角铺设或曲折铺设。

第三节　胶凝砂砾石坝及堆石混凝土坝

一、胶凝砂砾石坝

采用比碾压混凝土更少的胶凝材料，使用土石坝压实施工方法而建成的坝称之为胶凝砂砾石坝。它是在面板堆石坝和碾压混凝土重力坝基础上发展起来的一种新坝型，其断面比碾压混凝土坝大，比面板堆石坝小。它比碾压混凝土坝更加经济，少采用或不采用温控措施。其筑坝技术是在碾压混凝土筑坝技术和面板堆石筑坝技术的基础上发展起来的，如图 7-25 所示。胶凝砂砾石筑坝技术是国际上近年发展起来的新型筑坝技术，已在不少国家包括我国得到应用，如我国福建街面水电站的下游围堰就采用了胶凝砂砾石材料。

二、堆石混凝土坝

将堆石直接入仓，再浇筑专用的自密实混凝土，利用其高流动性能，填充到堆石的空隙中，形成完整、密实、低水化热的大体积混凝土，称之为堆石混凝土坝。所谓自密实混凝土（Self-Compacting Concrete，SCC）是指浇筑过程中无须施加任何振捣，仅依靠混凝土自重就能完全填充至模板内任何角落和钢筋间隙并且不发生离析泌水的混凝土。自密实混凝土具有高流动性和抗分离性的特点，可在粒径较大的堆石体内（在实际工程中采用的块石粒径可在 500mm 以上）随机充填。它具有水泥用量少、水化温升小、综合成本低、施工速度快、体积稳定性良好以及层间抗剪能力强等优点。在大体积混凝土工程中具有广阔的应用前景，目前主要用于

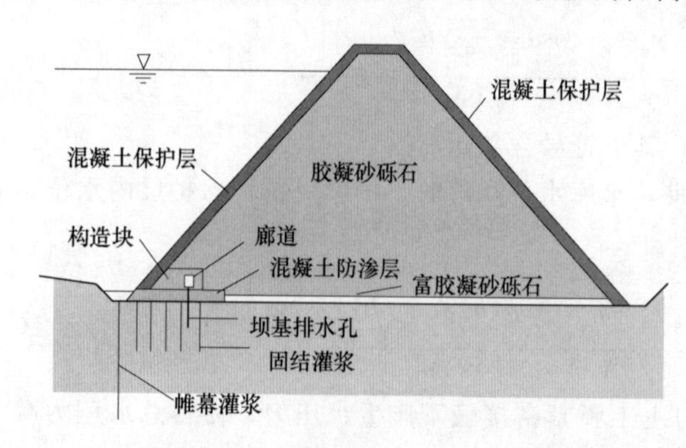

图 7-25　胶凝砂砾石坝断面示意图

堆石混凝土坝。堆石混凝土筑坝技术是我国近年发展起来的新型筑坝技术，已在山西恒山水库加固工程、河南宝泉抽水蓄能电站、贵州龙里石龙沟水库双曲拱坝、山西临汾清峪水库重力坝等多个工程中应用。根据统计资料，各国已建成此类坝已有几十座。其中，日本、土耳其、希腊、多米尼加、菲律宾和中国等均开展了相关的工程研究和工程实践，在永久工程、围堰、挡土墙、渠道的建设中得到应用。

上述两种筑坝技术具有安全可靠、经济性好、施工工艺简单、速度快、环境友好等优点，扩大了坝型选择范围，放宽了筑坝条件，丰富了以土石坝、混凝土坝、砌石坝等为主的筑坝技术体系，对我国面广量大的中小型水利水电工程建设和众多的病险工程的除险加固具有重大的意义。

复习思考题

1. 一种坝型的产生和发展受哪些因素支配？坝工设计工程师们在坝型选用和不断改进完善方面追求的是什么？

2. 各种混凝土坝中重力坝所需工程量最大，但却应用最广，对此你是如何理解的？

3. 改进重力坝体形应从何处着眼？

4. 为什么拱坝剖面形状差异很大？

5. 国外高土石坝较多，而且世界最高坝也是土石坝；我国目前高土石坝也有较快发展，对此你是如何理解的？

6. 我国有多种非碾压式土石坝和小型溢流土石坝得到发展，对其历史和地域的背景你有何看法？它们各自适用的场合如何？

7. 什么是碾压混凝土坝？与普通混凝土坝比其突出优点是什么？有没有缺点？

8. 碾压混凝土筑坝技术还有哪些有争论的问题？

9. 堆石坝坝型发展过程可分为三个阶段，决定这一发展过程的技术关键是什么？

10. 现代面板堆石坝与早期面板（刚性斜墙）堆石坝的本质区别在哪里？

11. 面板堆石坝的堆石体一般分几区？各区对石料的堆填要求是否相同？垫层起什么作用？

12. 面板堆石坝上游挡水防渗前缘在空间上是怎样构成的？面板与底座在结构上是什么关系？两者之间的周边缝工作状态如何？

13. 什么是复合土工膜防渗坝？

第八章

河岸溢洪道

第一节　概　　述

溢洪道为河川水利枢纽必备的泄水建筑物，用以排泄水库不能容纳的多余来水量，保证枢纽挡水建筑物及其他有关建筑物的安全运行。

溢洪道可以与挡水建筑物相结合，建于河床中，称为河床溢洪道（或坝身溢洪道），如各种溢流坝、滑雪式溢洪道、泄水闸等；也可以另建于坝外河岸，称为河岸溢洪道（或坝外溢洪道）。条件许可时采用前者可使枢纽布置紧凑，造价经济；但由于坝型、地形以及其他技术经济原因，很多情况下又必须或宜于采用后者。有些对泄洪流量要求很大的水利枢纽，还可能兼用河床溢洪道和河岸溢洪道。

河岸溢洪道在布置和运用上分为正常溢洪道和非常溢洪道两大类。非常溢洪道的作用是宣泄超过设计标准的洪水，分为自溃式和爆破引溃式。

一、正常溢洪道的一般工作方式与分类

正常溢洪道是布置在拦河坝坝肩河岸或距坝稍远的水库库岸的一条泄洪通道，水库的多余洪水经此泄往下游河床。一般以堰流方式泄水，泄流量与堰顶溢流净宽以及堰顶水头的3/2次方成正比，有较大的超泄能力。堰上常设有表孔闸门，闭门时水库蓄水位可达门顶高程，启门时，水库水位可泄降至堰顶高程，便于调洪运用。由于某种原因（如受下游泄量限制或为了降低闸门覆盖高度），也有在堰顶闸孔上设胸墙的，水库水位超过胸墙底缘一定高度时，泄流方式将由堰流转变为大孔口出流。中小型工程也可考虑不设闸门，这时水库最高蓄水位只能与堰顶齐平，水位超过堰顶即自动泄洪。

正常溢洪道的类型很多。从流态的区别考虑，可分为以下较常用的几类：

（1）正槽溢洪道：过堰水流方向与堰下泄槽纵轴线方向一致，是应用最为普遍的形式。

（2）侧槽溢洪道：水流过堰后急转约90°，再经泄槽或斜井、隧洞下泄。

（3）井式溢洪道：水流从平面呈环形的溢流堰四周向心汇入，再经竖井、隧洞泄往下游。

（4）虹吸溢洪道：利用虹吸作用，使水流翻越堰顶的虹吸管，再经泄槽下泄，较小的堰顶水头可得较大的泄流能力。

二、正常溢洪道的适用场合

正常溢洪道广泛用于拦河坝为土石坝的大、中、小型水利枢纽。因为土石坝一般是不能坝顶过水的，需另外设置坝外溢洪道或隧洞泄流，如图1-2所示碧口水利枢纽，在土石坝右坝肩设有河岸溢洪道。

坝型采用薄拱坝或轻型支墩坝的水利枢纽，当泄洪水头较高或流量较大时，一般也要考虑布置坝外河岸溢洪道，或兼有坝身及坝外溢洪道，以策安全。

有些坝型虽适于布置坝身溢洪道，但由于其他条件的限制，仍不得不用河岸溢洪道的情况：坝身适于布置溢流段的长度尚难满足泄洪要求；为布置水电站厂房于坝后，不适于同时布置坝身溢洪；坝外布置溢洪道技术经济条件更为有利。最后这种情况的典型条件如河岸在地形上有高程恰当的适于修建溢洪道的天然垭口，地质上又为抗冲性能好的岩基。

第二节　正槽溢洪道

正槽溢洪道是以面向水库上游的宽顶堰或实用堰作溢流控制堰的坝外表孔溢洪道，蓄水时控制堰（其上有闸门或无闸门）与拦河坝一起组成挡水前缘，泄洪时堰顶高程以上的水都可由堰顶溢流而下，并即经由一条顺着过堰水流方向的开敞式陡坡泄槽泄往下游河道，故亦称陡槽溢洪道，如图8-1所示。

资源8.1
正槽溢洪道

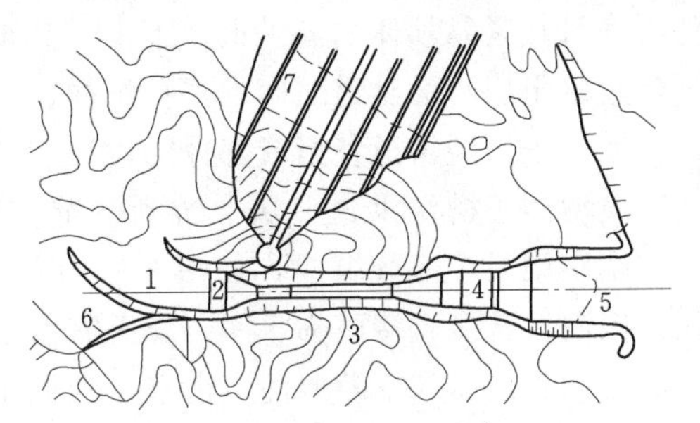

图8-1　正槽溢洪道布置图
1—进水段；2—控制段；3—泄槽；4—消能段；5—尾水渠；6—非常溢洪道；7—土坝

正槽溢洪道在水力学上的特点是泄流能力完全取决于堰的型式、尺寸以及堰顶水头，过堰流量稳定于某一值后，泄槽各断面流量也随之都为同一值，故水流平顺稳定，运用安全可靠。另外，它的结构简单，施工方便，因而大、中、小型工程都广泛采用，特别是拦河坝为土石坝的水库几乎少不了它。但应注意，在高水头、大流量以及不利的地形、地质条件下，溢洪道的兴建要解决以高速水流为中心的水力学和结构问题，必须精心设计，精心施工。

一、正槽溢洪道在水利枢纽中的位置选择

溢洪道在水利枢纽中的位置，原则上应通过拟定各种可能方案，全面考虑技术经济条件，择优选定。下面举出一些主要考虑因素。

（1）从地形条件说，溢洪道应位于路线短和土石方开挖量少的地方。比如坝址附近有高程合适的马鞍形垭口，则往往是布置溢洪道较理想之处。拦河坝两岸顺河谷方向的缓坡台地也适于布置溢洪道。

（2）从地质条件说，溢洪道应力争位于较坚硬的岩基上。当然，土基上也能建造溢洪道，但要注意，位于好岩基上的溢洪道可以节省工程量，甚至不衬砌；而土基上的溢洪道，尽管开挖较岩基为易，而衬砌及消能防冲工程量则可能大得多。此外，无论如何应避免在可能坍滑地带建溢洪道。

（3）从泄洪时的水流条件说，溢洪道应位于水流顺畅且对枢纽其他建筑物无不利影响之处，这通常可从以下诸方面注意：控制堰上游应开阔，使堰前水头损失小；控制堰如靠近土石坝，其进水方向应不致冲刷坝的上游坡；泄水陡槽在平面上最好不设

弯段；泄槽末端的消能段应远离坝脚，使不致造成影响坝身稳定的冲刷；水利枢纽中如尚有水力发电、航运等建筑物时，应力争溢洪道泄水时不造成电站水头的波动，不影响过坝船筏的安全。

(4) 从施工条件说，溢洪道开挖出渣路线及弃渣场所应能合理安排，开挖方量的有效利用更具有经济意义。此外还要解决可能与相邻建筑物的施工干扰问题。

以上所举并非问题的全部，对于每一座具体枢纽要具体分析。事实是仅所举的这些因素也很难都具有理想条件，尤其难同时满足，这正是常需方案比较的原因。

这里有必要指出的是，按溢洪道与拦河坝的相对位置，有远离坝体和紧靠坝体两种布置方式，在地形、地质条件许可时，一般希望采用前者，其优点是不但可避免前已述及的水流影响和施工干扰，还可避免由于邻近土石坝而可能引起的渗流问题的恶化。特别是当溢洪道与土石坝坝体直接相连时，连接面的集中渗流或绕坝渗流，对坝和对溢洪道都不利。在我国的实际工程中，远离坝体的溢洪道建造得很多，但由于条件不许可，紧靠坝体的溢洪道也不少，甚至也有溢洪道两边都是土坝的情况，这时必须建造好土坝与溢洪道之间的连接结构。

二、正槽溢洪道各组成部分的设计

典型的正槽溢洪道，从上游到下游依次由引水渠段、控制堰段、泄槽段、消能段、尾水渠段等部分组成，如图 8-2 所示。但不是每座溢洪道都有这些组成部分。比如控制堰若能直接面临水库，就无需引水渠，并减少了水头损失；又如经过消能后的水流如直接能与下游原河道衔接，则也无需尾水渠。此外，不同的地形、地质条件下，各段的合适长度及结构形态也会差异很大。特别是泄槽段，有时可很短．有时要很长；还要适应地形改变纵向底坡，甚至局部底坡已不属于陡坡；坚固岩基有可能不衬砌，地基不好则需很讲究的衬砌，甚至要做成多级跌水，完全失去槽形断面形态。为阐述方便计，下面仍按典型正槽溢洪道的各组成部分，依次讨论其布置、造型和基本尺寸的确定。

（一）引水渠段

引水渠是自水库引水至控制堰前的渠道，其设计原则是水流平顺、水头损失小。为此一般限制渠内流速为1.5～3.0m/s，从而可据流量来拟定断面尺寸。断面常用梯形，边坡视有无衬砌以及稳定要求而定，土基一般1∶1～1∶2，岩基为1∶0.1～1∶0.3，或垂直。实用堰前渠底高程通常应较堰顶为低。

引水渠近堰的一段过水断面应呈自堰两边边墩起向上游逐渐加宽的喇叭口形作为渐变过渡段，使不出现涡流或横向坡降。这一渐变段通常是借助两边修混凝土导墙和渠底混凝土衬砌实现的。导墙长度可取堰顶水头的5～6倍，墙顶可与最高洪水位平，衬砌厚度约需20～30cm。渐变段上游的边坡及渠底是否也需衬砌，取决于天然地基上开挖的断面在稳定、抗冲、抗风化等方面是否安全。

引水渠沿水流方向的中心线在平面上最好为直线，而且横断面最好对称于此中心线，以取得优良水流条件。当不得不设弯段时，应使弯曲半径不小于4倍渠底宽度。

引水渠的存在使得泄洪时堰顶有效水头小于库水位与堰顶高程的差值。这一水头损失在引水渠不太短和流速不太小的情况下是不可忽略的，必须通过较精确的水力计

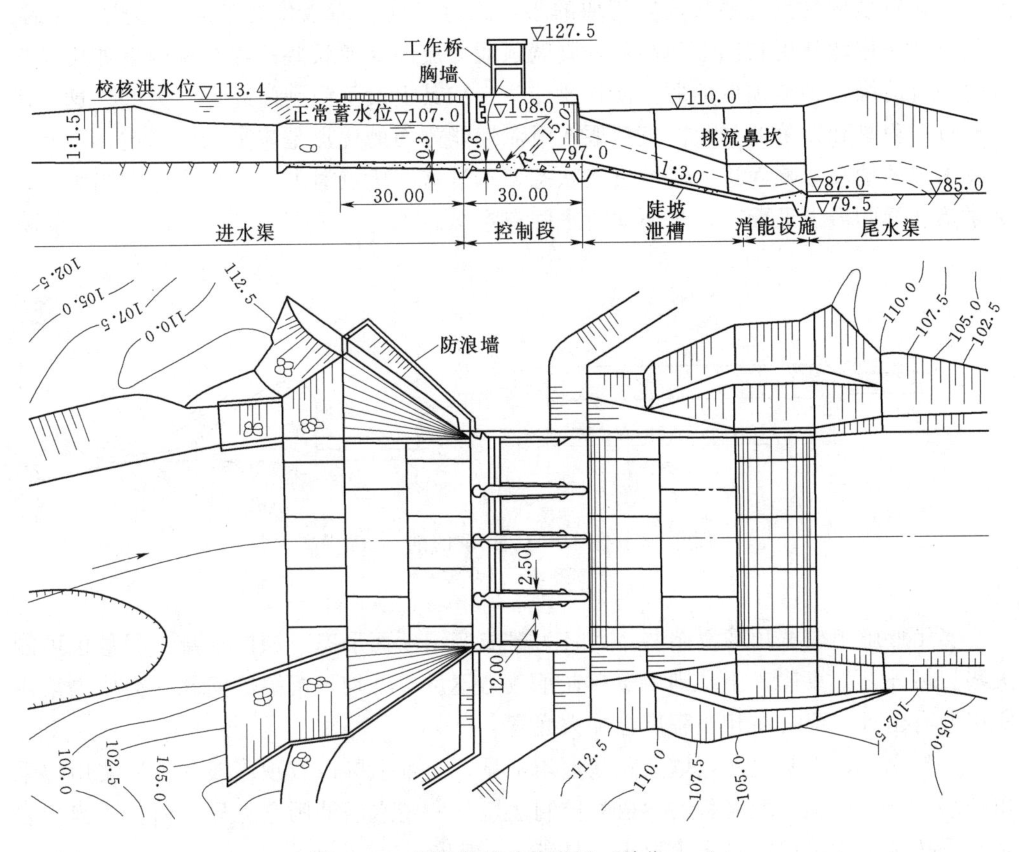

图 8-2　溢洪道的总体布置（单位：m）

算（或水工模型试验）求得引水渠的水面曲线，确定堰前实有水深，然后才可据以计算溢流量。在实际工程中由于引水渠方面的问题而使溢洪道建成后在一定库水位下实际泄流能力达不到预定值的情况不少，必须引起重视。调查分析一些泄流能力不足的溢洪道后发现，有的引水渠施工不当，如断面开挖不足、断面平整度不够（即糙率大）；有的引水渠设计不当，对水头损失考虑不足甚至忽略了。水利部西北水利科学研究所曾建议，当堰高与堰顶水头之比 $P/H>2.5$，且渠内流速小于 0.5m/s 时，可以不计流速水头，而取与堰相距 $(4\sim6)H$ 处的水位来计算堰上溢流水头；当 $P/H<2$，且堰前有引水渠时，流速水头和沿程损失占有相当大的比重，因而不应忽视，而必须在设计时计及。

（二）控制堰段

控制堰的形式、基本尺寸和布置方式是溢洪道泄流能力的决定性因素。由于随着泄流能力的不同，洪水期可能出现的水库最高洪水位也不同，即坝高也要不同，所以控制堰的设计，归结为拟定不同可能方案，进行调洪演算，对包括拦河坝和溢洪道在内的枢纽总体的技术经济条件进行比较优选。现分下列几点讨论。

1. 溢流堰的断面形式

常用的溢流堰无非是宽顶堰和各种非真空实用堰两大类［图 8-3（a）、（b）］。众所周知，宽顶堰的流量系数比实用堰的小，故对于同一库水位要求同一溢流量的话，宽顶堰与实用堰如用相同堰顶高程，则宽顶堰溢流前缘要长些；或者说两者如用同样长的溢流前缘，则宽顶堰的堰顶高程要低些，如其上设闸门则门高也要大些。这些都可导致工程量和造价的加大。宽顶堰在泄流性能方面的优点是流量系数稳定，不易受下游水位的抬高影响而进入淹没出流状态。不过这一优点对上下游水头差相当大、堰后紧接陡槽的溢洪道而言，远不如对水闸有意义。

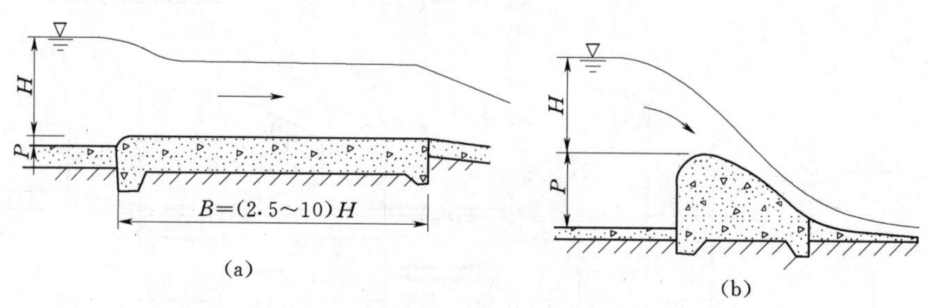

图 8-3　宽顶堰与实用堰的剖面示意图

(a) 宽顶堰；(b) 实用堰

实用堰施工较宽顶堰复杂些，而且为建成实用断面形态，堰体本身工程量也可能大些。另外，如果建于土基则由于存在承载力不足或不均匀沉陷等问题，会使得采用实用堰有困难，或需在相当程度上加大底宽。

一般说来，岩基上实用堰及宽顶堰均常见，土基上则以宽顶堰或各种低实用堰采用较多。当采用宽顶堰时，溢洪道的控制堰段与一座水闸的闸室无异。而且，当为岩基时，这种闸的抗渗、稳定等要求更易满足，底板也可薄得多。

当采用典型的非真空实用堰例如 WES 标准剖面堰时，如堰体较高（例如上游堰高与设计水头之比 $P/H_d>1.33$），就是一座溢流重力坝，在设计水头下流量系数 m 可达 0.5 左右。但河岸溢洪道受地形地质条件限制，其相对堰高 P/H_d 常远小于 1.33，这时 m 就降低了。图 8-4 所示为 m 与 P/H_d、H_0/H_d 关系的试验结果（H_0 为实际堰顶水头）。m 先随 H_0/H_d 加大而加大，而后又随 H_0/H_d 加大而减小，存在一极值，P/H_d 越小者 m 的极值越小，H_0/H_d 很大时 m 也减小得很多，而且这时下游堰面将产生显著负压（设为自由出流）。

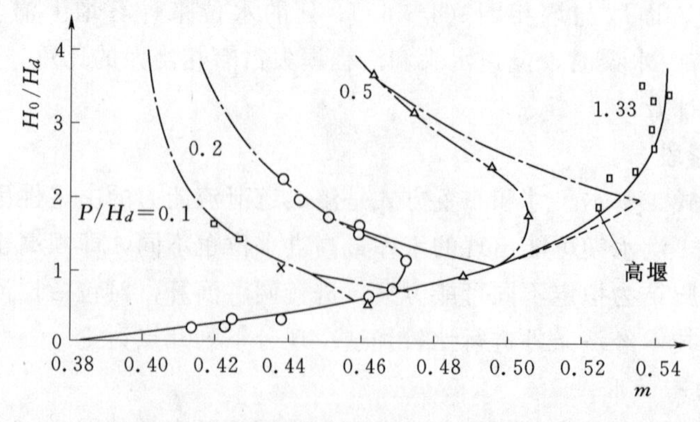

图 8-4　WES 堰 m 与 H_0/H_d、P/H_d 关系

我国水工实践中，为了既在相当程度上保持实用堰较大的流量系数，又在稳定、应力条件方面较适应软弱地基，对于某些工程的溢洪道（例如岳城水库的土基上溢洪道）采用一种驼峰形实用堰如图 8-5（a）所示，其流量系数为 0.42 左右。

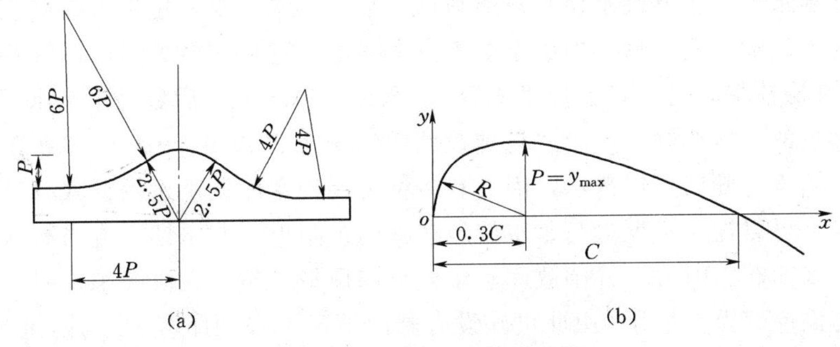

图 8-5　驼峰堰和机翼形堰

为了能在堰面不产生危害性负压前提下获得较大的流量系数，还值得介绍另一种适用于溢洪道的新型堰——机翼形堰，如图 8-5（b）所示。

另外还值得指出的是，在足够的科学论证基础上真空实用堰也是可以考虑采用的。如图 8-6（a）所示为堰面呈椭圆曲线的真空实用堰。这种瘦削的堰型溢流时堰面将产生真空负压，对上游来水有吸力，因而加大了泄流能力。

真空剖面实用堰要有效而安全地工作，应该做到在设计水头时有最大流量系数；真空区域限于堰顶小范围内，且其最大真空度不致产生破坏性后果；水流下面不应有空气冲入；剖面上不应有很大的脉动压力。据一些试验研究，当堰顶椭圆曲线长、短半轴之比 $a/b=2\sim3$ 时能满足以上要求。试验表明，当堰高 P 与如图 8-6（a）所示之虚拟圆（轮廓线 $cdef$ 之内切圆）半径 r 的比值 $P/r=9.4$ 时，流量系数 $m=0.522\sim0.554$，可见比非真空实用堰的 m 大得多，经济上是有意义的。然而真空实用堰并没有得到广泛应用（主要从安全考虑）。密云水库的第二溢洪道便是不多的应用实例之一。该溢洪道共 5 孔，孔宽 12m，装弧形闸门，高 9m，当洪水位 159.5m（即堰顶水头 11m）时，最大设计泄洪流量 4860m^3/s。溢流堰剖面就是以 $a/b=2$ 的椭圆曲线为基础，再通过水工试验研究进行布置的，最终采用的堰顶如图 8-6（b）所示。

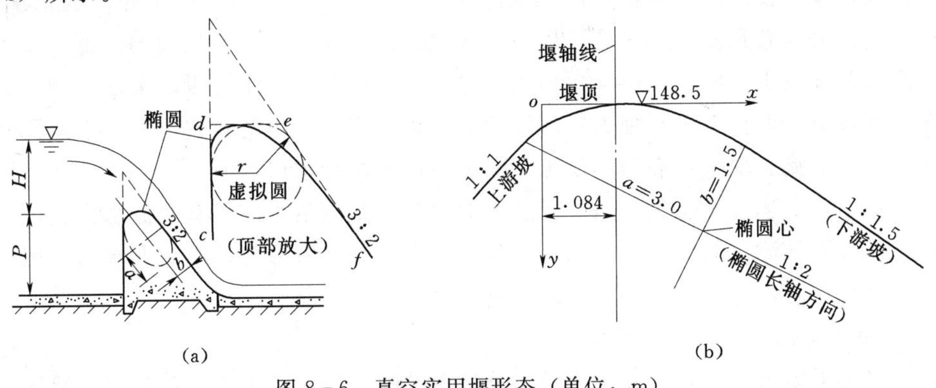

图 8-6　真空实用堰形态（单位：m）

2. 堰顶是否设闸门的比较

溢洪道的溢流堰可以有不设闸门或设闸门两种布置方式，两者在调洪性能方面差别很大。不设闸门情况下，如图 8-7（a）所示，水库用于非汛期兴利（灌溉、发电等）的最高蓄水位（正常高水位）只能与堰顶平；洪水期来水超过水库兴利输水建筑物向下游的最大输水能力后，即由溢洪道自由弃水。这种布置方式的调洪特点是兴利库容 V_1 全在溢流堰顶之下，而防洪库容 V_2 全在堰顶之上，后者是由来水超过泄水能力而强迫抬高的，也称强迫库容。堰顶设闸门情况下，如图 8-7（b）所示，由于闸门关闭可以挡水，开启可以泄水，因而有多种可能的水库调洪运用方式。例如以一极端方式而言，可以把非汛期最高蓄水位定在闸门顶附近，非汛期末或当有水文预报条件的洪峰到来前若干时段，开闸放库水位至与堰顶平，然后在洪峰来临时，堰顶以上即可全作防洪库容 V_2 之用。由此可知设有闸门情况下兴利库容 V_1 与防洪岸容 V_2 有重叠部分，闸门高度范围内的库容是可能的最大重叠库容 V_3。

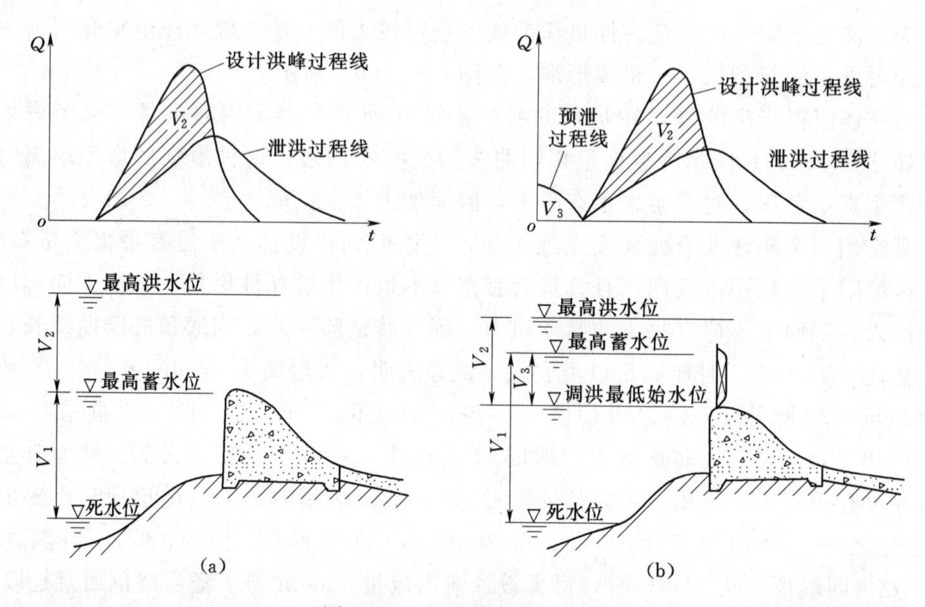

图 8-7　溢洪道调洪示意图

比较设或不设闸门两种情况的调洪运用特点可知，在其他条件都相同的情况下，设有闸门的可以做到溢流堰较低，最高洪水位较低，从而也可使拦河坝较低，水库洪水期淹没范围较少。所以一般大中型工程都在溢洪道上设有闸门以求灵活运用，充分发挥水库效益。但在以土石坝为拦河坝的中小型工程中，为节省造价和力求运用管理简便，自动溢流、安全可靠的不设闸门的溢洪道应用也很广。

应指出，上述关于有无闸门的调洪性能比较，是假定水库只有明流溢洪道一座泄水道，而且不限泄量的最简单情况。实际上，大中型水库参与调洪的泄水道一般不止一条，而且下游可能有泄量限制，问题就要复杂些。

3. 堰顶高程和孔口尺寸的选定

在确定了溢洪道位置、溢流堰形式及是否设闸门后，就可进一步选定溢流堰顶高程、溢流孔数及每孔净宽（当不设闸门时即为溢流前缘总长度）。如果堰顶高程选得低，孔口总净宽选得大，则溢洪道的泄流能力加大，所需水库防洪库容较小，从而挡水建筑物高度也就可减小，上游淹没损失也可相应减小；但这时溢洪道本身工程量及造价将会增加，而且下游可能不允许过大的泄量。可见，要得到堰顶高程和孔口尺寸最优方案，应在技术可行前提（即约束条件）下，以包括溢洪道和挡水建筑物在内枢纽总造价（目标函数）为最小来优选，或通过各种可行方案的经济比较决定。

4．堰的平面布置

大多数溢洪道都采用堰轴线在平面上呈直线的布置方式。但是，有时在具体的地形地质条件下，为减少工程量（特别是开挖量）也可布置成曲线形。与直线布置相比，在同等的两岸跨度下可得到长得多的溢流前缘；沿堰轴线单宽流量较小，而总泄流量则有显著加大；由于过堰水流基本上为径向，故其下所接泄槽可收缩得较窄；但也正由于边墙的收缩，泄槽内将有明显的菱形波（冲击波），泄槽边墙高度应计及之。具体应用时应通过试验得到确切泄流能力，并使冲击波高度尽量减小。

5．堰体、闸墩及其他结构布置

堰体、闸墩及其上部结构的尺寸原则上在便于闸门操作，满足运用、交通要求前提下取决于稳定和强度需要。当为岩基上较高的实用堰或土基上的宽顶堰时，其主要尺寸拟定可分别参照岩基上溢流坝或土基上水闸进行。但不少情况下，控制堰是岩基上的宽顶堰，这时作为堰体的“底板”厚度可以较土基上水闸底板为薄，当与闸墩连成整体时，可为0.5～1.5m，当与闸墩分离时可为0.3～0.6m，实际上成为只起防冲、防渗作用的衬砌。还有不少情况下控制堰是坚硬岩基上的低矮实用堰，这时可利用基岩为堰体的一部分，而只在其外表面衬砌混凝土以形成堰体。不过要注意，为保证稳定，闸墩常宜有较大的嵌固深度。

为适应温度或沉陷变形而设置的结构缝沿垂直水流方向的间距一般在20～25m以内。视地质条件、堰型及堰体高低的不同，缝可设于闸墩中心、孔口跨中及闸墩两侧三种位置。土基上常在闸墩中心分缝，好岩基上较高堰可在跨中分缝，其余情况也可墩侧分缝，即所谓分离式。堰体与岩基间常适当布置锚筋加强联系。

（三）泄槽段

资源8.2
泄槽设计

泄槽是紧接溢流堰下的一条泄水渠，用以把过堰水流送往下游，为使槽内水流呈急流状态，不影响溢流堰的泄洪能力，槽底纵坡常取大于临界底坡的陡坡，故又称陡槽。在水头较高的情况下，泄槽内将是高速水流，这时为正确设计泄槽，高速水流可能导致的掺气、冲击波和空蚀等问题应予足够注意，并在工程上采取相应措施。

1．泄槽的纵剖面布置

泄槽的纵剖面通常尽量适应地形、地质条件，以减少开挖和衬砌工程量，并注意有较好的水流条件。

泄槽纵坡常为陡坡，使沿槽水流为急流，避免发生水跃。但具体纵坡值视当地条件仍可在较大范围内变化。一般说来，地基较差者纵坡应较缓。常用纵坡值为1%～15%。坚强的岩基纵坡可以很陡，实践中有陡达1∶1者。

为适应地形、地质条件，泄槽的纵坡也不必一坡到底，特别是当泄槽很长时常需变坡。变坡处应以平滑曲线连接。由缓变陡处可用抛物线（图 8－8）：

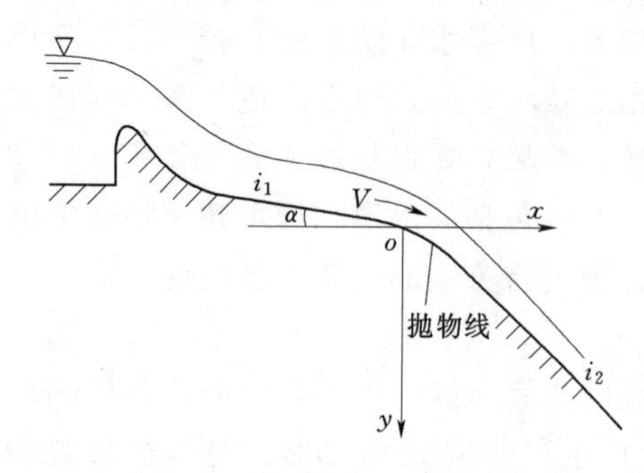

图 8－8　泄槽变坡处的竖曲线

$$y=\frac{x^2}{6(h+h_v)\cos^2\alpha}+x\tan\alpha \quad (8-1)$$

式中：h 为抛物线开始处 o 点水深；h_v 为该处流速水头；α 为该处起始坡角。

泄槽纵坡如需由陡变缓，则可用半径为 5～10 倍水深的反弧连接。不过应指出，从运用安全考虑，泄槽纵坡自上游至下游最好逐渐加陡，这样不但可使高流速段离开大坝较远，而且泄槽衬砌本身的工作条件也较好。应避免泄槽过多的变坡，特别是应避免过多的由陡变缓。刘家峡溢洪道纵坡由 6 个坡段组成，1969 年在过水流速约 30m/s 情况下，3 处泄槽底板衬砌发生严重冲蚀破坏，地基冲坑最深达 13m，这 3 处都位于纵坡由陡变缓处。显然，纵坡由陡变缓可使该处衬砌所受动水压力剧增，水钻入底板下并易形成扬压力。如排水不畅，由扬压力上升引起的不平衡力就可能导致底板掀起，这是值得设计者引以为戒的。

泄槽泄流时的水面线可用水力学上明渠变速流的有关公式及方法进行计算，以求得各种流量（特别是设计最大流量）情况下各典型断面的流速和水深。当溢洪道的控制堰为实用堰时，计算泄槽水面线的起始水深一般取为堰后收缩断面水深；如控制堰为宽顶堰，堰后接陡坡泄槽，则可近似认为泄槽起点水深为临界水深。

以上算出的泄槽水深，还应考虑高速水流自掺气的影响。明渠水流自掺气浓度 c（气体积与水气混合体积之比）与流速、水深及边壁糙率有关，对大量原型观测和模型试验资料的统计分析结果，断面平均掺气浓度的估算公式为

$$c=0.538\left(\frac{nv}{R^{2/3}}-0.02\right) \quad (8-2)$$

式中：n 为曼宁糙率；v 为计算断面的平均流速；R 为该断面水力半径，两者皆为不考虑掺气的计算值。

如果某断面不考虑掺气的计算水深为 h，则考虑掺气的水深为

$$h_a=\frac{h}{1-c} \quad (8-3)$$

泄槽边墙高度可由 h_a 加 0.5～1.5m 安全超高而得。

2. 泄槽的平面布置

根据不同工程条件，沿水流方向泄槽在平面上可能有多种布置形式（图 8－9）。可以是直线等宽布置，也可以是收缩式、扩散式，有时还可能要设置弯段。

通常就水流条件而言，泄槽应优先选用等宽直线布置［图 8－9（a）］，使流态平顺，避免冲击波产生。这是应用最多的布置方式，缺点是工程量较大。考虑到泄槽上常为陡坡加速流，水深沿程减小，为节省工程量，可采用收缩式泄槽［图 8－9（b）］，使水深大致不变；但缺点是出口单宽流量加大，不利于下游消能防冲，因而实用也不

多。在软基上修建溢洪道时，为减小出口单宽流量，减轻下游冲刷，可以采用扩散式槽［图 8－9（c）］。当泄槽长度较大，兼用收缩、等宽和扩散段的腰形槽如图 8－9（d）所示则是相当常见的。

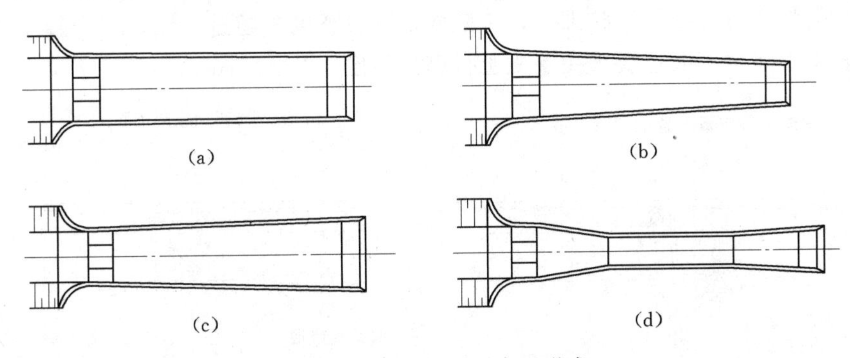

图 8－9　泄槽的平面布置形式

收缩段常用于溢流堰下不远处，使其后泄槽底宽缩小以节省工程量。但泄槽急流在边墙转折的干扰下将不可避免地要产生冲击波（或称斜水跃）。一般两边墙总收缩角不宜大于 22.5°，亦即应有 $\theta \leqslant 11.25°$。收缩段边墙以直线为佳，重要工程可通过水工模型试验选定收缩角。

泄槽的扩散段也有冲击波（负波）问题，但尚无较成熟的理论解答。工程设计中常以扩散时水流不致脱离边壁为原则来决定扩散角 α，即

$$\tan\alpha \leqslant \frac{1}{KFr} \tag{8-4}$$

式中：Fr 为扩散起始断面弗劳德数；K 为 1.5～3.0，泄槽坡陡者取大者；一般 $\alpha \leqslant 5°$。

当由于地形、地质条件限制，泄槽中不得不设有弯段时，仍应将其尽量置于流速较低段，并采用较大的转弯半径 R_c。弯段水流受离心力及冲击波的双重影响，水面沿纵、横向均有变化。根据离心力作用，忽略槽底阻力，则

$$\frac{\Delta h}{b} = \frac{v^2}{gR_c} \tag{8-5}$$

式中：v 为断面平均流速；b 为槽宽；g 为重力加速度。

为使弯段各断面内流量分布均匀，消减冲击波，较有效的合理办法是将外侧渠底抬高，造成一个横向底坡，从而使重力的分力与离心力平衡。为实现这一点，并保持中心线高程不变以便施工，常将内侧槽底下降 $0.5\Delta h$，外侧槽底上升 $0.5\Delta h$。

资源 8.3
渠底超高法

弯段渠底超高不应突变，而应与上下游直段有妥善的过渡连接，一般做成扇形抬高面。图 8－10 所示为碧口水电站溢洪道的弯段平面图。

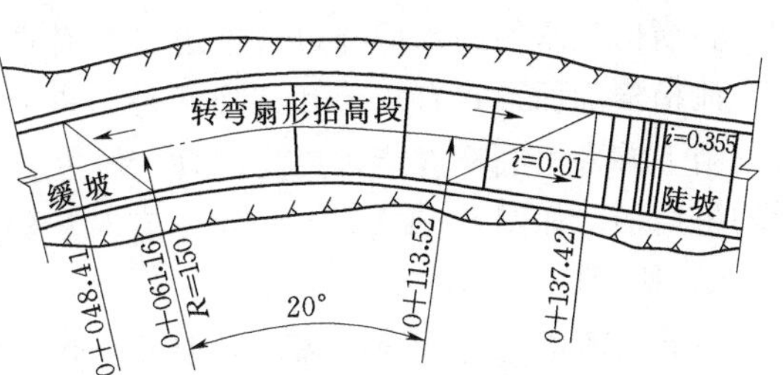

图 8－10　碧口水电站溢洪道泄槽的弯段

3. 泄槽的衬砌构造

泄槽衬砌的目的是防止冲刷，保护岩石不受风化，也避免高速水流钻入基岩裂隙以致掀起岩石。故

要求衬砌能在高速水流下稳定工作，其材料应有足够的抗冲能力。

土基上常用混凝土或钢筋混凝土衬砌泄槽的边墙和槽底（图 8－11），衬砌厚 0.3～0.5m，向下游逐渐增厚，最厚可达 1m。坚强的岩基上流速不太高时可以不用衬砌，只需将岩石开挖较平整即可，一般要求不平整度不超过 5cm。基岩较差或流速较高的岩基上泄槽一般也要采用混凝土衬砌，厚度 0.2～0.4m。

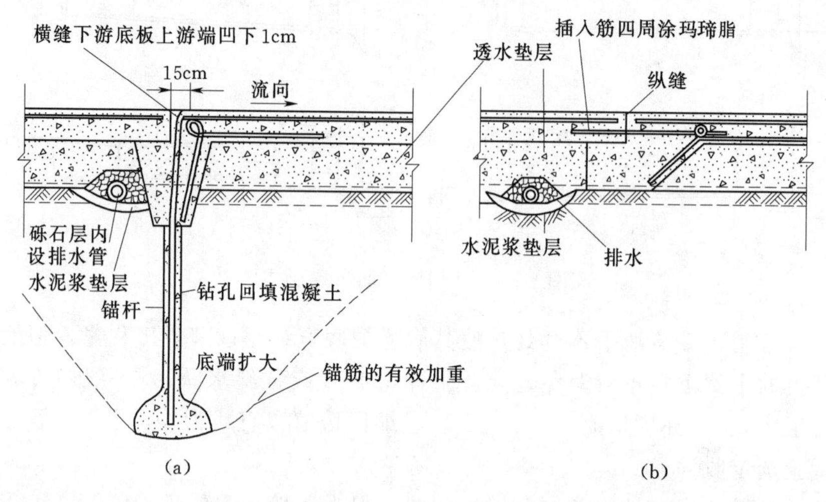

图 8－11　土基上的泄槽典型衬砌构造

无论混凝土或钢筋混凝土衬砌，均须设置横向和纵向温度缝，间距 4～15m，衬砌本身表面须设置温度钢筋网，含钢率约 0.2%。垂直水流方向的横缝尤其要重视，在较差的基础上应特别注意保证在接缝处不使下游的板翘起，导致被水流冲毁的后果。为此采取如下构造措施：一方面在接缝处使位于缝下游的底板前端切角凹下，不使阻水，并使缝上游的底板后端用企口缝压于其下游底板前端之上［图 8－11（a）］；另一方面还深埋锚杆，拉住位于缝下游的底板的前端，并在该前端做齿墙，兼助抗滑防渗。在较好岩基上的衬砌常设锚筋以加强衬砌与基岩的连接，锚筋通常在平面上呈梅花形布置，间距 1～2m，常采用直径 25mm 的螺纹筋，锚深 1～2m，应经过强度校核。

为了降低水库向下游渗流的扬压力，衬砌下需有排水设备。在透水性差的土基上，整个衬砌底部都要设置排水，在岩基或是透水性良好的土基上，可以在温度缝下设排水沟，在排水沟顶面应铺沥青麻片，以防施工时水泥浆或运用时泥沙堵塞排水沟。各横向排水沟的水应通过泄槽边墙两侧的纵向排水沟排往下游。

泄槽横剖面形式有矩形和梯形两种。矩形剖面的单宽流量及流速分布比较均匀，尤其当下游采用底流消能时更为适宜。但边墙这时应按挡土墙设计，开挖和回填工程量均将增加，如图 8－12（a）所示。有时从经济考虑，亦可采用梯形断面，如图 8－12（b）所示，不过流态较差。

高流速泄槽为防空蚀破坏，衬砌可设掺气坎、掺气槽等掺气抗蚀设施，其具体构造类似于高溢流坝或高水头泄水隧洞，参见第四、九章。溢洪道的通气孔可由边墙通入。

(四) 消能段

正如溢流坝下常用挑流和底流消能一样，溢洪道的常用消能方式也是鼻坎挑流消能或消力池底流消能。一般当水头较大，有足够的挑射距离，地基为坚强岩石，溢洪道位置又远离拦河坝等情况下，采用挑流消能往往取得经济上优越性，故应用很广。

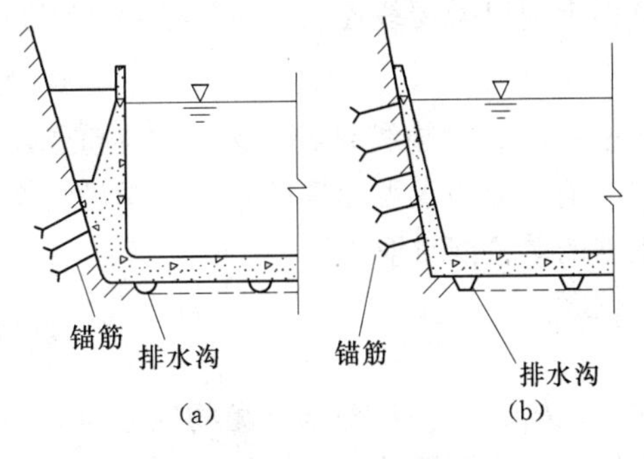

图 8-12　泄槽边墙衬砌示意图

采用挑流消能时，关于鼻坎类型（连续式或差动式）的选择，主要尺寸（鼻坎高程、反弧半径、挑射角）的确定，以及相应挑射距离和冲刷坑的计算校核，在本书第三章中已讨论甚详，这里不再赘述。不过要注意，溢洪道的鼻坎上连泄槽槽底，下以齿墙嵌固于基岩，结构上与溢流坝有所不同。如图 8-13 所示，鼻坎由连接面板（即泄槽衬砌之延续）和齿墙两部分组成。齿墙深度应根据冲刷坑尺寸决定，一般可达 5～8m。挑坎的左右侧也应做齿墙插入两岸岩石。挑坎下游常做一段短护坦，以便当泄洪流量很小水舌不能挑射时保护地基不受冲刷。在溢洪道泄水时如水股完全封住尾渠，则水股下面将形成真空，产生对水流的吸力，从而会缩短水舌挑射距离，甚至也会导致鼻坎空蚀，因此应采取通气措施，如图 8-13 所示之通气孔，它应在边墙处与大气连通。

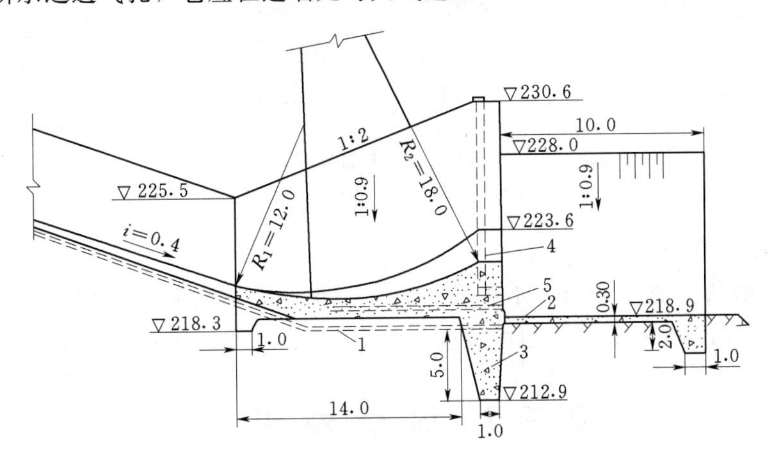

图 8-13　溢洪道挑流坎布置图（单位：m）

1—纵向排水；2—护坦；3—混凝土齿墙；4—ϕ50cm 通气孔；5—ϕ10cm 排水管

当地基较差（特别是土基）或水头不足以形成较远的安全挑距，或溢洪道靠近拦河坝（特别是土石坝），挑流冲刷坑发展将危及坝脚或溢洪道本身安全时，宜将泄槽延伸较远，并以静水池底流消能。

溢洪道下游的静水池常与泄槽末端的扩散结合起来成为扩散消力池，扩散角应如式（8-4）加以限制，以避免水流脱离边墙而形成两侧回流（竖轴漩涡），压缩主流过水断面，影响消能效果。当池底与泄槽末端存在跌差 d 时，消力池底与泄槽底在纵

剖面上应以抛物线连接，则抛物线方程为

$$x=0.45v_1\cos\alpha\sqrt{y} \tag{8-6}$$

式中：v_1为抛物线起点流速；α 为起点处槽底与水平线夹角。

消力池的水力计算已在水力学教材中作了介绍。这里仅要指出的是，消能计算所依据的单位能量应为

$$E=h_1+\frac{\alpha v_1^2}{2g}+d \tag{8-7}$$

式中：h_1、v_1为泄槽末（抛物线起点）断面的水深与流速，两者由整个泄槽全程的水面线计算结果提供；α 为流速分布不均匀系数，取 1.0～1.1。

中小型工程在流量、水头都不太大的情况下，为了能在较软弱的地基上建造较经济的溢洪道，有时可以采用如图 8-14 所示之悬臂跌槽，以缩短泄槽长度，避免建昂贵的消力池。

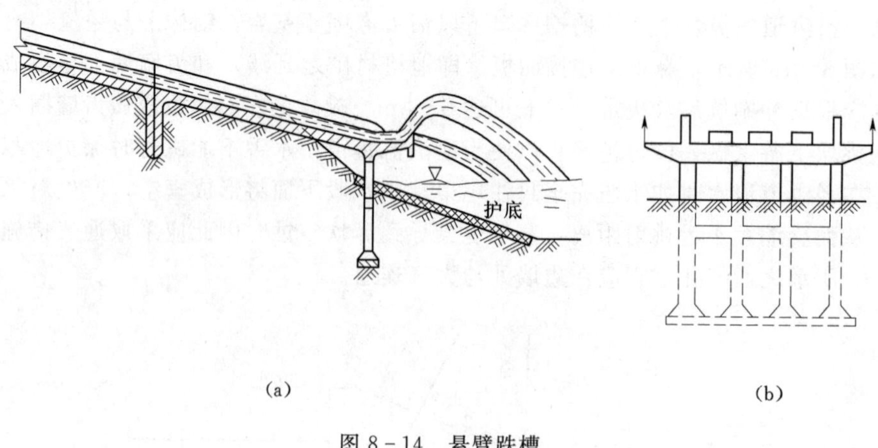

图 8-14　悬臂跌槽

(a) 下游立视；(b) 纵剖面

(五) 尾水渠

流经泄槽的急流消能后，不能直接进入原河道，需布置一段尾水渠，要求短、直、平顺，底坡尽量接近原河道的坡度，以使水流能平稳顺畅地归入原河道。

第三节　侧 槽 溢 洪 道

对于拦河坝为土石坝或其他难以坝顶溢流的坝型的水利枢纽，当两岸山势陡峻，采用前述正槽明流溢洪道导致巨大的开挖工程量或者结构很难布置时，采用侧槽溢洪道可能是经济合理的方案。

侧槽溢洪道区别于普通正槽明流溢洪道的特点是溢流堰轴线大致顺着拦河坝上游水库岸边等高线布置，水流过堰后即进入一条与堰轴线平行的深窄槽——侧槽内，然后再通过槽末所接的泄水道泄往下游（图 8-15)。

侧槽溢洪道的溢流前缘可少受地形限制，而沿库岸向上游延伸；由增加溢流前缘

长度而引起的开挖量增加比普通溢洪道少得多；从而也就可做到以较长的溢流前缘换取较低的调洪最高库水位，或者换取较高的堰顶高程；当无闸门控制时，后者实际使兴利库容的最高蓄水位提高了。这对于处在高山峡谷中的中、小型水库是很有价值的。

侧槽溢洪道的溢流堰设计类同于正槽溢洪道。侧槽溢洪道的泄水道可以如正槽溢洪道一样用陡坡明流泄槽以及相应的消能段，也可如图 8-16 所示通过斜井下接隧洞，后者如利用施工期的导流隧洞改建尤为可取。本节主要介绍侧槽设计。

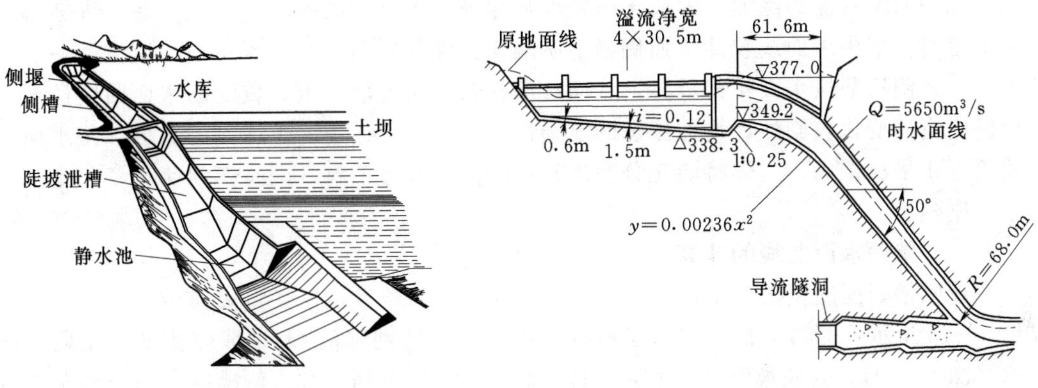

图 8-15　侧槽溢洪道

图 8-16　侧槽斜井溢洪道

一、侧槽中的水流特性

侧槽中的水流现象相当复杂，如图 8-17 所示，泄洪时沿溢流前缘全长同时进水，进槽水流必须立即急转弯（≈90°），顺槽轴线流向下游。显然，对不同的侧槽横断面，其所通过的流量是不同的，上游端小而向下游不断加大，直至侧堰结束处的断面达到最大流量，此后该流量不再变化，而沿泄水道下泄。由此可知，在侧槽范围内水流是沿程变化的非均匀流。

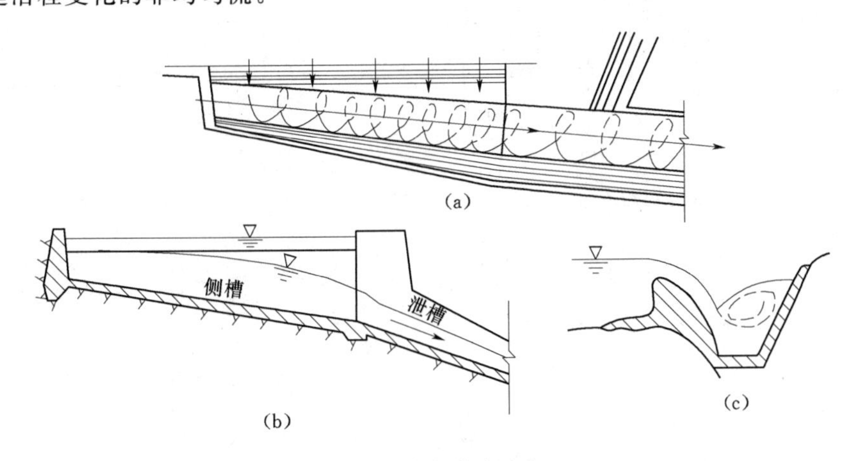

图 8-17　侧槽内流态

(a) 平面；(b) 纵剖面；(c) 横断面

侧槽内水流现象复杂并不只表现在流量的沿程变化。试验观测表明，水流自侧堰跌入侧槽之后，在惯性作用下冲向侧堰对岸壁，并向上翻腾，然后在重力作用下转向下游流去。这样在槽中就形成一个横轴螺旋流［图 8-17（a）、（c）］。螺旋流横轴平行槽身断面几何轴，而且较稳定，但在横断面上水面不是水平的，堰对岸水面较高。通常水力计算中只能求出平均水面线。

侧槽有两种，即横断面沿程基本不变的棱柱体侧槽和横断面沿程扩大（如自上游向下游底宽直线扩大）的非棱柱体侧槽。棱柱体侧槽的上游端常有一段停滞区，水流将间隙地出现漩涡。在扩散式侧槽中则可避免出现停滞区，槽中水流较稳定。

侧槽的泄水能力除显然取决于横断面尺寸外，还与槽底纵坡有很大关系。纵坡偏于平坦时，槽中水面线较陡，而侧槽下游端常为控制断面，其水深对一定流量为一定值，于是侧槽前段水面抬得较高，水面过高就会影响过堰流量。较陡的水面曲线还会使槽内流速变化较剧烈，增加流态的复杂性。事实上可选用一个适当的纵坡，使水面线接近于平行槽底，这样将能充分利用开挖断面，节省工料，同时槽内流速变化也不过于剧烈。

二、侧槽水面曲线的计算

设侧槽断面底宽按一定规律沿程扩展，各个断面流量也按一定规律沿程增加。如图 8-18 所示，侧槽全长为 L，至侧槽末端，流量达到定值 Q_L。取侧槽的一微段讨论（图 8-19），其底坡为 I，并为更具普遍性计，设自侧堰溢入侧槽的流向与槽轴线不正交，其流速在正交槽轴线方向有速度分量 u，与 u 垂直的另一分量为 v。设通过 n 断面的流量为 Q，水深为 h，过水断面为 ω，断面平均流速为 V；而在 $n+1$ 断面，流量为 $Q+\mathrm{d}Q$，水深为 $h+\mathrm{d}h$，过水断面为 $\omega+\mathrm{d}\omega$，流速为 $V+\mathrm{d}V$；两断面在槽底方向相距 $\mathrm{d}s$，则由变质量的动量定律可导得槽内水面线的微分方程为

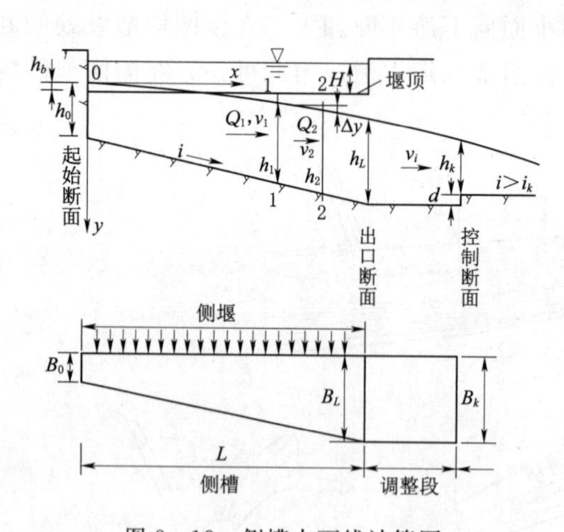

图 8-18　侧槽水面线计算图

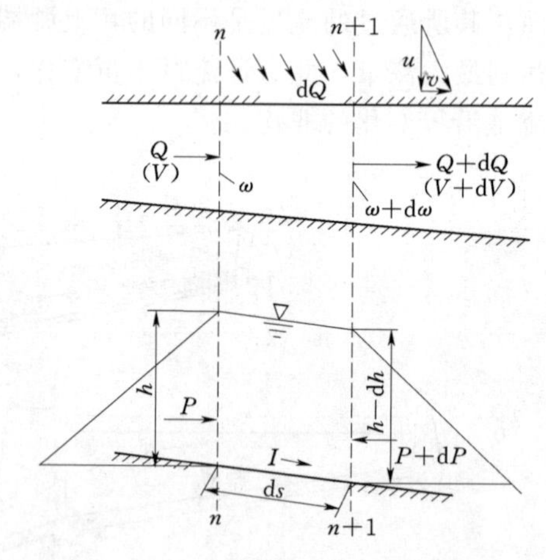

图 8-19　侧槽沿程变量流微分段

$$\frac{\mathrm{d}h}{\mathrm{d}s}=\frac{I-\dfrac{Q^2}{\omega^2C^2R}+\dfrac{Q^2}{g\omega^3}\dfrac{\partial\omega}{\partial s}-\left(2-\dfrac{v}{V}\right)\dfrac{Q}{g\omega^2}\dfrac{\mathrm{d}Q}{\mathrm{d}s}}{1-\dfrac{Q^2B}{g\omega^3}} \tag{8-8}$$

式中：C 为谢才系数；R 为水力半径；B 为槽底宽度。

上式即非棱柱体侧槽中沿程变量流的基本方程式。可以看出，如 $dQ=0$，就成为恒定渐变非均匀流微分方程式。

对于通常侧槽，水流进入侧槽的方向是与侧槽横断面方向基本一致的，这时 $v=0$，于是有

$$\frac{dh}{ds}=\frac{I-\frac{Q^2}{\omega^2C^2R}+\frac{Q^2}{g\omega^3}\frac{\partial\omega}{\partial s}-\frac{2Q}{g\omega^2}\frac{dQ}{ds}}{1-\frac{Q^2B}{g\omega^3}} \tag{8-9}$$

对于棱柱体侧槽，$\frac{\partial\omega}{\partial s}=0$，则有

$$\frac{dh}{ds}=\frac{I-\frac{Q^2}{\omega^2C^2R}-\frac{2Q}{g\omega^2}\frac{dQ}{ds}}{1-\frac{Q^2B}{g\omega^3}} \tag{8-10}$$

对于式（8-9），如能使

$$I-\frac{Q^2}{\omega^2C^2R}+\frac{Q^2}{g\omega^3}\frac{\partial\omega}{\partial s}-\frac{2Q}{g\omega^2}\frac{dQ}{ds}=0 \tag{8-11}$$

则可得 $\frac{dh}{ds}=0$。即如果让 I、Q、$\frac{\partial\omega}{\partial s}$ 和 $\frac{dQ}{ds}$ 满足式（8-11）的条件，则在非棱柱体侧槽中（且 $v=0$ 的情况下）可得到大致等深的水流。

应当指出，前述方程式（8-8）～式（8-10）都是视 h 仅随 s 而变的，即对于同一横断面视水深无变化。但正如前文已指出的，实际上侧堰对岸一侧的水深高于堰侧水深，所以诸方程中 h 应理解为横断面平均水深。试验观测表明，横断面的最大水深可比此平均水深大5%～20%。但就平均水深而言，上述诸方程乃是较完整而严谨的公式。用这些公式进行具体侧槽水面曲线计算时，可用差分代替微分，写出有限差量 Δh 和 Δs 的关系式进行计算。当然必须先初步拟定侧槽的平面及纵、横剖面尺寸，而后由某一可知水深的控制断面开始，沿侧槽长度方向分为若干段，依次向前推算。基本方程在具体侧槽布置下形式可简化（因为 Q、ω 都往往以简单的规律沿程变化）。但由于 ω、B、R 以及 C 都和水深 h 有关，由某一已知水深断面推求相距 Δs 的另一断面水深时仍须用试算法。

有人为更方便地计算侧槽水面线，附加一些简化，应用动量定律或能量定律，给出了一些直接以有限差量表示的近似公式。例如对于如图 8-18 所示之侧槽，忽略沿程摩阻损失，由动量定律所得之计算公式为

$$\Delta y=\frac{Q_n}{g}\frac{V_n+V_{n+1}}{Q_n+Q_{n+1}}\left(\Delta V+\frac{V_{n+1}\Delta Q}{Q_n}\right) \tag{8-12}$$

$$\Delta Q=Q_{n+1}-Q_n;\quad \Delta V=V_{n+1}-V_n$$

式中：Δy 为两相邻计算断面的水面高差。

三、侧槽设计步骤

根据规划泄洪要求和地形、地质条件，通过调洪演算及方案优选等手段，首先定

出侧堰堰顶高程和过堰单宽流量，从而也就定出了如图 8－18 所示之侧槽长度 L。

(1) 根据地形、地质条件，参考已有工程经验，选定侧槽断面形态。为节省开挖量，侧槽多为深窄梯形断面。在满足水流和边坡稳定条件下，侧堰一侧的边坡一般可采用 1∶0.5，侧堰对面边坡可采用 1∶0.3～1∶0.5。

(2) 选定侧槽底宽变率。通常侧槽底宽自始端的 B_0 以直线变率扩大至末端的 B_L，B_0/B_L 是对工程量影响很大的一个比值。如图 8－18 所示，B_0/B_L 小时，侧槽的开挖方量要省些，但槽底要深些。常用 $B_0/B_L=1\sim1/4$，其中 B_0 本身的最小数值要满足施工开挖的可能。

(3) 选定槽底纵坡 I。I 值应与横断面尺寸相配合，使侧槽各断面平均流速控制在 4～5m/s，通常 $I=0.01\sim0.05$。

(4) 选定经济的槽末水深 h_L。为减少侧槽开挖量，经验表明，经济合理的 $h_L=(1.2\sim1.5)h_k$，这里 h_k 为该断面的临界水深。

(5) 设置适当的调整段和控制断面（图 8－18）。为避免槽内紊乱波动水流直接进入泄水道（泄槽或斜井），保证较好的水力条件，侧槽结束后，还须设一调整段。该段可用平底梯形断面，长度通常不小于该处临界水深的 2 倍。调整段后设控制断面，它可用缩窄槽宽的收缩段或用槽底的突坎来形成。突坎的抬高值 d 可用侧槽末端断面至控制断面的能量方程来求得

$$d=(h_L-h_k)-(1+\xi)\left(\frac{V_k^2-V_L^2}{2g}\right) \tag{8-13}$$

式中：h_L、V_L 为侧槽末端的水深、流速；h_k、V_k 为控制断面的水深、流速；ξ 为局部损失系数，可取 $\xi=0.2$。

(6) 以侧槽末端断面为起算断面，选用适当的水面曲线差分公式，逐段向上游推算水面高差和相应水深。

(7) 选定起始断面的水面高程。为使溢流堰为非淹没出流，起始断面水面超过堰顶的高度应取为 $\Delta h\leqslant0.5H$。

(8) 自起始断面既定的水面高程，引用第 (7) 项成果向下游推算各断面水面高程及槽底高程，从而得到侧槽的全部形态。

对于重要工程，侧槽的设计方案宜通过水工模型试验的验证，以求得到流态较好的方案。

第四节　其他型式的溢洪道

一、井式溢洪道

陡岸狭谷地区的高水头水利枢纽有必要设置坝外溢洪道时，采用井式溢洪道也可能是有利的选择，但须建于坚硬的岩基中。

井式溢洪道如图 8－20 所示，通常由具有环形溢流堰的喇叭口、带渐变段的竖井和出水隧洞等部分组成，竖井与隧洞之间以定曲率半径的肘弯段连接，隧洞出口可采用挑流或底流消能。泄洪时水流从四周经环形堰径向跌入喇叭口，并在一定深度处水

舌相互交汇，逐渐成为有压流，再经隧洞泄往下游。可以看出，进入喇叭口的流量取决于环形堰的形式、周长和堰顶水头；而这流量是否能顺利泄出隧洞还要取决于隧洞断面尺寸和竖井内形成的压力水头。

合理的设计应使经环形堰进入喇叭口的流量与隧洞的泄流能力协调起来，并满足枢纽的泄量要求。即应做到泄大流量时汇交点不致壅高至影响自由堰流，泄小流量时汇交点不致降至肘弯段以下而破坏隧洞的有压流态。进水为自由堰流，出水为有压管流的特点使井式溢洪道适应的水头达100～200m。

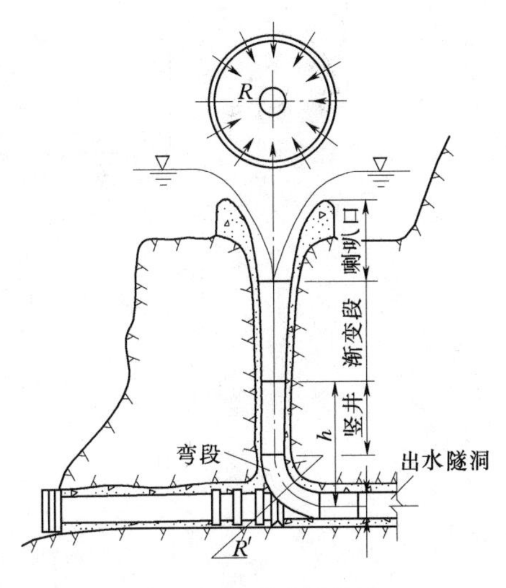

图8-20　井式溢洪道

井式溢洪道的出水隧洞往往可兼任施工期导流隧洞的后段，这是这种溢洪道经济上有利因素之一。导流隧洞的前段在导流结束后应予堵塞，其中作为肘弯段洞壁的部分应特别注意工程质量；有时此段也可不堵塞，而改建为运用期的深式泄水道。

井式溢洪道的环形堰和喇叭口有两种剖面形式：一种是顺水流抛物线的实用堰剖面；另一种是平缓圆锥形的宽顶堰剖面。由于实用堰流量系数较大，故在同样泄量要求下其环形堰平面上直径较小，大致只相当于圆锥宽顶堰平面上直径的75%左右；但圆锥宽顶堰的喇叭口较浅和较小，在水舌汇交处，其半径只相当于同高程实用堰型口腔半径的39%左右，可省开挖量。

两种剖面形式的环形堰顶都可安设闸门。圆锥宽顶堰上可沿环周安装常见的平板门或弧形门（图8-21）；实用堰堰顶周径较小，可考虑免除闸墩，设浮式环形闸门，溢流时闸门降入堰体内的环形门室（图8-22），不过不宜用于多沙河流的水利枢纽。大型工程较常用圆锥宽顶堰。中小型工程也可考虑不设闸门，此时堰顶高程与水库最高蓄水位持平，库水位高出堰顶将自动泄洪。

井式溢洪道的泄流能力为

$$Q=\varepsilon m(2\pi R-n_0 s)\sqrt{2g}H^{3/2} \tag{8-14}$$

式中：m为流量系数，对于实用堰$m=0.48$，圆锥宽顶堰$m=0.32\sim0.38$；R为环形堰堰顶圆弧平面半径；H为堰顶水头；n_0为闸墩数目；s为闸墩厚度；ε为收缩系数，平均值0.9左右。

环形堰半径应根据泄量要求合理选定，一般实用堰取$R=(2\sim5)H$，宽顶堰取$R=(5\sim7)H$，采用圆锥宽顶堰时，沿水流方向堰长可取$B=(2\sim4)H$，堰面与水平面倾角$\alpha=6°\sim9°$，其后接抛物线喇叭口。

据实验，堰顶末端喇叭口开始处水深$h_0=0.65H$，流速相应为（图8-23）

$$V_0=\frac{Q}{2\pi r_0(0.65H)} \tag{8-15}$$

式中：$r_0=R-B$。

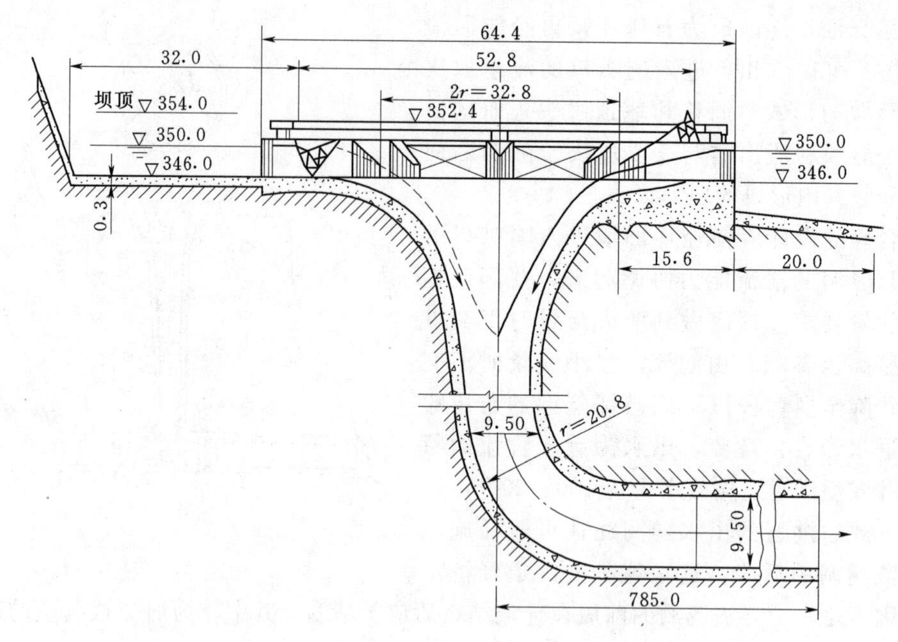

图 8-21 装有弧形闸门的圆锥宽顶堰竖井溢洪道（单位：m）

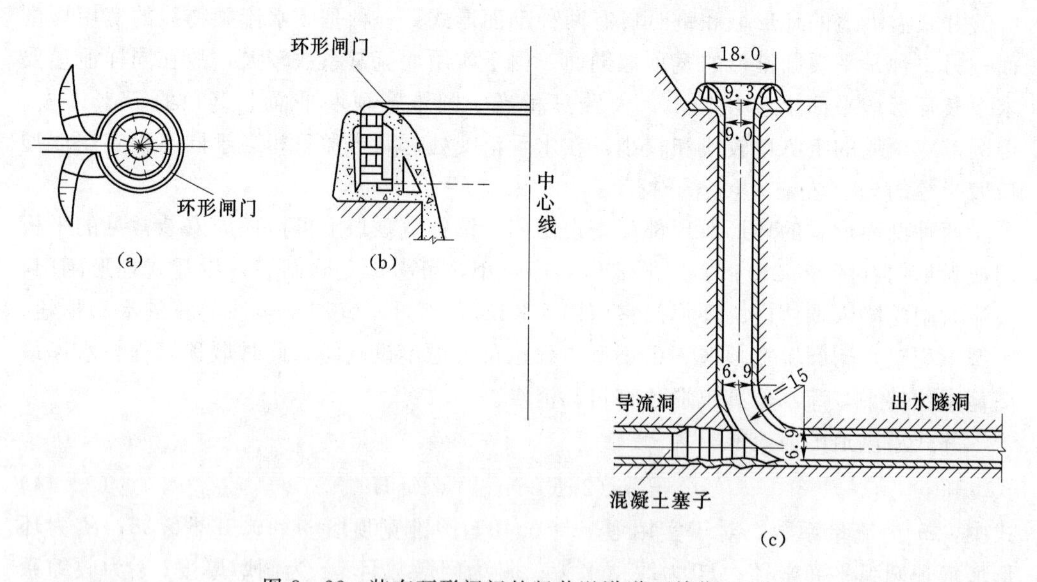

图 8-22 装有环形闸门的竖井溢洪道（单位：m）

(a) 平面；(b) 顶部放大；(c) 纵剖面

在抛物线段内，根据自由射流原理，水舌中线的轨迹方程为

$$y_n = x_n \tan\alpha + \frac{1}{2} g \left(\frac{x_n}{V_0 \cos\alpha}\right)^2 \tag{8-16}$$

沿水舌中线各点流速 V_n 及水深 h_n 依次为

$$V_n = \sqrt{V_0^2 + 2g y_n} \tag{8-17}$$

$$h_n = \frac{Q}{2\pi(r_0 - x_n)V_n} \tag{8-18}$$

由溢流水舌中线轨迹线和各点水深即易定出喇叭口抛物线和水舌自由表面。水舌自由表面与竖井中心线交点即为喇叭口终点，其纵坐标为 $y_{\max}$，此处垂直流速为

$$V_y = \varphi\sqrt{2gy_{\max}} = 0.98\sqrt{2gy_{\max}} \tag{8-19}$$

因此，喇叭口终点竖井直径为

$$d_0 = \sqrt{\frac{4Q}{\pi V_y}} \tag{8-20}$$

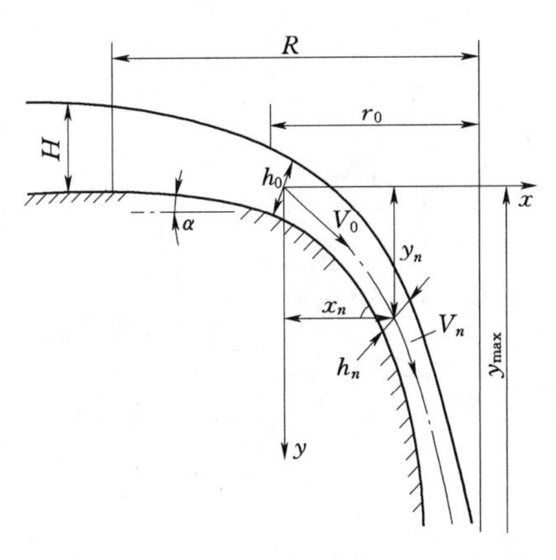

图 8-23　井式溢洪道喇叭口水力计算图

实用堰型喇叭口段的水力计算方法与上述基本相同，但堰顶水深 $h=0.75H$，流向水平。

自喇叭口以下水流汇合后，井内已为满流，可接渐变段，井径逐渐收缩至 d_r，该直径亦即为肘弯段直径。在渐变段中水流自由下落，流速增加，压强仍为大气压。渐变段内任一断面尺寸应符合自由下落水柱尺寸，其直径为

$$d_n = \sqrt{\frac{4Q}{\pi V_n}} \tag{8-21}$$

其中 $$V_n = 0.98\sqrt{2gy_n}$$

自渐变段末端直至隧洞出口，d_n 不变，流速不变，水头差皆为 h。h 应为水流在此段内克服的沿程和局部摩阻损失水头。

井式溢洪道在国外（如法国、意大利等）建有多座。但这种溢洪道如泄特大流量而使喇叭口溢流堰顶淹没，则将完全以孔流方式运行，超泄能力大大降低；而当泄很小流量使井内水流连续性遭到破坏时，流态不稳定，易发生振动和空蚀，故迄今我国尚很少采用。为防真空、空蚀，也可采取井壁通气措施，还有人建议在井内人工造成离心环流，加大压强以防蚀。

二、虹吸式溢洪道

虹吸式溢洪道是利用虹吸管原理，借助大气压力泄洪的设备，可以设于坝上，也可设于河岸，后者如图 8-24 所示。它可在较小的堰顶水头下得到较大的泄流量，并可自动调节库水位。

虹吸溢洪道前端有一位于正常库水位以下的进口，其顶盖称为遮檐，与遮檐共同形成虹吸管道的下部结构即为溢流堰。遮檐口淹入水下的深度应使泄水时不致挟入空气和漂浮物。溢流堰顶高程与正常高水位齐平。当水位超过堰顶时，虹吸溢洪道即先以堰流方式投入泄洪运行。当水位继续升高，封闭虹吸管上部，并由水流带走空气，形成真空，即成为虹吸式满管流。为了自动加速形成虹吸作用，可在管内设挑流小坎［图 8-24（a）］或弯曲段［图 8-24（b）］等辅助设备。

虹吸作用发生后，通过虹吸泄洪的水流即为具有上下游水位差 H 的压力管流，其流量按管流公式计算。计算时控制断面为虹吸管的出口面积，流量系数则可据沿程

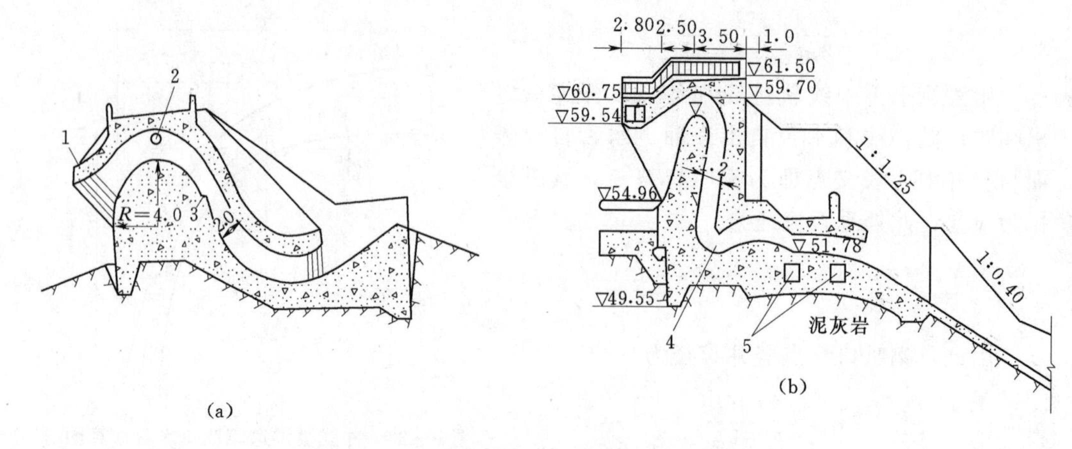

图 8-24　河岸虹吸溢洪道首部（单位：m）

1—遮檐；2—通气孔；3—挑流坎；4—弯曲段；5—排污孔

及局部阻力损失算出。

如不采取任何调节控制措施，虹吸管流将一直进行到上游水位低落至进口进入空气为止。故为便于控制，可在虹吸管顶部设通气孔及相应阀门，管理者可在任一预定水位终止虹吸。

虹吸溢洪道的优点是不用闸门而自动形成虹吸作用，便于管理和调节库水位；其缺点是水力条件和结构条件都较复杂，易产生空穴、空蚀，进口易堵塞，管内检修不便，随水位上升的流量增加不多，即超泄能力较小。

复习思考题

1. 水利枢纽在什么情况下须设置河岸溢洪道？

2. 河岸溢洪道有哪些型式？各自的特点和适用条件如何？

3. 溢洪道的控制堰有哪些可供选择的型式和布置方式？你对其不同的泄流特性有何认识？堰顶是否设闸门的利弊如何？

4. 高水头河岸溢洪道的泄槽上可能有哪些水流问题要解决？它们与泄槽的体形、布置有何关系？

5. 正槽溢洪道和侧槽溢洪道适应的河岸地形条件有何区别？

6. 侧槽溢洪道的水力特性如何？

7. 井式溢洪道的泄流能力变化规律如何？

第九章 水工隧洞

第一节 概 述

水工隧洞是指水利工程中穿越山岩建成的封闭式过水通道，用作泄水、引水、输水建筑物，是山区水利枢纽常有的组成建筑物，甚至一个枢纽中有多条隧洞。可由隧洞承担的任务各式各样，例如汛期水库的部分或全部泄洪任务，发电、灌溉、给水等兴利所需的引水或输水任务，为事故检修或其他原因放空水库的任务，多沙河流上所建水库的排沙任务，枢纽施工期的导流任务等。承担不同任务、发挥不同功用的水工隧洞，可分别称为泄洪隧洞或泄水隧洞、引水隧洞、输水隧洞、放空隧洞、排沙隧洞、导流隧洞等。此外，还可能有一些特殊功用的隧洞，如通航隧洞，汛期泄放水库漂浮物的排漂隧洞，地下水电站厂房的尾水隧洞等。实际上在同一水利枢纽中的隧洞又往往一条隧洞承担多种任务，例如放空、排沙或排漂隧洞自然同时是泄水隧洞，施工导流隧洞在施工期结束后常改建成运用期永久性泄洪隧洞。

各种水工隧洞如按其过水时洞身流态区别，则可简单地划分为两大类，即有压隧洞和无压隧洞。前者正常运行时洞内满流，以测压管水头计的洞顶内水压力大于零，水力计算按有压管流进行；后者正常运行时洞身横断面不完全充水，存在与大气接触的自由水面，水力计算按明渠流进行，故亦称明流隧洞。为保证隧洞既定流态稳定运行，有压隧洞设计时应做到使各运行工况沿线洞顶有一定的压力余幅。无压隧洞设计时应做到使各运行工况沿线自由水面与洞顶之间有一定的净空余幅。有时一条隧洞也可分前、后两段，设计并建造成前段为有压隧洞，后段为无压隧洞。但在隧洞的同一段内，除水头较低的施工导流隧洞外，要避免出现时而有压、时而无压的明满流交替流态。因为这种不稳定流态易引起振动和空蚀，使门槽附近等某些部位遭受破坏，而且泄流能力也受到影响。

除作为水电站有压引水系统中重要组成部分的引水隧洞必为有压隧洞外，水利枢纽中各种功用的水工隧洞既可为有压隧洞，也可为无压隧洞。两者在工程布置、水流特性、荷载情况及运行条件等方面差别很大。具体某一工程究竟采用无压或有压隧洞，应通过技术经济条件比较优选确定。以典型的泄水隧洞而言，高水头枢纽承担重要泄洪任务的以无压隧洞为多，地质条件好或水头不很高的情况下则有压隧洞的应用也不少。无论无压或有压，泄水隧洞的特点是洞内流速一般都相当高，有别于内水压力大而流速低的发电引水隧洞。

水工隧洞是地下建筑物，其设计、建造和运行条件与承担类似任务的建于地面的水工建筑物相比，有不少特点，略述如下。

（1）从结构、荷载方面说，岩层中开挖隧洞以后，破坏了原来的地应力平衡，引起围岩新的变形，甚至会导致岩石崩坍，故一般要对围岩进行衬砌支护。岩体既可能对衬砌结构施加山岩压力，而在衬砌受内水压力等其他荷载作用而有指向围岩变形趋势时，岩体又可能产生协助衬砌工作的弹性抗力。围岩愈坚固完整，则前者愈小而后者愈大。衬砌还会受其周围地下水活动所引起的外水压力作用。显然，水工隧洞沿线应力求有良好的工程地质和水文地质条件。

（2）从水力特性方面看，尽管有压隧洞一般视同管流，无压隧洞一般视同明渠流，有与地面建造的管道、明渠相同之处。但应注意，承受内水压力的有压隧洞如衬砌漏水，压力水渗入围岩裂隙，将形成附加的渗透压力，构成岩体失稳因素；无压隧洞较高流速引起的自掺气现象要求设置有足够供气能力的通气设备，否则封闭断面下的洞身将难以维持稳定无压流态；高水头情况下的有压隧洞需要足够坚固的衬砌结构，高速水流情况下的无压隧洞，在解决可能出现的空蚀、冲击波、闸门振动以及消能防冲问题时要进行精心设计，特别是形体设计，并常需进行必要的试验研究。

（3）从施工建造方面看，隧洞开挖，衬砌的工作面小，洞线长，工序多，干扰大。所以，虽按方量计的工程量不一定很大，工期往往较长，尤其是兼作导流用的隧洞，其施工进度往往控制整个工程的工期。因此，改善施工条件，加快开挖、衬砌支护进度，提高施工质量，也是建造水工隧洞的重要课题。

第二节　水工隧洞的选线与总体布置

一、总体布置

水工隧洞可以水电站有压引水隧洞和水利枢纽中的各种泄水隧洞为典型讨论其布置方式。概括说，它们也可视为都由进口段、洞身段、出口段所组成，进口前和出口后当然还需长短深浅不等的引水渠和尾水渠。

引水隧洞的进口一般位于水库调节库容所相应的工作深度以下，进口水流经洞身流入水轮机做功后，由尾水管下泄。位于水轮机四周的可自动改变开度的活动导叶实际相当于隧洞的工作闸门，用以调节流量。从隧洞的工作看，即工作闸门设于出口段，故进口段只设拦污栅和事故检修闸门。引水隧洞内一般流速较低以减小水头损失，而洞壁内水压力则较大，成为最主要的荷载。当水轮机甩负荷、导叶骤闭时还要引起附加水锤压力。故当水头高、洞线长时，隧洞在通向水电站厂房前还要加建调压室（调压井或调压塔）以降低洞身水锤压力。

泄水隧洞可为有压隧洞，也可为无压隧洞。无论前者或后者，洞内一般具有较高流速，出口段要设消能工。有压隧洞显然必为深孔进水口。无压隧洞则既可为表孔进口，也可为深孔进口，后者的洞身无压流态是靠进口后断面突扩实现的。

泄水隧洞一般要设置两道闸门，即控制泄流的工作闸门和隧洞或工作闸门本身检修时挡水的检修闸门。洞身的工作状态与工作闸门的位置密切相关。有压隧洞的工作闸门常设于出口，有便于观察、操作和检修之利；无压隧洞的工作闸门则设于进口，当其闭门挡水时洞身易成为无水状态。检修闸门则都设于进口，且在工作闸门上游。显然，工作闸门应能在动水中启闭。深孔泄水隧洞的检修闸门则应能动水中关闭，而可在静水中开启，后者之所以可能在静水中开启是因为届时已检修好的工作闸门将能封堵水流，实现平压。顺便指出，当隧洞出口低于下游水位时，则出口处也要设检修闸门。

现就隧洞用作表孔泄洪和深孔泄水时的一些典型布置方式分述如下。

（一）表孔泄洪隧洞

当隧洞用作水利枢纽的主要泄洪建筑物时，一般应尽量做成以表孔堰流方式进水。较典型的表孔泄洪隧洞是如图 9-1 所示的正堰斜井溢洪道，它由正向溢流堰、陡坡斜井、隧洞及其出口消能设备等组成，闸门安装于堰顶，泄水时斜井及隧洞内常处于无压流态，从水力学观点来说，类似于河岸正槽溢洪道，不过泄水陡槽以封闭式代替开敞式而已。

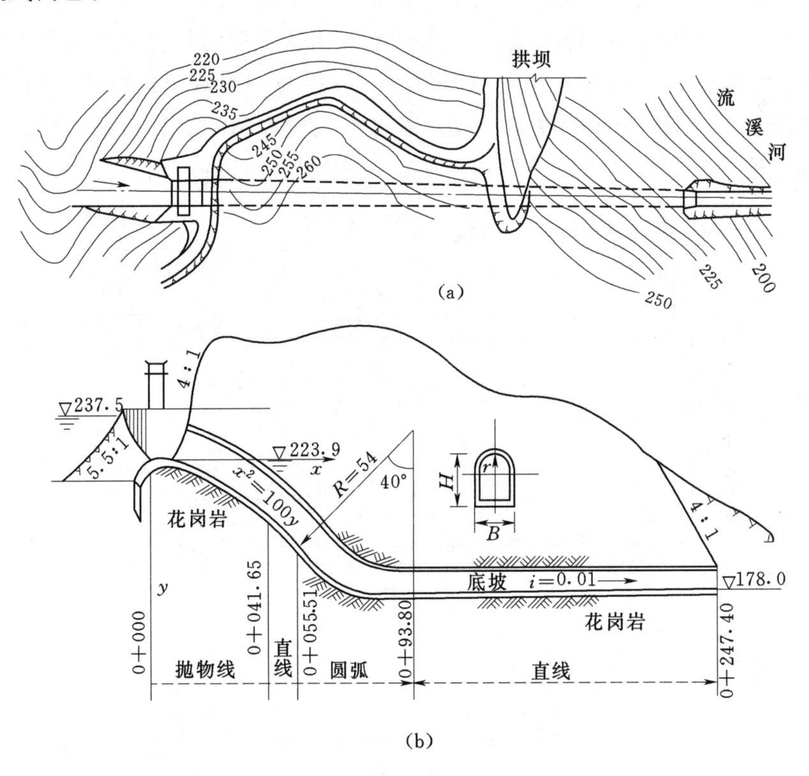

图 9-1　流溪河水电站泄洪隧洞（正堰斜井溢洪道，单位：m）

(a) 平面；(b) 纵剖面

前章所述侧槽斜井溢洪道（图 8-16）和井式溢洪道（图 8-20）也可视为表孔泄洪隧洞的另两种型式。不过要注意，斜井隧洞为无压流态，而竖井喇叭口以下及其后隧洞多为有压流态。

正堰斜井泄洪隧洞的进口溢流堰高程和孔口数量、尺寸的确定方法与正槽溢洪道类似。应尽量挑选有利的地形、地质条件布置进口，以保证洞口稳定和入流顺畅。出口高程受下游水位控制；如与施工导流隧洞结合，则要求洞身高程低，将增加很多水力学和结构问题，为此要做具体分析比较。出口位置除考虑地形、地质条件以保证洞口稳定外，并应注意所用消能方式以及与下游水流的衔接条件。按无压流考虑的隧洞纵坡通常陡于临界坡。

（二）深孔泄水隧洞

用作深孔泄水的隧洞由位于水下的进水口、洞身及出口消能段等组成。这类隧洞虽然进口段是有压的，但洞身水流既可为有压流，也可通过工作闸门后断面扩大而为无压流。就进口位置而言还可有两种布置方式：一种是低位进水口，即进水口底部与洞身底部为同一平面；另一种是较高位的进水口，即所谓龙抬头式，进口段与洞身之间以竖曲线及斜井相连。图9-2所示为深孔泄水隧洞的各种典型布置类型。

如图9-2（a）所示为工作闸门设于出口，而检修闸门设于进口的有压隧洞。正常运行时洞内始终在内水压力作用之下，流态平稳，利于防蚀抗磨，水力学问题较简单。中等水头、中等流量和较好的地质条件下选用这种隧洞往往是经济合理的。对高水头枢纽，当隧洞洞身结合导流之用而位置又很低时，为减小进口检修闸门的负担，常采用如图9-2（b）所示的龙抬头式。即将永久泄水洞的进口抬高，并通过斜井与洞身平段连接，联结点上游的导流洞则在完成施工导流任务后堵塞。

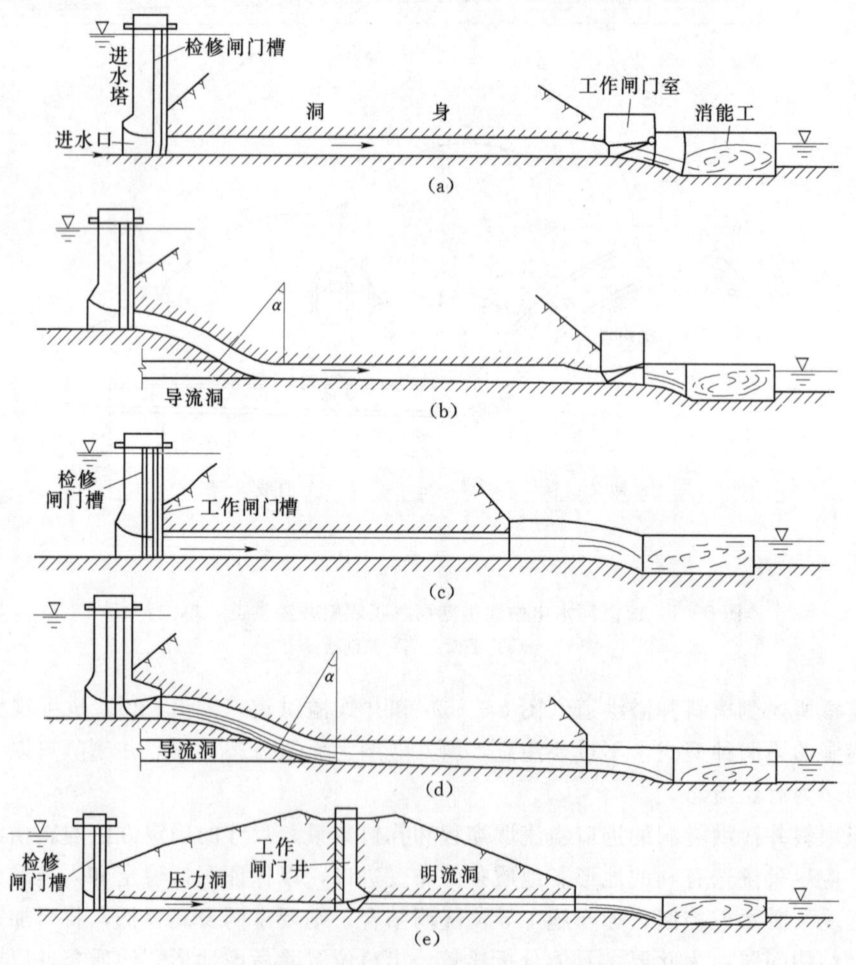

图9-2　深孔泄水隧洞的典型布置类型

水头很高的有压隧洞将给工作闸门的支承处理以及衬砌结构设计增加难度。特别是衬砌结构一旦漏水，高压水渗入山体会带来严重后果。选型时对此必须认真考虑。

如图 9-2（c）所示为工作闸门和检修闸门都设在进口段的无压隧洞。工作闸门前有压段长度一般在洞径的 3～4 倍以内，闸门下游的全程洞身范围内则运行时始终为具有自由水面的明流状态，这种布置型式能适应较高水头、较大流量以及地质条件不很好的情况，在我国应用颇广。当水头很高而洞身结合导流之用时同样可布置成龙抬头型式，如图 9-2（d）所示。

高水头无压泄水隧洞的边壁所受水压力小而流速很高，设计中常须注意抗空蚀问题；水流挟沙时，抗磨损也很重要。高速水流段应尽量采取直线等宽布置，否则冲击波问题严重。

有时由于枢纽布置的考虑，洞身不得不在平面上转弯。为保持较好流态，可将工作闸门设在弯段以下，从而使弯段位于有压流段，免除明槽急流冲击波危害；而工作闸门下游为明流段，可保证出口山体的稳定性，并提高对闸门推力的支承能力。这就是前段有压流与后段无压流相结合的泄水隧洞，如图 9-2（e）所示。这种布置方式一般须加设一个竖井即工作闸门井，亦称中间闸室，供闸门启闭操作之用。

二、线路选择

水工隧洞线路的选定是设计中非常重要的一环，关系到隧洞的造价和运用可靠性。应在地质勘测基础上，拟定不同方案进行技术经济比较优选。争取得到地质条件良好、路线短、水流顺畅以及对水利枢纽其他建筑物无相互不良影响的洞线方案。

选线时应尽量避开山岩压力很大、地下水位很高或渗水量很大的岩层和可能发生坍滑的不稳定山体，同时要防止洞身距地表太近。在这些前提下再力求缩短路线。

洞线在平面上宜尽量直线布置。当由于地形地质条件限制或枢纽布置要求而有必要采用弯段时，弯曲半径应足够大，即使流速不很高的情况下至少也应大于 5 倍洞宽，并使偏折角小于 60°，以防凸边产生负压。

在纵剖面上，隧洞的进出口高程和洞底纵坡应根据运用要求、上下游衔接、施工和检修条件通过技术经济比较选定。对于有压隧洞应做到任何情况下洞顶仍有压力余幅；对于无压隧洞，任何情况自由水面与洞顶之间都有足够的净空。无压泄洪隧洞的进口高程决定于水库要求泄放到的最低水位；出口高程决定于下游最高洪水位，应避免洞内发生水跃。从便于施工期或检修期排水考虑，各种隧洞的洞身纵坡宜采用不小于 1‰～2‰的正坡。从施工运输考虑，有轨运输坡度可为 3‰～5‰，最大不超过 10‰；无轨运输坡度可为 3‰～15‰，最大不超过 20‰。无压泄水隧洞的纵坡常采用稍大于临界坡的陡坡。施工兼任导流的泄水洞，其进出口高程及纵坡要适应其上下游水位和泄量要求，常要另设临时进口。沿线洞身纵坡有必要变坡时要设置竖曲线。低流速有压隧洞的竖曲线半径一般不宜小于 2 倍洞径；低流速无压隧洞的竖曲线半径不宜小于 5 倍洞径；高流速隧洞设置竖曲线应通过水工模型试验选定曲线形式与半径。特别要避免采用竖曲线处平面上又为弯段。

隧洞线路选择要注意使各段洞身横断面都有足够的围岩厚度，即洞顶岩体覆盖厚度和傍山隧洞近岸一侧的岩体厚度足够。随着现代施工技术的发展，这一要求已有所降低，但至少1倍洞径或洞宽的围岩厚度要求仍是应予满足的。

从施工开挖条件来说，洞线应与枢纽其他建筑物保持相当距离，以免开挖爆破影响其他建筑物基岩的稳定性与整体性。对于长隧洞应有几个开挖口，以增加施工面。开挖口可以是水平施工支洞，也可以是铅直竖井（图9-3）。

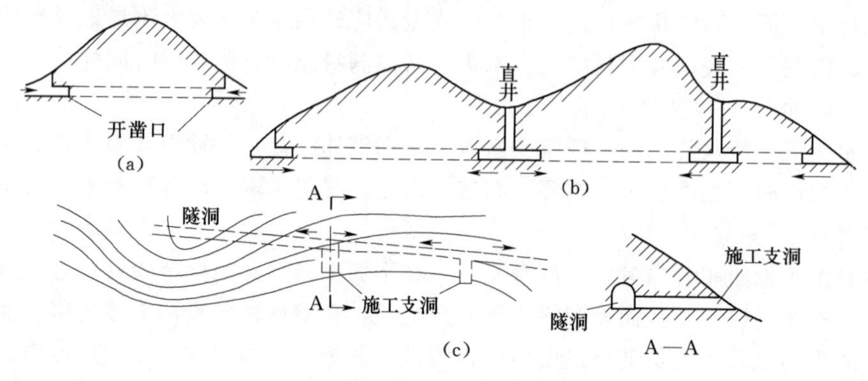

图9-3　隧洞开挖示意图

从枢纽运行条件说，泄水隧洞出口应与拦河坝坝脚保持较远距离。特别是坝型为土石坝时，隧洞出口与坝脚距离最好不小于200m，以防出洞水流冲刷坝脚。

第三节　水工隧洞的进口段

一、表孔堰流式进口

用作溢洪道的正堰斜井泄洪洞一般以非真空实用堰作控制堰，以利于下游堰面和斜井相连。由于上游堰高P相对堰顶水头H较小，常属于水力学上的低堰，故堰型宜选用$P/H\geqslant 1/3$的WES堰［图8-3（b）］或机翼形堰［图8-5（b）］，堰顶高程和溢流宽度（孔口尺寸）的确定类似于正槽溢洪道控制堰的设计方法。根据具体地形条件，堰前往往还需有一条或长或短的引水渠，其近堰处的翼墙用平顺的喇叭口形，并力求对称进水。堰顶设表孔工作闸门（弧形或平面闸门）控制，其前设检修闸门。闸孔宜尽量用单孔。溢流宽度很大时可增设中间闸墩，装两扇甚至更多扇工作闸门，这种情况下斜井内流态将恶化。

斜井与水平线夹角可在40°～50°范围内选用。溢流堰与斜井之间以较设计流量水舌下缘轨迹线微胖之抛物线连接，以免发生负压。斜井与其后隧洞平段连接处也应设置反弧曲线，曲率半径应不小于5倍洞径。斜井横断面应与洞身横断面形态配合，常用城门洞形，断面大小应通过水面线计算并考虑足够净空余幅决定。一般随着沿程流速的加大，斜井断面自上而下可逐渐减小，应指出，高流速状态下工作的斜井，其衬砌质量对水流条件有重大影响，平整度要求高。衬砌与水流接触面应力求光滑，反弧上、下切点附近尤应注意，以防空蚀。图9-1示出了我国流溪河水电站泄洪隧洞布置实例，其进口部分还可参见图9-4。

二、深孔进口

水工隧洞的深孔进口设计要做到有顺畅的进水条件，有闸门、拦污栅及启闭设备

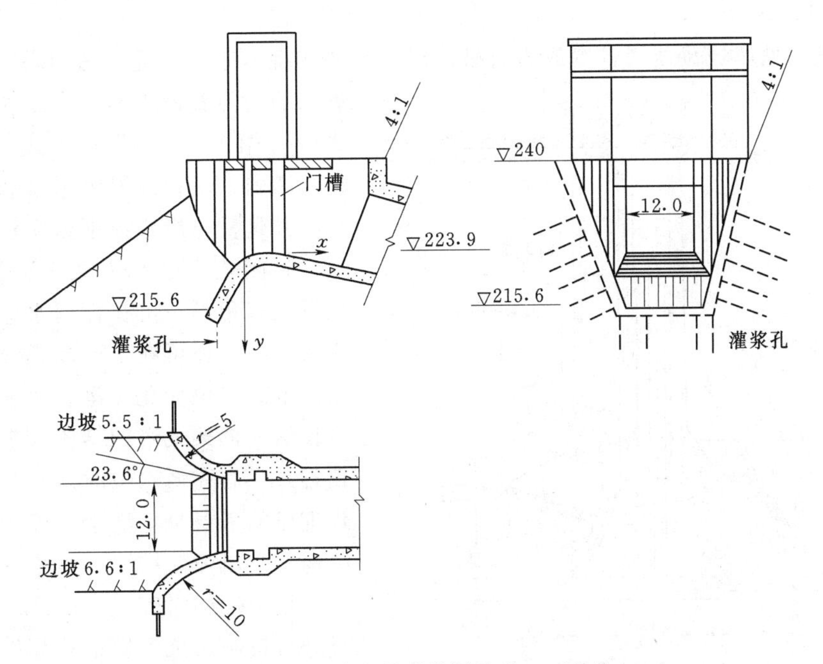

图 9-4　流溪河水电站泄洪洞的进口（单位：m）

的安装、操作条件，有使水流从进口断面过渡到洞身断面的渐变段。此外，为保证良好流态和减小检修闸门启闭力等目的，还要有通气孔、平压管等附属设备。

（一）深孔进口的基本结构型式

根据闸门的安装与操作途径，深孔进口有竖井式、塔式、岸塔式、斜坡式、组合式等。

1. 竖井式进口

闸门在岩石中开挖并衬砌成的竖井中安装与运行，适用于河岸岩石坚固、竖井开挖不致坍塌的情况。这种进口通常由三部分组成：设有拦污栅的闸前渐变段；闸门井，井下为闸室，井顶设启闭机室；连接闸室和洞身的闸后渐变段。

设置弧形闸门的竖井，井后宜接无压洞，井内无水，称“干井”；有压隧洞设平面闸门的竖井，井内有水，称“湿井”，只有检修时井内才无水，如图 9-5 所示。

竖井式进口的优点是结构简单，不受水库风浪和结冰的影响，抗震及稳定性好，当地形地质条件适宜时造价也不高，其缺点是竖井前的一段隧洞检修不便。

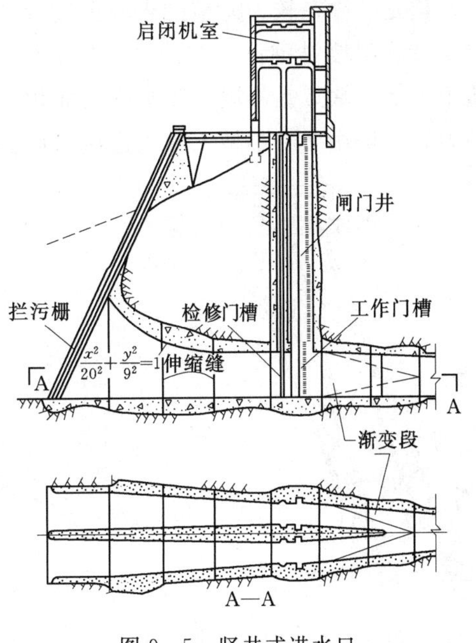

图 9-5　竖井式进水口

2. 塔式进口

当进口处岸坡覆盖层较厚或岩石破碎时，竖井式将不适应，可考虑用塔式。塔式进口的闸门安设于不依靠山坡的封闭式塔（图 9-6）或框架式（图 3-54）塔内，塔顶设操纵平台和启闭机室，并建桥与岸边或坝相联系。

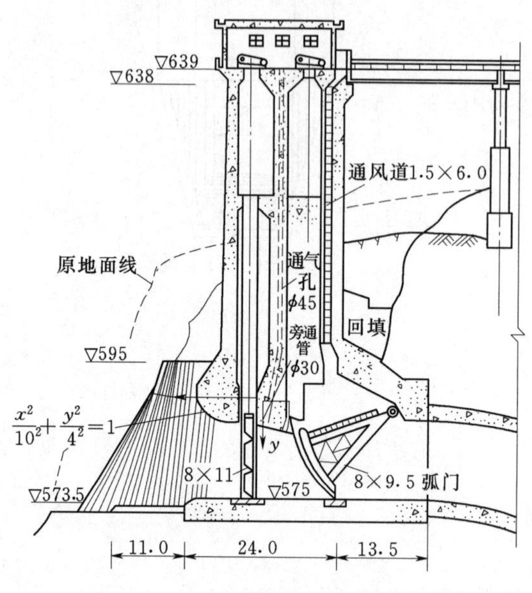

图 9-6　封闭式塔式进水口（单位：m）

封闭式塔的水平截面可为圆形、矩形或多角形，可在任何水库水位下检修闸门，还可在不同高程设进水口以适应库水位变化，运行可靠，但造价较贵。框架式塔的结构较轻，造价较省，只有在低水位时才能检修。塔式进口的塔身是直立于水库中的悬臂结构，受风浪、结冰、地震的影响较大，稳定性相对较差，设计时须对塔身进行抗倾、抗滑稳定验算以及结构应力分析，在地震区要按抗震设计。

3. 岸塔式进口

此种进口是依靠在开挖后洞脸岩坡上的进水塔，塔身直立或稍有倾斜，如图 9-7 所示。当进口处岩石坚固，可开挖成近于直立的陡坡时适用此种型式。其优点是稳定性较塔式好，造价也较经济，地形地质条件许可时可优先选用。

4. 斜坡式进口

这是一种在较为完整的岩坡上进行平整开挖、衬砌而成的进口结构，闸门轨道直接安装在斜坡衬砌上，如图 9-8 所示。其优点是结构简单，施工方便，稳定性好，造价也低；缺点是斜坡过缓则闸门面积要加大，关门不易靠自重下降，可能要另加关门力。一般用于中小型工程或进口只设检修闸门情况。

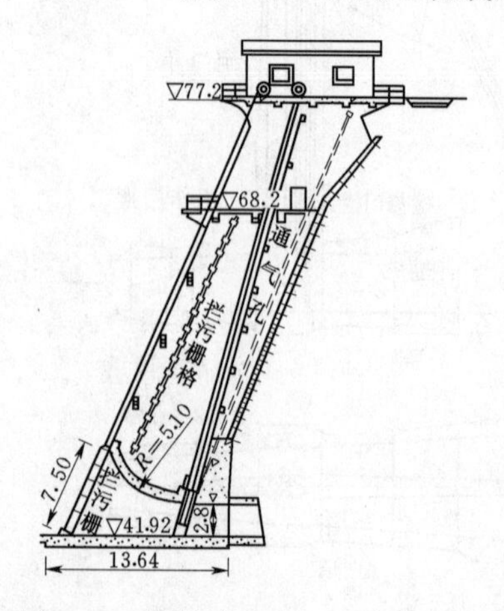

图 9-7　岸塔式进水口（单位：m）

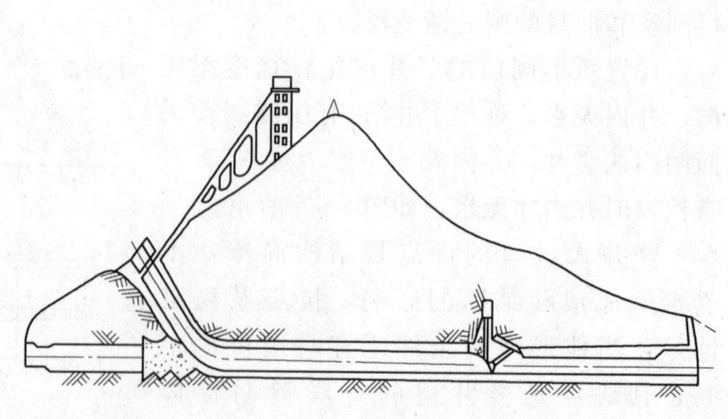

图 9-8　梅山水库泄洪洞布置（斜坡式进水口）

5. 组合式进口

上列几种基本进口型式还可根据具体地形地质条件组合采用。例如下部为竖井而上部为塔的组合式进口就不乏实例，图 9－9 所示为我国三门峡泄洪洞和加拿大麦加放水洞的组合式进口。

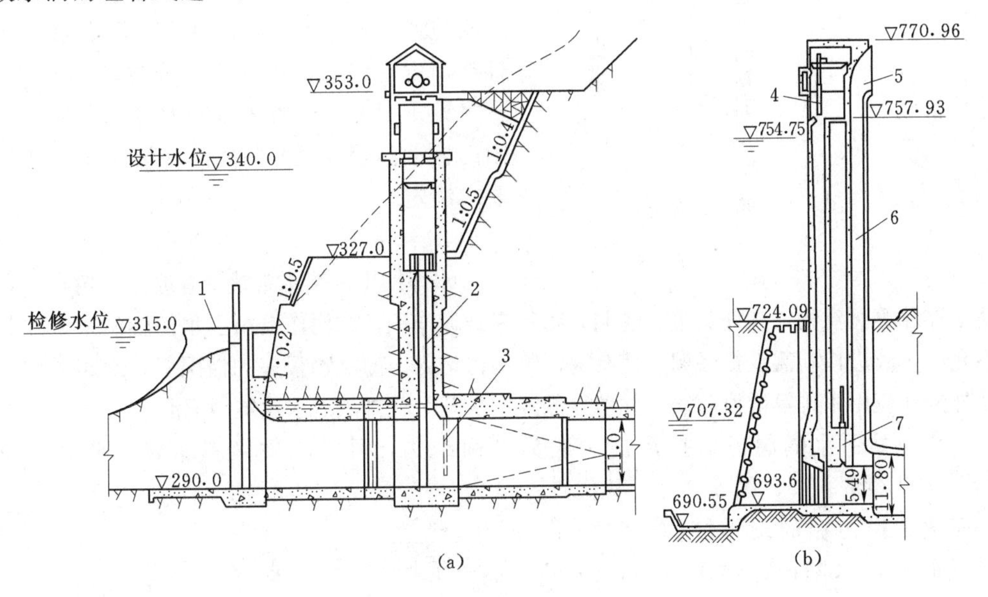

图 9－9　组合式进水口（单位：m）

（a）三门峡泄洪洞进口；（b）麦加放水隧洞进口

1—叠梁门平台；2—事故检修闸门井；3—平压管（$d=70$cm）；4—事故闸门；5—空气进口；6—通气井；7—工作闸门

（二）深孔进口的细部构造

1. 闸门前、后渐变段

闸门前渐变段也称喇叭口，其轮廓尺寸应使水流平顺，与重力坝的深孔进口基本相同。只是隧洞进口更多采用平底而三向收缩的矩形断面孔口，上唇和侧墙采用椭圆曲线，椭圆方程见第三章式（3－76）和式（3－78）。

由设闸门处的矩形断面过渡到洞身的圆形或城门洞形或其他形状断面，须设闸门后渐变段，其目的仍为保证水流平顺，避免产生负压、空蚀等现象。渐变段可采取在矩形断面各角加圆弧的办法逐渐过渡，圆弧半径沿流向均匀增加，最后即成直径为 D 之圆弧。

2. 通气孔

深孔隧洞工作闸门或检修闸门之后应设通气孔［图 9－6、图 9－7、图 9－9（b）］，其功用是：在闸门各级开度下承担补气任务以降低门后负压、稳定流态、避免闸门振动和空蚀、减小闸门所受下曳力；检修时，在检修门下放、洞内水流泄空过程中补气；在检修任务完成后，排放工作门与检修门之间的空气以便充水平压。高水头大型工程的长无压隧洞，可按第三章式（3－132）计算通气孔的通气流量。

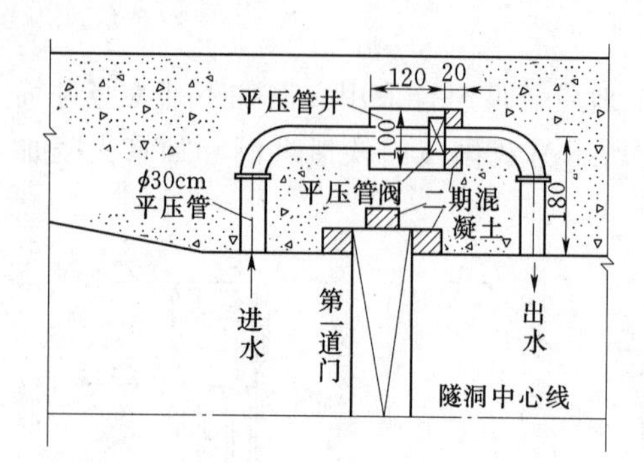

图 9－10　平压管（单位：cm）

3. 平压管

当隧洞进口设两道闸门（例如无压隧洞的第一道检修门和第二道工作门）时常用平压管，如图 9－10 所示。该管将上游与两门之间连通，可使第一道门在上下游等水压下开启而省启门力。平压管可布置于边墙内，也可设于门上，但管流量较大时后者易引起闸门振动。管径据两门间灌水量及灌满时间要求决定。

4. 拦污栅

水库的上游来水常挟带有原木、树枝、杂草、浮冰等漂浮物，如任其进入隧洞，将带来破坏作用，对用作电站引水的隧洞来说尤其不允许。故进口前需设拦污栅，使有害污物不得进入。漂浮物很多的情况下，远离进水口的外围就应用木排等增设防线，并引导漂浮物从开敞式排漂泄水建筑物下泄。

水电站引水隧洞进口拦污栅一般为平面结构，可沿山坡倾斜布置，平面倾角 60°～70°（图 9－5、图 9－7）。其优点是简化了拦污栅的支承结构，增加了拦污栅的过水断面，便于清污。但塔式进水口的拦污栅须垂直或近于垂直布置。

拦污栅的栅面一般由若干块栅片安装在进水口前端支承结构的栅槽中而成。每块栅片一般宽度不小于 2.5m，高度不超过 4m，为槽钢或角钢以及扁钢等焊接或螺栓、连接而成的格栅结构，示例如图 9－11 所示。栅片类似闸门一样可由栅槽中提起检修。栅条厚度一般为 8～12mm，宽为 100～200mm。栅条间的净距 b 与水轮机的型号、尺寸有关，一般由机组制造厂提供，对于中等的轴流式和混流式水轮机，$b\approx5\sim7.5$cm，对于大型轴流式水轮机，$b\approx7.5\sim15$cm。确定 b 值时还可能要有一些特殊考虑，如拦鱼等。

泄水隧洞一般不设拦污栅。当要拦较大漂浮物时，可视需要设梁格较大的固定式栅架。

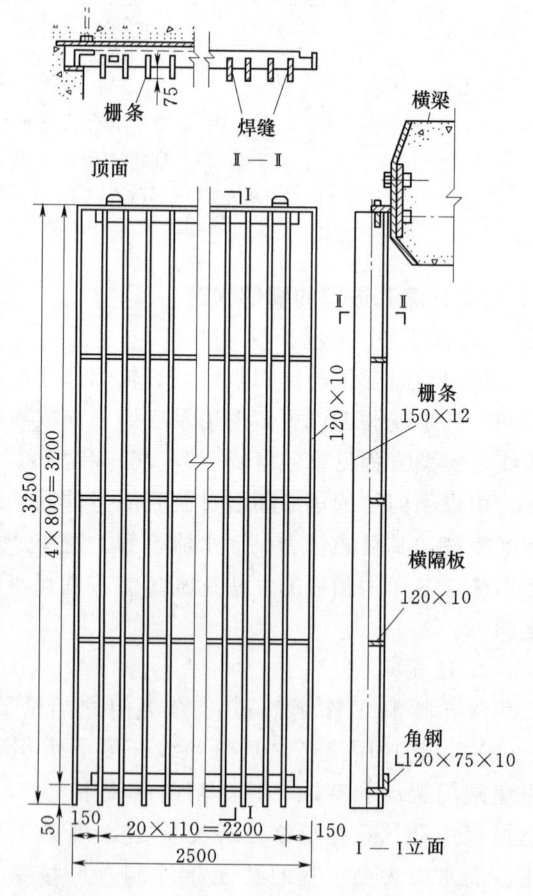

图 9－11　拦污栅的栅片（单位：mm）

第四节　水工隧洞的洞身段

一、洞身横断面形式

水工隧洞洞身横断面形式的选定取决于运行水流条件、工程地质条件和施工条件。

(一) 有压隧洞的横断面形式

内水压力较大的有压隧洞一般都用圆形断面（图 9-12），其过流能力及应力状态均较其他断面形态有利。当岩石坚固且内水压力不大时也可用便于施工的非圆断面。

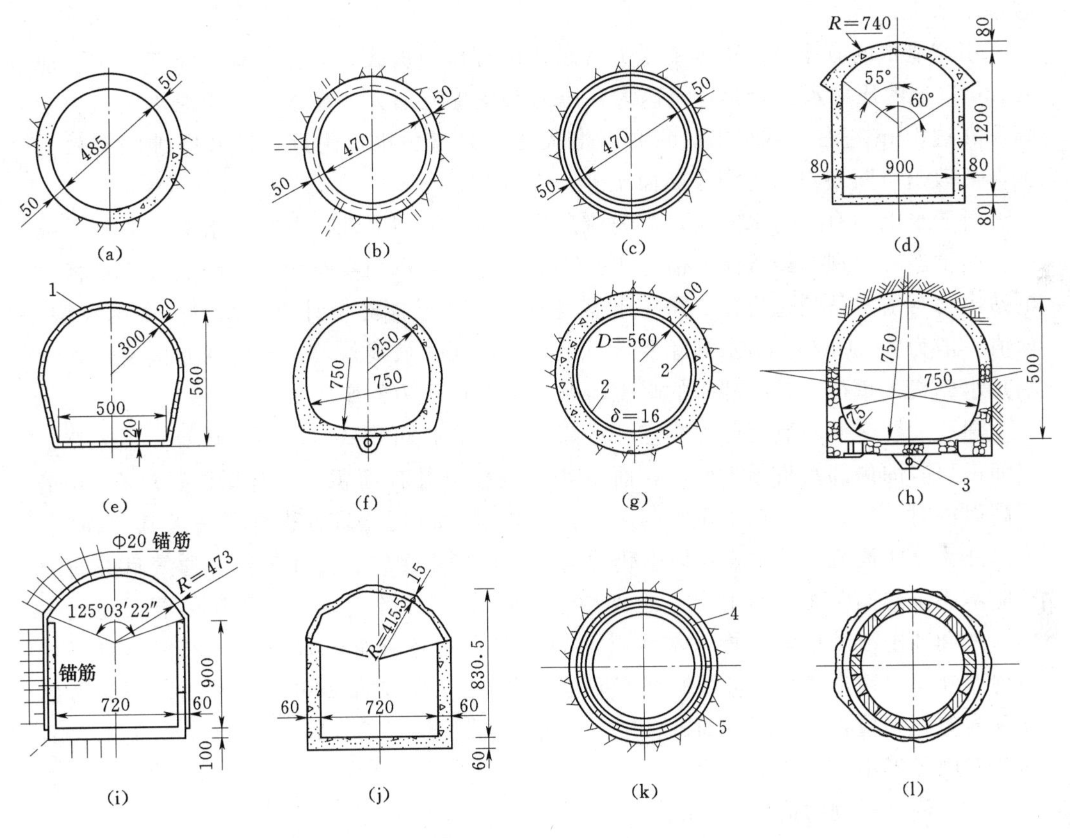

图 9-12　隧洞横断面形式及衬砌类型（单位：cm）

(a)～(f) 单层衬砌；(g)～(j) 组合式衬砌；(k)～(l) 预应力衬砌

1—喷混凝土；2—钢板；3—ϕ25cm 排水管；4—5cm 水泥砂浆预压灌浆层；5—7cm 预制混凝土块

(二) 无压隧洞的横断面形式

无压隧洞多采用圆拱直墙形（城门洞形）断面 [图 9-12 (d)]，适于承受垂直山岩压力，且便于开挖和衬砌。这种断面的顶拱中心角多在 90°～180°，垂直山岩压力小者中心角也可较小。断面的高宽比一般为 1～1.5。为消除或减小作用于衬砌的侧向山岩压力，可将侧墙做成倾斜的 [图 9-12 (e)]。岩石条件差时也可做成马蹄形断面 [图 9-12 (f)、(h)]。岩石条件差并有较大外水压时也可采用圆形断面。

二、洞身横断面尺寸

洞身横断面的合理尺寸应根据流量要求、作用水头及纵剖面布置情况，通过水力计算决定，重要工程并常通过水工模型试验论证。有压隧洞水力计算的主要内容是核算过流能力及沿程压力坡线；无压隧洞水力计算则主要是过流能力及洞内水面线。高水头无压隧洞的水力计算必须涉及高速水流引起的掺气、空蚀及冲击波等问题。

有压隧洞过流量按管流公式计算：

$$Q=\mu\omega\sqrt{2gH} \tag{9-1}$$

式中：μ 为兼计沿程阻力和局部阻力的流量系数；ω 为出口控制断面面积，m^2；H 为作用水头，m。

用作泄水的有压洞，可据能量方程求出沿程压力坡线。为保证有压流态，洞顶应有 2m 以上的压力水头余幅，流速大，压力余幅也应加大。高水头有压泄水洞压力余幅可高达 10m 左右。减小出口断面以增大压力是避免出口附近负压及空蚀的有效措施，一般出口断面积约为洞身断面积的 80%～90%。

对于水电站有压引水隧洞，洞内流速应远较泄水洞为低，以减小水头（能量）损失。通常选一合理的经济流速值，用其除引水流量可得洞身断面积。经济流速是将水电站出力与引水系统造价作经济上通盘考虑，进行动能经济计算的结果。我国经验，该值一般为 3～4m/s。引水洞除要计算恒定流的压力坡线外，还要计算非恒定流，分别是水轮机丢负荷、导叶骤闭的瞬变流条件下水锤压力的变幅。

深孔无压隧洞的泄流能力决定于进口压力段，仍可用式（9-1）计算，但系数 μ 应随进口段的局部水头损失而定，而 ω 则为闸门处孔口面积。当有压段长度在 10 倍洞高以内时 $\mu\approx0.90$。在工作闸门之后的陡坡段，可用能量方程分段法求其水面线。为保证无压明流流态，水面线以上仍要有足够的净空余幅。流速较低、通气良好时净空应不小于隧洞断面积的 15%，也不小于 40cm；对于流速较高的无压隧洞，还应考虑掺气和冲击波的影响，掺气水面以上的净空为洞身断面积的 15%～25%；对于城门洞形断面，冲击波波峰应限制在直墙范围之内。在确定隧洞断面尺寸时，还应考虑到洞内施工和检查维修等方面的需要。一般非圆形断面长×高不小于 1.5m×1.8m，圆断面内径不小于 1.8m。

资源 9.1 衬砌的作用与分类

三、洞身衬砌构造

（一）衬砌的功用

多数水工隧洞都是要衬砌的。衬砌是指沿隧洞开挖断面四周做成的人工护壁，其功用有下列几方面：保证围岩稳定，承受山岩压力、内水压力及其他荷载；防止隧洞漏水；防止水流、空气、温度和湿度变化等因素对围岩的冲刷、风化、侵蚀等破坏作用；降低隧洞过水断面的糙率，改善水流条件，减小水头损失。

当隧洞围岩坚固完整，抗风化能力强，透水性小，抗冲性能好，渗水也不致影响相邻建筑物或围岩本身稳定时，无压隧洞或水头在 30m 以下的低压隧洞可不加衬砌；经过论证，水头超过 30m 的隧洞也可不加衬砌。

对于高水头的有压隧洞，可用钢板等材料作为内层、混凝土或钢筋混凝土作为外层形成组合式的衬砌。

（二）衬砌结构型式

1. *抹平衬砌*

用混凝土、喷浆或砌石等做成的防渗、减糙而不承受荷载的衬砌，适用于岩性好和水头低的隧洞。

2. *单层衬砌*

用混凝土［图 9－12（a）］、钢筋混凝土［图 9－12（b）、（c）、（d）］或浆砌石等做成的承受荷载的衬砌，适用于中等地质条件、断面较大、水头较高的情况，应用较广。衬砌厚度一般为洞径或洞宽的 1/12～1/8，且不小于 25cm，应由结构计算核定。

3. *组合式衬砌*

不同材料组成的双层、多层衬砌，或顶拱、边墙及底板以不同材料构成的衬砌，都称组合式衬砌。较常见的组合情况为：内层为钢板、钢丝网喷浆，外层为混凝土或钢筋混凝土［图 9－12（g）］；顶拱为混凝土，边墙为浆砌石［图 9－12（h）］；顶拱为喷锚支护，边墙及底板为混凝土及钢筋混凝土［图 9－12（i）］等。

4. *预应力衬砌*

在施工时对衬砌预施环向压应力，运行时衬砌可承受巨大内水压导致的环向拉应力，适用于高水头圆形隧洞。预加应力的方法以压浆法最为简便，如图 9－12（k）、（l）所示。内圈为混凝土、钢筋混凝土块；外圈为混凝土修整层，用以平整岩石表面；内外圈之间留有 3～5cm 的空隙，以便灌浆预加应力。灌浆时浆液应采用膨胀水泥，以防干缩时压力下降。压浆式预应力衬砌要求岩石坚硬完整，必要时需预先灌浆加固。这种衬砌可节省大量钢材，但施工复杂，工序多，高压灌浆技术要求高，工期也较长。

洞身衬砌型式的选择应根据运用要求、地质条件、断面尺寸、受力状态、施工条件等因素，通过综合分析比较后确定。一般在有压圆形隧洞中常先考虑用单层混凝土或钢筋混凝土衬砌；当内水压力很大，岩石又较差时可考虑采用内层钢板的组合式双层衬砌。采用钢板衬砌时要注意外水压力是否会造成钢板失稳破坏。施工条件许可时可用预应力衬砌对付高水头内水压力。城门洞形的无压隧洞常用整体式单层钢筋混凝土衬砌，也可考虑顶拱部分采用喷嘴混凝土、钢丝网喷混凝土或装配块。喷锚支护是一种可替代一般衬砌的新型技术，后将专述。

（三）衬砌分缝

混凝土及钢筋混凝土整体式衬砌施工中要分段分块浇筑，必须设置横向和纵向施工工作缝。横向工作缝间距应根据浇筑能力和温度收缩可能对衬砌的影响等因素分析确定，一般 6～12m。沿断面环向用纵向工作缝进行分块，缝的位置及分块多少要根据结构型式及施工条件决定。为防止由于混凝土凝固收缩产生裂缝，分段浇筑的顺序通常是跳仓浇筑法，即隔一段浇一段，先浇第 1、3、5、…段，再浇第 2、4、6、…段。至于在横断面上分块浇筑顺序则与围岩条件及施工方法有关。图 9－13 所示为陆浑水库泄洪洞衬砌分缝分块情况，图（b）中各块号码为浇筑顺序。

对于一般无压隧洞，其衬砌的纵向分布筋可以不通过分段的横向工作缝，新老混凝土的连接也无需特殊处理。对于有压隧洞或防渗要求高的无压隧洞，则应视具体情况采取必要的接缝处理措施。

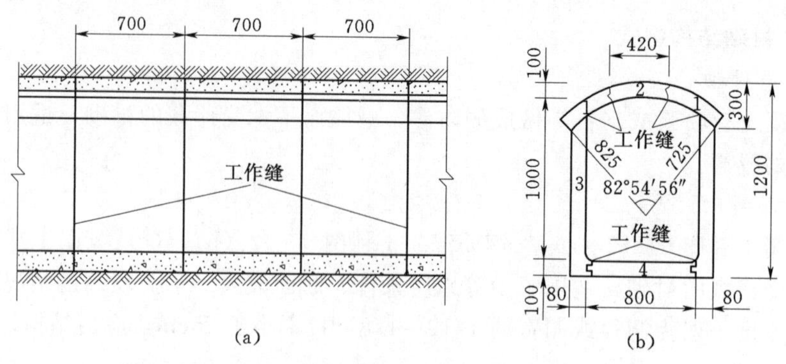

图 9-13　陆浑水库泄洪洞衬砌施工分缝（单位：cm）

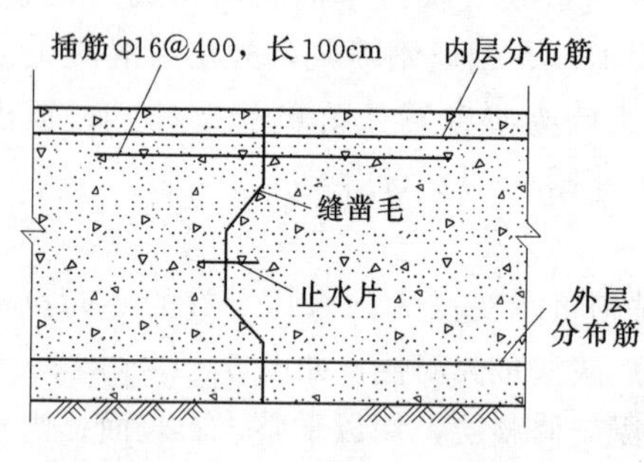

图 9-14　衬砌的纵向工作缝

无论无压或有压隧洞，沿断面环向分块的纵向工作缝均需进行凿毛处理，安装止水片，并设置键槽［图 9-13（b）］或其他加固措施，如图 9-14 所示中之插筋，保证结构整体性。

除上述施工工作缝外，在隧洞沿线衬砌结构变化处（如进口首部、渐变段、洞身的连接处）以及地质条件变化处，特别是通过断层破碎带时，为防止水平位移和不均匀沉陷造成的衬砌破裂，常须设置永久的横向伸缩缝，如图 9-15 所示。这种缝视需要布置，而非均匀等间距的。当然，设有这种永久缝的位置也是施工分段的横缝位置。

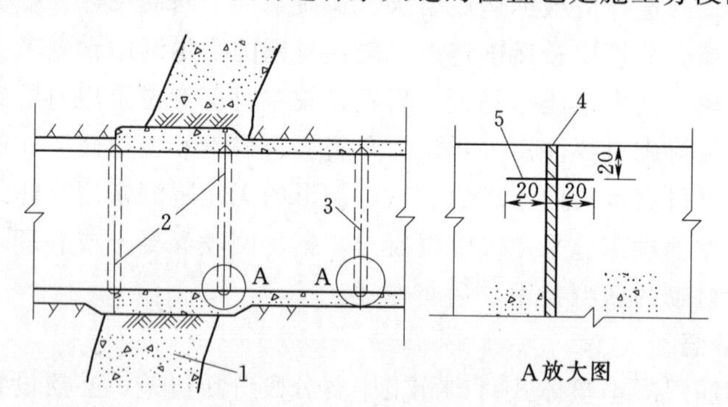

图 9-15　隧洞衬砌的伸缩沉陷缝（单位：cm）

1—断层破碎带；2—伸缩沉陷缝；3—伸缩缝；4—沥青油毡 1～2cm；5—止水片

除沉陷变形伸缩缝外，有些隧洞还设永久性的横向伸缩缝，间距 6～12m。不过应指出，由于围岩的约束作用，伸缩缝的温度伸缩作用是值得怀疑的，而且这种缝越多施工也越麻烦。特别是不少设置了这种缝的隧洞，完工后衬砌仍然有很多裂缝，更使不设这种缝的主张得到了支持。当决定设置永久性温度伸缩缝时，自然也应与施工分段的横向工作缝一致起来。要注意，永久缝的止水比临时工作缝的要求高得多。

（四）灌浆、防渗与排水

为了充填衬砌与围岩之间的缝隙，改善衬砌结构传力条件和减少渗漏，常进行回填灌浆。

一般是在衬砌施工时顶拱部分预留灌浆管，回填灌浆在衬砌混凝土达到设计强度的70%后，尽早通过预埋管进行灌浆，如图9-16所示。回填灌浆的范围一般在顶拱中心角90°～120°以内，孔距和排距一般2～6m，灌浆压力为0.2～0.3MPa。

资源9.2
回填灌浆

为了加固衬砌的围岩，提高岩石承载能力和减少渗漏，隧洞衬砌后还常对围岩进行固结灌浆。固结灌浆孔一般深入岩石2～5m，有时可达6～10m，据围岩加固和防渗要求而定，大致可取隧洞半径的1/2～1，灌浆压力一般为1.5～2.0倍内水压力。固结灌浆孔常布置成梅花形，错开排列，按逐步加密法灌浆，一般排距2～4m，每排不少于6孔。灌浆时应加强观测，防止洞壁变形破坏。回填灌浆孔与固结灌浆孔通常分排间隔排列（图9-16）。固结灌浆一般在回填灌浆结束7天后进行。

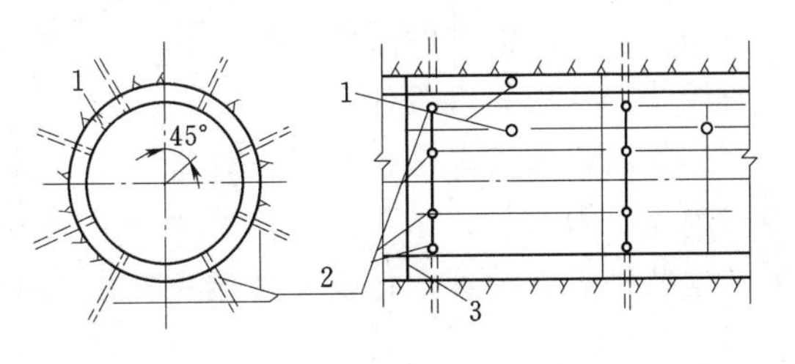

图9-16　灌浆孔布置图
1—回填灌浆孔；2—固结灌浆孔；3—伸缩缝

当地下水位较高时，外水压力可能成为隧洞的主要荷载之一，为此可采取排水措施以降低外水压力。

无压隧洞的排水措施可借助于在洞内水面高程以上设置穿过衬砌的径向排水孔实现，如图9-17所示。孔距和排距2～4m，孔深2～4m。应注意排水钻孔应在灌浆之后进行，以防堵塞，当无压洞边墙很高时，也可在边墙背后水面高程以下设置暗的环向及纵向排水系统。

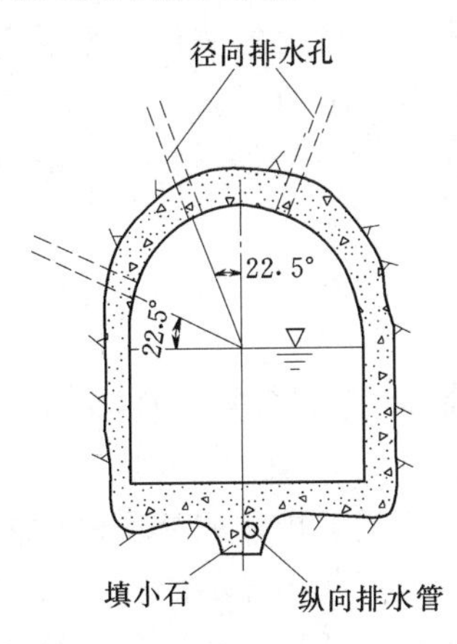

图9-17　无压隧洞排水布置

有压隧洞设排水的意义不如无压洞重要。有必要设排水以降低外水压时也仅用暗的纵向排水管或排水廊道及逆止阀。如设环向排水要注意避免对衬砌结构的不利影响。环向暗排水可用砾石铺成，每6～8m一道，所收集的渗水汇总由纵向排水管（如无砂混凝土管）排往下游。

四、掺气抗蚀措施

高水头泄水隧洞因空蚀而遭受破坏曾是使设计者最感棘手的问题之一。空蚀常易发生在龙抬头式泄洪洞反弧段及其下游、门槽下游、断面扩大而通气不畅处、边界突体下游处等部位。这些部位的特点是在其上游附近通过高速流时易出现负压，从而出现空泡，空泡到达这些部位时压力加大而溃灭，相应引起边壁空蚀。美国胡佛坝泄洪洞、黄尾坝泄洪洞，我国刘家峡水电站泄洪洞，都发生过严重空蚀破坏事例。

防止和减轻空蚀的措施包括：做好隧洞过水断面体型设计，严格控制过水断面的平整度，选用抗蚀、耐冲、耐磨的衬砌材料等。但20世纪70年代以来，国内外的实践表明，人工掺气是一种防止空蚀的经济而有效的措施。水流边界处掺气，可以提高低压区的压力，并可缓冲气泡溃灭时的破坏作用。目前经验认为以气流量与水流量之比表示的掺气量达5%左右已足可使一般混凝土边壁有效抗蚀。顺便指出，如明流泄水洞的表面自掺气可扩展至全过水断面，则该处可不设人工掺气措施。

具体的人工措施一般是在边壁设置挑起、突跌、突扩等体型构造物，使急流通过时产生脱离和低压腔，此低压腔部位有与大气连通的通气孔，于是水流乃能不断挟卷并掺入空气。按体型分，实用设施有挑坎式、跌坎式、挑跌坎式、跌槽式、坎槽联合式以及平面突扩式等。除最后一种主要用于高压闸门后水流侧壁掺气外，其余5种都用于水流底部掺气，其中有坎的常合称为掺气坎，有槽的又合称为掺气槽。图3-73已示乌江渡左岸泄洪洞反弧段掺气槽之一例，并阐述了目前关于掺气槽坎尺寸布置的一般经验，这里不再赘述。

应指出，掺气设施也会给设计带来一些其他问题：由于掺气使水深增加；槽、坎等使水流阻力增加；采用挑坎、跌坎时使水面波动；水舌跌落区压强及脉动压强增大。这些都应在设计中计及，并避免在水舌冲击区设置伸缩缝。

第五节　水工隧洞的出口段

发电引水隧洞的水流能量用于推动水轮机做功，无所谓本身的出口；泄水隧洞出口水流则携带冲刷余能，常须设消能段。常用的消能方式不外挑流消能或底流水跃消能。但与溢流坝或开敞式溢洪道相比，隧洞出口的单宽流量大、能量集中，往往需要在布置上充分扩散，以降低单宽流量，再以适应具体条件的水流衔接方式与下游尾水渠连接。

有压泄水洞出口常设有闸门及启闭机室，闸门前为圆形到矩形的渐变段，出口后即为消能设施。为避免进出口一段1.2～1.5倍洞径范围内可能产生的洞顶水流脱离或负压，常将顶板做成压坡，压坡一般用1：20左右，如图9-18所示。

无压泄水隧洞的出口仅设有门框，其作用是防止洞脸上部岩石崩坍，并与扩散消能设施的边墙相接，示例如图9-18（b）所示。

泄水隧洞几种具体消能设施分述如下。

一、挑流喷射扩散消能

当隧洞出口高程高于或接近于下游水位时采用挑流扩散消能（图9-19）是经济合理的，既适于有压洞也适于无压洞。

出口设有高压阀门的有压泄水洞，还可以用如图3-36所示的扩散式鼻坎进行扩散挑流消能。这种扩大较剧的扩散方式只宜用连续式鼻坎，且反弧半径不能过小。

无压隧洞采用挑流消能时完全类似于开敞式溢洪道，可以灵活地运用各种布置方式与具体条件相适应。既可在水流出洞后马上挑射，也可流经一段明槽再挑射；既可以扩散后再挑射，也可以着眼于射程而不作扩散即挑射；既可以采用连续式鼻坎，也可以考虑差动式鼻坎，还可采用扭曲扩散式斜鼻坎，使挑射水流折向河床，减小岸边冲刷。图9-19示出三门峡的两条泄洪排沙隧洞，出口均采用了斜切鼻坎挑流消能方式。

当有压泄水洞洞径不大时，可以考虑在出口装设射流阀门，而直接通过阀门喷射消能。这类阀门有多种，如图9-20所示为锥形阀开启工况。为装置这种阀，隧洞出

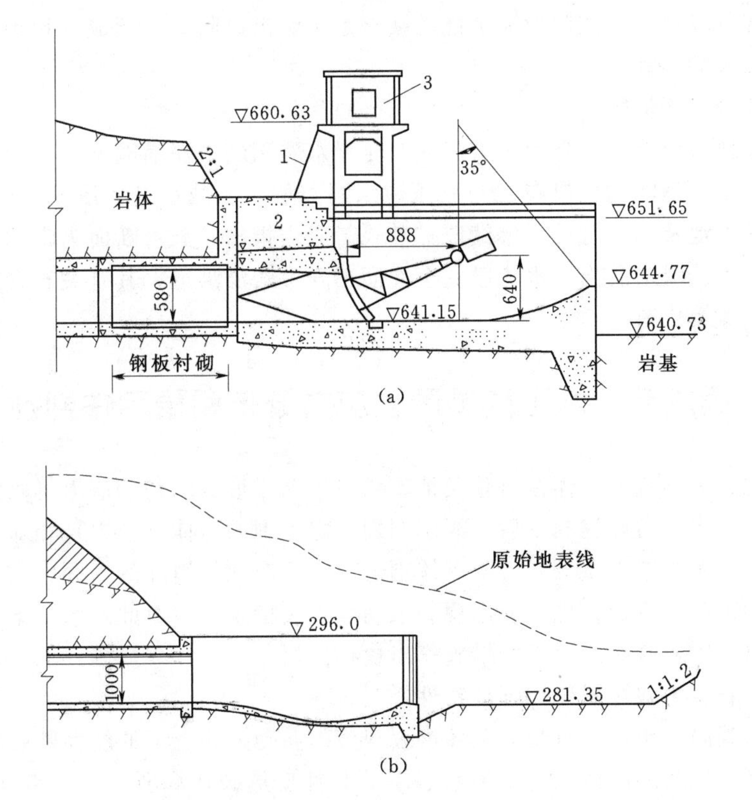

图 9-18　泄水隧洞的出口结构图（单位：高程以 m 计；尺寸以 cm 计）

(a) 有压隧洞的出口结构；(b) 无压隧洞的出口结构

1—钢梯；2—混凝土块压重；3—启闭机操纵室

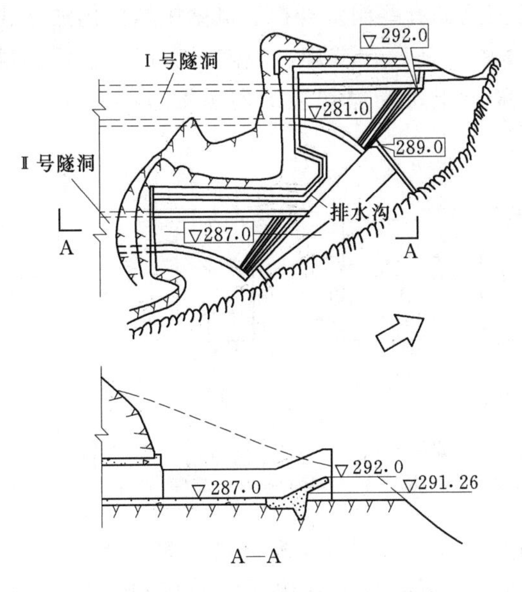

图 9-19　斜鼻坎挑流消能布置图（单位：m）

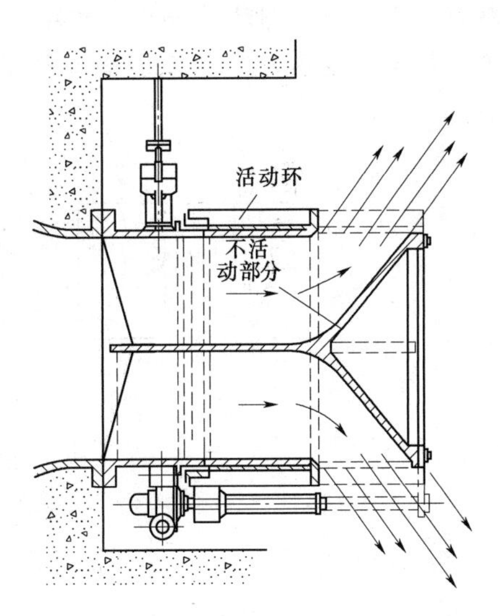

图 9-20　锥形阀

口附近要接一段钢管。阀门射流消能的缺点是隧洞出口附近要形成一片雨雾区，应考虑其可能带来的不利影响。

二、扩散水跃消能

平台扩散水跃消能是常用于有压或无压泄水隧洞的底流消能方式。无压泄水洞采用平台扩散水跃消能的出口布置与有压泄水洞类似。为减小进入尾水渠的单宽流量，有时可将消力池及其下游段也继续取扩散式。应当指出，洞身断面为常用的城门洞形的情况下，无压泄水洞出口水流已完全类同于开敞式溢洪道，其有关布置要求参看第三章和第八章第二节。

第六节　水工隧洞围岩应力分布和稳定性判别

未开挖的天然地下岩体在自重及地质构造运动后形成的初始应力场状态下维持相对稳定。当在岩体内开挖洞室后，洞室四周一定范围的岩体（围岩）相对稳定的应力场受到破坏，发生应力重分布。随具体围岩部位、产状等情况的不同，应力重分布的结果既可能仍归于稳定，也可能出现洞顶崩塌等失稳现象。对此，水工地下洞室设计时必须作出分析，并相应对工程措施作出抉择。

一、岩石受力破坏规律和强度特性

试验与观测表明，岩石受力破坏可表现为单向受力状态下的脆性断裂或脆性剪切破坏，也可表现为两向或三向受力状态下的塑性变形破坏和弱面剪切破坏，如图 9-21 所示。大多数坚硬岩石在足够受力状态下，没有显著变形而突然破坏，就属于脆性破坏。例如地下洞室开挖后围岩可能出现的许多裂隙，即脆性破坏结果。在两向或三向受力状态下，岩石在破坏前有较大的变形发展，无确切显著的破坏荷载，却可能发展到塑性流动或挤出，这就是塑性破坏。例如有些洞室开挖后侧壁围岩向内鼓胀或底部岩石隆起，即塑性破坏。当由于岩体中本来存在节理、裂隙、层理、软弱夹层时，洞室开挖后，这种软弱面上抗剪强度小于所受剪切应力时就要发生弱面剪切破坏。

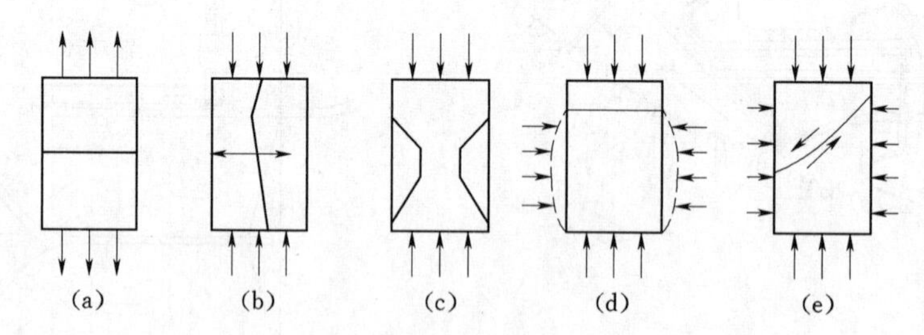

图 9-21　岩石的破坏形式

(a)、(b) 脆性断裂破坏；(c) 脆性剪切破坏；(d) 塑性变形破坏；(e) 弱面剪切破坏

反映岩石抗拉、抗压和抗剪性能的各种强度指标中最重要的是抗剪断强度 τ，其大小以黏聚力 c 和内摩擦角 φ 表示，二者可由室内或现场剪切试验得到，并有 $\tau = c + \sigma\tan\varphi$。

用直接剪切仪试验时，如图 9-22（a）所示，可取正六面体试件先施加一定的垂直荷载 P，然后再逐渐施加水平推力，直至在某一推力 T 时破坏为止，于是根据试件断面，可得一点抗剪强度 τ 与正应力 σ 的对应值。由不同 σ 进行的多次试验结果可得一条 τ 与 σ 的关系线，如图 9-22（b）所示。经验表明，当正应力不很大（如 $\sigma \leqslant$ 10MPa）时，该关系线可近似视为直线，该直线在 τ 轴上截距为 c，该直线斜率为 $\tan\varphi$，φ 为该直线与 σ 轴夹角。

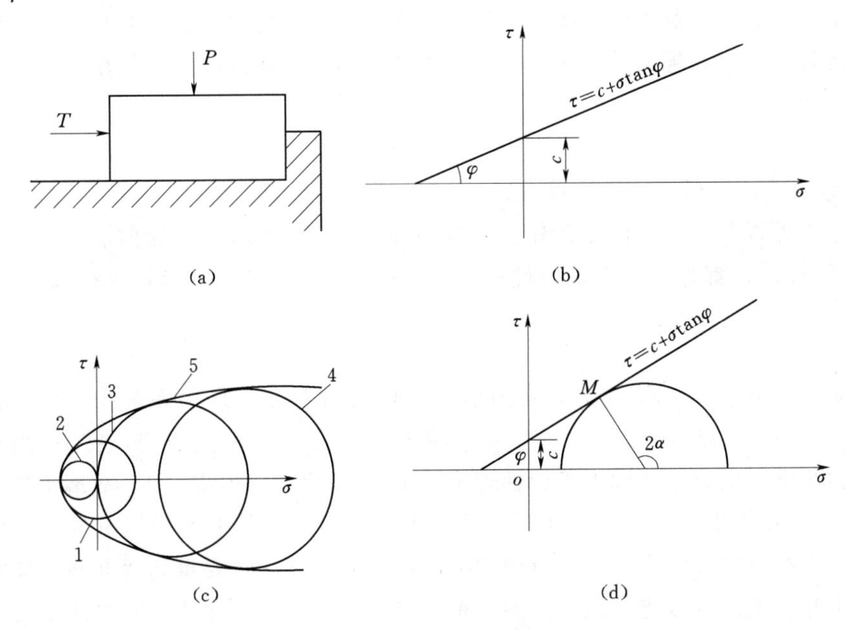

图 9-22　岩石的强度特性

1—纯剪试验；2—抗拉试验；3—抗压试验；4—三轴试验；5—包络线

用大型岩石三轴仪进行三轴压力试验，也可求得 τ 与 σ 的关系。试验时用圆柱体试件，先对柱周施加侧压力，即小主应力 σ_3，而后逐渐施加垂直压力，得到破坏时的垂直正应力 σ_1，从而有一个破坏应力圆。如图 9-22（c）所示，由不同 σ_3 进行的多次试验所得多个破坏应力圆的包络线给出了 τ 与 σ 关系线，且也可近似取直线而得 c 和 φ。

应当注意，地下洞室的围岩通常处于复杂应力状态，而岩石强度与应力状态关系很大。单向应力状态下表现出脆性的岩石，三向应力状态下可以具有塑性，且强度极限提高。复杂应力状态下岩石破坏标准宜用莫尔强度理论来考查。该理论认为材料（岩石）的破坏（某点的破坏）主要决定于其大主应力与小主应力，而与中间主应力无关。这样就可把问题归入平面应力状态来讨论。由单轴压缩、单轴拉伸、纯剪、三轴压缩等试验结果，在 $\tau-\sigma$ 平面上绘制一系列达到破坏极限应力状态的莫尔圆，即极限应力圆，并作其包络线［图 9-23（c）］，则判断岩石某点是否破坏就取决于该点是否超出了包络线之外。如包络线近似处理成直线［图 9-22（d）］则可以看出，当岩石中某点达到塑性平衡的极限状态时，该点应力圆必与直线相切，如图 9-22（d）中 M 点，此时大、小主应力满足下列关系：

$$\frac{\sigma_3+c\cot\varphi}{\sigma_1+c\cot\varphi}=\frac{1-\sin\varphi}{1+\sin\varphi}=\tan^2\left(45°-\frac{\varphi}{2}\right) \tag{9-2}$$

此即岩石塑性判别准则，它表明，σ_3越大，可承受σ_1也越大。

二、岩体的初始地应力场

地下洞室开挖前由于岩体自重、构造运动等各种原因已经发生并存在于岩体中的应力称初始应力，其大小及分布状态是地下洞室设计不可缺少的资料。

实测资料表明，对于没有受构造作用且产状平缓的岩层，其应力状态可由线性弹性理论计算确定。如视岩体为表面水平的半无限体，则在深度为z处由自重产生的垂直正应力为

$$\sigma_z=\gamma_1 z \tag{9-3}$$

式中：γ_1为单位体积岩体所受重力。

由于半无限弹性体中以z为铅直坐标轴和以x、y为水平坐标轴情况下，三个正应力σ_x、σ_y、σ_z都是主应力，而且不可能有侧向（水平向）变形，故有

$$\sigma_x=\sigma_y=\frac{\mu}{1-\mu}\sigma_z=M\sigma_z \tag{9-4}$$

这里$M=\mu/(1-\mu)$，μ为岩石泊松比，M又称静止侧压力系数。一般试验内测得$\mu=0.2\sim0.3$，$M=0.25\sim0.40$。而实际地下洞室工程经验表明，在坚硬岩体中，水平应力与垂直应力之比远大于弹性理论给出的M值，一般$M\geqslant1$。故瑞士地质学家海姆于1878年提出假说：在岩体深处的初始垂直应力与其上覆岩体重量成正比，而水平应力大致与垂直应力相等。重要的水工地下洞室设计时要得到较准确可靠的初始地应力资料，最好直接进行现场量测。量测方法可用应力解除法或应力恢复法。

实测资料表明，岩体初始地应力场确实复杂，$M<1$、$M=1$、$M>1$的情况也都常见，有时甚至远大于1。另外要注意的是，开挖洞室的埋深很大（$z>1000$m）时，开挖边缘上部分岩石会崩落并有爆炸巨响，这就是岩爆现象。它给地下洞室的设计和施工带来困难。国外有人认为地下工程的极限埋深为3000m。这样数量级的埋深在我国西南地区是可能碰到的。

三、地下洞室围岩应力的弹性理论分析

当围岩的岩性均匀，岩体坚硬完整，且其应力水平未超过弹性极限时，可将围岩视为均匀、各向同性的弹性体，按弹性理论分析围岩应力。

（一）圆形洞室的围岩应力

一般当洞室埋置深度z超过洞室高度3倍时，洞室围岩的受力状态可近似如图9-23（a）所示，即视为在垂直均布荷载$p_v=\gamma_1 z$和水平均布荷载$p_h=Mp_v$作用下的有孔平板。这时如取以圆孔中心为原点的极坐标r、θ系统，则围岩中各点径向应力σ_r、切向应力σ_t和剪应力τ可分别按下列公式计算：

$$\sigma_r=\left(\frac{p_h+p_v}{2}\right)\left(1-\frac{r_0^2}{r^2}\right)+\left(\frac{p_h-p_v}{2}\right)\left(1-\frac{4r_0^2}{r^2}+\frac{3r_0^4}{r^4}\right)\cos2\theta \tag{9-5}$$

$$\sigma_t=\left(\frac{p_h+p_v}{2}\right)\left(1+\frac{r_0^2}{r^2}\right)-\left(\frac{p_h-p_v}{2}\right)\left(1+\frac{3r_0^4}{r^4}\right)\cos2\theta \tag{9-6}$$

$$\tau=-\left(\frac{p_h-p_v}{2}\right)\left(1+\frac{2r_0^2}{r^2}-\frac{3r_0^4}{r^4}\right)\sin2\theta \tag{9-7}$$

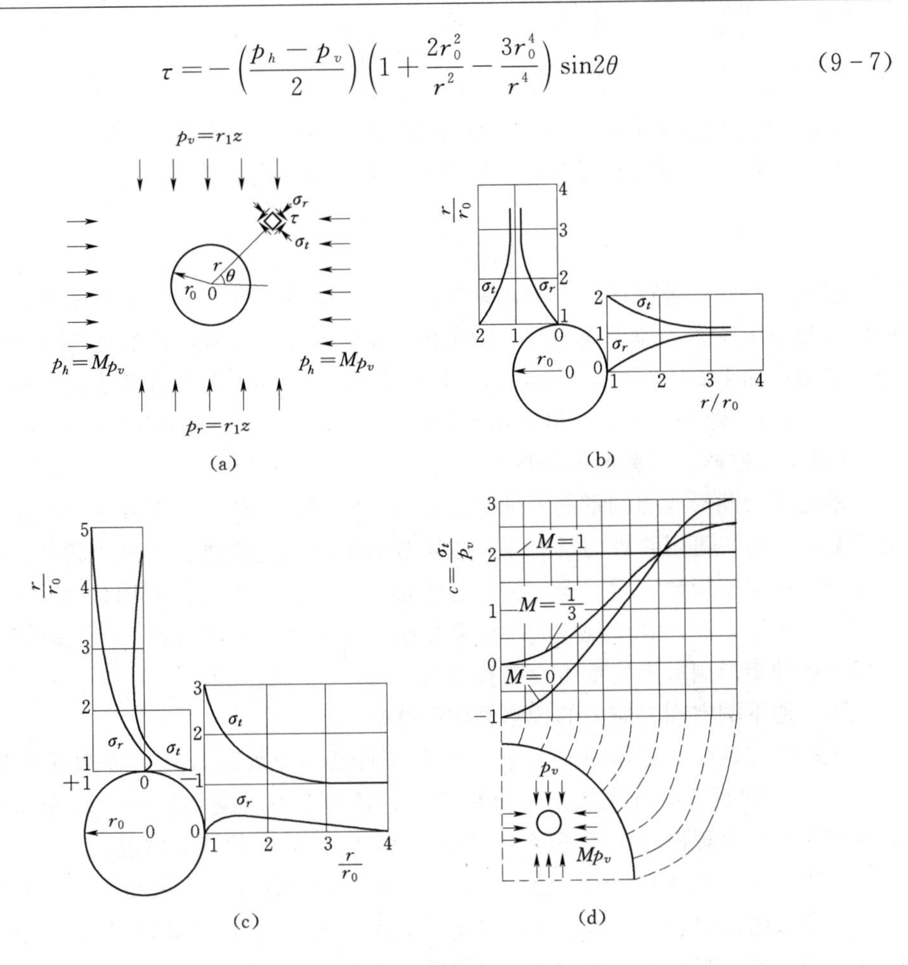

图 9-23　圆形洞室围岩应力分布

(a) 围岩应力计算简图；(b) 圆形洞室围岩应力分布（$M=1$ 情况）；
(c) 圆形洞室围岩应力分布（$M=0$ 情况）；(d) 圆形洞室边界处应力集中系数

式中：r_0 为圆形洞室半径；r 为计算点至圆心的径向距离；θ 为计算点径向与水平向夹角。

用式（9-5）～式（9-7）对 $M=1$ 的两向等压受力情况和 $M=0$ 的单向受力情况围岩应力计算结果，分别示于图 9-23（b）和图 9-23（c），可以看出，$M=1$ 时洞周无拉应力，但切向应力 σ_t 有 2 倍初始地应力的压应力集中；$M=0$ 时洞顶有切向拉应力，洞侧有较大的切向压应力集中。计算还表明，$M=1$ 时，在 $r=6r_0$ 处（即 3 倍洞高处）$\sigma_r=\sigma_t=\gamma_1 z$，可见开挖洞室的影响一般在 3 倍洞高之内。

图 9-23（d）还给出了 $M=0$、1/3、1 三种情况下沿圆洞周边切向应力 σ_t 集中系数分布。可以看出 $M=1$ 时 σ_t/p_v 值分布均匀，无拉应力，应力条件最好；$M=1/3$ 时洞顶 $\sigma_t=0$，也无拉应力；$M<1/3$ 时洞顶开始出现拉应力，即有失稳落石的可能。

（二）椭圆洞室的围岩应力

设椭圆洞室周边形态以参数方程表示为

$$\left.\begin{aligned} x &= a\cos\beta \\ y &= b\sin\beta \end{aligned}\right\} \tag{9-8}$$

式中：a、b 分别为 x 向、y 向的椭圆半轴之长，m；β 为参数。

按弹性理论，椭圆洞室围岩边界切向应力可按下式计算：

$$\sigma_t=\frac{(p_h-p_v)[(a+b)^2\sin^2\beta-b^2]+2abp_v}{(a^2-b^2)\sin^2\beta+b^2} \tag{9-9}$$

用式（9-9）进行计算表明，只要侧压力系数 $M<1$，各种情况的椭圆洞侧点切向应力都为压应力；如果 $M=0$，则洞顶必出现切向拉应力，而如果 $M=1$ 则洞顶均为压应力；如果 $a/b=0.5$，则当 $M=1/5$ 时 $\sigma_t=0$，$M<1/5$ 时开始出现拉应力；如果 $a/b<0.5$，则 $M<1/5$ 时可不出现拉应力，不过这种过于深而窄的断面不实用。

（三）其他形态洞室的围岩应力

不能视为圆形或椭圆形洞室的其他形态洞室如矩形洞室，围岩应力的弹性理论计算要复杂得多，可用弹性力学有限元法求数值解，或直接通过光弹性试验求得应力分布。一般说来矩形洞室围岩应力分布与矩形高宽比有关。经验表明，$M=0$ 的单向初始应力情况下，洞顶要出现应力集中系数接近 1 的拉应力，而在 $M=1$ 的双向初始应力场中各种矩形洞室围岩都不会有拉应力。

四、地下洞室围岩应力的弹塑性理论分析

试验研究表明，岩体的应力应变关系有明显的非线性，宜用弹塑性理论进行分析。1938 年智利芬纳首先提出了分析方法，其后亦有人继续进行了研究和补充。但到目前为止，此理论的实用还限于 $M=1$（即 $p_h=p_v$）的圆洞情况。

此理论假定岩体为均匀、连续、各向同性的弹塑性体，当大小主应力差值（$\sigma_t=\sigma_r$）小于极限值时岩体为弹性体，当 $\sigma_t-\sigma_r$ 大于极限值时岩体按塑性体考虑。极限值由围岩开始发生塑性破坏的应力圆包络线所确定，它满足岩石的塑性判别准则公式

$$\frac{\sigma_t+c\cot\varphi}{\sigma_r+c\cot\varphi}=\frac{1+\sin\varphi}{1-\sin\varphi} \tag{9-10}$$

（一）围岩应力分布

当岩体被开挖出圆形洞室后，洞周产生应力集中，如果围岩仍处于弹性状态，且 $p_h=p_v=p$，则由前文可知，周界切向应力 $\sigma_t=2p<(\sigma_t-\sigma_r)$ 的极限值。

如果 $2p$ 超过弹性极限，洞周附近将出现塑性变形，形成塑性区而出现应力重分布。这时洞的周界上 $\sigma_r=0$，$\sigma_t\ll 2p$，如图 9-24（a）所示，σ_t 的具体大小由岩体应力圆包络线图决定。此后，塑性区不断向围岩深部发展，直到 $\sigma_t-\sigma_r$ 等于所允许的最大极限值时塑性区停止发展，塑性区外仍保持弹性状态。塑性区外缘应力应与弹性区边缘应力相容。

根据上述分析，可列出塑性区平衡微分方程，按照塑性判别准则以及弹性区与塑性区相交边界上应力相等条件，解得塑性区范围的半径 R 为

$$R=r_0\left[(1-\sin\varphi)\left(\frac{p}{c\cot\varphi}+1\right)\right]^{\frac{1-\sin\varphi}{2\sin\varphi}} \tag{9-11}$$

塑性区内任一半径为 r 的点的应力计算公式为

$$\sigma_r = c\cot\varphi\left[\left(\frac{r}{r_0}\right)^{\frac{2\sin\varphi}{1-\sin\varphi}} - 1\right] \tag{9-12}$$

$$\sigma_t = c\cot\varphi\left[\left(\frac{r}{r_0}\right)^{\frac{2\sin\varphi}{1-\sin\varphi}}\frac{1+\sin\varphi}{1-\sin\varphi} - 1\right] \tag{9-13}$$

$$\tau_{rt} = 0 \tag{9-14}$$

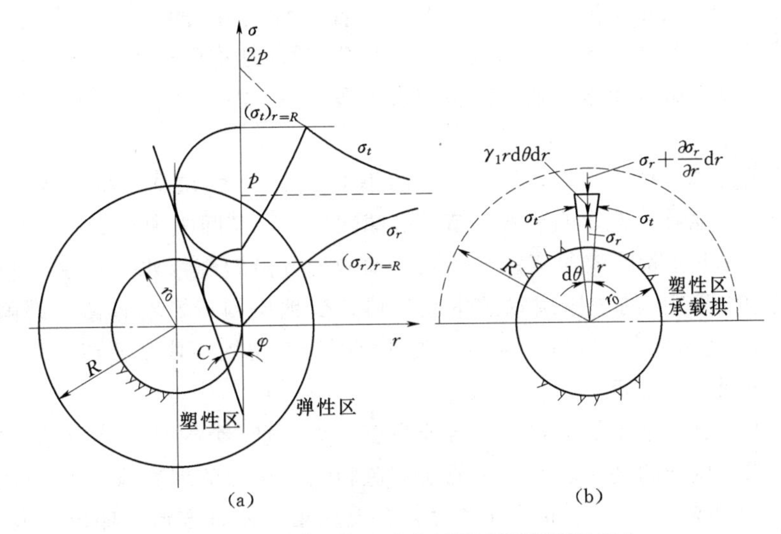

图 9-24　用弹塑性理论分析圆形洞室围岩应力

(二) 围岩稳定性判别

出现塑性变形区并不意味着围岩一定失稳，因为变形过程中，岩块有可能重新组合成支承拱［图 9-24 (b)］，以承担荷载。故在得知塑性区范围及其中应力分布情况后，还应对围岩稳定性进行判断。假定围岩出现塑性区后沿半径为 r 的塑性区弧线与弹性区分离，并在洞顶形成承载拱环［图 9-24 (b)］。根据承载拱环中微元体在自重及 σ_r、σ_t作用下平衡的微分方程，可求得环内径向正应力公式为

$$\sigma_r = -c\cot\varphi + c\cot\varphi\left(\frac{r}{R}\right)^{\frac{2\sin\varphi}{1-\sin\varphi}} + \frac{\gamma_1(1-\sin\varphi)}{3\sin\varphi - 1}\left[1-\left(\frac{r}{R}\right)^{\frac{3\sin\varphi}{1-\sin\varphi}}\right] \tag{9-15}$$

式中：γ_1 为岩体容重，kN/m^3；r 为计算点位置的半径，m；c 为岩体的黏聚力，kN/m^2；φ 为岩体的内摩擦角，(°)；R 为承载拱环与弹性区分界处的半径，m，由式 (9-11) 确定。

由式 (9-15) 可见，当 $r=R$ 时 $\sigma_r=0$，因为原本假定塑性区与弹性区是分离的。为判别洞顶稳定性，则可以 $r=r_0$ 代入考查 σ_r，如 $\sigma_r=0$，则洞顶处于极限平衡状态；如 $\sigma_r>0$，则洞顶稳定；如 $\sigma_r<0$（即拉应力），则洞顶不稳定，必须衬砌。

这里所述围岩稳定性判别法只能用于 $p_h=p_v$ 的圆洞情况。如 $M\neq1$ 或非圆洞，先按弹性理论分析围岩应力，再把所求的应力超过弹性极限部分当作塑性区考虑。

五、判别围岩稳定性的经验法

关于地下洞室围岩稳定性的判别虽有前述各种理论方法，但由于地质条件的复杂性，实际上诸法的准确应用仍很困难，工程上为此还常依赖经验判别。下面介绍国内

外两种经验判别法。

（一）围岩分类法

根据国内外经验，按照围岩工程地质特征和地下水状态所决定的围岩稳定程度，我国将水工地下洞室的围岩分为以下五类。

（1）Ⅰ类为稳定围岩，包括呈整体结构或大块状结构的坚硬岩体以及层间结合良好，且层面与洞轴线正交的厚层层状岩体，岩性新鲜或微风化；地质构造影响轻微，节理裂隙不发育，其间距大于1m；没有或仅偶有软弱结构面，宽度小于0.1m；洞壁干燥或潮湿或仅有微弱渗水。这种洞室围岩无塌落块，能长期稳定，但埋深特大时可能有岩爆。

（2）Ⅱ类为基本稳定围岩，又再分为两小类。$Ⅱ_1$类为块状结构的新鲜或微风化的坚硬岩体；受地质构造影响一般，节理裂隙较发育，其间距为0.5～1m；有少量宽度小于0.5m的小型断层软弱带；地下水活动微弱，沿裂隙渗水、滴水。$Ⅱ_2$类为层面与洞轴夹角大于70°的中厚层状的中硬岩体；受地质构造影响轻微，裂隙不发育，间距大于1m；地下水状态同$Ⅱ_1$类。这类洞室围岩有超挖掉块现象或个别小型塌落，仍可在较长时间维持稳定。

（3）Ⅲ类为稳定性差的围岩，又再分为三小类。$Ⅲ_1$类为具有碎裂结构或镶嵌结构的微风化或弱风化的坚硬岩体；受地质构造影响严重，节理裂隙发育，间距0.2～0.5m，多张开并夹泥；结构面平直光滑并有泥充填，还有方形、梯形、尖拱形等不稳定组合；地下水活动显著，有大量滴水、线状流水或喷水，对软弱岩体稳定性影响严重。$Ⅲ_2$类为块状结构或层状结构的微风化或弱风化的中硬岩；结构面及其组合状态同$Ⅲ_1$类，层面及结构面与洞轴夹角一般大于70°；受地质构造影响一般，裂隙较发育，间距0.5～1m，多微张或局部张开并有夹泥；地下水状态与$Ⅲ_1$类同。$Ⅲ_3$类为微风化的层状结构软岩；受地质构造影响轻微，裂隙不发育；地下水状态与$Ⅲ_1$类同。$Ⅲ_1$、$Ⅲ_2$类围岩稳定受软弱结构面组合控制，表现为洞顶局部塌落，但一般仍具有自稳能力，短时间内可维持稳定；但$Ⅲ_3$类软岩具有流变特征，对裂隙稍发育段自稳能力差。

（4）Ⅳ类为不稳定围岩，又再分为两小类。$Ⅳ_1$类为具有碎裂状结构或层状碎裂结构的弱风化或强风化的破碎硬岩体或中硬岩体；受地质构造影响严重，节理裂隙发育，间距0.2～0.5m，多张开夹泥，并有断层和软弱结构面，软弱带宽2～4m；结构面多平直光滑，或起伏平滑，夹泥较厚，并常带有尖拱形、槽形、圆拱形不稳定组合，层面或结构面与洞轴夹角小于30°或甚至二者平行；地下水活动强烈，并有一定渗透压力和小量涌水，严重影响岩体强度和抗冲刷能力。$Ⅳ_2$类为具有薄层状结构或层状碎裂结构的弱风化的软岩；受地质构造影响一般，裂隙较发育，间距0.5～1m，多张开有泥；常伴有软弱夹层，层面结合差；结构面及其组合状态、地下水状态与$Ⅳ_1$类同。这类围岩稳定性受软弱结构面控制，常发生顶拱塌落，有偏压，且时间效应明显，自稳能力差，自稳时间短。

（5）Ⅴ类为极不稳定围岩，呈散体结构：①强风化或全风化的石质围岩，受地质构造影响很严重，节理裂隙密集，有较厚泥质充填，多为含泥碎裂结构；②挤压强烈的大断层，宽度大于2～4m，裂隙杂乱密集；③非黏性的松散土层、砂卵石、碎石等。结构面及其组合杂乱，并多有黏土充填；地下水活动剧烈，渗透压力较大，岩体无抗冲刷能力。这类围岩稳定性受强度控制，开挖过程中经常边挖边塌。

（二）岩体质量指标评估法

国外不少工程单位用岩体质量指标“RQD”（Rock Quality Designation）评估洞室围岩优劣，并由此确定洞室最大开挖跨度。RQD的定义是勘探钻孔中所取长度不小于10cm的岩芯长度总和在钻孔总进尺中所占百分比。表9-1示出不同RQD值所对应的岩体品质和状态，表9-2示出不同RQD值对应的洞室最大开挖跨度。显然RQD越大，围岩稳定性越好，开挖跨度越大。

表9-1　　5类岩体所对应的RQD指标

RQD/%	0～25	25～50	50～75	75～90	90～100
岩体品质	差极	差	一般	好	很好
岩体状态	松散状	碎裂状	碎裂镶嵌状	块状	整体块状

表9-2　　不同RQD指标的洞室最大开挖跨度

RQD/%	10	20	40	70	90	100
最大开挖跨度/m	5	5	8	9	10	20

可以看出，这一方法具有概念清楚、定量明确的优点，但对岩体某些质量因素如节理发育情况、充填材料特征、裂隙水影响等考虑不很全面。

第七节　水工隧洞衬砌受力分析

水工隧洞衬砌可能承担的各种荷载、各种作用和反作用很多，且较复杂；进行衬砌结构设计和计算时，先要根据其同时作用于衬砌的可能性分别予以组合，区分出基本组合和偶然组合（特殊组合）。基本作用（荷载）有围岩压力、衬砌自重、设计水位条件下的内水压力、稳定渗流条件下的地下水压力（外水压力）等；偶然作用（特殊荷载）有校核水位时内水压力（包括动水压力）和外水压力、施工荷载、灌浆压力、温度作用和地震作用等。

除围岩压力外，衬砌受荷向围岩变形时围岩对衬砌的反作用力（围岩抗力），也是地下结构才可能有的独特抗力。

一、围岩压力

地下洞室开挖衬砌后，围岩的变形乃至坍塌趋势受到衬砌遏制，此时围岩作用于衬砌的力称围岩压力或山岩压力。影响围岩压力大小的因素很多，包括：围岩的强度、变形性能和构造状况；洞室的形状与尺寸；洞室的开挖程序以及支护、衬砌的时间等。按作用方向，可能的围岩压力有三种：作用于顶部衬砌的垂直山岩压力；作用于边墙衬砌的侧向（水平向）山岩压力；作用于底部衬砌的上挤力。除非岩石特别坚硬完整，在洞室衬砌设计中垂直山岩压力一般都要考虑；岩石软弱或不够稳定时侧向山岩压力也要考虑，其值比同时存在的垂直山岩压力要小些；上挤力则只出现在松散破碎的岩体中，其他情况一般不考虑。

（一）用弹塑性理论确定围岩压力

前节已讨论过无衬砌情况下圆形洞室周围按弹塑性理论所得围岩应力分布。当洞周无径向作用力时，塑性区范围的半径 R 可由式（9-11）求得。如图 9-25 所示，设衬砌给予岩体的均布径向作用力为 p_i，则塑性区半径相应变为 R_1，此时 R_1 与 p_i 的关系为

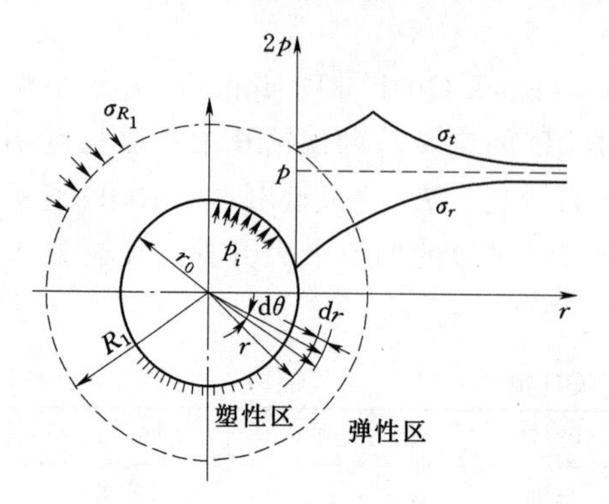

图 9-25　有径向抗力的圆形洞围岩应力

$$R_1=r_0\left[(1-\sin\varphi)\frac{p+c\cot\varphi}{p_i+c\cot\varphi}\right]^{\frac{1-\sin\varphi}{2\sin\varphi}} \tag{9-16}$$

式（9-16）改写为 p_i 的显式表达式则为

$$p_i=[(p+c\cot\varphi)(1-\sin\varphi)]\left(\frac{r_0}{R_1}\right)^{\frac{2\sin\varphi}{1-\sin\varphi}}-c\cot\varphi \tag{9-17}$$

式（9-17）称为修正的芬纳公式。可以看出，p_i 越大，则 R_1 越小，当 $R_1=r_0$ 时无塑性区，p_i 达最大，即

$$p_{i\max}=p(1-\sin\varphi)-c\cos\varphi \tag{9-18}$$

反之，若表征塑性区范围的 R_1 越大，则需由衬砌支护提供的抗力（在数值上即为围岩对衬砌的压力）p_i 越小，由此形成采用柔性支护设计理论的出发点。

（二）按自然平衡拱理论确定围岩压力

按自然平衡拱理论计算水平洞顶衬砌所受垂直山岩压力时，可用下式求出洞顶山岩压力强度：

$$q=\gamma_1 h=\frac{\gamma_1 b}{2f_k} \tag{9-19}$$

式中：γ_1 为单位体积岩石所受重力，kN/m^3；f_k 为岩石的坚固系数，通常由地质勘探报告提供；b 为洞室跨度，m。

对于更常见的圆弧洞顶（即顶拱）衬砌，则取

$$q=0.7\gamma_1 h=\frac{0.7\gamma_1 b}{2f_k} \tag{9-20}$$

关于洞室边墙衬砌所可能承受的侧向山岩压力的确定，按普氏建议，可类比松散体对挡土墙的土压力进行计算。产生主动侧向山岩压力的滑裂面如图 9-26 所示，它与边墙成（$45°-\varphi/2$）的交角。楔形坍滑体 AA_1D 和 BB_1E 上还有附加荷重，其值为两个平衡拱 AOB（拱高 h）和 $A_1O'B_1$（拱高 h_1）之间岩体重。平均荷重 q_0 化引为岩柱高表示：

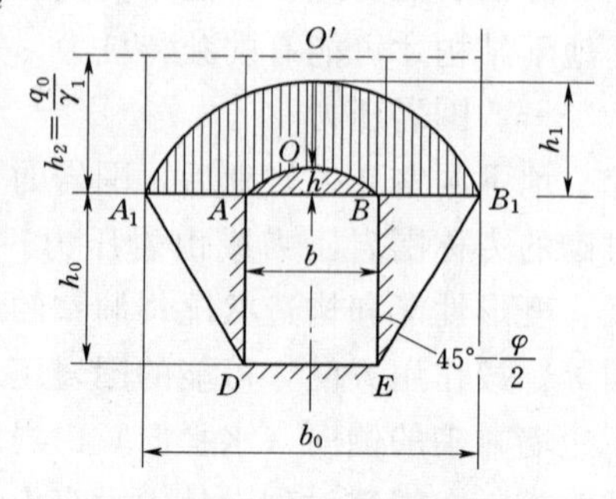

图 9-26　围岩压力计算图

$$h_2=\frac{q_0}{\gamma_1}=\frac{2\gamma_1}{3f_k}\left[b+h_0\tan\left(45^\circ-\frac{\varphi}{2}\right)\right] \tag{9-21}$$

式中：h_0 为边墙高度。

侧向山岩压力假定沿高度均布，均布强度为

$$e=\gamma_1\tan^2\left(45^\circ-\frac{\varphi}{2}\right)(h_2+0.5h) \tag{9-22}$$

有侧向山岩压力时的垂直山岩压力，视断面为平顶或曲线形顶，仍分别用式（9-19）以及式（9-20）计算。

在工程实践中，一般当 $f_k>2$ 时可不计侧向山岩压力；$f_k>6$ 时垂直山岩压力也可忽略不计。当洞顶平衡拱的形成没有保证，或当平衡拱与地表（或软弱层）高差小于平衡拱高度时垂直山岩压力应以洞顶以上全部岩柱重量计算。

（三）按围岩类别确定其对衬砌压力的经验法

我国2020年颁布的《水工隧洞设计规范》（NB/T 10391—2020）建议围岩作用在衬砌上的荷载，应根据围岩条件、横断面形状和尺寸、施工方法以及支护效果确定。围岩压力的计取应符合下列规定：围岩自稳条件好、开挖后变形很快稳定的围岩，可不计围岩压力；薄层状及碎裂散体结构的围岩，作用在衬砌上的围岩压力可按下式计算：

垂直方向：
$$q_v=(0.2\sim0.3)\gamma_r B \tag{9-23}$$

水平方向：
$$q_h=(0.05\sim0.1)\gamma_r H \tag{9-24}$$

式中：q_v 为垂直均布围岩压力，kN/m^2；q_h 为水平均布围岩压力，kN/m^2；γ_r 为岩体重度，kN/m^3；B 为隧洞开挖宽度，m；H 为隧洞开挖高度，m。

不能形成稳定拱的浅埋隧洞，宜按洞室顶拱的上覆岩体重力作用计算围岩压力，再根据施工所采取的支护措施予以修正；块状、中厚层至厚层状结构的围岩，可根据围岩中不稳定块体的作用力来确定围岩压力；采取了支护或加固措施的围岩，根据其稳定状况，可不计或少计围岩压力；采用掘进机开挖的围岩，可适当少计围岩压力；具有流变或膨胀等特殊性质的围岩，可能对衬砌结构产生变形压力时，应对这种作用进行专门研究，并宜采取措施减小其对衬砌的不利作用；地应力在衬砌上产生的作用应进行专门研究。

二、围岩的弹性抗力

资源 9.3
围岩压力与弹性抗力

在各种荷载作用下，衬砌的一部分或全部产生挤向围岩的变形时，将受到围岩的反力。弹性抗力即指这种围岩对衬砌变形的反作用力。这是一种被动力，它的存在表明围岩能与衬砌结构协同工作，对衬砌是有利的。充分计及围岩弹性抗力的作用，对于受内水压力为主的衬砌设计可得经济合理的结果。但如对弹性抗力估计过高，则会导致结构设计偏于不安全。当衬砌变形指向离开围岩的法向时，弹性抗力不存在。

弹性抗力的大小一般按文克尔假定考虑，认为它与围岩受衬砌挤压后产生的法向位移成正比，写为

$$p=K\delta \tag{9-25}$$

式中：p 为岩石弹性抗力，10^4kPa；K 为弹性抗力系数，kN/cm^3；δ 为围岩受压的

法向位移，cm。

K 与围岩情况及开挖断面形态尺寸有关，对于半径 r_0 的圆形断面，假设围岩为无限弹性体，即把围岩视为无限厚的圆筒，则在洞内均布法向压力 p 作用下，变位 δ 为

$$\delta=\frac{(1+\mu_0)r_0}{E_0}p \tag{9-26}$$

式中：E_0、μ_0分别为岩体的弹性模量和泊松比；r_0 为圆洞开挖半径。

比较式（9-25）和式（9-26），可得圆洞围岩弹性抗力系数为

$$K=\frac{E_0}{(1+\mu_0)r_0} \tag{9-27}$$

圆洞开挖半径为 1m 的 K 值称为单位弹性抗力系数 K_0。

$$K_0=\frac{E_0}{100(1+\mu_0)} \tag{9-28}$$

正如 f_k 一样，K_0 也是描述围岩优劣的一个重要指标，原则上应在工程地质勘探和现场试验基础上确定。有了 K_0 后，实际开挖半径 r_0（cm）的洞室围岩 $K=100K_0/r_0$。显然这样的 K_0、K 本来只适用于均匀内水压力作用上的圆洞，但工程上对于非圆形洞室要计及围岩的弹性抗力作用时，也近似用之。这时 K 与 K_0 的关系是 $K=100K_0/(0.5b)$，这里 b 为洞室开挖宽度（cm）。

应当指出，由于围岩弹性抗力是帮助衬砌承受其他荷载的被动力，故对其定值应较慎重，以保证结构设计安全。按照经验，一般都是在 $f_k>2$，洞顶以上岩层厚度不小于洞径 $2r_0$ 或洞宽的 3 倍时才考虑其作用。

三、外水压力

外水压力，也叫地下水压力。隧洞穿过的山岭，常有地下水存在于岩体中间，对衬砌外壁施加外水压力。它的压强对于无压隧洞常以从地下水位到衬砌拱顶内壁的垂距和水容重相乘而得。对于有压隧洞，则指隧洞顶部内壁以上的水柱重量。

地下水的来源依隧洞的具体情况而异。有的来自降雨，雨水渗入岩层中变成地下水；有的来自水库的补给，当水库建成水位抬高后，库水渗入隧洞所在的山岭成为地下水；有的来自有压隧洞的漏水，由于衬砌修筑上的缺点，洞里高压水透过衬砌渗入岩层中，成为地下水；有的来自位置较高的河道或湖泊，由于这些水体的水位较隧洞为高，故渗入山体后对于隧洞产生地下水压力。

实际上地下水压力是渗透水在围岩和衬砌中产生的体积力，应通过渗流计算来确定。对于水文地质条件简单的隧洞，可采用地下水位线到隧洞表面的水位高度乘以相应的折减系数后，作为该处隧洞衬砌外表面的地下水压力。折减系数可参考表 2-1。

四、灌浆压力

衬砌建造过程中要进行顶拱部分的回填灌浆，还可能进行围岩的固结灌浆，前者压力一般为 0.2～0.3MPa，后者压力一般为 0.4～1.0MPa。固结灌浆压力对衬砌的影响一般可由施工方法和构造措施而减免，回填灌浆压力与衬砌自重的组合，一般宜作为施工期一种偶然组合情况加以考虑。通常可将回填灌浆压力视为作用于顶拱中心

角 90°范围内的均布荷载。

五、温度作用及地震作用

水工地下洞室衬砌较薄，易散热，不同于大体积混凝土坝，一般不考虑由水泥水化热导致的温度应力。对于由混凝土硬化收缩以及运用中水温、气温变化使衬砌胀缩而受围岩约束导致的温度应力，应主要通过衬砌分缝、养护、保温等构造措施和施工措施来减免。但须注意，当按其他荷载计算衬砌不需配置受力钢筋或配筋很少而温度变化却较大时，应适当加配温度钢筋。

洞室衬砌埋置地下，受地震影响很小，一般也不考虑地震作用。但隧洞选线时应尽量避开活动性断裂带。在设计地震烈度Ⅷ～Ⅸ度的地区，不宜在风化和裂隙发育的傍山岩体中修建大跨度洞室。

必须指出，关于地震作用的上述考虑当然只是就洞身衬砌的荷载而言的；如就从进口到出口的全洞各段而言，其进出口建筑物，特别是塔式建筑物则必须考虑地震作用下的偶然作用组合情况。还应注意，进出口附近较陡的岩坡在地震作用下会不会丧失稳定而坍滑，也是应专门校核的。

第八节　水工隧洞衬砌结构计算

水工隧洞衬砌结构计算的目的在于对各种作用（荷载）组合情况求出衬砌的内力与应力，以便校核衬砌厚度和材料强度，并进行配筋。计算前初定的衬砌厚度一般为洞径或洞室宽度 1/8～1/12，或参照已建类似工程拟定。

隧洞衬砌作为地下结构，与一般地面建筑物不同，它与围岩紧贴，受荷时衬砌变形指向围岩的范围内有围岩抗力，而抗力大小又与同点衬砌位移有直接关系，故衬砌结构计算多属非线性力学问题。除去均匀内水压力作用下圆洞衬砌可视为无限弹性介质中轴对称受力圆管按弹性理论计算外，对于非圆断面或非轴对称荷载的衬砌，一般按经验拟定弹性抗力分布范围，并引用文克尔假设表征抗力大小变化规律，化为线性问题，采用结构力学方法，按超静定结构求解。这些就是以往衬砌结构计算常用方法。

随着现代数值计算技术的发展，衬砌计算也出现了一些新方法。其一是采用解微分方程边值问题的方法计算衬砌。该法仍采用文克尔假设，但不必事先假定弹性抗力分布，可算是改进的结构力学方法。其二是弹性力学有限元法，将围岩与衬砌一起进行计算，可考虑复杂的地质条件，并计及衬砌材料和围岩的弹塑性特性。该法本身比较精确，但是，实际计算精度仍受围岩地质力学常数及其初始应力状态确定的精度控制。

一、圆形隧洞衬砌结构计算

有压水工隧洞是采用圆形衬砌断面的典型，其衬砌主要荷载为内水压力，应慎重而充分地利用围岩弹性抗力。衬砌内力计算时一般先按各种荷载单独作用，分别求出弯矩和轴力，而后根据可能的荷载组合将弯矩、轴力各自叠加得到组合内力结果。有了内力可据以校核衬砌强度、厚度，并进行配筋和构造设计。

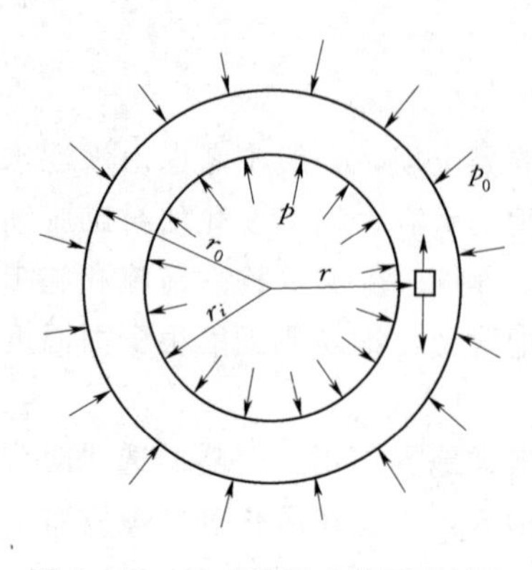

图 9-27　轴对称受力的圆形衬砌

(一) 均匀内水压力作用下圆形衬砌内力计算

在围岩弹性抗力有保证的情况下，受均匀内水压力的圆断面衬砌可视为无限弹性介质中的厚壁管，用弹性理论进行分析。先根据管外壁与围岩接触面的变形相容条件求得管壁所受弹性抗力，再利用轴对称受力圆管的弹性理论解答计算衬砌内的应力。

如图 9-27 所示，设外半径为 r_0 和内半径为 r_i 的圆形衬砌在内水压力 p 和围岩弹性抗力 p_0 沿环向均布作用下。按弹性理论的平面形态问题，管壁厚度范围内与圆心相距半径为 r 的任一点径向变位应为

$$u=\frac{r(1+\mu)}{E}\left[\frac{1-2\mu+\left(\frac{r_0}{r}\right)^2}{t^2-1}p-\frac{\left(\frac{r_0}{r}\right)^2+(1-2\mu)t^2}{t^2-1}p_0\right] \tag{9-29}$$

式中：E、μ 分别为衬砌材料的弹性模量和泊松比；t 为衬砌外半径与内半径之比（$t=r_0/r_i$）。

式（9-29）中取 $r=r_0$，就得衬砌与围岩接触面上各点的径向变位：

$$u_0=\frac{r_0(1+\mu)}{E}\left[\frac{2(1-\mu)}{t^2-1}p-\frac{1+(1-2\mu)t^2}{t^2-1}p_0\right] \tag{9-30}$$

当开挖洞壁作用有 p_0 时，根据弹性抗力的基本假定（文克尔假定），其径向变位为 p_0/K，亦即 $p_0r_0/100K_0$，此值应等于 u_0，于是得

$$p_0=\frac{1-A}{t^2-A}p \tag{9-31}$$

$$A=\frac{0.01E-K_0(1+\mu)}{0.01E+K_0(1+\mu)(1-2\mu)} \tag{9-32}$$

式中：A 为弹性特征参数。

按弹性理论解答，厚壁管在均匀内、外水压力 p 和 p_0 作用下，管壁内半径为 r 的任一点切向正应力为

$$\sigma_t=\frac{1+\left(\frac{r_0}{r}\right)^2}{t^2-1}p-\frac{t^2+\left(\frac{r_0}{r}\right)^2}{t^2-1}p_0 \tag{9-33}$$

将式（9-31）的 p_0 代入式（9-33）得

$$\sigma_t=\frac{\left(\frac{r_0}{r}\right)^2+A}{t^2-A}p \tag{9-34}$$

式（9-34）中任意半径 r 分别以内半径 r_i 和外半径 r_0 代入，就得衬砌内、外边缘的切向应力为

$$\sigma_i=\frac{t^2+A}{t^2-A}p \tag{9-35}$$

$$\sigma_0=\frac{1+A}{t^2-A}p \qquad (9-36)$$

求得σ_i、σ_0后，厚度范围内应力按直线分布，即不难合成轴力 N 和弯矩 M。

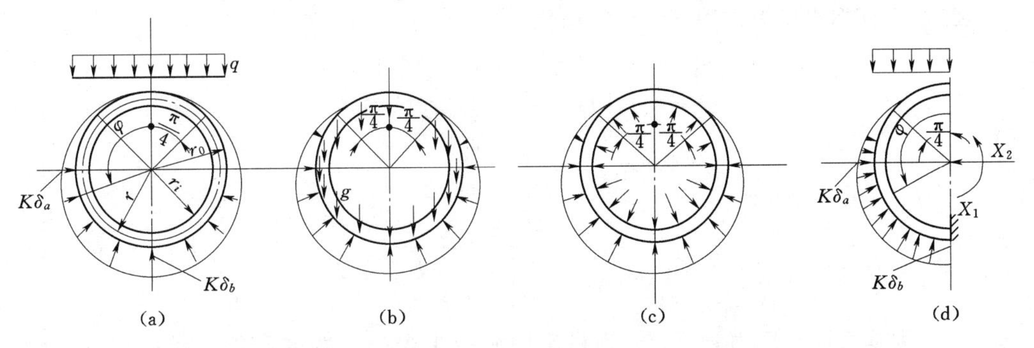

图 9-28　圆形隧洞上的荷载及其弹性抗力分布示意图

(二) 其他荷载作用下的圆形衬砌计算

圆断面衬砌在围岩压力、衬砌自重、洞内满水压力等荷载作用下，如果围岩较好，也应考虑弹性抗力作用，常假定其分布规律（图 9-28），再用结构力学方法求衬砌内力。

1. 弹性抗力分布

围岩压力、衬砌自重、洞内满水压力都是左右对称的荷载，分别如图 9-28（a）、（b）、（c）所示。在这些荷载作用下，顶部衬砌向内变形，故假定顶部中心角 90°范围内无弹性抗力。圆周其余部位的弹性抗力假定按以下规律分布：

当 $\pi/4\leqslant\varphi\leqslant\pi/2$ 时

$$K\delta=-K\delta_a\cos2\varphi \qquad (9-37)$$

当 $\pi/2\leqslant\varphi\leqslant\pi$ 时

$$K\delta=K\delta_a\sin^2\varphi+K\delta_b\cos^2\varphi \qquad (9-38)$$

式中：$K\delta_a$ 及 $K\delta_b$ 为 $\varphi=\pi/2$ 及 $\varphi=\pi$ 处衬砌所受弹性抗力；δ_a、δ_b 为变位值，与荷载大小、岩石性质及衬砌刚度有关。

2. 考虑弹性抗力的衬砌内力计算

由于荷载与结构均左右对称，取图 9-28（a）之一半进行分析，如图 9-28（d）所示，弹性中心为圆心（切力 $X_3=0$），写力法方程：

$$\left.\begin{aligned}X_1\delta_{11}+\Delta_{1p}&=0\\X_2\delta_{22}+\Delta_{2p}&=0\end{aligned}\right\} \qquad (9-39)$$

由式（9-39）求出的 X_1、X_2 都包含待定的 δ_a、δ_b，可用以下两个补充条件求得，即 $\varphi=\pi/2$ 处变位为

$$\delta_a=\Delta_{ap}+X_1\delta_{a1}+X_2\delta_{a2} \qquad (9-40)$$

y 向平衡条件为

$$\sum y=0 \qquad (9-41)$$

联解以上诸方程，即可得 X_1 及 X_2，从而可求出衬砌各断面的弯矩 M 和轴力

N。这样的计算过程中忽略了轴力对压缩变形的影响以及衬砌与岩石间的摩擦力。下面分别列出山岩压力、衬砌自重、无水头洞内满水压力、外水压力作用下的四种内力计算结果。M 以内缘受拉为正，N 以受压为正。

（1）垂直围岩压力作用下的计算结果。

$$M=qrr_0[Aa+B+Cn(1+a)] \tag{9-42}$$

$$N=qr_0[Da+F+Gn(1+a)] \tag{9-43}$$

$$a=2-\frac{r_0}{r} \tag{9-44}$$

$$n=\frac{1}{0.06416+\dfrac{EJ}{r^3 r_0 Kb}} \tag{9-45}$$

式中：q 为垂直围岩压力强度；r 为衬砌中心线半径；r_0 为衬砌外半径；a、n 为系数；E 为衬砌材料弹性模量；J 为计算断面惯性矩；K 为岩石弹性抗力系数；b 为计算圆环宽度，一般取 $b=1$m；A、B、C、D、F、G 为衬砌内力系数（与 φ 有关），可查表 9-3。

表 9-3　　垂直围岩压力下的衬砌内力系数

φ	A	B	C	D	F	G
0	0.1628	0.0872	−0.00700	0.2122	−0.2122	0.02100
π/4	−0.0250	0.0250	−0.00084	0.1500	0.3500	0.01485
π/2	−0.1250	−0.1250	0.00825	0.0000	1.0000	0.00575
3π/4	0.0250	−0.0250	0.00022	−0.1500	0.9000	0.01380
π	0.0872	0.1628	−0.00837	−0.2122	0.7122	0.02240

（2）衬砌自重作用下的计算结果。

$$M=g_c r^2(A_1+B_1 n) \tag{9-46}$$

$$N=g_c r(C_1+D_1 n) \tag{9-47}$$

式中：g_c 为单位面积上的衬砌自重，$g_c=r_c h$，h 为包括超挖（0.1～0.3m）的衬砌厚度；A_1、B_1、C_1、D_1 可查表 9-5；其余符号含义同式（9-42）和式（9-49）。

（3）无水头洞内满水压力下的计算结果。

$$M=\gamma r_i^2 r(A_2+B_2 n) \tag{9-48}$$

$$N=\gamma r_i^2(C_2+D_2 n) \tag{9-49}$$

式中：γ 为水容重；r_i 为衬砌内半径；n 意义同式（9-43）；A_2、B_2、C_2、D_2 查表 9-4。

（4）外水压力下计算结果。

$$M=-\gamma r_0^2 r(A_2+B_2 n) \tag{9-50}$$

$$N=-\gamma r_0^2(C_2+D_2 n)+\gamma H r_0 \tag{9-51}$$

式中：H 为地下水位在衬砌以上的高度；A_2、B_2、C_2、D_2 由表 9-5 查取。

表 9-4　　衬砌自重下的衬砌内力系数

φ	A_1	B_1	C_1	D_1
0	0.3447	−0.02198	−0.1667	0.06592
$\pi/4$	0.0334	−0.00267	0.3375	0.04661
$\pi/2$	−0.3928	0.02589	1.5708	0.01804
$3\pi/4$	−0.0335	0.00067	1.9186	0.04220
π	0.4405	−0.02620	1.7375	0.07010

表 9-5　　无水头洞内满水压力下衬砌内力系数

φ	A_2	B_2	C_2	D_2
0	0.17240	−0.01097	−0.58385	0.03294
$\pi/4$	0.01673	−0.00132	−0.42771	0.02329
$\pi/2$	−0.19638	0.01294	−0.21460	0.00903
$3\pi/4$	−0.01679	0.00036	−0.39413	0.02161
π	0.22027	−0.01312	−0.63125	0.03509

当衬砌同时受内水压及外水压作用时，如 $pr_i>\gamma Hr_0$，应以 $p-\gamma Hr_0/r_i$ 作为内水压力进行计算，且不再计算均匀外水压力的作用；如 $pr_i<\gamma Hr_0$，则应以 γHr_0-pr_i 代替式（9-51）中之 γHr_0，且不再计算均匀内水压力的作用。

3. 不考虑弹性抗力的衬砌内力算

当地质条件差，岩石软弱破碎，或外水压力很大时就不能考虑弹性抗力，而只考虑衬砌下部半圆上假定按余弦规律分布的地层反力和侧向山岩压力，如图 9-29 所示为荷载及反力分布图，计算公式见表 9-6，公式中的 a 见式（9-44），其他系数见表 9-7。

表 9-6　　不考虑弹性抗力的圆断面衬砌内力计算公式

荷　　载		M	N
垂直山岩压力		$qr_0r(A_3a+B_3)$	$qr_0(C_3a+D_3)$
侧向山岩压力		er_0rA_4a	er_0C_4
无水头满洞水压力		$\gamma r_i^2rA_6$	$\gamma r_i^2C_6$
衬砌自重		$g_cr^2A_5$	g_crC_5
外水压力	当 $\pi\gamma r_0^2<2(qr_0+\pi rg_c)$	$-\gamma r_0^2rA_6$	$-C_6r_0^2\gamma+h\gamma r_0$
	当 $\pi\gamma r_0^2\geqslant 2(qr_0+\pi rg_c)$	$\gamma r_0^2rA_6$	$C_7r_0^2\gamma+h\gamma r_0$

表 9-7　　不考虑弹性抗力的圆断面衬砌内力系数

断面	$\varphi=0$	$\varphi=\pi/4$	$\varphi=\pi/2$	$\varphi=3\pi/4$	$\varphi=\pi$
A_3	0.1628	−0.0250	−0.1250	0.0250	0.0872
B_3	0.0644	0.0178	−0.0947	−0.0109	0.0096
A_4	−0.2500	0.0000	0.2500	0.0000	−0.2500

续表

断面	$\varphi=0$	$\varphi=\pi/4$	$\varphi=\pi/2$	$\varphi=3\pi/4$	$\varphi=\pi$
A_5	0.2732	0.0107	−0.2976	0.0107	0.2732
A_6	0.1366	0.0054	−0.1488	0.0054	0.1366
C_3	0.2122	0.1500	0.0000	−0.1500	−0.2122
D_3	−0.1591	0.3875	1.0000	1.6282	0.7957
C_4	1.0000	0.5000	0.0000	0.5000	1.0000
C_5	0.0000	0.5554	1.5708	1.9696	2.0000
C_6	−0.5000	−0.3688	−0.2146	−0.3688	−0.5000
C_7	1.5000	1.6312	1.7854	1.6312	1.5000

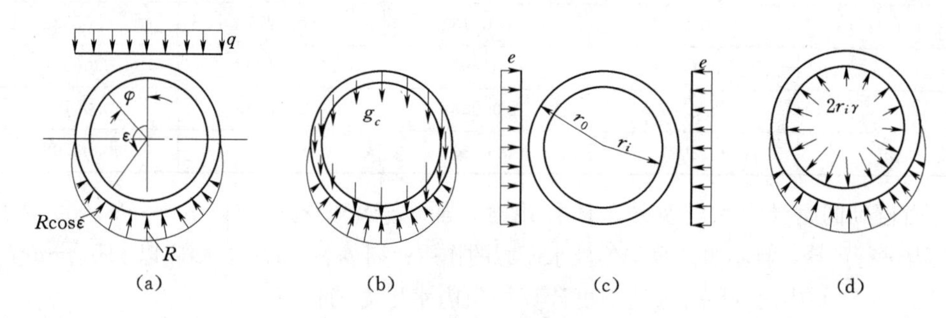

图 9-29　荷载及反力分布图

(a) 垂直围岩压力；(b) 衬砌自重；(c) 侧向山岩压力；(d) 水重

二、方圆形洞室的圆拱直墙式衬砌结构计算

铅直断面呈方圆形的洞室及其相应的圆拱直墙式衬砌最广泛地用于地下厂房及无压水工隧洞。从力学观点说，这类衬砌在结构上还可区分四种情况：其一是顶拱、边墙和底板都作为受力结构且相互连接在一起的闭合式整体衬砌；其二是底板不受力（即底板仅作抹面衬砌）而只有顶拱和边墙承受荷载的高脚拱形衬砌；其三是底板、边墙都不受力（即底板、边墙都仅作抹面衬砌）而只有顶拱受力的低平拱形衬砌；其四是底板不受力，顶拱和边墙分别独立承载的衬砌。下面对四者依次阐述。

（一）方圆形闭合式衬砌计算

这种衬砌结构如图 9-30（a）所示，基本计算途径是：将顶拱连同边墙视为高脚无铰拱，拱座与底板之间视为弹性固接，底板则视为弹性地基梁。现先介绍按超静定结构解法计算弹性固端直壁高脚拱，而后再考虑其与底板的弹性连接作用。

对衬砌结构受力做如下假定：荷载与拱的垂直中心线对称，如图 9-30（b）所示，取以该中心线为界的一半考虑；垂直围岩压力均匀分布；衬砌自重沿衬砌厚度中心线均匀分布；内、外水压力与衬砌厚度中心线正交；围岩的侧向围岩压力、弹性抗力是否考虑和如何考虑则要根据具体地质条件分析确定。一般说来，如洞室位于软弱不稳定岩层中，就不能考虑弹性抗力，而要计入主动侧向围岩压力；如洞室位于坚硬稳定岩层中，则应考虑弹性抗力，而侧向山岩压力可不计。就工程实际而言，往往正因为围岩坚硬稳定才选用了圆拱直墙式衬砌，故以后者为常见。这时对以 $K\delta$ 表示的围岩弹性抗力认为与衬砌厚度中心线正交，并对其大小分布做如下的进一步考虑。

将方圆形衬砌结构暂视同为无底板的高脚无铰拱，在承受垂直山岩压力和自重等荷载作用下的变位如图 9－30（b）所示（图中虚线）。顶拱部分的弹性抗力零点大致在 $\varphi_0=45°$处［图 9－30（c）］，自此点向下弹性抗力的沿线分布拟定为

$$K\delta=K\delta_h\left(\frac{\cos^2\varphi_0-\cos^2\varphi}{\cos^2\varphi_0-\cos^2\varphi_h}\right)\sin\varphi_h \tag{9-52}$$

式中的最大抗力 $K\delta_h$发生在顶拱拱端，亦即边墙顶点 h，当顶拱为半圆，$\varphi_h=90°$，$\varphi_0=45°$时，式（9－52）简化为

$$K\delta=K\delta_h(1-2\cos^2\varphi) \tag{9-53}$$

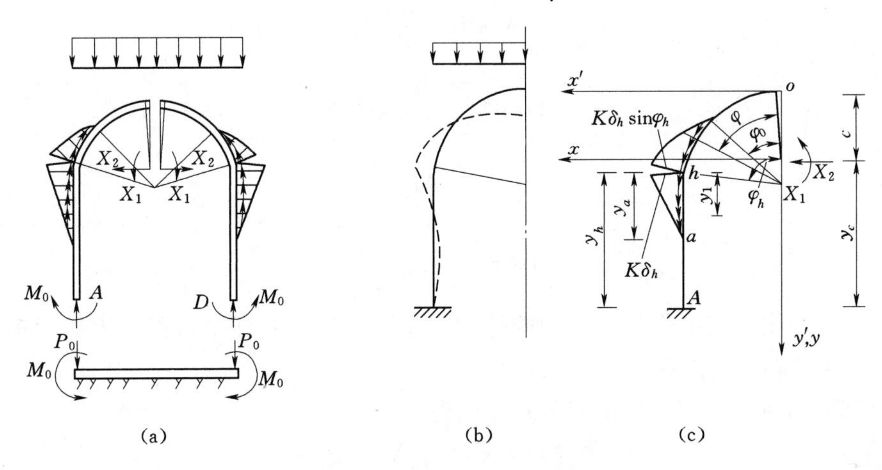

图 9－30　方圆形衬砌计算图

边墙下部弹性抗力为零的 a 点位置与边墙刚度有关，刚度越大，a 点越低，甚至可与墙底 A 点重合；边墙刚度越小，a 点越高。故一般须经试算确定 a 的位置。a、h 之间弹性抗力视为直线分布，即

$$K\delta=K\delta_h\left(1-\frac{y_1}{y_a}\right) \tag{9-54}$$

式中：y_1、y_a 含义见图 9－30（c）。

如图 9－30（c）所示，法向弹性抗力的存在，必然沿衬砌与围岩接触边界还产生切向摩擦力 T：

$$T=\mu K\delta \tag{9-55}$$

式中：μ 为衬砌、围岩间摩擦系数。

不过 T 一般很小，也可忽略不计。

荷载和围岩弹性抗力分布既定后，超静定高脚拱的具体计算用力法或位移法均可，这里介绍力法的弹性中心法。如图 9－30（c）所示取基本体系，超静定多余未知力 X_1、X_2 移至弹性中心，解法及计算公式如下：

先求弹性中心位置，确定刚臂长度为

$$c=\frac{\int_0^{S/2} y'\frac{ds}{EJ}}{\int_0^{S/2}\frac{ds}{EJ}} \tag{9-56}$$

式中：S 为沿高脚拱衬砌厚度中心线的全长；E 为衬砌材料的弹性模量；J 为衬砌截面惯性矩；y'为自拱顶算起的纵坐标。

设墙底角变位为 β，则可列出弹性中心处的力法方程为

$$\left.\begin{aligned}X_1\delta_{11}+\Delta_{1p}+\beta=0\\X_2\delta_{22}+\Delta_{2p}+\beta y_c=0\end{aligned}\right\} \tag{9-57}$$

其中

$$\delta_{11}=\int_0^{S/2}\frac{ds}{EJ}$$

$$\delta_{22}=\int_0^{S/2}y^2\frac{ds}{EJ}$$

$$\Delta_{1p}=\int_0^{S/2}M_p\frac{ds}{EJ}$$

$$\Delta_{2p}=\int_0^{S/2}M_p y\frac{ds}{EJ}$$

这里 M_p 为静定系统中作用于衬砌的外荷载及弹性抗力对任一截面产生的弯矩；δ_{22} 和Δ_{2p} 中未计轴向变形影响。

当墙底 A 的弯矩为 M_0 时，其角变位为

$$\beta=\beta_1 M_0=X_1\beta_1+X_2 y_c\beta_1+\beta_p \tag{9-58}$$

式中：β_1为墙底受单位弯矩作用所产生的角变位；β_p 为静定系统中由外荷载及弹性抗力对 A 点弯矩所引起的角变位。

将式（9-58）代入式（9-57）可以解得

$$X_1=\frac{(\Delta_{2p}+\beta_p y_c)\beta_1 y_c-(\Delta_{1p}+\beta_p)(\delta_{22}+y_c^2\beta_1)}{(\delta_{22}+y_c^2\beta_1)(\delta_{11}+\beta_1)-y_c^2\beta_1^2} \tag{9-59}$$

$$X_2=\frac{(\Delta_{1p}+\beta_p)\beta_1 y_c-(\Delta_{2p}+y_c\beta_p)(\delta_{11}+\beta_1)}{(\delta_{22}+y_c^2\beta_1)(\delta_{11}+\beta_1)-y_c^2\beta_1^2} \tag{9-60}$$

式中 Δ_{1p}、Δ_{2p}、β_p 等均包含有弹性抗力作用，为计算弹性抗力，关键在于根据 h 点变位条件求 δ_h，得

$$\delta_h=\Delta_{hp}+X_1\delta_{h1}+X_2\delta_{h2}+\Delta_{hp} \tag{9-61}$$

$$\Delta_{hp}=\int_0^{S_1}M_p y_1\frac{ds}{EJ}$$

$$\delta_{h1}=\int_0^{S_1}y_1\frac{ds}{EJ}$$

$$\delta_{h2}=\int_0^{S_1}yy_1\frac{ds}{EJ}$$

$$\Delta_{h\beta}=\beta y_h$$

式中：Δ_{hp}、δ_{h1}、δ_{h2}、$\Delta_{h\beta}$分别为荷载（包括弹性抗力）、$X_1=1$、$X_2=1$ 和墙底转角 β 在 h 点引起的位移；S_1 为自 h 点至墙底沿衬砌厚度中心线长度，由于是直墙，其值实际如图 9-30（c）所示之铅直高度 y_h；y_1 为自 h 以下任意截面向 h 量取的铅直距离。

求出 δ_h，算出弹性抗力，进而算得 Δ_{1p}、Δ_{2p}、β_p，并代入式（9-59）、式（9-60）后可得 X_1 和 X_2。至此，边墙和顶拱任意截面（以 y 和 φ 标其位置）的弯矩和轴力即可表示为

$$M=M_p+X_1+X_2y \tag{9-62}$$

$$N=N_p+X_2\cos\varphi \tag{9-63}$$

在作为方圆形闭合式衬砌的前提下，墙底变位（β_1 和 β_p）应视为边墙与底板弹性连接点的共同变位。利用此相容条件，取单位宽度底板作为弹性地基上直梁，在端部铅直切力 P_0、弯矩 M_0 作用下［图 9-30（a）］，可求 β_1、β_p 为

$$\beta_1=\frac{2\alpha^3}{Kb}G_3 \tag{9-64}$$

$$\beta_p=\frac{2\alpha^2}{Kb}P_0G_4+M'_0\beta_1 \tag{9-65}$$

还可求底板跨中截面弯矩为

$$M_{l/2}=P_0\frac{1}{\alpha}G_2+M_0G_1 \tag{9-66}$$

其中

$$\alpha=4\sqrt{\frac{Kb_1}{4E_1J_1}} \tag{9-67}$$

式中：M'_0为基本体系中由于外荷载（包括弹性抗力）在墙底产生的弯矩；b_1为底板计算宽度（一般取 $b_1=1\text{m}$）；E_1 为底板弹性模量；J_1 为底板截面惯性矩；K 为围岩弹性抗力系数；G_1、G_2、G_3、G_4均为底板按弹性地基梁计算时与 α 和底板跨长 l 有关的双曲三角函数，可由图 9-31 查取。

上述计算所得的内力结果应进行校核：按所得衬砌内力（弯矩 M 图和轴力 N 图）核算顶拱在 $\varphi=45°$处变位，其值应为零；核算边墙在所设 a 点处变位，其值也应为零，否则应重设 a 点位置再算。

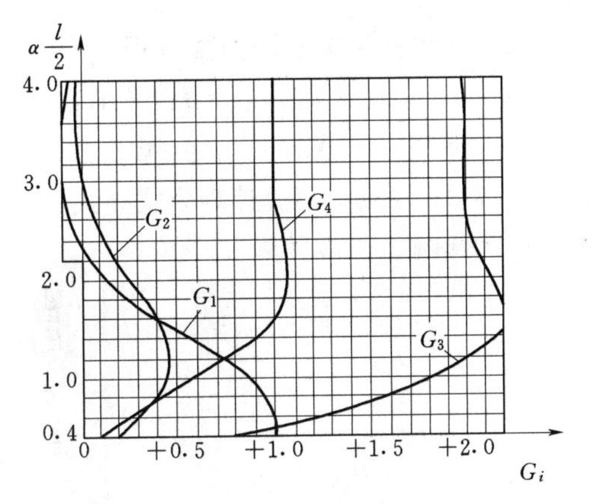

图 9-31 G_1～G_4 曲线图

（二）无底板的高脚拱形衬砌计算

不设受力底板的圆拱直墙式衬砌，即高脚拱形衬砌计算时，式（9-52）～式（9-54）所表示的弹性抗力以及力法计算式（9-56）～式（9-63）仍全部可用。这时直墙作为高脚拱的一部分，底端直接支承于岩体，整个衬砌结构视为弹性固端无铰拱，计算图仍如图 9-30

(b)、(c) 所示，除无弹性地基梁外，计算假定也全同于整体闭合式衬砌。只需注意，拱座转角算式（9－64）、式（9－65）应换用如下两式：

$$\beta_1=\frac{1}{KJ_A} \tag{9-68}$$

$$\beta_p=\frac{M_0'}{KJ_A} \tag{9-69}$$

式中：J_A 为边墙底部截面惯矩；其他符号含义同式（9－64）和式（9－65）。

（三）低平拱形衬砌计算

在岩石较好的条件下，水工地下洞室的方圆形断面只在顶拱部分作受力衬砌，而边墙和底板仅为抹面衬砌的情况也是常见的。这时顶拱拱座有较大的水平推力直接传给岩石，结构计算就只针对低平顶拱进行。当边墙虽为受力衬砌，但在构造上有意使顶拱主要传力于围岩时，或当施工期先衬砌好顶拱，即承载工作时，也都要单独对低平拱进行结构计算。

计算仍视为弹性固端无铰拱，按力法的弹性中心法进行。由于荷载主要向下，不再考虑围岩对衬砌的弹性抗力与摩阻力。围岩除产生垂直山岩压力外，其抗力作用只表现为对拱座的弹性支承。如图 9－32 所示取基本体系，解法如下。

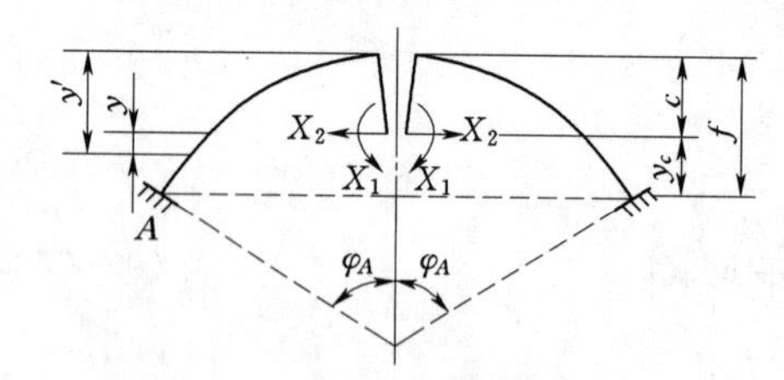

图 9－32　低平拱衬砌计算简图

（1）确定基本体系中由于单位多余未知量及荷载使拱座产生的转角 β_1 和 β_p，计算公式同式（9－68）、式（9－69）。

（2）确定弹性中心位置（刚臂长度）。

$$c=\frac{\int_0^{S/2} y'\,\frac{ds}{EJ}+\beta_1 f}{\int_0^{S/2}\frac{ds}{EJ}+\beta_1} \tag{9-70}$$

式中：y' 及 f 含义并示于图 9－32 中；其余符号含义仍与闭合式衬砌计算的规定相同。

（3）列出弹性中心处力法方程。

$$\left.\begin{aligned}X_1(\delta_{11}+\beta_1)+\Delta_{1p}+\beta_p=0\\X_2(\delta_{22}+\beta_1 y_c^2+\Delta_2)+\Delta_{2p}+\beta_p y_c+\Delta_p=0\end{aligned}\right\} \tag{9-71}$$

式（9－71）中 δ_{11}、Δ_{1p} 计算公式同式（9－57）中系数算式；而由于要计入轴力对水平位移的影响，还需另算

$$\delta_{22}=\int_0^{S/2} y^2\,\frac{ds}{EJ}+\int_0^{S/2}\cos^2\varphi\,\frac{ds}{EF}$$

$$\Delta_{2p}=\int_0^{S/2} M_p y\,\frac{ds}{EJ}+\int_0^{S/2} N_p\cos\varphi\,\frac{ds}{EF}$$

$$\Delta_2=\frac{\cos^2\varphi_A}{h_A K}$$

$$\Delta_p = \frac{N'_p \cos\varphi_A}{h_A K}$$

式中：F 为衬砌计算截面面积；φ 为计算截面与拱顶垂直中心线夹角，对拱座而言，该夹角为 φ_A；h_A 为拱座截面厚度；N_p 为基本体系中荷载对任意计算截面产生的轴力；N'_p 为在拱座截面的 N_p 值；Δ_2 为 $X_2=1$ 而在拱座产生的水平位移；Δ_p 为由于 N'_p 而在弹性中心处产生的水平位移；其余符号含义同前，并可参看图 9-32。

式（9-71）部分系数算式所显示的与高脚拱衬砌的计算的差异，说明低平拱情况下轴力对水平位移的影响不可忽略。不可忽略的定量界限约在拱高与拱跨比值 $f/l \leqslant 0.25$ 时，大致可视为顶拱衬砌要按低平拱计算的定量范围。

（4）确定多余未知量。

$$X_1 = -\frac{\Delta_{1p} + \beta_p}{\delta_{11} + \beta_1} \tag{9-72}$$

$$X_2 = -\frac{\Delta_{2p} + \beta_p y_c + \Delta_p}{\delta_{22} + \beta_1 y_c^2 + \Delta_2} \tag{9-73}$$

（5）按式（9-62）和式（9-63）计算各截面内力 M 和 N，并绘弯矩图和剪力图。

可以看出，低平拱衬砌的上述算法的工作量还是相当大的。但某些具有特定结构形状和荷载情况的低平拱，可引用前人工作基础上得到的现成公式，直接求多余未知量。这里举实用价值较大的两种情况计算公式：

其一，对于 $\varphi_A=60°$ 的等厚圆弧拱，在垂直均布荷载 q 作用下，设衬砌厚度为 t_0，厚度中心线半径为 r，引用符号

$$d = \frac{Kr}{E} \tag{9-74}$$

$$i = \left(\frac{t_0}{r}\right)^2 \tag{9-75}$$

则得弹性中心处多余未知力公式为

$$X_1 = \frac{qr^2[d(0.2310 + 0.3867i + 0.0440d + 0.1136i) + 0.2165i]}{d(1.6302 + 1.0019i + 0.3001d + 0.7750di) + 0.250i} \tag{9-76}$$

$$X_2 = \frac{qr[d(1.1632 - 0.6092i + 0.2354d - 0.2667di) - 0.375i]}{d(1.6302 + 1.0019i + 0.3001d + 0.7750di) + 0.250i} \tag{9-77}$$

其二，对于拱顶厚 t_0 而向拱座方向衬砌按余弦规律逐渐加厚，与拱顶垂直中心线夹角 φ_x 处截面厚度 $t_x = t_0/\cos\varphi_x$ 的低平拱，荷载等其他条件仍与前相同，仍引用相同符号 d、i，则有

$$X_1 = \frac{qr^2[d(0.9419 + 2.9254i + 0.4005d + 2.4773di) + 0.9650i]}{d(10.6168 + 10.3915i + 4.3646d + 26.9958di) + i} \tag{9-78}$$

$$X_2 = \frac{qr[d(7.6760 - 9.0574i + 3.5466d - 6.5645di) - 1.5i]}{d(10.6168 + 10.3915i + 4.3646d + 26.9958di) + i} \tag{9-79}$$

无论第一种或第二种情况，X_1、X_2 求出后，即可按式（9-62）和式（9-63）

求 M、N，并可用表 9-8 查两式中各量。

表 9-8　　　　低平拱内力计算参数表

φ	$\cos\varphi$	y（等厚拱）	y（余弦变厚拱）	M_p	N_p
0°	1.0000	$-0.173r$	$-0.104r$	0	0
15°	0.9659	$-0.139r$	$-0.070r$	$-0.0355qr^2$	$0.0671qr$
30°	0.8660	$-0.039r$	$0.030r$	$-0.1250qr^2$	$0.2500qr$
45°	0.7071	$0.120r$	$0.189r$	$-0.2500qr^2$	$0.5000qr$
60°	0.5000	$0.327r$	$0.396r$	$-0.3750qr^2$	$0.7500qr$

（四）顶拱与边墙各自承载的方圆形衬砌计算

有时具有高大尺寸方圆形断面的水工地下洞室须建造在不十分坚硬完整的中等岩层或有地下水影响的岩层中，洞室的衬砌在结构上可能设成顶拱与边墙分别承载并各自支承于岩体。某些地下厂房的衬砌就可能属于这种情况，其衬砌计算自然也要分别对顶拱和边墙进行。关于顶拱（低平拱）作为弹性固端无铰拱的计算法已如本节前述，边墙则一般视为以侧壁围岩为地基的固端弹性地基梁进行计算。

边墙承担的主要荷载一般为侧向山岩压力（从墙顶到墙底线性增大的梯形分布荷载）和地下水压力。但应注意，作为地下厂房的边墙，其顶部可能有吊车梁传来的集中力矩和由于刹车引起的水平集中力。当顶拱与边墙实际上有结构联系时，顶拱计算结果所得的拱座弯矩和水平力也要作为边墙顶部荷载考虑。

边墙厚度可以是等厚的，也可以是自上而下阶梯形变厚的。

三、马蹄形洞室衬砌结构计算

马蹄形衬砌内力的结构力学算法与方圆形圆拱直墙式衬砌的算法十分类似。如图 9-33（a）所示为马蹄形整体闭合式衬砌的计算图，视整个衬砌为由弹性固端高脚拱和拱形底板组成，后者仍按弹性地基梁考虑，高脚拱与底板之间维持弹性连接，接点处两者变位相容。

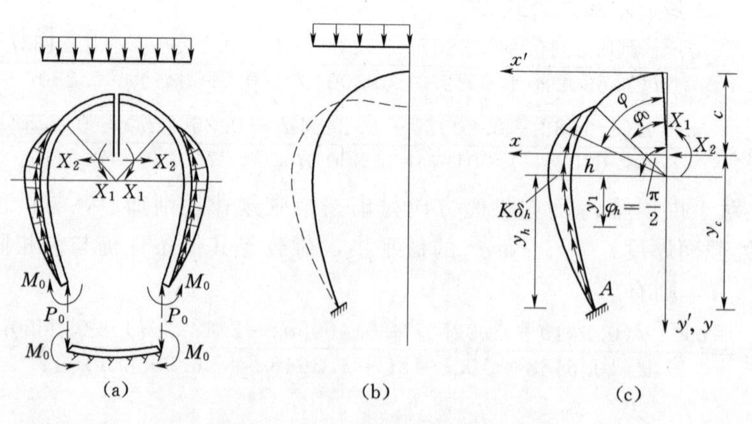

图 9-33　马蹄形衬砌计算图

计算一般仍是先对固端高脚拱进行，而后再考虑其与底板的弹性连接。用力法的弹性中心法对高脚拱的计算如图 9-33（b）、（c）所示。与图 9-30 相比可以看出，主要区别在于马蹄形衬砌情况下沿曲边墙弹性抗力分布不同。

马蹄形衬砌计算考虑围岩弹性抗力时，以弹性抗力系数与衬砌径向变位乘积 $K\delta$ 表示，弹性抗力大小分布图按如下三点控制［图 9－33（c）］：当 $\varphi=45°$，$K\delta_1=0$；当 $\varphi=90°$，$K\delta_2=K\delta_h$；当 $\varphi=\varphi_A$，$K\delta_3=0$。

h 点以上抗力分布按式（9－52）和式（9－53），h 点以下抗力则为

$$K\delta=K\delta_h\left(1-\frac{y_1^2}{y_h^2}\right) \tag{9-80}$$

规定了弹性抗力的大小分布后，马蹄形整体闭合式衬砌内力计算公式在形式上即可全部套用式（9－56）～式（9－67）。这一计算过程较之方圆形闭合衬砌计算还要方便，即不再有边墙上抗力零点 a 定位的试算问题。校核计算结果可只对顶拱 $\varphi=45°$的截面进行，按预先规定该截面衬砌径向变位为零。

无受力底板的马蹄形高脚拱衬砌内力计算也可完全套用无底板方圆形高脚拱衬砌计算方法，即在图 9－33（c）的弹性抗力分布前提下，用式（9－56）～式（9－63）以及式（9－68）、式（9－69）进行计算。

四、衬砌边值问题数值解法

前面介绍的各种断面形式各种衬砌的结构计算方法，都各适应一定的范围，缺乏统一的通用性，用结构力学方法计算各种地下洞室衬砌时还要对围岩弹性抗力分布预做某些假定。这里再介绍一种方法，将衬砌计算演化为解微分方程的边值问题，通过计算机求数值解。此法虽仍基于结构力学原理，但优点是可用通用程序求解各种断面形态的衬砌；在处理围岩弹性抗力时虽仍应用文克尔假定，但不需对其分布预先设定，结果更接近实际。

如图 9－34 所示，衬砌任一微分段 ds 上作用有切向荷载及径向荷载，内力及变位的正向规定亦如图 9－34 所示。

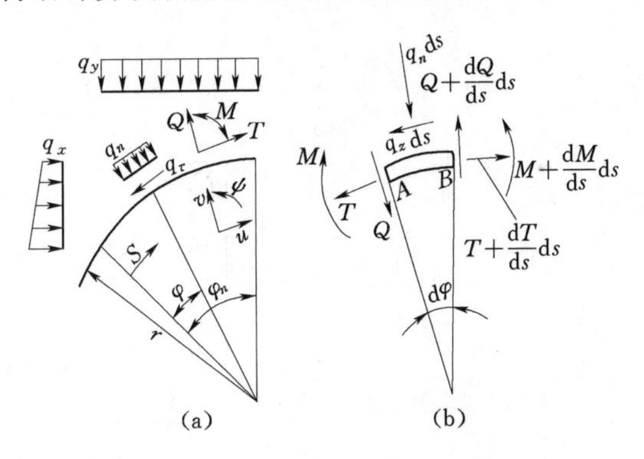

图 9－34　衬砌微段内力计算图

仍用弹性抗力与衬砌挤向围岩变形成正比的文克尔假设，由 ds 段的静力平衡（切向平衡、法向平衡和弯矩平衡）条件，得下列方程组

$$\left.\begin{aligned}\frac{dT}{ds}&=-\frac{1}{r}Q+q_r\\ \frac{dQ}{ds}&=\frac{1}{r}T+Kvh+q_n\\ \frac{dM}{ds}&=-Q\end{aligned}\right\} \tag{9-81}$$

将 ds 段在内力 T、Q、M 作用下产生的位移，和 ds 段由于 A 端有 v、u、ψ 时在 B 端产生的相对位移增量相加后，除以 ds，又得下列方程组

$$\left.\begin{aligned}\frac{\mathrm{d}u}{\mathrm{d}s}&=\frac{T}{EF}-\frac{1}{r}v\\\frac{\mathrm{d}v}{\mathrm{d}s}&=\frac{\alpha Q}{GF}+\frac{1}{r}u+\psi\\\frac{\mathrm{d}\psi}{\mathrm{d}s}&=\frac{M}{EJ}\end{aligned}\right\}\tag{9-82}$$

式（9-81）和式（9-82）及图9-40中：T、Q、M 为轴向力、剪力及弯矩；v、u、ψ 为切向位移、法向位移及转角；q_r、q_n 为沿轴向分布的切向荷载强度及法向荷载强度；G、E 为衬砌材料的剪切模量及弹性模量；F、J 为衬砌截面积和截面惯矩；r 为衬砌厚度中心线的曲率半径；s、φ 为弧长变量及角度变量（$\mathrm{d}s=r\mathrm{d}\varphi$）；$\alpha$ 为剪应力分布系数；K 为弹性抗力系数；h 为有无弹性抗力的判别参数，当 $v\geqslant 0$，$h=1$（有弹性抗力），当 $v<0$，$h=0$（无弹性抗力）。

合并式（9-81）、式（9-82），写成矩阵形式

$$\frac{\mathrm{d}}{\mathrm{d}s}\{x\}=[A]\{x\}+\{P\}$$

其中

$$[A]=\begin{bmatrix}0 & -\frac{1}{r} & 0 & 0 & 0 & 0\\ \frac{1}{r} & 0 & 0 & 0 & hK & 0\\ 0 & -1 & 0 & 0 & 0 & 0\\ \frac{1}{EF} & 0 & 0 & 0 & -\frac{1}{r} & 0\\ 0 & \frac{\alpha}{GF} & 0 & \frac{1}{r} & 0 & 1\\ 0 & 0 & \frac{1}{EJ} & 0 & 0 & 0\end{bmatrix}$$

$$\{x\}=\begin{bmatrix}T\\Q\\M\\u\\v\\\psi\end{bmatrix}\qquad\{P\}=\begin{bmatrix}q_\tau\\q_n\\0\\0\\0\\0\end{bmatrix}$$

方程组的边界条件，根据衬砌封闭与否及其边墙支承条件而异，一般可写为

$$[C]\{x\}\big|_{s=0}=0;[D]\{x\}\big|_{s=L}=0$$

式中：$s=0$ 为计算起点；$s=L$ 为计算终点；$[C]$ 为起点边界矩阵；$[D]$ 为终点边界矩阵。例如当结构对称，荷载也对称时，可取一半计算，在对称线上 $Q=0$，$u=0$，$\psi=0$，边界矩阵为

$$[C](或[D])=\begin{bmatrix}0&1&0&0&0&0\\0&0&0&1&0&0\\0&0&0&0&0&1\end{bmatrix}$$

对于弹性固端，$T=Kd_nu\ M=KJ_n\psi$，$v=0$，d_n 为拱端厚度，J_n 为拱端截面惯性矩，这时边界矩阵为

$$[C](或[D])=\begin{bmatrix}1&0&0&\mp Kd_n&0&0\\0&0&1&0&0&\mp KJ_n\\0&0&0&0&1&0\end{bmatrix}$$

其中阵元$\mp Kd_n$、$\mp KJ_n$ 中的“－”用于左边界矩阵，“＋”用于右边界矩阵。

这样，衬砌内力及位移的计算就归结为求解下列常微分方程组的边值问题：

$$\left.\begin{aligned}&\frac{\mathrm{d}}{\mathrm{d}s}\{x\}=[A]\{x\}+\{P\}\\&[C]\{x\}\big|_{s=0};\ [D]\{x\}\big|_{s=L}=0\end{aligned}\right\}\tag{9-83}$$

通常略去剪力对变位的影响，令$\dfrac{\alpha}{GF}=0$；又为有利于计算；减小量级过大的差别，将 $\{x\}$、$[A]$ 改为

$$\{x\}=\begin{bmatrix}T\\Q\\M\\E_u\\E_v\\E_\psi\end{bmatrix}\qquad [A]=\begin{bmatrix}0&-\dfrac{1}{r}&0&0&0&0\\\dfrac{1}{r}&0&0&0&\dfrac{hK}{E}&0\\0&-1&0&0&0&0\\\dfrac{1}{F}&0&0&0&-\dfrac{1}{r}&0\\0&0&0&\dfrac{1}{r}&0&1\\0&0&\dfrac{1}{J}&0&0&0\end{bmatrix}$$

同时将弹性固端边界阵也改为

$$[C]（或[D]）=\begin{bmatrix}1&0&0&\mp\dfrac{Kd_n}{E}&0&0\\0&0&0&0&0&\mp\dfrac{KJ_n}{E}\\0&0&0&0&1&0\end{bmatrix}$$

而在计算完成输出结果时，将 E_u、E_v、E_ψ 除以 E，以恢复应有的 u、v、ψ 值。

此法解方程组时可采用龙格-库塔积分四阶递推公式。首先根据计算起点和末端的边界条件解出起点 $s=0$ 处的 $\{x_0\}$，再逐步递推计算出各点的 $\{x_n\}$。计算中对衬砌上的弹性抗力先给初值为零，解得第一次法向位移；再由解得的第一次法向位移确定弹性抗力进行第二次计算；再按第二次解得的法向位移确定弹性抗力，进行第三次计算；依此类推，直至前后两次弹性抗力及其分布趋于稳定不变为止，从而得方程的

数值解。据计算实践，一般迭代 3～5 次即可达到足够的精度。以上述方法编制的程序可适用于各种形式断面衬砌的计算。

五、竖井和斜洞（井）的衬砌计算

上述各种隧洞衬砌计算方法也适用于竖井和斜洞，区别主要在围岩压力。竖井中衬砌不受铅直向围岩压力，只受侧向围岩压力。斜洞衬砌顶部围岩压力是铅直向和侧向围岩压力的分力之和，其边墙所受侧向围岩压力不变。另外，作为荷载的衬砌自重影响也不同，竖井衬砌不受自重影响；斜洞衬砌只承受自重的分力。

第九节　无衬砌隧洞和围岩的喷锚支护

一、无衬砌隧洞

为了节省投资和加快施工，国内外在建造无衬砌洞室方面已积累了不少经验。在岩性坚硬致密，并无显著的地下水活动的围岩中建成的大尺寸无衬砌洞室已相当多。如图 9-35 所示为几个突出的大断面无衬砌无压隧洞的例子。北欧挪威等国甚至在建造 50～70m 水头的有压隧洞时除岩石较差段外，也常不衬砌。地下洞室采用无衬砌方案时，先用式（9-11）算出塑性区半径 R，然后再用式（9-15）求出 $r=r_0$ 处洞顶径向正应力 σ_r，只有 $\sigma_r \geqslant 0$，洞顶岩石才是稳定的，才可不衬砌。

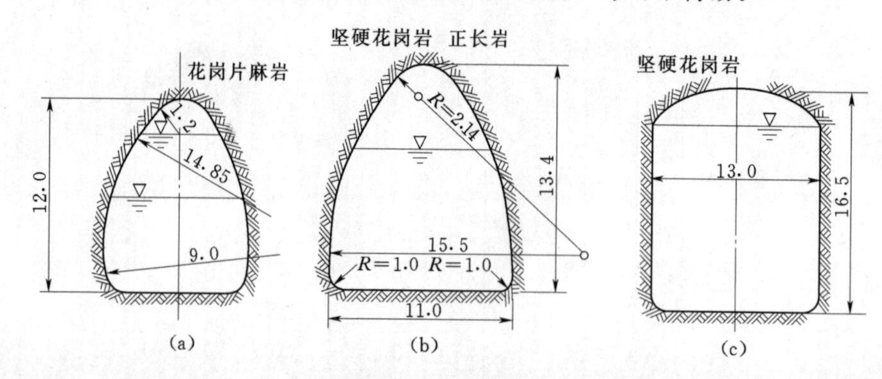

图 9-35　无衬砌的无压隧洞断面示例（单位：m）

必须指出，采用无衬砌设计方案的经济合理性与施工开挖技术有关。如能开挖成平整度较好的表面，那么省去衬砌的经济性是明显的；否则由于糙率过大，要求通过同样流量的无衬砌断面将比有衬砌的断面大得多，是否仍较经济就要具体分析比较了。一般说来，无衬砌隧洞的开挖不平整度（即较设计断面的凹凸尺寸）宜限制在 15cm 以内，这样约可保持糙率 $n=0.028 \sim 0.030$。

二、围岩的喷锚支护

在围岩不够坚强紧密的条件下，是否也有可能不做一般的衬砌呢？喷锚支护技术的发展对此做了肯定的回答。

喷锚支护是喷混凝土支护和锚杆支护的统称，两者可分别单独使用，也可联合使用，还可加护钢筋网。这种新型隧洞支护方式可适应各种岩层条件，施工速度快，应用灵活，可以根据实地情况随时调整喷混凝土厚度或锚杆数量和长度。由于喷锚支护是与围岩协同工作并增加围岩本身承载能力的一种支护，喷混凝土厚度也远小于常规混凝土衬砌厚度，故可大大节省工程量。这种支护的主要缺点是表面不够光滑，尤其当开挖施工中超、欠挖较大时，更难由喷混凝土填平。水工中喷锚支护首先用于临时工程。由于担心渗透及冲刷等水流问题，较晚才将这种支护引用于永久工程，目前成功的例子比较多。如回龙山引水隧洞断面 11m×11m，全长 635m，全部用喷锚支护，1971 年建成以来已运行多年，工作良好；察尔森引水泄洪洞流速达 10～12m/s。

（一）锚杆支护

锚杆支护是用特定形式的锚杆锚定于岩石内部，把原来不够坚强完整的围岩固结起来，大大增加其整体性与稳固性，形成一个特殊的支护体系，将本来可能作为衬砌荷载考虑的围岩一变而为能与锚杆一起承受荷载的支护结构。

锚杆的工作原理可归结为三个方面：其一是悬吊作用，如图 9－36（a）所示，锚杆将可能塌落的不稳定岩体悬吊在稳定岩体上；其二是组合作用，如图 9－36（b）所示，层状岩体被结合在一起，有组合梁的作用，增加了抗弯能力；其三是固结作用，如图 9－36（c）所示，不稳定的断裂岩块在许多锚杆作用下固结起来，形成一个有支承能力的岩石拱。这三种作用实际上常综合发生。

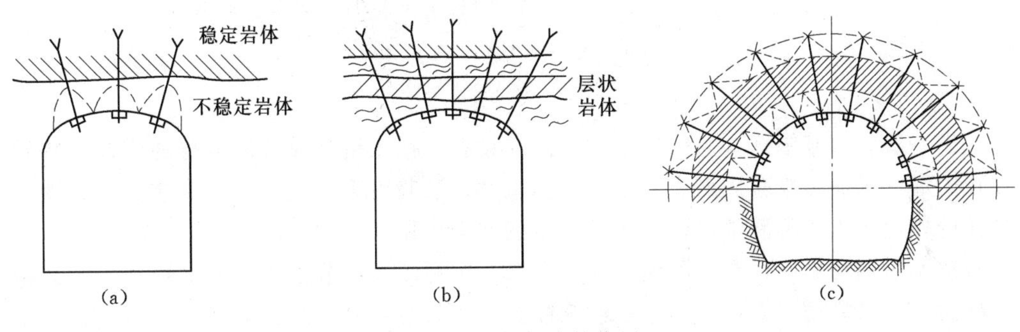

图 9－36　锚杆支护作用

锚杆本身有各种形式，如图 9－37（a）所示为最常用的楔缝式钢锚杆。锚杆的端部劈叉，中间夹一钢楔子。施工时先按设计位置打好孔径稍大于杆径的钻孔，然后插入锚杆及楔子并以风钻敲击，此时杆端楔子抵在孔底岩壁上，迫使杆端劈开而挤紧，锚杆即牢牢锚着于孔内，最后再在外端拧紧螺帽，一根锚杆施工遂完成。一般楔缝式锚杆长 2～4m，杆径为 16～28mm，楔长 150～230mm，楔端厚 b＝18～25mm，相应钻孔直径 32～36mm。

与楔缝式锚杆类似的还有一种胀壳式钢锚杆，如图 9－37（b）所示。这种杆端有螺纹的锚杆套上具有棘螺纹表面并可分四页张开的胀壳，胀壳抵至卡爪为限；将锥形螺帽置于胀壳的叶片中间；然后将锚杆旋转贯入钻孔；随着锥形螺帽的相对移动；胀壳的叶片被不断张开，最终挤紧孔壁而锚着。

胀壳式与楔缝式相比有以下优点：通过胀壳四面张开，锚杆应力传给岩层的作用面积较大；锚杆本身不分缝，强度较大；不需要如楔缝式那样保持较准确的钻孔直径。但它的缺点是构造较复杂，目前还不如楔缝式应用广泛。

上述两种锚杆的共同缺点是有锈蚀问题，故永久性衬砌较少用。永久性工程的锚

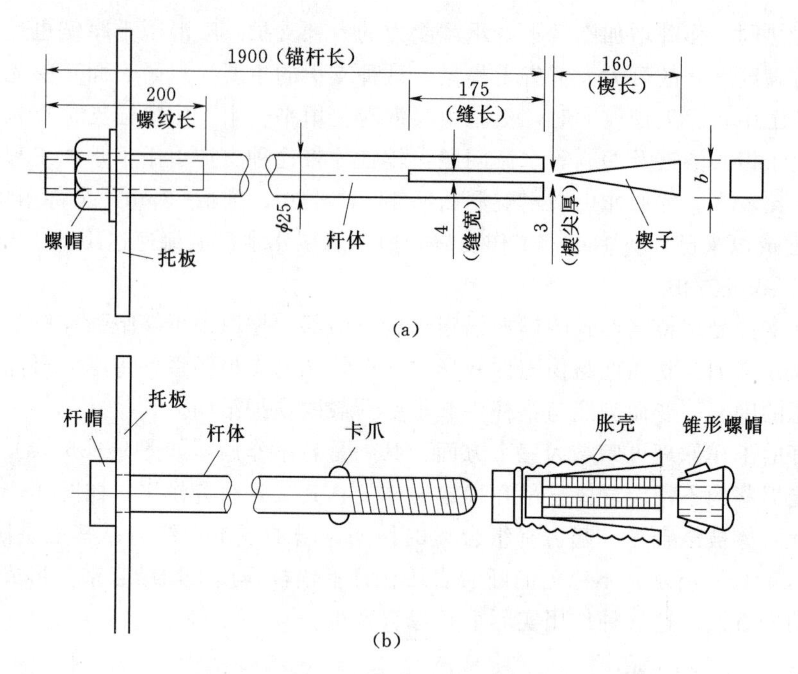

图 9-37　钢锚杆构造（单位：mm）
(a) 楔缝式；(b) 胀壳式

杆支护一般为灌浆锚杆，它的施工方式是在钻孔中插入钢筋或其他钢材的锚杆，然后在孔内灌注水泥砂浆凝固而成。根据具体条件，灌浆可采用低压、中压或高压。灌浆锚杆的作用相当于不灌浆锚杆和固结灌浆的双重作用。

按所用钢材不同，有五种灌浆锚杆，即：①螺纹或竹节钢筋的灌浆锚杆，用这种锚杆时，需另配排气管；②空心螺纹钢筋或空心竹节钢筋的灌浆锚杆，其中空孔可做排气管；③波形钢筋灌浆锚杆，这种锚杆必须在灌浆前放入孔内，并配排气管，钢筋直径应较小；④钢丝绳灌浆锚杆，这种锚杆更需在灌浆前放入孔内，并配排气管；⑤钢管形灌浆锚杆，采用这种锚杆可以加大杆周与水泥浆黏结面积，并在管内排气。

灌浆锚杆除可用于永久性支护外，还有一些优点：①砂浆填满整个钻孔，当岩层或节理裂隙开始错动时，灌浆锚杆有一定抗剪能力；②采用中压、高压灌浆时能提高岩石本身物理力学性能；③锚杆本身结构简单，施工安装方便；④在相同拉拔力情况下，灌浆锚杆的滑移量较普通钢锚杆小。灌浆锚杆也有缺点：①砂浆凝固前围岩仍会继续变形松动；②无法像钢锚杆那样可通过拧紧螺帽对岩石施加预应力。所以如果一方面锚杆采用楔缝式或胀壳式；另一方面再加灌浆就可兼有钢锚杆和灌浆锚杆的优点。工程实践中多数正是这样用于永久性支护的。

锚杆支护的工程设计主要是确定锚杆间距 S 和锚杆长度 l。为了保证支承拱的形成，S 和 l 应保持一定的比例。假定锚杆对围岩产生的径向压力按 45°线扩散传递，则应有 $l/S>2$。

欧洲一些国家常用弹塑性理论方法设计锚杆支护，亦即引用芬纳公式（9-17）或式（9-15）先算出支护抗力 p_i 或径向正应力 σ_r，再根据采用锚杆截面积 f_{st} 及其极限抗拉强度σ_{st}，按每根锚杆能承担的拉应力求间距S。由于一根锚杆应承担的拉力为$f_{st}\sigma_{st}=P_iS^2$，故得

$$S=\sqrt{\frac{f_{st}\sigma_{st}}{P_i}} \tag{9-84}$$

同时使$l>2S$。

工程中常用经验公式确定锚杆总长度

$$l=h+(30\sim40)d \tag{9-85}$$

式中：h为围岩的自然拱高（$h=b/2f_k$）或塑性区和松动区的厚度；$(30\sim40)d$为锚杆长度所需，其中d为锚杆直径。

（二）喷混凝土支护

在隧洞开挖洞壁上，喷混凝土支护围岩，其主要作用是：①充填岩体表面张开的裂隙，增强岩体整体性；②填补不平整的表面，缓和应力集中；③保护岩体表面，阻止岩块松动和被侵蚀。喷混凝土前应撬除危石，清洗岩面，以提高混凝土与岩石间黏着力，并先喷一层厚约1cm的水灰比较小的砂浆，或先喷一层厚2～3cm的水泥含量较高的混凝土。喷完底层后即可分次喷混凝土，每次厚为3～8cm，直至设计厚度。同时采用锚杆的可在第一层混凝土喷完之后设置；必要时还可挂钢筋网，然后再喷第二层、第三层，直至达到预定设计厚度。不同应用情况下喷混凝土支护的设计方法简述如下：

圆形洞室喷混凝土支护承受内水压力p时，设围岩均匀，各向同性，且支护厚度δ与支护内半径r_i之比$\delta/r_i<0.05$，则一般考虑支护与围岩共同工作，按抗裂原则，用无限弹性介质中薄壁圆筒公式设计，具体计算公式为

$$p=\frac{R_c}{k}\left[\frac{\dfrac{E_r}{E_c}(r_i+\delta)}{r_i(1+\mu_r)}+\frac{\delta}{r_i}\right] \tag{9-86}$$

式中：R_c、E_c为喷混凝土的抗拉强度和相应弹性模量；E_r、μ_r为围岩弹性模量和泊松比；k为安全系数，其值为1.5～2.1，取决于建筑物级别和荷载组合情况。

由式（9-86）可根据内水压力强度p定出喷混凝土厚度δ。

用喷混凝土加固个别或局部失稳围岩时，为防止可能掉落岩块的冲切破坏，按下式核算喷混凝土厚度δ：

$$\delta\geqslant\frac{kG}{0.75S_rR_c} \tag{9-87}$$

式中：G为岩块重量；S_r为岩块底盘周长；R_c为喷混凝土抗拉强度；k为安全系数，一般取$k=3$。

用喷混凝土承担径向山岩压力，保证围岩稳定时，其对围岩提供的抗力p_i与控制塑性区半径R_i有关，如式（9-16）或式（9-17）所示，对于开挖半径为r_0的洞室，一般宜取R_1满足下式：

$$R_1-r_0\leqslant0.5(R-r_0) \tag{9-88}$$

这里 R 指由式（9－11）决定的无衬砌支护情况下的塑性区半径。喷混凝土支护在径向山岩压力 $\sigma_r(=p_i)$ 作用下如发生破坏，仍由于剪切所致。可能的破裂方向与环向应力 σ_t 方向夹角如图9－38所示，由 σ 与 τ 关系可知 $\alpha=45°-\dfrac{\varphi}{2}=20°\sim30°$。由此可得，当垂直山岩压力很大时，围岩内破裂线构成菱形滑裂体，沿水平方向移向洞内。以此类推，水平向（侧向）山岩压力很大时出现垂直向菱形滑裂体。作用于支护上的 σ_r 由喷混凝土剪切面上抗剪强度 τ_c 抵抗，故有

$$2\sigma_r r_i \cos\alpha = 2\tau_c \frac{\delta}{\sin\alpha} \tag{9-89}$$

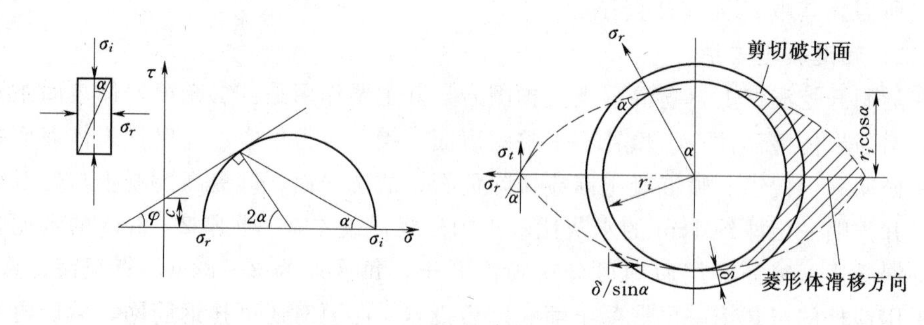

图9－38　喷混凝土支护计算图

这里 σ_r 在数值上可取为式（9－17）决定的 p_i、τ_c 则可取为喷混凝土抗压强度的1/5。

按式（9－89）可得喷混凝土支护应有的厚度为

$$\delta = \sigma_r r_i \cos\alpha \frac{\sin\alpha}{\tau_c} \tag{9-90}$$

如果喷混凝土中布有钢筋，应在 σ_r 中扣除钢筋承担的 σ_{rf} 部分，计算公式应为

$$\sigma_{rf} r_i \cos\alpha = \frac{\tau_{st} F_{st}}{\sin\alpha} \tag{9-91}$$

式中：F_{st}、τ_{st} 为钢筋截面积和钢筋抗剪强度。

钢筋只在混凝土接近破坏时才能完全起作用，故在正常情况下应取

$$\tau_{st} = \tau_c \frac{E_{st}}{E_c} \approx 15\tau_c \tag{9-92}$$

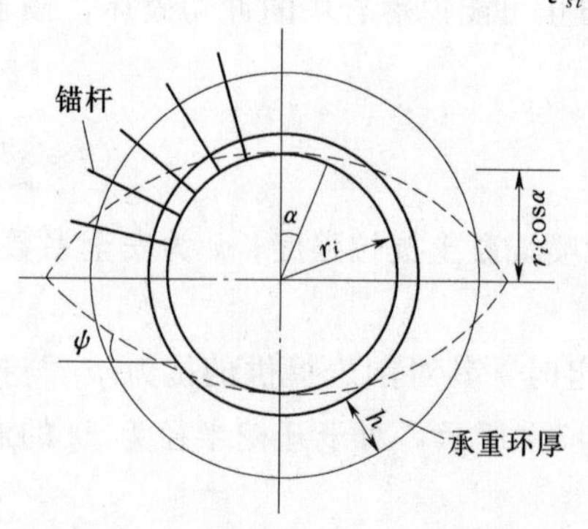

图9－39　喷锚支护的计算简图

式中：E_{st}、E_c 分别为钢筋和混凝土的弹性模量。

由此可得

$$\sigma_{rf} = \frac{\tau_{st} F_{st}}{r_i \cos\alpha \sin\alpha} \approx \frac{15\tau_c F_{st}}{r_i \cos\alpha \sin\alpha} \tag{9-93}$$

（三）喷锚支护

设锚杆与喷混凝土联合作用，在围岩内形成承重岩环，厚度为 h，如图9－39所示。h 可取为锚杆长度减去0.5～1.0m之值。类似前述喷

混凝土支护的设计原理，可认为作用于支护上的径向山岩压力由喷混凝土、钢筋网、承重岩环和锚杆共同承担，计算公式为

$$\sigma_r = \sigma_{rc} + \sigma_{rf} + \sigma_{rr} + \sigma_{rst} \tag{9-94}$$

$$\sigma_{rc} = \frac{\delta\tau_c}{r_i \cos\alpha \sin\alpha} \tag{9-95}$$

$$\sigma_{rf} = \frac{F_{st}\tau_{st}}{r_i \cos\alpha \sin\alpha} \tag{9-96}$$

$$\sigma_{rr} = \frac{h\tau_r \cos\psi}{r_i \cos\alpha \sin\alpha} \tag{9-97}$$

$$\sigma_{rst} = \frac{nf_{st}\sigma_{st}\cos\psi}{r_i \cos\alpha \sin\alpha} \tag{9-98}$$

式中：σ_{rc}、σ_{rf}、σ_{rr}、σ_{rst} 依次为喷混凝土、钢筋网、承重岩环、锚杆分别承担的径向山岩压力；F_{st}、τ_{st} 为钢筋截面积及其抗剪强度；τ_r 为围岩抗剪强度；ψ 为岩环内剪切面倾角；f_{st}、σ_{st} 为一根锚杆截面积及其抗拉强度；n 为穿过岩石剪切面的锚杆根数；其余符号含义同前，参见图 9-39。

图 9-40 示出水工地下洞室采用喷锚支护四例。其中图 9-40（a）为单独采用喷混凝土；图 9-40（b）为加钢筋网的喷锚支护；图 9-40（c）、(d) 除加钢筋网的喷锚支护外，还与现浇混凝土衬砌相结合，后者同时有提高水流边壁平整度以减小糙率的作用。

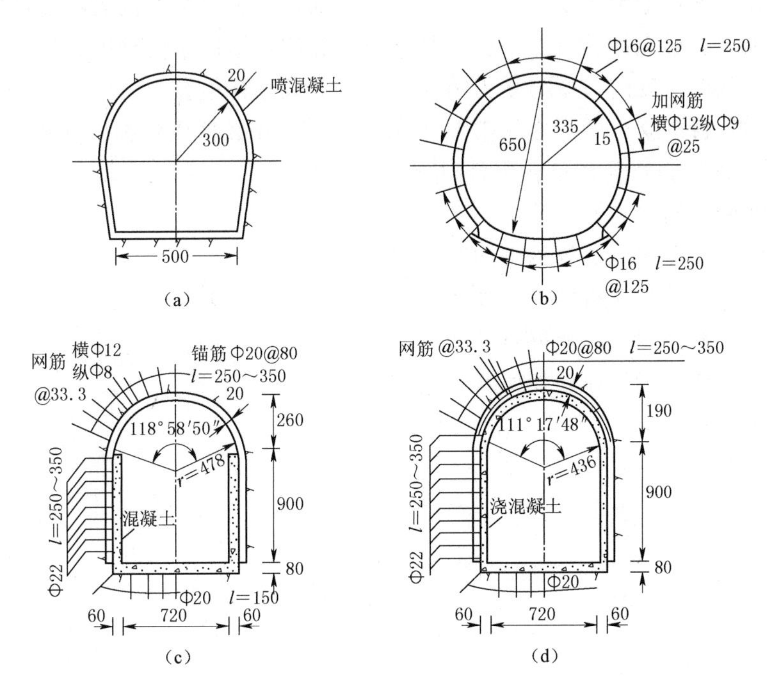

图 9-40　喷锚支护的类型（钢筋直径单位：mm；其余单位：cm）

三、掺纤维混凝土的应用

就力学性能而言，与普通混凝土相比，掺纤维混凝土的抗弯强度可大大提高，初

裂抗弯强度可提高 0.5～2 倍，断裂抗弯强度则可提高 2～3 倍；冲击韧性、疲劳强度及抗磨性能也有很大程度的提高。这些性能恰恰是水工地下洞室（特别是高流速泄水隧洞）衬砌支护所需要的。

将掺纤维混凝土用于地下洞室衬砌可取代钢筋混凝土，用于本节所述喷锚支护，则可免挂钢筋网。尤其抗磨性能，无论钢筋混凝土或钢筋网喷混凝土都是比不上的。具体选用这种衬砌支护材料，还应进行必要的技术经济比较，而且也不一定全洞各段采用同一材料。

复习思考题

1. 水工隧洞作为地下建筑物，其工作条件有何特点？功用如何？
2. 发电引水隧洞和水库泄洪隧洞在总体布置上有何异同？
3. 水工隧洞的进口形式有哪些？各自的优缺点和适用场合如何？
4. 泄水隧洞进口段设置的通气孔、平压管各有何用途？
5. 水工隧洞横断面形态有哪些？各适用于什么场合？
6. 洞身衬砌的功用是什么？有哪些衬砌型式？衬砌为何要分缝？
7. 泄水隧洞消能防冲设施有哪些？各适用于何种场合？
8. 地下洞室围岩的受力情况如何？受力破坏规律如何？强度指标如何取值？
9. 按弹塑性理论考虑围岩应力场得什么结果？有何局限性？
10. 按弹塑性理论考虑围岩应力的基本思想如何？怎样判断围岩稳定性？
11. 判别围岩稳定性的自然平衡拱基本思想如何？适用于何种围岩？
12. 水工隧洞衬砌的荷载与受力情况如何？荷载怎样组合？
13. 作用于衬砌支护的围岩压力和弹性抗力各是什么性质的力？衬砌上某一点是否会同时有这两种力？衬砌结构设计时如何考虑？
14. 圆断面衬砌内力如何计算？
15. 圆拱直墙形无压隧洞衬砌内力如何计算？
16. 各种整体闭合式衬砌内力如何计算？
17. 采用无衬砌洞室的前提是什么？
18. 喷锚支护的工作原理如何？

第十章

土基上的闸坝

第一节　水　闸　概　述

水闸是一种能调节水位、控制流量的低水头水工建筑物，具有挡水和泄（引）水的双重功能，在防洪、治涝、灌溉、供水、航运、发电等水利工程中占有重要地位，尤其在平原地区的水利建设中，更得到广泛应用。

一、水闸的功能与分类

水闸类型（图 10-1）较多，一般按其建闸的作用来分，但事实上几乎所有的水闸都是一闸多用的，因此水闸的分类不可能有严格的界限。通常按其承担的主要任务分为七类。

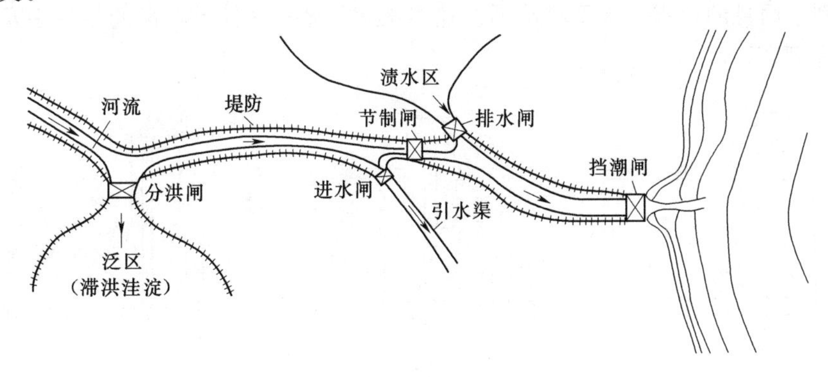

图 10-1　水闸类型及位置示意图

（1）进水闸。建在河流、湖泊、水库或引水干渠等的岸边一侧，其任务是为灌溉、发电、供水或其他用水工程引取足够的水量。由于它通常建在渠道的首部，又称渠首闸。

（2）拦河闸。又称节制闸，其闸轴线垂直或接近于垂直河流、渠道布置，其任务是截断河渠、抬高河渠水位、控制下泄流量。

（3）泄水闸。用于宣泄库区、湖泊或其他蓄水建筑物中无法存蓄的多余水量。

（4）排水闸。用以排除河岸一侧的生活废水和降雨形成的渍水。常建于排水渠末端的江河堤防处。当江河水位较高时，可以关闸，防止江水向堤内倒灌；当江河水位较低时，可以开闸排涝。

（5）挡潮闸。在沿海地区，潮水沿入海河道上溯，易使两岸土地盐碱化；在汛期受潮水顶托，容易造成内涝；低潮时内河淡水流失无法充分利用。为了挡潮、御咸、排水和蓄淡，在入海河口附近修建的闸，即为挡潮闸。

(6) 分洪闸。常建于河道的一侧，在洪峰到来时，分洪闸用于分泄河道暂时不能容纳的多余洪水，使之进入预定的蓄洪洼地或湖泊等分洪区，也可分入其他河道或直接分洪入海，及时削减洪峰。

(7) 冲沙闸。为排除泥沙而设置，防止泥沙进入取水口造成渠道淤积，或将进入到渠道内的泥沙排向下游。

此外，还有排冰闸、排污闸等。

按闸室的结构分类，水闸可分为开敞式、胸墙式和封闭式。

开敞式水闸：闸室上部没有阻挡水流的胸墙或顶板，过闸水流能够自由地通过闸室［图 10－2 (a)］。开敞式水闸的泄流能力大，一般用于有排冰、过木等要求的泄水闸，如拦河闸、排冰闸等。

胸墙式水闸：当上游水位变幅大，而下泄流量又受限制时，为了避免闸门过高，可设置胸墙［图 10－2 (b)］，胸墙式水闸在低水位过流时也属于开敞式，在高水位过流时为孔口出流。胸墙式水闸多用于进水闸、排水闸和挡潮闸等。

封闭式水闸：在闸（洞）身上面填土成为封闭的水闸［图 10－2 (c)］，亦称涵洞式水闸。这类水闸与开敞式水闸的主要区别在于闸室后面有洞身段，洞顶有填土覆盖，以利于洞身的稳定，也便于交通。这类水闸常修建在挖方较深的渠道中及填土较高的河堤下。

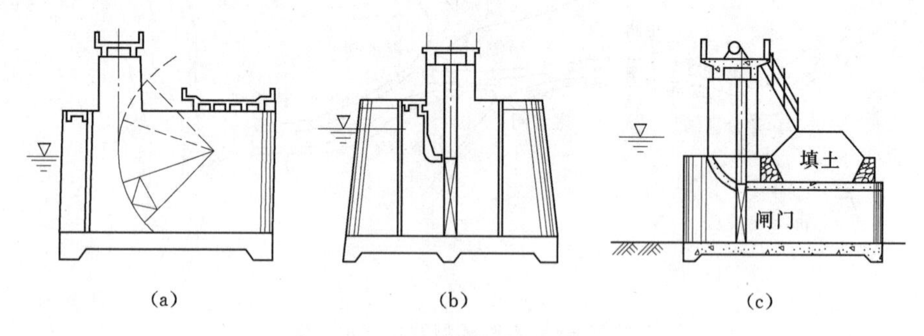

图 10－2　水闸的结构型式

(a) 开敞式水闸；(b) 胸墙式水闸；(c) 封闭式水闸

在上述水闸中，开敞式水闸应用较为广泛。以下所指的水闸均对开敞式而言。

资源 10.1
水闸闸室
结构组成

二、水闸的组成

水闸由上游连接段、闸室和下游连接段三部分组成（图 10－3），现分述如下。

(1) 上游连接段。上游连接段包括上游翼墙、铺盖、护底、上游防冲槽及上游护坡等五个部分。上游翼墙能使水流平顺地进入闸孔，保护闸前河岸不受冲刷，还有侧向防渗作用。铺盖主要起防渗作用，但其表面应满足防冲要求。护底设在铺盖上游，起着保护河床的作用。上游防冲槽可防止河床冲刷，保护上游连接段起点处不致遭受损坏。

(2) 闸室。闸室是水闸的主体工程，起挡水和调节水流作用。闸室包括底板、闸墩、边墩（或岸墙）、闸门、工作桥及交通桥等。底板是闸室的基础，承受闸室全部荷载并较均匀地传给地基，还可利用底板与地基之间的摩阻力来维持水闸稳定；同时

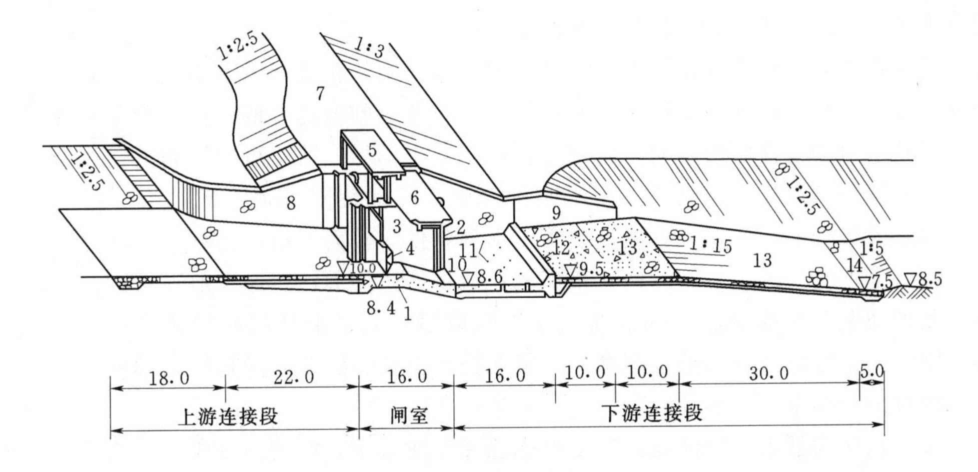

图 10-3 土基上水闸立体示意图（单位：m）

1—闸室底板；2—闸墩；3—胸墙；4—闸门；5—工作桥；6—交通桥；7—堤顶；8—上游翼墙；9—下游翼墙；10—护坦；11—排水孔；12—消力坎；13—海漫；14—防冲槽

底板又具有防冲和防渗等作用。闸墩主要是分隔闸孔，支承闸门、工作桥及交通桥。边孔靠岸一侧的闸墩称为边墩。在一般情况下，边墩除具有闸墩作用外，还具有挡土及侧向防渗作用。

（3）下游连接段。下游连接段通常包括下游翼墙、消力池、海漫、下游防冲槽及下游护坡等五个部分。下游翼墙能使闸室水流均匀扩散，还有防冲和防渗作用。消力池是消除过闸水流动能的主要设施，并具有防冲等作用。海漫能继续消除剩余能量，并保护河床不受冲刷。下游防冲槽则是设在海漫末端的防冲措施。

三、水闸的工作特点和闸址选择

虽然水闸是一种低水头建筑物，且多数修建在软土地基上，所以它在抗滑稳定、防渗、消能防冲及沉陷等方面都有其自身的工作特点：

（1）当水闸挡水时，上、下游水位差造成较大的水平水压力，使水闸有可能产生向下游一侧的滑动；同时，在上下游水位差的作用下，闸基及两岸均产生渗流，渗流将对水闸底部施加向上的渗透压力，减小了水闸的有效重量，从而降低了水闸的抗滑稳定性。因此，水闸必须具有足够的重量以维持自身的稳定。土基渗流除产生渗透压力不利闸室稳定外，还可能将地基及两岸土壤的细颗粒带走，形成管涌或流土等渗透变形，严重时闸基和两岸的土壤会被淘空，危及水闸安全。

（2）当水闸开闸泄水时，在上下游水位差的作用下，过闸水流具有较大动能，流速较大，可能会严重地冲刷下游河床及两岸，当冲刷范围扩大到闸室地基时会导致水闸失事。因此，设计水闸时必须采取有效的消能防冲措施。

（3）在软土地基上建闸，由于地基的抗剪强度低，压缩性比较大，在水闸的重力和外荷载作用下，可能产生较大沉陷，尤其是不均匀沉陷会导致水闸倾斜，甚至断裂，影响水闸正常使用。

水闸除上述的几个主要工作特点外，在某些特定条件下还存在一些特殊的问题，需要很好地解决。例如，在有涌潮河口上建闸，必须注意到涌潮的冲击；在有泥沙的河道上取水，必须注意到泥沙的淤积问题等。

闸址选择是水闸规划设计中的一项重要工作，闸址合适与否，不仅将涉及水闸建设的成败，并且关系到整个地区的经济发展，因此对闸址选择的工作应十分重视。

视建闸目的与性质的不同，闸址选择的要求也不尽一致，可归纳如下：

(1) 工程的兴建，尤其是大型水闸的修建，常促使附近地区的社会经济发生变化。如排灌工程的兴建，一方面，改善了水利条件，扩大了耕地面积，发展了渠道交通，繁荣了社会经济；另一方面，渠道的占地、居民的拆迁、原有航道被截断、必须增建新的通航工程等情况，都是在兴建工程以后，随之带来的必须解决的问题。因此，闸址的选择应该考虑整个配套工程等在技术上和经济上的优越性，即要立足于规划、设计的全局来选定闸址。

(2) 拦河大型水闸的闸址，应尽可能选择在河道相对稳定的直段上，这样不仅闸址处河段稳定，而且对进、出闸水流均较有利。

(3) 建造在感潮河段上的挡潮闸、排水闸，则应将闸址尽可能选在河口附近，或使闸下尾渠与河道流向的交角成小于60°的锐角，以尽量减少闸下尾渠的淤积。

(4) 对于傍江兴建的引水闸、分洪闸，则应将闸址选在河岸稳定的一边，并应考虑建闸以后的影响。

(5) 在闸址选择中应尽量选择土质均匀密实，压缩性小的地基，并且要求地下水位较低，尤其应避开地基内的高承压水层。

(6) 闸址的选择，应考虑到有足够的施工场地，对外交通方便，以及有利于就地取材。

第二节　水闸的孔口设计

孔口设计的任务是确定闸孔型式、尺寸和设置高程，以保证水闸在设计水位组合情况下有足够的过流能力，且又经济合理。

一、闸孔型式

常见的闸孔型式有宽顶堰型（平底板孔口型）、低实用堰型（梯形堰、曲线型堰、驼峰堰）及胸墙式孔口，见图10-4。

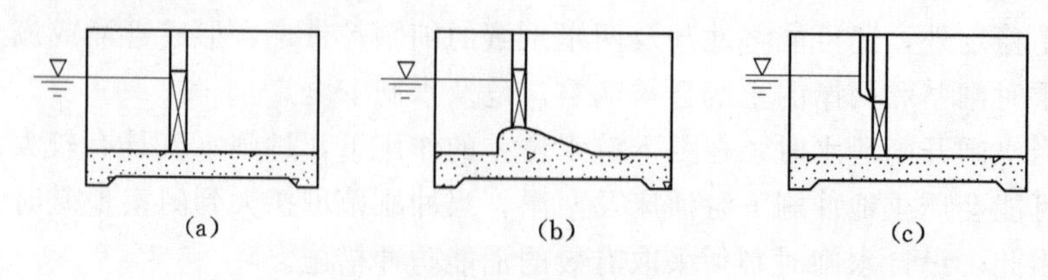

图10-4　闸孔型式

(a) 宽顶堰；(b) 实用堰；(c) 胸墙式堰

宽顶堰的特点是结构简单，施工方便；泄流能力比较稳定，有利于泄洪、冲沙、排污、排冰、通航等；自由泄流时，流量系数 m 较小，易产生波状水跃，适用于平原地区。实用堰的特点是自由泄流时流量系数 m 较宽顶堰大，可减小闸孔总宽度，因堰具有一定的高度故可使闸门高度减少，堰可拦截泥沙流向下游。选用适合的堰面曲线可消除波状水跃。实用堰不能通航且施工较宽顶堰复杂。适用于上游水位允许有一定壅高的山区。胸墙式孔口属于宽顶堰类型，适用于上游水位变幅较大的情况。高水位时可用胸墙挡水，以代替部分闸门高度及工作桥高度，增加闸室刚度，但不利于排冰、排污和通航。

二、底板高程

闸底板高程的选定关系到闸孔型式和尺寸的确定，直接影响整个水闸的工程量和造价。如将闸底板高程定得低些，闸前水深和过闸单宽流量都会增大，从而使闸孔总宽度缩短，减少工程投资。但是，闸底板高程定得太低，将增大闸身和两岸结构的高度，并增加基坑开挖和闸下消能防冲的困难，可能反而增加工程投资。因此，闸底板高程的确定应依据河（渠）底高程、水流、泥沙、闸址地形、闸址地质等条件，结合水闸规模、所选用的堰型、门型，经技术经济比较确定。

确定底板高程的条件是：满足泄流能力的要求，过闸单宽流量应适应地质条件，分析施工开挖的可能性以及造价的经济性。

三、闸孔尺寸与孔数的确定

1. 单宽流量选择

在确定闸孔尺寸时，单宽流量选择是一个很重要的问题。单宽流量愈大，所需的闸孔净宽就愈小，闸的总宽就可以缩短，但过闸单宽流量过大，会造成闸下游消能防冲的困难，增加消能防冲设备的投资。单宽流量的选择，须考虑下列水流形态和地基特点等因素合理选用：闸上下游水头差愈大，则出闸水流的能量愈大，因此单宽流量应采用小些；尾水愈浅，水流连接愈困难，单宽流量应小些；土壤抗冲能力愈小，采取的单宽流量应愈小；单宽流量选用过大，则水闸与原河道宽度的比值较小，出闸水流不均，扩散不易，有流量集中的可能；建筑物结构如较单薄，过闸流量较大容易发生振动，因此单宽流量应选用小些。

根据我国水闸设计经验，粉砂、细砂、粉土和淤泥河床单宽流量可取 5～10m^3/(s·m)，砂壤土取 10～15m^3/(s·m)，壤土取 15～20m^3/(s·m)，黏土取 20～25m^3/(s·m)。渠道上水闸的过闸单宽流量可取渠道单宽流量的 1.1～1.5 倍。

2. 过闸水位差的选用

过闸水位差的大小，关系到水闸上游的淹没影响和工程造价。若采用较大的过闸水位差，虽可缩减闸孔总净宽，降低工程造价，但抬高了闸的上游水位，这样不仅要提高上游堤顶高程，而且有可能增加上游淹没损失。因此，选用水闸过闸水位差时，应认真处理好水闸工程造价、上游堤防工程量及淹没影响等方面的关系。

设计中应结合水闸所承担的任务、特点、运用要求等具体情况来选定。在平原地区，对于进水闸和分水闸，为了在低水位情况下也能获取较多的流量，有时选用较小的过闸水位差；对于排涝闸和挡潮闸，为了争取时间抢排，尽量减免涝情，往往也选用较小的过闸水位差；对于拦河节制闸，为了减轻上游堤防的负担，不允许过分抬高闸的上游水位，故也选用较小的过闸水位差。一般水闸的过闸水位差采用 0.1～0.3m。

3. 闸孔尺寸与孔数

(1) 计算闸孔总净宽。

对于堰流孔口：

$$B_0=\frac{Q}{\sigma\varepsilon m\sqrt{2g}H_0^{3/2}} \tag{10-1}$$

式中：B_0 为闸室总净宽，m；Q 为设计过闸流量，m^3/s；H_0 为计入行近流速水头的堰上水头，m；g 为重力加速度，m/s^2；m、ε、σ 分别为堰上的流量系数、侧收缩系数和淹没系数。

对于孔流孔口：

$$B_0=\frac{Q}{\sigma'\mu h_e\sqrt{2gH_0}} \tag{10-2}$$

式中：h_e 为孔口高度，m；μ、σ'分别为宽顶堰上孔流的流量系数和淹没系数。

(2) 选定每孔净宽 b。闸孔总净宽算出后，即可进行分孔。选择每孔净宽 b 时，应考虑水闸使用要求、闸门型式、启闭机设备条件和工程投资等因素，并参照闸门尺寸的要求加以选定。小型水闸 b 一般不超过 3m；大中型水闸如采用钢质闸门，b 可取 8～12m，常用 10m，最大可达 30m。如为钢丝网水泥波形面板或钢筋混凝土梁格闸门，b 一般取 6m 左右，钢丝网水泥薄壳闸门的 b 常取 6～12m；如有排冰、过木或过船的使用要求时，要进行专门研究确定。

(3) 闸孔数目 n。选定每孔净宽 b 后，则所需闸孔数 $n\approx B_0/b$，n 值为略大于计算值的整数，但总净宽不宜超过计算值的 3%～5%。$n<8$ 时一般取奇数，以便于对称开启，有利于消能防冲。当孔数较多，如多于 6 孔时，采用单数孔或双数孔差别不大。

(4) 确定闸室的总宽度 L。确定闸室的总宽度，应从过水能力和消能防冲两方面考虑。闸室总宽度 L 值应与上、下游河道或渠道宽度相适应，溢流前缘总宽 $L=nb+\sum d$，$\sum d$ 为闸墩厚度的总和。一般闸室总宽度应等于或大于河（渠）道宽度的 0.6～0.85 倍，河（渠）道宽度较大时，取较大值。

(5) 过流能力校核。按拟定的闸孔尺寸，考虑闸墩形状等影响，进一步验算水闸的过水能力。一般实际过流量与设计过流量的差值不得超过 5%，否则须调整闸孔尺寸，直至满足要求为止。

第三节　水闸的消能防冲设计

一、消能防冲设计的控制条件

过闸水流可呈缓流状态，也可呈急流状态。对于前者，只要引导水流均匀扩散，限制回流的发展，而无需特别的消能设施。对于后者，则必须采取适当的消能措施，促使闸下水流在尽可能短的距离内由急流转变为缓流，减小其冲刷能力。

闸下的消能设施，必须在各种可能出现的水力条件下，都能满足消能与扩散的要求且要经济合理。由于各种水闸的运用要求不同，上下游水位、过闸流量及闸门开启程序等复杂多变，因此消能设计的控制条件很难有一个统一标准。在进行水闸消能设计时，应根据水闸的运用特点，选择几种可能的水位流量组合，结合考虑合理的闸门操作方案，通过计算或试验经分析比较后确定。

防冲设计的控制条件，也应根据各种可能出现的不利水位流量组合经计算比较确定。它与消能设计的控制条件不一定相同，因按某一控制条件设计的消能工，在该条件下消能效果是最好的，而在其他情况下不一定能获得同样的消能效果，剩余能量就有可能增大。一般地说，水闸泄放最大流量是防冲设计的控制条件。

二、消能工设计

经水闸下泄的水流仍具有剩余能量。开始泄流时下游无水或水位很低，在各种不同泄量和相应的下游水位情况下，难以保证都发生完全水跃，因而水流还有未消耗的能量；弗劳德数 Fr 较小，易产生波状水跃（图 10－5）；进口流态不对称时会产生折冲水流（图 10－6），应采取相应措施消耗能量，防止冲刷。

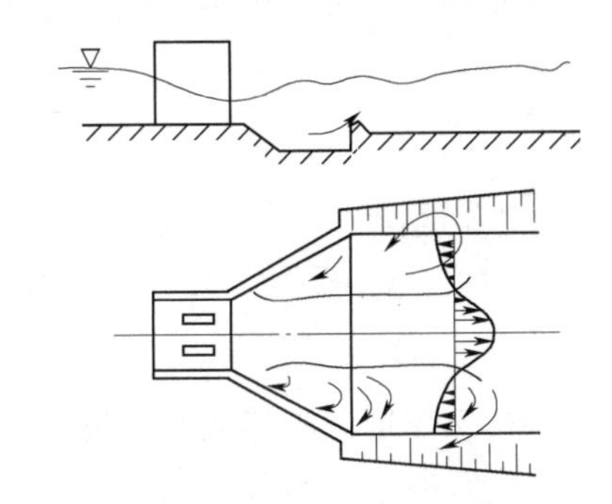

图 10－5　波状水跃示意图

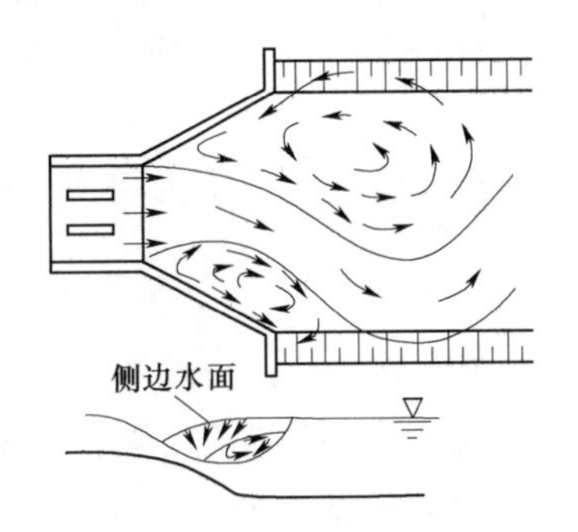

图 10－6　折冲水流示意图

1. 消能方式选择

为了保证水闸的正常运用，防止河床冲刷，一方面尽可能消除水流的动能，消除波状水跃，并促使水流横向扩散，防止产生折冲水流；另一方面要保护河床和河岸，防止剩余动能引起的冲刷。在这两方面的措施中，首先是消能，其次是防冲。所以在消能防冲方面一定要抓住消能这个主要环节。水闸的消能方式，一般都采用底流式水跃消能。底流式的主要消能结构是消力池，在池中利用水跃进行消能。消力池后面紧接海漫，在海漫上继续消除水流的剩余动能，使水流扩散并调整流速分布，以减少底部流速，从而保护河床免受冲刷。海漫末端需设置防冲槽或防冲齿墙。

2. 消力池设计

闸下消力池一般由连接闸室底板的斜坡段和带尾坎的水平护坦组成，如图 10－7 所示，斜坡段的坡度常用 1∶3～1∶4。池底（护坦表面）高程，按不利泄流工况下产生 0.05～0.1 淹没度的二元水跃设计，以如图 10－7（a）所示向下挖的消力池为例，存在下列关系：

$$(1.05 \sim 1.10)h_2 = t + \Delta z + d \tag{10-3}$$

$$\Delta z = \frac{q^2}{2g\phi^2 t^2} - \frac{\alpha q^2}{2gh_1^2} \tag{10-4}$$

式中：d 为消力池下挖深度；Δz 为出池水流落差；α 为动能修正系数，$\alpha=1.0\sim1.05$；ϕ 为流速系数，$\phi\approx0.95$；h_2 为跃后水深。

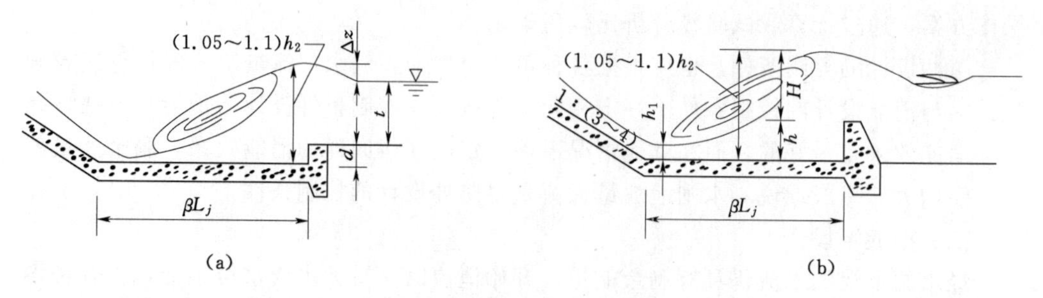

图 10-7 闸下消力池计算图

(a) 向下挖的消力池；(b) 有消力坎的消力池

当地基开挖困难，或冬季要求防冰冻而便于放空池内积水时，也可用消力墙抬高水位成池，如图 10-7 (b) 所示，存在下列关系：

$$(1.05\sim1.10)h_2=H+h \tag{10-5}$$

式中：h 为消力墙高度；H 为墙顶溢流水头，决定于

$$q=m\sqrt{2g}\left(H+\frac{q^2}{2gh_2^2}\right)^{3/2} \tag{10-6}$$

式中：q 为单宽流量；m 为流量系数，$m\approx0.42$。

当消力池计算所需挖深太大，或墙身太高、墙后又需进一步消能时，也可采用浅开挖与低消力墙相结合的消力池。无论采用何种消力池，护坦长均可按跃长 L_j 的 0.7～0.8 倍考虑。引用跃长公式 $L_j=6.9h_j=6.9(h_2-h_1)$（h_1 为收缩断面水深），池底水平护坦长度为

$$L_B=(0.7\sim0.8)L_j=(4.83\sim5.52)h_j \tag{10-7}$$

水闸过水时消力池内水流非常紊乱，护坦不仅承受自重、水重、扬压力、脉动压力，而且还有水流的冲击力作用，因此，其受力条件非常复杂，一旦破坏就会影响到整个水闸的安全，设计时应慎重对待。

3. 护坦设计

如图 10-8 所示，消力池护坦厚度可根据抗冲和抗浮要求，分别按《水闸设计规范》(SL 265—2016) 中公式计算，取其最大值，且不小于 0.5m，大中型水闸一般为 0.5～1.0m。

抗冲
$$t=k_1\sqrt{q\sqrt{\Delta H}} \tag{10-8}$$

抗浮
$$t=k_2\frac{U-W\pm P_m}{\gamma_b} \tag{10-9}$$

式中：t 为消力池底板始端厚度，m；ΔH 为闸孔泄水时上、下游水位差，m；k_1 为消力池底板计算系数，可采用 0.15～0.20；k_2 为消力池底板安全系数，可采用 1.1～1.3；U 为作用在消力池底板上的扬压力，kPa；W 为作用在消力池底板上的水重，kPa；P_m 为作用在消力池底板上的脉动压力，kPa；γ_b 为消力池底板的饱和重度，kN/m³。

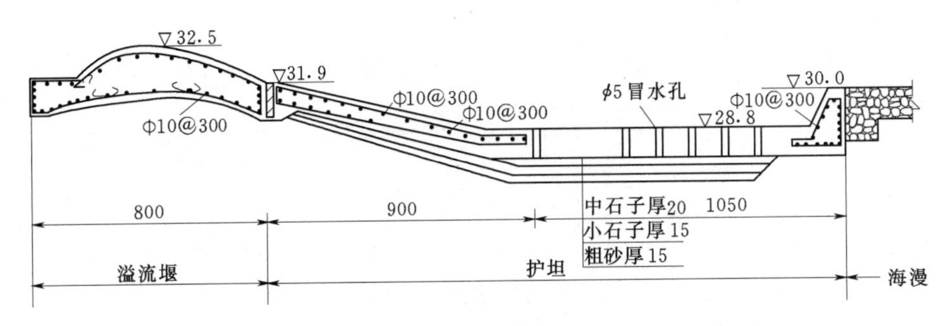

图 10-8 护坦构造（单位：高程以 m 计；尺寸以 cm 计）

护坦材料必须具有抗冲耐磨性，一般采用混凝土或加筋混凝土，在小型水闸中，有的采用浆砌块石。为了降低护坦底部的渗透压力，在护坦的后半段或前半段需设置排水孔，孔径一般为 5～25cm，间距为 1.5～3.0m，呈梅花形排列，排水孔内充填碎石或无砂混凝土，这样，既能使渗水通过，又有助于避免水流中泥沙堵塞排水孔。排水孔底部必须设置反滤层。

护坦常用 C15 或 C20 级混凝土浇筑，一般情况下只需配置 Φ10～12@250～300 的分布钢筋。大型水闸护坦顶、底面均需配置，中小型水闸只配顶面。

护坦在平行水流方向设置沉降缝，缝的位置宜与闸墩对齐，缝的间距为 8～20m。护坦在垂直水流方向一般不分缝，以保证护坦的整体稳定性。

4. 辅助消能工

为了改善水流条件，提高消能效果，可在护坦上设置辅助消能工。

当消力池的入流弗劳德数 $Fr_1 \leqslant 1.7$ 时，将发生延伸很远的波状水跃，对防冲不利。对此，水工设计中常用的措施是在消力池前端与闸室底板衔接处加设平台小坎，通过扩散和挑起水流，增大池内消能比重，削弱波状水跃。缺点是对泄流能力稍有影响，小坎高度一般不超过 $h_2/4$。

闸下消力池由于底流流速有限，池内可设趾墩、前墩、后墩、齿坎等各种辅助消能工。设于水跃前部的消力墩（前墩）有明显的辅助消能甚至缩短跃长的作用（对急流的反力大），梯形或矩形断面均可，2～3 排交错排列，墩高应不超过 $h_2/5$。设于水跃后部的消力墩（后墩）或齿形尾坎等主要起调整和改善流态的作用，消能作用小。后墩形态、排列与前墩类似，但墩高可达 $h_2/4 \sim h_2/3$。

三、海漫和防冲槽

1. 海漫

设于消力池下游的海漫是土基上闸坝特有的消能防冲设施，主要功用是继续消减出池水流的剩余动能；调整流速分布，使水流均匀扩散；保护土质河床免受冲刷。根据当地条件，海漫可用堆石、干砌石、浆砌石、铅丝笼填石、混凝土、钢筋混凝土等各种材料建造，但共同应具有的构造性能是：适应土基变形的柔性；免除扬压力的强透水性；有利于对水流摩阻消能的粗糙度。图 10-9 所示为浆砌石、干砌石海漫连同前端消力池尾坎和末端抛石防冲槽的纵剖面。紧接消力池的浆砌石水平段由有排水孔的浆砌石层及其下的反滤层构成，抗冲流速为 3～6m/s；干砌石缓坡段由干砌石层及

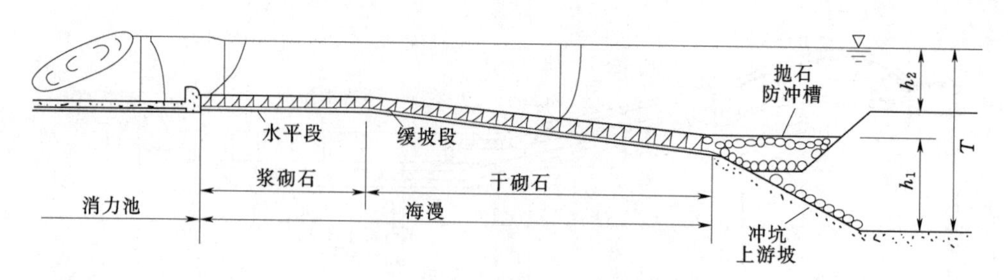

图 10-9　海漫布置及防冲槽构造

其下反滤层构成，以 1∶10～1∶20 的纵坡下延。抗冲流速为 2.5～4.0m/s。

(1) 海漫长度。海漫的长度取决于消力池末端的单宽流量、上下游水位差、下游水深、河床土质抗冲能力、闸孔与河道宽度的比值以及海漫结构型式等，可按南京水利科学研究院提出的经验公式（10-10）计算其长度：

$$L = K\sqrt{q\sqrt{\Delta H}} \tag{10-10}$$

式中：L 为海漫长度，m；K 为河床土质系数，粉、细砂取 13～15，中、粗砂及砂壤土取 10～12，壤土取 8～9，坚硬黏土取 6～7，扩散条件好时 K 取小值，反之取大值；q 为消力池末端单宽流量，$m^3/(s \cdot m)$；ΔH 为上下游水位差，m。

式（10-10）的适用范围为$\sqrt{q\sqrt{\Delta H}} = 1 \sim 9$。

(2) 海漫构造。海漫结构应是粗糙的，以加大与水流的摩擦，有利于消除余能和调整流速分布；应是透水的，能够顺利地排出渗水，降低扬压力；应有一定的柔性，能够适应地基的不均匀沉陷。海漫材料可根据流速进行选择，常用的有干砌块石和浆砌块石两种：

1) 干砌块石海漫一般由直径大于 30cm 的块石砌筑，厚度为 30～50cm。砌石的下层通常铺有卵石及粗砂组成的垫层，厚度各为 10cm。为了增加抗冲能力，每隔 6～10m 设置浆砌石埂。这种干砌块石常设在海漫的中、后段，约为海漫全长的 2/3 范围。

2) 浆砌块石海漫的厚度与干砌块石相同，其抗冲能力比干砌块石高，抗冲流速为 3～6m/s。这种材料设置在海漫前段，约为全长的 1/3 范围。浆砌块石内应设排水孔，下设反滤层。

此外，海漫材料还有石笼、梢捆、混凝土等。

为了使水流更好地扩散，海漫在顺水流方向除了平面上可以采取两侧逐渐扩散的布置方式外，往往在前部水平段后面接以倾斜段，或在全长范围内均向下游倾斜，这样可以促使水流在铅直方向扩散，达到减缓流速、调整流速分布、提高防冲效果等目的。倾斜坡度宜采用 1∶10 或更缓，如斜坡过陡，则消能作用很小，而且斜坡上容易产生漩涡，反而影响水流扩散。

2. 防冲槽

海漫设计虽以出口水流不冲河床作为设计条件，但实际上海漫末端受冲刷的现象屡见不鲜。为限制冲刷扩展，保护海漫安全，设计要求不论海漫降到或未降到可能冲刷深度，均需设防冲槽。

防冲槽一般是在海漫末端开挖的土槽中抛填块石而成，它对河床变形有很好的适应性，当水流冲刷河床形成冲坑时，抛石将随冲坑的发展沿斜坡陆续滚下，从而盖护在冲刷坑的上游坡上，使冲刷不再向上游发展，如图 10－10 所示。

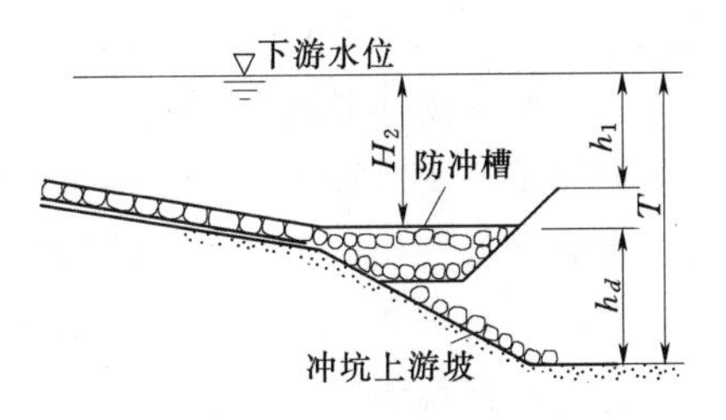

图 10－10　防冲槽示意图

海漫末端河床可能冲刷深度 h_d 可按式（10－11）计算。根据式（10－11）计算的冲坑深度往往很大（特别是砂性土），若按此确定防冲槽深度，不仅很不经济，而且施工开挖也很困难。参照已建水闸工程的实践经验，防冲槽的深度一般可取 1.5～2.5m，底部宽度可取其深度的 2～3 倍，上下游坡率 m 可分别取为 2～3 和 3.0。

$$h_d = T - H_2 = \frac{1.1q}{v_k} - H_2 \tag{10-11}$$

式中：q 为海漫末端的最大单宽流量；H_2 为该流量情况下原防冲槽顶面以上水深；v_k 为河床土质允许不冲流速。

防冲槽中的抛石粒径一般取 0.2～0.3m。对于特别重要的、建在粉细砂地基上的水闸，槽底宜铺设柴排，这时应减小槽深、增加槽宽。

四、上游河床和上下游岸坡的防护

为了避免水流对上游河床及上下游岸坡的冲刷，需要对上游河床和上下游岸坡进行防护。一般上游河床在靠近铺盖的一段需要防护，其长度一般为上游水深的 3～5 倍。上游岸坡在对应铺盖和护底的范围内都要进行防护，护底护坡在靠近铺盖和闸室的一段距离内，由于流速较大，防护材料一般都用浆砌块石，其他部分用干砌块石。下游岸坡的防护长度应大于河底防护长度，护坡材料同上游岸坡。

上下游护坡的顶部应在最高水位以上。砌石护坡、护底的厚度通常为 0.3～0.5m，下面铺设卵石及砂垫层，厚度均为 10cm，以防止岸坡土壤在水位降落时被渗透水流带出。护坡每隔 8～10m 常设置混凝土埂（或浆砌石埂）一道，在护坡坡脚处应做混凝土齿墙嵌入土中，以增加护砌的稳定性。若护坡改用现浇混凝土，其厚度一般采用 0.2～0.3m。寒冷地区宜加厚至 0.3～0.5m，若改用预制混凝土板铺砌，其厚度一般采用 0.1～0.2m。

第四节　闸基渗流分析与防渗设施

一、闸基渗流的危害

水闸建成挡水后，在上下游水位差的作用下，在闸基及岸坡内均产生渗流，如图 10－11 所示。其中闸基为有压渗流，岸坡绕渗为无压渗流。水闸闸基渗流在闸底板上形成的扬压力，不利于闸室稳定；岸坡绕渗对连接建筑物的侧向稳定不利；闸基渗流和岸坡绕渗还可能造成渗流出逸处的渗透变形破坏，甚至导致水闸失事；渗漏会引起水量损失。渗流分析的目的主要是确定渗流三个要素：即渗透压力、渗透坡降和渗透流量。

资源 10.2
地下轮廓线

二、闸基防渗长度的确定

如图 10－12 所示，在上下游水位差 ΔH 的作用下，闸基产生渗流，并从护坦上的排水孔等处逸出。铺盖、板桩和闸底板等不透水部分与地基接触线称为地下轮廓线（即图中折线 1、2、3、…、11）。它是闸基渗流的第一根流线，其长度称为闸基防渗长度（又称渗径长度）。

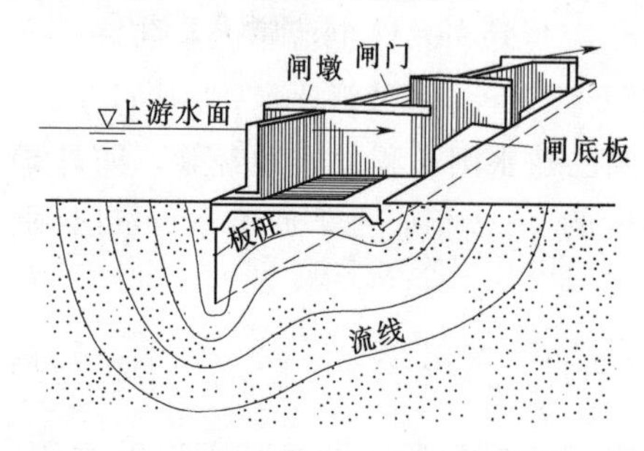

图 10－11　闸基渗流

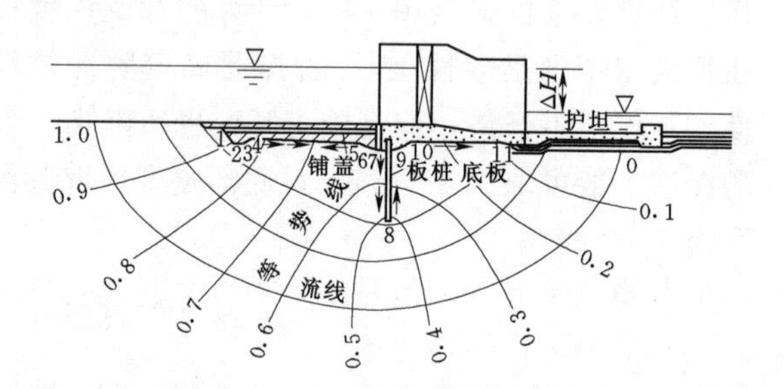

图 10－12　水闸地下轮廓及流网

假定闸基渗流沿渗径均匀消耗水头，根据达西定律，有

$$v=kJ=k\frac{\Delta H}{L} \tag{10-12}$$

式中：v 为渗流流速；k 为闸基土的渗透系数；J 为渗透坡降；ΔH 为上下游水位差；L 为闸基防渗长度。

对于某一土质闸基，渗透系数 k 为常数，为防止产生渗透变形，保证水闸安全，必须使闸基防渗长度 L 达到一定的数值，以使渗透流速 v 或渗透坡降 J 小于等于某一数值。L 愈大，v 或 J 愈小。用水头差表示即为

$$L\geqslant C\Delta H \tag{10-13}$$

式中：L 为防渗长度，即闸基轮廓不透水部分（包括水平段、铅直段及倾斜段）长度的总和，m；ΔH 为上下游水位差，m；C 为渗径系数，它是水闸设计的一个重要参数。

在《水闸设计规范》（SL 265—2016）中，根据我国实践经验，渗径系数可按表 10－1 选取。

表 10－1　　渗径系数表

地基类别 排水条件	粉砂	细砂	中砂	粗砂	中砾、细砾	粗砾夹卵石	轻粉质砂壤土	砂壤土	壤土	黏土
有反滤层	13～9	9～7	7～5	5～4	4～3	3～2.5	9～7	7～5	5～3	3～2
无反滤层	—	—	—	—	—	—	—	—	7～4	4～3

注　当闸基设板桩时，C 可取小值。

式（10－13）是确定闸基防渗长度的基本公式，也是水闸设计必须遵守的准则，尽管十分简略，但因渗径系数来自实际工程经验，所以具有一定的可靠性。

三、水闸地下轮廓布置

当闸基防渗长度初步拟定后，尚需有合理的布置，才能充分发挥其作用。水闸地下轮廓布置可根据设计要求和地基特性，参照已建水闸工程的实践经验来进行。所谓地下轮廓布置，就是确定闸基防渗的轮廓形状及其尺寸，布置的原则是防渗与导渗相结合。

地下轮廓布置与地基土质的关系较大，对于不同地基具有不同的布置特点。

(1) 黏性土地基。黏性土地基的土壤颗粒之间具有黏聚力，不易产生管涌，但土壤与闸底板之间的摩擦系数较小，不利于闸室稳定。所以在黏性土地基上，防渗布置应考虑如何减小闸底板上的渗透压力，提高抗滑稳定性。防渗措施一般常用铺盖［图10－13 (a)］，而不用板桩，以防破坏黏粒结构。对于排水设施，一般布置在闸室下游护坦的下面；也可布置在闸室底板下面。

资源10.3
黏性土地基
防渗布置

资源10.4
砂性土地基
防渗布置

(2) 砂性土地基。在砂性土地基中，土壤与底板之间的摩擦系数较大，这对闸室的抗滑稳定性有利。但是由于土壤颗粒之间无黏聚力或黏聚力很小，容易产生管涌。因此，防渗布置主要考虑如何延长渗径来降低渗透流速或坡降。当砂层很厚时，可采用铺盖与板桩相结合的布置形式，排水设备布置在闸底板之后的护坦下。必要时，还可在铺盖始端增设短板桩以加长渗径，这在铺盖兼作阻滑板时更有意义。如果砂层较薄，下面有相对不透水层时，可用板桩将砂层切断［图10－13 (b)］。

对于粉砂地基，为了防止粉砂液化，多采用封闭式防渗措施，即在闸室地基的四周用板桩包围。图10－13 (c) 是挡潮闸断面图，该闸受双向水头作用，在上下游都设有板桩和排水。因为最高潮水位高于最高内河水位，所以在闸室迎海的一侧采用较长的板桩。

(3) 特殊地基。在弱透水的地基下有透水层，特别是当该层含有承压水时，应设置穿过弱透水层的铅直排水孔，以便将承压水引出，防止下游土层被承压水顶起甚至发生流土［图10－13 (d)］。当地基为不同性质的冲积层，而水平向的渗透性大于铅直向的渗透性时，也应布置铅直排水以降低层间渗透压力。

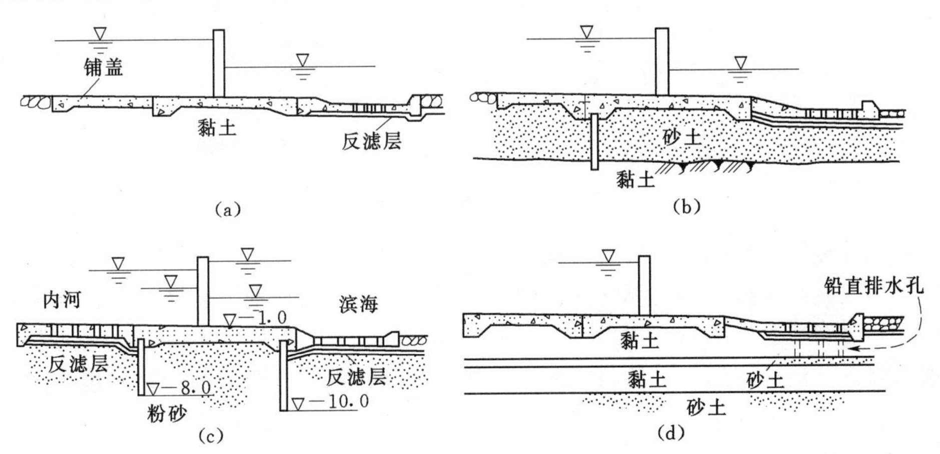

图10－13　水闸地下轮廓设计示意图（单位：m）

四、闸基渗流计算方法

进行闸基渗流分析时通常假定水闸的地基为均匀、各向同性；水流运动是稳定连续、不可压缩，且符合达西（Darcy）定律、满足拉普拉斯方程。常用的分析方法有解析法、数值计算法、流网法、试验法和近似计算法等。

由水力学知，在各向同性地基中，渗流的水头函数满足拉普拉斯方程，即

$$\frac{\partial^2 H}{\partial x^2}+\frac{\partial^2 H}{\partial y^2}=0 \tag{10-14}$$

式中：H 为计算点的水头值，称为水头函数，它是坐标的函数。

已知渗流区域的边界条件，便可根据式（10－14）解出水头函数，这是理论解法。

事实上，理论解法只有在边界条件十分简单的情况下才能求解，而实际条件及防渗布置均比较复杂，很难运用理论解法获得解答。数值计算法常用的有有限差分法和有限元法，其适用范围很广，不论地基是否均质或各向同性，也不论边界条件是否复杂，都可以采用。但其计算工作量大，必须借助电子计算机才能完成。流网法是用图解法求解拉普拉斯方程的方法，在水力学教材中已有详细介绍，此处不再讲述。图10－14给出三种典型地下轮廓布置的流网图，供绘制流网时参考。

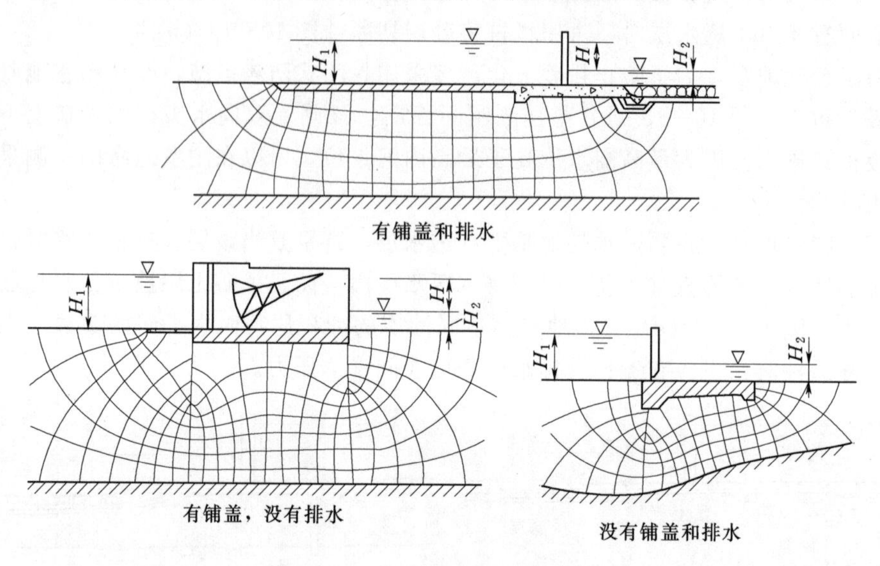

图10－14　不同闸基型式的流网图

近似计算法有直线比例法、直线展开法、加权直线法、阻力系数法及改进阻力系数法等。直线比例法（即勃莱法或莱因法）假定渗流水头沿地下轮廓的防渗长度均匀消减，只要知道水头 H 和防渗长度 L 后，便可按直线比例关系求得地下轮廓各点的渗透压强。该法计算简单，但精度差；直线展开法和加权直线法的计算精度均比直线比例法高。直线展开法借助于图表，计算并不烦琐；加权直线法不必借助于图表，计算也简便；阻力系数法是简化流体力学计算成果而以“水力学方法”的样式应用的方法，用它来计算闸底板的渗透压力，对于较浅的透水地基，有较高的精度，但因不能

算得板桩尖点（或齿墙角点）的渗透水头，所以出口平均坡降的计算精度较差。改进阻力系数法主要是对阻力系数法的分段方法做了改进，可以求得桩尖（或齿墙角点）的渗透水头，并对进出口附近的水头损失做了更详细的修正，从而提高了计算精度，是近似方法中较精确的方法。

在《水闸设计规范》（SL 265—2016）及其编制说明中，对如何选择闸基渗流计算方法的问题，提出四点看法：①推荐改进阻力系数法和流网法作为基本方法；②对于复杂土质地基上重要的水闸，要采用数值计算法求解（如按拉普拉斯方程进行编程计算），或采用电拟试验计算；③对于防渗布置比较简单、地基又不复杂的中小型水闸，也可考虑采用直线展开法或加权直线法；④直线比例法精度较差，不宜采用。

下面介绍改进的阻力系数法。

（一）基本原理

图 10-15 所示为一矩形渗透区域，其中 k 为渗透系数，A 为渗流区段内垂直于流线的平均单宽面积，l 为渗流区段内流线的平均长度，h 为某一渗流区段的水头损失。

根据达西（Darcy）定律，某一渗流段的单宽流量为

$$q = Av = AkJ = Ak\frac{h}{l} = k\frac{h}{\xi} \tag{10-15}$$

由式（10-15）可以看出，渗流区段的阻力系数 ξ 是一个只与渗流区段的几何形状有关的函数，$\xi = l/A$。根据水流的连续原理，各段的单宽渗流量应该相同。所以，各段的 q/k 值相同，而总水头 H 应为各段水头损失的总和，即

$$H = \sum_{i=1}^{n} h_i = \sum_{i=1}^{n} \xi_i \frac{q}{k} = \frac{q}{k}\sum_{i=1}^{n} \xi_i \tag{10-16}$$

从而可计算各渗流段的水头损失，即

$$h_i = \xi_i \frac{H}{\sum\limits_{i=1}^{n} \xi_i} \tag{10-17}$$

求出各段的水头损失后，再由出口处向上游方向依次叠加，即得各段分界点的水头，而两点之间的渗透压强可近似地认为线性分布，如图 10-16 所示。对于进出口附近各点的渗透压强有时需要修正。

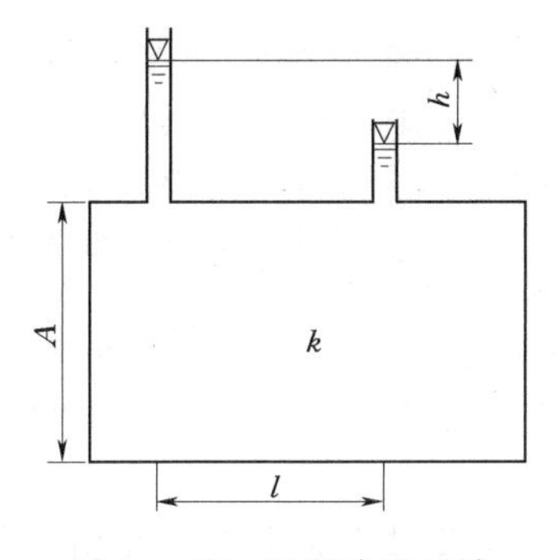

图 10-15　矩形渗流区域

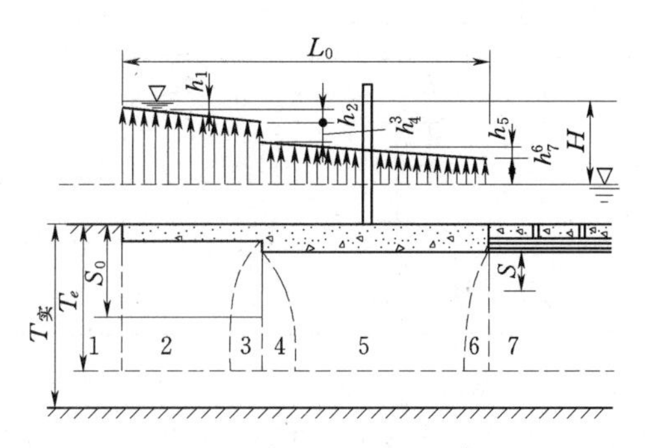

图 10-16　改进阻力系数法计算图

概括地说，改进阻力系数法的基本原理是把闸基的渗流区域按可能的等水头线划分为几个典型流段，根据渗流连续性原理，流经各流段的渗流量相等，各段水头损失与其阻力系数成正比，各段水头损失之和等于上下游水头差。

（二）计算步骤

1. 确定地基的有效深度

地基有效深度按下式计算：

$$\left.\begin{aligned} &当\frac{L_0}{S_0}\geqslant 5\text{ 时} \qquad && T_e=0.5L_0 \\ &当\frac{L_0}{S_0}<5\text{ 时} \qquad && T_e=\frac{5L_0}{1.6\dfrac{L_0}{S_0}+2} \end{aligned}\right\} \tag{10-18}$$

式中：T_e 为地基有效深度，m；L_0、S_0 分别为地下轮廓的水平投影长度和铅直投影长度，m。

若计算的地基有效深度 T_e 小于地基透水深度，则应按 T_e 进行渗流计算；反之，则应采用地基实际透水深度计算。

2. 分段并计算阻力系数

按地下轮廓有转折的各点进行分段（表 10-2），然后按典型流段阻力系数的计算公式，计算各段的阻力系数。

表 10-2　典型渗流段阻力系数计算公式表

区段名称	典型渗流段形式	阻力系数 ξ 的计算公式	符号意义
进出口段		$\xi_0=1.5\left(\frac{S}{T}\right)^{1.5}+0.441$	ξ_0 为进出口段的阻力系数； S 为板桩或齿墙的入土深度，m； T 为地基透水深度，m
内部铅直段		$\xi_y=\frac{2}{\pi}\ln\cot\frac{\pi}{4}\left(1-\frac{S}{T}\right)=1.466\lg\cot\frac{\pi}{4}\left(1-\frac{S}{T}\right)$	ξ_y 为内部铅直段的阻力系数
水平段		$\xi_x=\frac{L-0.7(S_1+S_2)}{T}$ 当 $\xi_x<0$ 时，取 $\xi_x=0$	ξ_x 为水平段的阻力系数； S_1、S_2 分别计算水平段进口或出口板桩或齿墙入土深度，m； L 为水平段长度，m

3. 初绘渗透压力分布图

各分段阻力系数求出后，即可按式（10-17）计算各段水头损失，并初步绘出渗透压力分布图。

4. 进出口断面的修正

在渗流出逸处，渗流水力坡降急剧变化。当出口板桩较短或无板桩时，由式（10－17）计算的水头损失值与实际有较大的误差，需要进行局部修正，才能得到与实际急变曲线极为接近的水力坡降线。

进出口段水头损失值可按下式修正：

$$h'_0=\beta h_0 \tag{10-19}$$

式中：h_0 为按式（10－17）计算的水头损失值；h'_0为修正后的水头值；β 为修正系数，当 $\beta>1.0$ 时，取 $\beta=1.0$。β 可按下式计算：

$$\beta=1.21-\frac{1}{\left[12\left(\frac{T'}{T}\right)^2+2\right]\left(\frac{S'}{T}+0.059\right)} \tag{10-20}$$

式中：S'为底板埋深与板桩入土深度之和，m；T 为进出口段地基透水深度，m；T'为进出口段另一侧地基透水层深度，m，参见图10－17。

修正后，进出口段的水头损失减少了 Δh：

$$\Delta h=h_0-h'_0=(1-\beta)h_0 \tag{10-21}$$

式中：h'_0为进口段水头损失值，$h'_0=\beta h_0$。

水力坡降线呈急变形式的长度 a 可按下式计算：

$$a=\frac{\Delta h}{H}T\sum_{i=1}^{n}\xi_i \tag{10-22}$$

渗透压力分布可按图10－18进行修正，图中 QP'为修正前的水力坡降线，根据 Δh 及 a 值分别定出 P 点及 O 点，连接 QOP，即为修正后的水力坡降线。

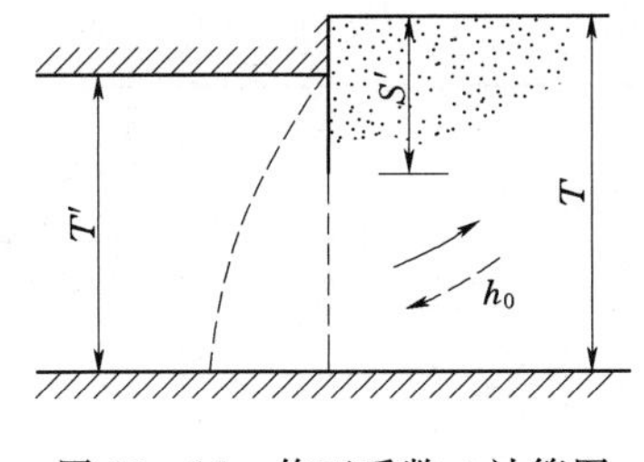

图10－17　修正系数 β 计算图

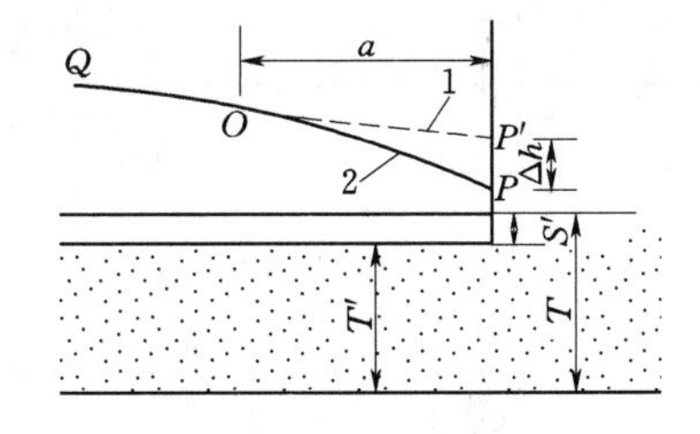

图10－18　进出口渗透压力分布的修正

1—修正前的水力坡降线；2—修正后的水力坡降线

5. 齿墙不规则部位的修正

从上述局部修正情况可知，在进行了进、出口段水头损失修正后，进、出口段修正的水头损失减少 Δh，将会使相邻水平段的水头损失相应增加 Δh。这种水头损失增加由齿墙不规则部位承担。

齿墙不规则部位的修正，可按下述方法进行（图10－19）。

当 $\Delta h\leqslant h_x$ 时

$$h'_x=h_x+\Delta h \tag{10-23}$$

式中：h_x 为水平段（BA 段）的水头损失值；h'_x为修正后的水平段水头损失值。

当 $h_x<\Delta h\leqslant h_x+h_y$ 时

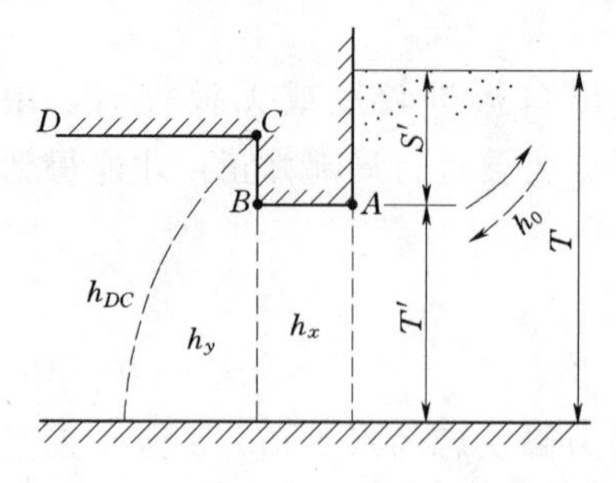

图 10-19　齿墙的进出口渗流计算简图

$$\left.\begin{aligned} h'_x &= 2h_x \\ h'_y &= h_y + (\Delta h - h_x) \end{aligned}\right\} \tag{10-24}$$

式中：h_y 为内部铅直段（CB 段）的水头损失值；h'_{yx} 为修正后内部铅直段水头损失值。

当 $h_x + h_y < \Delta h$ 时

$$\left.\begin{aligned} h'_x &= 2h_x \\ h'_y &= 2h_y \\ h'_{DC} &= h_{DC} + \Delta h - (h_x + h_y) \end{aligned}\right\} \tag{10-25}$$

式中：h_{DC} 为 DC 段的水头损失值；h'_{DC}为修正后的 DC 段水头损失值。

通过上述修正，即得最终的渗透压力分布图。

6. 出口段渗透坡降计算

沿轮廓线逸出的出逸坡降平均值 J_0，可按下式计算：

$$J_0 = \frac{h'_0}{S'} \tag{10-26}$$

改进阻力系数法适用于均质、各向同性的地基。

五、闸基抗渗稳定验算

为保证闸基的抗渗稳定性，要求水平段及出口段的渗透坡降必须小于表 10-3 规定的允许坡降。需注意的是，表中出口段的数值指流土破坏的允许坡降，而对于砂砾石地基，当满足式（10-27）时，闸基出口段的渗透破坏形式为管涌，其允许坡降可按式（10-28）确定：

表 10-3　　允许坡降［J］值表

<table>
<tr><th rowspan="2">地基类别</th><th colspan="2">允许坡降［J］值</th><th rowspan="2">备　注</th></tr>
<tr><th>水平段</th><th>出口段</th></tr>
<tr><td>粉砂</td><td>0.05～0.07</td><td>0.25～0.30</td><td rowspan="11">（1）渗流出口处设有反滤层时，允许坡降值可加大 30%；
（2）出口段的数值，系流土破坏时的允许坡降值</td></tr>
<tr><td>细砂</td><td>0.07～0.10</td><td>0.30～0.35</td></tr>
<tr><td>中砂</td><td>0.10～0.13</td><td>0.35～0.40</td></tr>
<tr><td>粗砂</td><td>0.13～0.17</td><td>0.40～0.45</td></tr>
<tr><td>中、细砾</td><td>0.17～0.22</td><td>0.45～0.50</td></tr>
<tr><td>粗砾夹卵石</td><td>0.22～0.28</td><td>0.50～0.55</td></tr>
<tr><td>砂壤土</td><td>0.15～0.25</td><td>0.40～0.50</td></tr>
<tr><td>壤土</td><td>0.25～0.35</td><td>0.50～0.60</td></tr>
<tr><td>软黏土</td><td>0.30～0.40</td><td>0.60～0.70</td></tr>
<tr><td>坚硬黏土</td><td>0.40～0.50</td><td>0.70～0.80</td></tr>
<tr><td>极坚硬黏土</td><td>0.50～0.60</td><td>0.80～0.90</td></tr>
</table>

$$4P_f(1-n) < 0 \tag{10-27}$$

$$[J] = \frac{7d_5}{kd_f}[4P_f(1-n)]^2 \tag{10-28}$$

其中
$$d_f=1.3\sqrt{d_{15}d_{85}}$$
式中：$[J]$ 为管涌破坏的允许坡降值；d_f 为闸基土的最大粒径计算值，mm；P_f 为小于 d_f 的土粒百分数含量；n 为闸基土的孔隙率；d_5、d_{15}、d_{85} 为闸基土颗粒级配曲线上小于5%、15%、85%的粒径，mm；d_5 代表被冲动的土粒，可采用0.2mm；k 为防止管涌破坏的安全系数，可采用1.5～2.0。

六、防渗排水设施

水闸的防渗设施包括水平防渗（铺盖）和垂直防渗设施（板桩、齿墙、防渗墙、灌注式水泥砂浆帷幕、高压喷射灌浆帷幕及垂直防渗土工膜等），而排水设施则是指铺设在护坦、海漫底部或闸底板下游段起导渗作用的砂砾石层。排水体常与反滤层结合使用。

1. 水平防渗

通常称水平防渗设备为铺盖。实际工程中常用的型式有黏土、混凝土、钢筋混凝土或土工膜防渗铺盖等。铺盖的长度应根据防渗效果好和工程造价低的原则确定。铺盖长度根据闸基防渗需要，一般取上下游最大水位差的3～5倍。铺盖首先应具有不透水性，为保证铺盖具有足够的防渗能力，一般要求其渗透系数应为地基土的1/100以下，其次也要有一定的柔性，以适应地基变形。从渗流观点看，铺盖过短，不能满足防渗要求，但铺盖过长，其单位长度的防渗效果会明显降低，当通过铺盖进入闸基的渗水量（铺盖并不是完全不透水的）增加值与从铺盖前端进入闸基的渗水量减小值相当时，铺盖的防渗效果就不再随长度增加。

（1）黏土、黏壤土铺盖。如图10-20所示，此种铺盖一般用于砂性土地基。其厚度根据铺盖土料的允许坡降和施工条件确定，上游端最小厚度一般采用0.6～0.8m，然后向下游逐渐加厚，在与闸室连接处，一般不宜小于1.5m，任何部位的厚度 δ 均应满足下式要求：

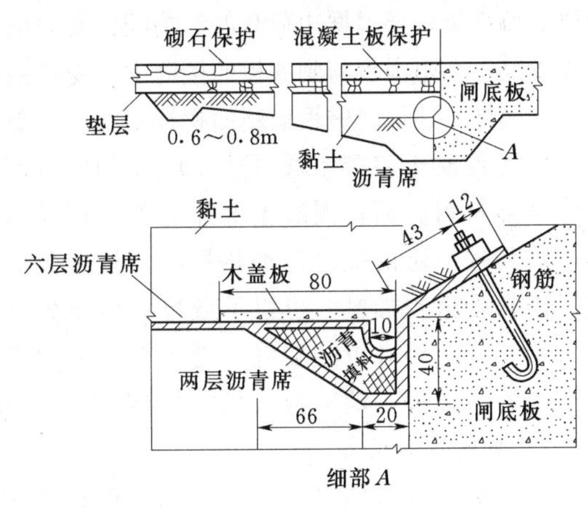

图10-20　黏土铺盖（单位：cm）

$$\delta \geqslant \frac{\Delta H}{[J]} \tag{10-29}$$

式中：ΔH 为计算点处铺盖顶面与底面的水头差，m；$[J]$ 为铺盖土料的允许坡降，对于黏土，$[J]$=4～6；对于黏壤土，$[J]$=3～5。

（2）混凝土、钢筋混凝土及沥青混凝土铺盖。如图10-21所示，当地缺乏黏土、黏壤土，或要用铺盖兼作阻滑板以提高闸室抗滑稳定性时，可采用混凝土或钢筋混凝土铺盖。其厚度一般根据构造要求确定，最小厚度不宜小于0.4m，在与底板连接处应加厚至0.8～1.0m。

为了减小地基不均匀沉降和温度变化的影响，其顺水流方向应设永久缝，缝距可采用8～20m，地质条件好的取大值，靠近翼墙的铺盖缝距宜采用小值。

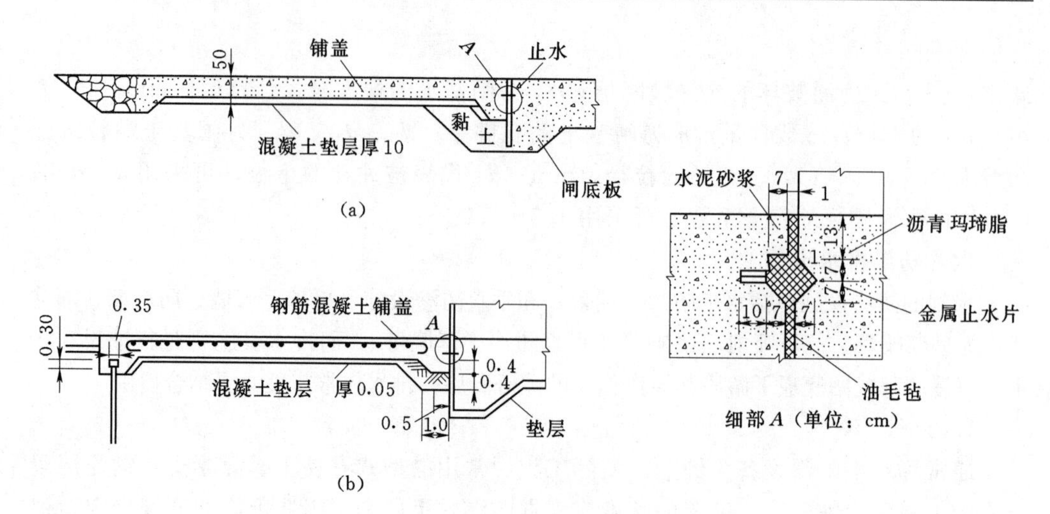

图 10-21　混凝土铺盖

(a) 混凝土铺盖（单位：cm）；(b) 钢筋混凝土铺盖（单位：m）

钢筋混凝土铺盖一般用C15级或C20级混凝土筑成，除防渗外，还可作为上游防冲护坦。铺盖内须配置适量的构造钢筋，一般在面层配Φ10@250～300的钢筋。在靠近闸室和两侧翼墙部位，要根据边荷载的影响配置受力钢筋。兼作阻滑板时，必须配置顺水流向的受拉钢筋，在阻滑板与闸底板的接缝中，受拉钢筋应采用铰接的构造形式，考虑到缝中钢筋可能锈蚀，建议缝中钢筋断面积按阻滑板中受力钢筋的1.5倍取用。

沥青混凝土渗透系数可达10^{-10}～10^{-9}cm/s，而且柔性好，造价低，是一种新型防渗铺盖材料。沥青混凝土铺盖通常选用6号石油沥青作胶结剂，用沥青、砂、砾石和矿物粉按一定的配合比加热拌和，然后分层压实而成。其厚度一般为5～10cm，与底板连接处适当加厚。可以不分缝，但要分层浇筑和压实，各层的浇筑缝要错开。铺盖与闸室或翼墙底板的接缝，近年来多采用搭接形式，接缝混凝土面上涂有沥青乳胶和纯沥青，以提高铺盖与底板的黏结力（图10-22）。

2. 垂直防渗设备

(1) 板桩。板桩（图10-23）一般设在闸底板的上游端或铺盖的前端，以增加渗透途径，降低渗透压力；有时也将短板桩设在闸底板的下游侧，以减小渗流出口坡降，防止出口处土壤产生渗透变形，但底板渗透压力将会增大。

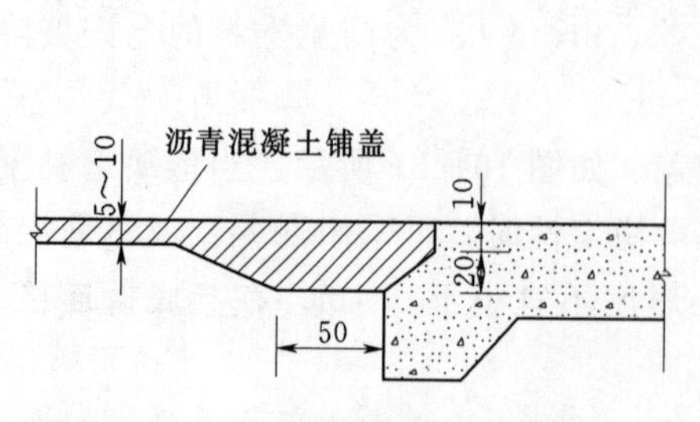

图 10-22　沥青混凝土铺盖（单位：cm）

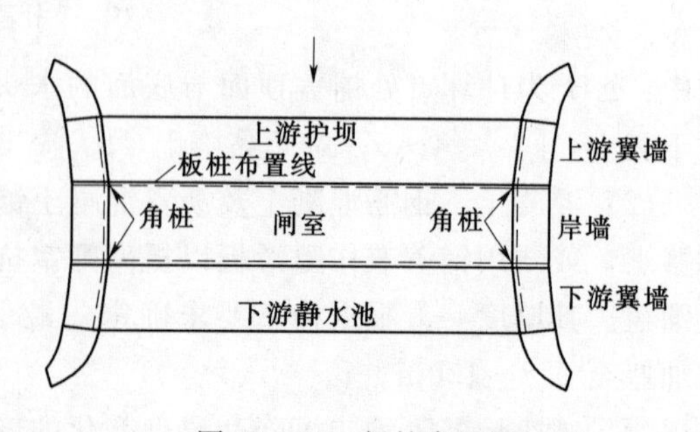

图 10-23　板桩布置图

根据所用材料不同，板桩可分为钢筋混凝土板桩、钢板桩及木板桩等几种。目前采用最多的是钢筋混凝土板桩。为节省钢材，一些中小型水闸也有采用竹筋混凝土板桩的。现代大多采用贯入式预制钢筋混凝土板桩，厚约 10～13cm，宽 50～88cm，用 C20 级或 C25 级混凝土制作（图 10－24），它原则上可以打入各种土层，但最适用于河漫滩沉积地基；在紧密的沙层（包括细沙、中沙、粗砂和砂卵石）中打桩非常困难，一是断桩率高，二是接缝张开度很大，不宜采用。

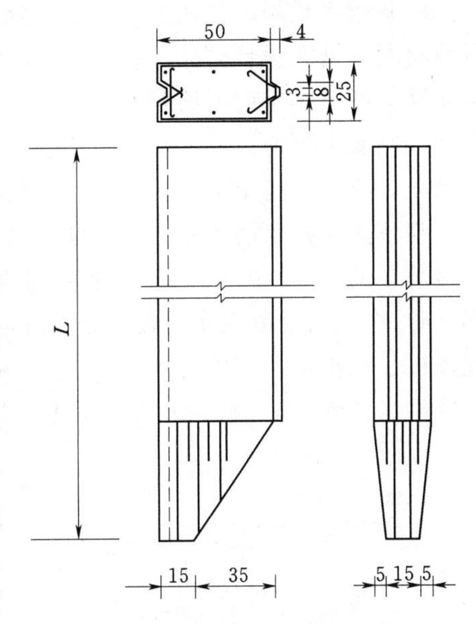

图 10－24　钢筋混凝土板桩（单位：cm）

板桩长度与透水层深度有关，如果透水层较浅，可用板桩截断透水层，并插入不透水层 0.5～1.0m；如透水层较深，则采用悬挂式板桩，其入土深度应考虑防渗效果、工程造价、施工方法等因素，同时还应与闸底板顺水流向长度相适应，一般为作用水头的 0.7～1.2。根据江苏的统计资料，板桩长度多为 3～5m，最长达 8m。

板桩与闸室底板间常用的连接方式有两种：一种是把板桩顶部嵌入底板底面特设的凹槽中，桩顶填塞塑性很大的不透水材料［图 10－25（a）］；另一种是把板桩紧贴底板前缘，顶部嵌入黏土铺盖一定深度［图 10－25（b）］。前者适用于闸室沉降较小而桩尖尚未达到下卧坚实地层的情况，后者适用于闸室沉降较大而板桩尖已达下卧坚实地层的情况。

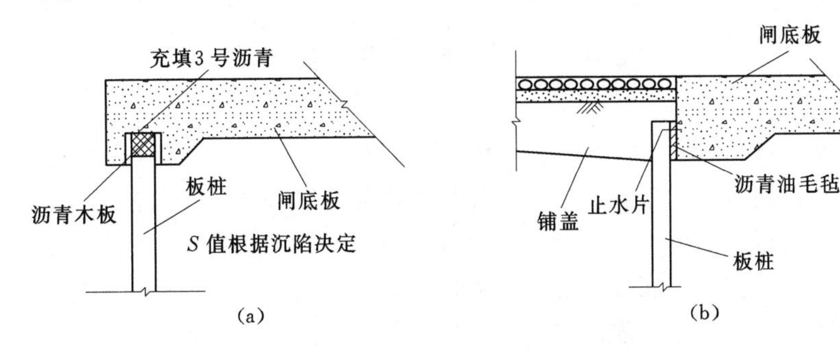

图 10－25　板桩顶部连接图

（2）齿墙。齿墙有浅齿墙和深齿墙两种。浅齿墙常设在闸室底上下游两端及铺盖起始处。底板两端的浅齿墙均用混凝土或钢筋混凝土做成，深度一般为 0.5～1.5m。这种齿墙既能延长渗径，又能增加闸室抗滑稳定性。也有些水闸在闸室后紧接斜坡段，与原河道连接，并在底板下游侧采用深齿（墙深大于 1.3m），主要防止斜坡段冲坏后危及闸室安全的现象发生。

3. 排水及反滤层

闸下排水设施的作用是顺利地排除渗水，一般采用透水性很好的卵石、砾石、碎石等材料平铺在设计位置。排水石料的粒径为 1～2cm，在下部与地基面之间要设置反滤层。闸下排水向上游延伸的位置由地下轮廓布置确定，在黏性土地基上可以一直延伸到闸底板下面。在消力池护坦板下部设有排水层时，常在消力池护坦的后半部设排水孔。排水孔呈矩形或梅花形，孔径 5～8cm，孔距 1.0～1.5m。

闸下防渗排水的布置方式不同，对减少建筑物的渗压和防止闸基渗透变形的作用也显著不同。图 10－26 表明了防渗及排水布置对闸底渗压的影响，其中图 10－26（a）在底板上游端布置板桩，在海漫上布置排水；图 10－26（b）在底板上游端布置板桩，在护坦上布置排水；图 10－26（c）在底板上游端布置板桩，在底板下游端布置排水；图 10－26（d）在铺盖上游端布置板桩，底板上游端和护坦上布置排水。

资源 10.5
排水设计

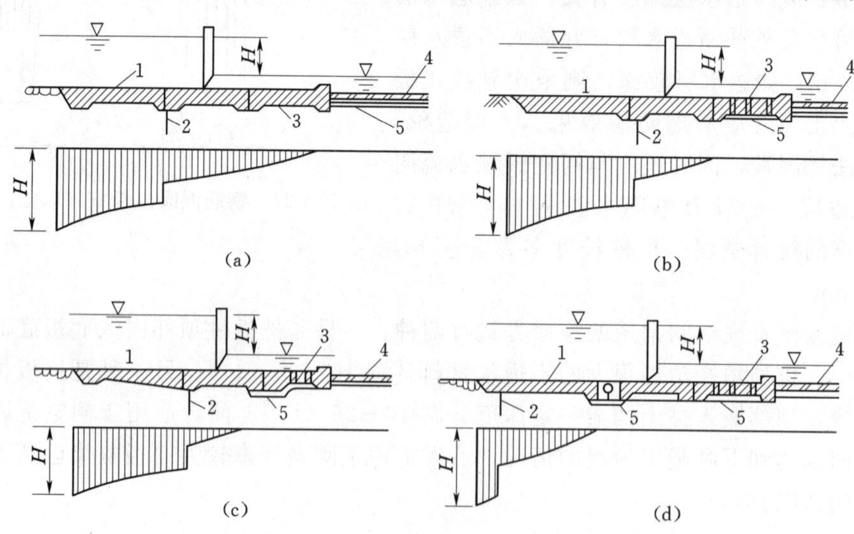

图 10－26　地下轮廓布置对渗压的影响
1—铺盖；2—板桩；3—护坦；4—海漫；5—排水及反滤层

由图 10－26 可以看出，排水设备的位置越靠近高水位一侧，作用在闸底板的渗透压力就越小。但同时也应看到，这样的布置势必减少渗径长度，从而相应增加铺盖的长度。此外，底板下的排水在长期运用过程中有可能被渗水带来的泥沙所淤塞，造成排水失效，而排水位于闸底板底部，检修困难，设计与施工时应充分注意。

在排水与地基接触处（即渗流出口处）应做好反滤层，这是防止地基土产生渗透变形的关键性措施。反滤层末端的渗透坡降必须小于地基土在无反滤层保护时的允许坡降，应以此原则来确定反滤层的长度。

反滤层常由 2～3 层不同粒径的砂石料（砂、砾石，卵石或碎石）组成，层面大致与渗流方向正交，粒径则顺着渗流方向由细到粗排列。在黏土地基上，由于黏土有一定的黏着力，不易产生管涌，因而对反滤层级配的要求可以低些，常铺设 1～2 层（反滤层的要求和构造参见本书土石坝部分）。

反滤层材料除了上述常用的砂砾料之外，20 世纪 80 年代开始我国已使用新型材料，即土工织物，俗称土工布。这种土工织物是由合成纤维编织而成的网状物（即有纺土工织物），或是针刺压成的毡状物（即无纺土工织物）。土工织物具有施工简单、施工速度快、投资省等优点。从 1985 年开始，在湖北省罗汉寺等水闸中，以及在广东省五顶岗水闸中都采用了土工织物反滤，效果良好。

第五节　闸室布置与构造

闸室是水闸的主体，由闸底板、闸墩、闸门、胸墙、工作桥及交通桥等组成，各组成部分之间相互连接，协调工作。闸室结构在整体上属于空间结构，需根据其功能合理布置，以满足运用要求。分述如下：

一、闸底板

闸底板型式通常有平底板、低堰底板及折线底板，可根据地基、泄流等条件选用。一般情况下，平底板使用较多；在松软地基上且荷载较大时，也可采用箱式平底板。

开敞式闸室结构的底板按照闸墩与底板的连接方式又可分为整体式和分离式两种。

1. 整体式底板

闸室底板与闸墩一起浇筑，在结构上形成一个整体，称为整体式底板。整体式底板能够将上部桥梁、设备及闸墩的重量传递给地基，使地基应力趋于均匀。整体式底板可用于地基条件较差的情况。整体式底板一般在 1～3 个闸孔之间设一道永久变形缝，形成数孔一联，以适应温度变化和地基不均匀沉降［图 10－27（a）］。

底板顺水流长度根据闸室稳定、地基应力分布以及上部结构布置要求确定。水头越高、地基越差、底板要求越长。初拟底板长度时，碎石和砾（卵）石地基可取（1.5～2.5）H，砂土和砂壤土地基可取（2.0～3.5）H，粉质壤土和壤土可取（2.0～4.0）H，黏土可取（2.5～4.5）H，H 为水闸上下游水位差。

2. 分离式底板

分离式底板的两侧设置分缝，底板与闸墩在结构上互不传力［图 10－27（b）］。闸墩和上部设备的重量通过闸墩传到地基，底板只起防渗、防冲的作用。分离式底板的厚度只需要满足自身的稳定要求，厚度较整体式底板薄。分离式底板适用于闸孔大于 8m 的情况。

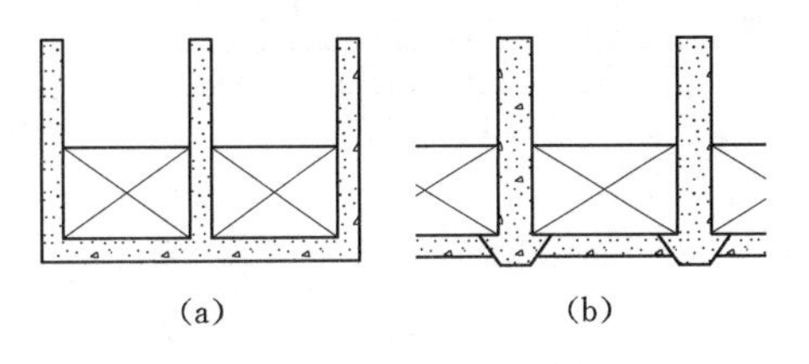

图 10－27　水闸底板型式
（a）整体式；（b）分离式

二、闸墩

闸墩的作用主要是分隔闸孔，并作为闸门及上部结构的支承。闸墩的结构型式应根据闸室结构抗滑稳定性和闸墩纵向刚度要求确定，一般宜采用实体式，常用混凝土、少筋混凝土或浆砌块石。闸墩外形轮廓设计应满足过闸水流平顺、侧向收缩小、过流能力大的要求。上游墩头可采用半圆形，以减小水流的进口损失；下游墩头宜采用流线型，以利于水流的扩散。

闸墩顶高程一般指闸室胸墙或闸门挡水线上游闸墩和岸墙的顶部高程，应满足挡水和泄水两种运用情况的要求，并保证上部的桥梁既不妨碍泄水，又不受风浪影响。挡水时，闸顶高程不应低于水闸正常蓄水位或最高挡水位加波浪计算高度与相应安全加高值之和；泄水时，不应低于设计洪水位或校核洪水位与相应安全加高值之和。即

$$h = h_1 + h_2 + h_3 \tag{10-30}$$

式中：h_1 为闸上游（或闸下游）最高挡水位，m；h_2 为风浪在闸前的壅高，m；h_3 为安全加高，m。

水闸安全加高 h_3 下限值见表 10-4。

表 10-4　　水闸安全加高下限值　　单位：m

运用情况		水闸级别			
		1	2	3	4、5
挡水时	正常蓄水位	0.7	0.5	0.4	0.3
	最高挡水位	0.5	0.4	0.3	0.2
泄水时	设计洪水位	1.5	1.0	0.7	0.5
	校核洪水位	1.0	0.7	0.5	0.4

位于防洪、挡潮堤上的水闸，其闸顶高程不应低于防洪、挡潮堤堤顶高程。

闸门下游部分可适当降低，但应保证下游的交通桥底部高出泄洪水位 0.5m 以上及桥面能与闸室两岸道路衔接。

闸墩的长度取决于上部结构布置和闸门的型式（图 10-28），一般与底板等长或稍短于底板，通常弧形闸门的闸墩长度比平面闸门的闸墩长。

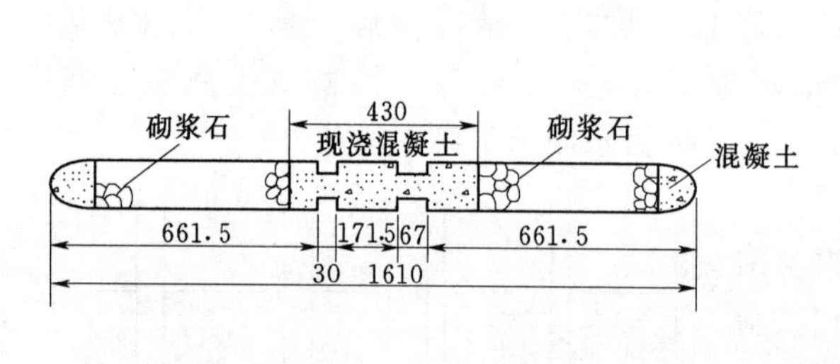

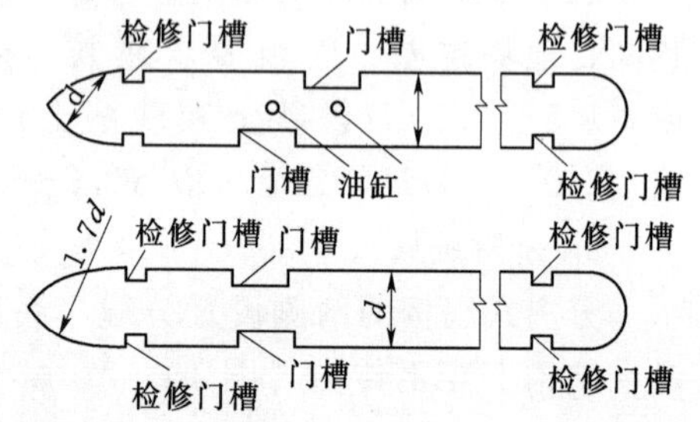

图 10-28　闸墩布置示意图（单位：cm）

闸墩厚度应满足稳定和强度要求，根据闸孔孔径、受力条件、结构构造要求、闸门型式和施工方法等确定。根据经验，一般混凝土闸墩厚 1.0～1.6m，少筋混凝土闸墩厚 0.9～1.4m，钢筋混凝土闸墩厚 0.7～1.2m，浆砌石闸墩厚 0.8～1.5m。门槽处的最小厚度不宜小于 0.5m，否则不仅难以满足传递剪力的需要。而且会增加施工上的困难。

平面闸门的门槽尺寸取决于闸门尺寸和支承型式。工作闸门槽深一般不小于 0.3m，宽 0.5～1.0m，最优宽深比宜取 1.6～1.8，检修门槽深一般为 0.15～0.25m。为了满足闸门安装与维修的要求，方便启闭机的布置与运行，检修闸门槽与工作闸门

槽之间的净距不宜小于 1.5m，以便于检修。当设有两道检修闸门槽时，闸墩和底板必须满足检修期的结构强度要求。

三、闸门及胸墙

1. 闸门

闸门的结构型式详见第十一章。

2. 胸墙

当水闸挡水高度较大时可设置胸墙来代替部分闸门高度。胸墙常用钢筋混凝土结构做成，其结构型式如图 10-29 所示。胸墙位置取决于闸门型式及其位置，其顶部高程与边墩顶部高程相同，其底部高程应不影响闸孔过水。对于弧形门，胸墙设在闸门上游；对于平面闸门，胸墙可设在闸门下游，也可设在上游。如胸墙设在闸门上游［图 10-30（a）］，则止水放在闸门前面，这种前止水结构较复杂，且易磨损，但钢丝绳或螺杆不必浸泡在水中，不易锈蚀，这对闸门运用条件有利；如胸墙设在闸门下游［图 10-30（b）］，则止水放在闸门后面，这种后止水可以利用水压力把闸门压紧在胸墙上，止水效果较好，但由于钢丝绳或螺杆长期处在水中，易于锈蚀，因此在工程中使用不多。当孔径小于或等于 6.0m 时可采用板式，墙板也可做成上薄下厚的楔形板，胸墙顶宜与闸顶齐平。胸墙底部高程应根据孔口流量要求计算确定。为使过闸水流平顺，胸墙与闸墩的连接方式可采用简支式和固接式两种，如图 10-31 所示。

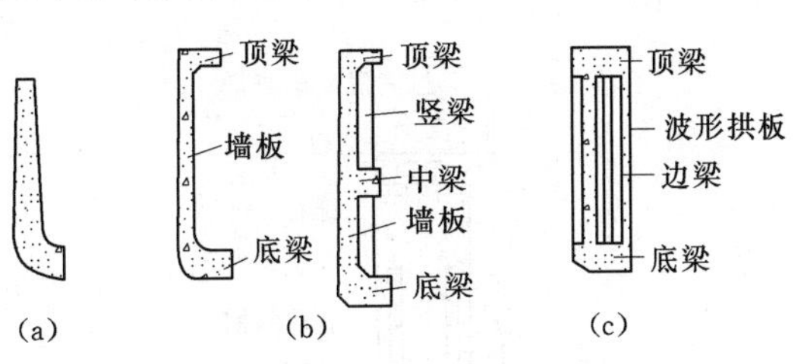

图 10-29　胸墙的结构型式

(a) 板式；(b) 梁板式；(c) 拱形

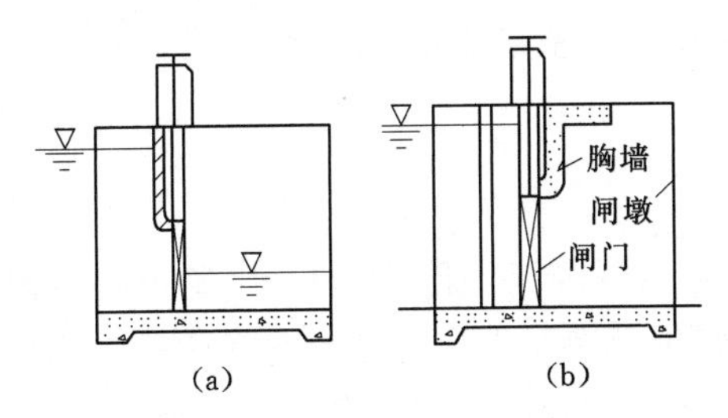

图 10-30　平面闸门胸墙位置

(a) 胸墙在闸门上游侧；(b) 胸墙在闸门下游侧

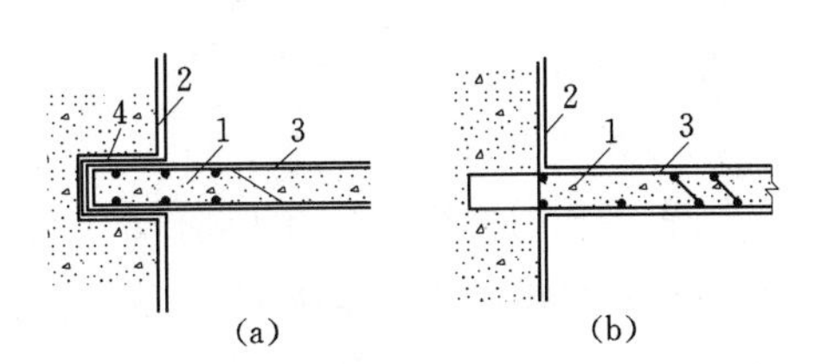

图 10-31　胸墙的支承型式

(a) 简支式；(b) 固接式

1—胸墙；2—闸墩；3—钢筋；4—涂沥青

四、工作桥及交通桥

为了安装启闭设备和便于工作人员操作的需要，通常在闸墩上设置工作桥。桥的位置由启闭设备、闸门类型及其布置和启闭方式而定。工作桥的高程与闸门、启闭设备的型式、闸门高度等有关，一般应使闸门开启后，门底高于上游最高水位，以免阻碍过闸水流。对于平面直升门，若采用固定启闭设备，桥的高度（即横梁底部高程与底板高程的差值）约为门高的两倍加 1.0～1.5m 的富余高度。对于弧形闸门及升卧式平面闸门，工作桥高度可以降低很多，具体应视工作桥的位置及闸门吊点位置等条件而定。小型工程的工作桥一般采用板式结构，大中型工程多采用装配式板梁结构，如图10-32所示。建闸后为便于行人或车辆通行，通常也在闸墩上设置交通桥。交通桥的位置应根据闸室稳定及两岸交通连接的需要而定，一般布置在闸墩的下游侧。桥面净宽根据交通要求确定，单车道净宽为4.5m，双车道净宽为7m，仅供人和手扶拖拉机通行时可取3.0m。根据需要，两侧可设宽0.75～1.0m的人行道，不设人行道时，至少应在桥两侧设置高出路面不小于15cm、宽约25cm的安全带。交通桥栏杆高约0.8～1.2m。桥面铺装层常用厚5～8cm的水泥混凝土、沥青混凝土或厚约15～20cm的泥结碎石层做成。

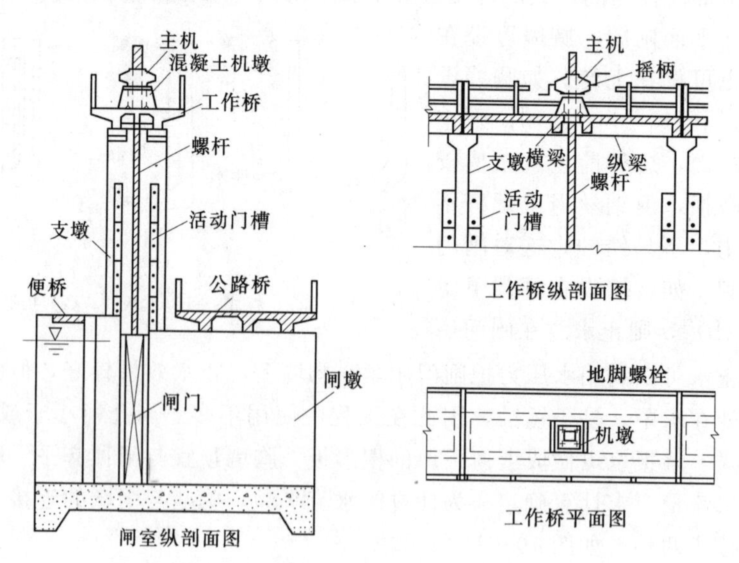

图10-32　螺杆式启闭机的工作桥布置示意图

五、分缝及止水

1. 分缝

闸室沿轴线每隔一定距离应设一永久缝（包括沉陷缝、伸缩缝），以避免闸室因地基不均匀沉陷或温度变化而产生裂缝。缝的间距视地基土质情况及闸室荷载变化情况而定，但不宜大于30m，缝宽一般为2～2.5cm（纯粹的伸缩缝宽1～4mm）。

整体式底板的沉陷缝一般设在闸墩中间。在靠近岸墙处，为了减少岸墙及墙土对闸室的不利影响，特别是当地质条件较差时，最好采用一孔一缝或两孔一缝，然后接以三孔一缝［图10-33(a)］。若地质条件较好，可以将缝设在底板中间［图10-33(b)］，这样不仅可以减少闸墩工程量，还可以减小底板的跨中弯矩，但必须确保闸门不至于因不均匀沉降而受挤压或启闭失灵。采用分离式底板时，闸墩与底板用缝分开。另外，翼墙本身较长，混凝土铺盖、消力池的护坦在面积较大时也需设缝以防产生不均匀沉陷（图10-34）。

2. 止水

水闸设缝后，凡是具有防渗要求的缝都需设置止水设备。止水设备除应满足防渗

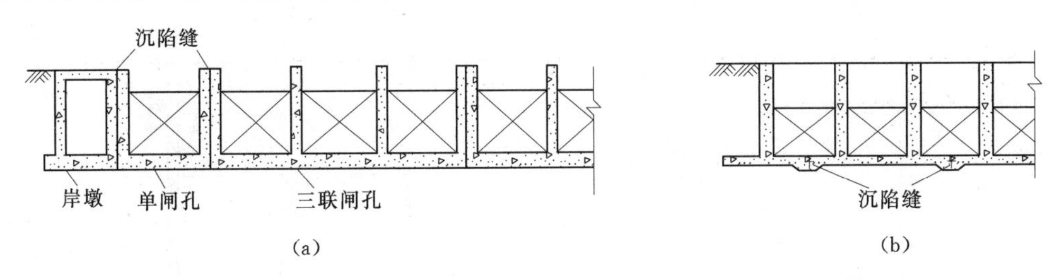

图 10-33　闸室沉陷缝布置图

要求外，还应能适应混凝土收缩及地基不均匀沉降的变形，同时也要构造简单，易于施工。按位置不同止水可分为铅直止水（图 10-35）及水平止水（图 10-36）两种。止水交叉处必须妥善处理，以形成完整的止水体系。交叉止水片的连接方式有柔性连接和刚性连接两种，如图 10-37 和图 10-38 所示。实际工程中可根据交叉类型及施工条件选用。一般铅直交叉常用柔性连接，而水平交叉多用刚性连接。

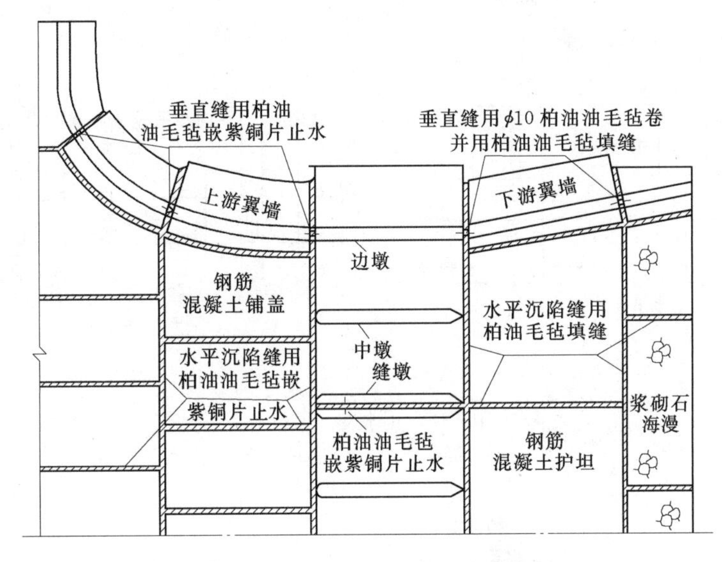

图 10-34　水闸的分缝与止水布置图

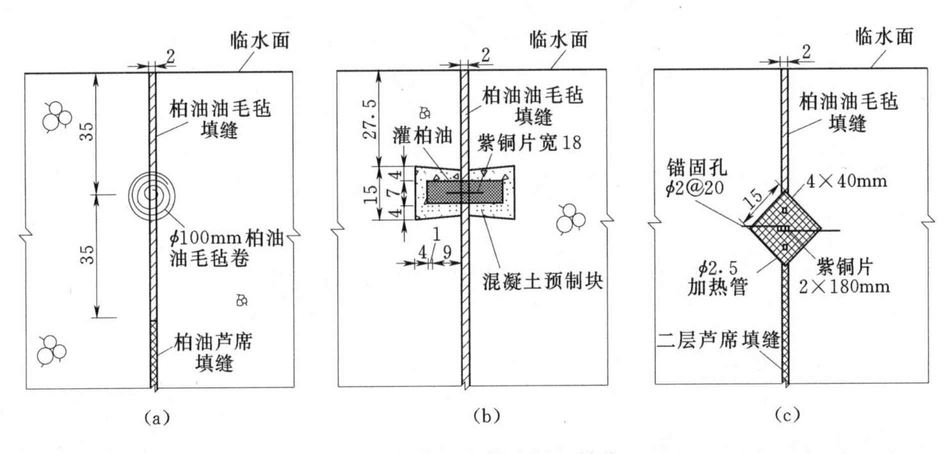

图 10-35　铅直止水构造图（单位：cm）

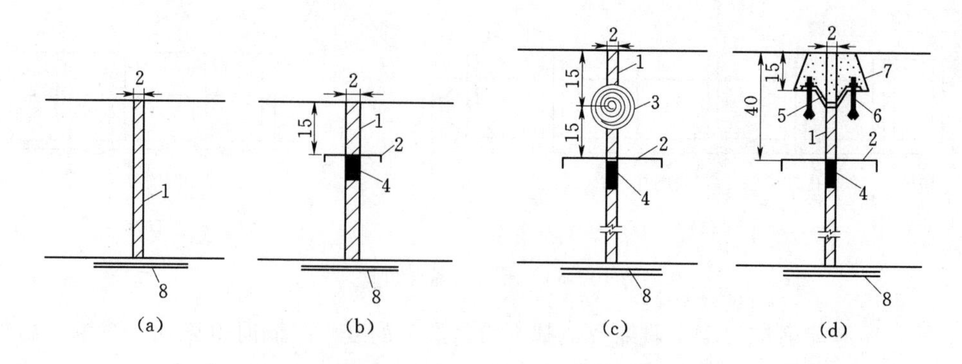

图 10-36　水平止水构造图

1—柏油油毛毡或沥青砂板、沥青杉板填缝；2—紫铜片或镀锌铁皮、塑料止水片；3—ϕ7～10cm 柏油油毛毡卷；4—灌沥青或用沥青麻索填塞；5—橡皮；6—鱼尾螺栓；7—沥青混凝土；8—二至三层柏油油毛毡或麻袋浸沥青，宽 50～60cm

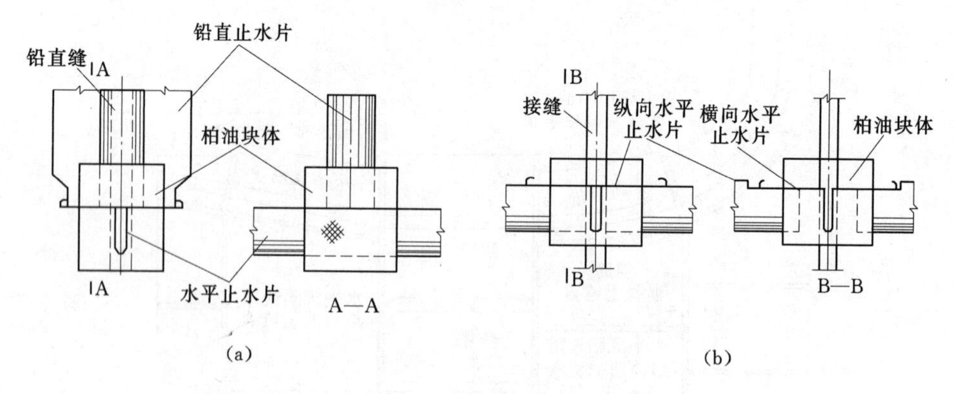

图 10-37　止水交叉柔性连接

(a) 铅直交叉；(b) 水平交叉

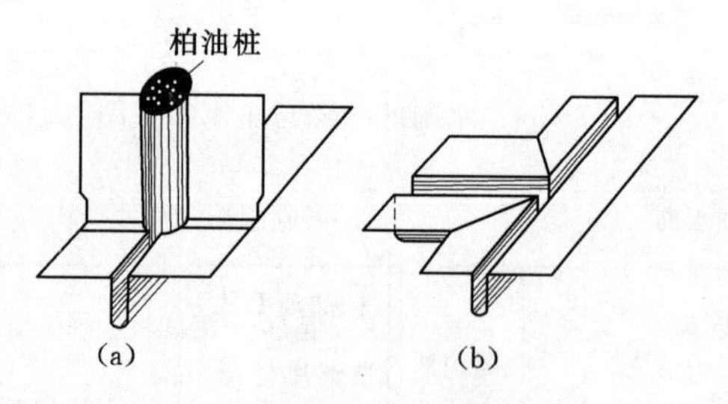

图 10-38　止水交叉刚性连接

第六节　闸室的稳定分析

闸室在运用、检修或施工期都应该是稳定的。在运用期，闸室受到水平推力等荷载作用，可能沿着地基面滑动（通常称为表层滑动），还可能连同一部分地基土体滑动（通常称为深层滑动）。闸室竣工时，地基表面所受的压应力最大，可能产生较大的沉降和不均匀沉降，这不但使闸室高程降低，而且会使闸基倾斜甚至断裂，地基也有可能失去稳定性。因此，必须验算闸室的稳定性以保证在各种情况下闸室均能安全可靠地运用。闸室稳定计算除了渗透稳定以外，还应满足以下三个要求：①闸室平均基底压应力不大于地基容许承载力；②闸室基底压应力的最大值与最小值之比值不大于容许的比值；③闸室抗滑稳定安全系数不小于容许的安全系数。

一、作用荷载及其组合

1. 荷载计算

闸室荷载主要有以下七种（图 10－39）。

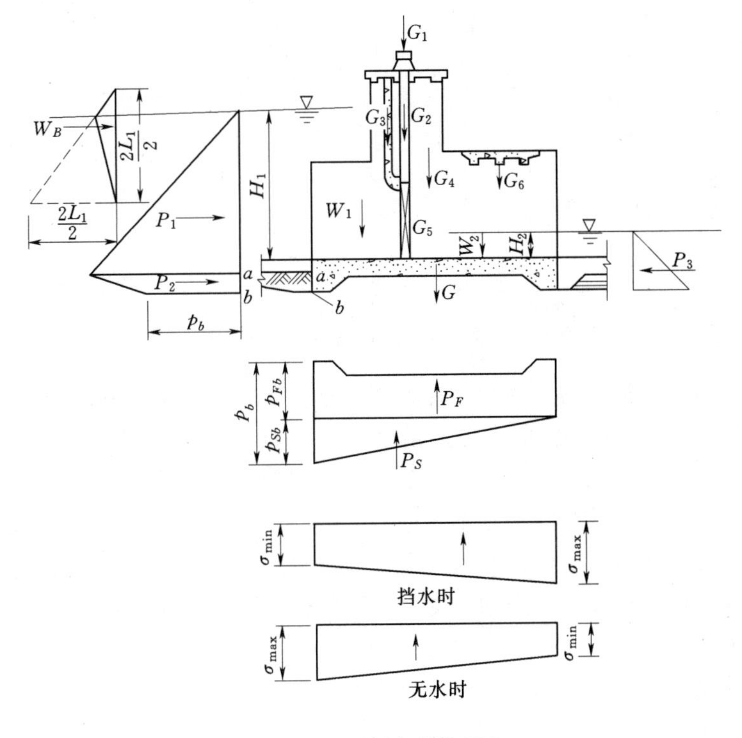

图 10－39　闸室的作用力

P_1、P_2、P_3—水压力；W_B—波浪压力；G—底板重；G_1—启闭机重；G_2—工作桥重；G_3—胸墙重；G_4—闸墩重；G_5—闸门重；G_6—交通桥重；W_1、W_2—水重；P_F—浮托力；P_S—渗透压力；p_{Sb}—b 点渗透压力强度；p_{Fb}—b 点浮托力强度；p_b—b 点扬压力强度；$2L_1$—波浪长度；H_1、H_2—上、下游水位；a—止水位置；b—闸底板上游齿墙最低点

（1）自重。指闸室自身重量，包括底板、闸墩、胸墙、工作桥、交通桥、闸门及启闭设备等重量。

（2）水重。指闸室范围内作用在底板上面的水体重量。

（3）水平水压力。指作用在胸墙、闸门及闸墩的水平水压力。当有黏土铺盖时，底板与铺盖连接处的水压力可以近似地按梯形分布计算。如图 10－39 所示，a 点按静水压强计算，b 点处于地基渗流区内，该点的水压力强度 p_b 等于浮托力强度 p_{Fb} 与渗透压力强度 p_{Sb} 之和，实际上 b 点水平水压强即等于该点扬压力强度，a 点与 b

点之间按直线变化计算。

采用钢筋混凝土铺盖时，止水片以上的水平水压力按静水压力分布计算，以下按梯形分布计算，如图10-40所示（图中符号与图10-39中符号含义相同），a点处的水平水压力强度等于该点的浮压强加b点的渗透压强，b点取该点的扬压力强度值p_b，a、b之间按直线变化计算。

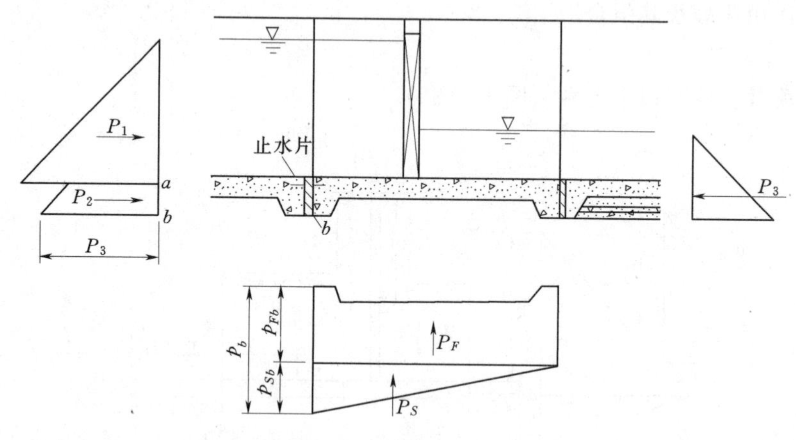

图10-40　采用混凝土铺盖时的静水压力分布

（4）扬压力。包括渗透压力和浮托力两部分：渗透压力强度分布规律和计算方法见第二章；底板底部某一点的浮托力强度等于该点与下游水位间的高差乘以水的重度。

（5）浪压力。具体计算方法见第二章。

（6）地震力。在地震区修建水闸，当设计烈度为Ⅶ度或大于Ⅶ度时，则需考虑地震力进行抗震分析。有关水闸中的地震力计算内容详见《水电工程水工建筑物抗震设计规范》（NB 35047—2015）。

（7）淤沙压力。可见本书重力坝部分的相关内容。

2. 荷载组合

水闸在施工、运用及检修过程中，各种作用荷载的大小、分布及机遇情况经常变化，因此，验算闸室稳定时应根据水闸不同的工作情况和荷载机遇情况，选择不利的荷载组合作为计算依据。荷载组合情况可分为以下两种。

（1）基本组合。指闸室在正常运用期及完建时的最不利情况。正常运用期由经常作用在间室的荷载所组成，如自重、设计洪水位或设计挡水位情况下的水压力、扬压力、浪压力及泥沙压力等。

（2）特殊组合。指闸室在非常运用期、施工期、检修期及地震时的最不利情况。非常运用期作用荷载有自重、校核洪水位下的水压力、扬压力、浪压力及泥沙压力等。

二、闸室抗滑稳定验算

土基上的水闸，一般情况下闸基面的法向应力较小，不会发生深层滑动，故只验算其在荷载作用下沿地基面的抗滑稳定。但当地基面的法向应力较大时，还需要核算

深层抗滑稳定性。闸室沿地基面的抗滑稳定计算公式为

$$K_c=\frac{f\sum G}{\sum H}\geqslant[K_c] \tag{10-31}$$

或

$$K_c=\frac{\sum G\tan\varphi_0+C_0A}{\sum H}\geqslant[K_c] \tag{10-32}$$

式中：$[K_c]$ 为抗滑稳定安全系数的容许值，见表10-5；f 为基础底面与地基之间的摩擦系数，见表10-6，对于大型水闸，应做现场抗滑试验加以验证；$\sum G$ 为作用在闸室上的全部竖向荷载（包括基底面上的扬压力），kN；$\sum H$ 为作用在闸室上的全部水平向荷载，kN；φ_0 为基础底面与地基土之间的摩擦角，(°)；C_0 为基础底面与地基土之间的黏结力，kN/m^2；A 为闸室基础地面的面积，m^2。

表10-5　$[K_c]$ 值表

荷载组合		水闸级别			
		1	2	3	4、5
基本组合		1.35	1.30	1.25	1.20
特殊组合	Ⅰ	1.20	1.15	1.10	1.05
	Ⅱ	1.10	1.05	1.05	1.00

注　1. 特殊组合Ⅰ适用于施工情况、检修情况及校核洪水位情况。
2. 特殊组合Ⅱ适用于地震情况。

表10-6　f 值表

地基类别		f 值
黏土	软弱	0.20～0.25
	中等坚硬	0.25～0.35
	坚硬	0.35～0.45
壤土、粉质壤土		0.25～0.40
砂壤土、粉砂土		0.35～0.40
细砂、极细砂		0.40～0.45
中、粗砂		0.45～0.50
砾、卵石		0.50～0.55
碎石土		0.40～0.50
软质岩土	极软	0.40～0.45
	软	0.45～0.55
	较软	0.55～0.60
硬质岩土	较坚硬	0.60～0.65
	坚硬	0.65～0.70

岩基上沿闸室基底面的抗滑稳定安全系数的允许值可见《水闸设计规范》（SL 265—2016）。

当闸室抗滑稳定不能满足要求时，主要应从提高抗滑力的角度考虑。可采用下列

一种或几种抗滑措施：增加闸室底板的齿墙深度；将闸门的位置向低水头一侧移动，或将水闸底板向高水位一侧加长；适当增加闸室结构的尺寸；增加防渗体的长度（铺盖、板桩），或在不影响防渗安全的前提下，将排水设施向闸室底板靠近，以减小渗透压力；设置阻滑板，其阻滑力 S 作为强度储备。如采用钢筋混凝土铺盖，可将铺盖与底板以钢筋铰接起来，使铺盖兼起阻滑板的作用。

三、闸基承载能力验算

对于结构布置和受力对称的闸段，底板下闸基面压应力的边缘最大、最小值用偏心受压公式计算：

$$\bar{\sigma}=\frac{\sum G}{BL}$$

$$\sigma_{\substack{\max\\\min}}=\frac{\sum G}{BL}\pm\frac{6\sum M}{BL^2} \tag{10-33}$$

式中：$\sum G$ 为作用在闸室底部所有铅直力的总和，kN；$\sum M$ 为所有外力对闸室底部中心点的力矩总和，以顺时针为正，kN·m；B 为计算闸室段宽度，m；L 为底板长度，m。

对于结构布置和受力不对称的闸段（如多孔闸的边闸段或不对称的单孔闸），底板下闸基面压应力的边缘最大值用双向偏心受压公式计算：

$$\bar{\sigma}=\frac{\sum G}{BL}$$

$$\sigma_{\substack{\max\\\min}}=\frac{\sum G}{BL}\pm\frac{\sum M_x}{W_x}\pm\frac{\sum M_y}{W_y} \tag{10-34}$$

式中：M_x、M_y 分别为作用在闸室基底面顺流向和垂直流向形心轴的力矩，kN·m；W_x、W_y 分别为闸室基底面顺流向和垂直流向形心轴的截面模量，m^3。

基底压力平均值 $\bar{\sigma}=\frac{\sum G}{BL}$ 应不大于地基允许承载力 $[\sigma]$，土基上闸室基底应力的最大值与最小值之比 $\eta=\sigma_{\max}/\sigma_{\min}$ 应满足规范 SL 265—2016 的要求，以保证地基稳定和防止产生过大的不均匀沉陷。

四、沉陷计算

地基的压缩变形过大，特别是沉陷差较大时，将引起闸室倾斜，闸门不能正常开启；或产生裂缝，或将止水拉坏，甚至使建筑物顶部高程不足，影响水闸正常运行。因此了解地基的变形量，以便选择合理的水闸结构型式和尺寸，确定适宜的施工程序和施工速度，进行适当的地基处理是水闸设计中的一项重要工作。

闸基沉降计算一般采用单向压缩的分层总和法，计算点选在底板中央或四角点。若将地基压缩层分 n 层计算，则总沉陷量 S 为

$$S=\sum_{i=1}^{n}\frac{e_{1i}-e_{2i}}{1+e_{1i}}h_i \tag{10-35}$$

式中：e_{1i}、e_{2i} 分别为第 i 计算层土在天然状态下的孔隙比和压缩后的孔隙比；n 为分层数目；h_i 为闸基底面以下第 i 分层土层厚度，每层厚度不宜超过 2.0m。

为尽量减少不均匀沉陷，可采取如下措施：①尽量使相邻建筑物的重量不要悬殊

太大；②重量大的建筑物先施工，使地基先行预压；③尽量使地基反力分布趋于均匀，最大最小地基反力之比不超过规定值。

第七节　闸室结构计算

在闸室布置和稳定分析之后，还应对闸室各部分构件进行结构计算，验算其强度，以便最后确定各构件的型式、尺寸及构造。

闸室是一空间结构，受力比较复杂，可用三维弹性力学有限元法对两道沉降缝之间的一段闸室进行整体分析。为简化计算，一般都将其分解成底板、闸墩、胸墙、工作桥、交通桥等若干构件分别计算，并在单独计算时，考虑它们之间的相互作用。

一、整体式底板结构计算

（一）底板结构计算情况

闸底板最不利的受力情况主要的有以下三种。

（1）水闸刚建成时，闸的上、下游都无水。闸底板承受的荷载除底板自重外，主要的是通过闸墩传至底板上的上部结构重量。

（2）设计水位时，上游为设计高水位，下游为相应的最低水位。此时作用于底板上的荷载有：自重、通过闸墩传至底板上的荷重（包括水压力的作用）、水重及扬压力等。

（3）校核水位时，上游为校核水位，下游为相应的最低水位。此时作用在闸底板上的荷载类型与设计水位时相同，只是数量上有所增减。

对前两种情况，设计时采用正常运行条件下的安全系数，第（3）种情况设计时采用非正常运行条件下的安全系数。若水闸有反向挡水要求，亦应根据其工作情况进行计算。

（二）闸底板的计算方法

闸底板是一块受力复杂的弹性基础板，对于它的强度分析，目前在工程实践中，一般是近似地将空间问题用截条法化成平面问题的梁进行计算，即所谓“截板成梁”的方法。

由于闸墩沿水流方向的刚度很大，底板沿这个方向的弯曲变形远较沿垂直水流方向弯曲变形为小。因此，在实际工程中，计算底板强度时，一般沿垂直水流方向，将底板截取为单位宽度的梁进行分析。目前工程中常用的三种计算方法：小型水闸可用倒置梁法；大中型水闸，当地基为相对密度 $D_r \leqslant 0.5$ 的砂土时，由于地基变形容易得到调整，地基反力接近为直线分布，可用反力直线分布法计算；当地基为黏性土或 $D_r > 0.5$ 的砂土时，由于变形缓慢或难以调整，可采用弹性地基梁法计算。

1. 倒置梁法

此方法以垂直水流方向截取的单宽板条作为计算对象，假定地基反力在顺水流方向直线分布［图 10－41（a）］，地基反力在垂直水流方向均匀分布见图 10－41（b），相邻闸墩间无任何相对位移。计算时，先用偏心受压公式计算闸底板顺水流向地基反力，然后分别在闸门的上游段和下游段沿底板横向截取若干单位宽度的板条，将此板

条作为支承于闸墩的倒置梁，把闸墩作为底板的支座，按连续梁的原理计算内力并配置钢筋。作用在倒置梁上的均布荷载 q 为

$$q=q_3+q_4+\sigma-q_1-q'_2 \tag{10-36}$$

$$q'_2=q_2(2L-d_1-2d_2)/2L$$

式中：q_1 为底板自重；q_3 为浮托力；q_4 为渗透压力；σ 为地基反力；q_2、d_1、d_2、L 的意义见图 10-41。

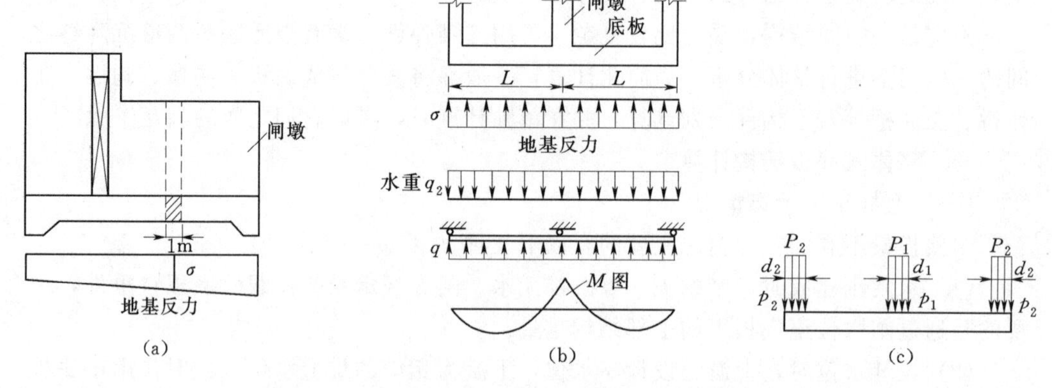

图 10-41　倒置梁法和反力直线分布法计算简图

倒置梁法计算十分简便，其不足之处在于未考虑底板与地基协调变形，且假定的地基反力在横向为均匀分布与实际情况不符，支座反力与闸墩铅直荷载也不相等，故只能在小型水闸中采用。

2. 反力直线分布法

此方法以垂直水流方向截取的单宽板条作为计算对象，假定地基反力在顺水流方向直线分布，地基反力在垂直水流方向均匀分布，把闸墩当作底板的已知荷载，闸墩对底板无约束，底板可以自由变形，如图 10-41（c）所示。其计算步骤如下。

（1）用偏心受压公式计算纵向（顺水流方向）地基反力。

（2）取横向单宽板条，计算不平衡剪力 ΔQ。

$$\left.\begin{aligned}&N_1+2N_2+2L(q_1+q'_2-q_3-q_4-\sigma)+\Delta Q=0\\&\Delta Q=Q_1-Q_2\end{aligned}\right\} \tag{10-37}$$

式中：ΔQ 为不平衡剪力，假定 ΔQ 的方向向下，如其计算结果为负值，说明 ΔQ 的实际方向向上；Q_1、Q_2 为脱离体两侧的剪力；N_1、N_2 分别为中墩、缝墩（包括上部结构）重量；q_1 为底板自重；其余变量含义与式（10-29）相同。

（3）对不平衡剪力进行分配。不平衡剪力 ΔQ 应由闸墩和底板共同承担。见图 10-42。

由材料力学可知，截面上剪应力的分布可由下式表示：

$$\tau=\frac{QS}{Ib} \tag{10-38}$$

式中：Q 为剖面上的剪力；S 为计算点所在纤维层以外的面积对形心轴的面积矩；I 为整个剖面对形心的惯性矩；b 为计算点处剖面的宽度。

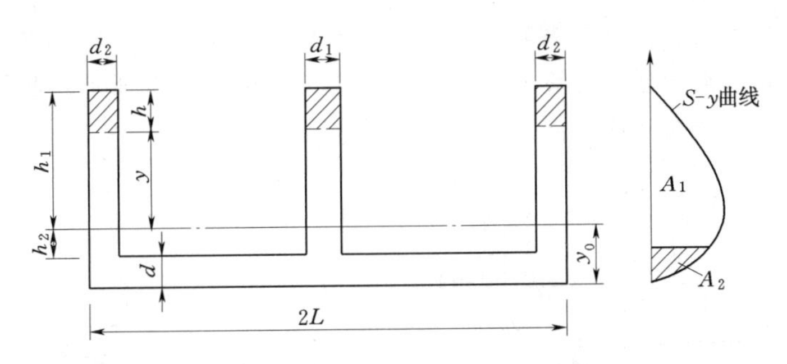

图 10-42　不平衡剪力分配示意图

对一定的剖面，Q/I 为一常数，与 $S(y)$ 成正比，因此，只要绘出剖面的 $S-y$ 曲线，就能求得 $b\tau$ 与 y 的关系曲线。设闸墩和底板对应的 $S(y)$ 的面积分别为 A_1 和 A_2，则闸墩和底板分担的不平衡剪力分别为

$$\left.\begin{aligned}&\text{闸墩}\qquad \Delta Q_1=\frac{A_1}{A_1+A_2}\Delta Q\\&\text{底板}\qquad \Delta Q_2=\frac{A_2}{A_1+A_2}\Delta Q\end{aligned}\right\}\tag{10-39}$$

一般来说，底板分担的不平衡剪力 ΔQ_2 占 10%～15%，闸墩分担的不平衡剪力 ΔQ_1 占 85%～90%。

ΔQ_1 还要由中墩和缝墩按厚度再进行分配，两者分配的 $\Delta Q_1'$ 和 $\Delta Q_1''$ 分别为

$$\left.\begin{aligned}\Delta Q_1'&=\frac{d_1}{d_1+2d_2}\Delta Q_1\\\Delta Q_1''&=\frac{d_2}{d_1+2d_2}\Delta Q_1\end{aligned}\right\}\tag{10-40}$$

(4) 计算作用在底板上的荷载。分配给闸墩的不平衡剪力连同包括上部结构的闸墩重力可视为集中力作用在梁上，将分配给底板的不平衡剪力转化为均布荷载，则作用在底板梁上的满布均布荷载 q 为

$$q=q_3+q_4+\sigma-q_1-q_2'-\frac{\Delta Q_2}{2L}\tag{10-41}$$

式中：$\frac{\Delta Q_2}{2L}$ 为分配给底板的不平衡剪力；其余变量含义与式（10-36）相同。

(5) 按静定结构计算底板内力并进行配筋。

3. 弹性地基梁法

所谓弹性地基梁法，认为梁和地基都是弹性体，梁卧置于弹性地基上，梁受荷载发生弯曲变形，地基受压产生沉陷，而梁与地基系紧密接触，所以它们的变形和沉陷值是相等的，可以以垂直水流方向截取的单宽板条作为计算对象，按平面应变的弹性地基梁，根据变形协调条件和静力平衡条件，确定地基反力及梁的内力。

该方法假定：地基反力在顺水流方向直线分布；地基反力在垂直水流方向呈弹性（曲线）分布，为待求未知数；把闸墩当作底板的已知荷载，闸墩对底板无约束，底板可以自由变形。其计算步骤如下：

（1）用偏心受压公式计算纵向（顺水流方向）地基反力。

（2）取横向单宽板条，计算不平衡剪力 ΔQ，如图 10-43 所示。此处不平衡剪力的计算与反力直线分布法中相同。

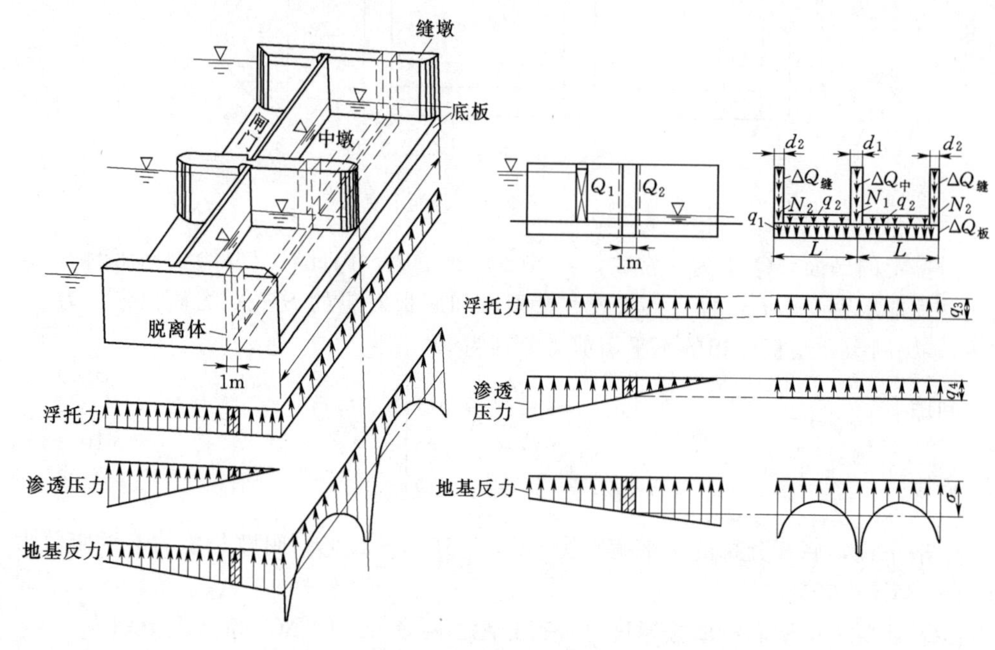

图 10-43　闸底板结构计算图

（3）对不平衡剪力进行分配。不平衡剪力 ΔQ 应由闸墩和底板共同承担。分配方法与反力直线分布法中相同。

（4）计算作用在底板（弹性基础梁）上的荷载。分配给闸墩的不平衡剪力连同包括上部结构的闸墩重力可视为集中力作用在梁上，将分配给底板的不平衡剪力转化为均布荷载，则作用在底板梁上的均布荷载为

$$q = q_1 + q_2' - q_3 - q_4 + \frac{\Delta Q_2}{2L} \tag{10-42}$$

此时地基反力的横向分布为待求未知荷载。

如边墩直接挡土，则侧向土压力和水压力引起的弯矩 M 也应作为梁上荷载。基础梁的荷载见图 10-44，其中 P_1、P_2 分别为作用在底板上的中墩集中力和缝墩集中力：

$$P_1 = N_1 + \Delta Q_1' \qquad P_2 = N_2 + \Delta Q_1''$$

应当指出，式（10-36）中底板自重 q_1 的取值，应根据地基的具体情况确定。《水闸设计规范》（SL 265—2016）7.5.4 条规定，当采用弹性地基梁法时，如作用在基底面上的均布荷载为正值，可不计闸室底板的自重；但当不计底板自重时致使作用在基底面上的均布荷载为负值时，应计及底板自

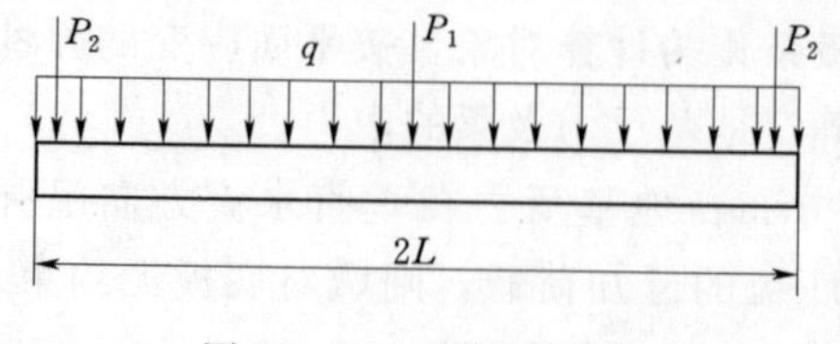

图 10-44　基础梁荷载

重的影响，计及的百分数以使作用在基底面上的均布荷载值等于 0 为限来确定。

（5）计算地基反力及梁的内力。基础梁上荷载确定之后，即可按弹性地基梁计算地基反力和梁的内力，并根据计算结果验算底板强度和配筋。一般认为当压缩土层厚度 T 与计算闸段长度一半 L 之比 $T/L<0.25$ 时，可按基床系数法（文克尔假定）计算；当 $T/L>2.0$ 时，可按半无限深的弹性地基梁法计算；当 $T/L=0.25\sim2.0$ 时，可按有限深的弹性地基梁法计算。

（6）考虑边荷载的影响。上述基础梁的内力计算，并未考虑到相邻闸孔或两岸回填土等荷载的影响。实际上在半无限大弹性地基上的基础梁，当两侧地面承受荷载时，将使梁下地面产生沉陷，这些沉陷影响到地基反力的重新分布，从而引起了梁的内力改变。闸段两侧的边荷载往往是呈均匀分布、三角形或梯形分布的，在计算中可简化为若干集中力，分别计算再行叠加，如图 10－45 所示。

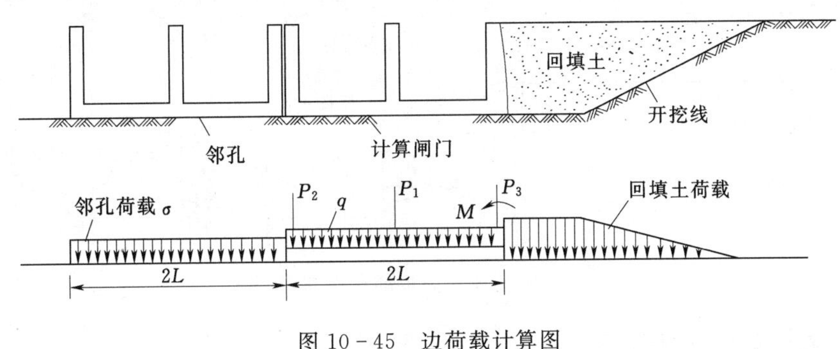

图 10－45　边荷载计算图

（三）底板的配筋及构造

在算得底板各截面的弯矩后，即可按钢筋混凝土或少筋混凝土进行结构计算并配筋。

底板顺水流方向应分成两个区段，绘出其弯矩包络图，分别按板顶和板底最大弯矩计算相应的受力钢筋面积，然后根据弯矩包络图予以切断。如需将受力钢筋一次切断，则要求最大弯矩截面每米板宽配置的钢筋数不宜少于 6 根，以使切断后的钢筋量仍不少于 3 根（间距不大于 33cm）延伸入支座。受力钢筋直径宜不小于 12mm 和不大于 32mm，常用的为 12～25mm。

在软基上的水闸，底板底层经计算不需钢筋时，可以不配置；但必须确保混凝土施工质量。对底板面层，即使经计算不需要钢筋，每米板宽也应配置 3～4 根直径为 12mm 或 16mm 的构造钢筋。

底板主拉应力较小，可由混凝土承受，故不配横向钢筋，面层和底层钢筋作分离式配置。

底板内垂直于受力钢筋方向需布置分布钢筋，其直径采用 10mm 或 12mm，间距为 30cm。当底板上下端设置齿墙时，由于齿墙起到与底板构成整体的作用，因此在齿墙底部可能发生较大的应力，如不允许出现过宽的裂缝，则该处的纵向钢筋应根据闸底板的整体计算结果来配置，至于齿墙内其他构造筋，可根据一般习惯用法采用直径 10～12mm，中到中间距 30cm 进行布置。

图 10-46 为闸底板内力计算完成后，按弯矩图配筋情况。该闸三孔一联，每孔净宽 10m，墩高 8m，底板厚 1.6m，C15 级混凝土，砂壤土地基，属Ⅲ级建筑物。

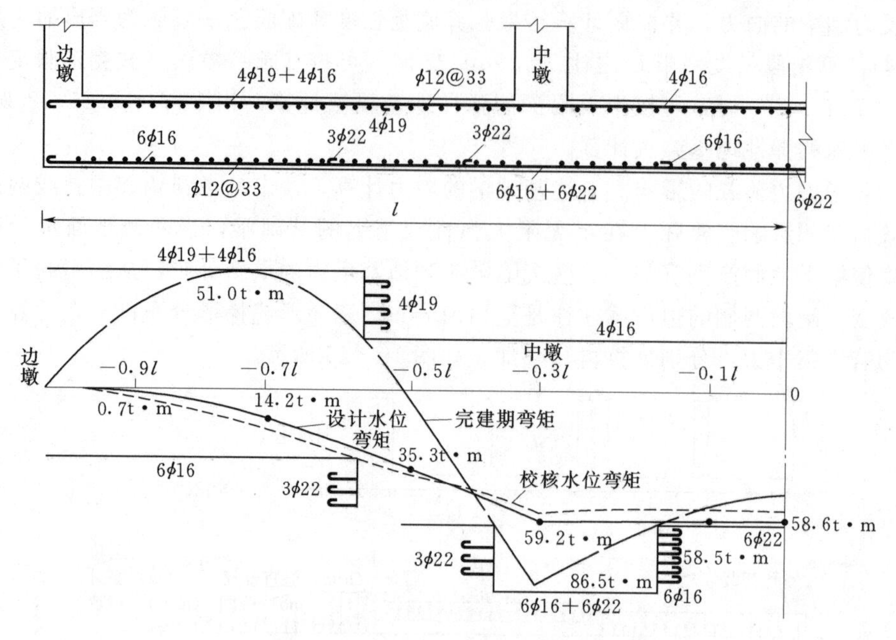

图 10-46　整体式底板的弯矩和配筋图

二、分离式底板结构计算

分离式底板大、小底板接触缝有垂直贯通式和搭接式两种，如图 10-47 所示。垂直贯通缝两侧底板间无力的直接传递；搭接缝两侧底板能互相传递剪力，但不能传递力矩。设有垂直贯通缝的分离式底板，可按大、小底板分开作为独立的弹性地基梁计算。大底板由于闸墩纵向刚度大，所以取横向单宽板条计算；对于小底板，考虑到上下游齿墙有一定的支承作用，且闸门前后水位相差较大，荷载有突变，所以可取纵向单宽板条计算（图 10-48），但也有取横向单宽板条计算的。一般小底板无论按纵向或横向计算，其内力都不大，所需受力钢筋不多，故只要适当选配构造钢筋即可。

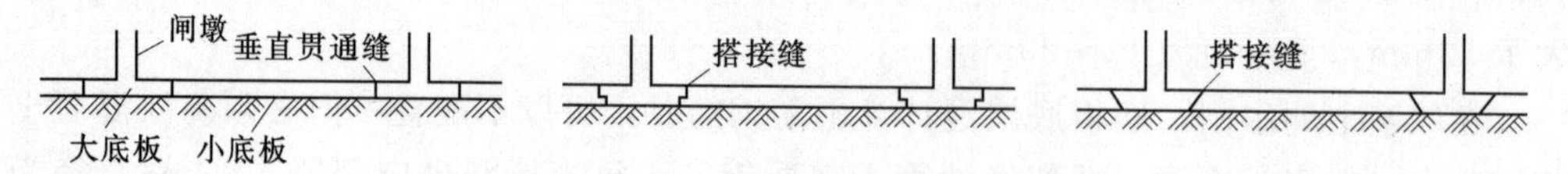

图 10-47　分离式底板接缝型式

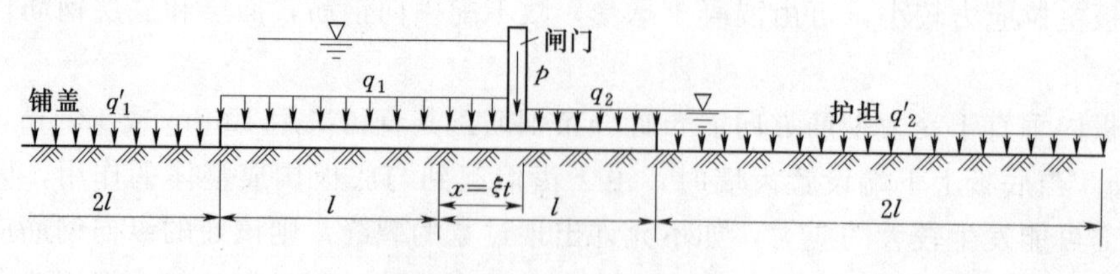

图 10-48　小底板计算简图

为了简化计算，大底板也可作为固支于闸墩上的悬臂板计算。设有搭接缝的分离式底板，可将大、小底板作为整体，搭接点视为铰接点，横向单宽板条用弹性地基梁法计算。谈松曦著《水闸设计》（水利电力出版社，1986 年版）一书中附有内力系数表，可供查用。

由于制表时已经考虑了边荷载的影响，故查表计算时，无需再计算边荷载引起的地基反力和底板内力。

三、闸墩结构计算

闸墩结构计算包括：水平截面上的应力计算（顺水流方向、垂直水流方向）；垂直截面上的应力计算；弧形闸门支座处的应力计算。其上作用的荷载如图 10-49 所示。

1. 闸墩应力计算

在运用期间，当闸门关闭时，顺水流向计算最不利条件是闸墩承受最大上下游水位差所产生的水压力、闸墩自重及其上部结构自重等荷载。此时可用下面的偏心受压公式验算闸墩底部上下游处的应力：

$$\sigma=\frac{\sum G}{A}\pm\frac{\sum M_x}{I_x}\frac{L}{2} \tag{10-43}$$

式中：$\sum G$ 为计算截面以上铅直力的总和；$\sum M_x$ 为计算截面以上各力对截面形心轴 $x—x$ 的力矩总和；A 为闸墩水平截面面积；I_x 为计算截面对其形心轴 $x—x$ 的惯性矩；可近似地取 $I_x=\frac{1}{12}d\ (0.98L)^3$；$L$ 为闸墩长度；d 为闸墩厚度。

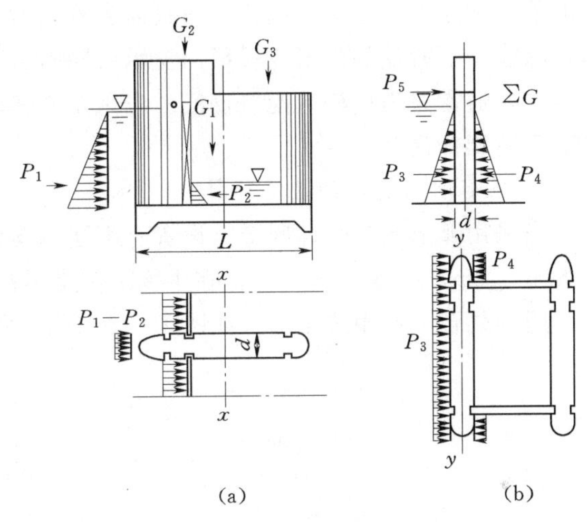

图 10-49　闸墩结构计算示意图

P_1、P_2—上下游水平压力；G_1—闸墩自重；P_3、P_4—闸墩两侧横向水压；G_2—工作桥重及闸门重；P_5—交通桥上车辆刹车制动力；G_3—交通桥

在检修期间，当一孔检修，上、下游检修闸门关闭而相邻两孔过水时，闸墩承受侧向水压力、闸墩自重及其上部结构自重等荷载，这种情况是垂直水流方向计算的最不利条件。此时闸墩底部两侧的应力仍可按偏心受压公式计算。

$$\sigma=\frac{\sum G}{A}\pm\frac{\sum M_y}{I_y}\frac{d}{2} \tag{10-44}$$

式中：$\sum M_y$ 为计算截面以上各力对截面形心轴 $y—y$ 的力矩总和；I_y 为计算截面对其形心轴 $y—y$ 的惯性矩；d 为闸墩厚度；其余变量与式（10-43）中相同。

计算截面上顺水流方向和垂直水流方向的剪应力为

$$\tau_x=\frac{Q_x S_x}{I_x d} \tag{10-45}$$

$$\tau_y=\frac{Q_yS_y}{I_yL} \tag{10-46}$$

式中：S_x、S_y 为计算点以外的面积对形心轴 x、y 轴的面积矩；Q_x、Q_y 为计算截面上顺水流方向和垂直水流方向的剪力。

2. 垂直截面上的应力计算

闸墩平面闸门门槽处应力可采用重力法计算。对任一垂直截面位置，在任一高程取高度为1m的闸墩作为脱离体，其顶面、底面上的正应力和剪应力分布已由前述式（10-43）～式（10-46）求出，均属已知。由静力平衡条件可求出任一垂直截面上的 N、M、Q，从而可以求出该垂直截面上的平均剪应力和平均正应力。

由于闸墩顶部和底部平面尺寸一般相同或相差不大，而水压力及其力矩分别与水深的平方和立方成正比，因此一般只需验算闸墩底部及门槽部位的应力。对于实体闸墩，除位于下游端的门槽或弧形门支承牛腿附近外，应力一般不会超过闸墩材料的允许应力，通常只需按构造配置钢筋。当采用滑模施工时，尚需配置 ϕ25@80～100左右竖直向爬杆钢筋。

3. 弧形闸门支座的应力计算

当采用弧形闸门时，闸墩上设置有牛腿以支承弧形闸门的支臂。牛腿的宽度 b 通常大于50cm，高度 $h>80$cm，在牛腿端部常设约45°的斜坡，牛腿轴线尽量与闸门关闭时门轴处合力作用线重合，如图10-50（a）所示。

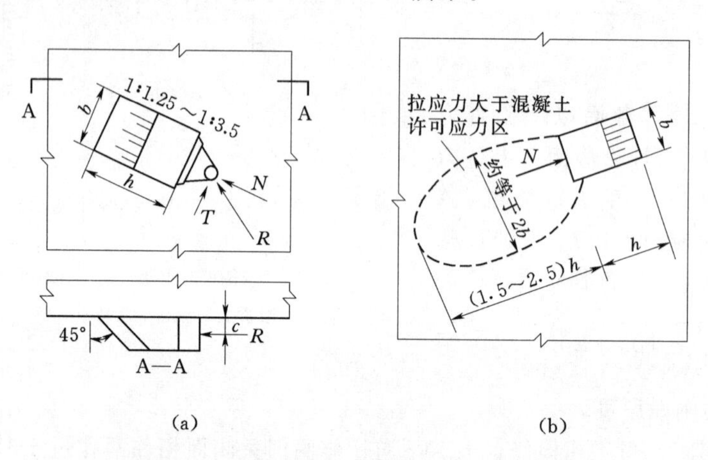

图10-50 闸墩弧形闸门支座处结构计算图

闸墩由于牛腿集中力作用所产生的应力可按承受集中力和力矩的弹性直角楔形板计算。当闸门关闭时，1/2的闸门推力由门轴支承传至牛腿，因而牛腿处闸墩内受有较大的集中应力。弧形门闸墩应力分析可采用弹性力学解法或借助于偏光弹性实验以确定之。弹性力学法求闸墩应力，是把闸墩作为平面应力问题处理。带牛腿的闸墩的形状是不规则的，为了使问题简化，可以用等厚矩形的平板来代替。平板下部固定于闸室底板上，其余三边为自由边界。由于中闸墩受到对称的闸门推力，它们的合力作用在闸墩的对称面内，所以中闸墩的应力分析是属弹性力学平面应力问题。

当闸门关闭挡水时，由弧形闸门门轴传给牛腿的作用力 R 为闸门全部水压力合力的一半，该力可分为法向力 N 和切向力 T。分析时可将牛腿视为短悬臂梁，计算它在 N 与 T 二力作用下的受力钢筋，并验算牛腿与闸墩相连处的面积是否满足要求。分力 N 对牛腿引起弯矩和剪力，分力 T 则使牛腿产生扭矩和剪力。

作用在弧形闸门上的水压力通过牛腿传递给闸墩，远离牛腿部位的闸墩应力仍可用前述方法进行计算，但牛腿附近的应力集中现象则需采用弹性理论进行分析。现简要介绍偏光弹性试验法的成果。

分力 N 会使闸墩产生相当大的拉应力。三向偏光弹性试验结果表明：仅在牛腿前（靠闸门一边）的约 2 倍牛腿宽，1.5～2.5 倍牛腿高范围内［图 10－50（b）虚线范围］的主拉应力大于混凝土的容许应力，需要配置受力钢筋；其余部位的拉应力较小，一般小于混凝土的容许拉应力，可按构造配筋或不配筋。在牛腿附近闸墩需配置的受力钢筋面积 A_g，可近似地按式（10－47）计算：

$$A_g = \frac{KN'}{R_g} \tag{10-47}$$

式中：N'为大于混凝土容许拉应力范围内拉应力总和［图 10－50（b）虚线范围内的总拉力］，该值为（70%～80%）N，kN；K 为强度安全系数；R_g 为受拉钢筋设计强度。

上述成果只能作为中、小型弧形门闸墩牛腿附近的配筋依据，对于重要及大型水闸，需要直接通过模型试验确定支座及支座附近闸墩内的应力状态，并依此配置钢筋。

四、胸墙计算

作用在胸墙上的主要荷载是静水压力和浪压力。如承受漂浮物的撞击而撞击力又不易计算时，可将安全系数提高 15%～20%来代替。

1. 板式胸墙

截取 1.0m 高的水平板条，按简支梁或固端梁计算其内力及配筋。作用在水平板条上的均布荷载 q 为该板条中心高度处的静水压力 p_A 与浪压力强度 p'_A之和，如图 10－51 所示。

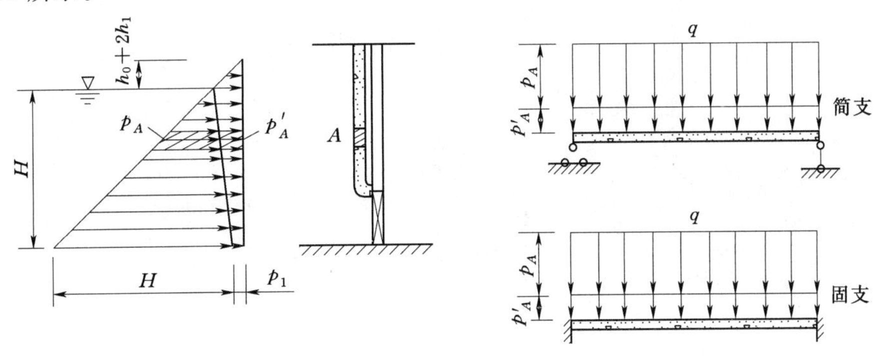

图 10－51　板式胸墙计算简图

2. 板梁式胸墙

板梁式胸墙一般为双梁式结构，板的上下两端支承在梁上，两侧支承在闸墩上。

当板的长边与短边之比不大于 2.0 时，按四边支承的双向板计算；当长短边之比大于 2.0 时，则按单向板截取铅直的单宽板条计算。由于顶、底梁的刚度相对闸墩来说较小，板承受荷载后，顶、底梁会发生微小的扭转变形，所以严格地说，板的上下支承应属弹性支承的性质，但目前还没有统一的计算方法，设计中可根据板的实际支承情况、板与梁的刚度条件等，研究决定处理办法。例如当墙板按单向板计算时，支座弯矩仍按固定情况计算，而在求跨中弯矩时，支座弯矩取固端弯矩的一半计算。当墙板按双向板计算时，可将半固定的弹性支承分别按简支和固端计算，然后取其平均值；或按固端一种情况计算，然后乘以某一系数。

对于简支式胸墙，顶梁与底梁可视为支承在闸墩上的简支梁，作用在顶梁上的均布荷载强度等于顶梁对板的支承反力，作用在底梁上的均布荷载强度等于底梁对板的支承反力加底梁本身承受的水平水压力和浪压力，墙板传来的扭矩不予计算。对于固支式胸墙，顶梁和底梁的端支座（边墩和缝墩）可考虑为半固定的弹性支座，而中间支座（中墩）因刚度较大，且中墩两侧的顶梁和底梁所受荷载相同，故可当作全固定计算，梁上荷载应计入墙板传来的扭矩。此外，若底梁先期施工而又将其作为浇筑墙板和顶梁混凝土的支撑时，则底梁将承受胸墙的全部质量，因此，底梁还应验算垂直方向的强度。

顶梁所需受力钢筋面积往往不大，按构造配筋即可。墙板的主拉应力一般很小，可不计算，但胸墙有时处于水上，有时处于水下，经常干湿交替，必须严格限制其裂缝开展宽度。

图 10-52 是某水闸整体式胸墙主要截面的钢筋布置图。该胸墙孔径 10m，最高浪峰处距胸墙顶 0.5m，混凝土为 C20 级，钢筋用 3 号钢，建筑物标准为Ⅲ级。

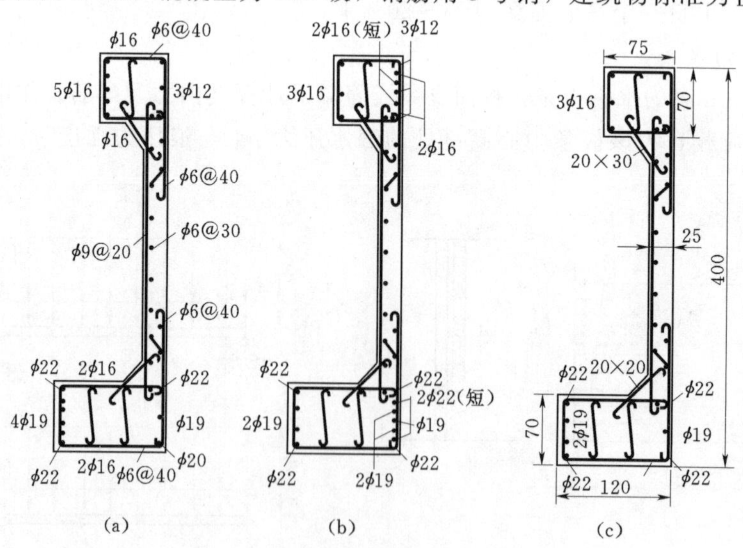

图 10-52　整体式胸墙配筋图（单位：cm 计）

第八节　水闸与两岸连接结构设计与计算

一、连接结构功用与布置方式

（一）连接结构的功用

水闸两端与河岸或堤、坝等建筑物的连接处，需设置连接建筑物，它们包括上、下游翼墙，边墩或岸墙、刺墙和导流墙等。其作用是：挡住两侧填土，维持土坝及两岸的稳定；引导水流平顺进闸，并使出闸水流均匀扩散；阻止侧向绕渗，防止与其相连的岸坡或土坝产生渗透变形；保护两岸或土坝边坡不受过闸水流的冲刷；在软弱地基上设有独立岸墙时，可减少地基沉降对闸身应力的影响，改善闸室受力状况。

两岸连接建筑物的工程量占水闸总工程量的15%～40%，闸孔愈少，所占比重愈大。因此，应十分重视其型式选择和布置。

（二）连接结构的布置方式

1. 岸墙的布置

当地基较好，闸身高度不大时，可用边闸墩直接与河岸连接，此时边墩迎水面承受水压力，背水面承受土压力。对于孔数较少、闸室不分缝的水闸，还可在闸室中设置横撑，以改善边墩及底板的受力条件，如图10-53所示。

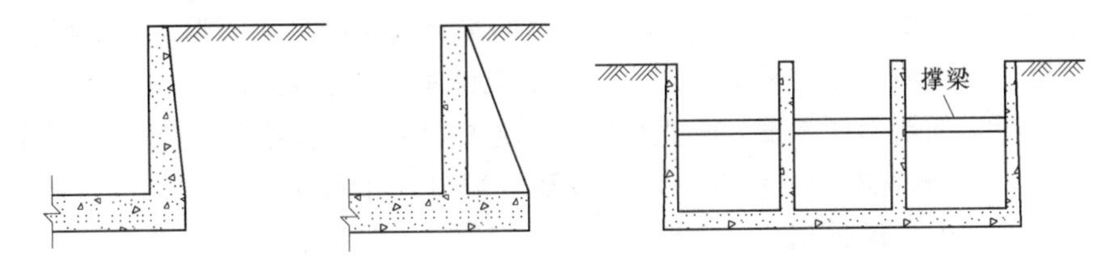

图10-53　边墩直接挡土

在闸身较高、地基软弱的情况下，如仍采用边墩直接与河岸连接，则由于两岸填土与闸室荷载相差悬殊，可能产生过大的不均匀沉陷，影响闸门启闭，在底板内引起较大的应力，甚至造成底板断裂。此时可设置轻型岸墙（空心岸墙或连拱空箱式岸墙）与河岸连接。岸墙与闸墩平行布置，上、下游方向的长度一般与闸墩相同。当闸室在闸墩上分缝时，则岸墙紧靠闸室的边墩布置，中间用沉陷缝分开［图10-54（a）］，这时边墩仅起支承闸门和上部结构的作用，而土压力全部由岸墙承担；当闸室在底板上分缝时，常以岸墙兼作闸室边墩［图10-54（b）］，这时宜把闸室边孔作为分缝孔，使岸墙不致影响或少影响其他闸孔。空箱式岸墙上可以开孔与上游或下游相通，利用空箱的充水或放水调节岸墙的地基反力，使之在任何情况下都与闸室的地基反力接近。

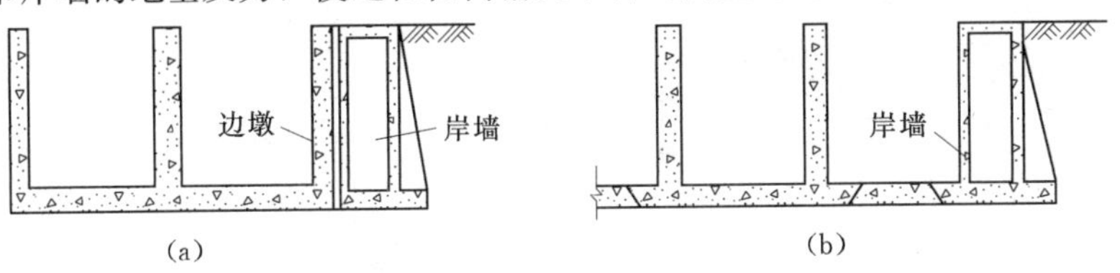

图10-54　岸墙挡土

当地基承载能力过低、压缩性较大时，可以采用边墩不挡土、而河底与岸顶以斜坡连接的形式。这时翼墙后面也不填土，翼墙仅起导水作用，墙身设有通水孔，使墙前后的水压力互相平衡抵消，以减少翼墙工程量。边墩后面需用刺墙挡水，刺墙端部应嵌入岸坡一定深度，以满足绕渗渗径要求，刺墙上游应设水平防渗铺盖，必要时，下游也应设置防渗设施。

2. 翼墙的布置

边墩或岸墙向上、下游延伸，便形成了上、下游翼墙。翼墙的作用是挡土、导流和防止侧向绕渗。

翼墙的布置应根据具体的地基条件来进行。上、下游翼墙在顺水流方向上的投影长度，应分别等于或大于铺盖及消力池的长度。在有侧向防渗要求的条件下，上、下游翼墙的墙顶高程应分别高于上、下游最不利运用水位。

上、下游翼墙宜与闸室及两岸岸坡平顺连接，其平面布置型式通常有以下几种。

(1) 反翼墙。这种形式的特点是：翼墙自闸室向上下游延伸一定距离，然后转弯90°插入堤岸内，转弯圆弧半径为2～3m［图10-55 (a)］。为了改善水流条件，下游翼墙的平均扩散角每侧宜采用7°～12°，对上游翼墙来说，可以比该值大些。反翼墙布置可以保证墙后有足够的渗径长度，防渗效果较好，但是翼墙工程量较大，一般用于大中型水闸。对于小型水闸，翼墙可自闸室上下两端直接转弯90°插入河岸，这种形式通常称为一字墙式［图10-55 (b)］，它的进流及出流较差，但工程量较省。

(2) 扭曲面翼墙。这种翼墙的迎水面在靠近闸室处为铅直面，随着翼墙向上、下游延伸而逐渐增加墙面倾斜度，一直变到与相连的河床（或渠道）坡度相同为止［图10-55 (c)］。这种翼墙的进流与出流都较反翼墙好，工程量也较省，但是施工较麻烦，在小型水闸中广泛采用。

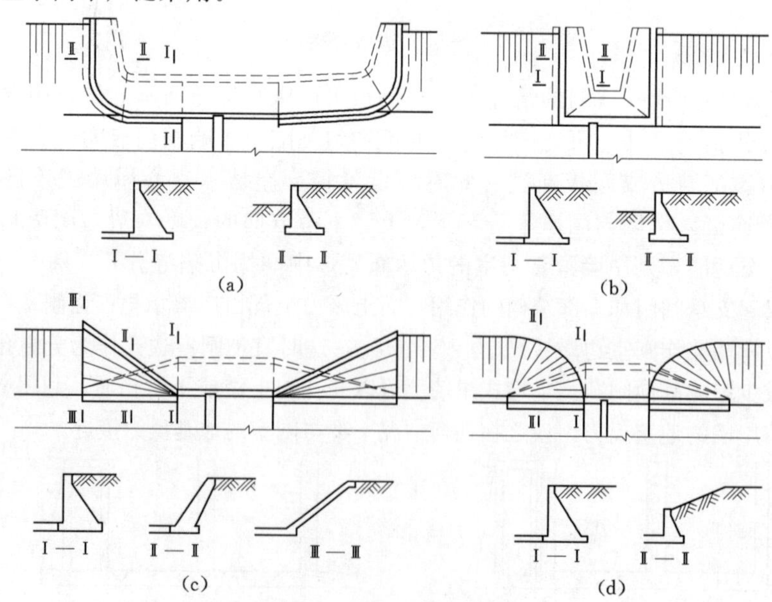

图10-55　翼墙平面布置型式

(a) 反翼墙；(b) 一字墙；(c) 扭曲面翼墙；(d) 斜降翼墙

（3）斜降翼墙。翼墙的平面形状为八字形，随着翼墙向上下游延伸，其高度逐渐降低［图10-55（d）］。这种布置型式不仅工程量小，而且施工方便，但水流容易在闸孔附近产生立轴漩涡，对进流和出流均不利，并易冲刷堤岸。斜降翼墙可建在坚硬的黏性土地基上，也常用于小型水闸。

（4）圆弧式。如图10-56所示，从边墩分别向上、下游用铅直的圆弧形翼墙与两岸连接。适用于上、下游水位差及单宽流量较大的大、中型水闸。上游圆弧半径为15～30m，下游半径为30～40m。

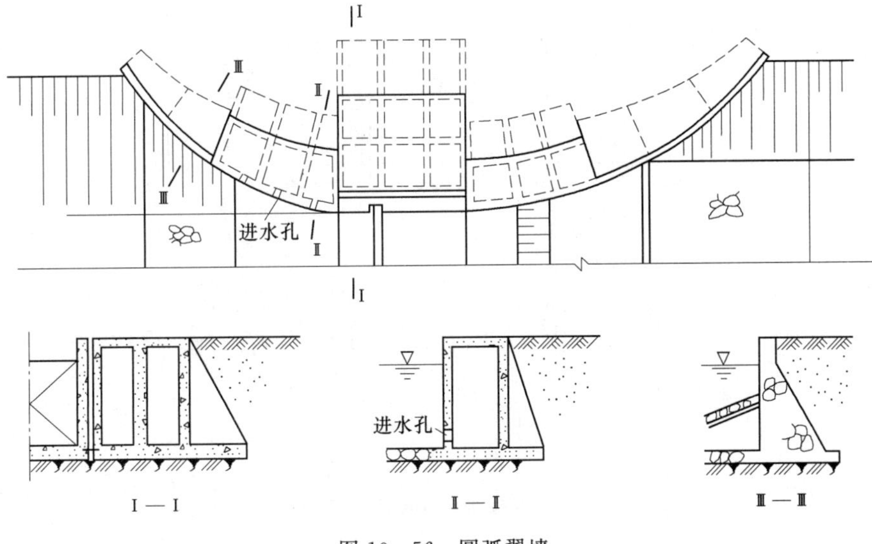

图10-56　圆弧翼墙

（5）斜坡式。这种形式与上述四种均不相同，它是将直立式的翼墙和边墩做成倾斜的护坡形式（图10-57），具有防渗、防冲和防冻的作用。在构造上，它和闸底板相同，为了挡水和泄水，在斜坡上设置闸孔。这种斜坡式连接布置能扩大过水面积，加大泄水能力，而且工程量小，经济效果好，适用于各种软硬地基。特别是挡土高度大、地基承载力小的情况宜采用此种形式。其缺点是在斜面上形成几个不规则的闸孔，施工较麻烦，同时还延长了闸顶上的交通桥和工作桥。此外，斜坡上的底板露出水面在严寒地区容易产生裂缝。

二、连接建筑物的结构型式和构造

两岸连接建筑物主要指岸、翼墙。岸、翼墙的结构型式有重力式、悬臂式、扶壁式、空箱式、连拱空箱式五种，常用的是重力式、扶壁式和空箱式三种。

1. 重力式

重力式岸、翼墙是用混凝土或浆砌石等材料筑成、主要依靠自重来维持稳定的一种结构型式，如图10-58所示。其特点是可就地取材，结构简单，施工方便，材料用量大。适用于地基较好，墙高为6m以下的岸、翼墙。

重力式岸、翼墙在水压力等荷载作用下应该满足抗滑、抗倾和地基承载力要求。土基上的岸、翼墙基底面抗滑安全系数的要求与闸底板的抗滑稳定安全系数相同。基

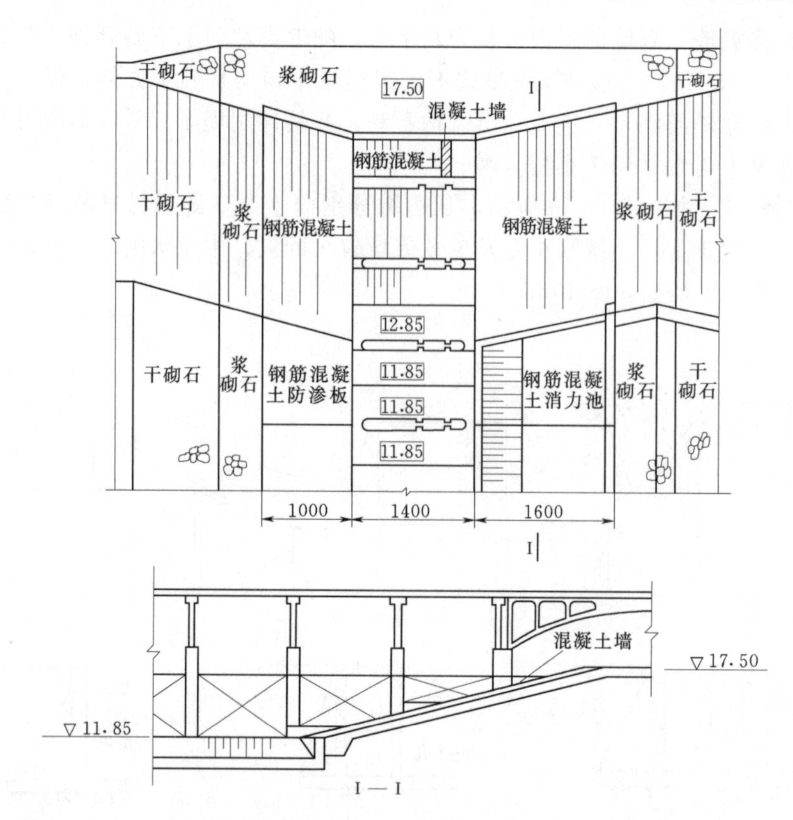

图 10-57　斜坡式连接布置（单位：高程 m；尺寸 cm）

底平均应力不得超过地基承载力、最大应力不大于地基允许承载力的 1.2 倍。岩基上的岸、翼墙除了满足抗滑稳定要求外，抗倾稳定安全系数在基本荷载组合情况下不小于 1.50，特殊荷载组合情况下不小于 1.30。

2. 悬臂式和扶壁式

悬臂式岸、翼墙由钢筋混凝土直墙和底板组成，依靠墙后的土重维持稳定，施工简单。其断面用作翼墙时为倒 T 形，用作岸墙时则为 L 形，如图 10-59 所示。其优点是结构尺寸小，自重轻，构造简单。但建筑高度不能太高，适宜高度为 6～10m。

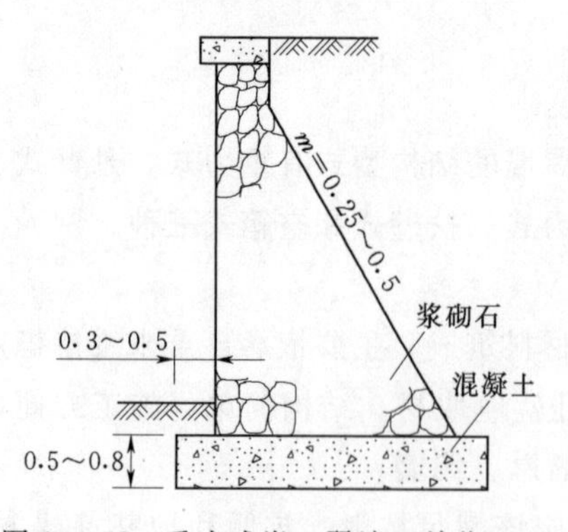

图 10-58　重力式岸、翼墙（单位：m）

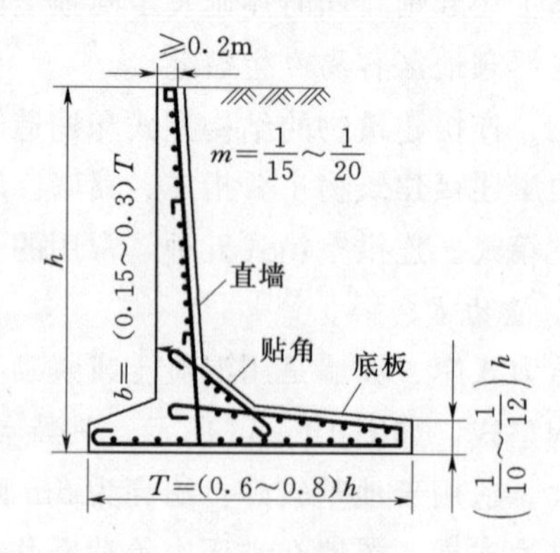

图 10-59　悬臂式岸、翼墙

作用在挡土墙上的荷载有水压力、土压力、渗透压力、自重等。挡水面的水压力为静水压力分布，背水面（挡土面）的水压力为侧向绕渗水压力。挡土墙的整体抗滑和抗倾的方向主要是向挡水面，土压力一般按主动土压力计算。

上、下游翼墙段的悬臂式岸、翼墙底板常用沉陷缝与防冲板和护坦分离开来，呈⊥形结构。悬臂墙和底板上、下游端均按悬臂梁结构计算，悬臂梁应满足自身稳定、地基应力和结构应力的要求。

扶壁式岸、翼墙通常用钢筋混凝土修建，也是一种轻型结构，它由直墙、扶壁及底板三部分组成，利用扶壁和直墙共同挡土，并可利用底板上的填土维持稳定，适用于墙高大于10m的坚实或中等坚实地基上的情况，如图10-60所示。直墙顶厚一般为0.15～0.2m，下部墙厚由计算确定。扶壁间距L一般为3～4.5m，扶壁厚度多为0.30～0.40m，h为墙高，B为底板宽度。

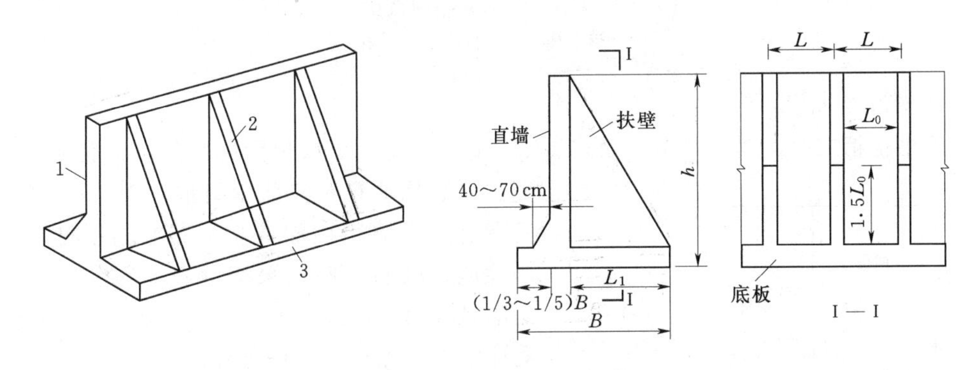

图10-60　扶壁式岸、翼墙

1—直墙；2—扶壁；3—底板

扶壁式岸、翼墙的结构计算应首先按偏心受压公式计算整体地基应力，再对挡板、底板和扶壁进行结构应力计算。直墙计算分上下两部分。在离底板顶面$1.5L_0$（L_0为扶壁净距）以下，按三边固定、一边自由的双向板计算，以上部分则按以扶壁为支座的单向连续板计算。底板计算分前趾和后趾两部分。前趾按悬臂板计算；后趾板分两种情况：①当后趾净长L_1与扶壁净距L_0之比$L_1/L_0 \leqslant 1.5$时，按三边固定一边自由的双向板计算；②若$L_1/L_0>1.5$时，则自直墙起$1.5L_0$范围内，按三边固定一边自由的双向板计算，以外的部分按单向连续板计算。

计算扶壁时，可把扶壁与直墙作为整体结构，取出一个单元按固支在底板上的T形截面悬臂梁计算。为了加强扶壁与直墙的连接，可在连接处将扶壁适当加宽。

3. 空箱式

当地基较差而墙又较高时，可以采用钢筋混凝土空箱式岸、翼墙，如图10-61所示。空箱式岸、翼墙能够减少闸室的边荷载，空箱内可根据地基情况，回填部分土或不填土，以满足整体抗滑和改善地基应力。空箱的挡水面可设通水孔和通气孔，使空箱内、外水压力随水位变化得到平衡。空箱式岸、翼墙结构较复杂，造价较高。采用连拱式空箱岸、翼墙较一般空箱式岸、翼墙节省钢筋和造价。

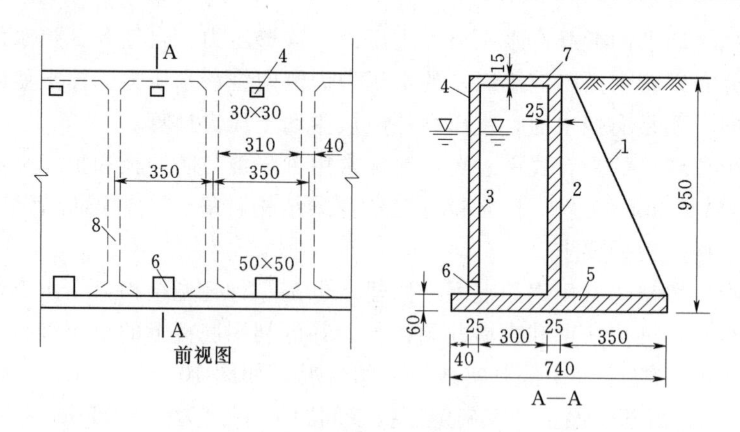

图 10-61　空箱式岸、翼墙（单位：cm）

1—扶壁；2—后墙；3—前墙；4—通气孔；5—低孔；
6—排水孔；7—顶板；8—隔墙

4. 连拱空箱式

连拱空箱式岸、翼墙也是空箱式类型，它是伴随反拱底板而诞生的，由底板、前墙、隔墙及拱圈等四部分组成（图 10-62）。其特点是后墙用拱圈代替，充分利用材料抗压性能。拱圈和底板采用混凝土结构，前墙与隔墙多采用浆砌石结构。这种形式的岸、翼墙能节约钢材，造价也较低。

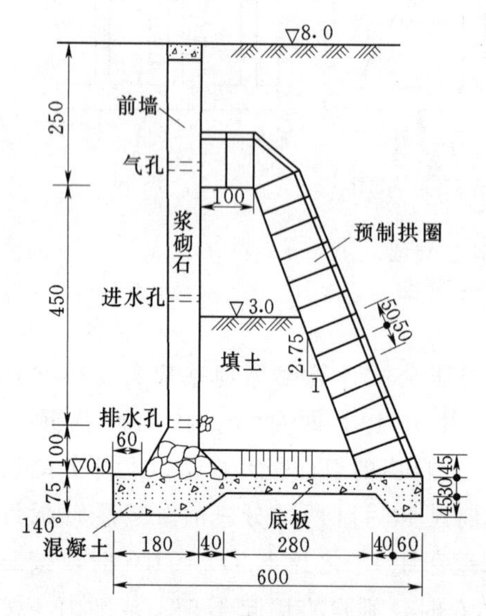

图 10-62　连拱空箱式挡土墙
（单位：高程以 m 计；尺寸以 cm 计）

由于后墙是由许多预制拱圈形成，以致接缝较多，虽用水泥砂浆砌筑，又用勾缝防渗，但其整体性及防渗性能还是较差的。

三、连接结构的防渗设计

水闸挡水后，不仅闸基，而且两岸也会产生渗流。绕流渗透是一个三维的无压渗流问题，可用电拟试验求得精确的解答。若两岸墙后土层的渗透系数小于地基渗透系数，侧向渗透压力可近似地采用相对应部位的闸基扬压力计算值；对于两岸土质均一且下面有不透水层的绕流渗透（图 10-63），可近似地认为同一铅垂线上各点的渗流速度相同，从而可将三维问题简化为二维问题计算求解。

如图 10-64 所示，设某一铅垂线在不透水层以上的水深为 h，则

$$\left.\begin{aligned} v_x &= -k\,\frac{\partial h}{\partial x} \\ v_y &= -k\,\frac{\partial h}{\partial y} \end{aligned}\right\} \tag{10-48}$$

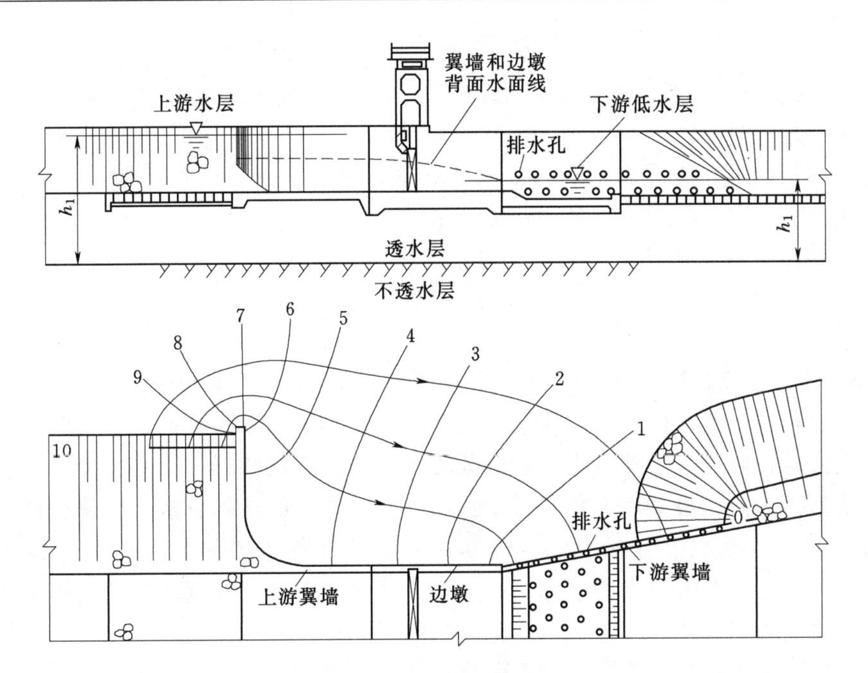

图 10-63　绕流渗流图

$$
\left.\begin{aligned}
q_x &= -kh\frac{\partial h}{\partial x} = -k\frac{\partial}{\partial x}\left(\frac{h^2}{x}\right)\\
q_y &= -kh\frac{\partial h}{\partial y} = -k\frac{\partial}{\partial y}\left(\frac{h^2}{y}\right)
\end{aligned}\right\}\tag{10-49}
$$

根据水流连续性条件：
$$\frac{\partial}{\partial x}q_x + \frac{\partial}{\partial y}q_y = 0 \tag{10-50}$$

将式（10-49）代入式（10-50）中，并利用土质均一的条件，得

$$\frac{\partial^2 h^2}{\partial x^2} + \frac{\partial^2 h^2}{\partial y^2} = 0 \tag{10-51}$$

可见，具有水平不透水层的无压渗流，其渗透流场内的水深平方函数 h^2 也满足拉普拉斯方程。

若把连接结构的平面轮廓当作具有无限透水层深度的有压渗透地下轮廓，则有压渗透水头 H 满足下列拉普拉斯方程：

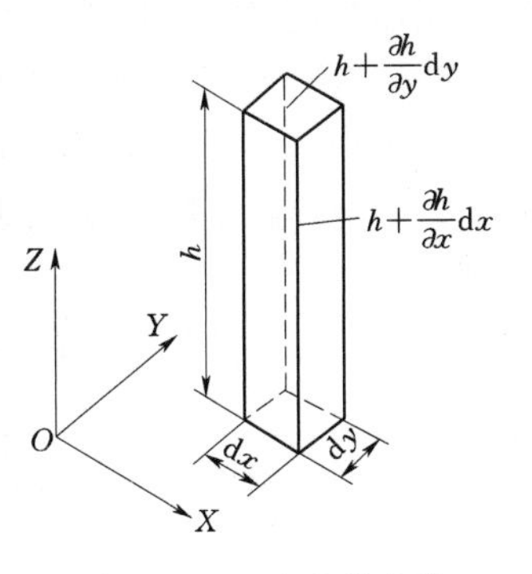

图 10-64　渗流微分体

$$\frac{\partial^2 H}{\partial x^2} + \frac{\partial^2 H}{\partial y^2} = 0 \tag{10-52}$$

有压渗透的地下轮廓上某点的水头 H 可用下式计算：

$$H = (H_1 - H_2)h_r + H_2 \tag{10-53}$$

式中：H_1、H_2 分别为上下游的压力水头；h_r 为计算点的化引水头，是取决于渗透区域边界轮廓的系数，可用阻力系数法或其他方法求得。

若用水深的平方函数 h^2 代替水头函数 H，则得

$$h=\sqrt{(h_1^2-h_2^2)h_r+h_2^2} \tag{10-54}$$

式中：h_1、h_2 分别为不透水层面以上的上、下游水深；h 为某计算点在不透水层面以上的水深。

上下游水位组合确定后，h_1、h_2 即为已知，只要求出计算点 h_r 的化引水头，即可利用式（10-54）确定该点的水深 h。

将式（10-53）改写成：

$$h_r=\frac{H-H_2}{H_1-H_2}=\frac{h_f}{\Delta H} \tag{10-55}$$

式中：h_f 为计算点在有压渗透情况下的渗透压力水头；ΔH 为上下游水位差。

将边墩和顺水流方向的翼墙设想为铺盖和底板，垂直水流方向的翼墙和刺墙设想为板桩或齿墙，则连接结构背面的轮廓线相当于闸基有压渗透的第一根流线，上、下游水边线为第一条和最后一条等势线。按闸基有压渗流的计算方法，计算轮廓线上各点的渗透压力水头 h_f，然后代入式（10-55）计算各点的化引水头 h_r，进而利用式（10-54）即可求得各点的水深。如采用流网法，则可根据流网图中的等势线编号确定等势线上的 h_r，如图 10-63 中第 5 号等势线上的 $h_r=0.5$。

由上述绕流渗透计算可看出，上游翼墙及反翼墙可以延长绕流渗透途径，降低平均渗透坡降及作用在岸墙上的渗透压力；下游翼墙及反翼墙可以减小平均坡降，特别是反翼墙可有效地降低出逸坡降，但造成壅水，使岸墙上的渗透压力增大。在满足渗径要求的前提下，在下游翼墙上设置排水孔或在墙背底部设置排水暗管，可以有效地降低岸翼墙后的渗透压力。排水应设反滤层。边墩后面一般不需设置防渗刺墙，但为了避免在填土与边墩及翼墙的接触面上产生集中渗流，可做些短刺墙，并使边墩及翼墙的挡土面稍成倾斜，以便填土借自重紧压在墙背上；若渗径长度不足，则需设置刺墙，刺墙与边墩之间用缝分开，缝间设置止水。

绕渗逸出处的下游河岸应设护坡及反滤层，以防发生危害性的渗透变形。

应当指出，两岸连接结构的防渗布置应与闸基防渗布置相协调，使二者不仅在平面上，而且要在空间上形成防渗的整体。

第九节　水闸地基处理

水闸设计中应尽可能利用天然地基，如遇有淤泥质土、高压缩性黏土和松砂等软弱地基，尽管选择轻型的水闸结构型式，也很难满足对地基沉降量及稳定的要求，此时需要进行地基处理。下面简述几种常用的地基处理方法。

1. 换土垫层

当软土位于地基表层附近且厚度较薄时，可将其全部挖除；如软土层较厚，则可将基础下表层软土挖除一部分，然后代之以级配良好的中砂、粗砂或中壤土，而将水闸建在新换的土基上，如图 10-65 所示。

换土垫层是工程上应用最广泛的一种地基处理方法，其基本作用是使闸室传至垫层底部（即软土层顶部）的应力，通过垫层的扩散作用而减小，从而增加地基的稳定性，并有效地减少闸室的沉陷量。

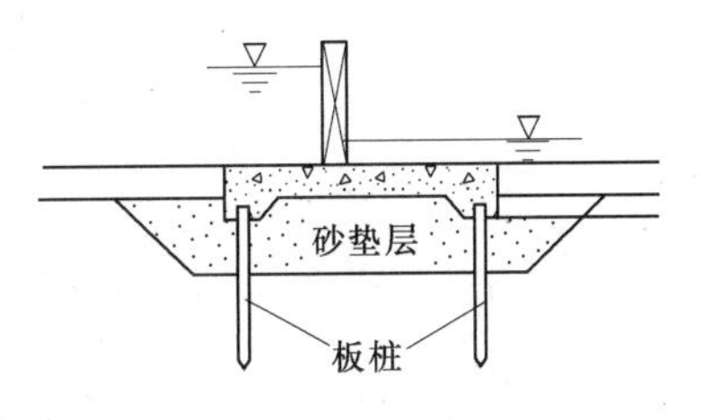

图 10－65　换土垫层

垫层设计主要是确定垫层的厚度、宽度、材料及质量控制标准。垫层厚度可根据垫层底面的平均压应力不大于地基允许承载力的原则确定，计算时假定垫层为基础的一部分，建筑物基底压力在垫层中的扩散角，中壤土及含砾黏土取 20°～25°，中、粗砂可取 30°～35°。一般垫层厚度为 1.5～3.0m，太小不起作用，太厚则基坑开挖困难。考虑到扩散角度值选用不准和垫层边缘部位施工质量不易保证等因素，垫层实际宽度通常取建筑基底压力扩散至垫层底面的宽度再加 2～3m。换土垫层材料的选用应根据就地取材的原则，为方便施工，以采用黏性土中的中壤土类为宜。此外，含砾黏土容易破碎，级配良好的中、粗砂较易振动密实，均可用作垫层材料。关于垫层的压实标准，黏性土垫层压实度（控制干容重/最大干容重）不应小于 0.96，砂料的相对密度（砂料最大孔隙比与控制孔隙比之差/砂料最大孔隙比与最小孔隙比之差）不应小于 0.75，在强地震区，要求相对密度应适当提高。

2. 桩基础

桩基础是一种比较古老的地基处理方法，有较多的实践经验，适用于各种松软地基，尤其是上部为松软土层、下部为硬土层的地基。当闸室重量较大、软土层较厚、地基承载力不够时可考虑采用桩基础。桩基不仅可以大大提高地基承载力和减小地基沉陷量，而且其上的闸室可采用分离式底板，从而减小上部结构的工程量。

水闸的桩基础按材料分，可采用木桩、混凝土桩、钢桩和混合材料桩等。其中木桩仅用在少数工程中；混凝土桩又分为素混凝土、钢筋混凝土、预应力混凝土等；钢桩常用大直径开口钢管桩；混合材料桩可考虑分段采用木材、钢筋或混凝土等不同材料。

按施工方法分，可分为预制桩和灌注桩。根据桩的工作特点，可分为支承桩和摩擦桩两种（图 10－66），前者桩尖深达坚硬的岩石或密实的土层，桩上荷载全部由岩石或密实土层承担；后者主要依靠桩身表面与周围基土间的摩擦阻力来承受。水闸桩基一般采用摩擦桩，因为支承桩基础以上的作用荷载，几乎全部由桩承担并直接传给下卧硬层，地基沉陷会使底板与基土“脱空”而造成集中渗流通道，引起渗透破坏而危及闸身安全。对于有承压水层的闸基，当基桩需进入承压水层时，不宜采用灌注桩，否则，由于承压水的作用，不仅质量难以保证，有时甚至难以浇筑成桩。预制桩分为打入桩、压入桩、旋入桩和振沉桩；灌注桩分为钻孔灌注桩、沉管灌注桩和挖孔桩，如图 10－67 所示。

按功能分，可分为承压桩、抗拔桩、横向受荷桩。其中承压桩又可分为摩擦桩、端承桩，如图 10－68 所示。

按桩径大小分，可分为小桩、中等直径桩和大直径桩。最常用的是钢筋混凝土预制桩和灌注桩。

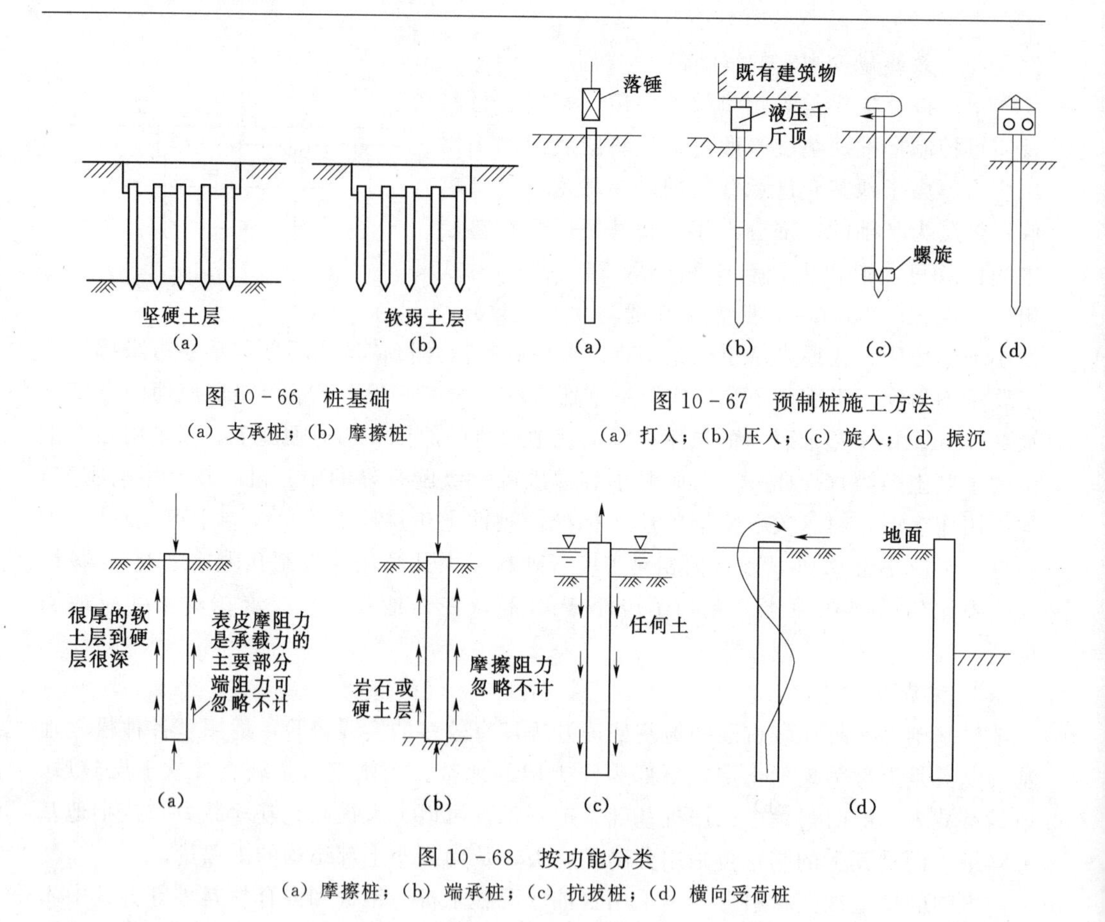

图 10-66　桩基础

(a) 支承桩；(b) 摩擦桩

图 10-67　预制桩施工方法

(a) 打入；(b) 压入；(c) 旋入；(d) 振沉

图 10-68　按功能分类

(a) 摩擦桩；(b) 端承桩；(c) 抗拔桩；(d) 横向受荷桩

3. 沉井基础

沉井基础是预先浇筑钢筋混凝土井圈，然后再挖除井圈内的软土，使井圈逐渐下沉到地基中，最终下落支撑到硬土层或岩石基础上。沉井可以增加基础承载力，提高闸室抗滑稳定性，减小沉降量。沉井基础适用于表层为软土层或流沙层、下部为硬土层或岩石基础的情况。沉井基础的平面布置多呈矩形，简单对称，以便于施工浇筑和均匀下沉。沉井的钢筋混凝土的长边不宜超过 30m，长宽比不宜超过 3，以便于控制下沉。较长的矩形沉井中间应设隔墙，以增加长边的刚度。沉井的边长也不宜过小，否则接缝多，止水麻烦。沉井底部井壁呈刃状，刃脚内侧斜面与底平面的夹角一般为 45°～60°，刃脚底面宽度约 0.2m，隔墙底面应高于刃脚底面 0.5m 以上。

4. 振冲砂（碎石）桩

振冲砂桩或碎石桩是近期发展起来的一种较好的地基处理方法。该法系利用一根类似混凝土振捣棒的振冲器（下端有喷水口），在软土内作垂直孔，孔内回填砂或碎石，在振冲器作用下压实而形成砂桩或碎石桩。振冲砂桩或碎石桩可提高地基强度，减少沉陷量，适用于松砂或软弱的壤土和黏土地基，具有施工方便、工效高和就地取材等优点，但地基密实的均匀性和防渗条件较差。

此外还有强力夯实法、砂井预压法、高压旋喷灌浆法等地基处理方法。

第十节　自动翻倒闸

水力自控翻倒闸门是水工闸门的一种，也称翻转闸门、中转轴闸门、横轴翻倒门等，经过许多年的研究和发展，已经渐趋成熟。它有如下优点：

水力翻倒闸门一般不设中墩，在拦河闸或壅水坝上使用时，几乎不缩窄河床，同时具有从闸门上面、下面同时过水的特点，它能保证有较大的过水能力和较小的上游水位壅高值，使堤防工程量大为减少。它省去了启闭设备和机架桥，并有专业厂家生产定型产品，其材料用量和投资、运行维护都比人工控制和电动自动控制闸门少得多，造价仅为常规门的1/5～1/2。它具有结构简单、制造方便、施工简便、造价低廉、管理方便、维护费省等一系列优点，因而在防洪、发电、灌溉、航运、引水工程和水景观工程中都有着广泛的应用。

它可以用于拦蓄河水和泄洪，可替代平板提升闸门和弧形闸门。

一、工作原理

（1）水力自控翻倒闸门的工作是基于门体自重和动水压力的平衡。这意味着，如果要维持翻倒门的开启状态必须有一定动水压力，动水压力来自上下游水位差和流速。杠杆平衡与转动，利用水力和闸门重量相互制衡，通过增设阻尼反馈系统来达到调控水位的目的：当上游水位升高则闸门绕“横轴”逐渐开启泄流；反之，上游水位下降则闸门逐渐回关蓄水，使上游水位始终保持在设计要求的范围内。

整个过程是随着水位的升降而相应启闭，不需要人工和任何设备操作，因而具有过流能力强、水位壅高少、造价低廉、维护简单等优点。

（2）设计时，令翻倒门的开度和上游总水头为一条单调上升的关系曲线。在翻倒门的开启和关闭过程中，使任何上游总水头均对应一个翻倒门开度。河道水位的变化是连续和渐变的，可以用河道水位的变化限制，甚至消除翻倒门的撞击和拍打（“拍打”即频繁的往复运动）等“过量”运动。

（3）约束翻倒门沿着设定的轨道运动，否则翻倒门会在复杂水流情况下偏离设计工况，偏离正常运行。例如：多铰翻倒闸门的跳铰、曲线铰翻倒门浮走等。

（4）翻倒门运动时因产生水面波而出现一些意外情况，像漂浮物撞击、水面风浪等。当翻倒门作开门运动时，上游将产生一个凹面波；当翻倒门作关门运动时，上游将产生一个凸面波。很好地利用这个波，可以减慢翻倒门的运动速度，对消除拍打和撞击很有益处。

（5）精细地调整翻倒门上的曲线轨道，可达到所需的运行性能。

二、类型

1. 单铰翻倒闸门

20世纪60年代初，单铰翻倒闸门（图10-69）逐渐建成使用，其支铰安置在门高的1/3处，当上游水位未超过门顶时，闸门直立挡水，当水位超过门顶一定值时，闸门自动开启，然后卧倒在与水平面成一角度的位置上；当上游水位下降到某一定值时，闸门则自动关闭，重新直立挡水。

单铰翻倒闸门是一种早期的门型，运用实践表明，这种闸门存在如下几个问题：①开门前上游水位产生较大的壅高 ΔH；②关门不及时，水位控制不准确，调节性能较差；③闸门在开门倾倒时，瞬时下泄流量形成溃坝式波浪，对下游消能防冲颇为不利；④闸门突开突关的运行方式，会产生很大的撞击力，门体和支墩都很容易被撞坏。

2. 双铰轴加油压减震器翻倒闸门

为了改善单铰翻倒闸门突开突关的运行方式，在单铰翻倒闸门的基础上，设计出双铰轴加油压减震器翻倒闸门（图 10－70）。这种翻倒闸门一方面采用较矮的支墩，支墩上设有高低铰位，在每一个门铰上设置上、下两个轴，因此闸门开关中有一个变换支承轴的过程，使闸门的开关分两步进行，这对减小闸门启闭时的撞击和开关不及时等问题有了一定程度的改善。另外，在门体与支墩之间装设油压减震器，减缓了启闭的速度，消耗了门叶旋转过程中的大部分动能，较好地解决了翻倒门在回关时猛烈撞击门坎致使门体和门坎遭到破坏的问题。

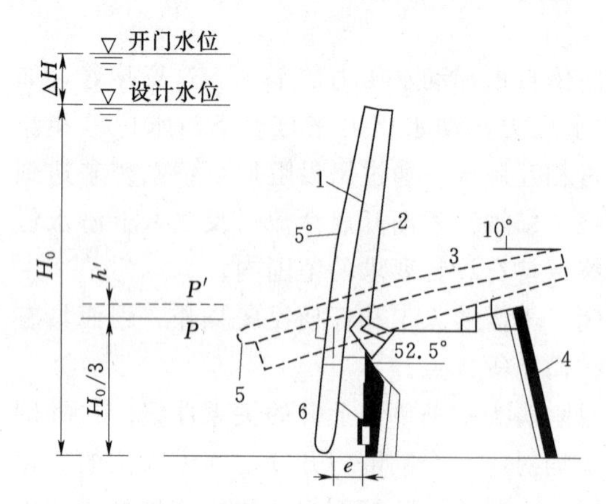

图 10－69　单铰翻倒闸门

1—木面板；2—钢梁；3—支铰；4—支墩；5—配重块；6—钢筋混凝土面板

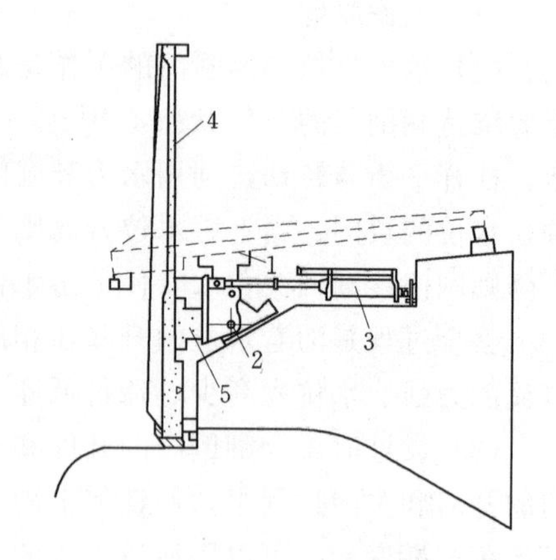

图 10－70　双铰轴加油压减震器翻倒闸门

1—上轴；2—下轴；3—油压减震器；4—带肋面板；5—主梁

这种翻倒闸门虽然初步改善了开关水位和撞击问题，但仍存在以下几个主要缺点：①闸门的回关水位仍然较低，不能及时挡水，当闸门全开后，要待水位降低到正常挡水位的50%左右，闸门才能自动回关，蓄水量和水头损失较大；②每扇闸门需要用两个油压减震器，这种装置结构复杂，要求的机械加工精度高，不易制作，成本也高，维修也很麻烦；③闸门在全开泄洪，处于淹没出流时，在上下游的某一水位差范围内，会出现门叶反复拍击支墩、拍坏门体的现象（即所谓的“拍打”）；④漂浮物容易卡铰。但此门型的设计把闸门的启闭过程分成两步进行的实践经验，为以后的多铰轴翻倒闸门的应用奠定了基础。

3. 多铰轴翻倒闸门

为了进一步改善闸门的调节性能，减小开门前上游水位的壅高和关门前上游水位的降落，保证闸门安全运行，在双铰翻倒闸门的基础上，对闸门的构造做了进一步的改造，设计出多铰轴翻倒闸门（图 10－71），它具有多个铰轴位和开度，提高了闸门的调节精度，使闸门能随水位的涨落而逐渐启闭，既能调节过闸流量，又能避免闸门突开、突关所引起的震动或撞击。

多铰翻倒闸门的构造特点是在门体后加一框架式支腿，支腿后设有铰座，铰座上设置有倾斜的轴槽座，轴槽座上又具有与铰轴相应的轴槽。闸门的工作原理同样是力矩平衡，但是闸门的启闭过程为逐次翻倒或逐次关闭，并逐次支承于不同的铰位的过程。这种闸门的优点是：闸门能逐次启闭，与单铰、双铰翻倒闸门相比，开门前水位壅高和关门时水位降落均较小，水位控制比较准确，取消了油压减震器等。

4. 曲线铰式翻倒闸门

单铰翻倒闸门向多铰翻倒闸门发展的研究与实践证明，多铰翻倒闸门的调节性能比单铰好，能较灵敏地以多种开度来适应上游水位的变化，使闸门基本实现逐渐开启和逐渐关闭。但是多铰翻倒闸门的支腿、铰轴及轴槽的结构相当复杂，铰座的防污问题有待解决，调节的精度也有待提高。为了解决多铰翻倒闸门的不足，设计者用一完整的曲线形铰代替了多铰的作用，并取消了门叶后的支腿，从而设计出曲线铰式翻倒闸门（图 10－72）。

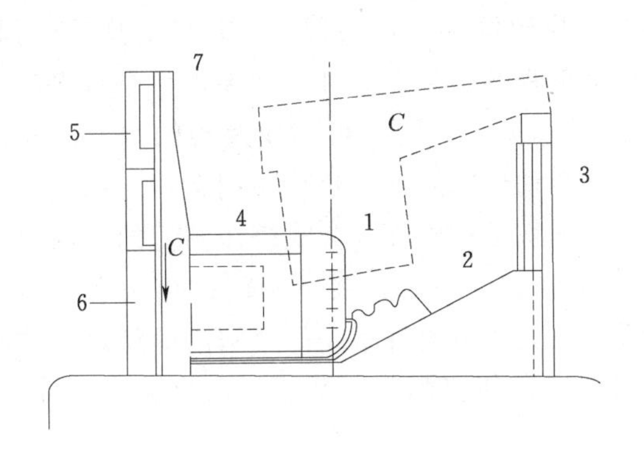

图 10－71 多铰轴翻倒闸门

1—铰轴；2—轴槽座；3—支墩立柱；4—支腿；
5—上部钢筋混凝空心土面板；6—下部钢筋混凝土实心面板；7—纵梁

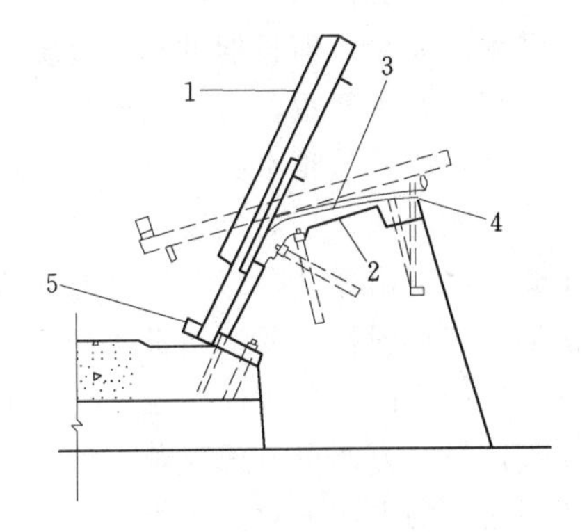

图 10－72 曲线铰式水力自动翻倒闸门

1—闸门门体；2—圆弧曲线支座；
3—链带支座面；4—可调螺栓；5—平衡配重

曲线铰式翻倒闸门与多铰相比，不仅结构简单，造价低廉，施工、维修方便，而且开门前闸前水位的壅高值较低，对保护上游农田起了很好的作用。从曲线铰式翻倒闸门的运行实践来看，在下游水位较低、保证自由出流的条件下运用是比较成功的，因此曾一度受到工程技术人员和群众的欢迎。但由于其随遇平衡的工作特点，使闸门抵御外来干扰力的能力较差，如波浪、动水压力、下游水流的紊动等都可能使闸门改变开度位置，从而使闸门产生来回摆动徐开徐关，甚至也有“拍打”现象，严重时会使闸门及闸底坎遭受破坏，这在淹没出流情况下尤为严重，因此一般只适用于自由出流的情况。此外，这种闸门型式漏水较严重。

5. 连杆滚轮式翻倒闸门

连杆滚轮式翻倒闸门（图 10－73）是利用力矩平衡原理，在重力、水压力的作用

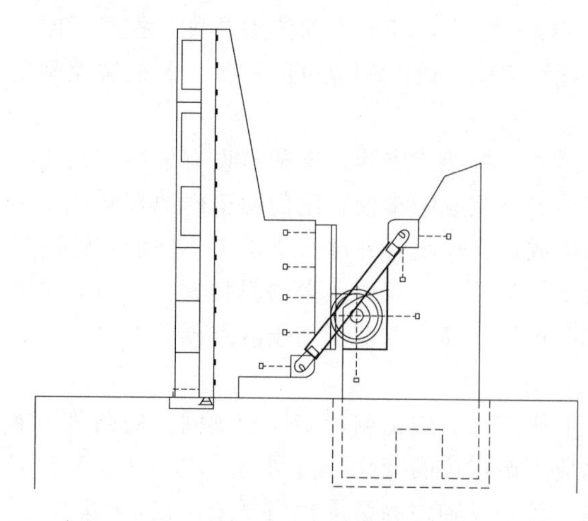

图 10-73 连杆滚轮式翻倒闸门

下，随水位（来水量）的变化而实现渐开、渐关的一种新型水力自动闸门。与以往的单铰乃至多铰翻倒闸门相比，连杆滚轮式翻倒闸门利用连杆的阻尼作用，使闸门的稳定性有了极大的改善，这种闸门的连杆、滚轮的尺寸大小和位置设置得当时，基本不会发生拍打现象。

三、水力特性

水力翻倒闸门在运行过程中的流态相当复杂。闸门受上游来水量、泄水量和风浪的影响，门前水位往往在变化之中，而闸门随着门前水位的变化，力系失衡后闸门的开度也不断发生变化，严重时将使闸门产生越来越大幅度的摆动，以致不能控制，从而使闸门失稳，出现“拍打”现象。虽然短期内不至影响到整个闸坝的安全，但长期的小开度振动拍打会导致翻倒闸门底部和固定件的疲劳破损，以致闸坝漏水严重，直至造成整个翻倒闸坝工程的破坏。另外，如果闸下是淹没出流或波状水跃或门顶水舌与下部孔流水面间形成负压，则都可能使紊动的水流波及闸门，影响泄流，从而反馈于闸前水位。这种紊动性的反馈，也使闸门运行不稳定。由于此类闸门出现“拍打”后可能导致闸门、坝坎结构毁坏，大大缩短闸门的寿命甚至使闸门完全毁坏。要解决此类闸门的不稳定问题，一方面要从闸门的结构上进行改进，从铰式门、曲线连续铰式门到渐开型、双支点带连杆型闸门，闸门的稳定性均有改善；另一方面可考虑改善水流条件予以解决，如将闸门安装于自由出流的条件下，或用通气的方法消除负压等。

四、翻倒闸门的振动问题

水力自动翻倒闸门运行中存在一些不稳定现象，如闸门的频繁摆动、“拍打”等，这种不稳定现象产生的振动影响了闸门运行的灵活性，进而影响到工程效益的发挥和结构自身的安全。闸门产生的剧烈振动有可能引起金属构件的疲劳，导致门叶发生变形，甚至杆件弯曲断裂、焊缝开裂、铆钉或螺栓松动，以致闸门整体结构遭到破坏，严重的闸门振动还有可能导致水工建筑物失事。所以，闸门的振动是一个值得注意的问题。

翻倒闸门的振动是一种特殊的水力学问题，涉及水流条件、闸门结构及其相互作用。闸门结构在水中的振动是弹性系统和流体相互作用、相互影响的复杂过程，通常与闸门开度、门后淹没水跃、止水漏水、闸门底缘形式等因素有关。总体来说，振动是由于动水作用的不平稳引起的。工程实践证明，闸门在泄流或在动水操作时受到水流作用时都会发生不同程度的振动。一般情况下，振动比较微弱，不致影响闸门的安全运行。但在某些特定条件下，闸门将产生强烈振动，甚至产生共振或动力失稳现象。

研究表明，翻倒闸门拍打振动与水位有关。图 10－74 示出翻倒闸门拍打形成区域，即在自由出流、小淹没度或大淹没度的情况下都不形成“拍打”，当水位在某一范围变化时（Ⅱ区），容易形成拍打。下列措施可起缓解拍打和减振作用：①倒闸门布置在水流较平顺的部位；②选定适当位置拟建数孔冲沙闸，设导流墙将冲沙闸与水流隔开；③优化底缘形式；④翻倒闸门底缘形式的布置，闸门底缘设在堰顶最高点的下游侧；⑤在翻倒闸门上部设置通气管；⑥闸门开启角度较大时，可以在闸门与支腿之间加设阻尼装置；⑦优化设计结构尺寸。

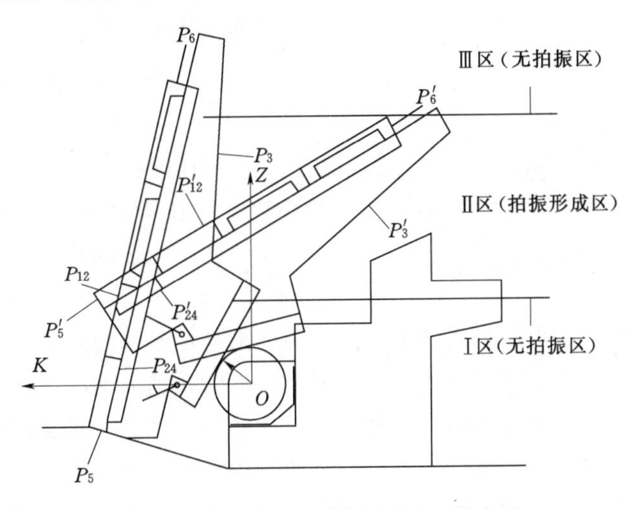

图 10－74　翻倒闸门拍打形成区示意图

第十一节　软基上的混凝土溢流坝

多数河谷中都有第四纪的砂卵石冲积层存在，当坝高不大而覆盖层又较深时，可考虑在覆盖层上修建重力坝。这种软基上的混凝土坝与岩基上的混凝土坝相比较，由于抵抗坝沿地基面滑动的阻力仅为抵抗坝沿岩石面滑动的阻力的 1/1.5～1/4，地基的允许荷载也较岩基小，所以，坝的断面底部宽度较大，重量也很大。显然，在这类地基上修建高坝是不经济甚至是不可能的，软基上的坝高一般较低。坝的构造，特别是基础部分的构造和地下轮廓取决于地基土层的工程地质特性，其设计原则与土基上的水闸基本相同，可参考前面介绍的有关内容。

在软基上已建成的混凝土坝实例：伏尔加河上的伊万柯夫坝（图 10－75）是具有工程中常见的埋入式地下轮廓的实例。八个坝段，每段长 20m，位于弱透水土层（冰碛土）上，其中四个坝段为溢流坝，另外四个坝段为双层泄水式。下马岭重力坝（图 10－76）是中国最早修建在软基上的一座坝高约为 30m 的重力坝，设计和施工都较成功，运行情况良好。

本节简单讨论这类重力坝设计中的一些特殊问题和要求。

一、坝体布置及构造

通常覆盖层只集中在河床段，所以在河床段修建软基上的重力坝，而且常为溢流坝，

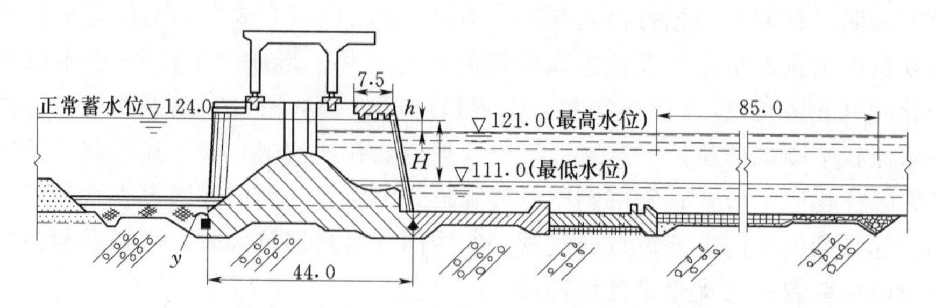

图 10-75　伊万柯夫水利枢纽（单位：m）

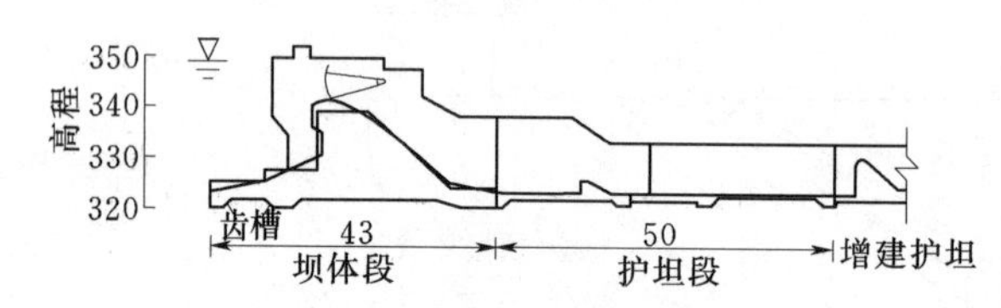

图 10-76　下马岭重力坝剖面图（单位：m）

而两岸坝体则仍建在岩基上。任何一座建于软基上的坝，其布置均应综合考虑以下三项基本要求：①在满足地基强度的同时，保证坝的抗滑稳定；②在保证地基渗透强度的同时，使渗透扬压力值最小；③消除过坝宣泄水的剩余能量。前两项要求与地基的地质特性有关，第三项要求与过坝宣泄水流的单宽流量有关。单宽流量增大时，消力池的深度也需加大，坝基础底板的埋置深度也将相应增加，下游水流消能问题随之进一步复杂化。坝的合理布置方案还应满足坝的造价最低这一要求。应通过各种方案比较进行布置方式的选择。

由于地基土不均匀，坝可能产生不均匀沉陷；由于周围介质温度的变化，坝可能产生温度变形，所以坝内应设置伸缩缝。坝段间的伸缩缝要宽一些（2～10cm），并须做好细致的止水措施，包括止水槽、止水片和填料，使得伸缩缝既能适应相对变位，又能防止渗漏。

坝段的宽度要认真研究。宽度过大，则下部的冲积层厚度可能相差较多，使坝底的工作条件和应力分布不利；宽度过小，则伸缩缝太多，使得施工和运转复杂、不利。所以，应分析覆盖层的条件、变形条件和施工条件拟定坝段宽度，一般为12～15m。

二、坝体的应力及抗滑稳定要求

软基的承载力远小于岩基，对应力应严格控制。首先，应通过试验、勘探并参考类似工程经验，确定软基的容许承载力。坝体断面的设计，要使坝趾最大压应力小于地基的容许承载力。其次，还要求地基上的压力尽量均匀。上游坝踵应力 σ_u 不仅需为压应力，而且与下游坝趾应力 σ_d 之比不宜大于 1.5（地基软弱时）至 2.5（地基较好时）。

在核算抗滑稳定时；要先确定软基的抗剪参数 f 值和 c 值。失稳破坏有两种方式：一种是沿坝基面水平剪切，另一种是坝体带动一部分软基作曲线形的挤动失稳。如果坝底垂直压力不高，软基的 f 值较高，则多发生前一种方式的破坏，否则要按两种可能性核算。核算深层挤出破坏时，常采用条分法或块分法。如果地基内存在软弱夹层、软弱带或软弱区时，更要沿这些软弱面核算，或研究确定最不利的破坏面。

三、坝体断面

软基的 f 值常远低于混凝土和基岩间的 f 值，加之对坝基的应力绝对值及其分布都有较高要求，所以软基上重力坝的外形和岩基上的重力坝有很大区别，一般具有较长的向上、下游延伸的底板。前面提到的下马岭重力坝，坝底宽达43m，基岩为震旦系硅质石灰岩和中生代侵入的玢岩，冲积层最深为38m，主要成分为石灰岩及少量火成岩。

四、坝体应力计算

由于坝体很长，上、下游延伸段的刚度较低，故不宜将整个坝体当作刚体按线性假定分析。最合适的办法是将坝体及地基用有限单元法进行联合分析。过去由于没有计算机，常按弹性地基上的厚梁处理，为此，可将坝体轮廓近似化为变截面梁，地基可按无限深、有限深或按文克尔地基处理。如软基厚度超过坝基长度的2/3，可按无限深变形地基处理；如厚度在坝基长的2/3～1/2之间，可按有限深变形地基考虑；如软基厚小于坝基长度的1/2，可按文克尔地基处理。

五、基础处理设计

基础处理设计是软基上重力坝设计中的一项重要内容，主要是解决渗流和管涌失稳问题。通常的处理手段以垂直防渗为主，因为它比较可靠和有效。我国经常采用的方式是用冲击钻造孔，灌注混凝土以形成混凝土截水墙。另一种方式是进行水泥帷幕灌浆。在混凝土截水墙方面，中国现在已能处理70～80m深的覆盖层，如坝及水头不高，只需用单排孔组成截水墙即可。近年来，我国发展了不少新工艺，如反循环钻进、孔下爆破、清水固壁等，可以有效地加速施工进度，并保证质量。帷幕灌浆对于一般的砂卵石软基是行之有效的，但常需先进行灌浆试验，以确定设计和施工中的一些参数和要求。帷幕应有足够厚度，使穿过幕体的坡降约为2～3。

世界各国用水泥灌浆解决软基防渗方面曾取得很大成就，但其上的坝体多为土石坝。例如，法国的谢尔-庞松坝（Serre Poncon Dam)，覆盖层深100m，k 值约为 5×10^{-2}cm/s，帷幕体厚32m，灌浆后 k 值降到 10^{-4} 量级。埃及阿斯旺高坝（Aswan High Dam）的覆盖层，深200m，帷幕厚达65m，灌浆后 k 值也降为 10^{-4} 量级。其他国家如加拿大等均有许多深覆盖层的处理经验。

六、泄洪消能

泄洪消能是软基上溢流重力坝设计中的一项重要任务，必须妥善解决。一般采用底流水跃消能，即在坝下游修建混凝土护坦，使水跃发生在护坦保护段内，护坦上可视需要设置齿坎、消力坎或二道坎以充分消能，改善流态，使出口流速降到许可值以下。护坦后可能还要设置海漫，以防止或控制对下游的冲刷，保证安全，如图10-77所示。

所有泄流、消能建筑物，应通过模型试验验证、修改。护坦的高程、长度要适当（见本章第二节），并需有足够的厚度以满足抗浮、抗滑要求。如有泥沙过坝，溢流面及护坦表面要采取措施，增加抗磨损能力。软基上溢流坝的单宽流量值要加以限制。条件合适时也可在岸坡上开辟溢洪道，而将河床坝段做成挡水坝。

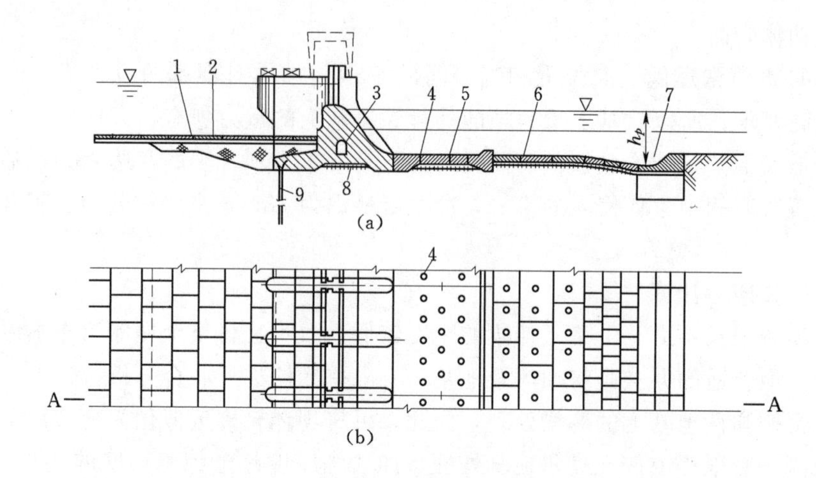

图 10-77　砂土地基上溢流坝的消能防冲布置

(a) A—A 剖面；(b) 平面

1—黏土铺盖；2—铺盖护面；3—坝下排水系统的集水廊道；4—护坦底板下的排水井；5—护坦底板；6—海漫护面；7—海漫末端加固；8—有反滤层的排水；9—钢板桩

第十二节　橡　胶　坝

橡胶坝是用胶布按要求的尺寸，锚固于底板上成封闭状，用水（气）充胀形成的袋式挡水坝，也可起到水闸的作用，如图 10-78 所示。橡胶坝可升可降，既可充坝挡水，又可坍坝过流；坝高调节自如，溢流水深可以控制；起闸门、滚水坝和活动坝的作用，其运用条件与水闸相似，用于防洪、灌溉、发电、供水、航运、挡潮、地下水回灌以及城市园林美化等工程中。它是 20 世纪 50 年代末，随着高分子合成材料工业的发展而出现的一种新型水工建筑物。

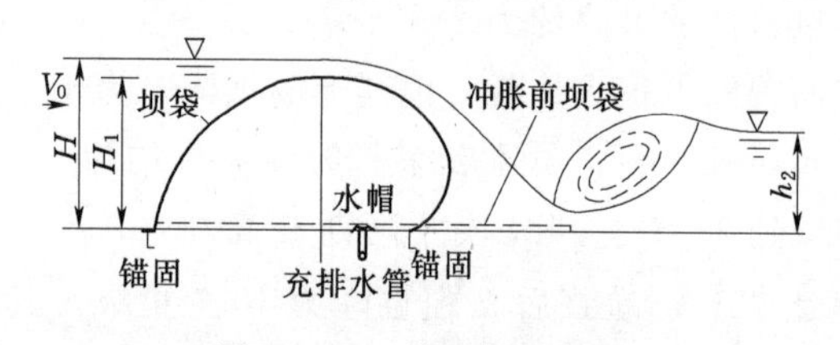

图 10-78　橡胶坝示意图

橡胶坝具有结构简单、抗震性能好、可用于大跨度、施工期短、操作灵活、工程造价低等优点，因此，很快在许多国家得到了应用和发展，特别是日本，从 1965 年至今已建成 2500 多座，我国从 1966 年至今也建成了 400 余座。已建成的橡胶坝高度一般为 0.5～3.0m，最高已达 5.0m。橡胶坝的缺点是：坝袋坚固性差；橡胶材料易老化，要经常维修，易磨损，不宜在多泥沙河道上修建。

我国的橡胶坝推广应用是在不断解决工程应用中一系列技术和质量问题而逐步发展起来的。我国橡胶坝的发展史，按年代大体可分为 4 个阶段：1965—1970 年为研究试验阶段；1970—1979 年为总结改进阶段；1979—1992 年为稳步发展阶段；1992 年至今为快速发展阶段。

一、橡胶坝的坝址选择

橡胶坝坝址宜选在过坝水流流态平顺及河床岸坡稳定的河段，这不仅避免发生波状水跃和折冲水流、防止有害的冲刷和淤积，而且使过坝水流平稳，减轻坝袋振动及磨损，延长坝袋使用寿命。据调查和实际工程观测在河流弯道附近建橡胶坝，过坝水流很不平稳，坝袋易发生振动，加剧坝袋磨损，影响坝袋使用寿命。如果在河床、岸坡不稳定的河段建坝，将增加维护费用。因此，在选择坝址时，必须在坝址上、下游均有一定长度的平直段。同时，要充分考虑到河床或河岸的变化特点，要估计建坝后对于原有河道可能产生的影响。

二、橡胶坝的布置

工程规模应根据水文水利计算研究确定，具体计算可参照《水利水电工程水文计算规范》（SL 278—2020）和《水利工程水利计算规范》（SL 104—2015）的规定进行。

橡胶坝工程规模主要是指坝的高度和长度。设计坝高是指坝袋内压为设计内压，坝上游水位为设计水位，坝下游水位为零时的坝袋挡水高度。确定设计坝高时应考虑坝袋坍肩和褶皱处溢水的影响。坝长是指两岸端墙之间坝袋的距离，如为直墙连接时是直墙之间的距离；两岸为斜坡连接，则指坝袋达设计坝高时沿坝顶轴线上的长度。多跨橡胶坝的边墙和中墩若为直墙，则跨长为边墙和中墩或中墩与中墩的内侧之间的净距；若边墙和中墩为斜坡，则跨长如图 10－79 所示。

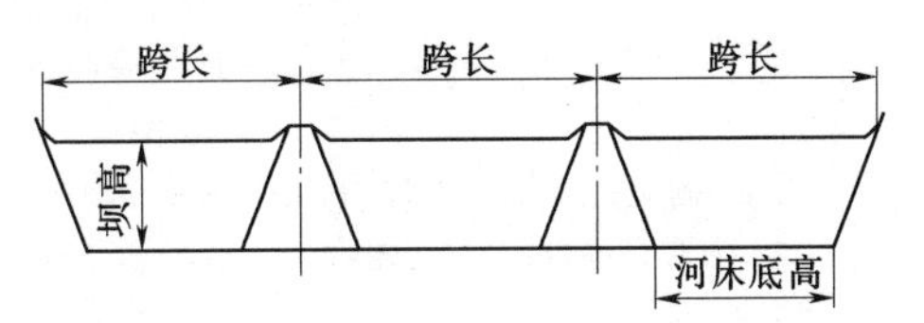

图 10－79　橡胶坝坝高及坝长示意图

橡胶坝枢纽是以橡胶坝为主体的水利枢纽，一般由橡胶坝、引水闸、泄洪闸、冲沙闸、水电站、船闸等组成。橡胶坝枢纽布置应根据坝址地形、地质、水流等条件以及该枢纽中各建筑物的功能、特点、运用要求等确定，做到布局合理、结构简单、安全可靠、运行方便、造型美观，组成整体效益最大的有机联合体。这是橡胶坝枢纽布置的依据和要求。橡胶坝（闸）整个工程结构是由三部分（图 10－80）组成的：①基础土建部分，包括基础底板、边墩（岸墙）、中墩（多跨式）、上下游翼墙、上下游护坡、上游防渗铺盖或截渗墙、下游消力池、海漫等；②坝体（即橡胶坝袋）；③控制和安全观测系统，包括充胀和坍落坝体的充排设备、安全及检测装置。

三、橡胶坝设计

1. 坝（闸）袋

坝（闸）袋有单袋、多袋、单锚固和双锚固等形式（图 10－81），按充胀介质可分为充水式、充气式。具体形式应按运用要求、工作条件经技术经济比较后确定。作用在坝袋上的主要设计荷载为坝袋外的静水压力和坝袋内的充水（气）压力。

设计内外压比 α 值：

$$\alpha = H_0 / H_1 \tag{10-56}$$

式中：H_0 为坝袋内压水头，m；H_1 为设计坝高，m。

充水橡胶坝内外压比值宜选用 1.25～1.60；充气橡胶坝内外压比值宜选用

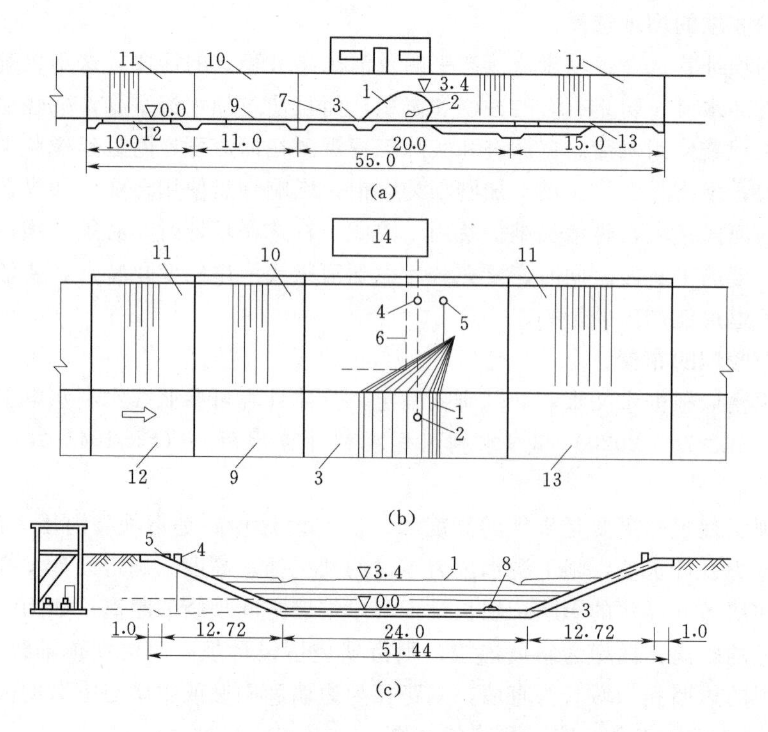

图 10-80　橡胶水闸布置图（单位：m）

（a）横剖面图；（b）平面图；（c）纵剖面图

1—闸袋；2—进、出水口；3—钢筋混凝土底板；4—溢流管；5—排气管；6—泵吸排水管；7—泵吸排水口；8—水帽；9—钢筋混凝土防渗板；10—钢筋混凝土板护坡；11—浆砌石护坡；12—下浆砌石护底；13—铅丝石笼护底；14—泵房

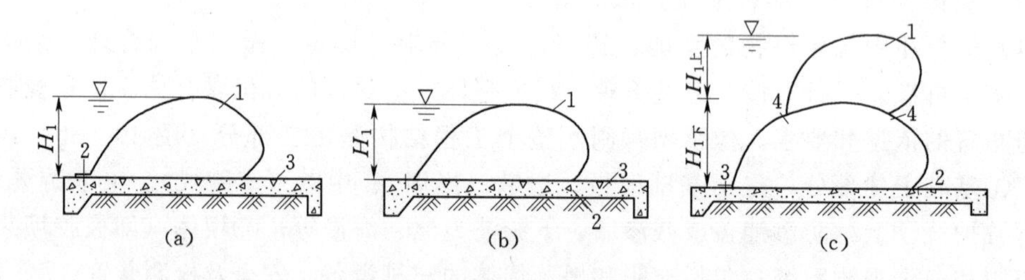

图 10-81　橡胶坝袋的形式

（a）单袋单锚固；（b）单袋双锚固；（c）双袋双锚固

1—闸袋；2—锚固点；3—混凝土底板；4—锚接点

0.75～1.10。

坝袋强度设计安全系数充水坝应不小于 6.0，充气坝应不小于 8.0。坝袋袋壁承受的径向拉力应根据薄膜理论按平面问题计算，坝袋袋壁强度、坝袋横断面形状、尺寸及坝体充胀容积的计算，可按《橡胶坝工程技术规范》（GB/T 50979—2014）中附录 B 进行。坝袋胶布除必须满足强度要求外，还应具有耐老化、耐腐蚀、耐磨损、抗冲击、抗屈挠、耐水、耐寒等性能。

2. 锚固结构

橡胶坝依靠充胀的袋体挡水并承担各种荷载，这些荷载通过坝袋胶布传递给设置在基础底板上的锚固系统。锚固系统是橡胶坝能否安全稳定运行的关键部件之一。

锚固结构型式可分为螺栓压板锚固（图 10－82）、楔块挤压锚固（图 10－83）以及胶囊充水锚固（图 10－84）三种。应根据工程规模、加工条件、耐久性、施工、维修等条件，经过综合经济比较后选用。锚固结构可按《橡胶坝工程技术规范》（GB/T 50979—2014）中附录C计算。锚固构件必须满足强度与耐久性的要求，锚固线布置分单锚固线和双锚固线两种。采用岸墙锚固线布置的工程应满足坍坝时坝袋平整不阻水，充坝时坝袋褶皱较少的要求。

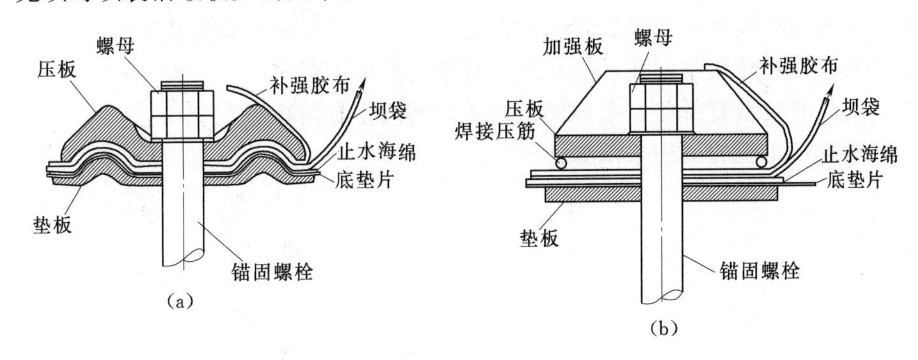

图 10－82　螺栓压板锚固（穿孔锚固）

(a) 曲线形压板；(b) 压板下焊接钢筋或钢管

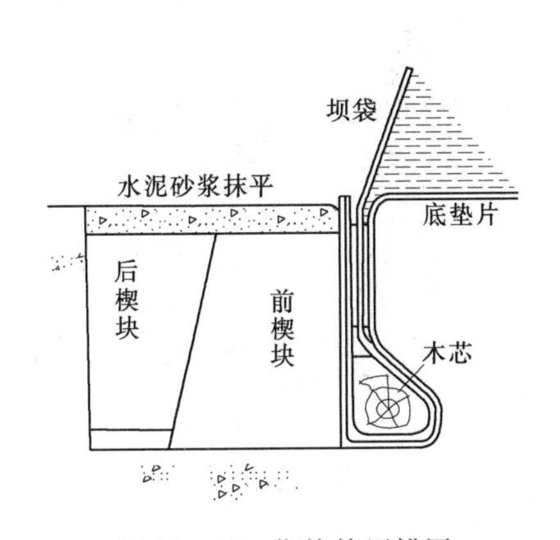

图 10－83　楔块挤压锚固

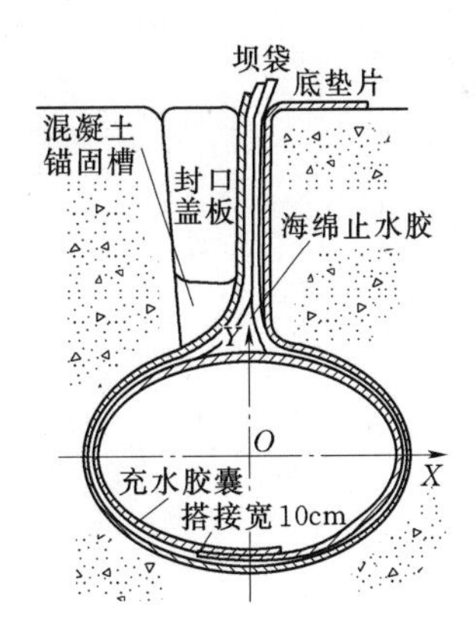

图 10－84　胶囊充水锚固

复习思考题

1. 水闸有哪些类型？由哪几部分组成？各自有何作用？

2. 水闸的工作特点是什么？设计水闸时应解决哪些主要问题？

3. 什么闸下水流一般采用底流水跃连接方式？波状水跃和折冲水流产生的原因是什么？如何防止？

4. 闸孔设计时增加净宽与降低底板高程的关系如何？什么情况宜增加净宽？什

么情况宜降低底板高程？

5. 在黏性土和砂性土地基上，布置水闸地下轮廓线有何不同？为什么？

6. 分别说明水闸防渗设施和排水设施的设计要求，并分析铺盖长度和厚度是怎样确定的？板桩设在闸室前端、后端或两端均设置的作用是什么？各使用在什么场合？

7. 改进阻力系数法计算闸基渗流的基本原理是什么？

8. 衡量闸室稳定性有哪几个指标？如何进行闸室稳定验算？若稳定性不够，可采取哪些措施提高稳定性？

9. 闸室底板计算的弹性地基梁法的基本原理是什么？其计算简图怎样建立？

10. 水闸的哪些部位应设置缝？其作用是什么？哪些缝要设置止水？

11. 两岸连接建筑物的作用是什么？有哪些连接方式？

12. 闸门的类型有哪些？平面闸门和弧形闸门各有何特点？

13. 橡胶坝工程的适用条件如何？

第十一章 水工闸（阀）门

闸（阀）门是一种活动的挡水结构，并和启闭设备一起对水流进行控制，是泄水和引水等建筑物中的主要组成部分。闸（阀）门的作用，是在不同使用情况下按照运行要求，封闭水工建筑物的孔口，起挡水作用，全部或局部开启以调节水位、泄放水流，还可放运船只、木排、竹筏以及排除沉沙、冰块和漂浮物等。

第一节 概 述

一、闸（阀）门的组成与功用

闸（阀）门一般由活动部分、埋设部件和启闭设备三部分组成（图 11－1）。

1. 活动部分

用以封闭或开启孔口，在闸门上称为门叶。由面板、构架、支承行走部件、吊具、止水等组成，如图 11－2 所示。

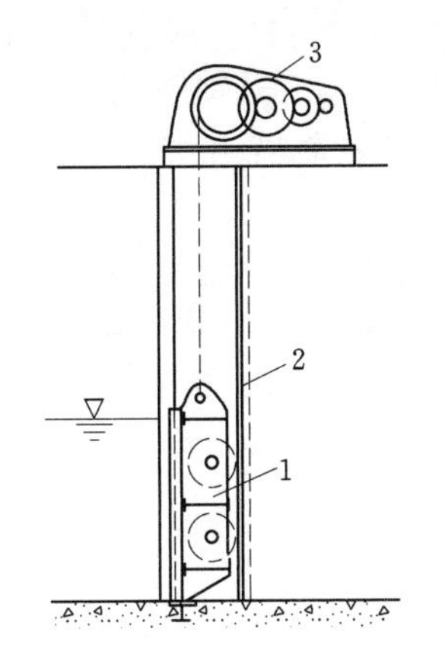

图 11－1 闸（阀）门的组成
1—活动部分；2—埋设部件；3—启闭设备

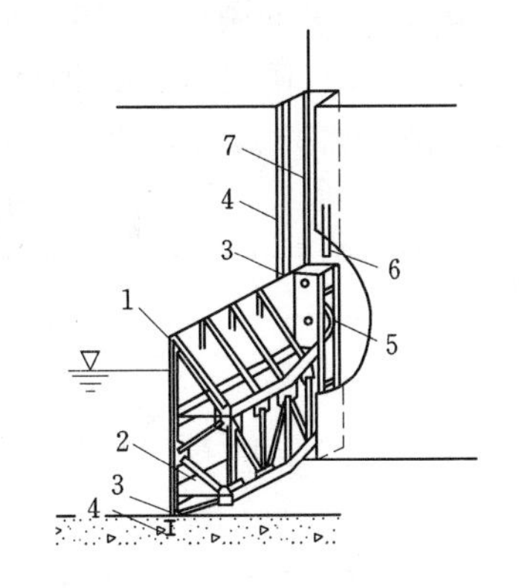

图 11－2 平面闸门门叶的组成
1—面板；2—构架；3—止水；4—止水埋设件；
5—支承行走装置（滚轮）；6—支承行走装置埋设件；7—吊具

2. 埋设部件

埋设在过水孔道周围土建结构内的构件，它把门叶所承受的荷载（包括自重）传给土建结构。包括行走支承轨道、止水埋件、门槽护角埋件、底坎埋件、闸门上下游衬护件等。

3. 启闭设备

控制门叶或阀体在孔道中不同位置的操纵机构。一般包括动力装置、传动装置、制动装置、连接装置、支承及行走装置等。

二、闸（阀）门类型与工作条件

1. 闸（阀）门类型

闸（阀）门的种类和型式较多，表征闸（阀）门特性的有工作性质、制造材料和方法、构造特征、设置部位、水头大小和操作方式等，现分述如下：

（1）按闸门的工作性质分类。闸门按其工作性质可分为工作闸门、事故闸门和检修闸门等。工作闸门是建筑物正常运行时使用的闸门，承担控制流量并能在动水中启闭或部分开启泄流（船闸除外，需在静水条件下操作）。事故闸门是在建筑物或设备发生事故时使用的闸门，能在动水条件下关闭孔口，阻断水流，防止事故扩大；在事故消除后，门后充水平压，在静水情况下开启孔口；能快速关闭的事故闸门称为快速闸门。检修闸门专供建筑物或设备检修时使用，一般在静水中启闭。

（2）按制造闸门的材料和方法分类。闸门按其门叶制造所用的材料可分为钢闸门、钢筋混凝土闸门、木闸门及铸铁闸门等。焊接钢闸门是常用的闸门形式；钢筋混凝土闸门虽可节省钢材，但门重较大，只适宜在低水头的中小型水闸中采用；钢丝网水泥闸门抗撞击能力低、耐久性差；木闸门寿命短；当孔口尺寸较小，或闸门构件外形比较复杂时，可采用铸铁或铸钢闸门，但铸造工艺的劳动强度及加工工作量较大，费用较高。

（3）按闸门的构造特征分类。闸门按构造特征分类见表 11 - 1。常见的梁式闸门（如水平叠梁式）、平面闸门（包括直升式、升卧式、横拉式、横轴转动式、立轴转动式和浮箱式）、屋顶闸门（亦称浮体闸）、弧形闸门（分横轴式和竖轴式两种）、扇形闸门和圆筒闸门如图 11 - 3～图 11 - 14 所示。

表 11 - 1　　闸门按构造特征分类表

<table>
<tr><th>挡水面特征</th><th colspan="2">运行方式</th><th>闸（阀）门名称</th><th>说　　明</th></tr>
<tr><td rowspan="8">平面形</td><td colspan="2">直升式</td><td>滑动闸门
定轮闸门
链轮闸门
串轮闸门
反钩闸门</td><td></td></tr>
<tr><td colspan="2">横拉式</td><td>横拉闸门</td><td></td></tr>
<tr><td rowspan="2">转动式</td><td>横轴</td><td>舌瓣闸门
翻板闸门
盖板闸门（拍门）</td><td rowspan="2">上翻板、下翻板两种</td></tr>
<tr><td>立轴</td><td>人字闸门
一字闸门</td></tr>
<tr><td colspan="2">浮箱式</td><td>浮箱闸门</td><td></td></tr>
<tr><td colspan="2">直升-转动-平移</td><td>升卧式闸门</td><td>上游升卧、下游升卧两种</td></tr>
<tr><td colspan="2">横叠式</td><td>叠梁闸门</td><td>普通叠梁、浮式叠梁等</td></tr>
<tr><td colspan="2">竖排式</td><td>排针闸门</td><td></td></tr>
</table>

续表

挡水面特征		运行方式		闸（阀）门名称	说　明
弧形		转动式	横轴	弧形闸门 反向弧形闸门 下沉式弧形闸门	铰轴在底坎以上一定高度
			竖轴	立轴式弧形闸门	包括三角门
扇形		横轴转动式		扇形闸门 鼓形闸门	铰轴位于下游底坎上 铰轴位于上游底坎上
屋顶形		横轴转动式		屋顶闸门	又称浮体闸
立式圆管形	部分圆	直升式		拱形闸门	分压拱、拉拱闸门等
	整圆			圆筒闸门	
圆辊形		横向滚动式		圆辊闸门	
球形		滚动式		球形闸门	
壳形		移动式		针形阀	
				管形阀	
				空注阀	
				锥形阀	外套式、内套式两种
				闸阀	
		转动式		蝴蝶阀	卧轴式、立轴式两种
				球阀	单面、双面密封

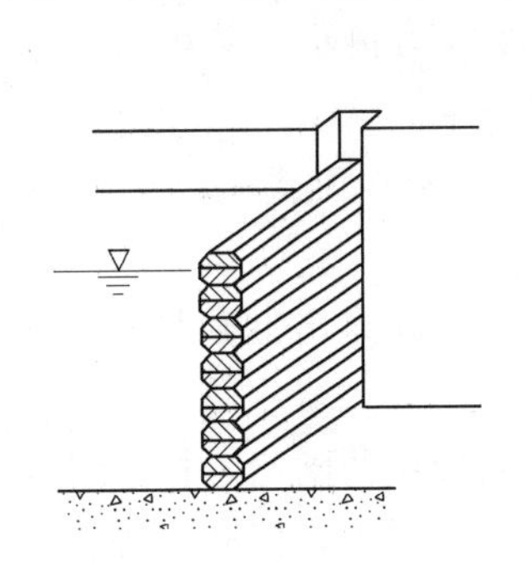
图 11-3　叠梁闸门

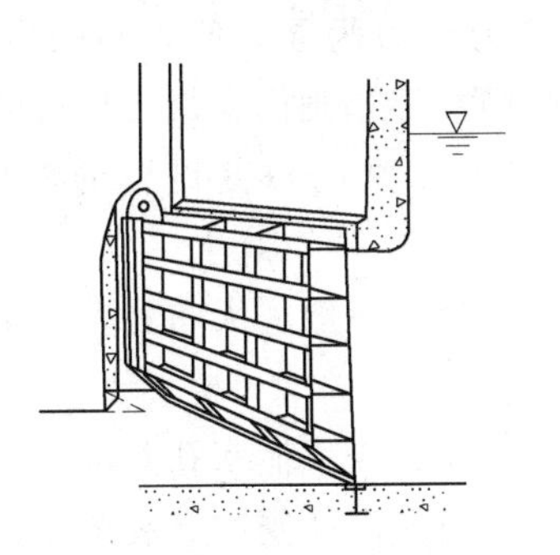
图 11-4　滑动式平面闸门

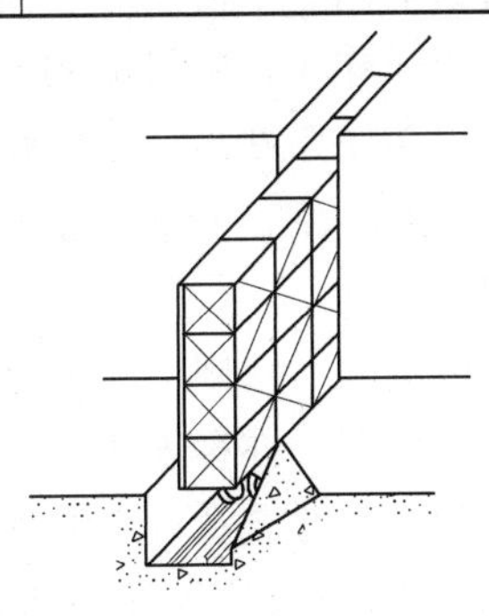
图 11-5　横拉式平面门

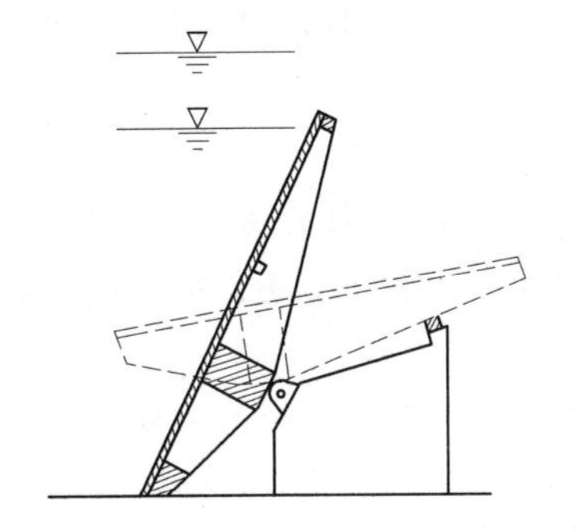
图 11-6　自动翻板闸门

图 11-7　盖板闸门

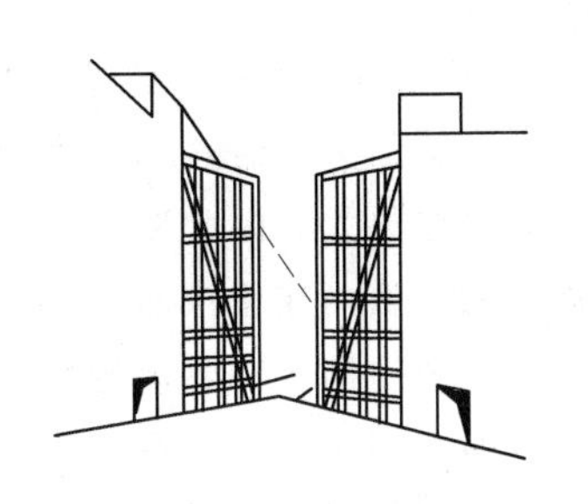
图 11-8　人字闸门

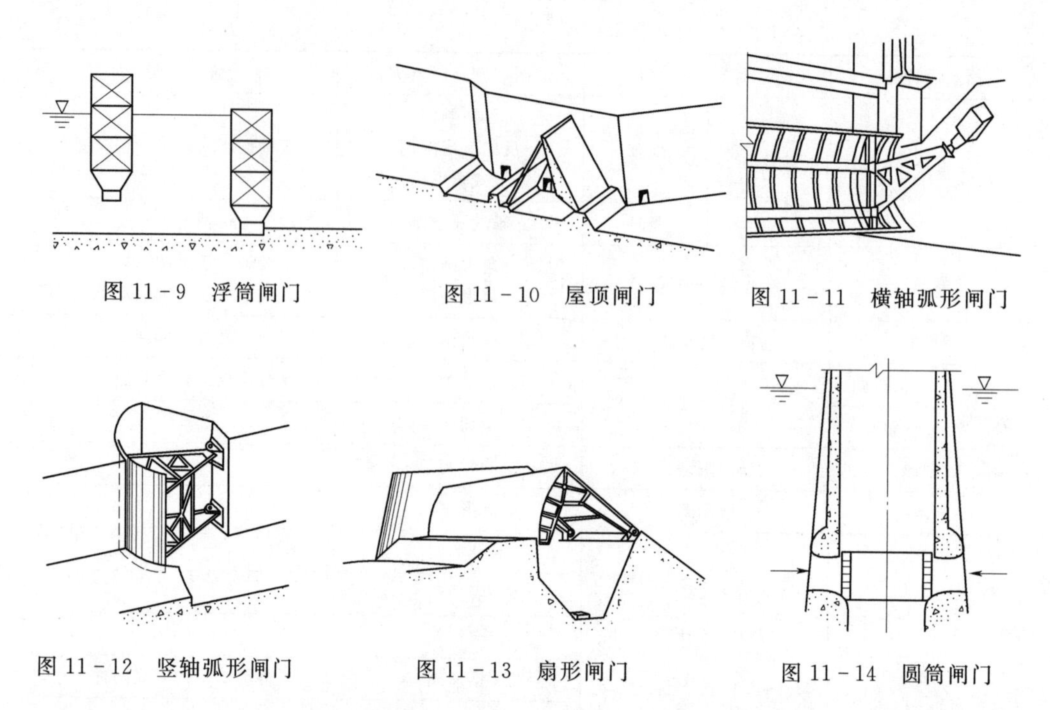

图 11-9 浮筒闸门

图 11-10 屋顶闸门

图 11-11 横轴弧形闸门

图 11-12 竖轴弧形闸门

图 11-13 扇形闸门

图 11-14 圆筒闸门

直升式平面闸门和横轴弧形闸门应用最广。横拉式平面闸门和人字闸门一般只能在静水中操作，广泛用于船闸上。翻板闸门、屋顶闸门和扇形闸门的特点是利用水力和重力启闭，不需设置启闭机和工作桥。圆筒闸门用于竖井内以封堵环列的一圈孔口，由于作用在闸门上的水压力合力为零，所以闸门启闭阻力很小。盖板门又称拍门，多用于泵站出口。叠梁闸门和浮箱闸门常用作检修闸门。

（4）按闸门设置的部位分类。闸门按其设置的部位分为露顶式闸门和潜孔式闸门。

溢流坝、水闸、溢洪道上的闸门一般露天布置，挡水时门顶露出上游水面，称为露顶式闸门，亦称表孔闸门。

封闭胸墙式孔口用的闸门、坝身深式泄水孔及水工隧洞中用的闸门，挡水时门顶都在水面高程以下，称为潜孔闸门或深孔闸门。装置在封闭管道内，门叶、外壳、启闭机械组成一体的闸门，通常称为阀门。

闸、阀门的类型较多，本章主要介绍平面钢闸门、弧形钢闸门、阀门及其止水和启闭设备。

2. 闸（阀）门的工作条件

（1）闸门关闭时，承受上（下）游静水压力作用。静水压力是闸门的主要荷载，其数值往往很大，因此要求闸门应有足够的强度和刚度。上游的水还会沿门叶周边向下游渗漏，从而在止水面上产生渗漏水压力。

表孔闸门挡水时要承受风浪作用。浪高和浪压力可按第二章介绍的方法计算，但由于波浪在到达闸门前有所改变，因此，大型枢纽的闸门应用试验方法确定浪压力。

（2）闸门开启时，急流从门下流过，在扩散过急或是过水表面不够平整的地方（如门槽附近），会产生低压漩涡、水流脉动及真空现象等，以致引起闸门及整个泄水建筑物的振动，还可能产生空蚀。为此，要求水流边界光滑平整，门槽的宽深比和错距比要适宜。一般情况下，闸门可选用简单的矩形方角门槽，适宜的宽深比为1.4～2.5，尽量避免采用0.6～1.3范围内的宽深比。当水头较高、流速较大时，为防止发生空蚀，可采用错距、斜坡或圆角等，以降低门槽初生空穴数。对于水头超过30m，流速超过20m/s，水流空穴数小于0.5，平面闸门若需部分开启以调节流量时，应对高速水流问题进行专门论证，采取必要的消蚀减振措施。

此外，地震、冰凌及漂浮物等特殊荷载对闸门的影响，应进行专门校核。

（3）闸门的振动。如前所述，闸门在启闭过程中或局部开启时，往往会发生振动，即使闸门关闭蓄水，由于风浪等作用，也会引起振动。一般情况下，闸门的振动比较轻微，不足为虑；但当外力的激荡频率接近或等于闸门构件的自振频率时，闸门振幅将很快增大，以致造成闸门及其周围建筑物的破坏，必须充分注意。

为避免发生严重的振动现象，除在结构体型、布置和运行操作上采取措施以改善水流条件外，闸门构件应具有足够刚度，以提高其自振频率（如30Hz以上）。

（4）其他。温度变化会使闸门产生温度应力，特别是低温严寒，可能导致钢闸门的脆性破坏，因此在选材上应予重视。冬季表孔闸门前结冰以及止水处漏水，会把闸门与闸墩冻结在一起，影响闸门操作，并对闸门产生膨胀压力。一般都采取保温加热措施，或是在闸门前面通压缩空气防止水面冻结。当闸门前有泥沙沉积时，不仅会对闸门产生泥沙压力，更重要的是沉落在缝隙中的泥沙会妨碍闸门的提升，损害闸门构件，尤其是下降式闸门所受影响更大。

钢闸门及钢筋混凝土闸门中的钢筋受水的侵蚀容易生锈，因此对闸门钢材应采取防锈措施，对钢筋混凝土闸门应防止产生裂缝。

第二节　平　面　闸　门

一、平面闸门的型式与结构布置

直升式平面闸门（图11-15）是应用十分广泛的门型，普遍用于工作门、事故门和检修门。其优点是：①门叶结构简单，制造、安装和运输相对比较简单；②门叶可移出孔口，便于检修维护；③门叶可在孔口间互换，工作门可兼作其他孔的事故门或检修门；④布置紧凑，所占顺水流方向的空间尺寸较小，因此所需闸墩长度或闸门井尺寸较小，闸墩受力条件好；⑤门叶可沿高度分成数段，便于在工地组装，叠梁闸门即为独立的各段叠合而成的平面挡水结构，启门力小；⑥启闭设备构造简单，便于使用移动式启闭机。缺点是：①门槽影响水流，对高水头闸门特别不利，容易引起空蚀现象；②露顶式闸门泄水时，门底需高出最高水位，故工作桥排架较高；③因需设置门槽，所以闸墩厚度也较大；④埋设件数量较大；⑤所需启闭力较大，且受摩擦阻力的影响较大，需要选用较大容量的启闭设备。

升卧式平面闸门可以降低工作桥的排架高度，从而提高抗震性能。其运行特点是：承受水压的主轮轨道自下而上分成直轨、弧轨和斜轨三段，而相对应的反轨仍为直轨，闸门吊点位于门底（靠近下主梁）上游面。当闸门开启时，向上提升到一定高程后，上主轮进入弧轨段，下主轮将倒向反轨并沿之滚动，闸门后倾；继续提升闸门，高出水面后，闸门处于平卧状态。升卧门的主要问题是：吊点在上游水体内，启闭机的动滑轮组和钢丝绳长期浸水容易锈蚀；闸门开启后呈平卧状态，背面维修不便；上主轮进入斜轨后，门体受水流或风浪冲击易晃动。

平面钢闸门的结构布置主要是确定梁系布置。闸门门叶结构由面板、主梁、边梁、水平次梁及垂直次梁等构件组成。梁系的连接形式多采用同层布置（也称等高连接形式），即水平次梁、竖直次梁与主梁的上翼缘表面齐平，都直接与面板相连，如图 11－15 和图 11－16 所示，并应符合制造、运输、安装、检修维护和防腐蚀施工等要求。此外，为保证主梁的整体稳定，通常还布置有横向联结系和纵向联结系。这种连接形式，梁系与面板形成刚强的整体，整体刚度好；面板为四边支承，受力条件好。

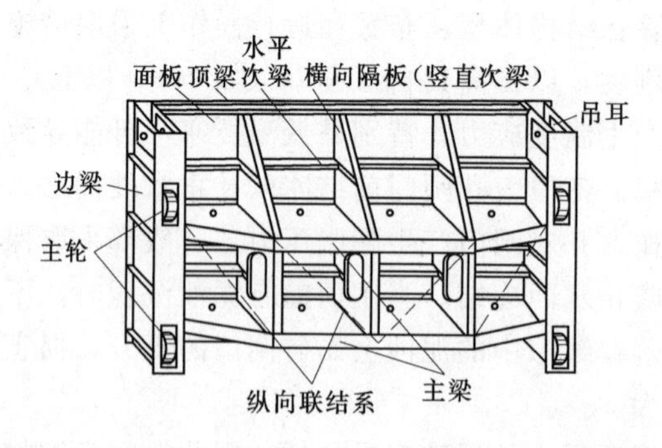

图 11－15　直升式平面钢闸门门叶梁系同层布置结构图

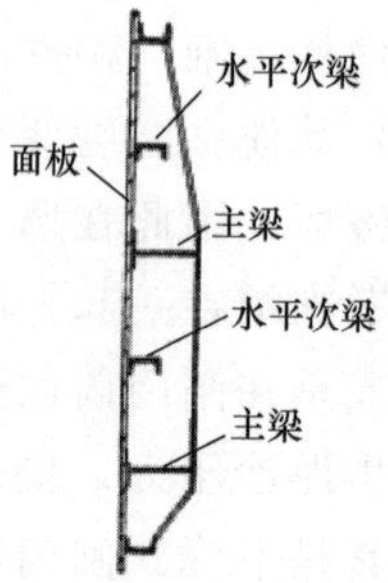

水平次梁
面板
主梁
水平次梁
主梁

图 11－16　同层布置侧视图

1. 主梁的布置

主梁是闸门的主要承重结构。平面闸门可按孔口型式及宽高比布置成双主梁或多主梁型式。闸门跨度大于门高时，采用双主梁式；反之则常采用多主梁式。主梁位置宜按等荷载要求布置，使每根主梁所受的水压力大致相等，这样全部主梁可采用相同的梁截面，便于制造。主梁间距应适应制造、运输和安装的条件。主梁间距应满足行走支承布置要求。底主梁到底止水距离应符合底缘布置要求。

2. 次梁及联结系的布置

竖直次梁的布置应与主梁的型式相配合。当主梁采用桁架时，竖直次梁一般应布置在主桁架的节点上，其间距即为主桁架的节间长度，一般不宜超过 1.5～2.0m，以免钢面板过厚。

布置水平次梁是为了调整梁格尺寸，使钢面板厚度相等。因此，水平次梁应随着水压力沿门高的变化布置成上疏下密的形式，其布置应与面板的计算同时进行。

横向联结系（横向桁架或横隔板）的布置也应与主桁架的型式相配合。通常可在主桁架上隔一个或两个节点布置一道，且必须布置在具有竖杆的节点上。为保证闸门横剖面具有足够的抗扭刚度，横向联结系的间距一般不大于 4～5m。

纵向联结系又称起重桁架，一般应布置在主梁弦杆翼缘之间的两个竖直平面内，以保证主梁的整体稳定，并承受闸门自重或其他竖向荷载。在双主梁式闸门中，其节间长度通常为主桁架节间长度的 2 倍。

3. 边梁的布置

边梁的截面形式有单腹板式和双腹板式两种，如图 11－17 所示。单腹板式构造简单，但抗扭刚度差，主要用于滑道式支承的较小闸门。双腹板式抗扭刚度大，也便于与滚轮及吊座轴相联结，但构造复杂，广泛用于较大跨度以及深孔闸门中。

二、平面闸门的行走支承部件

平面闸门的行走支承部件直接影响闸门的安全运行，要求它既能将闸门所受的全部荷载传给闸墩（墙），又要保证闸门能沿门轨顺利移动。为此，在闸门的边梁上除设有主要行走支承外，还设有导向装置，如反轮、侧轮等，以防闸门升降时发生前后碰撞、歪斜或卡阻故障。

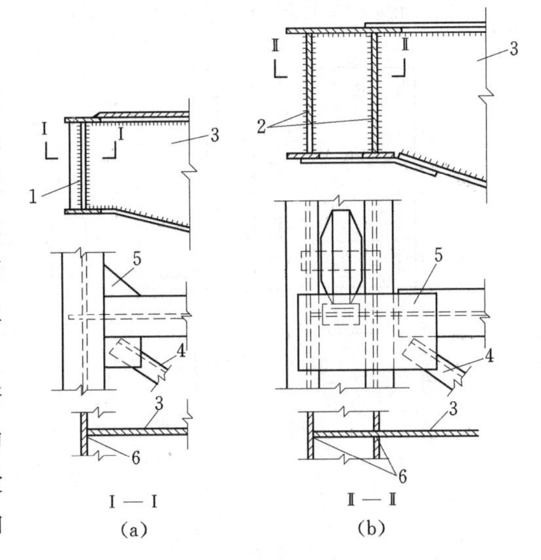

图 11－17 边梁与主梁的连接

1—单腹板边梁；2—双腹板边梁；3—主梁腹板；4—起重桁架斜杆；5—扩大节点板；6—k 形焊缝

支承形式根据工作条件、荷载和跨度决定，可采用滑动式支承结构和滚动式支承结构。工作闸门和事故闸门一般采用轮式或胶木滑道支承，检修闸门和小型闸门一般用滑动支承。

滑动式平面闸门一般对高水头工作闸门则要求滑块具有高压低摩性能，往往采用弧形轨头平面滑块的线接触形式，而对于检修门来说，则布置铸钢或铸铁滑块，以满足压强为主。而对于摩擦和磨损性能无较高要求。

滚动式平面闸门一般布置简支轮式结构，受力明确。而对于大孔口高水头往往布置多轮式结构，采用偏心轴（套）调整多轮的共面。对于小孔口、中小水头平面滚动闸门也可布置成悬臂轮结构，这样可减小门槽尺寸，方便安装检修。轮式支承根据需要可布置成线接触和点接触，轮子结构可采用滑动轴承或滚动轴承。一般门槽轨道硬度要略高于轮子表面硬度。荷载及跨度较大的平面闸门，滑块支承宜做成弧面形，轮子踏面也宜做成弧面形，或采用带调心功能的球面轴承，以适应主梁挠度变形对支承受力偏心的影响。

（一）轮式支承

轮式支承应用广泛，其优点是摩擦阻力小，启闭省力；但构造复杂，重量较大。轮式支承有定轮和台车两种形式。

1. 定轮式支承

定轮式支承一般在闸门两侧各布置两个滚轮，按其与边梁的连接方式，可分为以下类型。

（1）悬臂式［图 11-18（a）］。用悬臂轴将滚轮布置在双腹式边梁外侧，装配调整容易，主轮可兼作反轮，故可用于双向挡水闸门和升卧式闸门。缺点是轮轴弯矩大，边梁受扭而腹板受力不均。因此轮压不能过大，一般每个轮压不超过 500～1000kN。

（2）简支式［图 11-18（b）］。滚轮以简支轴装在双腹式边梁的腹板之间（避开主梁与边梁交点），适用于孔口或水头较大的闸门，每个轮压可达 1000～1500kN。

（3）轮座式［图 11-18（c）］。装置滚轮的轮座可对准主梁，因此边梁受力小。构造简单，轮座易于调整，但门槽需要加宽。轮径受限，一般用于小型水闸。

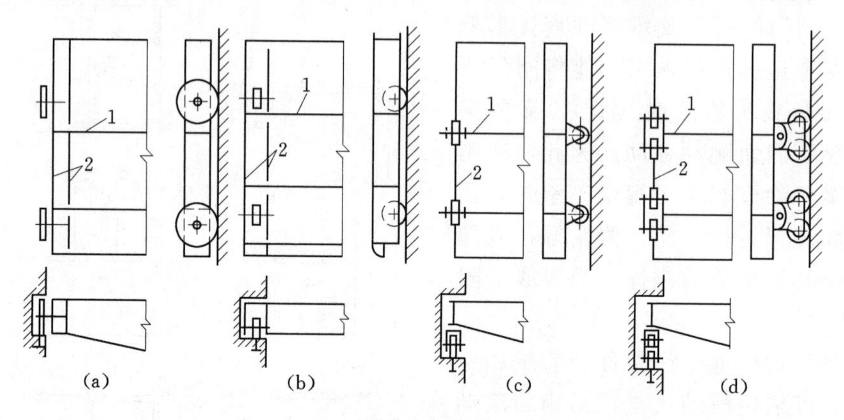

图 11-18　平面闸门轮式支承的型式
1—主梁；2—支承边梁

2. 台车式支承

当轮压过大时，可使用台车式支承将轮数增加到 8 个，而门叶支点仍保持为 4 个，如图 11-18（d）所示。缺点是构造复杂，重量大。

（二）滑动支承

滑道布置型式有两种，即整体铸造式［图 11-19（a）］和可拆卸的装配式［图 11-19（b）］。前者的优点是简单可靠，但加工量较大，多用于大型闸门；后者的优点是加工制造方便，但对滑块要保证一定的侧向挤压力较为困难，一般多用在中小闸门上。为保证胶木滑块具有很小的摩擦系数和很高的承压强度。制造时应特别注意使颜色较深的顺纹端面作受压面，且保证滑块有足够的侧向挤压力（一般取 20MPa）。

由于滑道的荷载大都沿全长分布，因此滑动支承的轨道一般比较简单。目前大中型闸门上用得较多的轨道形式是堆焊不锈钢工作面的焊接轨道，轨道顶部为圆弧形，表层堆焊一层不锈钢，磨光加工后的厚度不小于 2～3mm。

滑动支承的制造、安装及使用都较为简单，且经济可靠。但滑动支承摩擦系数较大，在推广使用上受到一定限制。低摩擦系数的酚醛树脂胶木（压合胶木）的出现，使滑动支承的应用范围得到很大的扩展。

（三）侧向和反向导承

侧轮或侧滑块的作用是防止闸门主轮脱轨和防止因起吊不均衡闸门歪斜而卡在门槽内。为了减小侧轮（侧滑块）在闸门歪斜时所受的荷载，上下两侧轮的距离应尽量放大。

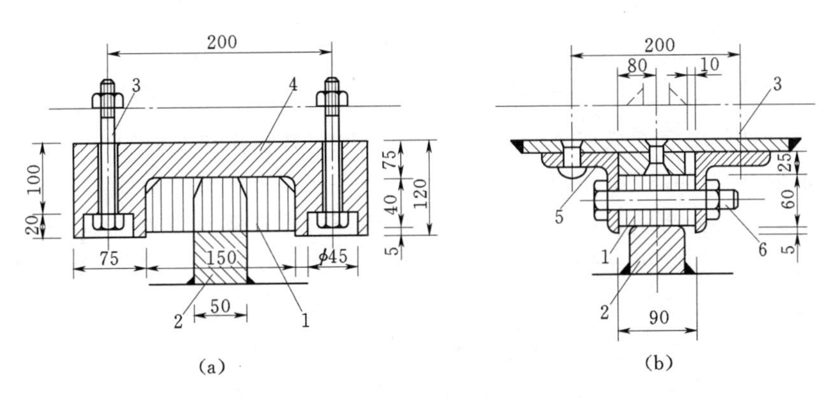

图 11-19　胶合木滑道（单位：mm）

1—胶合木滑道；2—轨道；3—M24螺栓；4—夹槽（铸钢）；5—角钢；6—M30螺栓

反轮或反滑块布置在闸门上游面，用以防止闸门启闭时前后歪斜或碰撞。如用弹性支座将反轮抵紧在反轨上，还可缓冲闸门振动。

侧轮和反轮与相应轨道之间要留有10～20mm的间隙，其布置如图11-20所示。

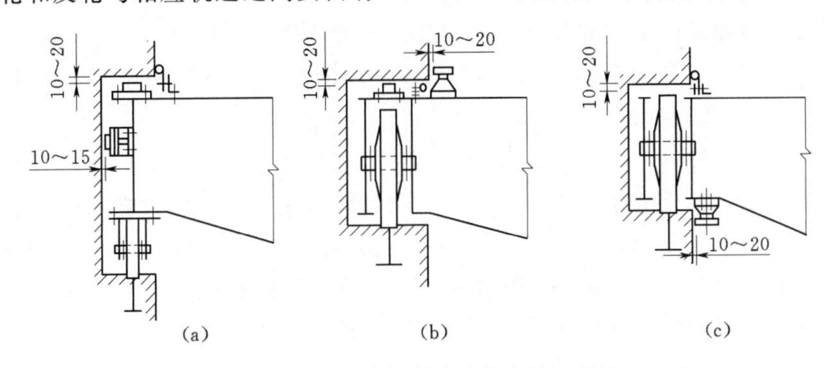

图 11-20　侧轮、反轮和侧止水的布置（单位：mm）

三、平面钢闸门结构计算要点

作用在闸门上的荷载可划分为基本荷载和特殊荷载两类。基本荷载包括闸门自重（含加重），设计水头下的静水压力、动水压力、波浪压力、水锤压力、淤沙压力、风压力、启闭力及其他出现机会较多的荷载等。特殊荷载包括校核水头下的静水压力、动水压力、波浪压力、水锤压力、风压力、启闭力、地震荷载，动冰、漂浮物和推移物的撞击力及其他出现机会较少的荷载等。在进行闸门结构和零部件设计前，应将可能同时作用于闸门的各种荷载进行组合。荷载组合分为基本组合和特殊组合两类。基本组合由基本荷载组成，特殊组合由基本荷载和一种或几种特殊荷载组成。闸门结构设计应采用允许应力方法。对于大孔口、高水头闸门宜采用有限元方法进行复核。闸门结构设计计算，应按规范规定的荷载及实际可能发生的最不利的荷载组合情况，按基本荷载组合和特殊荷载组合条件分别进行强度、刚度和稳定性验算。

水压力的传递途径如下：

水压力→面板→ →水平次梁
　　　　　　　→竖直次梁→主梁→边梁→主轮→轨道→闸墩

水工闸门是三维空间结构，原则上应当按空间结构体系进行计算分析。但过去由于计算技术很不发达，按空间结构体系进行计算存在很多困难。因此，在工程实践中长期采用平面体系分析法，即把空间的门叶结构分拆成许多独立的平面结构，然后分别进行分析计算。这样做虽然减小了计算工作量，但计算结果具有很大的近似性，不能真实反映门叶的工作性状。近年来，随着结构有限元分析法的出现，按空间结构体系对门叶结构进行分析已成为可能，工程实践上也已取得了不少成果。

按空间结构体系分析闸门结构是在有限元法结合电子计算机出现以后才引起重视的。有限元法是随着电子计算机的发展而迅速发展起来的一种现代计算方法，它能够比较真实地反映结构物真正的工作性状，且具有自动、快速、标准化的优点，目前在结构分析领域内的应用越来越广。近几十年来，各国相继开发了许多通用的大型有限元程序，如Algor、ANSYS、ABAQUS、MARC、COSMOS和NASTRAN等。

按平面结构体系进行平面钢闸门的结构计算，一般是将整个结构分拆为面板、次梁、主梁以及横向联结系和起重桁架等单独的平面构件进行计算；对于两个互相垂直的平面构件（如主梁和起重桁架），还应在两平面的交线上（如主梁与起重桁架兼用的弦杆上），将这两种构件在该处的应力进行代数相加。

闸门各平面构件的计算简图，应根据梁系布置及其连接形式等具体情况确定。当采用同层连接时，面板通常为支承在水平次梁和竖直次梁上的四边支承板；水平、竖直次梁所承受的水压力面积，可按梁格角平分线及其交点连线所包的范围进行计算。水平次梁在竖直次梁处断开的，按简支梁计算；穿过横隔板预留孔并连接于横隔板上的，按连续梁计算。竖直次梁可按支承在主梁及顶、底梁或横向联结系节点上的简支梁计算。顶、底梁可按支承在边梁和横向联结系节点上的连续梁（或简支梁）计算。主梁为简支梁，为简化计算，通常将作用在主梁上的荷载换算为均布荷载，其作用长度为两侧止水间的距离，主梁计算跨度为行走支承中心线之间的距离。边梁的截面尺寸通常决定于构造要求，其截面高度和腹板厚度与主梁端部相等，但翼缘厚度一般比腹板厚2～6mm。

横向联结系有横隔板和横向桁架两种形式，前者适用于主梁为组合梁且间距或梁高较小的情况，后者适用于主梁间距与梁高较大的情况。当采用横隔板时，则竖直次梁可由横隔板兼任，横隔板的厚度常由局部稳定条件而定，一般可采用8～10mm。横向桁架一般为支承在主梁上的具有上下悬臂的桁架，其节点荷载可根据水平次梁、顶梁与底梁传来的集中荷载以及由面板传来的分布荷载进行计算。由于横向桁架的上弦杆兼作竖直次梁，所以当横向桁架上部悬臂长度较大时，其上弦杆（即竖直次梁）应按偏心受拉杆设计。

纵向联结系的荷载主要是闸门自重。计算时，可假定门重按杠杆原理分配给下游起重桁架与上游起重桁架（或具有次梁的钢面板），然后，再近似地平均分配在上弦节点上。因设计时事先未知闸门重心位置，可假定下游起重桁架所受的总荷载 $P=$

0.4G（G 为门重）。

由于闸门钢结构的构件实际上都互相联系而组成整体的空间结构，故按平面体系计算不能确切反映结构的实际工作情况。因此，确切的计算最好采用有限单元法。

第三节　弧　形　闸　门

一、弧形闸门的特点和总体布置

弧形闸门是应用十分广泛的门型，特别在高水头情况，其优点更为显著。它与平面闸门的不同之处在于具有弧形的挡水门叶，可以绕一固定轴（支承铰）转动。弧形闸门具有以下优点：①所需启闭力较小，局部开启条件好；②一般不设置影响水流流态的门槽；③所需工作桥排架高度和闸墩厚度均相对较小；④埋设件数量较少。其缺点是：①所需闸墩较长；②门叶所占据的空间位置（闸室）较大；③不能提出孔口以外进行检修和维护，也不能在孔口间互换；④闸门承受的总水压力集中于支座处，对土建结构受力不利。

弧形闸门的承重结构由弧形面板、主梁、次梁、竖向联结系或隔板、起重桁架、支臂和支铰所组成，参见图 11-21。

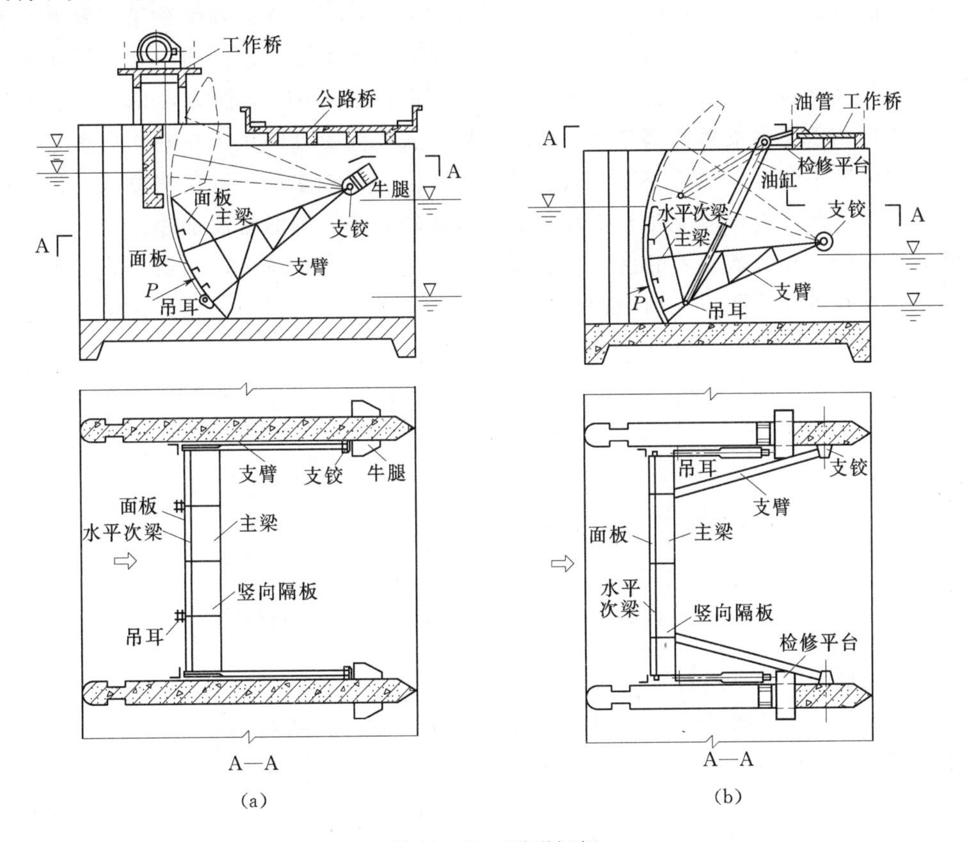

图 11-21　弧形闸门

(a) 采用卷扬式启闭机的弧形闸门；(b) 采用油压启闭机的弧形闸门

弧形闸门的支铰一般布置在闸墩侧面的牛腿上，支铰高程应尽量保证支铰在过流时不受水流及漂浮物的冲击。溢流坝上的弧形闸门，支铰一般布置在 1/2～3/4 门高处；对于河道中的水闸，支铰可设在 2/3～1 门高附近，并应高出下游最高水位；对于潜孔式弧形闸门，支铰可布置在 1.1 倍门高以上。

弧形面板的曲率半径与门高之比，露顶式一般取 1.0～1.5；潜孔式一般取 1.2～2.2。

二、弧形闸门的结构型式

弧形闸门的结构布置，可根据孔口宽高比布置成主横梁式和主纵梁式结构两种。宽高比较大扁而宽的弧形闸门，宜采用主横梁式结构，在露顶式弧形闸门中采用较多。宽高比较小的高而窄的弧形闸门，可采用主纵梁式结构，在潜孔式弧形闸门中多采用这种型式。梁系的布置和连接形式与平面闸门基本相同，有同层布置（等高连接）和叠层布置（非等高连接）等方式，目前以同层布置居多。

主纵梁式弧形闸门由每侧的主纵梁和支臂组成两侧的主框架，其中每一个支臂由两根支臂杆组成。主纵梁承受小横梁、小纵梁及面板传来的荷载。

主横梁式弧形闸门通常采用两根主横梁，主横梁与两侧的支臂杆构成主框架，每侧的两根支臂杆组成支臂。主横梁承受小纵梁、小横梁及面板传来的荷载。主横梁式弧形闸门的主框架型式，按照支臂的布置可分为直支臂、斜支臂和横梁带双悬臂的直支臂三种型式，如图 11-22（a）、（b）、（c）所示。直支臂式结构简单，便于安装和制造，但其耗钢量大，目前除在闸孔空间不允许受限的船闸上偶有使用外，已不多见。斜支臂式由于主梁悬臂部分（一般悬臂段的长度为跨度的 1/5 左右）的负弯矩而减少了主梁跨中弯矩，使得用钢量较省，是工程上采用较多的一种结构型式；但因斜向支臂增加了侧推力，故支臂和支铰相对来说比较复杂，闸墩常需加厚。主横梁带双悬臂的直支臂式具有前二者的优点，但需要一定的土建支承条件，如露顶式需加设支承小墩，而在潜孔式孔口上则结构本身具备这种支承条件；当支承条件许可时，宜采用该型式。

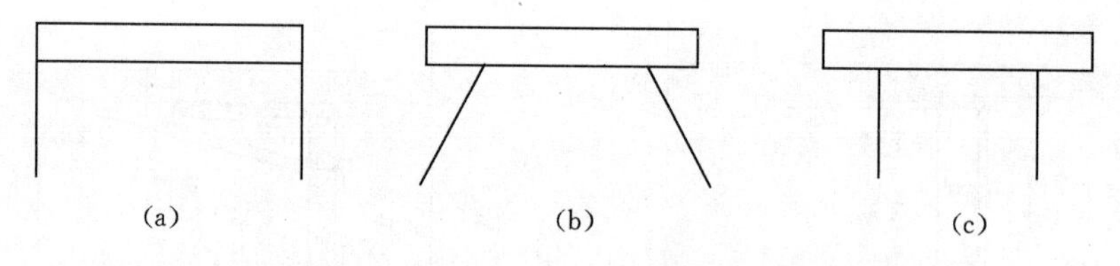

图 11-22 支臂布置方式

（a）直支臂；（b）斜支臂；（c）横梁带双悬臂直支臂

三、弧形闸门的支承铰

弧形闸门采用铰接式支承装置，支承铰的作用是连接闸墩和闸门支臂的支承端，将闸门所受的水压力及部分自重传给闸墩，并作为转动中心使闸门绕轴转动而启闭。

支承铰包括支铰、支座和轴三部分，如图 11-23 所示。支铰和支座一般为铸钢件。

弧形闸门支承铰型式有圆柱铰、圆锥铰、球铰（或双圆柱铰）等，如图 11-23

所示。

(1) 圆柱铰。图 11-23 (a) 为圆柱铰，该种型式构造简单，安全可靠，制造、安装容易，应用最为广泛，在跨度不大的表孔闸门中普遍采用。当采用斜支臂或支臂与主横梁采用固结时，支承铰处将出现侧推力，应在支铰支座间加设耐磨垫圈，以传递推力。

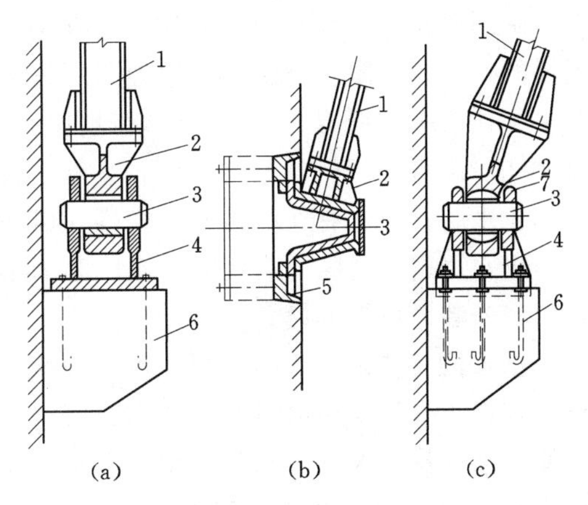

图 11-23　支承铰的型式

(a) 圆柱铰；(b) 圆锥铰；(c) 双圆柱铰

1—支臂；2—支铰；3—轴；4—支座；5—支承环；6—牛腿；7—圆柱形衬套

(2) 圆锥铰。圆锥铰的支承轴为圆锥形，直接埋设在闸墩侧面，如图 11-23 (b) 所示。其特点是圆锥铰受力比较明确，轴承的锥形承压面垂直于支臂，能承受较大的侧推力，并能保证与锥形轴套的接触良好，故可用于跨度较大的斜支臂弧形闸门，以传递斜向推力。缺点是支铰处的固端弯矩大，结构复杂，锥形轴的埋设定位复杂，自重大，造价高，近来逐渐被简单的圆柱铰替代。

(3) 双圆柱铰（或球铰）。双圆柱铰是具有圆柱形衬套的圆柱铰，如图 11-23 (c) 所示。其运行特点是：闸门启闭时，支铰 2 带动圆柱形衬套 7 一起绕水平支承轴 3 转动；闸门关闭后，主框架受水压力变形时，支铰 2 能绕圆柱形衬套 7 转动，确保主框架支点具有铰接特性。球铰或双圆柱铰，可两个方向转动，受力明确，最近出现的大型球面滑动轴承，作为球铰的一种，已在不少工程上采用；缺点是构造相对复杂，造价相对较高，在大型闸门中才考虑采用。

弧形闸门两侧一般应设侧轮，闸墙内需相应地埋设侧轮轨，侧轮的构造与平面闸门相同。

四、弧形钢闸门结构计算要点

弧形闸门的结构计算原则与平面闸门基本相同，也应采用允许应力方法进行结构验算，需根据实际可能发生的最不利荷载组合情况，按基本荷载组合和特殊荷载组合条件进行强度、刚度和稳定性验算。对于闸门的承载构件和连接件，应验算正应力和剪应力，在同时承受较大正应力和剪应力的作用处，还应验算折算应力。

弧形钢闸门的主梁与支臂构成主框架，主梁和支臂由于静水压力作用而引起的内力，可由主框架的内力分析决定（一般按具有铰支座的刚架来计算）。支臂由于闸门自重引起的内力，可根据闸门自重和启门力用图解法求得。弧形闸门的纵向梁系和面板，可忽略其曲率影响，近似按直梁和平板进行验算。其他部分的计算与平面钢闸门大体相同。

第四节　闸门的止水

闸门的止水装置一般由止水、止水垫板、止水压板、固定螺栓和止水座板等组成。闸门的止水又称水封，其作用是在闸门关闭后或动水启闭过程中堵塞门叶与闸孔周界的空隙，以阻止漏水。止水效果不好，不仅会造成闸门的严重漏水，更重要的是漏水往往会引起缝隙空穴，导致埋设件的空蚀破坏，而且会引起闸门振动。因此，随着大孔口高水头闸门的不断发展，止水装置的设计日益为人们所重视。

止水装置应具有连续性和严密性，应满足如下要求：①闸门关闭时（或启闭过程中）止水严密；②闸门启闭时止水摩阻力小，止水磨损少；③止水结构要简单，经久耐用，安装、更换方便。

止水按其装设位置的不同，可分为顶止水、侧止水、底止水和中间止水。

制作止水的常用材料有橡胶、金属、木材等。由于橡胶的弹性好，是目前使用最广的止水材料。橡胶止水的定型产品型式如图 11－24 所示。图 11－24（a）为圆头 P 形橡胶止水，常用作顶、侧止水；$R=30$mm 的多用于大型闸门，$R=22.5$mm 的多用于小型闸门。图 11－24（b）为方头 P 形橡胶止水，常用作潜孔式弧形闸门的侧止水。图 11－24（c）为 L 形橡胶止水，常用作露顶式弧形闸门的侧止水。图 11－24（d）为条形橡胶止水，常用作底止水。大型或高水头闸门的止水橡胶中，还可加嵌帆布带（图 11－24 中的虚线）以增加橡胶强度。为了降低止水的摩擦系数和提高耐磨性能，还可采用聚四氟乙烯复合止水，即在橡胶止水与止水座板接触部位的表面粘贴聚四氟乙烯减摩层。

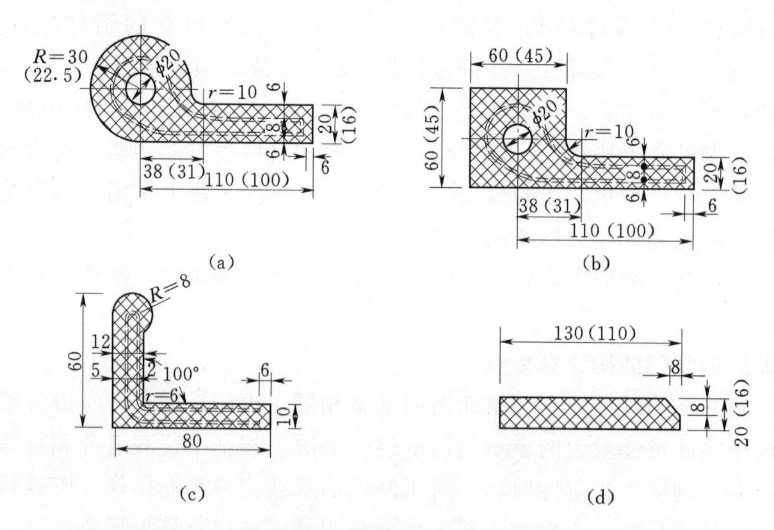

图 11－24 常用的定型橡胶止水尺寸（单位：mm）

闸门的止水装置宜设在门叶上，止水一般用压板和垫板将其夹紧，用螺栓固定在门叶周边上，其布置形式很多，设计时根据具体情况选定，这里仅作一般性的介绍。如需将止水设置在埋设件上，则应提供其维修更换的条件。

一、侧止水

露顶式平面闸门一般将侧止水设在上游侧，其布置及构造参见图 11－25（a）。当侧滑块或侧轮与轨道间的间隙较大时，宜将侧止水布置在门槽内，以防闸门侧移时橡胶止水被挤压撕裂［图 11－25（b）］。潜孔式闸门的侧止水一般设在门槽内。

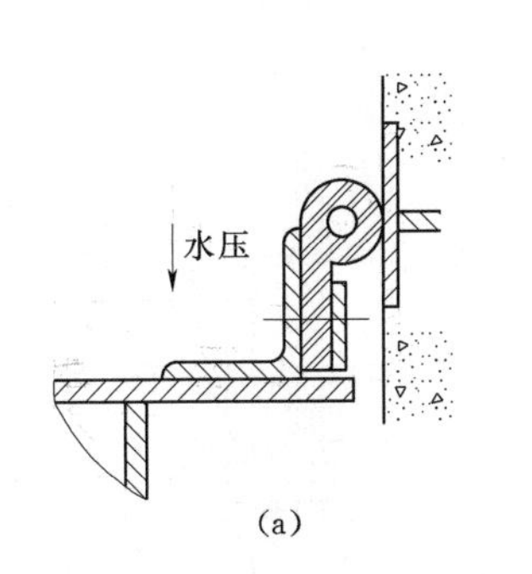

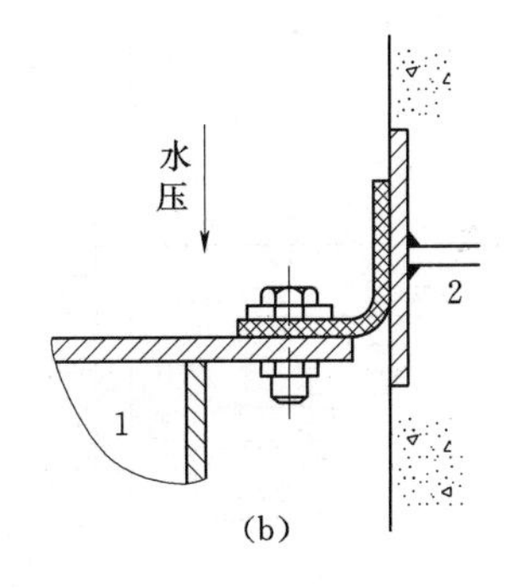

图 11-25　侧止水构造

1—门叶；2—止水座

露顶式弧形闸门的侧止水布置如图 11-26 所示。图 11-26（a）要求闸门面板同闸墩侧面的间隙不能超过限度（如 10mm），以免 L 形止水被水压翻转而造成严重漏水。也可采用如图 11-26（b）所示的形式，这时最好按扇片形状切割橡皮（与弧形面板相连一边为内圆，与止水座相连一边为外圆），否则，平板橡皮在安装时容易卷边（因面板为弧形）而不能与止水座贴紧。图 11-26（b）、图 11-26（c）安装时一般预压缩 3～5mm。

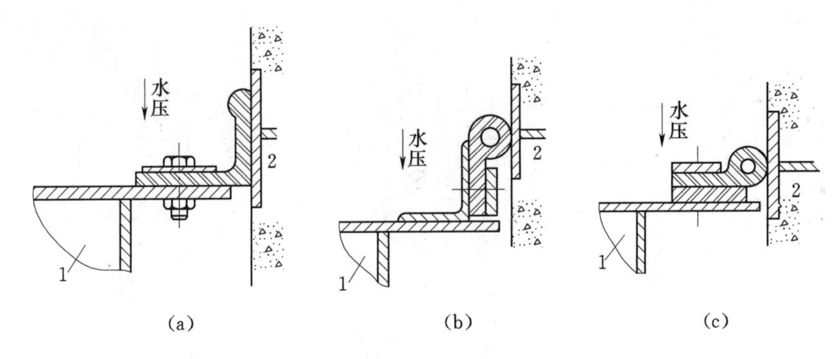

图 11-26　露顶式弧形闸门的侧止水

1—门叶；2—止水座

对于潜孔式弧形闸门，为了与顶止水配合，大都将侧止水安设在面板后面，并使止水外表面与面板表面齐平，如图 11-27 所示。

二、底止水

底止水形式比较简单，绝大多数采用条形橡胶，用压板固定在闸门底缘上，靠门重压紧在闸孔底坎上防漏。考虑到橡皮受压后体积会膨胀，所以一般将橡皮下端切角，如图 11-28 所示。对于潜孔式弧形闸门，考虑到弧形面板外表面要平整光洁，所以应改用埋头螺栓连接。

三、顶止水

对于潜孔式闸门，除侧止水和底止水外，还需布置顶止水，平面闸门顶止水的位置根据胸墙的位置而定。图 11-29（a）适用于胸墙在下游的情况，图 11-29（b）适用于胸墙在上游的情况。对于后一种情况，由于门叶受力变形会使止水脱离止水

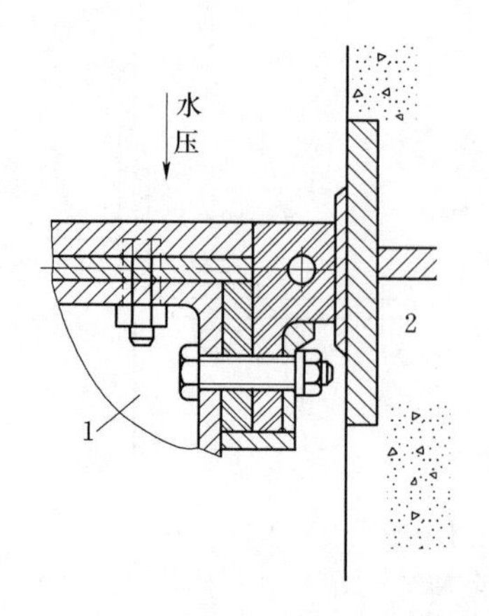

图 11－27　潜没式弧形门的侧止水

1—门叶；2—止水座

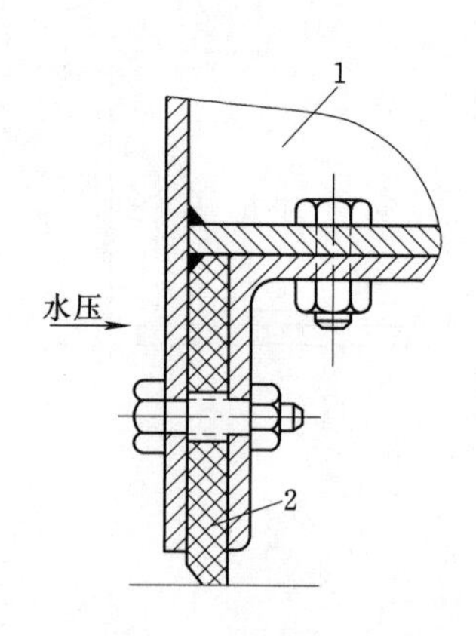

图 11－28　底止水

1—门叶；2—条形橡皮

座，故止水应该更柔韧些，设计中往往使止水有 3～10mm 的预压缩。当闸门跨度较大时，也可选用如图 11－29（c）所示的形式，使止水转动以适应闸门的挠曲变形。

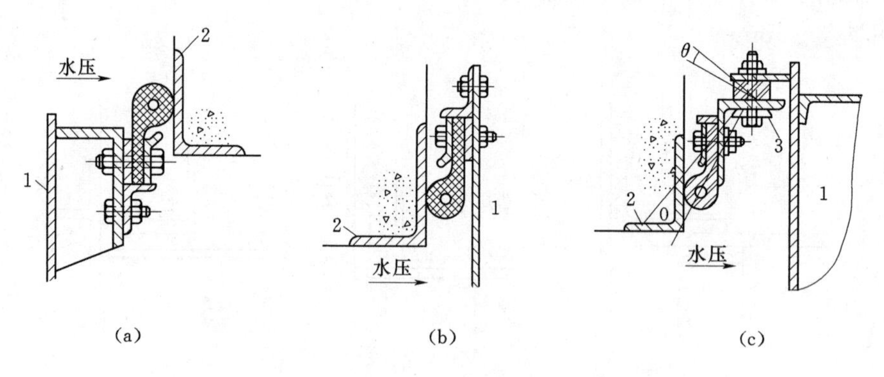

图 11－29　顶止水

1—门叶；2—止水座；3—弧面垫圈

潜孔式弧形闸门的顶止水大都设在弧面上游（反向弧形门例外）。由于弧形门受水压后径向变形很大（可达 10mm 以上），故其顶止水往往难以达到严密不漏的要求，为此，各方面都在积极探索新的止水形式。图 11－30 为几种常用的顶止水形式。图 11－30（a）所示止水利用门重压紧顶止水，该形式结构简单，但不易调整其安装高程以达到顶、底止水均能严密止水的要求，近年来已很少采用。图 11－30（b）设有两道止水，一道设在埋设件上，一道设在门叶上，利用上游水压力使埋件上的止水紧贴在门叶面板上，保持闸门在任何开度下都不漏水，而当闸门关闭后，门叶上的止水又紧贴埋设件，起第二道防水线的作用，故止水严密，用得较广。图 11－30（c）所示止水的特点是向止水橡皮背后的压力腔内通以高压水（或气），使橡皮发生变形来填塞与门叶间的缝隙，压力水可进行控制，使止水橡皮在闸门关闭时与门叶紧密接触，而在启闭过程中脱离接触。

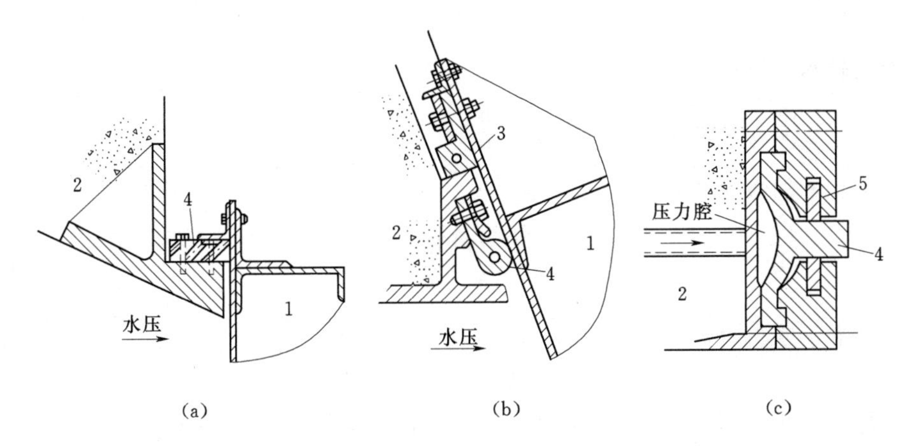

图 11-30　潜孔式弧形闸门的顶止水

1—门体；2—胸墙；3—门叶止水；4—胸墙止水；5—密封圈

第五节　闸门的启闭力和启闭设备

一、启闭力计算

(一) 平面闸门的启闭力

动水中启闭的闸门启闭力计算应包括闭门力、启门力、持住力的计算。

1. 闭门力 F_w

$$F_w = n_T(T_{zd} + T_{zs}) - n_G G + P_t \tag{11-1}$$

式中：n_T 为摩阻力的安全系数，一般取 1.2；n_G 为自重修正系数，计算闭门力时取 0.9～1.0；T_{zd} 为支承摩阻力；T_{zs} 为止水摩阻力；G 为闸门自重；P_t 为上托力，与闸门底缘的形状有关。

若计算结果 F_w 为负值时，表示闸门能依靠自重关闭；当 F_w 为正值时，则表明需要加压力闭门。如用油压启闭机或螺杆式启闭机加压，应按 F_w 验算加压杆件的稳定性；如为卷扬式启闭机，则需改变闸门布置，利用水柱重加压，或者设加重块。

2. 启门力 F_Q

$$\left.\begin{aligned} F_Q &= n_T(T_{zd} + T_{zs}) + P_x + n'_G G + G_j + W_s \\ P_x &= p_x D_2 B_{zs} \end{aligned}\right\} \tag{11-2}$$

式中：n'_G 为计算启门力用的自重修正参数，一般取 1.0～1.1；P_x 为下吸力；p_x 为闸门底缘 D_2 部位的平均下吸力强度；D_2 为闸门底缘止水至主梁下翼缘的距离，m，一般按 20kN/m^2 计算，当流态良好，通气充分且底缘上下游倾角符合规范要求时可适当减小，溢流坝、水闸和坝内明流底孔闸门符合规范要求时，可不计下吸力；B_{zs} 为两侧止水间距，m；G_j 为水柱重；W_s 为加重块的重量。

3. 持住力 F_T

$$F_T = n'_G G + G_j + P_x - P_t - (T_{zd} + T_{zs}) \tag{11-3}$$

式（11-1）～式（11-3）中支承摩阻力 T_{zd} 应根据闸门的支承形式分别按下式

计算。

滑动轴承的滚轮摩阻力：

$$T_{zd}=\frac{P}{R}(f_1r+f) \tag{11-4}$$

滚动轴承的滚轮摩阻力：

$$T_{zd}=\frac{Pf}{R}\left(\frac{R_1}{d}+1\right) \tag{11-5}$$

滑动支承摩阻力：

$$T_{zd}=f_2P \tag{11-6}$$

式中：P 为作用在闸门上的总水压力；r 为滚轮轴半径；R_1 为滚动轴承的平均半径；R 为滚轮半径；d 为滚动轴承滚柱直径；f_1、f_2 为摩擦系数，计算持住力应取小值，计算启门、闭门力应取大值；f 为滚动摩擦力臂。

止水摩阻力 T_{zs} 应按式（11-7）计算：

$$T_{zs}=f_3P_{zs} \tag{11-7}$$

式中：f_3 为摩擦系数，计算持住力应取小值，计算启门、闭门力应取大值；P_{zs} 为作用在止水上的压力。

一般说来，对高水头、大型工程的平面闸门，若启闭力很大时，必须进行不同开度下的启闭力计算，然后根据启闭力的峰值来选择启闭机的容量。有条件时须通过模型试验来求得动水作用力和实际摩擦系数。对于一般中小型闸门，亦可将开度为0.1、0.2时的启闭力作为选择启闭机容量的依据。

在静水中开启的闸门（如检修门），不计下吸力 P_x，摩阻力 T_{zd} 和 T_{zs} 也很小。但考虑到下游工作门的止水漏水和观察平压不准，可按1～5m（深孔闸门）或小于1m（露顶闸门）的水位差计算摩阻力。

（二）弧形闸门的启闭力

弧形闸门启闭力计算应包括闭门力和启门力的计算。

1. 闭门力 F_w

$$F_w=\frac{1}{R_1}[n_T(T_{zd}r_0+T_{zs}r_1)+P_tr_3-n_GGr_2] \tag{11-8}$$

式中：T_{zd}、r_0 为支铰转动摩阻力及其对闸门转动中心的力臂；T_{zs}、r_1 为止水摩阻力及相应力臂；G、r_2 为闸门自重及相应力臂；P_t、r_3 为上托力及相应力臂；R_1 为闭门力 F_w 对闸门转动中心的力臂。

计算结果为正值时，需加压力闭门；为负值时，表示闸门能依靠自重关闭。

2. 启门力 F_Q

$$F_Q=\frac{1}{R_2}[n_T(T_{zd}r_0+T_{zs}r_1)+n'_GGr_2+G_jR_1+P_xr_4] \tag{11-9}$$

式中：P_x、r_4 为下吸力及相应力臂；G_j、R_1 为加重（或下压力）及相应的力臂；R_2 为启门力 F_Q 的力臂。

在计算止水摩阻力 T_{zs} 时，如果侧止水有预留压缩量，尚需计入因压缩橡皮而引起的摩阻力。

弧形闸门在启闭过程中，力的大小、作用点、方向和力臂随闸门开度而变，一般应根据启闭力变化过程线决定最大启闭力。

二、启闭设备

（一）启闭机

水工闸门常用的启闭机有卷扬式、螺杆式、液压式、链式等。启闭机型式可根据闸门型式、尺寸、孔口数量及运行条件等因素选择。靠自重或加重关闭和要求在短时间内全部开启的闸门宜选用固定卷扬式启闭机或液压启闭机；需要短时间内全部开启或有下压力要求的闸门宜选用液压启闭机；需要下压力的小型闸门宜选用螺杆式启闭机。

根据启闭机是否能够移动，又分为固定式及移动式。移动式启闭机多用于孔数多且不需要同时局部均匀开启的平面闸门。启闭机台数应根据开启闸门的时间要求确定，并考虑有适当的备用量。对要求在短时间内全部开启或需施加闭门力的闸门，一般要一门一机。

启闭机的额定容量应与计算的启闭力相匹配，选用启闭机的启闭力不应小于计算启闭力。启闭机扬程可根据运行条件决定，并应满足以下要求：①溢流闸门可提出水面以上 1～2m；②快速闸门可提到孔口以上 0.5～1.0m；③闸门检修更换可提到检修平台以上 0.5～1.0m。

1. 卷扬式启闭机

采用钢丝绳作为牵引方式的卷扬式启闭机是目前用得最为广泛的启闭机。我国的定型产品有两大类：卷扬式平面闸门启闭机（称 QPQ 型）和卷扬式弧形闸门启闭机。QPQ 型启闭机有滑轮组装置（图 11－31），它由电动机 1 通过减速箱 2 和减速齿轮 3，带动装在轴承座 5 上的绳鼓 4，从而使缠在绳鼓上的钢丝绳可以收紧或放松以升降闸门。平面闸门启门力大，通过滑轮组（定滑轮 6 和动滑轮 7）提高力比，可大大减小启闭机的功率，机重和价格也相应降低。启闭机可用单吊点或双吊点，根据闸门大小和宽高比而定。宽高比大于 1 时，一般用双吊点。

卷扬式弧形闸门启闭机在构造布置上与卷扬式平面闸门启闭机基本相同，只是考虑到弧形闸门的吊点通常布置在面板上游底部，所以不采用滑轮组。

选用启闭机应注明型号（机型、吊点数和起重量）、启门高度（或称扬程）、吊点中心距以及是否需要附加手摇装置等，例如 QPQ－2×16 代表固定卷扬式平面闸门启闭机、双吊点、起重量为 32t。吊点中心距应参照闸门结构选定。露顶式闸门启门高度应提出水面以上 1～2m，快速（事故）闸门提到孔口以上 0.5～1.0m。

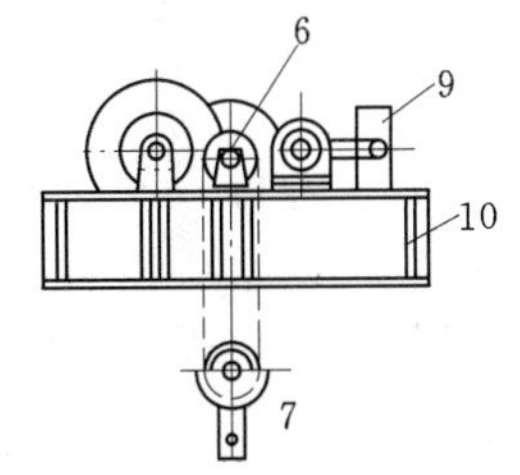

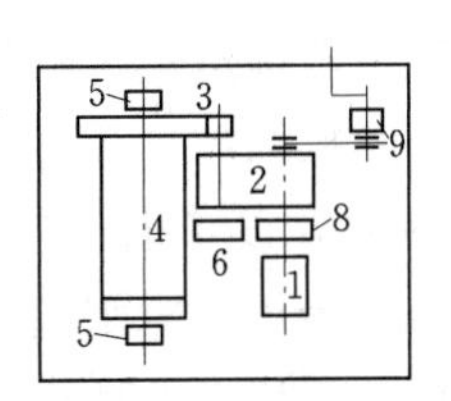

图 11－31　卷扬式启闭机

1—电动机；2—减速箱；3—减速齿轮；4—绳鼓；5—轴承座；6—定滑轮；7—动滑轮；8—制动器；9—手摇装置；10—机架

2. 螺杆式启闭机

螺杆式启闭机在小型工程上用得十分广泛，具有结构简单、耐用、价格低廉的优点。启闭力 3～200kN（0.3～20t），大吨位的达到 750kN（75t）。

小型螺杆式启闭机的外形如图 11-32 所示。螺杆支承在承重螺母内，螺母固定在齿轮箱内的伞形齿轮或蜗轮上，当摇动手摇把时，通过齿轮或蜗轮系的传动而转动承重螺母，从而升降螺杆和闸门。螺杆式启闭机大都是单吊点的。

螺杆式启闭机可对闸门施加闭门力。

3. 液压式启闭机

液压式启闭机机械部件简单，所占位置小，利用较小的动力便可获得较大的起重能力，同时较其他类型的启闭机更能适应遥控和自动化。因此是一种很有发展前途的启闭设备。液压式启闭机的构造如图 11-33 所示，主机体是一个活塞筒（油缸），筒内的活塞在液压作用下沿筒壁作轴向往复运动，从而带动连接在活塞上的连杆来升降闸门。

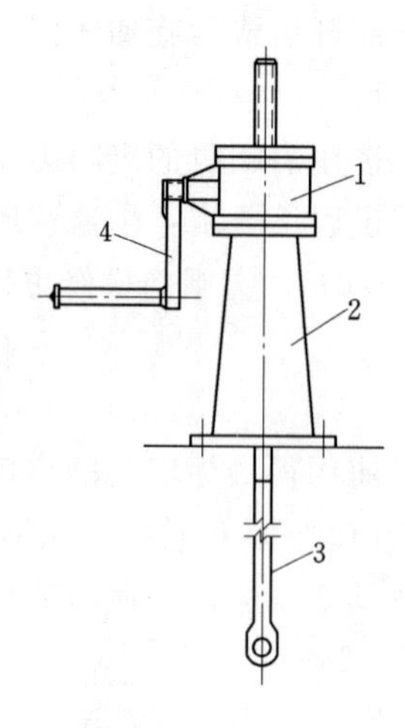

图 11-32　小型螺杆式启闭机

1—齿轮箱；2—支座；3—螺杆；4—手摇把

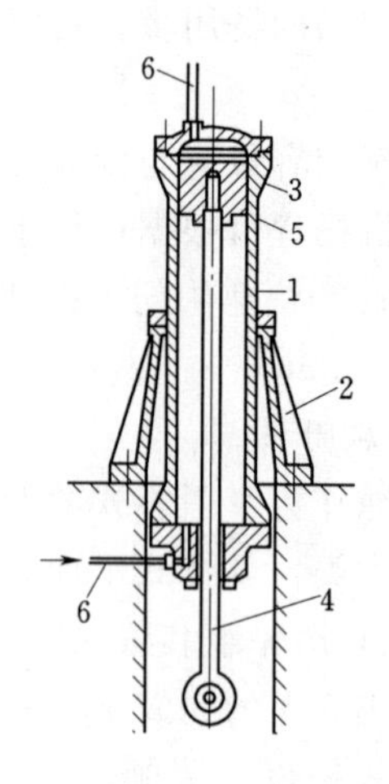

图 11-33　液压式启闭机示意图

1—活塞筒；2—支座；3—活塞；4—连杆，接闸门；5—油封环；6—油管，通往油泵

液压一般以电动机带动油泵形成，并沿输油管道传到活塞筒内。液压启闭机的油泵、动力和操纵控制部件大都集中在一处，便于操作管理；同时，几台油缸可以合用 1～2 台油泵，设备上比较节约。

液压启闭机可对闸门施加闭门力，且对闸门有一定的减震效应。用来启闭弧形闸门时，应注意使其能适应闸门的传动。

4. 链式启闭机

随着大孔口表孔弧形闸门应用越来越多，为了解决大孔口表孔弧形闸门的启闭问题，采用链式启闭机作为大孔口弧形闸门启闭设备形式之一也是可取的方式。链式启闭机与固定卷扬式启闭机的主要不同在于起重索具的差别。前者采用的是起重链条，后者采用的是钢丝绳。而在驱动方式、传动结构等方面，两者差别不大。

链式启闭机与固定卷扬式弧门启闭机比较，优点如下。

(1) 布置方便。可以满足各种表孔闸门的不同布置要求，且由于采用电轴同步，从而可将启闭机布置在两侧闸墩之上，省去了工作桥，使得整个坝面整齐、美观。

(2) 坚固、耐用。在泡水的情况下，片式链比钢丝绳更安全。在偶然发生事故时，链更为可靠。

(3) 重量轻。由于驱动链轮的直径比卷筒直径小，所以，在同样的启闭力下，载重力矩小，传动机构的传动比、结构尺寸和重量都小。并且，传动机构所减轻的重量可以超过沉重的链条重量。对于起升高度不大，启闭力很小的启闭机来说，经济效益相当明显。

链式启闭机的缺点在于：①链条本身的自重比钢丝绳大；②链条的维护比较费事，由于链条长期置于自然条件的腐蚀之中，如果维护不好，则锈蚀严重；③在起吊弧形闸门时，选用链式启闭机的容量要比固定卷扬式启闭机大。

链式启闭机用的起重链条大多是片式关节链，又称格氏链（Galle Chains），其特点是在销轴的两端有垫片，垫片外用开口销固定。

（二）闸门的吊耳、吊杆和锁定器

1. 吊耳

吊耳位于闸门的吊点处，与启闭设备的吊具相匹配，承受全部启门力。

直升式平面闸门的吊耳一般设于横隔板或支承边梁的顶部图［图 11－34（a）、（b）］，并应尽量布置在闸门重心铅直面内，以免闸门悬挂时发生歪斜。升卧式平面闸门的吊耳应布置在横隔板下部、面板的上游面［图 11－34（c）］。

露顶式弧形闸门的吊耳大多设在面板上游面底部［图 11－34（d）］。潜孔式弧形闸门的吊耳一般设在闸门顶部［图 11－34（e）］。吊耳的型式可根据吊耳所在位置以及启闭机的吊具类型而定。可在闸门顶梁上焊接吊耳板或直接在横隔板或边梁的腹板上镗出吊耳孔，同吊具的销轴相连接。

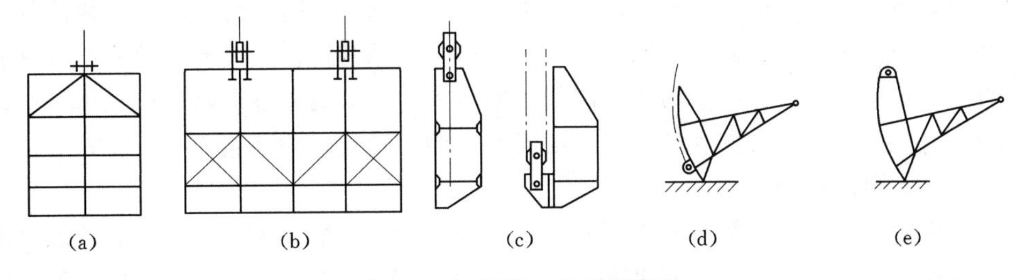

图 11－34 闸门上的吊耳布置

2. 吊杆

吊杆是连接闸门吊耳与启闭机吊具的中间环节，多用于潜孔（尤其是深孔）闸门，一般由互相铰接的几段刚性杆组成。由于装拆吊杆的劳动条件较差，故仅在下述情况下才采用：①采用移动式启闭机而用自动挂钩梁有困难时的场合；②为避免启闭机动滑轮组长期浸于多泥沙水中；③启闭机扬程不够的场合。

吊杆分段长度应按孔口高度、启闭机扬程及对吊杆装卸、换向等要求确定，一般取2～6m。

3．锁定器

锁定器的作用是将开启的闸门固定在某一开度上，以解除启闭机的工作或移走活动启闭机。一般由埋设在混凝土闸墙内的固定部分和活动部分组成。按活动部分的运动特点可分为旋转式和平移式两种。

图11－35（a）为旋转式悬臂锁定器，图11－35（b）为平移式悬臂锁定器。当闸门开启到锁定位置时，将锁定梁就位，闸门即可借设在门叶（或吊杆）上的牛腿搁置在锁定梁上。图11－36为液压启闭机的自动锁定器，它可以自动地实现锁定和解除锁定。

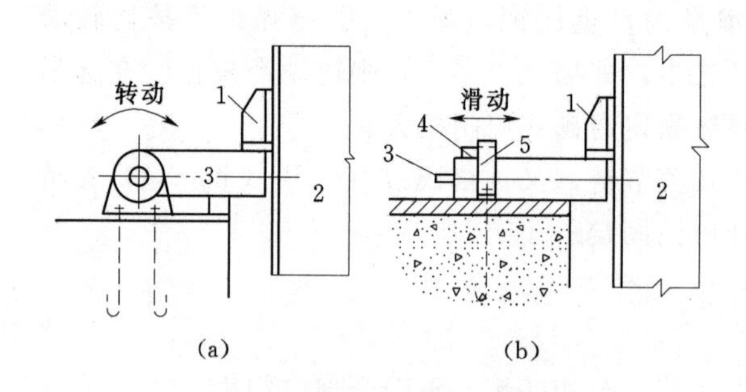

图11－35　锁定梁的型式与构造

1—牛腿；2—闸门；3—锁定梁；4—楔块；5—锁环

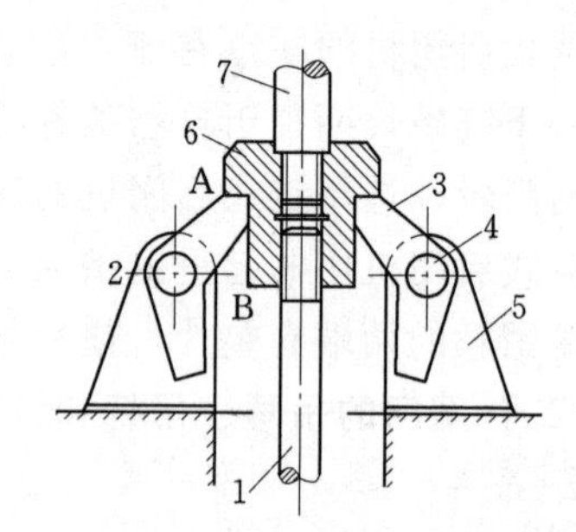

图11－36　自动锁定器

1—吊杆、接力叶；2—锁定器；3—撑爪；4—轴；5—底座；6—联轴节；7—吊杆，接启闭机

第六节　阀　　门

装置在封闭管道内，门叶、外壳、启闭机械组成一体的闸门，通常称为阀门。阀门主要用来封堵泄水或引水管道，以调节流量或切断水流，闭门时一般承受较高的水压强度。一般由工厂整体制造。阀门的形式很多，根据其运行方式可分为移动式和转动式两类。移动式阀门包括平面滑动阀门、锥形阀、针形阀、管形阀、空注阀、闸阀等，转动式阀门包括蝴蝶阀和球阀。下面简要介绍几种阀门的特点。

一、平面滑动阀门

高压平面滑动阀门用铸铁或铸钢制成，也有的用建筑钢焊接或焊接和浇铸混合制成。门框前后有与之相连的一段钢管作为阀门与管道的连接段，门叶上接液压启闭机，如图11－37所示。高压平面滑动阀门可以作为工作门、事故门和检修门。

高压平面滑动阀的优点是结构简单，工作可靠，能紧密关闭，漏水量少，水头损失小。特别是附环阀几乎没有水头损失，也不会发生空蚀。缺点是外形大，阀门重，止水磨损快，启闭力大。

二、蝴蝶阀

蝴蝶阀主要由圆筒形的外壳和在其中绕轴转动的圆盘形阀体及其他附件组成（图

11－38）。阀门关闭时，阀体四周与圆筒形阀壳接触，封闭水流通道；开启时，阀体对称面与水流方向一致，水流绕阀体两侧流过。蝴蝶阀门广泛应用在水电站的水轮机上游侧，用作事故时的断流设备，也可用作水库泄水道和船闸输水道的控制设备。这种阀门阀体结构简单，启闭力小，动作快速，常用于水电站引水管道上的事故闸门中作为事故断流装置；缺点是局部开启时，水力摩阻损失较大，在全开位置上也有较大的阻水作用，不宜在高水头高流速时控制水流，漏水量较大。

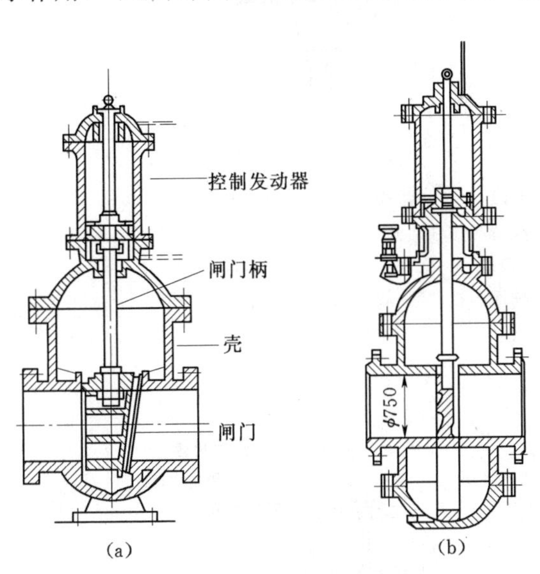

图 11－37　平面滑动阀

（a）楔形阀；（b）附环阀

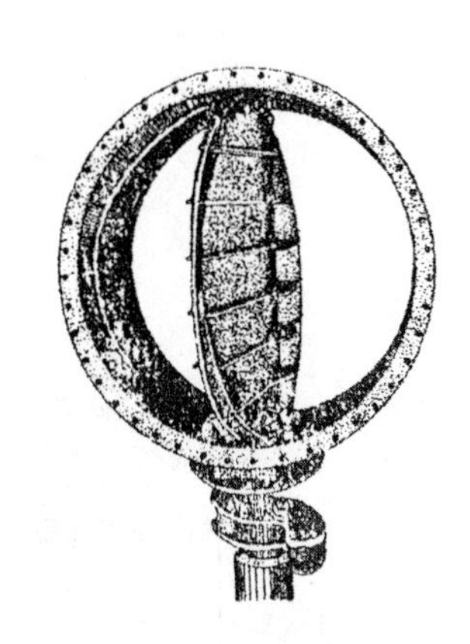

图 11－38　蝴蝶阀

三、球阀

球阀和蝴蝶阀门相似，同样广泛用在水轮机上游侧，作为快速断流装置。球阀主要由可拆卸的球形壳体 1 和圆筒形的旋转部分 2 组成（图 11－39）。在开启位置时［图 11－39（b）］，水流的过水断面未变，阀门对水流不产生阻力；关闭时，回转部分旋转 90°截断水流，并由球面圆板 5 及止水环 3 和 6 组成止水装置。球阀的优点是阀门全开时，孔道中没有阻水物体，故水流条件良好；启闭力较小，动作快速；关闭时密封性高，漏水量较小。缺点是局部开启和开启过程中水流紊乱，水力性能较蝴蝶阀门差；阀体结构比较复杂，造价较高。

四、锥形阀

锥形阀由圆筒形的固定阀体及活动的钢阀套筒、止水环和操作机械等组成（图 11－40），直接装于管道出口处。阀体内一般用 4～6 个肋片将一个 90°的角锥体固定在前端，用螺杆机构操纵阀外套筒沿阀体移动，即可启闭环形孔口。锥形阀的优点是构造简单，启闭力小，操作方便，水流条件好。缺点是阀体呈悬臂状伸出，全阀重量及荷载均由根部法兰盘上锚定螺栓承担，对结构不利；泄流时水流环形扩散射出，雾化严重。

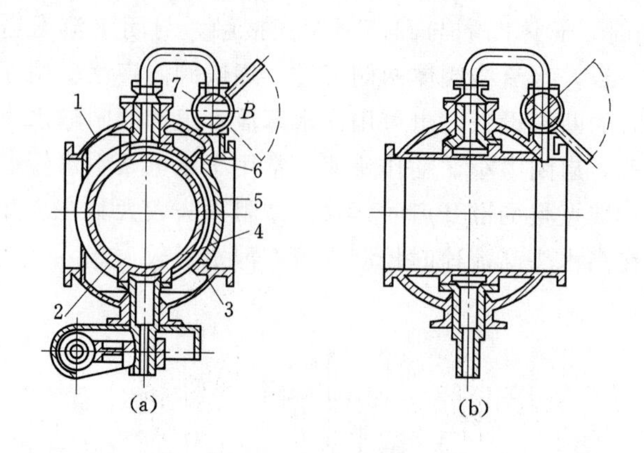

图 11-39　球阀

（a）关阀情况；（b）开阀情况

1—球形壳板；2—旋转部分；3、6—止水环；4—空腔；

5—球面圆板；7—阀门

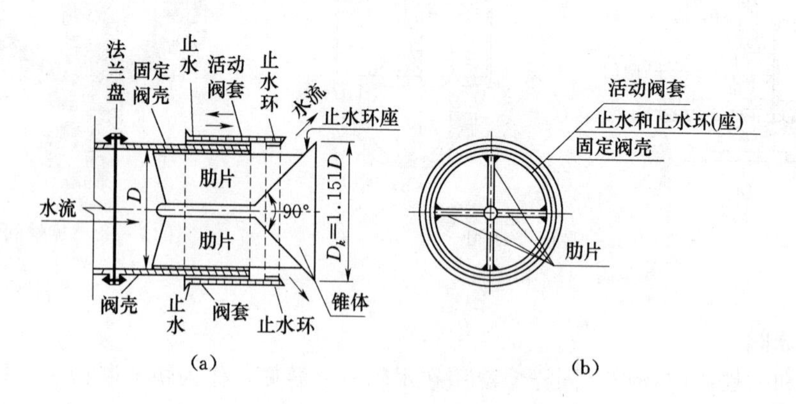

图 11-40　四肋片锥形阀结构简图

（a）纵断面图；（b）侧视图

五、针形阀

针形阀由装置在阀门前端的针形体前后移动来关闭和开启孔口，其作用与活塞相似（图 11-41）。优点是针形体可停留在任意位置以调节流量大小，止水性能和水流条件好，水头损失小，启闭时间短，所需动力小；缺点是造价高。多用于高水头冲击式水轮机前。

六、空注阀

空注阀（图 11-42）迎水面的锥形阀舌 3 是活动的，装在固定阀舌 5 内，通过螺杆 1 可操纵活动阀舌前移，环状过水断面缩小，用以调节流量，直到阀舌抵紧阀壳 2 的内壁，孔口关闭。活动阀舌内有平压管与上游管道连通，以平衡阀舌外表水压力，减小启闭力。固定阀舌用通气叶 4 固定于阀壳上。空注阀射出的水流为空心水柱，容易产生雾化，为防止水流向四外喷射，可在出口加设防护罩。

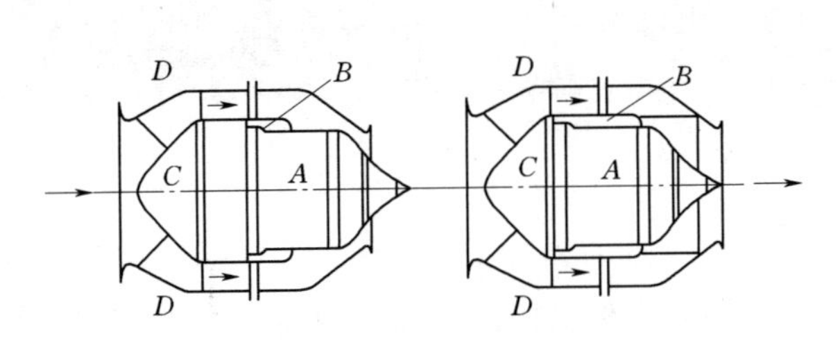

图 11-41　针形阀

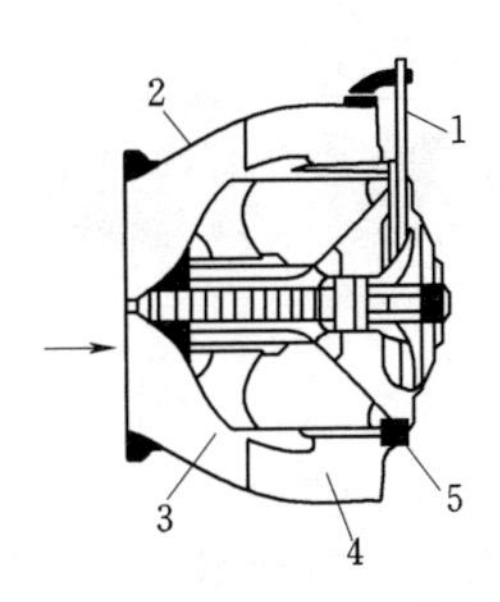

图 11-42　空注阀

1—操纵杆；2—阀壳；3—活动阀舌；4—通气叶；5—固定阀舌

复习思考题

1. 闸门的类型有哪些?
2. 平面闸门启闭方式有哪几种，各有何优缺点?
3. 试论平面闸门、弧形闸门的结构布置与结构计算要点。
4. 闸门的启闭力受哪些因素影响?如何改善启闭运行的工况?
5. 试述阀门的功用及工作特点。

第十二章 过坝建筑物

河流是天然的水道，为船舶通航、浮运木材（竹材）和洄游鱼类在海洋与内河湖泊间来往提供通道。当河道上拦河建坝或闸后，一方面河道的上游水深加大，改善了航行条件，扩大了水产养殖水域面积，对航运和渔业发展有利；另一方面水流会受坝（或闸）的拦截，而且上游水位壅高会形成上下游水位差，在运行期往往会与通航、渔业（鱼类洄游）、过木等水资源综合利用的要求发生矛盾。因此为了保证通航、渔业、过木等水资源综合利用效益，应该在筑坝建闸的同时，根据运用的需要，在水利枢纽中设置过船、过木、过鱼等专门性水工建筑物。另外，在大多数水利水电工程中还应考虑排漂问题，并在枢纽布置中设置一定的排漂设施或排漂建筑物。

第一节 船 闸

通过启闭充、泄水系统的阀门向闸室内进行充、泄水，使闸室水位分别与上、下游引航道水位齐平，启闭工作闸门，船舶进、出闸室，以克服大坝水位落差的通航建筑物，称之为船闸。船闸不但是河流上水利枢纽中最常用的一种通航建筑物，而且在通航运河和灌溉干渠上也常需修建船闸用来克服由于地形所产生的落差。船闸利用闸室中水位的升降将船舶浮运过坝，其通船能力大，安全可靠，应用广泛。我国京杭大运河和其他江河上的低水头水利枢纽都建造了很多的船闸，为发展水运事业发挥了很大的作用。

一、船闸规模

根据《内河通航标准》（GB 50139—2014），船闸级别按通航的设计最大船舶吨级划分为7级，见表12-1。内河船闸应按远期航道技术等级或航运发展长远需求进行规划设计。

表12-1　船闸分级表

船闸级别	Ⅰ	Ⅱ	Ⅲ	Ⅳ	Ⅴ	Ⅵ	Ⅶ
设计最大船舶吨级/t	3000	2000	1000	500	300	100	50

注　船舶吨级按船舶设计载重吨确定。

船闸通过能力应满足设计水平年内各期的客货运量和船舶过闸量要求。船闸的设计水平年应根据船闸的不同条件采用船闸建成后20～30年；对增建、改建和扩建船闸困难的工程，应采用更长的设计水平年。

二、船闸的组成和运行方式

船闸由闸首（包括上闸首、下闸首以及多级船闸的中闸首）、闸室、引航道（包括上、下游引航道）等部分组成，如图 12－1 所示。

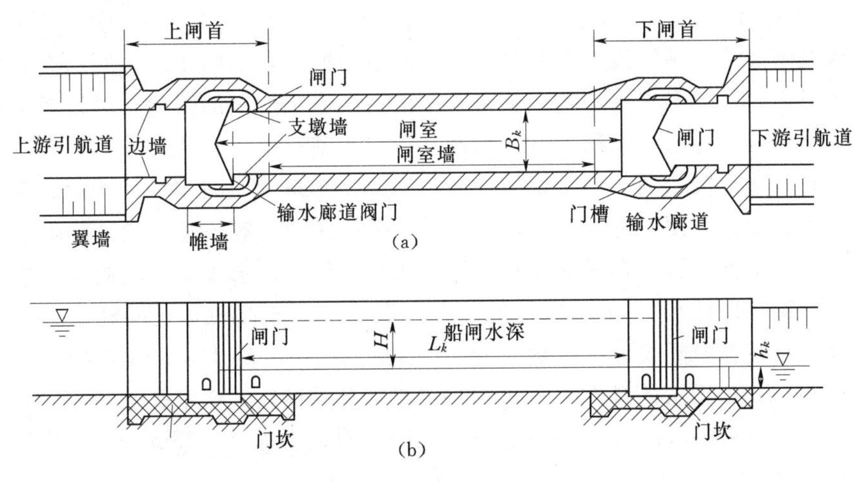

图 12－1　单级船闸简图

（a）平面图；（b）纵剖面图

闸首是分隔闸室与上、下游引航道并控制水流的建筑物，位于上游的为上闸首，位于下游的为下闸首。在闸首内设有工作闸门、输水系统、启闭机械等设备。当闸门关闭时，闸室与上下游隔开。闸首的输水系统包括输水廊道和阀门，它们的作用是使闸室能在闸门关闭时和上游或下游相连通。

闸室是由上、下游闸首之间的闸门与两侧闸墙构成的供过闸船只临时停泊的场所。当闸室充水时，闸室通过上游输水廊道与上游连通，水从上游流进闸室，闸室内水位能上升到与上游水位齐平；当闸室泄水时，闸室通过下游输水廊道与下游连通，水从闸室流到上游，闸室内水位会下降到与下游水位齐平。在闸室充水或泄水的过程中，船舶在闸室中也随水位而升降，为了使闸室充泄水时船舶能稳定和安全地停泊，在两侧闸墙上常设有系船柱和系船环等辅助设备。

上、下游引航道是闸首与河道之间的一段航道，用以保证船舶安全进出闸室和停靠等待过闸的船舶。引航道内设有导航建筑物和靠船建筑物，前者与闸首相连接，作用是引导船舶顺利地进出闸室；后者与导航建筑物相连接，供等待过闸船舶停靠使用。

船闸的运行方式，即船舶过闸的过程如图 12－2 所示。船舶上行时，先关闭上闸门和上游输水阀门，再打开下游输水阀门，使闸室内水位与下游水位齐平，然后打开下闸门，待船舶驶入闸室后再关闭下闸门及下游输水阀门，然后打开上游输水阀门并向闸室灌水，待闸室内水位与上游水位齐平后，打开上闸门，船舶便可驶出闸室而进入上游引航道。这样就完成了一次船舶从下游到上游的单向过闸程序。当船舶需从上游驶向下游时，其过闸程序与此相反。

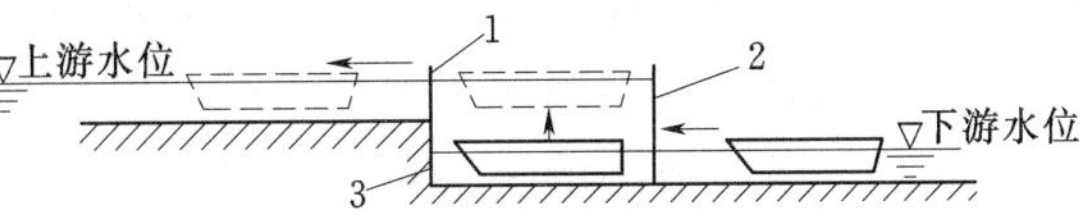

图 12－2　船闸过闸示意图

1—上闸门；2—下闸门；3—帷墙

三、船闸的类型

（一）按闸室的级数分类

按闸室的级数可分为单级船

闸和多级船闸。

1. 单级船闸

单级船闸是沿船闸轴线方向只建有一级闸室的船闸，如图 12－1 所示。船舶通过这种船闸只需经过一次充水、泄水就可克服上下游水位的全部落差。单级船闸根据其结构型式又可分为普通型船闸、井式船闸和节水船闸三类。

水头较低的单级船闸，通常采用普通型船闸，其布置如图 12－3 所示。普通型船闸布置集中，管理方便，运行方式比较灵活，船舶过闸历时较短，通过降低上闸首底坎，可结合解决枢纽施工期通航问题。但普通型船闸设计水头受到船闸水力条件的限制，一般适用于设计水头 40m 以下的情况，设计水头较高时，过闸耗水量大。如长江葛洲坝水利枢纽船闸设计水头达 27m，闸室长 280m，宽 34m；江西赣江万安船闸的水头达 32.6m；重庆的乌江银盘水利枢纽船闸单级最大工作水头达 36.5m；大藤峡水利枢纽船闸是目前国内水头最高的单级船闸，最高挡水 40.25m。上述均为水头较高的大型船闸。

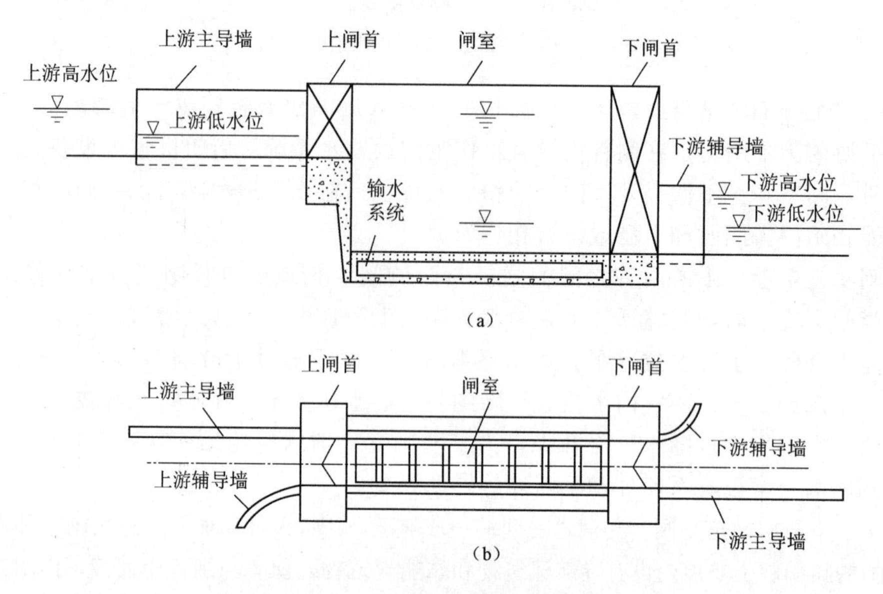

图 12－3　普通型船闸布置示意图

(a) 纵剖面图；(b) 平面图

井式船闸分别在上闸首的底坎至最高通航水位之间和下闸首通航净空以下至下闸首的底坎之间布置闸门。上闸首的底坎以下和下闸首通航净空以上至通航最高水位之间，与上、下游通航水位变化与船舶通航无关的部位，分别设置帷墙和胸墙，以减小闸门高度，其布置如图 12－4 所示。井式船闸适用于较大水头的场合，因下闸首结构条件复杂，一般只能在岩基上修建，故采用较少。

节水船闸是在船闸两侧布置节水池，逐层对闸室进行充、泄水，通过重复利用部分闸室水体，节省船舶的过闸耗水量，其布置如图 12－5 所示。节水船闸用于设计水头较高及水资源稀缺的情况。

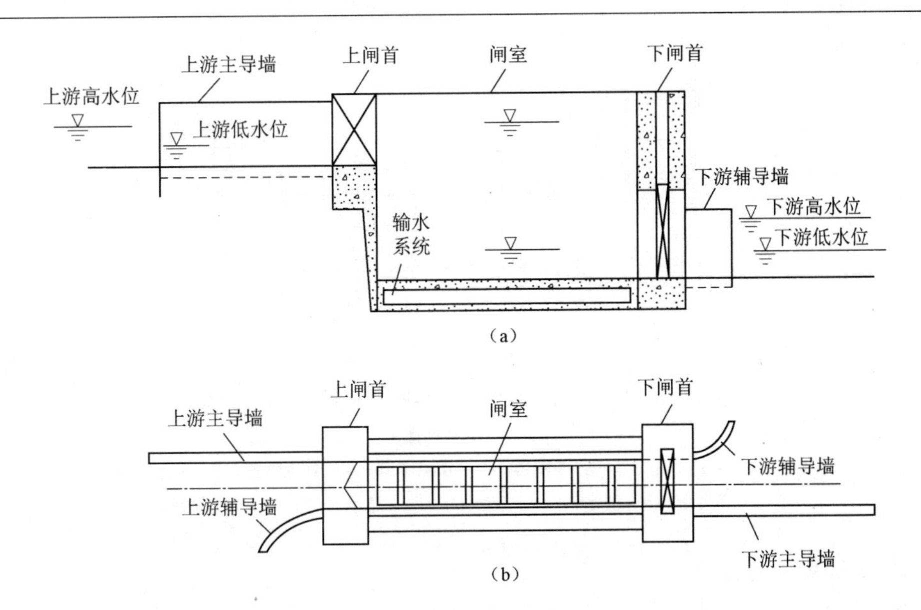

图 12-4　井式船闸布置示意图

(a) 纵剖面图；(b) 平面图

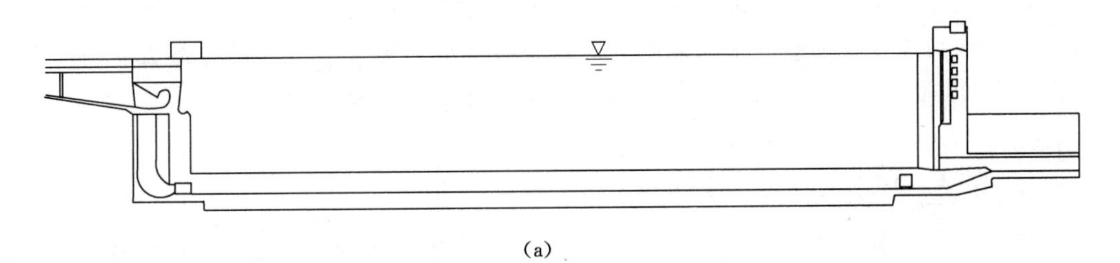

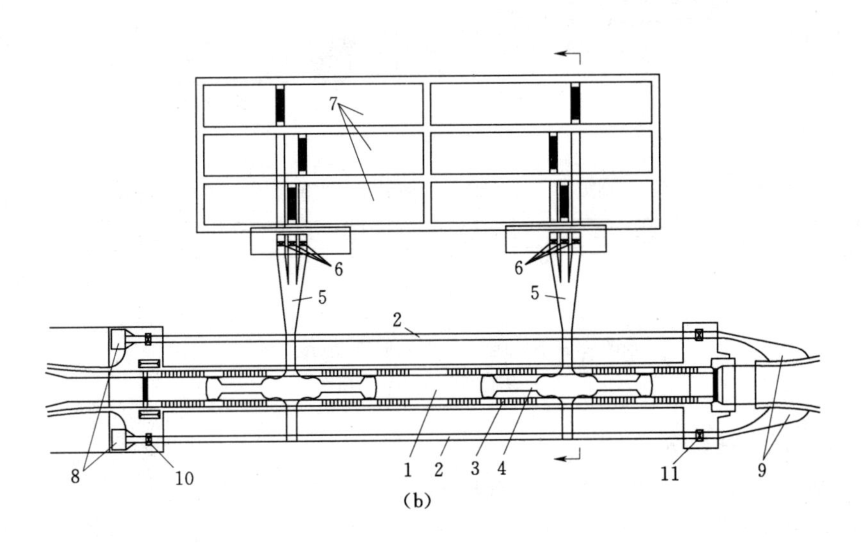

图 12-5（一）　单级节水船闸布置示意图

(a) 纵剖面图；(b) 平面图

1—闸室；2—纵向廊道；3—底部廊道；4—分配廊道；5—横向廊道；6—节水室阀门；7—节水室；8—进水口；9—出水口；10—灌水阀门；11—泄水阀门

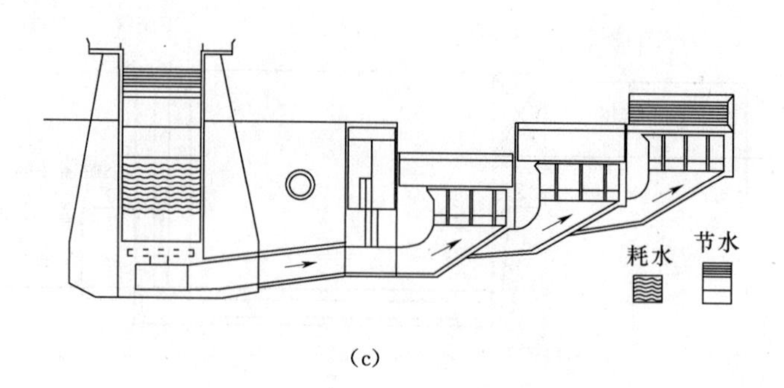

(c)

图 12-5（二）　单级节水船闸布置示意图

(c) 横剖面图

1—闸室；2—纵向廊道；3—底部廊道；4—分配廊道；5—横向廊道；6—节水室阀门；7—节水室；8—进水口；9—出水口；10—灌水阀门；11—泄水阀门

2. 多级船闸

多级船闸是沿船闸轴线方向建有两级以上闸室的船闸，其布置如图 12-6 所示。当水头较大，采用单级船闸在技术上有困难、经济上不合理时，可采用多级船闸。船舶通过多级船闸时，需进行多次闸门启闭和充水、泄水过程才能调节上下游水位的全部落差。如长江三峡枢纽的永久船闸为五级连续梯级船闸（图 12-7），每级船闸的有效尺寸长 280m，宽 34m，坎上最小水深 5m，可通过万吨级船队。

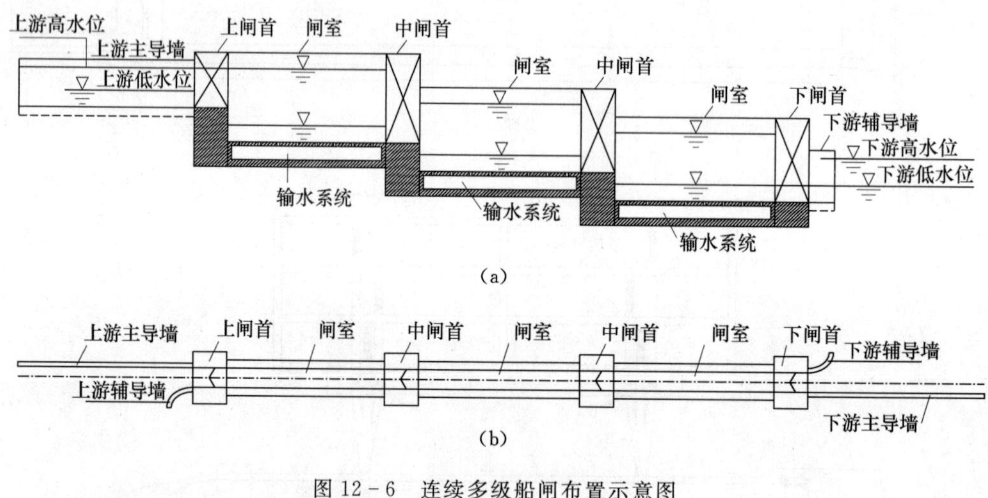

图 12-6　连续多级船闸布置示意图

(a) 纵剖面图；(b) 平面图

(二) 按船闸线数分类

按船闸线数可分为单线船闸和多线船闸。

单线船闸是在一个枢纽中只建有一条通航线路的船闸。多线船闸即在一个枢纽中建有两条或两条以上通航线路的船闸。

船闸线路的确定，取决于货运量与船闸的通航能力。凡属下列情况之一者，应设置双线或多线船闸：①采用单线船闸，通过能力不能满足设计水平年各期的客货运量

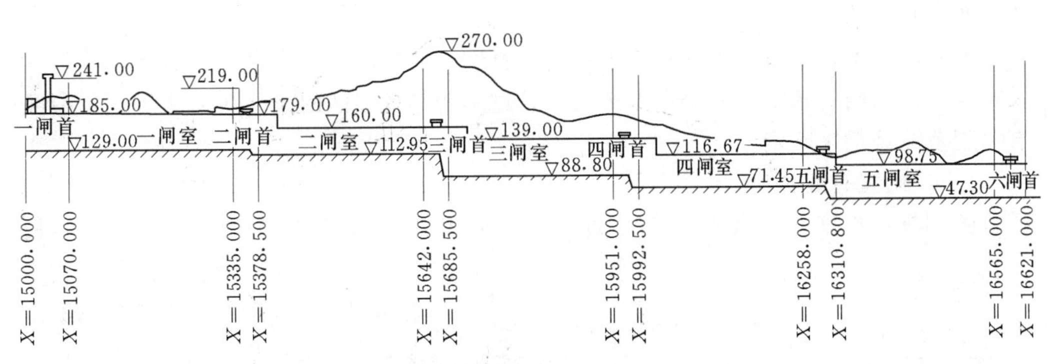

资源 12.1
三峡船闸

图 12－7　三峡枢纽永久船闸纵剖面图（单位：m）

和船舶过闸量要求的；②客货运量大或船舶过闸繁忙的连续多级船闸，由于单线船闸运转通过能力不足或过闸、待闸时间较长，导致船舶运输效率显著下降的；③运输繁忙的重要航道，不允许由于船闸检修或引航道维护等造成断航的；④客运和旅游等船舶多，过闸频繁，需快速过闸的。当单线船闸不能满足要求时，经论证也可增设升船机。

在双线船闸中，可将两个闸室并列，采用一个公共隔墙，此时可将输水廊道设在隔墙内，使两个闸室互相连通，利用一个闸室泄放的部分水量作为另一闸室的充水，这样既可节省船舶过闸的耗水量又可减少船闸的工程量。葛洲坝水利枢纽采用了三线船闸（图 12－8）。

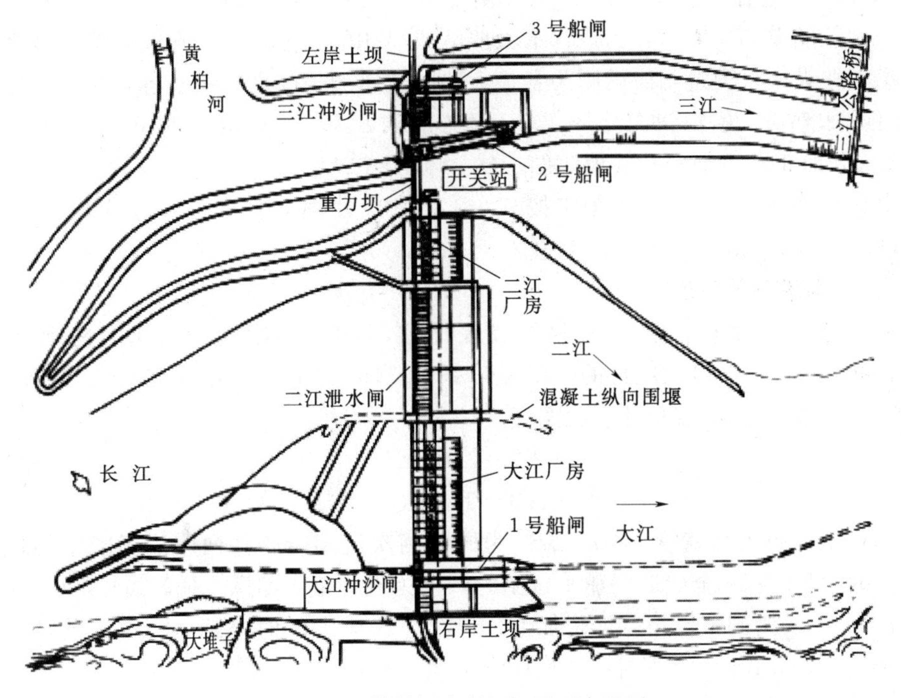

图 12－8　葛洲坝水利枢纽平面布置图

四、船闸的基本尺寸

船闸的基本尺寸包括闸室的有效长度和宽度、船闸门坎最小水深、引航道的长度及宽度等。船闸的基本尺寸应根据最大设计过闸船舶或船队的尺寸与编队形式，参照有关规范的规定来确定。

（一）闸室有效长度

闸室有效长度是指船队（舶）过闸时，闸室内可供船队（舶）安全停泊的长度（图 12-9）。闸室有效长度的上游边界，为几种情况中的最靠下游者：①帷墙的下游面；②上闸首门龛下游边缘；③头部输水船闸的镇静段末端；④其他影响船舶停泊物体的下游端。闸室有效长度的下游边界，为几种情况中的最靠上游者：①下闸首门龛的上游边缘；②防撞装置的上游面；③其他影响船舶停泊物体的上游端。

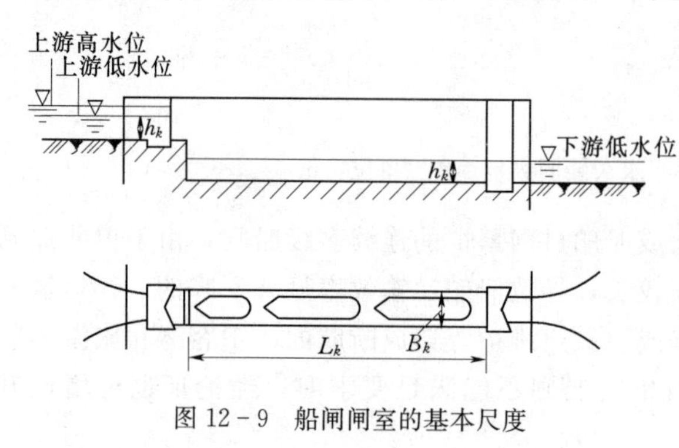

图 12-9 船闸闸室的基本尺度

闸室有效长度应根据设计船舶、船队或其他船舶、船队合理组合的长度并考虑富裕长度确定，可按下式计算：

$$L_k = L + L_f \tag{12-1}$$

式中：L_k 为闸室有效长度，m；L 为过闸船队或船舶长度，m，当一闸次只有一个船队或一艘船舶单列过闸时，为设计最大船队或船舶的长度；当一闸次有两个或多个船队且船舶按纵向排列过闸时，则为各最大船队或船舶长度之和加上各船队、船舶间的停泊间隔长度；L_f 为富裕长度，m，对于顶推船队 $L_f \geqslant 2+0.06L$，对于拖带船队 $L_f \geqslant 2+0.03L$，对于非机动驳和其他船舶，$L_f \geqslant 4+0.05L$。

设计采用的闸室有效长度应按式（12-1）计算，但不得小于《内河通航标准》（GB 50139—2014）规定的数值。

（二）闸室有效宽度

闸室有效宽度是指闸室内两侧墙表面之间的最小距离。采用《内河通航标准》（GB 50139—2014）规定的有效宽度系列 34m、23m、18m 或 16m、12m、8m，且不应小于按式（12-2）计算的宽度。

$$B_k = \sum B_s + B_f \tag{12-2}$$

其中

$$B_f = \Delta B + 0.025(n-1)B_s$$

式中：B_k 为闸室有效宽度，m；$\sum B_s$ 为同一闸次过闸船舶并列停泊于闸室的最大总宽度，m，当只有一个船队（舶）过闸时，则为设计最大船队（舶）宽度；B_f 为富裕宽度，m；ΔB 为闸室富裕宽度附加值，m，当 $B_s \leqslant 7$m 时，$\Delta B \geqslant 1$m，当 $B_s > 7$m 时，$\Delta B \geqslant 1.2$m；n 为过闸时停泊在闸室的船舶列数。

（三）船闸门坎最小水深

船闸门坎最小水深是指设计最低通航水位至门坎最高点的深度。船闸门坎最小水

深 H_k 不应小于设计船舶或船队满载时最大吃水深度的 1.6 倍。

(四) 引航道的长度和宽度

1. 引航道长度

引航道的直线段应平行于船闸轴线，其长度由下述三段组成，如图 12-10 所示。

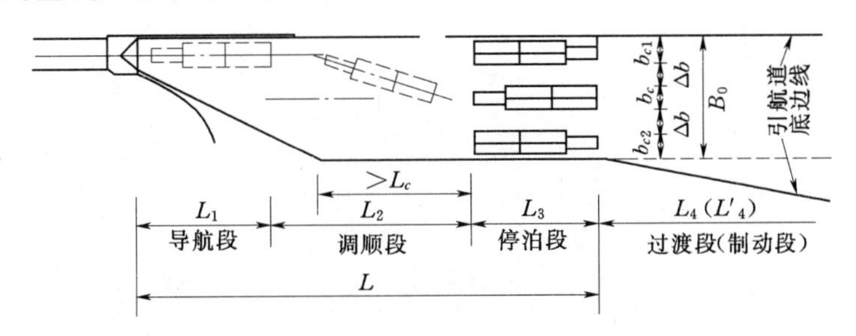

图 12-10　引航道平面图

(1) 导航段长度 L_1。

$$L_1 \geqslant L_c \tag{12-3}$$

式中：L_c 对顶推船队为全船队长，对拖带船队或单船为其中的最大船长。

(2) 调顺段长度 L_2。

$$L_2 \geqslant 1.5L_c \tag{12-4}$$

(3) 停泊段长度 L_3。

$$L_3 \geqslant L_c \tag{12-5}$$

当引航道内停泊的船队（舶）数不止一个时，则按需要加长。

引航道直线段的总长度：

$$L = L_1 + L_2 + L_3 \tag{12-6}$$

对通航多种船队的船闸，L 应根据各种情况分别计算，并取其大值。

当引航道直线段宽度与航道宽度不一致时，两者之间可用渐变的过渡段连接，其长度 l_4 应不小于 $10\Delta B$（ΔB 为引航道直线段宽度与航道宽度之差）。此外，从引航道口门到停泊段前沿的长度，应能满足船队（舶）制动的需要，其长度 L_4 应根据口门区流速大小，设计最大船队的长度和性能确定，并可与过渡段重合使用。

2. 引航道宽度

引航道的宽度应满足设计最大船队（舶）有航行偏差时所需要的宽度。

可参考表 12-2 设计引航道宽度。

表 12-2　　引航道底宽参考表

项目名称	单位	单线船闸	双线船闸	备　注
正常段	m	$\geqslant(2\sim4)B_s$	$\geqslant(4\sim6)B_s$	根据船闸运行条件分析确定
停靠段	m	$\geqslant 3.5B_s$	$\geqslant 7B_s$	

注　表中 B_s 为设计船舶（队）的宽度。

单线船闸引航道在平面上的布置型式有反对称型、对称型和不对称型，如图 12-11 所示。双线并列船闸布置方式，如图 12-12 所示。

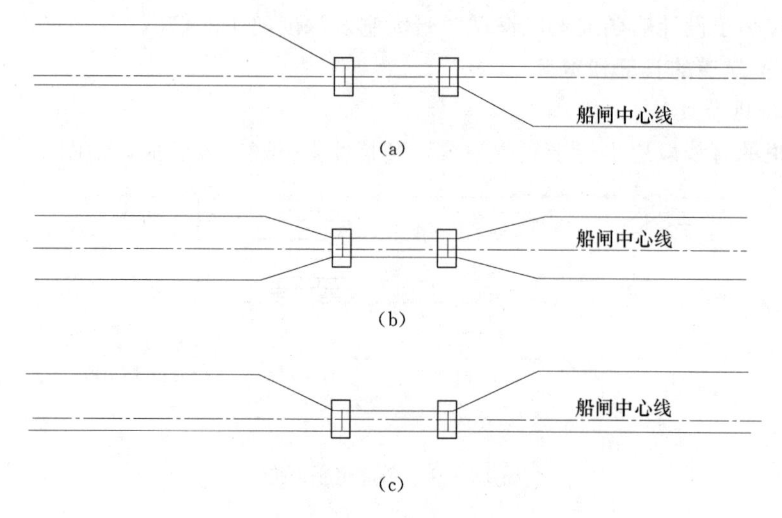

图 12-11　单线船闸引航道平面布置示意图

(a) 反对称型；(b) 对称型；(c) 不对称型

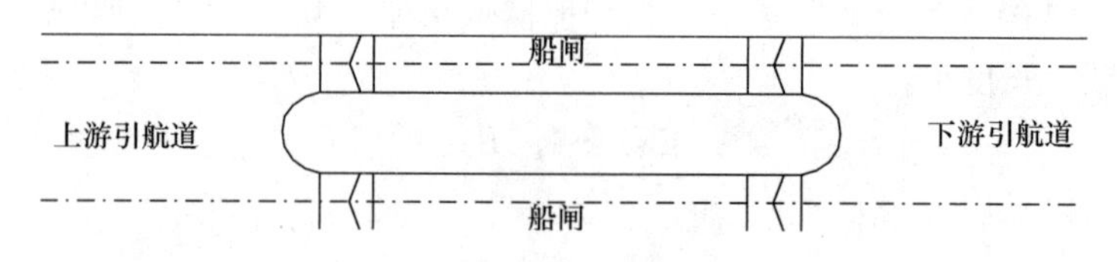

图 12-12　双线并列船闸引航道闸前段布置示意图

(五) 闸首桥梁净空

桥梁净空 h_B 是指最大船舶空载时，设计最高通航水位与船闸固定桥梁下缘之间的高差，其要求与船闸所在航道上固定桥梁的净空相同。h_B 与航道等级、船舶类型和结构有关，可按国内河通航标准中规定的尺度选取。

五、船闸的通过能力和耗水量

(一) 船闸的通过能力

船闸通过能力是指每年过闸的船舶总数或货物总吨数，以年单向通过能力表示。由于过闸船舶包括货船、客船、工程船、服务船以及其他类型的船舶，而在货船中又有满载船、非满载船和空船的区别；过船能力相同的船闸，通过货物的数量并不完全相同。因此，船闸通过能力的计算包括在设计水平年内各期的过闸总载重吨位、过闸货运量两项指标。船闸通过能力应根据一次过闸平均吨位、一次过闸时间、日工作小时、日过闸次数、年通航天数、运量不均衡系数等因素确定。

船闸的过闸时间与船闸的运行方式有关。当船舶过闸时连续向一个方向进行（从上游到下游或从下游到上游）者称为单向过闸；如船舶上行和下行两个方向依次轮换交错过闸，则称为双向过闸。

对单级船闸，单向一次过闸时间 T_1，可按下式计算：

$$T_1 = 4t_1 + t_2 + 2t_3 + t_4 + 2t_5 \tag{12-7}$$

式中：t_1 为开门或关门时间，设上、下闸首闸门的开启与关闭所用时间均相同；t_2 为单向第一个船队进闸时间；t_3 为闸室灌水或泄水时间，设灌水时间与泄水时间相同；t_4 为单向第一个船队出闸时间；t_5 为船舶、船队进闸或出闸间隔时间。

对单级船闸，双向过闸所用时间 T_2 只需在单向过闸时间内增加一次船舶进闸和出闸时间即可。但由于双向过闸的船队停靠等候过闸的地点离闸首较远，而且在引航道中要避让反向船舶（队），行驶速度要降低。因此，双向过闸的船队进出闸时间比单向过闸的船队进出闸时间要长些，故应以 t_2' 和 t_4' 代替式（12－7）中的 t_2 和 t_4，即

$$T_2 = 4t_1 + 2t_2' + 2t_3 + 2t_4' + 4t_5 \tag{12-8}$$

式中：t_2' 为双向第一个船队进闸时间；t_4' 为双向第一个船队出闸时间。

双向过闸在 T_2 时间内完成了两个船队交错过闸任务，因此每一船队占用时间为 $T_2/2$。

在实际运行中，船队单向过闸与双向过闸两种情况都会遇到。因此一次过闸时间 T 常采用平均过闸时间来计算船闸的通过能力，应根据单向过闸时间和双向过闸时间的闸次比率确定。当单向过闸与双向过闸次数相等时，一次过闸时间 T 可通过下式计算：

$$T = \frac{1}{2}\left(T_1 + \frac{T_2}{2}\right) \tag{12-9}$$

根据江苏部分中型船闸的统计，在一般情况下，平均过闸一次约为 60min。

若以 T（min）表示一次过闸的时间，则船闸日平均过闸次数为

$$n = \frac{\tau \times 60}{T} \tag{12-10}$$

式中：τ 为船闸日工作小时，h，船闸的日工作小时可采用 20～22h，对未实现夜航的船闸可根据具体情况确定。

单级船闸单向年过闸船舶总载重吨数 P_1 可按下式计算：

$$P_1 = \frac{n}{2}NG \tag{12-11}$$

式中：n 为日平均过闸次数；N 为年通航天数，d；G 为一次过闸平均载重吨数，t。

单级船闸单向年过闸客货运量 P_2 可按下式计算：

$$P_2 = \frac{1}{2}(n - n_0)\frac{NG\alpha}{\beta} \tag{12-12}$$

式中：n_0 为日非运客、货船过闸次数；α 为船舶装载系数；β 为运量不均衡系数。

由式（12－12）可见，要提高船闸的通过能力，必须从设计、管理上加速船舶过闸，缩短每一次过闸时间 T，增加每昼夜过闸次数 n；力求减小货物运输的不平衡系数 β 和增大船舶载重量利用系数 α；尽量利用闸室的有效面积，做到满室过闸；同时还要充分发挥船闸设备的使用能力，尽量延长每年的通航天数 N。

对连续多级船闸，一次过闸时间应根据单向过闸、双向过闸和成批过闸三种过闸方式所占的闸次比率及过闸方式转换所需的换向时间等因素确定。单线连续多级船闸或双线连续多级船闸应按其运行方式计算通过能力。

（二）船闸的耗水量

船队过闸时，为了升降闸室水位，都需要从上游向闸室内灌水，然后由闸室向下

游泄水，因此每次过闸从上游泄放的水量称为船闸的耗水量。它对水库的发电效益和灌溉用水产生一定的影响，这是船闸设计的一项重要的技术经济指标。

船闸的耗水量取决于设计水头、闸室的尺寸和船舶过闸方式等因素。船闸一天内平均耗水量可按下式计算：

$$\bar{Q}=\frac{nV}{86400}+q \tag{12-13}$$

$$q=eu \tag{12-14}$$

式中：$\bar{Q}$ 为船闸一天内平均耗水量，m^3/s；V 为一次过闸用水量，m^3，对于单级双向过闸，必要时应考虑上、下行船舶、船队排水量差额；q 为闸门、阀门的漏水损失，m^3/s；e 为止水线每米上的渗漏损失，$m^3/(s\cdot m)$；u 为闸门、阀门止水线总长度，m。

对于闸室为矩形断面的单级船闸，一次单向过闸的用水量 V 可近似按下式计算：

$$V=KL_kB_kH \tag{12-15}$$

式中：L_k 为闸室有效长度；B_k 为闸室有效宽度；H 为单级船闸的设计水头；K 为耗水量系数，一般取 $K=1.15\sim1.20$。

六、船闸的结构布置

（一）闸室结构

闸室是由两侧闸墙和底板组成。闸墙主要承受水压力和墙后土压力，由于闸室内水位是经常变化的，闸墙前后有水位差，因此闸室除必须满足稳定和强度要求外，还要满足防渗要求。

闸室按横断面形状可分为斜坡式和直立式两种类型。前者是由两侧岸坡和水平闸底加以砌石保护而成（图 12-13），优点是结构简单、施工容易、造价便宜；但灌泄水体积大，时间长，耗水量多，且闸室水位迅速升降易引起岸坡坍塌，仅用于较小的低水头船闸上。后者两侧闸墙为直立或基本直立，避免了斜坡式的缺点，使用最广，但造价一般较高（图 12-14）。

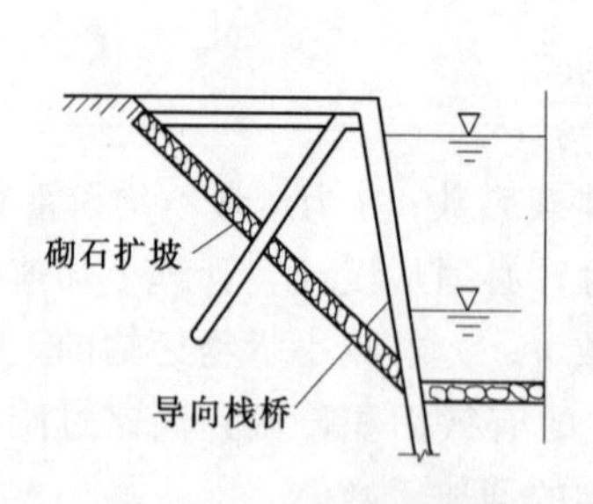

图 12-13 斜坡式闸室

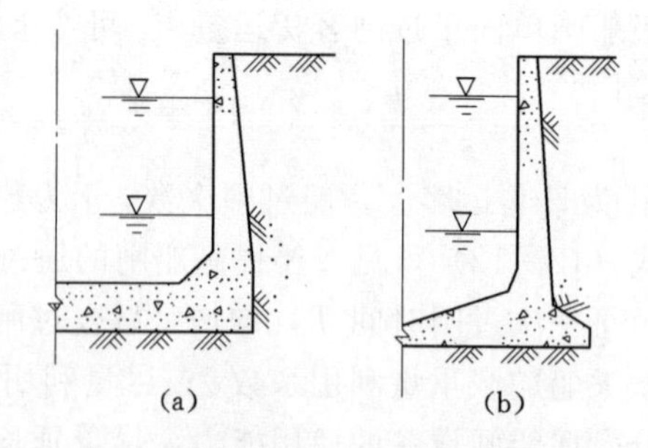

图 12-14 直立式闸室
(a) 坞式；(b) 悬臂式

直立式闸室按闸墙与底板的连接方式可分为整体式和分离式两种。前者闸室的闸墙与底板为整体刚性连接，有坞式和悬臂式两种结构型式［图 12-14（a）、(b)］，适用于地基条件较差和水头较大的情况；后者闸墙与底板分开，闸墙成为独立的挡土结构，适用于地基条件较好的情况。分离式的闸室墙结构型式很多，常用的有重力式、扶壁式、拉条板墙式、衬砌式等，如图 12-15 所示。

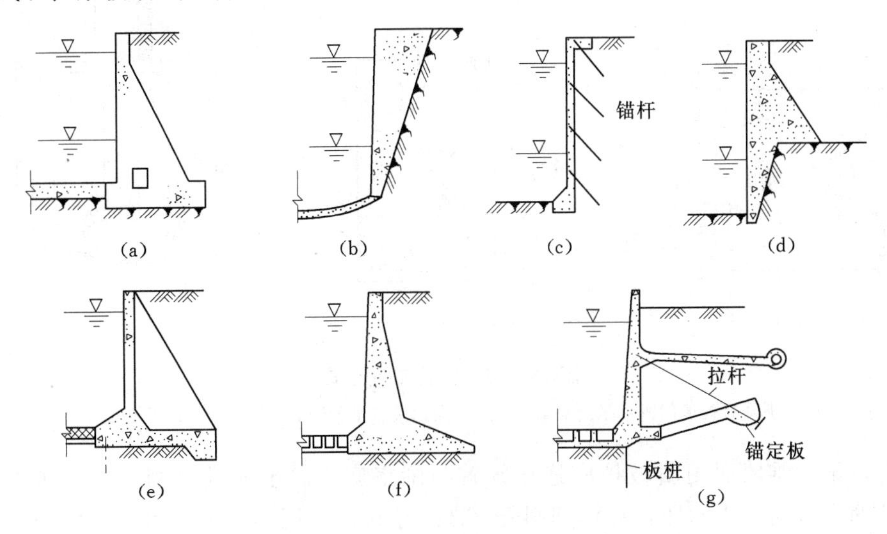

图 12-15　分离式闸室结构型式

闸室结构型式的选择主要取决于地基性质和水头大小。输水系统的布置也会影响闸室结构布置。对于岩石地基，常采用分离式的闸室，其闸墙的结构型式可根据岩石的坚固程度、岩层顶面与闸底板的相对高程确定。当岩层顶面高程接近于闸底高程时，一般采用重力式；当岩面高于闸底，岩层坚实完整时，只在开挖的直立岩面上喷浆或喷锚支护即可，否则可做成衬砌墙式［图 12-15（b）、(c)］或混合式［图 12-15（d)］。对于非岩石地基，当水头较小，地基土质坚实，可采用分离式闸室，底板可做成透水的，闸墙可采用如图 12-15（a)、(e)、(f)、(g）所示的型式；当地基的土质较差、作用水头较大，则宜采用整体式闸室，如图 12-14（a)、(b）所示。

（二）闸首结构

闸首既是挡水结构，同时又是闸室和引航道之间的连接结构（对于多级船闸的中闸首，连接相邻的上下游两闸室）。为了挡水，闸首部分设有闸门，并附设闸门的启闭设备和便于操作闸门用的工作桥。此外，闸首还设有输水廊道和在廊道上安装阀门，以便从上游向闸室灌水或由闸室向下游泄水。闸首上的工作闸门多为人字闸门，也可采用直升平面闸门、横拉平面闸门、下降式弧形闸门和三角闸门等（图 12-16)。人字门一般适用于单向水头，平面闸门和三角闸门适用于双向水头。输水廊道上的阀门则多用直升平板阀门，在帷墙中设有消能室的输水廊道也可采用圆筒阀门。

闸首主要由底板和两侧边墩构成。闸首结构型式和布置主要取决于地基条件、闸门形式、输水方式和有无帷墙等因素。下闸首的底板通常与闸室底板齐平，其高程为下游最低通航水位减去有效水深 h_k；上闸首底板高程为上游最低水位减去有效水深 h_k。当船闸上下游最低水位之差较大时，为减小闸门和边墩的高度，节省上游引航道的开挖工程量，常在上闸首修建帷墙，如图 12-17 所示。设置帷墙还可以减少泥沙进入闸室淤积，并有利于布置输水系统。对于小型船闸，当上下游最低水位差不大

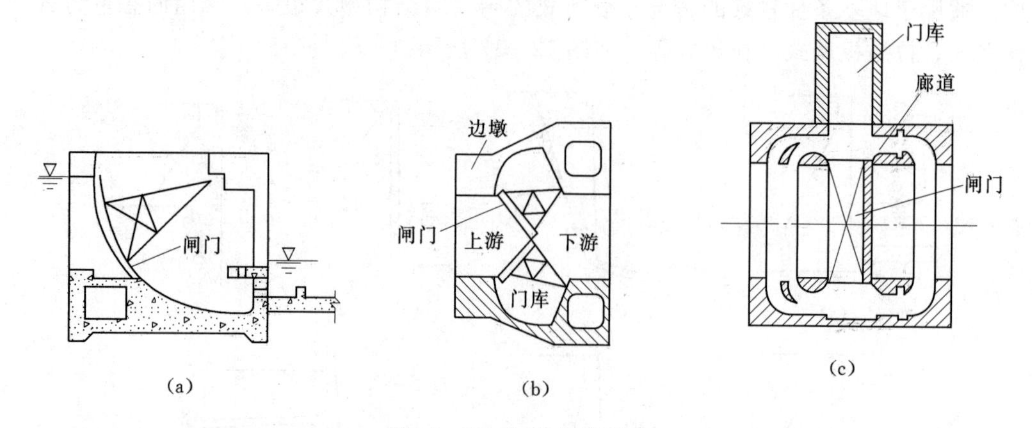

图 12-16　闸首布置型式

(a) 下降式弧形门闸首纵剖面图；(b) 三角门闸首平面图；(c) 横拉门闸首平面图

时，也可不设帷墙而用斜坡护底连接闸首与闸室底板。平原地区闸、站枢纽中的船闸，常遇到双向水头问题，即汛期闸外（江）水位高于闸内（河）水位，汛期过后出现相反情况。这种船闸的闸首底板和闸室底板常布置在同一高程上，闸首的防渗和排水问题与土基上的水闸相同。

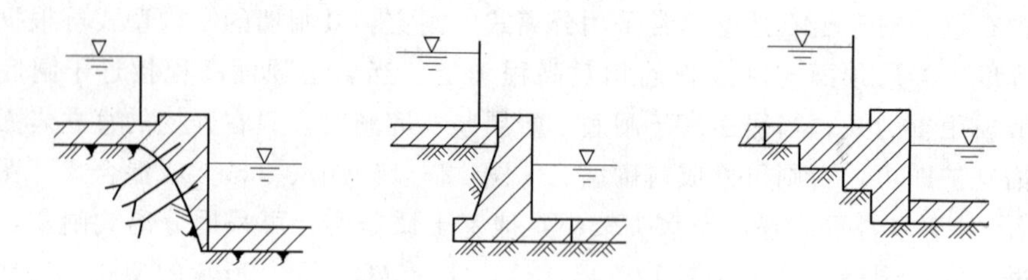

图 12-17　上闸首帷墙型式

闸首的结构型式也可分为整体式和分离式两种。前者边墩与底板连成整体，适用于非岩石地基；后者边墩与底板分离，各自独立承受荷载，适用于岩石地基。图 12-18 为整体式闸首结构图。

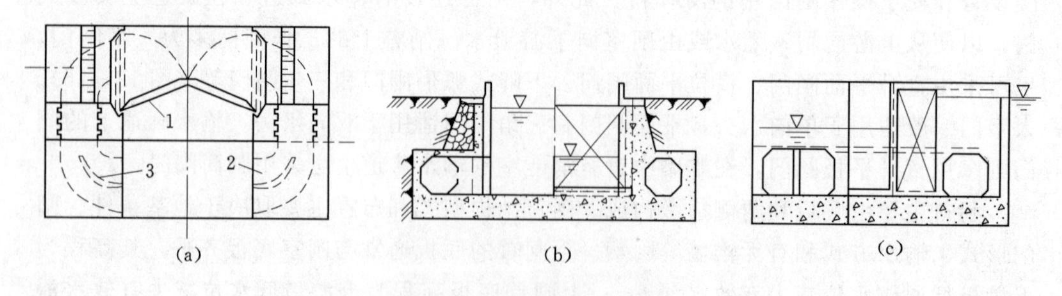

图 12-18　整体式闸首

(a) 平面图；(b) 横剖面；(c) 纵剖面

1—闸门；2—廊道；3—分流墩

闸首的轮廓尺寸应先根据输水系统、闸阀门及启闭机的型式、布置及运用等因素进行拟定，然后再根据地基的反力、稳定条件及构件强度进行校核。

(三) 输水系统

供闸室灌水或泄水的设备称为船闸的输水系统。设计输水系统应力求缩短闸室内灌泄水时间，保持闸室内水流平稳，避免船舶遭受剧烈震荡。船闸输水系统有集中的闸首输水和分散的闸室输水两种。前者是把所有灌水和泄水设备都布置在闸首内（图 12-19)；后者是把输水廊道布置在闸室的闸墙内或底板中，并通过闸墙或底板上的许多出水孔进行灌水和泄水（图 12-20)。闸室分散输水的优点是灌水时水流较平稳；缺点是结构复杂，造价较高，施工麻烦，适用于高水头大中型船闸。

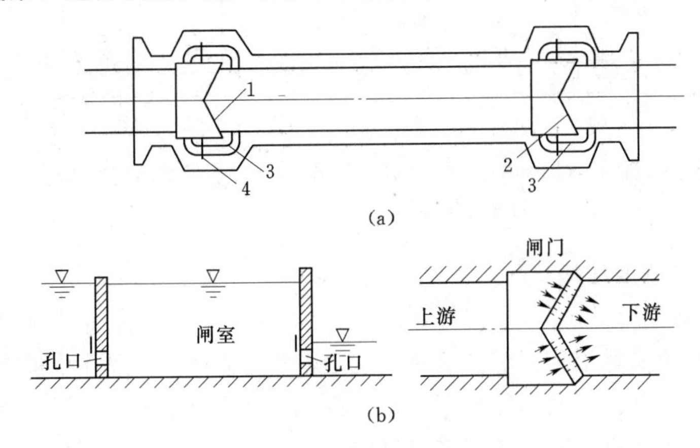

图 12-19　闸首集中输水系统示意图

(a) 短廊道输水；(b) 闸门上孔口输水

1—上闸首闸门；2—下闸首闸门；3—输水廊道；4—廊道阀门

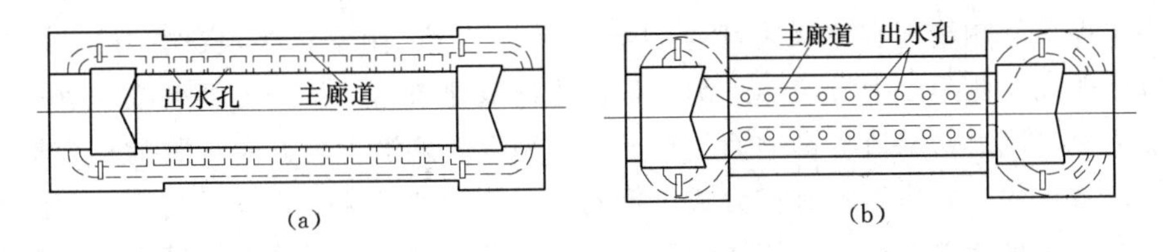

图 12-20　分散式长廊道输水系统示意图

闸首输水系统常见的有短廊道输水和闸门上孔口输水两种。前者利用设在闸首两侧边墩内并绕过工作闸门的廊道输水，适用于水头和闸室均较大的情况。后者利用在闸门上开设孔口并安装阀门进行输水，结构简单，造价便宜；但水流集中，影响船舶平稳停泊，闸室有效长度也相应增加，一般仅用于低水头的小型船闸［图 12-19 (b)］。

采用对称短廊道输水可利用水流对冲消能，如图 12-21 所示。当闸首有帷墙时，常在帷墙中设消能室。廊道出口水流首先在消能室进行对冲消能，然后一部分水流经由消能室顶部设置的消力梁进一步消能后流向下游，另一部分水流经由消能室后墙上开设的孔口格栅流向下游（图 12-22)，这是一种较为理想的消能措施。

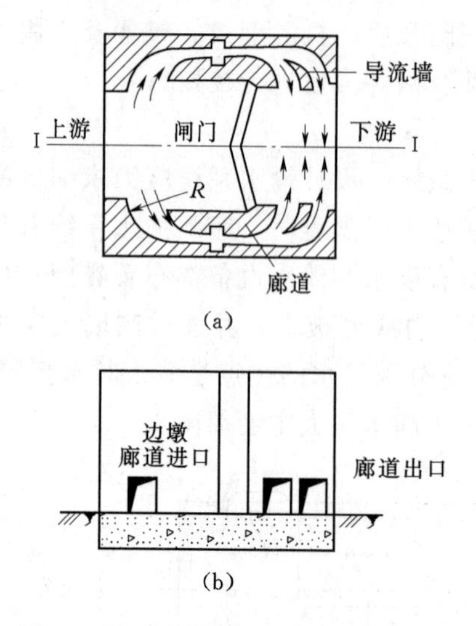

图 12-21　廊道输水对冲消能示意图
(a) 平面图；(b) Ⅰ—Ⅰ剖面图

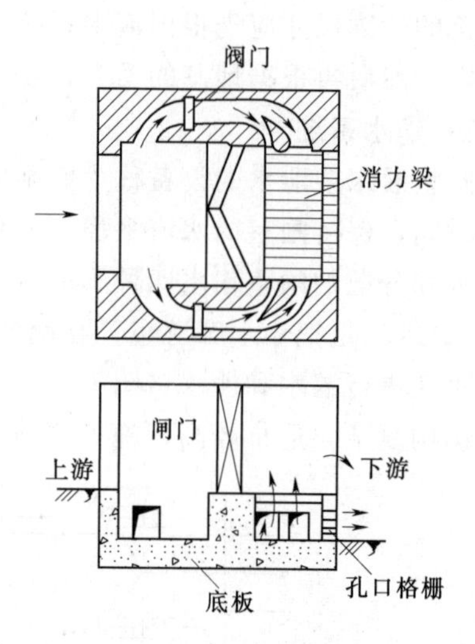

图 12-22　低帷墙的廊道输水布置型式

（四）引航道附属结构

1. *岸坡护砌*

为了防止水流、风浪和行船波浪对引航道岸坡的冲蚀，必须在引航道的范围内进行护底与护岸。土基上护底一般采用干砌块石，护岸可根据不同地段的水流情况和工作条件采用相应的护砌型式。在闸首附近的一段引航道，其岸坡可采用混凝土板或浆砌块石护面，其余部分的引航道也可采用干砌块石护坡。护面底部需铺砂石反滤层或碎石垫层，以防渗透水流破坏。

2. *导航结构*

为了保证船舶能顺利地从较宽的引航道进入较窄的闸室，必须设置导航建筑物。位于进闸航线一侧用以引导船舶进闸的称为主导航建筑物，位于出闸航线一侧用以防止船舶受侧向风力，水流等影响而偏离航线，引导船舶沿正确方向行驶的称为辅导航建筑物。常见的导航建筑物有重力式、钢筋混凝土排架式及浮式三种类型。前两种适用于船闸与土坝相邻而且水深较浅的情况，后一种适用于水深较大的情况。导航建筑物上还要有系船设施，以保证船舶安全停靠。

七、船闸在水利枢纽中的位置

在综合利用枢纽中，船闸往往只是其中的组成建筑物之一。因此船闸在枢纽中的位置除应保证船舶航行的安全和方便外，还要考虑整个水利枢纽的运用和施工条件使枢纽布置经济合理。根据这些原则，船闸的布置应使泄水建筑物的泄水和电站的尾水不影响船舶进出船闸时的安全。同时，船闸上下游要有足够的平稳水面，以供等候过闸的船舶停泊和调头，以及设置装卸货物的码头等。船闸的上下游引航道要能方便地与河道的深泓线相连接。此外，船闸的布置要结合地形、地质条件，力求节省枢纽的工程量，并使维护管理和施工既方便又经济。

船闸在水利枢纽中的位置主要有以下两种：①船闸位于河床内（图 12-23）；

②船闸位于河道以外的引河上（图 12－24）。

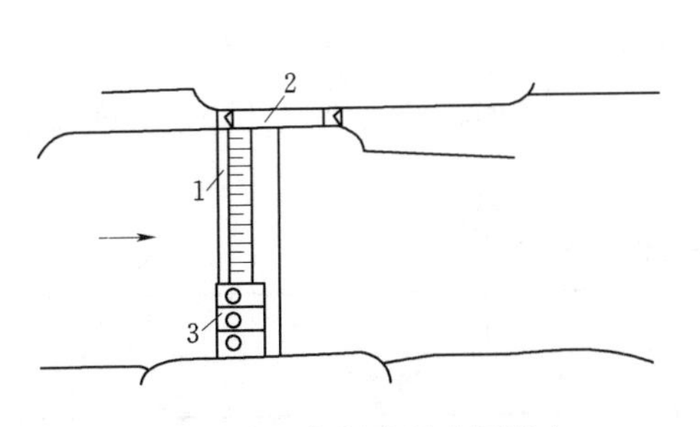

图 12－23　船闸布置在河床内

1—拦河坝；2—船闸；3—水电站

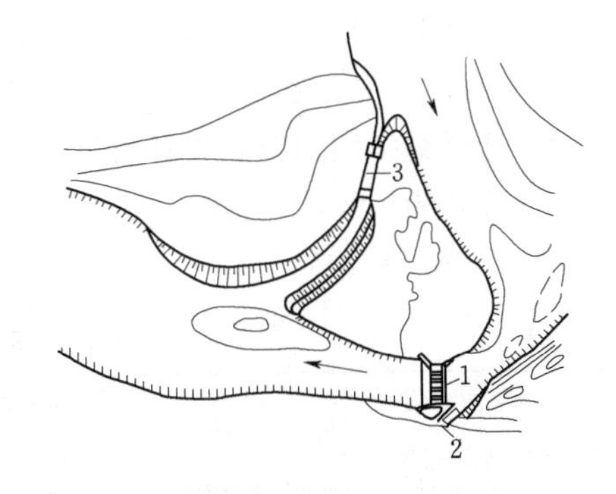

图 12－24　船闸布置在引河内

1—节制闸；2—进水闸；3—船闸

当河道的宽度足够布置溢流坝和水电站时，一般可将船闸布置在河床内。当有条件时，最好将船闸布置在水深较大和地质条件较好的一岸；当枢纽处于微弯河段，大都将船闸布置在凹岸。这种布置方式不仅可使船闸及其引航道挖方量减少，而且下游引航道进出口的通航水深也容易保证。但船闸需在围堰内施工，并需要引航道靠河中一侧建筑较长的导堤以保证船舶安全航行。

当地形和地质条件合适时，如图 12－24 所示的弯曲河段，将船闸布置在凸岸开挖的引河内是一种较好的方案。船闸远离泄水建筑物，船舶进出引航道比较安全。船闸和引航道的开挖量虽较大但施工条件大为简化，可以不做围堰且可先期施工，不影响原河道的通航，拦河闸坝施工时，又可利用船闸导流。采用这种布置方案时，为保证船舶航行方便，引河长度不应小于 4 倍闸室长度，引航道轴线与河道水流方向的夹角应尽量减小，以防行船受横向流速的影响。

船闸在闸坝轴线的相互位置也有两种布置方式：一种是将船闸的闸室布置在坝轴线的上游；另一种是将闸室布置在坝轴线的下游。前一种布置方式便于交通线路穿过下闸首，容易满足船舶通航对桥梁净空的要求；但是当闸室内为下游水位时，闸室承受较大荷载，结构比较复杂，检修也不方便；且下游需要建造较长的导航堤，以防溢流坝下泄水流对行船的不利影响，因此工程上较少采用。后一种布置方式的优点是下游导航堤较短，闸室受到的上浮力小、检修也较方便，所以工程上广泛采用。但经过枢纽的交通线路穿过上闸首，必须加高桥台或采用活动式交通桥才能满足通航净空的要求。

第二节　升　船　机

升船机是通过机械装置升降船舶以克服航道上集中水位落差的通航建筑物。升船机通过机械力驱动承船厢升降，使船厢内的水位，分别与上、下游引航道水位齐平，启闭工作闸门，船舶进出承船厢，以克服枢纽水位落差。升船机与船闸相比，具有耗水量少，一次提升高度大，过船时间短等优点；但由于它的结构较复杂，工程技术要求高，钢材用量多，所以不如船闸应用广泛，通常只有具有岩石河床的高、中水头枢纽，且建造升船机较之建造多级（或井式）船闸更经济合理的情况下采用。德国等欧洲国家在运河上采用较多。

一、升船机级别划分和设计标准

根据《升船机设计规范》（GB 51177—2016），升船机的级别按设计最大通航船舶吨位分为 6 级，见表 12-3。

表 12-3　　升船机分级指标表

升船机级别	Ⅰ	Ⅱ	Ⅲ	Ⅳ	Ⅴ	Ⅵ
设计最大通航船舶吨级/t	3000	2000	1000	500	300	100

升船机的级别应与所在航道等级相同，其通过能力应满足设计水平年运量要求。当升船机的级别不能按所在航道的规划通航标准建设时，应作专题论证并经有关部门审查确定。

升船机的设计水平年宜采用建成后的 20～30 年。对增建复线和改建扩建困难的升船机，应采用更长的设计水平年。

升船机建筑物的级别，应根据其所在航道等级及建筑物在工程中的作用和重要性，按表 12-4 确定。位于综合枢纽挡水前沿的升船机闸首的级别应与枢纽其他挡水建筑物级别一致。当承重结构级别在 2 级及以下，且采用实践经验较少的新型结构或升船机提升高度超过 80m 时，其级别宜提高一级，但不应超过枢纽挡水建筑物的级别。

表 12-4　　升船机建筑物级别划分表

升船机级别	建筑物级别		
	闸首	承重结构	斜坡道
Ⅰ	1	1	—
Ⅱ、Ⅲ	2	2	—
Ⅳ、Ⅴ	3	3	—
Ⅵ	4	4	4

二、升船机分类

升船机按承船厢或承船车装载船舶总吨级大小分为大型升船机（1000t 级及以上）、小型升船机（100t 级及以下）和中型升船机（100～1000t 级之间）。

升船机按其运行方向，可分垂直升船机和斜面升船机两种。垂直升船机的运载设备是沿着铅直方向升降的，因此它与斜面升船机相比，能缩短建筑物长度和运行时间，但它需要建造高大的排架或开挖较深的竖井，技术上要求较高，工程造价大。大、中型升船机宜选用垂直升船机。斜面升船机一般比垂直升船机经济，施工、管理、维修也方便，但它需要有合适的地形条件，水头高时运行路线长，运输能力较低。当枢纽河岸具备修建斜坡道的地形条件，投资较小时，且以通航货船为主的小型升船机，可选用钢丝绳卷扬式斜面升船机。

升船机的运载设备主要是承船厢或承船台车。按运载设备内是否用水浮托船舶，可分为湿运式和干运式两种。湿运式是指船浮在承船厢内的水中；干运式是将船舶搁置在无水的承船台车内的支架上运送。干运式船舶易受碰损，因此仅可用于通航货船的100t级小型升船机。大、中型升船机应采用湿运式。

三、垂直升船机

垂直升船机根据其平衡工作原理分为全平衡式和下水式两类。

（一）全平衡式

全平衡式垂直升船机是平衡重总重与承船厢总重相等的垂直升船机，即不下水式垂直升船机。通常均为湿运。

按照升船机承船厢平衡和驱动方式的不同，全平衡式垂直升船机的型式有钢丝绳卷扬提升式、齿轮齿条爬升式、浮筒式、水压式等。

1. 钢丝绳卷扬提升式

升船机主体部分由承船厢及其机电设备、平衡重系统、钢筋混凝土承重结构及其顶部机房等组成。承船厢及厢内水体的重量，由多根钢丝绳悬吊的平衡重块全部平衡，承船厢的升降通过卷扬提升机构的正、反向运转实现。卷扬机上设有安全制动器和工作制动器，在停机状态对卷扬机实施安全锁定，并在事故状态对卷扬提升机构实施制动。钢丝绳卷扬提升式全平衡垂直升船机总布置，如图12-25所示。钢丝绳卷扬提升式全平衡垂直升船机是应用比较广泛的垂直升船机。这种升船机的技术成熟，设备制造、安装难度和工程造价相对较低，可以适应很大的提升高度；可根据防止事故的要求，设置不同类型的安全装置，保证升船机整体运行的安全可靠性。

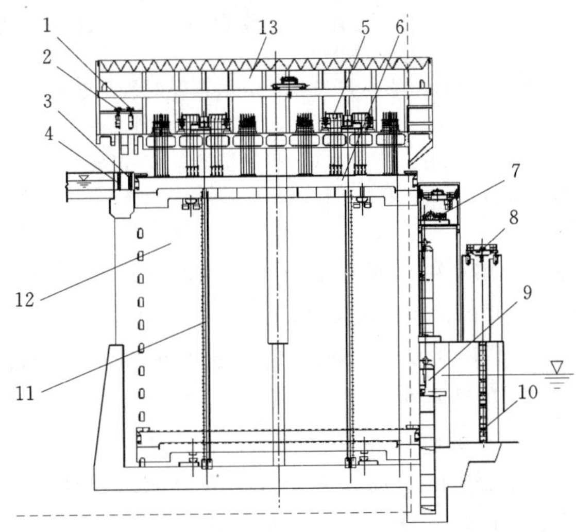

图12-25 钢丝绳卷扬提升式全平衡垂直升船机总布置示意图

1—上闸首检修门启闭机；2—上闸首工作门启闭机；3—上闸首检修门；4—上闸首工作门；5—主提升机；6—承船厢；7—下闸首工作门启闭机；8—下闸首检修门检修桥机；9—下闸首工作门；10—下闸首检修门；11—平衡链；12—混凝土承重结构；13—机房

2. 齿轮齿条爬升式

与钢丝绳卷扬提升式全平衡垂直升船机的不同之处为：在承船厢室部分的主要差异是船厢驱动设备的型式与布置不同，升船机承船厢的驱动设备布置在船厢上，采用开式齿轮或链轮，沿竖向齿条或齿梯，驱动船厢升降；安全保障系统的构造与工作原理不同，事故安全机构采用“长螺母柱-旋转螺杆”式或“长螺杆-旋转螺母”式，通过机械轴与相邻的驱动机构连接并同步运转，当升船机的平衡状态遭到破坏时，驱动机构停机，螺杆或螺母停止转动，在不平衡力作用下，安全机构螺纹副的间隙逐渐减小直至消失，最后使船厢锁定在长螺母柱或长螺杆上。齿轮齿条爬升式全平衡垂直升船机总布置见图12-26。齿轮齿条爬升式全平衡垂直升船机应对承船厢漏水事故的能力强，但设备安装和混凝土承重结构施工的精度要求高，设备制造和工程施工的难度大，工程造价较高。

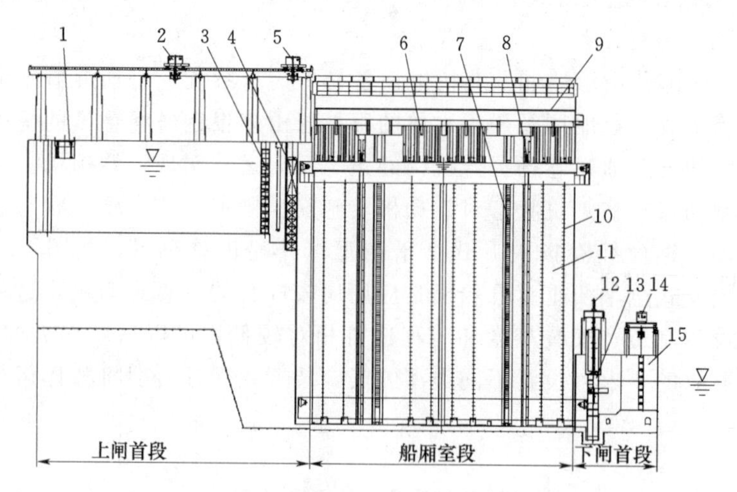

图12-26 齿轮齿条爬升式全平衡垂直升船机总布置示意图

1—活动桥；2—上闸首辅助门启闭机；3—上闸首辅助门；4—上闸首工作门；5—上闸首工作门启闭机；6—承船厢；7—齿条；8—螺母柱；9—机房；10—平衡链；11—混凝土承重结构；12—下闸首工作门启闭机；13—下闸首工作门；14—下闸首检修门启闭机；15—下闸首检修门

如图12-27所示为1975年建成的德国吕内堡齿轮齿条爬升式全平衡式垂直升船机示意图，其承船厢长100m、宽12m、水深3.5m，可通过1350t的船舶，带水满载总重量约为5800t，最大提升高度为38m。平衡重布置在承船厢每侧各两座独立的钢筋混凝土塔楼内，每一塔顶装有两组各15个直径为3.5m的双槽绳轮。承船厢和平衡重用240根直径为54mm的钢丝绳串接悬吊在绳轮上，其下方用与钢丝绳等重的平衡链串接，上下连环构成封闭的平衡系统，从而使升船机在运转过程中，始终保持平衡状态，驱动功率较小。长江三峡升船机是世界上规模最大的齿轮齿条爬升式垂直升船机，其带水船厢总质量为15500t，设计通航船舶吨位3000t。

3. 浮筒式

升船机承船厢的重量，由其底部浸没在密闭的盛水竖井中的若干个钢结构浮筒的浮力平衡，井壁由钢筋混凝土衬砌，承船厢由钢结构支架支承在浮筒上，浮筒及其支架设有导向装置。水下浮筒的浮力与承船厢、筒体及支架等活动部件的总重量相等，保持升船机处于全平衡状态。在浮筒内部注入压缩空气，防止浮筒进水造成浮力降低。承船厢及浮筒的升降，由4套通过机械同步的螺杆-螺母系统实现。驱动方式有“螺杆固定、螺母旋转”和“螺母固定、螺杆旋转”两种。图12-28为德国亨利兴堡枢纽的双筒垂直升船机示意图，其承船厢有效长度90m，宽12m，厢内水深3m，载船吨位1350t，提升高度为14.5m。升船机的活动部分包括承船厢、浮筒和浮筒支柱。承船厢支承在浮筒支柱上，借助承船厢两侧4个带螺纹大型柱子的转动来实现升降运动，柱子由同步电动机驱动。

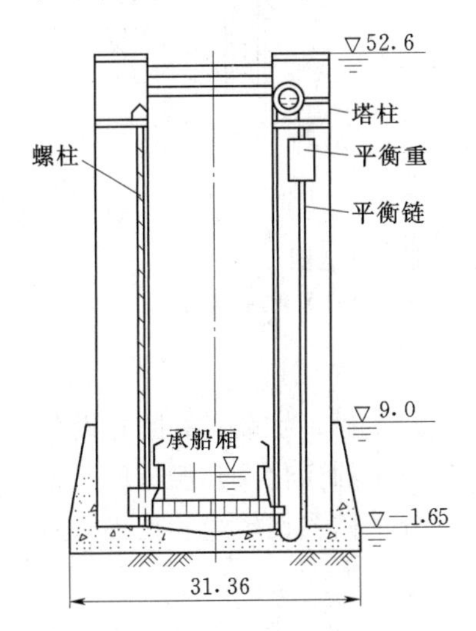

图12-27　吕内堡垂直升船机示意图（单位：m）

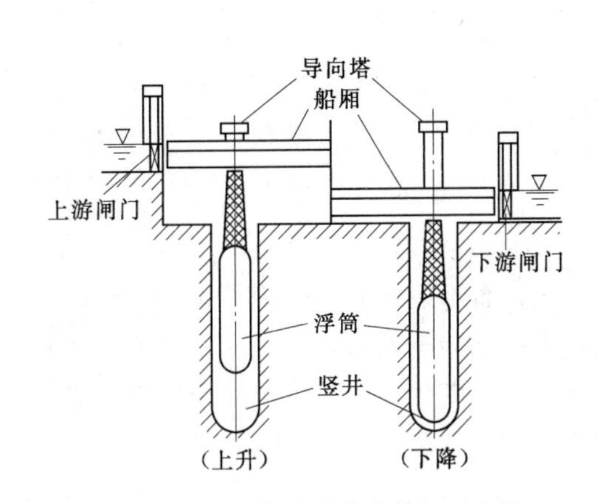

图12-28　浮筒式垂直升船机示意图

4. 水压式

水压式垂直升船机，根据流体静压平衡的原理工作，均采用双线布置。承船厢底部连接有活塞，由活塞井中作用在活塞上的水压力平衡承船厢的重量。通过活塞在充满压力水且密闭的活塞井内的上、下运动，带动承船厢升降。水压式垂直升船机工作原理，如图12-29所示。

水压式垂直升船机必须双线同时修建、互为平衡，两线承船厢上、下必须同时、交替运行，明显影响运行效率，承船厢重量不可能太大、提升高度也不可能太高，因此该型式的升船机应用很少。

（二）下水式

下水式垂直升船机是承船厢可直接进入引航道水域，以适应引航道较大的水位变幅和较快水位变率的一种升船机型式。承船厢下水式的垂直升船机采用部分平衡式。下水式垂直升船机的主要型式有钢丝绳卷扬提升部分平衡式、钢丝绳卷扬提升水平移动式及水力浮动式等。

1. 部分平衡式钢丝绳卷扬提升升船机

升船机的设备布置及结构型式与全平衡钢丝绳卷扬提升式垂直升船机基本相同，

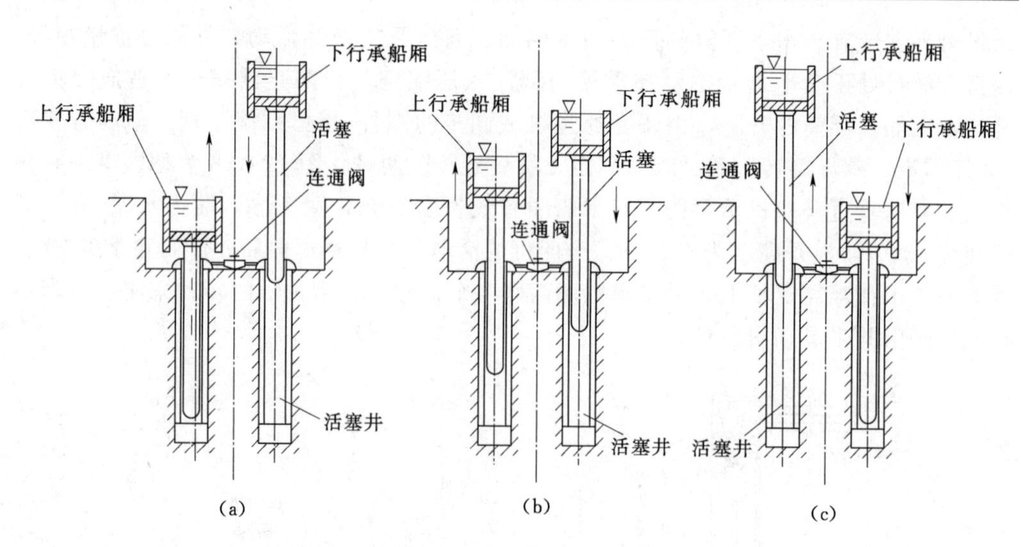

图 12-29　水压式垂直升船机工作原理示意图

(a) 承船厢上行（下行）起始位置；(b) 承船厢上行（下行）中间位置；

(c) 承船厢上行（下行）终了位置

只是平衡重不按承船厢及其设备和全部水体重量进行配置，为减小主提升设备的规模，采用部分平衡的方式，应对承船厢入水前后重量发生的变化。升船机的平衡重通常按主拖动电机恒扭矩或恒功率的原则进行配置。部分平衡式钢丝绳卷扬提升垂直升船机布置，如图 12-30 所示。

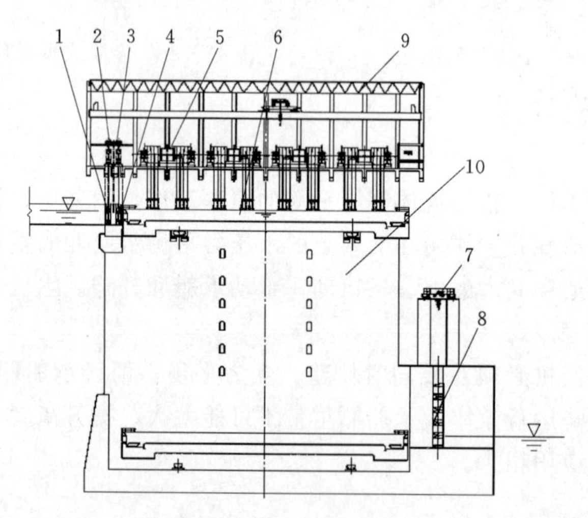

图 12-30　部分平衡式钢丝绳卷扬提升垂直升船机布置示意图

1—上闸首检修门；2—上闸首检修门启闭机；3—上闸首工作门启闭机；4—上闸首工作门；5—主提升机；6—承船厢；7—下闸首检修门检修桥机；8—下闸首检修门；9—机房；10—混凝土承重结构

部分平衡式钢丝绳卷扬垂直升船机可适应航道的水位变幅和变率，应对承船厢漏水事故的能力相对较强，设备相对简单、运行环节较少，但其主提升机构规模较大，工程总造价和运转费用一般高于全平衡式。

2. 钢丝绳卷扬提升移动式

升船机的承船厢由4吊点移动式提升机悬吊，其提升机布置在排架上，线路从上游水域横跨坝顶后一直延伸到下游航道内。提升机构的卷扬机提升承船厢竖直升降，行走机构使船厢水平移动翻越坝顶。升船机的移动提升机构，有桥机式和门机式两种型式。该型式升船机一般为干运，也可干、湿两用。钢丝绳卷扬提升移动式垂直升船机布置，如图12-31所示。

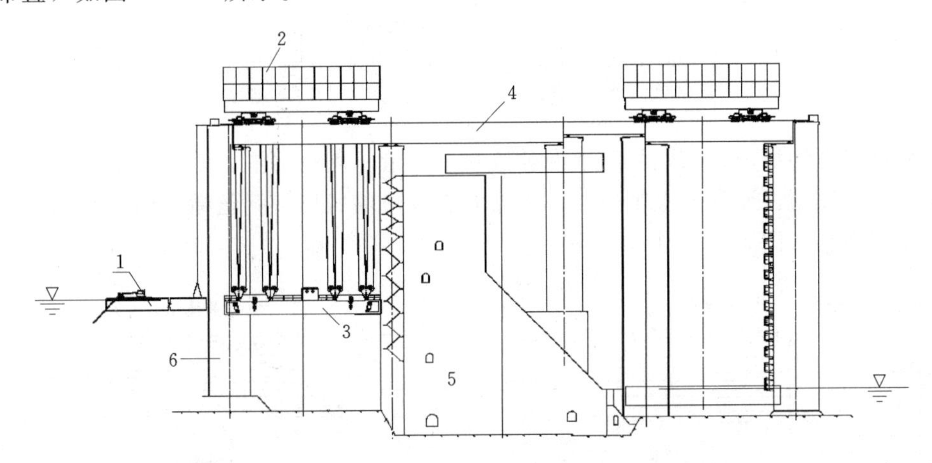

图12-31　钢丝绳卷扬提升移动式垂直升船机布置

1—上游浮式导航墙；2—主提升机；3—承船厢；4—轨道梁；5—大坝；6—混凝土支墩

3. 水力浮动式

水力浮动式升船机综合浮筒式和钢丝绳卷扬提升式两种型式的特点，将由钢丝绳悬吊的平衡重改为浮筒，在浮筒内装水，使浮筒装水后的总重量与承船厢总重量相等。浮筒式平衡重在充水的混凝土竖井内升降，竖井通过管路分别与上游水库和下游引航道连通，通过控制管路上的阀门向竖井内充水或泄水，浮筒随井内水位升降，并驱动布置在平衡滑轮另一侧的承船厢升降。

水力浮动式垂直升船机适应过船规模和提升高度都较大，船厢可以下水，能够适应较大的水位变幅和变率；船厢无需设置专用的提升机构；设备制造、安装难度相对较小，应对承船厢漏水事故的能力较强；但其通过阀门控制升船机运行的技术和水力学问题复杂，目前实践经验较少。

四、斜面升船机

斜面升船机由承船厢（或承船台车）、斜坡轨道、驱动装置及跨越坝顶的连接设施等几部分组成，如图12-32所示。

斜面升船机可分为全平衡式、下水式和水坡式三类。

（一）全平衡式

1. 钢丝绳牵引全平衡纵向斜面升船机

升船机在上、下游引航道末端，在顺河道轴线方向布置的斜坡道两端，设上下闸首，承船厢主纵梁布置两列支承台车，在上下闸首之间，通过机械驱动钢丝绳牵引，沿斜坡道上的两线轨道上下升降。承船厢及其设备的重量，由平衡重全部平衡。为使

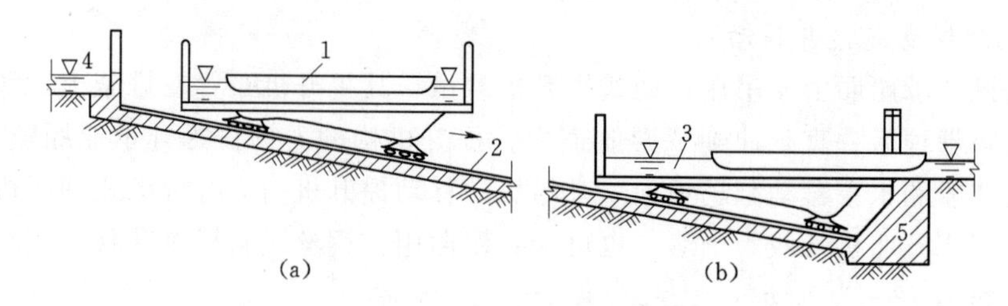

图 12-32 斜面升船机示意图

(a) 斜面升船机在运行中；(b) 斜面升船机停在下闸首

1—船舶；2—轨道；3—船厢；4—上闸首；5—下闸首

钢丝绳的张力均衡，在钢丝绳与船厢的连接处设液压均衡油缸。多套卷扬机之间通过机械同步轴联结。通常在上闸首的下方布置卷扬机的机房。钢丝绳牵引全平衡纵向斜面升船机布置如图 12-33 所示。

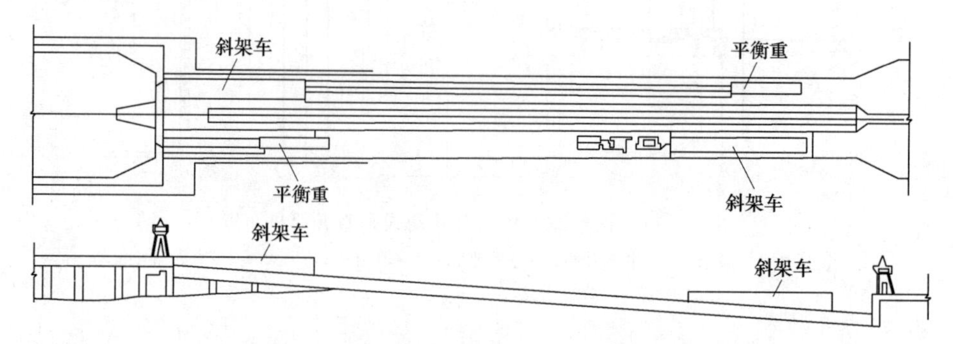

图 12-33 钢丝绳牵引全平衡纵向斜面升船机布置示意图

钢丝绳牵引全平衡纵向斜面升船机对地形条件和通航水位变化的要求较高，适应水利枢纽上、下游水位变幅的能力差。

2. 钢丝绳牵引全平衡横向斜面升船机

升船机斜坡道垂直于河道轴线方向布置。升船机上、下闸首、船厢轨道、平衡重小车及其轨道等布置与纵向斜面升船机相似。这种型式较之纵向斜面升船机，可以适应较陡的坡度。钢丝绳牵引全平衡横向斜面升船机布置如图 12-34 所示。

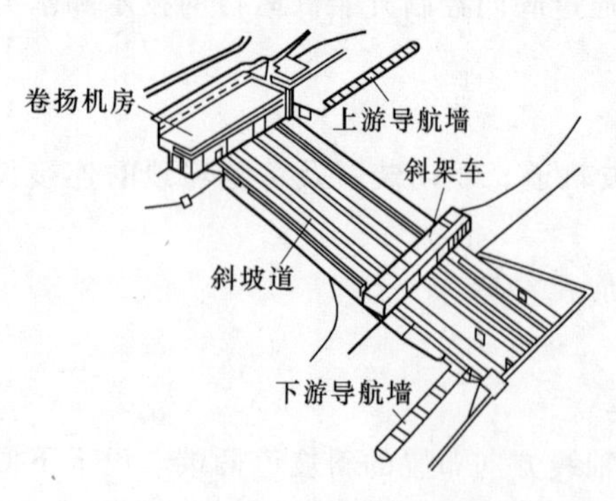

图 12-34 钢丝绳牵引全平衡横向斜面升船机布置示意图

钢丝绳牵引全平衡横向斜面升船机对河道的地形条件有较高要求，斜坡道坡度比纵向斜面升船机可适当加大，多组牵引钢丝绳之间的同步要求高，适应水利枢纽上、下游引航道水位变幅的能力差。

(二) 下水式

与全平衡工作对应，下水式斜面升船机承船厢通常不设平衡重。有两种主要型式。

1. 自行式纵向斜面升船机

升船机的承船厢不设平衡重，有只在下

游坡设置斜坡道的单坡式和在上、下游均设斜坡道的双坡式两种型式。如上、下游斜坡道不在同一轴线时，升船机在坝顶两侧斜坡道交会处，设置用以调整方向的转盘；升船机的驱动系统，广泛采用液压技术，承船厢由液压马达驱动沿斜坡道行走。自行式纵向斜面升船机布置如图 12-35 所示。

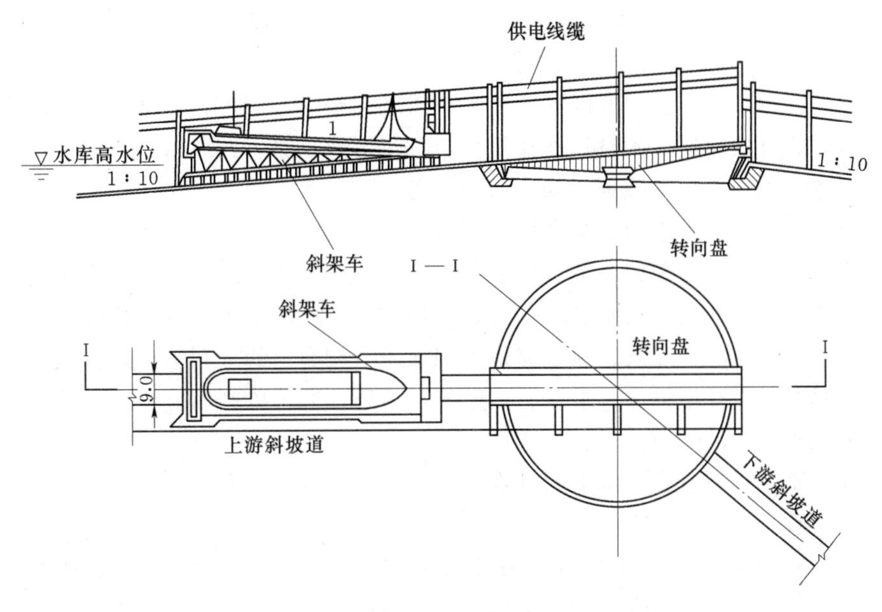

图 12-35　自行式纵向斜面升船机总布置示意图

自行式纵向斜面升船机对地形条件和上、下游引航道水位变化的适应能力较强；无需设置上、下闸首，土建结构相对简单；斜坡道的坡度不能太大、坡道较长，适应水头有一定限制，土建工程量相对较大；驱动机构技术复杂，驱动功率相对较大，使用寿命相对较短，设备造价较高；经转盘调转方向后，船只需要倒车退出船厢，过船的条件较差、过船的时间较长；该型式升船机应用较少。

2. 无平衡重的钢丝绳牵引式纵向斜面升船机

升船机一般为干运船舶过坝，承船厢不设平衡重，也不设闸首，船厢直接下水，适应引航道水位变化，其重量完全由卷扬机牵引设备承担。升船机在上、下游斜坡道坡度相同，在坝顶交会处，两条轨道布置成“驼峰”型式，卷扬机布置在“驼峰”下方或两侧。承船厢靠摩擦装置、转盘和惯性等多种驱动方式，通过坝顶。纵向斜面升船机摩擦驱动通过“驼峰”布置。

钢丝绳牵引无平衡重的纵向斜面升船机可以很好地适应航道水位的变幅与变率；设备布置相对简单，技术比较成熟；承船厢过驼峰时难以做到绝对平稳，不适宜用于湿运方案；在多沙的河道上，斜坡道水下部分有泥沙淤积，对船厢下水不利。

（三）水坡式

水坡式升船机在斜坡道上设置 U 形槽，升船机在槽内设有可沿斜坡道上、下沿滑动的刮板，并在刮板与 U 形槽间设置严密的止水，通过机械设备驱动刮板带动楔状水体和在内的船舶沿斜道坡升降。

水坡式升船机的止水的可靠密封难度大，使用寿命短；斜坡槽的坡度不能大，线路较长、驱动功率较大；上、下游引航道不能有太大的水位变化；适应的水头和规模较小。目前仅在法国蒙特施和枫斯拉诺各建有一座水坡式斜面升船机。

第三节　过木建筑物

在有木（竹）材浮运需要的河流上兴建水利枢纽时，应进行经济比较，妥善解决木（竹）材的过坝问题。木材过坝建筑物简称过木建筑物，其作用是采取合适的方式使河流上游的木（竹）材顺利过坝输送到下游。

常用的过坝方式有水力过坝和机械过坝两种。水力过坝方式适用于中低水头、水量充沛的水利枢纽；常用的水力过坝的过木建筑物的主要型式有筏道、漂木道、筏闸等，也可利用水闸闸孔或船闸过木。机械过坝方式适用于上游水位变幅较大、水头较高或过木用水与发电、灌溉、通航等任务用水矛盾较突出的水利枢纽；机械过坝的主要型式有过木机、升排机、起重机、索道等，另外，还可以利用公路或铁路运送木材过坝，然后转运至目的地。

本节主要介绍筏道、漂木道和过木机。

一、筏道

筏道是利用水力输运木排（又称木筏）过坝的陡槽，具有不改变河流原有的木（竹）材流放方式和过木量大的优点，但需消耗一定的水量，适用于中、低水头且上游水位变幅不太大的水利枢纽。

筏道通常由上、下游引筏道，进口段，槽身段，出口段几部分组成。

上、下游引筏道是河道与筏道之间的过渡段，用以引导木排顺利进入筏道进口和进入枢纽下游河道的主流区。布置在河岸一侧的引筏道，有时为了适应枢纽地形和下游河道的主流方向，引筏道在平面上采用圆弧曲线，圆弧半径至少应为木排长度的7倍，且不宜小于150～200m，以保证木排顺利通过。

筏道进口必须适应上游库水位的变化，准确调节筏道流量，以节省水量和安全过筏，这是筏道设计的关键。目前常用的筏道进口型式有活动式和固定式两种。后者适用于上游水位变幅较小的情况。

活动式进口由活动筏槽和叠梁闸门组成。叠梁闸门布置在筏槽的上游侧，除用来挡水及检修活动筏槽外，尚可与活动筏槽联合运行调节过筏流量，所以门槽布置成弧形，其半径与活动滑槽长度相同。图12-36是湖南涔天河筏道进口段布置图，筏道宽6.5m，上下游最大落差34.3m，每年可通过木材35万～50万m^3，是我国已建成的规模最大的筏道之一。

固定式进口设有两道闸门，在上、下游两道闸门之间形成一个筏闸室（图12-37），木筏进入闸室后，关闭上游闸门，再缓慢开启下游闸门放空闸室内的水，使木筏落在闸底斜坡上，最后再将上游闸门稍许开启，放水输送木筏进入下游河道。这种筏道结构比较简单，耗水量少，但不能连续过木，运送效率低。

槽身的横断面常为宽浅矩形，槽宽不宜过大，以免木排在槽内左右摆动，一般为

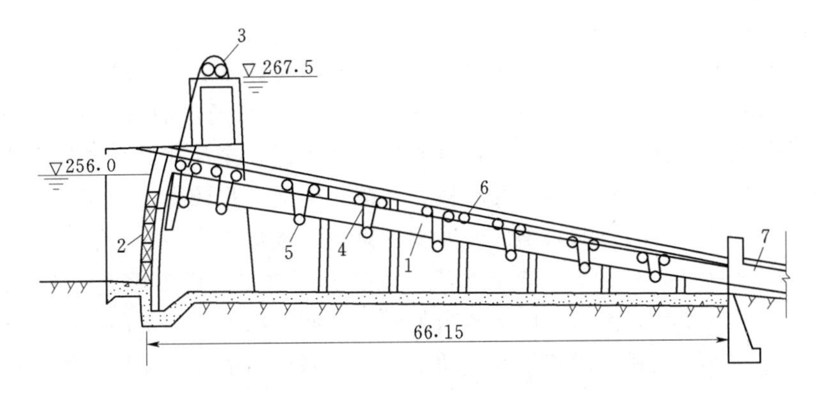

图 12-36　湖南溇天河筏道进口段布置（单位：m）

1—活动筏槽；2—进口叠梁门；3—电动卷扬机；4—钢绳；5—滑轮组；6—支架；7—固定槽

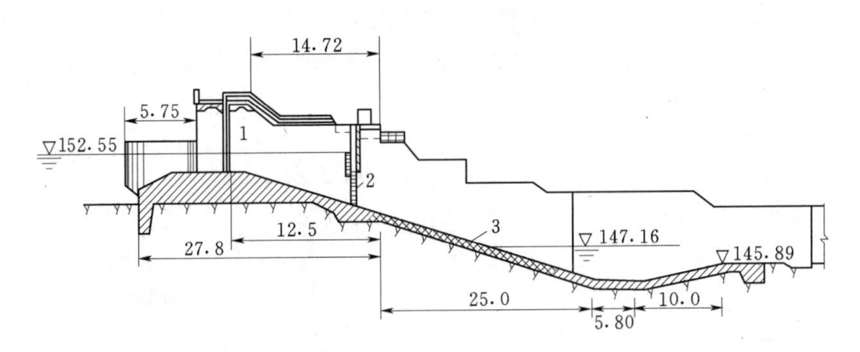

图 12-37　具有筏闸室的筏道（单位：m）

1—进口闸门；2—第二道闸门；3—筏道

木排宽度再加 0.3～0.5m 的富余，常采用 4～8m。槽中水深以选用 2/3 木排厚度为宜，水深过大，水面流速和排速加大，运行不安全，且耗水量也大；水深过小，木排不能浮运，容易产生摩擦，运行也不可靠。木排厚度与设计排型有关，一般约为 0.5～1.0m。槽底纵坡一般用 3%～6%，人工加糙的筏道纵坡可达 8%～14%。为了使槽内各段水深和流速都能满足安全运行的要求，可分段采用由陡到缓的变坡槽底，但相邻两段的底坡变化应不小于 1.5°，以免木排在变坡处的下游撞击槽底。在保证安全运行的前提下，槽中的排速可尽量选用大些，以提高木材的通过能力和缩短筏道的长度。根据经验，一般选用排速为 5m/s 左右，最大可达 7～8m/s。木排在槽中处于悬浮状态，排速约为断面平均流速的 1.5～3.0 倍。考虑到人工加糙等原因，槽内水面可能产生壅高或滚波等现象，槽深应等于槽中最大水深再加上 0.5～1.5m 的安全超高。

出口段应能保证在下游水位变化的范围内顺利流放木排，不搁浅并尽量减少木排钻水现象。为此，出口段与下游衔接最好能形成扩散的自由面流或波状水跃（即弗劳德数 $Fr \leqslant 2.5$），即使不可避免地形成底流水跃衔接，也应采用必要的消能工以减小水跃高度。对下游水位变幅较大的筏道，可采用分段跌坎或活动式出口等相应措施。

二、漂木道

漂木道与筏道类似，也是一个水槽，用于大批散漂原木的浮运过坝。还有一种只运送单根原木的过木槽，用于过木量较少的情况。按木材通过的方式可分为全浮式、半浮式和湿润式。三者的主要差别是过木时用水量不同，全浮式是木材浮在水中随水流漂向下游，基本避免木材与槽底的摩擦、碰撞，但耗水量较多。半浮式和湿润式虽有省水的优点，但木材通过时与槽底有摩擦、碰撞，损耗较大。

漂木道应该只引漂有原木的表层水流，以节省用水量，而由于上游水位的变动，故漂木道常采用各种活动闸门，以适应水位变化，调节漂木道中水层厚度。常用的闸门有扇形闸门、下沉式弧形门和下降式的平板门。扇形门能较好地调节漂木所需水层厚度，但在多沙河流上可能淤沙于门龛而影响闸门运行。下沉式弧形门既可以下沉用以漂木，又可提出水面用以泄洪，适于低水头枢纽过木。图 12－38（a）为四川映秀湾水电站漂木道，采用门宽为 12m 的下沉式弧形门。图 12－38（b）为四川大渡河龚嘴水利枢纽的漂木道，由进口的下降式平板门、活动槽身和出口段组成，上下游最大水位差 50m，平均坡度 13%。

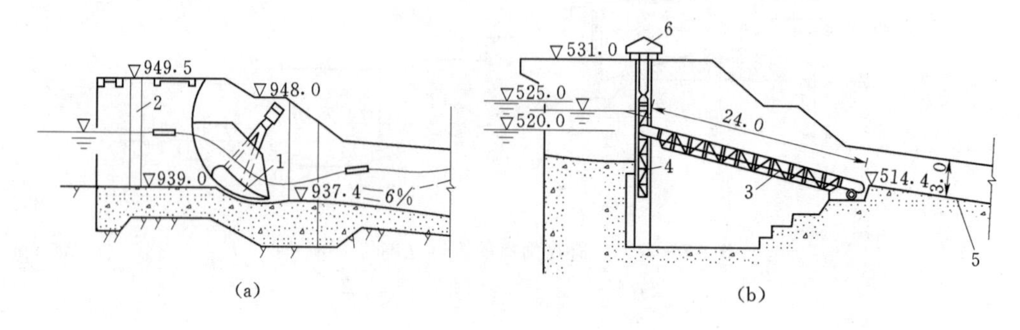

图 12－38　漂木道型式图（单位：m）

（a）下沉式弧形门漂木道；（b）下降式平板门漂木道

1—下沉弧形门；2—检修门槽；3—活动槽；4—平板门；5—固定槽身；6—启门机

漂木道进口在平面上应布置成喇叭形，除导漂设施外，应视不同情况设置机械或水力加速器，以防止木材滞塞和提高通过能力。下游出口应做到水流顺畅，以利木材下漂。

三、过木机

通过高坝修建筏道及漂木道有困难或不经济时，可以采用机械设备输送木材过坝。过木机又叫木材传送机。我国的一些水利枢纽采用的过木机有链式传送机、垂直和斜面卷扬提升式过木机、桅杆式和塔式起重机、架空索道传送机等。

链式过木机由链条、传动装置、支承结构等主要部分组成，既可用于原木过坝也可用于木排过坝。通常沿土石坝上下游坡面或斜栈桥布置成直线，按木材传送方式不同可分为纵向传送（木材长度方向与传送方向一致）和横向传送（木材长度方向与传送方向垂直）两种。前者较多用于原木过坝，如甘肃碧口水电站采用三台并列的纵向原木过坝链条机，链条带动单根原木连续传送过坝，每台链条机的台班过木能力为 930m^3。横向链式过木机通常是采用三条平行的传送链，并设有阻滑装置，江西省洪门水库就是采用这种过木机传送单根原木和木排过坝，效率较高。

架空索道是把木材提离水面，用封闭环形运动的空中索道将其传送过坝，适用于运送距离较长的枢纽。它具有不耗水、与大坝施工及电站运行干扰少、投资省的优点，但运送能力低。浙江湖南镇水电站采用这种方式传送木材过坝，其索道牵引速度为 2m/s，年过木量 18 万 m^3。

除了上述各种过木设施外，在航运量不大，水量充沛的水利枢纽中，也可利用船闸过筏。对于过木量特别大的枢纽，也有专门修建筏闸输运木材过坝，如四川铜街子水电站采用 4 个闸室的多级筏闸运送木材过坝。用面流消能的溢流坝（或溢洪道），还可在泄水时漂木过坝。

第四节 过鱼建筑物

在河流中修建水利枢纽后，一方面在上游形成了水库，为库区养鱼提供了有利条件；另一方面却截断了江河中鱼类回游的通道，形成了上、下游水位差，有洄游特性的鱼类难以上溯产卵，而且有时还阻碍了库区亲鱼和幼鱼回归大海，影响渔业生产。为了发展渔业，需要在水利枢纽中修建过鱼建筑物。但也应该指出，近些年来，国内外有些工程已放弃鱼类过坝自然繁殖方案，而采用人工繁殖、放养方案，如我国长江上的葛洲坝水利枢纽就是采用人工繁殖的方法解决中华鲟鱼过坝问题。

水利枢纽中的过鱼建筑物或过鱼设施主要有鱼道、鱼闸、升鱼机和集运鱼船等类型。

鱼道是最早采用的一种过鱼建筑物，适用于低水头水利枢纽，目前世界上已建成的数百座过鱼建筑物中以鱼道居多。鱼闸和升鱼机适用于中、高水头水利枢纽，它是依靠水力或机械的办法将鱼类运送过坝，鱼类过坝时体力消耗小，一般工程投资比鱼道经济，但不能连续过鱼，运行也不如鱼道方便。集运鱼船分集鱼船和运鱼船两部分。集鱼船驶至鱼类集群处，利用水流通过船身以诱鱼进入船内，再通过驱鱼装置将鱼驱入运鱼船，经船闸过坝后，将鱼投入上游水库。其优点是机动性好，与枢纽布置无干扰，造价较低；但运行管理费用较大。

一、鱼道

（一）鱼道的组成及类型

鱼道由进口、槽身、出口及诱鱼补给水系统等几部分组成。其中，诱鱼补水系统的作用是利用鱼类逆水而游的习性，用水流来引诱鱼类进入鱼道。也可根据不同鱼类特性，利用光线、电流及压力等对鱼类施加刺激，诱鱼进入鱼道，提高过鱼效果。美国在 20 世纪 50 年代建设的北汉坝鱼道的提升高度为 60m、全长 2700m，帕尔顿鱼道的提升高度为 57.5m，全长 4800m；巴西在 2003 年建成的伊泰普鱼道的水位落差为 120m，渠道的总长度约为 10km。

鱼道按其结构型式可分为以下几类。

1. 斜槽式鱼道

斜槽式鱼道为一矩形断面的倾斜水槽。按其是否有消能设施分为简单槽式鱼道和加糙槽式鱼道两种。前者槽中没有消能设施，仅利用延长水流途径和槽壁自然糙率来降低流速，因此槽底坡度很缓，只能用于水头小且通过的鱼类逆水游动能力强的情况，否则，鱼道会很长。后者为一条加糙的水槽，在槽壁和槽底设有间距很密的阻板和砥坎，水流通过时，形成反向水柱冲击主流，消减能量，降低流速，这样可能采用较大的底坡（国外的鱼道陡坡达 1/4～1/6），以缩短鱼道的长度，节省造价；但槽中水流紊动剧烈，对鱼类通行不利，一般适用于水位差不大和鱼类活力强劲的情况。加糙式鱼道是比利时工程师丹尼尔（Denil）首先创造的，故又称丹尼尔鱼道（图 12-39），20 世纪 50 年代在西欧一些国家得到应用，目前国内外已很少采用。

2. 水池式鱼道

水池式鱼道由一连串联结上下游的水池组成，水池之间用底坡较陡的短渠道连接，如图 12-40 所示。串联水池一般是绕岸开挖而成，鱼道总水头可达 10～22m，水池间的水位差为 0.4～1.6m。这种鱼道较接近天然河道的情况，鱼类在池中的休息条件良好。但其平面上所占的位置较大，必须有合适的地形和地质条件，以免因土方工程量过大而造成不经济。

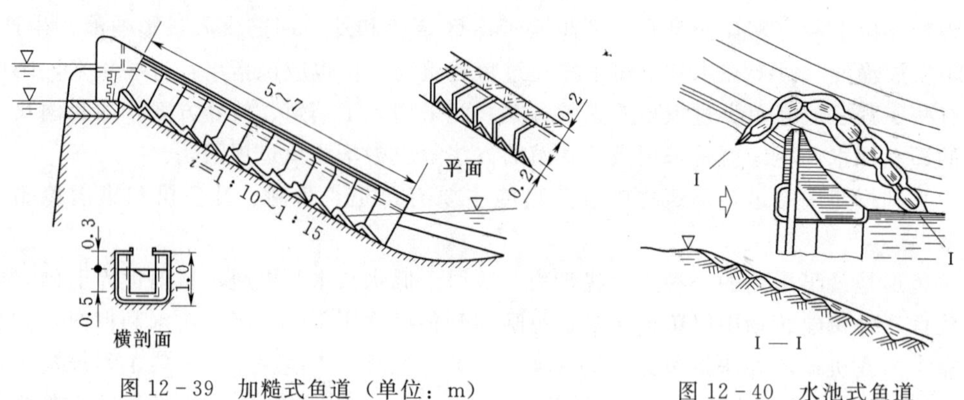

图 12-39　加糙式鱼道（单位：m）　　　　图 12-40　水池式鱼道

3. 隔板式鱼道

隔板式鱼道是在水池式鱼道的基础上发展起来的。利用横隔板将鱼道上下游总水位差分成若干级，形成梯级水面跌落，故又称梯级鱼道（图 12-41）。鱼是通过隔板上的过鱼孔从这一级游往另一级的。利用隔板之间的水垫、沿程摩阻及水流对冲、扩散来消能，达到改善流态、降低过鱼孔流速的要求。这种鱼道水流条件较好，适应水头较大，结构简单，施工方便，故应用较多。按过鱼孔的形状和位置不同，隔板式鱼道可分为溢流堰式、淹没孔口式、竖缝式和组合式 4 种。

溢流堰式的过鱼孔设在隔板的顶部，水流呈堰流状态，主要依靠各级水垫来消能，适应于喜欢在表层洄游和有跳跃习性的鱼类。但由于消能不够充分，且不能适应较大的水位变化，因此很少单独使用。

淹没孔口式隔板鱼道，能适应较大的水位变化。孔口流态是淹没孔流，主要靠孔后水流扩散来消能，孔口形状也可各式各样（如矩形、圆形、栅笼形、管嘴等），在平面上交错布置，以得到较好的水流条件，特别适用于具有在底层洄游习性的鱼类。

竖缝式隔板鱼道是我国应用较成功的一种鱼道。其过鱼孔做成高而窄的过水竖

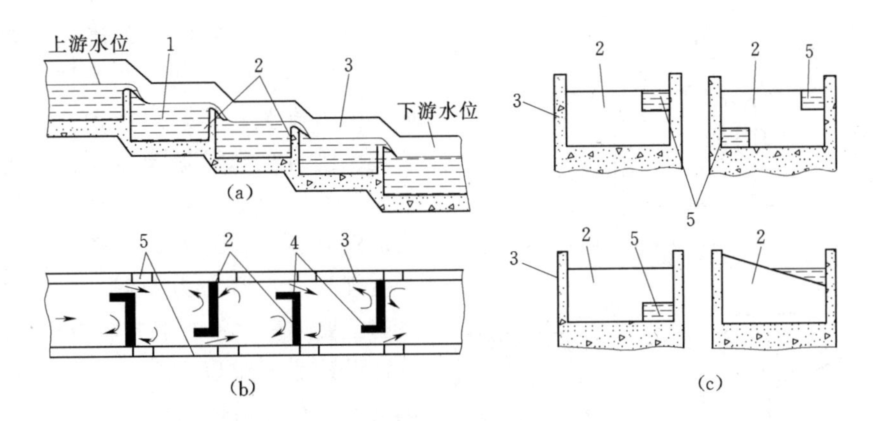

图 12-41　隔板式鱼道示意图

(a) 纵剖面；(b) 平面图；(c) 横剖面

1—水池；2—横隔墙；3—纵向墙；4—防护门；5—游入孔

缝，既可单侧布置，也可双侧布置。这种鱼道能适应水位变化，消能充分，并能适应各种不同习性鱼类的洄游要求，结构简单，维修方便。江苏斗龙港闸、利民河闸、安徽裕溪闸、浙江省富春江水电站等都采用这种鱼道。图 12-42 所示为斗龙港双侧竖缝式鱼道平剖面布置，该鱼道全长 50m，净宽 2m；设计上下游水位差 1.5m，槽内水深 1m，最大流速 0.8～1.0m/s；槽内共布置 36 块隔板，间距 1.17m。1967 年建成后运行情况良好。

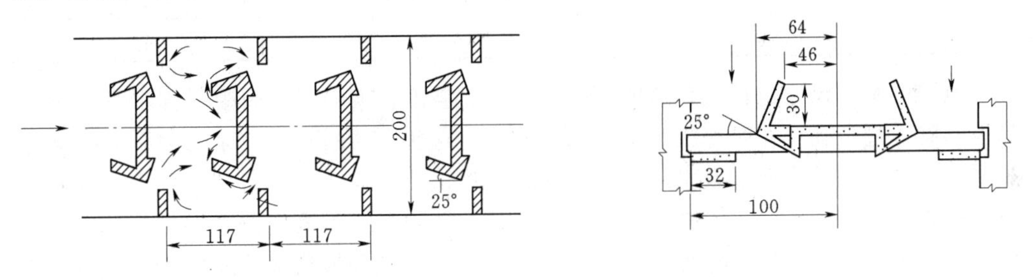

图 12-42　斗龙港鱼道隔板（单位：cm）

组合式隔板有堰与孔、竖缝与孔或竖缝与堰相互组合等形式。江苏太平闸鱼道不仅采用竖缝与堰组合的隔板，而且采用梯形与矩形组合的复式断面（图 12-43）。这种形态比较符合天然河道的特性，水流条件较好，可适于不同规格的鱼蟹游动过闸。但当上下游水位不是同步变化时，此型断面适应水位较大变幅的能力比矩形断面差。

（二）鱼道的设计流速与基本尺寸

鱼道的设计流速是指在设计水位差的情况下，鱼道过鱼孔处的最大流速。鱼类在鱼道中上溯，需要克服过鱼孔中的流速，显然，鱼类的游速应大于过鱼孔中的流速。鱼类对水流速度的反应有感应流速和极限流速之分。若设计流速超过鱼类所能克服的允许流速，即超过极限流速时，鱼类无力上溯；若流速低于鱼的起点流速，即低于感应流速时，鱼将不上溯。因此正确选定设计流速是鱼道设计中的重要问题。

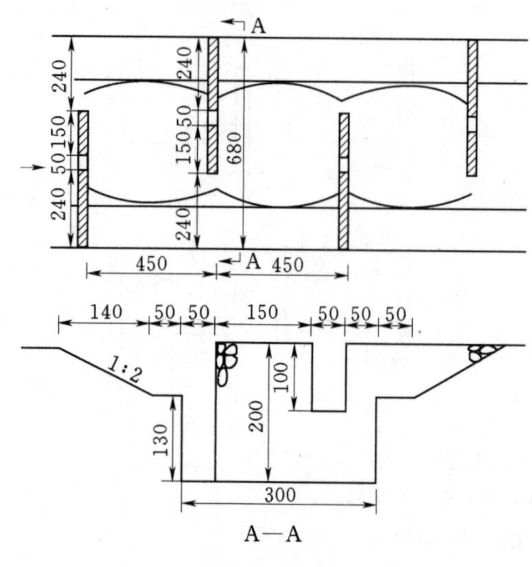

图 12-43　太平闸鱼道隔板示意图（单位：cm）

鱼类所能克服的允许流速（游泳能力），与鱼的种类、大小、季节和生活环境等因素有关，其差别很大。一般鲑科鱼类比鲤科鱼类游泳能力大；大鱼比小鱼大；天然情况下成长的比人工繁殖的大；到上游产卵的大鱼（又叫亲鱼）由于生理要求，常奋力上溯。因此，当鱼道的主要过鱼对象的游泳能力相差过大，一种设计流速难以满足时，可设置大小鱼道，或在鱼道的过鱼孔中形成大小流速区来满足主要过鱼对象的要求。在鱼道的初步设计阶段，可按主要过鱼的体长来选定鱼道设计流速值。根据我国一些鱼道的试验和观测资料，对于鲤科鱼类的设计流速可按表 12-5 选取。

表 12-5　　鱼道的设计流速

鱼的体长/cm	设计流速/(m/s)	鱼的体长/cm	设计流速/(m/s)
30 以上	1.0～1.2	10～15	0.5
20～30	0.8～1.0	10 以下	0.3～0.5
15～20	0.5～0.8		

鱼道的基本尺寸包括：鱼道的宽度、水深、坡度，横隔板的间距（称水室大小）、隔板形状，过鱼孔尺寸及每级水室的水头差等。这些尺寸的确定，原则上说应根据鱼类习性和能克服的流速以及水流流态等通过模型试验选择，并应满足运行管理方便和节省投资等方面的要求。国外（如美国）修建一些隔板式鱼道宽为 4～12m，水深 2m 以上，级差 0.3m 左右，坡度 1：20～1：10，采用潜孔和堰组合的隔板，成功地通过大量游泳能力强的鲑鱼。我国已建的鱼道大多在沿海的挡潮闸和平原地区的闸坝枢纽上，设计水头、鱼道的宽度、坡度和级差均较小，主要是通过游泳能力较低的鱼类。初步设计时，鱼道基本尺寸可参考表 12-6 选用。

表 12-6　　鱼道的基本尺寸

鱼的种类	水室尺寸/m			过鱼孔尺寸/m	
	宽度	长度	水深	高度	宽度
淡水鱼	1.5	1.5	0.6	0.2	0.3
湖鱼、鳊、诸子鲦	1.5～2.0	2.2～2.8	0.6～0.8	0.4	0.5
鲑、白鲑、白鱼	3.0	5.0～6.0	0.8～1.0	0.6～0.7	0.8
鲟鱼	5.0	6.0～7.0	2.0	1.0	1.0～1.5

二、鱼闸

鱼闸的工作原理类似于船闸，采用控制水位升降的方法来输送鱼类通过拦河闸坝。主要有竖井式和斜井式两种类型，能在较大水位差条件下工作。其组成部分包括上、下游闸室和闸门，充水管道及其阀门，竖（或斜）井等。图 12-44 所示为竖井式鱼闸，其结构为两个闸室，当其中一个闸室开放进鱼时，另一个闸室关闭。从下游送鱼向上游的过程是：在下游处有一进闸水渠与闸室相接，水经过底板的孔口不停地进入渠道中，并经过渠道壁上的孔口流到下游，鱼逆流穿过孔口进入渠道和闸室；待闸室中进鱼足够数量后，关闭闸室下游闸门，从上游通过专门管道向闸室充水；随着闸室中水位上升，可提升设在闸室底板上的格栅，迫使鱼随水一起上升；当闸室中水位与上游水位齐平后，打开上游闸门，把鱼放入上游；最后关闭闸门，将闸室的水沿输水管放入下游；如此轮流不断地将鱼送到上游水库。图 12-45 为斜井式鱼闸，其工作方式与竖井式基本相同。过鱼时，先打开下游闸门，并利用上游闸门顶溢流供水，使水流从上游经斜井和下游闸室流到下游，就可诱鱼进入下游闸室；待鱼类诱集一定数量后，关闭下游闸门，使上游水流充满斜井及上游闸室；当水位与库水位齐平时，开启上游闸门，就可将鱼送入上游水库。

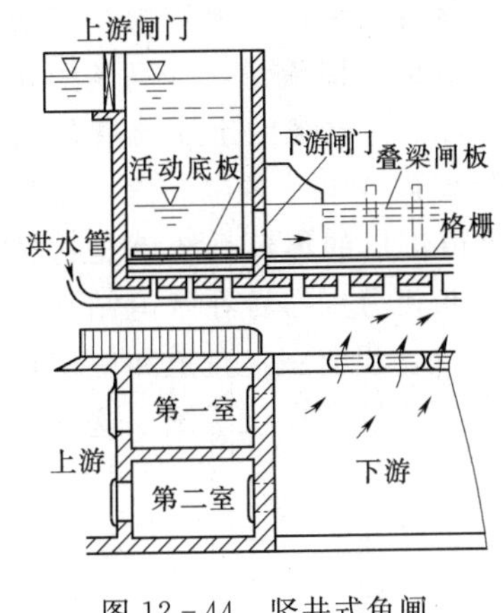

图 12-44　竖井式鱼闸

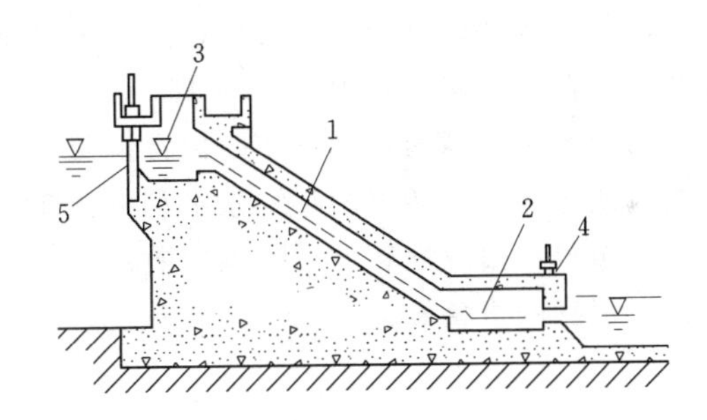

图 12-45　斜井式鱼闸

1—斜井；2—下闸室；3—上闸室；4—下游闸门；5—上游闸门

三、升鱼机

升鱼机是利用机械设施将鱼输送过坝，既适用于高水头的水利枢纽过鱼，又能适应库水位较大变幅；但机械设备易发生故障，可能耽误亲鱼过坝，不便于大量过鱼。升鱼机有“湿式”和“干式”两种。前者是一个利用缆车起吊的水厢，水厢可上下移动，当厢中水面与下游水位齐平时，开启与下游连通的厢门，诱鱼进入鱼厢，然后关闭厢门，把水厢提升到水面与上游水位齐平后，打开与上游连通的厢门，鱼即可进入上游水库。“干式”升鱼机是一个上下移动的渔网，工作原理与“湿式”相似。升鱼机的使用关键在于下游的集鱼效果，一般常在下游修建拦鱼堰，以便诱导鱼类游进集鱼设备。国外有名的，如美国朗德布特坝的升鱼机，提升高度达 132m。

四、过鱼建筑物在水利枢纽中的位置

过鱼建筑物在枢纽中的位置及其进出口布置，应保证鱼类能顺利地由下游进入上游。

过鱼建筑物下游进口位置的选择和布置应使鱼类能迅速发现并易进入，这是关系到过鱼建筑物有效运行的一个关键问题。进口处要有不断的新鲜水流出，造成一个诱鱼流速，但又不大于鱼类所能克服的流速，以便利用鱼类逆水上溯的习性诱集鱼群。同时要求水流平顺，没有漩涡、水跃等水力现象。为了适应下游水位的变化，保证在过鱼季节中进口有一定水深，进口高程应在水面以下 1.0～1.5m，如水位变幅较大时，可设不同高程的几个进口。此外，进口处还应有良好的光线，使与原河道天然情况接近，有时还设专门的补给水系统、格栅或电拦网等诱鱼和导鱼装置。

过鱼建筑物的上游出口应能适应水库水位的变化，确保在鱼道过鱼季节中有足够的水深，一般出口高程在水面以下 1.0～1.5m。出口的一定范围内不应有妨碍鱼类继续上溯的不利环境（如严重污染区、嘈杂的码头和船闸上游引航道出口等），要求水流平顺。流向明确，没有涡旋，以便鱼类沿着水流顺利上溯。出口的位置也应与溢流坝、泄水闸、泄水孔及水电站进水口保持一定的距离，以防已经进入上游的鱼类又被水流冲到下游。

根据上述的布置原则，对于低水头的闸坝枢纽，常把鱼道布置在水闸一侧的边墙内或岸边上，进口则设在边孔的闸门下游，可以诱引鱼群聚集在闸门后面，过鱼效果较好。如图 12－46 所示是安徽裕溪闸枢纽的鱼道布置，利用边闸孔一半作为鱼道进口，另一半设置补给水闸门，开启闸门可以增加鱼道进口处的下泄流量，提高诱引鱼类进入鱼道上溯的效果。如果枢纽中有水电站，从电站尾水管出来的水流流速较均匀，诱鱼条件较好，可把鱼道布置在闸坝和电站之间的导墙内或电站靠岸一侧，进口则分散布置在厂房尾水管顶部，图 12－47 所示的左岸鱼道进口的集鱼系统就是这种布置。对于水头较高的水利枢纽，也常把鱼道、鱼闸或升鱼机分别布置在水电站和溢流坝两侧或导墙内。如美国邦维尔水利枢纽布置，坝高 60m，设有三座鱼道和三座鱼闸，分别布置在溢流坝和电站两侧边墩及岸边上，在电站下游设有集鱼系统。这种布置取得了很好的过鱼效果。

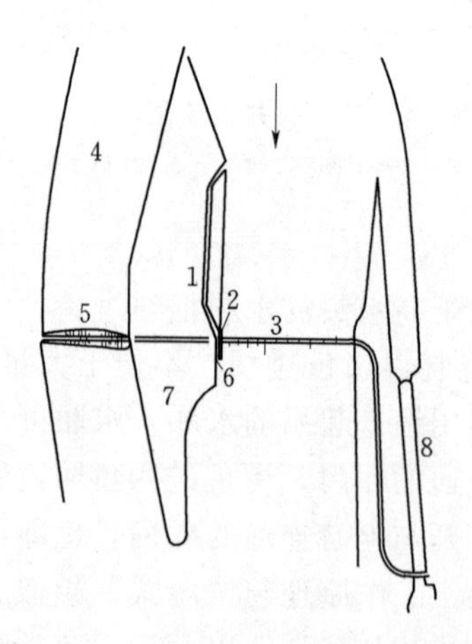

图 12－46　裕溪闸鱼闸枢纽的鱼道布置

1—鱼道；2—鱼道补水闸孔；3—节制闸；4—旧河道；5—拦河坝；6—进鱼口；7—导流堤；8—船闸

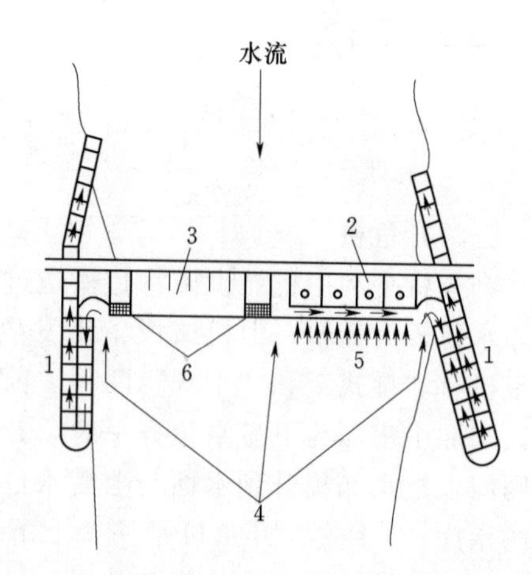

图 12－47　鱼道在枢纽中的布置

1—鱼道；2—水电站；3—溢流坝；4—鱼道进口；5—集鱼系统；6—拦鱼栅

复习思考题

1. 船闸有哪几种类型？其结构由哪几部分组成？各部分的功用如何？船闸的工作原理是什么？

2. 船闸的基本尺寸包括哪些？闸室及引航道的基本尺寸应如何确定？

3. 船闸的通过能力和耗水量是如何确定的？

4. 船闸在水利枢纽中的布置要注意哪些问题？

5. 升船机的类型有哪些？其工作原理是什么？

6. 过木建筑物的类型有哪些？各自优缺点及适用场合如何？

7. 过鱼建筑物有哪几种类型？鱼道在设计上和布置上有何特殊要求？

第十三章 渠首和渠系建筑物

为满足工农业用水和城市给水等要求。常需要从河道取水，并通过渠道等输水建筑物将水送达用户。20 世纪 60 年代修建的红旗渠，主干渠长达 70.6km，干渠、支渠和斗渠总长度超过 1520km，解决了 56.7 万人和 37 万头家畜吃水问题，54 万亩耕地得到灌溉，粮食亩产由红旗渠未修建初期的 100kg 增加到 1991 年的 476.3kg。河南省林县（今林州市）人民在极其艰难的条件下，从太行山腰修建的引漳入林的工程，被誉为“世界第八大奇迹”。为保证取水的质和量，取水口附近要修建一系列水工建筑物，统称为渠首（也可称为取水枢纽）。按组成建筑物中有无拦河壅水的闸坝，分为无坝渠首和有坝渠首两类。无论前者或后者，规划设计中常须解决棘手的泥沙问题。成功的渠首布置应使河流挟沙不致淤堵取水口；有害的粗粒泥沙也不致进入输水渠，以免淤堵渠道或损害提水或发电等机械设备。显然，实际工程成败不仅取决于渠首本身布置，还取决于取水河段的水沙运动态势。由于渠首取水运行后河段水流条件的改变将导致新的河床演变，规划设计者应能对演变趋势和结果作出判断，并相应对河段作出整治设计，使整治段的水沙运动最终趋于不冲不淤的平衡状态。为此，本章将首先对取水河段的床沙运动规律和冲淤平衡问题作概略分析；其次对无坝取水渠首和有坝取水渠首的布置型式分别叙述；最后再对渠道建筑物加以介绍。讨论对象以供农田灌溉之用的自流取水为典型。通过机械提水供工业、城市给水的有关工艺技术不在介绍之列。

第一节 取水河段的床沙运动和冲淤平衡

一、床沙的开动与输移

水流与河床是构成河道的重要因素。具有一定运动速度的水流对一定颗粒组成的河床有冲刷能力和挟带输移泥沙的能力；而在流速较低之处，水流中挟带的泥沙又会淤积到河床上。这种冲淤现象导致河床演变，改变河床形态又给水流造成新的边界。故而，河流运动、河床冲淤演变是无穷无尽的。但各发展阶段，在自然或人力因素影响下，河道也会出现相对冲淤平衡。

河床的冲刷起始于床面泥沙的开动，这是水流冲刷能力刚超过泥沙抗冲能力的临界情况。水流的冲刷能力取决于其流速 v；或以拖曳力 τ 表示：

$$\tau=\gamma hJ=\rho v_*^2 \tag{13-1}$$

$$v_*=\sqrt{ghJ}$$

式中：γ 为水容重，kg/m^3；h 为水深，m；J 为水力坡降；ρ 为水密度，kg/m^3；g 为重力加速度。

按照希尔兹（A. Shields）和罗斯（H. Rouse）的试验研究，给出了如图13-1所示的函数关系。

$$\frac{\tau_c}{(\gamma_s-\gamma)d}=\varphi\left(\frac{v_* d}{\nu}\right) \qquad (13-2)$$

式中：τ_c 为表征河床泥沙抗冲能力的临界拖曳力；d 为泥沙粒径；γ_s 为沙粒容重；ν 为水流运动黏滞系数；其余符号含义同前。

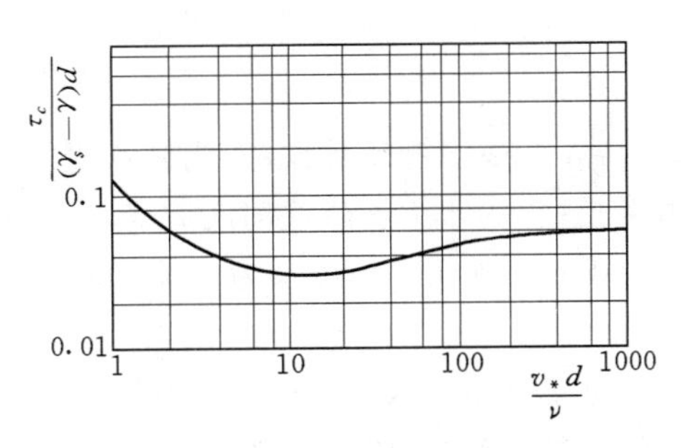

图13-1　希尔兹曲线

根据水流及泥沙条件，如 $\tau>\tau_c$ 则冲刷；$\tau<\tau_c$ 则不冲甚至淤积（当上游来沙时）。由图13-1可知，当 R_{e_*} $(=v_* d/\nu)$ 足够大时，曲线趋于水平，此时 $\tau_c/[(\gamma_s-\gamma)d]\approx 0.06$，这一般为粗粒推移质运动情况。

我国工程界多以临界开动流速作为泥沙抗冲能力的指标，便于计算。但应注意，无黏性颗粒抗冲能力只取决于其粒径 d、容重 γ 及水深 h，有较多较好的研究成果；而细粒黏性土的抗冲能力变化规律则还与颗粒间黏聚力有关，现有的研究尚未臻成熟。

关于开动流速的计算公式很多。按王世夏的研究，对于 $d\geqslant 0.00024$m 的无黏性土，其临界开动流速为

$$v_c=\sqrt{\frac{\gamma_s-\gamma}{\gamma}g}\,d^{3/10}h^{1/5} \qquad (13-3)$$

式中：v_c 为以垂线平均流速计的沙粒开动流速，如某处水流实有垂线平均流速 $v>v_c$ 则冲刷，并有相应的底沙输移能力。

输沙公式为

$$q_b=\frac{d}{200}(v-v_c)\left(\frac{v^3}{v_c^3}-1\right) \qquad (13-4)$$

式中：q_b 为以密实体积计的推移质单宽输沙率；其余符号含义同前。如此式中 v 取河流断面平均流速，则全断面输沙率为 q_b 与河面宽之积。

二、推移质运动的平衡河相

任一河段在推移质运动情况下最后应能达到两种可能的平衡状态：一种是河段各断面输沙率为零，即不冲不淤的“静平衡”；另一种是各断面输沙率相等，即来沙与排沙相等的“动平衡”。考虑式（13-3）、式（13-4），显然可写静平衡条件为

$$v=v_c=\sqrt{\frac{\gamma_s-\gamma}{\gamma}g}\,d^{3/10}h^{1/5}=Kd^{3/10}h^{1/5} \qquad (13-5)$$

其中 $K=\sqrt{(\gamma_s-\gamma)g/\gamma}$ ，其值近于常量。

如对于给定的造床流量 Q 相应给定的其输沙率为 Q_b ，则动平衡条件可写为

$$\frac{Q_b}{B}=q_b=\frac{1}{200}d(v-v_c)\left(\frac{v^3}{v_c^3}-1\right) \qquad (13-6)$$

式中：B 为河面宽，m；v、v_c 都以断面平均流速计。

处于平衡状态的河段，其水流必为均匀流态，引用均匀流曼宁公式，有

$$v=\frac{1}{n}h^{2/3}J^{1/2} \tag{13-7}$$

式中：n 为曼宁糙率系数；h 为断面平均水深，因河流常为宽浅式断面，h 即可代替水力半径；J 为水力坡降或河底坡降。

此外，连续方程可写为

$$Q=Bhv \tag{13-8}$$

有了上述这些关系式，根据流量、输沙率和床沙物理力学指标，尚不能求取平衡时河段的水深、河宽、坡降等河相要素。因为未知量包括 h 、b 、J 、v，而静平衡只有式（13-5)、式（13-7)、式（13-8）可用，动平衡也只有式（13-6)、式（13-7)、式（13-8）可用，不足以求定解。要得到定解就需补充一个河相关系，对此国内外学者曾有过多种建议。

南亚国家的灌溉经验曾给出下列经验公式：

$$B=A_1Q^{1/2} \tag{13-9}$$

并作为选择无坝取水河段（或整治段）合理宽度或有坝取水合理坝长的依据。当造床流量 Q（m^3/s）取为洪水平滩流量时，经验系数 A_1 可取为 4.8，所得 B（m）即为平衡河宽。

苏联学者阿尔图宁曾总结中亚细亚的经验给出平衡河相的下列经验公式：

$$B=A\frac{Q^{1/2}}{J^{1/5}} \tag{13-10}$$

式中系数 A 对山区河段为 0.75～0.90，山麓河段为 0.90～1.00，中游河段为 1.00～1.10，下游河段沙土河岸为 1.10～1.30，下游河段壤土河岸为 1.30～1.70。此式中虽考虑了水力坡降因素，但 B 与 $Q^{1/2}$ 成正比的规律则与式（13-9）是一致的。

这里应指出式（13-9）或式（13-10）纯经验关系的明显缺陷，即因次不均衡，除非强令 A_1、A 等系数本身带因次。这反映诸式计及的参变量不足，各系数还与 Q 以外的其他河床因素有关，必然变幅较大，选用不易。为此王世夏另建议一个平衡河相补充方程。设河岸与河底具有同样床沙组成及相应抗冲能力，则河宽 B 主要取决于两个因素，即造床流量 Q 和河床抗冲能力，后者可以河床质的临界开动流速 v_c 表示，故有

$$B=f(Q,v_c) \tag{13-11}$$

于是，按照因次分析法，并注意式（13-5）的 v_c 公式，可得

$$B=C\left(\frac{Q}{v_c}\right)^{1/2}=C\left(\frac{Q}{Kd^{3/10}h^{1/5}}\right)^{1/2} \tag{13-12}$$

式中：C 为一个无因次待定系数，对于某河段的实际工程，可据该河天然情况下稳定河床断面的已知数据统计反求出来。

有了补充方程式（13-12)，联合式（13-5）～式（13-8），就可导得两种平衡状态下计算 h、B、J 的公式，并加脚标“1”示静平衡，加脚标“2”示动平衡。对于静平衡有

$$h_1=\frac{Q^{5/11}}{C^{10/11}K^{5/11}d^{3/22}} \tag{13-13}$$

$$B_1=\frac{C^{22/11}Q^{5/11}}{K^{5/11}d^{3/22}} \tag{13-14}$$

$$J_1=\frac{n^2C^{28/33}K^{80/33}d^{8/11}}{Q^{14/33}} \tag{13-15}$$

对于动平衡有

$$Q_b=\frac{d}{200}\left(\frac{Q}{h_2}-CQ^{1/2}K^{1/2}d^{3/20}h_2^{1/10}\right)\left(\frac{Q^{3/2}}{C^3K^{3/2}d^{9/20}h_2^{33/10}}-1\right) \tag{13-16}$$

$$B_2=\frac{CQ^{1/2}}{K^{1/2}d^{3/20}h_2^{1/10}} \tag{13-17}$$

$$J_2=\frac{n^2Q^2}{B_2^2h_2^{10/3}} \tag{13-18}$$

以上导出的两组公式表明，当 Q 给定，C 值取定，n、K、d 已知，即可求出静平衡时的 h_1、B_1、J_1，这实际上是对于一个上游无来沙的河段，解决了如何计算冲刷平衡河相的问题；如果伴随 Q 还给出上游来沙率 Q_b，则也易求出动平衡时的 h_2、B_2、J_2，只是 h_2 不是显式，要由试算求解。求出 h、B、J 后，如还需求 v，可由 Q 除以 Bh 而得。

当由于天然条件（如两岸抗冲能力强）或人工整治护岸等措施，B 为已知定值时，河相补充方程式（13－12）即不需参加联解，这时考虑到 $q=Q/B$，$q_b=Q_b/B$，可导得 h_1、J_1 和 h_2、J_2 的两组简捷公式。

对于静平衡有

$$h_1=\frac{q^{5/6}}{K^{5/6}d^{1/4}} \tag{13-19}$$

$$J_1=\frac{n^2K^{25/9}d^{5/6}}{q^{7/9}} \tag{13-20}$$

对于动平衡有

$$q_b=\frac{d}{200}\left(\frac{q}{h_2}-Kd^{3/10}h_2^{1/5}\right)\left(\frac{q^3}{K^3d^{9/10}h_2^{18/5}}-1\right) \tag{13-21}$$

$$J_2=\frac{n^2q^2}{h_2^{10/3}} \tag{13-22}$$

上述式（13－12）～式（13－22）都为因次均衡和谐的公式。

三、取水河段冲淤平衡的计算

可用平衡河相计算公式对渠首所在的取水河段河床演变趋势作出预估，或对取水枢纽上下游整治段平面和纵剖面布置进行设计计算，也可对枢纽整治段设计方案或已建工程的取水河段进行校核评价。

公式实用计算效果取决于几个基本参数的合理取值。最重要参数是造床流量 Q。某一河段的河床演变以至趋于平衡是一个长期流量过程与河床相互作用和反作用的综合结果，取用的 Q 值应是造床作用与上述流量过程作用相当的某一当量值。由于某

一 Q 的造床作用和该流量的挟沙能力及持续时间都有关，故合理的 Q 既应是较大的又应是不罕见的。具体选定 Q 是十分复杂的课题，因涉及地形、地质条件和水文、泥沙特性等影响，原则上说只能因地因河因工程而异。但值得指出的是，我国新疆等地早期设计建造的灌溉取水渠首常以式（13-10）估计取水口上游整治段宽度 B，并取3%～10%频率的洪水流量为造床流量 Q；经多年运行发现，如此定出的 B 往往偏大，不足以形成工程所需环流强度。目前国内外经验表明，天然河流造床流量大致相当于洪水平滩流量。在河流上建造无调洪性能的取水枢纽后，其上游段的计算流量自然也应取该河段天然情况的洪水平滩流量；而其下游段计算流量则应为上游段计算流量减取水流量之差。

进行取水河段的动平衡状态计算时，另一必要的参数是与 Q 相应的输沙率 Q_b 值。考虑到推移质输沙率资料受水文测验条件限制，不能保证每一 Q 值都与 Q_b 值相对应；故宜取大小不等的尽可能多组流量与输沙率实测资料，进行相关分析，得出 $Q_b=f(Q)$ 的相关关系，而后由既定 Q 找出相应 Q_b。对于取水枢纽上下游段来说，由于不容许推移质进入两岸渠道，故 Q_b 对上游段和下游段应为同值。当然，如为有坝取水，闸坝的排沙措施应保证枢纽泄放下游段流量时能够通过 Q_b。

对于给定河段的取水枢纽布置问题，河相关系式（13-12）中的 C 值也可以取定。事实上当我们设计某取水枢纽时，一般已掌握了枢纽所在河段天然河床形态和床沙组成等一些基本资料，而天然河床恰恰是长期河床演变趋于平衡的结果。故由这些资料可以整理出足够多组关于 Q、B、v_c 的数据，从而可按式（13-12）反求出 C。

河相平衡计算公式中表征床沙特性和床面糙率的参数有 K、d、n 诸值。由于泥沙颗粒比重无大变化，通常 $(\gamma_r-\gamma)/\gamma=1.65$，故 K 也基本上为常量，即 $K=4.0212\ m^{1/2}/s$。d 的取值则应考虑床沙粒径级配线形态，一般可取中值粒径为计算粒径；但当颗粒分布很不均匀时，则可按各粒径组重量比例取加权平均粒径为计算粒径。至于曼宁糙率 n 最好由水文实测资料给出。如缺乏准确可靠资料，则可考虑由床沙计算粒径 d（m）由下列经验公式求定：

$$n=\frac{1}{19}d^{1/6} \tag{13-23}$$

经验表明，对粗粒推移质造床河流无明显沙波阻力情况下此式能给出较满意的 n。

各基本参数得到正确合理取值前提下，取水河段或取水整治段在冲淤动平衡时应有的水深 h_2、河面宽 B_2 及纵坡降 J_2，即可由式（13-16）～式（13-18）求得（其中 h_2 的公式为隐式须试算）。如河宽已知不变，则更易由式（13-21）、式（13-22）求平衡水深和平衡坡降。

顺便指出，任一河段达到不冲不淤静平衡状态时的 h_1、B_1、J_1 计算更简便，因水深不需试算。不过一般取水枢纽，既有排沙设施又有上游来沙的工程问题，静平衡计算没有意义。实际上动平衡可称为淤积平衡，静平衡可称为冲刷平衡。当上游无来沙而发生闸坝下游的冲刷时就是按后者计算平衡冲深的典型情况。

取水河段冲淤平衡状态应有的 h、B、J 算出后，当然还要定出该状态具体河底纵剖面及水面线。为此必须据平衡时边界条件先定出所研究河段（包括整治段）一端水位，然后才可按算出的 J，分别过此端的河底点及水位作出河底纵剖面线及水面线，以与原河在同流量下的河底线及水面线相接为止。这里所说边界条件与枢纽既定运用方式有关。例如对于有坝取水上游整治段，若必须保证闸坝某一取水水位，该水位即为边界条件；如降低水位拉沙，则冲沙底孔高程就控制着边界条件了。

应当注意，以式（13-12）～式（13-22）为代表的平衡河相算法只适用于推移质造床的河段。对于细粒悬移质参与造床的中下游河段，引用悬移质挟沙能力公式，原则上也可按类似思路求平衡河相。但目前关于悬移质还缺乏较成熟的挟沙能力公式，这里不作详论。

第二节　无坝取水渠首

无坝取水是在河岸适当位置布置取水口并建进水、冲沙等建筑物的一种自流取水方式。工程简单，投资省，收效快，应用广。但受河水涨落、泥沙冲淤等影响较大，取水保证率较低，同时也难以完全避免引沙。故规划设计无坝取水渠首时提出如下要求：①取水口应布置在河道主流经常流经处；②灌溉期内取水口前必须具有必要的水位以保证引水流量；③防止推移质泥沙在取水口淤积和大量推移质泥沙入渠，对多沙河流还应尽可能降低入渠悬移质含沙量；④防止取水口遭水流严重冲刷，确保渠首建筑物的安全稳定；⑤防止可能的漂浮物、冰凌入渠。

一、取水口位置的选择

无坝取水口位置的选择对于保证灌区用水，减少泥沙入渠，起着决定性作用，在选择位置时必须详细了解河岸的地形、地质情况，河道洪水特性，含沙量情况及河床演变规律等，应考虑以下条件确定合理位置。

（1）充分利用弯道环流作用，使取水口位于坚固的弯道凹岸。如图 13-2（a）所示，在河道弯段由于离心力、惯性力和重力共同作用的结果，使水流形成环流，表层较清的水流流向凹岸，含沙量大的底流流向凸岸，所以，取水口设于凹岸对进水防沙，尤其是防推移质入渠有重要作用。取水口在凹岸的确切位置应在水深及单宽流量、环流作用较强的地方。常选在弯道顶点稍偏下游，如图 13-2（b）所示，该点与弯道起点的距离设为

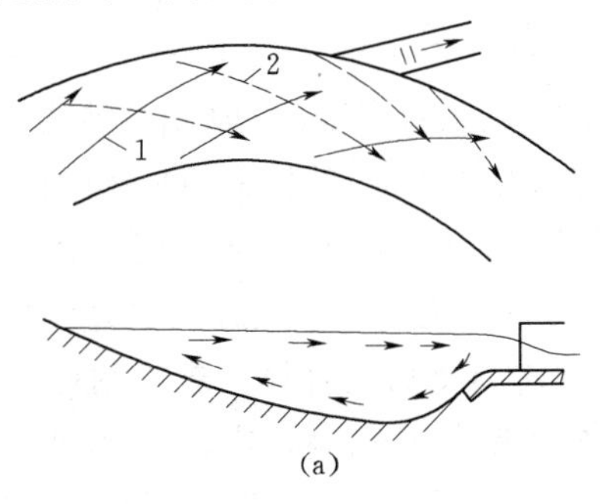

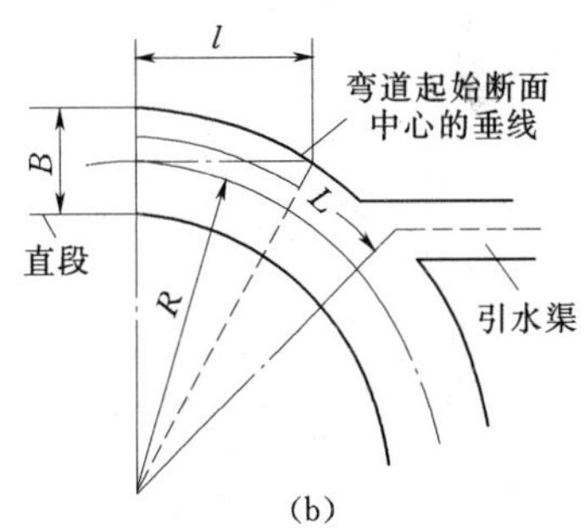

图 13-2　无坝取水口位置

（a）弯道取水口水流示意图；（b）取水口的位置

1—表层流；2—底层流

$$L = 2kl$$

并由于 $R^2 + l^2 = (R + B/2)^2$，即 $l = (B/2)\sqrt{4R/B + 1}$，故得

$$L = kB\sqrt{4\frac{R}{B} + 1} \tag{13-24}$$

式中：k 为经验系数，据试验，取 $k = 0.8 \sim 1.0$；其余符号含义如图 13-2（b）所示。

（2）对于有分汊的河段，一般不宜在汊道上设置取水口。因为在分汊河段上主流不稳定，会发生交替变化，可能由于汊道淤塞而无法引水。若由于具体位置的限制，取水口只能设在汊道上时，则应选择在比较稳定的汊道，并对河道进行整治，将主流控制在该汊道上。

（3）无坝取水口一般不宜设在直线河段的侧面。因为从直线河段的侧面引水，进入取水口的岸边水流量小且不均匀，并由于进入取水口的水流被迫转弯引起不利的横向环流，可能使大量推移质进入渠道。对于缺乏天然理想弯道的河段，也可考虑采用适当整治措施后形成弯道凹岸取水。图 13-3（a）示出一微弯河段整治成弯道的例子。左岸的丁坝群固滩促淤，右岸丁坝群稳定河势，两者共同组成取水口前的弯段水流。在图 13-3（b）中还示出滦河下游某取水口采用顺坝、丁坝将主流挑至取水口附近的例子。

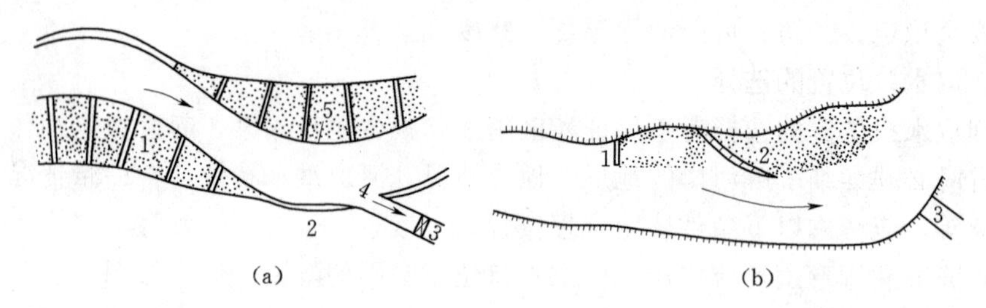

图 13-3　整治后形成的凹岸引水口

1—丁坝；2—护岸；3—进水闸；4—引水渠；5—顺坝

（4）取水口位置应选在灌溉干渠路线短，自流条件好而且不经过陡坡、深谷及坍方的地段，以减少工程量和节约投资。

二、渠首布置

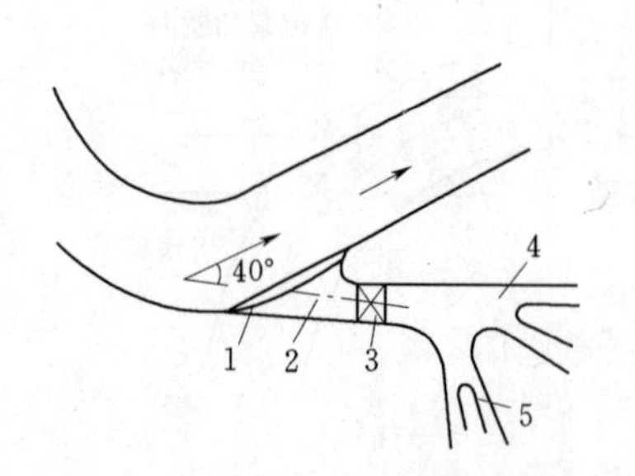

图 13-4　无坝渠首平面布置示意图

1—拦沙坎；2—引渠；3—进水闸；4—东沉沙条渠；5—西沉沙条渠

位于弯道凹岸的渠首布置，一般由拦沙坎，进水闸，沉沙、冲沙设施等组成（图 13-4）。进水闸中心线与河道水流轴线夹角称为引水角，应为较小的锐角（如 30°～45°），以使水流平顺进入引渠，减小水头损失，减轻取水口下唇的冲刷。进水闸底板高程与闸后渠底高程齐平或稍高，应高出河底 1.0～1.5m，以减少泥沙入渠。拦沙坎设于取水口前缘，可减小入渠底流比例，有利防沙。拦沙坎与进水闸间引渠应尽可能短，以减小水头损失和减轻渠身清淤工作。

图 13－4 为黄河下游打渔张渠首布置，该渠首设计引水流量 120m^3/s，灌田 80 万亩，取水口位于弯道顶点以下 700m 处，拦沙坎长 300m，沿岸边布置，是用铅丝笼块石筑成的梯形宽顶堰，堰顶高出河底 0.5m，经过拦沙坎后水流含沙量较坎前含沙量减少了 12%。喇叭形的引渠长 150m，引水角为 40°。沉沙设施为条渠式沉沙池，利用附近天然洼地，由围堤、隔堤组成，形成中间宽两端窄的梭形沉沙条渠，使粗粒悬移质泥沙沉入渠中，沉沙效率达 50%左右，有时可达 70%～80%，出沉沙池水流中含沙粒径一般小于 0.02～0.03mm，运用效果良好。

当河岸不够坚固稳定，不足以抵御水流冲击时，可将进水闸设在距河岸有一定距离之处，成为有较长引渠的渠首，称引渠式渠首（图 13－5）。

这种渠首布置的引渠兼起沉沙渠作用，并由冲沙闸冲洗渠内泥沙，使泥沙重归河道。进水闸与冲沙闸的相对关系，按正面引水、侧面排沙的原则布置。冲沙闸中心线与引渠水流方向成 30°～60°夹角，冲沙闸底板高程应比进水闸底板低 0.5～1.0m。在不稳定的河道上，如果河道流量较小而取水流量较大时，为取水防沙可建导流堤式渠首（图 13－6）。它由导流堤（引水坝）、进水闸及泄水闸等建筑物组成，导流堤的作用是束窄水流、抬高水位，导水平顺进闸。泄水闸汛期用于泄洪，平时也可用来泄水排沙。泄水闸底板应与该处河底相平或更低些，但比河道主槽高。进水闸底板须比引渠河底高出 0.5～1.0m。导流堤长度决定于取水流量，堤愈长取水愈多，堤与主流间夹角以 10°～20°左右为宜。四川都江堰工程亦属于导流堤式无坝取水渠首，如图 13－7 所示。其取水口开凿在坚固的岩石上（宝瓶口）；通过内外金刚堤构成导流堤，其上游端用竹笼填石，木桩加固，建成著名的分水鱼嘴，枯水期从岷江分水 60%进内江满足灌溉要求，洪水期分流 40%进内江以保渠道安全；飞沙堰利用弯道环流作用，在泄洪同时可将大量推移质沙石排入外江。这一十分成功的取水灌溉工程至今仍是成都平原农业丰产的保证。

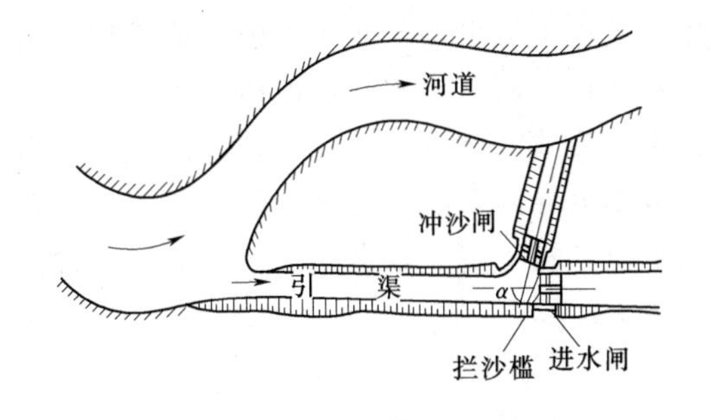

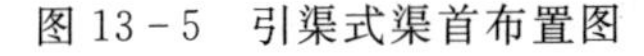
图 13－5　引渠式渠首布置图

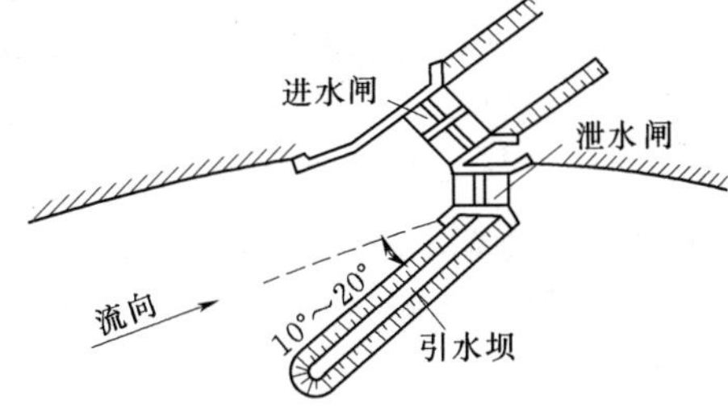

图 13－6　导流堤（引水坝）式渠首

以上所述皆为一个取水口的无坝取水渠首，可统称为一首制渠首。在不稳定的多沙河流上取水口常由于泥沙淤塞而不能进水，在这种情况下可考虑采用多首制渠首（图 13－8）。

我国黄河河套灌区就有采用这种渠首的成功经验。各个取水口相距约 1～2km，

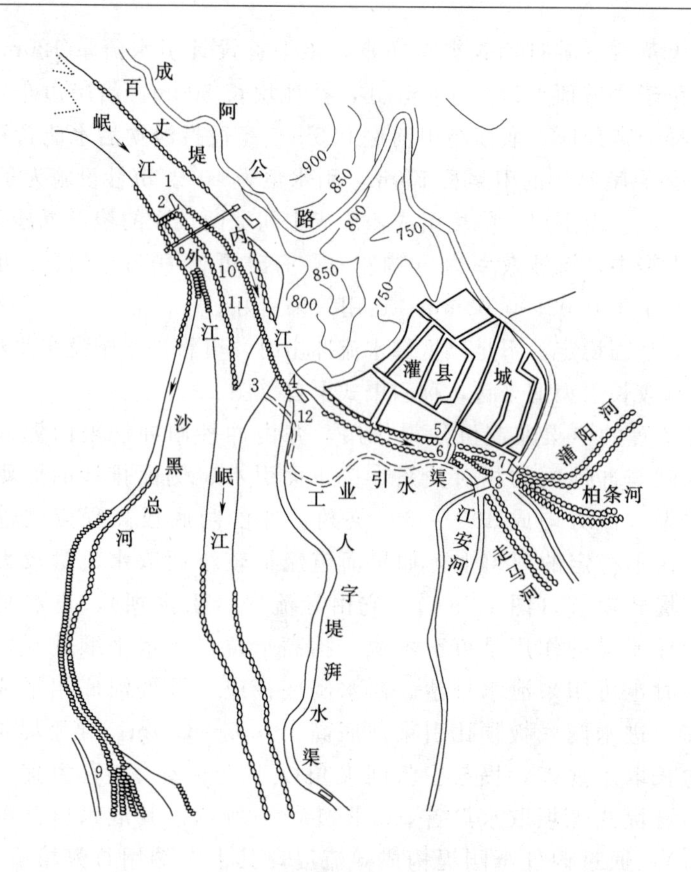

图 13-7 都江堰引水工程示意图（单位：m）

1—都江堰鱼嘴；2—外江闸；3—飞沙堰；4—宝瓶口；5—兴文堰进水闸；6—仰天窝节制闸；7—蒲阳河、柏条河节制闸；8—走马、江安河节制闸；9—漏沙堰节制闸；10—内金刚堤；11—外金刚堤；12—离堆

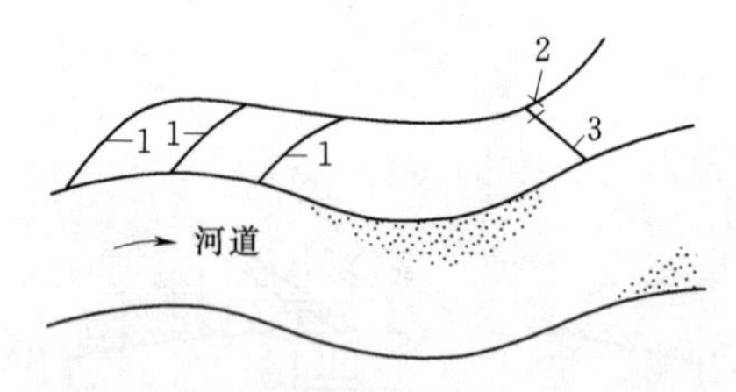

图 13-8 多首制渠首布置示意图

1—引水渠；2—进水闸；3—泄水排沙渠

洪水期仅从一个口门取水，其他口门临时封堵，既避免引进过多流量，又防止了引渠的淤积；枯水期则几个口门同时引水，保证所需水量。这一古老的渠首形式的优点是比较机动灵活，一个引渠淤塞也不会导致全灌区停水；引渠淤积物可轮流清除不致互相干扰。缺点则是每年清淤、维修工作量较大。

第三节 有坝取水渠首

当河道水位较低，不能保证自流引水灌溉时，或需进行一定的径流调节以保证适时灌溉时，则应建拦河闸坝，抬高水位，以满足取水要求。有些情况下，河道水位虽能满足无坝取水要求，但仍应修坝壅水，这些情况是：①用无坝取水需很长灌溉干渠，以致总造价比有坝取水方案更贵；②在通航河流上若取水量大影响航运水深，而建拦河坝壅水反可改善航运条件；③河流含沙量较大，须建坝采取更有效的防沙措施，并形成冲洗取水口前淤沙所需水头。

有坝取水渠首通常由拦河坝、进水闸、防沙设施等组成。专为取水而设的拦河坝高度较低，仅起抬高水位和下泄取水后的多余流量作用，而不承担径流调节任务。进水闸位于坝端河岸上，主要控制取水流量。防沙设施用于防止泥沙进入渠道，并将取水口前淤沙冲往河道下游，常用的设施有沉沙槽、冲沙闸或冲沙廊道等。

有时取水渠首还须与发电、航运、过木及过鱼要求结合一起考虑，则还要有相应其他建筑物，这就成综合利用的有坝取水枢纽。图 13－9 示出韶山取水枢纽（渠首）总体布置。

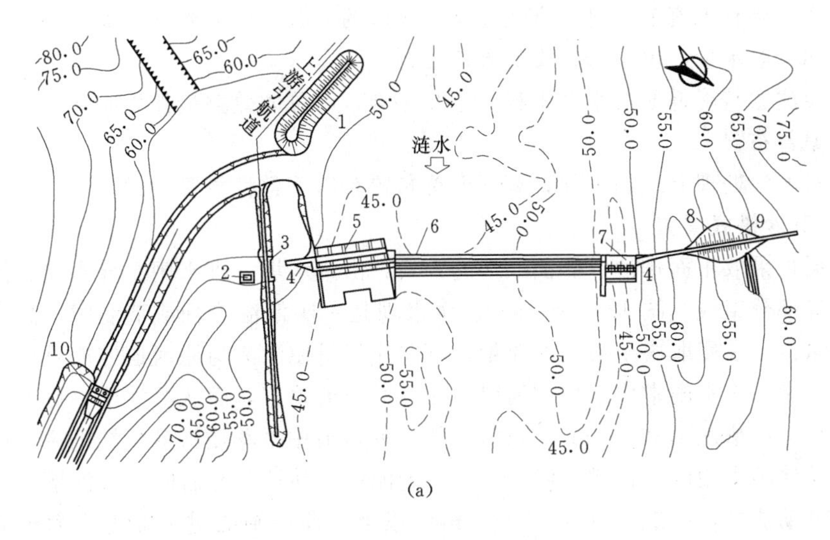

(a)

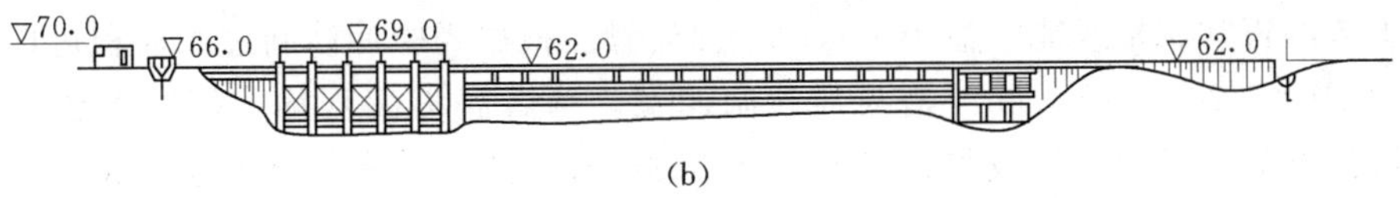

(b)

图 13－9 韶山取水枢纽总体布置图（单位：m）

(a) 枢纽平面布置图；(b) 上游立视图

1—导航堤；2—机器房；3—斜面升船机；4—重力坝；5—泄洪洞；6—壅水坝；7—电站；8—土坝；9—洋潭支渠进水管；10—进水闸

应当指出，在推移质造床的多沙河流上建有坝取水枢纽后，由于壅水坝上下游水位流量的改变，上下游河段将发生迅速、显著的冲淤演变。尤其上游段，处理不当将很快淤至坝顶甚至高出坝顶，从而丧失正常运用条件。故对这样河道上渠首布置，核心问题是如何防沙、冲沙。

一、渠首位置选择

有坝渠首位置选择一般根据灌区地面高程，结合具体地形、地质、水文和施工条件，拟定若干可行布置方案，进行技术经济比较后确定。拟订方案时须考虑下述原则：

（1）选在灌区的上游，以减小壅水坝坝高，使灌区农田大部分能自流灌溉。但应注意，渠首位置越向上游，总干渠愈长；反之，渠首位置越向下游，总干渠愈短而坝愈高。一般说来，渠首应尽可能距灌区近些，对减小输水损失和降低工程造价有利。

(2) 在多沙河流上，应选在弯道凹岸，使河道主流靠近进水闸，利于取水防沙。

(3) 选在河岸坚固地段，以减少护岸工程；河岸高程应以既能防止洪水漫溢又不致过多增加渠道挖方量为佳。

(4) 坝址地质条件最好是岩基，其次是砂卵石和坚实黏土，再次为砂砾石及砂基，淤泥及流沙不宜作为坝址。

(5) 河道宽窄适当，过宽则施工较方便，而坝体工程量大，过窄可能引起施工不便，甚至影响建筑物布置。

(6) 当河流有支流汇入时，宜选在支流入口的上游，以免受支流泥沙的影响；但有时为增加可取水量，也可选在支流入口下游。

(7) 应注意与附近原有水利工程的相互影响，以总体效益最佳为原则。

二、渠首布置

根据对泥沙处理方式的不同，有坝渠首布置有以下各种主要型式。

(一) 沉沙槽式渠首

这种渠首采取正面排沙、侧面取水的方式，由壅水坝、进水闸、导水墙、沉沙槽和冲沙闸等部分组成 [图 13-10 (a)]。壅水坝是一座低溢流坝或节制闸，高度取决于所需壅水位，长度取决于最大泄流量，方向应尽量使泄流与原河道方向顺应，以避免有害的冲刷。进水闸常位于坝端河岸，多与原河道垂直，而从沉沙槽一侧取水，底板高程高出沉沙槽底 1.0～1.5m。沉沙槽用于使水流中推移质泥沙沉淀下来，以免进入渠道。冲沙闸则用以冲走槽内淤沙。为冲走泥沙，冲沙闸开启时，沉沙槽内流速应大于泥沙开动流速，一般宜在 1.5～3.0m/s 以上。冲沙闸的过水能力应大于河道在灌溉季节的正常流量或能宣泄小洪水时全河流量。根据经验冲沙闸过水面积可取河道过水面积的 1/20～1/5。沉沙槽与冲沙闸同宽，两者底板高程均与坝的上游护底同高。沉沙槽的横断面一般较渠道横断面大 1.2～1.5 倍，上游用导水墙做成喇叭形进口，以利导沙沉沙。

这种渠首布置型式始于印度，也叫印度式，构造简单，施工简易，造价经济，我国西北、华北应用很多。图 13-10 为渭惠渠渠首。

这种渠首缺点是：①由于进水闸与河流垂直，水流进入进水闸需 90° 急转弯，产生强烈横向环流，部分推移质仍易进入渠道；②在不稳定的河流上，坝前淤积后将形同无坝取水状态，主流如摆动，取水即无保证；③冲沙闸工作时沉沙槽内泥沙呈跃移式剧烈运动，从而必须关闭进水闸，停止取水。为此，不少单位进行了试验研究，以求改进，图 13-10 (b) 是渭惠渠扩建过程中，原渠首结合进行改建的情况。

图 13-10 (a)、(b) 表明，渭惠渠扩建后渠首的改建措施包括：在沉沙槽内建淹没式分水墙和导沙坎，改变水流内部结构，使表层水流入进水闸，含底沙水流则不易接近进水口，而靠近进水口的底沙则被导沙坎所产生的强烈旋流导走，经冲沙闸排往下游。沉沙槽内分水墙的长度和导水墙相同，间距和冲沙闸孔宽度一致，高度与进水口底坎同高。导沙坎布置在沉沙槽入口处，一般为 1～2 道，与水流方向成 30° ～ 40°

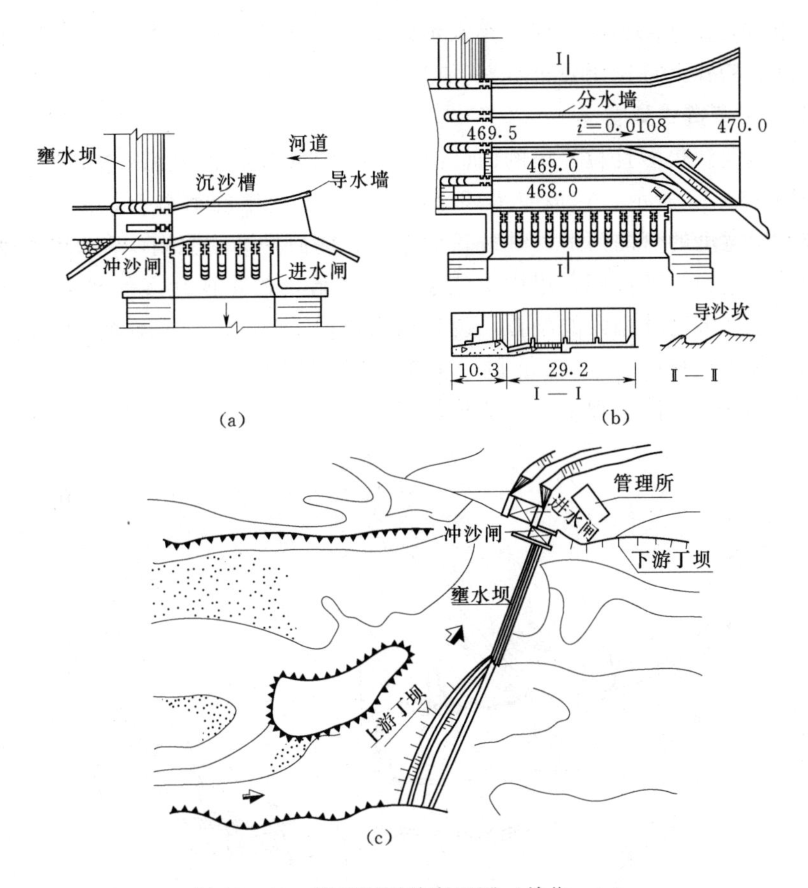

图 13-10　渭惠渠渠首布置图（单位：m）

（a）原渭惠渠沉沙槽型式；（b）改建后沉沙槽型式；（c）渭惠渠渠首平面布置图

夹角。导沙坎断面为梯形，迎水面垂直，背水面则为 1∶1.5～1∶1.2 斜坡。导沙坎高度较分水墙为低，约为沉沙槽深度的 1/4。图 13-10（c）是改建后渭惠渠渠首平面图，上、下游两个丁坝群的作用是保护河岸与土坝免受水流冲刷。当渭河含沙量高时，渠首改建前沉沙槽两小时即淤满，必须停水并冲沙两小时，对灌溉影响很大。1957 年改进后长期运用效果很好，且取水与冲沙可同时进行。

上述型式仅适用于渠首上下游水头差较小，沉沙槽内流速不大，推移质泥沙颗粒较细的平原河道。若推移质泥沙颗粒较大，采用这种措施，会使沉沙槽发生淤塞现象。

为进一步提高沉沙槽式渠首的取水防沙效果，可采用斜面引水及弧形沉沙槽的布置型式（图 13-11）。其进水闸与水流斜交，引水角 45°，以减弱横向环流的不利作用，减少泥沙入渠。弧形沉沙槽内的泥沙经导沙坎和横向环流作用导向冲沙

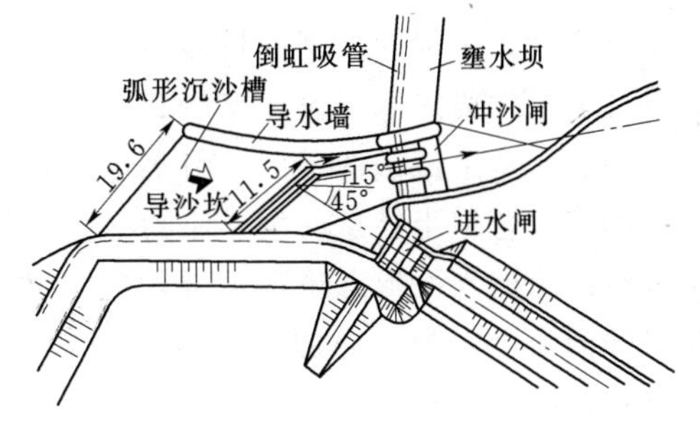

图 13-11　具有弧形沉沙槽的渠首布置图（单位：m）

闸，并有相当大部分冲到溢流坝（壅水坝）下，当溢流坝泄洪时带走。实践证实这一改进型的沉沙槽式渠首运用效果良好。

（二）人工弯道式渠首

在推移质泥沙较多且粒径粗的山区河流上人工弯道式渠首是取水防沙的一种主要型式，如图 13-12 所示。它是应用环流原理，在不稳定的河流上，用导流堤将原河床缩窄成一定宽度的弯曲河道，并按正面取水、侧面排沙的原则，在凹岸一侧布置进水闸，凸岸一侧布置冲沙闸，以引取表层较清水流，排除挟沙多的底流。我国新疆、内蒙古修建了许多这种型式的渠首，设计取水流量 20～140m^3/s，河流泥沙平均粒径达 2.8cm，最大粒径有超过 80cm 的，河床比降 1/250～1/50。可见，这种型式适应范围很宽，但河道整治工程量大，造价较高。

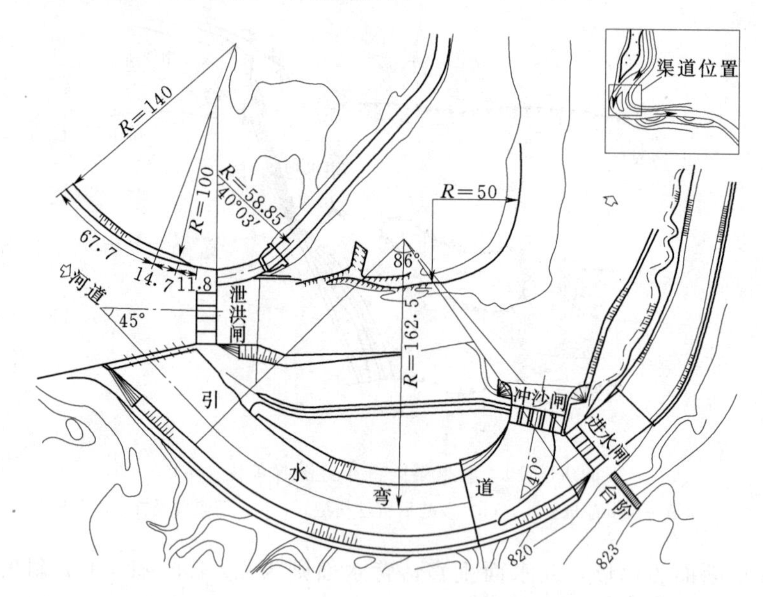

图 13-12　人工弯道式渠首（单位：m）

人工弯道式渠首一般由上游引水弯道、进水闸、冲沙闸及泄洪闸（或坝）等组成。根据需要，有时在渠首或渠首附近还布置有沉沙池。上游引水弯道是这种渠首的主要组成部分，确定其尺寸是设计的关键。根据新疆的经验，人工弯道式渠首设计洪水和弯道设计流量应分开考虑，前者按渠首工程等级选定，后者为灌溉所需流量与冲沙流量之和。一般冲沙闸的排沙流量为进水闸设计流量的 1～1.2 倍。这样，引水弯道设计流量约为进水闸设计流量 2～2.2 倍。

当引水弯道流量选定后，引水弯道断面即可随之确定。弯道的堤顶高程应按防洪标准确定。弯道半径是产生环流的主要条件之一，取决于整个枢纽的平面布置，应根据天然河道的平面形态决定最合理的尺寸。一般引水弯道曲率半径应大于 4 倍底宽。在多沙河流上，为了增加泥沙淤积的容量，引水弯道应当做得长一些。一般取长度 $l=(1.0\sim1.4)R$，这里 R 为引水弯道中心线半径。引水弯道的比降可等于或略缓于天然河道的纵向平衡比降。

这种渠首的冲沙闸底板高程应根据河道比降及发展趋势，并考虑渠首建成后上下游的淤积等因素决定。适当抬高冲沙闸底板高程虽然使引水弯道比降减缓，但可加大闸下河床纵坡，有利于排沙，且底板不会被埋没。中小河流上的人工弯道式渠首，引水率往往大于70%，所以冲沙闸底板高程应较河床高1～1.5m，而进水闸底板高程应较冲沙闸底板高出0.7～1.5m。进水闸与冲沙闸中心线夹角以36°～45°为宜。

泄洪闸的设计流量应相当于每年都能出现的洪峰流量，如果设计洪水或校核洪水峰值很大，可在泄洪闸旁布置溢流坝，以排泄超过泄洪闸及冲沙闸泄洪能力之和的流量。泄洪闸中心线与引水弯道进口段中心线宜成40°～45°夹角。

（三）底部冲沙廊道式渠首

试验表明，当由河道侧面取水时，由于进流转弯的环流作用，将有大量泥沙淤积在取水口上唇附近，并部分经由靠上唇的闸孔入渠。因此，如在第一、第二闸孔下设冲沙廊道，就可使淤积在上唇的泥沙排至下游，减少入渠泥沙，这就是底部冲沙廊道式渠首的布置方式，如图13-13所示。

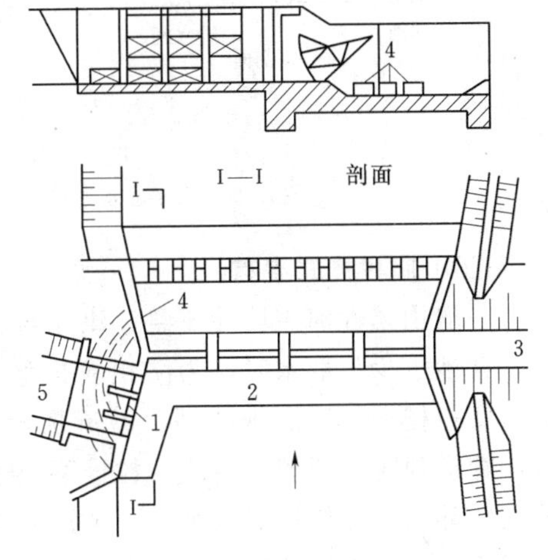

图13-13　冲沙廊道式渠首

1—进水闸；2—拦河闸；3—土石坝；4—冲沙廊道；5—干渠

廊道的布置特别重要。为使廊道充分发挥作用，一般廊道的进口应迎着底流方向布置，转弯必须平顺，并应采取较大半径，以免水流脱离廊道内侧壁而形成死水区。廊道通常用矩形断面，底部和侧墙应用耐磨材料镶护。为便于检修，廊道高度不得小于0.5m。廊道进口应设闸门，如为淹没出流，则出口也应设闸门以防廊道不工作时下游泥沙淤在洞内。用廊道冲沙所需水量较少，故这种渠首可用于缺少冲沙流量的河道。采用这种渠首时应使坝前水位有一定壅高，在廊道内产生4～6m/s的冲沙流速。

（四）分层取水式渠首

分层取水式渠首是将水流垂直地划分为表层及底层两个部分，进水闸引取表层较清水流，而使含沙量较多的底流经冲沙廊道排到下游，如图13-14所示。按照进水闸布置位置的不同，这类渠首还有侧面取水和正面取水两种。

图13-14（a）所示为侧面分层取水渠首，进水闸与水流方向成一锐角。如前所述，由于取水口水流弯曲，泥沙在取水口上唇附近淤积，故将廊道不均匀地沿闸坝长度布置比较合理。即在临近上唇部分廊道布置较密，靠近坝端部分则较稀。如若在上唇上游再加设一个廊道，效果将更好。

图13-14（b）示正面分层取水渠首，坝与进水闸前缘在同一直线上，闸底板下有尺寸较大的冲沙廊道，进口水流无弯曲现象，可减少粗沙入渠。而廊道尺寸较大，也可宣泄洪水，即使当壅水坝上下游水位差较小时，也能保证冲沙流量。这种渠首的缺点是冲沙时用水较多，结构复杂，水流流态也较差，排漂浮物困难。

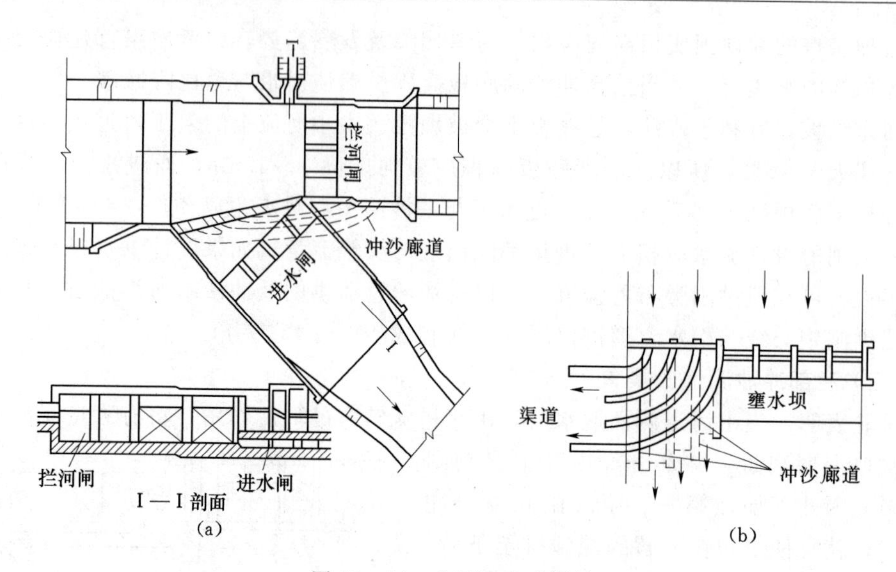

图 13-14　分层取水式渠首

(a) 侧面分层取水渠首布置图；(b) 正面分层取水渠首布置图

(五) 底栏栅式渠首

一般山溪性河流坡陡流急，洪水期携有大量粗粒砂石及漂浮物，而枯水期流量小，含沙也少。取水时，为防粗粒推移质入渠，可采用底栏栅式渠首（图 13-15）。它由底栏栅坝、泄洪排沙闸、溢流坝及导流堤等建筑物组成。底栏栅坝内设引水廊道，廊道顶盖有栏栅，防止粗粒推移质进入廊道。当河水经底栏栅坝顶溢流时，一部分或全部河水经栏栅漏入廊道，再进入渠道。在廊道与渠道连接处设有闸门，控制入渠流量。河流中泥沙除细颗粒随水进入廊道外，其余砾卵石则由栏栅顶滑入下游。

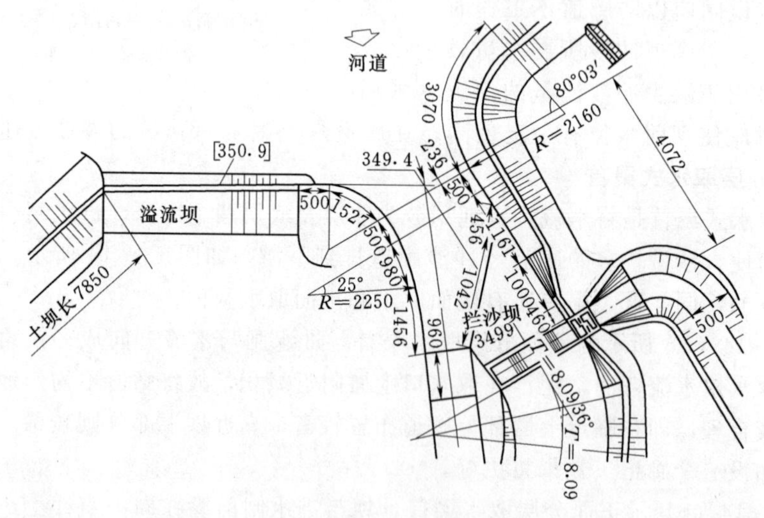

图 13-15　底栏栅式渠首平面布置图（单位：高程以 m 计；尺寸以 cm 计）

泄洪排沙闸位于底栏栅坝轴线上，除泄洪外还可排除坝前堆积的泥沙。当设计洪水流量较大时可加建溢流坝，与泄洪排沙闸并列或垂直。

一般底栏栅坝坝顶比枯水河床高 1.5m，在坝内布置一、二排廊道，断面为矩形，宽 1.5～2.0m，内壁宜用石料砌筑或钢板镶护以抗泥沙磨损。

廊道内水流应为无压流态，栏栅底距水面至少有 0.3m 净空。自廊道开始至末端流量呈渐增的变量流。廊道底部纵坡由陡逐渐变缓，用 2～4 段折线组成，廊道内流速不应小于 3m/s。

泄洪排沙闸底部高程应定在枯水位平均河床上，即较栏栅顶低 1～1.5m。栏栅是用金属栅条做成，一般向下游倾斜安放，坡度 0.1～0.2，栅条缝隙 1～1.5cm，栅条宽 1.2～2.0cm。一般用梯形钢作栅条，刚度大而效果好。

这种渠首具有布置容易，结构简单，施工便利，造价经济，管理方便等优点，实用引水流量已达 10～30m^3/s，在山区应用颇广。其缺点是栏栅孔隙易堵塞，廊道内易淤塞且难清除。

(六) 两岸取水式渠首

当灌区分布于河道两岸时，则应考虑两岸取水。图 13－16 所示为两岸对称布置的沉沙槽式渠首，布置简单，造价经济，在陕西、山西应用较多。但据实用经验表明，在多沙河流上由于主流摆动不定，常不能保证两岸同时均能正常取水，即使采用整治建筑物，亦难以改善。此外，运行管理不便，特别是洪水时期两岸交通困难，尤为突出。因此，除了在稳定的河道上，或者河床狭窄，河水满槽，或者有足够的冲沙流量使两个取水口均可借冲沙闸形成深槽外，一般不宜采用这种布置型式。

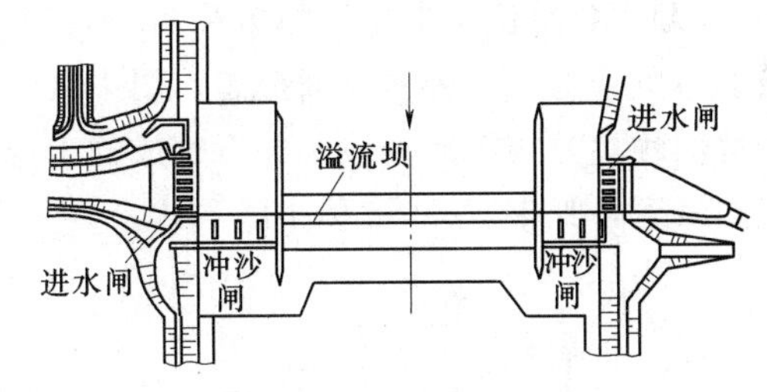

图 13－16　两岸对称布置的沉沙槽式渠首平面布置图

为了解决两岸引水，实际上常用下列两种方法。

(1) 从一岸集中引水，然后用埋在坝内的输水管道送到对岸，参见图 13－11 中倒虹吸管。

(2) 从一岸集中引水，用在干渠内埋设的涵洞通过河底送往对岸，如陕西田惠渠等。

这两类布置型式虽然结构复杂，但引水得到保证，不仅有利于水量调配而且管理方便。

第四节　渠道及其上建筑物

渠道是输水建筑物，用以输运水流，其流态一般为无压明流。通常灌溉、给水、排水、发电、通航等都会用到渠道。如以自流灌溉区为例，必须有一个渠道系统，一般从取水渠首的进水闸后开始，先是引水干渠，接着是通至各灌区地片的支渠、斗渠，最后是分布于田间的农渠、毛渠等。在这个渠道系统中，渠道的数量由少到多，位置由高到低，断面及输水能力由大到小，其工作原理都是明渠流。但应指出，一个渠系还要有很多其他配套建筑物，才能有效地工作，如控制水位和调节流量的节制闸、分水闸、斗门；保证渠道及其建筑物安全的泄水闸；渠道与河流、沟谷、道路相交时所需的渡槽、倒虹吸、涵洞等交叉建筑物；渠道通过有集中落差地段所需的陡坡、跌水等落差建筑物；为渠道穿过山冈而建的输水隧洞；沉积和排除泥沙的沉沙池、冲沙闸以及测定流量的量水设备等。这些建筑物常统称渠系建筑物，作为单项工程，其规模一般都不很大，但数量多而且分散，总工程量往往是渠首工程量的若干倍。故其体型结构的合理设计具有很大经济意义。本节主要就渠道及其沿线的交叉建筑物、落差建筑物等作简略介绍。

一、渠道

渠道设计的任务是选定渠道线路和确定断面尺寸。渠道选线要根据地形、地质及施工条件综合考虑，力求短而直，尽量减少沿线所需交叉建筑物，避开可能坍滑失稳或渗漏量大的地带，最好做到挖方与填方基本平衡。

渠道断面形态一般为梯形，岩石中开凿的渠道则可接近矩形。图 13-17 所示为平坦地区可能的横断面形态，图中（a)、(b)、(c) 完全位于不同深度的挖方中；(d)、(e) 位于半挖半填方中；(f)、(g) 完全位于填方中。图 13-18 所示为山坡上布置渠道的各种横断面形态，图中 (a) 为斜坡上全挖方的渠道；(b)、(c) 是外侧坡依赖填方或混凝土或浆砌石筑成的半挖方渠道；(d)、(e)、(f) 为陡峻山岩上修成的渠道，其中 (d) 可称半隧洞式。

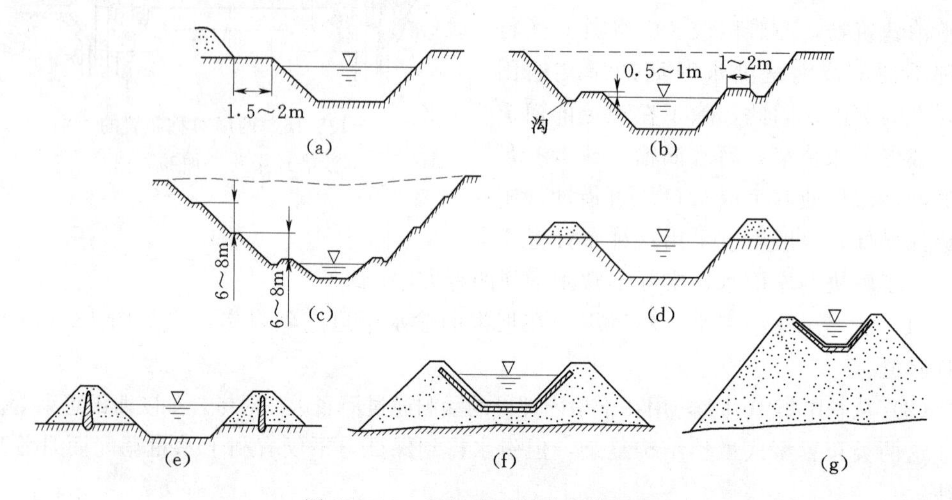

图 13-17　平坦地区渠道的横断面

渠道纵剖面、横断面尺寸一般由设计流量 Q 确定，用均匀流谢才-曼宁公式计算：

$$Q = Av = AC\sqrt{RJ} = A\ \frac{1}{n}R^{2/3}J^{1/2} \tag{13-25}$$

式中：A 为渠道过水断面积，m^2；v 为断面平均流速，m/s；R 为水力半径，m；J 为渠底纵坡降；C 为谢才系数；n 为曼宁糙率系数。

可以看出，对于给定 Q，仍然可有多种组合的 v、R、J 值，如有衬砌护面，n 也是可变参数。设计时，应考虑以下诸因素综合选定。

(1) 从形状上说，众所周知，水力最佳梯形断面的底宽 b 与水深 h 之比应为

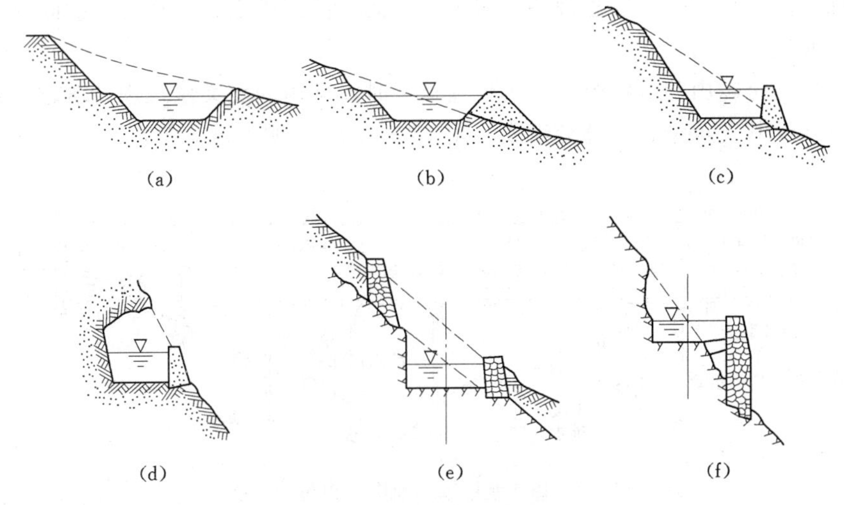

图 13-18　山坡渠道横断面

$$b/h = 2(\sqrt{1+m^2} - m) \tag{13-26}$$

式中：m 为等腰梯形的边坡值，该断面的 $R=0.5h$。

(2) 流速 v 应满足不冲条件，即应小于、等于渠床表面的临界抗冲流速 v_c。对于非黏性土，可按式（13-3）计算。对于单位黏聚力为 c（kPa）的黏性土，可视为具有当量粒径 d_e（m）的无黏性土而确定 v_c。以同等抗冲能力为条件，求 d_e 公式可参见文献[65]、[66]。

将式（13-3）中的 d 换用上述 d_e 值，即可得该黏性土的 v_c。一般说来，非岩石的土壤渠道临界抗冲流速不超过 1.5m/s，当采用更大流速时则需护面衬砌，各种材料衬砌的抗冲流速参见《水工设计手册（第 2 版）》。岩石的抗冲流速较大（如可达 4m/s 以上），不冲条件往往不成为控制断面设计的因素。

(3) 当渠道输水时，如需挟带含沙量为 S（kg/m^3）的悬移质泥沙进入田间，以获取放淤肥田之利，则渠道流速 v 就应有不小于 S 的挟沙能力。挟沙能力按经验公式计算，例如按扎马林公式：

$$S = 700 \frac{v}{W_0}\sqrt{\frac{RJv}{W}} \tag{13-27}$$

式中：W 为沙粒在静水中的沉速，mm/s；R 为水力半径，m；J 为水面坡降；W_0 为特征沉速，当 $W>2$mm/s 时，取 $W_0=W$，当 $W<2$mm/s 时，则取 $W_0=2$mm/s。

(4) 流速应满足不生草和不结冰的条件。一般认为 $v>0.6$m/s 可不生草。北方冬季运行的渠道须考虑结冰问题，一般认为 $v<0.5$m/s 时易形成冰盖；$v>1.5$m/s 时冰就能溶散；$v>3$m/s 时不致结冰。

(5) 满足边坡稳定和防渗要求。渠道边坡坡度应据边坡高度、渠中水深及水位变化情况、地质条件等决定，深度超过 5m 的大渠道断面还应进行边坡稳定性校核（类似土坝边坡稳定分析方法）。为加强边坡稳定性，有时还结合防渗进行衬砌护坡。对于渗透系数较大的土基上渠道要有防渗护面（护底和护坡）。护面形式有三合土护面、黏土护面、砌石护面、混凝土及钢筋混凝土护面、沥青护面、塑料薄膜护面等。

二、渡槽

当渠道须跨越山谷、河流以及其他建筑物时，常用的交叉建筑物是渡槽。由进出口段、槽身及其支承结构等部分组成（图 13－19），以明渠流态输水。

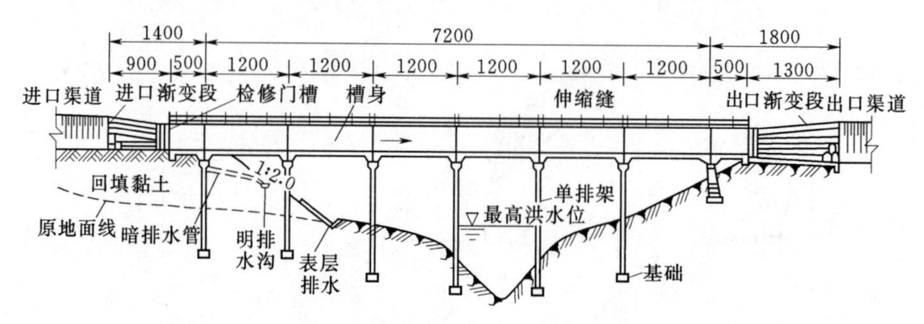

图 13－19　渡槽纵剖面图（单位：cm）

渡槽进出口段的功用是使渡槽与上下游渠道平顺连接，保持水流顺畅，为此常做成扭曲面或喇叭形的渐变段过渡。

渡槽槽身可由浆砌石、钢筋混凝土、钢丝网水泥等各种材料建造，横断面形态多为矩形，中小流量情况下也可采用 U 形钢丝网水泥薄壳结构（图 13－20），后者壁厚只有 2～3cm，须有较高的施工工艺。

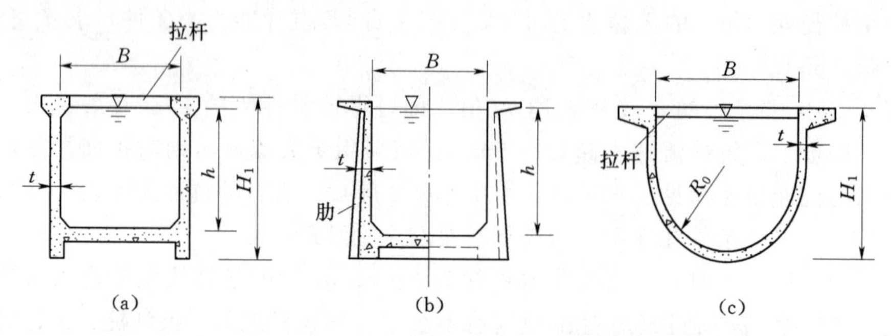

图 13－20　矩形及 U 形槽身横断面形式

（a）设拉杆的矩形槽；（b）设肋的矩形槽；（c）设拉杆的 U 形槽

槽身的支承结构型式主要有三类，即梁式、拱式和桁架拱式。前面图 13－19 所示即为梁式渡槽，槽身一节一节地支承在排架（或重力墩）上，伸缩缝之间的每一节槽身沿纵向有两个支点，槽身在结构上起简支纵向梁作用。也可将伸缩缝设于跨中，每节槽身长度取两倍跨度，而成为简支双悬臂梁。

图 13－21 所示为实腹石拱渡槽，它由槽身、拱上结构、主拱圈和墩台组成，荷载由槽身经拱上结构传给主拱圈，再传给墩台、地基。如拱上结构也用连拱式，则成空腹石拱渡槽（图 13－22）。

图 13－23 所示为钢筋混凝土肋拱渡槽，其传力结构组成部分为由槽身到拱上排架，由排架到肋拱，再由肋拱到拱座、支墩、地基。槽身可用钢筋混凝土矩形槽或钢丝网水泥薄壳 U 形槽，整个结构较石拱渡槽轻得多。肋拱可用三铰拱结构（图 13－

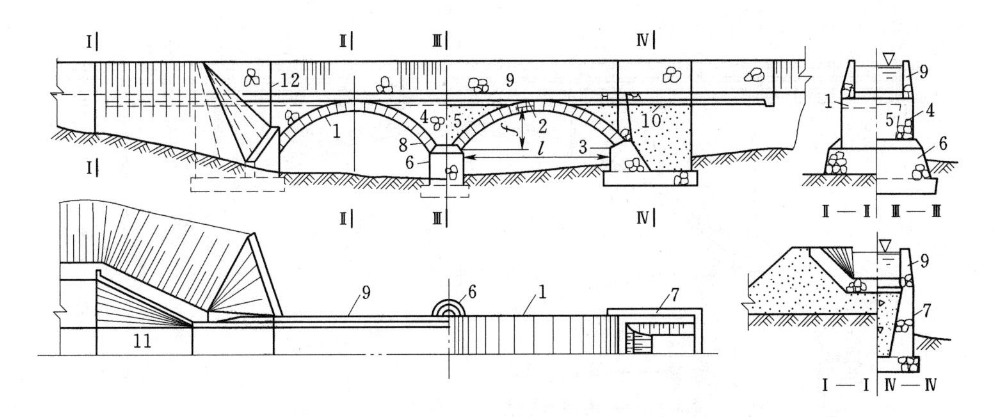

图 13－21　实腹石拱渡槽

1—拱圈；2—拱顶；3—拱脚；4—边墙；5—拱上填料；6—槽墩；7—槽台；8—排水管；9—槽身；10—垫层；11—渐变段；12—变形缝

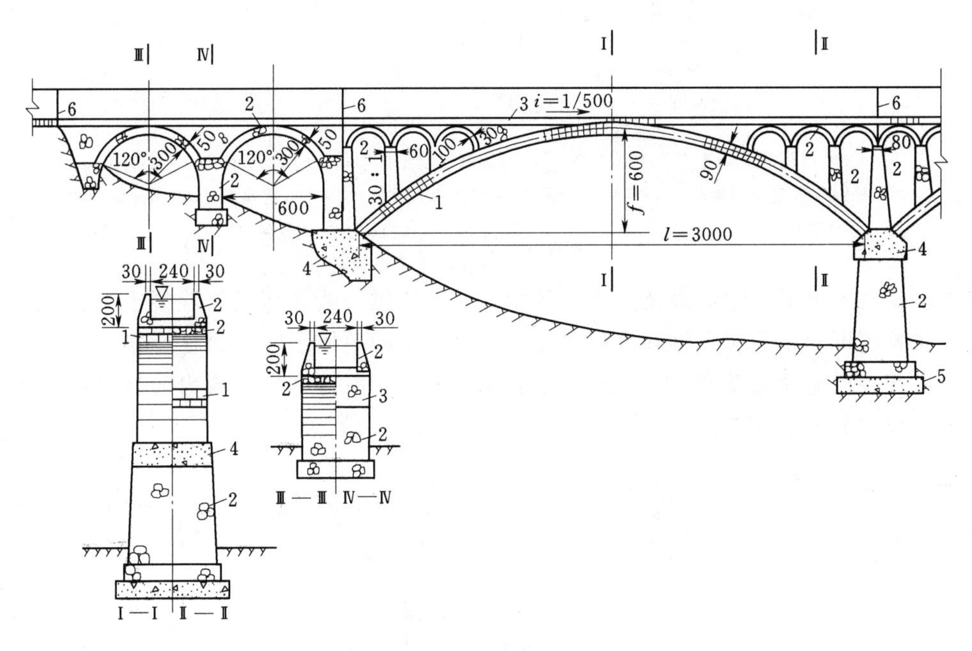

图 13－22　空腹石拱渡槽（单位：cm）

1—80 号水泥砂浆砌条石；2—80 号水泥砂浆砌块石；3—50 号水泥砂浆砌块石；4—200 号混凝土；5—100 号混凝土；6—伸缩缝

23)，也可用无铰拱，后者要有纵向受力钢筋伸入墩帽内。不太宽的渡槽，用双肋（即两片肋拱）并以横系梁加强两者的整体性即可。很宽的渡槽，则可采用拱肋、拱波和横向联系组成的双曲拱。

桁架拱式渡槽与一般拱式渡槽的区别仅是支承结构采用桁架拱。桁架拱是几个桁架拱片通过横向联系杆拼接而成的杆件系统结构。桁架拱片是由上、下弦杆和腹杆组成的平面拱形桁架（图 13－24)。渡槽槽身以集中荷载方式支承于桁架节点上，可以

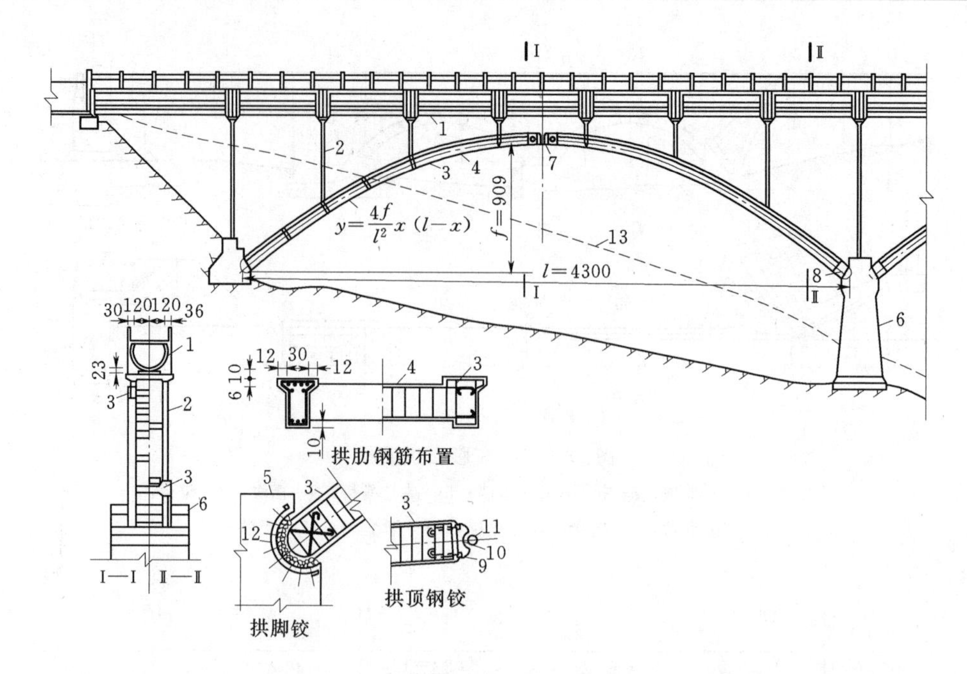

图 13-23　肋拱渡槽（单位：cm）

1—200 号钢筋混凝土 U 形槽身；2—200 号钢筋混凝土排架；3—250 号钢筋混凝土肋拱；4—250 号钢筋混凝土横系梁；5—150 号混凝土埋 15%块石拱座；6—150 号混凝土埋 15%块石槽墩；7—拱顶钢铰；8—拱脚铰；9—铰座；10—铰套；11—铰轴；12—钢板镶护；13—原地面线

是上承式、下承式、中承式及复拱式等型式。桁架拱一般采用钢筋混凝土结构，其中受拉腹杆还可采用预应力钢筋混凝土建造。由于结构整体刚度大而重量轻且与墩台之间可以铰接以适应地基变位，故能用于软基，另外对所跨越的河流为通航河道，能提供槽下较大的通航净空。

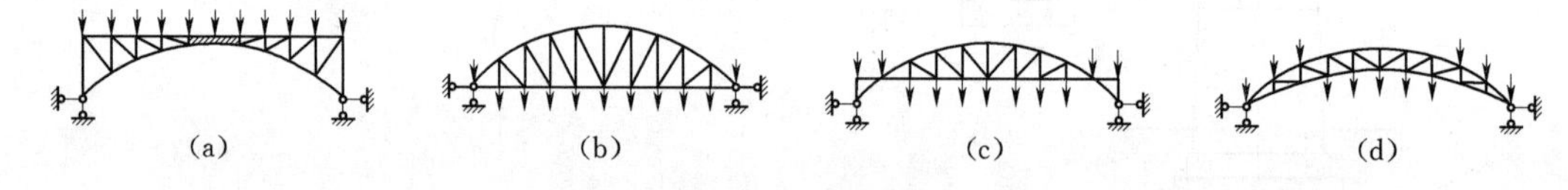

图 13-24　桁架拱

(a) 上承式；(b) 下承式；(c) 中承式；(d) 复拱式

图 13-25 所示为斜拉式渡槽，它以墩台、塔架为支承，用固定在塔架上的斜拉索悬吊槽身，斜拉索上端锚固于塔架上，下端锚固于槽身侧墙上，槽身纵向受力状况相当于弹性支承的连续梁，故可加大跨度，减少槽墩个数，节约工程量。为充分发挥斜拉索的作用，改善主梁受力条件，施工中需对斜拉索施加预应力，使主梁及塔架的内力和变位比较均匀。斜拉渡槽各组成部分的型式很多，构成多种结构造型。斜拉渡槽跨越能力比拱式渡槽大，适用于各种流量，跨度及地基条件，在大流量、大跨度及深河谷情况下，其优越性更为突出。但施工中要求准确控制索拉力及塔架、主梁的变位等，有一定难度。

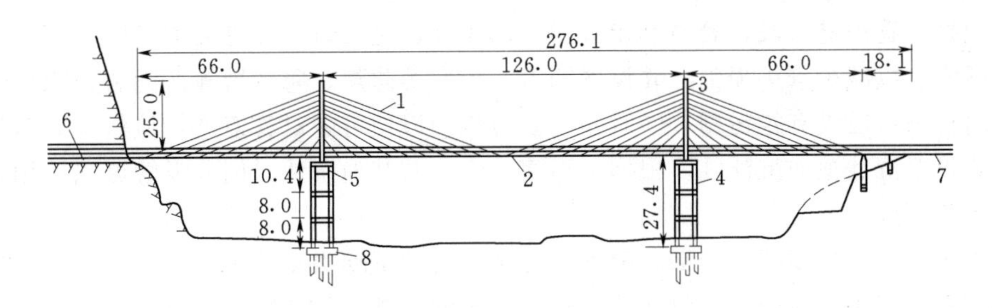

图 13-25　北京军都山斜拉式渡槽布置示意图（单位：m）

1—斜拉索；2—槽身；3—塔架；4—塔墩；5—托板；6—输水隧洞；7—砌石渠道；8—灌注桩承台基础

世界上最早的斜拉输水结构是西班牙的坦佩尔渡槽（Tempul Aqueduct），主跨（两塔架间距）60.3m，于 1926 年建成。中国从 20 世纪 80 年代以后，斜拉式渡槽迅速兴起，在陕西、吉林、北京、内蒙古等省（自治区、直辖市）已建成斜拉式渡槽 20 余座，其中北京军都山斜拉式渡槽最具代表性（图 13-25）。该渡槽跨越二道河、京张公路和大秦铁路，属双塔塔墩固结悬浮体系，斜拉索布置成扇形，渡槽全长 276.1m，主跨 126m，塔高 25m，墩高 27.4m，设计流量 $5m^3/s$，由于河床覆盖层深，采用钢筋混凝土灌注桩承台基础，渡槽于 1987 年 12 月建成。

无论何种型式的渡槽，其水力设计一般都按明渠均匀流进行。但应注意通过渡槽的水面线（图 13-26），进口有水头损失 Z，沿程有水头损失 Z_1，出口有因部分势能恢复而引起的水面回升 Z_2。进口水头损失可按类似于淹没宽顶堰进行计算。

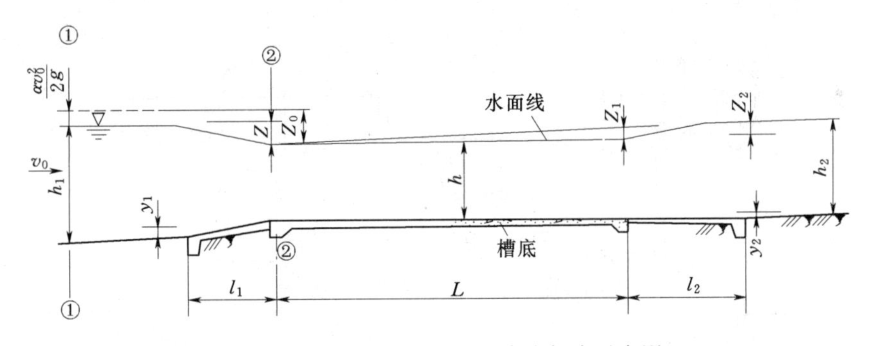

图 13-26　水流通过渡槽的水头损失示意图

渡槽的结构计算根据所选定的结构型式，采用相应的计算简图，按结构力学方法进行。作用于渡槽上部及下部结构的荷载有自重、水重及水压力、动水压力、冰压力、人群荷载、风荷载、温度荷载等，视具体条件，根据同时作用的可能性进行组合。

三、倒虹吸管

当渠道跨越山谷、河流、道路或其他渠道时，除前述渡槽外还可采用埋设在地面以下或直接沿地面敷设的压力管道，称倒虹吸管。因其形如虹吸管倒置而得名，并不以虹吸作用过水。倒虹吸管与渡槽相比，较适应的场合是：所跨越的河谷深而宽，采用渡槽太贵；渠道与道路、河流交叉而高差相差很小；用水部门对水头损失要求不严等。一般说来倒虹吸管造价较渡槽低廉，施工亦较方便，小型工程用得更多些。

倒虹吸管由进口段、管身和出口段三部组成。进出口段要与渠道平顺连接，一般都设渐变段以减少水头损失，并设置铺盖、护底等防渗、防冲措施。为防止漂浮物进入管内，进口段设有拦污栅，同时还应设检修门以便可能对管道进行检修。有时进口前还要设置沉沙池或沉沙井。根据地形高差大小及其他条件，倒虹吸管可以采用以下几种布置型式：

对于高差和规模都小的倒虹吸管，可用斜管式或竖井式布置。图 13-27（a）所示为实际工程中采用较多的斜井式，管内水流较顺畅。图 13-27（b）为竖井式，多用于穿过道路的流量不大、压力水头也较小（$H<3\text{m}$）的倒虹吸管，井底一般设 0.5m 深的集沙坑，以便清除泥沙及修理水平段时排水之用。竖井式水流条件较差些，但施工较易。

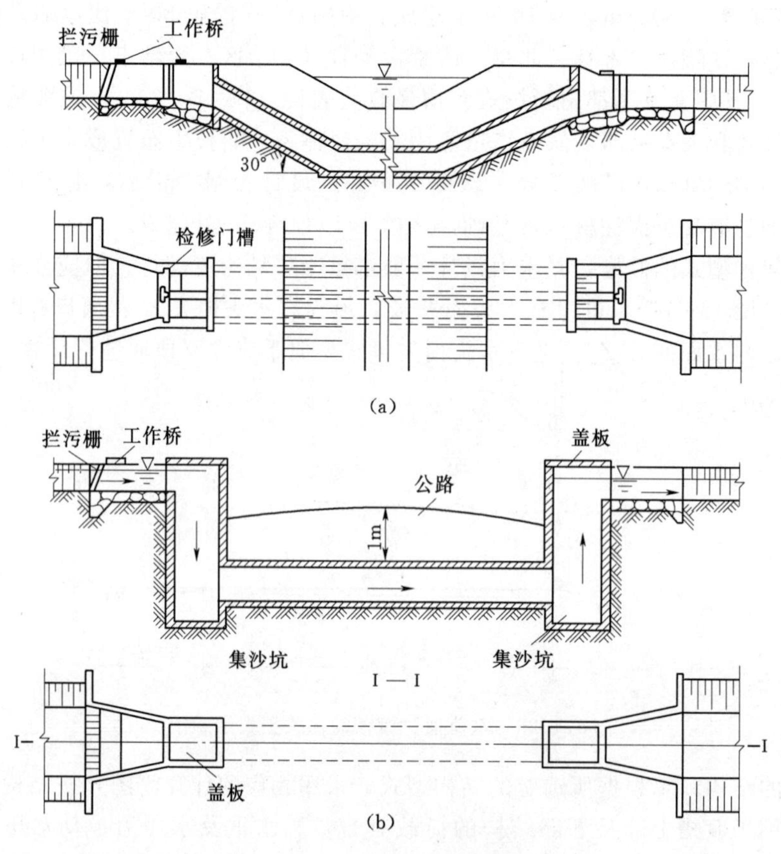

图 13-27 高差不大的倒虹吸管

（a）斜管式；（b）竖井式

当倒虹吸管跨越干谷或两岸为山坡时，管道可直接沿地面敷设，如图 13-28 所示。其优点是开挖工程量小，容易检修；缺点是受气温影响，内外壁将产生较大温差，从而引起较大的温度应力，如设计施工不周，管壁可能裂缝而漏水。为此倒虹吸管宜有适当埋深，以减少内外管壁温差。一般当两岸管道通过耕地时管道应埋于耕作层之下；在冰冻地区，管道顶部应埋在冰冻层以下；管道穿过河沟时，管顶应在冲刷

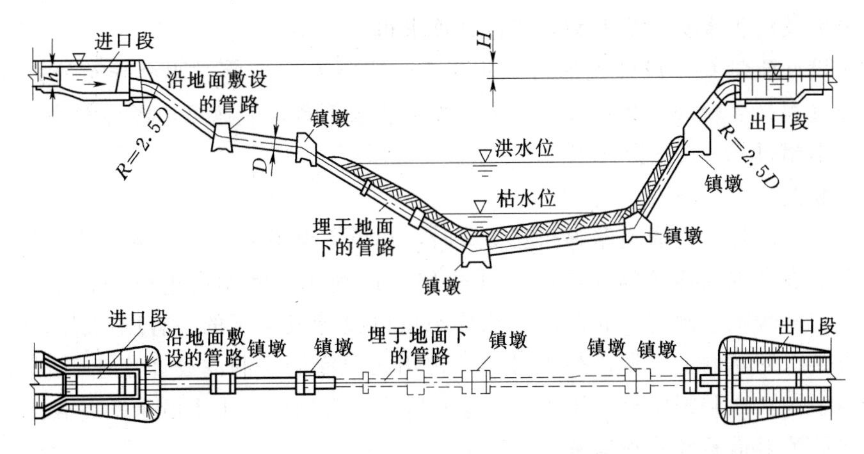

图 13-28 沿地面敷设的倒虹吸管

线以下 0.5m；管道穿过公路时，管顶应在路面下 1m 左右。

当倒虹吸管越过很深的河谷及山沟时，为减少施工困难，降低倒虹吸管中段的压力水头，缩短管路长度和减小管路中的沿程损失，可在深槽部分建桥，在桥上铺设管道，称为桥式倒虹吸管，如图 13-29 所示。桥下应留泄洪所需之足够净空。管道在桥头两端以及山坡转折处都应设镇墩，并于镇墩上开设放水检修孔，放水孔的出流不得冲刷岸坡和桥基。

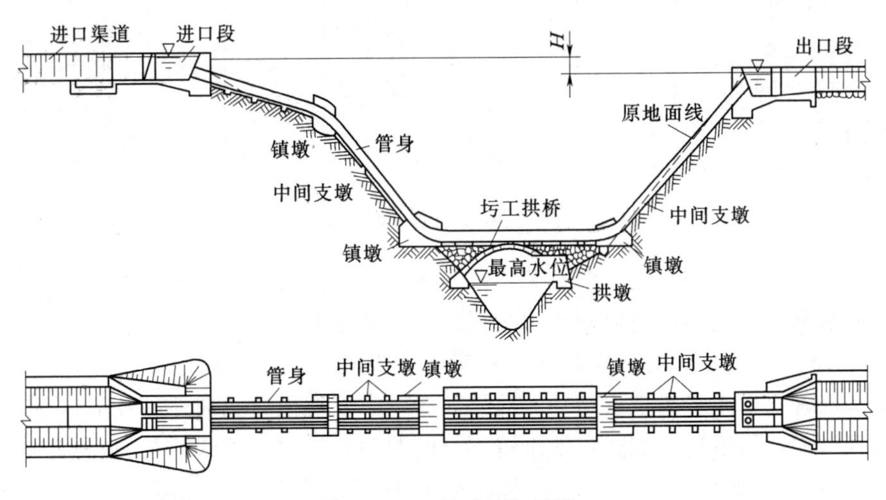

图 13-29 桥式倒虹吸管

倒虹吸管常用钢筋混凝土圆形断面，小型工程也可用浆砌石矩形断面。为防止沿管线不均匀沉陷及温度变形导致的破坏，可设沉陷缝，管长 30m 以内时可以不设。

倒虹吸管的水力设计按有压管流考虑。对于给定流量 Q 选择断面尺寸或确定水头损失的公式为

$$Q = Av = A\mu\sqrt{2gZ} \tag{13-28}$$

式中：A 为过水断面积，m^2；v 为管内断面平均流速，m/s；Z 为倒虹吸管上下游水位差，m；g 为重力加速度；μ 为流量系数，由进口、出口、转弯、拦污栅、门槽等局

部水头损失及沿程水头损失系数，通过计算求得。

对于设计流量 Q，设计流速可采用 1.5～2.5m/s，流速过小会导致管内泥沙淤积；流速过大又会增加水头损失。当水头损失要求不苛，流速可选择得大些以减小管径，但以不超过 3.5m/s 为宜。

四、涵洞

当渠道、溪谷、交通道路等相互交叉时，在填方渠道或交通道路下设置的输送渠水或排泄溪谷来水的建筑物即涵洞。如图 13-30 所示，涵洞由进口、洞身和出口三部分组成，一般不设闸门。涵洞内水流形态可以设计成无压的、有压的或半有压的。用于输送渠水的涵洞上下游水位差较小，常用无压涵洞，洞内设计流速一般取 2m/s 左右。用于排水涵洞则既有无压的，也有有压或半有压的，上下游水头差较大时还应采取适当的消能措施和防渗措施。

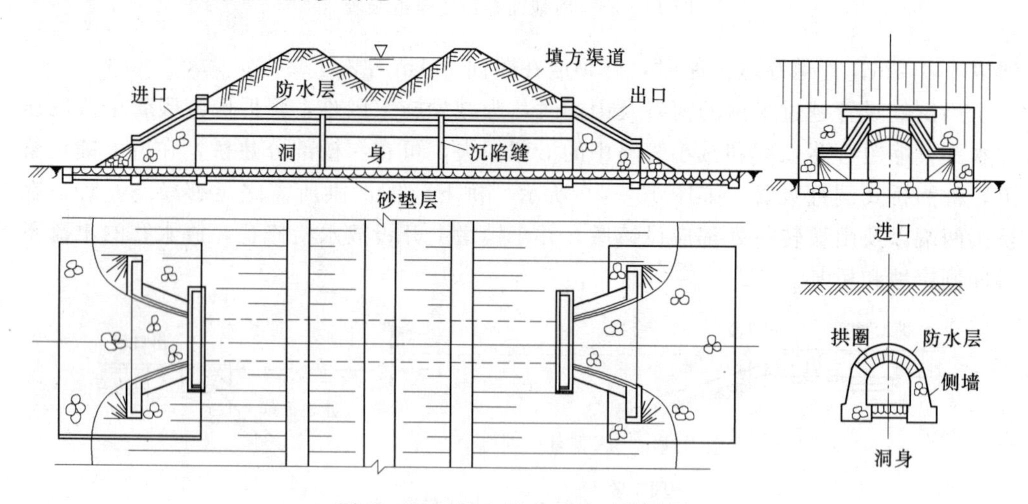

图 13-30　填方渠道下的石拱涵洞

涵洞的进出口段用以连接洞身和填方土坡，也是洞身和上下游水道的衔接段，其型式应使水流平顺进出洞身以减小水头损失，并防止洞口附近的冲刷。常用的进出口型式如图 13-31 所示，有一字墙式、八字形斜降墙式、反翼墙走廊式等，三者水力条件依次改善，而工程量依次增加。此外还有八字墙伸出填土坡外以及进口段高度加大的两种型式，最后这种型式可使水流不封闭洞顶，进口水面跌落在加高范围内，颇多实用。不论哪种型式，一般都根据规模大小采用浆砌石、混凝土或钢筋混凝土建造。

涵洞洞身断面可为圆形、矩形、拱形等。有压涵洞与倒虹吸管一样常用圆管作为洞身，而且常用预应力钢筋混凝土管在现场装配埋设，故也称涵管。按埋设方式还可分沟埋式及上埋式两种。如图 13-32 所示，沟埋式是将涵洞埋设于较深的沟槽中，槽壁天然土壤坚实，管道上部及两侧用土回填；上埋式是将涵管直接置于原地面再填土，多用于涵管横穿路、堤情况。

矩形断面涵洞有箱形涵洞和盖板式涵洞两种。箱涵多为四边封闭的钢筋混凝土结构，具有较好的整体静力工作条件。泄流量大时还可双孔或多孔相连，壁厚一般为孔

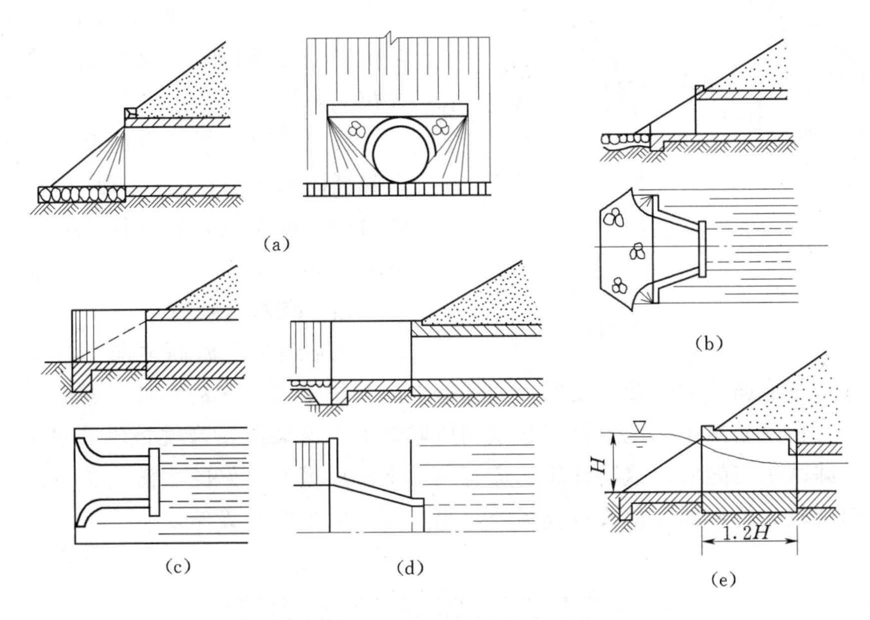

图 13-31　涵洞的进出口型式

(a) 一字墙式；(b) 八字形斜降墙式；(c) 反翼墙走廊式；(d) 八字墙伸出填土坡外；(e) 进口段高度加大

宽的 1/10～1/8。这种涵洞［图 13-33 (a)］适用于洞顶填土厚、洞跨大和地基较差的无压或低压涵洞。盖板式涵洞由侧墙、底板和盖板组成［图 13-33 (b)、(c)］，侧墙及底板多用浆砌石或混凝土作成，盖板则用钢筋混凝土，简支于侧墙，适用于洞顶荷载较小和跨度较小的无压涵洞，洞宽常在 2～5m 以内。

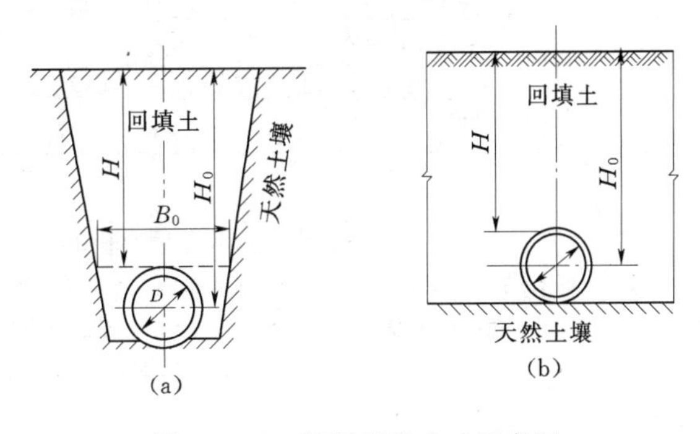

图 13-32　涵洞埋设方式示意图

(a) 沟埋式涵洞；(b) 上埋式涵洞

全由砌石建成的拱形涵洞（图 13-34）在工程中常多采用，由拱圈、侧墙及底板组成，受力条件较好，适用于填土高度及跨度都较大的无压涵洞。拱圈可为低平拱及半圆拱，平拱的矢高 f 与跨度 l 之比，$f/l=1/10\sim1/5$，半圆拱的

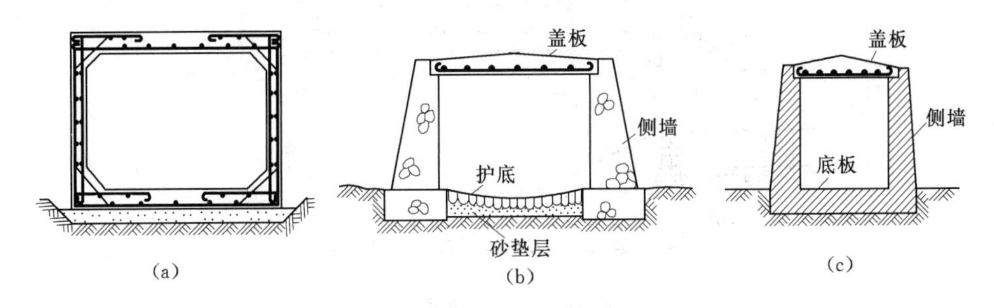

图 13-33　箱形涵洞、盖板式涵洞

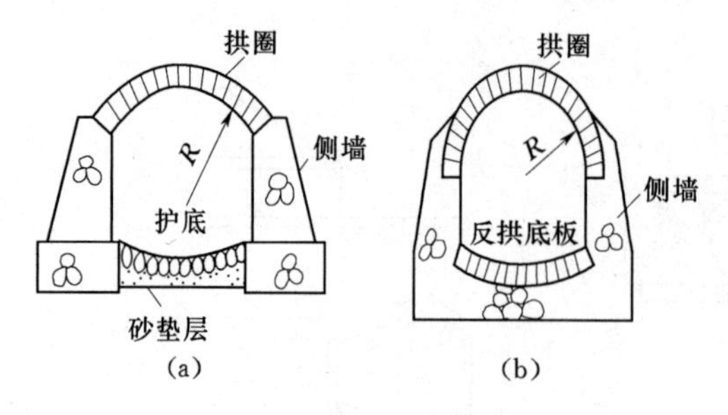

图 13-34　拱形涵洞
(a) 平拱；(b) 半圆拱

$f/l=1/2$。后者对侧墙水平推力较小，但拱圈受力条件不如低平拱，易出现较大拉应力。

我国四川、新疆等地有成功采用卵石拱涵洞的丰富经验。如图 13-35 所示即为一工程实例，长度达 1100m，通过流量 $40m^3/s$。

五、跌水与陡坡

当渠道从上游高地向下游低地输水而要通过一段地面坡度很陡之处时，为保持上、下游渠道正常的纵坡，避免大填方和深挖方，可在落差集中的地方修建建筑物以联结上下游渠道，这就是落差建筑物，用得最多的即跌水与陡坡。这类建筑物应与其上下游渠道有良好的水流衔接条件，进口前不得出现较大的水面降落或壅高现象，出口应有消能防冲设施。

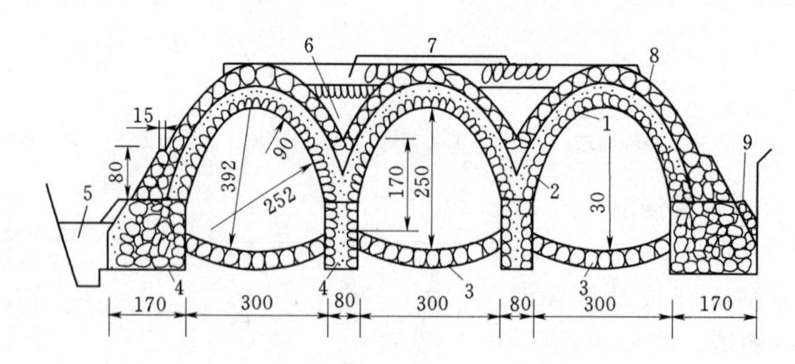

图 13-35　卵石拱涵洞（单位：cm）

1—干卵石拱；2—1：2：9 及 1：4 灰浆填缝，水泥石灰砂浆勾缝；3—1：3：6 水泥混凝土砌卵石，1：4 水泥砂浆填缝及粉面；4—1：3：6 水泥混凝土砌卵石；5—回填黄土；6—干砌卵石；7—1：2：4 石灰三合土钉卵石；8—四合土砌护拱；9—反滤层

跌水一般由进口、跌水墙、消力池等组成，常用单级跌水（图 13-36），落差大时可设置如图 13-37 所示的多级跌水。

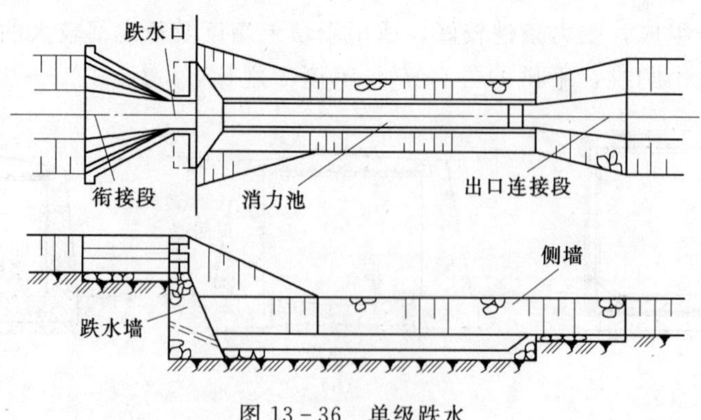

图 13-36　单级跌水

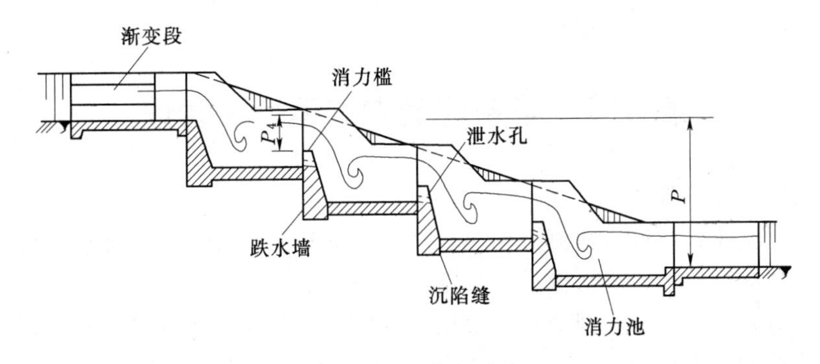

图 13-37 多级跌水

陡坡由进口段、陡坡段、消能段和出口段组成，如图 13-38 所示。

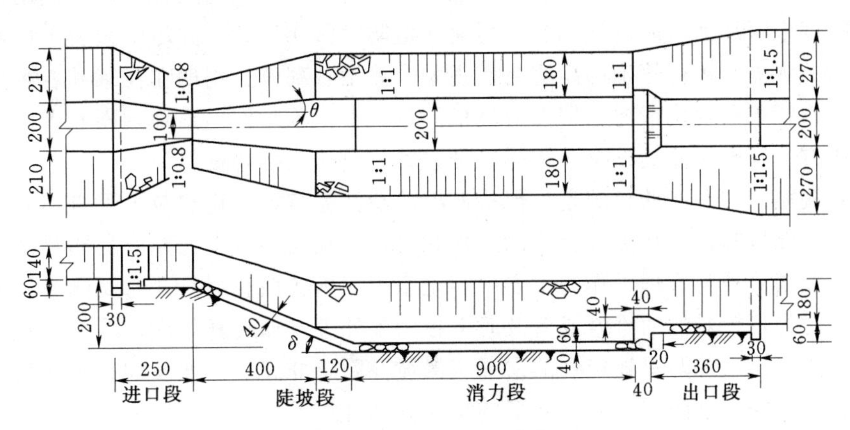

图 13-38 扩散形陡坡（单位：cm）

一般说来，在坡度陡而落差不超过 1.5m 的地段可用单级跌水；落差较大时以采用陡坡较为经济合理；如落差很大则可建多级跌水。多级跌水每级高度可为 3～5m，级长应保证水跃在其内发生，水跃的共轭水深之比为 6～7 最好。

六、桥梁

与渠道相关的桥梁分为交通道路跨越渠道的跨渠桥和渠堤检修路跨越河流、沟溪、道路的检修桥两大类。四级公路以下的乡村道路、田间道路、放牧小路和渠堤检修路等较少行驶大型车辆的道路等级均为等外级道路。其跨渠桥和渠堤检修桥，统称为农桥。农桥包括人行便桥，牧区放牧的专用的牧道桥，通行畜力车、拖拉机和农用汽车的生产桥，通行汽车的乡村道路桥。跨越较大河流、沟道的渠堤检修桥宜就近绕道利用已成的公路桥涵连接交通，或者与渠道跨越建筑物（如渡槽、涵洞或桥式倒虹吸管）结合建设。

跨渠桥的桥位应选在渠线顺直、水流平缓、渠床及两岸地质条件良好的挖方或填方高度较低的渠段上。桥梁与渠道的纵轴线宜为正交，当斜交不可避免时，其交角应大于 45°。

农桥设计采用的荷载（或称作用）分为永久作用、可变作用和偶然作用三类。除可变作用中的汽车荷载之外，农桥设计荷载的分类、代表值、作用效应组合和各项荷载的确定方法，均按我国交通运输部现行规范的相关规定执行。

第五节 渠系建筑物的运行及管理

一、渡槽的运行管理

渠道跨越山冲、谷口、河流、沟溪、道路或者其他渠道时，经与其他跨越或绕道型式的建筑物进行技术经济比较后，可选用渡槽。槽身轴线宜为直线，并且宜与河道主流或主沟道方向正交。如因地形、地质条件限制，槽身不得不转弯时，宜取较大弯道半径，并在设计中考虑弯道水流的不利影响。弯道半径对于矩形断面槽身应大于6～10倍槽底宽，大型渡槽宜通过模型试验确定。跨越河流渡槽的槽址处应河势稳定，修建渡槽后对河势影响小，且不影响上、下游已建工程的正常运用。确定的渡槽长度和跨度应服从河流防洪规划和不恶化当地防洪排涝现状，并尽量减少工程量。

渡槽的观测及运行管理的内容是监视整个渡槽各部位运用期在荷载和各种因素作用下的工作状态和变化情况，据以对渡槽质量和安全程度作出正确判断和评价，总结改善运用方式，确保渡槽安全，积累验证设计与科研的必要资料。

(1) 渡槽养护工作的目的是：保持渡槽的清洁完整，防止和减少因自然和人为因素的破坏，保持其设计功能和完好的工作状态，延长使用年限，充分发挥效益。

(2) 渡槽养护与管理工作的主要内容是组织实施各项观测，并对观测中发现的问题隐患随时进行针对性的维修或者及时上报请求处理。如裂缝处理，渗水处理，伸缩缝处理，进、出口及两岸连接处的渗漏、滑坡及隐患处理，护坡及砌石破坏修理，冻害的防护与维修，预防超出允许变形的前期处理等。

二、倒虹吸的运行管理

渠道跨越山谷、河流、渠沟、洼地、道路时，如允许较大的水头损失且与其他跨越或绕道型式的建筑物进行技术经济比较后，可选用倒虹吸管。倒虹吸管的总体布置方案、管道材料和管径，应经过技术经济比较或工程类比确定。运行管理要求如下。

(1) 应根据工程运用条件，结合设计试验资料和地质情况等，提出对倒虹吸管的运用要求。制定倒虹吸管运行管理的各种规章制度及各种专业技术人员的岗位责任制。例如：运行中应调节倒虹吸管出口闸门开度，确保在小流量时管道进口仍有必要的淹没水深。及时清理拦污栅的垃圾杂物。

(2) 灌溉期结束时，应将倒虹吸管内的水泄空。

三、灌区量水

量水是灌溉用水管理的基本条件，是促进节约用水的有效手段，是实行计量灌溉的前提和基础，是征收水资源费、水费的重要依据，是合理调度灌溉水资源，正确执行用水计划，加强经济管理的必要措施。同时，也是衡量灌溉管理水平和灌区灌溉水利用率高低的重要技术指标之一。

灌区量水的任务可归纳为：促进节约用水；为征收水费、水资源费提供依据，提高水费实收率，减轻农民不合理负担；为灌溉工程的规划、设计和管理提供第一手资料。具体任务如下。

（1）测算历年、月、日时段渠道水位、流量变化情况以及输水能力，为编制渠系用水计划提供依据。

（2）根据用水计划和水量调配方案，及时准确地从水源引水，并配水到各级渠道的用水单元和灌溉地段。

（3）为灌区定额供水、按方征收水费和水资源费提供可靠依据。

（4）利用量水观测资料和灌溉面积资料，分析、检查灌水质量和灌溉效率，修正、调整供配水方案，指导和改进用水工作。

（5）利用量水资料验证渠道和建筑物的输水能力、渠道输水损失率，为灌区改建、扩建、新建提供规划、设计和科研的基本资料。

灌区常用量水方法：①利用水工建筑物量水；②利用特设的量水设备量水；③利用流速仪量水；④利用浮标量水；⑤利用水尺量水。

复习思考题

1. 为什么在河流某段设取水渠首后该河段要发生新的河床演变？可否对这种演变趋势直至冲淤平衡态的河相参数作出预计？

2. 无坝取水和有坝取水的各自优缺点和适用场合如何？

3. 弯道环流在哪些渠首布置型式中起作用？如何有意识地利用弯道环流作用而取水防沙？

4. 有坝取水渠首有哪些可供选择的布置型式？各有何特点？

5. 渠道的纵横剖面应满足哪些设计要求？

6. 渡槽、倒虹吸管、涵洞各适用于渠道沿线的什么部位？三者的过水条件有何区别？

7. 跌水与陡坡用于渠道沿线的什么部位？二者适用条件有无区别？

8. 灌区量水方法有哪些？

第十四章

水利枢纽设计阶段划分及其布置

为了充分利用水资源，最大限度地满足水利事业各部门（防洪、灌溉、发电、航运及给水等）的需要，应对整个河流和河段进行全面开发和治理的综合利用规划。为实现规划内容，需要修建不同类型和功能的水工建筑物，用以壅水、蓄水、泄水、取水、输水等。若干不同类型的水工建筑物组合在一起，便构成水利枢纽。其任务是实现综合利用规划中对某一河段的治理和水资源开发、利用所提出的要求。

水利枢纽布置是根据已研究确定的各水工建筑物的型式，以及它们的功能、运行方式及相互影响等，布置其相应所在位置的工作，是设计工作中的一项复杂且具有全局性的工作。影响枢纽布置的因素有自然、社会两种，包括地形、地质、水文、施工、环境、运行管理等。选择合理的枢纽布置对工程的经济效益和安全运行有决定性的作用。但由于各工程的具体情况千差万别，枢纽布置无固定的模式，必须在充分掌握基本资料的基础上，认真分析各种具体条件下多种因素的变化和相互影响，研究坝址和主要建筑物的合宜型式，拟定若干可能的布置方案，从设计、施工、运行、经济等方面进行论证，综合比较，选择最优的布置方案。

第一节　水利枢纽的设计阶段划分及任务

一、设计阶段的划分

水利枢纽工程的建设要经过勘测、规划、设计和施工等阶段按程序逐步进行，最后建成。根据国家基本建设管理规定，水利枢纽建设程序大体可分为前后两个阶段，工程开工建设前以规划、勘测、设计工作为主的前期阶段；工程开工以后至竣工投产的施工阶段。兴建水利枢纽工程应严格按照基本建设程序办事。设计工作应遵循分阶段、循序渐进、逐步深入的原则进行。以往大中型枢纽工程常按三个阶段进行设计，即可行性研究、初步设计和施工详图设计。对于工程规模大，技术上复杂而又缺乏设计经验的工程，经主管部门指定，可在初步设计和施工详图设计之间，增加技术设计阶段。

20世纪80年代以来，我国水利水电建设体制已发生了变化，为适应招标投标合同管理体制的需要，对水利水电工程设计可划分为以下几个阶段。

（1）项目建议书阶段（预可行性研究阶段）。在江河流域综合利用规划及河流（河段）水电规划选定的开发方案基础上，根据国家与地区电力发展规划的要求，编制项目建议书。

（2）可行性研究阶段，加深项目建议书深度，使其达到原有初步设计编制规程的要求。编制可行性研究报告。

（3）招标设计阶段。按原技术设计要求进行勘测设计工作，在此基础上编制招标文件。招标文件分三类：主体工程、永久设备和业主委托的其他工程的招标文件。

（4）施工详图阶段。配合工程进度编制施工详图。

当前我国水利枢纽设计执行的主要技术标准分水利水电工程设计和水电工程设计。主要包括：水利水电工程项目建议书编制规程、水利水电工程可行性研究报告编制规程、水利水电工程初步设计报告编制规程、水利水电工程等级划分及洪水标准、水电枢纽工程等级划分及设计安全标准、水电工程预可行性研究报告编制规程、水电工程可行性研究报告编制规程、水电工程招标设计报告编制规程［详见《水工设计手册（第2版）》第2卷，中国水利水电出版社2014年6月出版］。需要注意的是：随着国民经济和水利水电事业的发展，工程实践中设计阶段的划分及对各阶段报告编制的要求，应随国家有关政策调整和规范修改做相应的改变。

二、设计阶段的任务

1. 项目建议书阶段的任务

项目建议书是在江河流域综合利用规划或河流（河段）水电规划以及电网电源规划基础上进行的设计阶段。其任务是论证拟建工程在国民经济发展中的必要性、技术可行性、经济合理性。本阶段的工作内容和深度可参阅《水电工程预可行性研究报告编制暂行规定》。主要内容包括：河流概况及水文气象等基本资料的分析；工程地质与建筑材料的评价；工程规模、综合利用及环境影响的论证；初拟坝址、厂址和引水系统线路；初步选择坝型、电站、泄洪、通航等主要建筑物的基本形式与枢纽布置方案；初拟主体工程的施工方法，进行施工总体布置、估算工程总投资，工程效益的分析和经济评价等。预可行性研究阶段的成果，为国家和有关部门作出投资决策及筹措资金提供基本依据。

2. 可行性研究阶段的任务

可行性研究阶段的设计任务在于进一步论证拟建工程在技术上的可行性和经济上的合理性，并要解决工程建设中重要的技术经济问题。主要设计内容包括：对水文、气象、工程地质以及天然建筑材料等基本资料做进一步分析与评价；论证本工程及主要建筑物的等级；进行水文水利计算，确定水库的各种特征水位及流量，选择电站的装机容量、机组机型和电气主结线以及主要机电设备；论证并选定坝址、坝轴线、坝型、枢纽总体布置及其他主要建筑物的型式和控制性尺寸；选择施工导流方案，进行施工方法、施工进度和总体布置的设计，提出主要建筑材料、施工机械设备、劳动力、供水、供电的数量和供应计划；提出水库移民安置规划；提出工程总概算，进行技术经济分析，阐明工程效益。最后提交可行性研究报告文件，包括文字说明和设计图纸及有关附件。

3. 招标设计阶段的任务

招标设计阶段是在批准的可行性研究报告的基础上，将确定的工程设计方案进一步具体化，详细定出总体布置和各建筑物的轮廓尺寸、材料类型、工艺要求和技术要求等。其设计深度要求做到可以根据招标设计图较准确地计算出各种建筑材料的规格、品种和数量，混凝土浇筑、土石方填筑和各类开挖、回填的工程量，各类机械电气和永久设备的安装工程量等。根据招标设计图所确定的各类工程量和技术要求，以及施工进度计划，监理工程师可以进行施工规划并编制出工程概算，作为编制标底的依据。编标单位则可以据此编制招标文件，包括合同的一般条款、特殊条款、技术规程和各项工程的工程量表，满足以固定单价合同形式进行招标的需要。施工投标单位，也可据此进行投标报价和编制施工方案及技术保证措施。

4. 施工详图阶段的任务

施工详图阶段是在招标设计的基础上，对各建筑物进行结构和细部构造设计；最后确定地基处理方案，进行处理措施设计；确定施工总体布置及施工方法，编制施工进度计划和施工预算等；提出整个工程分项分部的施工、制造、安装详图。施工详图是工程施工的依据，也是工程承包或工程结算的依据。

在进行上述各阶段的设计中，必须有和它的设计精度相适应的勘测调查资料，主要资料如下。

(1) 社会经济资料：枢纽建成后库区的淹没范围及移民、房屋拆迁等；枢纽上下游的工业、农业、交通运输等方面的社会经济情况；供电对象的分布及用电要求；灌区分布及用水要求；通航、过木、过鱼等方面的要求；施工过程中的交通运输、劳动力、施工机械、动力等方面的供应情况。

(2) 勘测资料：水库和坝区地形图、水库范围内的河道纵断面图、拟建建筑物地段的横断面图等；河道的水位、流量、洪水、泥沙等水文资料；库区及坝区的气温、降雨、蒸发、风向、风速等气象资料；岩层分布、地质构造、岩石及土壤性质、地震、天然建筑材料等的工程地质资料；地基透水层与不透水层的分布情况、地下水情况、地基的渗透系数等水文地质资料。

必须着重指出，工程地质条件直接影响到水利枢纽和水工建筑物的安全，对整个枢纽造价和施工工期有决定性的影响。但是地质构造中的一些复杂问题常由于勘探工作不足而没有彻底查清，造成隐患。有些工程在地基开挖以后才发现地质情况复杂，使地基处理工作十分困难和昂贵，以致工期一再延长；有的甚至被迫停工或放弃原定坝址，造成严重的经济损失；有些工程由于未发现库区的严重漏水问题，影响水库蓄水；也有些工程由于库区或坝址的地质问题而失事，产生严重后果。这些教训都应引起对工程地质问题的足够重视。水文资料同样是十分重要的。如果缺乏可靠的水文资料或对资料缺乏正确分析，就有可能导致对水利资源的开发在经济上不合理。更严重的是有可能把坝的高度或泄洪能力设计得偏小，以致在运行期间洪水漫顶过坝，造成严重失事。对于多沙河流，如果对泥沙问题估计不足，就有可能在坝建成后不久便把水库淤满，使水库失去应有的作用。因此，枢纽设计必须十分重视各项基本资料。

科学试验也往往是大中型水利枢纽设计的重要组成部分。枢纽中有许多重大技术问题常需通过现场或室内试验提出论证才能得到解决。比如，对枢纽布置方案、坝下消能方式以及施工导流方法等，往往要进行水工水力学模型试验；多沙河上的库区淤积和河床演变也要借助试验来分析研究；建筑物地基的岩体或土壤的物理力学性质，如抗剪强度、渗透特性、弹性模量、岩体弹性抗力、地应力、岸坡稳定性等，要由现场勘探和室内试验配合提供设计数据；大坝和水电站厂房等主要建筑物的结构强度和稳定性有时也要由静态和动态的结构模型试验来加以分析论证。

第二节 水利枢纽布置

一、影响枢纽布置的因素

影响枢纽布置因素主要包括如下内容。

1. 水文气象

建设水利水电工程最重要的因素之一就是水文条件，来水量的多少在很大程度上决定工程规模，挡泄水建筑物的规模与来水量直接相关，固体径流量的大小是确定排沙、冲淤建筑物型式和布置的决定性因素；洪水特性、年径流量及其分布是水库水文计算、水库调度、施工导流、度汛等项工作的重要资料，对枢纽布置有重要的影响。

气象因素对枢纽布置的直接影响反映在所选坝型上，天气寒冷、炎热地区对混凝土的施工都是不利的，连绵阴雨对土石坝土质防渗体施工影响很大；风速大小会影响风浪涌高和坝高等。

2. 地形及河道自然条件

坝址地形条件与坝型选择和枢纽布置有着密切的关系，不同坝型对地形的要求也不一样。例如拱坝要求宽高比小的狭窄河谷；土石坝则要求岸坡比较平缓的宽河谷，且附近两岸有适于布置溢洪道的位置。一般来说，坝址选在河谷狭窄地段，坝轴线较短，可以减少坝体工程量。但对一个具体枢纽来说，还要考虑坝址是否便于布置泄洪、发电、通航等建筑物以及是否便于施工导流，经济与否要由枢纽总造价来衡量。因此需要全面分析，综合考虑，选择最有利的地形。对于多泥沙及有漂木要求的河道，应注意河流的水流形态，在选择坝址时，应当考虑如何防止泥沙和漂木进入取水建筑物、坝址位置是否对取水防沙及漂木有利；对有通航要求的枢纽，还要注意布置通航建筑物对河流水流形态的要求，坝址位置要便于上下游引航道与通航过坝建筑物衔接以及通航建筑物与河道的连接；对于引水灌溉枢纽，坝址位置要尽量接近用水区，以缩短引水渠的长度，节省引水工程量。

河谷狭窄，地质条件良好，适宜修建拱坝；河谷宽阔，地质条件较好，可以选用重力坝或支墩坝；河谷宽阔、河床覆盖层深厚或地质条件较差且土石、砂砾等当地材料储量丰富，适于修建土石坝。在高山峡谷地区布置水利枢纽，应尽量减少高边坡开挖。坝址选在峡谷地段，坝轴线短，坝体工程量小，但不利于泄水建筑物等的布置，因此需要综合考虑，权衡利弊。选用土石坝时，应注意库区有无垭口可供布置岸边溢洪道，上、下游有无开阔地区可供布置施工场地。

水利枢纽一般布置在较为顺直的河段，但对坝身不能过水的土石坝因需布置溢洪道、泄洪隧洞以及布置岸坡式厂房或地下厂房，为使洞长尽可能短，将坝址选在有弯道的河道则更为经济合理。

3. 地质

坝址地质因素是枢纽设计的重要依据之一，对坝型选择和枢纽布置往往起决定性的作用。因此，应该对坝址附近的地质情况勘查清楚，并作出正确的评价，以便决定取舍或定出妥善的处理措施。

拱坝和重力坝（低的溢流重力坝除外）需要建在岩基上；土石坝对地质条件要求较低，岩基、土基均可。枢纽布置时要注意以下几个方面的问题：①对断层破碎带、软弱夹层要查明其产状、宽度（厚度）、充填物和胶结情况，避免把水工建筑物布置在活动性断裂上，对垂直水流方向的陡倾角断层应尽量避开，对具有规模较大的垂直水流方向的断层或存在活断层的河段，均不应选作坝址；②在顺河谷方向（指岩层走向与河流方向一致）中，总有一岸是与岩层倾向一致的顺向坡，当岩层倾角小于地形坡角，岩层中又有软弱结构面时，在地形上存在临空面，这种岸坡极易发生滑坡，应当注意；③对于岩溶地区，要掌握岩溶发育规律，特别要注意潜伏溶洞、暗河、溶沟和溶槽，必须查明岩溶对水库蓄水和对建筑物的影响；④对土石坝，应尽量避开细砂、软黏土、淤泥、分散性土、湿陷性黄土和膨胀土等地基。

随着坝型和坝高的不同，对坝基地质条件要求也有所不同。例如，拱坝对地质要求最高，支墩坝和重力坝次之，而土石坝则要求较低；坝的高度越高对地基要求也越高。坝址最好的地质条件是强度高、透水性小、不易风化、没有构造缺陷的岩基，但理想的天然地基是很少的。一般来说，坝址在地质上总是存在这样或那样的缺陷。因此，在选择坝址时应从实际出发，针对不同情况采用不同的地基处理方法，以满足工程要求。

选择坝址时，不仅要慎重考虑坝基地质条件，还要对库区及坝址两岸的地质情况予以足够的重视。既要使库区及坝址两岸尽量减少渗漏水量；又要使库区及坝址两岸的边坡有足够的稳定性，以防因蓄水而引起滑坡现象。对地质条件更详细的要求参见《水工设计手册（第2版）》第2卷。

4. 建筑材料

在枢纽附近地区，是否储藏着足够数量和良好质量的建筑材料，直接关系到坝址和坝型的选择。对于混凝土坝，要求坝址附近应有足够供混凝土用的良好骨料；对于土石坝，附近除需要有足够的砂石料外，还应有适于做防渗体的黏性土料或其他代用材料。因此，对建筑材料的开采条件如料场位置、材料的数量和质量、交通运输以及施工期淹没等情况均应调查清楚，认真考虑。

5. 施工条件

不同坝址和坝型的施工条件包括是否便于布置施工场地和内外交通运输，是否易于进行施工导流等。坝址附近，特别是坝轴线下游附近最好要有开阔的场地，以便于布置场内交通、附属企业、生活设施及管理机构。在对外交通方面，要尽量接近交通干线。施工导流直接影响枢纽工程的施工程序、进度、工期及投资。在其他条件相似的情况下，应选择施工导流方便的坝址。可与永久电网连接，解决施工用电问题。

6. 征地移民

水利水电工程建设不可避免地侵占土地，使原本生活在该范围内的居民动迁。特别是大型水库，因水库淹没损失大、涉及范围广，移民搬迁安置持续时间长，各种交通、供电、电信、广播电视等专业项目恢复改建任务重，补偿投资大。随着人民生活水平的提高，征地移民的费用也越来越高，移民问题越来越成为制约水利水电工程建设的重要因素。工程选址时，根据我国人多地少的实际情况，尽量减少淹没损失和移民搬迁规模。一旦占地和移民不可避免时，应妥善安置好，并且负责到底，兼顾国家、集体和个人三者利益关系，逐步使移民生活达到或者超过原有水平。

7. 生态环境

建坝存在淹没、环境和生态问题。这些因素涉及自然、社会经济，生态系统和传统习俗等方方面面。选择坝址时要充分考虑生态平衡与保护环境，保护生物多样性，应尽量减少水库淹没损失，应避免淹没那些不能淹没的城乡、矿藏、重要名胜古迹和交通设施。还要注意保护水质、生物物种和森林植被，以及在移民安置中要使环境和开发发展相协调等。水生生物，特别是鱼类的生长与繁殖对水温、流速、水深以及营养物质等有一定的要求。跨流域调水、修建大坝不仅改变河流水位与水流状态，阻断河流中洄游鱼类的洄游通道，而且还将使一些鱼类产卵场所消失。这些生态条件的改变，使水生生物资源受到影响。

兴建具有一定库容的水利水电工程会产生以下生态环境问题：

(1) 在水库淹没、移民安置中，毁林开荒将造成水土流失；因移民安置不当及其生活环境改变，使移民生活不安定，还会滋生某些社会问题。

(2) 水库蓄水后，有可能引起库岸崩坍，诱发水库地震等。河流情势变化将对下游与河口的水体生态环境产生潜在影响。

(3) 水库蓄水后，会引起库周地下水位抬高，易导致浸没、内涝或土地盐碱化等。

(4) 水库蓄水后，因水流变缓，水体稀释扩散能力降低，水体中污染物浓度增加，库尾与一些库湾地区，易发生富营养化。

(5) 水库蓄水后，库内水温可能出现分层，对下游农作物及鱼类产生影响。

(6) 水库淹没会影响陆生生物的生存环境；建坝对水生生物，特别是洄游鱼类将产生直接影响。

(7) 多泥沙河流，水库回水末端易出现泥沙淤积，导致河床抬高，影响航运。流入水库的支流河口也可能形成拦门沙，影响其行洪能力。河流水力条件的改变，对下游河道原有的冲淤平衡状态产生影响。

(8) 水库蓄水后，水面扩大，对库周的气候可能产生影响，引起风速、湿度、降水、气温等气象要素的变化。

(9) 库区的文物古迹可能被淹没。

(10) 对库区人群健康产生影响，如一些水介疾病会因水面扩大而增加，移民动迁也可能导致某些疾病流行等。

8. 综合效益

对不同坝址与相应的坝型选择，不仅要综合考虑防洪、发电、灌溉、航运等各部门的经济效益，还要考虑库区的淹没损失和枢纽上下游的生态影响等，要做到综合效益最大，不利影响最小。

二、枢纽布置的原则和要求

枢纽布置的任务是合理地确定枢纽中各组成建筑物之间的相互位置，即确定各建筑物之间在平面上和高程上的布置。由于影响枢纽布置的因素很多，因此在进行枢纽布置时应深入研究当地条件，全面考虑设计、施工、运用、管理及技术经济等问题。一般应进行多方案的比较，在保证安全可靠的前提下，力求做到运用方便和节省工程量、便于施工、缩短工期，优选技术经济效益最佳的方案。具体地说，应遵守下列布置原则和要求。

1. 安全可靠，经济合理原则

枢纽布置应在技术上可行的条件下，力求经济上最优。在不影响运用且不互相矛盾的前提下，要尽量发挥各建筑物的综合利用功能。

（1）可利用导流洞改建为泄洪洞、尾水洞。

（2）导流底孔可改建为深式泄水洞，兼起放空水库的作用。

（3）利用排沙洞泄洪。

（4）在河床狭窄，并列布置溢流坝和水电站厂房有困难时，可以考虑采用坝内式厂房、厂房顶溢流或地下式厂房等布置型式。

（5）要力求缩短枢纽建设工期，考虑提前发电的可能性和分期实施的合理性。

（6）尽量采用当地材料，节省水泥、钢材和木材用量，减少外来物资的运量。

（7）注意采用新技术，新材料等。

（8）枢纽布置应在满足建筑物的稳定、强度、运用及远景规划等要求的前提下，做到枢纽的总造价和年运转费用最低。

2. 生态环境保护原则

水利枢纽的兴建将使周围生态环境发生明显的改变。特别是大型水库的形成为发展水电、灌溉、供水、养殖、旅游等水利事业和防止洪水灾害创造有利条件，同时也会带来一些不利的影响。水利枢纽布置要求尽量避免或减轻对周围生态环境的不利影响，并充分发挥有利的影响。

（1）蓄水枢纽要认真分析泄水和输水方式对上游淤积、淹没、浸没以及下游河床演变等影响。

（2）在汛期要充分利用泄水和输水建筑物进行排沙，以减少水库淤积，延长水库寿命。

（3）泄水和输水建筑物便于配合使用，以减小淹没及浸没损失，降低防洪投资。

（4）采用底流或面流消能的溢流坝，在布置上要采取适当措施，以减轻下游河床冲刷、淤积、回流等对尾水的影响。

（5）水库供水应满足下游用水要求，灌溉取水采用分层取水结构，以防水温对下游农作物产生冷害。

（6）下游无用水要求时段，应能泄放生态用水。

3. 方便运行原则

枢纽布置首先应满足各建筑物正常运行的要求，同时在各建筑物之间应避免相互干扰，保证在任何工作条件下，都能完成枢纽所担当的任务。

（1）灌溉取水建筑物在枢纽中的位置视灌区或用水部门位置而定，应保证按照水量及水质的需要供给灌溉量。

（2）溢洪道或泄洪隧洞的布置应保证安全泄洪，进口水流应平顺，出口水流最好与原河道主流方向一致，应尽量减少对其他建筑物正常运行的影响。

（3）水电站枢纽布置主要应保证电站运用可靠，水头损失较小，因此要求进口水流平顺，尾水能通畅地排出。

（4）对通航建筑物的布置应能使船只顺利通航，有足够的过船能力，船闸的进出口要求水流平顺和水位平稳。

（5）过鱼建筑物应根据鱼类的洄游习性进行布置，要求能诱导鱼类顺利地通过鱼道、鱼闸等过鱼建筑物。

（6）过木建筑物的布置也应满足其运用要求，筏道最好布置在水电站的另一岸，以免漂浮木材对电站进水口和尾水口带来不利的影响。

（7）枢纽对外和内部交通线路也要合理布置。

4. 方便施工尽早投产原则

枢纽布置应与施工导流、施工方法和施工进度结合考虑，力求施工方便，技术落实，工期短、便于机械化施工。

（1）施工设计时要考虑尽可能采用在洪水季节不中断施工的导流方案。

（2）安排好各建筑物的施工程序和施工期限。

（3）尽可能设置施工期通航或过坝设施，对采用一次断流的施工方案或下闸蓄水时段，应特别注意在布置导流洞时，考虑到坝址下游的用水，不能给下游人民的生活用水、农业用水等带来困难。

（4）合理安排施工场地的运输路线，便于机械化施工，避免相互干扰。

（5）使枢纽中的部分建筑物及早投入运行，尽快发挥其效益。

三、枢纽场址选择

水利水电工程建设场址选择很大程度上取决于地形、地质、建设场址附近的建筑材料分布、施工条件、交通条件以及施工工期的长短等，同时也必须结合水利枢纽的布置、管理条件和经济条件来考虑。然而在规划河段上满足地形条件的场址可能不止一个，满足地质条件的场址也不止一个，这就需要进行综合比较分析，使工程在满足安全和各项功能的前提下最经济合理。对一个流域而言，规划河段不止一段，还需要进行逐段的仔细分析；分析工作深度随设计阶段的深入而加深，直到选出最佳河段。河段选择确定后，再进行坝址、闸址、站址等具体位置的确定，并研究枢纽各组成建筑物的相互关系。

（1）地形决定了建筑物轴线的长短，因为轴线越短，工程造价也就越省。因此从地形条件看，水利水电工程建设场址应选择在河谷较狭窄的地方。

（2）场址的地质条件是影响建设场址选择的最重要因素之一，必须将可能修建建筑物的地段分成若干地质特征差别较大的比较地段，进行详细的地质勘探和研究。同时还要对各可能建设场址分别进行水利枢纽的布置，以备最后做技术经济比较。不仅仅要研究建设场址的地质条件，尚需研究库区范围内的地质条件，才能全面地进行评价。

（3）建设场址附近的建筑材料分布情况，往往影响到建设场址的选择，因为建筑材料的种类、数量、质量和分布情况，影响到坝的类型和造价。

（4）施工条件是选择建设场址的因素之一，需要考虑较宽阔的场址。因为较宽的场址易于布置分期围堰，在施工期泄放洪水较易，在流冰时因冰块拥塞而造成的壅水较小。但是宽的场址，其工程造价往往增加，以此去换取较好的施工条件是否值得，必须对比较方案作出技术经济比较后才能决定。为了施工便利，有时会放弃狭窄坝址而选择较宽的场址。

（5）建设场址的交通条件对于工程总投资有很明显的影响。交通困难的地方，道路修建费用昂贵。建设场址附近有适合布置施工附属企业和放置设备的场地时，可以降低施工费用。有时，由于建设场址位于山区中，对外交通不方便，往往被迫放弃在各方面都很好的场址。但对于用当地材料建造起来的土坝来说，这种困难并不是主要的，因为它所需的对外交通运输量并非很大。

（6）水库及水利枢纽的管理条件也应在选择建设场址时予以应有的注意。对于冰凌或泥沙多的河流，更应考虑到冰凌和泥沙对枢纽建筑物施工及将来运用带来的影响。

（7）施工工期的长短也大大地影响着建设场址的选择。选择工程量少、坝基处理简单的建设场址将缩短工期，这对加速我国社会主义建设有重大的意义。

所有以上因素必须结合技术经济比较来评价场址的优劣。只有经过全面衡量，才能选定最合理的场址。

枢纽场址确定之后，需对枢纽组成建筑物的具体位置进行布置，综合考虑各种有利和不利因素。例如，坝身泄水建筑物应尽可能布置在河床主流位置；电站进水口宜布置在河岸能平顺进流一侧，以防泥沙、漂浮物和冰凌堵塞；导流建筑物布置在有合适进出流的位置；通航建筑物便于上下游船只的通航等。

1. 坝址、坝线选择

坝址选择主要是根据地质、地形、施工、建筑材料及综合效益等条件，对选定的场址，通过不同的工程布置方案比较，确定代表性方案。相同坝址不同坝轴线适于选用不同的坝型和枢纽布置。同一坝址也可能有不同的坝型和枢纽布置方案。结合地形、地质条件，选择不同的坝址和相应的坝轴线，作出不同坝型的各种枢纽布置方案，进行技术经济比较，然后才能择优选出坝轴线位置及相应的合理坝型和枢纽布置。综合比较各坝址的代表方案，最终选定工程坝址。

坝型不同，对坝址的要求也不一样，选择时除满足场址选择的要求外，还应根据坝型对地形、地质、施工、筑坝材料等要求进行方案比较。更详细内容，混凝土坝参见《水工设计手册（第2版）》第5卷，土石坝参见《水工设计手册（第2版）》第6卷。

2. 闸址选择

闸址应根据水闸的功能、特点和运用要求，综合考虑地形、地质、水流、潮汐、泥沙、冻土、冰情、施工、管理、周围环境等因素，经技术经济比较后选定。

（1）闸址宜选择在地形开阔、岸坡稳定、岩土坚实和地下水水位较低的地点。闸址宜优先选用地质条件良好的天然地基，必要时采取人工加固处理措施。

(2) 节制闸或泄洪闸闸址宜选择在河道顺直、河势相对稳定的河段，经技术经济比较后也可选择在弯曲河段裁弯取直的新开河道上。

(3) 进水闸、分水闸或分洪闸闸址宜选择在河岸基本稳定的顺直河段或弯道凹岸顶点稍偏下游处，但分洪闸闸址不宜选择在险工堤段和被保护重要城镇的下游堤段。

(4) 排水闸（排涝闸）或泄水闸（退水闸）闸址宜选择在地势低洼、出水通畅处，排水闸（排涝闸）闸址且宜选择在靠近主要涝区和容泄区的老堤堤线上。

(5) 挡潮闸闸址宜选择在岸线和岸坡稳定的潮汐河口附近，且闸址泓滩冲淤变化较小、上游河道有足够的蓄水容积的地点。

(6) 若在多支流汇合口下游河道上建闸，选定的闸址与汇合口之间宜有一定的距离；若在平原河网地区交叉河口附近建闸，选定的闸址宜在距离交叉河口较远处；若在铁路桥或Ⅰ、Ⅱ级公路桥附近建闸，选定的闸址与铁路桥或Ⅰ、Ⅱ级公路桥的距离不宜太近。

(7) 选择闸址应考虑材料来源、对外交通、施工导流、场地布置、基坑排水、施工水电供应等条件。

(8) 选择闸址应考虑水闸建成后工程管理维修和防汛抢险等条件。

(9) 选择闸址还应考虑下列要求：占用土地及拆迁房屋少；尽量利用周围已有公路、航运、动力、通信等公用设施；有利于绿化、净化、美化环境和生态环境保护；有利于开展综合经营。

更详细内容参见《水工设计手册（第2版）》第7卷第5章。

3. 水电站厂房厂址选择

水电站厂房厂址应根据地形、地质、环境条件，结合整个枢纽的工程布局等因素，经技术经济比较后选定。

(1) 厂址及其上下游衔接应选择相对优越的地形、地质、水文条件，还必须与枢纽其他建筑物相互协调。

(2) 厂房位置宜避开冲沟口和崩塌体。对可能发生的山洪淤积、泥石流或崩塌体等应采取相应的防御措施。

(3) 厂房位于高陡坡下时，对边坡稳定要有充分的论证，并应设有安全保护措施及排水设施。

(4) 厂房进水部分设计应考虑枢纽布置情况，妥善解决泥沙、漂浮物和冰凌等对发电的影响。

(5) 地下厂房宜布置在地质构造简单、岩体完整坚硬、上覆岩层厚度适宜、地下水微弱以及山坡稳定的地段。

(6) 洞室位置宜避开较大断层、节理裂隙发育区、破碎带以及高地应力区，当不可避免时，应有专门论证。

(7) 主要交通在设计洪水标准条件下应保证畅通，在校核洪水标准条件下，应保证进出厂人行交通不致阻断，穿过泄水雾化地段时，应采取适当的保护措施。

(8) 水电站厂房应少占或不占用农田，保护天然植被，保护环境，保护文物。

更详细内容参见《水工设计手册（第2版）》第8卷。

4. 泵站站址选择

泵站站址应根据流域（地区）治理或城镇建设的总体规划、泵站规模、运行特点和综合利用要求，考虑地形、地质、水源或承泄区、电源、枢纽布置、对外交通、占地、拆迁、施工、管理等因素以及扩建的可能性，经技术经济比较选定。

(1) 山丘区泵站站址宜选择在地形开阔、岩坡适宜、有利于工程布置的地点。

(2) 泵站站址宜选择在岩土坚实、抗渗性能良好的天然地基上，不应设在大的和活动性的断裂构造带以及其他不良地质地段。选择站址时，如遇淤泥、流沙、湿陷性黄土、膨胀土等地基，应慎重研究确定基础类型和地基处理措施。

(3) 由河流、湖泊、渠道取水的泵站，其站址应选择在有利于控制提水范围，使输水系统布置比较经济的地点。泵站取水口应选择在主流稳定靠岸，能保证引水，有利于防洪、防沙、防冰及防污的河段；否则应采取相应的措施。由潮汐河道取水的泵站取水口，还应符合淡水水源充沛、水质适宜用水的要求。

(4) 直接从水库取水的灌溉泵站，其站址应根据灌区与水库的相对位置和水库水位变化情况，研究论证库区或坝后取水的技术可靠性和经济合理性，选择在岸坡稳定、靠近取水区、取水方便、少受泥沙淤积影响的地点。

(5) 排水泵站站址应选择在排水区地势低洼、能汇集排水区涝水，且靠近承泄区的地点。排水泵站出口不宜设在迎溜、岸崩或淤积严重的河段。

(6) 取排结合泵站站址，应根据有利于外水内引和内水外排、水源水质不被污染和不致引起或加重土壤盐渍化，并兼顾灌排渠系的合理布置等要求，经综合比较选定。

四、枢纽布置的步骤和方案优选

枢纽布置一般可按下列步骤进行：

(1) 根据水利事业各部门对枢纽提出的任务，并结合枢纽所在处的地形、地质、水文、气象、建筑材料、交通及施工等条件，确定枢纽中的组成建筑物以及各主要建筑物的型式和尺寸。

(2) 按照枢纽布置的原则和要求，在拟建枢纽河段，研究建筑物与河流、河岸之间以及各建筑物相互之间的可能位置（包括平面上和高程上的位置），编制不同的布置方案及相应的施工导流方案，绘制不同方案的枢纽布置图并进行综合比较。分别从河段、坝址、坝线、坝型等的选择，进行布置。必要时可交叉进行，直至满足布置原则和要求的最优方案为止。

(3) 根据枢纽中各建筑物的主要尺寸和地基开挖处理等情况，计算工程量与造价，并编制各方案的技术经济指标。

(4) 从技术经济等方面对各方案进行综合分析比较，选出合理的枢纽布置方案。

枢纽布置应从不同布置方案中优选出的最优方案，原则上应该是技术可行，综合效益好，工程投资省，运用安全可靠及施工方便的方案。但是在一般情况下比较方案总是各有优缺点，很难十全十美，因此要对各方案进行具体分析，全面论证，综合比较，慎重选定。不同枢纽的情况各不相同，比较的内容和主次也有差异，通常对如下项目进行比较：

（1）主要工程量。如土石方、混凝土和钢筋混凝土方、金属结构、机电设备安装、帷幕灌浆、砌石等各项工程量。

（2）主要建筑材料。如钢筋、钢材、木材、水泥、砂石、炸药等的用量。

（3）施工条件。主要包括施工导流、施工期限、发电日期、施工难易程度、劳动力和施工机械要求等。

（4）运用管理。如发电、通航、泄洪是否相互干扰，建筑物和机械设备的检查、维修和运用操作是否方便，对外交通是否便利等。

（5）经济指标。包括总投资、总造价、淹没损失、年运转费、电站单位千瓦投资、电能成本、灌溉单位面积投资、通航能力等。

（6）其他。指按枢纽特定条件尚需专门比较的项目。

上述比较项目中，有些项目如工程量、造价等是可以定量计算的。但也有不少项目是难以定量的，这就增加了方案选择的复杂性。必须在充分掌握资料的基础上，实事求是，全面论证，综合比较，以求得真正优越的枢纽布置方案。

由上可见，枢纽布置是一项复杂的系统工作，存在着许多非结构化问题，需要借助水工专家的实践经验和综合推理，不是一般确定性算法所能完全解决的。因此，我国已开展研究“水利枢纽布置专家系统”，并取得了一些成果。水利枢纽布置专家系统是将大量的数据信息与有关专业的基本理论相结合，将以往工程的成功经验与失败教训相对照，将专家的宝贵经验与科技成就的最新进展融合在一起的计算机程序，它不仅包括知识库子系统、推理机子系统和人机接口子系统三部分，而且还要有大量的数据库、方法库和智能 CAD（计算机辅助设计）系统等。其功能是：输入工程的地质资料、地形资料、水文气象资料、综合利用要求和施工条件等设计基本资料后，该系统就能自动地通过分析、设计、计算、推理、判断，优选出最佳方案。输出成果主要包括：枢纽中组成建筑物的型式、尺寸及其相对位置；工程量、总投资、造价、单位千瓦投资、年运转费、工程效益、抵偿年限或年费用等经济指标；提出分析报告书和枢纽布置图以及建筑物剖面图等。当然这个系统的完全实现尚需作不断研究，逐步完善。

第三节　水利枢纽布置实例

水利枢纽的类型很多。按其功用可分防洪枢纽、发电枢纽、航运枢纽、灌溉和取水枢纽等。在很多情况下水利枢纽大都是多目标的综合利用枢纽，如防洪-发电枢纽、防洪-发电-灌溉枢纽、发电-灌溉-航运枢纽等。按其作用水头 H 的大小又可分为高水头（$H>70$m）、中水头（$30\text{m}\leqslant H\leqslant 70\text{m}$）和低水头（$H<30$m）水利枢纽。按拦河坝的型式还可分为重力坝枢纽、拱坝枢纽、土石坝枢纽及水闸枢纽等。

一、高水头水利枢纽

高水头水利枢纽一般多修建在山区河道。其特点是河谷狭窄、施工场地小，拦河坝高，水库容积大，具有较好的调节性能。但是我国大部分地区位于温带，水量丰沛，特别是年内的分配很不均匀，不少河道洪水暴涨暴落，洪水流量大。因此，泄洪建筑物的型式和布置，往往是影响枢纽布置的重要因素。在进行枢纽布置时要妥善解决泄洪建筑物与水电站厂房的矛盾。图 14－1 为新安江水电站枢纽布置图。枢纽任务以发电为主，兼有防洪、航运等综合利用效益。新安江坝址地处铜官峡，两岸高山对峙，河道狭窄，汛期泄洪量较大，地质较复杂。枢纽的主要建筑物有混凝土宽缝重力坝和水电站厂房。最大坝高 105m。厂房紧靠坝下游，全长 213.1m。安装 4 台 7.5 万 kW 及 5 台 7.25 万 kW 的机组。由于河谷狭窄，泄洪流量又较大，为解决溢流坝与厂房坝段争地的矛盾，采用重叠式的布置，即采用溢流式厂房并用差动式齿坎挑流消能。通航建筑物设于左岸，并在上游设置木材转运码头，木材起岸后改由铁路运输过坝。

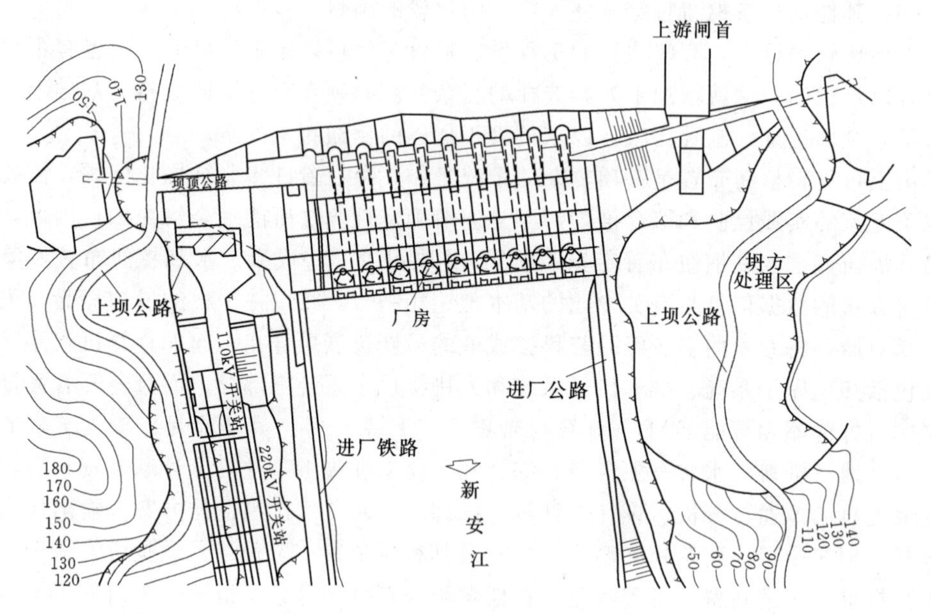

图 14－1　新安江水电站枢纽布置图

图 14－2 为乌江渡水电站枢纽布置图。最大坝高 165m，水电站装机容量 63 万 kW。坝址地处石灰岩峡谷，岸坡陡峭，地质构造复杂。枢纽布置在峡谷中，拦河坝采用混凝土拱形重力坝、河床坝后式封闭厂房。由于河谷狭窄，流量很大，采用溢流坝下设置厂房的跳跃式重叠布置，另外还设置两孔滑雪式溢洪道和两条泄洪隧洞。为解决高水头、大流量和狭窄河床的泄洪消能问题，利用汛期下游河床水垫较深的特点，将各种泄洪建筑物的出口以远、近、高低错开布置，使下泄水流的水舌落点沿河床纵向扩散，远离易被冲刷的页岩层。为防止坝址岩溶引起渗漏，采用高压灌浆帷幕截断岩溶通道。经几年运行和泄洪考验，电站工作正常。

图 14－3 为隔河岩水电站枢纽平面布置图。枢纽任务以发电为主，兼有防洪及航运等综合利用效益。电站总装机容量为 120 万 kW，年发电量为 30.4 亿 kW·h。枢纽由混凝土重力拱坝、泄洪建筑物、引水式地面厂房、开敞式开关站及斜坡式升船机等组成。最大坝高 151m，坝顶弧长 648m。溢流坝段布置在河床中部，坝顶设 5 个

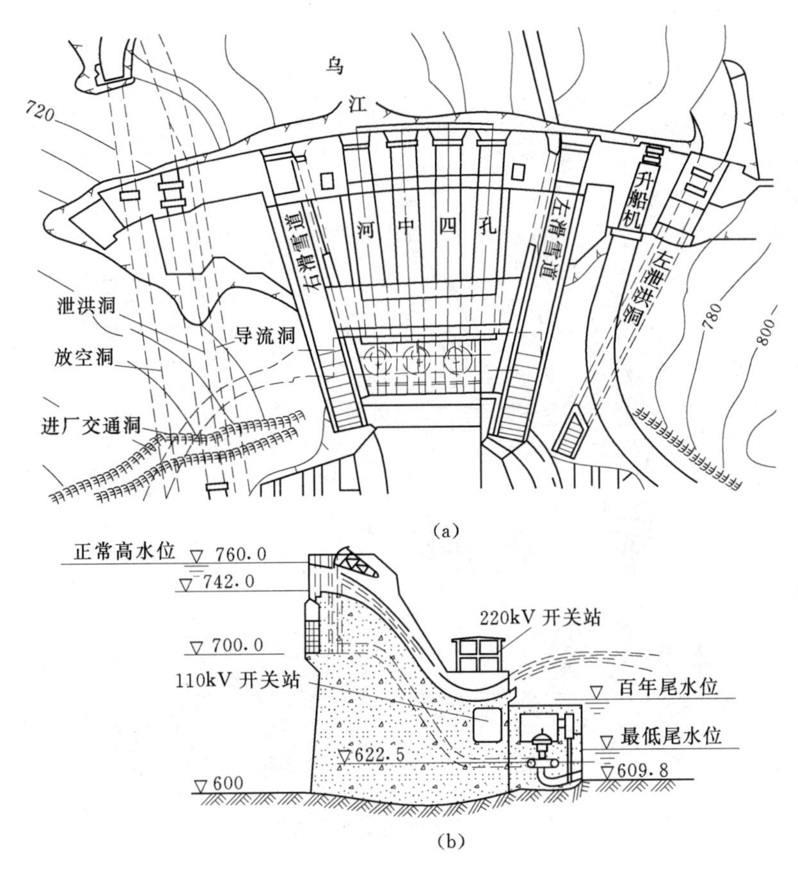

图 14-2 乌江渡水电站枢纽布置图（单位：m）
(a) 平面布置；(b) 坝体剖面

14m×19.6m（宽×高）的泄洪表孔，4 个 6m×8m 的深式泄洪孔，采用底流消能方案。厂房及开关站布置在右岸，厂房尺寸为 144m×44.5m（长×宽）。两级垂直升船机布置在左岸，最大过坝船舶吨位 300t，年运输能力为 270 万 t。施工导流采用枯水期隧洞导流，汛期围堰和基坑过水的导流方式，导流设计流量 $3000m^3/s$，导流隧洞布置在左岸，全长 951m。

图 14-4 为小浪底水利枢纽平面布置图。该枢纽位于黄河中游最后一个峡谷的出口，河南省孟津县和济源市境内，坝址控制流域面积 69.4 万 km^2，占黄河流域总面积的 92.3%，处在控制黄河水沙的关键部位，是治黄总体规划中的七大骨干工程之一。大坝坝型为斜心墙堆石坝，最大坝高 154m，总库容 126.5 亿 m^3。是一个以防洪、防凌、减淤为主，兼顾供水、灌溉、发电（装机容量 180 万 kW，单机 30 万 kW）的综合利用大型水利工程。

黄河是一条多泥沙河流，洪灾威胁始终是下游人民的心腹之患。在其干流的关键位置上修建大型水库是一个复杂的课题。几十年前的三门峡水库就有过深刻的教训，同时也为小浪底水库的建设提供了经验。要拦蓄洪水就得有大的库容，要保持库容就要解决排沙问题。所以，小浪底工程的第一个难题是工程泥沙问题。在工程措施上布

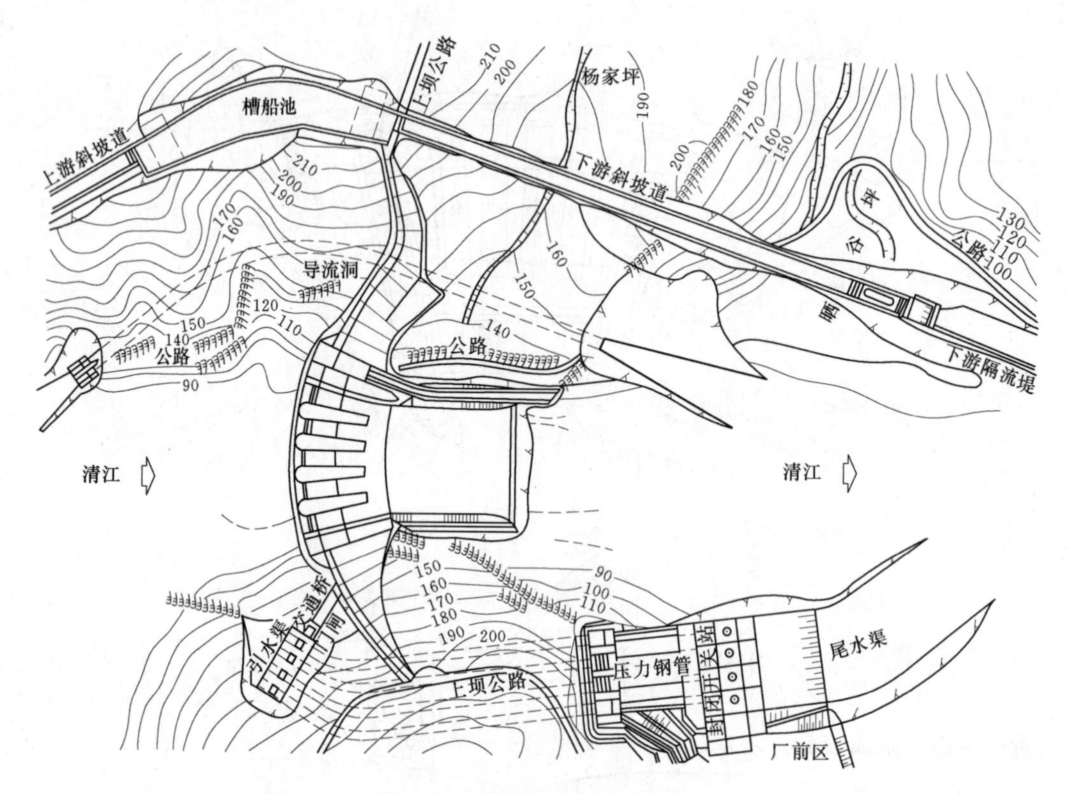

图 14-3　隔河岩水电站枢纽平面布置图（单位：m）

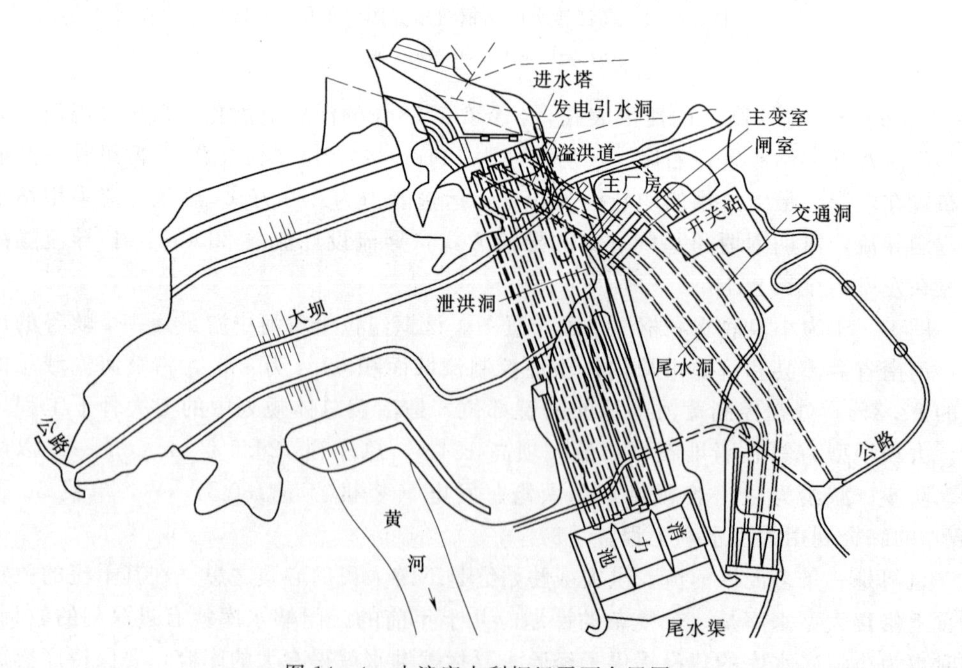

图 14-4　小浪底水利枢纽平面布置图

置了 9 条泄洪排沙洞和 6 条发电引水洞，并采用进水集中、洞线集中和出口消能集中的布置方式，这样，保证了“蓄清排浑”的运用条件。枢纽中 154m 高的土石坝坐落在厚达 70m 的覆盖层上，大坝的防渗措施也是一个技术难题，最后采用以覆盖层混凝土防渗墙垂直防渗为主，坝体为斜心墙并充分利用淤积铺盖的综合防渗措施。由于地形地质条件的限制，枢纽的泄洪、引水、发电等建筑物集中布置在左岸。成功解决了洞室群围岩稳定、进口防淤、出口消能等复杂的技术问题。总之，小浪底水利枢纽以其在治黄战略中的重要地位、复杂的自然条件、严格的运用要求和巨大的工程规模而著称。

二、中水头水利枢纽

中水头水利枢纽一般修建在河流中上游的丘陵山区，河谷比较宽阔，便于施工场地的布置。枢纽中泄洪建筑物的布置与其他建筑物的矛盾不大。通常混凝土坝的泄水坝段与水电站厂房坝段均可在河床内并列布置。而土石坝枢纽则常将泄洪建筑物和电站引水建筑物分别布置在两岸。当有通航和过木等建筑物时，应根据其特点和运用要求合理布置，尽量减少各建筑物相互间的干扰。

图 14-5 为铜街子水电站枢纽布置。枢纽任务以发电为主，兼有漂木、改善通航条件等综合利用效益。电站装机容量 60 万 kW，最大水头 41m，年发电量 32.1 亿 kW·h。坝址位于大渡河的青杠坪峡谷出口，地势较开阔，左岸有阶地及漫滩，可就近布置施工附属设施。坝基岩层为玄武岩、灰岩及砂岩，地质构造复杂，河床左右两侧均有深槽及断层切割。枢纽主要建筑物由河床厂房坝段、溢流坝段、过木筏道及左右岸堆石坝组成。坝顶全长 1082m，最大坝高 80m。厂房坝段布置在主河槽左岸漫滩

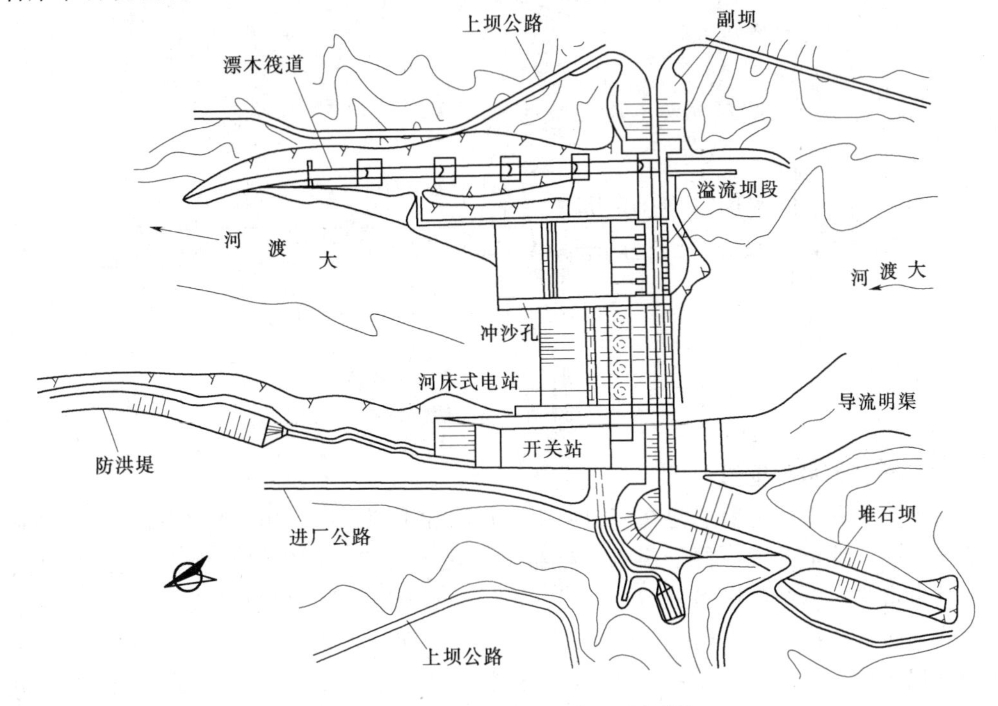

图 14-5　铜街子水电站枢纽布置图

处。为满足坝体抗滑稳定要求，采用坝与厂房连为整体的河床式厂房，前缘全长130m，安装4台15万kW的机组。溢流坝段全长100m，位于河床右侧深槽，采用消力池消能。右岸岸坡布置筏闸，全长685m。由4个闸室及上下游引航道等构成。木材过坝采用排运。左右岸挡水建筑物采用混凝土面板堆石坝。为加快施工进度，创造全年施工条件，采用土石围堰断流，左岸明渠导流。

图14-6为柘林水利枢纽布置图。枢纽位于江西永修县境内的修水中游，是一座以发电为主，兼有防洪、灌溉、航运和发展水产事业等综合效益的水利工程。枢纽主要由黏土心墙土坝、溢洪道、放空洞、水电站厂房、灌溉渠首及通航过坝建筑物组成。土坝最大坝高63.5m。坝基为砂砾岩。采用水泥灌浆帷幕进行坝基防渗。厂房布置在左岸，安装4台4.5万kW的水轮发电机组。通航建筑物布置在右岸，采用50t斜面升船机，年货运量为25万t。链式竹木筏道布置在大坝中部，避免相互干扰。

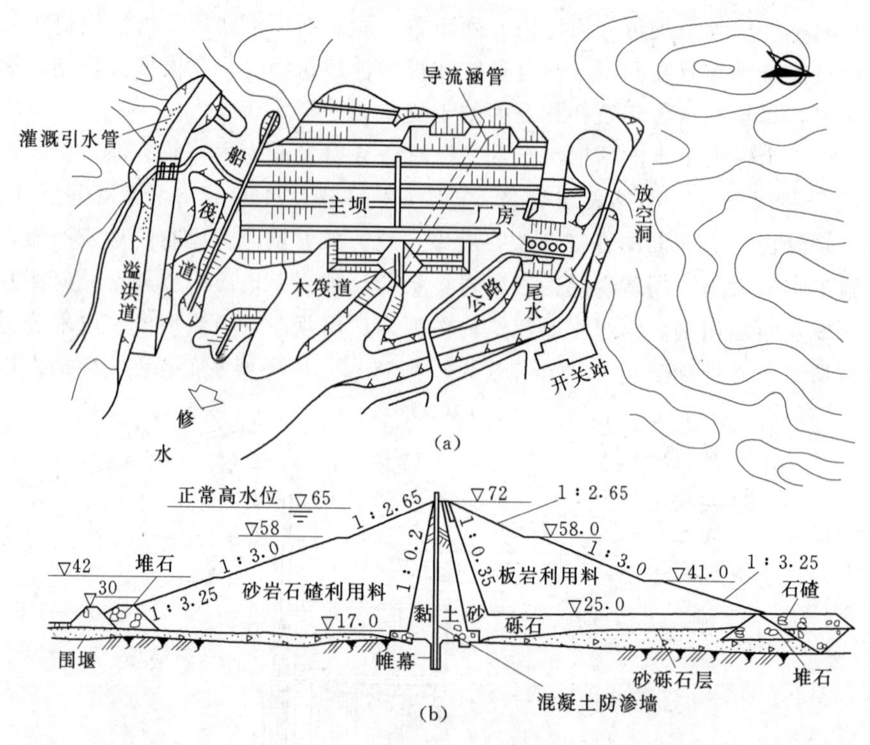

图14-6　柘林水利枢纽布置图（单位：m）

(a) 平面布置；(b) 坝体剖面

三、低水头水利枢纽

低水头水利枢纽一般修建在河流中下游丘陵和平原地区。多为综合利用枢纽。河床坡度平缓，地形开阔，便于施工。枢纽主要建筑物有较低拦河闸坝、水电站厂房、船闸及鱼道等。电站厂房多采用河床式，即厂房本身兼起挡水坝作用。船闸与电站尽可能分别布置在河床左右两侧，避免相互干扰。在泥沙含量较大的河道上要特别重视泥沙淤积问题，必要时应设置防淤排沙建筑物。船闸上下游引航道应布置在河岸稳定和不易冲淤的地方，上游应考虑溢流坝或水闸泄水时在引航道产生不利于船舶航行的横流影响，下游要考虑冲刷坑后的淤积对引航道的影响。上下游引航道进出口应有一定的水域以便于布置船舶停泊区。

图 14－7 为富春江水利枢纽布置图。枢纽位于浙江省桐庐县境内富春江干流上的七里垅峡谷出口处，故又称七里垅电站。上游距新安江水电站约 60km，下游距杭州市 110km。水利枢纽以发电为主，并可改善航运，有灌溉、养殖及旅游事业等综合效益。电站装机容量 29.72 万 kW。船闸通航能力为 100～300t 级船舶，年运量 80.5 万 t。增加下游灌溉面积 6 万亩。

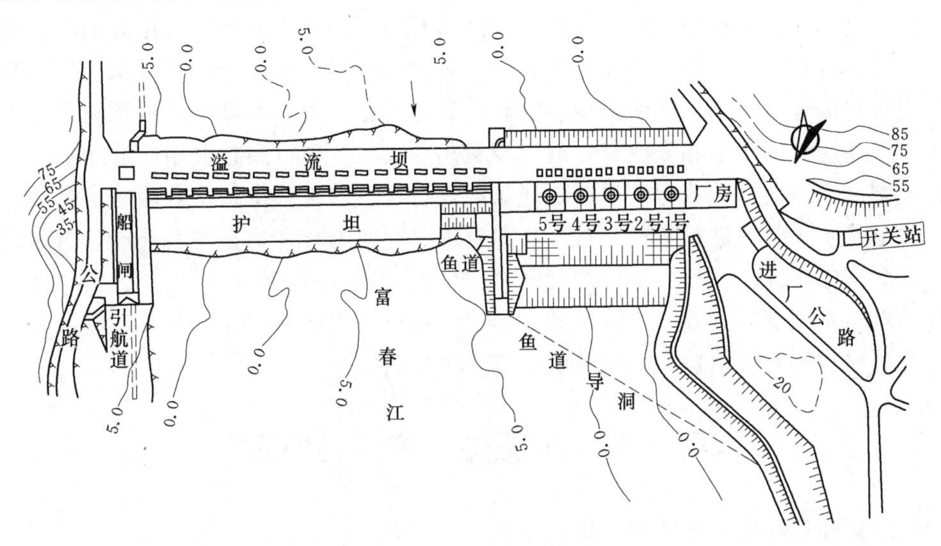

图 14－7　富春江水利枢纽布置图（单位：m）

坝址河谷开阔。基础岩石为流纹斑岩和凝灰角砾岩，构造发育。枢纽主要建筑物有混凝土溢流重力坝、河床式厂房、船闸、灌溉渠首及鱼道等。溢流坝全长 287.3m，设 17 个净宽为 14m 的溢流孔，每孔均有弧形闸门控制，最大坝高 47.7m，采用面流消能。厂房为挡水建筑物的一部分，布置在河床左侧，以便于对外交通和开关站的布置。厂房最大高度 57.4m，安装 4 台转叶式水轮机组。鱼道位于厂房与溢流坝之间，可利用厂房尾水诱集鱼类上溯。鱼道长 158.57m，宽 3m，采用 Z 字形布置，形成三层盘梯，为亲鱼上溯产卵之用。船闸布置在右岸，避免与厂房相互干扰。上闸首为挡水重力式结构，下沉式工作闸门。灌溉渠首分设左右两岸，引水流量为 $1.5m^3/s$ 和 $5m^3/s$。

复习思考题

1. 水利枢纽设计分几个阶段？各阶段的设计内容及要求怎样？
2. 如何选择坝址、坝轴线及坝型？
3. 水利枢纽布置的原则与要求是什么？
4. 怎样进行水利枢纽布置和选择最优方案？

资源15.1
我国水库大坝安全管理

第十五章 水工建筑物的运行管理及安全监控

水工建筑物的运行管理是对水工建筑物的运行实行组织管理、安全管理、工程管理、调度运用、防汛抢险、供水管理和经济管理等，以保证建筑物的正常运行和效益的正常发挥。水工建筑物安全监控包括安全监测和资料分析以及借以对水工建筑物运行状况进行的运行控制。所谓安全监测和资料分析是根据大坝可能的破坏模式、失事风险以及相应的因变量和效应量，通过设置相应的监测项目和布置相应的测点，通过人工监测或自动监测，获得大量反映建筑物运行性态的各种信息，对这些信息运用力学、数学及水工知识进行整理分析，从而对水工建筑物异常状态判断处理、对建筑物的工作状态作出综合评价。运行控制则是根据性态监测结果，对处于非正常状态的建筑物采取一系列及时有效的措施，如控制水位运行、加固处理等。本章还对混凝土结构、土石结构和金属结构的老化及防治进行了介绍。

第一节 水工建筑物运行管理

一、运行管理的必要性和作用

水工建筑物的运行管理是水工建筑物在运行过程中各项管理活动的总称。欲使工程发挥防洪、发电、灌溉、供水、养鱼的作用，抗御水旱灾害，促进社会经济发展，必须加强水工建筑物的运行管理。

实践证明："建"是基础，"管"是关键。水利工程即使建设得比较完善，如果放松管理，也会招致工程失修、效益萎缩，甚至可能造成失事，使人民生命财产遭受损失。因此，抓好管好水工建筑物的运行管理工作，是保证建筑物充分发挥效益的关键。

在我国，水工建筑物运行管理根据其主管部门的不同，有水利系统的管理和能源系统的管理两套管理体系。本章主要以前者为主，介绍水工建筑运行管理的内容及相关要求。

二、运行管理的内容

运行管理的内容主要包括：组织管理、安全管理、工程管理、调度运用、防汛抢险、供水管理和经济管理等。现以水库安全运行管理为例，介绍其管理内容。

1. 组织管理

工程的安全运行，必须依靠完善的管理机构来执行。组织管理是建立和健全运行管理机构，确立正确的管理体制，制订完善的规章制度，协调管理机构内部和与社会有关部门的关系，运用法律法规保证运行管理的正常秩序、维护管理单位的正当权益。

水库的运行管理工作要靠完善的组织机构、法律、法规、规章制度来保证，因此必须加强组织管理。组织管理主要包括管理体制、管理机构、法律法规和制度等内容。

2. 安全管理

国务院1991年颁布了《水库大坝安全管理条例》，2010年12月29日国务院第138次常务会议修改，2011年1月8日中华人民共和国国务院令第588号公布。为加强大坝等水工建筑物的安全管理，水利部根据《水库大坝安全管理条例》的规定，制定了《水库大坝注册登记办法》（1995年12月28日水利部水管〔1995〕290号颁布，1997年12月25日水利部水政资〔1997〕538号修正）、《水库大坝安全评价导则》（SL 258—2017）和《水库大坝安全鉴定办法》（水建管〔2003〕271号，2003年8月1日起施行），明确规定水库必须做好注册登记、安全评价和水库大坝安全鉴定工作。

注册登记工作的主要内容如下。

（1）基本情况：大坝所在地点和河流、集水面积，管理机构名称、主管部门、设计单位、施工单位、建设日期（开工日期、竣工日期）、总投资、库区淹没、工程量等。

（2）水文特征：包括多年平均降水量、多年平均径流量、多年平均输沙量、设计洪水和校核洪水的重现期、洪峰流量和洪水总量等。

（3）水库特征：包括调节性能、特征水位、总库容、死库容、兴利库容和调洪库容等。

（4）工程特征：包括大坝（主坝、副坝）、泄洪洞、输水洞、溢洪道（正常溢洪道、非常溢洪道）的型式、基本尺寸和最大流量等。

（5）工程效益：包括灌溉、发电、城市供水、航运、养鱼等效益的相关参数。

（6）工程运用：包括最高洪水位及其发生日期、最高蓄水位及其发生日期、年最大供水量及其发生年份、水质污染情况。

（7）大坝监测：包括主要监测项目、主要监测仪器名称、数量、最大渗水量、最大沉降量等。

（8）下游情况：包括河道安全泄量、水库距离铁路、公路、城镇厂矿的公里数，影响人口数量和耕地面积。

（9）管理情况：包括管理职工人数、固定资产原值、年管理费用和年收入情况。

（10）大坝安全状况：包括安全类别、鉴定与否和安全状况。

安全鉴定工作是为了加强大坝的安全管理，完善大坝安全鉴定制度，保证大坝的安全运行。水利部制定的《水库大坝安全鉴定办法》对大坝的安全鉴定实行分级、分部门负责的制度。大型水库大坝和影响县城安全或坝高50m以上的中型水库大坝，由省级水行政主管部门审定大坝安全鉴定意见；其他中型水库大坝和影响县城安全或坝高30m以上小型水库大坝，由市（地）级水行政主管部门审定大坝安全鉴定意见；其他小型水库大坝，由县级水行政主管部门审定大坝安全鉴定意见。水利部审定部直属水库的大坝安全鉴定意见。流域机构审定其直属水库的大坝安全鉴定意见。

3. 工程管理

工程管理是运行管理的重要组成部分，主要包括对水库工程的检查、监测和养护修理。通过工程管理工作，监视掌握水情、雨情、水质和工程的状态变化、工作情况和变化规律，及时发现工程的不正常迹象，分析其原因，并采取措施进行处理，防患于未然，把事故消灭在萌芽状态，确保工程安全，保持工程处于良好的运行状态。

4. 调度运用

调度运用是运行管理的核心工作，技术性较强。具体又可分为防洪调度和兴利调度两个方面。在确保工程安全的前提下，科学地进行蓄水、泄水和用水调度，合理处理防洪与兴利、上下游各用水单位之间的关系，最大限度地利用水资源，使其充分发挥综合效益，达到兴利除害的目的。

5. 防汛抢险

水库工程的防汛抢险是关系到工程安危的重要工作。水库修建时，设计的水库必然具有一定标准的抗洪能力，但设计所依据的水文系列一般不可能很长，随着人类活动的增加，水库运用期间出现的水文现象往往不能完全与设计吻合，也很有可能遭遇超标准的暴雨洪水，水库运行期间其功能也在不断变化。为此，在运行管理过程中，特别是洪水期间，必须在思想上和物质上做好防汛抢险的充分准备，根据“以防为主，防重于抢”的方针，认真做好水库的防汛抢险工作，一旦发生险情要全力抢护，在任何情况下都必须确保水库的安全。

6. 供水管理

供水是实现工程效益的主要途径之一，保证供水是水库管理单位的一项重要任务。根据社会各部门对水的需求，利用工程设施，对水库的水进行控制和调节。供水可分为发电供水、农业供水、工业用水、城镇居民生活供水以及生态供水等。运行管理中要保证供水系统的正常运行、制定供水计划、合理调配水量，尽量满足不同用户对供水的要求，减少供水损失，保证供水安全，防止水污染，做到安全、可靠、及时地向各用水部门供水，并运用经济手段收好水费，促进节约用水，实现水库管理单位的经营目标，也为供水的再生产创造条件。

7. 多种经营

水库管理单位在管好用好水库工程的同时，充分利用管理范围内的人力、物力和水土资源，挖掘潜力，开拓新的生产领域，开展一业为主、多种经营的生产活动来扩大工程效益、实现管理单位经济的良性循环。水库管理单位要根据工程所处的自然环境和资源条件，因地制宜，积极开展多种经营，如养殖业、种植业、加工业、运输业和旅游服务业等，充分利用各种资源，搞活管理单位的经济，为单位增加收入，改善职工生活，稳定职工队伍，为社会创造财富，同时还可以保护和美化环境。

8. 经济管理

运行管理工作的好坏直接反映在工程效益上，它是由经济指标来反映的。水利工程管理单位的经济管理工作包括财务管理、成本管理、经济核算以及经济效益分析等。财务管理是用货币形式，对水库管理单位的生产经营活动进行综合管理，它是资金形成、分配和使用过程中各项管理工作的总称。成本管理就是通过预测、计划、控制、核算、分析和考核，反映生产经营的成本，挖掘降低成本的潜力，努力降低成本。经济核算是指自觉运用价值规律，通过运用会计核算、统计核算和业务核算，以及经济活动分析的方法，对生产经营过程中劳动消耗的成本进行记录、计算、分析和对比，以改善经营管理，保证收入能够抵偿支出，并取得较多的盈利。

三、安全管理的主要法规及规章

水利工程管理是一项社会性、群众性很强的工作，它与各行各业、各部门之间存在着很多利害关系。为使水库运行管理工作的规范化，并依法保护自身的权益，必须实行法制管理。实行法制管理首先要进行立法，制定水利法规和各项规章制度；同时还要加强法制教育，强化法制管理，使管理人员有法可循，人民群众知法守法。

水法规是以开发利用、保护水资源和防治水害过程中产生的社会关系为调整对象的法律、规范的总和，包括国家和地方所颁布的法律、法规。国家颁布的主要水法规有：《中华人民共和国水法》《中华人民共和国防洪法》《中华人民共和国水土保持法》《中华人民共和国水污染防治法》《水库大坝安全管理条例》《中华人民共和国防汛条例》等。

《中华人民共和国水法》（简称《水法》）的颁布，标志着我国水利事业开始纳入法制管理的轨道。但是贯彻实施《水法》，必须要有强有力的执法体系。《水法》的威力和作用，只有当它全面贯彻执行时才能充分发挥出来。如果不强化执法，违反《水法》的案件得不到及时处理，必将损害《水法》的尊严与权威。因此，必须建立水政执法体系，切实保障《水法》和水法规的充分实施。

水利工程管理除应有健全的组织机构与完善的管理法规外，还要建立一整套符合实际的规章制度。水利工程运行管理中的规章制度，大体可分为岗位责任制、技术操作规程和其他规章制度。

岗位责任制是按照所在不同岗位的工作任务及相应的责、权、利而制定的管理制度。它明确规定各个岗位的职责、任务，使每个职工都知道自己应该干什么、不该干什么和怎么干，对自己所在岗位的生产和工作负责。严格的岗位责任制是促进工程运行管理和处理好人与人之间关系的重要手段。

技术操作规程是指水利工程运行过程中必须严格遵守的各种设备操作规定、规程和制度等，如闸门操作规程、观测工作规程等。管理人员必须严格执行，不得随意改变。

为了处理好各行各业、各部门之间的各种关系，使各单位的权益不受侵害，运行管理人员必须学法懂法，依靠法律手段按规章制度办事，保证工程的正常运行。随着社会的发展，需要一部分人专门从事防治水害、兴修水利的工作，以保证社会生产、生活的安全与用水的需要。

四、定期检查鉴定的程序及内容

国务院水行政主管部门对全国的大坝安全鉴定工作实施监督管理。水利部大坝安全管理中心对全国的大坝安全鉴定工作进行技术指导。县级以上地方人民政府水行政主管部门对本行政区域内所辖的大坝安全鉴定工作实施监督管理。

大坝主管部门（单位）负责组织所管辖大坝的安全鉴定工作，农村集体经济组织所属的大坝安全鉴定由所在乡镇人民政府负责组织。水库管理单位协助做好安全鉴定的有关工作。

对于大坝安全鉴定意见，按分级管理的原则进行审定，审定单位见表 15－1。

表 15－1　大坝安全鉴定意见审定单位

大坝类型	审定单位
水利部直属或流域机构直属的水库大坝	水利部或流域机构
大型水库大坝和影响县城安全或坝高 50m 以上的中型水库大坝	省级水行政主管部门
其他中型水库大坝和影响县城安全或坝高 30m 以上的小型水库大坝	市（地）级水行政主管部门
其他小型水库大坝	县级水行政主管部门

1. 大坝安全鉴定的周期及安全状况分类

（1）安全鉴定实行定期鉴定制度。首次安全鉴定应在大坝投入运行后的 2～5 年内进行。运行期间的大坝，原则上每隔 6～10 年进行一次。运行中遭遇特大洪水、强烈地震、工程发生重大事故或出现影响安全的异常现象后，应组织专门的安全鉴定。无正当理由不按期鉴定的属违章运行，导致大坝事故的，按《水库大坝安全管理条例》的有关规定处理。

（2）水利部将大坝安全状况分为三类，分类标准见表 15－2。

表 15－2　大坝安全状况分类标准

大坝安全级别	实际抗御洪水标准	大坝工作状态	工程质量	大坝运行状态
一类坝	达到《防洪标准》（GB 50201—2014）规定	正常	无重大质量问题	能按设计正常运行
二类坝	不低于部颁水利枢纽工程除险加固近期非常运用洪水标准，但达不到《防洪标准》（GB 50201—2014）规定	基本正常		在一定控制运用条件下能安全运行
三类坝	低于部颁水利枢纽工程除险加固近期非常运用洪水标准		工程存在较严重安全隐患	不能按设计正常运行

2. 基本程序及组织

（1）基本程序：大坝安全鉴定包括大坝安全评价、大坝安全鉴定技术审查和大坝安全鉴定意见审定三个基本程序。

（2）组织鉴定单位职责：鉴定组织单位负责定期组织大坝安全鉴定工作，委托满足规定的鉴定承担单位进行大坝安全评价工作，组织现场安全检查，向鉴定承担单位提供必要的基础资料，筹措安全鉴定经费等。

（3）鉴定承担单位职责：鉴定承担单位应参加现场安全检查并负责编制现场安全检查报告，根据需要开展地质勘探、工程质量检测、鉴定试验等工作，对大坝安全状况进行评价并提出安全评价报告。按鉴定审定部门的审查意见，补充相关工作，修改大坝安全评价报告，起草大坝安全鉴定报告书等。

（4）鉴定审定部门职责：鉴定审定部门应成立大坝安全鉴定委员会（小组），组织召开大坝安全鉴定会，审查大坝安全评价报告，审定并印发大坝安全报告等。

（5）鉴定承担单位资质：鉴定承担单位资质要求见表15－3。

表15－3　　鉴定承担单位资质要求

大坝类型	安全鉴定承担单位
大型水库和影响县城安全或坝高50m以上中型水库大坝	甲级水利水电勘测设计单位或水利部公布的有关科研单位和大专院校
其他中型水库和影响县城安全或坝高30m以上小型水库大坝	乙级以上（含乙级）水利水电勘测设计单位或省级水行政主管部门公布的有关科研单位和大专院校
其他小型水库大坝	丙级以上（含丙级）水利水电勘测设计单位或省级水行政主管部门公布的有关科研单位和大专院校

（6）大坝安全鉴定委员会的组成：大坝安全鉴定委员会应由符合要求的大坝主管部门的代表、水库法人单位的代表以及水利水电专业技术工作的专家组成。

3. 工作内容

工作内容包括：现场安全检查、大坝安全评价、大坝安全鉴定报告书的审定、鉴定后管理等。

4. 大坝安全鉴定报告书

大坝安全鉴定报告书是以表格形式反映安全鉴定的重要成果，水利部已经制定了统一格式，主要内容有：工程概况、大坝现场安全检查、大坝安全分析评价、工程存在主要问题、安全鉴定结论、大坝安全类别评判等。

五、安全评价

根据《水库大坝安全评价导则》（SL 258—2017），大坝安全评价包括工程质量评价、运行管理评价、防洪能力复核、渗流安全评价、结构安全评价、抗震安全评价、金属结构安全评价和大坝安全综合评价等。

水库大坝安全评价应在现场安全检查和监测资料分析基础上，按照现行相关规范的规定和要求，复核工程等别、建筑物级别以及防洪标准与抗震设防标准，复核计算的荷载和参数应采用最新调洪计算及监测、试验和检测成果。

工程质量评价的目的是：复核大坝基础处理的可靠性、防渗处理的有效性，以及大坝结构的完整性、耐久性与安全性等是否满足现行规范和工程安全运行要求。工程质量评价应评价大坝工程地质条件及基础处理是否满足现行规范要求；评价大坝工程质量现状是否满足规范要求；根据运行表现，分析大坝工程质量变化情况，查找是否存在工程质量缺陷，并评估对大坝安全的影响；为大坝安全评价提供符合工程实际的参数。对勘测、设计、施工、验收、运行资料齐全的水库大坝，应在相关资料分析基础上，重点对施工质量缺陷处理效果、验收遗留工程工质量及运行中暴露的工程质量缺陷进行评价；对缺乏工程质量评价所需基本资料，或运行中出现异常的水库大坝，应补充钻探试验与安全检测（查），并结合运行表现，对大坝工程质量进行评价。

大坝运行管理评价的目的是：评价水库现有管理条件、管理工作及管理水平是否满足相关大坝安全管理法规与技术标准的要求，以及保障大坝安全运行的需要，并为改进大坝运行管理工作提供指导性意见和建议。运行管理评价内容包括对水库运行管理能力、调度运用、维修养护、安全监测的评价。

防洪能力复核的目的是：根据水库设计阶段采用的水文资料和运行期延长的水文资料，并考虑建坝后上下游地区人类活动的影响以及水库工程现状，进行设计洪水复核和调洪计算，评价大坝现状抗洪能力是否满足现行有关标准要求。防洪能力复核的内容应包括防洪标准复核、设计洪水复核计算、调洪计算及大坝抗洪能力复核。如果经批复的水库现状防洪标准符合或超过现行规范要求，宜沿用原水库防洪标准；否则，应对水库防洪标准进行调整，并履行审批手续。

渗流安全评价的目的是：复核大坝渗流控制措施和当前的实际渗流性态能否满足大坝按设计条件安全运行。渗流安全评价的主要内容应包括：复核工程的防渗和反滤排水设施是否完善，设计与施工（含基础处理）质量是否满足现行有关规范要求；查明工程运行中发生过何种渗流异常现象，判断是否影响大坝安全；分析工程防渗和反滤排水设施的工作性态及大坝渗流安全性态，评判大坝渗透稳定性是否满足要求；对大坝存在的渗流安全问题分析其原因和可能产生的危害。

结构安全评价的目的是：复核大坝（含近坝岸坡）在静力条件下的变形、强度与稳定性是否满足现行规范要求。结构安全评价的主要内容包括大坝结构强度、变形与稳定复核。土石坝的重点是变形与稳定分析；混凝土坝、砌石坝及输水、泄水建筑物的重点是强度与稳定分析。

抗震安全评价的目的是：按现行规范复核大坝工程现状是否满足抗震要求。抗震安全评价的内容包括：复核工程场地地震基本烈度和工程抗震设防类别，在此基础上复核工程的抗震设防烈度或地震动参数是否符合规范要求；复核大坝的抗震稳定性与结构强度；复核土石坝及建筑物地基的地震永久变形，以及是否存在地震液化可能；复核工程的抗震措施是否合适和完善；对布置强震监测台阵的大坝，应对地震原型监测资料进行分析。当工程原设计抗震设防烈度或采用的地震动参数不符合现行规范要求时，应对抗震设防烈度和地震动参数进行调整，并履行审批手续。

金属结构安全评价的目的是：复核泄水、输水建筑物的闸门（含拦污栅）、启闭机以及压力钢管等其他影响大坝安全和运行的金属结构在现状下能否按设计要求安全与可靠运行。金属结构安全评价的主要内容包括：闸门的强度、刚度和稳定性复核；启闭机的启闭能力和供电安全复核；压力钢管的强度、抗外压稳定性复核。

由于水工建筑物长期与水相接触，挡水时会受到水压力、渗透压力的作用，泄流时可能产生冲刷、空蚀和磨损，设计考虑不周或施工过程中对质量控制不严，建筑物遭受特大洪水、地震等极端因素作用等，在运行过程中都可能以不同的方式表现出来。应用有限的监测仪器所获得的资料，通过分析可以监控大坝的运行状态，但还存在如下问题：①各监测效应量之间实际上相互间有一定关系，如变形、应力与裂缝开度以及扬压力与渗流量等相互影响，因而单项分析有时将难以解释某些异常现象；②发生故障的部位不恰好有仪器，不能及时被发现；③影响水工建筑物安全的某些因素无法定量表示，如施工质量、混凝土老化和环境的变化等；④各因素对建筑物的影响程度会发生转化，原来的次要因素，随着时间和环境的变化，可能转化为主要影响因素。因此对水工建筑物的工作状态除进行单项分析外，必须进行综合评估，对水工建筑物在各种因素的影响下可能出现某些部位的破坏或有破坏趋势的薄弱环节及时采取措施，进行养护和修理，以防患于未然。

大坝安全综合评价是在现场安全检查和监测资料分析基础上，根据防洪能力、渗流安全、结构安全、抗震安全、金属结构安全等专项复核评价结果，并参考工程质量与大坝运行管理评价结论，对大坝安全进行综合评价，评定大坝安全类别。

防洪能力、渗流安全、结构安全、抗震安全、金属结构安全的评价结论分为 A、B、C 三级：A 级为安全可靠；B 级为基本安全，但有缺陷；C 级为不安全。

工程质量评价结论分为“合格”“基本合格”“不合格”。

运行管理评价结论分为“规范”“较规范”“不规范”，作为大坝安全综合评价的参考依据。

水库大坝安全分为三类：一类坝安全可靠，能按设计正常运行；二类坝基本安全，可在加强监控下运行；三类坝不安全，属病险水库大坝。对评定为二类、三类的大坝，应提出处置对策和加强管理的建议。

第二节　水工建筑物的养护与维修

为了保证水工建筑物的正常运行，除了对异常现象及时采取相应的处理措施外，还要对建筑物进行长期的养护和维修，以保证建筑物始终处于完好安全的工作状态。水工建筑物养护的基本要求是：严格执行各项规章制度，加强防护和事后修整工作，必须坚持“经常养护，随时维修，养重于修，修重于抢”，达到恢复或局部改善原有工程结构状况的目的。

一、水工建筑物的养护

根据结构和材料不同，水工建筑物的养护主要包括以下几项内容。

1. 土石坝的养护

土石坝是由土石料填筑而成，易受外力作用引起破坏。土石坝养护工作应做到及时消除土石坝表面的缺陷和局部工程问题，随时防护可能发生的损坏，保持大坝工程和设施的安全、完整、正常运用。

（1）坝顶、坝端的养护。土石坝的坝顶养护应达到坝顶平整，无积水，无杂草，无弃物；防浪墙、坝肩、踏步完整，轮廓鲜明；坝端无裂缝，无坑凹，无堆积物。如坝顶出现坑洼和雨淋沟缺，应及时用相同材料填平补齐，并应保持一定的排水坡度；对经主管部门批准通行车辆的坝顶，如有损坏，应按原路面要求及时修复，不能及时修复的，应用土或石料临时填平；坝顶的杂草、弃物应及时清除。防浪墙、坝肩和踏步出现局部破损，应及时修补或更换。坝端出现局部裂缝、坑凹，应及时填补，发现堆积物应及时清除。

（2）坝坡的养护。土石坝的坝坡养护应达到坡面平整，无雨淋沟缺，无荆棘杂草滋生现象；护坡砌块应完好，砌缝紧密，填料密实，无松动、塌陷、脱落、风化、冻毁或架空现象。

对干砌块石护坡，应及时填补、楔紧个别脱落或松动的护坡石料；应及时更换风化或冻毁的块石，并嵌砌紧密；块石塌陷、垫层被淘刷时，应先翻出块石，恢复坝体和垫层后，再将块石嵌砌紧密。

对混凝土或浆砌块石护坡，应及时填补伸缩缝内流失的填料，填补时应将缝内杂物清洗干净；护坡局部发生侵蚀剥落、裂缝或破碎时，应及时采用水泥砂浆表面抹补、喷浆或填塞处理，处理时表面应清洗干净；如破碎面较大，且垫层被淘刷、砌体有架空现象时，应用石料作临时性填塞，岁修时进行彻底整修；排水孔如有不畅，应及时进行疏通或补设。

对于堆石护坡或碎石护坡，石料如有滚动，造成厚薄不均时，应及时进行平整。

（3）排水设施的养护。土石坝的各种排水、导渗设施应达到无断裂、损坏、阻塞、失效现象，排水畅通。必须及时清除排水沟（管）内的淤泥、杂物及冰塞，保持通畅。对排水沟（管）局部的松动、裂缝和损坏，应及时用水泥砂浆修补。排水沟（管）的基础如被冲刷破坏，应先恢复基础，后修复排水沟（管）；修复时，应使用与基础同样的土料，恢复到原来断面，并应严格夯实；排水沟（管）如设有反滤层时，也应按设计标准恢复。应随时检查修补滤水坝趾或导渗设施周边山坡的截水沟，防止山坡浑水淤塞坝趾导渗排水设施。减压井应经常进行清理疏通，保持排水畅通；周围如有积水渗入井内，应将积水排干，填平坑洼，保持井周无积水。

（4）监测设施的养护。土石坝的各种监测设施应保持完整，无变形、损坏、堵塞现象。需经常检查各种变形监测设施的保护装置是否完好、标志是否明显，随时清除监测障碍物；监测设施如有损坏，应及时修复，并应重新进行校正。测压管口及其他保护装置，应随时加盖上锁；如有损坏应及时修复或更换。水位观测尺若受到碰撞破坏，应及时修复，并重新校正。量水堰板上的附着物和量水堰上下游的淤泥或堵塞物，应及时清除。

2. 混凝土及钢筋混凝土建筑物的养护

混凝土及钢筋混凝土建筑物的养护包括工程表面、伸缩缝止水设施、排水设施、监测设施等的养护，以及冻害、碳化与氯离子侵蚀、化学侵蚀等的防护。

（1）工程表面养护。混凝土建筑物表面养护和防护工作中，碳化与氯离子侵蚀防护应采取的措施为：对碳化可能引起钢筋锈蚀的混凝土表面采用涂料涂层全面封闭防护；对有氯离子侵蚀的钢筋混凝土表面采用涂料涂层封闭防护，也可采用阴极保护；碳化与氯离子侵蚀引起钢筋锈蚀破坏应立即修补，并采用涂料涂层封闭防护。化学侵蚀防护应采取的措施有：已形成渗透通道或出现裂缝的溶出性侵蚀，采用灌浆封堵或加涂料涂层防护。酸类和盐类侵蚀防护措施有：加强环境污染监测，减少污染排放；轻微侵蚀的采用涂料涂层防护，严重侵蚀的采用浇筑或衬砌形成保护层防护。

（2）伸缩缝止水设施养护。应保证各类止水设施应完整无损、无渗水或渗漏量不超过允许范围。伸缩缝充填物老化脱落，应及时充填封堵。混凝土坝的沥青井的出流管、盖板等设施应经常保养，溢出的沥青应及时清除；沥青井5～10年加热一次，沥青不足时应补灌，沥青老化及时更换，更换的废沥青应回收处理。

（3）排水设施养护。各类排水设施应保持完整、通畅。混凝土坝坝面、廊道及其他表面的排水沟、孔应经常进行人工或机械清理。混凝土坝坝体、基础、溢洪道边墙及底板的排水孔应经常进行人工掏挖或机械疏通，疏通时应不损坏孔底反滤层；无法疏通的，应在附近补孔。集水井、集水廊道的淤积物应及时清除。

(4) 监测设施养护。混凝土结构的各类监测设施应保持完好，能正常监测。对易损坏的监测设施应加盖上锁、建围栅或房屋进行保护，如有损坏应及时修复。动物在监测设施中筑的巢窝应及时清除，易被动物破坏的应设防护装置。有防潮湿、锈蚀要求的监测设施，应采取除湿措施，定期进行防腐处理。遥测设施的避雷装置应经常养护。

3. 钢结构的养护

钢结构的养护应做到定期除锈、涂油漆，检查铆钉、螺栓是否松动，焊缝附近是否变形。闸门应定期启动，以防止泥沙淤积，橡胶止水如有硬化、破裂应及时更换。

4. 木结构的养护

木结构应尽量保持干燥，定期涂油漆或沥青进行防腐处理，对个别损坏构件应及时更换，木管充水前应随时调整管箍，保持既不过紧也不过松。

5. 启闭机械和动力设备的维护

启闭机械和动力设备应有防尘防潮设施，经常保持清洁，定期检修；轴承、齿轮、滑轮等转动部分应定期加润滑油，如有损坏应及时修补或更换。

6. 寒冷地区建筑物的养护

对北方寒冷地区的建筑物应防止冰冻对建筑物的破坏，其措施有：人工破冰；在建筑物附近开冰槽；采用蒸汽或电热设备防止门槽冻结；采用压缩空气不断搅动水体，使其不致冻结。

二、水工建筑物的维修

(一) 土石坝的修理

土石坝的修理分为岁修、大修和抢修。岁修是根据大坝运行中所发生的和巡视检查所发现的工程损坏和问题，每年进行必要的修理和局部改善。大修是指工程发生较大损坏、修复工作量大、技术性较复杂的工程问题，或经过临时抢修未做永久性处理的工程险情，工程量大的整修工程。当突然发生危及大坝安全的各种险情时，必须立即进行抢修。

土石坝在运用中可能产生的缺陷主要有：裂缝、滑坡、渗漏、管涌、排水设备失效和护坡破坏等。现就处理的方法分述如下。

1. 裂缝的处理

坝面发现裂缝后，应通过表面观测和开挖探坑、探槽，查明裂缝的部位、形状、宽度、长度、深度、错距、走向及其发展情况；根据监测资料，结合土坝设计施工情况，分析裂缝的成因，针对不同性质的裂缝，采取不同的处理措施。对表面干缩、冰冻裂缝以及深度小于1m的裂缝，可只进行缝口封闭处理；对深度不大于3m的沉陷裂缝，待裂缝发展稳定后，可采用开挖回填方法修理；对非滑动性质的深层裂缝，可采用充填式黏土灌浆或采用上部开挖回填与下部灌浆相结合的方法处理。

2. 坝体渗漏的修理

土坝易产生渗漏和管涌的部位有坝身、坝基、岸坡以及土坝与刚性建筑物的连接处等。在运用中对于已发生渗漏、管涌的土坝，必须加强监测研究查明原因、及时处理。其原则是：上堵下排，在上游封堵渗漏通道的进口，在下游使渗入坝体的水在不带走土颗粒的前提下迅速排走。

应视渗漏成因及具体情况，有针对性地采取相应的经济可靠的处理措施。上游截渗常用的方法有抽槽回填、铺设土工膜、冲抓套井回填和坝体劈裂灌浆等方法，有条件的地方也可采用混凝土防渗墙和倒挂井混凝土圈墙等方法；下游导渗排水可采用导渗沟、反滤层导渗等方法。

3. 滑坡的修理

滑坡的修理应根据滑坡产生的原因和具体情况，采用开挖回填、加培缓坡、压重固脚、导渗排水等多种方法进行综合处理。凡因坝体渗漏引起的坝体滑坡，修理时应同时进行渗漏处理。

4. 护坡的修理

土坝的上游护坡是抗御风浪冲击和冰块挤压的重要措施。护坡遭受破坏，一般是由于护坡块石尺寸不合要求、垫层级配不符合标准、施工质量不好以及风浪冲击、水面漂浮物撞击，以及冰压力作用等原因所致。

当护坡遭受风浪或冰凌破坏时，可采用沙袋压盖，抛块石或块石竹笼盖等临时抢护措施。险情过后，一般要重新翻修或整体改建。

5. 排水设施的修理

(1) 排水沟（管）的修理。当部分沟（管）段发生破坏或堵塞时，应将破坏或堵塞的部分挖除，按原设计断面进行修复。排水沟（管）修理时，应根据沟（管）的结构类型（浆砌石、砖砌、预制或现浇混凝土），分别按相应的材料及施工规范进行施工。当沟（管）的基础（坝体）被冲刷破坏时，应使用与坝体同样的土料，先修复坝体，后修复沟（管）设计断面。

(2) 坝下游减压井、导渗体和滤水坝的修理。当减压井发生堵塞或失效时，可采用洗井冲淤的方法进行修理；修理时按照掏淤清孔、洗孔冲淤、安装滤管、回填滤料、安设井帽、疏通排水道等程序进行。当导渗体和滤水坝发生堵塞或失效时，可采用翻修清洗的方法进行修理；修理时必须先拆除堵塞部位的导渗体或滤体，清洗疏通渗水通道，按设计重新铺设反滤料，按原断面恢复导滤体。贴坡式和堆石坝趾滤水体的顶部要进行封闭，或沿与坝体接触部位设截流沟或矮挡土墙，防止坝坡土粒进入滤水体内发生堵塞现象。

(二) 混凝土及钢筋混凝土建筑物的维修

1. 混凝土裂缝的处理

水工混凝土要有足够的强度（抗拉、抗压强度等）和耐久性。如施工质量不好（包括配合比、施工过程、温度控制等）及经长期运行后，可能使建筑物产生裂缝，危及建筑物的安全。裂缝可分为纵向裂缝、横向裂缝、水平缝等。混凝土结构裂缝修补应在对裂缝进行调查的基础上，进行裂缝成因分析和裂缝修补的判别，按类型不同可采用不同的处理方法。裂缝修补可采用喷涂法、粘贴法、充填法和灌浆法。

2. 表面缺陷的修补

对于破坏深度不大的缺陷，可挖掉破坏部分，采用填混凝土、喷水泥砂浆等方法修补。当修补厚度大于10cm时，可采用喷混凝土，也可采用压浆法修补。对于过水表面，为提高其抗冲能力，可采用混凝土真空作业法。此外还可采用环氧材料修补，主要有环氧基液、环氧石英膏、环氧砂浆、环氧混凝土等。它具有较高的强度和抗渗能力，但价格较贵，工艺复杂，不宜大量使用。

3. 渗漏处理

混凝土结构渗漏处理应在对渗漏调查的基础上，进行渗漏成因分析和渗漏处理的判别。按渗漏发生部位及发生渗漏的原因不同可采用不同的处理方法。渗漏按发生的部位可分为坝体渗漏、伸缩缝渗漏、基础及绕坝渗漏。坝体渗漏按现象可分为集中渗漏、裂缝渗漏和散渗。渗漏的主要原因有材料、设计、施工、管理、其他等，根据调查结果分析渗漏的原因。

渗漏处理的基本原则是“上截下排”，以截为主、以排为辅。渗漏宜在迎水面封堵，不能降低上游水位时宜采用水下修补，不影响结构安全时也可在背水面封堵。

对于集中渗漏处理，当水压小于0.1MPa时可采用直接堵漏法、导管堵漏法、木楔堵塞法；当水压大于0.1MPa时，可采用灌浆堵漏法。堵漏材料可选用快凝止水砂浆或水泥浆材、化学浆材。漏水封堵后表面应选用水泥防水砂浆、聚合物水泥砂浆或树脂砂浆保护。

裂缝渗漏处理应先止漏后修补。裂缝漏水的止漏可采用直接堵塞法或导渗止漏法。直接堵塞法适用于水压小于0.01MPa的裂缝漏水处理。导渗止漏法适用于水压大于0.01MPa的裂缝漏水处理；施工时先用风钻在缝的一侧钻斜孔，穿过缝面并埋管导渗；裂缝修补后封闭导水管。

伸缩缝渗漏处理可采用嵌填法、粘贴法、锚固法、灌浆法及补灌沥青等。嵌填法的弹性嵌缝材料可选用橡胶类、沥青基类或树脂类等。粘贴法的粘贴材料可选用厚3～6mm的橡胶片材。锚固法适用于迎水面伸缩缝处理，局部修补时应做好伸缩缝的止水搭接，防渗材料可选用橡胶、紫铜、不锈钢等片材，锚固件采用锚固螺栓、钢压条等。灌浆法适用于迎水面伸缩缝局部处理，灌浆材料可选用弹性聚氨酯、改性沥青浆材等。补灌沥青适用于沥青井止水结构的渗漏处理，沥青井加热可采用电加热法或蒸汽加热法。

（三）堤防的维修

堤防属挡水建筑物，它的安全条件与土坝一样，一般的养护和修理的方法也与土坝大致相同。但堤防工程主要是防御流动的洪水，且江、湖、河的水位涨落不易控制，堤身很长，所以堤防的维修有其特殊的一面。

堤防的隐患主要是渗漏（堤身渗漏、接触渗漏和堤基渗漏）以及由其引起的管涌、岸坡崩塌、堤坡损坏等，同时也应注意蚁穴和兽洞对堤防的破坏。

处理堤防隐患的方法较多，凡用于土石坝隐患处理的方法都可用于堤防。特别是1998年大洪水后，在处理堤防的隐患方面应用了许多新的技术和新的材料，如垂直防渗技术就有抓斗成槽造墙技术、射水法成槽造墙技术、锯槽造墙技术、搅拌桩技术和垂直铺塑技术以及复合土工膜防渗技术、劈裂灌浆技术等。

堤防崩岸的治理主要有抛石护脚、铰链混凝土块防护、土工模袋防护、土工织物软体排防护、四面六边透水框架防护等技术。

第三节 混凝土结构的老化及其防治

一、水工混凝土结构老化

水工混凝土结构老化是指其在所处环境（包括时间和空间）的作用下，混凝土的性能开始下降，并随着时间的增长，性能下降愈甚，最终导致破坏的过程。对混凝土最有危害性的外来作用有：环境水及其所含溶解物质的化学作用；负温和正温的更迭作用；混凝土的湿润和干燥交替更迭作用；由于毛细管吸水以及矿化水蒸发而引起的盐类在混凝土内部的结晶作用。前一种是化学或化学和物理共同作用，而后三者则是归结为物理作用。正是它们的长期作用造成混凝土的老化破坏。通常混凝土的老化破坏有如下几类：混凝土碳化、混凝土开裂、钢筋锈蚀破坏、混凝土渗漏、混凝土冻融、冲磨和空蚀等。

1. 混凝土碳化

混凝土是由水泥与砂、石骨料和水混合后硬化，并随时间延长其强度不断增长，其因素包括有固、液、气相的多相体物质。容纳液、气两相物质的空间，是由混凝土内部不同直径的孔隙提供的，它们相互贯通、连接成孔隙网络。空气中的 CO_2 进入混凝土的孔隙内，与溶于孔隙液的 $Ca(OH)_2$ 发生化学反应生成 $CaCO_3$ 和水，结果使孔隙液的 pH 值由 13.5 下降到 9 以下。这种因 CO_2 进入混凝土而造成混凝土中性化的现象，称为混凝土的碳化现象。

在碳化的混凝土中，碳酸盐的分散度随 CO_2 浓度的提高而提高。混凝土碳化时，开始形成无定形 $CaCO_3$，然后结晶，在碱性条件下，有生成碱性复合盐的可能性，但最后产物是 $CaCO_3$。研究表明，碳化后固相体积与原 $Ca(OH)_2$ 的体积相比，可增加 12%～17%，同时化学反应生成的水向外排出。因此，碳化会使混凝土产生一系列物理上的、化学上的以及力学上的变化，而这必然会导致混凝土一些性能发生变化。

2. 混凝土开裂

裂缝是水工混凝土建筑物最常见的病害之一。裂缝主要由荷载、温度、干缩、地基变形、钢筋锈蚀、碱骨料反应、地基冻胀、混凝土质量差、水泥水化热温升等原因引起，往往是多种因素联合作用的结果。裂缝对混凝土建筑物的危害程度不一，严重的裂缝不仅会危害建筑物整体性和稳定性，而且还会导致大量漏水，使建筑物的安全受到严重威胁。另外，裂缝往往会引发其他病害的发生与发展，如渗漏溶蚀、环境水侵蚀、冻融破坏及钢筋锈蚀等。这些病害与裂缝相互作用，形成恶性循环，对建筑物耐久性危害极大。裂缝按深度的不同，可分为表层裂缝、深层裂缝和贯穿裂缝；按裂缝开度变化可分为死缝、活缝和增长缝；按成因分，裂缝可分成温度裂缝、干缩裂缝、钢筋锈蚀裂缝、超载裂缝、碱骨料反应裂缝、地基不均匀沉陷裂缝等。

3. 钢筋锈蚀破坏

水工混凝土中钢筋锈蚀的原因主要有两方面：一是由于混凝土在空气中发生碳化而使混凝土内部碱度降低，钢筋钝化膜破坏，从而使钢筋产生电化学腐蚀现象，导致钢筋生锈；二是由于氯离子侵入到混凝土中，也使钢筋的钝化膜破坏，从而形成钢筋的电化学腐蚀。因此，钢筋锈蚀过程实际是大气（CO_2、O_2）、水、侵蚀介质（Cl^-等）向混凝土内部的渗透、迁移而引起钢筋钝化膜破坏，并产生电化学反应，使铁变成氢氧化铁的过程。钢筋生锈后，其锈蚀产物的体积比原来增大2～4倍，从而在其周围的混凝土中产生膨胀应力，最终导致钢筋保护层混凝土开裂、剥落。而保护层的剥落又会进一步加速钢筋锈蚀。这一恶性循环将使混凝土结构的钢筋保护层大量剥落、钢筋截面积减小，从而降低结构的承载能力和稳定性，影响结构物的安全。

4. 混凝土渗漏

渗漏对水工混凝土建筑物的危害性很大。

（1）渗漏会使混凝土产生溶蚀破坏。所谓溶蚀，即渗漏水对混凝土产生溶出性侵蚀。混凝土中水泥的水化产物主要有水化硅酸钙、水化铝酸钙、水化铁铝酸钙及氢氧化钙，而足够的氢氧化钙又是其他水化产物凝聚、结晶稳定的前提。在以上水化产物中，氢氧化钙在水中的溶解度较高。在正常情况下，混凝土毛细孔中均存在饱和氢氧化钙溶液。而一旦产生渗漏，渗漏水就可能把混凝土中的氢氧化钙溶出带走，在混凝土外部形成白色碳酸钙结晶。这样就破坏了水泥及其他水化产物稳定存在的平衡条件，从而引起水化产物的分解，导致混凝土性能的下降。当混凝土中总的氢氧化钙含量（以氧化钙量计算）被溶出25%时，混凝土抗压强度要下降50%；而当溶出量超过33%时，混凝土将完全失去强度而松散破坏。由此可见，渗漏对混凝土产生溶蚀将造成严重的后果。

（2）渗漏会引起并加速其他病害的发生与发展。当环境水对混凝土有侵蚀作用时，由于渗漏会促使环境水侵蚀向混凝土内部发展，从而增加破坏的深度与广度；在寒冷地区，由于渗漏，会使混凝土的含水量增大，促进混凝土的冻融破坏；对水工钢筋混凝土结构物，渗漏还会加速钢筋锈蚀等。

5. 混凝土冻融

混凝土产生冻融破坏，从宏观上看是混凝土在水和正负温度交替作用下而产生的疲劳破坏。在微观上，其破坏机理有多种解释，有代表性和公认程度较高的是美国学者T. C. Powers的冻胀压和渗透压理论。这种理论认为，混凝土在冻融过程中受到的破坏应力主要有两方面来源：①混凝土孔隙中充满水时，当温度降低至冰点以下而使孔隙水产生物态变化，即水变成冰，其体积要膨胀9%，从而产生膨胀应力；②与此同时，混凝土在冻结过程中还可能出现过冷水在孔隙中的迁移和重分布，从而在混凝土的微观结构中产生渗透压。这两种应力在混凝土冻融过程中反复出现，并相互促进，最终造成混凝土的疲劳破坏。

6. 冲磨和空蚀

冲磨和空蚀破坏往往发生在建筑物过流部位，以冲磨和机械（撞击）磨损为主。冲磨破坏是一种单纯的机械作用，它既有水流作用下固体材料间的相互摩擦，又有相互间的冲击碰撞。不同粒径的固体介质，当硬度大于混凝土硬度时，在水流作用下就形成对混凝土表面的磨损与冲击，这种作用是连续的和不规则的，最终对混凝土面造成冲磨破坏。

二、水工混凝土结构老化的影响因素

影响水工混凝土结构老化的因素主要包括工程结构自身因素、日常管理因素、人为因素、环境因素等。

工程结构自身因素：凡是建筑物符合设计规范的、施工质量较好的水工混凝土工程的可靠性一般较好。设计上的欠缺往往对水工混凝土结构老化带来影响，如部分混凝土水闸下游消力池长度较短，除影响下游流态外，也使海漫、护坡等工程遭到破坏。施工质量的好坏更决定着水闸的老化速度。如混凝土施工质量达不到设计要求、水泥品种不佳、水灰比过大、骨料含泥量大、养护不好等均可能加快混凝土工程结构的老化速度。

日常管理因素：水工混凝土结构日常管理资金投入不足，维护管理不力将加速导致水闸工程的老化速度。因此，全面提高运行管理水平，对水工混凝土结构的安全长效运行具有重要意义。

人为因素：主要体现在管理人员专业素养的方面。

环境因素：表现在冻融循环、温度循环、干湿循环、侵蚀性离子等方面。

三、水工混凝土结构老化的处理

1. 混凝土碳化的处理

对于混凝土碳化，视碳化深度和部位的不同，各种工程的处理方法也不尽相同。一般而言，将碳化的混凝土全部凿去，表面清理干净，再用高于原混凝土设计标号的混凝土或其他材料修补（如环氧聚酯、丙乳砂浆、丙乳混凝土、HBR 聚合物砂浆等）进行修补加固。如果外露的钢筋已产生锈蚀必须先除锈再进行处理，锈蚀严重可能影响结构安全的，要通过计算换筋或重新更换构件。必须注意的是，无论采用何种形式的碳化处理，都应考虑采用一定的防碳化保护措施。例如，对于采用一般混凝土或喷砂浆修补，可以考虑用环氧厚浆涂料封闭。

对于混凝土表面剥蚀的处理，可先对原混凝土剥蚀面进行清洗，然后用各类修补材料进行修补。在选用修补材料时，应根据混凝土剥蚀的原因，采用不同的修补材料。例如，由冻融破坏引起的表面剥蚀，可采用抗冻性聚合物砂浆进行修补。

真石漆装饰效果酷似大理石、花岗石，主要采用各种颜色的天然石粉配制而成，具有天然真实的自然色泽，适合于各类建筑物的室内外装修。具有防火、防水、耐酸碱、耐污染、无毒、无味、黏结力强、永不褪色等特点，能有效地阻止外界恶劣环境对建筑物侵蚀，延长建筑物的寿命。由于真石漆具备良好的附着力和耐冻融性能，特别适合在寒冷地区使用，且具有施工简便，易干省时，施工方便等优点。

真石漆涂层主要由三部分组成：抗碱封底漆、真石漆中间层和罩面漆。

（1）抗碱封底漆。抗碱封底漆对不同类型的基层分为油性和水性，封底漆的作用是在溶剂（或水）挥发后，其中的聚合物及颜色填料会渗入基层的孔隙中，从而阻塞了基层表面的毛细孔，同时也增加了真石漆主层与基层的附着力，避免了剥落和松脱现象。

（2）真石漆中间层。真石漆中间层是由骨料、黏结剂（基料）、各种助剂和溶剂组成。骨料的颗粒级配对真石漆的施工性及涂层的表现状态影响非常大，采用粗细颗粒搭配使用，既不易影响涂层的装饰效果，又可以使涂层致密。

黏结剂（基料）是影响真石漆性能的关键因素之一，它的好坏直接影响着真石漆膜的硬度、黏结强度、耐水、耐候等多方面的性能。

（3）罩面漆。罩面材料主要是为了增强真石漆涂层的防水性、耐沾污性、耐紫外线照射等性能，也便于日后的清洗。罩面漆包括油性双组分聚氨酯透明罩面漆，油性双组分氟碳透明罩面漆、水性单组分硅丙罩面漆等。

2. 混凝土裂缝的处理

裂缝可分成温度裂缝、干缩裂缝、钢筋锈蚀裂缝、超载裂缝、碱骨料反应裂缝、地基不均匀沉陷裂缝等。裂缝的成因不同，修补的方法也不一样，主要有灌浆法、凿槽充填法、表面覆盖法等。如“壁可”注入法就是日本 SHO－BOND 建设株式会社开发的一套无创伤混凝土结构裂缝修补方法，通过橡胶管自动完成注入，在注入过程中始终保持 $3kg/cm^2$ 的压力，能保证修补材料注入到宽度仅为 0.02mm 的裂缝末端。

处理混凝土坝的裂缝及质量差的混凝土主要是用灌浆法，浆材应根据灌浆的目的选择：以防渗为主要目标的应选择水溶性聚氨酯，以补强为主要目标的应选择与混凝土黏结性能好的浆材，如水泥浆和环氧树脂等。

坝体纵向裂缝的处理亦以灌浆为主，也可采用预应力锚索。

3. 混凝土内钢筋锈蚀的处理

工程上处理钢筋生锈的方法归纳起来主要有电渗脱盐法、阴极保护法、混凝土表面涂层法等。前两种方法由于需要施加外部电流，工艺复杂、技术要求高、成本也较高。水利工程中大部分混凝土钢筋生锈的部位是其保护层较薄处，而保护层厚的部位很少有钢筋生锈现象。根据钢筋锈蚀的成因机理，如果能阻止空气和水分渗入混凝土，就能一定程度上避免钢筋生锈。因此，表面涂层法成了水利工程中钢筋混凝土除锈阻锈较为有效的方法。

铁锈会继续产生化学反应导致体积膨胀，因此，在锈蚀严重的部位必须进行除锈处理。

（1）凿除钢筋锈胀部位疏松的混凝土，直至露出坚实的混凝土基面。

（2）采用钢丝刷对钢筋进行除锈，用砂纸、锉刀或角磨机等工具对不易除锈的部位进行除锈，保证钢筋表面无锈层。

（3）凿毛混凝土交接面，并采用清水冲洗干净，冲洗用水必须严格控制氯离子的含量；对受油污染的混凝土表面采用丙酮清洗。

（4）对钢筋表面涂刷渗透型阻锈剂两遍；在混凝土表面涂刷专用混凝土界面剂，以提高新增保护层与原有旧混凝土界面之间的连接性能。

（5）采用专用结构修补砂浆重粉钢筋保护层，分两层涂抹：第一层揉匀刮糙，第二层压实抹平。

第四节　土石结构的老化及其防治

据统计，截至2021年年底，我国已建各类水库大坝共计9.8万多座，水库大坝中土石坝占90%以上。我国的大多数土石坝兴建于20世纪50—70年代，如将水库大坝的平均设计使用寿命以50年计，则目前很多土石坝已到使用年限或即将达到这一阈值，土石坝的老化问题非常突出。土石坝的老化，使得水库无法正常蓄水，水利水电工程应有功能的不能正常发挥，其运行的可靠性大大降低，随时都有可能出现滑坡或溃坝事故，给人民生命及财产安全带来重大隐患。此外，考虑到气候变化伴随的极端天气带来的影响，土石坝老化的趋势或将加快，导致土石坝运行时的安全隐患更加严重，潜在风险加大。因此，准确、及时地诊断出土石坝的隐患和病害，及时采取处理和加固措施，对土石坝安全具有重大意义。

一、土石坝老化

土石坝建成后，在内、外因作用下，随着时间的推移，其完整性受到破坏，其功能逐渐降低甚至丧失的现象称为土石坝的老化。

兴建于20世纪50—70年代的土石坝，长期受到渗流、溶蚀、冲刷、冻融、冻胀、地震、不合理的拆挖、动植物侵害等恶劣的自然因素和人为因素的影响，还可能遭遇超标准洪水和大地震的破坏；此外，受建坝时的历史条件、经济基础、技术水平的限制，许多水库大坝还存在设计标准偏低、质量问题突出的问题。上述众多因素导致在许多土石坝中都存在程度不同的裂缝、渗漏、滑坡、地震震害与液化、护坡老化、动物破坏洞穴、水库淤积等老化特征。

土石坝老化分为内部老化和外部老化。外部老化是指库内淤积、铺盖裂缝塌陷、护坡防浪墙风化剥蚀、坝体外表冲蚀破坏、排水设施淤积堵塞等现象；内部老化是指滑坡、裂缝、渗漏、动物洞穴等隐患。外部老化现象容易被发现，可及时处理；内部老化隐患不露痕迹，隐蔽性强，经过长时间的变化可能突然出现从量变到质变的破坏，令人措手不及。若不能及时发现隐患并予以排除，或将造成重大事故甚至导致溃坝失事。国际大坝委员会针对1065座土石坝溃坝原因进行了归纳统计，其结果见表15-4。我国也对土石坝溃坝的原因进行过统计，统计结果见表15-5。

表15-4　　世界范围内土石坝溃坝原因统计

土石坝溃决原因	溃决案例数量/宗	百分比/%
漫顶溃决	437	41.0
质量问题	442	41.5
灾害	48	4.5
管理不当	9	0.8
其他	6	0.6
不详	123	11.6
总计	1065	100.0

表 15-5　　我国土石坝溃决原因统计

原因分类		溃坝数/宗	占溃坝总数/%	小计/宗	占溃坝总数/%
大类	细类				
漫坝	泄洪能力不足	1322	41.1	1640	50.6
	洪水超标准	308	9.5		
工程质量	坝体渗漏	675	20.8	1233	38.0
	坝体滑坡	78	2.4		
	坝基渗漏	39	1.2		
	溢洪道渗漏	18	0.6		
	溢洪道质量	179	5.5		
	输水洞渗漏	134	4.1		
	输水洞质量	110	3.4		
管理不当	超蓄减少防洪库容	35	1.1	172	5.3
	缺乏维护	64	2.0		
	溢洪道筑埝没及时拆除	16	0.5		
	无人管理	57	1.8		
其他	地质灾害	57	1.8	149	4.6
	其临时扒坝泄洪或取水	74	2.3		
	设计不当	18	0.6		
不详		48	1.5	48	1.5
合计		3242	100	3242	100

二、土石坝老化因素

（1）自然因素。土石坝在温度、湿度、波浪冲刷、雨水冲刷、风力剥蚀、动物洞穴、冰冻等因素影响下，材料参数发生改变，导致结构损坏，功能降低。

（2）工程因素。包括滑坡问题、渗漏问题、水库淤积问题、工程质量缺陷等。

（3）人为因素。人为因素包括运行管理不当、人为破坏等。水库调度不当、维护养护不良、盲目超蓄、闸门操作失灵、无人管理等问题属于运行管理不当；此外，在巡视检查、监测预警、应急预案、人员培训等方面还存在一些薄弱环节。

（4）其他因素。遭遇超标准洪水，导致泄洪能力不足而漫顶；超过设计烈度的大地震致使工程结构损坏等。

三、土石结构老化的防治措施

（一）裂缝

1. 裂缝的预防

因为大多数裂缝均由坝体或坝基的不均匀沉陷引起的，故在设计阶段，应考虑如何减小坝体的不均匀沉陷。如坝基中的软土层应预先挖除；湿陷性黄土应预先浸水，事先沉陷等。在施工阶段，必须按设计提出的要求进行，严格把握好清基、上坝土质、含水量、填筑层厚和碾压标准等各项施工质量，妥善处理划块填筑的接缝，施工停歇期较长时，黏性土的填筑面应铺设临时砂土或松土保护层，复填时应清除保护层、刨松填筑面，注意新老面的结合，防止填筑面的干缩。在运行管理期间，首先应按日常维护工作的具体要求进行养护；其次需特别注意库水位的升降速度，即首次蓄水应逐年分期提高库水位，以防止因突然增加荷载和湿陷产生裂缝；正常供水期要限制库水位的下降速度，防止因库水位骤降而导致迎水坡产生滑坡裂缝。

2. 裂缝的处理

发现坝体裂缝后，应通过坝面观测，挖探槽、探井，查明裂缝的部位形状、宽度、长度、深度、错距、走向以及发展情况。根据观测资料，结合土坝设计、施工情况，分析裂缝成因，针对不同性质的裂缝采取不同处理方法。一般处理裂缝的方法概括为开挖回填、裂缝灌浆和开挖回填与灌浆相结合。

（二）滑坡

1. 勘察设计方面

在勘察设计中，在准确掌握有关基础资料的基础上，做好土石坝坝坡设计工作，对防止滑坡非常重要。在满足其他技术经济条件下，以选用心墙或斜墙坝为宜，因为这两种坝型的孔隙水压力一般较均质坝小且透水坝壳材料强度较高；为了提高防洪标准，增大库容，需要加高土石坝时，应从坝脚直到坝顶全面培厚加高，一般不能降低坝坡的稳定性，要复核坝坡稳定，不能盲目加高；设置完善可靠的防渗体和排水设施，使坝体内孔隙水压力较小；正确选用筑坝材料，禁止不符合规范要求的土料上坝，为保证坝坡稳定，应尽可能从土料颗粒级配和抗剪强度等方面选用较好的材料。

2. 施工方面

为防止出现滑坡，首先要求上坝的土料完全满足设计要求。要严格控制土料的含量和干容重，防止出现干容重和抗剪强度低的软弱夹层，认真处理新老土体的接缝、土体与刚性建筑物的连接以及与坝基、岸坡等的交接。重视坝基处理的质量要求，在雨季施工时，坝面要采取防雨措施。

3. 运行管理方面

在一般情况下，土石坝滑坡是一个从量变到质变的发展过程，一旦发现坝坡有明显滑动征兆，滑坡速度将会加快。因此，在有滑坡迹象时，应立即加强检查观测，以便及早发现滑坡的征兆，采取有效的防治措施，力求防患于未然，以减免损失。为了及早发现滑坡的征兆，对已投入运行的水库土石坝，应加强检查观测。要做好观测资料的分析工作，对各种观测项目做出准确的滑坡预报。

（三）护坡

1. 填补翻修

填补翻修方法适用于施工质量差引起的局部脱落、塌陷、崩塌和滑动等破坏。进行处理时，首先清除抢险时压盖的物料，并按设计要求将反滤层修补完整，然后再按原护坡的类型修砌完整。如采用干砌石护坡，块石规格尺寸大小及垫层都应符合设计要求。垫层级配合理，否则砂层易被风浪淘刷流失，最好第一层用砂，第二层采用砾石，第三层采用卵石或碎石。护坡要达到紧、稳、平、实的要求。施工时，为防止上部原有护坡滑塌，可逐段拆砌。

2. 加厚反滤垫层

北方冰冻地区由于反滤垫层厚度不够而产生的护坡破坏，加厚护坡反滤垫层是比较有效的办法。即将垫层的每层厚度适当加大则可避免冰推和坝体冻胀引起的护坡破坏。加大垫层的重点部位是水位上下波动带。

3. 坝面塑膜保温

利用塑料薄膜做坝面保温可防止毛细水上升，消除坝面冻胀，减少投资，节省工程量。可在坝面铺1～2层塑膜，用5～10cm土层保护，其上铺砂。这样能减少垫层厚度，不但可使坝面保温，避免了毛细水上升，而且可达到消除坝面冻胀，减少冰推力的目的。

4. 浆砌石或现浇混凝土护坡

对吹程较远，风浪较大，经常发生破坏的护坡坝段，可采取局部浆砌块石或现浇混凝土板的办法加固处理。具体做法是先将原护坡石拆除，重新沿坝轴线方向在一定范围内采用浆砌石或现浇整板护坡，使之形成一条水平、纵向的防冲带。浆砌石厚度应不小于30cm，混凝土板厚度应不小于20cm，并应按规定做好反滤层，预留排水孔和伸缩缝。混凝土板的平面尺寸以每块3m×5m为宜，一般不宜过大。如风浪很大，还应考虑在混凝土板内配置适量的钢筋，以免断裂滑动。据观察这种护坡可抗御8～10级大风浪而不至于出问题。

（四）渗漏

水库挡水后，水通过坝体和坝基向下游渗透，可能引起渗漏和渗透变形，同时坝体在自重和水荷载作用下发生沉降和不均匀变形，将影响水库的正常运行。水库的各种异常渗漏，无论发生在什么部位都应视其产生的不同原因进行处理。渗漏控制的标准是：保证坝体和坝基的渗流稳定，其抗渗比降和渗透流速满足稳定要求；控制渗流量，尽量减少渗漏损失；控制下游剩余水头，防止渗透变形破坏，保证下游边坡稳定，减少下游沉降。总的原则是“上堵下排”。“上堵”就是在坝轴线以上部分坝体和坝基堵截渗流途径，防止和减少渗漏水量渗入坝体和坝，提高其防渗能力；“下排”就是在下游做好反滤导渗排水设施，使渗入坝体坝基的渗水在不带走土颗粒的前提下安全通畅地排向下游。渗漏的处理方法主要有灌浆法、斜墙法、套井回填黏土等。

（五）动物破坏

土石坝白蚁危害是危及水库防洪安全的重大隐患之一，比起其他动物洞穴，具有不易发现、危险性很大的特点。因此，水库动物破坏的重点表现是白蚁破坏。

（六）水库防淤减淤措施

水库淤积的防治措施主要包括3个方面，即加强水土保持减少泥沙入库，合理运用减少水库淤积和清除水库淤积措施。

水土保持是减少水库淤积的根本途径，它既能保水保土保肥，又能拦沙。水土保持措施主要包括生物措施、农业措施和工程措施3个方面，应根据具体情况合理进行选择。如植树造林、种草绿化荒山；合理耕种梯田，深耕密植，开沟拦截地表水，修筑淤地坝、拦沙堰、拉泥库等；对水库进行合理运用管理以减少水库淤积主要包括采用引洪放淤、蓄清排浑、拦洪蓄水、异重流排沙等运用方式。

清除水库淤积的方法较多，主要有人工排沙法、机械清淤法、虹吸清淤法和高渠冲滩法4种。

（七）水库安全管理对策

水库安全管理问题主要从制度机制、管理经费、人员素质和安全监测等4个方面采取对策。

相关部门先后制定了《水库大坝安全管理条例》《水库大坝安全鉴定办法》《水库大坝注册登记办法》《水库大坝安全评价导则》等一整套法规，为水库的安全管理提供了法律依据，步入了法治轨道。

落实水库管护经费并加强监管，促进水库实现安全、有效、良性运行。水库管护资金到位是实施水库安全有效管理的基础，但由于我国的病险水库数量庞大，不能完全依靠中央财政拨款，需多渠道筹措除险加固和运行管护的资金，从而建立健全稳定的资金渠道。同时，地方政府也应加强对筹措资金的管理与监督，严格按照设计批复和概算组织的经费实施除险加固，保证资金的规范使用。

建立专业化的管理队伍，提升水库运行管护能力和水平。加强对管理人员的培训，提高管理人员应对水库突发事件的应对能力和防风险意识；做好安全监测和资料整编分析与应用工作，科学编制调度运用方案，不断提高科学管理水库的水平。

第五节　金属结构的老化及其防治

一、金属结构的老化

钢闸（阀）门等金属结构是水利工程中重要组成部分，它常处于大气、淡水、海水等不同介质中，在长期运行过程中受到介质的电化学腐蚀、水砂冲磨的磨蚀、外荷载和腐蚀介质“协同作用”的应力腐蚀等，严重时局部会出现穿孔，使闸门等金属结构维护困难甚至过早报废，严重影响水利工程的正常、安全运行。

按腐蚀介质分，可分为受海水腐蚀的挡潮闸和受淡水腐蚀的水工钢闸（阀）门、拦污栅等。挡潮闸钢闸门主要受海水（潮汐、海浪）中氯离子的影响，腐蚀更为严重，一般防腐蚀措施保护寿命短，保护效果差。近年来采用与淡水中闸门一样的喷铝加涂料封闭方案，成本又过高，给防腐蚀措施的选择带来困难。此外，随着水质污染的日益严重，导致微生物腐蚀，引起严重局部腐蚀。

二、金属结构老化的影响因素

影响闸（阀）门等金属结构腐蚀的因素有：

（1）水工钢闸（阀）门在水质条件差、经常处于干湿交替和恶劣工况下工作，当气温高、湿度大时，金属表面腐蚀速度就快。平原湖区水利工程中钢闸门多数属于此类工况。

（2）湖水中鱼、虾、虫等各种生物和微生物，因新陈代谢作用，分泌出侵蚀性产物，造成门体腐蚀。此类情况在湖区较为严重，而且很普遍。

（3）水中植物如水草、树枝和漂浮物，由于叶绿素作用而产生氧气，形成局部的浓差电池而发生电化学腐蚀，特别在门叶梁格中主梁腹板、纵梁腹板、翼板下部及门体周边伸入门槽的部位，造成严重的局部腐蚀。此类情况也称沉积物腐蚀。

(4) 湖区油田化工厂、造纸厂、冶炼厂等的排泄污物，如酸、碱、硫等化合物，对水质污染严重，使门体加速腐蚀。在与腐蚀环境接触的整个表面，几乎以相同的速度进行腐蚀，此现象也称均匀腐蚀。

(5) 由于长期对钢闸（阀）门不维护（或无维修经费）而造成闸门腐蚀速度加快，腐蚀程度加深。此种情况在中、小型水库上很普遍，即使水质较好，若忽视维护保养，闸门、拉杆同样会遭受严重腐蚀。

(6) 因焊条材质的电位与基体电位不等，从而在焊缝区及其近旁发生的腐蚀，属焊接腐蚀。

(7) 启闭机通常暴露在室外，温度及湿度的突变加速对材料内部的渗透扩散作用，引起理化性能的改变，导致材料发生变色、变质、膨胀等现象。

(8) 长期强紫外线的照射使保护层老化、变质，逐渐失去防腐能力。

三、金属结构老化的处理

水工钢闸（阀）门等金属结构的防腐通常依据设备所处环境进行选择，其按所处环境主要分为水下腐蚀、大气腐蚀和水面干湿交替腐蚀等。闸（阀）门各部位常常处于不同环境之中，既有水上部分，又有水下部分，还有干湿交替部分，腐蚀情况也各不相同。

水工钢结构的防腐方法有很多：如涂料防腐法，喷锌、镀铝防腐法，阴极保护与涂料联合防腐法等。闸（阀）门使用寿命的长短往往取决于腐蚀严重的部位，因此可对不同部位采取不同的防腐措施，进行等效保护，以达到相同的保护周期，同时可以有效地降低保护成本。例如：闸门的迎水面腐蚀相对较重，可采用喷锌外加涂料封闭保护；背水面腐蚀相对较轻，可采用涂料防腐。

目前，国内外对水工钢闸（阀）门等金属结构采取的防腐蚀措施主要有下列几类：①消除腐蚀产生的原因，如改变结构型式，减少表面积比；不同金属材料之间用绝缘材料隔开，消除接触电偶腐蚀等；②采用耐蚀材料，如耐蚀合金，改用非金属材料等；③设计时预估腐蚀量，增加构件厚度；④采用防腐蚀覆盖层保护；⑤电化学法采用阴极保护，如外加电流、牺牲阳极保护等。

为了提高防腐蚀效果，金属结构表面除了要有一层严密的优质保护层外，还要使这保护层能长期牢固地附着在金属上。因此，不论采用涂料保护还是喷镀层保护，都必须对金属表面进行处理，使处理后的表面达到无锈斑、无旧漆、无油污、无水分，且表面粗糙。为了达到这种要求，表面可采用喷砂的方法处理。对于带锈涂料时，金属表面处理时，就只需去掉浮松的旧锈污物即可。

下面简要介绍几种常用的涂料防腐法、喷涂层防腐法和阴极保护法。

1. 涂料防腐法

涂料保护的作用在于它能够在金属表面形成一层薄膜，这层膜牢固地附着在结构表面。它一方面可以使金属与水、空气、阳光等外界腐蚀因素隔离开来；另一方面也能以其坚硬的外膜去抵挡杂草、冰凌、泥沙等物的冲击；有的涂料还能使金属形成一层钝化膜，大大减缓腐蚀的发展；有的涂料还能有阴极保护作用；还有的涂料具有良好的电流作用，与外电流阴极保护联合防腐蚀。故目前还是广泛采用涂料来防止金属结构腐蚀。

防腐蚀的涂料有以下性能：

(1) 抗水性能好，封闭严密，遮盖力强；抗磨性好；耐紫外线照射（耐候性好）；抗老化性能强；化学性能稳定，在使用期中不发生缓慢的分解；不降低其附着力；附着力强。

(2) 适应实施阴极保护的性能好，耐电流，耐碱；干燥时间短，便于施工，嗅味小，毒性小；存放稳定性好，便于调制，调好后可存放较长时间不变质；有较高、较稳定的耐冲击强度；价格便宜等。

涂料种类很多，随着我国涂料工业的发展和使用方面的配合，有许多防锈效果良好的品种，如红丹底漆、云母氧化铁环氧底漆、铝粉面漆、铁红环氧氯磺化聚乙烯面漆等，经试验和使用证明，有的能维持保护年限达 10 年之久。

2. 喷涂层防腐法

喷涂层防锈的喷涂方法有气喷和电喷，喷镀的金属一般用锌和铝及非金属材料如聚乙烯塑料。

金属锌、铝熔点低，便于用气喷。实践证明，喷锌的防锈蚀效果很好，维护钢铁表面不锈时间较长。喷塑料防锈可以减少金属用量，在农机、船厂、机床等方面的金属结构防锈都曾使用，水工钢闸门上试用相对较少。

金属喷镀防护措施的施工方法是：将锌丝（铝线）在高温火焰中熔融，同时用压缩空气将其吹成雾状微粒，喷射到经过处理的金属结构表面，形成锌（铝）涂层，达到隔绝腐蚀介质和阴极保护的双重效果。喷锌（铝）保护防腐时间长，可达 20 年；如果在铝丝或锌丝中加 5% 的稀土，铝丝或锌丝的物理性能和化学成分都有所改善，质量稳定，效果良好。因而被大量用于受大气腐蚀较严重且不易维修的室外钢结构中。

喷镀法的首道工序是酸洗除锈，然后是清洗。若这两道工序不彻底均会给防腐蚀留下隐患，所以必须处理彻底。对于钢结构设计者，应该避免设计出具有相贴合面的构件，以免贴合面的缝隙中酸洗不彻底或酸液洗不净，造成镀层表面流黄水的现象。喷镀法在高温下进行，对于管形构件应该让其两端开敞，若两端封闭会造成管内空气膨胀而使封头板爆裂，从而造成安全事故；若一端封闭则锌液流通不畅，易在管内积存。

3. 阴极保护法

在绝大多数情况下，金属的腐蚀是由于腐蚀原电池的作用，属于电化学腐蚀。在一定条件下，极化作用可以降低金属的腐蚀速率。将金属进行阴极极化以减少或防止金属腐蚀的方法称为阴极保护法，是一种从根本上抑制电化学腐蚀的方法。阴极保护技术发明至今已有一百多年的历史，在土壤和海水等介质中已广泛应用，世界上很多国家已制定了阴极保护设计标准和规范。阴极保护可以通过外加电流或采用牺牲阳极两种途径实现。

外加电流法是用直流电源给被保护金属通阴极电流。外加电流阴极保护系统由低压直流可调电源、辅助阳极、阳极电缆和阴极电缆几部分组成，被保护金属通过阴极电缆接直流电源的负极。设置在被保护金属附近的辅助阳极通过阳极电缆，接直流电源的正极。外加电流阴极保护是靠消耗电力，强制辅助阳极成为阳极，被保护金属成为阴极而获得。外加电流法由于结构复杂，管理要求高，广泛使用受到限制。

牺牲阳极法是在被保护的金属上连接一种电极电位比被保护金属更负的金属，通常称为牺牲阳极，主要材料有锌合金、铝合金、镁合金。牺牲阳极法的阴极保护作用时以牺牲阳极的消耗为代价而获得的，牺牲阳极法由于系统安全性高、无需管理，受到广泛的欢迎和使用。

阴极保护不仅可以防止水下钢结构的均匀腐蚀，而且还能有效防止各种局部腐蚀，从而使被保护结构物的使用寿命成倍延长，但对于缺乏电解质的大气区和水位变动区的钢闸门腐蚀却效果不佳，甚至无能为力，其次挡潮闸附近水体电阻率常年变化较大，对于牺牲阳极材料的选择和牺牲阳极系统的设计带来一定难度。

通过比较分析可知，金属碳化钨和环氧金刚砂的防腐效果明显优于其他材料，尤其是环氧金刚砂对高流速区水下金属结构防腐效果显著，可以考虑在实际应用中推广使用。

综上所述，因闸门各部位常处于不同的环境之中，应根据不同防护技术的优缺点选用其中一种或是多种方法相结合，从而起到良好的防护效果。具体应做到以下几方面：

（1）要根据不同地域腐蚀条件，对水工钢闸门采取符合实际的有效涂装设计，对闸门防腐蚀涂料或金属热喷涂层的选择，要具有良好的耐水、耐候、耐酸碱盐、耐磨及耐冲击性。

（2）重视涂装施工质量，依照不同的涂装设计，采取不同的施工工艺，确保涂装质量符合设计或有关防腐规范要求。

（3）加强工程管理，按照不同的涂装寿命，坚持定期对闸门进行维护保养。

（4）提高管理人员素质，熟悉专业知识，特别是运行管理知识；严格执行闸门、启闭机运行规程，做好维护保养工作，使设备处于良好的工作状态，以延长钢闸门的使用寿命。

第六节　水工建筑物安全监控

一、水工建筑物安全监控的目的和意义

为了让水库工程充分发挥其效益，首先必须保证大坝的安全。通常，大坝安全状态可以通过以下三种方法加以了解和掌握：第一种方法是在设计阶段通过地质调查、结构设计和材料选择，通过数值计算分析确定。该方法面对的是一个“待建系统”，由于地质情况和材料参数不可能全面准确，这种分析方法获得大坝安全信息是不准确的，而且是有变化的。第二种方法是模型实验法，由于模拟状态的有限、模拟时间有限，加上相似率的限制和尺度问题，其模拟的状态只能在宏观上大致了解大坝的承载能力和有限的破坏形式。第三种方法就是通过在大坝上安装监测仪器获取的长期实测

资料来分析大坝安全状态。第三种方法比前两种方法更加真实可靠，同时也具有动态捕获大坝安全信息的能力。大坝安全监测的实测资料分析可以实现三大目的：检验设计、校核施工和了解大坝安全状况。对于水库管理而言，后者最为重要。由于水库大坝的水文、地质等条件的复杂性，人们认知水平的局限性，以及运行过程中会受到降雨、荷载、温度等变化的影响，工程不可避免地会存在一些损坏、老化等安全问题。通过对大坝进行安全监测，及时发现和处理问题，可将隐患消灭在萌芽之中，对于大坝的安全管理极为重要。

水工建筑物安全监测工作始于20世纪初，当时的方法和设备都较为落后，加上坝工设计、施工水平不高，大坝失事时有发生。著名的有1928年美国的圣·弗朗西斯坝失事事件，1959年法国的马尔帕塞拱坝失事事件，1963年意大利的瓦依昂水库滑坡事件，以及1975年中国的板桥、石漫滩等水库大坝失事事件。这些水库大坝失事都造成巨大的损失，引起了社会震动，促使许多国家制定大坝安全监测法规，改进监测技术和监测仪器，使大坝监测工作得到很大发展。大坝安全监测不能阻止大坝的垮塌，但由于大坝性态是一个逐步恶化的过程，因此大坝安全监测可以发挥大坝安全管理的耳目作用，可以通过安全监测信息尽早掌握大坝安全状态、发现大坝隐患，从而及时采取工程措施和报警，降低事故等级或规避风险。因此必须加强水工建筑物的安全监控工作，其目的和意义可归纳为如下四个方面。

（一）监测水工建筑物的工作状态

许多破坏实例表明：水工建筑物发生破坏事故，往往是有先兆的。监测资料是大坝性态的客观反映，对其进行认真系统的检查监测，并对监测成果进行分析，就能及时掌握建筑物的性态变化，确定安全控制水位，指导水工建筑物安全运行；如发生不正常情况，及时采取加固补强措施，可把事故消灭在萌芽状态中。水工建筑物安全监测可以及时发现水工建筑物的异常，避免大坝性态在没有察觉的情况下恶化，同时通过监测可以更加准确地掌握大坝性态，充分发挥工程效益。

（二）验证设计理论的正确性和选用参数的合理性

由于人们对自然规律的认识还有待深入，加之水文、地质等条件的复杂性，目前尚不能对影响建筑物的所有复杂因素进行精确的计算。因此在水工设计中常将结构作适当的简化或采用一些经验公式求解，难以确切反映实际情况。原型监测是对“1∶1模型”所进行的研究工作。对已建的各种水工建筑物在适当的部位埋设各种仪器，进行长期监测，不仅可以掌握建筑物性态的变化规律，而且可以验证原设计理论的正确性和参数选用的合理性。

（三）检查施工质量

分析施工期监测资料，可以了解水工建筑物在施工期间的结构性态变化，为后继施工采取合理措施提供信息，据此指导施工，保证工程质量。

（四）为修正设计理论提供科学依据

目前研究水工建筑物结构性态的主要手段是理论计算和模型试验。由于影响因素的复杂性，研究时均需作一些假定或简化，对新型或复杂的结构更是如此，致使解答与实际情况存在差异。原型监测资料反映了各种因素的影响，其结果可弥补前两种方法之不足，据此对设计理论和方法进行修正，可进一步提高坝工技术水平。

在水工建筑物的科学研究中，需要借助原型监测资料分析，并与其他方法相结合来解决实际问题是多方面的，如：

（1）预演水工建筑物在运行过程中可能出现的各种现象，定量预报结构性态的变化规律。

（2）确定安全监控指标，如变形、裂缝开度、测压管水位、渗流量、扬压力、应力等，研究水工建筑物在各种情况下的稳定和强度的实际安全度。

（3）研究坝体横、纵缝的实际结构作用，确定大坝的不利荷载组合。

（4）反演坝基坝体综合或分区物理力学参数，如弹性模量、线膨胀系数、渗透系数等，了解其对结构性态的影响程度。

（5）研究水工建筑物在施工运行期的温度场、温度变形、温度应力的变化规律和对结构的影响程度，为未来建筑物设计反馈信息。

由此可知，安全监控工作既有科学研究意义，又有实用价值，是促进坝工设计理论和建设技术不断发展的有效方法之一。

二、安全监测的内容和要求

水工建筑物安全监测包括原型监测、监控分析及建筑物工作状态评估等，其具体工作内容和要求是：

（1）监测系统的设计。根据监测目的和要求，在水工建筑物设计的同时，进行监测系统设计。它包括监测项目的确定和测点布置以及仪器设备的选定，绘制监测设计总布置图及施工详图等。

（2）监测仪器设备的埋设和安装。仪器在埋设安装前要对其进行必要的检验和标定。然后按设计要求安装，并填好安装记录，竣工后绘制竣工图，填写考证表供查用。

（3）巡视检查。巡视检查包括巡回观察和利用仪器量测，按规定的要求、测次、监测时间严格执行，并做到“四无”（无缺测、无漏测、无不符精度、无违时）、“四随”（随观测、随记录、随计算、随校核）。为提高监测精度和效率，还应做到“四固定”（人员、仪器、测次、时间固定）。当监测规定需要改变时，须经研究决定并报上级批准。

（4）监测资料的整理与分析。对现场监测成果及时进行整理，绘制各物理量的过程线及效应量与环境量之间的相关曲线，建立数学模型和监控预报方程，研究各效应量的变化规律和发展趋势，为建筑物工作状态评估提供可靠资料。

（5）水工建筑物工作状态的评估。根据上述分析成果，结合专家经验对建筑物的工作状态进行综合评估。对有异常现象的建筑物应及时通报主管部门和设计单位，及时研究对策，提出处理方案；对正常状态的建筑物也应对维修养护提出指导意见，以确保建筑物长期处于完好状态。

三、安全监测的项目、测点布置及监测方法

根据水工建筑物安全监测的目的，监测的主要内容包括：变形、渗流、压力、应力应变、水力学及环境量等。其中，变形和渗流监测是最为重要的监测项目，这些监测量直观可靠，可基本反映各种工况下水工建筑物的安全状态。

大坝安全监测范围应包括坝体、坝基、坝肩，以及对大坝安全有重大影响的近坝区岸坡和其他与大坝安全有直接关系的建筑物和设备。可见，关系大坝安全的因素多、范围大。如泄洪设备及电源的可靠性、下游冲刷及上游淤积、周围建筑物施工特别是地下爆破施工等。

另外，在大坝安全监测过程中，梯级水库之间的安全监测以及各水库中金属结构、机电设备的安全与否，也直接影响大坝安全，应予以重视。

水工建筑物原型监测包括巡视检查和仪器监测。

（一）巡视检查

现场巡视检查就是用眼看、耳听、手摸等直觉方法或用简单的工具从建筑物外露的不正常现象中，分析判断建筑物内部可能发生的问题，进而采取必要的措施。巡视观察是水工建筑物原型监测中的重要组成部分。因为用专门仪器设备进行监测的项目虽可获得比较精确的数据，但仍存在一定的局限性。固定的布设仪是建筑物上某几个典型断面上的几个点，而建筑物的局部损坏如裂缝、渗水、塌坑等往往并非恰好发生在测点位置上，也不一定发生在进行监测的时刻。如增加测点个数和监测次数，虽然可行，但不经济，工作量也较大。因此为了及时发现建筑物的异常情况，除了布设仪器进行监测外，还必须根据具体情况，适时对工程进行全面巡视观察。一般情况下每月进行1～2次，汛前汛后增加，对可能出现的险情，应昼夜监视。

对土工建筑物，要注意观察有无裂缝，背水坡、水位降落期的迎水坡、两岸接头和坝脚等部位有无塌坑管涌、流土或沼泽化等现象。

对混凝土建筑物也应注意观察有无裂缝、建筑物与地基、两岸接头处、伸缩缝等部位有无渗漏现象，表面有无脱壳、松软、侵蚀等现象。

对泄水建筑物的某些部位（如溢流坝面、反弧段、门槽、隧洞进口段等），应观察在行水后有无空蚀、磨损、剥落等现象。

对金属结构，应注意观察有无裂缝或焊缝开焊、铆钉松动、生锈等现象；对钢板衬砌结构、钢管以及金属闸阀门的框架和面板，应注意观察有无不正常的变形、空蚀和磨损。

（二）仪器监测

仪器监测是在建筑物和地基内、外部的适当部位设置仪器，定时或连续采集数据。仪器监测的监测项目有变形监测、渗流监测、应力（压力）监测及温度监测、环境量或水文、气象监测、地震监测、水力学监测等。

检查观察也要尽可能地利用当今的先进仪器和技术对大坝特别是隐患进行检查，以便做到早发现早处理，如土石坝的洞穴、暗缝、软弱夹层等很难通过简单的人工检查发现，因此，必须借用高密度电阻率法、中间梯度法、瞬态面波法等进行检查，从而完成对其定位及严重程度的判定。人工巡查和仪器监测分不开的另一个原因是由大坝的特殊性和目前仪器监测的水平所决定的。大坝边界条件和工作环境较为复杂，同时，由于材料的非线性（特别是土石坝），从而使监测的难度增大；另外，目前仪器监测还只能做到“点（小范围）监测”，如测缝计只能发现通过测点的裂（接）缝开度的变化，而不能发现测点以外裂（接）缝开度的变化；变形（渗流）测点监测到的是坝体（基）综合反应，因而难以进行具体情况的原因分析。正是由于上述原因，监测手段和方法必须多样化，即将各种监测手段和方法结合起来，将定性和定量结合起来，如将传统的变形、渗流、应力应变及温度监测同面波法、彩色电视、超声波、CT、水质分析等结合起来。

1. 变形监测

变形监测包括水平位移（横向和纵向）、垂直位移（竖向位移）坝体及坝基倾斜、表面接缝和裂缝监测。对于土石坝，除设有上述变形（称之为表面变形）监测项目外，还设有内部变形监测。内部变形包括分层竖向位移、分层水平位移、界面位移及深层应变监测。对于混凝土面板坝还有混凝土面板变形监测，具体包括表面位移、挠度、应变、脱空及接缝监测。另外，岸坡及基岩表面和深层位移监测也属变形监测。

变形监测可以通过人工或自动化两种方式实现。人工监测方法即光学监测方法，包括三角网、视准线法、精密水准方法等。可实现自动化变形监测的监测仪器包括垂线、引张线、静力水准、真空激光准直、TS位移计、测缝计、水管式沉降仪、引张线式水平位移计等。

（1）水平位移监测。

1）测点布置。位移测点的布置，应根据建筑物的重要性、规模、施工条件以及所采用的监测方法而定。

对土坝，应在有代表性而且能控制主要变位的地段上选择监测断面。如最大坝高处、合龙段以及坝基地质条件变化较大的坝段。

对混凝土重力坝，可在平行坝轴线的坝顶下游坝肩及坝趾各设一标点。

对拱坝，当用三角网法监测时，在坝顶每隔40～50m埋设一个标点，至少在拱冠、四分之一拱圈及两岸接头处各埋设一个标点；拱坝背水坡的不同高程及拱座处也可布置标点。对连拱坝，可选择有代表性的拱圈，根据上述要求布置标点。

对水闸，垂直水流方向在闸墩上各安设一个标点，如闸身较长，可在每个伸缩缝两侧各安设一个标点。

工作基点应布置在不受任何破坏而又便于监测的岩石或坚实的土基上。当采用视准线法进行水平位移监测时，通常布置在建筑物两岸每一纵排标点的延长线上，如图15-1所示。若采用三角网法进行水平位移监测，对于前方交会测量，一般可布置两个工作基点，交会三角形的边长最好在300～500m左右，如图15-2所示。

2）监测方法对于测点设在坝体表面上的土坝（图15-1）和混凝土坝（图15-2），可用视准线法或三角网法（如前方交会法）施测。前者适用于坝顶长不大于600m的直线形坝；后者可用于任何坝型。视准线法以建筑物外无位移的两端工作基点的连线为基准，测量建筑物上位移标点的水平位移量。前方交会法是利用两个（或三个）已知坐标的固定工作基点，通过测角求得位移标点的坐标变化，从而确定其位移情况。在选择工作基点的位置时，交会三角形边长，最好为300～500m，最多不要超过1000m。务必对各交会点的视线交角都不过钝或过锐。对较高的混凝土坝还可采用正垂线法、倒垂线法或引张线法进行变形监测。

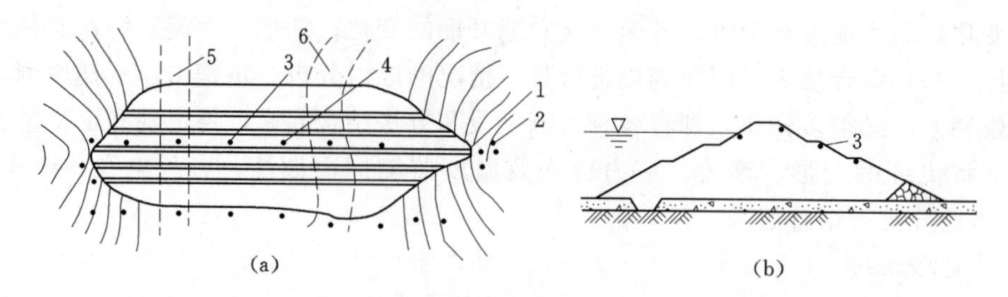

图 15-1　视准线法水平位移监测布置示意图

(a) 平面图；(b) 横剖面图

1—工作基点；2—校核基点；3—位移标点；4—增设工作基点；5—合龙段；6—原河床

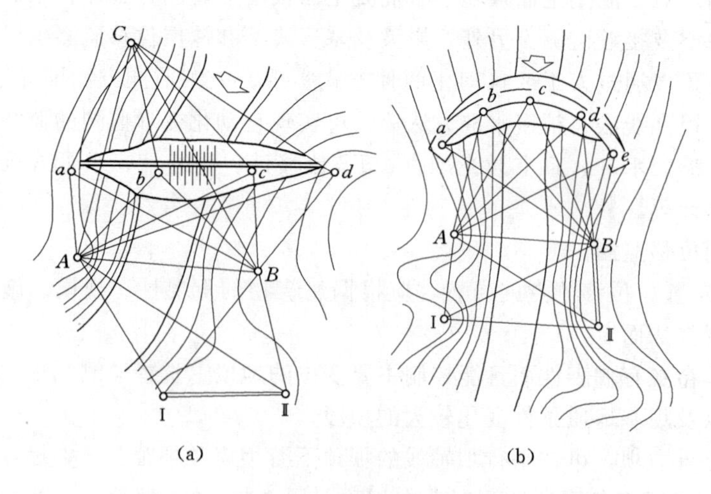

图 15-2　三角网法水平位移监测平面布置示意图

(a) 土坝三角网布置；(b) 拱坝三角网布置

Ⅰ、Ⅱ—校核标点；A、B、C—三角网工作基点；a、b、c、d、e—标点或增设工作基点

正垂线法：利用一条悬挂在坝体上部某固定点上的铅垂线为基准，当坝体变形时，通过量测监测点与铅垂线偏离的距离，求得两点间的相对位移。正垂线通常布置在最大坝高、地质条件较差以及设计计算坝段内。重力坝常将垂线设在坝体竖井或宽缝内，拱坝则布置在专门的井管中。通常采用一点支承多点监测的装置，用坐标仪进行监测，如图 15-3 (a) 所示。

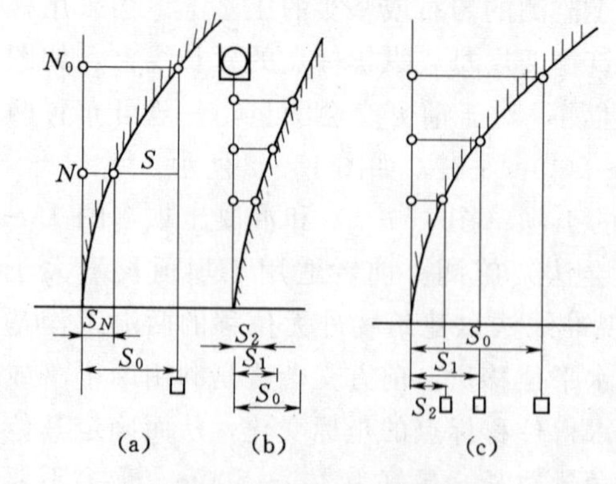

图 15-3　垂线监测方式

(a) 多点监测站法正垂线；(b) 多点监测站法倒垂线；(c) 多点支承点法正垂线

垂线法是实现坝体水平位移及挠度监测自动化的较好方法，垂线有正、倒垂之分，其测点的测值都是相对锚固点（或是悬挂点）的相对值，在垂线设计时首先要使垂线满足规范要求，同时要选择良好的监测仪器。选用人工监测设备时应尽量选

择简单可靠、最好是固定安装在测点上的设备，这种设备免去了每次安装对中的误差，也不易产生系统误差。采用自动化监测精度通常都高于人工监测，目前国产步进式遥测垂线坐标仪的综合精度均在 0.1mm 以上。但为了确保监测数据不致漏失，以及必要时进行校测，通常与自动化监测设备并行布置一套人工监测设备。

倒垂线法：利用液箱中液体对浮子的浮力，将锚固在基岩深处的不锈钢丝拉紧，使之成为铅垂线，以此垂线测定建筑物位移标点的水平位移。由于垂线下端固定于基岩，所以用此法（当基岩本身无变位时）可量测各标点的绝对水平位移量。

引张线法：引张线设在坝体不同高程的廊道内，端点最好位于坝外山头上，中间拉一不锈钢丝或碳纤维细丝作为基准线。测点埋设在坝体上，随坝体变形而移动。用读数显微镜或两用引张线仪监测测点的位移。引张线法监测水平位移监测自动化必须首先保证引张线安装满足规范要求，即线体张力和自由度必须得到保证，为此安装时应进行精度和复位试验，其次就是选择实用可靠的引张线仪。

土坝内水平位移常用的测量仪器有测斜仪、引张线式位移计、电位器式位移计（即 TS 型位移计）、钢弦式位移计等。

测斜仪多用于测量土石坝的水平位移，其工作原理是测量测斜管轴线与铅直垂线之间夹角的变化量，进而计算出土层各点的水平位移大小。在坝体内埋设一铅直、有互成 90°四个导槽的管子（图 15－4），当管子受力发生变形时，逐段（通常 50cm 一个测点）量测变形后管子的轴线与铅直线的夹角 θ_i，并按测点的分段长度，分别求出水平位移增量，累加得各个测点的实际水平位移大小（图 15－4），其计算公式为

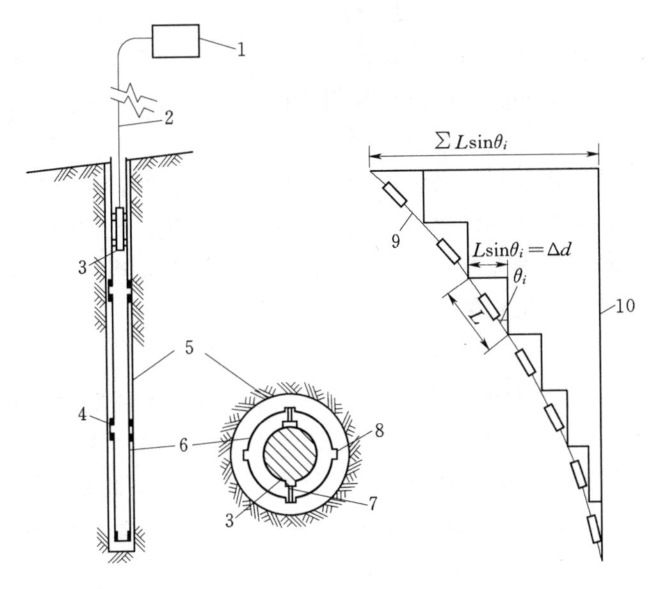

图 15－4 测斜仪工作原理示意图

1—接收仪表；2—电缆；3—探头；4—连接管；5—钻孔；6—测斜管；7—导向轮；8—导向槽；9—管移动后位置线；10—管初始位置线

$$\delta = \sum_{i=1}^{n} L \sin\theta_i \tag{15-1}$$

式中：δ 为自固定点的管底端以上任一点上下游方向或坝轴线方向的水平位移，mm；L 为量测点的分段长度，通常采用 500mm；θ_i 为量测管轴线与铅垂线的夹角。

测斜仪中的测斜管同时可兼作电磁式沉陷仪的测量管。

引张线式位移计一般设在坝体最大断面和靠近坝顶部左右岸区，分别沿上下游方向和沿坝轴线方向布设。其工作原理是在测点高程水平铺设经防锈处理的钢管，或硬质高强度塑料管，从各测点引出线膨胀系数很小的铟瓦合金钢丝至观测房固定标点，经过导向滑轮，在其终端系一重锤或砝码。测点移动时，带动钢丝移动，在固定标点处用游标卡尺量出钢丝的相对位移，即可算出测点的水平位移量。测点的位移大小等于某时刻读数与初始读数之差，加上相应的观测房内固定标点的位移量。观测房内固定标点的水平位移，由坝两端的视准线测出。

电位器式位移计（即 TS 型位移计）通常埋设在坝体与两岸连接处，测量拉伸位移、剪切位移以及不同材料分区之间、坝体与混凝土建筑物连接处的相对位移。电位器式位移计的工作原理是将电位器内可自由伸缩的铟瓦合金钢杆的一端固定在位移计的一个端点上，电位器固定在位移计的另一个端点上，两端产生相对位移时，伸缩杆在电位器内滑动，不同的位移量产生不同电位器移动臂的电压，用数字电压表测其电压变化，从而换算出位移量，换算公式为

$$d_i = \frac{C}{V_0}(V_i - C'V_0) \tag{15-2}$$

$$d_t = d_i - d_0 \tag{15-3}$$

式中：C、C'为位移计常数（由厂家给出）；V_0 为工作电压；V_i 为实测电压；d_0 为 t_0 时刻位移计的初读数，mm；d_i 为 t 时刻位移计的读数，mm；d_t 为 t 时刻土体实际位移，mm。

钢弦式位移计的工作原理是当位移计两端伸长或压缩时，位移计内的弹簧使其传感器钢弦处于张拉和松弛状态，此时钢弦的频率产生变化，受拉时频率增高，受压时频率降低，位移与频率的平方差之间是一线性关系。因此，当测出位移后的钢弦频率时，即可按下式计算土体位移量：

$$d_t = K_s(f_0^2 - f_i^2) \tag{15-4}$$

式中：d_t 为土体在某时刻的位移量，mm；K_s 为仪器灵敏度系数，mm/Hz^2；f_0 为位移为零时钢弦的频率，Hz；f_i 为相应 d_t 位移时刻的钢弦频率，Hz。

（2）铅直位移监测。混凝土坝的铅直位移常采用精密水准测量或精密连通管方法测量，精密水准方法可用于实现廊道内沉降位移监测自动化。土坝的铅直位移（沉陷）可用水准仪测量。

真空激光准直方法具有同时测量水平和沉降的优点，但也存在真空度难以保证、一个波带板翻转机构失灵影响全部测点测量等不足。

（3）土坝固结监测。土坝固结监测的目的在于了解土坝在施工期和运用期各层土体和地基的固结情况。用于固结监测的设备一般有横梁式固结管、深式标点组、电磁

式沉降计和水管式沉降计等。通过测量各测点的高程变化计算固结量。

横梁式固结管一般布置在原河床、最大坝高、合龙段以及进行过固结计算的剖面内。横梁式固结管主要由管座、带横梁的细管和中间套管三部分组成。每次观测时先用水准仪测出管口高程，再用测沉器或测沉棒，自上而下依次测定管内各细管下口至管顶距离，即可换算出各测点的高程。

深式标点组由埋在坝内不同高程的两个或两个以上的深式标点组成，用精密水准仪测得标杆顶点高程的变化。

电磁式沉降计是用装有舌簧开关的测头和施工期埋设的永磁铁（亦称沉降环）测量固结量。永磁铁随土体固结而沉降，当测点穿过永磁铁时产生电磁感应，据此量测沉降环至管顶的距离。

水管式沉降计由埋设在坝体内的密封传感器（测点）和连接到测读室的连通管组成，利用管内充水或充水银或充气测算传感器高程的变化。

（4）混凝土建筑物的伸缩缝监测。混凝土建筑物的伸缩缝开合与混凝土的温度、库水位、水温、气温等因素有关。可在最大坝高、地质情况复杂或进行应力应变监测坝段的伸缩缝上布置测点。测点安设在坝顶、下游坝面和廊道内。伸缩缝监测是在测点处埋设金属标点或差动电阻式测缝计，当需监测伸缩缝的空间变化时，可埋设三向标点，其中两点在裂缝的同一侧，其连线与裂缝大致平行，第三点在裂缝的另一侧与前两点构成边长大致相等的三角形；也可埋设型板式三向标点。

（5）裂缝监测。裂缝监测是指对大坝等水工建筑物在不利影响因素作用下产生的裂缝长度、宽度、深度以及条数、分布等进行量测和分析，以研究裂缝成因，了解变化规律，判别裂缝性质，预测发展趋势，寻求合理的处理措施。对较大的混凝土坝裂缝，一般采用测缝计、金属标点或固定千分表等仪器量测。缝深可采用超声波探伤仪探测或从表面向深部斜向钻孔进行压水试验。

土坝常在缝两侧打木桩，木桩顶部钉圆钉量测缝宽变化。深度和内部裂缝一般采用坑探、槽探、钻孔和井探等方法监测。探查前灌入石灰水以显示裂缝痕迹。对微小无一定规律的裂缝需对分布位置、条数、是否漏水等情况用绘制分布图和详细文字说明来描述。

2. 渗流监测

渗流监测是大坝安全监测的重要项目，土石坝渗流监测包括浸润线、渗流量、绕坝渗流、坝基渗透压力、坝体孔隙水压力和渗透水浑浊度等的监测。混凝土坝渗流监测包括坝基和坝体扬压力、坝基和坝体渗漏量、绕坝渗流和地下水位监测。

（1）土工建筑物的渗流监测。土坝的渗流监测项目中，除渗流量用量水堰或体积法监测，渗透水浑浊度用透明度管监测外，其他都采用孔隙水压力仪监测。

1）浸润线监测。浸润线监测可采用测压管法和埋设渗压计法。测压管法具有可进行人工比测、仪器更换方便等优点，但是也有容易出现泥沙淤积、孔口破坏和测值滞后等缺点。因此在进行具体设计时要根据渗流特征和仪器情况进行确定。

监测断面应根据工程的重要性、土坝的规模、结构型式、施工方法以及地质情况等因素而定，布置在最重要、最有代表性而且能控制主要渗流情况和估计可能发生问题的地方，如最大坝高处、原河床段、合龙段以及地质条件复杂处。每一断面的孔隙水压力仪的位置和数目，应考虑到土坝断面的大小、坝型结构、坝体与坝基接触轮廓线地质条件、设计浸润线位置以及模型试验成果等因素，尽可能反映出铺盖、斜墙、心墙、截水墙、反滤层和土坝其他部位的工作情况，并以能掌握浸润线的形状及其变化为原则，一般不少于3根。图15-5为窄心墙坝测点（竣工后埋设）布置示意图。

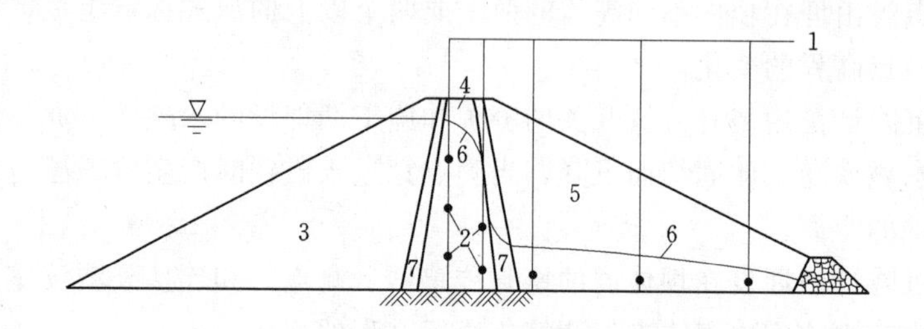

图15-5　窄心墙坝测点（竣工后埋设）布置示意图

1—监测垂线；2—测点；3—上游坝壳；4—心墙；5—下游坝壳；6—浸润线；7—上下游反滤层

2）渗流量监测。渗流量监测是综合评价大坝安全最有效的方式之一，一般可以采用容积法、量水堰法或测流速法进行测量，视渗流量和渗流汇集条件选用。容积法适用于量测渗流量小于1L/s的情况；量水堰法适用于量测渗流量为1～300L/s的情况；当流量大于300L/s或受落差限制不能设量水堰时，可以将渗流水引入排水沟，采用测流速法进行测量。目前针对廊道内的单管流量计已经研制成功，可以实现自动化测量，对于坝外可以通过测量堰上水头或流速的方法实现流量测量的自动化。

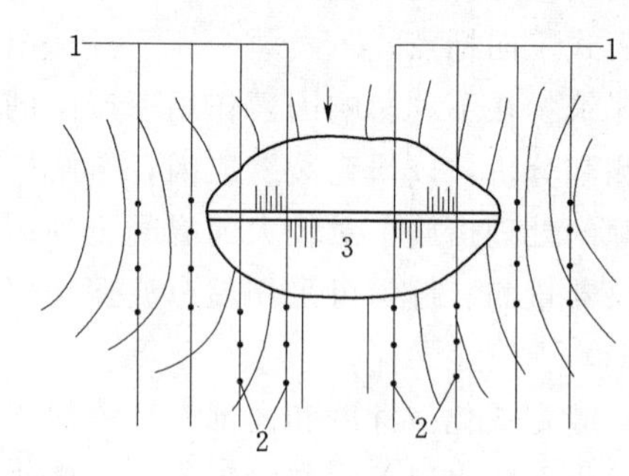

图15-6　绕流测压管平面布置示意图

1—监测断面；2—钻孔；3—均质坝（平面）

3）绕坝渗流监测。包括土坝两岸或连接混凝土建筑物的土坝坝体的浸润面和渗流量监测，如图15-6所示。

绕渗流量监测与前述渗流量监测方法相同。

4）坝基渗压监测。为了及时了解坝基渗透压力的大小及其分布情况，检验管涌、流土和不同土质接触面等处发生渗透破坏的可能性，判断土石坝的防渗状态和排水设施的工作效能，应在坝基内适当位置布设监测仪器（图15-7），监测坝基渗透水压力的变化情况。

土石坝的渗流压力可以选用测压管或埋设振弦式孔隙水压力计方法测量，但必须满足如下条件：作用水头小于20m的坝、渗透系数大于或等于10^{-4}cm/s的土中、渗压力变幅小的部位、监视防渗体裂

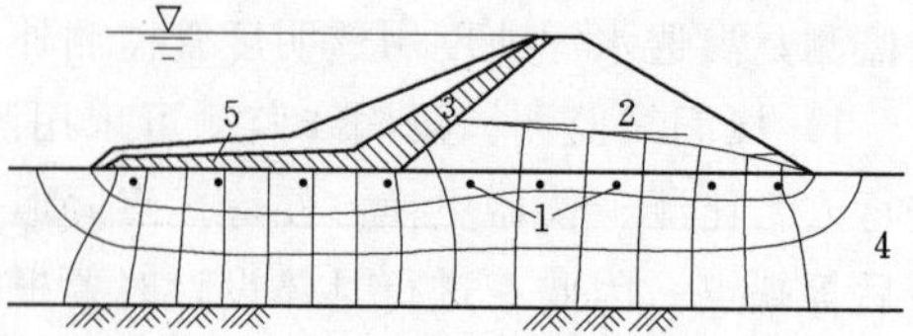

图15-7　铺盖防渗斜墙坝测点布置示意图

1—测点；2—坝体；3—斜墙；4—坝基；5—铺盖

缝等，宜采用测压管；作用水头大于 20m 的坝、渗透系数小于 10^{-4}cm/s 的土中、监测不稳定渗流过程以及不适宜埋设测压管的部位（如铺盖或斜墙底部、接触面等），宜采用振弦式孔隙水压力计，其量程应与测点实有压力相适应。

5）土坝孔隙水压力监测。孔隙水压力的监测断面一般布置在原河床、最大坝高和合龙段，应与固结监测及土压力监测相结合。在每个横断面上布置几排测点，排与排间距为 5～10m，每排测点间距为 10～15m，并以能绘出孔隙压力等值线为准（图 15-8）。

孔隙水压力监测设备有水管式、测压管式、电阻应变式和钢弦式四种类型。水管式及测压管式具有设备费用低廉，测读精度高，使用耐久等优点；电阻应变式测读灵敏，埋设时施工干扰小，但受外界气温影响，电源电压不稳，承压设备易于失效，耐久性差；钢弦式孔隙水压力仪性能稳定，测读灵敏，精度较高。

孔隙水压力监测成果可绘成如下曲线：

a. 土坝孔隙水压力过程线，如图 15-9 所示。

b. 孔隙水压力等值线，如图 15-10 所示。

c. 孔隙水压力与荷载的关系曲线。

d. 库水位与孔隙水压力水头过程线，如图 15-11 所示。

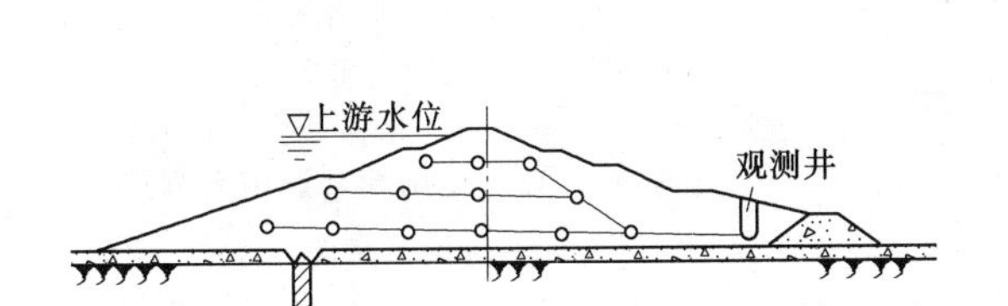

图 15-8 土坝孔隙水压力测点布置示意图

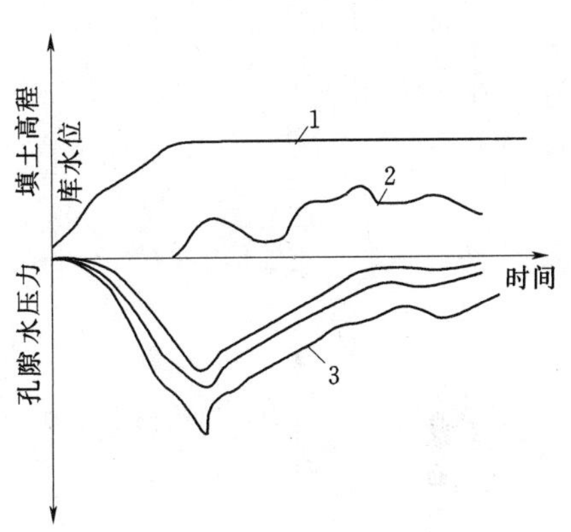

图 15-9 孔隙水压力过程线

1—填土高程过程线；2—上游水位过程线；3—测点孔隙水压力过程线

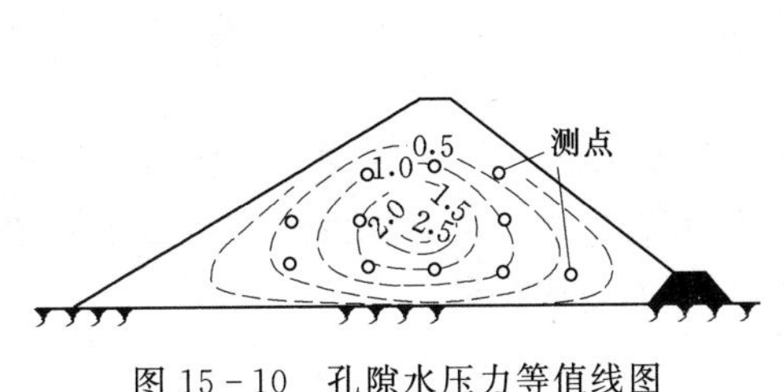

图 15-10 孔隙水压力等值线图

（单位：N/cm²）

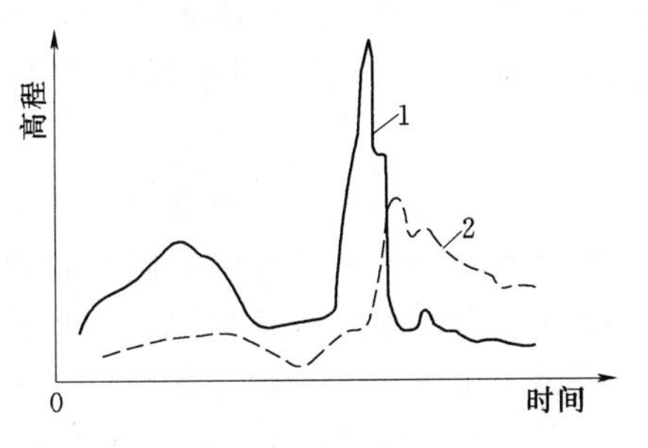

图 15-11 库水位与孔隙水压力水头过程线

1—库水位过程线；2—孔隙水压力水头过程线

6）渗水透明度监测。为了判断排水设备的工作情况是否正常，检验有无发生管涌的征兆，对土坝坝体和坝基的渗水应进行透明度监测。

监测方法是：用一根直径为3cm，高为35cm的平底透明玻璃管，管壁刻有厘米刻度，下部设一控制阀门；将渗水取样注入，在距管底4cm处，放一张印有5号铅字字体纸，从管顶透过水样向下看，若能看清，说明渗水透明度在30cm以上；若看不清，将阀门打开放水直到看清为止，此时管壁上的水量刻度即为透明度。透明度大于30cm为清水；小于30cm时，说明渗水中含泥或其他杂质。从透明度与含泥量关系曲线上（预先试验率定）查出渗透水中的含泥量，分析和判别会否发生渗透变形。

（2）混凝土建筑物的渗流监测。

1）坝基扬压力监测通常采用测压管或差动电阻式渗压计进行。测点沿着建筑物与地基接触面布置。对于大中型混凝土建筑物，监测断面不得少于3个。每个断面内测点也不得少于3个。重力坝坝基扬压力测点布置如图15－12所示，水闸闸基扬压力测点布置如图15－13所示。

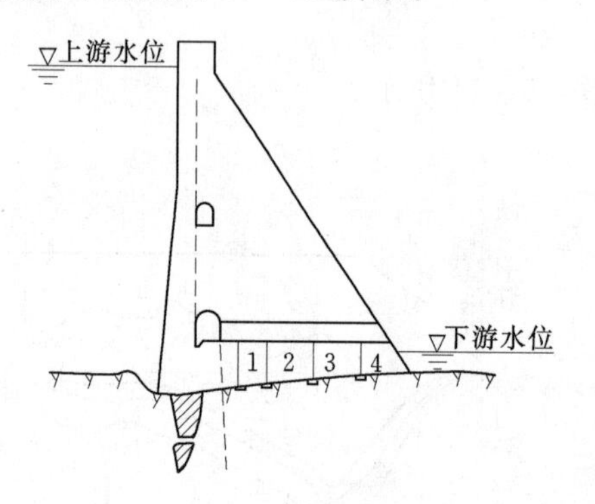

图15－12　重力坝坝基扬压力测点布置示意图

1、2、3、4—测压管

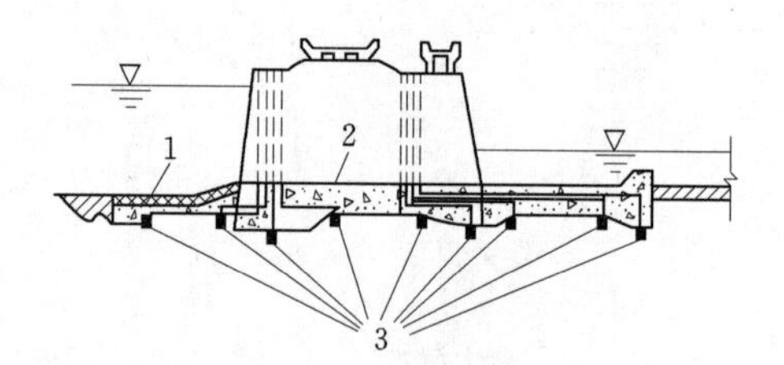

图15－13　水闸闸基扬压力测点布置示意图

1—铺盖；2—底板；3—测压管进水管段

2）渗流量及绕坝渗流监测（见土工建筑物的渗流监测）。

3）混凝土建筑物内部渗透压力监测。混凝土建筑物内部渗透压力一般采用渗压计进行监测。其测点布置通常是在有代表性的坝段内选取若干个水平截面，埋设差动电阻式渗压计。水平截面通常选在混凝土分层施工缝上，最上游的渗压计距上游面的距离须大于20cm，最下游的渗压计距上游坝面的距离可取该截面作用水头的十分之一。

3. 压力（应力）及温度监测

混凝土坝的应力、应变及温度监测包括混凝土的应力和应变、无应力、钢筋应力、钢板应力、坝体和坝基温度、接缝和裂缝开度监测。土石坝的压力（应力）监测包括孔隙水压力、土压力、接触土压力、混凝土面板应力监测。

（1）混凝土坝的应力监测。混凝土坝的应力监测是通过施工期间埋设在坝体内部的应变计进行的。将应变计的信号用电缆引至监测站的集线箱上。监测时用比例电桥测读应变计的电阻和电阻比，算出混凝土在应力、温度、湿度以及化学作用下产生的总应变。同时在测点附近埋设无应力计，监测混凝土的非应力应变（在温度、湿度和化学作用下的变形），从总应变中扣除这部分应变，即为由应力引起的混凝土应变。再通过混凝土徐变资料及弹性模量等，将应变换算成应力。对于只需要监测压应力，而且方向明确的可直接采用应力计监测。

无应力计与应力应变计的工作原理相同，应力应变计是监测建筑物在外荷载作用下的应力应变值，而无应力计则是监测混凝土在温度、湿度或化学作用下的应力应变值，它通过一双层锥体将两者分开，锥体内测值即为非应力应变。双层锥体内的混凝土应在浇筑仓内填充，且必须当仓内混凝土浇筑至无应力计高程时填充，锥筒内应剔除大于 8cm 的骨料。

根据应力监测成果可以了解混凝土坝在不同工作条件下内部应力的分布和变化，判断大坝产生裂缝和破坏的可能性，提高工程的经济性和安全性，为工程加固和改进设计提供资料。

对于重力坝，一般可选择一个溢流坝段和一个非溢流坝段作为监测坝段。每个截面上，最少布置 5 个测点，如图 15－14 所示。通常埋设五向应变计组，其中四个方向均布置在监测断面上，另一方向则与监测断面垂直。

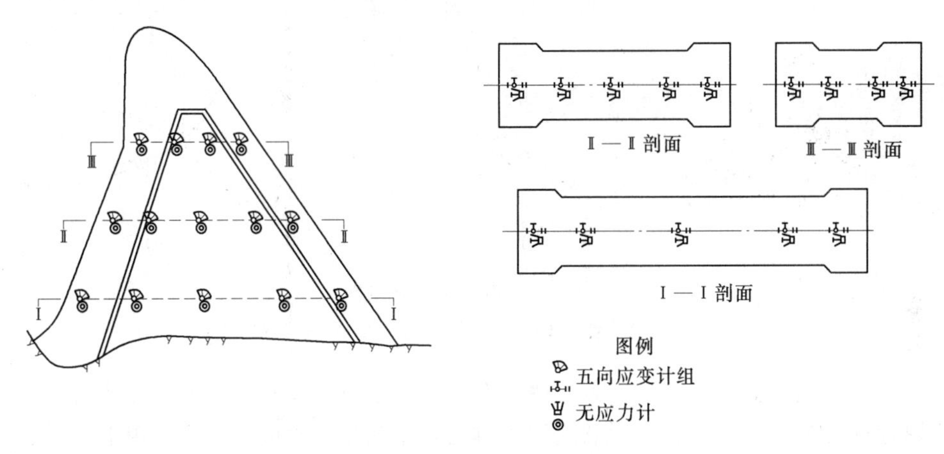

图 15－14　重力坝应力监测测点布置示意图

对于拱坝一般可选择拱冠梁和拱座断面作为监测断面，如图 15－15 所示。拱坝的测点一般安设九向应变计组或五向应变计组。五向应变计组的四个方向布置在悬臂梁断面上，另一个方向垂直于悬臂梁断面。为校核拱弧切线方向的应力，可沿切线方向增设单个应变计。应变计组示意图如图 15－16 所示。

（2）混凝土坝的温度监测。由于目前的设计规范均将强度校检作为设计坝体结构的标准之一，而温度是混凝土坝中应力及裂缝产生的重要因素，因此混凝土坝的内部温度监测，是混凝土坝中重要的监测项目之一，特别是对拉应力区、应力和温度梯度大的地方。温度变化对坝体变形和应力有着重要的影响。其监测设备一般采用电阻式温度计。测点分布应该是越接近坝体表面越密。差动电阻式应力监测仪器的测点可兼做温度测点。在钢管、廊道、宽缝和伸缩缝附近，测点还应适当增加。在监测坝体温度的同时还需配合进行坝体周围的水温、气温、基岩温度等外界因素的监测。

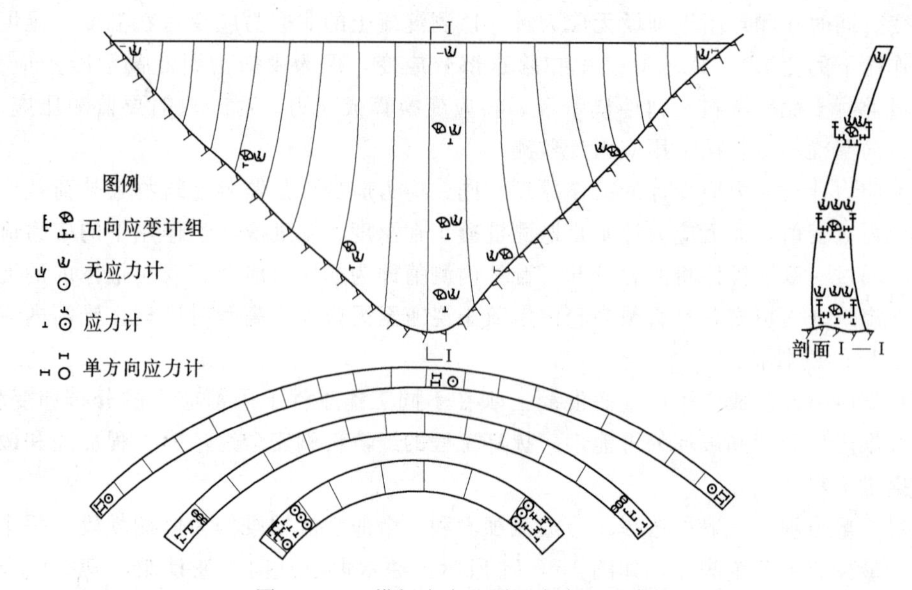

图 15－15　拱坝应力监测测点布置示意图

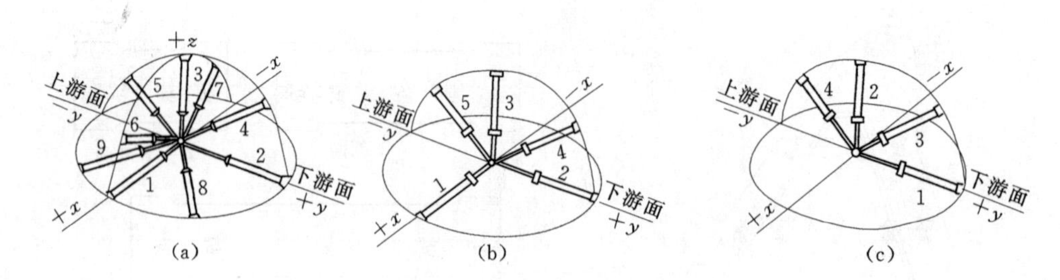

图 15－16　应变计组示意图

(a) 九向应变计组；(b) 五向应变计组；(c) 四向应变计组

（3）土坝应力监测。土坝应力监测一般采用差动电阻式和钢弦式土压力计，前者结构原理同混凝土应变计，后者利用钢弦自振频率变化反映应力大小，用下式计算：

$$\sigma = Kf \tag{15-5}$$

式中：f 为压力作用下频率变化值，即监测频率与仪器起始频率之差；K 为灵敏度系数。

$$K = \sum_{i=1}^{n} P_i \Big/ \sum_{i=1}^{n} (f_i - f_0) \tag{15-6}$$

式中：P_i 为率定时施加的各级压力；f_i 为相应各级压力的频率；f_0 为零压力时的频率。分析监测结果可以了解坝体的受力状态，判断其是否安全。

土坝应力监测一般可选 1～2 个横剖面作为监测剖面，在每个断面上按不同高程布置 2～3 排测点，每排测点可分别布置在心墙内、心墙与坝壳的接触面以及下游坝壳内。仪器应成组埋设（每组 2～3 个），如与孔隙水压力计配合埋设，则可求得各点总应力。测点布置如图 15－17 所示。埋入式土压力计的埋设如图 15－18 所示。

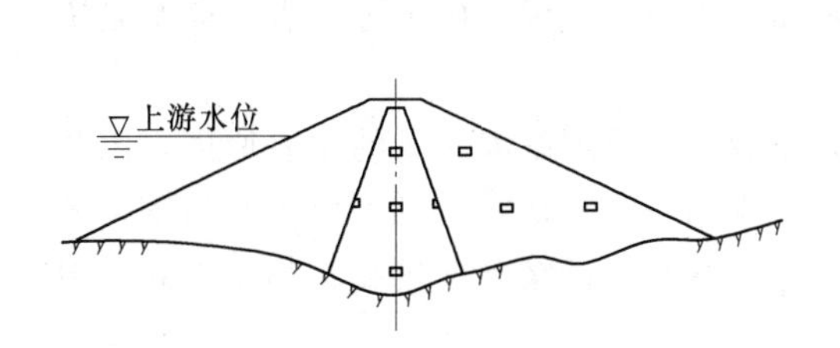

图 15-17　土坝应力测点布置示意图

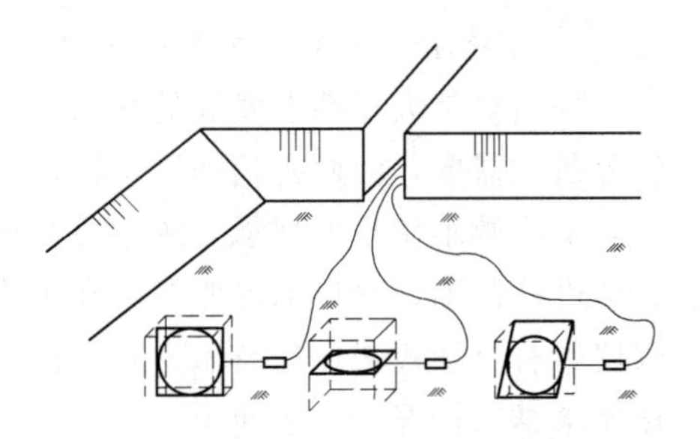

图 15-18　埋入式土压力计埋设示意图

(4) 混凝土建筑物的接触土压力监测。土体与混凝土接触的部位有：埋设在土坝坝体内的输水管道、水闸的岸墙、翼墙、溢洪道的边墙以及坝前淤积等。在这些部位埋设仪器进行监测，绘出接触土压力过程线和监测断面上的土压力分布图，以了解接触土压力对建筑物的影响。土压力的监测仪器与土坝应力计相同。

4. 水力学监测

对水流形态、水流对建筑物的作用力以及由水流引起的其他现象进行量测，以了解水流的运动规律和消能设备的工作效果，避免发生不利的水流现象。

(1) 水流形态监测。水流形态包括水流平面形态、水跃、水面线及挑射水流等。监测是不定期的，监测时应同时记录上、下游水位、流量、闸门开度和风力、风向等。

水流平面形态监测内容有水流流向，平面回流，局部漩涡，折冲水流，水花翻滚，流速分布及水流对下游河道的影响等。监测范围应自泄水建筑物起，分别向上、下游至水流正常处止。监测方法有目测法、摄影法，有时可辅以浮标法，用经纬仪或平板仪交会测定浮标运行轨迹上的点位。

水跃和水面线监测方法有方格坐标法、水尺组法和活动测锤法。

挑射水流的监测，可先拍摄照片，然后用经纬仪交会测定挑射水流表面点、定出挑射水流形状，再目测水舌内、外缘落水点位置以及冲刷坑的大小等。

(2) 高速水流监测。监测由高速水流引起的振动、脉动压力、负压、进气量以及过水面压力分布等的变化，以了解高速水流对建筑物的影响及其变化规律。

振动监测一般用电测仪或接触式振动仪或振动表量测振幅和频率，分析振动与相关因素的关系，提出减免振动的运行方式和措施。

脉动压力是一种随机荷载，可用电阻式压力脉动感应器和示波仪进行监测，通过均方差、功率谱密度函数、自相关函数和概率密度函数四种特征值表示。

对负压、过水面压力分布采用测压管进行监测，可得到压力分布图。

进气量监测一般采用孔口板、毕托管、热阻丝、风速仪等仪器进行，量测进气量的大小。

这些监测可为研究振动、负压、空化、空蚀及管道不稳定流态提供资料。当发生空蚀时，可用沥青、石膏、橡皮泥等塑性材料充填空蚀空洞，测出空蚀体积。若范围较大，也可用测绘法将空蚀位置、面积作详细记录。

5. 环境量（水文、气象）监测

环境量是大坝性态发展的外因，对环境量（水位、气温、雨量等）进行监测是资料分析的需要，因此必须加以重视。

上下游水位是大坝承受的主要荷载，是形成坝体及坝基渗流场的主要原因，因此必须进行监测。水位测点要布置在水流平稳、水面平缓的地方，以确保监测精度，监测仪器有浮子式水位计及压力式水位计等。浮子式水位计精确度较高、测值直观，但在库水结冰情况下无法使用。

气温及库水温是影响坝体温度场的重要因素，其监测测点布置要根据库区气温及库水温分布特点确定，监测仪器对于气温可选铂电阻温度计，当温度变化不太剧烈时可选用铜电阻温度计，一般库水温监测可选用 DW－1 型铜电阻温度计。

降雨量是影响大坝（特别是土石坝）及坝体周围渗流场的主要原因之一，降雨还有可能导致坝外测压管水位升高，同时高强度降雨将会形成地表径流，破坏坝面结构，造成（土石坝）坝体局部失稳，因此必须加以监测，降雨量监测可选翻斗式雨量计进行监测。

四、监测资料分析的数学模型

监测资料分析方法有比较法、作图法、特征值统计法及数学模型法。就监测资料分析方法而言，比较法、作图法、特征值统计法相对简单，数学模型法应用较多，学者们提出了许多有价值的模型来建立效应量（如位移、扬压力等）与原因量（如库水位、气温等）之间的定量关系。数学模型分为统计模型、确定性模型及混合模型。有较长时间的观测资料时，一般常用统计模型；当有条件求出效应量与原因量之间的确定关系时，亦可采用混合模型或确定性模型。近年来，随着人工智能和机器学习的进展，神经网络、灰色系统、模糊数学、支持向量机等方法相继在大坝安全监测模型分析中得到应用，小波去噪、形态滤波等相继在大坝测值噪声处理方面得到应用，层次分析法、集对分析、模糊综合评价等不确定分析方法相继在大坝安全综合评价中得到应用。

（一）统计模型

大坝监测效应量有位移、应力、裂缝开度、渗压等，它们是各种环境量作用下综合反应的结果。其数值取决于坝体的几何尺寸、材料的物理力学性能和外界荷载变化情况。为了解各自变量的作用结果，就要通过数学、力学方法建立它们之间的函数关系式。然而由于大坝本身结构性态和环境因素的复杂性，使得函数关系极其复杂乃至不可能用显式函数来表示，人们只得通过确定性函数法、物理推断法及统计相关法来推求因变量的表达形式。然后再根据多项式拟合的最小二乘法原理定出各自变量项的系数。这就是常说的数理统计模型。

建立数理统计模型的关键是选择影响效应量的因素（因子）及其数学表达式。目前常用的分析方法是根据坝工理论，利用确定性函数考察因子形式；用物理推断法判断因子组成及其形式；用统计相关法检查因子及其拟合程度。下面以混凝土重力坝水平位移为例，说明建立统计模型时，其因子选择及表达形式的基本原理和方法。

引起坝体变形的因素有水压力、扬压力、泥沙压力等荷载作用，还有温度变化以及混凝土的徐变、坝体裂缝和坝基软弱构造在外荷载作用下的塑性压缩（俗称时间效应，简称时效）等，因而大坝的任一点位移可表示成

$$\delta = \delta_H + \delta_T + \delta_\theta \tag{15-7}$$

式中：δ_H 为水压荷载作用引起的坝体变形分量；δ_T 为温度变化引起的坝体变形分量；δ_θ 为时效影响产生的坝体变形分量。

1. 水压分量 δ_H 的数学表达式

水压荷载作用引起的坝体变形分量 δ_H 由三部分组成（图 15-19）：静水压力作用在坝体上产生的内力使坝体变形而引起的位移 δ_{1H}；在地基面上产生的内力使地基变形而引起的位移 δ_{2H}；库水重作用使地基面转动所引起的位移 δ_{3H}，即

$$\delta_H = \delta_{1H} + \delta_{2H} + \delta_{3H} \tag{15-8}$$

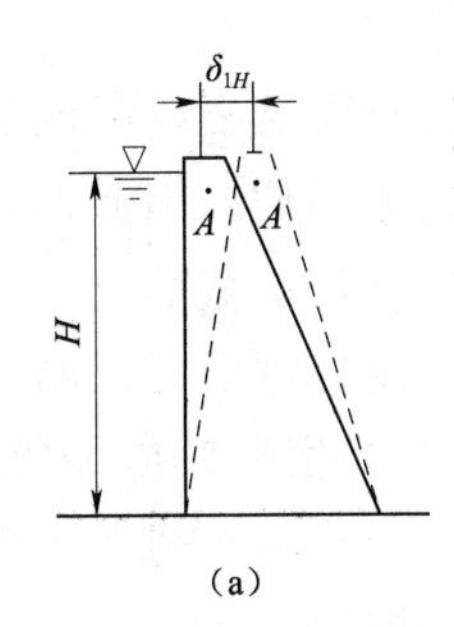

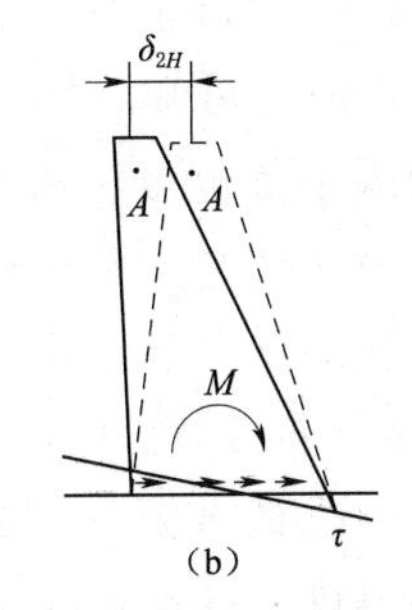

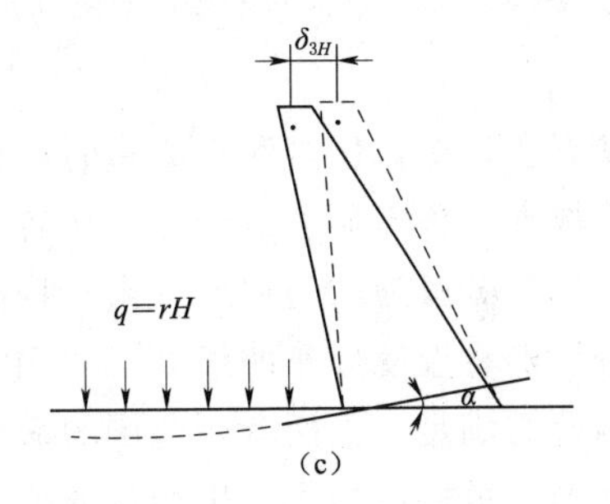

图 15-19　δ_H 的三个分量

根据工程力学，δ_{H1} 可表达为

$$\delta_{H1} = \int_0^H \int_0^H \frac{M(y)}{E_c I(y)} \mathrm{d}y \mathrm{d}y \tag{15-9}$$

$$M(y) = \frac{1}{6}\gamma_0 (H-y)^3$$

式中：γ_0 为水的容重；$I(y)$ 为坝体水平截面的惯性矩。

重力坝水平位移统计模型的水压分量与 H^3、H^2、H 有关，可用下式表示：

$$\delta_H = a_0 + \sum_{i=1}^{3} a_i H^i \tag{15-10}$$

式中：a_i 为待定系数，$i=0$，1，2，3。

一般对于重力坝，i 取为 3。对拱坝或横缝灌浆的重力坝，水压力由水平拱（或梁）与垂直梁共同承担，梁所分配到的水压荷载不是线性分布，故式（15-10）中的 i 取至 4～5。

当坝的下游水位较高且变幅较大时，应考虑其对位移的影响，因子表达式与上游水位引起的位移表示形式相同。

2. 温度分量 δ_T 的数学表达式

坝体在变温场作用下，坝内任一点的形变分量为

$$\varepsilon_x = \varepsilon_y = \alpha T(x, y, t) \tag{15-11}$$

式中：ε_x、ε_y 分别为 x 方向和 y 方向的应变；α 为混凝土的线膨胀系数，一般为

1.0×10^{-6}/℃。

设坝体任一水平截面上的温度分布曲线为 $T(x)$，如图 15-20 所示，则由此产生的变形规律与其相同。据此可求得该截面上温度变化引起的考察点位移。它与变温呈线性变化。当坝体内埋设有众多的温度计时，分别计入各截面对考察点的影响，可求得坝体在变温场作用下考察点总的温度位移分量，即

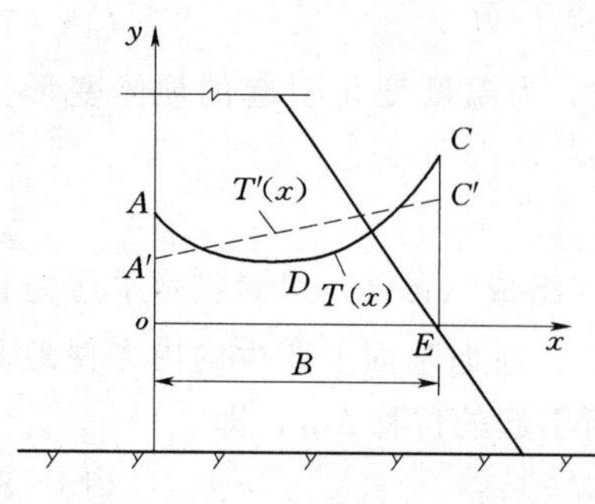

图 15-20　坝体水平截面温度分布

$$\delta_T = \sum_{i=1}^{m} b_i T_i \tag{15-12}$$

式中：T_i 为 i 点温度计的测值；m 为温度计支数；b_i 为待定系数。

由上可知，坝体内温度计布设越密，越能反映真实情况，但当测点太多时，模型的因子数也多，给分析计算带来不便。因此，通常放弃一些不显著的测点，或者用等效温度代替。等效温度是将坝体任一截面上的温度形变分解为均匀伸缩（由平均温度变化引起）和截面转动（由温度梯度引起）两部分，即将温度分布曲线 $T(x)$ 用一线性分布 $T'(x)$ 代替，使两者产生的效应相等。为此需满足：①两者所包围的面积相等；②两者对 oz 轴（垂直于 xoy 面）的面积矩相等。据此可导出产生均匀伸缩的平均温度和使截面转动的温度梯度为

$$\left.\begin{aligned} \overline{T} &= \frac{S}{B} \\ \beta &= \frac{12M - 6SB}{B^3} \end{aligned}\right\} \tag{15-13}$$

式中：M 为 $T(x)$ 对 oz 轴的面积矩；B 为截面宽度；S 为 $AoEC$ 所包围的面积。

这样可将任一水平截面上多个温度计测值用两个因子表示，因此

$$\delta_T = \sum b_{1i}\overline{T}_i + \sum b_{2i}\beta_i \tag{15-14}$$

式中：$\overline{T}_i$ 为 i 层的平均温度；β_i 为 i 层上的温度梯度。

如果温度资料不全，则视坝内温度呈周期性变化，此时温度分量用周期函数逼近，即

$$\delta_T = b_1\sin S + b_2\cos S + b_3\sin S\cos S \tag{15-15}$$

$$S = \frac{2\pi t}{365}$$

式中：t 为当年 1 月起至监测日的天数；b_1、b_2、b_3 为待定系数。

3. 时效分量 δ_θ 的数学表达式

时效分量的变化形态是评价效应量正常与否的重要依据。对于异常变化需及早查明原因。混凝土坝的时效分量是由坝体和基岩的徐变、塑性变形以及地质构造的压缩变形引起的。其变化规律为初期变化剧烈，后期变化稳定。随着外界荷载的不断变化，徐变的变化速率不同，卸荷时还会产生部分恢复，因此当加荷卸荷近似呈周期性变化时，时效分量应计入该部分的影响。因此时效分量的因子表达式为

$$\delta_\theta=\delta_c+\sum_{i=1}^{2}\left(C_i\sin\frac{2\pi i\theta}{365}+K_i\cos\frac{2\pi i\theta}{365}\right) \tag{15-16}$$

式中的第一项为时效分量的基本部分；第二项为附加部分，当外载变化不大时，可不计入该部分的影响。

时效分量的基本部分可视各坝的地质、坝型、混凝土质量等条件选择指数型、双曲线型或对数型，当选择指数型时

$$\delta_c=C_1(1-e^{-C_2\theta}) \tag{15-17}$$

当选择双曲线型时

$$\delta_c=\frac{C_1\theta}{C_2+\theta} \tag{15-18}$$

当选择对数型时

$$\delta_c=C_1\theta+C_2\ln\theta \tag{15-19}$$

式中：C_1、C_2 分别为相应的时效参数；θ 为监测日至始测日的累计天数除以 100，每增加一天，θ 增加 0.01。

综上可知，混凝土重力坝水平位移的统计模型为

$$\delta=a_0+\sum_{i=1}^{3}a_iH^i+\delta_T+\delta_C+\sum_{i=1}^{2}\left(C_{3i}\sin\frac{3\pi i\theta}{365}+C_{4i}\cos\frac{2\pi i\theta}{365}\right) \tag{15-20}$$

式中：各符号的含义同前。根据工程的具体情况 δ_T 可选用式（15-12）或式（15-14）或式（15-15）；δ_C 在式（15-17）～式（15-19）中选用。

根据原型监测资料，在获取模型参数时候，采用回归分析法，通过复相关系数选取最大相关因子，采用最小二乘方法确定式（15-20）中各项的系数。

（二）确定性模型

统计模型中的因子选择及其表达形式是根据坝工理论，利用确定性函数法、物理推断法及统计相关法确定的，若直接用数学力学方法计算，并与实测值相拟合建立效应量与环境量之间的关系式，称该关系式为确定性模型。仍以混凝土重力坝水平位移为例，用弹性力学或有限元法计算出各种上下游水平力作用下的一系列位移，取水头（或水深）的多次幂函数拟合，得到确定性模型的水压分量；用有限元法计算温度变化产生的一系列位移，取等效温度的线性函数拟合得到确定性模型的温度分量；时效分量用徐变公式计算。从而得到相应于式（15-7）各分量的确定性模型表达式

$$\begin{aligned}\delta=&X\sum a_i(H^i-H_0^i)+\sum_{i=1}^{m}Y_{1i}b_{1i}(\overline{T}_i-\overline{T}_{i0})+\sum_{i=1}^{m}Y_{2i}b_{2i}(\beta_i-\beta_0)\\&+Z[C_1(\theta-\theta_0)+C_2(\ln\theta-\ln\theta_0)]\end{aligned} \tag{15-21}$$

式中：H、H_0 分别为观测日和仪器安设日的库水深；$\overline{T}_i$、$\overline{T}_{i0}$、β_i、β_{i0} 分别为 i 截面观测日和仪器安设日的混凝土平均温度和温度梯度；θ、θ_0 为观测日至蓄水期和仪器安设期的时间（天数）；a_i 为水压分量有限元计算值的拟合系数；b_{1i}、b_{2i} 为单位

等效温度作用下的位移值，称为温度载常量；C_1、C_2 为时效分量的拟合系数；X、Y_{1i}、Y_{2i}、Z 分别为水压分量、温度分量和时效分量的调整系数。

根据多项式最小二乘法拟合原理，可确定式（15-21）中的各参数。

（三）混合模型

混合模型介于统计模型和确定性模型之间，它的一部分因子与其效应量分量的关系式用确定性方法求得，另一部分因子与其效应量分量的关系用统计方法获得。

通常情况下，用弹性力学或有限单元法计算水压分量和温度分量尚较容易，而时效分量则难以用数学力学方法精确计算，故与确定性模型相比混合模型用得较多。

确定性模型和混合模型中的数学力学计算部分都是以坝和坝基的几何尺寸和物理力学参数为依据的，且计算时可以考虑极值荷载和可能不利的荷载组合。因此这两类模型的预报时间较统计模型长，对大坝的工作性态也可从力学概念上加以解释，是其优点。不足之处是计算工作量大，对整体式重力坝、拱坝、支墩坝等空间结构需用空间有限元计算，在遇到坝身有危害性裂缝，坝基有交错的断层、夹层时，还需采用非线性模型，计算将更为复杂。此时统计模型又显示出使用方便、计算工作量省等优点，且能在一定范围内满足工程预报监控要求。

从原理上讲，上述确定性模型和混合模型可用于任何监测效应量的分析，但目前以用于变形最多。

由实测资料建立数学模型并用于大坝等水工建筑物安全监控的分析方法称为正分析。与此对应，由实测资料通过相应理论分析，反求大坝等水工建筑物和地基的材料参数以及某些结构特性，则称之为反演分析。若再综合应用正分析、反演分析的成果，经过逻辑推理和判断，获得某些规律和信息及时反馈到设计施工和运行中去，则可达到优化设计、科学施工和安全运行的目的。这种分析称之为反馈分析。反演分析和反馈分析统称为反分析，已成为大坝安全监控研究的重要课题。

20 世纪 80 年代初期，苏联研究者提出了反演坝体及基岩弹性模量的方法，以克拉斯诺雅尔斯克大坝为例，计算了基础廊道沿底宽共 9 个实测点的沉陷变形，并与实测值相拟合，然后用最小二乘法，求出了基础弹模及体积孔隙率系数表达式。此法在我国也得到了较多的应用。

五、水工建筑物的安全监控及监测信息处理系统

水工建筑物安全监控框图如图 15-21 所示。由框图内容可以看出，引起水工建筑物工作状态出现异常的因素是复杂的，归纳起来可分成两大类：一类是荷载因素，如超过设计标准的大洪水、大地震等，对这一类荷载目前人们还难以控制，只能通过加高加固建筑物来提高设防标准；另一类是非荷载因素，即建筑物的作用荷载未超过设计标准，但由于施工质量不佳，或地质条件过于复杂等因素使建筑物工作状态出现异常，对这一类因素，则首先需进行分析，找出问题的关键所在，再采取相应的对策。由于从分析到采取对策需要一定的时间，这往往是险情不能等待的，故在分析前还应从减小作用荷载来考虑应急措施。对于混凝土坝，水压力是可控制的，可通过降低水位来减小水压力，温度受水位变化影响，虽不能直接控制，但可通过改变库水深来改变温度场的边界条件，从而改变坝体温度场。对土石坝，一般情况亦可通过降低

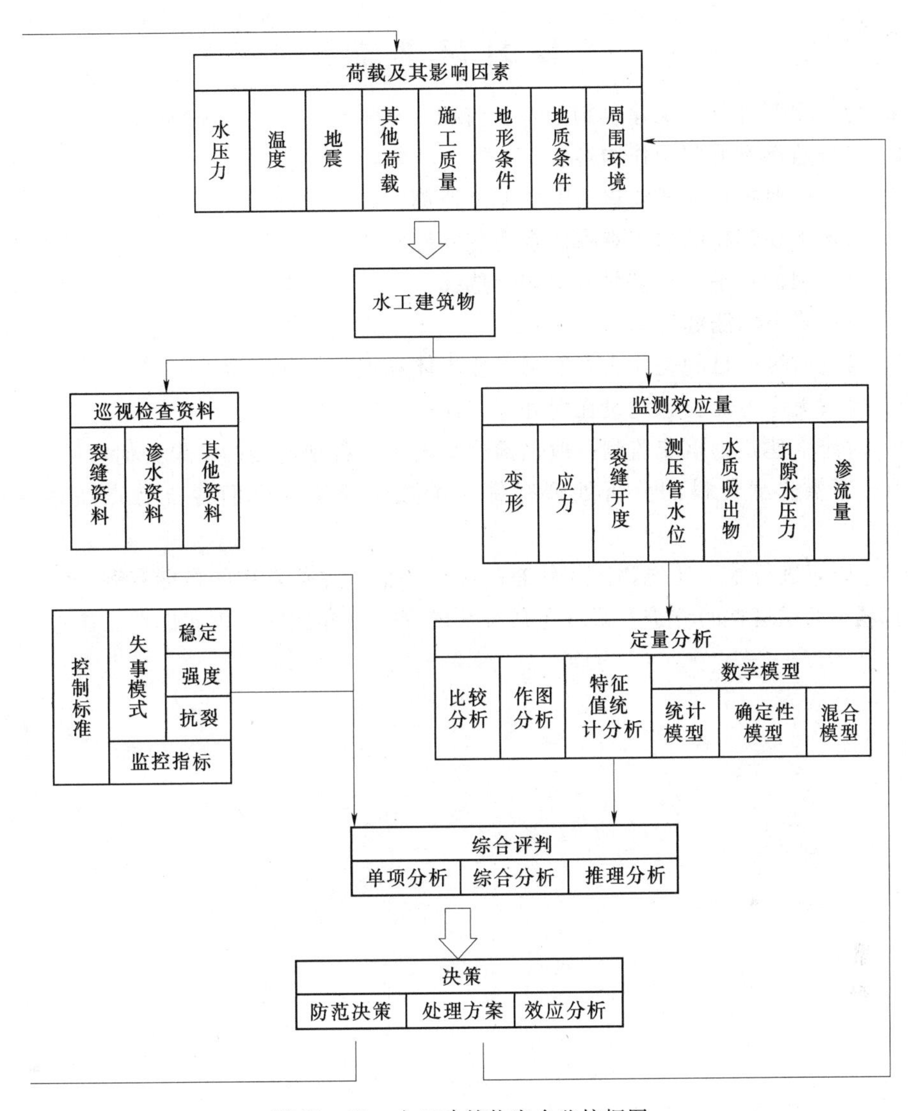

图 15-21 水工建筑物安全监控框图

水位来改变大坝的运行状态，但对上游坝坡失稳，应综合考虑其他工程措施。需要指出：并非所有混凝土坝的水位越低，对坝体结构性态的不利影响就越小，对某些结构特殊的建筑物，当库水位低于某一数值时，对结构的影响反而不利。

通过监测仪器获得的“海量”数据，需用计算机对这些监测信息进行处理。其处理系统可从两个层面考虑：一是信息管理层；二是监控预警层。在信息管理层中，主要任务是对原始的监测资料进行转换、预处理等，进而生成后继计算分析所需的信息，在该层中还可对原始信息、整编信息及生成信息进行查询、添加、删除以及图形绘制及显示，生成打印报表等信息管理工作；监控预警层的主要任务是利用信息管理层中的信息，根据监控模型、监控指标和监控级别对建筑物的运行状态进行分析和评判，从而达到监测信息处理快捷、及时。

复习思考题

1. 为什么要进行水工建筑物的安全监控?

2. 安全监控有哪些工作内容?

3. 为安全监控，一般要进行哪些原型监测?

4. 对水工建筑物的检查观察注意哪些问题?

5. 对大坝的水平位移监测方法如何选择?

6. 型板式三向测缝计如何工作?

7. 渗流监测的目的是什么? 监测点在坝体和坝基如何布置?

8. 何谓无应力计? 它埋设在何处? 如何工作?

9. 对泄水建筑物水流监测一般包括哪些内容? 各项监测的结果为何应用?

10. 原型监测资料的分析处理有哪几种数学模型? 它们各自特点及适用场合如何?

11. 如何进行水工建筑物工作状态的综合评估? 评估常用的指标有哪些?

12. 水工建筑物的养护和修理包括哪些内容? 怎样做好养护和修理工作?

第十六章 水工数字化设计理论与方法简介

随着科学技术的发展，传统的设计方法和工具已很难适应科技快速发展的要求，水工建筑物的设计与计算从三角板、计算尺（器）发展到计算机辅助设计（Computer Aided Design，CAD），近年来进一步发展到了以建筑信息模型（Building Information Modeling，BIM）为代表的现代数字化设计阶段。为了使大家了解、掌握水工数字化设计的相关内容，本章将概述水工 BIM 设计的发展概况、架构体系，并通过 BIM 设计实例介绍 BIM 的设计理论和方法。此外，本章还介绍了数字孪生的基本概念及在水利工程中的应用情况。

第一节　水工数字化设计发展概况

新中国成立以来，我国的水利事业蓬勃发展，先后治理了海河、淮河、黄河等多个流域，水利工作者用计算器加丁字尺等手工计算、画图的方式设计建造了众多的大坝、水闸、泵站、堤防等各种类型的水工建筑物，为国家的防洪、发电、灌溉和航运等方面作出了巨大贡献。

20 世纪 80 年代中期，CAD 技术逐步出现在建设工程领域并广泛应用，极大地提高了设计工作效率和绘图精度，为建设行业的发展起到了巨大作用，也带来了可观的效益。BIM 技术在水利水电工程中的应用始于 2003 年，从 2008 年左右开始尝试应用于部分水电工程项目的厂房和电站设计，逐步从认知发展到广泛应用。

一、CAD/CAE

CAD 在早期是计算机辅助绘图（Computer Aided Drafting）的英文缩写，随着计算机软、硬件技术的发展，人们逐步认识到单纯使用计算机绘图还不能称之为计算机辅助设计。真正的设计是整个产品的设计，它包括产品的构思、功能设计、结构分析、加工制造等。二维工程图设计只是产品设计中的一小部分，于是 CAD 由 Computer Aided Drawing 改为 Computer Aided Design。CAD 也不再仅是辅助绘图，而是整个产品的辅助设计。CAD 是几何图形，并未反映建筑项目本身的信息。

根据模型的不同，CAD 系统一般可分为二维 CAD 和三维 CAD 系统。二维 CAD 系统一般将产品和工程设计图纸看成是“点、线、圆、弧、文本”等几何元素的集合，系统内表达的任何设计都变成了几何图形，所依赖的数学模型是几何模型，系统记录了这些图素的几何特征。二维 CAD 系统一般由图形的输入与编辑、硬件接口、数据接口和二次开发工具等几部分组成。三维 CAD 系统的核心是产品的三维模型。三维模型是在计算机中将产品的实际形状表示成为三维的模型，模型中包括了产品几何结构的有关点、线、面、体的各种信息。三维 CAD 系统的模型包含了更多的实际结构特征，用户在采用三维CAD造型工具进行产品结构设计时，更能反映实际产品的构造或加工制造过程。

计算机辅助工程（Computer Aided Engineering，CAE）简单地讲，就是具备分析、计算、模拟、优化等功能的软件，包括产品设计、工程分析、数据管理、试验、仿真和制造在内的计算机辅助设计和生产的综合系统。当前CAE技术的功能主要有产品的建模、工程分析与仿真。

如上所述，整个产品的设计应包括产品的构思、功能设计、结构分析、加工制造等，CAD仅是CAE、CAM（Computer Aided Manufacturing，计算机辅助制造）和PDM（Product Data Management，产品数据管理）的基础。在CAE中无论是单个零件，还是整机的有限元分析及机构的运动分析，都需要CAD为其造型、装配；在CAM中，则需要CAD进行曲面设计、复杂零件造型和模具设计；而PDM则更需要CAD进行产品装配后的关系及所有零件的明细（材料、件数、重量等）。在CAD中对零件及部件所做的任何改变，都会在CAE、CAM和PDM中有所反应。所以如果CAD开展得不好，CAE、CAM和PDM就很难做好。

在产品开发阶段，应用CAE能有效地对零件和产品进行仿真检测，确定产品和零件的相关技术参数，发现产品缺陷、优化产品设计，并极大降低产品开发成本。在产品维护检修阶段，能分析产品故障原因、分析质量因素等。

CAE的历史比CAD早，电脑的最早期应用事实上是从CAE开始的，包括历史上第一台用于计算炮弹弹道的ENIAC计算机，所做的工作就是CAE。

有限元分析在CAE中运用最广，CAE涵盖的领域包括：使用有限元法（FEM）进行应力分析如结构分析；使用计算流体动力学（CFD）进行热和流体的流动分析，如风-结构相互作用；运动学，如建筑物爆破倾倒历时分析：过程模拟分析，例如日照、人员疏散；产品或过程优化，如施工计划优化；机械事件仿真（MES）等。

目前大多数情况下，CAD作为主要设计工具，CAD图形本身没有或极少包含各类CAE系统所需要的项目模型非几何信息（如材料的物理、力学性能）和外部作用信息，在能够进行计算以前，项目人员必须参照CAD图形使用CAE系统的前处理功能重新建立CAE需要的计算模型和外部作用；在计算完成以后，需要人工根据计算结果用CAD调整设计，然后再进行下一次计算。

由于上述过程工作量大、成本过高且容易出错，因此大部分CAE系统只好被用来对已经确定的设计方案的一种事后计算，然后根据计算结果配备相应的建筑、结构和机电系统，至于这个设计方案的各项指标是否到了最优效果，反而较少有人关心，也就是说，CAE作为决策依据的根本作用并没有得到很好发挥。

二、BIM

BIM以CAD、三维数字技术为基础，集成工程项目的各种相关信息，最终形成工程数据模型，是对工程项目设施实体与功能特性的数字化表达。BIM最初由建筑行业提出，现逐渐拓展到整个工程建设领域。相对于传统的二维设计而言，BIM设计不仅仅是画图手段的改进，而且颠覆了设计的生产组织模式和管理方式，同时对设计质量控制和过程管控都有着深远的影响。通过数据在各个设计专业和流程中的高效传递，让设计师从烦琐的体力劳动中解放出来，实现工程全生命周期信息协同共享和信息化管理，增强工程信息的透明度和可追溯性，提升工程决策、规划、勘测、设计、施工和运行管理水平，保障工程质量和投资效益，促进工程建设行业持续健康发展。

如今 BIM 理念正逐步为我国建筑行业知晓和广泛应用，也产生了重大、深远的影响。这对同属于工程建设领域的水利水电行业，有着极其重要的借鉴和参考意义。水利水电不同于其他设计行业，因其具有涉及面广、工期长、规模大、结构复杂、地质及地形地貌千差万别、与水的作用相关联等特点，使得每个水利水电工程都必须进行全新的设计，可复制性差。要想针对水利水电工程重新开发一款集成三维参数化 CAD/CAE 设计开发的综合平台，由于考虑因素多、结构复杂、荷载工况多变，难度也非常的大。尽管如此，水利水电工程作为我国重要的基础设施和基础产业，为促使其行业逐步向现代信息化方向发展，将 BIM 设计及信息技术应用于水利水电工程是必然趋势。

（一）BIM 软件平台

目前国内外主流的 BIM 软件主要有欧特克（Autodesk）、奔特力（Bentley）、达索（Dassault），它们在行业应用方面有着不同的侧重点：欧特克侧重于建筑，奔特力侧重于基础设施，达索则侧重于制造业。国内水利水电行业也主要基于上述三大软件系统开展 BIM 应用，下面对这三大平台的特点做简单介绍。

1. 欧特克（Autodesk）

欧特克针对建筑工程领域提供了专业的系统平台及完整的、具有针对性的解决方案，覆盖了工程建设行业的众多应用领域，涉及建筑、结构、水暖电、土木工程、地理信息、流程工厂、机械制造等领域。

欧特克针对不同领域的实际需要，特别提供了建筑设计套件、基础设计套件等综合型工具集，以支持企业的协同设计应用流程。其中，面向建筑全生命周期的欧特克解决方案以 AutoCAD Revit 软件为基础；面向基础设施的全生命周期的欧特克解决方案以 AutoCAD Civil 3D 软件为基础。此外，还有一套补充解决方案用以增强协同设计的功能和效果，包括项目虚拟可视化和模拟软件、AutoCAD 文档和专业制图软件以及数据管理和协助系统软件等。其产品解决方案架构如图 16－1 所示。

2. 奔特力（Bentley）

奔特力产品以支持协同工作和数据共享为原则，其综合解决方案集成了用于建筑及基础设施设计的 MicroStation 图形环境、用于项目团体协同工作的 ProjectWise 工程项目管理环境以及用于资产运营管理的 AssetWize 资产信息管理环境。通过专业应用模块的有机组合，形成适用于不同领域的综合解决方案。其产品解决方案架构如图 16－2 所示。

3. 达索（Dassault）

达索为建筑行业提供了全流程 BIM/PLM（Product Lifecycle Management，产品生命周期管理）解决方案，包括：项目协同管理平台 ENOVIA、设计建模平台 CATIA/Digital Project、建筑性能分析平台 SIMULIA（Abaquse）、施工模拟平台 DELMIA

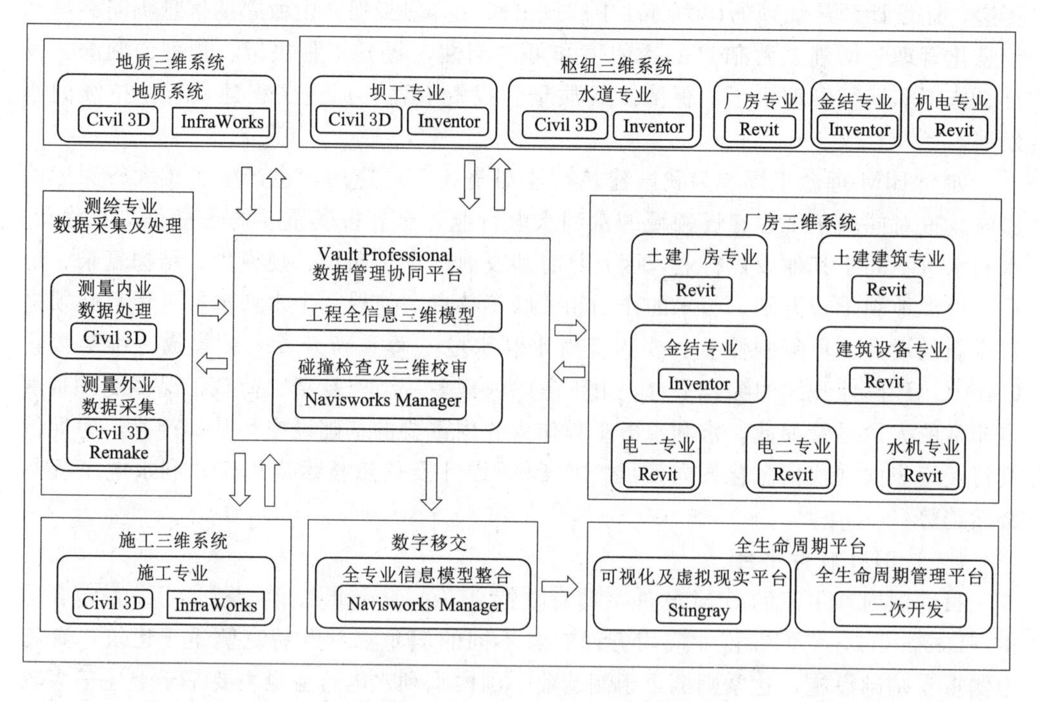

图 16-1　欧特克平台解决方案架构图

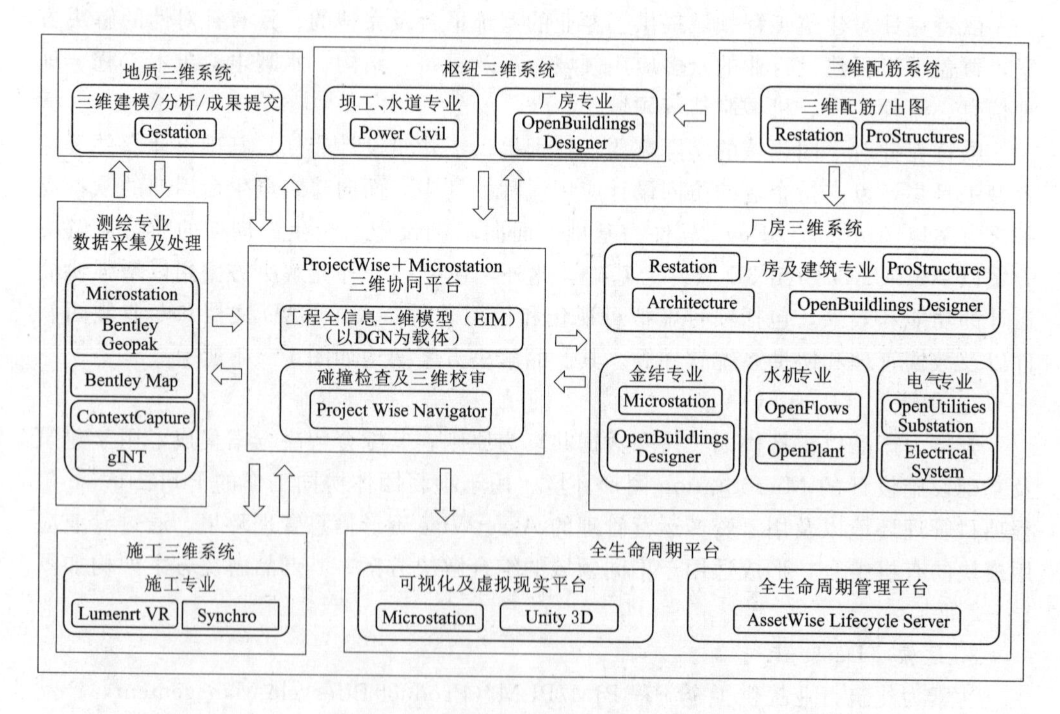

图 16-2　奔特力平台解决方案架构图

和虚拟现实交互平台3DVIA等五大软件平台，涉及建筑行业全生命周期，满足了行业内用户在各个阶段对建筑信息数据处理的要求，其产品解决方案架构如图16-3所示。

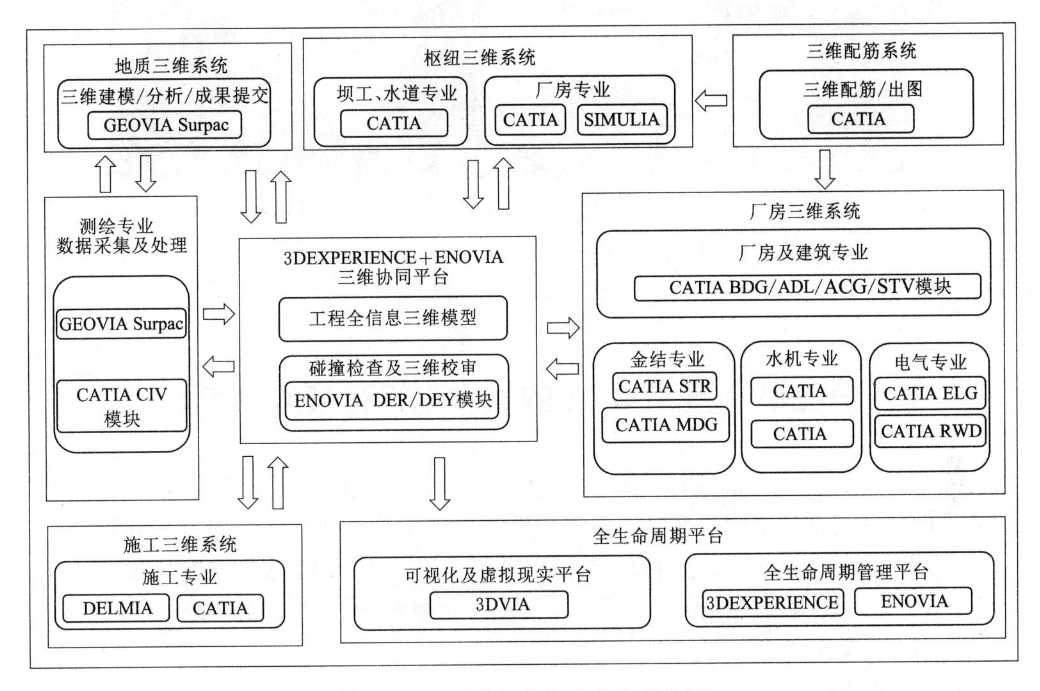

图16-3　达索平台解决方案架构图

（二）BIM应用现状

自2003年首次应用BIM软件进行Mercier水电站设计，开创了水利水电行业三维设计的先河，到目前BIM技术正逐步被推广和应用到水利水电设计的各个阶段，已取得了显著的成绩，并形成了系统的理论体系和标准。各应用单位相继出版了《HydroBIM-厂房数字化设计》（张宗亮主编）、《HydroBIM-水电工程设计施工一体化》（张宗亮主编）、《API开发指南——Autodesk Revit》（宦国胜主编）等水利水电工程信息化BIM丛书。为全面推进水利水电行业的BIM应用，水利水电BIM设计联盟（由中国水利水电勘测设计协会成员组成）于2017年11月颁布《水利水电BIM标准体系》，涉及的水利水电BIM标准共70项，其中《水利水电工程信息模型设计应用标准》（T/CWHIDA 0005—2019）、《水利水电工程信息模型分类和编码标准》（T/CWHIDA 0007—2020）等标准已发布实施。

水利水电工程作为我国重要的基础设施和基础产业，正逐步向现代信息化方向发展，BIM设计及信息技术在水电工程中的应用是必然趋势。在水利水电工程中实现三维CAD/CAE之间的无缝连接，探索工程建设的参数化、智能化、集成化、可视化势在必行。随着BIM标准的逐渐完善和地方性BIM应用政策推动，BIM在水利水电工程中的应用将迈上一个新台阶，上升到一个新高度。图16-4所示为某水电站枢纽三维设计图与工程建成后的航拍对比图。

（a）

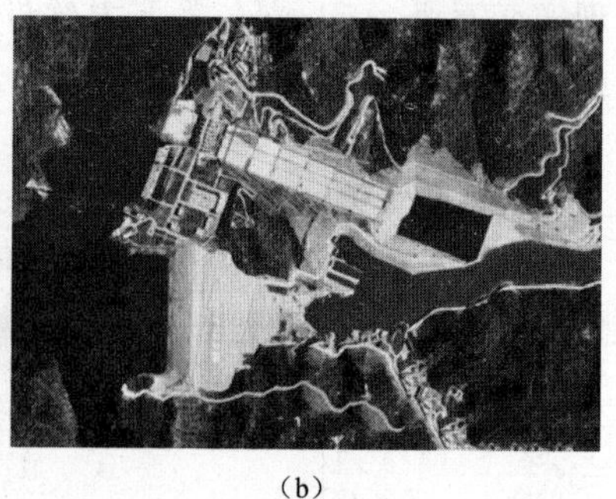

（b）

图 16-4　某水电站枢纽三维设计图与工程建成后的航拍图

（a）三维设计图；（b）工程建成后

第二节　基于 BIM 的数字化设计架构体系

本节概述 BIM 在水利水电领域应用的基本原则、实施要点和实施流程，介绍基于 BIM 的数字化设计架构，并具体说明三维地形、地质、水工、金结、水机、电气、房建等专业模型创建的方法，继而详述 BIM 数字化设计在可视化方案比选、校审、场地分析、施工模拟、碰撞检查、模型出图、工程量统计等方面的应用。

一、BIM 设计

（一）实施的基本原则

水利水电工程开展 BIM 设计需要遵循以下原则：

（1）设计方案全面。水利水电工程 BIM 设计在使用的过程中要先明确整个设计所包含的范围，根据范围规划设计的流程，为后续工作顺利开展提供基础。

（2）数据格式规范。水利水电工程在采用传统方式进行设计时，数据信息主要以纸质文字的方式进行传递，由于传递过程复杂，较易出现信息孤岛，影响整个水利水电工程的质量。因此，在应用 BIM 技术进行设计时，需把各阶段数据传输紧密地连接起来，只有使数据格式规范统一，才能做好数据的传输工作。

（3）模型更新同步。项目实施过程中 BIM 模型和相关成果应及时更新和同步，确保 BIM 模型和相关成果的一致性。

（二）实施要点

1. 制定设计目标

根据工程地点、规模、类型、阶段等进行 BIM 应用需求分析，制定 BIM 实施的具体目标。

2. 成立 BIM 设计团队

在工程实施前应建立 BIM 应用团队，明确专业类别及参与人员分工职责。

3. 搭建协同设计平台

协同设计平台是 BIM 设计的关键，基于协同设计平台，各专业设计数据可在平台上实时交互，所需的设计参数和相关信息可直接从平台上获得，保证了数据的唯一性和及时性，有效避免重复的专业间提资，减少专业间信息传递差错，提高设计效率和质量。各专业数据共享、参照及关联，实现模型更新实时传递，可极大地节约专业间的配合时间和沟通成本。

水利水电工程的 BIM 协同平台宜与互联网技术结合，如创建云平台，实现异地远程协同。应制定协同规则，规范设计流程，实现信息的有效传递。在使用协同工作平台时，应分阶段、分类别、分专业设置模型的权限，保护模型知识产权和信息安全。协同平台中的文件及模型按统一原则命名并应统一存储和管理，确保设计人员依据各自权限从协同平台中获取所需文件。

协同设计服务器上存储的数据是整个 BIM 技术应用的核心，为了更便捷地管理引用模型数据，数据存储的目录结构必须详细划分。首先，根据不同单位和工程项目的具体特点创建项目分类目录；其次，在项目分类目录中建立各个具体工程目录；最后，在具体工程目录中依照应用阶段建立阶段目录。在阶段目录下，划分各主要设计专业的工作文件夹目录。对协同设计平台中的项目文档进行划分，如图 16－5 所示。

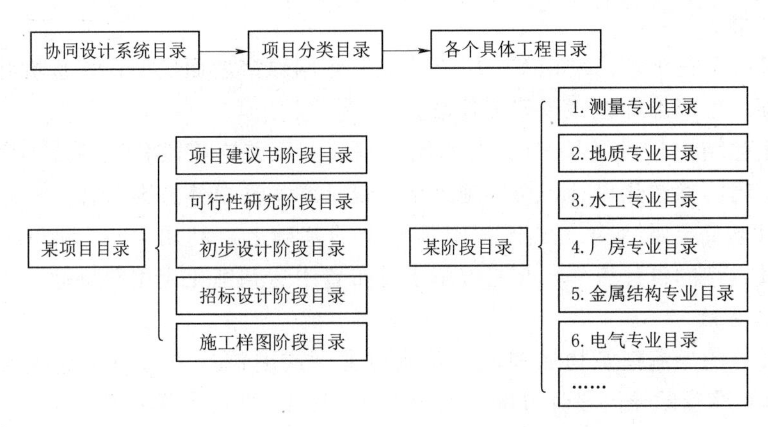

图 16－5　协同平台目录结构示意图

4. BIM 设计策划

编制 BIM 设计工作大纲，包含 BIM 实施的主要内容、实施目标、实施标准（模型单位和坐标、模型划分与命名、模型色彩规定、模型使用的软件）、各组织角色及人员配备、实施流程、项目协调与检查机制、主要成果、成果交付要求等内容。

在实施标准中，模型的划分需要根据项目的特点按照一定的原则进行模型的拆分工作。一般可按照建筑物分布的区域、专业等条件进行划分。第一次划分时可根据 BIM 整体解决方案的框架进行拆分，如地形模型、地质模型、水工模型、厂房模型、施工模型等；第二次划分时可根据具体设计内容进行拆分，如地表模型、地下模型、建筑物模型（如大坝、溢洪道、泄洪洞、水闸、渠道、进水口、隧洞、发电厂房、泵站厂房）等：第三次划分时可根据参与专业的不同设计工作和具体使用的 BIM 软件与功能模块进行拆分，如各专业的开挖设计、体形设计、设备管路布置等。

5. BIM 实施过程控制

BIM 设计的控制计划应明确各专业的 BIM 设计计划节点，确定整体协同设计的工作流程、互提资料交换标准、数据引用顺序等。在项目开展过程中应定期召开BIM设计协调会，检查项目进度，解决BIM应用过程中遇到的问题。

（三）实施流程

本小节以欧特克平台为例，介绍水闸工程BIM设计的实施流程。水闸工程的BIM设计以Civil 3D、Revit、Inventor等软件平台为各专业建模的基础，以Navisworks为模型观测与碰撞检查的工具，以InfraWorks为总布置的可视化和信息化整合平台开展协同设计。

1. 总体规划

Civil 3D具有强大地形处理功能，可实现工程三维枢纽方案布置以及立体施工规划。结合InfraWorks快速直观的建模和分析功能，则可快速规划布设施工场地，有效传递设计意图，并进行多方案比选。

2. 工程建模

工程建模需由水工、房建、机电、金结、施工等专业按照相关规定建立基本模型，并搭装集成。

（1）基础开挖处理。利用Civil 3D建立三角网数字地面模型，在基坑开挖中建立设计开挖面，生成准确施工图和工程量。

（2）土建结构。利用Revit进行水闸闸室、上下游连接段和厂（泵）房的三维建模，实现水闸的参数化设计，协同施工组织设计和实现总体方案布置。

（3）机电及金属结构。在土建BIM模型的基础上，利用Revit和Inventor同时进行机电及金结的设计工作，在三维施工总布置中达到细化应用的目标。

3. 施工导流

按照设计的导流建筑物如围堰、导流河道（或隧洞）进行三维建模设计。利用Civil 3D建立准确的导流设计方案，利用InfraWorks进行可视化设计布置，可实现数据关联与信息管理。

4. 场内交通

在Civil 3D强大的地形处理能力以及道路、边坡等设计功能的支撑下，通过装配模型可快速动态生成道路挖填工作面，并准确计算道路工程量，并通过InfraWorks进行概念化直观显示。

5. 渣场与料场布置

在Civil 3D中，以数字地面模型为参照，可快速实现渣场、料场三维布设，并准确计算工程量，且通过InfraWorks实现直观表达及智能信息管理。

6. 施工工厂

施工工厂模型包含场地模型和工厂三维模型，Inventor可参数化定义复杂的施工机械设备造型，联合Civil 3D可实现准确的施工设施部署，利用InfraWorks则可完成三维布置与信息表达。

7. 场地布置

施工场地布置主要包含场地施工模型和场地建筑模型，其中场地建筑模型可通过Civil 3D进行二维规划，然后导入InfraWorks进行三维信息化和可视化建模，可快速实现施工生产区、生活区等的布置，有效传递设计意图。

8. 施工总布置设计集成

BIM信息化建模过程中将设计信息与设计文件进行同步关联，可实现整体设计模型的碰撞检查、综合校审、漫游浏览与动画输出。其中InfraWorks将信息化与可视化进行整合，不仅提高设计效率和设计质量，而且大大降低不同专业之间协同和交流的成本。

9. 施工总布置

在施工总布置设计中，通过BIM模型的信息化集成，实现工程整体模型的全面信息化和可视化。通过InfraWorks的漫游功能，从水闸到整个施工区，快速全面了解工程建设的整体和细部面貌，并输出高清效果展示图片及漫游制作视频文件。

二、BIM模型创建

BIM模型创建包括三维地形、三维地质、水工建筑物模型、厂房（房屋建筑）模型、机电设备模型、金属结构模型，现分别介绍其创建方法和步骤。

（一）三维地形

测量专业采用机载激光雷达获取地形的点云数据，导入Civil 3D软件中生成地形曲面，与倾斜摄影图像在InfraWorks 360软件内无缝整合。同时创建道路、房屋、水域等真实地物地貌，与设计模型融合打造三维工程实景。淮安一站、二站实景三维模型如图16-6所示。

图16-6　淮安一站、二站实景三维模型

（二）三维地质

将勘探孔地质分层资料导入Civil 3D生成相应的地层曲面模型，通过“从曲面提取实体”工具，在两相邻地层之间生成地层实体模型，并赋予地层材质颜色加以区分，生成三维地质模型、三维钻孔模型，如图16-7所示。

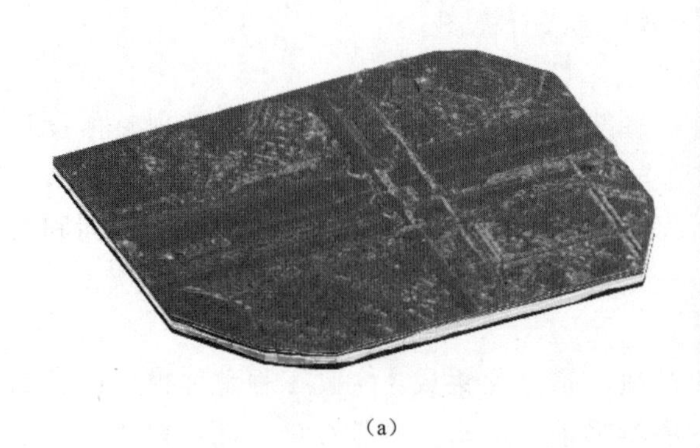
(a)

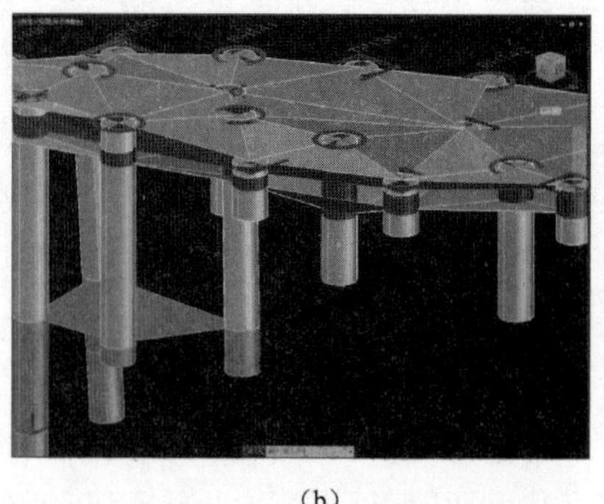
(b)

图 16-7　三维地质及钻孔模型

(a) 三维地质模型；(b) 三维钻孔模型

（三）水工建筑物模型

下面以水闸为例，结合 Autodesk Revit 三维建模平台介绍水闸建模的过程和方法。水闸三维建模的总体思路是在族环境中完成底板、闸墩、工作桥、交通桥连接段翼墙、消力池等构件的模型创建后，到项目环境中进行组装和可视化表达。

1. 欧特克 Autodesk Revit 平台介绍

Autodesk Revit 平台主要分为族工作环境和项目工作环境。

(1) 族工作环境。Revit 中有系统族、可载入族、内建族三种类型。系统族可以创建基本建筑图元，如墙、屋顶、天花板、楼板以及其他在施工场地装配的图元，包含标高、轴网、图纸和视口类型的系统设置，能够影响项目环境的图元也是系统族。可载入族是用于创建建筑构件和一些注释图元的族。它还包含一些常规自定义的注释图元，如符号和标题栏。内建族是需要创建当前项目专有的独特构件时所创建的独特图元，不能被其他项目使用。水工建筑物一般通过载入族创建。

族的创建通过“拉伸”“融合”“旋转”“放样”“放样融合”等建模命令创建简单实体和空心体，再通过简单实体和空心体的“剪切”“合并”等布尔运算实现复杂结构体的创建，Revit 平台族创建命令如图 16-8 所示。

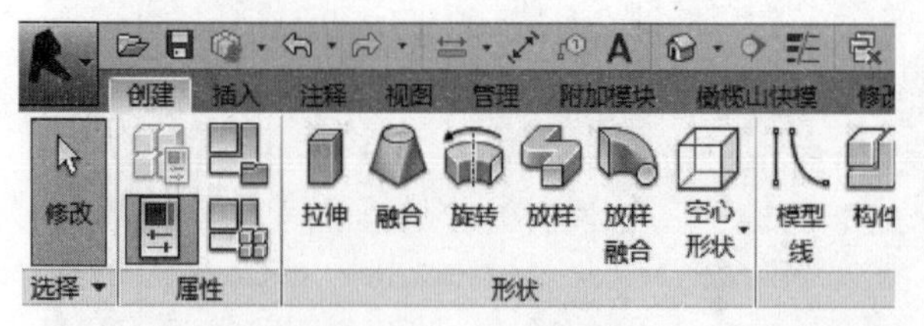

图 16-8　Revit 平台族创建命令

(2) 项目工作环境。项目工作环境是 Revit 族模板创建出来的各族构件组合和表现的综合环境，在 Revit 启动完成后，通过“新建”命令，选择合适的项目样板后即可进入项目环境中。图 16-9 为 Revit 平台的项目环境。在项目环境中可实现模型的装配、出图、工程量统计、碰撞检查等。

2. 底板模型创建

底板是水闸的基础构件，一般采用轮廓放样完成模型创建，如图 16-10 (a) 所示。直接修改底板轮廓的样式和尺寸，即可完成模型修改，也可利用 Revit 的参数化

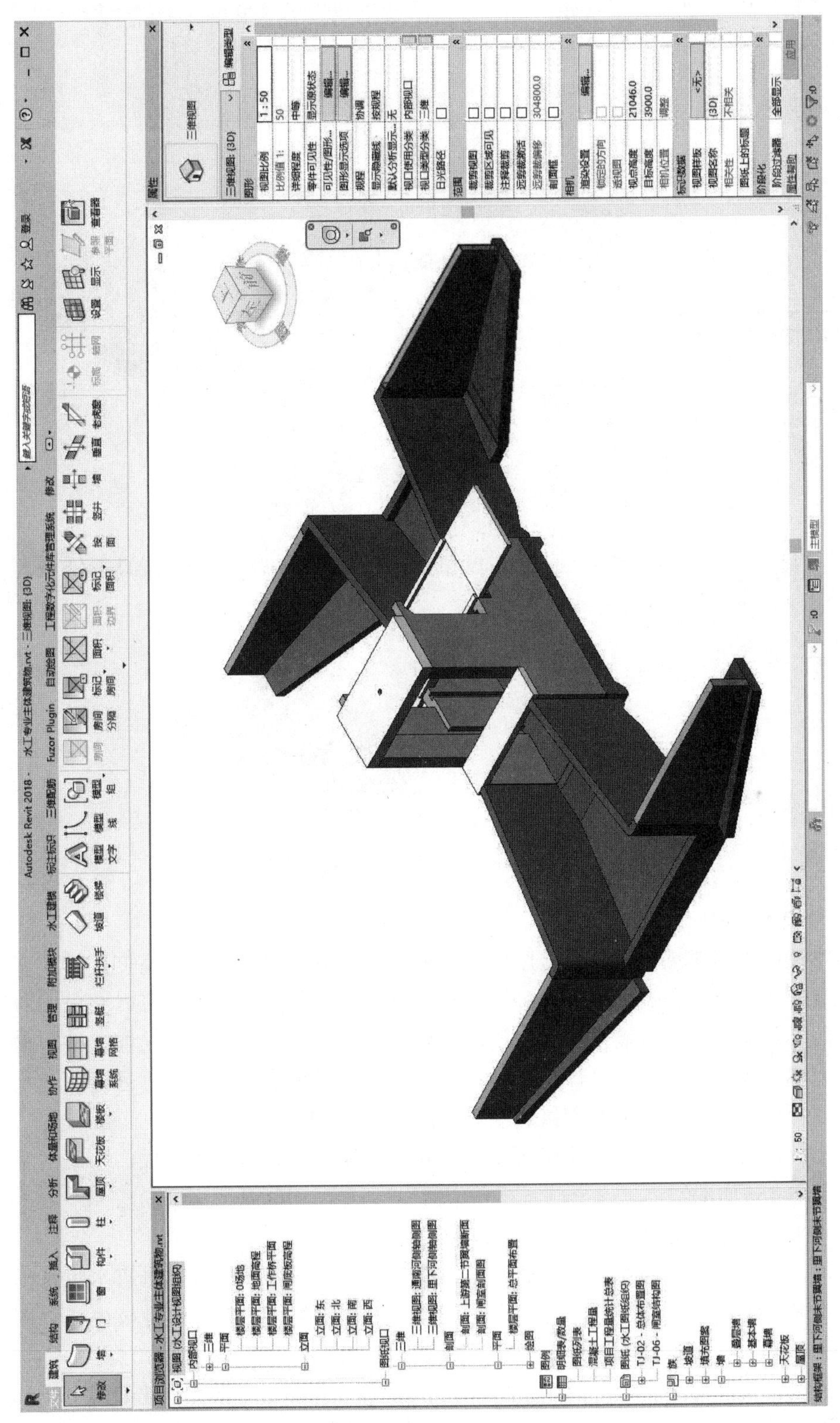

图 16－9　Revit 平台的项目环境

功能，将底板厚度、顺水流向长度等参数与轮廓绑定，调整参数，实现模型的快速修改，如图 16－10（b）、(c）所示。

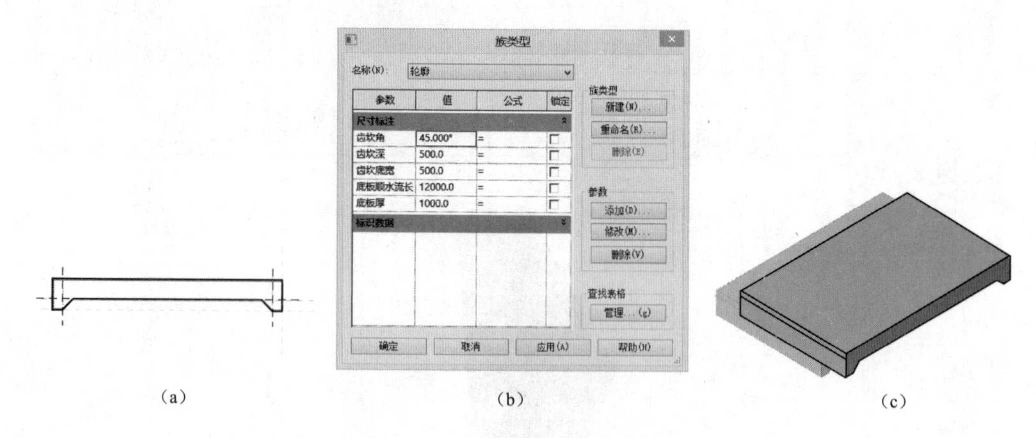

(a)　　(b)　　(c)

图 16－10　水闸底板模型

(a) 底板轮廓；(b) 底板轮廓基本参数；(c) 底板模型

图 16－11 为在图 16－10 所示的底板顶部添加门坎轮廓后，生成的三维模型效果。

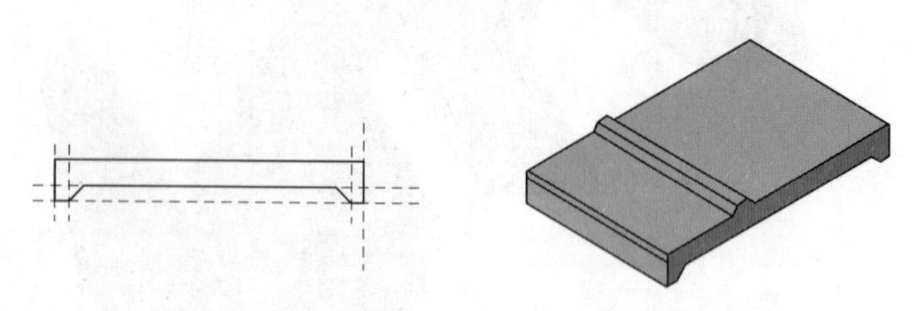

图 16－11　底板顶部添加门坎轮廓后模型效果

3. 墩墙模型创建

墩墙建模可采用墩墙立面轮廓在厚度方向上放样完成。闸墩宽度和高度，排架高度等是闸墩设计的主要控制参数，通过设定和约束这几个主要参数，就可以完成闸墩立面轮廓的参数化，生成墩墙模型。门槽的创建利用 Revit 空心体剪切功能，按门槽尺寸拉伸为空心体，在相应的设计位置剪切实体模型；搭板牛腿的添加可通过创建相应的拉伸或者放样体，并与墩墙连接成整体，图 16－12 为水闸闸墩模型。

墩墙建模也可采用墩墙水平轮廓在高度方向上放样或拉伸的方法完成，水闸闸墩模型如图 16－13 所示。

4. 工作桥、交通桥和交通便桥模型创建

工作桥、交通桥和交通便桥均可通过先创建轮廓族，载入后沿水闸垂直水流长度方向放样生成。工作桥板上的开孔，可采用创建空心拉伸体剪切工作桥板生成，图 16－14 为建成后的工作桥模型。

交通桥轮廓参数设置相对简单，包括桥板宽度、厚度等参数，模型创建如图 16－15 所示。若采用空心板梁结构，也可用空心板断面轮廓放样得到。交通便桥模型创建如

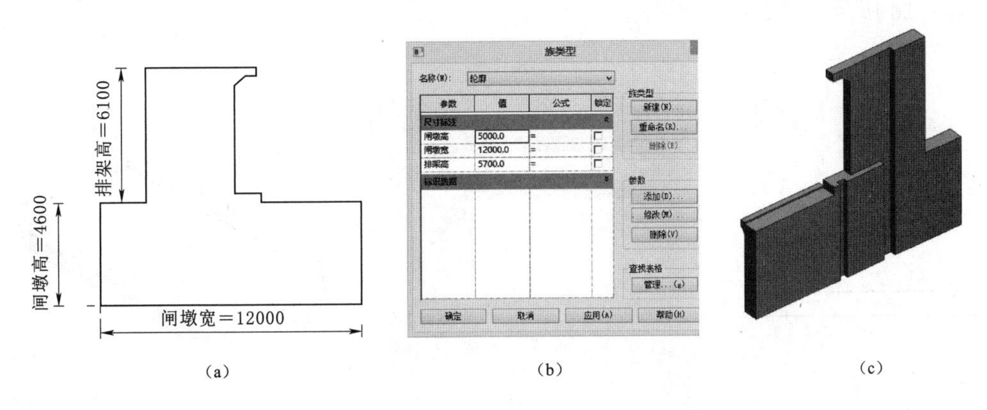

图 16－12　水闸闸墩墙模型

(a) 墩墙轮廓；(b) 墩墙轮廓基本参数；(c) 墩墙模型

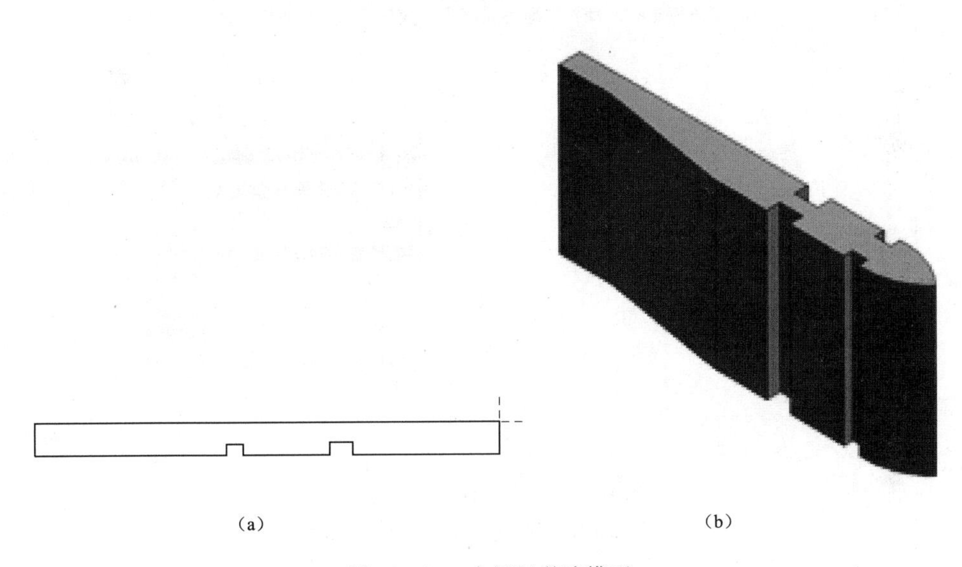

图 16－13　水闸闸墩墙模型

(a) 墩墙断面轮廓；(b) 墩墙模型

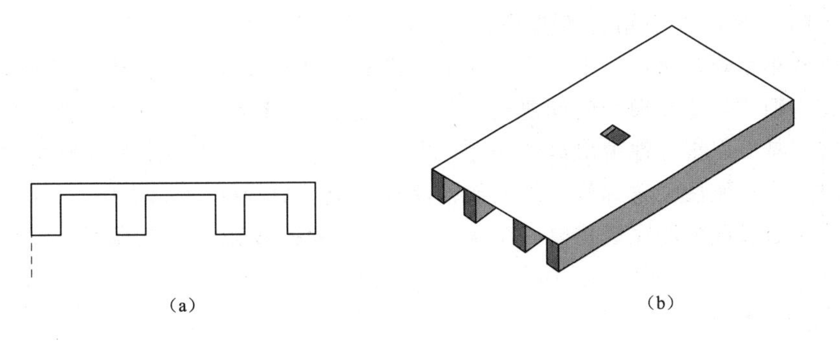

图 16－14　建成后的工作桥模型

(a) 工作桥轮廓；(b) 工作桥模型

图 16 - 16 所示。

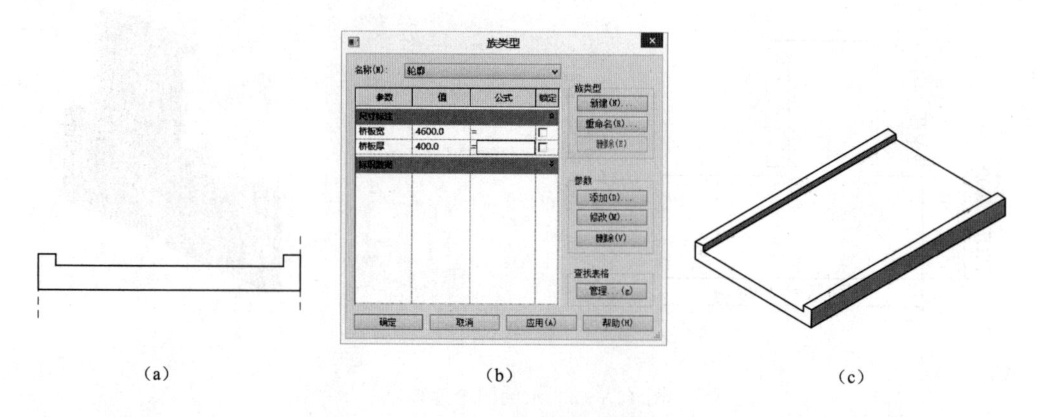

图 16 - 15　交通桥模型创建

(a) 交通桥轮廓；(b) 交通桥轮廓基本参数；(c) 交通桥模型

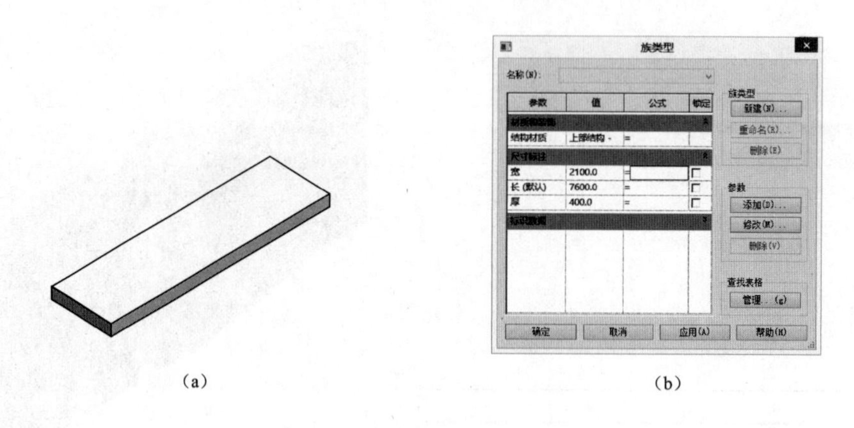

图 16 - 16　交通便桥模型创建

(a) 交通便桥模型；(b) 交通便桥基本参数

5. 连接段翼墙模型创建

连接段的翼墙同样可采用轮廓族加路径放样、布尔运算、复制、移动及阵列的方法建模，图 16 - 17 为空箱翼墙模型。

在一些小型建筑物项目中，为节约工程投资，对于末节挡土墙常采用变高程、变截面的结构型式，这类模型的创建稍显复杂。在 Revit 建模工具中有一个叫作“放样融合”的工具可以很好地解决这个问题。图 16 - 18 (a) 为变宽度和变高程挡土墙的底板通过一头一尾两个轮廓族，加上放样路径完成了放样融合。图 16 - 18 (b) 挡土墙墙身也是通过此方法完成建模。图 16 - 18 (c) 为拼接完成的变高程、变截面挡土墙模型。

6. 消力池模型

消力池主要起水流扩散和利用水跃消耗能量的作用，一般末端宽度大于首端宽度。消力池建模首先采用轮廓放样，然后按照需要的扩散角度用空心拉伸体剪切完成，消力池模型如图 16 - 19 所示。

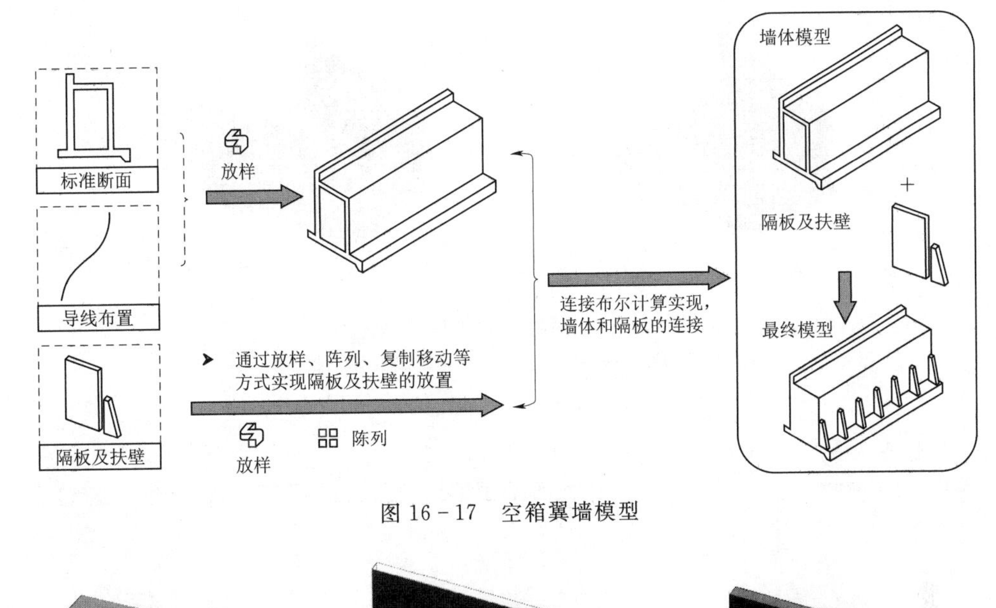

图 16-17　空箱翼墙模型

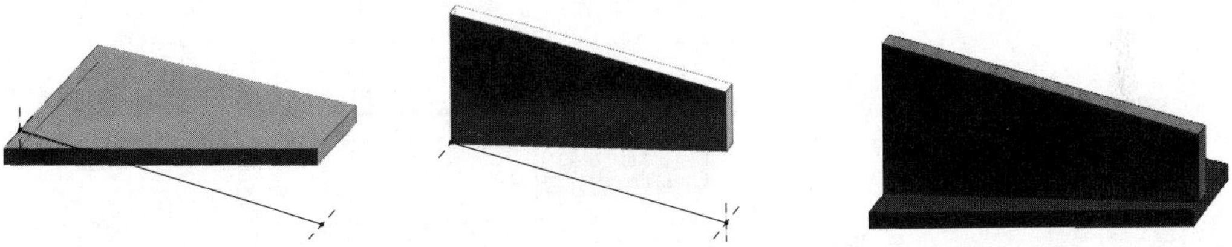

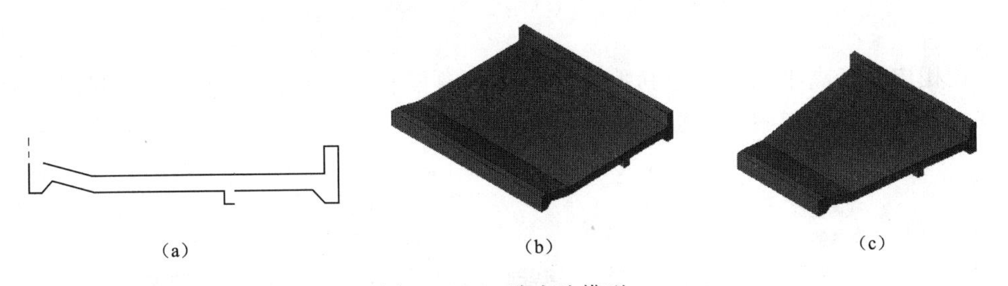

图 16-18　连接段异形翼墙模型

(a) 翼墙底板；(b) 翼墙立板；(c) 翼墙整体模型

(a)　(b)　(c)

图 16-19　消力池模型

(a) 消力池轮廓；(b) 消力池模型；(c) 空心剪切完成后模型

小型水闸建筑物多采用消力池与U形槽结合，U形槽的消力池底板按上述方法创建，侧墙可通过拉伸完成创建，并合并成U形槽整体模型，涵闸连接段U形槽模型如图16-20所示。

7. 整体模型的装配

底板、闸墩、工作桥、交通桥、U形槽、翼墙等族模型创建完成后，在项目环境中载入模型，就可以像搭积木一样完成水闸模型的装配创建，图16-21为小型水闸主要族构件，图16-22为项目环境中的族构件。

在项目环境中，搭建模型需要设定基准参照模型，水闸模型装配中先将底板模型

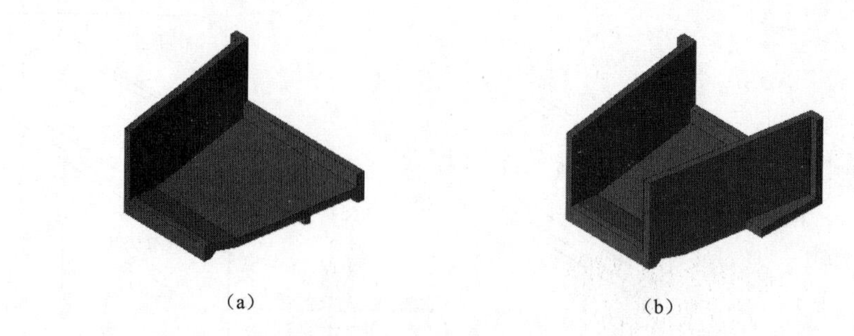

图 16 - 20　涵闸连接段 U 形槽模型

(a) 墩墙与底板拼接模型；(b) 增加细部后 U 形槽模型

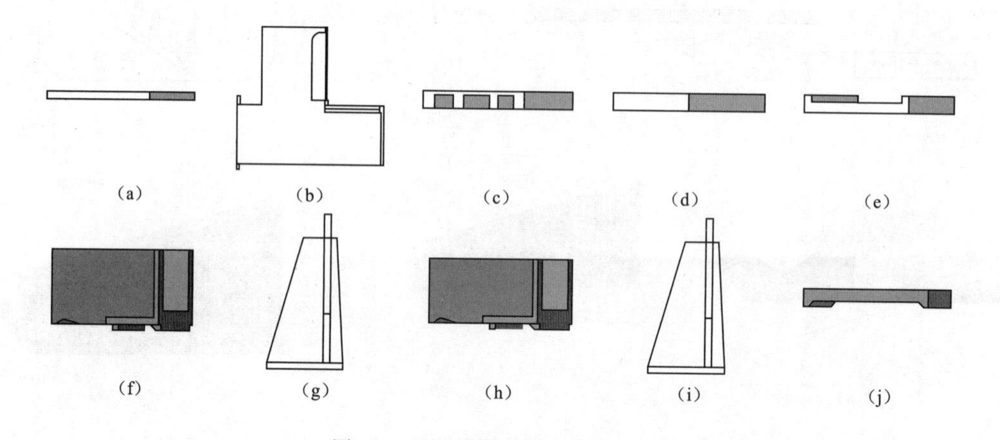

图 16 - 21　小型水闸主要族构件

(a) 搭板；(b) 墩墙排架；(c) 工作桥；(d) 交通便桥；(e) 交通桥；(f) 上游 U 形槽；(g) 上游翼墙；(h) 下游 U 形槽；(i) 下游翼墙；(j) 闸室底板

放置在相应的标高平面，作为其他构件放置的参照物，底板放置到位后，利用移动、对齐、复制等命令把闸墩放置在精准的位置。图 16 - 23 展示了底板和墩墙模型拼接。

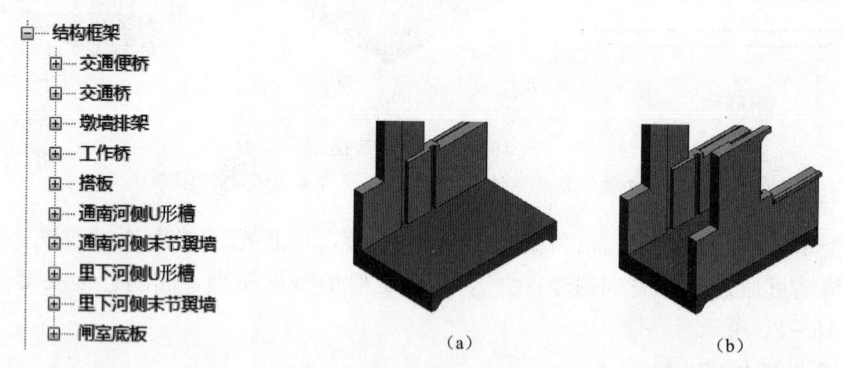

图 16 - 22　项目环境中的族构件

图 16 - 23　底板和墩墙模型拼接

(a) 底板＋左侧墩墙；(b) 底板＋两侧墩墙

闸墩放置完成后，继续工作桥、交通桥、交通便桥等构件的装配，即可完成闸室的搭建。图 16 - 24 为上部结构模型拼接。

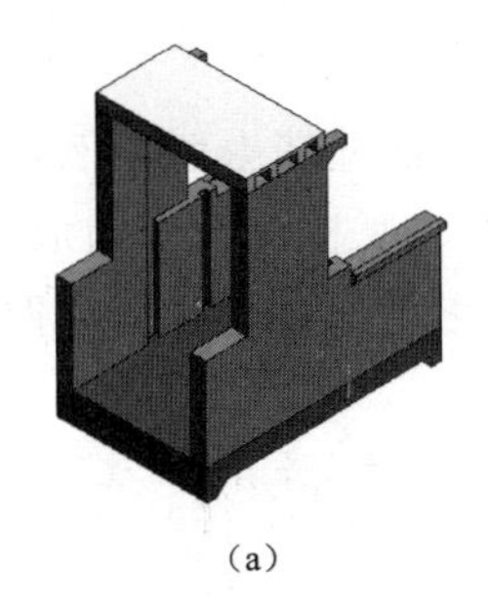
(a)

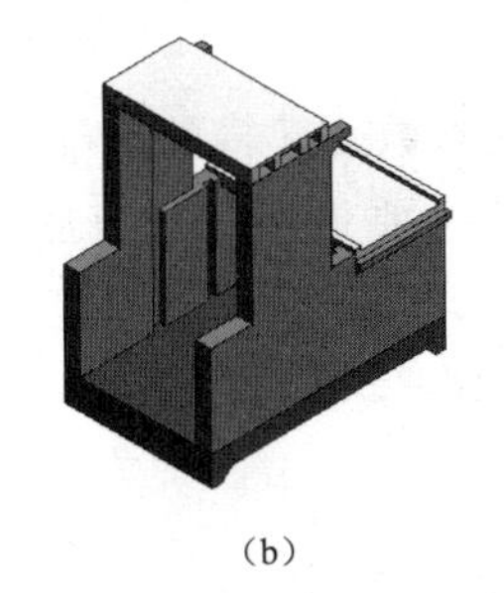
(b)

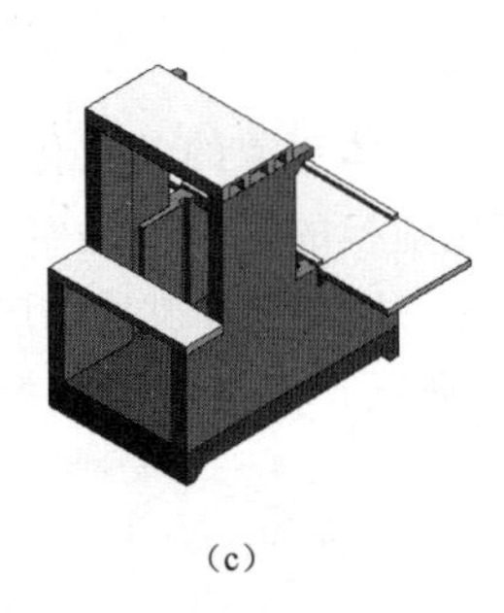
(c)

图 16-24 上部结构模型拼接

(a) 下部结构+工作桥；(b) 下部结构+工作桥+交通桥；(c) 下部结构+工作桥+含便桥的交通桥

接着以底板为相对参照物进行U形槽定位。上、下游U形槽的结构尺寸如果不完全一样，可分为两个族模型载入后放置，图16-25为上、下游U形槽模型拼接。

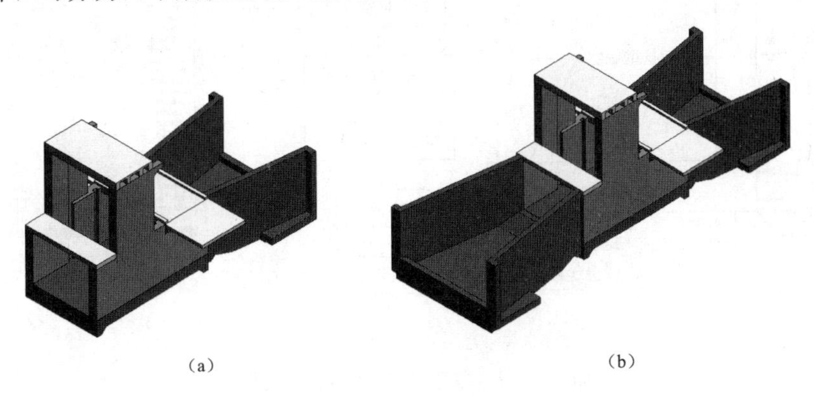
(a) (b)

图 16-25 上、下游U形槽模型拼接

(a) 闸室+下游U形槽；(b) 闸室+上、下游U形槽

最后以U形槽为相对参照物，放置翼墙，完成主要水工结构的建模工作。图16-26为翼墙模型拼接。

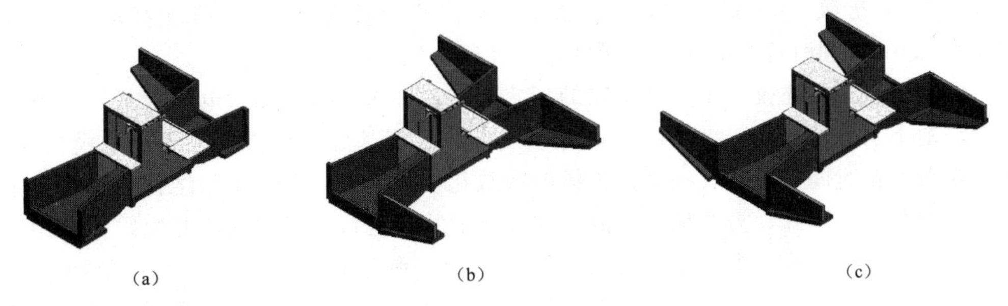
(a) (b) (c)

图 16-26 翼墙模型拼接

(a) 下游左翼墙；(b) 下游左、右翼墙+上游右翼墙；(c) 上、上游的左、右翼墙

8. 其他方式建模

(1) 参数化建模。建模参数化可增加模型的通用性，在工程设计中可大量复用，在使用过程中修改其参数就可以派生出的不同的模型，从而减少重复建模的工作量，

提高效率。

三维实体对象的参数化描述是参数化建模的基础。下面以扶壁挡土墙为例，介绍其参数化建模的过程。扶壁挡土墙主要控制参数有底板宽度、底板厚度、前墙厚度、前墙高度、扶壁高度、扶壁底宽等，如图 16－27（a）所示，参数化建模过程如图 16－27（b）所示，建成后的参数如图 16－27（c）所示。

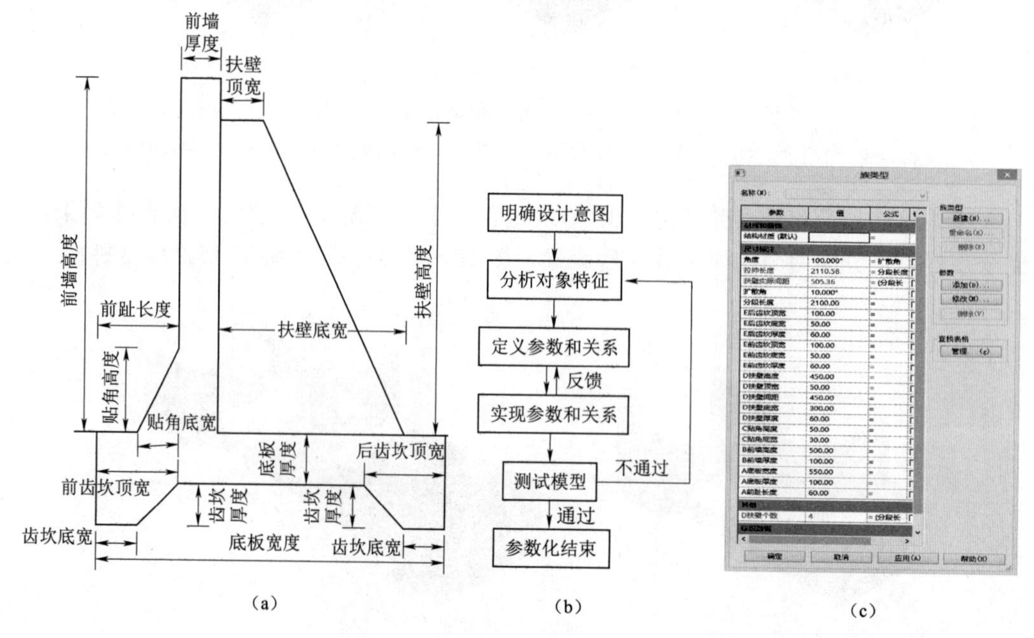

图 16－27　扶壁挡土墙参数化建模

（a）扶壁挡土墙参数；（b）参数化建模流程图；（c）扶壁式挡土墙模型参数

扶壁式挡土墙参数化模型完成后，通过参数调整，对不同尺寸的扶壁式挡土墙进行派生，对应的平、剖面图也联动实现了调整，如图 16－28 所示。与图 16－28（a）相比，图 16－28（b）中挡墙的分段长度由 21.62m 修改为 16.21m，底板宽度由 10m 修改为 9m，扩散角由 10°修改为 5°，扶壁个数由 6 个修改为 4 个，挡土高度由 8.6m 修改为 7.6m，同时修改前墙底板厚度，去掉前齿坎。

（2）二次开发建模。水工建筑物的型式多样，一些结构（如水电站地下工程引水岔管、地下洞室群等）三维协同设计相当复杂。采用基础平台提供的通用建模功能，需要花费大量时间，虽然有些平台提供的参数化功能，但对于复杂的结构，无法实现高效的参数化。因此，需要根据不同的建筑物的特点进行适当的二次开发，代替用户重复性的工作，形成一个实用、高效的设计工具。现有 BIM 设计软件均有 API 接口支持用户二次开发，前述通用平台上也均有一些单位根据自身需求二次开发了相应的插件。图 16－29 为基于 Revit 开发的 HEDsoft 水利设计工具包。

（四）厂房（房屋建筑）模型

现有 BIM 软件对房建专业的支持度较高，从模型的创建、图纸生成、工作量统计等方面都提供有强大的功能，如 Autodesk Revit、ArchiCAD 等软件中均提供了梁、板、柱、门、窗、屋顶、楼梯、扶手、栏杆等非常细致的建筑结构族，可以方便地建

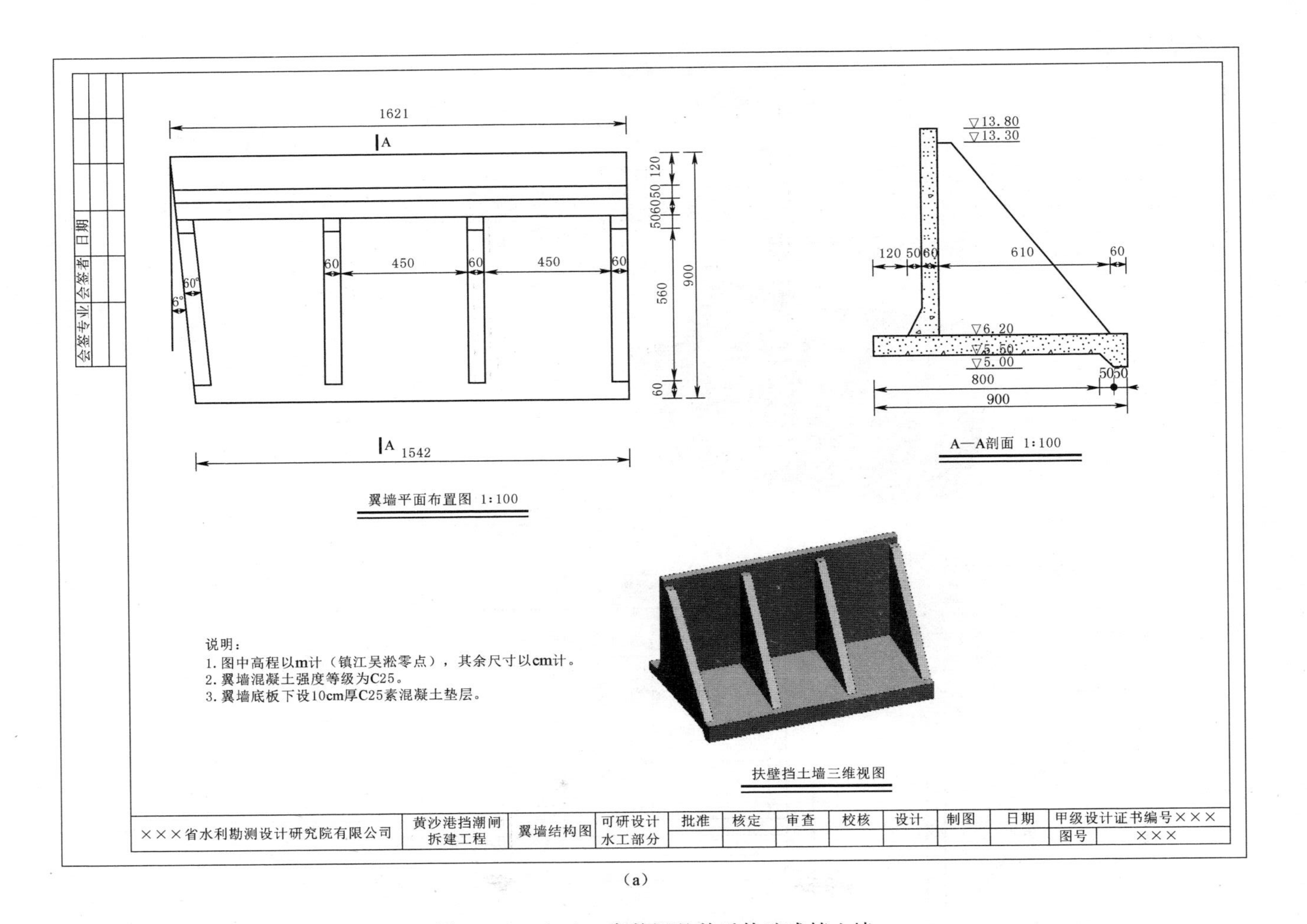

（a）

图 16-28（一） 参数调整前后扶壁式挡土墙

（a）参数调整前

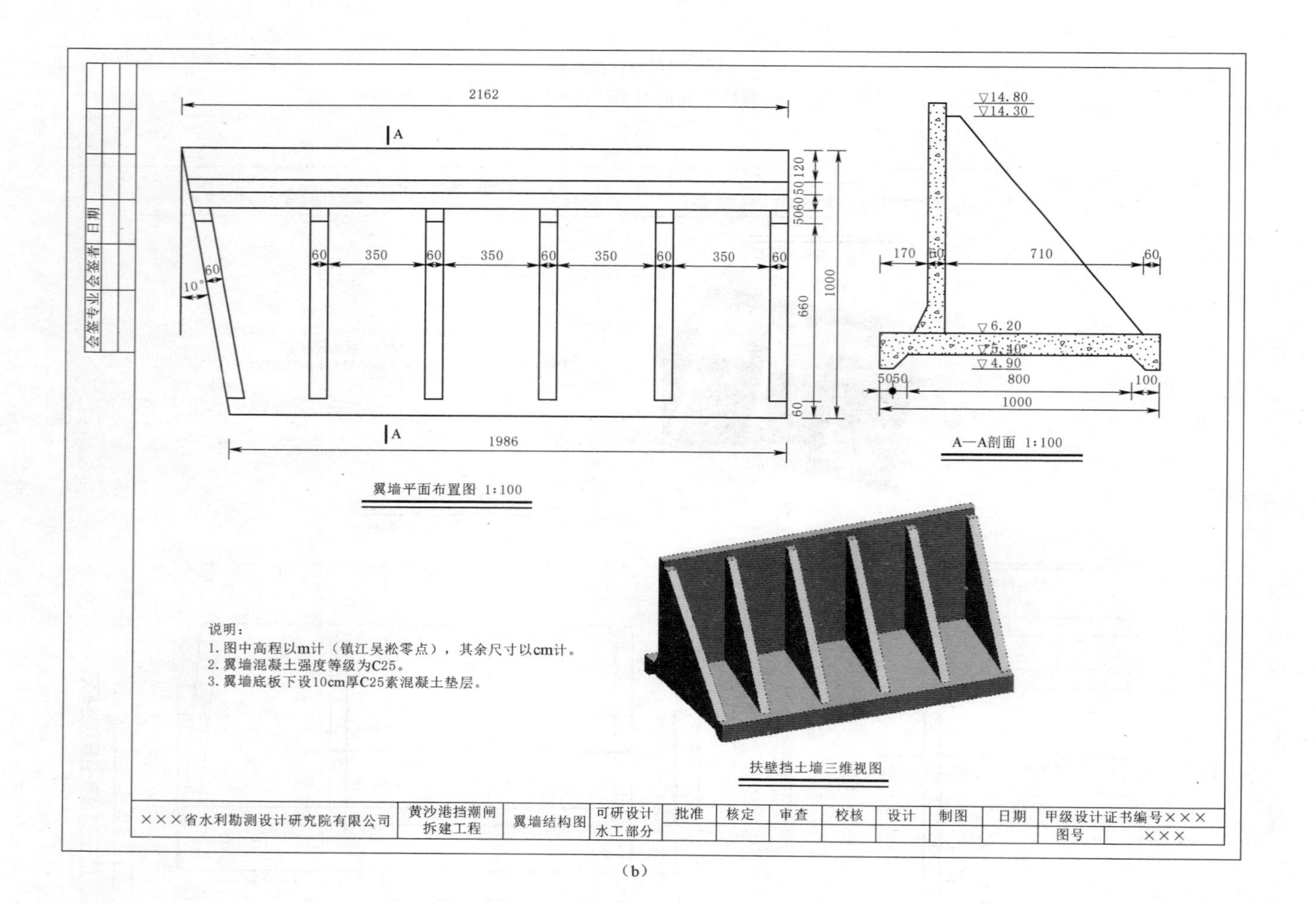

(b)

图 16-28（二） 参数调整前后扶壁式挡土墙

(b) 参数调整后

立厂房、启闭机房、控制室等模型。图16－30为通吕运河枢纽工程启闭机房、桥头堡、控制室等三维模型及下游鸟瞰图。

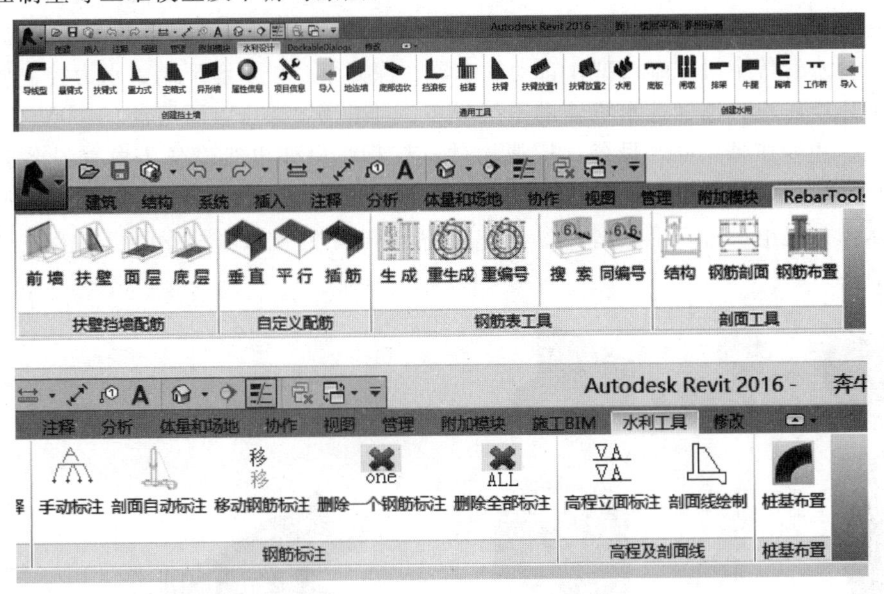

图16－29　基于Revit开发的HEDsoft水利设计工具包

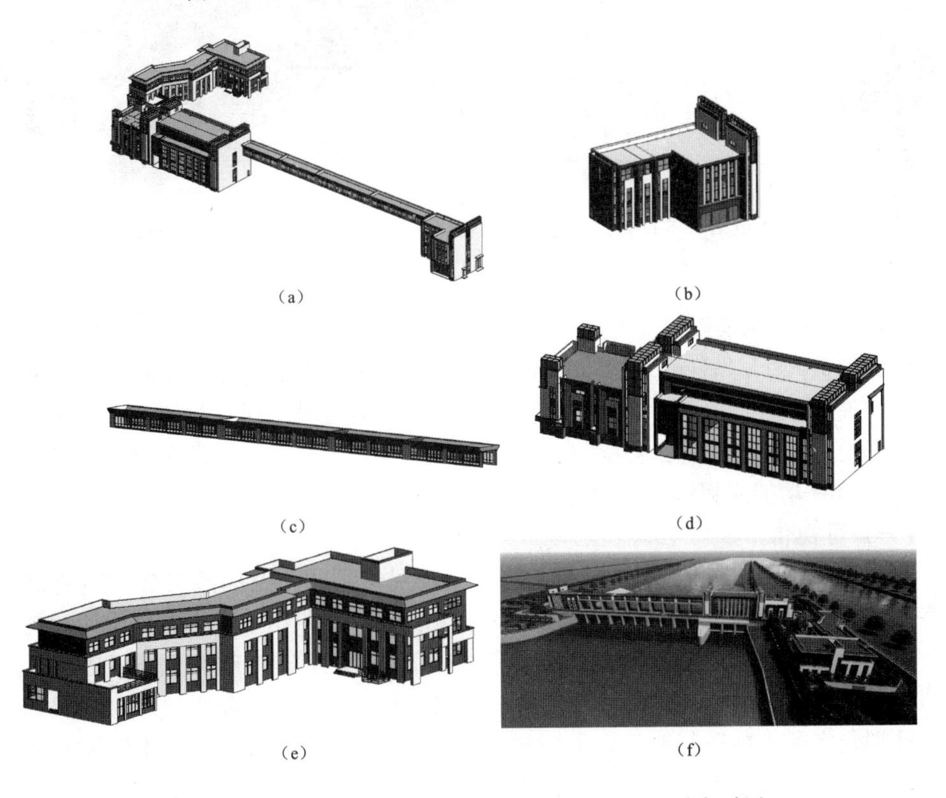

图16－30　通吕运河枢纽工程房建三维模型及下游鸟瞰图

(a) 房建整体模型；(b) 桥头堡轴侧图；(c) 启闭机房轴侧图；(d) 控制室及厂房轴侧图；(e) 管理用房轴侧图；(f) 下游鸟瞰图

（五）机电设备模型

机电设备的标准化程度较高，水机、通风、电气一次等专业目前已创建了一些机电设备的模型库，覆盖了水电站 BIM 设计所需的机电设备门类，包括水轮发电机组、蜗壳、尾水管等主机三维模型；自动滤水器、深井泵、排水盘形阀、水力控制阀、气罐、低压空压机、油桶等水机辅助系统设备三维模型；10kV 厂用盘、400V 公用盘、端子柜、主变压器、GIS 设备、桥架构件、灯具、户外出线设备等电气设备三维模型；离心风机、分体空调、屋顶风机、风阀等通风设备三维模型。图 16－31 所示为部分水电站机电设备三维模型，图 16－32 为澜沧江黄登水电站发电机层及主变室三维轴侧图。

图 16－31　部分水电站机电设备三维模型

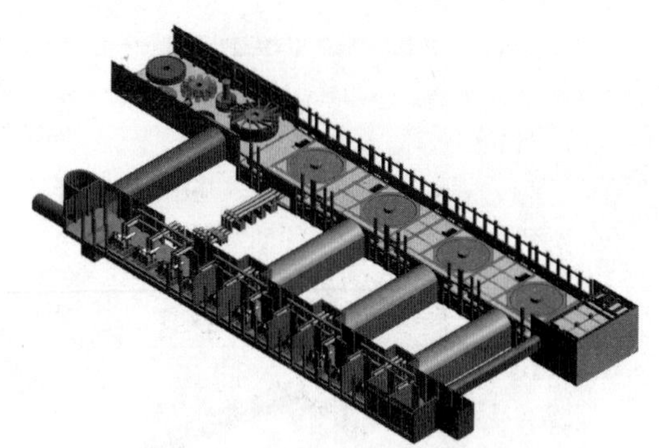

图 16－32　澜沧江黄登水电站发电机层及主变室三维轴侧图

（六）金属结构模型

目前 Autodesk Inventor、SolidWorks 等为金属结构提供了很好的三维协同设计平台，软件可涉及零件设计、装配设计和工程图，通过对不同参数的变换和组合，派生出不同的零件或装配体。

三、BIM 功能应用

（一）可视化

相比 CAD，BIM 模型更加直观、形象，所见即所得，空间感更强。BIM 软件采用多窗口、多视角的设计方式，保证设计人员和读图者能在不同的视角设计和把握模型，简化设计人员和读图者脑中二维、三维的切换过程，一定程度上减轻了设计师和读图者的负担。三维可视化加时间维度，可以进行虚拟施工。随时随地直观快速地将施工计划与实际进展进行对比，同时进行有效协同，工程参建各方都可以对工程项目的各种问题和情况了如指掌。结合施工方案、施工模拟和现场视频监测，大大减少施工质量问题、安全问题，减少返工和整改。三维渲染动画，给人以真实感和直接的视觉冲击。已建的 BIM 模型可以作为二次渲染开发的模型基础，大大提高了三维渲染效果的精度与效率。

（二）碰撞检查

传统二维平面图纸在传递项目信息时可能存在误差或缺失，这就导致结构与结构之间可能会存在一些碰撞的问题，基于 BIM 可以有效解决设计过程中的碰撞问题。通常 BIM 中所说的碰撞检查分为硬碰撞和软碰撞两种，硬碰撞是指实体与实体之间交叉碰撞，软碰撞是指实际并没有碰撞，但间距和空间无法满足相关施工要求（安装、维修等），软碰撞也包括基于时间的碰撞需求，指在动态施工过程中，可能发生的碰撞，如场地中的车辆行驶、塔吊等施工机械的运作。BIM 工程师可分别搭建不同结构的模型，在 BIM 平台上进行多模型的整合，通过碰撞检查，分析结构间的碰撞点，优化工程设计，减少在施工阶段可能存在的错误和返工的可能性，提高设计质量。

（三）场地分析

BIM 技术能够将场地元素立体直观化，帮助人们更直观地进行各阶段场地的布置策划，综合考虑各阶段的场地转换及布置，并结合绿色施工的理念优化场地布置，避免重复布置。通过场地分析，对景观规划、环境现状、施工配套等各影响因素进行评价和分析，将设计方案前置，准确得到道路的位置及宽度、走向等；准确地了解设备的进场摆放位置，施工设备的安装位置，模拟施工现场设备运行过程中对现场施工道路的要求，模拟塔臂旋转路径及相邻作业设备的作业范围，从而为施工现场塔吊的安装提供基础数据，避免设计错误；结合地质三维系统，对场地及拟建的构筑物进行建模，评估规划阶段场地的使用条件和特点，最终作出该项目最理想的场地规划、交通流线、建筑布局等关键决策。

（四）方案比选

在整体布置方案选择上，通过 BIM+GIS 技术进行总体各方案的布置设计，直观展示方案的空间布置与周边建筑物、影响范围、整体效果等，再结合各方案的工程量计算，优选推荐方案。如水电站枢纽布置方案的选择主要包括坝址选择、坝型选择、坝线选择、进水口位置选择、输水线路选择和厂房位置选择等。以欧特克（Autodesk）为例，在 Civil 3D 中可在三维地质模型上进行土石方开挖，开挖工程量由三维模型体积直接测量得出，边坡支护量可通过直接测量三维模型中边坡三维表面积得出。在 Revit 或 Inventor 中建立各方案建筑物的体形模型，通过参数化控制，可以关联调整各方案模型进行优化修改，从而通过模型体积比对方案的工程量。

（五）模型出图

基于三维模型，可直接获取结构的平、立、剖和三维轴测图，在此基础上完成相关标注即可生成规范的二维或者三维图纸。在各图纸上对应的剖面或平面内修改任意元素的尺寸，可实现实时的图纸自动更新，为设计者提供更多方便，避免出现平立剖面尺寸或结构不对应的情况。

（六）工程量统计

由于水工结构异性建筑物比较多，手动计算的工作量比较大且烦琐，准确率不高，如厂房下部水轮机层、尾水渠及汇流池部分，由于其结构特殊，通常在计算混凝土的用量时比较麻烦。应用BIM技术可直接获取模型的材料、体积和面积等信息，提高设计效率。以Revit平台为例，模型建成后，利用Revit中明细表的统计功能可统计材料的名称、数量、体积、长度、面积等，而且它会随着方案的变化而自行更新数值。

（七）施工模拟

将创建的多专业信息模型整合成一个项目模型，利用施工模拟和碰撞检测工具，帮助设计人员和施工人员在施工前对项目设计和施工方案分别进行比选与优化，从而避免出现延期和返工现象。以欧特克（Autodesk）为例，可运用Navisworks软件提供的Timeliner工具和Animator工具，按照项目预期施工工期安排，帮助设计人员完成各专业设计成果整合方案的可视化4D动画模拟，及时发现设计中存在的错、碰、漏等不妥之处。生成设计方案效果图和视频文件，特别是关键和隐蔽部位的三维细节效果图文件，清晰明了地展现设计方案的意图，方便业主对项目不同设计方案的比选和决策。同时，形成施工组织模拟分析报告、工序和工艺模拟视频、说明文件等成果，达到对施工组织所涉及的场地规划、实施方案进行协调和优化的应用效果。

（八）数字化交付

传统设计交付主要以蓝图为主，BIM模型可以直观体现项目竣工交付的实际状态，三维模型信息深度高于二维竣工图，具备充分体现施工过程中深化设计信息的条件。同时，模型可以为数字化的竣工交付信息提供基础，能够有效集成设计、施工、竣工交付过程中的多源信息，形成建设工程项目的结构化竣工交付数据库。

第三节 基于BIM技术的奔牛水利枢纽数字化设计

一、奔牛水利枢纽工程概况

奔牛水利枢纽工程是新孟河延伸拓浚工程的重要组成部分，位于新孟河与京杭运河交汇处，具有引水、排涝、防洪、通航等综合功能。新孟河延伸拓浚工程为Ⅱ等工程，主要由京杭运河立交地涵、船闸、节制闸及上下游引河部分组成，其中立交地涵的涵首、洞身等主要建筑物等级为2级，节制闸、船闸上闸首及上游防渗段内的翼墙为2级水工建筑物，船闸下闸首、闸室和防渗段内的导航墙为3级水工建筑物，工程与新孟河连接的上下游引河两岸堤防等级为3级，与现状京杭运河连接的堤防等级为2级，其余次要建筑物级别均为4级。孟九桥所在公路等级为3级，桥梁设计荷载等级为公路Ⅱ级。奔牛水利枢纽工程总体布置如图16-33所示。

二、BIM应用背景及技术路线

奔牛水利枢纽工程的建筑物包括船闸、节制闸、京杭运河立交地涵和孟九桥，包含桩基础、闸首、涵首、翼墙、拉锚板桩等多种族构件。枢纽建筑物多，涉及水工、金属结构、房建、电气等多专业，采用传统二维设计时存在协调难、沟通不便等问题。采用BIM设计，能够有效解决上述问题。

水利工程结构大部分为异形结构，这些结构采用通用BIM软件设计时存在模型创建效率低且配筋、标注困难的难题导致大部分水利水电项目应用深度不足，模型与

图16-33　奔牛水利枢纽工程总体布置图

常规的分析计算脱节。鉴于此，奔牛水利枢纽中采用Autodesk系列软件和HEDsoft水利设计工具包进行三维协同正向设计，其技术路线如图16-34所示。奔牛水利枢纽工程的协同主要采用专业内部间工作集与专业之间链接相互结合的方式，同时也依托云服务器实现异地或多地协同设计及技术服务。

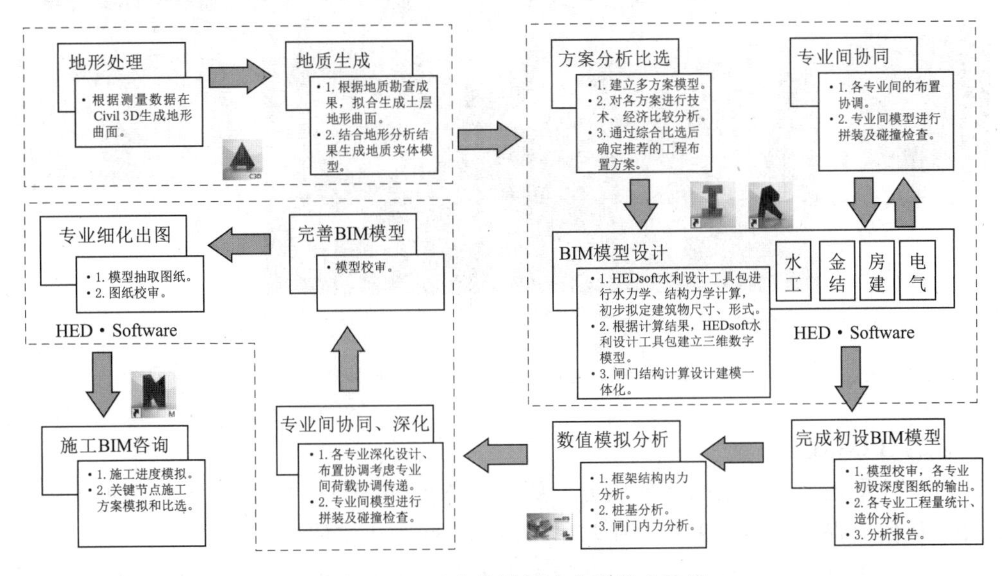

图16-34　正向设计解决方案技术路线

三、BIM设计

（一）建模基准

1. 坐标系统

采用2000国家大地坐标系，高程系统为1985国家高程基准系统。

2. 设定基点

BIM模型设置统一的建模基准（轴网或纵断面线），土建结构类模型基点设置为构筑物的关键特征点，模型基点选择轴线交点。同一水利设施的土建BIM模型、机电设备BIM模型与监测BIM模型采用同一建模基准。设计过程中不可随意放置模型或修改基点，保证各专业模型整合时能够对齐、对正。

3. 标高

本项目建模时使用相对标高，以±0.000点为Z轴原点，水机、电气等专业使用本专业相应的相对标高。模型创建完成后，再移至绝对标高，以确保模型创建完成后与实际位置一致（视图标高命名与设计图纸保持一致）。

4. 单位

本项目建模过程中，除标高单位为“米（m）”外，其他默认为“厘米（cm）”，整体模型和构件模型分别如图16-35和图16-36所示。

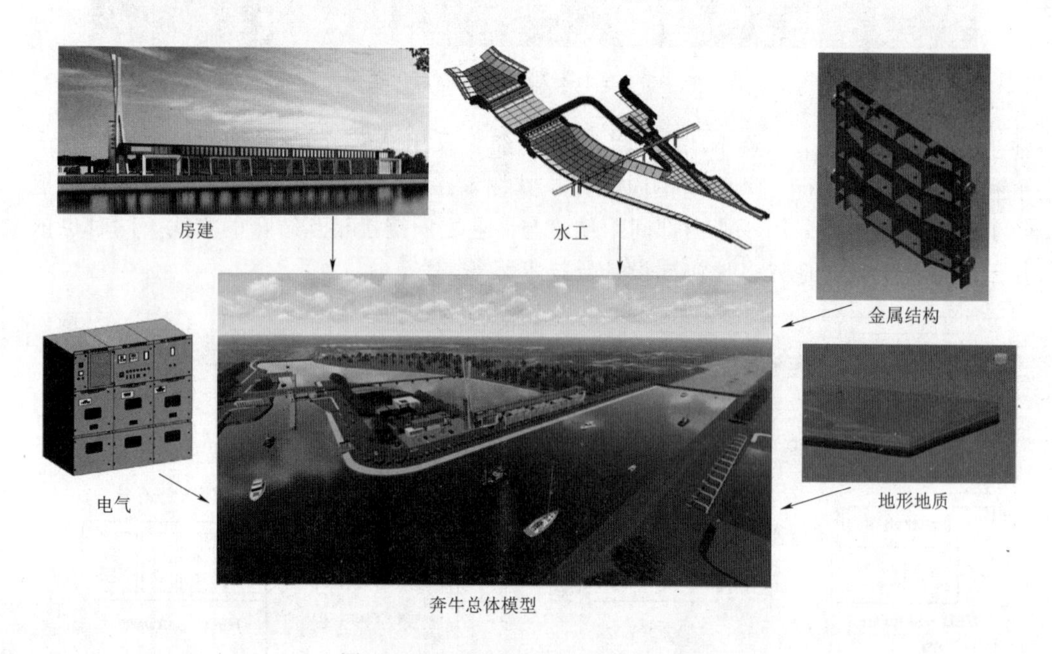

图16-35　奔牛枢纽整体模型拼装图

（二）BIM建模

（1）地形地质。将勘探孔地质分层资料导入Civil 3D生成相应的地层曲面模型，通过“从曲面提取实体”工具，在两相邻地层之间生成实体模型。

（2）水工结构。根据规程规范进行水力学、结构力学计算，拟定建筑物尺寸、形式，用Revit软件和基于Revit的HEDsoft水利设计工具包创建。其中，涵洞连接段、南北涵洞洞首、上闸首、下闸首、隔墙、上下游护坦、消力池等采用Revit手动建模，船闸闸室、涵洞洞身、混凝土护底等采用参数化建模；所有直线和圆弧翼墙、水闸、三维配筋模型等采用HEDsoft水利设计工具中的相应模块通过设定控制参数快速创建。

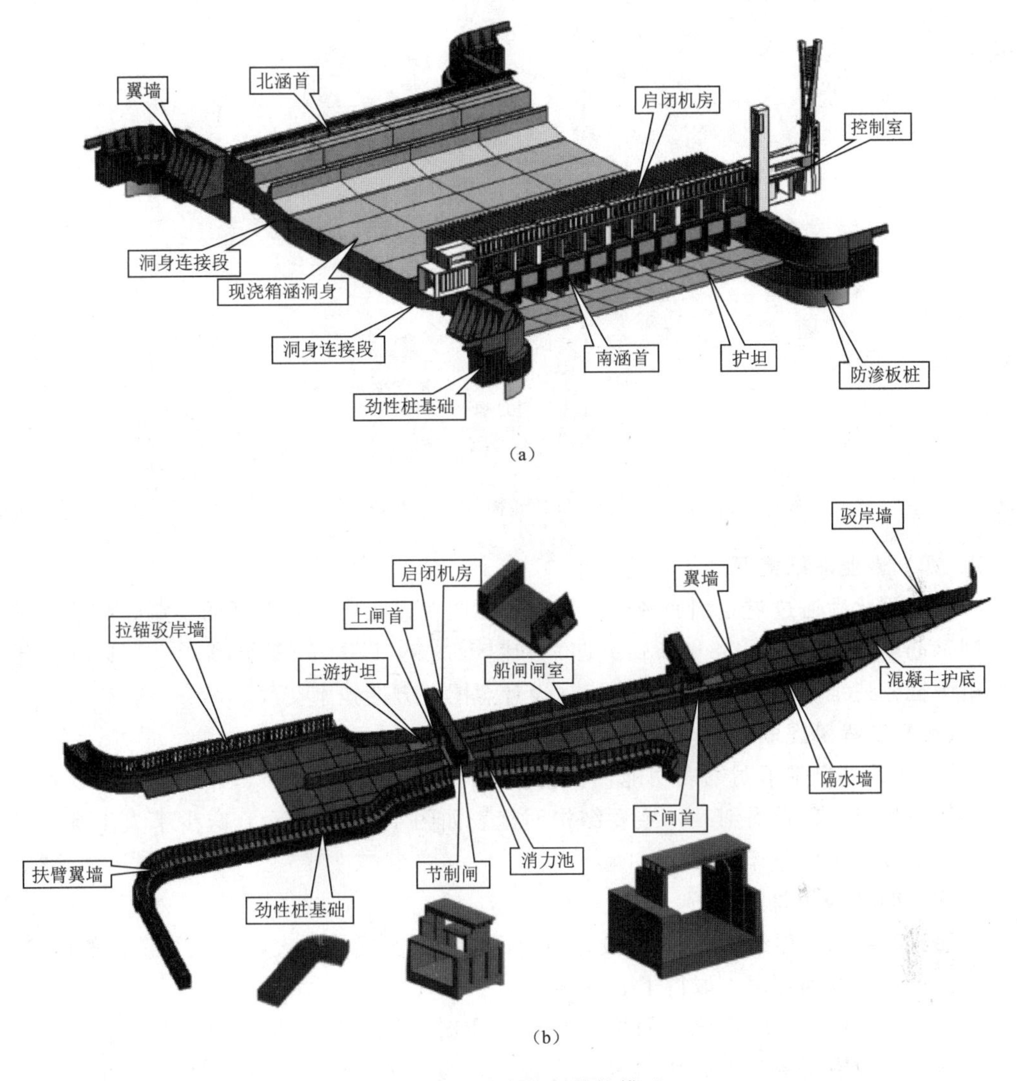

图16－36　奔牛枢纽结构模型

(a) 立交地涵模型；(b) 船闸与节制闸模型

(3) 房屋建筑。可行性研究、初步设计和施工阶段利用Revit软件建立数字模型。

(4) 金属结构和机电。水机、金属结构专业利用Inventor软件建立闸门、启闭机等模型，并导入Revit软件中进行组装并进行碰撞检测，根据检测报告进行设计调整。

(5) 电气设备。电气设备和管道用Revit软件建模。

(三) 碰撞检查与处理

模型碰撞在检查图纸错误和查漏补缺等问题上具有很重要的作用。该工程以碰撞检查为基础，结合三维模型进行设计校审，通过碰撞检查发现管线碰撞10处、建筑物碰撞12处，有效提升了设计成果质量。碰撞检查如图16－37所示。

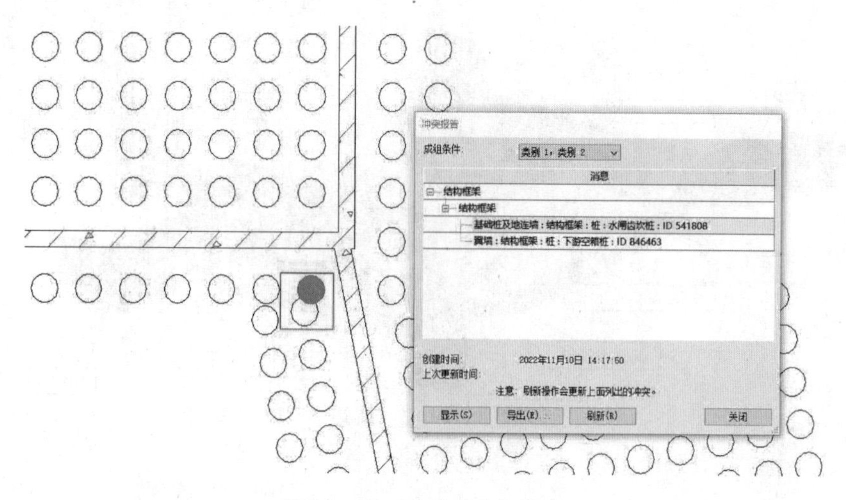

图 16-37　碰撞检查与处理

（四）专业图纸提取

模型固化后通过建立剖面视图、三维轴侧图快速完成二维图纸的绘制，结构图和水闸钢筋模型如图 16-38（一）～（四）和图 16-39（一）～（四）所示。可以在二维图纸中插入三维轴侧图，更明确地表达设计意图，方便技术交底。

（五）工程量提取

Revit 软件自带了明细表功能，根据模型构件的名称、材质、体积、数量及构件属性快速生成工程量明细表，主要结构明细表如图 16-40 所示，减少了人工统计偏差，可直接用于概预算分析。

四、BIM 应用总结

通过奔牛水利枢纽 BIM 协同设计与应用，有效实现传统设计与三维设计的衔接，提高设计的质量和效率，取得了如下效益：

（1）各专业设计均在统一的协同平台上实时交互。各专业数据共享、参照及关联，能够实现模型更新实时传递和并行设计，极大地节约了专业间配合时间和沟通成本。

（2）利用二次开发 HEDsoft 工具包，解决了异形水利构建交互式自动建模、三维配筋及自动标注，实现了水利行业正向设计，提高了三维建模、出图效率。

（3）图纸可根据三维模型直接生成，并且模型与图纸保持联动，避免了修改内容在某些图纸中被遗漏的情况，有效保证了设计的质量，提高工作效率，减少返工工作量。

（4）通过 BIM 模型，可快速提取工程量，高效精确，减少了人工统计偏差，并且工程量与模型、图纸等其他信息关联，提高工作效率 50%以上。

（5）BIM 模型的碰撞检查、可视化漫游和多角度审查，提高了设计方案质量。

（6）通过 BIM 模型进行设计交底，有效提高了工程参建各方之间的沟通效率。BIM 模型可快速生成三维视图，结合平、立、剖面，能更明确地表达设计意图，避免因图纸理解错误造成的现场返工。

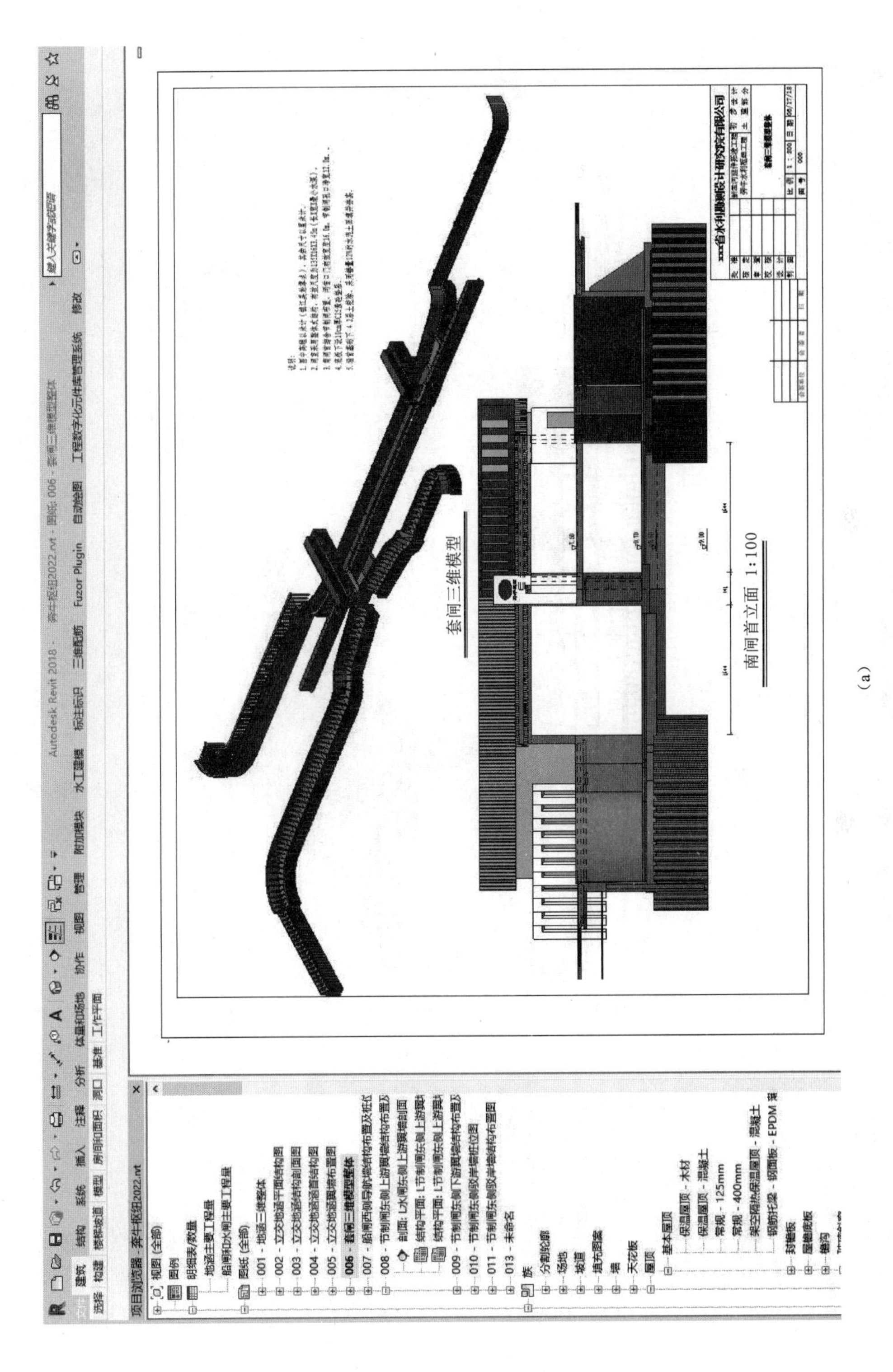

(a)

图 16－38（一）　结构图

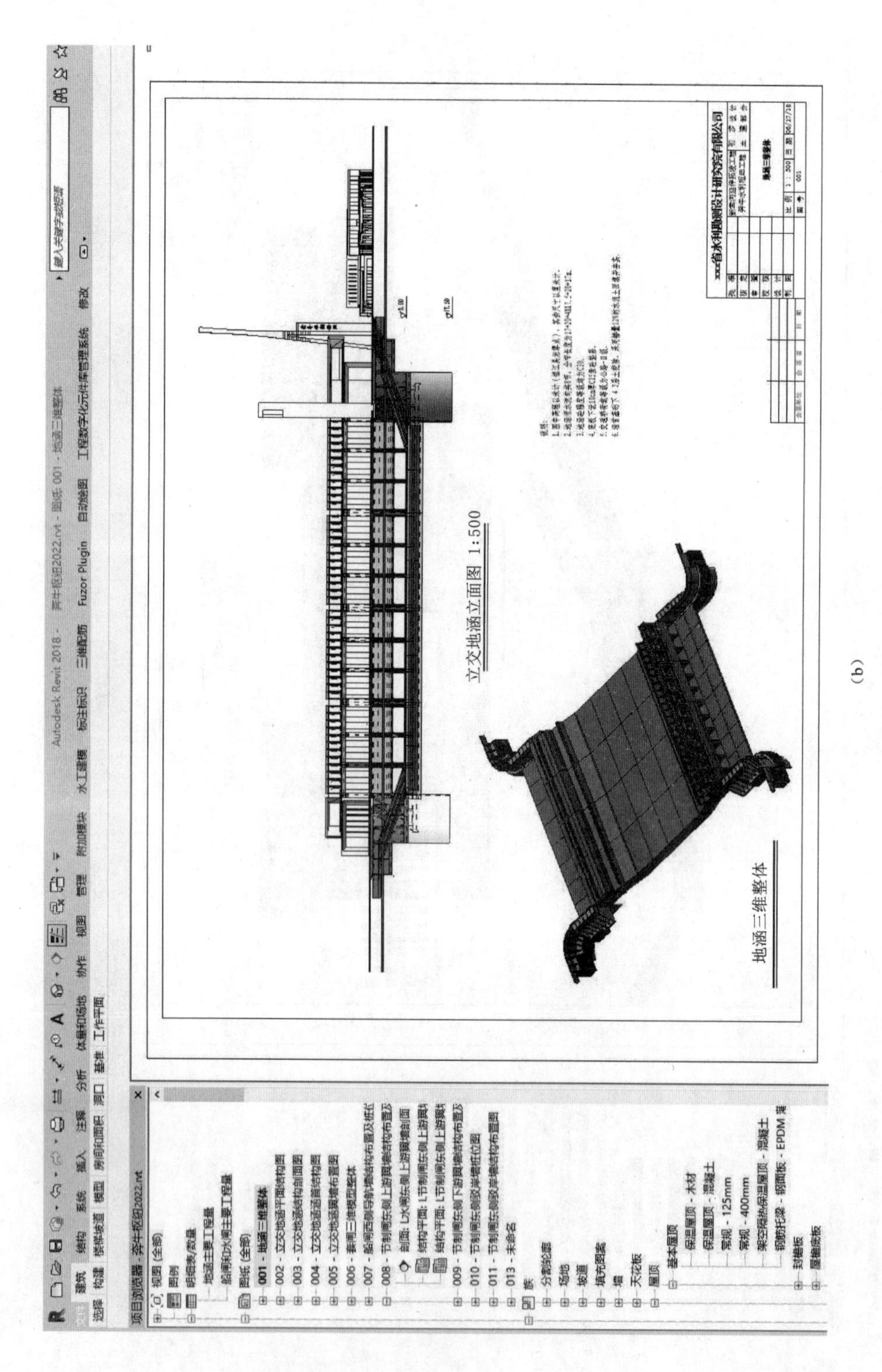

(b)

图 16－38（二）　结构图

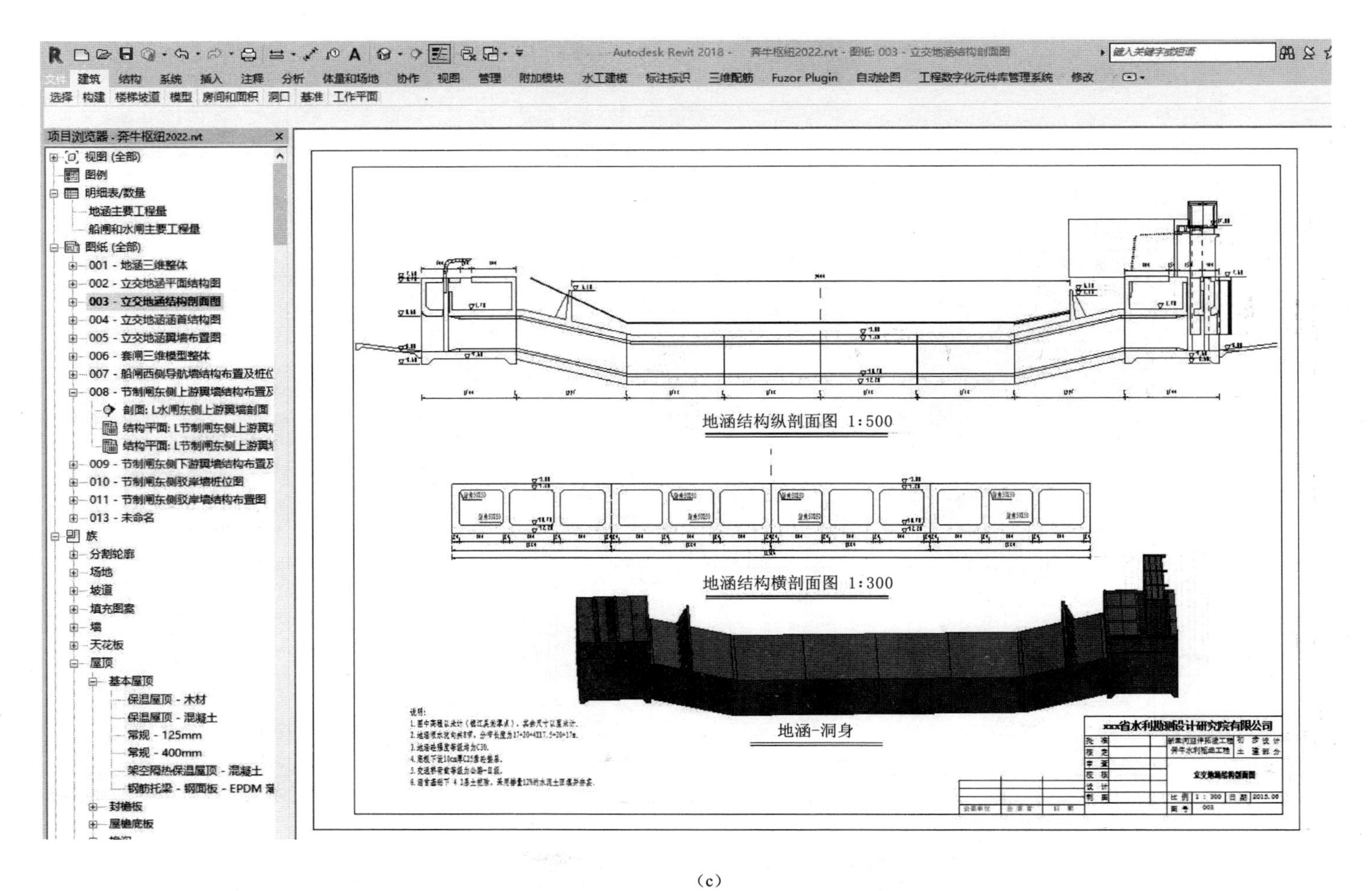
Autodesk Revit 2018 - 奔牛枢纽2022.rvt - 图纸: 003 - 立交地涵结构剖面图
建筑 结构 系统 插入 注释 分析 体量和场地 协作 视图 管理 附加模块 水工建模 标注标识 三维配筋 Fuzor Plugin 自动绘图 工程数字化元件库管理系统 修改
项目浏览器 - 奔牛枢纽2022.rvt
视图 (全部)
图例
明细表/数量
地涵主要工程量
船闸和水闸主要工程量
图纸 (全部)
001 - 地涵三维整体
002 - 立交地涵平面结构图
003 - 立交地涵结构剖面图
004 - 立交地涵首结构图
005 - 立交地涵翼墙布置图
006 - 套闸三维模型整体
010 - 节制闸东侧驳岸墙桩位图
011 - 节制闸东侧驳岸墙结构布置图
013 - 未命名
族
分割轮廓
场地
坡道
填充图案
墙
天花板
屋顶
基本屋顶
保温屋顶 - 木材
保温屋顶 - 混凝土
常规 - 125mm
常规 - 400mm
架空隔热保温屋顶 - 混凝土
封檐板
屋檐底板
地涵结构纵剖面图 1:500
地涵结构横剖面图 1:300
地涵-洞身
xxx省水利勘测设计研究院有限公司

（c）

图16-38（三）　结构图

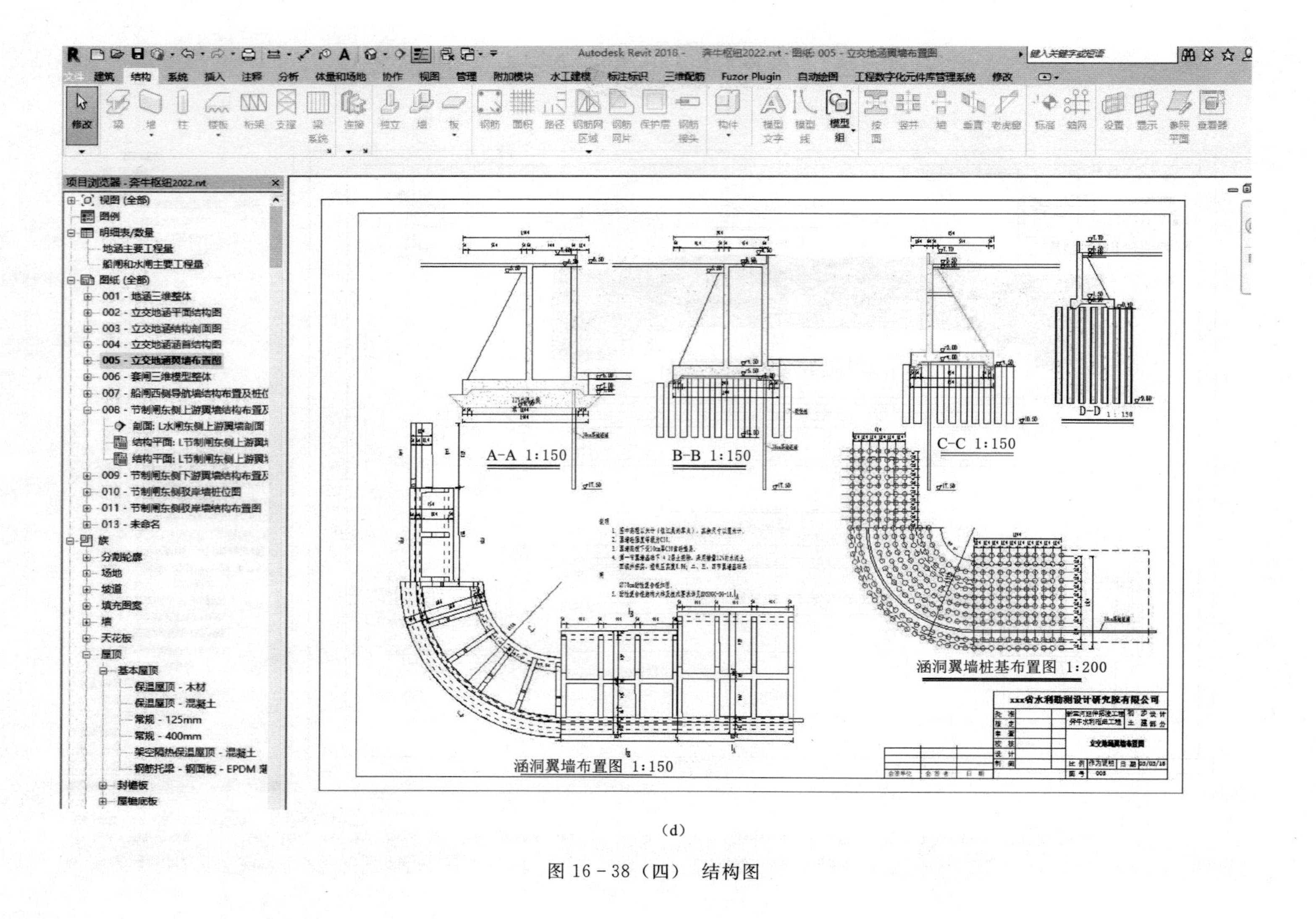
Autodesk Revit 2018 - 奔牛枢纽2022.rvt - 图纸: 005 - 立交地涵翼墙布置图
项目浏览器 - 奔牛枢纽2022.rvt
视图 (全部)
图例
明细表/数量
地涵主要工程量
船闸和水闸主要工程量
图纸 (全部)
001 - 地涵三维整体
002 - 立交地涵平面结构图
003 - 立交地涵结构剖面图
004 - 立交地涵涵首结构图
005 - 立交地涵翼墙布置图
006 - 套闸三维模型整体
010 - 节制闸东侧驳岸墙桩位图
011 - 节制闸东侧驳岸墙结构布置图
013 - 未命名
族
A-A 1:150
B-B 1:150
C-C 1:150
D-D 1:150
涵洞翼墙布置图 1:150
涵洞翼墙桩基布置图 1:200
xxx省水利勘测设计研究院有限公司

（d）

图 16-38（四）　结构图

(a)

图16-39（一）　水闸钢筋模型

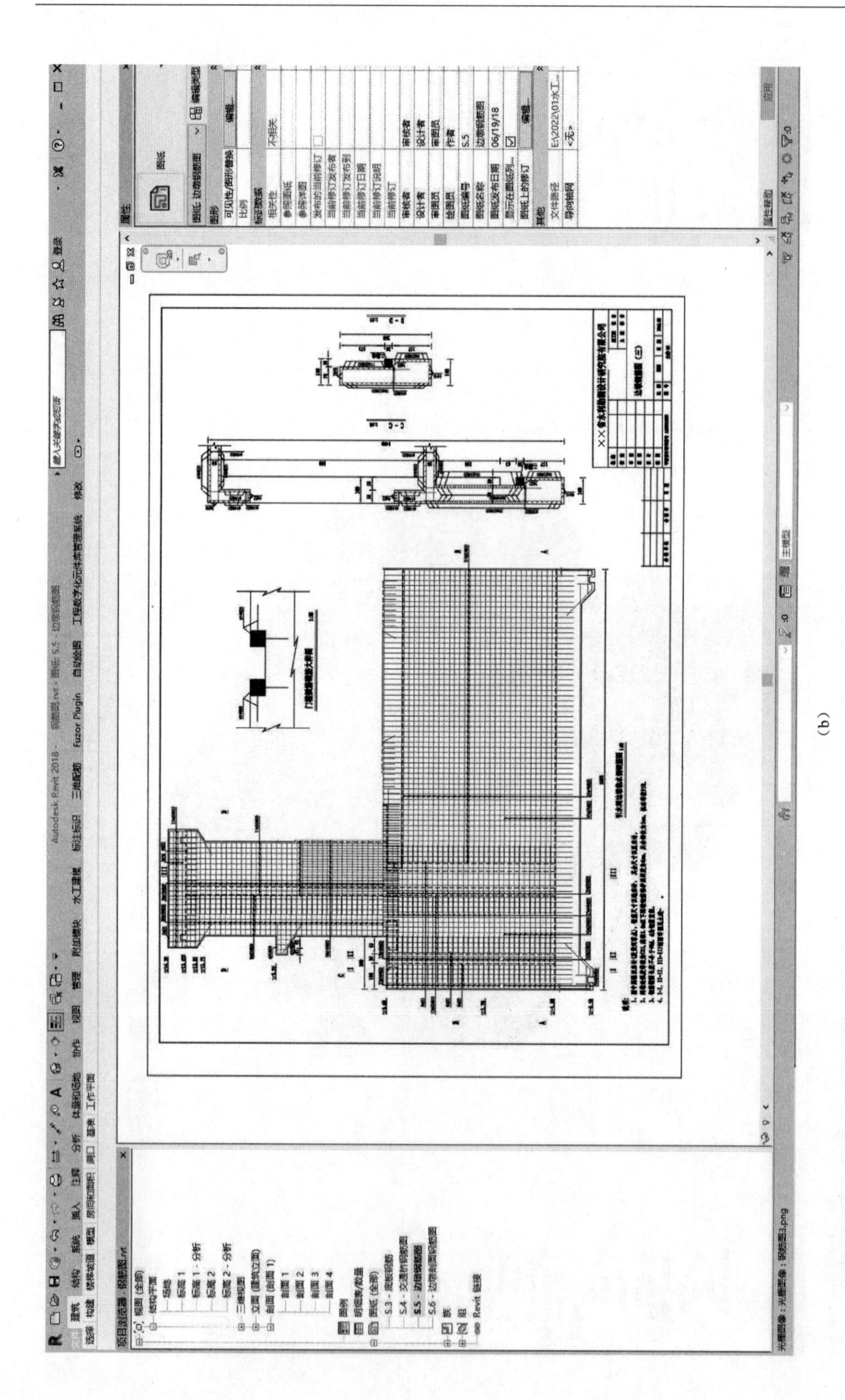

（b）

图 16-39（二）　水闸钢筋模型

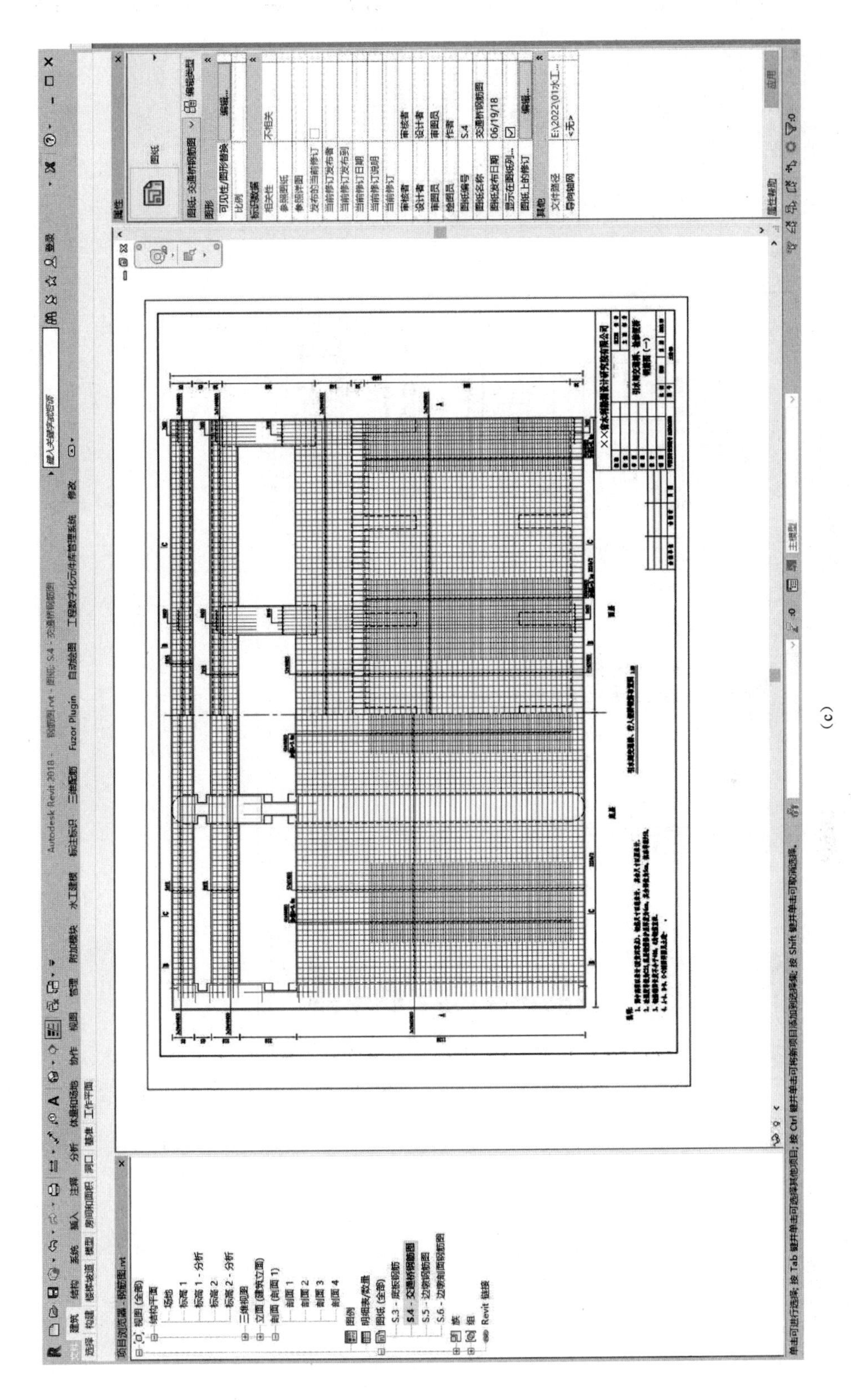

(c)

图 16－39（三）　水闸钢筋模型

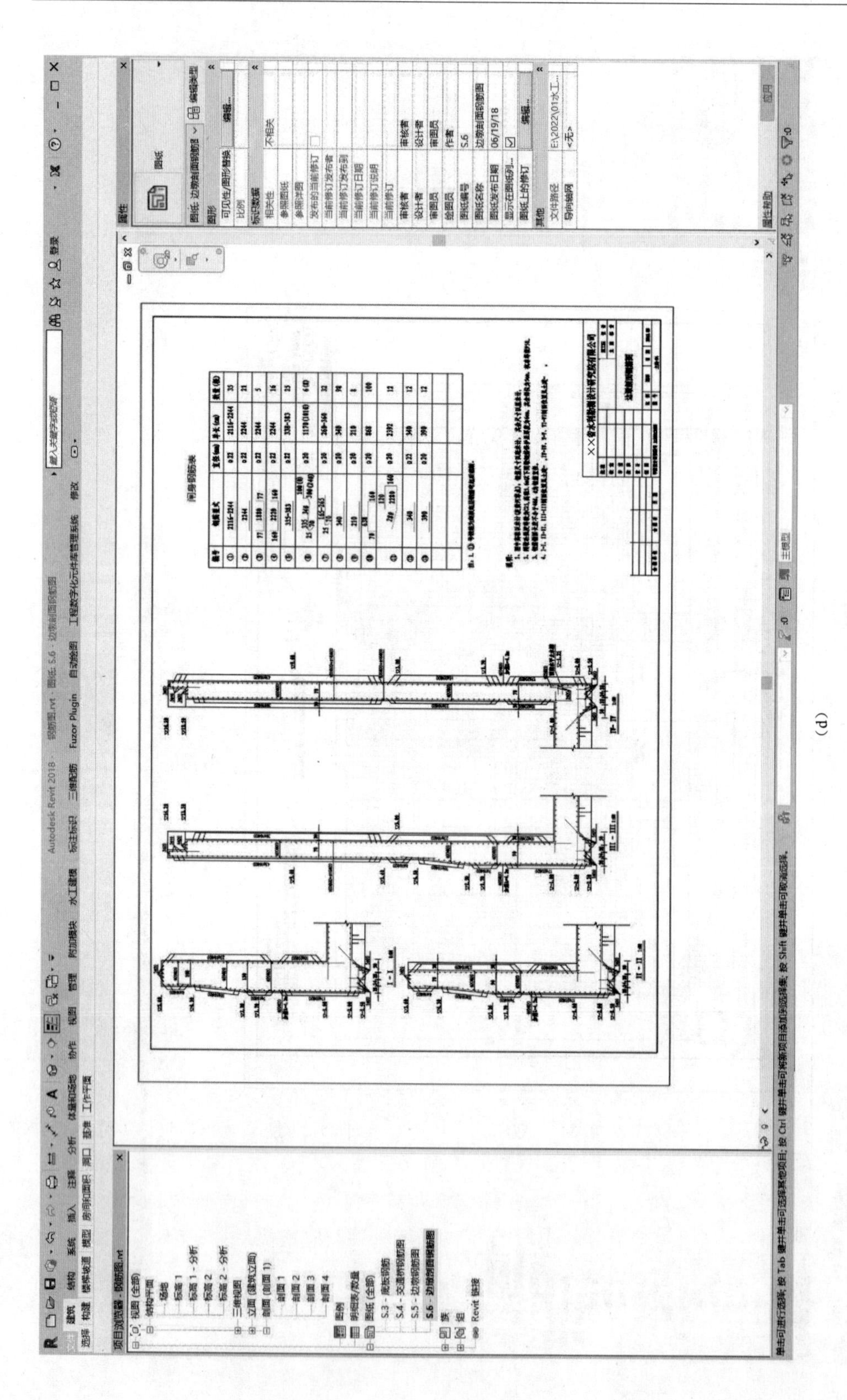

(d)

图 16-39（四）　水闸钢筋模型

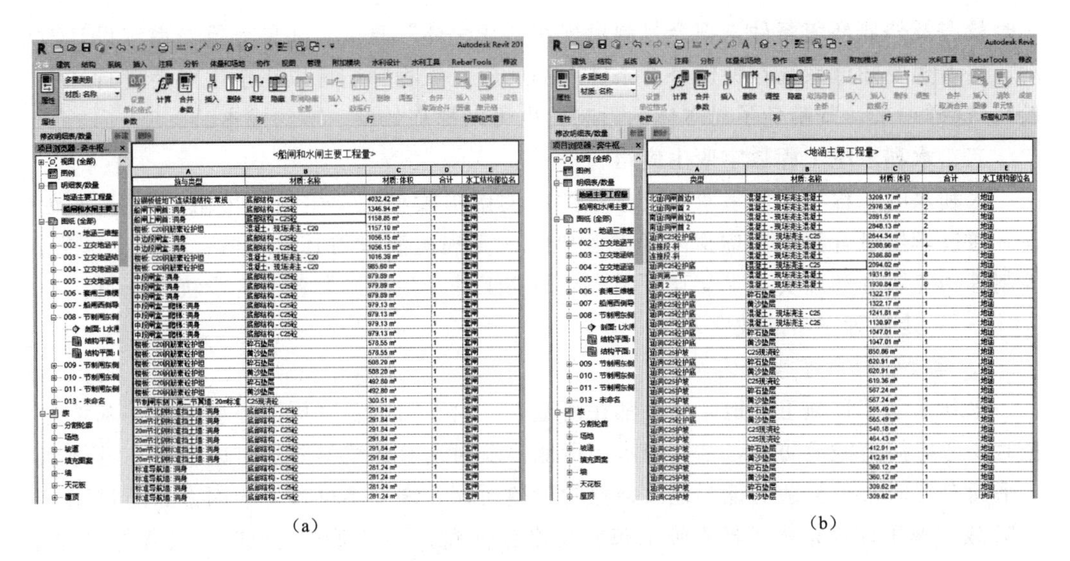

（a）　　　　　　　　　　　　　　　　（b）

图 16-40　主要结构明细表

（a）船闸和水闸主要工程量；（b）地涵主要工程量

第四节　数　字　孪　生

目前，如何将现有信息化系统与经典水文、水利、水质等理论充分结合，为工程运行管理提供科学决策，是“信息水利”向“智慧水利”跨越中需要解决的重要问题。数字孪生技术在物理世界和虚拟世界之间建立了一道桥梁，可将经典水文、水利、水质理论与水利工程信息化系统深度融合，为解决这一问题带来了曙光。

一、基本概念

数字孪生（Digital Twin），也被称为数字映射、数字镜像。它是由物理实体、虚拟模型、孪生数据、服务和连接五个维度构成的结合体。目前，对数字孪生的通用定义为：充分利用物理模型、传感器更新、运行历史等数据，集成多学科、多物理量、多尺度、多概率的仿真过程，在虚拟空间中完成映射，从而反映相对应的实体装备的全生命周期过程。数字孪生是一种超越现实的概念，可以被视为一个或多个重要的、彼此依赖的装备系统的数字映射系统。简单来说，数字孪生就是在一个设备或系统的基础上，创造一个数字版的“克隆体”。

数字孪生具有实时或准实时、双向性。实时或准实时是指实体对象（称为“本体”）和孪生体之间，可以建立全面的实时或准实时联系，两者并不是完全独立的，映射关系也具备一定的实时性。双向是指本体和孪生体之间的数据流动可以是双向的，并不是只能本体向孪生体输出数据，孪生体也可以向本体反馈信息。管理者可以根据孪生体反馈的信息，对本体采取进一步的行动和干预。

数字孪生体最大的特点在于它是对实体对象的动态仿真，也就是说孪生体是会“动”的。但数字孪生体不是随便乱“动”，它“动”的依据，来自本体的物理设计模型，还有本体上面传感器反馈的数据，以及本体运行的历史数据。简单地说，本体的实时状态及外界环境条件，都会复制出现在“孪生体”身上。如果需要做系统设计改动，或者想要知道系统在特殊外部条件下的反应，工程师们可以在孪生体上进行“实验”，这样一来，既避免了对本体的影响，也可以提高效率、节约成本。

二、水利水电工程数字孪生应用

水利水电工程中，数字孪生五个维度中的虚拟模型、孪生数据可由BIM技术创建。通过孪生融合数据及虚拟闭环交互机制，实现监测、仿真、评估、预测、优化、控制等功能服务和虚实共生交互机制，从而在工程全生命周期各个阶段获得应用。

（一）建设管理中的数字孪生

1. 建设管理数字孪生需求

水利水电工程施工的地区一般都在河道上。由于河网及其周围环境复杂，基坑开挖时要考虑河道截流防渗，基坑降水还可能涉及对现有建筑物防护。因此，在进行施工平面布置时常受复杂的地形地质条件的限制而存在许多不可预见的因素。通过建立BIM数字孪生体虚拟模型模拟施工布置及建造过程，可以规避真实施工过程的风险，减少返工，提高施工效率。

建设管理数字孪生可以对施工过程及多种不同的方案进行模拟，通过分析各个施工方案的可行性和优缺点，进行不断地调整和修改，从而最终达到减少返工和提高施工效率。BIM可把3D模型和4D（3D模型+时间）、5D（3D模型+时间+成本）结合起来进行施工协同管理。在整个5D施工管理系统中，设计、成本、计划三个部分是相互关联的，任意一个部分的变化都会自动涉及另外两个部分。这将大大缩短评估和预算的时间，显著提高预算的准确性，更重要的是可以大大增强项目施工的可预见性。

在施工过程中，将会涉及大量信息。这些信息主要包括各设计阶段的施工图纸、各类合约、各种进度、供货清单等。要从浩如烟海的文件中准确获取所需信息难度非常之大。施工阶段数字孪生为业主、承包商、供应商、设计人员等参建各方提供了三维交流平台。以BIM为依托平台，各个参建方都能从中获得所需信息，从而避免了信息的不对称和混淆。项目参建各方能够进行协调，通过方案演示往往更易达成统一，选择最优方案和最佳解决办法，从而降低项目风险，减少可能发生的摩擦，效率和效益也相应获得提升。

2. 建设管理数字孪生平台

施工协同完成要借助协同管理孪生平台。由于水利水电工程的特殊性，行业内目前尚无通用的商业化平台，欲达到通用商业化程度仍需进一步投入。尽管如此，针对具体项目开发的各具特色的管理平台，仍极大地提升了工程建设各阶段的数据管控能力。

3. 建设管理数字孪生应用

（1）施工模拟。施工模拟以模型为载体，动态呈现施工组织设计的主要内容：①在模型中根据自身建筑结构情况、场地条件和自身资源投入情况划分流水段；②将场地、垂直运输机械和大型机械设备与模型集成做模拟分析，考虑大型机械进场通道，指导现场；③集成全专业资源信息用静态与动态结合的方式展现项目的节点工况，以动画形式模拟重点难点的施工方案；④施工过程中记录实际时间，直观展现当前工程进度健康状况，及进度对应资源、场地数据，通过分析后续任务状态，调整后续进度计划，快速提出进度优化方案；⑤根据整个项目不同阶段的资金资源消耗情况来校核计划的合理性；⑥根据进度，编制劳动力、材料、机械的需用计划表。

（2）进度管理。进度管理孪生平台可实现进度过程的精细化管理。进度管理孪生平台应提供基线计划、调整计划、实际完成的开始与结束时间，方便对施工过程宏观控制，其中基线计划作为进度考核、纠偏的基准。同时，提供直观三视图进度对比，可以迅速发现实际进度与基线计划和调整计划的偏差，在此基础上根据施工实际现场情况分析造成计划偏差的原因，在实际施工提前或落后的情况下对下一步施工节点或工序进行优化调整。

（3）质量管理。工程质量信息的时效性、可追溯性是质量管控的核心，也是长期困扰工程项目质量管理的难题。传统施工质量管理缺少针对性，难以与施工构件一一对应，质量信息可追溯性不强，存在数据真实性、可靠性、时效性差的问题。

基于BIM的建设管理数字孪生平台以工程构件的精细化、全面质量管理为手段，建立BIM模型与质量信息的关联关系，强化项目质量管理。质量管理流程一般为：创建问题、责任人整改、创建人验收、通过、关闭问题。质量管理从事前预控、事中跟踪、事后管控三方面实现质量控制。

（4）安全管理。在施工过程中安全问题始终占据着重要的地位。在传统的施工管理中对安全控制一般都是采取事后控制的方法，实践表明这种方法存在一定的弊端。避免事故行之有效的方法是采取有效安全预警和监督监测的策略。利用BIM增强现实技术，可针对复杂节点进行展示，运用BIM模拟建造可以对施工各阶段、各工序的相关危险源直观识别，尽量避免安全事故的发生。

建设管理数字孪生平台安全管理的流程与质量管理流程相似，安全员发起安全问题，施工作业人员进行安全整改并反馈，直到安全发起人的复验通过，形成闭合信息环。

（5）成本控制。管理数字孪生平台可以实现工程量的自动计算和各维度（时间、部位、专业）的工程量汇总。基于部位和专业的工程量提取，极大方便了对分包单位的管理，可以快速确定工程阶段进度款并及时支付。基于时间的工程量提取可以针对各阶段施工所需的工程材料的数量，生成采购计划，并且可以通过BIM模型生产预制构件，实现“零库存”管理。基于BIM 5D信息模型可以在竣工结算时，准确地对所需要的工程量进行提取，提高了结算效率。同时由于信息模型的共享性，对于竣工结算的结果，双方不会产生分歧，进一步提高了工作效率。

（二）运维管理数字孪生

运维管理数字孪生可以解决传统日常管理所面临的系统信息分散和现有运维管理模式效率低下问题，实现日常生产管理、工程巡检管理、维修养护管理、工程资产管理等全过程、全场景、数字化和智慧化管理。

1. 运维数字孪生需求

水利水电工程运维管理具有周期较长（据统计在整个建筑生命周期中，维护管理的部分占其整个生命周期的 83%)、时间跨度大、内容多样、涉及人员复杂的特点，传统的运维管理模式效率低下，难以适应现代管理需求。在运维管理阶段中引入 BIM 数字技术，可以为各专业工作人员提供一个高效便捷的管理平台，实现设计、施工和运维阶段的信息共享。

传统的日常管理面临系统信息分散、现场值守时无法及时发现隐患和处置效率不高等众多问题，无法实现模拟仿真风险智能预警和应急协同联动，无法实现实景化建模在虚拟空间上的精准映射。

2. 运维数字孪生技术路线

实现数字孪生运维管理，首先需要创建满足水利水电工程运维要求的包含土建、机械、电气、金结、房屋建筑等全专业的三维孪生模型。其次，为满足在大屏端、网页端、移动端的数据查看、录入、编辑等管理要求，需要将数据庞大的 BIM 模型轻量化，以便降低使用终端性能配置，提高网络传输速度，提升使用者体验性和可操作性。最后，基于 BIM 轻量化模型，构建数字化工程管理平台，将传统业务系统与 BIM 模型充分集合，形成运维管控系统，同时结合当前信息化发展趋势，梳理现有系统，共享数据，整合多业务系统，形成一个综合管理平台。同一个平台即可实现在线监测、维修养护、报警管理、设备信息、视频监视等业务系统的操作，也可实现全过程、全场景、数字化和智慧化管理的目标。某水利枢纽运维数字孪生平台系统技术路线如图 16-41 所示。

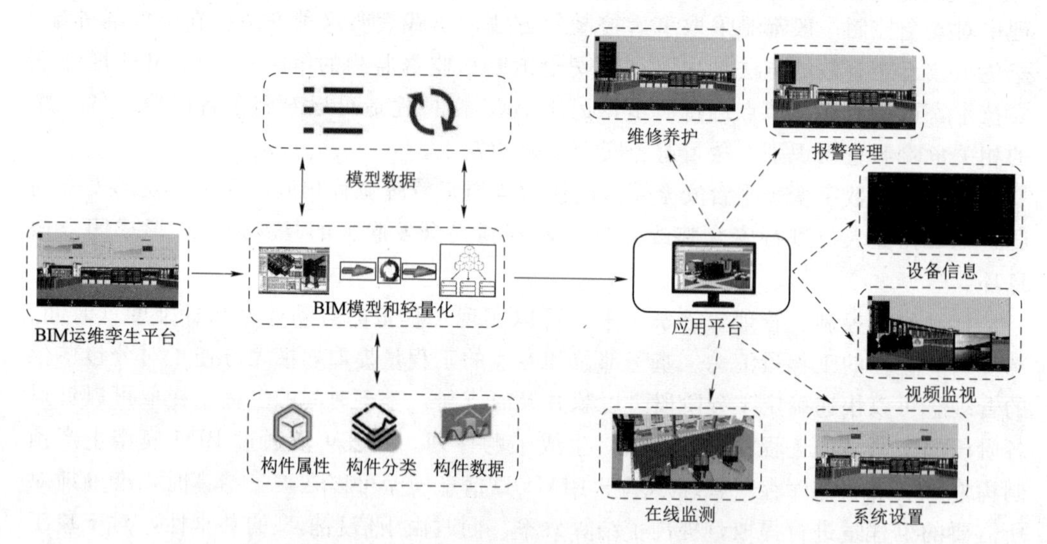

图 16-41　某水利枢纽运维数字孪生平台系统技术路线

3. 运维数字孪生应用

本节结合通吕运河水利枢纽信息化管理平台，对 BIM 运维数字孪生应用做简单介绍。通吕运河水利枢纽工程位于通吕运河上游入江口门处，距长江口约 2.2km，为闸站结合工程，工程等别为Ⅱ等，工程规模为大（2）型。泵站工程为单向引水，设计流量为 $100m^3/s$，站身为堤身式块基型结构，采用单机 $33.3m^3/s$ 三台套竖井贯流泵机组；总装机容量 4800kW。节制闸排涝流量 $650m^3/s$，引水设计流量 $480m^3/s$。节制闸共10孔，每孔净宽10m，总净宽100m，闸室采用胸墙式整体结构，闸门采用平面直升钢闸门结构，配卷扬式启闭机启闭。

(1) BIM可视化管理。管理平台支持大屏端、桌面端、远程网页端访问管理。管理平台可将工程运行关键数据、核心数据在“首页”定制，显示工程运行中泵站机组运行台时、运行次数、抽水量等；水闸闸门开启状态，上下游水位、引水量，排水量等关键信息，这些信息数据可按总、年、月、日统计显示，能直观掌控整个工程的运行情况，为合理决策提供依据。

管理平台集合水工、电气、金结、房建等专业总装后对三维BIM模型统一管理。目录树设备、设施与总装后三维BIM模型一一对应，通过目录树可快速控制想要显示或不显示的一个或一组设施、设备模型，在三维BIM模型上选择要查找的设施和设备模型后，点击模型可查看与之关联的模型参数、维修养护信息、运行状态等信息；平台提供三维尺寸测量（测量构件本身尺寸或与其他构件的距离等）、模型隔离、剖切框、背景透明等模型查看手段。平台亦可根据管理部门要求内置主要漫游路径，同时系统支持管理者自定义漫游路径等BIM可视化管理。

(2) 在线监测。平台在线监测包括运行数据、预警信息、视频监控三个子模块。运行数据模块实时获得设备的运行状态，如泵站中机组的转速、流量，机组重要部位的温度，有超出异常情况时能及时报警，保障设备的安全运行，解决现场值守时无法及时发现隐患和处置效率不高等问题，为设备的正常运行保驾护航。预警信息模块具备在枢纽的运行过程中智能记录异常警告的功能，同时提供预警名称、内容和时间，并可快速定位到异常设备设施，管理人员可查看、分析异常警告，对信息汇集与评价、制定处理方案或采取措施。视频监控模块可对重点部位、隐患部位或人工巡视无法查看的部位实时监控。

(3) 维修养护管理。维修养护管理通过设备台账模块实现，在设备台账目录树中选择所关注的模型，可获得所关联的设备信息、维修记录、养护记录和巡查记录，方便查看与管理。

(4) 信息集中管理。信息集中管理可实现对在线监测数据、维修养护数据等信息汇集和查询，有效解决传统管理中信息数据分散、查询困难等问题，实现工程信息管理的精准化，提高工程管理效率。

三、数字孪生的展望

水利水电数字孪生是支撑水利水电智慧工程建设的综合复杂技术体系，能够更精准地把控水利水电工程的规划、设计、施工、运维、退役的全过程，实现管理理念，管理内涵、管理范围的精细化，对水利水电工程全生命周期各阶段技术把控的精细化，人员结构、物资规划和分配的精细化，责任落实的精细化。水利水电数字孪生将是水利水电工程协同设计、绿色建造、可持续运行的前沿和未来发展形态。

复习思考题

1. CAD与CAE有何区别？BIM的设计理念是什么？
2. 协同设计在水利水电工程设计中有何优势？

附录
现代水工设
计理论与
方法简介

附录　现代水工设计理论与方法简介

附录一　数值计算基本理论
附录二　混凝土温度应力计算
附录三　水工水力学数值计算
附录四　水工建筑物动力分析
附录五　结构优化设计
附录六　水工建筑物反馈设计

参 考 文 献

[1] 王世夏. 水工设计的理论和方法 [M]. 北京：中国水利水电出版社，2000.
[2] 左东启，王世夏，林益才. 水工建筑物（上、下册）[M]. 南京：河海大学出版社，1996.
[3] 林益才. 水工建筑物 [M]. 北京：中国水利水电出版社，1997.
[4] 沈长松，刘晓青，王润英，等. 水工建筑物 [M]. 2版. 北京：中国水利水电出版社，2016.
[5] 林继镛，张社荣. 水工建筑物 [M]. 6版. 北京：中国水利水电出版社，2018.
[6] 钱正英. 中国水利 [M]. 北京：水利电力出版社，1991.
[7] 潘家铮. 重力坝的设计和计算 [M]. 北京：中国工业出版社，1965.
[8] 张光斗，王光纶. 水工建筑物（上、下册）[M]. 北京：水利电力出版社，1994.
[9] 陈宗梁. 世界超级高坝 [M]. 北京：中国电力出版社，1998.
[10] 顾淦臣，束一鸣，沈长松. 土石坝工程经验与创新 [M]. 北京：中国电力出版社，2004.
[11] 张绍芳. 堰闸水力设计 [M]. 北京：水利电力出版社，1987.
[12] 袁银忠. 水工建筑物专题（泄水建筑物的水力学问题）[M]. 北京：中国水利水电出版社，1997.
[13] 黄继汤. 空化与空蚀的原理及应用 [M]. 北京：清华大学出版社，1991.
[14] 任德林，张志军. 水工建筑物：修订版 [M]. 南京：河海大学出版社，2004.
[15] 陈胜宏，陈敏林，赖国伟. 水工建筑物 [M]. 北京：中国水利水电出版社，2004.
[16] 朱伯芳. 大体积混凝土温度应力与温度控制 [M]. 北京：中国电力出版社，1999.
[17] 朱伯芳. 有限单元法原理与应用 [M]. 北京：中国水利水电出版社，2000.
[18] 卢廷浩. 岩土数值分析 [M]. 北京：中国水利水电出版社，2008.
[19] 刘汉东，姜彤，刘海宁，等. 岩土工程数值计算方法 [M]. 郑州：黄河水利出版社，2011.
[20] 姚振汉. 边界元法 [M]. 北京：高等教育出版社，2010.
[21] 张文生. 科学计算中的偏微分方程有限差分法 [M]. 北京：高等教育出版社，2006.
[22] 张世儒，夏维城. 水闸 [M]. 北京：水利电力出版社，1988.
[23] 美国垦务局. 小坝设计 [M]. 原水利部规划设计院组，译. 北京：水利电力出版社，1986.
[24] 吴世伟. 结构可靠度分析 [M]. 北京：人民交通出版社，1990.
[25] 吴中如，沈长松，阮焕祥. 水工建筑物安全监控理论及其应用 [M]. 南京：河海大学出版社，1990.
[26] 顾淦臣，沈长松，岑威钧. 土石坝地震工程学 [M]. 北京：中国水利水电出版社，2009.
[27] 吴中如，顾冲时. 大坝原型反分析及其应用 [M]. 南京：江苏科学技术出版社，2000.
[28] 王芝银，李云鹏. 地下工程位移反分析法及程序 [M]. 西安：陕西科学技术出版社，1993.
[29] 杨林德. 岩土工程问题的反演理论与工程实践 [M]. 北京：科学出版社，1996.
[30] 赵振兴，何建京，王忖. 水力学 [M]. 3版. 北京：清华大学出版社，2021.
[31] 张宗亮. HydroBIM-厂房数字化设计 [M]. 北京：中国水利水电出版社，2021.
[32] 张宗亮. HydroBIM-水电工程设计施工一体化 [M]. 北京：中国水利水电出版社，2016.
[33] 宦国胜. API开发指南——Autodesk Revit [M]. 北京：中国水利水电出版社，2016.

［34］ 田斌，孟永东．水利水电工程三维建模与施工过程模拟技术及实践［M］．北京：中国水利水电出版社，2008.
［35］ 钟登华，李明超．水利水电工程地质三维建模与分析理论及实践［M］．北京：中国水利水电出版社，2006.
［36］ 陈健．追梦——工程数字化技术研究及推广应用的实践与思考［M］．北京：中国水利水电出版社，2016.
［37］ 王世夏．泄洪排沙建筑物浑水掺气特性和掺气抗磨可能性［J］．人民黄河，1990，2：45-49.
［38］ 王世夏，闻建龙．机翼形堰水力特性的势流模型研究［J］．河海大学学报，1990，4：93-97.
［39］ 王世夏．含沙高速水流掺气和掺气抗磨作用［J］．河海大学学报，1994，4：32-39.
［40］ 王世夏．清水及浑水高速流掺气和掺气抗磨的研究［J］．水利水电科技进展，1996，1：6-10.